Springer Collected Works in Mathematics

For further volumes:
http://www.springer.com/series/11104

Felix Klein

Gesammelte Mathematische Abhandlungen III

Elliptische Funktionen,
Insbesondere Modulfunktionen -
Hyperelliptische und Abelsche Funktionen -
Riemannsche Funktionentheorie und
Automorphe Funktionen

Editors

Robert Fricke · Hermann Vermeil · Erich Bessel-Hagen

Reprint of the 1923 Edition

 Springer

Author
Felix Klein
(1849 Düsseldorf, Germany –
  1925 Göttingen, Germany)

Editors
Robert Fricke
(1861 Helmstedt, Germany –
  1930 Bad Harzburg, Germany)

Hermann Vermeil
(1889 Dresden, Germany –
  1959 Wuppertal, Germany)

Erich Bessel-Hagen
(1898 Charlottenburg, Germany –
  1946 Bonn, Germany)

ISSN 2194-9875
ISBN 978-3-662-45442-8   (Softcover)
     978-3-642-51897-3   (Hardcover)
DOI 10.1007/978-3-642-51959-8
Springer Heidelberg New York Dordrecht London

Library of Congress Control Number: 2012954381

FELIX KLEIN GESAMMELTE MATHEMATISCHE ABHANDLUNGEN

DRITTER BAND

ELLIPTISCHE FUNKTIONEN, INSBESONDERE MODULFUNKTIONEN

HYPERELLIPTISCHE UND ABELSCHE FUNKTIONEN

RIEMANNSCHE FUNKTIONENTHEORIE UND

AUTOMORPHE FUNKTIONEN

ANHANG
VERSCHIEDENE VERZEICHNISSE

HERAUSGEGEBEN
VON

R. FRICKE, H. VERMEIL UND E. BESSEL-HAGEN
(VON F. KLEIN MIT ERGÄNZENDEN ZUSÄTZEN VERSEHEN)

MIT 138 TEXTFIGUREN

BERLIN
VERLAG VON JULIUS SPRINGER
1923

ISBN 3-540-05854-0 (Bd. 3) Springer-Verlag Berlin Heidelberg New York
ISBN 0-387-05854-0 (Vol. 3) Springer-Verlag New York Heidelberg Berlin

ISBN-13: 978-3-642-61950-2   e-ISBN-13: 978-3-642-61949-6
DOI: 10.1007/978-3-642-61949-6

Gesamtausgabe:

ISBN 3-540-05855-9 (Bde. 1-3) Springer-Verlag Berlin Heidelberg New York
ISBN 0-387-05855-9 (Vols. 1-3) Springer-Verlag New York Heidelberg Berlin

Library of Congress Catalog Card Number 72-87919

VORWORT.

In dem vorliegenden dritten und letzten Bande der Gesammelten mathematischen Abhandlungen von F. Klein sind seine funktionentheoretischen Arbeiten vereinigt. Sie bilden, nach seiner eigenen Ansicht, die Krönung seiner theoretischen Untersuchungen. Der Übersichtlichkeit halber ist der Band, wie seine Vorgänger, in drei größere Abschnitte eingeteilt, innerhalb deren die einzelnen Arbeiten im wesentlichen chronologisch angeordnet sind. Der erste enthält die große Zahl der Abhandlungen und Noten über elliptische Funktionen und Modulfunktionen, die in den Jahren 1877 bis 1885 entstanden sind, ferner zwei zahlentheoretische Arbeiten aus den neunziger Jahren, die sich ihrem Inhalte nach hier am besten unterbringen ließen; der zweite bringt drei Abhandlungen über hyperelliptische und Abelsche Funktionen aus den Jahren 1886 bis 1890, während der dritte der Riemannschen Funktionentheorie und der Theorie der automorphen Funktionen gewidmet ist; von den dort abgedruckten Arbeiten entstammen die wichtigsten den Jahren 1881/82, die übrigen sind spätere Nachträge und Ergänzungen. Um dem Leser einen vollen Überblick über Kleins wissenschaftliche Tätigkeit zu ermöglichen, sind in einem Anhang ein Verzeichnis der von ihm gehaltenen Vorlesungen und Seminare und eines seiner sämtlichen wissenschaftlichen und der wichtigsten sonstigen Veröffentlichungen beigegeben.

Auf dem Gebiete der elliptischen Modulfunktionen erreichte Klein seine großen Erfolge dadurch, daß er Riemannsche Funktionentheorie, Gruppentheorie, Algebra und projektive Geometrie organisch vereinigte und so in den Stand gesetzt wurde, verhältnismäßig leicht Schwierigkeiten zu bewältigen, zu deren Überwindung die einzelne dieser Disziplinen zu schwach gewesen wäre. Den Gipfelpunkt dieser Periode bilden die vier Abhandlungen in den Bänden 14 und 15 der Math. Annalen, die überhaupt zu dem Schönsten gehören, was die mathematische Literatur jener Zeit geschaffen hat. Das Ergebnis war dann, gewissermaßen von selbst, die ausgereifte Systematik der Theorie der Modulfunktionen, die in programmatischer Form in Nr. LXXXVII niedergelegt ist. — Der Theorie der hyperelliptischen und Abelschen Funktionen erschloß er neue Wege durch deren Verbindung mit der linearen Invariantentheorie und die Begründung der Lehre von den Formen auf algebraischen Gebilden. — Am weitesten aber reicht Kleins Bedeutung für die Riemannsche Funktionentheorie und ihre naturgemäße Fortsetzung, die Lehre von den automorphen Funktionen. Obwohl Klein selbst Riemann nicht persönlich gekannt hat, ist er doch der eifrigste Vorkämpfer und beste Interpret der Gedanken gewesen, die seinerzeit für Riemann leitend gewesen waren. Ohne Kleins eindringendes Forschen und seine meisterhafte Darstellungsgabe in Wort und Schrift hätten Riemanns Ideen längst nicht die Verbreitung gefunden, die sie heute besitzen. Was die Theorie der automorphen Funktionen anlangt, so sind F. Klein und H. Poincaré deren eigentliche Schöpfer. Schon Ende der siebziger Jahre hatte Klein, gestützt auf seine Kenntnis der Theorie der regulären Körper und der Modulfunktionen, viele wesentliche Gedanken zum Aufbau dieser neuen Theorie beisammen, hatte sich dann aber anderen Fragen zugewandt. Da erschienen im Frühjahr 1881 die ersten Noten Poincarés in den Comptes rendus, und nun arbeiteten beide Gelehrte um die Wette daran, die Theorie durch neue, immer glänzendere Resultate zu bereichern. Leider mußte Klein bald aus diesem Kampfe ausscheiden, da seine Gesundheit, die schon seit längerer Zeit durch Überarbeitung erschüttert war, völlig versagte. Der Hergang bei dieser stürmischen Entwickelung, besonders sofern sie mehr subjektive Natur hat, ist bisher nur wenig bekannt. Um dem abzuhelfen, hat Klein einen Aufsatz „Zur Vorgeschichte der automorphen Funktionen" geschrieben, in dem auch die unser Gebiet betreffenden Leistungen anderer Gelehrter, z. B. die von Schottky und Schwarz, ihre Würdigung finden; außerdem werden hier zum ersten Male die Briefe veröffentlicht, die F. Klein und H. Poincaré in den Jahren 1881/82 über die Theorie der automorphen Funktionen gewechselt haben. (Sie sollen auch in Acta Math., Bd. 39 abgedruckt werden.) Beides wird hoffentlich viel Interesse finden und der geschichtlichen Klärung dienen.

Daß der vorliegende Band dem zweiten so schnell folgen konnte, ist zwei Umständen zu verdanken. Erstens hatte die Verlagsbuchhandlung Julius Springer (wie schon im Vorwort zu Bd. 2 angegeben wurde) noch bevor der zweite Band abgeschlossen war, sämtliche für Band 3 bestimmte Abhandlungen in Fahnen setzen lassen, so daß nur noch die kürzeren und längeren Zusätze und der Anhang zu setzen übrig blieb. Zweitens hatte Klein E. Bessel-Hagen, der schon bei der Herausgabe des zweiten Bandes an einigen Stellen mitgeholfen hatte, zum Mitherausgeber für Band 3 gewonnen. Im einzelnen gestaltete sich die Bearbeitung folgendermaßen. Während noch die letzten Arbeiten an Band 2 zu erledigen waren, begann Bessel-Hagen bereits mit der Durcharbeitung der Abhandlungen des ersten Abschnittes. Dagegen wandte sich Vermeil, nachdem er den zweiten Band fertiggestellt hatte, sofort der Bearbeitung des zweiten Abschnittes zu. Diese Arbeitsteilung ging jedoch nur so weit, daß jeder der beiden für seinen Abschnitt die Hauptverantwortung trägt; aber jeder hat auch sämtliche Korrekturen des andern Abschnittes gelesen und dabei dem andern manchen Rat erteilt. Der dritte Abschnitt, als der schwierigste, wurde von Vermeil und Bessel-Hagen gemeinsam bearbeitet. Den Anhang stellte Vermeil zusammen. Es sei noch erwähnt, daß fast alle Formeln nachgerechnet und, wenn nötig, berichtigt wurden; diese Berichtigungen sind nur in den seltensten Fällen als Abweichungen vom Original besonders angegeben. Auch sind für den vorliegenden Band einige Figuren neu gezeichnet worden.

Die beiden jüngeren Herausgeber wären aber mit der Bearbeitung des ganzes Bandes längst nicht so schnell zu Ende gekommen, wenn sie sich nicht auf die wertvolle Vorarbeit hätten stützen können, die Fricke in seinen einschlägigen Büchern und Enzyklopädieartikeln[1]) geleistet hat. Außerdem durften sie sich in mehreren längeren Konferenzen bei ihm Rat holen. Überhaupt hat Fricke das Fortschreiten des Bandes mit lebhaftem Interesse verfolgt.

Noch wichtiger ist aber Kleins persönliche Anteilnahme für die Herausgabe seiner Abhandlungen gewesen. In fast täglichen Zusammenkünften hat Klein den ganzen Stoff bis in die Einzelheiten mit den beiden jüngeren Herausgebern durchgesprochen. Unermüdlich gab er Ratschläge und Anregungen. Ohne diese dauernde Fühlungnahme mit Klein wäre es Vermeil und Bessel-Hagen nicht möglich gewesen, in so kurzer Zeit ein für die Herausgabe ausreichendes Verständnis der in Frage kommenden Literatur zu erwerben. Er ist der geistige Leiter bei der Herausgabe gewesen. Stammen doch auch bei diesem Bande wieder zahlreiche Zusätze und sieben größere historisch-kritische Erörterungen aus seiner Feder.

Durch Kleins eigene, so lebhafte Mitwirkung bei der Herausgabe seiner Abhandlungen gewinnt diese Ausgabe ihre ganz besondere Bedeutung. Sie ist, im Gegensatz zu zahlreichen andern Gesamtausgaben, keineswegs ein bloß philologisch-kritisch durchgesehener Abdruck seiner Originalabhandlungen, sondern sie bietet nach zwei Richtungen mehr. Erstens unterstreicht Klein in zahlreichen Anmerkungen nochmals die Absicht, die er seinerzeit bei der Abfassung jeder einzelnen Arbeit verfolgt hat, und

---

[1]) Gemeint sind die Bücher:

Klein-Fricke, *Vorlesungen über die Theorie der elliptischen Modulfunktionen*, Bd. I 1890, Bd. II 1892. In diesem Bande kurz als „Modulfunktionen" zitiert.

Fricke-Klein, *Vorlesungen über die Theorie der automorphen Funktionen*, Bd. I 1897, Bd. II 1912. In diesem Bande kurz als „Automorphe Funktionen" zitiert.

Fricke, *Theorie der elliptischen Funktionen*, Bd. I 1915/16, Bd. II 1921/22 und die Referate in Bd. II, 2 der mathematischen Enzyklopädie:

Elliptische Funktionen (abgeschlossen 1913),

Automorphe Funktionen mit Einschluß der elliptischen Modulfunktionen (abgeschlossen 1913).

gibt an, was er heute über die vorliegenden Probleme denkt. So bildet diese Ausgabe gewissermaßen das wissenschaftliche Testament Kleins. Zweitens hat Klein überall versucht, seine Veröffentlichungen in die geschichtliche Entwicklung der Wissenschaft einzuordnen, indem er namentlich in längeren Vorbemerkungen und ergänzenden Ausführungen zeigte, auf welchem Boden seine Untersuchungen erwachsen sind und überdies schilderte, wie diese von seinen Schülern und andern Gelehrten jeweils weitergeführt wurden. So ist der Wunsch seiner Freunde und Schüler mehr als erfüllt, den diese bei seinem goldenen Doktorjubiläum aussprachen: Klein möge durch Herausgabe seiner Gesammelten Abhandlungen die wertvollen Errungenschaften seiner wissenschaftlichen Forscherarbeit der künftigen Generation zugänglich machen. Macht doch diese Ausgabe die Arbeiten Kleins nicht nur äußerlich leichter zugänglich, sondern sie erleichtert durch die eben genannte Mitarbeit Kleins dem Leser den Zugang zu ihrem vollen Verständnis. — Darüber hinaus gibt sie ein gutes Bild von der Gesamtentwicklung umfangreicher Teile der Mathematik im letzten Drittel des vergangenen Jahrhunderts. Klein hat die verschiedensten Zweige der mathematischen Wissenschaft, die am Beginn seiner Laufbahn schon auseinanderzufallen drohten, wieder zusammengeführt und sie in seiner machtvollen Persönlicheit, die wie wenige befähigt war, sie zu umspannen, zu einer imposanten Einheit gestaltet. Geometrie, Algebra, Analysis und Physik greifen, sich gegenseitig befruchtend, ineinander, und besonders wirkt auch der Sinn für die Anwendungen reizvoll und fördernd mit.

Aber was Kleins Persönlichkeit betrifft, bringt diese Ausgabe nur einen Teil seines Lebenswerkes zur Geltung. Denn neben seine Tätigkeit als Forscher tritt die als Organisator und Lehrer. Klein hat in dieser Eigenschaft kein geringeres Maß von Mühe und Arbeit aufgewandt, als in jener. Was er als Organisator geleistet hat, ist schwer in kurze Worte zu fassen. Es mag hier nur erwähnt werden, daß seine Bestrebungen in dieser Hinsicht hauptsächlich zwei Ziele verfolgten. Einmal galt es, den mathematischen und physikalischen Universitätsunterricht, der zwar weitgehend, aber zu spezialistisch entwickelt war, auf eine breitere Basis zu stellen, wie sie der allgemeinen Bedeutung der in Betracht kommenden Wissenschaften entspricht. Hierzu war die Zahl der Professuren und Institute zu vermehren. Dann aber handelte es sich darum, die Verbindung herzustellen mit den technischen Hochschulen, den höheren Schulen und den übrigen Schulgattungen bis hin zu den Fachschulen und Volksschulen. Vom Umfange seiner Lehrtätigkeit aber zeugt die große Zahl seiner jeweiligen Mitarbeiter und Schüler, auch aus den fernsten Ländern.

Der seinerzeit Klein für die Vorbereitung der Herausgabe seiner Gesammelten Abhandlungen überreichte Betrag war angesichts der ständig zunehmenden Geldentwertung bald erschöpft, und hätte nicht private Hilfe und zuletzt die Notgemeinschaft deutscher Wissenschaft namhafte Summen bereitgestellt, so wäre die Ausgabe wohl nicht zu Ende geführt worden, weil es nicht möglich gewesen wäre, die jüngeren Mitarbeiter für die Herausgabe festzuhalten. Durch diese Hilfe ist es möglich geworden, daß die beiden jüngeren Herausgeber trotz der gegenwärtigen Notlage in Deutschland ohne materielle Sorgen sich ganz theoretischen Arbeiten widmen konnten und unter Kleins persönlicher Leitung ihre wissenschaftlichen Kenntnisse wesentlich erweitern konnten. So verbindet sich ihr persönlicher Dank für diese Hilfe mit dem aller Verehrer Kleinscher Mathematik.

Wir möchten ferner einer Anzahl Fachgenossen Dank sagen für die Unterstützung, die sie uns bei der Herausgabe haben zuteil werden lassen. An erster Stelle gebührt unser Dank Frl. E. Noether, die uns in zahlreichen Fällen mit ihrem sachkundigem Rat unterstützte. Herr Segre half uns bei der Klärung einer Frage der mehrdimensionalen algebraischen Geometrie. Verschiedentliche persönliche Bezugnahme mit den Herren Bieberbach, Brouwer, Courant, Hilb, Koebe, Schottky ist besonders dem dritten Abschnitt des vorliegenden Bandes zugute gekommen. Herr Nörlund stellte uns Abschriften der im Besitz der Redaktion der Acta mathematica befindlichen Briefe von Klein an Poincaré für die Veröffentlichung des Briefwechsels zwischen Klein und Poincaré zur Verfügung. Herr Rost übersandte uns alle Briefe von Klein an Prym zur Kenntnisnahme. — Weiter haben wir der Firma B. G. Teubner zu danken, daß sie einerseits der Druckerei eine Reihe älterer Bände der Mathematischen Annalen als Vorlage für den Satz zur Verfügung gestellt hat, und daß sie uns andererseits erlaubt hat, die in ihrem Verlage erschienene Schrift Kleins „Über Riemanns Theorie der algebraischen Funktionen und ihrer Integrale" abzudrucken, ohne deren Wiedergabe für das Verständnis von Kleins Arbeiten auf dem Gebiete der Riemannschen Theorie das Fundament gefehlt hätte.

Ganz besonderer Dank gebührt wieder der Verlagsbuchhandlung Julius Springer, die trotz der sich immer schwieriger gestaltenden wirtschaftlichen Lage nicht nur die jetzt abgeschlossene Gesamtausgabe zu Ende geführt hat, sondern auch kein Opfer gescheut hat, den dritten Band ebenso schön und würdig auszustatten, wie die beiden ersten. Sie hat dadurch aufs neue bekundet, wie sehr ihr daran liegt, die reine Wissenschaft zu fördern und in der Welt zur Geltung zu bringen, auch wenn kein materieller Gewinn zu erwarten steht.

Braunschweig und Göttingen, Ostern 1923.

Die Herausgeber.

INHALTSVERZEICHNIS DES DRITTEN BANDES.

Riemannsche Funktionentheorie und automorphe Funktionen.

Anhang.

Elliptische Funktionen, insbesondere Modulfunktionen

(einschließlich Zahlentheorie).

Zu den Arbeiten über elliptische Funktionen, insbesondere Modulfunktionen
(einschließlich Zahlentheorie).

Daß ich zu meinen Arbeiten über elliptische Funktionen, insbesondere Modulfunktionen, die einen so großen Umfang annehmen sollten, ursprünglich von den Untersuchungen über das Ikosaeder aus gekommen bin, mit der Absicht, die Auflösungsmethoden der Gleichung fünften Grades durch elliptische Funktionen, wie sie 1858 von Hermite, Kronecker und Brioschi gegeben waren, vom Ikosaeder aus zu verstehen, ist schon in Bd. 2 dieser Ausgabe, S. 257 bis 258, hervorgehoben; es ergibt sich dies auch ganz klar aus den hier zunächst folgenden Nummern LXXXI, LXXXII. Ich wurde so von selbst zur allgemeinen Beschäftigung mit der Transformationstheorie der elliptischen Funktionen (Nr. LXXXII) und damit insbesondere zur Neuaufnahme der Hermiteschen Aufgabe gedrängt: die Resolventen 5-ten, 7-ten und 11-ten Grades, die, einem berühmten Satze von Galois zufolge, bei Transformation 5-ter, 7-ter und 11-ter Ordnung bestehen, in einfachster Form wirklich aufzustellen. Durch Kombination der mir geläufigen gruppentheoretischen, bezw. invariantentheoretischen Ansätze mit den geometrisch-anschaulichen Methoden der Riemannschen Funktionentheorie gelang dies in überraschend einfacher Weise (Nr. LXXXIII, LXXXIV und LXXXVI). Zugleich ergab sich ein voller Überblick über die verschiedenen Arten von Modulargleichungen und Multiplikatorgleichungen, die in der Literatur vorlagen, sowie überhaupt eine klare Einsicht in das Wesen derjenigen algebraischen Gleichungen, welche durch elliptische Funktionen gelöst werden können (Nr. LXXXV, LXXXVII).

Hiermit war in der Tat ein neuer Ansatz zur systematischen Behandlung aller einschlägigen Fragen aus der Theorie der elliptischen Funktionen gewonnen. Abstrakt läßt sich dasselbe dahin fassen, daß man die unendliche diskontinuierliche Gruppe homogener linearer Substitutionen

$$(1) \quad \begin{cases} u' = \pm\, u + m_1\,\omega_1 + m_2\,\omega_2 \\ \omega_1' = \alpha\,\omega_1 + \beta\,\omega_2 \\ \omega_2' = \gamma\,\omega_1 + \delta\,\omega_2 \end{cases}$$

(wo m_1, m_2, α, β, γ, δ ganze, die Gleichung $\alpha\delta - \beta\gamma = 1$ befriedigende, Zahlen bedeuten) an die Spitze stellen und den Stoff nach den Untergruppen ordnen soll, die in der Gesamtgruppe enthalten sind. Man erkennt den Anschluß an die Grundauffassung des Erlanger Programms: die Gruppentheorie als ordnendes Prinzip im Wirrsal der Erscheinungen zu benutzen. Diese Aufgabestellung wurde von mir allerdings nur unter zwei wesentlichen Einschränkungen durchgeführt: Die erste besteht darin, daß ich nur Untergruppen von endlichem Index in den Kreis meiner Betrachtungen zog, wodurch eine systematische Verwendung der Lehre von den algebraischen Funktionen ermöglicht wurde. Die zweite ergab sich aus dem historischen Entwicklungsgange, indem es sich zeigte, daß die in der vorhandenen Literatur auftretenden Untergruppen durchweg *Kongruenzgruppen* waren, d. h. solche Untergruppen von (1), die sich defi-

1*

nieren lassen, indem man die Konstanten m_1, m_2, α, β, γ, δ bestimmten Kongruenzforderungen in bezug auf einen Zahlenmodul n unterwirft (Nr. LXXXVII). Danach gliedern sich die Entwicklungen in solche der 1-ten, 2-ten, 3-ten, ..., n-ten *Stufe*. Die Funktionen erster Stufe kommen in der Weierstrassischen Theorie der elliptischen Funktionen zu prinzipieller Geltung, die Funktionen zweiter Stufe in der Jacobischen und in der Weierstrassischen Theorie, jedoch mit dem Unterschiede, daß sie bei Jacobi unsymmetrisch auftreten ($sn\,u$, $cn\,u$, $dn\,u$), während Weierstrass sie symmetrisch nebeneinander behandelt $\left(\sqrt{\wp\,(u) - e_1}\,,\ \sqrt{\wp\,(u) - e_2}\,,\ \sqrt{\wp\,(u) - e_3}\,\right)$. Es hängt dies damit zusammen, daß Weierstrass, wie übrigens auch Gauss in seinen Untersuchungen über das arithmetisch-geometrische Mittel, u, ω_1, ω_2 als homogene Variable nebeneinander gebraucht, während Legendre, Abel und Jacobi ausschließlich mit den Verhältnissen $\dfrac{u}{\omega_2}$, $\dfrac{\omega_1}{\omega_2}$ arbeiten. Die Funktionen höherer Stufen haben bisher nur erst wenig die in den folgenden Abhandlungen geforderte Berücksichtigung gefunden, abgesehen von einzelnen Stellen bei Gauss und Abel und von einigen an Jacobi anschließenden Entwicklungen, in denen die Stufenzahlen 2^α und $2^\alpha \cdot 3$ ($\alpha = 0, 1, \ldots$) auftreten, ohne daß das Stufenprinzip als solches dabei hervorgekehrt wäre.

    Das somit umrissene abstrakte Schema findet dann, was reine Modulfunktionen, d. h. Funktionen allein von $\omega = \dfrac{\omega_1}{\omega_2}$ angeht, seine konkrete Ausgestaltung durch Einführung eines geometrischen Hilfsmittels, nämlich des *Fundamentalpolygons* in der ω-Ebene, welches unmittelbar die Heranziehung der Riemannschen Existenzsätze betreffend die Funktionen einer komplexen Veränderlichen gestattet. Die Konstruktion dieses Polygons hat sich, wie aus Nr. LXXXII zu ersehen, ursprünglich aus der Veranschaulichung des dort gewählten Repräsentantensystems transformierter Moduln gewissermaßen von selbst ergeben, hat dann aber bei weitergehenden Untersuchungen immer mehr eine allgemeine Bedeutung gewonnen. Ich verweise hier nur, was den dritten Abschnitt des vorliegenden Bandes angeht, auf die Theorie der automorphen Funktionen, oder beispielsweise auf die zentrale Fragestellung in der modernen Kristallographie (siehe Bd. 2 dieser Ausgabe, S. 614/615). Im übrigen betone ich hier gerne, wie solcherweise in den folgenden Abhandlungen Gruppentheorie, Zahlentheorie, Geometrie und Funktionentheorie, alle getragen von den Grundauffassungen der Invariantentheorie (also des projektiven Denkens), sich zu einem untrennbaren Ganzen verbinden. Was auf der einen Seite bekannt oder mühelos zu finden ist, wird für die Problemstellung der anderen ausgenutzt. Das hierin liegende Verfahren, welches natürlich ein vorheriges Studium der eigentümlichen Betrachtungsweisen jedes einzelnen Gebietes voraussetzt, darf wohl überhaupt als Grundzug aller meiner in dem vorliegenden Bande zusammengestellten Arbeiten angesehen werden. Dabei ist freilich, wie ich immer empfunden habe, ein wichtiges Hilfsmittel der vorwärtsdringenden mathematischen Forschung, nämlich das *algorithmische Verfahren* einigermaßen zu kurz gekommen. Um bei den hier im ersten Abschnitte des Bandes zusammengestellten Abhandlungen über elliptische Funktionen zu bleiben, so zeigt sich dies darin, daß die Thetareihen nur erst spät und mehr beiläufig auftreten. Es hat dies übrigens auch seine Vorteile gehabt; hätte ich das Rechnen mit den Thetareihen in den Vordergrund gezogen, es wäre mir vielleicht so gegangen, wie manchem anderen Mathematiker vorher, der in der Fülle sich darbietender Formeln kein rechtes Prinzip zur Herausfindung einfacher Grundgedanken mehr zu finden wußte.

    Noch einige Worte über die historische Entwicklung der zunächst in Betracht kommenden Arbeiten Nr. LXXXI bis Nr. XCIV. Schon frühzeitig (im Winter 1869/70) hatte ich mir die Bekanntschaft mit den von Weierstrass eingeführten elliptischen Funktionen durch meinen Studienfreund Kiepert erworben, mit dem ich dann später (1877/78), wie schon in Bd. 2 dieser Ausgabe S. 257 erwähnt wurde, bei der Auflösung der Gleichungen fünften Grades, von ganz verschiedener Seite kommend, zusammentraf. Hierzu kam dann, daß ich aus Schwarz' Arbeit über die hypergeometrische Reihe die elementare Modulfigur kannte, welche bei der konformen Abbildung der Ebene von k^2 auf die Halbebene des Periodenverhältnisses ω entsteht[1]). Von hier aus ist in den Spezialvorlesungen, die ich während der Jahre 1877 bis 1880 an der Münchener Technischen Hochschule über Zahlentheorie, elliptische Funktionen und algebraische Gleichungen gehalten habe, der geometrisch-gruppentheoretische Ansatz entstanden, der mich rasch weiterführen sollte. Ich hatte dabei das Glück, unter meinen Zuhörern ausgezeichnete Mitarbeiter zu finden, welche mich nicht nur bei meinen eigenen Untersuchungen wesentlich unterstützten, sondern bald auch, jeder in seiner Richtung, wesentlich weiter gingen. Ich nenne in dieser Hinsicht, der Reihenfolge ihrer einschlägigen Veröffentlichungen entsprechend, Gierster, Dyck, Bianchi und Hurwitz.

Gierster half mir zunächst bei den zur Aufstellung von Modulargleichungen nötigen numerischen Rechnungen und nahm dann gleich statt der von mir allein betrachteten Transformationen von Primzahlgraden solche von zusammengesetztem Grade in Angriff. Danach aber wandte er sich zahlentheoretischen Problemen zu, wie sie vermöge der neuen Ansätze besonders aussichtsreich erschienen. Kronecker hatte von 1860 beginnend aus der Betrachtung der Jacobischen Modulargleichungen acht sehr bemerkenswerte Relationen für die Klassenzahlen binärer quadratischer Formen von negativer Determinante abgeleitet, deren Beweisprinzip H. J. St. Smith im 6. Teile seines ausgezeichneten Referates über Zahlentheorie in den Reports der British Association v. J. 1865 (= Coll. Math. papers, Nr. X, Bd. 1, S. 289 ff.) klargelegt hatte. Indem ich das Referat studierte, schien es mir von vornherein möglich, entsprechende neue Relationen abzuleiten, indem man zu Modulargleichungen höherer Stufe schritt. Eine erste Note hierüber, welche die Relationen dritter und fünfter Stufe betraf, konnte Gierster bereits im Sommer 1879 fertigstellen, und es hat mir damals, bei eigenen sehr geringen zahlentheoretischen Kenntnissen, besondere Genugtuung gegeben, die Resultate der Göttinger Gesellschaft der Wissenschaften einzusenden. (Siehe Gött. Nachrichten 1879.) Bei der Weiteruntersuchung höherer Primzahlstufen konnte er nur mehr partikuläre Resultate ableiten und stieß übrigens, sobald die Fundamentalpolygone der in Betracht kommenden Irrationalitäten ein Geschlecht $p > 0$ besaßen, auf Schwierigkeiten, deren Überwindung er nur erst anbahnte. (Math. Annalen Bd. 17 (1880/81), Bd. 21 (1882/83) und Bd. 22 (1883).) Er fand nämlich induktiv, daß in den gewünschten Schlußformeln neue zahlentheoretische Funktionen auftraten, deren Herkunft dunkel blieb. Hier hat in der Folge erst Hurwitz mit durchschlagendem Erfolg eingegriffen, indem er die zu dem Fundamentalpolygon gehörigen, überall endlichen Integrale als eindeutige Modulfunktionen einführte, das Gesetz der zugehörigen Reihenentwicklungen studierte und in deren Koeffizienten jene zahlentheoretischen Funktionen erkannte. (Gött. Nachrichten 1883, Leipziger Berichte Bd. 36 (1884) und Bd. 37 (1885), Math. Annalen, Bd. 25, (1884/85).) Gierster, der Realschullehrer in Bamberg geworden war und dadurch isoliert für sich arbeiten mußte, vollendete außer dem Genannten noch sehr wertvolle Untersuchungen über die Galoisschen Gruppen der Modulargleichungen, die es ihm vollständig zu analysieren gelang, und über die auf S. 78 des vorliegenden Bandes Einzelangaben folgen werden. (Leipziger Dissertation, 1881 = Math. Annalen, Bd. 18, Leipziger Berichte, Bd. 37 (1885) und Math. Annalen Bd. 26 (1885/86).) Leider ist er bald einer schmerzhaften Krankheit verfallen, der er im Januar 1893 erlag. Aus kleinen Verhältnissen hervorgegangen, besaß er ein eigenartiges mathematisches Talent, dessen alle, die ihm nähergetreten sind, mit dauernder Anerkennung gedenken werden[2]).

---

[1]) Wegen der historischen Verhältnisse vgl. übrigens die Ausführungen betreffend Gauss und Riemann in der Fußnote [1]) auf S. 256 in Bd. 2 dieser Ausgabe; ich habe hierauf bei dem Wiederabdruck des folgenden Textes nicht mehr besonders Bezug genommen, um die ursprüngliche Darstellung nicht fortgesetzt abändern zu müssen.

[2]) Vgl. den Nachruf von R. Fricke in den Jahresberichten der Deutschen Mathematikervereinigung, Bd. 2 (1893), S. 44/45.

Die Begabung von Dyck ging viel mehr nach geometrisch anschaulicher und gleichzeitig abstrakt prinzipieller Seite, von seiner organisatorischen Veranlagung ganz zu schweigen. Was die hier folgenden Aufsätze angeht, so verdanke ich es ihm insbesondere, daß ich sie, ebenso wie meine spätere ausführliche Abhandlung über automorphe Funktionen (Math. Annalen, Bd. 21 (1882/83) = Nr. CIII unten), mit zweckmäßig gezeichneten Figuren begleiten konnte. Von hier aus ist er dann, unter Festhaltung der geometrischen Grundlage, sehr bald zu seinen allgemein gruppentheoretischen Arbeiten fortgeschritten. (Math. Annalen, Bd. 20 (1882) und Bd. 22 (1883).) Parallel damit gingen seine Bemühungen um die Entwicklung der für den mathematischen Unterricht erforderlichen anschauungsmäßigen Hilfsmittel, wovon schon in Bd. 2 dieser Ausgabe, S. 4, die Rede gewesen ist. Was er ferner als wissenschaftlicher Organisator geleistet hat, kann hier unmöglich ausgeführt werden. Wohl aber darf ich hier mit besonderer Dankbarkeit hervorheben, daß er mir nun seit mehr als vier Dezennien, sooft in der Folge meine Leistungsfähigkeit versagte, immer wieder hilfreich zur Seite gestanden ist.

Die Mitarbeit von Bianchi, der vom Herbst 1879 an bis Herbst 1880 in München weilte, war mehr vorübergehender Natur, aber für mich doch sehr wesentlich. Indem er im Sommer 1880 (Math. Annalen, Bd. 17) die elliptischen Kurven, die ich später (Abh. Nr. XC) elliptische Normalkurven der 3-ten und 5-ten Ordnung nannte, mit Hilfe der σ-Funktion behandelte, überwand er meine Scheu, mich dieses Hilfsmittels, wie auch der Thetareihen allgemein zu bedienen (vgl. das Nähere in Nr. LXXXVIII, LXXXIX, XC). Er hat so das Beste getan, um die Brücke von meinen Untersuchungen zu den Entwicklungen der Weierstrassischen Schule, insbesondere zu den gleichzeitigen Arbeiten meines Freundes Kiepert zu schlagen, von denen unten noch verschiedentlich die Rede sein wird. Bianchi ist längst eine anerkannte Autorität auf einem anderen Gebiete der Mathematik, der Lehre von der Flächenkrümmung, geworden. Aber ein beträchtlicher Teil seiner späteren Arbeiten steht doch auch mit den Anregungen seiner Münchener Zeit in Beziehung, ich meine seine Untersuchungen über die diskontinuierlichen Gruppen linearer Raumtransformationen.

Hurwitz ist von vornherein eine rein theoretische Natur gewesen, als solche aber von überragender Bedeutung. Von der algebraischen Geometrie ausgehend, konzentrierte er sich immer mehr auf Funktionentheorie und Zahlentheorie. Ich kann hier nur nennen, was mit den im folgenden abgedruckten Arbeiten über elliptische Funktionen unmittelbar zusammenhängt. Da ist zunächst seine Leipziger Dissertation von 1881 (Math. Annalen, Bd. 18), in welcher er das Bildungsgesetz der fundamentalen Modulformen, an Eisenstein anknüpfend, independent entwickelte und damit insbesondere die Theorie der Multiplikatorgleichungen erster Stufe auf eine neue allgemeine Grundlage stellte. Es folgen 1884/85 seine bereits oben genannten Untersuchungen über Klassenzahlrelationen höherer Stufen, die ihn im folgenden Jahre zu seiner berühmten Theorie der allgemeinsten algebraischen Korrespondenzen auf Gebilden höheren Geschlechts führten (Leipziger Berichte, Bd. 38 (1886), abgedruckt in den Math. Annalen, Bd. 28 (1887)). Dann 1886 die Ausdehnung meiner Theorie der elliptischen Normalkurven n-ter Ordnung, die ich nur für ungerades n entworfen hatte, auf beliebiges gerades n und im Anschluß daran die Entdeckung neuer analytischer Bildungsgesetze für elliptische Funktionen, die sich bei Periodensubstitutionen linear mit konstanten Koeffizienten substituieren. (Math. Annalen, Bd. 27 (1886).) Es wird sich im vorliegenden Bande noch öfters Gelegenheit bieten, einige weitere Untersuchungen von Hurwitz zu berühren.

In Bd. 2, S. 258 ist schon berichtet, daß ich Herbst 1880 nach Leipzig übersiedelte und die beiden ersten Jahre den Untersuchungen über allgemeine Riemannsche Funktionentheorie, speziell über automorphe Funktionen widmete, die ich als den Höhepunkt meiner mathematischen Produktivität ansehen muß[3]), daß ich dann

---

[3]) Dementsprechend werden diese Arbeiten erst im dritten (Schluß-) Abschnitte des vorliegenden Bandes reproduziert.

aber, durch Gesundheitsrücksichten gezwungen, zu der minder anstrengenden Ausarbeitung zusammenhängender Darstellungen überging. Als erste Probe einer solchen erschien 1884 mein Ikosaederbuch. Um dann für die elliptischen Funktionen Entsprechendes zu leisten, habe ich in den Jahren 1884/85 in meinem Seminar zunächst noch zahlreiche aus der Münchener Periode stammende Einzelfragen durcharbeiten lassen. Hieraus sind eine Reihe Dissertationen entstanden, über deren Ergebnisse weiterhin in den Referaten Nr. XCI und XCII Bericht erstattet wird. Ich selbst habe in jenen Jahren nur die Abhandlung Nr. XC über die elliptischen Normalkurven n-ter Ordnung ausgearbeitet, welche in der Sprache der mehrdimensionalen projektiven Geometrie die Verbindung meiner Münchener Ansätze mit den allgemeinen Theoremen der traditionellen Theorie, insbesondere derjenigen Weierstrassischer Prägung herstellt.

Ich bin dann aber bald doch wieder zu neuen Untersuchungen geschritten, insbesondere zu den Arbeiten über hyperelliptische und Abelsche Funktionen, welche im zweiten Abschnitte des vorliegenden Bandes abgedruckt sind. Unterdessen arbeiteten von meinen früheren Seminarmitgliedern Pick und Fricke auf dem Gebiet der elliptischen Modulfunktionen weiter. Ersterer unternahm (Math. Annalen Bde. 25, 26 (1885/86)), um nur dies hervorzuheben, den ersten Vorstoß in das damals noch wenig zugängliche Gebiet der Gleichungen der komplexen Multiplikation[4]), während Fricke nach verschiedenen Vorarbeiten, die in den Math. Annalen Bde. 28 bis 31 (1886 bis 1888) abgedruckt sind, unter ständiger Fühlungnahme mit mir die Ausarbeitung der geplanten systematischen Darstellung der elliptischen Modulfunktionen durchführte und seitdem mein nächster Mitarbeiter geworden ist. Der erste Band des so entstandenen umfangreichen Werkes ist 1890, der zweite ist 1892 erschienen[5]).

Durch den Titel des Buches ist angedeutet, daß bei der Redaktion die von mir geplante Disposition, welche dem in den Nrn. LXXXVII, LXXXVIII aufgestellten Programm entsprach, im wesentlichen eingehalten ist. Also Voranstellung der Gruppenfragen und ihrer Veranschaulichung durch Konstruktion der zugehörigen Fundamentalpolygone, Heranziehung der Riemannschen Existenzsätze und erst später der Thetareihen und Ableitung der hier folgenden zahlentheoretischen Theoreme, insbesondere der Klassenzahlrelationen. Die gesamten Überlegungen, die in den Nrn. LXXXI bis XCII berührt werden (nebst den Weiterbildungen durch Kiepert), erscheinen hier in geglätteter Form in einen gemeinsamen Rahmen eingespannt, der aber eine große Zahl von Einzelausführungen von Fricke mit umfaßt, wobei an numerisch durchgeführten Beispielen von Transformationsgleichungen und insbesondere auch an erläuternden Figuren nicht gespart wird. Auch ist den historisch-literarischen Verhältnissen überall Rechnung getragen. So mag das Werk beim Lesen der nachstehend abgedruckten Abhandlungen ständig verglichen werden, auch wenn durch kein besonderes Zitat darauf verwiesen wird.

Ich nenne insbesondere, weil sie in den hier abgedruckten Abhandlungen nicht hervortritt, die daselbst im Anschluß an H. J. S. Smith gegebene Darstellung der Lehre von den indefiniten binären quadratischen Formen. Indem Smith eine auf Hermite zurückgehende Idee ins Geometrische übersetzte, konstruierte er zur Darstellung der einzelnen indefiniten Form den Halbkreis, der die reelle Achse der ω-Ebene in den beiden Nullpunkten der Form rechtwinklig schneidet, und sieht zu, wie dieser die Dreiecksteilung der positiven ω-Halbebene durchsetzt[6]). Smith hatte

---

4) H. Webers *Elliptische Funktionen und algebraische Zahlen*, die den Gegenstand zum ersten Male im Zusammenhang behandelten, erschienen erst 1890/1891. (2. Auflage als Bd. 3 des *Lehrbuch der Algebra*, 1908.)

5) F. Klein, *Vorlesungen über die Theorie der elliptischen Modulfunktionen, ausgearbeitet und vervollständigt von* R. Fricke. (Weiterhin kurzweg als „Modulfunktionen" zitiert.)

6) H. J. S. Smith, *Sur les équations modulaires*, 1874 der Pariser Akademie vorgelegt, 1877 in den Atti della Accademia Reale dei Lincei Serie III, Bd. 1 gedruckt. (= Nr. XXXV der Collected mathemat. Papers, Bd. 2, S. 224 ff.)

hierbei nur die dreizipfligen Dreiecke der Hauptkongruenzgruppe zweiter Stufe benutzt, während ich in meiner zahlentheoretischen Vorlesung von 1879 auf die Elementardreiecke der ω-Figur zurückgriff. In dieser Form ist die Entwicklung in den „Modulfunktionen“, Bd. 1, S. 250—261 aufgenommen. Eine merkwürdige Anwendung hiervon, die ich noch besonders nennen will, findet sich in Bd. 2 der „Modulfunktionen“, S. 165ff., wo, wieder an H. J. S. Smith anknüpfend, die Anzahl der reellen Züge derjenigen algebraischen Kurve, welche der zwischen den Modulfunktionen $J(\omega)$ und $J' = J\left(\dfrac{\omega}{n}\right)$ bestehenden Transformationsgleichung entspricht, in unmittelbare Beziehung zu der Anzahl der Klassen primitiver indefiniter binärer Formen der Determinante n gesetzt wird.

Dagegen ist in den „Modulfunktionen“ ein anderer Punkt der Theorie, der eigentlich hätte aufgenommen werden müssen, nur beiläufig berührt worden, nämlich die zahlentheoretische Natur der Gleichungen der komplexen Multiplikation selbst. (In den „Klassenzahlrelationen“ wird nur ihr Grad in Betracht gezogen.) Ihre Behandlung hätte viel zu umfangreiche arithmetische Vorbereitungen erfordert. Für mich persönlich war es damals eine Haupthemmung der lebendigen Erfassung des Problems, daß ich, bei aller Betonung der Wichtigkeit homogener Schreibweise, mich doch gewöhnt hatte, nur den Quotienten $\dfrac{\omega_1}{\omega_2}$ geometrisch zu deuten, nicht ω_1, ω_2 einzeln. Ich bin erst später, als Weber in den Jahren 1892 bis 1895 neben mir in Göttingen war, dazu geführt worden, das letztere zu tun, also bei allen Fragen, welche die Transformation der elliptischen Funktionen betreffen, überall die Punktgitter zugrunde zu legen, welche von den Punkten $x + iy = m_1\omega_1 + m_2\omega_2$ gebildet werden. Bekanntlich hat schon Gauss die Theorie der binären quadratischen Formen von negativer Determinante mit dieser Vorstellung in Verbindung gebracht; die allgemeine Lehre von der projektiven Maßbestimmung gestattet mit Leichtigkeit, auch die Formen von positiver Determinante mit einzubeziehen. Von hier aus entwickelte ich zunächst (Nr. XCIII) eine geometrische Auffassung der Kompositionstheorie der quadratischen Binärformen. Furtwängler, der meine ersten bez. Vorträge (von Sommer 1893) ausarbeitete, hat noch neuerdings gezeigt, wie die Gittervorstellung, auf n Dimensionen verallgemeinert, die allgemeine Idealtheorie der Zahlentheoretiker zu begründen gestattet. (Math. Annalen, Bd. 82 (1920).) Die Einführung der Gitter kommt im Grunde darauf hinaus, jeweils die einzelne Zahl eines algebraischen Zahlkörpers mit den zu ihr konjugierten Zahlen nebeneinander zu betrachten. Im Falle $n = 2$ ergibt sich dabei unmittelbar der Übergang zu den doppeltperiodischen Funktionen und damit zu den elliptischen Gebilden. Von diesem Standpunkte aus habe ich in den zahlentheoretischen Vorlesungen von 1895 bis 1896, die später autographiert wurden und auf die sich das Referat Nr. XCIV bezieht, die Grundlage für die komplexe Multiplikation der elliptischen Funktionen in besonders anschaulicher Weise entwickeln können. Neu ist dabei, daß ich auch hier nach „Stufen“ gliedere, wobei ich als Beispiel die fünfte Stufe heranziehe, so daß neben die (von Gierster gegebenen) Klassenzahlrelationen fünfter Stufe nunmehr ebensolche *Klassengleichungen* treten. Hierbei kommt natürlich überall die Ikosaedertheorie zur Geltung. Leider aber war ich damals, wie schon in Bd. 2, S. 508ff. berichtet, bereits anderweitig stark beschäftigt. Ich habe also nur ein Bruchstück der Untersuchungen geben können, das noch eines Bearbeiters harrt, der die Betrachtungen zu Ende führt.

Zum Abschluß dieser Vorbemerkungen darf ich noch auf weitere Veröffentlichungen von Fricke verweisen, welche meine Entwicklungen in die sonstige Theorie der elliptischen Funktionen einordnen. Ich nenne in dieser Hinsicht zunächst die Referate in Bd. II, 2 der mathematischen Enzyklopädie (Elliptische Funktionen = II B, 3 und Automorphe Funktionen mit Einschluß der elliptischen Modulfunktionen = II B, 4, beide 1913), dann aber vor allem das neue Lehrbuch der elliptischen Funktionen (Bd. 1, 1915/16; Bd. 2, 1921/22). Um nur einzelne Punkte aus diesem Buche hervorzuheben, erwähne ich die bis in die Einzelheiten vordringende Behandlung der Jacobischen Funktionen neben den Weierstrassischen, wobei immer die Stufentheorie als Leitstern gilt und besonderes Gewicht auf die Klarstellung der Beziehungen der verschiedenen Funktionensysteme zueinander gelegt ist, ferner die deutliche Darlegung der in so eigentümlicher Weise über den Rahmen der Stufentheorie hinausragenden Stellung der Θ-Funktionen innerhalb der Theorie und die elegante Behandlung ihrer Transformationsformeln. Als besonderer Fortschritt im zweiten Bande, welcher hauptsächlich der Transformationstheorie der elliptischen Funktionen und Modulfunktionen gewidmet ist, mag die Einführung einer geeignet definierten Hälfte meines Fundamentalpolygons, des *Klassenpolygons* genannt werden, wodurch die Theorie der Modulargleichungen wesentlich über das vorher bekannt gewesene hinaus gefördert ist. (Näheres siehe Fußnote [18]) auf S. 35/36 und ergänzende Bemerkung 3. zu Abh. LXXXVI auf S. 167/168 des vorliegenden Bandes.) Der dritte und letzte Band, der die Anwendungen, unter anderem die komplexe Multiplikation behandeln wird, ist noch nicht erschienen. K.

LXXXI. Sull' equazione dell' Icosaedro nella risoluzione delle equazioni del quinto grado [per funzioni ellittiche] [1].

(Nota estratta da una lettera diretta al M. E. professore Brioschi.)

[Reale Istituto Lombardo. Rendiconti, Ser. II., Vol. 10. (1877).]

... Se con g_2, g_3 si indicano gli invarianti della forma biquadratica

$$(1 - x^2)(1 - k^2 x^2),$$

si hanno, come è noto, le espressioni:

$$g_2 = \frac{1 + 14 k^2 + k^4}{12},$$

$$g_3 = \frac{1 - 33 k^2 - 33 k^4 + k^6}{216},$$

$$\Delta = g_2^3 - 27 g_3^2 = \frac{k^2 (1 - k^2)^4}{16},$$

ed il problema: determinare il valore di k per una qualsivoglia data forma biquadratica, conduce quindi all' equazione [2]:

$$\frac{g_2^3}{\Delta} = \frac{(1 + 14 k^2 + k^4)^3}{108 k^2 (1 - k^2)^4}.$$

Questa equazione, allorquando pongasi $\sqrt{k} = \eta$, non è altro che la equazione dell' Ottaedro, siccome si è presentata nelle ricerche di Schwarz e nelle mie; il che sembrami non senza importanza per la teorica delle funzioni ellittiche.

Ma il risultato assai notevole al quale porta la considerazione di quella equazione deducesi dalle mie ricerche sull' uso dell' equazione dell' Icosaedro nella risoluzione delle equazioni del quinto grado per mezzo delle funzioni ellittiche, sia che essa voglia applicarsi al metodo del sig.

---

[1] [Man vergleiche die Ausführungen des letzten Absatzes von S. 257 im zweiten Bande der vorliegenden Ausgabe, wo die Beziehung zu Kiepert dargestellt ist. .K.]

[2] Cayley, *An elementary treatise on elliptic functions* (Cambridge 1876), S. 317 [oder im Cambridge and Dublin Math. Journal, vol. I (1846) = Collected Math. Papers, vol. I, Nr. 33].

Hermite od a quello del sig. Kronecker. Dimostrasi cosi che questi due metodi non sono realmente differenti, come si crede comunemente.

Pel metodo di Kronecker, la risoluzione dell' equazione del quinto grado si fa dipendere da una equazione Jacobiana del sesto grado, nella quale sia il coefficiente $A = 0$, ossia dalla:

$$z^6 + 10\,B z^3 - C z + 5\,B^2 = 0,$$

ed il valore del modulo k deducesi dalla:

$$\frac{C^3}{B^5} = - 16 \frac{(1 - 16\,k^2 k'^2)^3}{k^2 k'^2},$$

come Ella ha dimostrato negli *Atti dell' Istituto Lombardo* (Vol. 1° anno 1858, pag. 277, 278 [= Opere matematiche, Nr. CXI, tomo III., S. 181/182]).

Ponendo in questa relazione $\frac{1}{k'}$ in luogo di k, si ottiene la:

$$\frac{C^3}{B^5} = + 16 \frac{(1 + 14\,k^2 + k^4)^3}{k^2 (1 - k^2)^4},$$

cioè la forma richiesta.

Si sostituisca ora l'equazione Jacobiana con una equazione dell' Icosaedro, pongasi cioè:

$$1728 \frac{H^3(\eta)}{f^5(\eta)} = X,$$

essendo:

$$f(\eta) = \eta\,(\eta^{10} + 11\,\eta^5 - 1)$$

ed $H(\eta)$ l' Hessiano di $f(\eta)$; si ha (*Erlanger Berichte, November* 1876)[3]

$$X = - \frac{C^3}{1728\,B^5}$$

e quindi infine:

$$1728 \frac{H^3(\eta)}{f^5(\eta)} = \frac{(1 + 14\,k^2 + k^4)^3}{108\,k^2 (1 - k^2)^4}.$$

Consideriamo ora il metodo di Hermite. Egli scrive la forma di Bring-Jerrard nel modo seguente:

$$y^5 - y - \frac{2}{5\sqrt[4]{5}} \cdot \frac{1 + k^2}{k'\sqrt{k}} = 0.$$

Per formare l'equazione dell' Icosaedro corrispondente ad essa, la dedurrò dalla piu generale da me considerata per le equazioni del quinto grado nelle quali mancano il secondo ed il terzo termine (*Erlanger Berichte, Januar* 1877)[4].

<hr>

[3]) [Vgl. auch Math. Annalen, Bd. 12 (1877), S. 518, 520 (= Abh. LIV in Bd. 2 der vorliegenden Ausgabe, S. 337, 339).]

[4]) [Vgl. die in der eben genannten Abhandlung enthaltenen Entwicklungen auf S. 549 und 552 in Bd. 12 der Math. Annalen (= S. 368, 369 und 372 in Bd. 2 der vorliegenden Ausgabe).]

Sia:

$$y^5 + 5\alpha y^2 + 5\beta y + \gamma = 0$$

la data equazione, e si indichino con l, m, n le espressioni seguenti dei coefficienti della medesima:

$$l = 12^{\frac{2}{5}} (\alpha^4 - \beta^3 + \alpha\beta\gamma)$$

$$m = 12^{-\frac{4}{5}} (\gamma^4 + 2^3 \cdot 5 \cdot \alpha^2\beta\gamma^2 - 2^3 \cdot 3 \cdot 5 \cdot \alpha\beta^3\gamma$$
$$- 3 \cdot 2^6 \cdot \alpha^5\gamma - 2^4 \cdot 3^2 \cdot \beta^5 + 2^7 \cdot 5 \cdot \alpha^4\beta^2)$$

$$n = 12^{-2} (-2^6 \cdot 3^3 \cdot \alpha^{10} + 2^5 \cdot 3^2 \cdot 5^2 \cdot \alpha^7\beta\gamma - 2^5 \cdot 5 \cdot 13 \cdot \alpha^6\beta^3$$
$$+ 2^6 \cdot 3^2 \cdot \alpha^5\gamma^3 - 2^3 \cdot 3 \cdot 5 \cdot 23 \cdot \alpha^4\beta^2\gamma^2 + 2^4 \cdot 3^2 \cdot 5 \cdot 13 \cdot \alpha^3\beta^4\gamma$$
$$- 2^3 \cdot 3^4 \cdot 5^2 \cdot \alpha^2\beta^6 + 2^2 \cdot 3 \cdot 5 \cdot \alpha^2\beta\gamma^4 - 2^2 \cdot 3^2 \cdot 5 \cdot \alpha\beta^3\gamma^3$$
$$+ 2^3 \cdot 3^4 \cdot \beta^5\gamma^2 + \gamma^6).$$

Sieno inoltre $y_0, y_1, \ldots, y_4$ le radici dell' equazione superiore del quinto grado; posto

$$\eta = - \frac{y_0 + \varepsilon y_1 + \varepsilon^2 y_2 + \varepsilon^3 y_3 + \varepsilon^4 y_4}{y_0 + \varepsilon^2 y_1 + \varepsilon^4 y_2 + \varepsilon y_3 + \varepsilon^3 y_4},$$

essendo ε una radice imaginaria quinta dell' unità, si avrà la seguente equazione icosaedrica:

$$1728 \frac{H^3(\eta)}{f^5(\eta)} = \frac{l^5 + m^3 - n^2 \pm \sqrt{(l^5 + m^3 - n^2)^2 - 4l^5 m^3}}{2l^5}.$$

Sostituiscansi ora in quest' ultima per α, β, γ i coefficienti dell' equazione di Hermite sopra ricordata; così si otterrà (dietro opportuna scelta del segno della radice quadrata)

$$1728 \frac{H^3(\eta)}{f^5(\eta)} = \frac{(1 + 14k^2 + k^4)^3}{108 k^2 (1 - k^2)^4}$$

che coincide con quella trovata partendo dal metodo di Kronecker.

Monaco, 6. aprile 1877.

LXXXII. Über die Transformation der elliptischen Funktionen und die Auflösung der Gleichungen fünften Grades.

[Math. Annalen, Bd. 14 (1878/79).]

In meiner Abhandlung „Weitere Untersuchungen über das Ikosaeder"
[Math. Annalen, Bd. 12 (1877), S. 503 ff. = Abh. LIV in Bd. 2 dieser Ausgabe,
S. 321—380[1])] hatte ich mir ausdrücklich vorbehalten, noch ausführlich
auf die Theorie der elliptischen Funktionen und ihre Bedeutung für die
Auflösung der Gleichungen fünften Grades zurückzukommen. Ich wünschte
die in dieser Richtung vorliegenden Entwicklungen vom Ikosaeder aus zu
verstehen und womöglich zu vereinfachen. Zugleich hoffte ich neue Gesichtspunkte für die Behandlung der elliptischen Funktionen zu gewinnen. Auf
solche Art ist die nachfolgende Arbeit entstanden. Einmal soll sie meine
früheren Untersuchungen über Gleichungen fünften Grades vervollständigen
und in gewisser Hinsicht abschließen; nach der anderen Seite soll sie den
Zugang zu umfassenderen Fragen eröffnen und also eine Vorarbeit für
weitere Untersuchungen sein[2]).

Dabei muß ich von vornherein betonen, daß mein Ausgangspunkt
zur Behandlung der elliptischen Funktionen mit demjenigen eng verwandt
ist, den Herr Dedekind in seinem Aufsatze über elliptische Modulfunktionen (Crelles Journal, Bd. 83) benutzt hat. Ich muß das hier um so
mehr, als ich, damals noch mit diesem Aufsatze (der erst Anfang September
vorigen Jahres [1877] erschien) unbekannt, der *Naturforscherversammlung
in München* ein erstes Resultat meiner Untersuchungen vorlegte[3]), das sich
aus den Dedekindschen Entwicklungen unmittelbar ergibt.

---

[1] [Im folgenden des öfteren kurz als „Ikosaederarbeit" zitiert. Bei Angabe von
Seitenzahlen aus dieser Arbeit bezieht sich die erste stets auf das Original in Bd. 12
der Math. Annalen, die zweite, in eckige Klammern eingeschlossene, auf Abh. Nr. LIV
des Wiederabdrucks in Bd. 2 der vorliegenden Gesamtausgabe.]

[2] Siehe z. B. eine Note: *Über Gleichungen siebenten Grades*, die ich am 4. März
1878 der Erlanger Sozietät vorlegte. [Vgl. Nr. LVI in Bd. 2 dieser Ausgabe, S. 388.]

[3] Sitzung am 21. September 1877. Amtlicher Bericht, S. 104. [Dort heißt es:
„Man hat folgenden Satz: Bewegt sich die absolute Invariante $\frac{g_2^3}{\Delta}$ einer biquadrati-

Abschnitt I.

Einiges über die Perioden des elliptischen Integrals erster Gattung.

In diesem ersten Abschnitte stelle ich eine Reihe von Beziehungen zusammen, welche nicht eigentlich neu sind, sondern fast alle in den letzten Jahren von verschiedenen Seiten her entwickelt worden sind, die aber in ihrer Gesamtheit noch wenig bekannt zu sein scheinen, so daß ich sie zum Verständnis des Folgenden hier vorausschicken muß.

§ 1.

Die rationalen Invarianten des elliptischen Integrals.
Beziehung zu den Perioden.

Das elliptische Differential:

$$(1) \qquad \frac{dx}{\sqrt{f(x)}} = \frac{dx}{\sqrt{a_0 x^4 + 4 a_1 x^3 + 6 a_2 x^2 + 4 a_3 x + a_4}},$$

welches homogen geschrieben die folgende Form annimmt:

$$\frac{x_2\, dx_1 - x_1\, dx_2}{\sqrt{a_0 x_1^4 + 4 a_1 x_1^3 x_2 + 6 a_2 x_1^2 x_2^2 + 4 a_3 x_1 x_2^3 + a_4 x_2^4}},$$

kann als Kovariante der im Nenner stehenden biquadratischen binären Form angesehen werden; denn führt man statt x_1, x_2 durch eine lineare Substitution neue Veränderliche ein, so tritt die Substitutionsdeterminante als Faktor vor. Demnach ist es wesentlich abhängig von den rationalen Invarianten dieser binären Form. Im Anschlusse an die Vorlesungen von Weierstrass bezeichne ich diese Invarianten mit g_2, g_3 und schreibe demnach:

$$(2) \qquad g_2 = a_0 a_4 - 4 a_1 a_3 + 3 a_2^2,$$

$$(3) \qquad g_3 = \begin{vmatrix} a_0 & a_1 & a_2 \\ a_1 & a_2 & a_3 \\ a_2 & a_3 & a_4 \end{vmatrix}.$$

schen Funktion $R(x)$ (wo $\Delta = g_2^3 - 27 g_3^2$ in der gewöhnlichen Bezeichnung) bei Darstellung ihrer Werte in der komplexen Ebene über die positive Halbebene, so durchläuft der Wert des Periodenverhältnisses $\dfrac{K}{K'}$ des elliptischen Integrals $\displaystyle\int \frac{dx}{\sqrt{R(x)}}$ ein Kreisbogendreieck mit den Winkeln $0°$, $60°$, $90°$. Sechs von diesen Dreiecken in bestimmter Weise nach dem Gesetze der Symmetrie aneinandergereiht bilden ein neues Kreisbogendreieck mit den Winkeln 0, 0, 0, und dieses ist eben dasjenige, über welches sich bekanntermaßen $\dfrac{K}{K'}$ bewegt, wenn der Modul k^2 des elliptischen Integrals seine positive Halbebene durchläuft.“]

Aus g_2 und g_3 setzt sich die Diskriminante Δ der biquadratischen Form in bekannter Weise zusammen.

$$(4) \qquad \Delta = g_2^3 - 27\,g_3^2.$$

Ich benutze sie, um die *absolute* Invariante zu bilden. Als solche wähle ich nämlich nicht, wie gewöhnlich geschieht, $\frac{g_2^3}{g_3^2}$, sondern $\frac{g_2^3}{\Delta}$. Bezeichnet man sie mit J, so hat man also die Formeln:

$$(5) \qquad J = \frac{g_2^3}{\Delta}, \qquad J - 1 = \frac{27\,g_3^2}{\Delta}.$$

Es wird sich in den folgenden Paragraphen darum handeln, die *Perioden* des aus dem Differential (1) entspringenden elliptischen Integrals

$$\int \frac{dx}{\sqrt{f(x)}},$$

welche ω_1 und ω_2 genannt werden sollen, durch g_2, g_3 auszudrücken, oder aber, was für die folgenden Untersuchungen zunächst zweckmäßiger ist, das *Verhältnis* der Perioden $\frac{\omega_1}{\omega_2} = \omega$ durch die absolute Invariante J darzustellen. Man könnte ω_1 und ω_2 die *transzendenten* Invarianten nennen. Ihre transzendente Natur findet darin ihren Ausdruck, daß sie unendlich vielwertig sind. Denn mit ω_1, ω_2 ist, wie bekannt, jedes andere Wertepaar

$$(6) \qquad \begin{cases} \omega_1' = \alpha\,\omega_1 + \beta\,\omega_2, \\ \omega_2' = \gamma\,\omega_1 + \delta\,\omega_2 \end{cases}$$

gleichberechtigt, sofern α, β, γ, δ (wie immer im folgenden) ganze Zahlen bedeuten, deren Determinante $\alpha\delta - \beta\gamma$ gleich Eins ist. Die Formel (6) gibt zugleich *alle* Werte, deren ω_1, ω_2 bei einem vorgelegten Integrale fähig sind. — *Invarianten* aber sind die Perioden, weil sie sich nur um die Substitutionsdeterminante als Faktor ändern, wenn man in das gegebene Integral statt x_1, x_2 neue Veränderliche durch lineare Substitution einführt.

Soll man mit Hilfe der Perioden *absolute* Invarianten bilden, so hat man zunächst das Periodenverhältnis $\omega = \frac{\omega_1}{\omega_2}$, man hat ferner solche Kombinationen wie $\omega_i \sqrt[12]{\Delta}$, $\omega_i \sqrt[4]{g_2}$, $\omega_i \sqrt[6]{g_3}$, wo $i = 1$ oder 2 sein mag. Es ist vielfach zweckmäßig, das elliptische Integral in der Weise zu normieren, daß seine Perioden ohne weiteres absolute Invarianten sind. Man schreibe also das Integral etwa in folgender Form, die weiterhin gelegentlich als *Normalform* [*erster Stufe*, wie ich später sagte] bezeichnet sein soll:

$$(7) \qquad \int \frac{\sqrt[12]{\Delta}\cdot dx}{\sqrt{f(x)}}.$$

Diese Normalform (7) ist natürlich im einzelnen Falle nur bis auf eine zwölfte Einheitswurzel bestimmt[4]).

§ 2.
Die algebraischen Invarianten des elliptischen Integrals.

Wenn man die vier Wurzeln der Gleichung $f(x) = 0$ (die Verzweigungspunkte des Integrals) als gegeben ansieht, so setzt sich die absolute Invariante J bekanntermaßen aus denjenigen Ausdrücken rational zusammen, die man in der synthetischen Geometrie als die *Doppelverhältnisse* der vier Wurzeln bezeichnet. Nennt man eins derselben σ, so sind die übrigen durch die oft gebrauchten Formeln gegeben:

$$(8) \qquad \frac{1}{\sigma}, \quad 1 - \sigma, \quad \frac{1}{1-\sigma}, \quad \frac{\sigma-1}{\sigma}, \quad \frac{\sigma}{\sigma-1},$$

und die absolute Invariante J erhält den Wert:

$$(9) \qquad J = \frac{4}{27} \cdot \frac{(1-\sigma+\sigma^2)^3}{\sigma^2(1-\sigma)^2}$$

oder

$$(9\,\mathrm{a}) \qquad J - 1 = \frac{(1+\sigma)^2(2-\sigma)^2(1-2\sigma)^2}{27\,\sigma^2(1-\sigma)^2}. \quad {}^5)$$

Diese Gleichung (9), welche ich *die Gleichung für das Doppelverhältnis* nennen will, ist nach Formel (8) eine derjenigen mit linearen Transformationen in sich. Sie gehört, nach der von Schwarz und mir bei früheren Gelegenheiten gebrauchten Ausdrucksweise, dem *Doppelpyramidentypus* [im „Ikosaederbuch" und später auch als *Diedertypus* bezeichnet] an, und zwar ist die betr. Doppelpyramide eine sechsseitige. Ich gebrauche im folgenden vor allen Dingen die konforme Abbildung, welche durch unsere Gleichung vermittelt wird, und will dieselbe also hier ausführlich schildern, ohne übrigens die sehr elementaren Beweisgründe anzugeben.

---

[4]) [Der Vorzug der im Texte gewählten Normierung vor anderen in der Literatur auftretenden $\left(\text{z. B. durch die Zusatzfaktoren } \sqrt{\frac{g_3}{g_2}}, \ \frac{\sqrt[6]{g_3^5}}{g_2}, \ \sqrt[6]{g_3}, \ \sqrt[4]{g_2}\right)$ liegt darin begründet, daß $\sqrt[12]{\Delta}$ eine *eindeutige* Funktion von ω_1 und ω_2 ist, die für keinen Wert des Periodenverhältnisses ω mit endlichem positiven imaginären Bestandteil Null oder Unendlich wird. Jacobi normiert durch Zusatz der „zur zweiten Stufe adjungierten" (vgl. S. 208) Modulform $\sqrt{e_2 - e_1}$, wodurch er in seine Theorie eine lästige Unsymmetrie bringt. K.]

[5]) Vgl. z. B. Clebsch, Theorie der binären algebraischen Formen, Leipzig 1872, S. 170. — Übrigens werde ich solche Formeln später immer in der Art zusammenfassen, daß ich schreibe:

$$J : J - 1 : 1 = 4(1-\sigma+\sigma^2)^3 : (1+\sigma)^2(2-\sigma)^2(1-2\sigma)^2 : 27\,\sigma^2(1-\sigma)^2.$$

Man interpretiere die komplexen Werte von J in einer Ebene, die komplexen Werte von σ auf der Kugel, und letzteres in der Art, daß $\sigma = 0, 1, \infty$ drei äquidistante Punkte eines größten Kreises, welcher der Äquator heißen soll, entsprechen. In ihnen wird $J = \infty$ und also $\Delta = 0$. Die Werte $\sigma = 2, \frac{1}{2}, -1$ (für welche g_3 verschwindet und $J = 1$ wird) gehören dann ebenfalls drei äquidistanten Punkten des Äquators an, welche zwischen den erstgenannten in der Mitte liegen (Fig. 1).

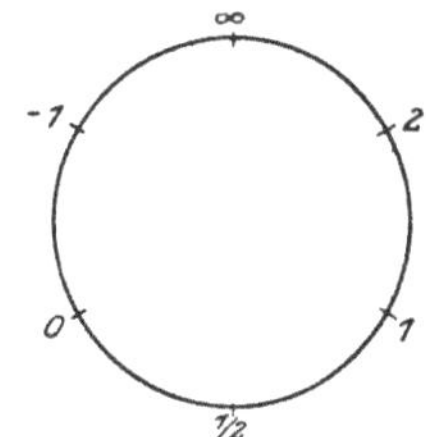

Fig. 1.

Für $J = 0$, resp. $g_2 = 0$ ergeben sich die beiden Werte $\sigma = \dfrac{1 \pm \sqrt{-3}}{2}$; sie sind durch Nord- und Südpol der Kugel vorgestellt.

Jetzt zerlege man die Kugel durch die sechs Halbmeridiane, welche Nord- und Südpol mit den sechs auf dem Äquator markierten Punkten verbinden, und übrigens durch den Äquator selbst in zwölf sphärische Dreiecke. Die konforme Abbildung ist dann einfach die, daß σ ein solches sphärisches Dreieck durchläuft, wenn sich J über seine positive oder seine negative Halbebene bewegt. Die Ecken entsprechen in der soeben angegebenen Weise $J = 0, 1, \infty$. Schraffiert man diejenigen Dreiecke, welche der positiven Halbebene J entsprechen und läßt die anderen frei, so ergeben die beiden Halbkugeln, auf die Äquatorebene parallel zur Achseprojiziert, folgendes Bild:

Nördliche Halbkugel　　　　　　　Südliche Halbkugel

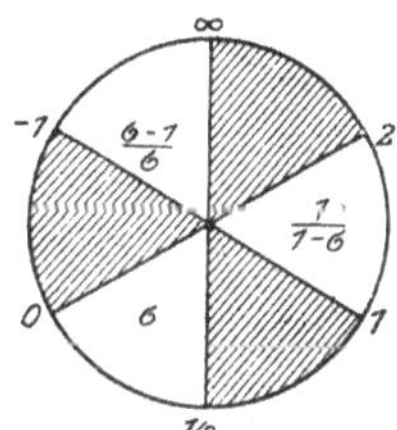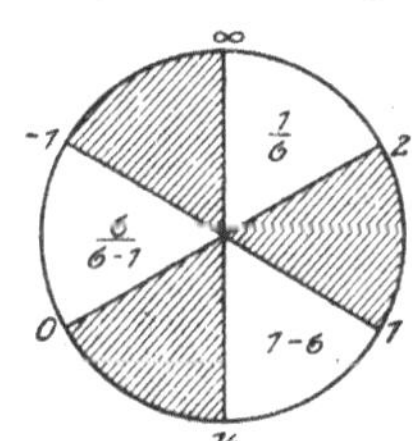

Fig. 2a.　　　　　　　　　　　Fig. 2b.

Ich habe in die nicht schraffierten Gebiete die Ausdrücke σ, $\dfrac{1}{\sigma}$, $1 - \sigma$, $\dfrac{1}{1-\sigma}$, $\dfrac{\sigma-1}{\sigma}$, $\dfrac{\sigma}{\sigma-1}$ in der Weise hineingeschrieben, daß die Drehungen kenntlich sind, welche die Kugel bei den betr. Substitutionen erfährt.

Übrigens ist die hiermit geschilderte Figur im wesentlichen identisch mit derjenigen, die ich früher [im Erlanger Programm (1872) = Abh. XXVII in Bd. 1 dieser Ausgabe, S. 496, sowie in den Math. Annalen, Bd. 9 (1875/76), S. 191 = Abh. LI in Bd. 2 dieser Ausgabe, S. 284] zur Versinnlichung des Formensystems einer binären kubischen Grundform angegeben habe. In der Tat, schreibt man statt σ homogen machend $\frac{\sigma_1}{\sigma_2}$, so hat man:

$$J : J - 1 : 1 = 4\left(\sigma_1^2 - \sigma_1\sigma_2 + \sigma_2^2\right)^3 : \left[(\sigma_1 + \sigma_2)(\sigma_1 - 2\sigma_2)(2\sigma_1 - \sigma_2)\right]^2$$
$$: 27\left[\sigma_1\sigma_2(\sigma_1 - \sigma_2)\right]^2,$$

und betrachtet man hier $\sigma_1\sigma_2(\sigma_1 - \sigma_2)$ als binäre kubische Grundform, so ist (von Zahlenfaktoren abgesehen) $(\sigma_1^2 - \sigma_1\sigma_2 + \sigma_2^2)$ die Hessesche Form derselben, $(\sigma_1 + \sigma_2)(\sigma_1 - 2\sigma_2)(2\sigma_1 - \sigma_2)$ die Funktionaldeterminante beider.

§ 3.

Der Modul $\varkappa$ und die Legendresche Normalform [6]).

Man kann durch lineare Substitution erreichen, daß die binäre Form f in

$$y_1 y_2 (y_2 - y_1)(y_2 - \sigma y_1)$$

übergeht, wo σ irgendeines der sechs Doppelverhältnisse ist. Dann also wird, von einem Zahlenfaktor abgesehen, das elliptische Integral

$$(10) \qquad \int \frac{y_2\,dy_1 - y_1\,dy_2}{\sqrt{y_1 y_2 (y_2 - y_1)(y_2 - \sigma y_1)}} = \int \frac{dy}{\sqrt{y(1-y)(1-\sigma y)}}.$$

Die Invarianten g_2, g_3, Δ nehmen folgende Werte an:

$$(11) \qquad \begin{cases} g_2 = \dfrac{\sigma^2 - \sigma + 1}{12}, \\[2mm] g_3 = \dfrac{(\sigma + 1)(2\sigma - 1)(\sigma - 2)}{432}, \\[2mm] \Delta = \dfrac{\sigma^2(1 - \sigma)^2}{256} \end{cases}$$

und normieren wir (10), indem wir $\sqrt[12]{\Delta}$ im Zähler zusetzen, so kommt:

$$(12) \qquad \int \frac{\sqrt[6]{\frac{\sigma(1-\sigma)}{16}}\cdot dy}{\sqrt{y(1-y)(1-\sigma y)}} = \int \frac{\sqrt[3]{\frac{\varkappa\varkappa'}{4}}\cdot dy}{\sqrt{y(1-y)(1-\varkappa^2 y)}},$$

wo ich, wie es üblich ist, $\sigma = \varkappa^2$, $1 - \sigma = \varkappa'^2$ gesetzt habe [7]). Der Modul $\varkappa$ ist also hier die *Quadratwurzel* aus dem Doppelverhältnisse und als *solche* von keiner wesentlichen Bedeutung. Vielmehr ist *das Doppel-*

---

[6]) Vgl. die Darstellung bei F. Müller, Schlömilchs Zeitschrift, Bd. 18 (1873), S. 280.

[7]) Was Herr Dedekind in seinem Aufsatze *Valenz* nennt, ist also nichts anderes als die [rationale] absolute Invariante des Integrals (10) oder (12):

$$J = \frac{4}{27} \cdot \frac{(\sigma^2 - \sigma + 1)^3}{\sigma^2(1 - \sigma)^2}.$$

verhältnis selbst im folgenden überall die eigentlich in Betracht kommende Größe, und ich schreibe nur gelegentlich $\varkappa^2$ statt σ, um die Formeln den gewöhnlich gebrauchten ähnlicher zu machen.

Nun aber betrachtet man durchgängig nicht (10) als die einfachste Form des elliptischen Integrals, sondern die Legendresche Normalform:

$$(13) \qquad \int \frac{dz}{\sqrt{1 - z^2 \cdot 1 - \varkappa^2 z^2}},$$

die, von dem Zahlenfaktor 2 abgesehen, aus (10) durch die quadratische Transformation $y = z^2$ entsteht. Demgegenüber kann nicht stark genug betont werden, daß alle Entwicklungen in der Theorie der elliptischen Funktionen, welche an Jacobis Darstellungsweise anknüpfen, sich im Wesen der Sache auf das Integral (10) beziehen und nur der historischen Kontinuität zuliebe im Legendreschen Normalintegrale ihren Ausgangspunkt nehmen. [Vgl. unten Fußnote [3]) auf S. 179/180]. In der Tat, die Perioden von (13) sind nach Jacobis Bezeichnung $4K$, $2iK'$, während (10) $4K$ und $4iK'$ als Perioden ergibt; und $\dfrac{iK'}{K}$ ist diejenige Größe, welche man als transzendenten Modul zu betrachten pflegt, nicht $\dfrac{iK'}{2K}$. Anders ist es vielfach in Abels Arbeiten; bei ihm wird das Legendresche Integral aus dem allgemeinen $\int \dfrac{dx}{\sqrt{f(x)}}$ durch *lineare* Substitution hergestellt. Ich werde weiter unten noch auf die sich dann ergebenden Beziehungen zurückkommen, und bemerke hier nur, daß dann die Bedeutung von $\varkappa$ minder einfach ist (siehe Abschn. III, § 9).

§ 4.

Die quadratische Transformation und die Transformation vierter Ordnung.

Neben dem Legendreschen Integrale entstehen aus (10) durch quadratische Transformation noch zwei andere, die man erhält, wenn man $-(1 - \sigma y)$, bzw. $(1 - y)$ durch $(\sigma - 1) z^2$ ersetzt. Für den soeben gekennzeichneten Standpunkt sind diese drei Integrale gleichberechtigt, und so mögen sie, von Faktoren befreit, hier zusammengestellt werden. Es sind diese:

$$(14) \qquad \begin{cases} \int \dfrac{dz}{\sqrt{1 - z^2 \cdot 1 - \sigma z^2}}, \\[2ex] \int \dfrac{dz}{\sqrt{1 - z^2 \cdot 1 - (1 - \sigma) z^2}}, \\[2ex] \int \dfrac{dz}{\sqrt{1 - \sigma z^2 \cdot 1 - (\sigma - 1) z^2}}. \end{cases}$$

Für ihre Invarianten hat man folgende Werte:

	g_2	g_3	Δ
I	$\dfrac{\sigma^2 + 14\,\sigma + 1}{12}$	$\dfrac{\sigma^3 - 33\,\sigma^2 - 33\,\sigma + 1}{216}$	$\dfrac{\sigma\,(1-\sigma)^4}{16}$
II	$\dfrac{\sigma^2 - 16\,\sigma + 16}{12}$	$\dfrac{-\sigma^3 - 30\,\sigma^2 + 96\,\sigma - 64}{216}$	$\dfrac{\sigma^4\,(1-\sigma)}{16}$
III	$\dfrac{1 - 16\,\sigma + 16\,\sigma^2}{12}$	$\dfrac{-1 - 30\,\sigma + 96\,\sigma^2 - 64\,\sigma^3}{216}$	$\dfrac{\sigma\,(\sigma-1)}{16}$

(15)

und also für die Größe J in den drei Fällen:

$$(16) \qquad J = \frac{(\sigma^2 + 14\,\sigma + 1)^3}{108\,\sigma\,(1-\sigma)^4}, \quad \frac{(\sigma^2 - 16\,\sigma + 16)^3}{108\,\sigma^4\,(1-\sigma)}, \quad \frac{(1 - 16\,\sigma + 16\,\sigma^2)^3}{108\,\sigma\,(\sigma-1)}.$$

Wir können an diese Formeln Folgerungen für die quadratische und die biquadratische Transformation des elliptischen Integrals knüpfen. Einmal hat man:

Ist J die absolute Invariante des gegebenen Integrals, so erhält man die absoluten Invarianten der durch quadratische Transformation hervorgehenden Integrale, wenn man einen Wert von σ der Gleichung entnimmt:

$$J = \frac{4}{27} \cdot \frac{(\sigma^2 - \sigma + 1)^3}{\sigma^2\,(1-\sigma)^2}$$

und ihn in die Ausdrücke (16) *einträgt. Oder auch: wenn man die sechs Werte von σ der vorstehenden Gleichung entnimmt und sie in einen der drei Ausdrücke* (16) *einträgt (wobei nur drei verschiedene Werte resultieren).*

Andererseits folgt:

Will man die Invarianten derjenigen Integrale berechnen, die aus dem gegebenen mit der Invariante J durch Transformation vierter Ordnung hervorgehen, so bestimme man aus einer der drei Gleichungen (16) *die sechs Werte von σ und trage sie in eine zweite der drei Gleichungen ein.*

§ 5.

Darstellung der rationalen Invarianten durch die Perioden.

Ich stelle hier einige den Jacobischen Fundamenten entnommene Formeln zusammen, die man zur Berechnung von Δ und g_2 und also von J benutzen kann. Nach dem, was soeben gesagt wurde, entspricht das Jacobische $\dfrac{iK'}{K}$ unserem $\omega = \dfrac{\omega_1}{\omega_2}$. Soll der Zähler dem Zähler, der

Nenner dem Nenner zugeordnet werden, so beachte man, daß $\omega_1 \sqrt[12]{\Delta}$ resp. $\omega_1 \sqrt[4]{g_2}$ absolut invariant ist. Daher kommt:

$$(17) \qquad \begin{cases} \sqrt[12]{\Delta} \cdot \omega_1 = 4\,i\,K' \sqrt[3]{\dfrac{\varkappa\,\varkappa'}{4}}, \\[2ex] \sqrt[12]{\Delta} \cdot \omega_2 = 4\,K \sqrt[3]{\dfrac{\varkappa\,\varkappa'}{4}}, \end{cases}$$

sowie:

$$(17\,\mathrm{a}) \qquad \begin{cases} \sqrt[4]{g_2} \cdot \omega_1 = 4\,i\,K' \sqrt[4]{\dfrac{\varkappa^4 - \varkappa^2 + 1}{12}}, \\[2ex] \sqrt[4]{g_2} \cdot \omega_2 = 4\,K \sqrt[4]{\dfrac{\varkappa^4 - \varkappa^2 + 1}{12}}. \end{cases}$$

Nun findet man S. 89 der Fundamenta (1829) [= S. 146 in Bd. 1 der gesammelten Werke Jacobis]:

$$\{(1 - q^2)(1 - q^4)(1 - q^6)\ldots\}^6 = \frac{2\,\varkappa\,\varkappa'\,K^3}{\pi^3 \sqrt{q}}, \qquad q = e^{-\pi \frac{K'}{K}}.$$

Also folgt:

$$(18) \qquad \omega_2 \sqrt[12]{\Delta} = 2\,\pi \cdot q^{\frac{1}{6}} \cdot \Pi\,(1 - q^{2\nu})^2, \qquad q = e^{i\pi\omega}.$$

Diese Formel läßt Δ aus ω_1, ω_2 berechnen[8]). (Umgekehrt kann sie auch dazu dienen, um bei dem normierten Integrale, bei welchem $\Delta = 1$ ist, ω_2 und ω_1 durch ihr Verhältnis ω auszudrücken.)

Man findet ferner S. 114 der Fundamenta [= S. 169 in Bd. 1 der gesammelten Werke]:

$$(1 - \varkappa^2 + \varkappa^4) \cdot \left(\frac{2\,K}{\pi}\right)^4 = 1 + 15 \cdot 16 \left\{ \frac{q^2}{1 - q^2} + \frac{2^3\,q^4}{1 - q^4} + \frac{3^3\,q^6}{1 - q^6} + \cdots \right\},$$

also, vermöge (17 a):

$$(19) \qquad g_2 \cdot \left(\frac{\omega_2}{2\,\pi}\right)^4 = \frac{1}{12} + 20 \left\{ \frac{q^2}{1 - q^2} + \frac{2^3\,q^4}{1 - q^4} + \frac{3^3\,q^6}{1 - q^6} + \cdots \right\}.$$

Aus dieser Formel berechne man g_2.

Beachten wir noch, welchem Werte sich $J = \dfrac{g_2^3}{\Delta}$ nähert, wenn q verschwindet. Man findet in erster Annäherung:

$$(20) \qquad J = \frac{1}{1728\,q^2}.$$

§ 6.

Das Doppelverhältnis als Funktion von ω. Konforme Abbildung.

Man kann bekanntlich die Perioden $4\,K$, $4\,i\,K'$ als hypergeometrische Reihen darstellen, die Partikularlösungen derselben Differentialgleichung

---

[8]) Die rechter Hand in (18) stehende Funktion ist, von dem Faktor 2π abgesehen, das Quadrat der bei Dedekind zugrunde gelegten Funktion $\eta(\omega)$.

zweiter Ordnung mit $\sigma = \varkappa^2$ als unabhängiger Veränderlicher sind. Daher bildet der Quotient $\omega = \dfrac{iK'}{K}$ die Halbebene σ auf ein Kreisbogendreieck ab, und es zeigt sich, daß die Winkel dieses Dreiecks sämtlich Null sind[9]). Benutzt man für $4K$, $4iK'$ die gewöhnlich angegebenen Reihenentwicklungen, so haben die beiden Dreiecke, welche der positiven und negativen

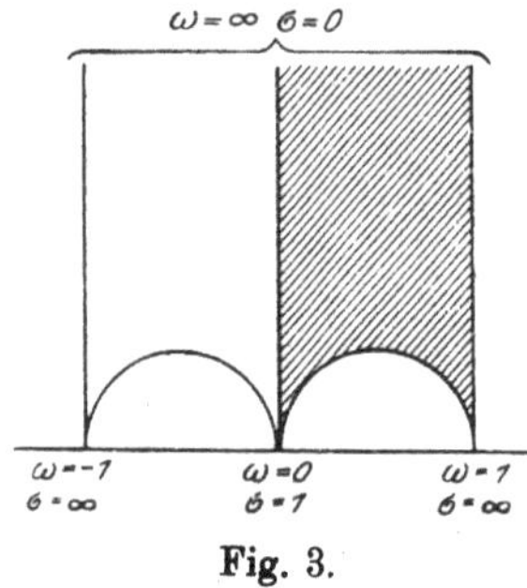
Fig. 3.

Halbebene σ (der nördlichen und südlichen Halbkugel) entsprechen und von denen das erstere schraffiert werden soll, in der ω-Ebene die in Fig. 3 gegebene Lage.

Zwei Dreieckseiten sind, wie man sieht, gerade Linien geworden, welche sich, als parallele Linien, unter einem Winkel gleich Null treffen; die dritte Seite ist ein Halbkreis, der die beiden geradlinigen Seiten in Punkten der reellen Achse berührt.

Vervielfältigt man diese Dreiecke nach dem Gesetze der Symmetrie, so erhält man eine beliebig zu vermehrende Zahl derselben, welche in lückenloser Aufeinanderfolge die positive Halbebene ω überdecken, aber niemals auf die negative Halbebene hinübergreifen. Ihre Spitzen liegen alle auf der Achse der reellen Zahlen und drängen sich dort in jedem rationalen Punkte zu unendlich vielen zusammen. Die folgende Figur (die nach Belieben vervollständigt werden kann) mag dies Verhältnis erläutern.

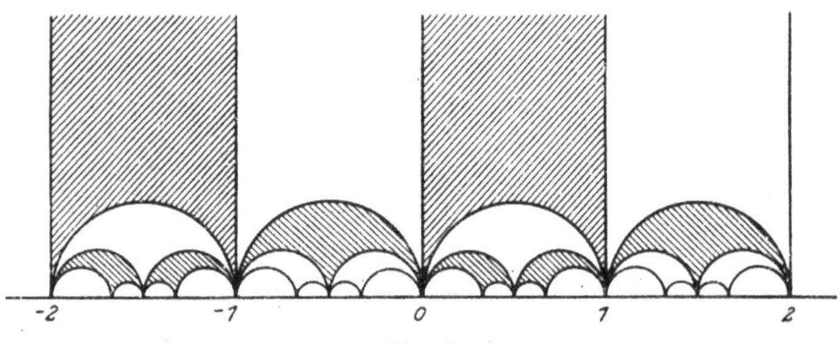
Fig. 4.

Diese Figur zeigt in völlig anschaulicher Weise, wie ω als Funktion von σ verzweigt ist. Wollte man die Riemannsche Fläche konstruieren, welche ω als Funktion von σ darstellt, so würde man unendlich viele Blätter erhalten, welche bei $\sigma = 0, 1, \infty$ unendlich oft zu unendlich vielen zusammenhängen würden. Statt dessen benutzen wir hier den Umstand

---

[9]) Siehe **Schwarz** in Crelles Journal, Bd. 75 (1872/73), S. 319 [= Gesammelte Math. Abhandlungen, Bd. 2, S. 241, 242.]

(der sich aus der konformen Abbildung selbst ohne weiteres ergibt), daß σ eine eindeutige Funktion von ω ist und zerlegen die Ebene ω in unendlich viele den Halbebenen von σ entsprechende Gebiete. Ich betone dieses Verfahren, weil ich es später oft benutze, um Verhältnisse klarzulegen, die sich auf der *mehrblättrigen* Riemannschen Fläche kaum übersehen lassen.

§ 7.

Die Invariante J als Funktion von ω.

Man beachte jetzt, daß sich nach § 2 die Halbebene σ (resp. die von dem Äquator begrenzte Halbkugel σ) in sechs Unterdreiecke zerlegt, welche den Halbebenen J entsprechen. Genau ebenso kann man ein Kreisbogen-

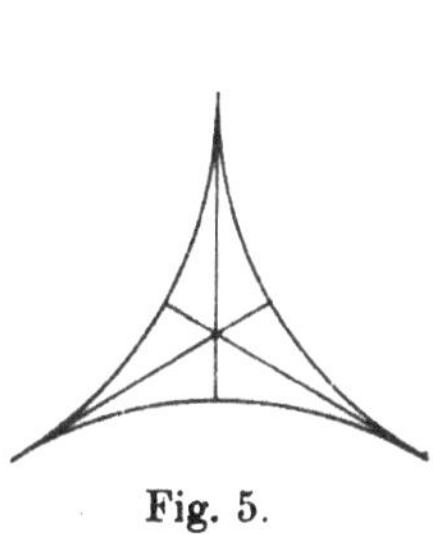

Fig. 5.

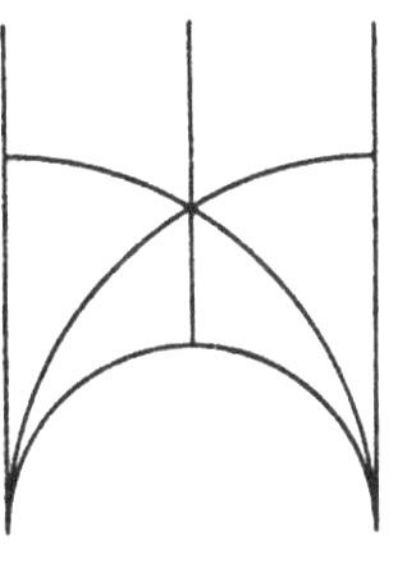

Fig. 6.

dreieck, dessen sämtliche Winkel gleich Null sind, in sechs Unterdreiecke zerlegen. Für das symmetrisch gestaltete Dreieck dieser Art ziehe man einfach, wie Fig. 5 zeigt, die drei Höhen; die Unterdreiecke sind dann geradezu kongruent. Allgemein also hat man zum Zwecke der Zerlegung durch jede der drei Ecken denjenigen Kreis zu ziehen, der in der Ecke die beiden dort zusammenstoßenden Kreisbogen berührt, während er auf der dritten Seite senkrecht steht. Dies liefert z. B. bei den Dreiecken der Fig. 3 das in **Fig. 6** gegebene Bild.

Jetzt folgt aus dem Prinzip der Symmetrie: *daß sich ω eben über ein solches kleines Dreieck bewegt, wenn J über seine Halbebene läuft.*

Man erhält also die konforme Abbildung, welche die Beziehung zwischen J und ω darstellt, wenn

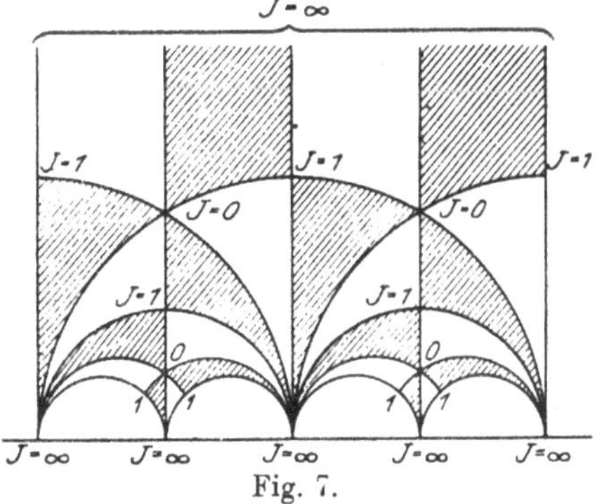

Fig. 7.

man jedes Dreieck der Fig. 4 in der nun angegebenen Weise in sechs kleine Dreiecke zerlegt und diese Dreiecke, der Zeichnung 2 entsprechend, abwechselnd schraffiert, resp. freiläßt. So entsteht die Fig. 7.

Will man die Sache anders darstellen, indem man ω als Funktion von J durch eine unendlich-blättrige Riemannsche Fläche repräsentiert, so folgt, daß bei $J=0$ immer je drei, bei $J=1$ immer je zwei, bei $J=\infty$ immer unendlich viele Blätter zyklisch zusammenhängen.

Diese Figur nun — welche die eigentliche Grundlage für das Nachfolgende abgibt — ist eben diejenige, von der Dedekind bei seiner Darstellung ausgeht. Er kommt zu ihr durch rein arithmetische Betrachtung. Die Werte von ω, welche zu einem Werte von J gehören, sind, wie oben bemerkt, aus einem solchen Werte durch die [ganzzahligen] Substitutionen

$$(22) \qquad \omega' = \frac{\alpha\,\omega + \beta}{\gamma\,\omega + \delta}, \quad \alpha\delta - \beta\gamma = 1$$

zu berechnen. Nennen wir solche Werte von ω einander *äquivalent*, so ist aus der Entstehung unserer Figur klar, daß man zu einem beliebig gegebenen Punkte der positiven Halbebene ω, der einem schraffierten oder nicht schraffierten Dreiecke angehören mag, die Gesamtheit der mit ihm äquivalenten erhält, wenn man in allen schraffierten, bez. nicht schraffierten Dreiecken die entsprechend gelegenen Punkte markiert. Umgekehrt also — und das ist der Weg, den Herr Dedekind einschlägt — muß man, von der Untersuchung der Substitutionen (22) ausgehend, zu unserer Dreiecksfigur gelangen, und dann, wenn man will, von ihr aus zur Definition der Größe J (der *Valenz*). Dieser Weg hat in prinzipieller Hinsicht vor dem hier von mir eingeschlagenen durchaus den Vorzug; aber ich wünschte mich möglichst an die bekannten Resultate der Theorie der elliptischen Funktionen anzuschließen, da ich später doch auf sie zurückgreifen muß, wenn ich nicht zu weitläufig werden will.

Übrigens sei es mir weiterhin gestattet, die Dreiecke der Fig. 7 als *Elementardreiecke* zu bezeichnen.

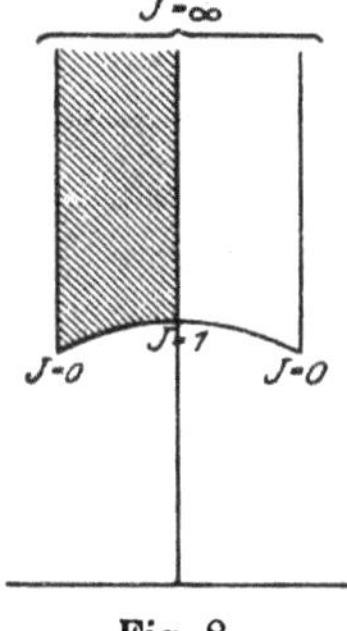

Fig. 8.

Die Vierecke aber von der Art des in nebenstehender Figur dargestellten, welche durch Aneinanderlegung zweier Elementardreiecke entstehen und somit als Bilder der (zweckmäßig zerschnittenen) Gesamtebene J gelten können, sollen gelegentlich *Elementarvierecke* genannt werden.

§ 8.

Einteilung der Substitutionen $\omega' = \frac{\alpha\,\omega + \beta}{\gamma\,\omega + \delta}$.

Unter Benutzung der nunmehr gewonnenen Figur ist es sehr leicht und für viele Zwecke sehr nützlich, sich ein deutliches Bild der Transformationen (22):

$$\omega' = \frac{\alpha\,\omega + \beta}{\gamma\,\omega + \delta}, \quad (\alpha\delta - \beta\gamma = 1)$$

zu machen. Beachten wir hier nur die bei einer solchen Transformation festbleibenden Elemente. Sie können konjugiert imaginär, zusammenfallend oder reell und verschieden sein. Im ersteren Falle will ich die Substitution eine *elliptische*, im zweiten Falle eine *parabolische*, im dritten eine *hyperbolische* nennen. Bei einer elliptischen Substitution gehört eins der beiden festbleibenden Elemente der positiven Halbebene ω an, die durch unsere Figur überdeckt wird. Markieren wir vorab in ihr die zu einem beliebig gewählten Anfangswerte äquivalenten Punkte und fragen nun, wann von diesen verschiedenen Punkten im besonderen Falle einige zusammenfallen können. Es ist das offenbar nur dann der Fall, wenn wir es mit einer Ecke des Fundamentaldreiecks zu tun haben. Für die eine Ecke ist $J = 0$ (d. h. $g_2 = 0$), die mit ihr äquivalenten Punkte rücken zu drei und drei zusammen. Für die zweite Ecke ist $J = 1$ (d. h. $g_3 = 0$) und die äquivalenten Stellen sind zu zwei und zwei vereinigt. Die dritte Ecke kommt hier nicht in Betracht, da sie der Achse der reellen Zahlen angehört. Nun repräsentiert in Fig. 8 die eine Ecke des schraffierten Dreiecks, $(g_2 = 0)$, den Wert $\omega = \varrho = \dfrac{-1+\sqrt{-3}}{2}$, die andere $(g_3 = 0)$ den Wert i.

Dementsprechend werden wir den Satz aufstellen:

Von elliptischen Substitutionen $\omega' = \dfrac{\alpha\omega+\beta}{\gamma\omega+\delta}$ *gibt es nur zwei Klassen; die einen haben die Periode 3, die anderen die Periode 2. Die ersteren lassen solche Punkte ungeändert, welche mit* $\dfrac{-1\pm\sqrt{-3}}{2}$, *die anderen solche Punkte, die mit* $\pm\,i$ *äquivalent sind.*

Arithmetisch bestätigt sich dies durch folgende einfache Überlegung. Die Realität der bei den Substitutionen $\omega' = \dfrac{\alpha\omega+\beta}{\gamma\omega+\delta}$ festbleibenden Elemente hängt wegen $\alpha\delta - \beta\gamma = 1$ von dem Vorzeichen der Größe $(\alpha+\delta)^2 - 4$ ab. Soll also die Substitution eine elliptische sein, so kann $(\alpha+\delta)$ nur Null oder ± 1 sein. Im ersteren Falle sind die festbleibenden Elemente

$$\omega = \frac{-\delta\pm i}{\gamma}, \quad \text{im anderen Falle} \quad \omega = \frac{-\delta\pm\dfrac{-1\pm\sqrt{-3}}{2}}{\gamma}, \quad \text{und dies sind Werte,}$$

welche mit $\pm\,i$, bez. mit $\dfrac{-1\pm\sqrt{-3}}{2}$ äquivalent sind[10]). — Allgemein berechnet man die Periode einer Substitution, indem man letztere auf die Gestalt bringt:

$$\frac{\omega'-a}{\omega'-b} = \lambda \cdot \frac{\omega-a}{\omega-b},$$

wo $a,\,b$ die beiden festbleibenden Elemente sind; ist dann n der Exponent

---

[10]) [Für den Beweis vgl. Dedekind, a. a. O. S. 275 ff.]

der niedrigsten Potenz von λ, welche gleich Eins ist, so ist n die Periode. Nun ergibt sich in unserem Falle mit Rücksicht auf $\alpha\delta - \beta\gamma = 1$ durch Koeffizientenvergleichung:

$$\lambda + \frac{1}{\lambda} = (\alpha + \delta)^2 - 2.$$

Setzen wir hier $(\alpha + \delta) = 0$, so kommt $\lambda = -1$, setzen wir $(\alpha + \delta) = \pm 1$, so kommt $\lambda = \dfrac{-1 \pm \sqrt{-3}}{2}$, womit bestätigt ist, was über die Perioden der elliptischen Substitutionen gesagt wurde.

Die Bestimmung der Doppelelemente zeigt, daß man eine *parabolische* Substitution hat, wenn $(\alpha + \delta) = \pm 2$ ist. Die Periode der Substitution (welche dann nicht mehr durch die letztangegebene Regel gegeben wird, da die festbleibenden Elemente zusammenfallen) ist dann notwendig unendlich; das festbleibende Element wird gleich $\dfrac{\pm 1 - \delta}{\gamma}$. Das heißt:

Jeder rationale reelle Wert von ω ist festbleibendes Element bei einer parabolischen Substitution.

Diese festbleibenden Elemente sind also keine anderen als diejenigen, in denen $J = \infty$, $\Delta = 0$ wird. In der Tat stoßen in jedem solchen Punkte unendlich viele Elementardreiecke zusammen.

Für die *hyperbolischen* Substitutionen endlich ergibt sich, daß auch sie eine unendlich große Periode besitzen und daß die bei ihnen festbleibenden Elemente niemals rationale Werte aufweisen. Denn die Quadratwurzel aus $(\alpha + \delta)^2 - 4$ kann nie rational sein, wenn $|\alpha + \delta| > 2$ ist.

<h3 style="text-align:center">§ 9.</h3>

<h3 style="text-align:center">Die Perioden ω_1, ω_2 als hypergeometrische Reihen, welche nach J fortschreiten.</h3>

Die Dreiecksfigur des § 7 lehrt uns ferner, ω_1 und ω_2 in Funktion der rationalen Invarianten zu berechnen. Zuvörderst ergibt sich, daß $\omega = \dfrac{\omega_1}{\omega_2}$ der Quotient zweier Partikularlösungen einer hypergeometrischen Differentialgleichung ist, deren unabhängige Veränderliche die absolute Invariante J ist. Denn allgemein vermittelt der Quotient zweier Partikularlösungen der hypergeometrischen Differentialgleichung die Abbildung der Halbebene auf ein Kreisbogendreieck[11]). In unserem Falle sind die drei Winkel des Kreisbogendreiecks $= 0, \frac{\pi}{3}, \frac{\pi}{2}$, und wir können daher die

---

[11]) Vgl. die Abhandlung von Schwarz in Crelles Journal, Bd. 75 (1872/73) [= Gesammelte Math. Abhandlungen, Bd. 2. S. 211 ff.].

Konstanten α, β, γ der hypergeometrischen Differentialgleichung nach bekannten Formeln folgendermaßen wählen:

$$\alpha = \frac{1}{12}, \quad \beta = \frac{1}{12}, \quad \gamma = \frac{2}{3}.$$

Die Differentialgleichung lautet dann:

$$(23) \qquad J(1-J) \cdot \frac{d^2 z}{dJ^2} + \left(\frac{2}{3} - \frac{7}{6} J \right) \cdot \frac{dz}{dJ} - \frac{z}{144} = 0.$$

Ich will nun zuerst zwei Partikularlösungen z_1, z_2 dieser Differentialgleichung in der Weise angeben, daß $\omega = \frac{z_1}{z_2}$ sich eben über das in Fig. 8 gezeichnete Elementarviereck bewegt, wenn J seine ganze [von $-\infty$ über 0 nach $+1$ aufgeschnittene] Ebene durchläuft. Ich setze jede der Partikularlösungen z_1, z_2 in drei Formen, von denen für ein gegebenes J immer mindestens eine konvergiert. Von den doppelten Vorzeichen gilt das obere für ein J, das der positiven Halbebene angehört, das untere für die J der negativen Halbebene. Man findet durch elementare Methoden[12]):

$$(24) \left\{ \begin{aligned}
z_1 &= -\frac{i}{2\pi \sqrt[12]{J}} \left(\left(\log J + \log 1728 \right) \cdot F\left(\frac{1}{12}, \frac{5}{12}, 1, \frac{1}{J} \right) \right. \\
&\qquad \left. - \frac{\partial F\left(\frac{1}{12}+\varrho, \frac{5}{12}+\varrho, 1+2\varrho, \frac{1}{J} \right)}{\partial \varrho} \bigg|_{(\varrho=0)} \right) \\[2mm]
&= -\frac{i}{2\pi \sqrt[12]{J-1}} \left(\left(\log(J-1) + \log 1728 \right) \cdot F\left(\frac{1}{12}, \frac{7}{12}, 1, \frac{1}{1-J} \right) \right. \\
&\qquad \left. - \frac{\partial F\left(\frac{1}{12}+\varrho, \frac{7}{12}+\varrho, 1+2\varrho, \frac{1}{1-J} \right)}{\partial \varrho} \bigg|_{(\varrho=0)} \right) \\[2mm]
&= \pm \sqrt{3}\, \sqrt{2+\sqrt{3}} \cdot \frac{\Pi(0) \cdot \Pi\left(-\frac{2}{3} \right)}{\Pi\left(-\frac{1}{12} \right) \cdot \Pi\left(-\frac{7}{12} \right)} \cdot F\left(\frac{1}{12}, \frac{1}{12}, \frac{2}{3}, J \right) \\[2mm]
&\quad + \left(i \mp (2+\sqrt{3}) \right) \cdot \frac{\Pi(0) \cdot \Pi\left(-\frac{2}{3} \right)}{\Pi\left(-\frac{1}{12} \right) \cdot \Pi\left(-\frac{5}{12} \right)} \cdot F\left(\frac{1}{12}, \frac{1}{12}, \frac{1}{2}, 1-J \right) \\[2mm]
z_2 &= \frac{1}{\sqrt[12]{J}} \cdot F\left(\frac{1}{12}, \frac{5}{12}, 1, \frac{1}{J} \right) \\[2mm]
&= \frac{1}{\sqrt[12]{J-1}} \cdot F\left(\frac{1}{12}, \frac{7}{12}, 1, \frac{1}{1-J} \right)
\end{aligned} \right.$$

[12]) [Bei dem Wiederabdruck wurden im folgenden zwecks Richtigstellung kleine Veränderungen vorgenommen. B.-H.]

$$z_2 = \pm\, i\,\sqrt{3}\,\sqrt{2+\sqrt{3}}\cdot\frac{\Pi(0)\cdot\Pi\left(-\dfrac{2}{3}\right)}{\Pi\left(-\dfrac{1}{12}\right)\cdot\Pi\left(-\dfrac{7}{12}\right)}\cdot F\left(\frac{1}{12},\frac{1}{12},\frac{2}{3},J\right)$$

$$+\,\bigl(1\mp(2+\sqrt{3})\,i\bigr)\cdot\frac{\Pi(0)\cdot\Pi\left(-\dfrac{1}{2}\right)}{\Pi\left(-\dfrac{1}{12}\right)\cdot\Pi\left(-\dfrac{5}{12}\right)}\cdot F\left(\frac{1}{12},\frac{1}{12},\frac{1}{2},1-J\right).$$

Um jetzt ω_1, ω_2 selbst zu berechnen, setze man $\sqrt[12]{\Delta}\cdot\omega_1 = M z_1$, $\sqrt[12]{\Delta}\cdot\omega_2 = M z_2$, wo M einen Multiplikator bedeutet, und findet zunächst:

$$\omega_1\frac{d\omega_2}{dJ}-\omega_2\frac{d\omega_1}{dJ}=\frac{-iM^2}{2\pi\sqrt[6]{\Delta}}\,J^{-\frac{2}{3}}(J-1)^{-\frac{1}{2}}.$$

Nun ist aber nach dem Früheren

$$\sqrt[12]{\Delta}\cdot\omega_1 = 4\,i\,K'\sqrt[3]{\frac{\varkappa\varkappa'}{4}},\qquad \sqrt[12]{\Delta}\cdot\omega_2 = 4\,K\sqrt[3]{\frac{\varkappa\varkappa'}{4}}$$

und man hat die Formel der Fundamenta [vgl. Jacobi, Ges. Werke, Bd. 1, S. 129 unten]:

$$iK'\cdot\frac{dK}{d(\varkappa^2)}-K\frac{d(iK')}{d(\varkappa^2)}=\frac{i\pi}{4\varkappa^2(1-\varkappa^2)}.$$

Der Vergleich ergibt nach kurzer Zwischenrechnung:

$$M=\frac{2\pi}{\sqrt{2\sqrt{3}}},$$

und also haben wir für ω_1, ω_2 allgemein folgende Darstellung:

$$(25)\qquad\begin{cases}\omega_1=\dfrac{2\pi}{\sqrt{2\sqrt{3}}}\cdot\dfrac{z_1}{\sqrt[12]{\Delta}},\\[2ex]\omega_2=\dfrac{2\pi}{\sqrt{2\sqrt{3}}}\cdot\dfrac{z_2}{\sqrt[12]{\Delta}}.\end{cases}$$

Ist also ein elliptisches Integral $\displaystyle\int\frac{dx}{\sqrt{f(x)}}$ vorgelegt, so bedarf man zur Berechnung der Perioden ω_1, ω_2 durchaus nicht der Auflösung der Gleichung $f=0$, wie man gewöhnlich annimmt, indem man die Perioden durch die zwischen den Verzweigungspunkten genommenen Integrale definiert. Sondern es genügt, aus den Koeffizienten von f die rationalen Invarianten zu berechnen und ihre Werte in (24), (25) einzutragen.

Der erste, der dieses Resultat abgeleitet hat, scheint Herr Bruns zu sein [13]). Ich glaubte es hier von mir aus entwickeln zu sollen, weil es für

<hr>

[13]) Dorpater Festschrift: *Über die Perioden der elliptischen Integrale erster und zweiter Gattung.* 1875 [abgedruckt in den Math. Annalen, Bd. 27 (1886), S. 234—252]. Herr Bruns beschränkt sich auf die Betrachtung des Integrals

$$\int\frac{dx}{\sqrt{4x^3-g_2x-g_3}}$$

und gibt den hypergeometrischen Reihen eine etwas andere Form.

das folgende durchaus wesentlich ist, die Beziehung zwischen den Perioden ω_1, ω_2 und den Invarianten g_2, g_3, Δ als eine direkte zu betrachten, zu deren Herstellung man der Vermittlung von $\sigma = \varkappa^2$ nicht bedarf, und habe eben deshalb auch die fertigen, bei der Berechnung unmittelbar brauchbaren Formeln hergesetzt.

Abschnitt II.

Die Gleichungen zwischen den Invarianten bei Transformation der elliptischen Funktionen.

Auflösung der Jacobischen Gleichungen sechsten Grades mit $A = 0$.

§ 1.
Gleichungen, welche einen Parameter enthalten.

Es sei

$$\varphi(s, z) = 0$$

eine Gleichung, in der s die Unbekannte, z einen veränderlichen Parameter bedeuten soll. So konstruiere man über der Ebene, welche die komplexen Werte von z repräsentiert, die zu s gehörige Riemannsche Fläche. Dieselbe hat eine doppelte Eigenschaft, welche sie geeignet erscheinen läßt, als gemeinsames Charakteristikum aller Gleichungen zu dienen, die aus $\varphi = 0$ durch Tschirnhausen-Transformation entstehen. Erstlich nämlich bleibt sie ungeändert, wenn man statt s eine rationale Funktion s' von s und z als neue Unbekannte einführt; zweitens gilt auch der umgekehrte Satz, daß s' in s und z rational ist, wenn s' in bezug auf z dieselbe Riemannsche Fläche besitzt wie s.

Handelt es sich also darum, eine Gleichung, die den Parameter z enthalten soll, in einfachster Weise aufzustellen, so studiere man zunächst die zu ihr gehörige über der z-Ebene konstruierte Riemannsche Fläche. *Dann führe man als Unbekannte die einfachste algebraische Funktion ein, welche in dieser Riemannschen Fläche existiert.*

Diese Forderung einer einfachsten Funktion wird, sobald das Geschlecht p der Riemannschen Fläche größer als Null ist, einer Definition bedürfen und je nach dem Zwecke, den man verfolgt, verschieden ausfallen. Ist aber $p = 0$ — und das ist der Fall bei allen im folgenden explizite behandelten Gleichungen — so kann kein Zweifel sein, daß man als einfachste Funktion diejenige zu betrachten hat, durch die sich alle anderen rational ausdrücken. Diese Funktion, die weiterhin τ genannt werden soll, ist, von linearen Substitutionen $\left(\tau' = \dfrac{a\,\tau + b}{c\,\tau + d}\right)$ abgesehen, völlig bestimmt. Durch ihre Einführung gewinnt die Gleichung folgende Gestalt:

$$(1) \qquad z = \frac{\varphi(\tau)}{\psi(\tau)},$$

wo φ, ψ zwei ganze rationale Funktionen sind, und die vielfachen Wurzeln, welche die Gleichung

$$z \cdot \psi(\tau) - \varphi(\tau) = 0$$

bei veränderlichem z aufweist, entsprechen genau den Verzweigungspunkten, welche die Riemannsche Fläche besitzt.

§ 2.

Gleichungen, welche sich durch elliptische Modulfunktionen lösen lassen.

Der Parameter, welcher soeben z genannt wurde, soll jetzt die absolute Invariante eines elliptischen Integrals sein und demnach mit J bezeichnet werden. So frage man: *Wie muß s als Funktion von J verzweigt sein, wenn sich die Gleichung*

$$\varphi(s, J) = 0$$

durch elliptische Modulfunktionen soll lösen lassen? Ich meine, die Gleichung soll sich in der Weise lösen lassen, daß man aus J das Periodenverhältnis ω berechnet und man nun eindeutige in der ganzen positiven Halbebene ω definierte Funktionen von ω hat, welche die Wurzeln von $\varphi = 0$ repräsentieren.

Dazu ist nötig und hinreichend, daß sich die einzelne Wurzel s, als Funktion von ω aufgefaßt, innerhalb der positiven Halbebene ω nicht verzweigt.

Daher hat man unmittelbar mit Rücksicht auf Abschnitt I den Satz: *Verzweigungsstellen dürfen in der Riemannschen Fläche, welche s als Funktion von J darstellt, nur bei $J = 0, 1, \infty$ liegen. Bei $J = 0$ können beliebig oft drei Blätter zusammenhängen, bei $J = 1$ beliebig oft zwei Blätter. Bei $J = \infty$ kann die Verzweigung irgendwelche sein*[14].

Suchen wir insbesondere Gleichungen vom Geschlechte Null und setzen sie in die Form (1):

$$J = \frac{\varphi(\tau)}{\psi(\tau)},$$

so darf φ neben einfachen Faktoren nur dreifache, $\varphi - \psi$ neben einfachen

---

[14] Genau ebenso bestimmt man alle transzendenten Funktionen von J, welche sich durch Modulfunktionen eindeutig darstellen lassen. Zugleich erledigt man das Problem: *Alle Untergruppen aufzustellen, welche in der Gesamtheit der [ganzzahligen] Substitutionen*

$$\omega' = \frac{\alpha\omega + \beta}{\gamma\omega + \delta}, \qquad (\alpha\delta - \beta\gamma = 1)$$

enthalten sind. [Vgl. die Darstellung in den „Modulfunktionen", Bd. 1, Abschnitt II, insbesondere Kap. 6.]

Faktoren nur doppelte, ψ Faktoren beliebiger Multiplizität enthalten. Aber keine Gleichung $\lambda \varphi + \mu \psi = 0$, die von $\varphi = 0$, $\psi = 0$, $\varphi - \psi = 0$ verschieden ist, darf mehrfache Wurzeln besitzen.

Zu diesen Gleichungen gehören z. B. die Gleichungen (9) und (16) des vorigen Abschnitts. Es gehören aber auch dazu, wie ich beiläufig anführe, zwei der drei Gleichungen, die ich Math. Annalen, Bd. 12 (1877), S. 175/176 [= Abh. LIII in Bd. 2 dieser Ausgabe, S. 316/17] aufstellte: Diese Gleichungen sind deshalb bemerkenswert, weil sie mit dem Transformationsproblem der elliptischen Funktionen nichts zu tun haben, und also ein erstes ausgerechnetes Beispiel abgeben für die allgemeineren in diesem Paragraphen gemeinten durch elliptische Modulfunktionen lösbaren Gleichungen.

§ 3.

Die Gleichungen zwischen J' und J.

Ich lasse nunmehr die Beschränkung auf das Transformationsproblem der elliptischen Funktionen eintreten. J und J' seien die absoluten Invarianten zweier elliptischer Integrale, die durch Transformation n-ter Ordnung auseinander hervorgehen, wo n eine Primzahl sein mag. Um die Gleichung $(n + 1)$-ten Grades aufzustellen, welche J' mit J verknüpft, studiere ich nach § 1 zunächst die Verzweigung von J' in bezug auf J.

Bekanntlich sucht man gewöhnlich nicht die Gleichungen zwischen J und J', sondern die Gleichungen zwischen den Doppelverhältnissen (Modulquadraten) $\varkappa^2$, λ^2 oder die zwischen den achten aus ihnen gezogenen Wurzeln $u = \sqrt[4]{\varkappa}$, $v = \sqrt[4]{\lambda}$. Ich werde weiter unten (§ 1 des vierten Abschnittes) einige auf diese *Modulargleichungen* bezügliche Bemerkungen machen. Hier sei nur erwähnt, daß die Verzweigung, welche z. B. v in bezug auf u aufweist, sehr viel komplizierter ist, als die von J' in bezug auf J.

Die Gleichungen zwischen J' und J sind zuerst von Felix Müller in seiner 1867 erschienenen Dissertation im Anschluß an Weierstrass' Vorlesungen behandelt worden[15]. Er geht von dem Studium der doppeltperiodischen Funktionen aus [indem er die Summe geeigneter $\wp$-Teilwerte als Hilfsgröße benutzt] und gelangt für $n = 2, 3, 4, 5, 7$ zu fertigen Gleichungen. Es hat dann 1874 Brioschi die Frage von algebraischer Seite in Angriff genommen, indem er die Transformation des elliptischen Integrals direkt in Betracht zog[16]. Die folgende Herleitung der Trans-

---

[15]) *De transformatione functionum ellipticarum*, Berlin, 1867. Vgl. auch die spätere Veröffentlichung: *Über die Transformation vierten Grades der elliptischen Funktionen*, Berlin, Programm der Königl. Realschule, 1872.

[16]) *Sur une formule de transformation des fonctions elliptiques*, Comptes Rendus 79, S. 1065 (1874), und 80, S. 261 (1875). [= Opere matematiche, No. XLIX, tomo 1., S. 321 ff.]

formationsgleichungen für $n = 2, 3, 4, 5, 7, 13$ unterscheidet sich wesentlich dadurch, daß nur von den Variabeln J und ω, nicht aber von der Integrationsvariablen des elliptischen Integrals oder von diesem Integrale selbst Gebrauch gemacht wird[17]). Und selbst die Variable ω tritt nur in die *Betrachtung* ein, vermöge deren die Verzweigung von J' in bezug auf J erschlossen wird, nicht aber in die *Rechnung*.

§ 4.

Verzweigung von J' in bezug auf J.

Ich will, des einfacheren Ausdrucks wegen, die Primzahl n im folgenden größer als 3 voraussetzen. Ich denke mir ferner J' so berechnet, daß man irgendeinen zu J gehörigen Wert von ω herausgreift und nun ω' der Reihe nach gleichsetzt:

$$(2) \qquad \frac{\omega}{n}, \quad \frac{\omega+1}{n}, \quad \ldots, \quad \frac{\omega+(n-1)}{n}, \quad -\frac{1}{n\,\omega}.$$

Dem Früheren zufolge kann eine Verzweigung von J' in bezug auf J nur bei $J = 0, 1, \infty$ statthaben.

Bei $J = 0$ hängen die Blätter der (unendlich-blättrigen) Riemannschen Fläche, welche ω als Funktion von J darstellt, nach § 7 des ersten Abschnittes zu drei und drei zusammen. Dies ist also, allgemein zu reden, auch bei der Riemannschen Fläche der Fall, welche J' darstellt, insofern J' eine eindeutige Funktion von ω ist. Ausgenommen ist nur, wenn an einer solchen Stelle auch $J' = 0$ ist. Dann ist das betr. Blatt der Fläche J' an der Stelle $J = 0$ gar nicht verzweigt.

Jetzt ist für $J = 0$ ein Wert von ω gleich $\dfrac{-1+\sqrt{-3}}{2} = \varrho$. Das entsprechende J' ist somit aus folgenden Werten von ω' zu berechnen:

$$\omega' = \frac{\varrho}{n}, \quad \frac{\varrho+1}{n}, \quad \ldots, \quad \frac{\varrho+(n-1)}{n}, \quad -\frac{1}{n\,\varrho}$$

und es entsteht die Frage, ob unter diesen Werten einige sind, welche mit ϱ äquivalent sind, und für die also auch $J' = 0$ ist?

Man hat also den Ansatz:

$$(3) \qquad \frac{\varrho+\varkappa}{n} = \frac{\alpha\varrho+\beta}{\gamma\varrho+\delta},$$

wo $\varkappa$ eine der Zahlen $0, 1, \ldots (n-1)$ bedeutet und $\alpha, \beta, \gamma, \delta$ irgendwelche ganze Zahlen sind, die $\alpha\delta - \beta\gamma = 1$ ergeben. Dies erweist sich als möglich und zwar zweimal als möglich, wenn n sich in komplexe Faktoren der Form

$$(\gamma\varrho + \delta)\,(\gamma'\varrho + \delta')$$

---

[17]) Etwas Ähnliches scheint Herr Dedekind zu beabsichtigen; vgl. den Schlußparagraphen seiner Arbeit.

zerlegen läßt, d. h. also, da $n > 3$ angenommen wurde, wenn n von der Gestalt $6\mu + 1$ ist $\cdot\left[-\dfrac{1}{n\varrho}\right.$ ist nie mit ϱ äquivalent$]$. —

Daher haben wir den Satz:

Ist $n = 6\mu + 5$, so hängen bei $J = 0$ die $(n + 1)$ Blätter der auf J' bezüglichen Riemannschen Fläche zu drei und drei zyklisch zusammen. Für $n = 6\mu + 1$ dagegen verlaufen bei $J = 0$ zwei Blätter isoliert und nur die übrigen $(n - 1)$ ordnen sich zu drei und drei in Zyklen.

Genau so erschließt man die Verzweigung bei $J = 1$. Dann ist ein zu J gehöriger Wert von ω gleich i, und es fragt sich, ob sich unter den zugehörigen Werten von ω' solche befinden, die mit i äquivalent sind. Man findet, daß es zwei solche Werte gibt, wenn $n = 4\mu + 1$ ist, daß es aber keinen solchen Wert gibt für $n = 4\mu + 3$. Daher:

Bei $J = 1$ hängen für $n = 4\mu + 3$ alle Blätter paarweise zusammen; ist aber $n = 4\mu + 1$, so bleiben zwei Blätter isoliert und nur die übrigen verzweigen sich zu zwei und zwei.

Betrachten wir endlich den Wert $J = \infty$. Ich behaupte:

Die $(n + 1)$ zugehörigen Werte von J' sind ebenfalls unendlich. Aber nur n der betr. Blätter hängen in einem Zyklus zusammen, ein Blatt verläuft isoliert.

Denn nehmen wir etwa, $J = \infty$ entsprechend, $\omega = i\infty$, d. h. gleich einer sehr großen rein imaginären Zahl. Dann werden unter den Werten (2) von ω' die n ersten:

$$\frac{\omega}{n}, \quad \frac{\omega + 1}{n}, \quad \ldots, \quad \frac{\omega + (n - 1)}{n}$$

ebenfalls gleich $i\infty$, der letzte:

$$-\frac{1}{n\omega}$$

gleich Null. Die zugehörigen J' sind also gewiß alle unendlich. Jetzt lassen wir $i\infty$ allmählich um *reelle* Inkremente wachsen, bis es $i\infty + 1$ geworden ist. Dann vertauschen sich die n ersten Repräsentanten zyklisch, da

$$\frac{\omega + n}{n} \quad \text{mit} \quad \frac{\omega}{n}$$

äquivalent ist. Der letzte Repräsentant aber ist mit seinem eigenen Anfangswerte äquivalent geworden.

<h2 style="text-align:center">§ 5.</h2>

<h2 style="text-align:center">Vertauschung von J und J'.</h2>

Selbstverständlich ist J in bezug auf J' gerade so verzweigt, wie J' in bezug auf J. Wir erhalten also dieselbe Riemannsche Fläche in doppelter Bedeutung, oder, anders ausgedrückt: *Es gibt eine eindeutige Transformation der Riemannschen Fläche in sich, welche der Vertauschung von J und J' entspricht.*

Diese eindeutige Transformation hat notwendig die Periode *Zwei*, weil eine zweimalige Vertauschung den ursprünglichen Zustand wieder herstellt. Nun entsprechen $J = \infty$, wie wir soeben sahen, nur *zwei* Punkte der Riemannschen Fläche, und für diese war auch J' gleich ∞. Ich behaupte zunächst:

Bei der in Rede stehenden eindeutigen Transformation werden diese beiden Punkte miteinander vertauscht.

Man sieht dies sofort, wenn man wieder, wie es eben geschah, $\omega = i\infty$ setzt und um reelle Inkremente wachsen läßt. So geht

$$\omega' = -\frac{1}{n\,\omega}$$

bereits in einen mit seinem anfänglichen Werte äquivalenten Wert über, wenn ω um $\frac{1}{n}$ zugenommen hat, so daß es n-mal einen äquivalenten Wert angenommen hat, wenn ω zum ersten Male mit seinem Anfangswerte äquivalent geworden ist. Für die anderen n Repräsentanten ω' gilt das Umgekehrte; sie werden mit ihrem ursprünglichen Werte zum ersten Male äquivalent, wenn ω dies bereits n-mal getan hat. —

Beachten wir ferner solche, nach dem vorigen Paragraphen möglicherweise paarweise vorhandene Stellen, in denen J und J' gleichzeitig Null oder gleichzeitig Eins sind, und die sich dadurch auf der Riemannschen Fläche kenntlich machen, daß bei $J = 0$ resp. bei $J = 1$ zwei Blätter isoliert verlaufen. Offenbar ändern diese Stellen bei Vertauschung von J und J' ihren Charakter nicht; *sie bleiben also bei der betr. eindeutigen Transformation entweder einzeln erhalten oder vertauschen sich wechselweise.* Welches von beiden eintritt, mag hier unentschieden bleiben.

§ 6.

Das Geschlecht der Transformationsgleichung.

Um das Geschlecht der Gleichung zwischen J und J' zu berechnen, unterscheide man jetzt n nach dem Modul 12. In der folgenden Tabelle ist angegeben, wie oft bei $J = 0$, $J = 1$, $J = \infty$ eine Anzahl von μ Blättern im Zyklus zusammenhängen. Also z. B. $4\nu \cdot 3 + 2 \cdot 1$ heißt, daß 4ν-mal je 3 Blätter zusammenhängen und außerdem zweimal je ein Blatt isoliert verläuft.

	$J = 0$	$J = 1$	$J = \infty$
$n = 12\nu + 1$	$4\nu \cdot 3 + 2 \cdot 1$	$6\nu \cdot 2 + 2 \cdot 1$	$1 \cdot (12\nu + 1) + 1 \cdot 1$
$n = 12\nu + 5$	$(4\nu + 2) \cdot 3$	$(6\nu + 2) \cdot 2 + 2 \cdot 1$	$1 \cdot (12\nu + 5) + 1 \cdot 1$
$n = 12\nu + 7$	$(4\nu + 2) \cdot 3 + 2 \cdot 1$	$(6\nu + 4) \cdot 2$	$1 \cdot (12\nu + 7) + 1 \cdot 1$
$n = 12\nu + 11$	$(4\nu + 4) \cdot 3$	$(6\nu + 6) \cdot 2$	$1 \cdot (12\nu + 11) + 1 \cdot 1$

Nun hat man die bekannte Regel

$$p = -n + \sum \frac{\nu - 1}{2},$$

wo n die um Eins verminderte Blätterzahl, ν die Zahl der im einzelnen Verzweigungspunkte zyklisch verbundenen Blätter ist. Daher kommt in den vier Fällen:

$$(4) \qquad p = \nu - 1, \ \nu, \ \nu, \ \nu + 1.$$

Das Geschlecht ist also gleich Null für $n = 5, 7, 13$. *Für* $n = 11$, 17, 19 *wird es gleich Eins usw.*

Die Fälle $n = 2, 3$ blieben im Vorangehenden ausgeschlossen; wir werden weiterhin sehen, daß auch bei ihnen das Geschlecht gleich Null ist.

§ 7.

Das Fundamentalpolygon.

Nachdem bekannt ist, welche Verzweigungsstellen J' in bezug auf J aufweist, handelt es sich darum, zu entscheiden, wie die verschiedenen Verzweigungspunkte aufeinander bezogen sind (wie sie durch Verzweigungsschnitte zu verbinden sind). Um hierüber Klarheit zu bekommen, betrachte ich in der ω-Ebene ein Polygon, welches aus $(n + 1)$ nebeneinander liegenden Elementarvierecken besteht (Abschnitt I, § 7) und das ich wegen seiner Wichtigkeit für die Transformationstheorie das *Fundamentalpolygon* nenne[18]). Man wende nämlich auf das Elementarviereck der Fig. 8 die $(n + 1)$ Substitutionen an:

$$\omega' = \omega, \ \ \omega \pm 1, \ \ \ldots, \ \ \omega \pm \left(\frac{n-1}{2}\right), \ \ -\frac{1}{\omega}.$$

---

[18]) [Ich hätte schon bei meinen früheren algebraischen Arbeiten die Fundamentalpolygone heranziehen können, z. B. um die Resolventen des Ikosaeders zu definieren. Doch lagen dort die Verhältnisse noch so einfach, daß ich damals noch nicht auf ihre Benutzung verfiel. K.]

[Neuerdings hat, wie schon in den Vorbemerkungen erwähnt, R. F r i c k e die Transformationstheorie der elliptischen Funktionen wesentlich dadurch gefördert, daß er das *Fundamentalpolygon* in geeigneter Weise in zwei Hälften zerlegt, die er „*Klassenpolygone*"

So entsteht eine Figur, welche z. B. für $n = 5$, $n = 7$, $n = 13$ bzw. durch die unten auf S. 38—40 folgenden Figuren 9, 11, 13 wiedergegeben ist.

Man lasse jetzt ω das Polygon durchlaufen, setze $\omega' = \dfrac{\omega}{n}$ und betrachte die zugehörigen J und J'. So entsteht offenbar, wenn wir von den Randpunkten des Polygons absehen, jede mögliche Kombination J und J' *einmal*. Die Randpunkte aber müssen, allgemein zu reden, paarweise zusammengehören, so, daß zwei zusammengehörige Randpunkte *dasselbe J* und *dasselbe J'* liefern.

Heftet man jetzt die Ränder des Fundamentalpolygons in zweckentsprechender Weise zusammen, so entsteht eine geschlossene Fläche, deren einzelner Punkt ausnahmslos eindeutig der einzelnen Kombination J, J' zugeordnet ist. Mit anderen Worten: *dies ist eben die Riemannsche Fläche, welche wir suchen; nur ist sie, statt $(n + 1)$-blättrig über der J-Ebene ausgebreitet zu sein, frei im Raume gelegen gedacht.* Den Halbebenen J entsprechend zerfallen die $(n + 1)$ Blätter der ursprünglichen Riemannschen Fläche in $2(n + 1)$ Halbblätter; dem entspricht hier, daß unser Fundamentalpolygon und also unsere neue Fläche in $2(n + 1)$ abwechselnd schraffierte und nicht schraffierte Dreiecke zerlegt ist. Wo die ursprüngliche Fläche Verzweigungspunkte besitzt, da stoßen auf der neuen Fläche eine größere (notwendig *gerade*) Zahl von Dreiecken zusammen. Und statt zu überlegen, wie die Verzweigungspunkte durch Verzweigungsschnitte zu verbinden waren, beachten wir hier die Aufeinanderfolge der Dreiecke.

Die Benutzung solcher im Raume gelegener Flächen, welche, statt mehrblättrig zu sein, in Gebiete zerlegt sind, scheint in vielen Fällen

---

nennt. Das Fundamentalpolygon geht nämlich, dem § 5 entsprechend, (bis auf sogenannte „erlaubte Abänderungen") durch die lineare Transformation der Determinante n:

$$\omega' = -\frac{n}{\omega},$$

die der Vertauschung von J und J' entspricht, in sich über, und das Klassenpolygon ist eben der Fundamentalbereich der durch diese Transformation erweiterten ω-Gruppe mit $\beta \equiv 0 \pmod n$ (vgl. § 8 in diesem Abschnitt der vorliegenden Arbeit). Das Klassenpolygon hat nun für zahlreiche Transformationsgrade noch das Geschlecht Null, für die das Fundamentalpolygon bereits höheres Geschlecht hat, und erleichtert daher in diesen Fällen die funktionentheoretischen Ansätze. (Vgl. unten, S. 167/168). Der Name „*Klassenpolygon*" rührt davon her, daß die Stücke einer Begrenzung (elliptische Ecken und Symmetriekreise) in engstem Zusammenhange mit den Klassen der binären quadratischen Formen der Determinanten $-n$ bzw. $-4n$ und n bzw. $4n$ stehen, wie überhaupt es zahlreiche Beziehungen zur Arithmetik zu haben scheint. Näheres siehe in R. Fricke, *Über Transformations- und Klassenpolygone*, Göttinger Nachr. 1919, und namentlich im zweiten Bande des in den Vorbemerkungen genannten Lehrbuchs der elliptischen Funktionen von R. Fricke (1921). Übrigens trat das Klassenpolygon schon an verschiedenen Stellen der „Modulfunktionen" und in einer gleichzeitigen Arbeit von Fricke in den Math. Annalen, Bd. 40 (1892) auf, jedoch ohne daß es als besonderes Gebilde aufgefaßt und mit einem eigenen Namen belegt wurde. Siehe insbes. „Modulfunktionen", Bd. 2, S. 170 ff., 189.]

äußerst zweckmäßig, wie ich in Ergänzung einer analogen Bemerkung des § 6 (Abschn. I) ausdrücklich hervorheben möchte. Die Regel, vermöge deren man das Geschlecht der Fläche aus Blätterzahl und Verzweigungspunkten berechnet, verwandelt sich für sie in den sogenannten verallgemeinerten Eulerschen Polyedersatz:

$$(5) \qquad e + s = k - 2p + 2;$$

die Zahl der Ecken (e), vermehrt um die Zahl der Seitenflächen (s), ist gleich der Zahl der Kanten (k) vermindert um ($2p - 2$).

§ 8.

Zusammengehörigkeit der Kanten des Fundamentalpolygons.

Die Zusammengehörigkeit der Kanten des Fundamentalpolygons ist im einzelnen Falle sehr einfach anzugeben. Zusammengehörige Randpunkte müssen dasselbe J und dasselbe J' besitzen; es müssen also die zugehörigen ω sowohl, als die zugehörigen $\frac{\omega}{n}$ äquivalent sein. Nun sieht man sofort, daß eine Substitution

$$\omega' = \frac{\alpha\,\omega + \beta}{\gamma\,\omega + \delta}, \qquad (\alpha\delta - \beta\gamma = 1)$$

dann und nur dann ein $\frac{\omega'}{n}$ ergibt, das mit $\frac{\omega}{n}$ äquivalent ist, *wenn β durch n teilbar ist.* Man suche also unter den Substitutionen, deren β durch n teilbar ist, diejenigen aus, welche aus einer Kante des Fundamentalpolygons eine andere machen: die beiden Kanten sind dann auf der Riemannschen Fläche zu vereinigen.

Ich bemerke, daß sich unter diesen Substitutionen immer zwei *parabolische* befinden, nämlich:

$$\omega' = \omega + n, \quad \omega' = \frac{\omega}{\omega + 1}.$$

Es findet sich ferner jedesmal ein Paar elliptischer Substitutionen, sobald für $J = 0$ oder $J = 1$ zwei Blätter der Fläche J' isoliert verlaufen. Der Rest wird von *hyperbolischen* Substitutionen gebildet[19]).

---

[19]) [Für ungerades primzahliges n lautet die vollständige Zusammenordnungsvorschrift der Kanten folgendermaßen. Es werden verbunden

1. die Kanten $\omega = -\frac{n}{2} + t\,i$ und $\omega = \frac{n}{2} + t\,i$, wo t reell und $\geq \frac{1}{2}\sqrt{3}$, durch die parabolische Substitution

$$\omega' = \omega + n,$$

2. die Kanten $\omega = -1 + e^{i\varphi}$ und $\omega = 1 - e^{-i\varphi}$, wo $0 \leq \varphi \leq \frac{2\pi}{3}$, durch die parabolische Substitution

$$\omega' = \frac{\omega}{\omega + 1},$$

Ich werde dies jetzt in den nächstfolgenden Paragraphen für diejenigen Fälle, welche $p = 0$ ergeben, also $n = 5, 7, 13$ näher ausführen. Die Riemannsche Fläche kann dann in eine Ebene ausgebreitet und also ihre Einteilung in Gebiete unmittelbar durch Zeichnung veranschaulicht werden.

§ 9.
Die Riemannsche Fläche für $n = 5$.

Ich setze jetzt das bereits oben beschriebene Fundamentalpolygon für $n = 5$ her:

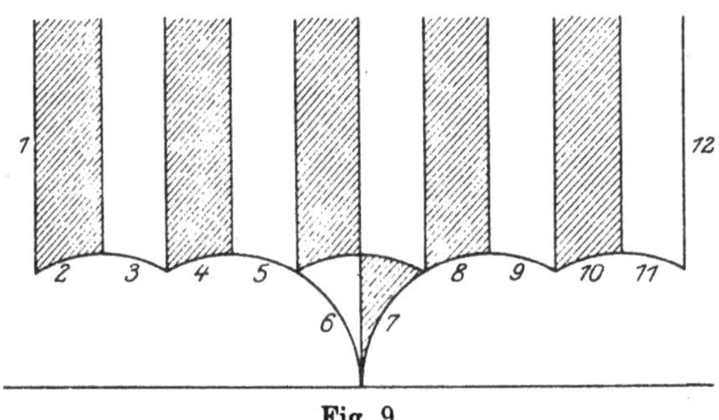

Fig. 9.

Die nebengeschriebenen Zahlen dienen zur genauen Bezeichnung der Kanten. So hat man folgende Substitutionen:

1. Die parabolischen Substitutionen

$$(6) \qquad \begin{cases} \omega' = \omega + 5, \\ \omega' = \dfrac{\omega}{\omega + 1}. \end{cases}$$

Die erstere vereinigt die Kanten 1 mit 12, die andere 4, 5, 6 mit 9, 8, 7.

____

3. die Kanten $\omega = k + e^{i\varphi}$ und $\omega' = k' - e^{-i\varphi}$, wo k eine ganze Zahl zwischen $-\dfrac{n-1}{2}$ und $\dfrac{n-1}{2}$ ausschließlich der Null und k' die dem gleichen Intervall angehörige Lösung der Kongruenz

$$k \cdot k' + 1 \equiv 0 \,(\mathrm{mod}\, n)$$

bedeutet, während φ auf das Intervall $\dfrac{\pi}{2} \leqq \varphi \leqq \dfrac{2\,\pi}{3}$ beschränkt ist, durch die Substitution

$$\omega' = \frac{k'\,\omega - (1 + k\,k')}{\omega - k}.$$

Eine Substitution 3. ist dann und nur dann elliptisch, wenn ihr $\alpha + \delta$, also $k' - k$, gleich Null oder ± 1 wird, d. h. wenn k einer der Kongruenzen genügt

$$k^2 + 1 \equiv 0 \,(\mathrm{mod}\, n) \quad \text{oder} \quad k^2 \pm k + 1 \equiv 0 \,(\mathrm{mod}\, n).$$

Das sind genau die im Text aufgezählten Fälle. Sie ist dann und nur dann parabolisch, wenn $k' - k = \pm 2$, d. h.

$$k^2 \pm 2\,k + 1 = (k \pm 1)^2 \equiv 0 \,(\mathrm{mod}\, n)$$

ist. Das führt auf die bereits unter 2. und im Texte genannte Substitution $\omega' = \dfrac{\omega}{\omega + 1}$. In allen anderen Fällen ist $|\,k' - k\,| > 2$, d. h. die Substitution hyperbolisch. w. z. b. w. B.-H.]

2. Die elliptischen Substitutionen von der Periode Zwei:

$$(7) \qquad \omega' = \frac{2\,\omega - 5}{\omega - 2}, \qquad \omega' = -\frac{2\,\omega + 5}{\omega + 2}.$$

Die erstere vereinigt 10 und 11, die zweite 2 und 3.

Wir erhalten daher folgende Figur für die Einteilung der Riemannschen Fläche in Gebiete:

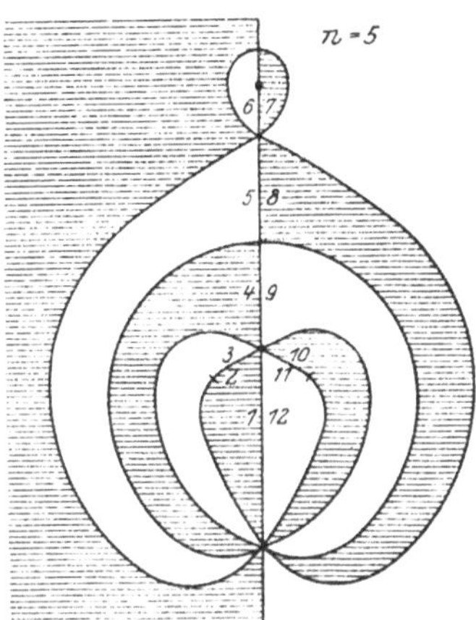

Fig. 10.

Es versteht sich, daß die Gestalt der Gebiete nur schematisch gemeint ist. — Die Zahlen 1, 2, 3, ..., 12 weisen auf, wo in der Figur die ebenso numerierten Kanten des Fundamentalpolygons zu suchen sind.

§ 10.

Die Riemannsche Fläche für $n = 7$.

Man hat das Fundamentalpolygon:

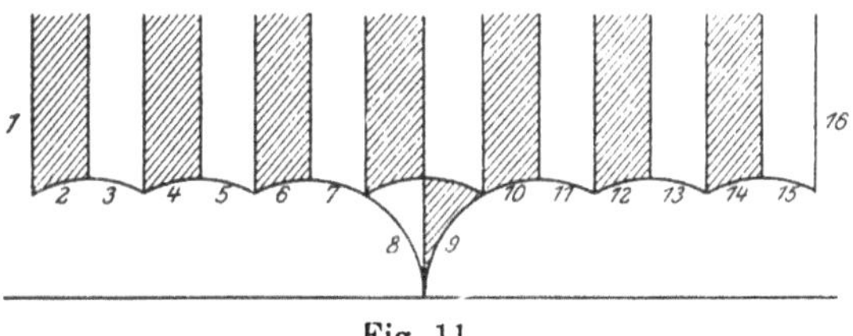

Fig. 11.

dann ferner die Substitutionen:

1. Parabolische:

$$(8) \qquad \begin{cases} \omega' = \omega + 7, \text{ vereinigt } 1 \text{ und } 16. \\ \omega' = \dfrac{\omega}{\omega + 1}, \quad \text{vereinigt } 6,\ 7,\ 8 \text{ mit } 11,\ 10,\ 9. \end{cases}$$

2. Elliptische von der Periode Drei:

$$(9) \quad \begin{cases} \omega' = \dfrac{2\,\omega - 7}{\omega - 3}, \text{ vereinigt } 12,\ 13 \text{ mit } 15,\ 14, \\[2mm] \omega' = -\dfrac{2\,\omega + 7}{\omega + 3}, \text{ vereinigt } 2,\ 3 \text{ mit } 5,\ 4. \end{cases}$$

So kommt die Figur:

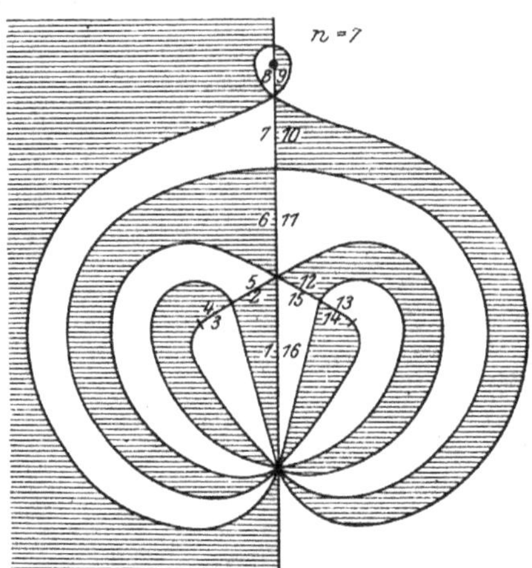

Fig. 12.

§ 11.

Die Riemannsche Fläche für $n = 13$.

Das Fundamentalpolygon hat folgende Gestalt:

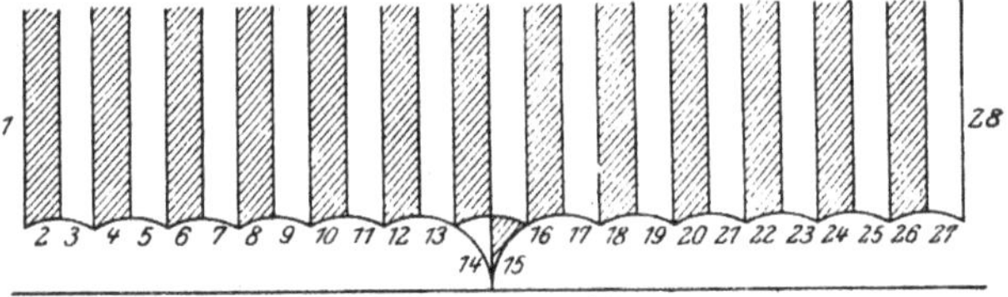

Fig. 13.

Die zugehörigen Substitutionen sind:

1. Parabolische Substitutionen:

$$(10) \quad \begin{cases} \omega' = \omega + 13 \ (\text{vereinigt } 1 \text{ und } 28), \\[2mm] \omega' = \dfrac{\omega}{\omega + 1} \ (\text{vereinigt } 12,\ 13,\ 14 \text{ mit } 17,\ 16,\ 15). \end{cases}$$

2. Elliptische Substitutionen von der Periode Zwei:

$$(11) \quad \begin{cases} \omega' = \dfrac{5\,\omega - 26}{\omega - 5}, \text{ vereinigt } 24 \text{ und } 25, \\[2mm] \omega' = -\dfrac{5\,\omega + 26}{\omega + 5}, \text{ vereinigt } 4 \text{ und } 5. \end{cases}$$

3. Elliptische Substitutionen von der Periode Drei:

$$(12) \quad \begin{cases} \omega' = \dfrac{3\,\omega - 13}{\omega - 4}, \text{ vereinigt } 20,\ 21 \text{ mit } 23,\ 22, \\[2ex] \omega' = -\dfrac{3\,\omega + 13}{\omega + 4}, \text{ vereinigt } 6,\ 7 \text{ mit } 9,\ 8. \end{cases}$$

4. Hyperbolische Substitutionen:

$$(13) \quad \begin{cases} \omega' = \dfrac{6\,\omega - 13}{\omega - 2}, \text{ vereinigt } 18,\ 19 \text{ mit } 27,\ 26, \\[2ex] \omega' = -\dfrac{6\,\omega + 13}{\omega + 2}, \text{ vereinigt } 2,\ 3 \text{ mit } 11,\ 10. \end{cases}$$

Die Figur wird also diese:

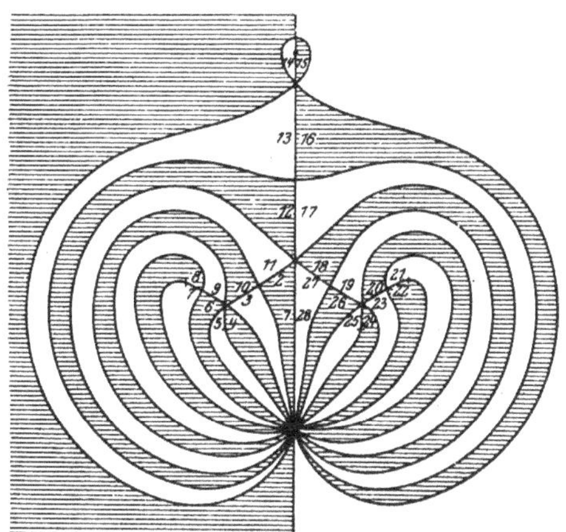

Fig. 14.

§ 12.

Die Fälle $n = 2$ und $n = 3$.

Die Fälle $n = 2$ und $n = 3$, welche bei den vorangehenden Erörterungen ausgeschlossen blieben, behandelt man am besten direkt. Die Fundamentalpolygone sind:

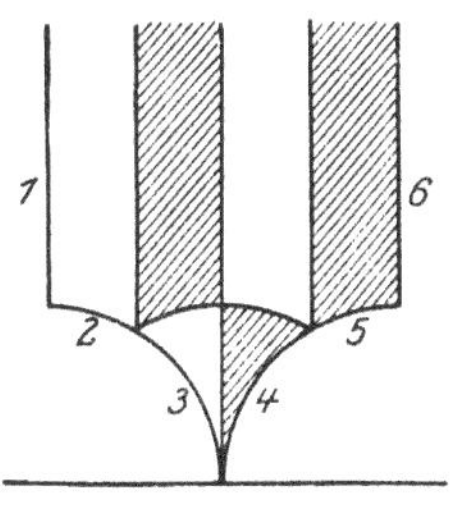

Fig. 15 a.

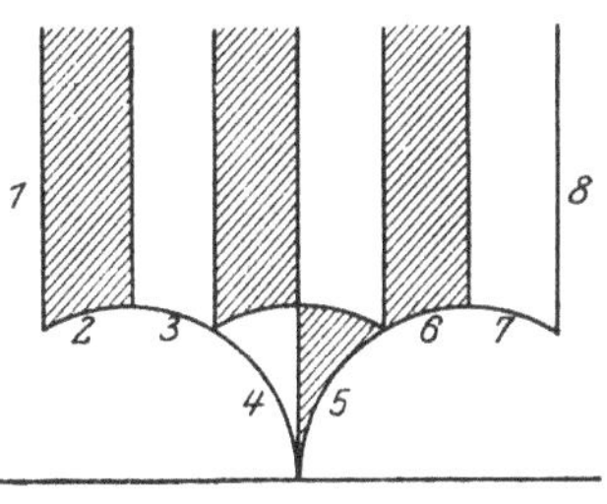

Fig. 15 b.

und beidemal genügen die beiden parabolischen Substitutionen:

$$(14) \qquad \omega' = \omega + n, \quad \omega' = \frac{\omega}{\omega + 1},$$

um die Kanten zu vereinigen. So entstehen folgende Figuren:

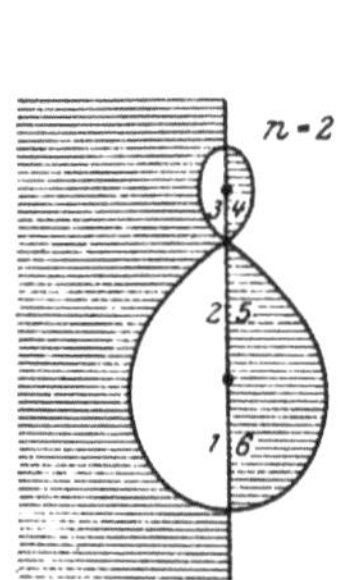

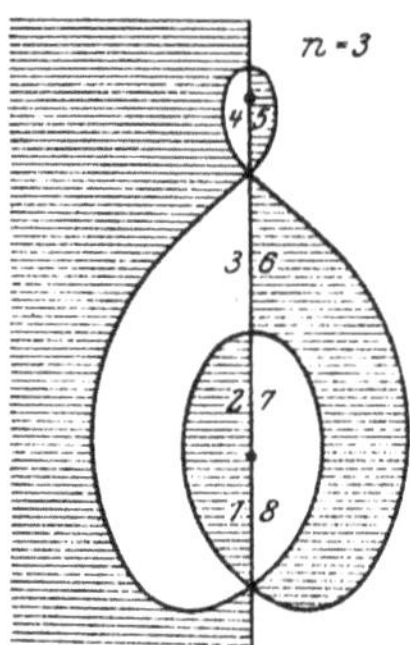

Fig. 16a.   Fig. 16b.

Man sieht: Beidemal ist das Geschlecht $p = 0$ Bei $n = 2$ hängen von den 3 Blättern bei $J = 0$ alle, bei $J = 1$ zwei, bei $J = \infty$ wieder zwei im Zyklus zusammen. Bei $n = 3$ hat man 4 Blätter. Drei derselben sind bei $J = \infty$ zu einem Zyklus vereinigt, während eines isoliert bleibt; ebenso bei $J = 0$. Bei $J = 1$ teilen sich die 4 Blätter in 2 Paare, die Blätter jedes Paares hängen zyklisch zusammen.

§ 13.

Der Fall $n = 4$.

Mit Rücksicht auf die spätere Vollständigkeit betrachte ich noch den einen Fall einer Primzahlpotenz, $n = 4$. Als „Repräsentanten" kann man bei ihm folgende sechs Ausdrücke betrachten:

$$(15) \qquad \frac{\omega}{4}, \quad \frac{\omega + 1}{4}, \quad \frac{\omega + 2}{4}, \quad \frac{\omega + 3}{4}, \quad \frac{-1}{4\omega}, \quad \frac{2\omega - 1}{4\omega}.$$

Demnach erhält man folgende Gestalt des Fundamentalpolygons:

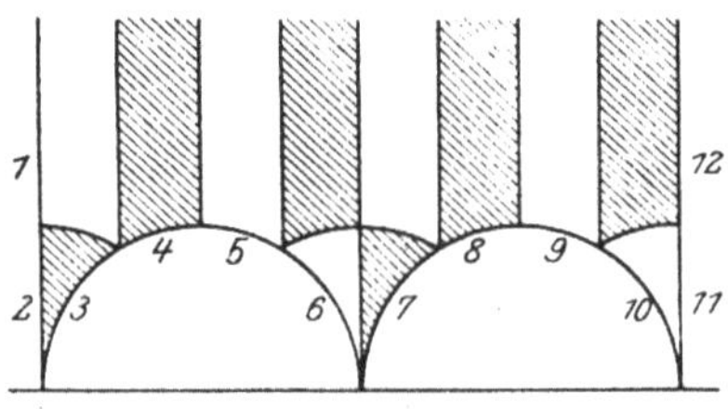

Fig. 17.

und also nachstehende Riemannsche Fläche:

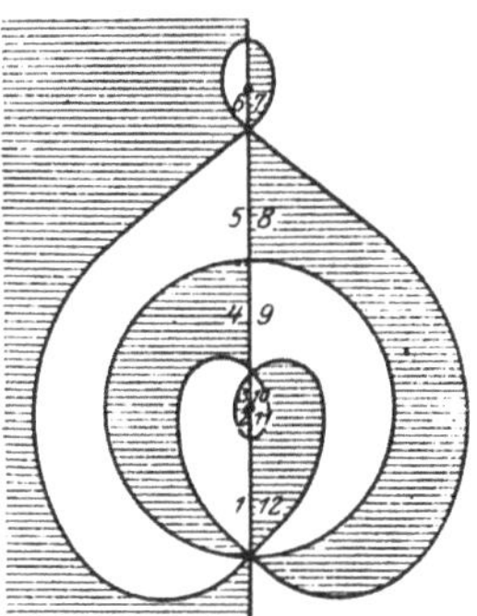

Fig. 18.

Wiederum ist $p = 0$. Bei $J = \infty$ hängen 4 Blätter zyklisch zusammen, während 2 isoliert verlaufen. Bei $J = 0$ verzweigen sich die 6 Blätter zweimal zu Drei und Drei, bei $J = 1$ dreimal zu Zwei und Zwei.

§ 14.

Aufstellung der Transformationsgleichungen.

Nach den in § 1, 2 dieses Abschnittes erläuterten Prinzipien werde ich jetzt in den Fällen $n = 2, 3, 4, 5, 7, 13$ die Gleichungen zwischen J und J' in der Weise aufstellen, daß ich beide durch diejenige Variable τ rational darstelle, welche in der Riemannschen Fläche jeden Wert nur einmal annimmt. Dabei gebrauche ich, wie ausdrücklich bemerkt sei, *nur* die Lage und Multiplizität der Verzweigungspunkte von J' in bezug auf J, sowie die Erläuterungen des § 5, also nicht die in den letzten Paragraphen gegebenen Figuren, welche man übrigens als in der Ebene τ gelegen denken mag [20]). Diese Figuren sollen also nicht das Mittel sein, um die Relation zwischen J und τ aufzustellen, sondern nur das Mittel, sie vollinhaltlich zu verstehen. Außerdem werde ich sie noch im folgenden dritten Abschnitte verwenden.

Beginnen wir etwa mit dem Beispiele $n = 7$. Wir setzen

$$J = \frac{\varphi(\tau)}{\psi(\tau)}.$$

wo φ, ψ ganze Funktionen achten Grades von τ sind. Nach § 4 soll vor allen Dingen ψ aus einem einfachen und einem siebenfachen Faktor bestehen. Wählen wir also τ so, daß der einfache Faktor für $\tau = 0$, der

---

[20]) [Daß die Kenntnis der Lage und Multiplizität der Verzweigungspunkte zur Aufstellung der Gleichungen ausreicht, hat eben darin seinen Grund, daß in den in Frage kommenden Fällen die Verbindung der Blätter durch die Multiplizität der Verzweigungspunkte allein *eindeutig* bestimmt wird. Bei komplizierteren Beispielen ist dies nicht mehr der Fall. Vgl. § 5 der folgenden Abh. LXXXIII. S. 86. B.-H.]

siebenfache für $\tau = \infty$ verschwindet, so ist $\psi = c\,\tau$ zu nehmen, wo c eine unbekannte Konstante ist. Nach § 4 soll ferner der Zähler φ zwei einfache und zwei dreifache Faktoren haben; ich kann ihn also in der Form ansetzen:

$$\varphi = (\tau^2 + \alpha\tau + \beta)\,(\tau^2 + A\tau + B)^3.$$

Hier kann eine Konstante, die gewiß von Null verschieden ist, noch beliebig angenommen werden, z. B. β [21]); denn es wurde bislang nur bestimmt, wo τ gleich Null und wo es unendlich werden soll. Ich setze β, was sich als zweckmäßig erweist, gleich 49.

Betrachten wir jetzt

$$J - 1 = \frac{\varphi - \psi}{\psi}.$$

Dasselbe soll für vier Werte von τ je doppeltzählend verschwinden (nach § 4), d. h. $(\varphi - \psi)$ soll das volle Quadrat eines Ausdrucks vierten Grades sein. Dieser Ausdruck kann aber unmittelbar angegeben werden. Denn er muß in der Funktionaldeterminante

$$\begin{vmatrix} \varphi & \psi \\ \dfrac{d\varphi}{d\tau} & \dfrac{d\psi}{d\tau} \end{vmatrix}$$

als einfacher Faktor stecken [22]), und diese reduziert sich, nach Abtrennung des Faktors $(\tau^2 + A\tau + B)^2$, auf den vierten Grad. So findet man für den Ausdruck vierten Grades, von einem evtl. Zahlenfaktor abgesehen:

$$(\tau^2 + \alpha\tau + 49)\,(\tau^2 + A\tau + B) - \tau\,(\tau^2 + \alpha\tau + 49)\,(6\tau + 3A)$$
$$- \tau\,(\tau^2 + A\tau + B)\,(2\tau + \alpha).$$

Jetzt identifiziere man das Quadrat dieses Ausdrucks, von dem Zahlenfaktor abgesehen, mit $(\varphi - \psi)$. So hat man eine überzählige Zahl von Gleichungen zur Bestimmung von α, A, B. Die Rechnung gibt:

$$(15) \qquad \begin{cases} \varphi = (\tau^2 + 13\tau + 49)\,(\tau^2 + 5\tau + 1)^3, \\ \varphi - \psi = (\tau^4 + 14\tau^3 + 63\tau^2 + 70\tau - 7)^2, \quad [23]) \\ \psi = 1728\,\tau. \end{cases}$$

---

[21]) β kann nicht Null sein, weil sonst φ mit ψ einen gemeinsamen Faktor hätte.

[22]) [Die hier angewandte „Funktionaldeterminantenmethode" habe ich zum ersten Mal benutzt in meinem zweiten Aufsatz *Über algebraisch integrierbare lineare Differentialgleichungen*, Math. Annalen, Bd. 12 (1877), S. 175 = Abh. LIII in Bd. 2 dieser Ausgabe, S. 316. K.]

[23]) Man bemerke, daß der in der Klammer stehende Ausdruck sich so schreiben läßt:
$$(\tau^2 + 7\tau + 21)^2 - 28\,(\tau - 4)^2.$$

Um jetzt J' durch τ auszudrücken, führe ich die neue Größe τ' ein, vermöge deren sich J' ebenso ausdrückt, wie J durch τ. Man hat dann also:

$$J' = \frac{\varphi(\tau')}{\psi(\tau')},$$

und frage nun nach der *Beziehung zwischen τ und τ'*.

Dieselbe muß vor allen Dingen *linear* sein. Denn τ und τ' sind beide in derselben Riemannschen Fläche einwertig. Zweitens muß die lineare Relation $\tau' = \frac{a\tau + b}{c\tau + d}$ die Periode *Zwei* besitzen. Denn eine Wiederholung der Transformation führt von J' zu J, also von τ' zu τ zurück. Drittens muß die lineare Relation die Gestalt $\tau\tau' = C$ haben. Denn τ wird Null und Unendlich an denjenigen beiden Stellen der Riemannschen Fläche, für welche $J = \infty$ ist, und diese beiden Stellen werden bei Vertauschung von J und J' nach § 5 miteinander verwechselt. Endlich: die Konstante C muß gleich 49 sein. Denn die beiden Stellen der Riemannschen Fläche, welche durch Nullsetzen des einfachen Faktors von φ:

$$\tau^2 + 13\,\tau + 49 = 0$$

bestimmt sind, ergeben, nach § 4, sowohl $J = 0$ als $J' = 0$, müssen also nach § 5, durch dieselbe Gleichung in τ' gegeben sein:

$$\tau'^2 + 13\,\tau' + 49 = 0.$$

Also ist $\tau\tau' = 49$.

§ 15.
Fertige Formeln für $n = 2, 3, 4, 5, 7, 13$.

Durch das soeben geschilderte Verfahren erhält man für $n = 2, 3, 4, 5, 7, 13$ folgende Formeln.

1. *Transformation zweiter Ordnung.*

$$(16) \quad \begin{cases} J \;: J - 1 : 1 = (4\tau - 1)^3 : (\tau - 1)(8\tau + 1)^2 : 27\,\tau, \\ J' : J' - 1 : 1 = (4\tau' - 1)^3 : (\tau' - 1)(8\tau' + 1)^2 : 27\,\tau', \\ \qquad \tau\tau' = 1. \end{cases}$$

2. *Transformation dritter Ordnung.*

$$(17) \quad \begin{cases} J : J - 1 : 1 = (\tau - 1)(9\tau - 1)^3 : (27\tau^2 - 18\tau - 1)^2 : -64\,\tau, \\ J' \text{ ebenso in } \tau', \\ \qquad \tau\tau' = 1. \end{cases}$$

3. *Transformation vierter Ordnung* (vgl. § 4 des ersten Abschnitts).

$$(18) \quad \begin{cases} J : J - 1 : 1 = (\tau^2 + 14\tau + 1)^3 : (\tau^3 - 33\tau^2 - 33\tau + 1)^2 : 108\tau(1-\tau)^4, \\ J' \text{ ebenso in } \tau', \\ \qquad \tau + \tau' = 1. \end{cases}$$

4. *Transformation fünfter Ordnung,*

$$(19) \begin{cases} J:J-1:1 = (\tau^2 - 10\tau + 5)^3 : (\tau^2 - 22\tau + 125)(\tau^2 - 4\tau - 1)^2 : -1728\tau, \\ J' \text{ ebenso in } \tau', \\ \qquad \tau\tau' = 125. \end{cases}$$

5. *Transformation siebenter Ordnung.*

$$(20) \begin{cases} J:J-1:1 = (\tau^2 + 13\tau + 49)(\tau^2 + 5\tau + 1)^3 \\ \qquad\qquad : (\tau^4 + 14\tau^3 + 63\tau^2 + 70\tau - 7)^2 \\ \qquad\qquad : 1728\tau, \;[24]) \\ J' \text{ ebenso in } \tau', \\ \qquad \tau\tau' = 49. \end{cases}$$

6. *Transformation dreizehnter Ordnung.*

$$(21) \begin{cases} J:J-1:1 = (\tau^2 + 5\tau + 13)(\tau^4 + 7\tau^3 + 20\tau^2 + 19\tau + 1)^3 \\ \qquad\qquad : (\tau^2 + 6\tau + 13)(\tau^6 + 10\tau^5 + 46\tau^4 + 108\tau^3 + 122\tau^2 + 38\tau - 1)^2 \\ \qquad\qquad : 1728\tau, \;[25]) \\ J' \text{ ebenso in } \tau', \\ \qquad \tau\tau' = 13. \end{cases}$$

§ 16.

Der Multiplikator für das durch $\sqrt[12]{\Delta}$ normierte Integral.

Daß man die vorangehenden Gleichungen durch elliptische Modulfunktionen lösen kann, ist nach § 2 dieses Abschnittes selbstverständlich. Aber wie man diese Lösung aufzustellen hat, dafür geben die vorangehen-

---

[24]) [Man findet für den biquadratischen Faktor zufolge [23]) die Zerlegung

$$\left(\tau^2 + (7 + 2\sqrt{7})\tau + 21 + 8\sqrt{7}\right) \cdot \left(\tau^2 + (7 - 2\sqrt{7})\tau + 21 - 8\sqrt{7}\right)$$

B.-H.]

[25]) Herr Gierster, der für mich die Koeffizienten der Transformation 13. Ordnung berechnete, teilt mir folgende Zerlegungen mit. Der Ausdruck vierten Grades ist gleich:

$$\left(\tau^2 + \frac{7 + \sqrt{13}}{2}\tau + \frac{11 + 3\sqrt{13}}{2}\right) \cdot \left(\tau^2 + \frac{7 - \sqrt{13}}{2}\tau + \frac{11 - 3\sqrt{13}}{2}\right)$$

und der Ausdruck sechsten Grades:

$$\left(\tau^3 + 5\tau^2 + \frac{21 - \sqrt{13}}{2}\tau + \frac{3 + \sqrt{13}}{2}\right) \cdot \left(\tau^3 + 5\tau^2 + \frac{21 + \sqrt{13}}{2}\tau + \frac{3 - \sqrt{13}}{2}\right).$$

[Im Anschluß an diese Rechnungen stellte Gierster im Herbst 1878 nach der gleichen Methode auch für diejenigen zusammengesetzten Transformationsgrade, für welche das Fundamentalpolygon das Geschlecht Null besitzt, die zwischen J und J' bestehenden Transformationsgleichungen auf. Vgl. die Notiz in Bd. 14 der Math. Annalen (1878/79), S. 537 ff. und die Berichtigung in Bd. 26 ebenda (1886), S. 590 ff. K.]

den Betrachtungen nur unvollkommenen Anhalt. Vielmehr greife ich an dieser Stelle auf die gewöhnliche Theorie zurück und zeige, daß sie tatsächlich Formeln liefert, welche zur Auflösung unserer Gleichungen führen.

Dabei kleide ich die Betrachtung folgendermaßen ein. Es wurde in § 1 des ersten Abschnittes der Normierung des elliptischen Integrals gedacht, welche dadurch geschieht, daß man im Zähler $\sqrt[12]{\Delta}$ zusetzt:

$\int \dfrac{\sqrt[12]{\Delta}\cdot dx}{\sqrt{f(x)}}$. Es sei nun, des bestimmteren Ausdrucks wegen, n wieder eine Primzahl, und man verlange, das so normierte Integral durch Transformation n-ter Ordnung in ein ebenfalls normiertes Integral $\int \dfrac{\sqrt[12]{\Delta_1}\cdot dx_1}{\sqrt{f_1(x_1)}}$ überzuführen. So stellt sich ein *Multiplikator* ein, der durch die Gleichung definiert ist:

$$(22) \qquad M \int \frac{\sqrt[12]{\Delta}\cdot dx}{\sqrt{f(x)}} = \int \frac{\sqrt[12]{\Delta_1}\cdot dx_1}{\sqrt{f_1(x_1)}}.$$

Bildet man jetzt beiderseits eine Periode, etwa ω_2, so folgt, je nach der Art der Transformation (resp. der ausgewählten Periode):

$$(23) \qquad M = \frac{\sqrt[12]{\Delta_1}\cdot \omega_3'}{\sqrt[12]{\Delta}\cdot \omega_2}, \quad \text{oder} \quad = \frac{1}{n}\cdot \frac{\sqrt[12]{\Delta_1}\cdot \omega_3'}{\sqrt[12]{\Delta}\cdot \omega_2}.$$

Nun war nach Gleichung (18) des ersten Abschnitts:

$$\sqrt[12]{\Delta}\cdot \omega_2 = 2\pi q^{\frac{1}{6}} \prod (1-q^{2\nu})^2, \quad \text{für} \quad q = e^{i\pi\omega}.$$

Ebenso ist

$$\sqrt[12]{\Delta_1}\cdot \omega_2' = 2\pi q_1^{\frac{1}{6}} \prod (1-q_1^{2\nu})^2, \quad \text{für} \quad q_1 = e^{i\pi\omega'},$$

und hier hat man, wie bekannt, für q_1 folgende Werte zu setzen:

$$q^{\frac{1}{n}}, \quad \alpha q^{\frac{1}{n}}, \quad \alpha^2 q^{\frac{1}{n}}, \quad \ldots, \quad \alpha^{n-1} q^{\frac{1}{n}}, \quad q^{n},$$

wo α eine primitive n-te Einheitswurzel ist[26]). Man erhält so für M folgende $(n+1)$ Ausdrücke, die zunächst nur bis auf sechste Einheitswurzeln definiert sind und übrigens in einer oft gebrauchten Art durch Indizes unterschieden werden sollen:

---

[26]) [Der Übergang von $q^{\frac{1}{n}}$ zu $\alpha\cdot q^{\frac{1}{n}}$ entspricht also, wenn etwa $\alpha = e^{\frac{2\pi i}{n}}$ gewählt wird, der Substitution $\omega' = \omega + 2$, die für *ungerades* n dasselbe leistet, wie $\omega' = \omega + 1$. Für $n = 2$ *muß* jedoch unter α eine primitive $2n$-te Einheitswurzel, d. h. $+i$ oder $-i$ verstanden werden. B.-H.]

$$(24)\quad\begin{cases} M_\varrho = \dfrac{1}{n}\cdot\dfrac{\alpha^{\frac{\varrho}{6}}\,q^{\frac{1}{6n}}\cdot\Pi\left(1-\alpha^{2\varrho}\,q^{\frac{2\nu}{n}}\right)^2}{q^{\frac{1}{6}}\cdot\Pi\left(1-q^{2\nu}\right)^2} \\[3mm] \text{für } \varrho = 0, 1, 2, \ldots, (n-1), \\[3mm] M_{,\infty} = \dfrac{q^{\frac{n}{6}}\cdot\Pi\left(1-q^{2\nu n}\right)^2}{q^{\frac{1}{6}}\cdot\Pi\left(1-q^{2\nu}\right)^2}\,. \end{cases}$$

Diese Formeln sind es, welche ohne weiteres die Auflösung unserer Gleichungen geben, indem, von einem Zahlenfaktor abgesehen, τ mit einer Potenz von M identisch wird.

§ 17.

Auflösung der aufgestellten Gleichungen.

Um dies direkt einzusehen, betrachte ich einen Wert von M, etwa

$$M_0 = \frac{1}{n}\cdot\frac{q^{\frac{1}{6n}}\cdot\Pi\left(1-q^{\frac{2\nu}{n}}\right)^2}{q^{\frac{1}{6}}\cdot\Pi\left(1-q^{2\nu}\right)^2},$$

als Funktion des Ortes in unserer Riemannschen Fläche J, J', oder, was auf dasselbe hinauskommt, in unserem in der ω-Ebene gelegenen Fundamentalpolygon[27]). Offenbar wird M_0 im Fundamentalpolygon nur einmal Null, da, wo $\omega = 0$, $q = 1$ ist. Ebenso wird es nur einmal unendlich, da, wo $\omega = i\infty$, $q = 0$ ist. Wir wollen jetzt in unserer Riemannschen Fläche um den Punkt, in welchem M_0 unendlich wird, einen kleinen Kreis beschreiben. Dies kommt in unserem Fundamentalpolygone darauf hinaus, daß wir von der einen vertikalen Begrenzungslinie zum entsprechenden Punkte der anderen vertikalen Begrenzungslinie fortschreiten, d. h. daß wir ω um n Einheiten wachsen lassen. Dabei geht $\dfrac{q^{\frac{1}{6n}}}{q^{\frac{1}{6}}} = e^{i\pi\omega\left(\frac{1-n}{6n}\right)}$ in $\dfrac{q^{\frac{1}{6n}}}{q^{\frac{1}{6}}}\cdot e^{i\pi\left(\frac{1-n}{6}\right)}$ über, *und also verändert sich M_0 bei Umkreisung dieses Punktes um die Einheitswurzel* $e^{i\pi\left(\frac{1-n}{6}\right)}$ *als Faktor.* Bezeichnen wir daher mit λ das kleinste Multiplum von $\dfrac{n-1}{12}$, welches gleich einer ganzen Zahl ist, *so ist M_0^λ in*

---

[27]) Rechnerisch kann man die hier abzuleitenden Resultate gewinnen vermöge der leicht zu beweisenden Relation [vgl. Hurwitz, Math. Annalen, Bd. 18 (1881), S. 588]:

$$M^2 = \frac{1}{n}\cdot\frac{dJ'}{dJ}\cdot\frac{J^{\frac{2}{3}}(J-1)^{\frac{1}{2}}}{J'^{\frac{2}{3}}(J'-1)^{\frac{1}{2}}}\,.$$

unserer Riemannschen Fläche [da diese in den von uns betrachteten Fällen das Geschlecht Null hat,] *eindeutig und also eine rationale Funktion von J und J', die nur an einer Stelle Null und unendlich wird.*

Für $n = 2, 3, 5, 7, 13$ wird λ gleich $12, 6, 3, 2, 1$. Zugleich ist $\lambda \cdot \frac{n-1}{12}$ nicht nur eine ganze Zahl, sondern gleich Eins. Daher wird in diesen Fällen M_0^λ nicht nur einmal Null oder unendlich, sondern auch nur einfach Null, resp. unendlich. *Es stimmt daher M_0^λ, von einem Zahlenfaktor abgesehen, mit dem früheren τ überein, welches an denselben Stellen und in derselben Weise Null und unendlich wird.*

Der Zahlenfaktor aber bestimmt sich folgendermaßen. Ebenso wie wir früher neben τ eine Größe τ' einführten, betrachte ich neben M den anderen Multiplikator M', welcher beim Rückübergang vom transformierten Integrale zum ursprünglichen auftritt. *Dann hat man in bekannter Weise:*

$$(25) \qquad M M' = \frac{1}{n}.$$

Vergleicht man diese Relation mit den Gleichungen

$$\tau \tau' = C,$$

welche in § 15 auftraten, so ergibt sich der gesuchte Zahlenfaktor. *Man erhält also folgende Formeln, welche die Auflösung der in § 15 zusammengestellten Gleichungen enthalten*[28]):

$$(26) \qquad \begin{cases} n = 2, & \tau = -64\, M^{12}, \\ n = 3, & \tau = -27\, M^{6}, \\ n = 5, & \tau = -125\, M^{3}, \\ n = 7, & \tau = 49\, M^{2}, \\ n = 13, & \tau = 18\, M. \end{cases}$$

Ich füge dem nur noch zwei Bemerkungen zu:

1. Für $n = 4$ gelten ähnliche Betrachtungen, und es ergibt sich:

$$(27) \qquad \frac{\tau}{\tau - 1} = -16\, M^4.$$

2. Die Gleichungen des § 15 für $n = 2, 3, 5, 7, 13$ haben alle die Form $J = \frac{\varphi(\tau)}{c\,\tau}$. Dieser Zahlenkoeffizient c (der in den letzten drei Fällen gleich 1728 ist) ergibt sich unmittelbar, wenn man in den nunmehr gewonnenen Lösungsformeln $q = 0$ werden läßt und übrigens Gleichung (20) des ersten Abschnittes beachtet.

---

[28]) [Bei dieser Bestimmungsweise bleiben die Vorzeichen der gesuchten Zahlenfaktoren unbestimmt und waren in der Tat im Original z. T. unrichtig angegeben. Sie ergeben sich aber aus der Bemerkung 2. des Textes, wenn man benutzt, daß die Konstante c ja schon bekannt ist. Für $n = 2$ und $n = 4$ hat man noch die zweiten Glieder der Entwicklungen von J und M nach Potenzen von q^2 zu benutzen. B.-H.]

§ 18.

Die Multiplikatorgleichungen [erster Stufe] für $n = 5$ und $n = 7$.

Im Falle $n = 5$ hatten wir die Gleichung:

$$J = \frac{(\tau^2 - 10\,\tau + 5)^3}{-1728\,\tau}$$

und es ist

$$\tau = -125\,M^3.$$

Tragen wir diesen Wert von τ ein, schreiben statt J wieder $\frac{g_2^3}{\Delta}$ und ziehen beiderseits die dritte Wurzel, so kommt, wenn wir der Kürze wegen $-5\,M = z$ setzen:

$$(28) \qquad z^6 - 10\,z^3 + 12\,\frac{g_2}{\sqrt[3]{\Delta}}\cdot z + 5 = 0.$$

Dies ist nun genau die „*Jacobische Gleichung mit* $A = 0$" (siehe meine „Ikosaederarbeit", S. 520 [S. 339]), die Kronecker zur Auflösung der Gleichungen fünften Grades benutzt hat[29]). Dieselbe erscheint bei ihm nur deshalb unter etwas komplizierterer Form, weil er sich statt der rationalen Invarianten des Moduls $\varkappa^2$ bediente.

Kroneckers ursprüngliche Gleichung, etwas umgesetzt, ist nämlich diese:

$$(29) \qquad z^6 - 10\,z^3 - \frac{1 - 16\,\varkappa^2\varkappa'^2}{\sqrt[3]{\frac{\varkappa^2\varkappa'^2}{16}}}\cdot z + 5 = 0. \;\;[30])$$

Hier ist der Koeffizient von z nach Formel (16) des ersten Abschnittes in der Tat nichts anderes als $12\cdot\frac{g_2}{\sqrt[3]{\Delta}}$, berechnet für das mit dem Legendreschen Integrale auf derselben Stufe stehende Integral:

$$\int \frac{dz}{\sqrt{1 - \varkappa^2 z^2 \cdot 1 + \varkappa'^2 z^2}}. \;\;[31])$$

Nun verlangt Kronecker a. a. O., daß man vorab $\varkappa^2$ aus der Gleichung

$$(30) \qquad \frac{1 - 16\,\varkappa^2\varkappa'^2}{\sqrt[3]{\frac{\varkappa^2\varkappa'^2}{16}}} = C$$

berechnet, um dann ω zu finden und schließlich

$$(31) \qquad z = \frac{1}{4}\sqrt[3]{4\,\varkappa^2\varkappa'^2}\left(\frac{\cos\operatorname{am}2\omega}{\cos\operatorname{am}4\omega} - \frac{\cos\operatorname{am}4\omega}{\cos\operatorname{am}2\omega}\right)^2$$

zu haben. Statt dessen berechnen wir nach § 9 des ersten Abschnittes ω

---

[29]) Comptes rendus, Bd. 46, 1858, 6. Juni.

[30]) Vgl. meinen vorstehend als Nr. LXXXI abgedruckten Brief an Brioschi.

[31]) [Vgl. die Formel 14, III in Abschnitt I dieser Arbeit, S. 19 im vorliegenden Bande.]

direkt aus $\dfrac{g_2^3}{\Delta} = \dfrac{-C^3}{1728}$ und finden $z = -5M$, so daß eine wesentliche Abkürzung erzielt ist.

Ich muß übrigens anführen, daß zu eben dieser Vereinfachung der Kroneckerschen Lösung von (28) bzw. (29) auch Herr Kiepert[32]) gelangt ist, wie er mir schon vor längerer Zeit brieflich mitteilte. Besonders aber möchte ich betonen, daß auf dem hier eingeschlagenen Wege die Jacobische Gleichung sechsten Grades mit $A = 0$, die algebraisch ohne Zweifel die einfachste ist, auf welche man alle anderen reduzieren muß (siehe meine Auseinandersetzungen in der „Ikosaederarbeit"), auch von seiten der elliptischen Funktionen *unmittelbar* erhalten wird, während das früher nur auf Umwegen gelang[33]): *sie ist einfach im Sinne der hier gebrauchten Ausdrucksweise die Multiplikatorgleichung [erster Stufe] für $n = 5$.*

In derselben Art kann man für $n = 7$ die Multiplikatorgleichung bilden. Wir hatten in § 15:

$$J - 1 = \frac{[\tau^4 + 14\,\tau^3 + 63\,\tau^2 + 70\,\tau - 7]^2}{1728\,\tau}$$

für $\tau = 49\,M^2$. Jetzt setze man $7M = z$, schreibe $\dfrac{27\,g_3^2}{\Delta}$ statt $J - 1$ und ziehe beiderseits die Quadratwurzel. So kommt:

$$(32) \qquad z^8 + 14\,z^6 + 63\,z^4 + 70\,z^2 - 216\,\frac{g_3}{\sqrt[2]{\Delta}}\cdot z - 7 = 0.$$

Dies ist eine Jacobische Gleichung vom *achten* Grade (wie man leicht zeigt, wenn man den in § 16 für M aufgestellten Produktausdruck in eine Potenzreihe verwandelt) und es scheint, daß sie für die allgemeinen Jacobischen Gleichungen achten Grades dieselbe Rolle spielen soll, wie für die Jacobischen Gleichungen sechsten Grades die Gleichung mit $A = 0$.

---

[32]) [Vgl. Kieperts erste Publikationen in den Göttinger Nachrichten vom 17. Juli 1878, sowie in Crelles Journal, Bd. 87 (1878/79), insbesondere S. 120. Unsere beiderseitigen Ansätze, die zu demselben Resultate führten, waren grundverschieden. Während ich die algebraischen Gleichungen der Gestalt der Fundamentalpolygone für $n = 5$, 7, 13 entnahm und erst hinterher die Beziehung zum Multiplikator erster Stufe herstellte, ging Kiepert vom Studium der speziellen Teilungsgleichung für die Funktion $\wp(u)$ aus und kam von da zur Jacobischen Gleichung sechsten Grades (28), indem er $z = f^2$, $f = \dfrac{1}{\wp\left(\dfrac{2\,\omega}{5}\right) - \wp\left(\dfrac{4\,\omega}{5}\right)}$ setzte und übrigens diesen Ausdruck gleich $\sqrt[24]{\dfrac{\Delta'}{\Delta^n}}$ fand, wo $\Delta'(\omega_1, \omega_2)$ zur Abkürzung für $\Delta\left(\omega_1, \dfrac{\omega_2}{n}\right)$ geschrieben ist. Später hat Kiepert für $\sqrt[24]{\dfrac{\Delta'}{\Delta}}$ den Buchstaben L eingeführt, so daß mein M genau dem Kiepertschen L^2 ist. Siehe die weiter unten auf S. 139 folgenden Zitate. K.]

[33]) Siehe Brioschis Darstellung im 13. Bde. der Math. Annalen (1877/78).

Abschnitt III.

Galoissche Resolventen. Bedeutung der Ikosaedergleichung.

§ 1.

Galoissche Resolventen, welche einen Parameter enthalten.

Im ersten Paragraphen des vorigen Abschnitts suchte ich zu kennzeichnen, was bei einer beliebigen Gleichung, die einen Parameter enthält, durch Tschirnhausentransformation unzerstörbar ist; ich wende mich jetzt zu der allgemeineren Frage, was bei beliebiger Resolventenbildung erhalten bleibt? Da die Galoissche Resolvente alle anderen in sich faßt, so genügt es, nur sie zu betrachten; und indem man die Gesamtheit der Galoisschen Resolventen überblickt, die aus einander durch rationale Transformation hervorgehen, wird man, im Anschlusse an die früheren Entwicklungen, *die Verzweigung, welche die Wurzel der Galoisschen Resolvente in bezug auf den Parameter besitzt*, als das eigentlich Bleibende bei allem Wechsel bezeichnen.

Diese Verzweigung hat eine sehr einfache Eigenschaft. *Hängen für irgendeinen Wert des Parameters r Blätter zyklisch zusammen, so hängen an dieser Stelle alle Blätter in Zyklen von je r zusammen.* In der Tat, da sich durch eine Wurzel der Galoisschen Resolvente und übrigens den Wert des Parameters alle anderen Wurzeln rational ausdrücken lassen, so sind alle Wurzeln in bezug auf den Parameter gleich verzweigt. Und auch umgekehrt: Wenn alle Wurzeln in bezug auf den Parameter gleich verzweigt sind, so lassen sie sich durch den Parameter und eine von ihnen rational ausdrücken; man hat es also mit einer Gleichung zu tun, welche ihre eigene Galoissche Resolvente ist[34]).

Demzufolge hat man folgendermaßen zu verfahren, um die Verzweigungspunkte zu bestimmen, welche die Galoissche Resolvente einer beliebig vorgelegten Gleichung:

$$\varphi\,(s,\,z) = 0$$

besitzt. Man suche die Verzweigungsstellen der letzteren. Hängen an einer solchen Stelle gewisse ν_1 Blätter zyklisch zusammen, andere ν_2, ν_3 usw.,

---

[34]) [Vgl. hierzu die Erörterungen auf S. 121/122 im vorliegenden Bande. — Unter dem Ausdrucke „*gleichverzweigt*" ist im Texte mehr verstanden, als nur, daß die Verzweigungsstellen einer jeden Wurzel die gleiche Lage und Vielfachheit haben, wie die jeder anderen; es soll außerdem die *Verbindung* der Blätter für je zwei Wurzeln die gleiche sein. D. h. präziser: Beschreibt ein Punkt P auf der etwa N-blättrigen Riemannschen Fläche irgendeinen geschlossenen, sich selbst nicht schneidenden Weg, und läßt man einen beliebigen der $N-1$ genau über bzw. unter P gelegenen Punkte sich auf der Riemannschen Fläche so bewegen, daß er immer genau über bzw. unter P bleibt, so soll er ebenfalls stets einen geschlossenen, sich nicht schneidenden Weg beschreiben. B.-H.]

so hängen an dieser Stelle die Blätter der Galoisschen Resolvente zu je ν zusammen, wo ν das *kleinste gemeinsame Multiplum* der Zahlen $\nu_1, \nu_2, \nu_3, \ldots$ ist. Denn z muß offenbar ν-mal eine solche Stelle umkreisen, bis eine beliebig gegebene Anordnung $s_1, s_2, \ldots, s_n$ der Wurzeln zum ersten Male wieder erscheint.

§ 2.
Galoissche Resolventen vom Geschlechte Null.

Es ist nun sehr bemerkenswert, daß man alle Galoissche Resolventen, die einen Parameter besitzen und das Geschlecht Null haben, ohne weiteres bestimmen kann. Es sind keine anderen Gleichungen, *als diejenigen mit linearen Transformationen in sich*, d. h. dieselben Gleichungen, mit denen ich mich in meinen letzten Veröffentlichungen[35] ausführlich beschäftigt habe. Dies gibt zugleich einen neuen Weg, die betr. Gleichungen zu bestimmen.

In der Tat, sei das Geschlecht einer Galoisschen Resolvente gleich Null. So wird man diejenige Funktion η als Unbekannte einführen können, durch die sich alles rational ausdrückt, und die Gleichung nimmt also, unter z den Parameter verstanden, die Form an:

$$(1) \qquad R(\eta) = z,$$

wo R eine rationale Funktion bedeutet. Nun soll jede Wurzel η_i durch jede andere η_k mit Hilfe von z rational ausdrückbar sein, das heißt also im Falle (1) durch η_k allein. Da ebenso η_k rational in η_i sein muß, so sind beide *linear* verknüpft. Man kommt also notwendig zu einer Gleichung mit linearen Transformationen in sich, w. z. b. w.

Will man diesen Satz benutzen, um alle Gleichungen mit linearen Transformationen in sich aufzustellen, so zähle man einfach alle Riemannschen Flächen auf, die so verzweigt sind, wie § 1 verlangt und die außerdem $p = 0$ ergeben. Dies ist das elementarste Problem der unbestimmten Analysis, und seine Diskussion liefert sofort die Fälle, welche allein existieren[36].

Ich setze der Vollständigkeit wegen die Gleichungen mit linearen Transformationen in sich hier noch einmal her. Es sind folgende:

$$(2) \qquad \eta^n = z,$$

$$(3) \qquad \eta^n + \eta^{-n} = z,$$

$$(4) \qquad \left(\frac{1 - 2\sqrt{-3}\,\eta^2 - \eta^4}{1 + 2\sqrt{-3}\,\eta^2 - \eta^4}\right)^3 = z, \qquad \text{(Tetraedergleichung)},$$

---

[35] [Vgl. die Abhandlungen LI bis LIV in Bd. 2 dieser Ausgabe.]
[36] [Für die Einzelheiten vgl. das „Ikosaederbuch", S. 115 ff.]

$$(5) \qquad \frac{(1+14\eta^4+\eta^8)^3}{108\,\eta^4(1-\eta)^4} = z, \quad \text{(Oktaedergleichung)},$$

$$(6) \qquad 1728\,\frac{H^3(\eta)}{f^5(\eta)} = z, \quad \text{(Ikosaedergleichung)}.$$

Ich habe dabei für die Ikosaedergleichung die Bezeichnung beibehalten, welche ich in meiner „Ikosaederarbeit" fortwährend benutzte. Die Gleichung (2) weist nur zwei Verzweigungen auf; bei $z=0$ und $z=\infty$ hängen beidemal sämtliche n Blätter zyklisch zusammen. Die Gleichung (3) besitzt drei Verzweigungsstellen; bei $z=+2$ und $z=-2$ hängen die $2\,n$ Blätter paarweise zusammen, bei $z=\infty$ teilen sie sich in zwei Zyklen von je n. Die Gleichungen (4), (5), (6) liefern übereinstimmend bei $z=0$ einen Zusammenhang zwischen je 3, bei $z=1$ zwischen je 2 Blättern. Bei $z=\infty$ ergeben sie bez. eine Verzweigung von je 3, 4, 5 Blättern.

§ 3.

Galoissche Resolventen, welche durch elliptische Modulfunktionen lösbar sind.

Es werde der Parameter z, welcher in der Galoisschen Resolvente vorkommt, jetzt wieder gleich der absoluten Invariante J [bzw. einer linearen Funktion von J] gesetzt. Soll dann die Gleichung durch elliptische Modulfunktionen lösbar sein, so darf sie nach § 2 des vorigen Abschnitts nur bei $J=0$, 1, ∞ Verzweigungen aufweisen, und zwar können bei $J=0$, 1, sofern überhaupt Verzweigung stattfindet, die Blätter nur zu 3, bezüglich zu 2 zusammenhängen. Bei der großen Bestimmtheit dieser Angabe ist es ein Leichtes, für die niedersten p alle hierher gehörigen Gleichungen aufzuzählen. Für $p=0$ sind es folgende:

$$\eta^3 = J, \quad \eta^2 = J-1, \quad \eta^3+\eta^{-3} = \frac{2J-4}{J},$$

dann *Tetraeder-*, *Oktaeder-* und *Ikosaedergleichung.*

Doch sollen diese allgemeinen Betrachtungen hier nicht weiter verfolgt werden, vielmehr wende ich mich zu dem spezielleren Problem der Transformationsgleichungen zurück.

§ 4.

Die Galoisschen Resolventen der Gleichungen zwischen J und J'.

Bekanntlich umfaßt die Galoissche Gruppe der Transformationsgleichung für $n=2$ *sechs*, für $n=4$ *vierundzwanzig* und für jede Primzahl n, die >2 ist, $\frac{n\,(n^2-1)}{2}$ Substitutionen[37]). Ebensoviele Blätter wird

---

[37]) Ich sehe ab bei diesen Angaben, wie immer in dieser Arbeit, von den bloß *numerischen* Irrationalitäten, die bei der Auflösung der Gleichungen notwendig sind.

also die Riemannsche Fläche besitzen, welche die Galoissche Resolvente der Transformationsgleichung vorstellt. Diese Blätter hängen nach § 4 des vorigen Abschnitts und auf Grund der nunmehr erläuterten Verhältnisse bei $J = 0$ zu je 3, bei $J = 1$ zu je 2, bei $J = \infty$ zu je n zusammen. Das gibt also für $n = 2$ $p = 0$, für $n = 4$ wieder $p = 0$, für die anderen n $p = \dfrac{n-3 \cdot n-5 \cdot n+2}{24}$. Man sieht: *Das Geschlecht wird Null bei $n = 2, 3, 4, 5$ und nur bei diesen Werten von n.* Für $n = 7$ z. B. wird es bereits gleich Drei.

Bei $n = 3, 4, 5$ haben wir dieselbe Verzweigung, welche die *Tetraeder-, Oktaeder-, Ikosaedergleichung* aufweisen. Diese sind aber die einfachsten Gleichungen, welche diese Verzweigung besitzen, insofern in ihnen die Größe η als Unbekannte eingeführt ist, durch die sich alles rational ausdrückt (§ 2). *Es sind also diese Gleichungen die einfachsten Formen, welche man der Galoisschen Resolvente der Transformationsgleichung für $n = 3, 4, 5$ erteilen kann.* Hiermit ist die Bedeutung, welche zumal die *Ikosaedergleichung*, auf welche ich in dieser Arbeit meine besondere Aufmerksamkeit richte, für die Transformationstheorie besitzt, so scharf gekennzeichnet, als man verlangen kann.

Bei $n = 2$ kommen wir nach dem vorigen Paragraphen zunächst zu der Gleichung:

$$\eta^3 + \eta^{-3} = \frac{2J-4}{J}.$$

Aber diese Gleichung geht durch die lineare Substitution

$$\eta = \frac{\sigma + \alpha}{\sigma + \alpha^2}, \qquad \left(\alpha = e^{\frac{2i\pi}{3}}\right)$$

in die Gleichung für das Doppelverhältnis über:

$$J = \frac{4}{27} \cdot \frac{(1-\sigma+\sigma^2)^3}{\sigma^2(1-\sigma)^2},$$

und *die Gleichung für das Doppelverhältnis gehört also hier als erstes Glied zu der von der Tetraeder-, Oktaeder-, Ikosaedergleichung gebildeten Reihe.*

§ 5.

Im Raume gelegene Riemannsche Flächen.

Nach den früher ausgesprochenen Ideen (§ 7 des zweiten Abschnitts) kann man das Gesagte noch zweckmäßig umformen. Man schraffiere bei den beschriebenen Riemannschen Flächen diejenigen Halbblätter, welche die positive Halbebene J überdecken, während die anderen Halbblätter frei bleiben sollen. Dann deformiere man die Fläche so, daß sie schließlich, ohne Verzweigung im Raume gelegen, eine möglichst übersichtliche

Gestalt annimmt, also, z. B. im Falle $p = 0$ die Gestalt einer Kugel. Bezeichnet man mit N die Blätterzahl der ursprünglichen Fläche, so ist die neue Fläche von $2N$ (krummlinigen) Dreiecken überdeckt, welche sich, abwechselnd schraffiert und nicht schraffiert, lückenlos aneinander schließen. Die Ecken der einen Art (für die $J = 0$ ist) sind immer zu sechs und sechs, die Ecken der zweiten Art ($J = 1$) zu vier und vier, die Ecken der dritten Art ($J = \infty$) zu $2n$ und $2n$ vereinigt; die Dreieckswinkel sind also (sozusagen) $\frac{\pi}{3}$, $\frac{\pi}{2}$, $\frac{\pi}{n}$. Im besonderen Falle $p = 0$ fällt diese Einteilung in Dreiecke mit derjenigen zusammen, die wir für die Doppelverhältnisgleichung ($n = 2$) oben ausführlich aufstellten (Abschnitt I, § 2), und die bei der Tetraeder-, Oktaeder-, Ikosaedergleichung übrigens bekannt ist.

Diese Vorstellung ist nun besonders nützlich, um die Abhängigkeit zu verstehen, welche zwischen der Wurzel der Galoisschen Resolvente und dem Periodenverhältnisse ω besteht. Wir hatten die Ebene ω in unendlich viele, abwechselnd schraffierte und nicht schraffierte, Elementardreiecke zerlegt, deren Winkel $\frac{\pi}{3}$, $\frac{\pi}{2}$, 0 betrugen. *Einem solchen Elementardreiecke entspricht jetzt geradezu das neue [in gleichem Sinn umaufene] Dreieck mit seinen Winkeln* $\frac{\pi}{3}$, $\frac{\pi}{2}$, $\frac{\pi}{n}$. Da nebeneinanderliegenden Dreiecken natürlich ebensolche entsprechen, so hat man ein volles Bild der gegenseitigen Abhängigkeit.

§ 6.

Verwertung der Galoisschen Resolventen.

Der Nutzen der Galoisschen Resolvente besteht zumal darin, daß man durch eine beliebige ihrer Wurzeln und übrigens den Parameter alle anderen Größen rational ausdrücken kann. Ist insbesondere $p = 0$, so ist auch noch der Parameter überflüssig und alles durch eine beliebige Wurzel der Resolvente allein rational darstellbar. Ich stelle also insbesondere die Aufgabe, *die Wurzeln τ der oben aufgestellten Transformationsgleichungen für $n = 2, 3, 4, 5$ durch das Doppelverhältnis, resp. die Tetraeder-, Oktaeder-, Ikosaederirrationalität rational in expliziter Form auszudrücken.*

Um die betr. Formeln zu finden, bediente ich mich der geometrischen Vorstellung des vorangehenden Paragraphen. Ich zeichnete in der ω-Ebene für $n = 2, 3, 4, 5$ das Fundamentalpolygon und suchte dann auf der betr. in 12, 24, 48, 120 Dreiecke eingeteilten Kugel das entsprechende Gebilde. Die Beziehung zwischen der Wurzel der Galoisschen Resolvente und der

Variablen τ ist dann derart, daß erstere sich gerade über das neue Polygon bewegt, wenn τ sein (zweckmäßig zerschnittenes) Gesamtgebiet durchläuft. Hiernach ist es in jedem Falle leicht, die algebraische Abhängigkeit darzustellen. Im folgenden unterdrücke ich der Kürze wegen diese Zwischenbetrachtungen und gebe ohne weitere Erläuterung einmal die Figuren, dann gleich die definitiven Formeln. —

Hat man in dieser Weise alles durch eine Irrationalität ausgedrückt, so muß man verlangen, die letztere auf transzendentem Wege zu definieren. Ich erreiche das in den vier Fällen auf indirektem Wege, indem ich, von den oben für τ gefundenen Ausdrücken ausgehend, auf die Wurzel der Galoisschen Resolvente den Rückschluß mache.

§ 7.
Die Gleichung für das Doppelverhältnis.

Wenn wir in dem soeben geschilderten Sinne das Fundamentalpolygon für $n = 2$ auf die Kugel übertragen, die zur Repräsentation des Doppelverhältnisses σ dient, so wird eben die Hälfte derselben überdeckt, die Begrenzungslinie ist ein Meridian. In der beistehenden Figur ist dieser Meridian stärker ausgezogen und nur auf der überdeckt gedachten Halbkugel sind die früheren Schraffierungen angebracht:

Nördliche Halbkugel

Südliche Halbkugel

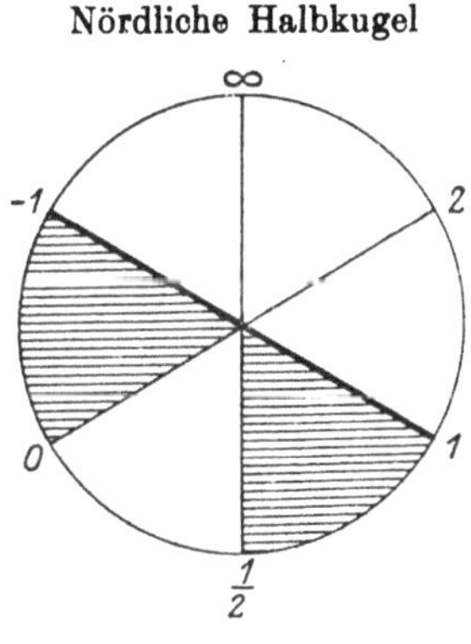

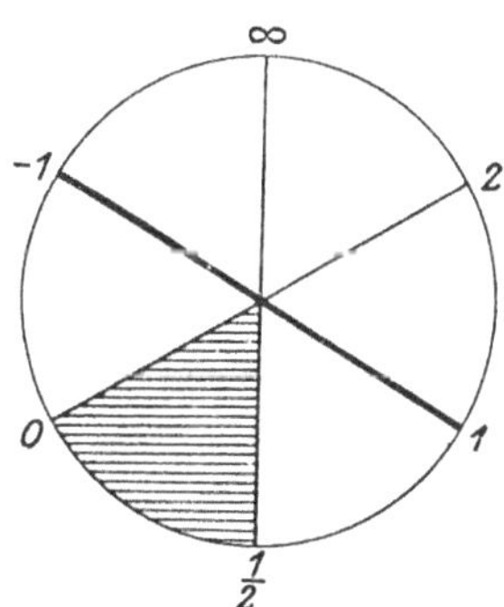

Fig. 19 a.

Fig. 19 b.

Die Transformationsgleichung für $n = 2$ war:

$$J = \frac{1}{27} \cdot \frac{(4\tau - 1)^3}{\tau},$$

die Gleichung für das Doppelverhältnis:

$$J = \frac{4}{27} \cdot \frac{(\sigma^2 - \sigma + 1)^3}{\sigma^2 (1 - \sigma)^2}.$$

Man erhält die eine aus der anderen, indem man schreibt:

$$(6\,\mathrm{a}) \qquad \begin{cases} \tau_\infty = -\,\dfrac{\sigma^2}{4\,(1-\sigma)}\,, \\[2ex] \tau_0 = -\,\dfrac{(1-\sigma)^2}{4\,\sigma}\,, \\[2ex] \tau_1 = +\,\dfrac{1}{4\,\sigma\,(1-\sigma)}\,. \end{cases}$$

Ich habe dabei den drei Wurzeln τ Indizes erteilt, so wie sie den oben der Größe M beigelegten Indizes entsprechen.

<h3 style="text-align:center">§ 8.
Die Tetraedergleichung.</h3>

In der nachstehenden Zeichnung denke ich mir ein reguläres Tetraeder mit horizontaler Basis, auf welches man von oben hinabblickt. Jede der drei sichtbaren Seitenflächen ist durch die drei Höhen in sechs Elementardreiecke zerlegt. Läßt man sie den Elementardreiecken der ω-Ebene entsprechen, so überdeckt das Fundamentalpolygon für $n = 3$ den von einem stark ausgezogenen Rahmen umschlossenen Raum; nur in ihm sind Schraffierungen angebracht. Dieser Raum absorbiert, wie man sieht, genau den dritten Teil der gesamten Tetraederfläche.

Die Formeln, zu denen man dementsprechend geführt wird, sind folgende.

Die Transformationsgleichung für $n = 3$ war:

$$J = -\,\frac{(\tau-1)(9\,\tau-1)^3}{64\,\tau}\,.$$

Der Tetraedergleichung erteile ich folgende Gestalt:

$$J = -\,64\,\frac{(x_1^4 - x_1\,x_2^3)^3}{(8\,x_1^3\,x_2 + x_2^4)^3}\,.^{38})$$

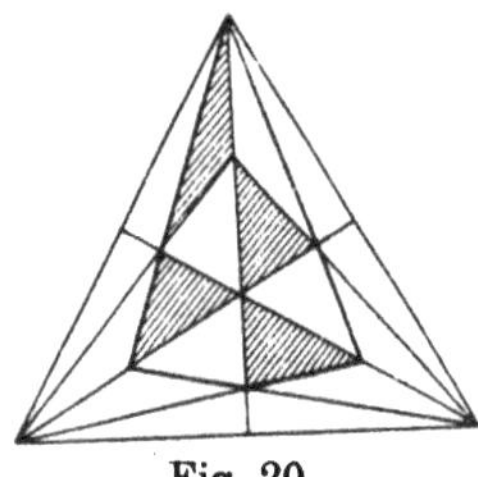

Fig. 20.

Ich habe dabei der größeren Deutlichkeit wegen homogene Variable genommen und die Zahlenkoeffizienten so gewählt, daß keine Irrationalitäten auftreten. Man findet dann:

$$(7) \qquad \begin{cases} \tau_\infty = \dfrac{x_2^4}{8\,x_1^3\,x_2 + x_2^4}\,, \\[2ex] \tau_0 = \dfrac{1}{9}\cdot\dfrac{(2\,x_1 + x_2)^4}{8\,x_1^3\,x_2 + x_2^4}\,, \\[2ex] \tau_1 = \dfrac{1}{9}\cdot\dfrac{(2\,\alpha\,x_1 + x_2)^4}{8\,x_1^3\,x_2 + x_2^4}\,, \\[2ex] \tau_2 = \dfrac{1}{9}\cdot\dfrac{(2\,\alpha^2\,x_1 + x_2)^4}{8\,x_1^3\,x_2 + x_2^4}\,. \end{cases} \qquad \left(\alpha = e^{\frac{2\,i\,\pi}{3}}\right),$$

---

³⁸) Es wird dann

$$J - 1 = -\,\frac{(8\,x_1^6 + 20\,x_1^3\,x_2^3 - x_2^6)^2}{(8\,x_1^3\,x_2 + x_2^4)^3}\,.$$

[In den folgenden Formeln (7) ist unter $\dfrac{x_1}{x_2}$ diejenige Wurzel der Tetraedergleichung zu verstehen, die für $\omega = i\,\infty$, $\omega = 0$, $\omega = 1$ bzw. die Werte ∞, $-\dfrac{1}{2}$, $-\dfrac{\alpha^2}{2}$ annimmt. B.-H.]

Die im Zähler stehenden Ausdrücke sind die vier linearen Faktoren des Nenners. Man kann sagen, wenn ein solcher Ausdruck gestattet ist: *die Größen τ stellen die vierte Potenz einer Tetraederecke dar, dividiert durch das ganze Tetraeder.*

§ 9.

Die Oktaedergleichung.

Beim Oktaeder bekommt man folgende nach dem Vorhergehenden wohl ohne weitere Erläuterung verständliche Figur:

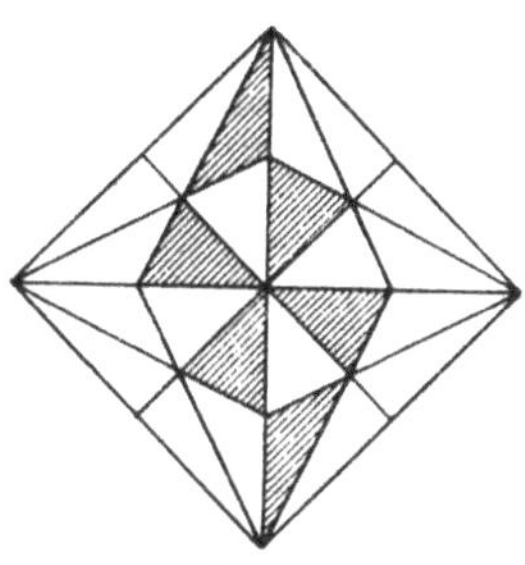

Fig. 21.

Wir hatten ferner oben für $n = 4$ als Transformationsgleichung aufgestellt:

$$J = \frac{(\tau^2 + 14\tau + 1)^3}{108\,\tau\,(1-\tau)^4},$$

während die Oktaedergleichung lautete:

$$J = \frac{(\eta^8 + 14\eta^4 + 1)^3}{108\,\eta^4\,(1-\eta^4)^4}.$$

Offenbar ist ein Wert von τ gleich η^4, und die übrigen Werte ergeben sich, wenn man η den linearen Transformationen unterwirft, durch welche die Oktaedergleichung in sich übergeht. Also kommt für die sechs Werte von τ:

$$(8) \qquad \eta^4, \quad \frac{1}{\eta^4}, \quad \left(\frac{1 \pm \eta}{1 \mp \eta}\right)^4, \quad \left(\frac{1 \pm i\eta}{1 \mp i\eta}\right)^4. \quad {}^{38a)}$$

Schreibt man hier $\varkappa^2$ statt τ und also $\sqrt{\varkappa}$ statt η, so wird (nach § 3 des ersten Abschnittes) J die Invariante des Legendreschen Integrals und die Formeln (8) drücken ein bekanntes Resultat von Abel aus[39]). Wir können also folgendermaßen sagen: *Transformiert man das allgemeine elliptische Integral $\int \frac{dx}{\sqrt{f(x)}}$ durch lineare Substitution in die Legendresche*

[38a]) [Bedeutet η diejenige Wurzel der Oktaedergleichung, die für $\omega = i\infty$, 0, 1 bzw. die Werte ∞, 1, $-i$ annimmt, so gilt genauer $\tau_0 = \left(\frac{1-\eta}{1+\eta}\right)^4$. B.-H.]

[39]) [Siehe z. B. Gesammelte Werke, Bd. 1, S. 459 in der Ausgabe von Sylow und Lie.]

Normalform, so hat $\sqrt{\varkappa}$ in bezug auf die absolute Invariante J die Bedeutung der Oktaederirrationalität.

§ 10.

Die Ikosaedergleichung.

In der folgenden Figur sind nur einige der Dreiecke gezeichnet, welche ein reguläres Ikosaeder überdecken; aber sie wird genügen, um die Lage des $n = 5$ entsprechenden Fundamentalpolygons zu erkennen.

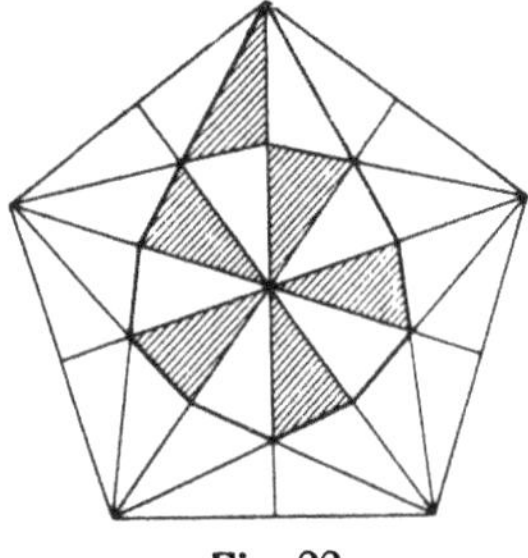

Fig. 22.

Nun hatten wir für τ bei $n = 5$:

$$J = \frac{(\tau^2 - 10\tau + 5)^3}{-1728\,\tau}$$

und übrigens die Ikosaedergleichung:

$$J = 1728\,\frac{H^3(\eta)}{f^5(\eta)}.$$

Schreiben wir homogen machend $\eta = \dfrac{\eta_1}{\eta_2}$, so werden die sechs Wurzeln τ:

$$(9) \quad \begin{cases} \tau_\infty = \dfrac{125\,\eta_1^6\,\eta_2^6}{f}, \\[2ex] \tau_\varrho = (-1)^\varrho\,\dfrac{(\varepsilon^{-2\varrho}\,\eta_1^2 + \eta_1\eta_2 - \varepsilon^{+2\varrho}\,\eta_2^2)^6}{f}, \end{cases}$$

wo ε gleich $e^{\frac{2i\pi}{5}}$ ist.[39a]

Übrigens gehen diese Formeln [bis auf die Zuordnung der Indizes] schon aus früheren Angaben[40] von mir hervor, indem $\sqrt[3]{\tau}$, wie § 18 des zweiten Abschnitts gezeigt, Wurzel der Jacobischen Gleichung sechsten Grades mit $A = 0$ ist.

§ 11.

Auflösung der Gleichung für das Doppelverhältnis.

Aus Formel (6a) folgt:

$$-\sigma^3 = \frac{\tau_\infty}{\tau_1}.$$

Nun war

$$\frac{\tau_\infty}{\tau_1} = \frac{M_\infty^{12}}{M_1^{12}},$$

[39a] [Unter $\eta = \dfrac{\eta_1}{\eta_2}$ ist in (9) diejenige Wurzel der Ikosaedergleichung zu verstehen, die für $\omega = i\infty$, 0, 1 bzw. die Werte ∞, $\dfrac{\varepsilon^2 + \varepsilon^3}{2}$, $\varepsilon^4 \cdot \dfrac{\varepsilon^2 + \varepsilon^3}{2}$ annimmt. B.-H.]

[40] [Siehe „Ikosaederarbeit" S. 518 [S. 337].]

also kommt:

$$(10) \qquad \sigma = 2^4 \cdot q \cdot \frac{\Pi (1+q^{2\nu})^8}{\Pi (1+q^{2\nu-1})^8},$$

die gewöhnliche Formel für $\sigma = \varkappa^2$.

§ 12.
Auflösung der Tetraedergleichung.

Man schließt aus Formel (7):

$$\sqrt[4]{\tau_0} : \sqrt[4]{\tau_1} : \sqrt[4]{\tau_2} = 2\,x_1 + x_2 : 2\,\alpha\,x_1 + x_2 : 2\,\alpha^2\,x_1 + x_2.$$

Andererseits verhalten sich diese Größen wie

$$M_0^{\frac{3}{2}} : M_1^{\frac{3}{2}} : M_2^{\frac{3}{2}}$$

resp. wie die drei Ausdrücke, die entstehen, wenn man in

$$q^{\frac{1}{4}} \, \Pi (1 - q^{2\nu})^3$$

statt q einträgt $q^{\frac{1}{3}}$, $\alpha q^{\frac{1}{3}}$, $\alpha^2 q^{\frac{1}{3}}$. Aber dieses Produkt $q^{\frac{1}{4}} \, \Pi (1 - q^{2\nu})^3$ ist [bis auf den Faktor 2π] nichts anderes als $\Theta_1'(0)$ nach der gewöhnlichen Bezeichnung, gibt also in eine Reihe entwickelt:

$$q^{\frac{1}{4}} - 3 q^{\frac{9}{4}} + 5 q^{\frac{25}{4}} - 7 q^{\frac{49}{4}} + 9 q^{\frac{81}{4}} - 11 q^{\frac{121}{4}} + \cdots.$$

Trägt man hier für q ein $\alpha^\varrho q^{\frac{1}{3}}$, so kommt[41]):

$$\alpha^\varrho \cdot q^{\frac{1}{12}} (1 + 5 q^2 - 7 q^4 - 11 q^{10} + 13 q^{14} + 17 q^{24} - 19 q^{30} - \cdots)$$
$$- 3 q^{\frac{9}{12}} (1 - 3 q^6 + 5 q^{18} - 7 q^{36} \cdots)$$

und also wird *die Auflösung der Tetraedergleichung* diese:

$$(11) \qquad \frac{x_1}{x_0} = - \frac{1}{0 \, q^{\frac{2}{3}}} \cdot \frac{1 + 5 q^2 - 7 q^4 - 11 q^{10} + 13 q^{14} + 17 q^{24} - 19 q^{30} - \cdots}{1 - 3 q^6 + 5 q^{18} - 7 q^{36} + \cdots}.$$

§ 13.
Die Auflösung der Oktaedergleichung.

Man kommt zu der Formel:

$$(12) \qquad \eta = \frac{1}{2} \cdot q^{\frac{1}{4}} \cdot \frac{\Pi (1+q^{4\nu-2})^2}{\Pi (1+q^{4\nu})^2},$$

die mit den gewöhnlich für $\sqrt{\varkappa}$ gegebenen nach leichter Modifikation übereinstimmt.

---

[41]) [Die Rechnung liefert das Resultat des Textes multipliziert mit der vierten Einheitswurzel $e^{-\frac{\pi i \varrho}{2}}$. Aber in den $\sqrt[4]{\tau_\varrho}$ bleibt an sich eine vierte Einheitswurzel unbestimmt. Diese vierten Einheitswurzeln ergeben sich nachträglich aus der Forderung, daß $\frac{x_1}{x_2}$ die Tetraedersubstitutionen erfahren soll, wenn ω unimodular substituiert wird. Es zeigt sich, daß gerade die Ausdrücke des Textes das Richtige liefern. B.-H.]

§ 14.
Die Auflösung der Ikosaedergleichung.

Nach § 10 verhalten sich die sechsten Wurzeln aus den τ_ϱ [bis auf hinzutretende zwölfte Einheitswurzeln] wie

$$\varepsilon^{-2\varrho}\,\eta_1^2 + \eta_1\,\eta_2 - \varepsilon^{+2\varrho}\,\eta_2^2\,.$$

Dieselben sechsten Wurzeln verhalten sich, nach § 17 des vorigen Abschnitts, wie die $\sqrt{M}$, das heißt wie diejenigen Ausdrücke, die aus $q^{\frac{1}{12}}\Pi(1-q^{2\nu})$ hervorgehen, wenn man statt q einträgt $q^{\frac{1}{5}}$, $\varepsilon q^{\frac{1}{5}}$, $\varepsilon^2 q^{\frac{1}{5}}$, $\varepsilon^3 q^{\frac{1}{5}}$, $\varepsilon^4 q^{\frac{1}{5}}$ $\left(\varepsilon = e^{\frac{2i\pi}{5}}\text{ gesetzt}\right)$.

Aber es ist $q^{\frac{1}{12}}\Pi(1-q^{2\nu})$ nach einer bekannten von E u l e r herrührenden Formel:

$$\sum_0^\infty (-1)^n q^{\frac{(6n+1)^2}{12}}$$

Wenn wir hier statt q schreiben $\varepsilon^\mu q^{\frac{1}{5}}$, so ergibt sich[42]):

$$q^{\frac{5}{12}}(-1+q^{10}+q^{20}-q^{50}+\dots)$$
$$+\,\varepsilon^{2\mu}\cdot q^{\frac{49}{60}}(-1+q^2-q^4+q^8+q^{22}-q^{30}+\dots)$$
$$+\,\varepsilon^{3\mu}\cdot q^{\frac{1}{60}}(1+q^2-q^6-q^{14}-q^{16}-q^{28}+q^{40}\dots)$$

und vergleicht man dies mit den $\sqrt[6]{\tau_\varrho}$, so kommt als *Auflösung der Ikosaedergleichung*:

$$(13)\qquad \frac{\eta_1}{\eta_2} = q^{-\frac{2}{5}}\frac{1+q^2-q^6-q^{14}-q^{16}-q^{28}+q^{40}+\dots}{-1+q^{10}+q^{20}-q^{50}+\dots}\,,$$

oder auch:

$$(13\,\mathrm{a})\qquad \frac{\eta_1}{\eta_2} = -\,q^{-\frac{2}{5}}\frac{-1+q^{10}+q^{20}-q^{50}+\dots}{-1+q^2-q^4+q^8+q^{22}-q^{30}+\dots}\,.$$

§ 15.
Vergleich der verschiedenartigen Auflösungen der Ikosaedergleichung[43]).

Ein Vergleich der hiermit gewonnenen Lösung der Ikosaedergleichung durch elliptische Funktionen mit der früher explizite entwickelten [„Ikosaederarbeit",

---

[42]) [Hier liefert die Rechnung das Resultat des Textes multipliziert mit der zwölften Einheitswurzel $e^{-\frac{5\pi i\mu}{6}}$, die sich gegen die in den $\sqrt[6]{\tau_\varrho}$ unbestimmt gelassenen Einheitswurzeln kompensiert. Wiederum ergibt sich das Schlußresultat durch Heranziehung der Ikosaedersubstitutionen, wobei man noch das Verhalten von $\frac{\tau_0}{\tau_1}$ für $\omega = i\infty$ benutzen mag. B.-H.]

[43]) Ähnliche Betrachtungen gelten natürlich bei der Gleichung für das Doppelverhältnis, der Tetraeder- und der Oktaedergleichung.

S. 512 ff. [S. 331 ff.]] ist deshalb besonders interessant, weil er neue Gesichts-punkte für die Behandlung der hypergeometrischen Reihen abgibt. Wenn sich die Invariante J über die Halbebene bewegt, so durchläuft die Ikosaeder-irrationalität η ein Kreisbogendreieck von den Winkeln $\frac{\pi}{3}$, $\frac{\pi}{2}$, $\frac{\pi}{5}$ und ω ein solches von den Winkeln $\frac{\pi}{3}$, $\frac{\pi}{2}$, 0. Statt nun nach der früheren Methode η direkt aus J als Quotienten hypergeometrischer Reihen zu be-rechnen, berechnen wir jetzt auf analoge Weise das ω und aus ihm erst das η; das heißt, wir verwandeln die Halbebene J zunächst in ein Drei-eck mit den Winkeln $\frac{\pi}{3}$, $\frac{\pi}{2}$, 0 und dehnen dann dieses wieder zu einem Dreiecke mit den Winkeln $\frac{\pi}{3}$, $\frac{\pi}{2}$, $\frac{\pi}{5}$. *Dies Verfahren ist in analoger Weise offenbar immer zulässig, wenn ein Quotient Ω hypergeometrischer Reihen berechnet werden soll, der die Halbebene J auf ein Kreisbogen-dreieck mit den Winkeln $\frac{\pi}{3}$, $\frac{\pi}{2}$, $\frac{\pi}{\nu}$ abbildet, wo ν irgendeine Zahl ist.* Dies Verfahren hat dann aber, allgemein zu reden, einen großen Vorteil, der freilich beim Ikosaeder nicht recht zur Geltung kommt. Im allge-gemeinen nämlich ist weder J eine eindeutige Funktion von Ω, noch Ω von J. Dagegen werden beide eindeutige Funktionen von ω. Indem man also ω als die unabhängige Variable einführt, ist ein ähnlicher Vor-teil erzielt, wie etwa der, den in der Theorie der elliptischen Integrale die Einführung der Integrale erster Gattung als unabhängiger Veränder-licher mit sich bringt. —

Es handelte sich dabei um hypergeometrische Reihen, welche nach J fortschreiten. Aber ich habe S. 512, 516 [S. 331, 335] meiner „Ikosaederarbeit" bereits darauf aufmerksam gemacht, daß es unbegrenzt viele andere Arten der Auflösung für die Ikosaedergleichung gibt, sofern man solche hyper-geometrische Reihen zuläßt, die *nach algebraischen Funktionen von J* fortschreiten[44]). Ich will hier nur drei solche Fälle besonders anführen, die sich an das Vorhergehende genau anschließen. Schreibt man

$$J = \frac{(4\tau - 1)^3}{27\tau} \quad \text{(Transformation zweiter Ordnung)},$$

so bewegt sich η, wenn τ über die Halbebene läuft, über ein Dreieck, das aus drei kleinen Dreiecken $\left(\text{mit den Winkeln } \frac{\pi}{3}, \frac{\pi}{2}, \frac{\pi}{5}\right)$ zusammen-gesetzt ist (Fig. 23 auf der folgenden Seite); wird

$$J = \frac{4}{27} \cdot \frac{(\sigma^2 - \sigma + 1)^3}{\sigma^2 (1 - \sigma)^2}$$

---

[44]) [Vgl. auch die bereits in Bd. 2 dieser Ausgabe auf S. 317, S. 346 und S. 582 genannte Leipziger Dissertation von O. Fischer: *Konforme Abbildung sphärischer Dreiecke aufeinander mittels algebraischer Funktionen.* (Leipzig, 1885).]

gesetzt (Doppelverhältnisgleichung), so entspricht der Halbebene σ das Dreieck η (Fig. 24), das heißt, das Begrenzungsdreieck des eigentlichen Ikosaeders. Nimmt man endlich:

$$J = \frac{1}{108} \cdot \frac{(\tau^2 + 14\tau + 1)^3}{\tau(1-\tau)^4}$$

(Transformation vierter Ordnung, Invariante der Legendreschen Normalform), so ist die Halbebene τ auf ein Dreieck η bezogen, das die in Fig. 25 gegebene Gestalt hat.

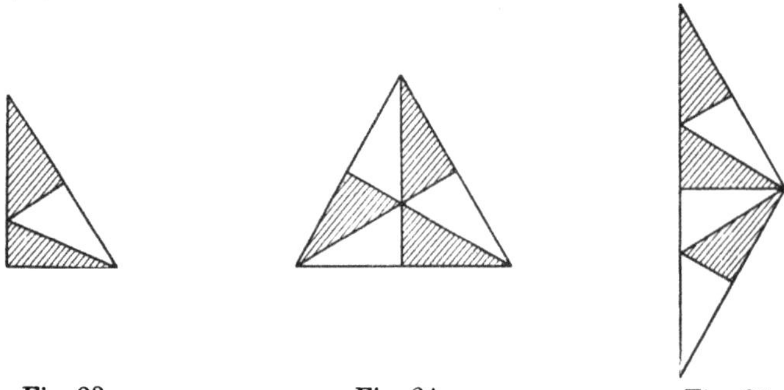

Fig. 23.   Fig. 24.   Fig. 25.

Dieser letzte Fall ist es, den ich S. 516 [S. 335] meiner „Ikosaederarbeit" ausführlicher in Betracht zog, weil ich damals von der Legendreschen Normalform aus die Auflösung der Ikosaedergleichung durch elliptische Funktionen untersuchen wollte. — [Vgl. Bd. 2 dieser Ausgabe, S. 383/384.]

Bringt man diese Lösungen wieder mit der Auflösung durch elliptische Funktionen zusammen, so erhält man z. B. den Satz: *Alle hypergeometrische Reihen, welche nach dem Doppelverhältnisse $\sigma (= \varkappa^2)$ fortschreiten, lassen sich als eindeutige Modulfunktionen darstellen*[45]). Doch greift ein Verfolg dieser Ideen, die sich schließlich alle auf *die Transformation der hypergeometrischen Reihen* beziehen, natürlich weit über die Grenzen des gegenwärtigen Aufsatzes hinaus.

Abschnitt IV.

Modulargleichungen. — Die Auflösung der Gleichungen fünften Grades.

In diesem letzten Abschnitte beabsichtige ich, zu zeigen, in welchem Verhältnisse die Untersuchungen Hermites und Brioschis, die sich auf die Bring-Jerrardsche Form der Gleichungen fünften Grades, resp. auf die

---

45) [Wegen dieses Theorems, auf das ich immer besonderen Wert gelegt habe, vgl. die Fußnote 10) auf Seite 581/82 in Bd. 2 dieser Ausgabe. K.]

verwandten Jacobischen Gleichungen sechsten Grades „mit $B = 0$“ beziehen, zum Ikosaeder stehen, um dann, die Entwicklungen der vorhergehenden Abschnitte und meine früheren Arbeiten umfassend, einen Überblick über die verschiedenen Arten der Lösung der Gleichungen fünften Grades zu geben. Ich bedarf dazu gewisser Betrachtungen über *Modulargleichungen*, die mir an sich ein großes Interesse zu bieten scheinen, die ich aber nur so weit hier durchführe, als zur Erreichung des vorgenannten Zweckes notwendig ist.

§ 1.

Über Modulargleichungen im allgemeinsten Sinne.

Statt der Gleichungen zwischen den absoluten Invarianten J und J', die ich im zweiten Abschnitte dieser Arbeit untersuchte, betrachtet man, von den Θ-Funktionen ausgehend, gewöhnlich die Gleichungen zwischen den Doppelverhältnissen σ, σ' (d. h. $\varkappa^2, \lambda^2$) oder die zwischen ihren achten Wurzeln $u = \sqrt[4]{\varkappa}$, $v = \sqrt[4]{\lambda}$. Ist n, wie vorausgesetzt werde, eine Primzahl und dabei > 2, so sind auch diese Gleichungen vom Grade $(n + 1)$. Bei der hier eingehaltenen Darstellung, in der die absolute Invariante J allemal die ursprüngliche Variable abgibt, entsteht von selbst die allgemeine Frage: *Welche algebraischen Funktionen von J, resp. J', haben ebenfalls diese Eigenschaft, zu Transformationsgleichungen vom Grade $(n + 1)$ Anlaß zu geben?*

Es sei $\varphi(\omega)$ eine solche in der ganzen Halbebene ω eindeutige Funktion. So betrachte man vor allen Dingen diejenigen linearen Substitutionen

$$(1) \qquad \omega' = \frac{\alpha' \omega + \beta'}{\gamma' \omega + \delta'}, \quad (\alpha' \delta' - \beta' \gamma' = 1),$$

welche $\varphi(\omega)$ ungeändert lassen. Sie mögen durch akzentuierte $\alpha', \beta', \gamma', \delta'$ kenntlich gemacht sein, und bilden übrigens eine in der Gesamtheit aller

$$\omega' = \frac{\alpha \omega + \beta}{\gamma \omega + \delta}, \quad (\alpha \delta - \beta \gamma = 1),$$

enthaltene Untergruppe. Zwei Zahlen, die durch eine Substitution (1) auseinander hervorgehen, will ich *relativ äquivalent* nennen. So bilde man alle Werte von φ, welche durch folgende Formel ausgedrückt sind:

$$\varphi\left(\frac{1}{n} \cdot \frac{\alpha' \omega + \beta'}{\gamma' \omega + \delta'}\right)$$

und frage, wann sie mit $\varphi(\omega)$ durch eine Gleichung $(n + 1)$-ten Grades verknüpft sind.

Eine leichte Überlegung führt zu zwei Bedingungen.

Zunächst ist erforderlich, *daß alle Werte von ω, für welche die Funktion φ denselben Wert annimmt, relativ äquivalent sind.* Dies bedingt, daß J eine rationale Funktion von φ sein muß, und auch umgekehrt: wenn J eine rationale Funktion von φ ist, so wird diese erste Bedingung befriedigt.

Dann muß weiter verlangt werden, *daß alle Zahlen* $\dfrac{1}{n} \cdot \dfrac{\alpha'\omega + \beta'}{\gamma'\omega + \delta'}$, *mit nur* $(n+1)$ *„Repräsentanten" relativ äquivalent sind.*

Diese zwei Bedingungen zusammen sind jedenfalls ausreichend; wie weit sie möglicherweise voneinander abhängig sind, habe ich noch nicht untersucht[46]).

§ 2.

Die Ikosaederirrationalität.

Ich behaupte nun, daß die Ikosaederirrationalität η, die durch die Gleichung definiert wird:

$$1728\,\frac{H^3(\eta)}{f^5(\eta)} = J,$$

den beiden Anforderungen für alle Primzahlen n genügt, die von *Fünf* verschieden sind[47]).

Zunächst der ersten Bedingung wird entsprochen, weil J in η rational ist. Mit Bezug auf die zweite habe ich zunächst die Substitutionen (1) anzugeben, welche η ungeändert lassen. Da η nichts anderes ist als die Wurzel der Galoisschen Resolvente der Transformationsgleichung für $n = 5$, so umfassen nach bekannten Sätzen die gesuchten Substitutionen alle diejenigen $\dfrac{\alpha\omega + \beta}{\gamma\omega + \delta}$ und nur diejenigen, bei denen $\alpha \equiv \delta \equiv 1$, $\beta \equiv \gamma \equiv 0$ (mod. 5) ist. Wir können also schreiben:

$$(2)\qquad \omega' = \frac{\alpha'\omega + \beta'}{\gamma'\omega + \delta'} = \frac{(5a+1)\omega + 5b}{5c\omega + (5d+1)},\quad \text{wo } (5a+1)(5d+1) - 25bc = 1,$$

und es ist nun zu zeigen, daß alle Zahlen

$$\frac{1}{n} \cdot \frac{(5A+1)\omega + 5B}{5C\omega + (5D+1)},\quad \text{wo } (5A+1)(5D+1) - 25BC = 1,$$

mit Bezug auf (2) zu $(n+1)$ Repräsentanten äquivalent sind. Zum Beweise gebe ich $(n+1)$ Repräsentanten wirklich an; daß in bezug auf sie das Theorem richtig ist, sieht man sofort. Die Repräsentanten sind:

$$\frac{\omega}{n},\quad \frac{\omega + 5}{n},\quad \frac{\omega + 2\cdot5}{n},\quad \ldots,\quad \frac{\omega + (n-1)\cdot5}{n},\quad \frac{1}{n}\cdot\frac{\lambda n\,\omega + (\lambda n - 1)}{(1-\lambda n)\omega + (2-\lambda n)}.$$

Hier ist λn das kleinste Multiplum von n, welches modulo 5 zu Eins kongruent ist.

---

[46]) [Vgl. hierzu die weitergehenden Angaben in Nr. LXXXVII, S. 173 ff. in diesem Bande.]

[47]) Entsprechende Entwicklungen gelten für das Doppelverhältnis σ, wie für die Tetraeder- und Oktaederirrationalität.

§ 3.

Simultane Änderungen der zusammengehörigen Ikosaederirrationalitäten.

Es sollen die beiden Ikosaederirrationalitäten, welche durch Transformation n-ter Ordnung miteinander verknüpft sind, η und ζ genannt werden. So sei η durch Formel (13) des vorigen Abschnitts gegeben:

$$(3) \qquad \eta = q^{-\frac{2}{5}} \; \frac{1 + q^2 - q^6 - q^{14} - q^{16} - q^{28} + q^{40} + \cdots}{-1 + q^{10} + q^{20} - q^{50} + \cdots}.$$

Ich will dann unter den zugehörigen Werten von ζ denjenigen auswählen, der sich aus (3) ergibt, wenn man, dem ersten der eben angegebenen Repräsentanten entsprechend, ω durch $\dfrac{\omega}{n}$, also $q = e^{i\pi\omega}$ durch $q^{\frac{1}{n}}$ ersetzt.

Nun lasse man ω allmählich um $2n$ wachsen. Dann verwandelt sich η vermöge (3) in $\varepsilon^{-2n}\eta$, ζ in $\varepsilon^{-2}\zeta$. Hiernach hat man auf Grund der Entwicklungen S. 525 [S. 345] meiner „Ikosaederarbeit" sofort folgenden Satz:

Transformiert man η durch die 60 Ikosaedersubstitutionen, so geschieht dasselbe mit ζ. Dabei ergibt sich die Substitution, welche ζ erfährt, aus der für η, indem man jedesmal ε^n durch ε ersetzt.

Nun kann n modulo 5 zu $1, 2, 3, 4$ kongruent sein. In den beiden letzten Fällen ersetze man ζ durch $-\dfrac{1}{\zeta}$ und bezeichne diese neue Größe wieder einfach mit ζ. Dann hat man:

Die Transformation für ζ ist entweder mit der für η identisch, oder aus ihr abzuleiten, wenn man ε^2 durch ε ersetzt. Der erstere Fall tritt ein, wenn n quadratischer Rest modulo 5 ist, der andere Fall, wenn n Nichtrest ist.

§ 4.

Die Modulargleichungen zwischen η und ζ.

Der ausgesprochene Satz ermöglicht es, die Gleichung $(n+1)$-ten Grades zwischen η und ζ in den niedersten Fällen ohne weiteres hinzuschreiben. Man hat zu dem Zwecke auf meine „Ikosaederarbeit" und namentlich auf Gordans neueste Veröffentlichung zurückzugreifen (Math. Annalen Bd. 13 (1878), S. 375 ff.: *Über die Auflösung der Gleichungen vom fünften Grad.* [Siehe auch den Bericht über Gordans Arbeit in Bd. 2 dieser Ausgabe, S. 380 ff.]).

Nehmen wir zunächst $n = 2, 3$. So haben wir eine Gleichung zwischen η und ζ, welche in beiden Veränderlichen vom dritten Grade bez. vom vierten Grade ist und die ungeändert bleibt, wenn man auf ζ eine be-

5*

liebige Ikosaedersubstitution, auf η aber diejenige anwendet, die sich durch Verwandlung von ε in ε^2 ergibt. *Also sind auf Grund der Gordan-schen Arbeit die Modulargleichungen für $n = 2, 3$ einfach diese:*

$$(4) \qquad 0 = f = \zeta^3 \eta^2 + \zeta^2 \quad + \zeta \eta^3 - \eta,$$

$$(5) \qquad 0 = \varphi = \zeta^4 \eta - \zeta^3 \eta^4 - 3 \zeta^2 \eta^2 + \zeta + \eta^3.$$

Ich habe diese Gleichungen den Formeln (7), (8) der genannten Arbeit entnommen, indem ich einfach $\frac{y_1}{y_2}$ durch ζ, $\frac{x_1}{x_2}$ durch η ersetzte.

Betrachten wir ferner den Fall $n = 4$. Freilich haben wir oben nur den Fall einer Primzahl n erläutert. Aber man sieht leicht, daß sich für $n = 4$ nach Analogie mit den gewöhnlichen Modulargleichungen eine Gleichung sechsten Grades zwischen η und ζ ergibt, und daß man vier der Werte von ζ erhält, wenn man in (3) statt ω einträgt $\frac{\omega}{n}, \frac{\omega+5}{n}, \frac{\omega+2\cdot5}{n}, \frac{\omega+3\cdot5}{n}$. Verwandeln wir dieses ζ der Schlußbemerkung des vorigen Paragraphen entsprechend in $-\frac{1}{\zeta}$, so werden also η, ζ gleichzeitig denselben Ikosaedersubstitutionen unterworfen. Beachten wir ferner dies. Für $\omega = i\infty$ wird η nach Formel (3) unendlich, die vier (neuen) ζ aber, welche $\frac{\omega}{n}, \frac{\omega+5}{n}, \frac{\omega+2\cdot5}{n}, \frac{\omega+3\cdot5}{n}$ entsprechen, werden Null. Wir haben also den Satz, der sogleich zur Verwendung kommen soll: *Für $\eta = \infty$ werden mindestens vier von den sechs Werten ζ gleich Null.*

Nun habe ich im zweiten Abschnitte meiner „Ikosaederarbeit" die simultanen Invarianten eines Ikosaeders und einer quadratischen Form untersucht und gezeigt, daß sich alle aus *vier* Invarianten A, B, C, D zusammensetzen lassen. Nimmt man diese quadratische Form gleich $(x_1 - \eta x_2)(x_1 - \zeta x_2)$, so gehen A, B, C, D in Ausdrücke zweiten, sechsten, zehnten und fünfzehnten Grades in η und ζ über, und diese bilden nach den eben dort gegebenen Entwicklungen die Gesamtheit derjenigen Ausdrücke, welche sich (homogen geschrieben) nicht ändern, sobald man auf η und ζ simultan dieselben Ikosaedersubstitutionen anwendet. Ich setze insbesondere her:

$$(6) \qquad A = \frac{1}{4}(\eta - \zeta)^2,$$

$$(7) \qquad B = \frac{1}{2}\{-(\eta+\zeta)^4 \eta\zeta - (\eta+\zeta)^2 \eta^2 \zeta^2 - 2\eta^3 \zeta^3 + (\eta+\zeta)(1 - \eta^5 \zeta^5)\}.$$

Nun folgt ohne weiteres, daß die Modulargleichung für $n = 4$, weil vom sechsten Grade, die Gestalt haben muß:

$$B - \lambda A^3 = 0,$$

und lassen wir hier η unendlich werden, so zeigt sich, daß $\lambda = 0$ ist.

Daher ist $B = 0$ die Modulargleichung für $n = 4$, wo B den Ausdruck (7) bedeutet[48]).

Es sind nun diese Modulargleichungen für $n = 2$ und $n = 4$, die ich gebrauche, um vom Ikosaeder aus zu den Formeln Hermites und Brioschis zu gelangen. Dabei muß ich freilich die gesamten Entwicklungen des zweiten und dritten Abschnitts meiner „Ikosaederarbeit" als bekannt voraussetzen.

§ 5.
Geometrisches über die Bring-Jerrardsche Form[49]).

Im dritten Abschnitte der genannten Arbeit habe ich die fünf Wurzeln y einer Gleichung fünften Grades, für welche $\sum y = 0$ ist, ihrem Verhältnisse nach als Pentaederkoordinaten eines Raumpunktes gedeutet und insbesondere die Fläche zweiten Grades Ψ studiert, deren Gleichung $\sum y^2 = 0$ ist. Auf dieser Fläche liegt eine Raumkurve sechster Ordnung, K, vom Geschlechte 4, der Durchschnitt mit der Diagonalfläche $\sum y^3 = 0$. *Diese Kurve ist das Bild der Bring-Jerrardschen Gleichung*, insofern die Wurzeln y der letzteren, in bestimmter Ordnung genommen, jedesmal die Koordinaten eines Kurvenpunktes vorstellen[50]).

Auf der Fläche zweiten Grades Ψ verlaufen außerdem die beiden Scharen geradliniger Erzeugender; und wenn wir denselben, wie damals geschah, die Parameter η, ζ beilegen, so ist die Kurve sechster Ordnung K eben durch die Gleichung (4):

$$f(\eta, \zeta) = 0$$

gegeben[51]), die dem letzten Paragraphen zufolge ausdrückt, daß η, ζ durch quadratische Transformationen des elliptischen Integrals auseinander hervorgehen.

Die Kurve K ist also das geometrische Bild der quadratischen Transformation. Wählt man eine Erzeugende η aus, so schneidet sie die Kurve K in drei Punkten; die drei durch diese Punkte verlaufenden Erzeugenden der anderen Art haben als Parameter die drei Wurzeln $\zeta_1, \zeta_2, \zeta_3$ der Gleichung $f(\eta, \zeta) = 0$. Berechnet man jetzt $J = 1728 \dfrac{H^3(\eta)}{f^5(\eta)}$ und ebenso

---

[48]) Dies zeigt, daß für $\eta = \infty$ *fünf* Werte von ζ gleich Null werden, und *einer* gleich unendlich.

[49]) [Vgl. zu den folgenden Paragraphen die in Bd. 2 dieser Ausgabe auf S. 383/84 gegebenen Erläuterungen zu der durch die Kurve $f(\eta, \zeta) = 0$ — in der dortigen Bezeichnung $\alpha = 0$ — vermittelten konformen Abbildung.]

[50]) Das Geschlecht der Kurve ($p = 4$) stimmt deshalb mit dem Geschlecht der später anzugebenden Galoisschen Resolvente der Bring-Jerrardschen Gleichung überein.

[51]) Vgl. die Gordansche Arbeit. Es ist $f(\eta, \zeta) = 0$ damit gleichbedeutend, daß $\sum y^3 = 0$ ist.

die drei Werte $J' = 1728\,\dfrac{H^3(\zeta_1)}{f^5(\zeta_1)}$, $1728\,\dfrac{H^3(\zeta_2)}{f^5(\zeta_2)}$, $1728\,\dfrac{H^3(\zeta_3)}{f^5(\zeta_3)}$, so hat man die drei Invarianten J', welche aus J durch quadratische Transformation hervorgehen [52]).

§ 6.

Die Bring-Jerrardsche Form als Resolvente der Ikosaedergleichung.

Die Bring-Jerrardsche Gleichung fünften Grades ist an sich keine Resolvente der Ikosaedergleichung $1728\,\dfrac{H^3(\eta)}{f^5(\eta)} = J$, das heißt, es gibt keinen in η (und J) rationalen Ausdruck, welcher einer Bring-Jerrardschen Gleichung genügt. Würde es einen solchen geben, so wären die Koordinaten eines Punktes der Kurve K rational durch den Parameter η dargestellt und also das Geschlecht der Kurve nicht 4, sondern 0. Vielmehr muß man, um, vom Ikosaeder ausgehend, zur Bring-Jerrardschen Gleichung zu gelangen, eine Hilfsgleichung vom dritten Grade lösen [53]), und dieser Hilfsgleichung habe ich in meiner „Ikosaederarbeit" (S. 525) [S. 344] folgende Form erteilt:

$$\frac{8\,\lambda^3}{J} - 12\,\lambda^2 + 6\,\lambda + (J - 2) = 0;$$

ich habe dabei nur jetzt J statt des früheren X geschrieben. Setzt man hier $2\,\lambda = \varrho\,(1 - J) + J$, so kommt:

$$\varrho^3\left(\frac{1-J}{J}\right) + 3\,\varrho - 2 = 0,$$

oder:

$$(8) \qquad J = \frac{\varrho^3}{(\varrho + 2)\,(\varrho - 1)^2}.$$

Aus dem vorhergehenden Paragraphen folgt nun, *daß diese Gleichung reduzibel werden muß, wenn man neben J einen der drei Werte J' einführt, welche aus J durch quadratische Transformation hervorgehen.* Anders ausgedrückt: die Gleichung wird reduzibel, wenn wir eine der drei Wurzeln der Hilfsgleichung dritten Grades adjungieren, auf welche wir oben die Transformation zweiter Ordnung zurückgeführt haben:

$$J = \frac{(4\,\tau - 1)^3}{27\,\tau}.$$

Dies trifft in der Tat zu. Denn die unmittelbare Vergleichung ergibt:

$$(9) \qquad \varrho = \frac{8\,\tau - 2}{8\,\tau + 1}.$$

---

[52]) Genau ebenso versinnlicht der Durchschnitt der Fläche Ψ mit der Fläche vierter Ordnung $\Sigma y^4 = 0$ die Transformation dritter Ordnung $\varphi(\eta, \zeta) = 0$.

[53]) Diese kann, wegen $p = 4$, auch nicht etwa auf den zweiten Grad herabgedrückt werden.

Will man das Doppelverhältnis $\sigma = \varkappa^2$ einführen, so hat man für die drei Wurzeln:

$$(10)\qquad \varrho_1 = 2\,\frac{\sigma^2 - \sigma + 1}{\sigma - 2 \cdot 2\,\sigma - 1},\qquad \varrho_2 = 2\,\frac{\sigma^2 - \sigma + 1}{\sigma + 1 \cdot 2\,\sigma - 1},\qquad \varrho_3 = -\,2\,\frac{\sigma^2 - \sigma + 1}{\sigma + 1 \cdot \sigma - 2}.$$

Man sieht hieraus den inneren Grund, weshalb man bei dem Bestreben, die Gleichungen fünften Grades durch elliptische Funktionen zu lösen, anfänglich zur Bring-Jerrardschen Form kommen konnte. Der Grund liegt darin, *daß man nicht von der rationalen Invariante J des elliptischen Integrals, sondern vom Doppelverhältnisse $\sigma = \varkappa^2$ ausging, und so die Wurzeln der kubischen Hilfsgleichung, ohne es zu wissen, adjungierte.*

<h2 style="text-align:center">§ 7.</h2>

<h3 style="text-align:center">Die Hermitesche Gleichung.</h3>

Diese Betrachtungen finden ihre volle Bestätigung, wenn man die Gleichung fünften Grades behandelt, die Hermite durch elliptische Funktionen löst[54]):

$$(11)\qquad y^5 - y - \frac{2}{5\sqrt[4]{5}}\cdot\frac{1+\varkappa^2}{\sqrt{\varkappa\,(1-\varkappa^2)}} = 0.$$

Bemerken wir zunächst, daß alle Formeln Hermites im wesentlichen ungeändert bleiben, wenn man $\varkappa^2$ durch $\frac{1}{\varkappa^2}$ ersetzt. Es ist daher zweckmäßig, eine symmetrische Verbindung derselben einzuführen, also etwa

$$\tau = -\frac{1}{4}\left(\varkappa^2 + \frac{1}{\varkappa^2} - 2\right),$$

dasselbe τ, welches in der von uns für Transformation zweiter Ordnung aufgestellten Gleichung dritten Grades vorkommt (nach Gleichung (6a) des vorigen Abschnitts). Dann wird die Hermitesche Gleichung

$$(12)\qquad y^5 - y - \frac{4\sqrt{i}}{5\sqrt[4]{5}}\cdot\frac{\sqrt{\dfrac{\tau-1}{2}}}{\sqrt[4]{\tau}} = 0,$$

und um eine beliebige Bring-Jerrardsche Gleichung, die ich so schreiben will:

$$(13)\qquad y^5 + 5\,\beta\,y + \gamma = 0,$$

auf sie zu reduzieren, bekommt man für τ die quadratische Gleichung:

$$(14)\qquad \frac{256\,\beta^5}{\gamma^4} = \frac{4\,\tau}{(\tau-1)^2},$$

die aufgelöst ergibt:

$$(15)\qquad \frac{\tau+1}{\tau-1} = \pm\,\frac{\sqrt{256\,\beta^5 + \gamma^4}}{\gamma^2}.$$

---

[54]) Die Irrationalitäten des letzten Koeffizienten rühren nur davon her, daß die beiden anderen Koeffizienten gleich 1 gemacht sind.

Hier bemerke man

1. daß die Quadratwurzel aus der Diskriminante von (13) gezogen ist.

2. daß ein Vorzeichenwechsel derselben τ in $\dfrac{1}{\tau}$ verwandelt.

Nun entspricht der Wechsel des Vorzeichens der Diskriminante nach meiner früheren Darstellung einer Vertauschung der beiden durch den Raumpunkt y hindurchlaufenden geradlinigen Erzeugenden, und die Gleichung $\tau' = \dfrac{1}{\tau}$ bedeutet, nach Abschnitt II der gegenwärtigen Arbeit, eine quadratische Transformation. Der Wechsel zwischen den beiden Erzeugenden bringt also eine quadratische Transformation mit sich, wie es nach dem Vorhergehenden sein sollte.

Noch evidenter wird die Übereinstimmung, wenn man nach § 7 des dritten Abschnittes meiner „Ikosaederarbeit" (S. 553/54 [S. 373/74]), den ich eben zu diesem Zwecke dort eingeschaltet habe, für die Hermitesche Gleichung (11) die beiden dort X_1, X_2 genannten Ikosaederkonstanten berechnet. So kommt:

$$(16) \qquad X_1 = \frac{4}{27} \cdot \frac{(1 - \varkappa^2 + \varkappa^4)^3}{\varkappa^4 (1 - \varkappa^2)^2}, \qquad X_2 = \frac{(1 + 14\varkappa^2 + \varkappa^4)^3}{108 \, \varkappa^2 (1 - \varkappa^2)^4},$$

und dies sind, wie im ersten Abschnitte der gegenwärtigen Arbeit gezeigt wurde, genau die absoluten Invarianten J, J' der beiden durch quadratische Transformation auseinander hervorgehenden Integrale:

$$\int \frac{dy}{\sqrt{y \cdot 1 - y \cdot 1 - \varkappa^2 y}} \quad \text{und} \quad \int \frac{dx}{\sqrt{1 - x^2 \cdot 1 - \varkappa^2 x^2}}.$$

Es ergibt sich hiernach, daß die Bring-Jerrardsche Gleichung, welche nach § 6 aus der Ikosaedergleichung

$$(17) \qquad\qquad 1728 \, \frac{H^3(\eta)}{f^5(\eta)} = \frac{(4\tau - 1)^3}{27\,\tau}$$

abgeleitet werden kann, mit der Hermiteschen Gleichung fünften Grades (12) geradezu identisch ist, und daß wir umgekehrt (17) als einfachste Galoissche Resolvente der in der Gestalt (12) geschriebenen Hermiteschen Gleichung ansprechen können[55]).

§ 8.

Die Jacobischen Gleichungen sechsten Grades mit $B = 0$.

Gehen wir nun zur Betrachtung der Jacobischen Gleichungen sechsten Grades mit $B = 0$ über. In § 4 dieses Abschnittes haben wir die quadratische Form

$$A_1 x_1^2 + 2 A_0 x_1 x_2 - A_2 x_2^2,$$

---

[55]) In der Tat ist das Geschlecht von (17) gleich 4. Übrigens kann (17), wie oben angegeben [Abschn. III, S. 63], direkt durch hypergeometrische Reihen gelöst werden.

die im zweiten Abschnitte meiner „Ikosaederarbeit" der Betrachtung zugrunde liegt, durch

$$(x_1 - \eta\, x_2)(x_1 - \zeta\, x_2)$$

ersetzt. Das heißt, im Sinne der damals gebrauchten geometrischen Redeweise, wir haben den Punkt $A_0 : A_1 : A_2$ ersetzt durch die beiden Berührungspunkte η, ζ der beiden von ihm an den Kegelschnitt $A = 0$ gelegten Tangenten. Deshalb ist also die Gleichung

$$(7) \qquad\qquad B(\eta, \zeta) = 0,$$

wie sie soeben für die Transformation vierter Ordnung aufgestellt wurde, die Bedingung dafür, daß sich die in den Punkten η, ζ des Kegelschnitts $A = 0$ konstruierten Tangenten auf der Kurve $B = 0$ kreuzen. Ziehen wir jetzt in einem Punkte η des Kegelschnitts $A = 0$ eine Tangente und konstruieren die sechs Berührungspunkte der sechs weiteren Tangenten, welche man von den Durchschnittspunkten dieser geraden Linie mit der Kurve B an den Kegelschnitt A legen kann. Nun sind die sechs Wurzeln der Modulargleichung für Transformation vierten Grades, wie bekannt, paarweise untereinander wieder durch Transformation vierter Ordnung verbunden. Daher müssen sich die sechs konstruierten Tangenten noch dreimal zu zwei wieder auf der Kurve B schneiden. Und so haben wir den Satz:

Man kann um $A = 0$ unendlich viele Dreiecke beschreiben, deren Ecken auf $B = 0$ liegen. Jeder Punkt auf B ist Ecke eines solchen Dreiecks, während jede Tangente von A dreimal als Dreiecksseite benutzt wird.

Ich habe diesen Satz S. 542 [S. 362] meiner „Ikosaederarbeit" ohne Beweis mitgeteilt und damals aus den von Brioschi gegebenen Formeln erschlossen. Umgekehrt benutze ich ihn hier, um die Übereinstimmung meiner Überlegungen mit Brioschis Rechnungen zu erweisen.

§ 9.
Die Auflösung der Gleichungen vom fünften Grade.

Ich lasse nun den Überblick über die verschiedenen Auflösungsarten der Gleichungen fünften Grades folgen, den ich schon das vorige Mal [in der vielfach genannten „Ikosaederarbeit"] in Aussicht stellte. Ich wünsche deutlich zu machen, daß sich die verschiedenen bis jetzt bekannten Methoden mit der von mir gegebenen in allerengste Beziehung setzen lassen.

Mein Ansatz verlangt zunächst, die Gleichung fünften Grades durch Tschirnhausentransformation so umzugestalten, daß $\Sigma y = 0$, $\Sigma y^2 = 0$ ist. Dann wird nach Adjunktion der Quadratwurzel aus der Diskriminante auf rationalem Wege eine Ikosaedergleichung hergestellt. — Hermite dagegen machte, um eine durch elliptische Funktionen lösbare Gleichung zu haben, auch noch $\sum y^3$ zu Null. Dazu gehörte außer der Quadratwurzel aus der Diskriminante die Auflösung noch einer kubischen Hilfsgleichung. Die letztere war, wie meine Methode zeigte, jedenfalls überflüssig. Wir können uns nach den Entwicklungen der letzten Paragraphen so ausdrücken: *sie war das Äquivalent dafür, daß man statt der absoluten Invariante des elliptischen Integrals den Modul $\varkappa^2$ suchte.*

Die Verbesserung, die in der Vermeidung der kubischen Hilfsgleichung liegt, kann, wie oben gezeigt wurde (Abschn. II, § 18), eben auch bei Kroneckers Lösung[56]) angebracht werden. Nur ist die Änderung, welche daraus resultiert, keine so tiefgreifende wie bei Hermite, da es sich nur darum handelt, die Berechnung der transzendenten Funktionen umzugestalten und der algebraische Teil der Theorie nicht berührt wird. Dieser algebraische Teil ist nun seinerseits mit meinem Verfahren wieder eng verwandt.

Kronecker leitet aus der allgemeinen Gleichung fünften Grades nach Adjunktion der Quadratwurzel aus der Diskriminante eine allgemeine Jacobische Gleichung sechsten Grades auf rationalem Wege ab und verwandelt dann letztere mit Hilfe einer Quadratwurzel in eine solche mit $A = 0$, d. h. im wesentlichen in eine Ikosaedergleichung. Dieselben Schritte werden bei mir in umgekehrter Reihenfolge ausgeführt; ich gebrauche zuerst die Hilfsquadratwurzel (bei der Tschirnhausentransformation) und dann erst die Quadratwurzel aus der Diskriminante. Aber im Grunde kommt das auf dasselbe hinaus. Denn im Sinne meiner geometrischen Redeweise bedeutet die Herstellung der *allgemeinen* Jacobischen Gleichung sechsten Grades, daß man dem Raumpunkte $y_0, \ldots y_4$, der die Gleichung fünften Grades vertritt, ein *Paar* von Erzeugenden der *einen* Art der Fläche Ψ zuordnet[57]), welches man dann, um zu einer Gleichung mit $A = 0$ zu gelangen, am einfachsten in seine zwei Bestandteile zerlegt (siehe den zweiten Abschnitt meiner „Ikosaederarbeit"). Dann ist also schließlich dem Raumpunkte y *eine* Erzeugende der *einen* Art zugeordnet. Eben dies erreicht meine Methode, indem sie zunächst dem Punkte y einen Punkt auf der Fläche Ψ zuordnet und dann unter den beiden durch diesen Punkt hindurchlaufenden Erzeugenden die eine wählt. —

---

[56]) Ich verstehe im Texte unter Kroneckers Lösung immer diejenige, die er in seinem ersten Briefe an Hermite angab (Comptes Rendus Bd. 46, Juni 1858). — Die Identität der in den beiden Fällen gebrauchten Hilfsgleichung bildet den wesentlichen Inhalt meines in den Rendiconti dell' Istituto Lombardo (April 1877) veröffentlichten [vorstehend als Nr. LXXXI abgedruckten] Briefes an Brioschi.

[57]) Von dieser Auffassungsweise ausgehend erhält man sehr einfache Formeln zur Herstellung der allgemeinen Jacobischen Gleichung, bei denen man nicht, wie bei den Brioschischen, den Begriff der zyklischen Funktion benutzt.

Ich glaube nun aber nach den Entwicklungen des dritten hier vorangehenden Abschnittes auch das allgemeine Prinzip bezeichnen zu können, demzufolge man die Auflösung der Gleichungen fünften Grades auf die Ikosaedergleichung zurückführen *muß*. Dieses Prinzip, wie es sich hier darstellt, scheint folgendes zu sein. Sicher wird man suchen, solange es angeht, die Auflösung der allgemeinen algebraischen Gleichungen auf diejenige spezieller Gleichungen zurückzuführen, welche nur *einen* Parameter enthalten[58]). Denn nur die algebraischen Funktionen *einer* Variablen beherrscht man zur Zeit einigermaßen. Unter diesen speziellen Gleichungen scheinen nun immer diejenigen die wichtigsten zu sein, *deren Galoissche Resolvente das kleinstmögliche Geschlecht besitzt*. Hat man bei einer Gleichung fünften Grades die Quadratwurzel aus der Diskriminante adjungiert, so kann dies Geschlecht bis auf Null herabsinken, und dem eben entspricht, daß man die Ikosaedergleichung einführt. Unzweckmäßig aber ist es, wenn man z. B. als Normalform der Gleichungen fünften Grades die Bring-Jerrardsche wählt. Denn dann ist das Geschlecht der Galoisschen Resolvente gleich 4, und dies bringt den doppelten Mißstand mit sich, daß die zugrunde gelegte Irrationalität minder einfach ist, und daß es schwieriger ist, die allgemeine Gleichung fünften Grades auf sie zurückzuführen[59]).

München, Anfang Mai 1878.

---

[58]) Die Gesichtspunkte, welche Kronecker in seiner zweiten Arbeit über Gleichungen fünften Grades angedeutet hat (Berliner Monatsberichte 1861, Crelles Journal Bd. 59), zielen nach anderer Richtung. [Vgl. die Erläuterungen, welche ich zu Kroneckers Arbeit in meiner Abhandlung in den Math. Annalen, Bd. 61 (1905) = Abh. LXI in Bd. 2 dieser Ausgabe gab. K.]

[59]) [Bei dem Wiederabdruck ist ein Anhang, der sich nicht auf den Inhalt der vorstehendenden Arbeit LXXXII bezog, sondern rechnerische Ergänzungen zu der „Ikosaederarbeit" brachte, fortgelassen, weil er schon bei dem Wiederabdruck der letztgenannten Arbeit in Bd. 2, soweit es erforderlich schien, berücksichtigt wurde. — Im vorangehenden ist fortgesetzt auf die „Ikosaederarbeit" verwiesen worden. Seitdem das „Ikosaederbuch" (Leipzig 1884) vorliegt, wird man gern auch dieses vergleichen, in dem die Entwicklungen jener Arbeit und z. T. auch der vorliegenden Nr. LXXXII in geglätteter Form wiedergegeben sind.]

LXXXIII. Über die Erniedrigung der Modulargleichungen.

[Math. Annalen, Bd. 14 (1878/79).]

Die funktionentheoretische Methode, deren ich mich neuerdings bediente, um die Modulargleichungen für die niedersten Transformationsgrade $n = 2, 3, 4, 5, 7, 13$ zu untersuchen[1]), soll im folgenden dazu verwandt werden, die Resolventen fünften, siebenten und elften Grades zu definieren, welche man, einem berühmten Satze von Galois zufolge, für $n = 5, 7, 11$ aufstellen kann. Unter der *Definition* einer Gleichung, die (wie die hier in Betracht kommenden) einen Parameter enthält, verstehe ich dabei im Riemannschen Sinne die Verzweigung, welche die Unbekannte, als Variable aufgefaßt, in bezug auf den Parameter besitzt: Verzweigung so verstanden, daß nicht nur die Lage und Multiplizität der Verzweigungspunkte, sondern auch die Art angegeben wird, wie vermöge der Verzweigungspunkte die einzelnen Funktionszweige zusammenhängen.

Es ist ein allgemeines Problem, zu dessen Erledigung seither sehr wenig geschehen ist: die algebraische Gleichung, welche zu einer in diesem Sinne definierten Verzweigung gehört, in einfachster Form wirklich aufzustellen. In den drei hier behandelten Fällen vereinfacht sich dasselbe, ebenso wie in den in meiner früheren Abhandlung behandelten Beispielen, indem das Geschlecht p der Gleichung übereinstimmend gleich *Null* wird. Infolgedessen kann man den Parameter (die absolute Invariante J des elliptischen Integrals) in den drei Fällen bez. gleich setzen einer *rationalen* Funktion fünften, siebenten, elften Grades der Unbekannten, und wir haben die viel leichtere Aufgabe, diese rationale Funktion aus der uns bekannten Verzweigungsart zu berechnen. In der Tat genügen bei $n = 5$ und $n = 7$ ein paar Zeilen Rechnung, um die betr. rationale Funktion zu bilden,

---

[1]) *Über die Transformation der elliptischen Funktionen usw.*, Math. Annalen, Bd. 14 (1878/79), S. 111 ff. [= der vorstehend abgedruckten Abh. LXXXII.] — Zitate auf bloße Seitenzahlen, welche im folgenden vorkommen, beziehen sich auf den vorliegenden Band.

während sich bei $n = 11$ Weitläufigkeiten einstellen, die ich noch nicht überwunden habe[2]).

Meine Endformeln für $n = 5, 7$ sind übrigens nicht eigentlich neu. Denn bei $n = 5$ komme ich, wie dies vorauszusehen war, zu der bekannten Gleichung:

$$x^5 - 10x^3 + 45x = C,$$

die Brioschi zuerst aufgestellt hat[3]) und zu der andererseits die Betrachtung des Ikosaeders hinleitet[4]), — während ich bei $n = 7$ eine Gleichung erhalte, die im wesentlichen zusammenfällt mit derjenigen, die Hermite in seinen hierhergehörigen Untersuchungen gewonnen hat[5]). Es liegt dies an dem gewissermaßen zufälligen Umstande, daß bei $n = 7$ die von Hermite gebrauchte Diskriminante der zwischen $\sqrt[4]{\varkappa}$, $\sqrt[4]{\lambda}$ bestehenden Modulargleichung mit den *rationalen* Invarianten des elliptischen Integrals enge zusammenhängt; sie ist, abgesehen von Faktoren, welche Δ [6]) verschwinden lassen, geradezu gleich $g_2{}^2$.

§ 1.

Die Angaben von Betti. Plan der Untersuchung.

Das Galoissche Theorem, um welches es sich hier handelt, wurde bekanntlich zuerst von Betti bewiesen[7]), der die ganzzahligen linearen Substitutionen

$$\omega' = \frac{\alpha\omega + \beta}{\gamma\omega + \delta} \qquad (\alpha\delta - \beta\gamma = 1)$$

in bezug auf die Moduln 5, 7, 11 untersuchte. Die Gesamtheit dieser Substitutionen erweist sich in bezug auf diese Moduln mit nur 60, 168, 660 äquivalent, und nun kommt das Galoissche Theorem darauf zurück, daß sich, in den einzelnen Fällen, Untergruppen bilden lassen.

---

[2]) [Ihre Überwindung gelang später in der in diesem Bande unter Nr. LXXXVI (1879) abgedruckten Arbeit.]

[3]) *Sul metodo di Kronecker* usw. Atti dell' Istituto Reale Lombardo, tomo I. [(1858) = Opere matematiche, Nr. CXI, Tomo III., S. 177 ff.]

[4]) Siehe Math. Annalen, Bd. 9 (1875/76), S. 204, Bd. 12 (1877), S. 523. [= Abh. LI und LIV in Bd. 2 dieser Ausgabe, S. 297/98 und S. 342.]

[5]) Vgl *Sur la théorie des équations modulaires et la résolution de l'équation du cinquième degré.* Comptes rendus, Bände 48, 49 (1859) [= Oeuvres, tome II., p. 38], sowie wegen der hier in Betracht kommenden Gleichung insbesondere: *Sur l'abaissement de l'équation modulaire du huitième degré*, in Tortolini's Annali di Matematica, Bd. 2 (1859), S. 59 [= Oeuvres, tome II., S. 83].

[6]) Wegen der Bezeichnungen siehe immer meine vorige Abhandlung. [= Nr. LXXXII].

[7]) *Sopra l'abbassamento delle equazione modulari delle funzione ellitiche;* Tortolini's Annali di scienze matematiche usw. Bd. 4 (1853). [= Opere matematiche, Nr. VI, tomo I., S. 81 ff.]. Siehe auch Hermites Bemerkung in einem Briefe an Jacobi. Crelles Journal Bd. 40 (1850), S. 289 [= Oeuvres, tome I., S. 135].

welche nur den fünften, siebenten, bez. elften Teil der Gesamtheit enthalten[8]).

Diese Untergruppen lauten nach Bettis Angaben folgendermaßen. [Ich nenne aus jeder Reihe mit einander gleichberechtigter Untergruppen immer nur eine als typisches Beispiel.]

1. $n = 5$. Die Untergruppe umfaßt alle diejenigen Substitutionen

$$\omega' = \frac{\alpha\,\omega + \beta}{\gamma\,\omega + \delta}, \qquad\qquad (\alpha\,\delta - \beta\,\gamma = 1),$$

welche modulo 5 mit einer der folgenden 12 übereinstimmen[9]):

$$\pm\,\omega, \quad \mp\frac{1}{\omega}, \quad \pm\frac{\omega+2}{\omega-2}, \quad \mp\frac{\omega-2}{\omega+2}, \quad \pm 3\cdot\frac{\omega-1}{\omega+1}, \quad \mp 3\cdot\frac{\omega+1}{\omega-1}.$$

Ich werde diese Untergruppe die *Gruppe I* nennen.

2. $n = 7$. Bei $n = 7$ gibt es *zwei* [Reihen unter sich gleichberechtigter] Untergruppen, die in Betracht kommen, und [*deren Vertreter*] *ich mit* II_a *und* II_b *bezeichnen will.* Dieselben umfassen alle diejenigen Substitutionen, welche modulo 7 entweder zu folgenden 24:

$$a\,\omega, \quad -\frac{a}{\omega}, \quad a\frac{\omega+2b}{\omega-b}, \quad -a\frac{\omega-b}{\omega+2b},$$

oder zu den folgenden

$$a\,\omega, \quad -\frac{a}{\omega}, \quad a\frac{\omega-3b}{\omega-b}, \quad -a\frac{\omega-b}{\omega-3b}$$

kongruent sind. Hier bedeuten a, b [beliebige] quadratische Reste modulo 7.

---

[8]) [Das volle Verständnis des in Rede stehenden Theorems wurde erst durch die bereits in den Vorbemerkungen genannten Untersuchungen von J. Gierster erreicht, dem es gelang, für jedes n, das einer Primzahl oder der Potenz einer ungeraden Primzahl gleich ist, sämtliche in der Gruppe

$$\omega' \equiv \frac{\alpha\,\omega + \beta}{\gamma\,\omega + \delta}\ (\mathrm{mod}\ n)$$

$$\alpha\,\delta - \beta\,\gamma \equiv 1\ (\mathrm{mod}\ n)$$

enthaltenen Untergruppen aufzuzählen. Sein Hauptergebnis für ungerade Primzahlen n besagt, daß Untergruppen von der Ordnung 12, 24, 60, wie es die besonderen von Galois entdeckten sind, auch für größere Primzahlen als 5, 7, 11 vorkommen. Nur weil 5, 7, 11 verhältnismäßig kleine Zahlen sind, fällt der Index dieser Untergruppen, nämlich $\dfrac{n\cdot(n^2-1)}{24}$, bzw. $\dfrac{n\cdot(n^2-1)}{48}$, bzw. $\dfrac{n\cdot(n^2-1)}{120}$ genau gleich n und nicht größer aus. Hierdurch wird bei den Zahlen 5, 7, 11 die ihnen zufolge des Galoisschen Satzes zukommende scheinbare Ausnahmestellung erklärt. Näheres siehe in den Originalarbeiten von Gierster: Math. Annalen, Bd. 18 (1881), S. 319 ff., Leipziger Berichte, Bd. 37 (1885), S. 291 ff., Math. Annalen, Bd. 26 (1885/86), S. 309 ff., oder in den „Modulfunktionen", Bd. 1, Abschnitt II, Kap. 8 und 9. K.]

[9]) [In den folgenden Formeln sind die Substitutionen öfters in der Weise geschrieben, daß $\alpha\,\delta - \beta\,\gamma$ nicht congruent Eins, sondern einem der anderen quadratischen Reste (mod n) ist, was natürlich nur ein äußerlicher Unterschied ist.]

3. $n = 11$. Auch bei $n = 11$ gibt es *zwei* [Reihen gleichberechtigter] Untergruppen, [*deren Vertreter*] III_a *und* III_b *genannt werden sollen.* Die erste umfaßt alle Substitutionen, welche modulo 11 zu folgenden 60 kongruent sind:

$$a\,\omega, \quad -\frac{a}{\omega}, \quad a\,\frac{\omega-2\,b}{\omega-b}, \quad -a\,\frac{\omega-b}{\omega-2\,b}.$$

Für die andere lauten diese Formeln:

$$a\,\omega, \quad -\frac{a}{\omega}, \quad a\,\frac{\omega-6\,b}{\omega-b}, \quad -a\,\frac{\omega-b}{\omega-6\,b}$$

Beidemal bedeuten a, b [beliebige] quadratische Reste modulo 11. —

Die verschiedenen Ausdrücke $\dfrac{\alpha\,\omega+\beta}{\gamma\,\omega+\delta}$ sind vermöge der Substitutionen dieser Untergruppen zu nur fünf, sieben, elf *Repräsentanten* äquivalent, für welche man am einfachsten die folgenden nimmt:

$$\omega, \quad \omega+1, \quad \omega+2, \ldots, \omega+(n-1). \quad (n = 5, 7, 11).$$

Ich benutze diese Angaben nun folgendermaßen. Ich denke mir eine in der positiven Halbebene ω überall eindeutige Funktion $y(\omega)$, welche die Eigenschaft hat, bei den Substitutionen der Untergruppe I, oder II, oder III ungeändert zu bleiben, nicht aber bei *allen* Substitutionen $\dfrac{\alpha\,\omega+\beta}{\gamma\,\omega+\delta}$. Letztere Eigenschaft kommt, wie bekannt, der absoluten Invariante J zu, und überdies nimmt J *nur* für solche Werte ω denselben Wert an, die durch eine Substitution von der Form $\dfrac{\alpha\,\omega+\beta}{\gamma\,\omega+\delta}$ miteinander verknüpft sind.

Daher gehören zu jedem J n Werte von y:

$$y(\omega), \quad y(\omega+1), \ldots, y(\omega+(n-1))$$

und y ist mit J durch eine algebraische Gleichung vom Grade n verbunden.

Man breite jetzt die komplexen Werte von J über eine Ebene aus und konstruiere über letzterer die y entsprechende n-blättrige Fläche. Ich verlange dann zunächst, Lage und Multiplizität ihrer Verzweigungspunkte anzugeben, dann aber zu bestimmen, wie vermöge der Verzweigungspunkte die n verschiedenen Funktionszweige zusammenhängen.

Was die erstere Frage betrifft, so können nach den Entwicklungen meiner vorigen Arbeit Nr. LXXXII (S. 30) Verzweigungspunkte nur bei $J = 0, 1, \infty$ vorkommen, und zwar können bei $J = 0$ (sofern das Blatt nicht unverzweigt bleibt) immer nur je drei, bei $J = 1$ (unter der entsprechenden Einschränkung) immer nur je zwei Blätter zyklisch verbunden sein. Man hat also nur anzugeben: 1. wie bei $J = \infty$ die Verzweigung beschaffen ist, 2. wie viele Blätter bei $J = 0$, resp. $J = 1$ isoliert verlaufen. Dies beantwortet sich, wie ich sogleich bei $n = 5$ ausführe, durch eine einfache Betrachtung der *parabolischen* und der *elliptischen* Substitutionen (siehe S. 25/26), welche in der Gesamtheit der Substitutionen $\frac{\alpha\omega+\beta}{\gamma\omega+\delta}$ enthalten sind.

Die zweite Frage erledigt sich durch Betrachtung des zur Funktion $y(\omega)$ gehörigen *Fundamentalpolygons* (S. 35). Den n eben angegebenen Repräsentanten entsprechend kann man als Fundamentalpolygon für y in den drei Fällen ein Aggregat von $5, 7, 11$ nebeneinanderliegenden Elementarvierecken (siehe S. 24) wählen. Man findet dann leicht, wie die Kanten dieses Fundamentalpolygons auf der betr. Riemannschen Fläche zu vereinigen sind, und da, wie schon angegeben, $p = 0$ wird, kann man in der Ebene durch nebeneinanderliegende Dreiecke die gewünschte Verzweigung versinnlichen.

§ 2.

Der Fall $n = 5$.

Um die Verzweigungspunkte zunächst der *fünfblättrigen* Fläche zu bestimmen, lassen wir vor allen Dingen J seinen Unendlichkeitspunkt umkreisen. Dann verwandelt sich ein passend gewähltes zugehöriges ω in $\omega + 1$. Die Wurzel $y(\omega)$ geht also in $y(\omega + 1)$ über, diese in $y(\omega + 2)$ usw. Demnach haben wir als ersten Satz: *Bei $J = \infty$ hängen die fünf Blätter in einem Zyklus zusammen.*

Betrachten wir ferner den Wert $J = 1$. Wir können diesem Werte entsprechend $\omega = i$ wählen, so daß also die fünf Repräsentanten in folgende Zahlen übergehen:
$$i, \; i+1, \; i+2, \; i+3, \; i+4.$$
Nun ist jeder Punkt $(i + k)$ festbleibendes Element bei einer *elliptischen Substitution von der Periode Zwei* (S. 25), die sich, wie man leicht findet, durch folgende Formel darstellt:

$$(1) \qquad \omega' = \frac{k\omega - (k^2 + 1)}{\omega - k}.$$

Hier setze man $k = 0, 1, \ldots, 4$ und frage nun, ob die betreffende Substitution mit zu der Untergruppe I gehört, welche $y(\omega)$ ungeändert läßt? Ist das der Fall, so ist $y(\omega)$ eine für diesen Wert von ω unverzweigte Funktion von J, anderenfalls nicht. — **Man findet so, *daß* bei $J = 1$ *nur ein Blatt unverzweigt bleibt.* Denn die Formel (1) gibt für $k = 0, 1, \ldots, 4$ nur dann eine Substitution I, wenn $k = 0$ genommen wird, nämlich $\omega' = -\dfrac{1}{\omega}$.

Genau so beantwortet sich die Frage für $J = 0$. Man wähle als zugehörige Werte von ω die folgenden:
$$\varrho, \; \varrho+1, \; \varrho+2, \; \varrho+3, \; \varrho+4,$$

wo $\varrho = \dfrac{-1 + \sqrt{-3}}{2}$, und schreibe allgemein eine *der beiden elliptischen Substitutionen von der Periode Drei* hin (S. 25), welche $\varrho + k$ ungeändert lassen. Man findet für eine der letzteren:

$$(2) \qquad \omega' = \frac{(k-1)\,\omega - (k^2 - k + 1)}{\omega - k}\,,$$

und setzt man hier k der Reihe nach $= 0, 1, \ldots, 4$, so trifft man zweimal und nur zweimal auf Substitutionen der Gruppe I, nämlich bei $k = 2$ und bei $k = 4$. Daher: *bei $J = 0$ verlaufen zwei Blätter isoliert.*

Fassen wir zusammen, so folgt: *Bei $J = \infty$ hängen alle Blätter in einem Zyklus, bei $J = 1$ zweimal zwei, bei $J = 0$ einmal drei zusammen. Das Geschlecht p wird also gleich Null.*

Betrachten wir jetzt das Fundamentalpolygon, wie es durch die Fig. 1 versinnlicht wird.

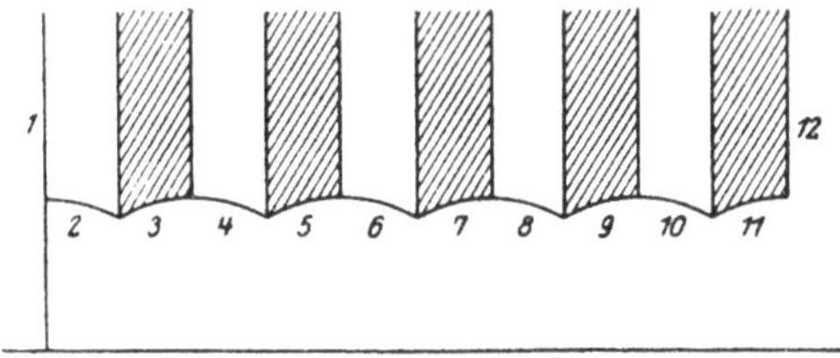

Fig. 1.

Der Substitution $\omega' = \omega + 5$ entsprechend sind jedenfalls die beiden vertikalen Kanten 1 und 12 zu vereinigen, so daß ein Fünfeck entsteht, wie es Fig. 2 vorstellt.

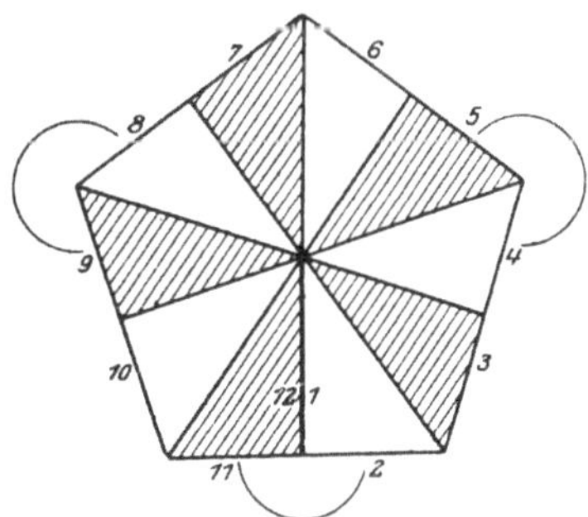

Fig. 2.

Von den Kanten dieses Fünfecks sind nun (wie in der Figur bereits [durch die Doppelpfeile] angedeutet ist) den Substitutionen (1), (2) entsprechend folgende zusammenzufügen: der *einen* Substitution (1) entsprechend 11 und 2, den *zwei* Substitutionen (2) entsprechend einmal 4 und 5, 3 und 6, das andere Mal 8 und 9, 7 und 10. Dadurch ist aber bereits über alle Kanten verfügt, und man erhält die Fig. 3, welche die Verzweigung bei $n = 5$ in der gewünschten Weise erläutert.

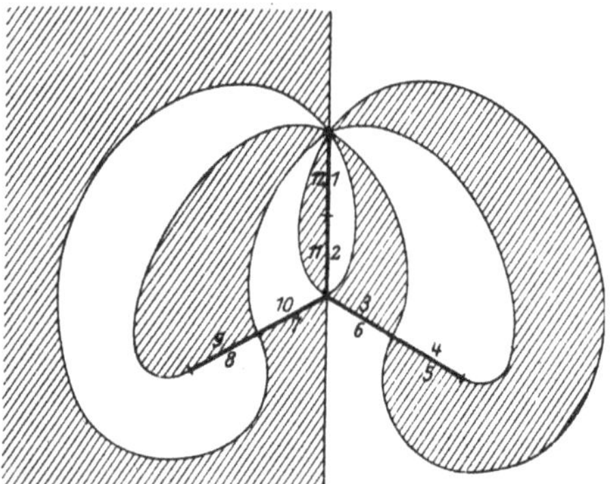

Fig. 3.

§ 3.
Der Fall $n = 7$.

Von den beiden Gruppen IIa und IIb will ich hier nur die erste betrachten. Bei IIb ergeben sich durchaus analoge Resultate, mit *einer* Abweichung, die am Schlusse des Paragraphen angegeben wird.

Man schließt sofort, wie bei $n = 5$:

1. *Bei $J = \infty$ hängen alle Blätter der nun siebenblättrigen Fläche im Zyklus zusammen.*

2. *Bei $J = 1$ hängen zweimal zwei Blätter zusammen.* Denn unter den Substitutionen (1):

$$\omega' = \frac{k\,\omega - (k^2 + 1)}{\omega - k}$$

(wo nun k die Werte $0, 1, \ldots, 6$ annehmen kann) finden sich, $k = 0, 4, 5$ entsprechend, *drei*, welche der Gruppe IIa angehören.

3. *Bei $J = 0$ hängen zweimal drei Blätter zusammen.* Denn unter den Substitutionen (2):

$$\omega' = \frac{(k-1)\,\omega - (k^2 - k + 1)}{\omega - k}$$

findet sich für $k = 0, 1, \ldots, 6$ nur *eine*, welche IIa angehört, nämlich diejenige, welche $k = 2$ entspricht.

Demnach ist also wieder $p = Null$.

Wir haben des ferneren ein Fundamentalpolygon, welches durch Fig. 4 vorgestellt wird.

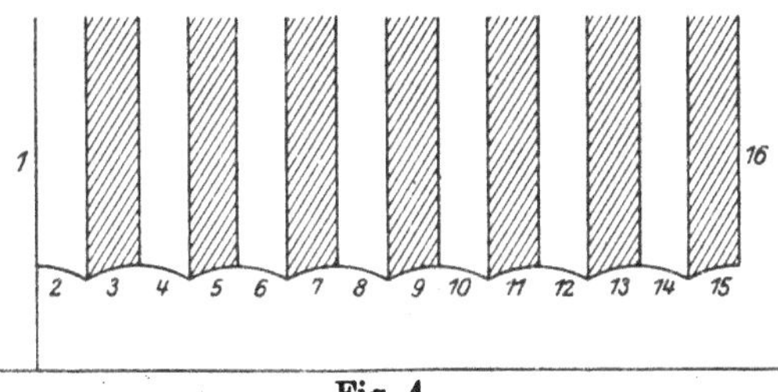

Fig. 4.

Hier sind vor allen Dingen $\omega' = \omega + 7$ entsprechend die beiden Kanten 1 und 16 zu vereinigen, so daß das Siebeneck der Fig. 5 entsteht.

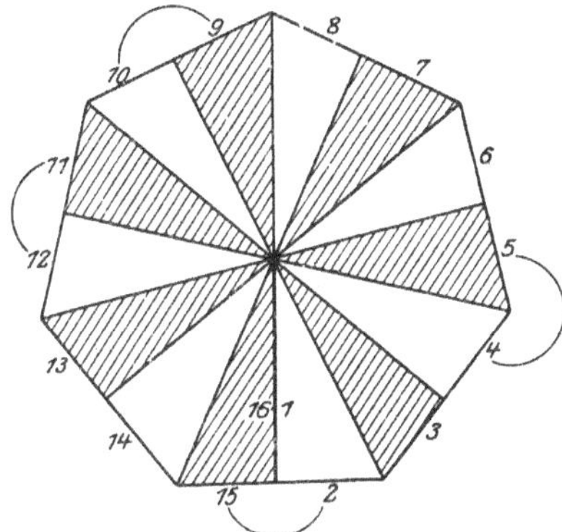

Fig. 5.

Es ist ferner den drei in Betracht kommenden Substitutionen (1) entsprechend [wie in Fig. 5 durch die Doppelpfeile angedeutet] 15 mit 2, 9 mit 10, 11 mit 12 zu vereinigen, und der einen Substitution (2) entsprechend 4 mit 5, 3 mit 6. Hieraus folgt von selbst, daß 7 mit 14, 8 mit 13 zu verbinden ist, und man erhält die Zeichnung der Fig. 6.

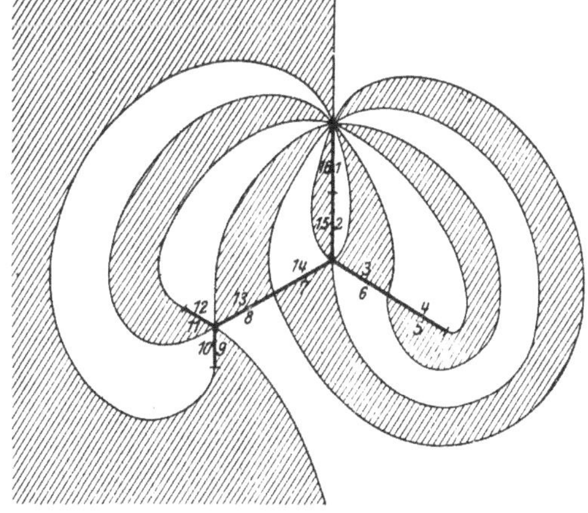

Fig. 6.

Wie man sieht, ist dieselbe unsymmetrisch. Vertauscht man rechts und links, so erhält man diejenige Figur, welche der Gruppe IIb entspricht.

§ 4.

Der Fall $n = 11$.

Von den beiden Gruppen IIIa und IIIb, die bei $n = 11$ auftreten, betrachte ich wieder nur die erstere. Dann ergeben sich hinsichtlich der elfblättrigen Fläche, welche das zugehörige $y(\omega)$ als Funktion von ω darstellt, zunächst folgende Sätze:

1. *Bei $J = \infty$ hängen die 11 Blätter in einem Zyklus zusammen.*

2. *Bei $J = 1$ hängen viermal zwei Blätter zusammen.* Denn unter den Substitutionen (1):

$$\omega' = \frac{k\,\omega - (k^2 + 1)}{\omega - k}$$

finden sich für $k = 0, 1, 2, \ldots, 10$ *drei*, welche der Gruppe IIIa angehören, den Werten $k = 0, 1, 8$ entsprechend.

3. *Bei $J = 0$ hängen dreimal drei Blätter zusammen.* Denn unter den Substitutionen (2):

$$\omega' = \frac{(k-1)\,\omega - (k^2 - k + 1)}{\omega - k}$$

gibt es *zwei*, welche zu IIIa gehören, entsprechend $k = 4$ und $k = 7$.

Dementsprechend ist abermals $p = Null$.

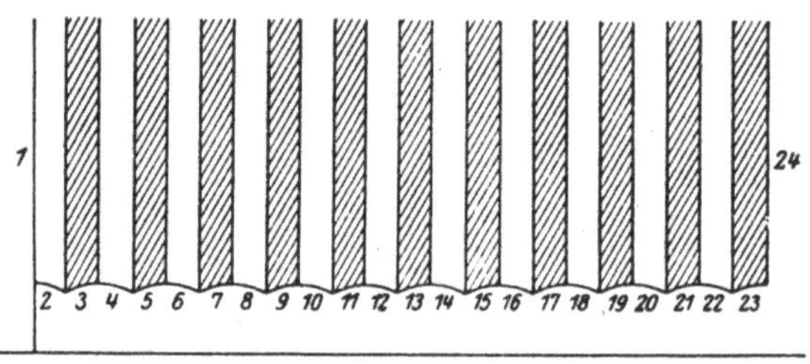

Fig. 7.

Betrachten wir jetzt das Fundamentalpolygon (siehe Fig. 7), so erhalten wir zunächst durch Vereinigung von 1 und 24 das Elfeck der Fig. 8 und dann durch Berücksichtigung der zu IIIa gehörigen [in Fig. 8 durch Doppelpfeile gekenzeichneten] Substitutionen (1), (2) die Fig. 9.

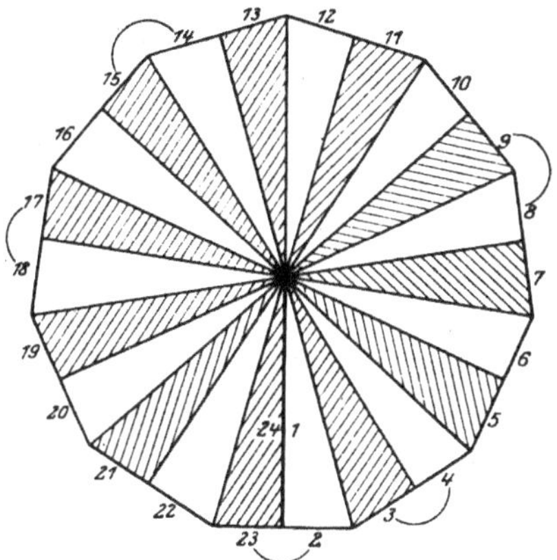

Fig. 8.

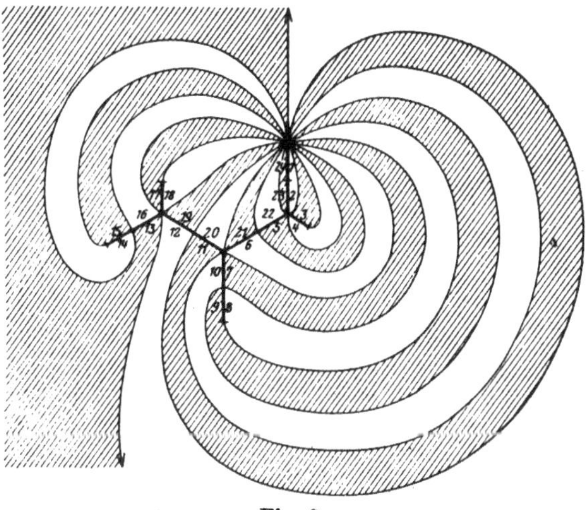

Fig. 9.

Auch sie ist wieder unsymmetrisch; vertauscht man rechts und links, so erhält man diejenige Figur, welche der Gruppe IIIb entspricht.

§ 5.

Allgemeines über die Aufstellung der Gleichungen.

Da in den drei Fällen p übereinstimmend gleich Null ist, so kann ich y so wählen (S. 29/30), daß J eine rationale Funktion von y ist:

$$J = \frac{\varphi(y)}{\psi(y)}.$$

(Hier bedeuten φ und ψ ganze Funktionen von y bezüglich vom fünften, siebenten, elften Grade.) — Nun sollen für $J = \infty$ sämtliche Wurzeln y

koinzidieren. *Daher ist $\psi(y)$ die fünfte, bezüglich siebente oder elfte Potenz eines linearen Ausdrucks.* Man kann also, da y noch drei willkürliche Konstante enthält[10]), ψ *einfach gleich Eins nehmen,* und also schreiben

$$J = \varphi(y).$$

Es enthält y dann noch zwei willkürliche Konstante.

Nun soll nach den über die Verzweigung gemachten Angaben $\varphi(y)$ in den drei Fällen folgende Eigenschaften besitzen:

1. *Bei $n = 5$ soll $\varphi(y)$ einen linearen Faktor kubisch und $\varphi(y) - 1$ einen quadratischen Faktor doppelt enthalten;*

2. *Bei $n = 7$ soll $\varphi(y)$ einen quadratischen Faktor kubisch und $\varphi(y) - 1$ einen quadratischen Faktor doppelt enthalten;*

3. *Bei $n = 11$ soll $\varphi(y)$ einen kubischen Faktor dreifach und $\varphi(y) - 1$ einen biquadratischen Faktor doppelt enthalten.*

Es fragt sich, wie weit $\varphi(y)$, abgesehen von den zwei noch in y enthaltenen willkürlichen Konstanten, durch diese Angaben bestimmt ist. Dies hängt offenbar davon ab, *wie viele n-blättrige Riemannsche Flächen es gibt, welche die von uns angegebene Zahl und Lage der Verzweigungspunkte besitzen.* Um hierüber zu entscheiden, denke man sich eine solche Fläche längs derjenigen n Linien, welche das Stück der reellen Achse von $J = 0$ bis $J = 1$ überlagern, zerschnitten. Sie wird dann wegen des zyklischen Zusammenhangs der n Blätter bei $J = \infty$ in eine einfach zusammenhängende, einfach berandete Fläche verwandelt sein, die in eine Ebene ausgebreitet, eben ein solches Fünf-, Sieben-, Elf-Eck ergibt, wie es Fig. 1, 4, 7 vorstellt, — oder vielmehr (wenn man die Mittelpunkte der Seiten, welche $J = 1$ entsprechen, als Ecken mitzählt) ein Zehn-, Vierzehn-, Zweiundzwanzig-Eck. Es handelt sich jetzt offenbar darum, aufzuzählen, wie oft man die Kanten eines Zehn-, Vierzehn-, Zweiundzwanzig-Ecks in der Art zu einem doppelt überdeckten Linienzuge zusammenbiegen kann, daß die Ecken der einen Art eine gewisse gegebene Anzahl von Malen zu drei, die Ecken der anderen Art eine gewisse gegebene Anzahl von Malen zu zwei zusammenstoßen, während die übrig bleibenden Ecken der einen, sowie die der anderen Art isoliert bleiben. Der Versuch ergibt, daß dies bei $n = 5$ überhaupt nur einmal, bei $n = 7$ zweimal, bei $n = 11$ aber zehnmal möglich ist. Ich schließe also:

Die Anzahl der Funktionen $\varphi(y)$, welche den aufgeführten Bedingungen genügen, ist für $n = 5, 7, 11$ bezüglich $1, 2, 10$.

---

[10]) Insofern statt y jede gebrochene lineare Funktion $\frac{ay+b}{cy+d}$ eingeführt werden könnte.

Es wird sich also die Berechnung der Funktionen $\varphi(y)$ bei $n=5$ und $n=7$ verhältnismäßig einfach gestalten (wie sich sogleich bestätigt), bei $n=11$ aber zu komplizierten Rechnungen Anlaß geben. Wir werden ferner bei $n=5$ und $n=7$ die Funktionen $\varphi(y)$ unmittelbar alle gebrauchen können, da es sich ja bei $n=7$ um die *zwei* Gruppen IIa und IIb handelte. Dagegen würden wir bei $n=11$ den zwei Gruppen IIIa und IIIb entsprechend unter den zehn Funktionen $\varphi(y)$ noch erst zwei auszusuchen haben, was eine neue Art der Fragestellung bedingen würde. Ich lasse deshalb im folgenden den Fall $n=11$ unerledigt und behandele nur $n=5$ und $n=7$.

§ 6.
Formeln für $n=5$.

In Anbetracht der beiden in y enthaltenen willkürlichen Konstanten können wir bei $n=5$ setzen:

$$\varphi = C(y^2 + ay + b)(y-3)^3,$$
$$\varphi - \psi = Cy(y^2 + \alpha y + \beta)^2;$$
$$\psi = 1.$$

Man benutze nun zunächst, daß die Funktionaldeterminante von $\varphi - \psi$ und ψ den Faktor $(y-3)^2$ enthalten muß. Dies gibt

$$5(y-3)^2 = 5y^2 + 3\alpha y + \beta,$$

also

$$\alpha = -10, \quad \beta = 45.$$

Man benutze ferner, daß die Funktionaldeterminante von φ und ψ den Faktor $y^2 + \alpha y + \beta$ enthalten muß. So kommt:

$$5y^2 + (4a-6)y + (3b-3a) = 5(y^2 - 10y + 45),$$

oder

$$a = -11, \quad b = 64.$$

Man setze endlich in $(\varphi) - (\psi) = (\varphi - \psi)$ das y gleich Null, so folgt:

$$C = -\frac{1}{1728}.$$

Daher lautet die Gleichung fünften Grades, um deren Aufstellung es sich handelte, folgendermaßen:

$$(3) \quad J : J-1 : 1 = (y^2 - 11y + 64)(y-3)^3 : y(y^2 - 10y + 45)^2 : -1728.$$

Will man dieselbe noch etwas umsetzen, so schreibe man $\dfrac{27\,g_3^2}{\Delta}$ statt $J-1$, x^2 statt y, und ziehe aus

$$J - 1 = \frac{\varphi - \psi}{\psi}$$

beiderseits die Quadratwurzel. So kommt, wie bereits in der Einleitung gesagt, die Brioschische Gleichung[11]), in der Form:

$$(4) \qquad x^5 - 10\,x^3 + 45\,x = \frac{216\,g_3}{\sqrt{-\Delta}}.$$

§ 7.
Formeln für $n = 7$.

Man setze bei $n = 7$:

$$\varphi = C\,y\,(y^2 + 7\,y + 7\,m)^3,$$
$$\varphi - \psi = C\,(y^3 + \alpha\,y^2 + \beta\,y + \gamma)(y^2 + A\,y + B)^2,$$
$$\psi = 1.$$

Hier ist der Koeffizient von y in dem rechter Hand in φ auftretenden dreifachen Faktor gleich 7 genommen, nachdem sich beim Vergleich herausgestellt hatte, daß er nicht gleich Null ist. Bildet man jetzt die Funktionaldeterminante von φ und ψ und verlangt, daß sie den Faktor $y^2 + A\,y + B$ enthalte, so kommt:

$$y^2 + A\,y + B = y^2 + 4\,y + m,$$

also

$$A = 4, \quad B = m;$$

bildet man ferner die Funktionaldeterminante von $(\varphi - \psi)$ und ψ und verlangt, daß sie den Faktor $(y^2 + 7\,y + 7\,m)$ quadratisch enthalte, so folgt:

$$7\,(y^2 + 7\,y + 7\,m)^2 = (3\,y^2 + 2\,\alpha\,y + \beta)\,(y^2 + 4\,y + m)$$
$$+ 2\,(2\,y + 4)\,(y^3 + \alpha\,y^2 + \beta\,y + \gamma),$$

also:

$$\alpha = 13, \quad \beta = 27 + 19\,m, \quad \gamma = -81 + 108\,m, \quad 4\,m^2 - 11\,m + 8 = 0;$$

oder:

$$m = \frac{11 \pm \sqrt{-7}}{8}, \quad \alpha = 13, \quad \beta = \frac{425 \pm 19\,\sqrt{-7}}{8}, \quad \gamma = \frac{135 \pm 27\,\sqrt{-7}}{2}.$$

Setzt man endlich in $(\varphi) - (\psi) = (\varphi - \psi)$ wieder $y = 0$, so ergibt sich:

$$C = -\frac{1}{\gamma\,m^2} = \frac{-4}{27\,(13 \pm 7\,\sqrt{-7})}.$$

Daher lautet die gesuchte Gleichung siebenten Grades[12]):

---

[11]) Vgl. Math. Annalen, Bd. 9 (1875/76), S. 204 und Bd. 12 (1877), S. 173 [= Abh. LI und Abh. LIII in Bd. 2 dieser Ausgabe, S. 297 bzw. S. 313]; vgl. ferner Kiepert, *Über die Auflösung der Gleichungen fünften Grades*, Crelles Journal Bd. 87 (1878/79) (Zusatz bei der ursprünglichen Korrektur im Dez. 1878).

[12]) Ich habe diese Gleichung bereits in einer Note veröffentlicht, welche am 20. Mai dieses Jahres [1878] der Erlanger Sozietät vorgelegt wurde.

(5) $J : J - 1 : 1$

$$= y\left(y^2 + 7y + \frac{77 \pm 7\sqrt{-7}}{8}\right)^3$$

$$: \left(y^3 + 13y^2 + \frac{425 \pm 19\sqrt{-7}}{8}y + \frac{135 \pm 27\sqrt{-7}}{2}\right) \cdot \left(y^2 + 4y + \frac{11 \pm \sqrt{-7}}{8}\right)^2$$

$$: -\frac{27}{4}\left(13 \pm 7\sqrt{-7}\right).$$

Ich werde dieselbe zuvörderst noch in der Weise umändern, daß ich

setze und
$$\mathfrak{z} = \varrho y$$
$$\varrho = -2^2 \cdot 7\,(7 \mp \sqrt{-7})$$

wähle. So kommt:

(6) $J : J - 1 : 1$

$$= \mathfrak{z}\left(\mathfrak{z}^2 - 2^2 \cdot 7^2\,(7 \mp \sqrt{-7})\,\mathfrak{z} + 2^5 \cdot 7^4\,(5 \mp \sqrt{-7})\right)^3$$

$$: \left(\mathfrak{z}^3 - 2^2 \cdot 7 \cdot 13\,(7 \mp \sqrt{-7})\,\mathfrak{z}^2 + 2^6 \cdot 7^3\,(88 \mp 23\sqrt{-7})\,\mathfrak{z}\right.$$

$$\left. - 2^8 \cdot 3^3 \cdot 7^4\,(35 \mp 9\sqrt{-7})\right).$$

$$\cdot \left(\mathfrak{z}^2 - 2^4 \cdot 7\,(7 \mp \sqrt{-7})\,\mathfrak{z} + 2^5 \cdot 7^3\,(5 \mp \sqrt{-7})\right)^2$$

$$: \mp 2^{27} \cdot 3^3 \cdot 7^{10} \cdot \sqrt{-7}.$$

Schreibt man nun hier x^3 statt $\mathfrak{z}$, $\frac{g_3^2}{\Delta}$ statt J und zieht aus

$$J = \frac{\varphi}{\psi}$$

beiderseits die Kubikwurzel, so folgt:

(7) $\quad x^7 - 2^2 \cdot 7^2\,(7 \mp \sqrt{-7})\,x^4 + 2^5 \cdot 7^4\,(5 \mp \sqrt{-7})\,x \mp 2^9 \cdot 3 \cdot 7^3\,\sqrt{-7} \cdot \frac{g_2}{\sqrt[3]{\Delta}} = 0.$

Dies ist nun, wie in der Einleitung angedeutet wurde, im wesent-lichen dieselbe Gleichung, zu der Hermite bei seinen Untersuchungen [auf ganz anderem Wege] geführt wurde.

Hermites Gleichung ist nämlich diese:

$$\zeta^7 - 4^2 \cdot 7^2 \cdot \sqrt{-7} \cdot \alpha \cdot k\,k'^4 \cdot \zeta^4 - 4^4 \cdot 7^4\,(\alpha - 3)\,k^2 k'^8 \cdot \zeta$$

$$+ 4^6 \cdot 7^3 \cdot \sqrt{-7} \cdot k k'^8\,(1 - k^2 + k^4) = 0,$$

wo α den Ausdruck $\dfrac{1 - \sqrt{-7}}{2}$ bedeuten soll. Schreibt man hier

$$\zeta = \sqrt[3]{2\,k k'^4} \cdot x$$

und wählt in (7) das untere Zeichen, so stimmen beide Gleichungen über-ein; man hat sich nur der Relation zu erinnern (S. 16):

$$J = \frac{g_2^3}{\Delta} = \frac{4}{27} \cdot \frac{(1 - k^2 + k^4)^3}{k^4 k'^4}.$$

München, im Oktober 1878.

LXXXIV. Über die Transformation siebenter Ordnung der elliptischen Funktionen.

[Math. Annalen, Bd. 14 (1878/79).]

Bei der Transformation fünfter Ordnung der elliptischen Funktionen stellt sich neben die Modulargleichung sechsten Grades und ihre bekannte Resolvente vom fünften Grad, beide beherrschend, die Galoissche Resolvente 60sten Grades, die *Ikosaedergleichung*. Von ihr ausgehend übersieht man Bildungsgesetz und Eigenschaften jener Gleichungen niederen Grades mit größter Leichtigkeit. Ich wünsche im folgenden die Theorie der Transformation *siebenter* Ordnung bis zu demselben Punkte zu führen. Wie man bei ihr die Modulargleichung achten Grades in einfachster Form aufzustellen hat, habe ich bereits in meiner Arbeit: *Über die Transformation der elliptischen Funktionen* usw. [= Abh. LXXXII, S. 13 ff. dieses Bandes] gezeigt; die zugehörige Resolvente siebenten Grades betrachtete ich in der hier voraufgeschickten Note [Nr. LXXXIII]: *Über die Erniedrigung der Modulargleichungen*. Es handelt sich nunmehr darum, *die zugehörige Galoissche Resolvente vom 168-sten Grade in zweckmäßigster Weise zu bilden und von ihr aus jene niederen Gleichungen abzuleiten.*

Die Wurzel η dieser Galoisschen Resolvente hat, wie bekannt, als Funktion des Periodenverhältnisses ω betrachtet, die charakteristische Eigenschaft, bei allen denjenigen linearen Substitutionen $\dfrac{\alpha\,\omega + \beta}{\gamma\,\omega + \delta}$ und nur bei denjenigen ungeändert zu bleiben, welche modulo 7 zur Identität kongruent sind. Dies ist für mich im folgenden die Definition der Irrationalität η. Ich beginne also (§ 1) mit einer kurzen Untersuchung der linearen Substitutionen in bezug auf den Modul 7, welche durchaus elementarer Natur ist, aber der Vollständigkeit wegen hier eingeschaltet werden mußte[1]). Es ergibt sich daraus (§ 2), wie η als Funktion der

---

[1]) Vgl. die allgemeineren Untersuchungen in Serrets Traité d'algèbre supérieure 3. und folgende Auflagen, Paris 1866 ff. — Deutsche Übersetzung von G. Wertheim, Leipzig 1868 ff.]

absoluten Invariante J verzweigt ist, und vor allen Dingen dies Resultat, daß die zwischen η und J bestehende Gleichung, dem Geschlechte $p = 3$ angehörig, durch 168 eindeutige Transformationen von a priori angebbarer Gruppierung in sich übergeht. Dies führt zur Kenntnis einer merkwürdigen Kurve vierter Ordnung, welche durch 168 Kollineationen der Ebene in sich übergeht (§ 3) und infolgedessen eine Reihe besonders einfacher Eigenschaften besitzt (§§ 4, 5). Es genügt, von der Existenz jener 168 Kollineationen zu wissen, um mit leichter Mühe das volle System der zur Kurve gehörigen Kovarianten aufzustellen (§ 6), und man erhält die Gleichung 168-sten Grades, um welche es sich handelt, in übersichtlichster Weise, indem man die Grundkurve mit einem kovarianten Kurvenbüschel von der 42-sten Ordnung schneidet (ebenda). Will man von der so erhaltenen Gleichung zur Modulargleichung achten Grades oder zur Resolvente siebenten Grades hinabsteigen, so kommen zumal solche Sätze in Betracht, welche man bei der allgemeinen Kurve vierter Ordnung hinsichtlich der Berührungskurven dritter Ordnung und gewisser Gruppierungen der Doppeltangenten kennt (§§ 7—10). Die Wurzeln der gemeinten Gleichungen erweisen sich dabei als rationale Funktionen der Koordinaten *eines* Kurvenpunktes, und in dieser expliziten Darstellung scheint mir der wesentliche Fortschritt zu liegen, der für die Transformation siebenter Ordnung erreicht ist. — Die nun noch folgenden Paragraphen (§§ 11—15) haben den Zweck, ein möglichst anschauliches Bild von der Verzweigung der Riemannschen Fläche zu entwerfen, welche η als Funktion von J darstellt und die in mehr abstrakter Weise schon in § 2 betrachtet wird. Die Figuren, welche ich dabei erhalte, wollen für die hier vorliegenden Fragen dieselbe Bedeutung beanspruchen, welche die *Gestalt* des Ikosaeders für die Probleme fünften Grades hat.

Die hauptsächlichsten der genannten Resultate habe ich bereits in einer Note veröffentlicht, welche ich am 20. Mai dieses Jahres der Erlanger Sozietät vorlegte[2]). Ebendort zeigte ich bereits, wie sich nunmehr die Zurückführung derjenigen Gleichungen siebenten Grades, welche die Gruppe der Modulargleichung haben, auf eben diese Modulargleichung explizite bewerkstelligen läßt[3]). Im folgenden bin ich auf diese und andere sich anschließende Fragen noch nicht eingegangen; ich möchte mir vorbehalten, demnächst ausführlicher auf sie zurückzukommen. [Vgl. Math. Annalen, Bd. 15 (1879), S. 251ff. = Abh. LVII in Bd. 2 dieser Ausgabe, S. 390ff.].

---

[2]) *Über Gleichungen siebenten Grades*, zweite Mitteilung.

[3]) [In einer ersten, in Bd. 2 dieser Ausgabe als Nr. LVI abgedruckten, Mitteilung an die Erlanger Societät vom 4. März 1878 des in Fußnote [1]) genannten Titels habe ich zunächst nur die theoretische Möglichkeit dieser Zurückführung durch abstrakte Schlüsse erwiesen. K.]

§ 1.

Einteilung der Substitutionen $\frac{\alpha\omega+\beta}{\gamma\omega+\delta}$ in bezug auf den Modul 7.

Unter einer Substitution $\frac{\alpha\omega+\beta}{\gamma\omega+\delta}$ schlechthin verstehe ich im folgenden immer eine solche

$$\omega' = \frac{\alpha\omega+\beta}{\gamma\omega+\delta},$$

deren Koeffizienten ganzzahlig und deren Determinante gleich Eins ist. Dabei will ich, der Kürze wegen, folgende Ausdrucksweise gebrauchen. Zwei Substitutionen S_1 und S_2 sollen *gleichberechtigt* heißen, wenn es eine dritte Substitution S gibt, so daß man die Relation hat:

$$S_1 = S^{-1} \cdot S_2 \cdot S.$$

Nun unterschied ich früher (S. 25)[4] elliptische, parabolische und hyperbolische Substitutionen. Man hat dann ohne weiteres folgende Sätze:

Gleichberechtigte Substitutionen haben dieselbe Summe $\alpha + \delta$.

Alle elliptischen Substitutionen von der Periode 2 (also mit $\alpha + \delta = 0$) sind gleichberechtigt.

Nimmt man die elliptischen Substitutionen von der Periode 3 (also mit $\alpha + \delta = \pm 1$) in der Weise paarweise zusammen, wie sie durch Iteration auseinander hervorgehen, so sind alle solchen Paare gleichberechtigt.

Die parabolischen Substitutionen ($\alpha + \delta = \pm 2$) zerfallen in unendlich viele Klassen; jede Substitution ist mit einer der folgenden:

$$\omega' = \omega, \quad \omega' = \omega \pm 1, \quad \omega' = \omega \pm 2, \ldots$$

gleichberechtigt.

Fortan werden wir nun die Substitutionen $\frac{\alpha\omega+\beta}{\gamma\omega+\delta}$ nicht mehr an sich, sondern in bezug auf den Modul 7 betrachten, und also zwei Substitutionen $\frac{\alpha\omega+\beta}{\gamma\omega+\delta}$ und $\frac{\alpha'\omega+\beta'}{\gamma'\omega+\delta'}$ als identisch betrachten, wenn $\alpha \equiv \alpha'$, $\beta \equiv \beta'$, $\gamma \equiv \gamma'$, $\delta \equiv \delta'$ ist, demnach auch nicht mehr verlangen, daß $\alpha\delta - \beta\gamma$ gleich Eins ist, sondern nur, daß es kongruent Eins ist (modulo 7). Wir haben dann jedenfalls den Satz:

Substitutionen, welche früher gleichberechtigt waren, sind es auch jetzt.

Übrigens gibt es jetzt nur eine endliche Anzahl von Substitutionen; man zählt sofort ab:

Die Zahl der Substitutionen ist 168.

---

[4] Die Zitate auf bloße Seitenzahlen beziehen sich immer auf den vorliegenden Band.

Unter diesen ist eine, S_1, von der Periode 1, nämlich die Identität $\omega' = \omega$. Das ist selbstverständlich.

Um Substitutionen von der Periode 2 zu erhalten, führen wir die Bedingung $\alpha + \delta = 0$ ein, welche die elliptischen Substitutionen von der Periode 2 charakterisierte. Wir finden 21 modulo 7 verschiedene Substitutionen; da sie ihre Periode nicht geändert haben können, so folgt:

Es gibt 21 gleichberechtigte Substitutionen von der Periode 2. Dieselben sollen S_2 genannt werden; Beispiel: $-\dfrac{1}{\omega}$.

Auf dieselbe Weise findet man durch Heranziehen der Bedingung $\alpha + \delta = \pm 1$, welche die elliptischen Substitutionen von der Periode 3 charakterisierte:

Man hat 28 gleichberechtigte Paare von Substitutionen S_3 mit der Periode 3. Beispiel für ein Paar: $\dfrac{-2\omega}{3}, \dfrac{-3\omega}{2}$.

Bei den parabolischen Substitutionen war $\alpha + \delta = \pm 2$. Dementsprechend erhalten wir 49 modulo 7 verschiedene Substitutionen. Von diesen ist eine die Identität $\omega' = \omega$. Die übrigen erweisen sich mit $\omega \pm 1$, $\omega \pm 2$, $\omega \pm 3$ gleichberechtigt; sie haben daher, wie diese, die Periode 7.

Es gibt 48 Substitutionen S_7 von der Periode 7, welche sich auf 8 gleichberechtigte Sextupel verteilen.

Beispiel eines Sextupels: $\omega + 1$, $\omega + 2, \ldots, \omega + 6$.

So bleiben noch $168 - 1 - 21 - 56 - 48 = 42$ Substitutionen, für welche $\alpha + \delta = \pm 3$ ist. Iteriert man sie, so wird für die neue Substitution $\alpha' + \delta' = 0$. Unsere Substitutionen ergeben also, wiederholt, Substitutionen von der Periode 2, haben demnach selbst die Periode 4. Ich werde jede solche Substitution mit der inversen zu einem Paare zusammenfassen. Dann folgt:

Es gibt 21 gleichberechtigte Paare von Substitutionen S_4 mit der Periode 4, die einzeln den 21 Substitutionen S_2 zugeordnet sind.

Beispiel: $\dfrac{2\omega+2}{-2\omega+2}, \dfrac{2\omega-2}{2\omega+2}$, zu $-\dfrac{1}{\omega}$ gehörig.

An diese Unterscheidung der Periodizität unserer Substitutionen knüpft sich sofort die Aufstellung der aus ihnen zusammenzusetzenden *Gruppen*. Zunächst hat man diejenigen Gruppen, welche nur Wiederholungen einer und derselben Substitution enthalten. *Es gibt von solchen Gruppen:*

1. *Eine G_1, welche nur eine Substitution enthält:* $\omega' = \omega$,

2. *21 G_2, mit zwei Substitutionen, z. B.:* ω, $-\dfrac{1}{\omega}$,

3. *28 G_3, mit drei Substitutionen, z. B.:* ω, $\dfrac{-2\omega}{3}$, $\dfrac{-3\omega}{2}$,

4. *21 G_4, mit vier Substitutionen, z. B.:* $\omega, \ \dfrac{2\omega+2}{-2\omega+2}, \ -\dfrac{1}{\omega}, \ \dfrac{2\omega-2}{2\omega+2},$

5. *8 G_7, mit sieben Substitutionen, z. B.:* $\omega, \ \omega+1, \ \ldots, \ \omega+6.$

Unter diesen Gruppen sind immer diejenigen, welche gleich viele Substitutionen enthalten, gleichberechtigt. Es genügt daher zum Beweise der nachfolgenden Sätze, jedesmal nur ein Beispiel anzuführen, welches sich auf eine einzelne der im Satze gemeinten Gruppen bezieht. Man findet:

1. *Jede Substitution S_2 ist mit vier anderen S_2 vertauschbar. Diese vier S_2 verteilen sich in der Art auf zwei Paare, daß die Substitutionen eines Paares unter sich ebenfalls vertauschbar sind.*

Beispiel: Die Substitution $-\dfrac{1}{\omega}$ ist mit folgenden vertauschbar:

$$\frac{2\omega+3}{3\omega-2}, \quad \frac{3\omega-2}{-2\omega-3}, \quad \frac{2\omega-3}{-3\omega-2}, \quad \frac{3\omega+2}{2\omega-3}.$$

Die beiden ersten sind untereinander gleichfalls vertauschbar, ebenso die beiden letzten.

2. *Demnach gibt es 14 Gruppen G_4' mit vier Substitutionen, welche, von der Identität abgesehen, nur Substitutionen von der Periode 2 enthalten[5]).*

Beispiel: $\omega, \ -\dfrac{1}{\omega}, \ \dfrac{2\omega+3}{3\omega-2}, \ \dfrac{3\omega-2}{-2\omega-3}$

oder auch: $\quad \omega, \ -\dfrac{1}{\omega}, \ \dfrac{2\omega-3}{-3\omega-2}, \ \dfrac{3\omega+2}{2\omega-3}.$

Diese 14 Gruppen sind untereinander nun *nicht* gleichberechtigt, sondern verteilen sich, den beiden angeführten Beispielen entsprechend, zu je sieben auf zwei Klassen. Jede G_2 ist an einer Gruppe G_4' aus jeder Klasse beteiligt.

3. *Mit jeder Gruppe G_3 sind drei Substitutionen S_2 vertauschbar. Also gibt es 28 untereinander gleichberechtigte Gruppen G_6' von sechs Substitutionen. Jede G_2 ist an vier solchen G_6' beteiligt.*

Beispiel: $\qquad \omega, \ -\dfrac{3\omega}{2}, \ -\dfrac{2\omega}{3}, \ -\dfrac{1}{\omega}, \ \dfrac{2}{3\omega}, \ \dfrac{3}{2\omega}.$

4. *Die vier Substitutionen S_2, welche Satz 1 zufolge mit einer gegebenen S_2 vertauschbar sind, sind auch mit der G_4 vertauschbar, in welcher die gegebene S_2 enthalten ist. Dies gibt 21 gleichberechtigte Gruppen G_8' von acht Substitutionen.*

Beispiel: $\qquad \omega, \ -\dfrac{1}{\omega}, \ \dfrac{2\omega+2}{-2\omega+2}, \ \dfrac{2\omega-2}{+2\omega+2},$

$$\frac{2\omega+3}{3\omega-2}, \quad \frac{3\omega-2}{-2\omega-3}, \quad \frac{2\omega-3}{-3\omega-2}, \quad \frac{3\omega+2}{2\omega-3}.$$

---

[5]) [*Vierergruppen* nach meiner späteren Terminologie, die auch von anderen Autoren angenommen ist. K.]

5. *Mit jeder Gruppe G_7 sind 14 Substitutionen S_2 vertauschbar. Dies gibt acht gleichberechtigte Gruppen G'_{21} von 21 Substitutionen. Jede S_2 ist an zwei solchen Gruppen beteiligt.*

Beispiel: $\omega + k$, $\dfrac{-2(\omega + k)}{3}$, $\dfrac{-3(\omega + k)}{2}$ für $k = 0, 1, \ldots, 6$, oder auch: die Gesamtheit der Substitutionen $\dfrac{\alpha\omega}{\gamma\omega + \delta}$.

6. *Den $2 \cdot 7$ Gruppen G'_4 (Satz 2) entsprechend gibt es $2 \cdot 7$ Gruppen G''_{24} mit 24 Substitutionen.* Dieselben entstehen folgendermaßen. Man nehme eine G'_4 und vervollständige dieselbe:

a) durch diejenigen $6\,S_4$, deren Wiederholungen die der G'_4 angehörigen drei Substitutionen S_2 sind,

b) durch diejenigen $6\,S_2$, welche mit einer der genannten drei S_2 vertauschbar sind, ohne selbst bereits der G'_4 anzugehören. Wenn man die so zusammengestellten Substitutionen beliebig kombiniert, so entstehen nur noch:

c) vier Paare zusammengehöriger Substitutionen S_3, und
$$4 + 6 + 6 + 4 \cdot 2 \text{ ist } 24.$$

Beispiel: G'_4: $\qquad \omega,\ -\dfrac{1}{\omega},\ \dfrac{2\omega + 3}{3\omega - 2},\ \dfrac{3\omega - 2}{-2\omega - 3};$

$$\begin{cases} S_4, \text{ welche zu } -\dfrac{1}{\omega} \text{ gehören:} & \dfrac{2\omega + 2}{-2\omega + 2},\ \dfrac{2\omega - 2}{2\omega + 2}; \\[2ex] S_4, \text{ welche zu } \dfrac{2\omega + 3}{3\omega - 2} \text{ gehören:} & \dfrac{\omega + 1}{\omega + 2},\ \dfrac{-2\omega + 1}{\omega - 1}; \\[2ex] S_4, \text{ welche zu } \dfrac{3\omega - 2}{-2\omega - 3} \text{ gehören:} & \dfrac{3\omega - 3}{3\omega + 1},\ \dfrac{\omega + 3}{3\omega + 3}; \end{cases}$$

$$\begin{cases} \text{Neue } S_2, \text{ mit } -\dfrac{1}{\omega} \text{ vertauschbar:} & \dfrac{2\omega - 3}{-3\omega - 2},\ \dfrac{3\omega + 2}{2\omega - 3}; \\[2ex] \text{\textit{''} \quad \textit{''}, \quad \textit{''} } \dfrac{2\omega + 3}{3\omega - 2} \quad \textit{''} \quad: & \dfrac{-\omega + 1}{-2\omega + 1},\ \dfrac{\omega + 2}{-\omega - 1}; \\[2ex] \text{\textit{''} \quad \textit{''}, \quad \textit{''} } \dfrac{3\omega - 2}{-2\omega - 3} \quad \textit{''} \quad: & \dfrac{3\omega - 1}{3\omega - 3},\ \dfrac{-3\omega - 3}{\omega + 3}. \end{cases}$$

$$\begin{cases} \text{Paare von } S_3, \text{ welche durch Kombination entstehen:} \\[1ex] \qquad\qquad \dfrac{-3\omega - 1}{2},\ \dfrac{-2\omega - 1}{3}; \\[2ex] \qquad\qquad \dfrac{2\omega}{\omega - 3},\ \dfrac{3\omega}{\omega - 2}; \\[2ex] \qquad\qquad \dfrac{2}{3\omega + 1},\ \dfrac{-\omega + 2}{3\omega}; \\[2ex] \qquad\qquad \dfrac{-\omega + 3}{2\omega},\ \dfrac{-3}{2\omega + 1}. \end{cases}$$

Man sieht: Die 24 Substitutionen einer G''_{24} sind ebenso beschaffen, wie die 24 Vertauschungen von vier Elementen, oder auch wie die 24 Drehungen, welche ein reguläres Oktaeder mit sich zur Deckung bringen. Ich werde von beiden Vergleichungen später eine Anwendung machen. — Übrigens sind diese G''_{24} selbstverständlicherweise keine anderen Gruppen, als diejenigen, deren ich mich in dem Aufsatze: *Über die Erniedrigung der Modulargleichungen* [vorstehend als **Nr. LXXXIII** abgedruckt] bediente. Ich habe sie damals im Anschlusse an Betti in einer etwas anderen Gestalt mitgeteilt, indem ich nämlich nicht daran festhielt, daß $\alpha\delta - \beta\gamma \equiv 1 \pmod 7$ sei, sondern nur verlangte, daß $\alpha\delta - \beta\gamma$ kongruent einem quadratischen Reste werde — ein Unterschied, der für die gebrochene Substitution $\dfrac{\alpha\omega+\beta}{\gamma\omega+\delta}$ bedeutungslos ist.

7. Man beweist endlich durch bekannte Methoden, *daß in der Gesamtheit der 168 Substitutionen* $\dfrac{\alpha\omega+\beta}{\gamma\omega+\delta}$ *keine anderen Untergruppen vorhanden sind als die nun aufgezählten*[6]).

§ 2.
Die Funktion $\eta(\omega)$ und ihre Verzweigung in bezug auf J.

Es sei jetzt η eine algebraische Funktion von J, welche so verzweigt ist, daß sie, als Funktion von ω betrachtet, folgende Eigenschaften besitzt:

1. Sie ist innerhalb der positiven Halbebene ω durchaus eindeutig,

2. sie geht durch diejenigen Substitutionen $\dfrac{\alpha\omega+\beta}{\gamma\omega+\delta}$ und nur durch diejenigen in sich über, welche modulo 7 zur Identität kongruent sind.

Ich will mit $\eta(\omega)$ einen der Werte bezeichnen, welche zu einem gegebenen J gehören. Man erhält dann alle anderen, indem man statt ω die 167 Ausdrücke $\dfrac{\alpha\omega+\beta}{\gamma\omega+\delta}$ einträgt, welche modulo 7 von ω verschieden sind, denn alle Werte von ω, die zu dem gegebenen J gehören, sind in dieser Form enthalten. Daher:

η *ist mit* J *durch eine Gleichung vom Grade 168 in* η *verbunden*. Es mögen die 168 Wurzeln in irgendeiner Reihenfolge mit

$$\eta_1, \eta_2, \ldots, \eta_{168}$$

---

[6]) [Bei der Aufzählung ist übersehen, daß in jeder der $2\cdot 7$ G''_{24} eine G''_{12} als ausgezeichnete Untergruppe enthalten ist, die isomorph ist zu der Gruppe der geraden Vertauschungen von vier Dingen, oder zu der Gruppe der Drehungen, die ein reguläres Tetraeder mit sich zur Deckung bringen. Für den ganzen Paragraphen vergleiche man übrigens die auf S. 78 dieses Bandes in Fußnote [8]) genannte Arbeit von Gierster in den Math. Annalen, Bd. 18, oder die entsprechenden Ausführungen in „Modulfunktionen“, Bd. 1, Abschnitt II, Kap. 8 u. 9.]

bezeichnet sein. Wenn jetzt J in der Ebene, welche seine komplexen Werte versinnlicht, einen geschlossenen Weg beschreibt, so erfährt ein beliebiges der zugehörigen ω eine Substitution $\frac{\alpha'\omega+\beta'}{\gamma'\omega+\delta'}$. Dementsprechend erleiden die η eine bestimmte Permutation, indem in $\eta\left(\frac{\alpha\omega+\beta}{\gamma\omega+\delta}\right)$ für ω der eben angegebene Wert eingetragen werden muß. Soll nun nach dieser Permutation (bei allgemeinem Werte von J) *irgendein* η_i mit seinem Anfangswerte zusammenfallen, so ist offenbar nötig, daß die Substitution $\left|\begin{array}{cc}\alpha'&\beta'\\\gamma'&\delta'\end{array}\right|$ modulo 7 zur Identität kongruent ist; dann aber fallen *alle* Werte η mit ihren Anfangswerten zusammen. Denn bezeichnet S irgendeine Substitution $\frac{\alpha\omega+\beta}{\gamma\omega+\delta}$, S_0 eine beliebige solche, die modulo 7 zur Identität kongruent ist, und S_0' eine bestimmte derselben Art, so hat man allemal die Relation:

$$SS_0 = S_0'S.$$

Ich drücke das so aus:

Alle Wurzeln η_i sind in bezug auf J gleichverzweigt [7]).

Die Verzweigungspunkte selbst können nach meinen früheren Angaben nur bei $J = 0, 1, \infty$ liegen (S. 30). Umkreist J den Punkt 0, so erfährt ω eine elliptische Substitution von der Periode 3, umkreist es den Punkt 1, so erfährt ω eine elliptische Substitution von der Periode 2. Endlich, wenn es den Punkt ∞ umkreist, so erfährt ein passend gewähltes ω die parabolische Substitution $\omega' = \omega + 1$. Daher folgt:

Bei $J = 0$ hängen von den 168 Blättern der η repräsentierenden Riemannschen Fläche 56mal drei Blätter im Zyklus zusammen, bei $J = 1$ 84mal zwei Blätter, bei $J = \infty$ 24mal sieben Blätter.

Das *Geschlecht* der zwischen η und J bestehenden Gleichung erweist sich hiernach gleich *Drei*:

$$p = \tfrac{1}{2}(2 - 2\cdot168 + 56\cdot2 + 84\cdot1 + 24\cdot6) = 3.$$

Algebraische Funktionen von J, welche in bezug auf J gleichverzweigt sind, lassen sich durcheinander mit Hilfe von J rational darstellen. Daher folgt:

Jede Wurzel η_i unserer Gleichung ist eine rationale Funktion von jeder anderen Wurzel η_k und J.

Oder anders ausgedrückt:

Man kann 168 rationale Funktionen $R(\eta, J)$ mit numerischen Koeffizienten bilden, so daß, unter η eine beliebige Wurzel verstanden, folgende Relationen bestehen:

$$\eta_1 = R_1(\eta, J), \quad \eta_2 = R_2(\eta, J), \quad \ldots, \quad \eta_{168} = R_{168}(\eta, J).$$

---

[7]) [Vgl. die Fußnote [34]) auf S. 52 des vorliegenden Bandes.]

Es gibt also, den 168 Substitutionen entsprechend, welche im ersten Paragraphen betrachtet wurden, *168 eindeutige Transformationen unserer Riemannschen Fläche in sich.* Die weiteren Schlüsse stützen sich alle darauf, daß man, nach § 1, die Gruppierung jener Substitutionen kennt und daß diese Gruppierung sich bei den nunmehr in Betracht kommenden eindeutigen Transformationen wiederfinden muß.

Doch beachten wir zunächst folgendes. Durch die Transformationen wird jeder Punkt unserer Riemannschen Fläche in jeden anderen über ihm resp. unter ihm liegenden Punkt verwandelt. Fragt man also, ob es Punkte der Riemannschen Fläche gibt, welche bei einigen der 168 Transformationen fest bleiben und aus denen also weniger als 168 verschiedene Punkte hervorgehen, so beantwortet sich diese Frage einfach durch die Verzweigungsstellen, — denn sie sind die einzigen Punkte, welche gleichzeitig verschiedenen Blättern angehören. Mit Rücksicht auf das, was soeben hinsichtlich der Verzweigung gesagt wurde, haben wir also den Satz:

Unter den Gruppen von je 168 durch die Transformationen zusammengeordneten Punkten haben wir, $J = \infty$ entsprechend, eine siebenfach zählende von nur 24, $J = 0$ entsprechend eine dreifach zählende von nur 56, $J = 1$ entsprechend eine doppeltzählende von nur 84. Andere mehrfach zählende Punktgruppen gibt es nicht.

Ich werde diese Punkte, ihrer Wichtigkeit halber, mit einer besonderen Bezeichnung belegen; sie sollen die Punkte a, b, c heißen. Jeder Punkt a bleibt bei einer Transformation von der Periode 7 ungeändert, d. h. also überhaupt bei den Transformationen einer G_7. Ebenso bleibt jeder Punkt b bei den Transformationen einer G_3, jeder Punkt c bei den Transformationen einer G_2 ungeändert. Nun wissen wir aber, daß es nur acht Gruppen G_7, 28 Gruppen G_3 und 21 Gruppen G_2 gibt, außerdem 21 Gruppen G_4. So schließen wir:

Bei den Transformationen einer G_7 bleiben immer drei Punkte a fest, bei den Transformationen einer G_3 zwei Punkte b, bei den Transformationen einer G_2 vier Punkte c.

Bei den Transformationen einer G_4 bleibt kein Punkt ungeändert.

Nun war jede G_7 ausgezeichnete Gruppe in einer G_{21}', welche neben den Substitutionen der G_7 nur Substitutionen von der Periode 3 umfaßte. Die drei Punkte a, welche bei den Transformationen der G_7 ungeändert bleiben, können es bei den anderen Transformationen der G_{21}' nicht tun; denn sonst würde es nicht 24, sondern nur acht Punkte a geben. Daher werden die drei Punkte a durch die neuen Transformationen untereinander vertauscht, und da die Periode der neuen Transformationen 3 ist, so werden sie *zyklisch* vertauscht.

In diesem Sinne bleibt bei den Transformationen einer G'_{21} jedesmal ein Tripel zusammengehöriger Punkte a ungeändert.

Ebenso schließt man:

Bei den Transformationen einer G'_6 bleibt jedesmal ein Paar zusammengehöriger Punkte b ungeändert.

Die G'_6 enthält Transformationen von der Periode 3 und solche von der Periode 2. Bei den ersteren bleiben die beiden Punkte b einzeln genommen fest, bei den letzteren werden sie wechselseitig vertauscht.

Diese Sätze lassen sich vervielfachen. Ich führe nur noch folgende an.

Jede S_2 war mit vier anderen S_2 vertauschbar. Das heißt:

Bei einer Transformation von der Periode 2 bleiben außer dem Quadrupel der einzeln festbleibenden Punkte c noch vier andere Quadrupel ungeändert (aber nicht die Punkte c in ihnen).

Ferner war jede S_2 mit vier G_3 vertauschbar. Also:

In demselben Sinne bleiben bei einer Substitution von der Periode 2 vier Paare zusammengehöriger Punkte. b ungeändert.

Ich erinnere endlich daran, daß sich unter den Substitutionen einer G''_{24} vier Gruppen G_3 befanden. Dementsprechend erhalten wir vier Paare zusammengehöriger Punkte b, und nach dem, was über die Beschaffenheit der G''_{24} gesagt wurde, ist deutlich, *daß diese vier Paare vermöge der Transformationen der G''_{24} auf alle Weisen untereinander permutiert werden.*

Die angeführten Sätze sind immer so zu verstehen, daß auch nicht mehr Paare usw., als angegeben ist, ungeändert bleiben resp. auf alle Weisen permutiert werden.

§ 3.

Die Normalkurve von der vierten Ordnung.

Als Unbekannte η in unserer Gleichung 168-sten Grades kann jede algebraische Funktion gewählt werden, die innerhalb der nunmehr geschilderten Riemannschen Fläche eindeutig ist und bei den 168 eindeutigen Transformationen 168 im allgemeinen verschiedene Werte annimmt. Wir werden jedenfalls die einfachste Funktion auswählen wollen, wenn es sich um wirkliche Aufstellung der Gleichung handelt, und dementsprechend beschäftige ich mich zunächst mit dem Probleme, diejenige *Normalkurve niederster Ordnung* anzugeben, auf welche sich die Gleichung zwischen η und J eindeutig beziehen läßt. Dies Problem erledigt sich, wie man sehen wird, durch eine Reihe einfacher Schlüsse, welche sich deshalb ermöglichen, *weil man die algebraischen Funktionen vom Geschlechte $p = 3$ auf Grund anderer Untersuchungen ziemlich genau kennt*[8]).

---

[8]) Siehe namentlich: **Weber**, *Theorie der Abelschen Funktionen vom Geschlecht* $p = 3$ (Berlin, 1876).

Bei den algebraischen Funktionen $p = 3$ sind zwei Fälle hinsichtlich der Normalkurve zu unterscheiden: der *hyperelliptische* und der *allgemeine*. Im ersteren Falle ist die Normalkurve eine [ebene] Kurve fünfter Ordnung mit dreifachem Punkte, im zweiten eine [ebene] Kurve vierter Ordnung [die keine mehrfachen Punkte besitzt][9]).

Ich behaupte nun zunächst: *hyperelliptisch kann unsere Normalkurve nicht sein.* Denn sie muß, wie die Gleichung zwischen η und J, auf die sie eindeutig bezogen ist, durch 168 eindeutige Transformationen der bewußten Gruppierung in sich übergehen. Bei der hyperelliptischen Kurve aber hat die einfach unendliche Schar von Punktepaaren, die bei der C_5 mit dreifachem Punkte durch die von diesem Punkte ausgehenden Strahlen ausgeschnitten wird, gegenüber eindeutigen Transformationen eine invariante Bedeutung. Es müßte also der von dem dreifachen Punkte ausgehende Strahlbüschel auf 168 Weisen eindeutig in sich transformiert werden[10]). Nun ist ein Strahlbüschel eine rationale Mannigfaltigkeit von einer Dimension; es müßte also (nach dem von mir schon oft angewandten Schlusse) eine Gruppe von 168 linearen Transformationen einer Veränderlichen geben, welche, wohlverstanden, ebenso beschaffen wäre, wie unsere Transformationsgruppe, also z. B. keine Substitution von einer Periode > 7 enthielte. Eine solche Gruppe aber gibt es bekanntlich nicht.

Also ist unsere Normalkurve von der vierten Ordnung.

Jetzt lehrt die Theorie der algebraischen Funktionen[11]), daß allgemein bei einer eindeutigen Transformation einer Kurve in sich die von Riemann so genannten Funktionen φ linear transformiert werden. Bei der Kurve vierter Ordnung nehmen die Funktionen φ jeden Wert im allgemeinen in *vier* Punkten an, und die Punktquadrupel, welche in diesem Sinne einer Funktion φ entsprechen, können durch die geraden Linien, welche sich in einem bestimmten Punkte der Ebene kreuzen, ausgeschnitten werden. Daher gehört zu jeder linearen Transformation der φ eine Umformung der Ebene, bei welcher jeder geraden Linie eine gerade Linie, jedem Punkte ein Punkt entspricht, d. h. eine *Kollineation* im gewöhnlichen Sinne des Wortes. Daher:

---

9) [Vgl. die Darstellung bei Clebsch-Gordan, *Theorie der Abelschen Funktionen*, Leipzig 1866, S. 65 und bei Clebsch-Lindemann, *Vorlesungen über Geometrie*, Bd. 1, Leipzig 1876, S. 687 u. 712. K.]

10) Man könnte an bloß 84 Weisen denken, indem eine Substitution S_2 möglicherweise darin bestehen könnte, daß die beiden von einem Strahl ausgeschnittenen Punkte vertauscht werden, — was sich dann auch, wie im Texte, als unmöglich erweisen würde. Aber das ist schon deshalb unzulässig, weil die Gruppe der 168 Transformationen „einfach" ist.

11) Siehe Brill und Noether: *Über die algebraischen Funktionen und ihre Anwendung in der Geometrie*, Math. Annalen, Bd. 7 (1874).

Unsere Kurve vierter Ordnung geht durch 168 Kollineationen, welche die bewußte Gruppierung haben, in sich über;
und vor allen Dingen:

Es gibt eine endliche Gruppe von 168 Kollineationen der Ebene, unter denen keine eine Periode > 7 hat[12]).

Auf unserer Kurve vierter Ordnung werden sich, diesen Kollineationen entsprechend, die Punkte im allgemeinen zu je 168 zusammenordnen. Nur einmal sind es bloß 24 (die Punkte a, wie ich sie auch jetzt nennen werde), ein anderes Mal bloß 56 (die Punkte b), ein drittes Mal bloß 84 (die Punkte c). Andere Gruppen von weniger als 168 zusammengehörigen Punkten gibt es nicht.

Nun aber kennt man auf einer Kurve vierter Ordnung Gruppen von 24, 56, 84 ausgezeichneten Punkten, das sind die 24 *Wendepunkte*, die 56 *Berührungspunkte der Doppeltangenten*, die 84 *sextaktischen Punkte*. Diese Punkte sind sämtlich durch Eigenschaften charakterisiert, welche bei Kollineationen der Ebene ungeändert bleiben und werden also bei den 168 Kollineationen der Kurve in sich bez. untereinander vertauscht. Daher folgt:

Die Punkte a sind die Wendepunkte, die Punkte b die Berührungspunkte der Doppeltangenten, die Punkte c die sextaktischen Punkte.

Man könnte diesem Schlusse gegenüber vielleicht einwenden, daß möglicherweise die Wendepunkte mit den Berührungspunkten der Doppeltangenten oder mit den sextaktischen Punkten, oder diese beiden letzten Kategorien untereinander zum Teil zusammenfallen. Um diesen Einwand zu entkräften, genügt es, darauf hinzuweisen, daß 56 durch 24 nicht teilbar ist und daß sich 84 aus 56 und 24 nicht ganzzahlig zusammensetzen läßt. In der Tat können wir, nach dem, was wir von der Riemannschen Fläche wissen, nun einmal nur Gruppen von 24, 56, 84 Punkten gebrauchen.

Aber auch die *Tripel* der Punkte a, die *Paare* der Punkte b und die *Quadrupel* der Punkte c bekommen eine einfache Bedeutung.

Was zunächst die *Tripel* betrifft, so beachte man, daß jede Wendetangente der C_4 dieselbe noch in *einem* weiteren Punkte schneidet. Solcher Punkte erhalten wir, entsprechend der Zahl der Wendepunkte, 24. Nun gibt es auf unserer Kurve nur *eine* Gruppe von 24 zusammengehörigen Punkten, das sind die Wendepunkte selbst. Wir schließen also:

---

[12]) In der Aufzählung aller endlichen Gruppen ternärer linearer Substitutionen, welche Camille Jordan gegeben hat (Crelles Journal, Bd. 84 (1877/78)) scheint diese Gruppe übersehen zu sein. (Wie mir Herr C. Jordan mitteilt, befindet sich der Fehler auf S. 167 der genannten Arbeit, Z. 8 v. u., indem Ω daselbst nicht durch 9φ, sondern nur durch 3φ dividierbar zu sein braucht. (Zusatz bei der ursprünglichen Korrektur im Dezember 1878).)

Die neuen Punkte fallen mit den Wendepunkten · in irgendeiner Reihenfolge zusammen.

Mit dem anfänglich gewählten Punkte kann der neue Punkt nicht koinzidieren; sonst hätte man eine vierpunktig berührende Tangente und die Wendepunkte wären weder unter sich noch von den Berührungspunkten der Doppeltangenten durchaus verschieden. Daher:

Jede Wendetangente unserer C_4 schneidet dieselbe noch in einem weiteren Wendepunkte.

Nun gibt es Kollineationen der C_4 in sich, welche den anfänglich gewählten Wendepunkt festlassen. Dieselben lassen jedenfalls auch den nun konstruierten neuen Wendepunkt ungeändert; dann weiter auch denjenigen, welcher aus diesem durch Wiederholung desselben Prozesses abgeleitet wird, usw. Es sind aber die *Tripel* zusammengehöriger Punkte *a* eben dadurch charakterisiert worden, daß sie bei denselben Transformationen ungeändert bleiben. Also folgt:

Die 24 Wendepunkte unserer C_4 verteilen sich in der Weise auf acht Dreiecke, daß die Dreiecksseiten zugleich die Wendetangenten sind.

Diese Wendedreiecke entsprechen den Tripeln zusammengehöriger Punkte a.

Noch einfacher ist die Bedeutung der *Paare* zusammengehöriger Punkte *b*. Bleibt bei einer Kollineation, welche die C_4 in sich überführt, der eine Berührungspunkt einer Doppeltangente fest, so gewiß auch der andere. Daher:

Den 28 Paaren zusammengehöriger Punkte b entsprechen die 28 Doppeltangenten mit ihren beiden Berührungspunkten.

Um endlich die *Quadrupel* der Punkte *c* zu interpretieren, beachte man den leicht zu beweisenden Satz, daß in der Ebene jede Kollineation von der Periode 2 eine *Perspektive* ist. Wir erhalten also den 21 Substitutionen S_2 entsprechend 21 *Achsen* und 21 zugehörige *Zentra*, in bezug auf welche unsere C_4 sich selbst perspektivisch ist. Jede Achse schneidet die C_4 in vier Punkten: das sind eben die vier Punkte *c*, welche bei der betreffenden S_2 ungeändert bleiben. Also:

Die 84 sextaktischen Punkte unserer C_4 werden von 21 geraden Linien ausgeschnitten.

Die vier Punkte, welche einer dieser Linien angehören, repräsentieren jedesmal ein Quadrupel zusammengehöriger Punkte c.

Betrachten wir zuletzt noch die drei am Ende des vorigen Paragraphen angeführten Sätze. So bekommen wir:

Durch jedes Zentrum der Perspektivität laufen vier Achsen hindurch, auf jeder Achse liegen vier Zentra.

Jede Doppeltangente trägt drei Zentra, indem durch jedes Zentrum vier Doppeltangenten verlaufen.

Bei den 24 Kollineationen einer G_{24}'' werden vier ausgezeichnete Doppeltangenten auf alle Weise permutiert.

§ 4.

Gleichungsformen der Kurve vierter Ordnung.

Die angeführten Sätze sind mehr als hinreichend, um für unsere C_4 verschiedene Gleichungen aufzustellen, in denen die Kollineationen der verschiedenen Gruppen ohne weiteres hervortreten.

Als Koordinatendreieck möge zunächst ein *Wendedreieck* zugrunde gelegt werden. Seine Seiten seien $\lambda = 0$, $\mu = 0$, $\nu = 0$ und sollen bezüglich im Schnitte mit $\mu = 0$, $\nu = 0$, $\lambda = 0$ die Kurve oskulieren. Dann hat die Gleichung der C_4 jedenfalls folgende Gestalt:

$$A\lambda^3\mu + B\mu^3\nu + C\nu^3\lambda + \lambda\mu\nu(D\lambda + E\mu + F\nu) = 0.$$

Nun soll unsere Kurve bei zyklischer Vertauschung der Dreiecksseiten ungeändert bleiben. Daher ist, wenn wir in die Definition von λ, μ, ν passende Zahlenfaktoren aufnehmen, $A = B = C$ und $D = E = F$. Ferner soll die C_4 bei sechs Kollineationen von der Periode 7 in sich übergehen, vermöge deren die Dreiecksseiten ungeändert bleiben. Diese Kollineationen drücken sich analytisch jedenfalls so aus, daß die Verhältnisse $\lambda : \mu : \nu$ mit passenden siebenten Einheitswurzeln multipliziert werden. Dabei kann der Term $\lambda\mu\nu(\lambda + \mu + \nu)$ unmöglich in ein Multiplum seiner selbst übergehen; er darf daher in unserer Gleichung nicht vorkommen. *Die Gleichung lautet daher einfach:*

$$(1) \qquad 0 = f = \lambda^3\mu + \mu^3\nu + \nu^3\lambda.$$

Ich will die Kollineationen, durch welche f in sich selbst übergeht, immer so angeben, daß sie die Determinante *Eins* besitzen. Dann hat man erstens die Kollineation von der Periode 3:

$$(2) \qquad \lambda' = \mu, \quad \mu' = \nu, \quad \nu' = \lambda;$$

sodann folgende Kollineation von der Periode 7:

$$(3) \qquad \lambda' = \gamma\lambda, \quad \mu' = \gamma^4\mu, \quad \nu' = \gamma^2\nu, \qquad \left(\gamma = e^{\frac{2i\pi}{7}}\right),$$

verbindet man beide in beliebiger Wiederholung, *so hat man die G_{21}', bei welcher das zugrunde gelegte Wendedreieck ungeändert bleibt.*

Um nunmehr die sechs Kollineationen einer G_6' hervortreten zu lassen, werde ich ein neues Koordinatendreieck einführen, dessen Seiten dadurch definiert sind, daß sie bei den Vertauschungen (2) ungeändert bleiben. Dementsprechend setze ich zunächst:

$$(4) \qquad \begin{cases} x_1 = \dfrac{\lambda + \mu + \nu}{\alpha - \alpha^2} \\[2ex] x_2 = \dfrac{\lambda + \alpha\mu + \alpha^2\nu}{\alpha - \alpha^2} \\[2ex] x_3 = \dfrac{\lambda + \alpha^2\mu + \alpha\nu}{\alpha - \alpha^2} \end{cases} \qquad \left(\alpha = e^{\frac{2i\pi}{3}} \right).$$

Dann wird die Gleichung unserer Kurve

$$(5) \qquad 0 = f = \tfrac{1}{3}\left(x_1^4 + 3 x_1^2 x_2 x_3 - 3 x_2^2 x_3^2 + x_1\left((1 + 3\alpha^2) x_2^3 + (1 + 3\alpha) x_3^3 \right) \right).$$

Um hier rechter Hand die dritten Einheitswurzeln fortzuschaffen, setze ich ferner:

$$(6) \qquad \begin{cases} x_1 = \dfrac{y_1}{\sqrt[3]{7}}, \\[2ex] x_2 = y_2 \sqrt[3]{3\alpha + 1}, \\[1ex] x_3 = y_3 \sqrt[3]{3\alpha^2 + 1} \end{cases}$$

und erhalte:

$$(6) \qquad 0 = f = \frac{1}{21\sqrt[3]{7}}\left(y_1^4 + 21 y_1^2 y_2 y_3 - 147 y_2^2 y_3^2 + 49 y_1 (y_2^3 + y_3^3) \right).$$

Man sieht hier ohne weiteres, daß $y_1 = 0$ eine Doppeltangente unserer Kurve ist, welche im Schnitt mit $y_2 = 0$ und mit $y_3 = 0$ berührt, und *daß sich die sechs Substitutionen der zugehörigen G_6' aus folgenden beiden zusammensetzen lassen,* von *denen die erste mit* (2) *zusammenfällt:*

$$(7) \qquad y_1' = y_1, \qquad y_2' = \alpha y_2, \qquad y_3' = \alpha^2 y_3,$$

$$(8) \qquad y_1' = -y_1, \qquad y_2' = -y_3, \qquad y_3' = -y_2.$$

Die drei Zentra, welche auf $y_1 = 0$ liegen, sind durch folgende Gleichungen gegeben:

$$y_2 + y_3 = 0, \quad y_2 + \alpha y_3 = 0, \quad y_2 + \alpha^2 y_3 = 0,$$

während die zugehörigen Achsen der Perspektivität folgende sind:

$$y_2 - y_3 = 0, \quad y_2 - \alpha y_3 = 0, \quad y_2 - \alpha^2 y_3 = 0.$$

Um jetzt den Übergang zu einer G_{24}'' zu finden, suche ich vor allen Dingen die Doppeltangenten zu bestimmen, welche von den genannten Zentren auslaufen. Durch jedes Zentrum gehen vier Doppeltangenten, aber eine derselben fällt bei uns jedesmal mit $y_1 = 0$ zusammen, so daß es sich nur um neun Doppeltangenten handelt. Betrachten wir zunächst diejenigen, welche durch das erste Zentrum hindurchgehen und demnach eine Gleichung folgender Form haben:

$$\sigma y_1 + (y_2 + y_3) = 0.$$

Um sie zu bestimmen, trage man den Wert von y_1 aus vorstehender Gleichung in die Kurvengleichung ein, ordne nach $\dfrac{y_2 y_3}{(y_2 + y_3)^2}$ und bilde die Diskriminante der für diese Größe entstehenden quadratischen Gleichung. So erhält man folgende Gleichung für σ:

$$28\,\sigma^3 - 21\,\sigma^2 - 6\,\sigma - 1 = 0$$

mit den Wurzeln:

$$\sigma = 1, \quad \sigma = \frac{-1 \pm 3\sqrt{-\dfrac{1}{7}}}{8}.$$

Die drei durch das Zentrum laufenden Doppeltangenten lauten demnach:

$$y_1 + y_2 + y_3 = 0,$$
$$(-7 \pm 3\sqrt{-7})\,y_1 + 56\,y_2 + 56\,y_3 = 0.$$

Die sechs übrigen durch die beiden anderen Zentra laufenden Doppeltangenten ergeben sich aus diesen durch die Substitutionen (7).

Ich sage nun, *daß $y_1 = 0$ zusammen mit solchen drei der genannten Doppeltangenten, welche durch (7) auseinander hervorgehen, ein Quadrupel von Doppeltangenten bildet, deren acht Berührungspunkte auf einem Kegelschnitt liegen.* Allgemein nämlich werden die sechs Punkte, welche aus einem beliebigen Punkte durch die Substitutionen der G_6' hervorgehen, mit den Berührungspunkten von $y_1 = 0$ auf einem Kegelschnitte liegen, weil bei den Substitutionen (7), (8) jeder quadratische Ausdruck $y_1^2 + k y_2 y_3$ ungeändert bleibt. Die sechs Berührungspunkte der genannten Tripel von Doppeltangenten gehen aber durch die Substitutionen der G_6' auseinander hervor, denn jede einzelne Doppeltangente bleibt, weil sie durch ein Zentrum verläuft, bei einer Substitution von der Periode 2 ungeändert, während sich die Berührungspunkte auf ihr vertauschen.

Demnach kann jetzt die Gleichung unserer C_4 auf drei Weisen in die Form gesetzt werden: $pqrs - w^2 = 0$, wo p, q, r, s Doppeltangenten, w ein Kegelschnitt ist, der durch ihre Berührungspunkte läuft. Man findet einmal:

$$(9) \quad 0 = \frac{1}{21\sqrt[3]{7}} \cdot \Big\{ 49\, y_1 (y_1 + y_2 + y_3)(y_1 + \alpha y_2 + \alpha^2 y_3)(y_1 + \alpha^2 y_2 + \alpha y_3)$$
$$- 3(4 y_1^2 - 7 y_2 y_3)^2 \Big\},$$

das andere Mal:

$$(10) \quad 0 = \frac{1}{21\sqrt[3]{7}} \cdot \Big\{ \frac{y_1}{7 \cdot 8^3} \big((-7 \pm 3\sqrt{-7})y_1 + 56\, y_2 + 56\, y_3 \big) \cdot$$
$$\cdot \big((-7 \pm 3\sqrt{-7})y_1 + 56\,\alpha y_2 + 56\,\alpha^2 y_3 \big)$$
$$\cdot \big((-7 \pm 3\sqrt{-7})y_1 + 56\,\alpha^2 y_2 + 56\,\alpha y_3 \big)$$
$$- 3\left(\frac{1 \pm 3\sqrt{-7}}{16} \cdot y_1^2 - 7 y_2 y_3 \right)^2 \Big\}.$$

Die Gleichungsform (9) wird uns später (im letzten Paragraphen) von Wichtigkeit sein, *die andere ergibt, wie ich nun zeigen werde, ohne weiteres die Substitutionen einer G_{24}''.*

Man setze nämlich:

$$(11)\quad \begin{cases} \delta_1 = (21 \mp 9\sqrt{-7})\,y_1\,, \\ \delta_2 = (-7 \pm 3\sqrt{-7})\,y_1 + \quad 56\,y_2 + \quad 56\,y_3\,, \\ \delta_3 = (-7 \pm 3\sqrt{-7})\,y_1 + \quad 56\,\alpha\,y_2 + 56\,\alpha^2\,y_3\,, \\ \delta_4 = (-7 \pm 3\sqrt{-7})\,y_1 + 56\,\alpha^2\,y_2 + \cdot 56\,\alpha\,y_3\,, \end{cases}$$

so daß $\sum \delta = 0$ ist. Dann geht (10), von einem Zahlenfaktor abgesehen, in folgende Gleichung über:

$$(12)\qquad \left(\sum \delta^2\right)^2 - (14 \pm 6\sqrt{-7})\,\delta_1\,\delta_2\,\delta_3\,\delta_4 = 0$$

und diese Gleichung bleibt bei den 24 Kollineationen ungeändert, welche durch die Vertauschungen der δ dargestellt sind. Dies also sind die Kollineationen der betreffenden G_{24}''.

Man sieht: bei den Kollineationen einer G_{24}'' bleibt allemal ein Kegelschnitt ungeändert:

$$\sum \delta^2 = 0\,,$$

welcher durch die Berührungspunkte der ausgezeichneten Doppeltangenten hindurchläuft. Da es $2 \cdot 7$ Gruppen G_{24}'' gibt und alle Doppeltangenten untereinander gleichberechtigt sind, so gibt es $2 \cdot 7$ derartiger Kegelschnitte, von denen jedesmal sieben zusammengehörige die Berührungspunkte sämtlicher Doppeltangenten ausschneiden. Diese Kegelschnitte werden weiterhin von größter Wichtigkeit werden.

§ 5.

Die 168 Kollineationen bezogen auf das Wendedreieck. Sonstige Formeln.

Die Gleichungen, welche nach (4), (6) zwischen den Variablen λ, μ, ν und y_1, y_2, y_3 bestehen, lassen sich so schreiben:

$$(12\,\mathrm{a})\begin{cases} -\sqrt{-3}\,\sqrt[3]{7}\cdot\lambda = y_1 + \quad \sqrt[3]{7(3\alpha+1)}\cdot y_2 + \quad \sqrt[3]{7(3\alpha^2+1)}\cdot y_3\,, \\ -\sqrt{-3}\,\sqrt[3]{7}\cdot\mu = y_1 + \alpha^2\sqrt[3]{7(3\alpha+1)}\cdot y_2 + \alpha\,\sqrt[3]{7(3\alpha^2+1)}\cdot y_3\,, \\ -\sqrt{-3}\,\sqrt[3]{7}\cdot\nu = y_1 + \alpha\,\sqrt[3]{7(3\alpha+1)}\cdot y_2 + \alpha^2\sqrt[3]{7(3\alpha^2+1)}\cdot y_3\,. \end{cases}$$

Vertauscht man nun hier y_1, y_2, y_3 nach (8) mit $-y_1, -y_3, -y_2$ und schreibt dementsprechend:

$$-\sqrt{-3}\,\sqrt[3]{7}\cdot\lambda' = -y_1 - \quad \sqrt[3]{7(3\alpha^2+1)}\cdot y_2 - \quad \sqrt[3]{7(3\alpha+1)}\cdot y_3\,,$$

$$-\sqrt{-3}\,\sqrt[3]{7}\cdot\mu' = -y_1 - \alpha\,\sqrt[3]{7(3\alpha^2+1)}\cdot y_2 - \alpha^2\sqrt[3]{7(3\alpha+1)}\cdot y_3\,,$$

$$-\sqrt{-3}\,\sqrt[3]{7}\cdot\nu' = -y_1 - \alpha^2\sqrt[3]{7(3\alpha^2+1)}\cdot y_2 - \alpha\,\sqrt[3]{7(3\alpha+1)}\cdot y_3\,,$$

eliminiert sodann zwischen beiden Gleichungssystemen die y_1, y_2, y_3, *so hat man offenbar den Übergang von einem Wendedreiecke $\lambda \mu \nu = 0$ zu einem anderen $\lambda' \mu' \nu' = 0$ gefunden.* Die Rechnung ergibt ein sehr einfaches Resultat, wenn man die bekannten Ausdrücke für die rechts stehenden Kubikwurzeln in dritten und siebenten Einheitswurzeln benutzt[13]). Sei nämlich:

$$(13) \qquad A = \frac{\gamma^5 - \gamma^2}{\sqrt{-7}}, \quad B = \frac{\gamma^3 - \gamma^4}{\sqrt{-7}}, \quad C = \frac{\gamma^6 - \gamma}{\sqrt{-7}},$$

$$\sqrt{-7} = \gamma + \gamma^4 + \gamma^2 - \gamma^6 - \gamma^3 - \gamma^5,$$

so kommt einfach:

$$(14) \qquad \begin{cases} \lambda' = A\lambda + B\mu + C\nu, \\ \mu' = B\lambda + C\mu + A\nu, \\ \nu' = C\lambda + A\mu + B\nu. \end{cases}$$

Verbindet man nun diese Substitution (welche die Periode 2 hat) auf alle Weisen mit beliebigen Wiederholungen der beiden (2), (3):

$$\lambda' = \mu, \qquad \mu' = \nu, \qquad \nu' = \lambda,$$
$$\lambda' = \gamma\lambda, \qquad \mu' = \gamma^4\mu, \qquad \nu' = \gamma^2\nu,$$

so hat man explizite die 168 Kollineationen, welche die Kurve vierter Ordnung, oder, besser gesagt, die ternäre biquadratische Form

$$f = \lambda^3\mu + \mu^3\nu + \nu^3\lambda$$

in sich überführen.

An dieses Resultat anknüpfend, lassen sich die Koordinaten sämtlicher singulärer Elemente, welche unsere Kurve besitzt, ohne weiteres angeben; man hat jedesmal nur die Koordinaten eines einzigen Elementes der gewollten Art zu bestimmen und auf diese die 168 Kollineationen anzuwenden. Auf solche Art ergeben sich sofort die Koordinaten der 24 Wendepunkte und der zugehörigen Wendetangenten. Was die Doppeltangenten angeht, so bemerke ich, daß die Doppeltangente $y_1 = 0$ des vorigen Paragraphen auf unser Wendedreieck bezogen die Gleichung erhält $\lambda + \mu + \nu = 0$, und daß die Berührungspunkte auf ihr die Koordinaten $1 : \alpha : \alpha^2$ resp. $1 : \alpha^2 : \alpha$ besitzen. Um endlich die 21 Achsen der Perspektivität und die zugehörigen Zentra zu bestimmen, genügt es, diese Elemente für die Substitution (14) auszurechnen. Man findet als Achse der Perspektivität:

$$(15) \qquad \lambda' + \lambda = \mu' + \mu = \nu' + \nu = 0$$

---

[13]) Es ist

$$\sqrt[3]{7(3\alpha + 1)} = (\gamma + \gamma^6) + \alpha\,(\gamma^2 + \gamma^5) + \alpha^2\,(\gamma^4 + \gamma^3),$$

$$\sqrt[3]{7(3\alpha^2 + 1)} = (\gamma + \gamma^6) + \alpha^2\,(\gamma^2 + \gamma^5) + \alpha\,(\gamma^4 + \gamma^3).$$

und entsprechend für die Koordinaten des Zentrums:

$$- B - C : B : C$$

oder, was auf dasselbe hinauskommt:

$$B : - B - A : A, \quad \text{resp.} \quad C : A : - C - A.$$

Im folgenden werde ich vor allen Dingen diejenigen Ausdrücke in λ, μ, ν gebrauchen, welche gleich Null gesetzt die *acht Wendedreiecke*, resp. die *zweimal sieben Kegelschnitte* darstellen, von denen am Ende des vorigen Paragraphen die Rede war. Ich will diese Ausdrücke hier so mitteilen, wie sie auseinander durch die 168 Substitutionen von der Determinante Eins hervorgehen.

Es sei das als Koordinatendreieck benutzte Wendedreieck mit δ_∞ bezeichnet und unter Zufügung eines später zweckmäßigen Zahlenfaktors rechter Hand gesetzt:

$$(16) \qquad\qquad \delta_\infty = - 7\,\lambda\mu\nu.$$

Dann ergibt sich für die übrigen Wendedreiecke ($x = 0, 1, \ldots, 6$):

$$(17) \quad \delta_x = - 7(A\gamma^x\lambda + B\gamma^{4x}\mu + C\gamma^{2x}\nu)\cdot(B\gamma^x\lambda + C\gamma^{4x}\mu + A\gamma^{2x}\nu)$$
$$\cdot(C\gamma^x\lambda + A\gamma^{4x}\mu + B\gamma^{3x}\nu)$$
$$= +\lambda\mu\nu - (\gamma^{3x}\lambda^3 + \gamma^{5x}\mu^3 + \gamma^{6x}\nu^3) + (\gamma^{6x}\lambda^2\mu + \gamma^{3x}\mu^2\nu + \gamma^{5x}\nu^2\lambda)$$
$$+ 2(\gamma^{4x}\lambda^2\nu + \gamma^x\nu^2\mu + \gamma^{2x}\mu^2\lambda).$$

Wir erhalten ferner für zwei der 14 Kegelschnitte, wenn wir in die Gleichung $\sum \mathfrak{z}^2 = 0$ des vorigen Paragraphen rückwärts die y und für diese die λ, μ, ν eintragen unter Zufügung eines geeigneten Zahlenfaktors:

$$(\lambda^2 + \mu^2 + \nu^2) + \frac{-1 \pm \sqrt{-7}}{2}(\mu\nu + \nu\lambda + \lambda\mu) = 0.$$

Dementsprechend kommt, wenn wir allgemein die linke Seite der Kegelschnittsgleichung mit c_x bezeichnen, für $x = 0, 1, 2, \ldots 6$:

$$(18) \quad c_x = (\gamma^{2x}\cdot\lambda^2 + \gamma^x\cdot\mu^2 + \gamma^{4x}\cdot\nu^2) + \frac{-1 \pm \sqrt{-7}}{2}(\gamma^{6x}\cdot\mu\nu + \gamma^{3x}\cdot\nu\lambda + \gamma^{5x}\cdot\lambda\mu).$$

Diese beiden Ausdrücke sind es, welche später die einfachsten Resolventen achten und siebenten Grades ergeben werden.

§ 6.

Aufstellung der Gleichung 168-ten Grades[14]).

Als Unbekannte η der Gleichung 168-ten Grades kann, wie schon gesagt, jede auf unserer C_4 eindeutige Funktion, also jede rationale Funk-

---

[14]) [Mit den folgenden Paragraphen 6 bis 10 vergleiche man meinen bereits eingangs erwähnten Aufsatz: *Über die Auflösung gewisser Gleichungen vom siebenten und achten Grade*, der ein halbes Jahr nach der vorliegenden Arbeit (März 1879) entstand und unmittelbar an diese anknüpft, aber leider aus Rücksicht auf den Plan der Gesamtausgabe beim Wiederabdruck von ihr getrennt werden mußte. K.]

tion von $\lambda:\mu:\nu$ gewählt werden, welche in den 168 durch die Kollineationen zusammengeordneten Punkten im allgemeinen verschiedene Werte aufweist. Es erscheint am einfachsten, $\frac{\lambda}{\mu}$ oder $\frac{\lambda}{\nu}$ selbst zu wählen. Das Resultat gewinnt aber außerordentlich an Übersichtlichkeit, wenn wir nicht *einen* solchen Quotienten, sondern gleichzeitig *beide* einführen, die dann durch die Gleichung

$$f = \lambda^3\mu + \mu^3\nu + \nu^3\lambda = 0$$

aneinander gebunden sind. Es läßt sich dann nämlich J als rationale Funktion 42-ter Ordnung von $\lambda:\mu:\nu$ darstellen

$$(19) \qquad J = R(\lambda, \mu, \nu),$$

wo R ein *sehr einfaches* Bildungsgesetz hat, und *diese Gleichung* (19) *von der 42-ten Ordnung zusammen mit der Gleichung vierter Ordnung* $f = 0$ *vertritt dann die eine Gleichung* 168-*ten Grades, von welcher bislang immer die Rede war.* Ein ähnliches Verfahren scheint allemal angebracht, wenn es sich um Aufstellung einer Gleichung handelt, deren Geschlecht p größer als Null ist.

Die Funktion $R(\lambda, \mu, \nu)$ muß vor allen Dingen die Eigenschaft haben, bei den 168 Kollineationen ungeändert zu bleiben. Um R zu finden, beschäftige ich mich daher zunächst damit, alle *ganzen* Funktionen von λ, μ, ν aufzustellen, welche dieselbe Eigenschaft besitzen. Dabei wird selbstverständlicherweise vorausgesetzt, daß die 168 Kollineationen mit der Determinante *Eins* genommen werden. — Wir kennen *eine* solche ganze Funktion, das ist

$$f = \lambda^3\mu + \mu^3\nu + \nu^3\lambda;$$

wir wissen ferner, daß die *Kovarianten* von f jedenfalls dieselbe Eigenschaft haben. Eine leichte Diskussion zeigt dann, daß sich die Kovarianten von f mit den gesuchten Funktionen decken, und läßt zugleich ihr volles System mit den zwischen den Systemformen bestehenden Relationen aufstellen. Die rationale Funktion R erweist sich als die einfachste aus den Kovarianten zu bildende Verbindung nullter Dimension. — Das ist dieselbe Methode, deren sich Gordan und ich in unseren neueren Arbeiten wiederholt bedienten.

Wir haben als erste Kovariante von f die Hessesche ∇ von der sechsten Ordnung:

$$(20) \quad \nabla = \frac{1}{54} \begin{vmatrix} \dfrac{\partial^2 f}{\partial\lambda^2} & \dfrac{\partial^2 f}{\partial\lambda\,\partial\mu} & \dfrac{\partial^2 f}{\partial\lambda\,\partial\nu} \\[2ex] \dfrac{\partial^2 f}{\partial\mu\,\partial\lambda} & \dfrac{\partial^2 f}{\partial\mu^2} & \dfrac{\partial^2 f}{\partial\mu\,\partial\nu} \\[2ex] \dfrac{\partial^2 f}{\partial\nu\,\partial\lambda} & \dfrac{\partial^2 f}{\partial\nu\,\partial\mu} & \dfrac{\partial^2 f}{\partial\nu^2} \end{vmatrix} = 5\,\lambda^2\mu^2\nu^2 - (\lambda^5\nu + \nu^5\mu + \mu^5\lambda).$$

Gleich Null gesetzt bestimmt sie auf $f = 0$ die 24 Wendepunkte, also in der Tat eine Gruppe zusammengehöriger Punkte. Nun gab es auf $f = 0$ keine andere Gruppe von nur 24 Punkten und überhaupt keine von einer geringeren Punktzahl. Wir schließen daraus, daß es keine ungeändert bleibende ganze Funktion von geringerer als sechster Ordnung geben kann, und daß jede Funktion sechster Ordnung bis auf einen Zahlenfaktor mit ∇ übereinstimmen muß. Gäbe es nämlich noch eine andere Funktion der sechsten Ordnung, so würde sich dieselbe jedenfalls in der Form

$$k \cdot \nabla + l \cdot \varphi \cdot f$$

darstellen lassen, wo k, l Konstante sind, — denn gleich Null gesetzt muß sie auf $f = 0$ eben auch die 24 Wendepunkte bestimmen. Hier wäre φ eine ungeändert bleibende Funktion zweiten Grades und eine solche Funktion kann, wie oben bemerkt, nicht existieren. Genau ebenso schließt man: *Die nächsthöhere in Betracht kommende ganze Funktion ist vom Grade 14 und schneidet, gleich Null gesetzt, aus $f = 0$ die 56 Berührungspunkte der Doppeltangenten aus.*

Nun kann man auf verschiedene Weisen eine Kovariante vierzehnter Ordnung bilden. Bekanntlich gab schon Hesse für die allgemeine Kurve vierter Ordnung eine Kurve vierzehnter Ordnung an, welche durch die Berührungspunkte der Doppeltangenten hindurchgeht. In unserem Falle geschieht das von *jeder* Kovariante 14-ter Ordnung, die nicht eben ein Multiplum von $f^2 \nabla$ ist, und es genügt also, irgendeine hinzuschreiben. Ich wähle:

$$(21) \qquad C = \frac{1}{9} \begin{vmatrix} \dfrac{\partial^2 f}{\partial \lambda^2} & \dfrac{\partial^2 f}{\partial \lambda \, \partial \mu} & \dfrac{\partial^2 f}{\partial \lambda \, \partial \nu} & \dfrac{\partial \nabla}{\partial \lambda} \\[2mm] \dfrac{\partial^2 f}{\partial \mu \, \partial \lambda} & \dfrac{\partial^2 f}{\partial \mu^2} & \dfrac{\partial^2 f}{\partial \mu \, \partial \nu} & \dfrac{\partial \nabla}{\partial \mu} \\[2mm] \dfrac{\partial^2 f}{\partial \nu \, \partial \lambda} & \dfrac{\partial^2 f}{\partial \nu \, \partial \mu} & \dfrac{\partial^2 f}{\partial \nu^2} & \dfrac{\partial \nabla}{\partial \nu} \\[2mm] \dfrac{\partial \nabla}{\partial \lambda} & \dfrac{\partial \nabla}{\partial \mu} & \dfrac{\partial \nabla}{\partial \nu} & 0 \end{vmatrix} = (\lambda^{14} + \mu^{14} + \nu^{14}) + \ldots$$

Ich bilde mir ferner *eine Funktion vom 21-ten Grade, die Funktionaldeterminante von f, ∇, C:*

$$(22) \qquad K = \frac{1}{14} \begin{vmatrix} \dfrac{\partial f}{\partial \lambda} & \dfrac{\partial \nabla}{\partial \lambda} & \dfrac{\partial C}{\partial \lambda} \\[2mm] \dfrac{\partial f}{\partial \mu} & \dfrac{\partial \nabla}{\partial \mu} & \dfrac{\partial C}{\partial \mu} \\[2mm] \dfrac{\partial f}{\partial \nu} & \dfrac{\partial \nabla}{\partial \nu} & \dfrac{\partial C}{\partial \nu} \end{vmatrix} = -(\lambda^{21} + \mu^{21} + \nu^{21}) + \ldots$$

Gleich Null gesetzt ergibt K auf $f = 0$ die 84 sextaktischen Punkte. Man kann auch wieder erschließen, daß es außer K keine ungeändert bleibende

Funktion von der 21-ten Ordnung gibt. Denn eine solche müßte sich in der Gestalt darstellen lassen:

$$k K - l \varphi f^{\nu},$$

wo k, l Konstante bedeuten. Hier wäre φ eine ungeändert bleibende Funktion vom Grade $21 - 4\nu$, schnitte also, gleich Null gesetzt, aus $f = 0$ eine Anzahl von Punkten aus, die durch 4, aber nicht durch 8 teilbar wäre. Nun umfassen die einzigen Punktgruppen, welche hier in Betracht kommen können, 24 und 56 Punkte; daher hat man einen Widerspruch. Jetzt erinnere man sich, daß wir früher die 84 sextaktischen Punkte durch 21 gerade Linien, *die* 21 *Achsen der Perspektivität*, ausgeschnitten haben (siehe Gleichung (15)). Es folgt also:

Die Gleichung $K = 0$ stellt das Aggregat der 21 Achsen dar.

Will man *allgemein* 168 zusammengehörige Punkte auf $f = 0$ ausschneiden, so genügt es offenbar, den Kurvenbüschel

$$\nabla^7 = k C^3$$

für veränderliches k zu betrachten. Hieraus folgt vor allen Dingen, *daß man für geeignete Werte von k, l unter der Bedingung $f = 0$ eine Relation folgender Form hat:*

$$(23) \qquad \nabla^7 = k \cdot C^3 + l \cdot K^2,$$

es folgt dann aber ferner, *daß f, ∇, C, K, zwischen denen diese eine Relation besteht, das volle System der in Betracht kommenden Formen bilden und also um so mehr das volle System der Kovarianten von f.*

Um die in (23) vorkommenden Konstanten k, l zu bestimmen, setze ich zunächst $\lambda = 1, \mu = 0, \nu = 0$. Dann wird nach Formel (20), (21), (22):

$$(23) \qquad \nabla = 0 \quad C = 1, \quad K = -1$$

und übrigens $f = 0$. Also folgt:

$$k = -l.$$

Ich nehme ferner für f die Form (6):

$$f = \frac{1}{21 \sqrt[3]{7}} \cdot \{ y_1^4 + 21 y_1^2 y_2 y_3 - 147 y_2^2 y_3^2 + 49 y_1 (y_2^3 + y_3^3) \}$$

und berechne einige Terme von ∇, C, K. So kommt:

$$\nabla = \frac{1}{27} \{ 7^2 \cdot y_3^6 - 3 \cdot 5 \cdot 7 \cdot y_1 y_2 y_3^4 \ldots \},$$

$$C = \frac{2^3 \cdot 7^5 \cdot \sqrt[3]{7}}{3^6} \cdot y_2 y_3^{13} \ldots ,$$

$$K = \frac{-2^3 \cdot 7^7}{3^9} \cdot y_3^{21} \ldots .$$

Setzt man nun hier $y_1 = 0$, $y_2 = 0$, $y_3 = 1$, so ergibt sich außer $f = 0$:

$$(23\,\mathrm{b}) \qquad \nabla = \frac{7^2}{3^3}, \quad C = 0, \quad K = \frac{-2^3 \cdot 7^7}{3^9}$$

und also

$$l = \frac{1}{2^6 \cdot 3^3}, \qquad k = \frac{-1}{2^6 \cdot 3^3}.$$

Die Relation zwischen ∇, C, K *lautet daher:*

$$(24) \qquad (-\nabla)^7 = \left(\frac{C}{12}\right)^3 - 27\left(\frac{K}{216}\right)^2.$$

Auf Grund dieser Relation bestimmt sich jetzt die Funktion $R(\lambda, \mu, \nu) = J$ unmittelbar. J soll in den Berührungspunkten der Doppeltangenten gleich Null werden, in den sextaktischen Punkten gleich Eins, in den Wendepunkten unendlich, es soll überdies jeden anderen Wert in 168 zusammengehörigen Punkten und nur in diesen annehmen. *Daher hat man folgende Gleichung:*

$$(25) \qquad J : J - 1 : 1 = \left(\frac{C}{12}\right)^3 : 27\left(\frac{K}{216}\right)^2 : -\nabla^7$$

und diese Gleichung zusammen mit

$$f = 0$$

repräsentiert das Problem 168-*ten Grades, dessen Formulierung unsere Aufgabe war.*

Will man statt J die Invarianten g_2, g_3, Δ des elliptischen Integrals benutzen, so kann man auch schreiben:

$$(26) \qquad \begin{cases} g_2 = \dfrac{C}{12}, \\[2mm] g_3 = \dfrac{K}{216}, \\[2mm] \sqrt[7]{\Delta} = -\nabla. \end{cases}$$

§ 7.

Resolventen niederen Grades.

Die Gruppe der 168 Kollineationen besaß Untergruppen G'_{21} und G'_{24} von 21 bez. 24 Kollineationen. Demnach besitzt unser Problem 168-ten Grades Resolventen vom achten und vom siebenten Grad. Wie diese Resolventen in einfachster Weise lauten werden, kann nicht zweifelhaft sein. Denn es müssen eben diejenigen Gleichungen achten und siebenten Grades sein, welche ich früher [in den vorangehend abgedruckten Arbeiten LXXXII und LXXXIII], von der direkten Betrachtung der ω'-Substitutionen ausgehend, als einfachste ihrer Art aufgestellt habe. Es handelt sich also nur mehr darum, von den jetzigen Betrachtungen aus den Übergang zu jenen Gleichungen zu finden. Dies gelingt (wie immer bei diesen Untersuchungen) auf doppelte Weise.

Entweder man sucht die einfachste *rationale* Funktion $r(\lambda, \mu, \nu)$, welche in den durch die G'_{21} oder die G''_{24} zusammengeordneten Punkten denselben Wert annimmt, und fragt, wie sie mit J zusammenhängt. —

Oder man bestimmt die niedrigste *ganze* Funktion von λ, μ, ν, welche bei den Substitutionen der G'_{21} resp. der G''_{24} ungeändert bleibt und bestimmt ihren Zusammenhang mit ∇, C, K, bez. Δ, g_2, g_3.

Beide Methoden haben ihre eigentümlichen Vorzüge, und so mag im folgenden die zweite der ersten jedesmal als Ergänzung beigegeben sein.

§ 8.
Die Resolvente vom achten Grade.

Betrachten wir die G'_{21}, welche durch Kombination folgender Substitutionen entsteht:

$$\lambda' = \mu, \qquad \mu' = \nu, \qquad \nu' = \lambda,$$
$$\lambda' = \gamma \cdot \lambda, \qquad \mu' = \gamma^4 \cdot \mu, \qquad \nu' = \gamma^2 \cdot \nu.$$

Ungeändert bleibt bei ihr vor allen Dingen das Wendedreieck $\delta_\infty = -7\lambda\mu\nu$ (16), ungeändert bleibt ferner jedenfalls ∇, also auch die rationale Funktion $\sigma = \dfrac{\delta_\infty^2}{\nabla}$. Überdies hat letztere die Eigenschaft, jeden vorgegebenen Wert·nur in 21 Punkten von $f = 0$ anzunehmen, denn der Büschel von Kurven sechster Ordnung $\delta_\infty^2 - \sigma \nabla = 0$ hat drei feste Grundpunkte, die Koordinateneckpunkte, einfach zählend mit $f = 0$ gemein. Wenn wir also, wie nun geschehen soll, σ als Unbekannte einführen, *so wird J eine rationale Funktion achten Grades von σ*:

$$(27) \qquad\qquad J = \frac{\varphi(\sigma)}{\psi(\sigma)}.$$

Bestimmen wir jetzt — wie ich es bei analogen Aufgaben wiederholt tat — welche Multiplizität den einzelnen Faktoren in $\varphi, \psi, \varphi - \psi$ zukommt.

J wird unendlich in den 24 Wendepunkten, und zwar siebenfach. In dreien dieser Punkte wird σ siebenfach gleich Null, nämlich in den Koordinateneckpunkten; denn δ_∞ verschwindet in ihnen vierfach, ∇ nur einfach. In den übrigen 21 Wendepunkten wird σ des Nenners ∇ wegen unendlich, aber nur einfach. Daher besteht $\psi(\sigma)$ aus einem einfachen und einem siebenfachen Faktor, von denen der erstere für $\sigma = 0$, der andere für $\sigma = \infty$ verschwindet. *Es ist also, von einem konstanten Faktor abgesehen, $\psi(\sigma)$ gleich σ.*

J wird Null in den 56 Berührungspunkten der Doppeltangenten, und zwar dreifach. Der Gruppe G'_{21} gegenüber spalten sich die Doppeltangenten in $7 + 21$ [15]), ihre Berührungspunkte also in $2 \cdot 7 + 2 \cdot 21$. In den ersteren nimmt σ den ihm zukommenden Wert dreifach, in den anderen nur einfach an. Das heißt: *φ enthält zwei einfache und zwei dreifache lineare Faktoren.*

J wird endlich gleich Eins und zwar doppelt, in den 84 sextaktischen Punkten. Der Gruppe G'^{1}_{21} gegenüber spalten sich diese Punkte in $4 \cdot 21$, σ nimmt an jeder dieser Stellen seinen Wert nur einfach an. Daher: *$(\varphi - \psi)$ ist das volle Quadrat eines Ausdrucks vierten Grades (von nicht verschwindender Diskriminante).*

Dies sind nun hinsichtlich $\varphi, \psi, \varphi - \psi$ eben dieselben Angaben, welche mich früher (S. 43 bis 45) zur Aufstellung der Modulargleichung achten Grades führten:

$$(28) \qquad J : J - 1 : 1 = (\tau^2 + 13\tau + 49)(\tau^2 + 5\tau + 1)^3$$
$$: (\tau^4 + 14\tau^3 + 63\tau^2 + 70\tau - 7)^2$$
$$: 1728\,\tau.$$

Zu eben dieser Gleichung gelangen wir also auch jetzt, wenn wir ein geeignetes Multiplum von σ mit τ bezeichnen.

Um dieses Multiplum zu bestimmen, gehe ich zu dem Koordinatensystem der y zurück (Formel (12a)). Es ist dann $7^2 \cdot \lambda^2 \mu^2 \nu^2$ vermöge $y_1 = 0,\ y_2 = 0,\ y_3 = 1$ gleich $\dfrac{(5 - 3\alpha) \cdot 7^2}{3^3}$, und vermöge $y_1 = 0,\ y_2 = 1,$ $y_3 = 0$ gleich $\dfrac{(5 - 3\alpha^2) \cdot 7^2}{3^3}$. Für ∇ hat man in beiden Fällen (Formel (23b)) $\dfrac{7^2}{3^3}$, daher für σ bezüglich die Werte $(5 - 3\alpha)$ und $(5 - 3\alpha^2)$. Aber die beiden Punkte $y_1 = 0,\ y_2 = \{^0_1,\ y_3 = \{^1_0$ sind die beiden Berührungspunkte der Doppeltangente $\lambda + \mu + \nu = 0$, d. h. einer von den sieben durch die G'_{21} zusammengeordneten Doppeltangenten. Demnach ist für sie $J = 0$ und es verschwindet in (28) insbesondere der einfache Faktor $\tau^2 + 13\tau + 49$. Dessen Wurzeln lauten $3\alpha - 5$ und $3\alpha^2 - 5$. *Daher ist einfach:*

$$\tau = -\sigma$$

oder anders ausgesprochen:

Eine Wurzel τ der Gleichung (28) *hat den Wert:*

$$(29) \qquad \tau_x = -\frac{\delta_x^2}{\nabla} = \frac{-7^3 \cdot \lambda^2 \mu^2 \nu^2}{\nabla}.$$

Dann folgt aus (17), *daß die übrigen Wurzeln τ_x folgende Werte aufweisen:*

$$(30) \quad \tau_x = \frac{-\delta_x^2}{\nabla} = -\frac{\left\{ \lambda\mu\nu - (\gamma^{3x}\lambda^3 + \gamma^{5x}\mu^3 + \gamma^{6x}\nu^3) + (\gamma^{6x}\lambda^2\mu + \gamma^{3x}\mu^2\nu + \gamma^{5x}\nu^2\lambda) \atop + 2(\gamma^{4x}\lambda^2\nu + \gamma\ \nu^2\mu + \gamma^{2x}\mu^2\lambda) \right\}^2}{\nabla}$$

---

[15]) Derartige Angaben verifiziert man sofort durch die früher mitgeteilten Formeln.

und somit haben wir, wie es in der Einleitung verlangt wurde, die Wurzeln der Modulargleichung achten Grades als rationale Funktionen eines Punktes der Kurve f = 0 dargestellt.

Die Gleichung (28) läßt sich, wie ich bereits S. 51 erwähnte, in der Weise umgestalten, daß man statt τ schreibt z^2, statt $J - 1$ aber $\dfrac{27\,g_3}{\Delta}$ und nun beiderseits die Quadratwurzel zieht. So kommt:

$$(31) \qquad z^8 + 14\,z^6 + 63\,z^4 + 70\,z^2 - \frac{216\,g_3}{\sqrt{\Delta}} \cdot z - 7 = 0,$$

wo wir nach Formel (26)

$$\frac{216\,g_3}{\sqrt{\Delta}} = \frac{K}{\sqrt{-\nabla^7}}$$

setzen können. Tragen wir hier für z nach (29), (30) seinen Wert $\dfrac{\delta}{\sqrt{-\nabla}}$ ein, so erhalten wir folgende Relation:

$$(32) \qquad \delta^8 - 14\,\delta^6\,\nabla + 63\,\delta^4\,\nabla^2 - 70\,\delta^2\,\nabla^3 - \delta K - 7\,\nabla^4 = 0.$$

Das Zeichen des vorletzten Gliedes bestimmt sich so, wie es angegeben ist, wenn man etwa für λ, μ, ν die Werte $1, 0, 0$ und für δ irgendeinen der Werte δ_x einträgt.

Eben auf diese Gleichung (32) *wird man nun geführt, wenn man sich des formentheoretischen Ansatzes bedient.* Die einfachste *ganze* Funktion von λ, μ, ν nämlich, welche bei der G'_{21} ungeändert bleibt, ist $\delta_\infty = -7\,\lambda\mu\nu$. Bei den 168 Kollineationen nimmt δ acht verschiedene Werte an, deren symmetrische Funktionen ganze Funktionen von ∇, C, K sein müssen (da $f = 0$ genommen ist). Somit genügt δ einer Gleichung achten Grades, die wegen der Dimension von ∇, C, K notwendig folgende Gestalt hat:

$$\delta^8 + a\,\nabla \cdot \delta^6 + b\,\nabla^2 \cdot \delta^4 + c\,\nabla^3 \cdot \delta^2 + d\,K \cdot \delta + e\,\nabla^4 = 0,$$

und bestimmt man hier die Koeffizienten $a, b, \ldots e$, indem man für δ, ∇, K ihre Werte in λ, μ, ν einträgt und übrigens $f = 0$ berücksichtigt, so gelangt man eben zur Gleichung (32). Diese Ableitung hat den Vorzug, daß sie a priori übersehen läßt, weshalb in (32) nur gewisse Potenzen von δ vorkommen.

§ 9.

Berührungskurven dritter Ordnung. — Auflösung der Gleichung 168-ten Grades.

Die acht Wurzeln der Gleichung (32) drücken sich nach (16), (17) folgendermaßen aus:

$$(33) \quad \left\{ \begin{aligned} \delta_\infty &= -7\,\lambda\mu\nu, \\ \delta_x &= \lambda\mu\nu - \gamma^{-x}(\nu^3 - \lambda^2\mu) - \gamma^{-4x}(\lambda^3 - \mu^2\nu) - \gamma^{-2x}(\mu^3 - \nu^2\lambda) \\ &\quad + 2\,\gamma^x \cdot \nu^2\mu \qquad\quad + 2\,\gamma^{4x} \cdot \lambda^2\nu \qquad\quad + 2\,\gamma^{2x} \cdot \mu^2\lambda. \end{aligned} \right.$$

Nun gab ich bereits in meiner früheren Arbeit (Nr. LXXXII) an (S. 51), daß die Gleichung (31) und also auch die Gleichung (32) *eine Jacobische Gleichung achten Grades ist*, das heißt, daß sich die aus ihren Wurzeln gezogenen Quadratwurzeln mit Hilfe von vier Größen A_0, A_1, A_2, A_3 folgendermaßen zusammensetzen lassen[16]):

$$(34) \quad \begin{cases} \sqrt{\delta_\infty} = \sqrt{-7} \cdot A_0\,, \\ \sqrt{\delta_x} = \qquad A_0 + \gamma^{\varrho x} A_2 + \gamma^{4\varrho x} A_2 + \gamma^{2\varrho x} A_3\,. \end{cases}$$

(ϱ bedeutet hier irgendeine durch 7 nicht teilbare ganze Zahl). Es fragt sich, wie sich diese Angabe, die ich der a. a. O. mitgeteilten transzendenten Auflösung von (31) entnommen hatte, algebraisch bestätigt. Dies erledigt sich durch die Betrachtung gewisser *Berührungskurven dritter Ordnung*[17]), welche unsere Kurve $f = 0$ besitzt, oder, anders ausgesprochen, durch die Betrachtung gewisser *auf $f = 0$ existierender Wurzelfunktionen dritter Ordnung*.

Eine Kurve vierter Ordnung hat bekanntlich 64 dreifach unendliche Systeme von Berührungskurven dritter Ordnung, 36 von *gerader*, 28 von *ungerader* Charakteristik[18]). *Es ist nun hier ein System von gerader Charakteristik dadurch ausgezeichnet, daß es die acht Wendedreiecke als Berührungskurven in sich schließt.*

Jedenfalls kann ein Wendedreieck unmittelbar als Berührungskurve dritter Ordnung betrachtet werden, indem seine 12 Durchschnittspunkte mit der Kurve vierter Ordnung sogar in nur *drei* Schnittpunkte (zu je vier) zusammenfallen. Betrachten wir nun etwa das Dreieck δ_∞. Durch seine Schnittpunkte mit der C_4 legen wir die dreifach unendliche Zahl von Kurven dritter Ordnung, welche in ihnen die C_4 berühren; ihre Gleichung ist:

$$(35) \qquad k\lambda\mu\nu + a\lambda^2\mu + b\mu^2\nu + c\nu^2\lambda = 0\,.$$

---

[16]) Wegen der Jacobischen Gleichungen achten Grades vgl. eine Notiz von Brioschi in den Rendiconti dell' Istituto Lombardo von 1868 [= Opere matematiche, Nr. CXVII, tomo III., S. 243] (erläutert von Jung und Armanante im 7. Bande des Giornale di Matematiche, S. 98 ff.), sowie eine im Texte noch nicht verwertete Bemerkung am Schlusse meiner wiederholt zitierten Erlanger Note, [ferner die in Bd. 15 der Math. Annalen erschienene Arbeit von F. Brioschi (1879) = Opere matematiche, Nr. CCXXXV, tomo V., S. 225]. Ich hoffe bald ausführlicher auf den Gegenstand zurückkommen zu können. [Vgl. Math. Annalen Bd. 15 (1879), S. 251 ff. = Abh. LVII in Bd. 2 dieser Ausgabe.] (Vgl. auch die neuerdings erschienene Arbeit Brioschis: *Sopra una classe di equazioni modulari*, Annali di Matematica, t. IX. (1878/79) [= Opere matematiche, Nr. LXXV, tomo II., S. 193.]).

[17]) D. h. Kurven dritter Ordnung, welche $f = 0$ sechsmal einfach berühren. [Die Entwicklungen des Textes schließen sich an die Untersuchuungen von Hesse an: *Über Determinanten und ihre Anwendung in der Geometrie*, Crelles Journal, Bd. 49 (1853/55) = Gesammelte Werke, Nr. 24, S. 319].

[18]) [Vgl. Riemanns Vorlesungen von 1861/62, die in dem von Noether und Wirtinger herausgegebenem Nachtrage zu Riemanns Werken veröffentlicht sind. Siehe daselbst besonders S. 15].

Sie schneiden jede die C_4 in noch sechs weiteren Punkten, und in diesen Punkten berührt dann, wie bekannt, eine neue Kurve dritter Ordnung desselben Systems, zu welchem δ_∞ gehört; zugleich erzielt man auf diese Weise *alle* Kurven des fraglichen Systems. Jetzt findet man die Identität:

$$(36)\quad (k\lambda\mu\nu + a\lambda^2\mu + b\mu^2\nu + c\nu^2\lambda)^2 - (a^2\lambda\mu + b^2\mu\nu + c^2\nu\lambda)\cdot f$$
$$= \lambda\mu\nu\cdot\{k^2\lambda\mu\nu - (a^2\mu^3 + b^2\nu^3 + c^2\lambda^3) + 2(bc\mu\nu^2 + ca\nu\lambda^2 + ab\lambda\mu^2)$$
$$+ [(2ak - b^2)\lambda^2\mu + (2bk - c^2)\mu^2\nu + (2ck - a^2)\nu^2\lambda]\}.$$

Die Gesamtheit der in Betracht kommenden Berührungskurven dritter Ordnung ist daher durch folgende Gleichung dargestellt:

$$(37)\quad 0 = k^2\lambda\mu\nu - (a^2\mu^3 + b^2\nu^3 + c^2\lambda^3) + 2(bc\mu\nu^2 + ca\nu\lambda^2 + ab\lambda\mu^2)$$
$$+ [(2ak - b^2)\lambda^3\mu + (2bk - c^2)\mu^2\nu + (2ck - a^2)\nu^2\lambda].$$

Setzt man nun hier

$$k = 1, \quad a = \gamma^{-x}, \quad b = \gamma^{-4x}, \quad c = \gamma^{-2x},$$

so entsteht rechter Hand der Ausdruck δ_x, und es gehören also, wie behauptet wurde, die acht Wendedreiecke demselben Systeme von Berührungskurven an [19]).

Nun kommen die Formeln (34) einfach auf den Satz zurück, *daß sich die Wurzelfunktionen eines Systems gerader Charakteristik linear aus vier unabhängigen zusammensetzen lassen.* Man wähle nämlich solche vier Wurzelfunktionen, welche Berührungskurven (37) entsprechen, für die der Reihe nach

$$k = 1, \quad a = 0, \quad b = 0, \quad c = 0,$$
$$k = 0, \quad a = 1, \quad b = 0, \quad c = 0 \text{ usw.}$$

genommen ist, und setze dementsprechend:

$$(38)\quad \begin{cases} A_0 = \sqrt{\lambda\mu\nu}, \\ A_1 = \sqrt{-\mu^3 - \nu^2\lambda}, \quad A_2 = \sqrt{-\nu^3 - \lambda^2\mu}, \quad A_3 = \sqrt{-\lambda^3 - \mu^2\nu}. \end{cases}$$

Dann hat man bei richtiger Wahl der Vorzeichen vermöge $f = 0$ folgende Relationen:

$$(39)\quad \begin{cases} A_0 A_1 = \lambda^2\mu, \quad A_0 A_2 = \mu^2\nu, \quad A_0 A_3 = \nu^2\lambda, \\ A_1 A_2 = \lambda\mu^2, \quad A_2 A_3 = \mu\nu^2, \quad A_3 A_1 = \nu\lambda^2, \text{ [20]}) \end{cases}$$

---

[19]) Daß dies System von *gerader* Charakteristik ist, folgt aus der sogleich anzugebenden irrationalen Gleichungsform.

[20]) Infolgedessen hat man zwischen den A_0, A_1, A_2, A_3 eine Reihe identischer Relationen, welche alle durch Nullsetzen folgender Matrix

$$\begin{vmatrix} A_1 & A_0 & -A_2 & 0 \\ A_2 & 0 & A_0 & -A_3 \\ A_3 & -A_1 & 0 & A_0 \end{vmatrix}$$

erhalten werden.

und es läßt sich die Gleichung (37) in folgender irrationaler Form schreiben:

$$(40) \qquad k A_0 + a A_1 + b A_2 + c A_3 = 0.$$

Insbesondere wird mit Rücksicht auf (33):

$$(41) \qquad \begin{cases} \sqrt{\delta_\infty} = \sqrt{-7} \cdot A_0, \\ \sqrt{\delta_x} = \phantom{\sqrt{-7} \cdot} A_0 + \gamma^{-x} \cdot A_1 + \gamma^{-4x} \cdot A_2 + \gamma^{-2x} A_3. \end{cases}$$

Dies sind nun in der Tat die Formeln (34), indem nur statt der damals unbestimmt gelassenen Zahl ϱ jetzt (-1) gesetzt ist.

Man kann diese Formeln benutzen, um unsere Gleichung 168-ten Grades explizite durch elliptische Funktionen zu lösen[21]). Die Wurzeln δ von (32) sind den Wurzeln z von (31) proportional, und für letztere gab ich S. 48, 51 meiner vorletzten Arbeit [Nr. LXXXII] den Ausdruck in $q = e^{i\pi\omega}$ an. Dementsprechend haben wir hier:

$$(42) \qquad \delta_\infty : \delta_x = - 7 \sqrt[8]{q^7} \cdot \Pi (1 - q^{14n})^2 : \sqrt[8]{\gamma^x} \cdot q^{1/7} \, \Pi \left(1 - \gamma^{2nx} \cdot q^{\frac{2n}{7}} \right)^2.$$

Die auf der rechten Seite stehenden Ausdrücke liefern vermöge der Reihenentwicklung

$$q^{\frac{1}{12}} \cdot \Pi (1 - q^{2n}) = \sum_{-\infty}^{+\infty} {}'(-1)^n \cdot q^{\frac{(6n+1)^2}{12}}$$

die A_0, A_1, A_2, A_3 ihrem Verhältnisse nach, und benutzt man nun, daß nach Formel (39):

$$(43) \qquad \frac{\lambda}{\mu} = \frac{A_0}{A_2}, \quad \frac{\mu}{\nu} = \frac{A_0}{A_3}, \quad \frac{\nu}{\lambda} = \frac{A_0}{A_1}$$

ist, so findet man folgende Lösungen der Gleichung 168-ten Grades:

$$(44) \qquad \begin{cases} \dfrac{\lambda}{\mu} = q^{\frac{4}{7}} \cdot \dfrac{\displaystyle\sum_{-\infty}^{+\infty} (-1)^{h+1} \cdot q^{21 h^2 + 7 h}}{\displaystyle\sum_{\infty} (-1)^{h} \cdot q^{21 h^2 + h} + \sum_{-\infty}^{+\infty} (-1)^{h} \cdot q^{21 h^2 + 13 h + 2}}, \\[4ex] \dfrac{\mu}{\nu} = q^{\frac{2}{7}} \cdot \dfrac{\displaystyle\sum_{-\infty}^{+\infty} (-1)^{h+1} \cdot q^{21 h^2 + 7 h}}{\displaystyle\sum_{-\infty}^{+\infty} (-1)^{h+1} \cdot q^{21 h^2 + 19 h + 4} + \sum_{-\infty}^{+\infty} (-1)^{h} \cdot q^{21 h^2 + 37 h + 16}}, \\[4ex] \dfrac{\nu}{\lambda} = q^{\frac{1}{7}} \cdot \dfrac{\displaystyle\sum_{-\infty}^{+\infty} (-1)^{h+1} \cdot q^{21 h^2 + 7 h}}{\displaystyle\sum_{-\infty}^{+\infty} (-1)^{h} \cdot q^{21 h^2 + 25 h + 7} + \sum_{-\infty}^{+\infty} (-1)^{h+1} \cdot q^{21 h^2 + 31 h + 11}}. \end{cases}$$

---

[21]) Sie muß sich auch durch eine lineare Differentialgleichung dritter Ordnung lösen lassen; wie hat man dieselbe aufzustellen? [Anschließende L teratur ist in Fußnote [32]), S. 423/24 von Bd. 2 dieser Ausgabe mitgeteilt.]

Es genügt, dieses eine Lösungssystem zu berechnen, denn die 167 anderen ergeben sich aus diesem einen durch die Kollineationen des § 5.

Ich habe dabei nur die *Verhältnisse* $\lambda:\mu:\nu$ berechnet; will man von der Formulierung ausgehen, wie sie Gleichung (26) vertritt, so erhält man natürlich entsprechende Formeln für die *absoluten Werte* von λ, μ, ν.

<h2 style="text-align:center">§ 10.</h2>

<h3 style="text-align:center">Die Resolvente siebenten Grades.</h3>

Bei den Substitutionen einer G''_{24} blieb jedesmal ein Kegelschnitt c_x ungeändert, welcher die Berührungspunkte von vier Doppeltangenten ausschnitt; nach Gleichung (18) können wir setzen:

$$(45)\quad c_x = (\gamma^{2x}\cdot\lambda^2 + \gamma^x\cdot\mu^2 + \gamma^{4x}\cdot\nu^2) + \frac{-1\pm\sqrt{-7}}{2}(\gamma^{6x}\cdot\mu\nu + \gamma^{3x}\cdot\nu\lambda + \gamma^{5x}\cdot\lambda\mu).$$

Bilden wir jetzt die rationale Funktion:

$$(46)\qquad \xi = \frac{c_x^3}{\nabla}.$$

Da Zähler und Nenner bei den 24 Substitutionen der G''_{24} ungeändert bleiben, da ferner der Büschel von Kurven sechster Ordnung $\nabla - \xi\cdot c_x^3 = 0$ keine festen Grundpunkte mit der C_4 gemein hat, so schließen wir, daß ξ jeden Wert einmal in solchen 24 Punkten annimmt, welche durch die 24 Substitutionen der G''_{24} zusammengeordnet werden. Daher:

J ist eine rationale Funktion siebenten Grades von ξ:

$$(47)\qquad J = \frac{\varphi(\xi)}{\psi(\xi)}.$$

Wir betrachten nun wieder die Werte $J = \infty, 0, 1$.

Die 24 Wendepunkte, in denen J siebenfach unendlich wird, bilden den Substitutionen der G''_{24} gegenüber nur eine, einfach zählende Gruppe. $\psi(\xi)$ ist also die siebente Potenz eines linearen Faktors. Aber ξ wird, nach Formel (46) in den Wendepunkten selbst unendlich. *Daher ist $\psi(\xi)$ eine Konstante.*

Von den 56 Berührungspunkten der 28 Doppeltangenten liegen acht auf $c_x = 0$, in ihnen also wird ξ dreifach Null. Die anderen 48 verteilen sich auf $2\cdot24$ (welche je 12 Doppeltangenten angehören). Deshalb: *φ enthält neben dem einfachen Faktor ξ noch die dritte Potenz eines quadratischen Faktors von nicht verschwindender Diskriminante.*

Die 84 sextaktischen Punkte endlich verteilen sich den 24 Substitutionen der G''_{24} gegenüber auf $3\cdot12 + 2\cdot24$. Also: *$\varphi - \psi$ enthält einen kubischen Faktor einfach und einen quadratischen doppelt.*

Nun sind es eben wieder diese an φ, ψ gestellten Forderungen gewesen, welche ich früher benutzte, um die einfachste Gleichung siebenten Grades aufzustellen (S. 88/89), welche folgendermaßen lautete:

$$(48) \quad J : J - 1 : 1 = \mathfrak{z}\left(\mathfrak{z}^2 - 2^3 \cdot 7^2 (7 \mp \sqrt{-7})\,\mathfrak{z} + 2^5 \cdot 7^4 (5 \mp \sqrt{-7})\right)^3$$
$$: \left(\mathfrak{z}^3 - 2^2 \cdot 7 \cdot 13 (7 \mp \sqrt{-7})\,\mathfrak{z}^2 + 2^6 \cdot 7^3 (88 \mp 23\sqrt{-7})\,\mathfrak{z}\right.$$
$$\left. - 2^8 \cdot 3^3 \cdot 7^4 (35 \mp 9\sqrt{-7})\right)$$
$$\cdot \left(\mathfrak{z}^2 - 2^4 \cdot 7 (7 \mp \sqrt{-7})\,\mathfrak{z} + 2^5 \cdot 7^3 (5 \mp \sqrt{-7})\right)^2$$
$$: \mp\, 2^{27} \cdot 3^3 \cdot 7^{10} \cdot \sqrt{-7}\,.$$

Wir schließen, daß die Unbekannte $\mathfrak{z}$ bis auf einen konstanten Faktor mit unserem jetzigen ξ übereinstimmt, wobei es aber noch fraglich ist, ob das obere Vorzeichen von $\sqrt{-7}$ in (45) dem oberen oder dem unteren Vorzeichen in (48) entspricht.

Um dies zu entscheiden, gestalte ich (48) zunächst in der Weise um, daß ich $\mathfrak{z} = z^3$, $J = \dfrac{g_2^3}{\Delta}$ setze und dann beiderseits die Kubikwurzel ziehe.

$$(49) \quad z^7 - 3^2 \cdot 7^2 (7 \mp \sqrt{-7}) z^4 + 2^5 \cdot 7^4 (5 \mp \sqrt{-7}) z \mp 2^9 \cdot 3 \cdot 7^3 \sqrt{-7} \cdot \frac{g_2}{\sqrt[3]{\Delta}} = 0.$$

Schreibt man hier nach Gleichung (26) $\dfrac{C}{12\sqrt[6]{-\nabla^7}}$ statt $\dfrac{g_2}{\sqrt[3]{\Delta}}$, trägt andererseits für z, unter k eine unbekannte Konstante verstanden, ein $\dfrac{kc}{\sqrt[3]{\nabla}}$, so folgt:

$$(50) \quad k^7 c^7 - 2^2 \cdot 7^2 (7 \mp \sqrt{-7}) k^4 \cdot \nabla c^4 + 2^5 \cdot 7^4 (5 \mp \sqrt{-7}) k \nabla^2 c$$
$$\pm\, 2^7 \cdot 7^3 \sqrt{-7} \cdot C = 0.$$

Dies gibt:

$$k^3 \sum c_x^3 = 3 \cdot 2^2 \cdot 7^2 (7 \mp \sqrt{-7}) \cdot (5\lambda^3 \mu^2 \nu^2 - (\lambda^5 r + \nu^5 \mu + \mu^5 \lambda)),$$
$$k^7 \cdot \Pi c_x = \mp\, 2^7 \cdot 7^3 \cdot \sqrt{-7}\,(\lambda^{14} + \mu^{14} + \nu^{14} + \cdots),$$

(selbstverständlich vermöge $f = 0$). *Die beiden Gleichungen werden nun in der Tat befriedigt, wenn man—*

$$k = \pm\, 2\sqrt{-7}$$

wählt und dem Vorzeichen in k das obere in (49) und das untere in (45) entsprechen läßt.

Mit anderen Worten: *Die Wurzeln z der Gleichung (49), resp. $\mathfrak{z}$ der Gleichung (48) haben in λ, μ, ν folgende Werte:*

$$51) \quad z = \mathfrak{z}^{\frac{1}{3}} = \frac{\pm 2\sqrt{-7}\left\{(\gamma^{2x} \cdot \lambda^2 \mp \gamma^x \cdot \mu^2 + \gamma^{4x} \cdot \nu^2) + \dfrac{-1 \mp \sqrt{-7}}{2}(\gamma^{6x} \cdot \mu\nu + \gamma^{3x} \cdot \nu\lambda + \gamma^{5x} \cdot \lambda\mu)\right\}}{-\sqrt[3]{\nabla}}$$

und somit finden sich die $\mathfrak{z}$, wie es in der Einleitung verlangt wurde, als rationale Funktionen eines Punktes unserer C_4 explizite angegeben. Die Gleichung (50) aber geht in folgende über:

$$(52) \qquad c^7 + \frac{7}{2}\left(-1 \mp \sqrt{-7}\right) \nabla c^4 - 7\left(\frac{5 \mp \sqrt{-7}}{2}\right) \nabla^2 c - C = 0. \; {}^{22})$$

Auf eben diese Gleichung würde der formentheoretische Ansatz selbstverständlich von vornherein geführt haben. Denn die niedrigste ganze Funktion von λ, μ, ν, welche bei den 24 Substitutionen einer G''_{24} ungeändert bleibt, ist eben das zugehörige c_x, und dieses c_x muß einer Gleichung siebenten Grades genügen, deren Koeffizienten ganze Funktionen von ∇, C, K sind, die also, wegen der Dimension dieser Formen in λ, μ, ν, jedenfalls folgende Gestalt hat:

$$c^7 + \alpha \nabla c^4 + \beta \nabla^2 c + \gamma C = 0,$$

wo nun α, β, γ durch Eintragung der Werte in λ, μ, ν zu bestimmen sind. Dieser Ansatz hat wieder den Vorzug, a priori zu zeigen, daß in (52) resp. (49) eine große Anzahl von Gliedern fehlen müssen.

§ 11.
Ersetzung der Riemannschen Fläche des § 2 durch eine regulär eingeteilte Oberfläche.

Ich wünsche nun noch die Beziehung der Irrationalität $\lambda : \mu : \nu$ zu der absoluten Invariante J, resp. zu den Wurzeln τ und $\mathfrak{z}$ der Gleichungen achten und siebenten Grades so anschaulich wie möglich durch die Hilfsmittel der Analysis situs zu erläutern. Dabei erinnere ich zunächst an die Figuren, welche ich S. 39/40 für die Gleichung achten Grades und auf S. 83 für die Gleichungen siebenten Grades gegeben habe, und beginne übrigens mit einer allgemeinen Erläuterung betreffend solche *Riemannsche Flächen, die zu Galoisschen Resolventen mit einem rational vorkommenden Parameter gehören* (vgl. S. 52 ff.). Es sei $F(\eta, z) = 0$ eine derartige Gleichung vom Grade N, die dann die charakteristische Eigenschaft hat, daß jede Wurzel η_i in bezug auf den Parameter z ebenso verzweigt ist, wie jede andere η_k, und die dementsprechend durch N eindeutige Transformationen in sich übergeht (siehe § 2 dieser Arbeit)[23]. Die komplexen Werte von z mögen in eine Ebene ausgebreitet werden, und $z_1, z_2, \ldots, z_n$ sollen diejenigen Stellen sein, an denen Verzweigungen stattfinden. Diese Verzweigungen sind für alle Blätter gleichmäßig; ich will annehmen, daß in z_1 je ν_1

${}^{22})$ [Die entsprechende Gleichung für $f \neq 0$ ist in Bd. 15 der Math. Annalen (1879), S. 266 = Bd. 2 dieser Ausgabe, S. 406 angegeben].

${}^{23})$ [Die Aussage des Textes soll ebenso wie auf S. 52 und S. 97 einschließen, daß die Verbindung der Blätter gleichmäßig ist. Siehe insbesondere die Fußnote ${}^{34})$ auf S. 52. B.-H.]

Blätter, in z_3 je ν_2 Blätter usw. zusammenhängen. Man lege dann in der z-Ebene durch $z_1, z_2, \ldots, z_n$ irgendeine in sich zurückkehrende Kurve (einen Absonderungsabschnitt), welche die Ebene z und gleichzeitig jedes der N über ihr hinerstreckten Blätter der η versinnlichenden Riemannschen Fläche in zwei Gebiete zerlegt. Das eine Gebiet denke ich mir schraffiert, das andere freigelassen, — und verwandle nun die über der z-Ebene mehrblättrig verlaufende Fläche unter Beibehaltung der Schraffierung in eine im Raume gelegene stetig gekrümmte Fläche von gleichem Zusammenhange. Dieselbe ist dann in $2N$ abwechselnd schraffierte und nicht schraffierte n-Ecke zerlegt, welche in den verschiedenen Ecken bezüglich zu $2\nu_1, 2\nu_2, \ldots, 2\nu_n$ zusammenstoßen, und die, im Sinne der Analysis situs, abwechselnd kongruent und symmetrisch sind; die Kanten dieser Polygone sind das Bild des in der z-*Ebene* gezogenen Absonderungsschnittes. Die N eindeutigen Transformationen der Gleichung $F(\eta, z) = 0$ in sich sprechen sich darin aus, daß man die so erhaltene Fläche auf N Weisen eindeutig auf sich selbst beziehen kann. Man ordne nämlich einem beliebigen schraffierten oder nicht schraffierten n-Ecke der Fläche ein beliebiges anderes zu, das ebenfalls schraffiert oder nicht schraffiert ist: setzt man dann fest, daß nebeneinanderliegenden n-Ecken ebensolche entsprechen sollen, so wird vermöge der ersten Zuordnung *jedem* n-Eck unserer Fläche ein und nur ein bestimmtes anderes n-*Eck* entsprechen. Ich will Oberflächen, welche in diesem Sinne in alternierende Gebiete geteilt sind, *als regulär[-symmetrisch] eingeteilte Oberflächen* bezeichnen; sie umfassen als besonderen Fall, bei $p = 0$, diejenigen Einteilungen der Kugelfläche in 24, 48, 120 Dreiecke, welche man beim Tetraeder, Oktaeder, Ikosaeder kennt. — Wir können dann den allgemeinen Satz aussprechen:

Jede Galoissche Resolvente $F(\eta, z) = 0$ *wird durch eine regulär eingeteilte Oberfläche versinnlicht.*

Und auch umgekehrt: *Jede regulär eingeteilte Oberfläche definiert eine besondere Klasse Galoisscher Resolventen mit einem Parameter.* Denn sie definiert eine Verzweigung von η in bezug auf z von der Eigenschaft, daß jede Wurzel η_i sich durch jede andere η_k und den Parameter z rational ausdrückt[24]).

---

[24]) Es scheint eine sehr nützliche Aufgabe zu sein, für die niedrigsten p alle regulär eingeteilten Oberflächen aufzuzählen und die zugehörigen Gleichungen $F(\eta, z) = 0$ zu untersuchen. [Diese Aufgabe löste W. Dyck in seiner Münchener Inauguraldissertation (1879); *Über regulär verzweigte Riemannsche Flächen und die durch sie definierten Irrationalitäten* und in der an sie anknüpfenden Arbeit in Bd. 17 der Math. Annalen (1880/81): *Über Aufstellung und Untersuchung von Gruppe und Irrationalität regulärer Riemannscher Flächen.* Jedoch befindet sich in diesen Arbeiten wie auch im Texte meiner vorliegenden Arbeit noch ein Fehler; der Unterschied zwischen *regulären* und *regulär-symmetrischen* Flächen ist noch nicht klar erfaßt und dementsprechend sind nur die letzteren behandelt. Dyck hat später diesen Irrtum richtig gestellt in seiner

In dem besonderen Falle nun, der hier vorliegt, haben wir 168 Blätter und drei Verzweigungspunkte. Indem ich statt z wieder J schreibe, entsprechen die letzteren $J = 0, 1, \infty$. Bei $J = 0$ hängen die Blätter zu je drei, bei $J = 1$ zu je zwei, bei $J = \infty$ zu je sieben zusammen. Dementsprechend erhalten wir zur Versinnlichung unserer Irrationalität eine regulär eingeteilte Oberfläche, *welche von* $2 \cdot 168$ *Dreiecken überdeckt ist, die 24-mal zu vierzehn, 56-mal zu sechs, 84-mal zu vier zusammenstoßen.* Die Ecken dieser Dreiecke sind keine anderen als die früher (§ 2) so genannten Punkte a, b, c, eine Bezeichnung, an der ich auch jetzt festhalten will. — Der Absonderungsschnitt in der Ebene J mag fortan so gewählt sein, daß er mit der reellen Achse zusammenfällt. Dann entsprechen die zweierlei Dreiecke, welche unsere Fläche überdecken, den beiden Halbebenen J, *die Kanten der Dreiecke also den reellen Werten von J.* Ich will (wie ich es immer tat) diejenigen Gebiete schraffieren, welche der positiven Halbebene J entsprechen. So hat man bei den schraffierten Dreiecken folgende Aufeinanderfolge der Ecken:

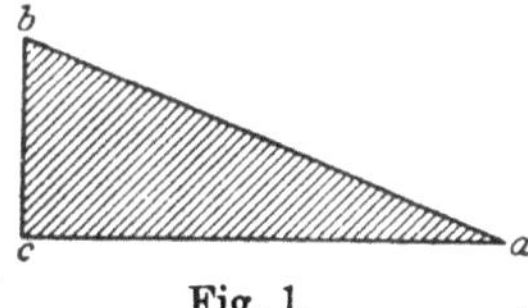

Fig. 1.

Vergleichen wir die so definierte Fläche mit der in unendlich viele Dreiecke eingeteilten ω-Ebene (S. 23), so ist vor allen Dingen deutlich, daß sich unsere Irrationalität über *ein* schraffiertes resp. nicht schraffiertes Dreieck bewegt, wenn ω ein schraffiertes oder nicht schraffiertes Dreieck durchläuft. Nun erläuterte die Fig. 11 auf S. 30 die Beziehung zwischen ω und der Wurzel τ der Modulargleichung achten Grades, die Figuren 4, 5 auf S. 83 in der vorangehenden Arbeit die Beziehung zwischen ω und der Wurzel $\mathfrak{z}$ der Gleichung siebenten Grades. Übertragen wir diese Figuren auf unsere regulär eingeteilte Fläche und beachten, daß τ und $\mathfrak{z}$ *rationale* Funktionen von $\lambda : \mu : \nu$ sind, daß also jedem Punkte unserer Fläche nur ein Wert von τ und ein Wert von $\mathfrak{z}$ entspricht, so erhalten wir folgende Sätze:

Unsere regulär eingeteilte Fläche kann in 21 Gebiete der folgenden Gestalt zerlegt werden:

Abhandlung *Gruppentheoretische Studien* in Bd. 20 der Math. Annalen (1882), vgl. S. 30 daselbst, Anmerkung. — In diesem Zusammenhange möchte ich noch hervorheben, daß Dyck gerade auch den Riemannschen Flächen, die den *Galoisschen Resolventen der Modulargleichungen* entsprechen, ein besonderes Spezialstudium gewidmet hat und zu einem allgemeinen Prinzip gelangt ist, diese in übersichtlicher Form darzustellen. Man vgl. hierüber seinen diesbezügl. Aufsatz in den Math. Annalen, Bd. 18 (1881), S. 507 ff. Ich werde unten in einem Zusatz zu Abh. LXXXVI, S. 166 des vorliegenden Bandes, hierauf zurückkommen. K.]

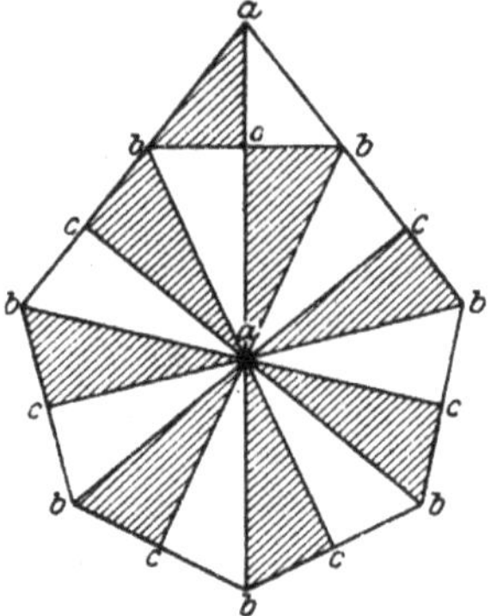

Fig. 2.

sie kann ferner in 24 Siebenecke zerlegt werden, wie sie beistehende Figur versinnlicht.

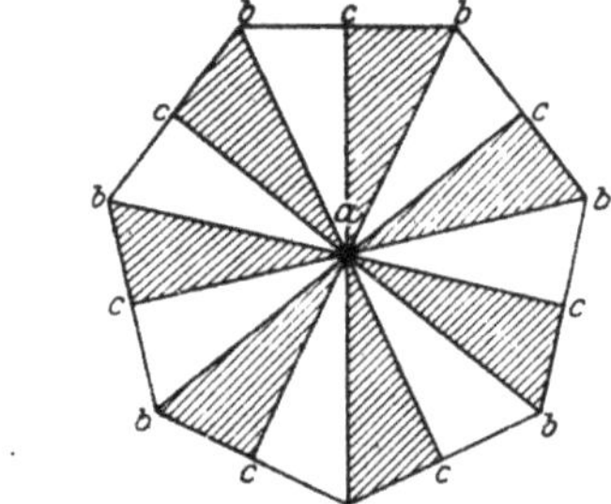

Fig. 3.

Die Gebiete der ersten Art entsprechen der richtig zerschnittenen Ebene τ, die anderen der zerschnittenen Ebene $\mathfrak{z}$. [25])

Die Fig. 2 wird durch ihre Mittellinie in zwei symmetrische Hälften zerlegt, von denen ich die eine hier besonders abzeichne.

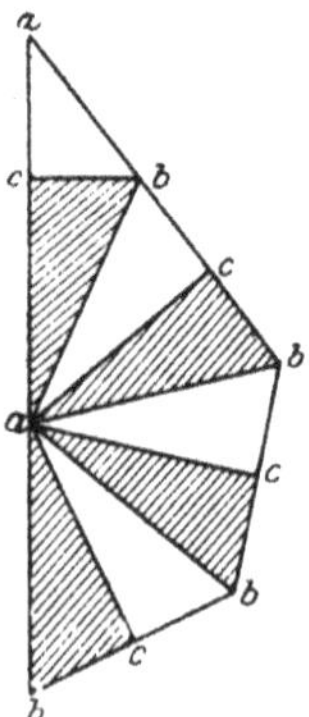

Fig. 4.

[25]) Die Zusammenfassung in 24 Siebenecke ist also dem analog, daß man die 120 beim Ikosaeder auftretenden Dreiecke zu je 10 in die 12 Fünfecke des Pentagon-dodekaeders vereinigt.

Wir können dann sagen: *Unsere Fläche wird von 42 abwechselnd kongruenten und symmetrischen Gebieten der durch diese Figur definierten Art überdeckt*[26]). An diese Zerlegung unserer Fläche will ich anknüpfen, um ein völlig deutliches Bild derselben zu entwickeln.

§ 12.
Erklärung der beigegebenen Hauptfigur [auf S. 126].

Die in Rede stehenden Gebiete legen sich auf unserer regulär eingeteilten Oberfläche jedenfalls folgendermaßen zu je dreien aneinander:

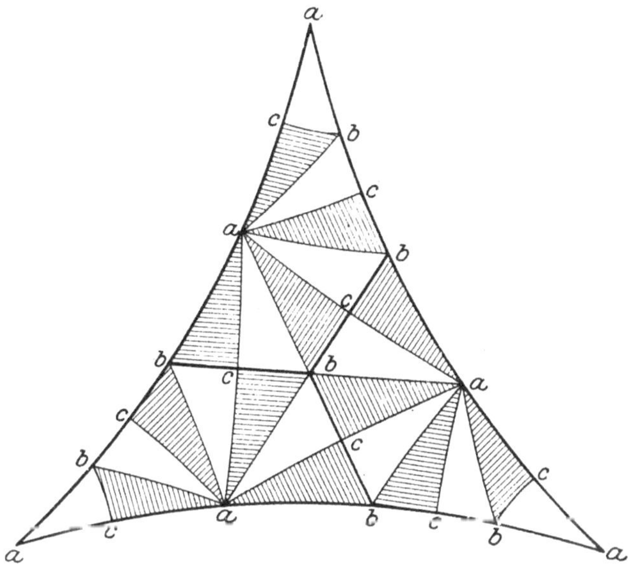

Fig. 5.

Die auf der nächsten Seite folgende Hauptfigur dieser Arbeit ist nun dadurch entstanden, daß ich 14 solcher großer Dreiecke in abwechselnd symmetrischer Aufeinanderfolge um einen Mittelpunkt gruppierte. Dabei wählte ich, um eine möglichst übersichtliche Gestalt zu bekommen, die kleinen Dreiecke (welche den Halbebenen J entsprechen) als Kreisbogendreiecke mit den Winkeln $\frac{\pi}{7}$, $\frac{\pi}{3}$, $\frac{\pi}{2}$. Ich behaupte: *Diese Figur ist das Bild unserer regulär eingeteilten Oberfläche, sofern wir die 14 Begrenzungslinien derselben uns noch in geeigneter Weise paarweise verbunden denken.*

---

[26]) Jedes derartige Gebiet entspricht der richtig zerschnittenen Halbebene τ; siehe Fig. 12 auf S. 40.

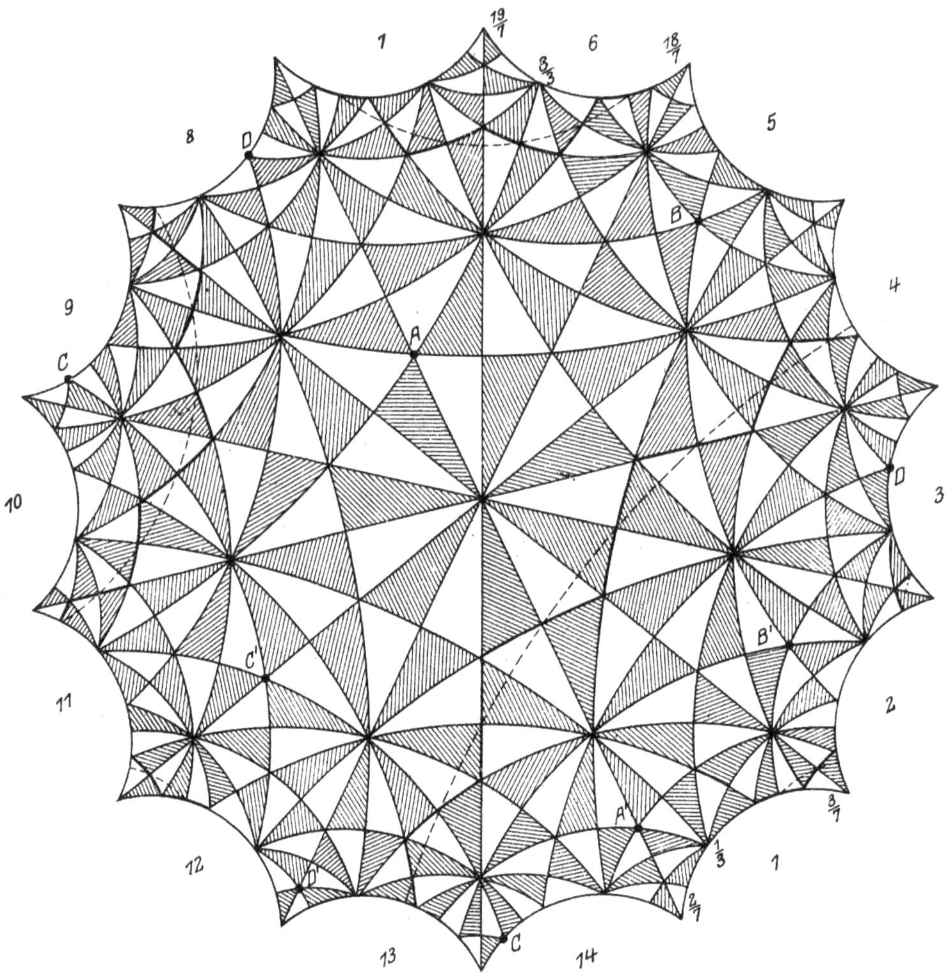

Hauptfigur.

Zusammengehörigkeit
der Kanten:

1	an	6
3	„	8
5	„	10
7	„	12
9	„	14
11	„	2
13	„	4

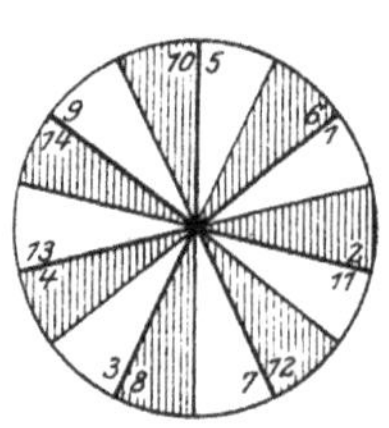

Ecken der einen Art.

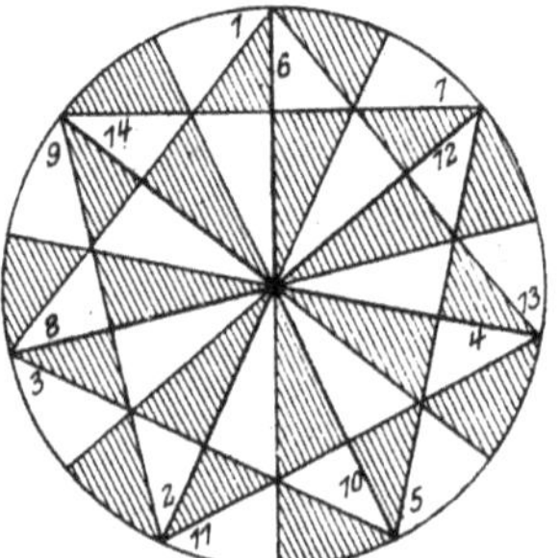

Ecken der anderen Art.

In der Tat enthält unsere Figur 2·168 kleine Kreisbogendreiecke, welche überall da, wo sie zusammenstoßen, das von uns angegebene Verhalten zeigen. Von dieser Bemerkung ausgehend, kann man eine geeignete Verbindung der Begrenzungslinien suchen und dann den Beweis führen, daß eine andere Gruppierung der 2·168 Dreiecke, als die so erhaltene, nicht möglich ist.

Um jedoch diese Betrachtung nicht zu abstrakt zu gestalten, greife ich zurück auf die ω-Ebene und zeichne in ihr zunächst dasjenige Aggregat von Elementardreiecken, welches Fig. 5 entspricht. So erhalte ich das nebenstehende Bild.

Reiht man 14 derartige Figuren in abwechselnd symmetrischer Lage in der ω-Ebene aneinander, so hat man, was der Hauptfigur entspricht. Es handelt sich dann vor allen Dingen um den Nachweis, der sich sofort ergibt, daß der so in der ω-Ebene abgegrenzte Raum als *Fundamentalpolygon* für unsere Irrationalität dienen kann, das heißt, daß sowohl die 168 schraffierten als auch die 168 nicht schraffierten Dreiecke, welche unsere Figur umfaßt, aus einem schraffierten resp. nicht schraffierten Dreiecke durch solche Substitutionen $\dfrac{\alpha\,\omega+\beta}{\gamma\,\omega+\delta}$ hervorgehen, welche modulo 7 alle verschieden sind. Es handelt sich ferner darum, die Zusammengehörigkeit der Kanten zu bestimmen, die in der Hauptfigur mit 1, 2, ..., 14 bezeichnet sind. Jeder solchen Kante entspricht in der ω-Ebene ein *Paar* von Halbkreisen, die auf der reellen Achse senkrecht stehen; der Kante 1 z. B. das Paar der Kreise, von denen der eine durch $\omega=\dfrac{2}{7}$ und $\omega=\dfrac{1}{3}$, der andere durch $\omega=\dfrac{1}{3}$ und $\omega=\dfrac{3}{7}$ hindurchgeht. Wenn ich jetzt z. B. behaupte, daß die Kanten 1 und 6 miteinander zu vereinigen sind, so habe ich zu zeigen, daß die entsprechenden Halbkreise in der ω-Ebene, welche folgende gegenseitige Lage haben:

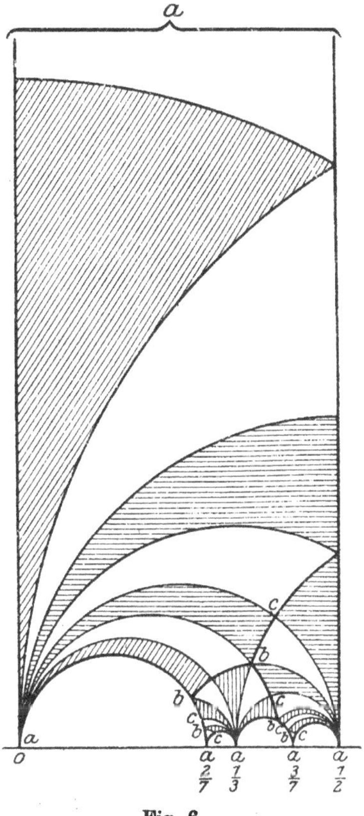

Fig. 6.

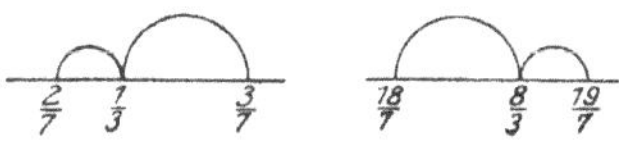

Fig. 7.

durch solche Substitutionen $\dfrac{\alpha\,\omega + \beta}{\gamma\,\omega + \delta}$ auseinander hervorgehen, welche modulo 7 zur Identität kongruent sind. Dies ist in der Tat der Fall. Denn die Substitution

$$\omega' = \frac{113\,\omega - 35}{42\,\omega - 13}$$

läßt aus $\dfrac{2}{7}$, $\dfrac{1}{3}$ bez. $\dfrac{19}{7}$, $\dfrac{8}{3}$ hervorgehen und verwandelt also den Halbkreis, der in den erstgenannten Punkten die reelle Achse trifft, in denjenigen, der in den beiden anderen schneidet.

Entsprechend läßt die Substitution

$$\omega' = \frac{55\,\omega - 21}{21\,\omega - 8}$$

aus $\dfrac{1}{3}$, $\dfrac{3}{7}$ bez. $\dfrac{8}{3}$ und $\dfrac{18}{7}$ hervorgehen, was hinsichtlich des anderen Paares von Halbkreisen den nämlichen Schluß begründet. Ich habe in der Hauptfigur die Zahlen $\dfrac{2}{7}$, $\dfrac{1}{3}$, $\dfrac{3}{7}$ und $\dfrac{18}{7}$, $\dfrac{8}{3}$, $\dfrac{19}{7}$ an den entsprechenden Stellen beigesetzt. *Die Kanten 1 und 6 sind nach dem Vorhergehenden so zu vereinigen, daß* $\dfrac{2}{7}$ *mit* $\dfrac{19}{7}$, $\dfrac{3}{7}$ *mit* $\dfrac{18}{7}$ *zusammenkommt.*

Auf solche Weise findet man[27], *daß überhaupt folgende Kanten zu vereinigen sind:*

$$1 - 6,\ 3 - 8,\ 5 - 10,\ 7 - 12,\ 9 - 14,\ 11 - 2,\ 13 - 4,$$

und daß jedesmal gleichartige Ecken zusammenkommen. Was dabei unter „gleichartig" zu verstehen sei, zeigt die Figur; die kleinen Nebenfiguren (auf S. 126) erläutern, wie sich dementsprechend die 7 Ecken der einen Art und die 7 Ecken der andern Art je zu einem Punkte a zusammenschließen.

Wollte man, diesen Angaben entsprechend, die betr. Kanten durch Zusammenbiegen wirklich vereinigen, so erhielte man zunächst eine sehr

---

[27] [Die Punkte $k + \dfrac{1}{3}$ $(k = 0, 1, \ldots, 6)$ und $k' - \dfrac{1}{3}$ $(k' = 1, 2, \ldots, 7)$ liegen auf den in der Hauptfigur mit $2k + 1$ bezw. $2k'$ bezeichneten Kanten. Wann ist ein Punkt $k + \dfrac{1}{3}$ mit einem Punkt $k' - \dfrac{1}{3}$ in Bezug auf unsere Gruppe äquivalent? Der Ansatz

$$k + \frac{1}{3} = \frac{(7a + 1)\left(k' - \dfrac{1}{3}\right) + 7b}{7c\left(k' - \dfrac{1}{3}\right) + (7d + 1)}$$

liefert nach dem Modul 7 betrachtet:

$$k' \quad k \equiv \frac{2}{3} \equiv 3 \pmod{7},$$

also

$$2k' - (2k + 1) \equiv 5 \pmod{7},$$

d. h. die Kanten $2k + 1$ und $2k + 6$ sind zu vereinigen. B.-H.]

unübersichtliche Figur. Es ist daher besser, fürs erste bei der oben abgedruckten Hauptfigur zu bleiben und sie durch die Tabelle, welche sich auf die Zusammengehörigkeit der Kanten bezieht, und die beiden Nebenfiguren zu ergänzen. Auf solche Weise gewinnt man die Sätze, welche ich im folgenden Paragraphen zusammenstelle.

§ 13.
Die 28 Symmetrielinien.

Als eine *Symmetrielinie* unserer Oberfläche will ich eine solche Linie bezeichnen, welche, aus lauter Dreiecksseiten bestehend, nirgendwo eine Knickung erfährt, die also durch die Punkte a, b, c sozusagen *geradlinig* hindurchläuft. Als Symmetrielinien kann man diese Kurven bezeichnen, weil die Fläche in bezug auf sie in der Tat symmetrisch ist. Denn eine solche Symmetrielinie wird z. B. von der vertikalen Mittellinie unserer Figur gebildet, sofern man sie noch durch Kante 5, oder, was auf dasselbe hinauskommt, durch Kante 10 zu einer geschlossenen Kurve ergänzt; — und diese beiden Kanten liegen in bezug auf die Mittellinie symmetrisch, und übrigens ist auch die Verbindungsweise der übrigen Kanten in bezug auf die Mittellinie symmetrisch.

Das Beispiel zeigt zugleich, daß eine solche Symmetrielinie je sechs Punkte a, b, c in der auf nebenstehender Figur angegebenen Aufeinanderfolge enthält.

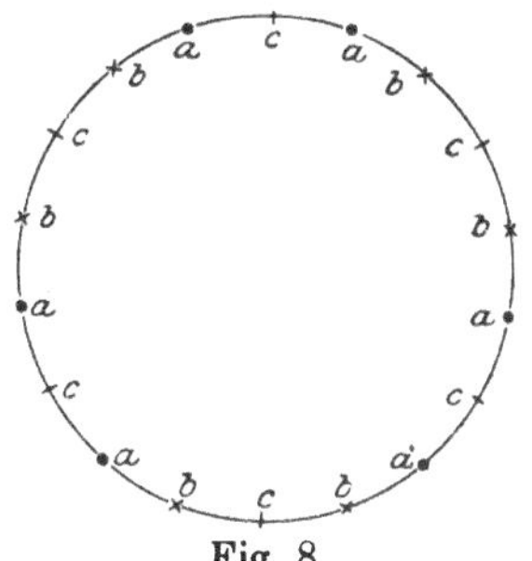
Fig. 8.

Hiernach hat man vor allen Dingen:

Es gibt 28 Symmetrielinien. Dieselben erschöpfen, da sie alle Dreiecksseiten enthalten, zugleich die Gesamtheit derjenigen Punkte unserer Fläche, welche *reellen* Werten von J entsprechen.

Diese Symmetrielinien sind für viele Zwecke das einfachste Orientierungsmittel auf unserer Fläche; ich will sie hier dazu benutzen, um die zusammengehörigen Punkte a, b, c zu definieren. Es ist dann leicht, sich eine Vorstellung von den zugehörigen eindeutigen Transformationen unserer Fläche in sich zu bilden.

Man findet:

Die 7 Symmetrielinien, welche sich in einem Punkte a schneiden, schneiden sich auch in den beiden zugehörigen Punkten a. Ein Beispiel gibt der Mittelpunkt unserer Figur zusammen mit den 7 Ecken der einen und den 7 Ecken der anderen Art. Hiernach läßt sich der Prozeß, vermöge dessen man von der geschlossenen regulär eingeteilten Fläche zu unserer Figur kommt, folgendermaßen beschreiben: Man wählt auf der Fläche ein Tripel zusammengehöriger Punkte a und zerschneidet sie längs derjenigen 7 Stücke Symmetrielinien, die von einem dieser Punkte a zu einem anderen hinreichen. Dann ist sie, da für sie $p = 3$ war, einfach zusammenhängend mit einer Randkurve geworden, — und breitet man sie nun in eine Ebene aus, so hat man unsere Hauptfigur auf S. 126. Durch je *zwei* Tripel zusammengehöriger Punkte a verläuft offenbar *eine* Symmetrielinie; die Punkte der beiden Tripel folgen auf ihr alternierend.

Man findet ferner:

Die 3 Symmetrielinien, welche durch einen Punkt b laufen, schneiden sich wieder in dem zugehörigen Punkte b. — Beispiele für solche Punktepaare b geben in der Figur die Punkte A, A'; B, B'; C, C'; D, D'; die ich noch weiterhin betrachten werde. Jedem solchen Tripel von Symmetrielinien, und also jedem Punktepaare b, ist eine bestimmte Symmetrielinie dadurch zugeordnet, daß sie die Linien des Tripels in 2 Punkten c schneidet. In diesem Sinne gehören die 28 Punktepaare b und die 28 Symmetrielinien eindeutig zusammen.

Man findet endlich:

Die zwei Symmetrielinien, welche durch einen Punkt c laufen, schneiden sich in einem zweiten Punkte c. Es gibt dann jedesmal noch zwei weitere Symmetrielinien, welche den beiden ersten nirgends begegnen und die sich gegenseitig ebenfalls in zwei Punkten c schneiden. Auf solche Weise erhält man ein Quadrupel zusammengehöriger Punkte c.

§ 14.
Definitive Gestalt unserer Fläche.

Eine Figur pflegt in demselben Maße anschaulicher zu sein, als sie regelmäßiger ist. Ich wünsche also der hier vorliegenden regulär eingeteilten Oberfläche eine solche Gestalt zu erteilen, daß möglichst viele der 168 eindeutigen Transformationen der Fläche durch gewöhnliche *Drehungen* vermittelt werden. Man kennt alle endlichen Gruppen, welche sich aus Drehungen zusammensetzen lassen; sie entsprechen den regulären Körpern. Eine Gruppe von 168 Drehungen, wie sie hier in Betracht kommen könnte, gibt es [zumal im dreidimensionalen Raume] nicht. Dagegen wurde bereits bemerkt (§ 1), daß die 24 Substitutionen einer G_{24}'' sich ebenso zusammensetzen, wie die Drehungen, die ein reguläres Oktaeder mit sich zur Deckung bringen. Es scheint daher von vornherein nicht unmöglich, *unserer Fläche eine solche Gestalt zu geben, daß sie durch die Oktaederdrehungen in sich übergeht.*

Zu dem Zwecke sind zuvörderst auf unserer Figur solche vier Punkte-paare b zu bezeichnen, welche bei den Substitutionen der G_{24}'' permutiert werden. Dies kann in sehr einfacher Weise geschehen, wenn man je 14 Dreiecke, die in einem Punkte a zusammenlaufen, zu einem Siebeneck zusammenfaßt und also die ganze Fläche, wie schon oben besprochen, in 24 Siebenecke zerlegt. *Man kann dann nämlich auf* $2 \cdot 7$ *Weisen vier Punktepaare* b *so aussuchen, daß durch die an sie anstoßenden Sieben-ecke sämtliche 24 Siebenecke erschöpft werden* [28]). Eben solche vier Punkte-paare sind die schon eben genannten A, A'; B, B'; C, C'; D, D'. Sechs weitere Quadrupel bekommt man, wenn man unsere Figur um ihren Mittel-punkt wiederholt durch den siebenten Teil des Kreisumfangs dreht; die übrigen sieben ergeben sich, wenn man die so erhaltenen 7 an einer Sym-metrielinie, also etwa an der vertikalen Mittellinie, spiegelt.

Jetzt zerschneide man unsere Figur (nachdem man die zusammen-gehörigen Kanten vereinigt hat) längs der durch stärkeres Ausziehen gekenn-zeichneten drei Zickzacklinien (welche von den punktierten Linien durchsetzt werden). Sie ist dann in eine sechsfach zu-sammenhängende Fläche mit sechs Randkurven verwandelt, *und diese Fläche kann man nun, wie man findet, in der Art auf eine Kugel regulär ausbreiten, daß die acht Punkte* A, A' *usw. in die Ecken eines der Kugel ein-geschriebenen Würfels fallen, daß die Ecken des zugehöri-gen Oktaeders unbedeckt blei-ben, und daß die zwölf den Halbierungspunkten der Ok-taederkanten entsprechenden Punkte mit Punkten* c *koin-zidieren.* Der größeren Deutlichkeit wegen füge ich eine Zeichnung bei, welche den einzelnen Oktanten der Kugelfläche vorstellt. (Siehe Fig. 9.)

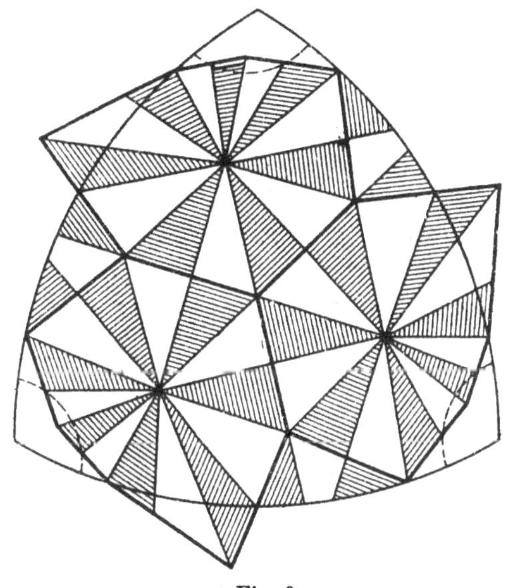

Fig. 9.

Die drei Siebenecke, welche im Mittelpunkte des Oktanten zusammen-stoßen, greifen zum Teil über ihn hinaus. Da aber das Nämliche von den

---

[28]) Auch die Existenz der Resolventen achten Grades ist mit Hilfe dieser Sieben-ecke kurz zu beweisen: *Man kann auf acht Weisen drei Siebenecke so aussuchen, daß die angrenzenden Siebenecke die Gesamtheit der noch übrigen 21 erschöpfen.*

Siebenecken geschieht, welche die Seitenoktanten überdecken, so bleiben von der Fläche des Oktanten nur die drei Ecken unbedeckt.

Fragen wir jetzt, wie die Randkurven, welche sich um die Oktaederecken herumlegen, zu vereinigen sind, damit wir ein Bild der gesuchten Fläche bekommen, so ergibt der Vergleich mit der früheren Figur dies einfache Gesetz: *daß immer die diametral gegenüberstehenden Punkte zu vereinigen sind.*

Nun läßt sich diese Vereinigung in der Tat realisieren, ohne daß unsere Fläche die gewollte Regularität verliert: *man hat nämlich die Begrenzungskurven in der Art durch das Unendliche zusammenzubringen, daß der Schnitt mit dem Unendlich-Weiten aus denjenigen Linien besteht, welche in der Hauptfigur auf Seite 126, wie auch auf Fig. 9, durch Punktierung kenntlich gemacht sind.* Die Siebenecke, welche von der Mitte des Oktanten ausgehen, erstrecken sich also zum Teil durch das Unendliche hindurch, so daß im ganzen zwölf Punkte c unendlich weit liegen. — Die Fläche selbst aber läuft etwa so ins Unendliche, wie das Aggregat dreier unter sich kongruenter Rotationshyperboloide mit rechtwinkelig gekreuzten Achsen. *Dies ist die einfachste Gestalt, deren unsere regulär eingeteilte Fläche fähig erscheint*[29]).

Will man sich jetzt überzeugen, daß bei den 24 Transformationen, welche durch die Oktaederdrehungen versinnlicht sind, wirklich jedesmal die früher angegebene Zahl von Punkten festbleibt, so berücksichtige man, *daß bei Drehungen von der Periode Zwei nicht nur die Punkte der Rotationsachse, sondern auch sämtliche Punkte der zur Rotationsachse senkrechten unendlich fernen Geraden festbleiben.* Nun wird unsere Fläche von den Oktaederdiagonalen gar nicht geschnitten, von den zu ihnen senkrechten unendlich weiten Linien viermal. Diejenigen Diametrallinien, welche die Kantenhalbierungspunkte des Oktaeders verbinden, schneiden zweimal, desgleichen die zu ihnen gehörigen unendlich fernen Linien. Die Würfeldiagonalen haben ebenfalls zwei und nur zwei Schnittpunkte. Hiernach bleibt bei einer Drehung von der Periode Vier *kein* Punkt fest, bei jeder Drehung von der Periode Zwei ein *Punktquadrupel,* bei jeder Drehung von der Periode Drei ein *Punktepaar,* wie es sein sollte.

§ 15.

Die reellen Punkte der Kurve vierter Ordnung.

Ich wünsche nun noch zum Schlusse zu zeigen, wie weit diese Lagenverhältnisse hervortreten, wenn man *die reellen Punkte der Kurve vierter Ordnung*

$$\lambda^3\mu + \mu^3\nu + \nu^3\lambda = 0$$

---

[29]) [Dyck hat damals für das mathematische Institut der technischen Hochschule in München ein schönes Modell der so gestalteten Fläche angefertigt. K.]

ins Auge faßt. Das Koordinatendreieck mag gleichseitig genommen sein, die Koordinaten selbst proportional mit den Abständen von den Dreiecksseiten. Dann stellt die Doppeltangente $\lambda + \mu + \nu = 0$ die unendlich ferne Gerade dar; ihre Berührungspunkte $1:\alpha:\alpha^2$ und $1:\alpha^2:\alpha$ sind die beiden Kreispunkte. Die unendlich ferne Gerade ist also *isolierte* Doppeltangente. Die sechs Kollineationen der zugehörigen G_6' sind die einzigen unter den 168, welche reell sind; sie bestehen aus den drei Drehungen durch 120 Grad um den Mittelpunkt des Koordinatendreiecks und aus den Umklappungen um gewisse drei durch den Mittelpunkt hindurchlaufende gerade Linien. Diese Linien sind die einzigen unter den 21 Achsen der Perspektivität, welche reell sind; die zugehörigen Zentra liegen senkrecht zu ihnen unendlich weit. Die betreffenden Umklappungen lassen aus dem Wendedreiecke $\lambda\,\mu\,\nu = 0$ noch ein zweites reelles Wendedreieck $\lambda'\,\mu'\,\nu' = 0$ entstehen.

Man beachte nun vor allem die Gleichungsform (9):

$$49\,y_1(y_1 + y_2 + y_3)(y_1 + \alpha y_2 + \alpha^2 y_3)(y_1 + \alpha^2 y_2 + \alpha y_3) - 3(4\,y_1^2 - 7\,y_2 y_3)^2 = 0.$$

Hier setze man für y_1, als unendlich ferne Gerade, 1, für y_2 und y_3, insofern die betr. Linien durch die Kreispunkte laufen, $x + iy$ und $x - iy$. So kommt:

$$49\,(2x + 1)(-x + \sqrt{3}\cdot y + 1)(-x - \sqrt{3}\cdot y + 1) - 3(4 - 7\,(x^2 + y^2))^2 = 0.$$

Die Doppeltangenten

$$2x + 1 = 0, \quad -x + \sqrt{3}\cdot y + 1 = 0, \quad -x - \sqrt{3}\cdot y + 1 = 0$$

bilden wieder ein gleichseitiges Dreieck; seine Höhe ist $\tfrac{3}{2}$, seine Kantenlänge $\sqrt{3}$. Aus ihnen schneidet der um den Mittelpunkt des Dreiecks herumgelegte Kreis vom Radius $\dfrac{2}{\sqrt{7}}$ reelle Berührungspunkte aus, *so daß wir drei nicht isolierte Doppeltangenten haben.* Alle anderen Doppeltangenten werden, wie man findet, imaginär. *Unsere Kurve ist also eine einteilige Kurve*[30]), *welche in das Dreieck der nicht isolierten Doppeltangenten eingeschrieben ist.* In der umstehenden Figur[31]) sind neben den

---

[30]) Siehe Zeuthe, *Sur les différentes formes des courbes du quatrième ordre*, Math. Annalen, Bd. 7 (1874).

[31]) [Die nur schematisch gezeichnete Figur des Originals wurde bei dem Wiederabdruck ersetzt durch die punktweise berechnete, welche M. W. Haskell in seiner Göttinger Dissertation: *Über die zu der Kurve $\lambda^2\mu + \mu^3\nu + \nu^3\lambda = 0$ im projektiven Sinne gehörende mehrfache Überdeckung der Ebene* (American Journal of Math., Bd. 13 (1891)) gegeben hat. In dieser von mir veranlaßten Arbeit wendet Haskell die in meinen Aufsätzen *Über eine neue Art von Riemannschen Flächen* [Nr. XXXVIII und Nr. XL in Bd. 2 dieser Ausgabe (1874) und (1876)] entwickelten Gedanken auf die Kurve $\lambda^3\mu + \mu^3\nu + \nu^3\lambda = 0$ an und erläutert die Resultate durch einige Figuren. K.]

drei in Rede stehenden Doppeltangenten der Kreis durch die Berührungspunkte, die drei reellen Achsen der Perspektivität und die beiden reellen
Wendedreiecke kenntlich gemacht.

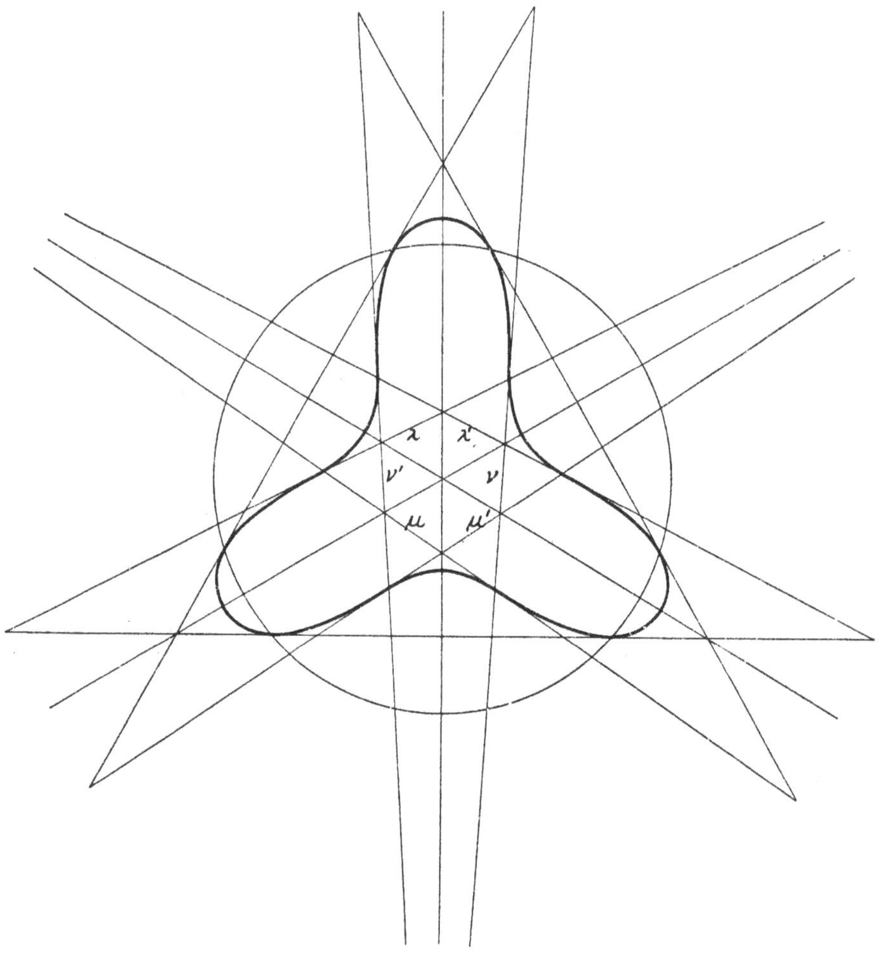

Fig. 10.

Der so gewonnene reelle Kurvenzug hat für die zugehörige Riemannsche Fläche eine sehr einfache Bedeutung: *er stellt eine der 28 Symmetrielinien vor.* Denn reellen Werten von λ, μ, ν entsprechen reelle Werte von
J, und durch reelle Werte von J sind die Symmetrielinien charakterisiert.
— Diese Symmetrielinie ist der unendlich fernen isolierten Doppeltangente
eindeutig zugeordnet und geht daher, wie diese, durch die reellen Substitutionen einer G_6' in sich über. Sie enthält von den Punkten a, b, c je

sechs, und, wie die Figur zeigt, in der Tat in derselben Reihenfolge, welche, nach Fig. 8, S. 129, bei Symmetrielinien überhaupt statthat.

München, im Anfang November 1878.

***

[Ergänzende Bemerkungen über einige an Abh. LXXXIV anknüpfende mathematische Literatur.]

[An die in meiner vorstehend abgedruckten Arbeit eingeführte Kurve vierter Ordnung $\lambda^3 \mu + \mu^3 \nu + \nu^3 \lambda = 0$ bzw. das durch sie definierte algebraische Gebilde mit 168 eindeutigen Transformationen in sich hat die mathematische Literatur, insbesondere auch die geometrische, in der Folge vielfach angeknüpft. Es ist uumöglich, dies hier im einzelnen nachzuweisen, doch will ich wenigstens einige Punkte zur Sprache bringen.

Was die algebraische Seite der Frage betrifft, so ist auf die umfangreichen Untersuchungen Gordans zu verweisen, über die in Bd. 2 dieser Ausgabe, S. 426 ff. berichtet ist. — Ich füge noch eine Erörterung über die Rolle der n-ten Einheitswurzeln hinzu, die in meinen im gegenwärtigen (ersten) Abschnitte des vorliegenden Bandes oder auch in Bd. 2 abgedruckten Aufsätzen vorkommen. Behandelt man die Galoisschen Probleme, so sind es „natürliche" Irrationalitäten; z. B. kann bei $n = 5$ infolge der Ikosaedersubstitutionen ε als Quotient zweier in geeigneter Weise gewählter Wurzeln der Ikosaedergleichung dargestellt werden. Das Gleiche gilt infolge der „Abelschen Relationen" für die speziellen Teilungsgleichungen der elliptischen Funktionen. Vgl. unten Fußnote [37]) in Abh. XC, S. 235/36 des vorliegenden Bandes. Für die Modulargleichungen der Funktionen $J(\omega)$ sind jedoch die n-ten Einheitswurzeln nicht mehr „natürlich",
wohl aber die aus ihnen zusammengesetzten Gaussischen Summen $\sqrt{(-1)^{\frac{n-1}{2}}\, n}$.
(Vgl. z. B. Fricke, *Die elliptischen Funktionen und ihre Anwendungen*, Bd. 2 (1921/22) S. 462). Dasselbe gilt bei den besonderen Resolventen fünften, siebenten und elften Grades, die in den Abh. LXXXIII und LXXXVI behandelt werden. (Vgl. z. B. Fricke, a. a. O., S. 482.) Diese Angaben sind von Wichtigkeit, um in den einzelnen Fällen nicht nur die Gruppe der Monodromie [32]), auf die sich die Darlegungen des Textes beschränken, sondern auch die Galoissche Gruppe bei Zugrundelegung des Rationalitätsbereiches der rationalen Zahlen zu bestimmen.

Ein anderer Teil der Untersuchungen beschäftigt sich mit den drei überall endlichen Integralen unserer Kurve vierter Ordnung. Es erscheint besonders bemerkenswert, daß sich ihre Perioden explizit angeben lassen. Poincaré (in den Comptes rendus, Bd. 97 (1883), S. 1189) und Hurwitz (in den Math. Annalen, Bd. 26 (1885/86), S. 123) finden bei geeigneter Wahl der Querschnitte folgendes Periodenschema:

$$\begin{array}{cccccc}
1 & 0 & 0 & \tau & \tau-1 & -\tau \\
0 & 1 & 0 & \tau-1 & -\tau & \tau \\
0 & 0 & 1 & -\tau & \tau & \tau-1 .
\end{array}$$

wobei τ die quadratische Irrationalzahl $\dfrac{1 + i\sqrt{7}}{4}$ bedeutet. Hieraus folgt insbeson-

---

[32]) [Der Begriff der Monodromiegruppe wurde von Hermite eingeführt in den Comptes rendus von 1851 = Oeuvres, t. I, S. 276 ff. Der Name steht, soviel ich weiß, zum erstenmal in dem *Traité des substitutions etc.* von C. Jordan, Paris (1870), S. 278. K.]

dere, daß sich unsere Riemannsche Fläche durch mehrfache Überdeckung einer ellip-
tischen Fläche herstellen läßt, die zu dem singulären Modul $\omega = \dfrac{-1 + i\sqrt{7}}{2} = \dfrac{\tau - 1}{\tau}$,
also zu der rationalen Invariante $J\left(\dfrac{-1 + i\sqrt{7}}{2}\right) = -\dfrac{5^3}{2^6}$ gehört. Weiterhin hat Hurwitz (Math. Annalen, Bd. 25 (1884/85)) die Integrale erster Gattung als Funktionen
von ω studiert und in den Koeffizienten ihrer Potenzreihenentwicklungen nach
$q^3 = e^{2\pi i \omega}$ jene zahlentheoretischen Funktionen gefunden, auf die Gierster bei Aufstellung der Klassenzahlrelationen siebenter Stufe gestoßen war. Vgl. die Vorbemerkungen, S. 5 des vorliegenden Bandes. Weitere Einzelheiten hierüber findet man
in den „Modulfunktionen".

Am wichtigsten ist aber unsere Kurve wohl dadurch geworden, daß die in einem
Orthogonalkreis eingeschriebene Hauptfigur von S. 126 das erste konkrete Beispiel für
die Uniformisierung der algebraischen Kurven höheren Geschlechtes war und so für
mich die beste Stütze bei der Aufstellung der allgemeinen Uniformisierungssätze in
den im letzten Teile dieses Bandes abgedruckten Aufsätzen Nr. CI bis CIII wurde.

Eine unmittelbare Fortsetzung finden die Betrachtungen des Textes in einer
Notiz von Dyck über die zur Hauptkongruenzgruppe achter Stufe gehörige Normalkurve $\lambda^4 + \mu^4 + \nu^4 = 0$ mit 96 eindeutigen Transformationen in sich (Math. Annalen,
Bd. 17 (1880/81)), ganz besonders aber in den Untersuchungen von Fricke über die
ternäre Valentiner-Wimangruppe und die Transformationstheorie der zu einem Dreieck
mit den Winkeln $\dfrac{\pi}{5}, \dfrac{\pi}{2}, \dfrac{\pi}{4}$ gehörenden Dreiecksfunktion. (Veröffentlicht als Anhang zum 2. Bande der von Fricke und mir herausgegebenen „*Vorlesungen über die
Theorie der automorphen Funktionen*", Leipzig 1912. Vgl. auch Bd. 2 dieser Ausgabe,
S. 501/502.)   K.]

LXXXV. Über Multiplikatorgleichungen [erster Stufe].[1]

[Math. Annalen, Bd. 15 (1878/79).]

Hier meine Methode zur Aufstellung der Multiplikatorgleichungen [erster Stufe]. — Betrachtet man ω_1, ω_2 als homogene Veränderliche, so sind g_2, g_3, $\sqrt[12]{\Delta}$ resp. von den Geraden -4, -6, -1 und reproduzieren sich bei jeder linearen ganzzahligen Substitution von der Determinante 1:

$$\begin{cases} \omega_1' = \alpha\,\omega_1 + \beta\,\omega_2, \\ \omega_2' = \gamma\,\omega_1 + \delta\,\omega_2, \end{cases}$$

sofern man bei $\sqrt[12]{\Delta}$ von einer zwölften Einheitswurzel absieht[2]. Man kann nun zeigen, daß allgemein jede homogene Funktion von ω_1, ω_2 von einem negativen ganzen Grade, welche sich bis auf einen Faktor bei den in Rede stehenden linearen Substitutionen reproduziert, eine *ganze* Funktion von g_2, g_3, $\sqrt[12]{\Delta}$ ist. — Die Sache ist genau so, wie bei den endlichen Systemen linearer Substitutionen, und man hat z. B. auch folgende Sätze: daß g_2 die in bezug auf ω_1, ω_2 genommene Hessesche Form von $\log\Delta$ ist,

---

[1]) Aus einem an Herrn Brioschi gerichteten Briefe, der in den Rendiconti dell' Istituto Lombardo abgedruckt wurde (Sitzungsbericht vom 2. Januar 1879). [Die italienische Veröffentlichung enthält noch einige Angaben über die Substitutionssysteme von $\dfrac{n+1}{2}$ und $\dfrac{n-1}{2}$ Variablen, die in dem damaligen Annalenabdruck und hier beiseite gelassen sind im Hinblick auf die ausführlichere Darstellung in meiner Arbeit über Gleichungen siebenten und achten Grades (Math. Annalen. Bd. 15 (1879) = Abh. LVII in Bd. 2 dieser Ausgabe).] — Der Ausdruck „Multiplikator [erster Stufe]" bezieht sich auf das durch $\sqrt[12]{\Delta}$ normierte Integral, siehe Math. Annalen, Bd. 14 (1878/79), [= Abh. LXXXII im vorliegenden Bande dieser Ausgabe, S. 46 ff.]. [Später habe ich den Ausdruck, „Multiplikator" in noch allgemeinerer Bedeutung gebraucht; siehe hierüber das Referat Nr. XCII, S. 278 im vorliegenden Bande. Über den Jacobischen Multiplikator vgl. Fußnote ⁴) auf S. 16 des vorliegenden Bandes. K.]

[2]) [$\sqrt[12]{\Delta}$ gehört demnach nicht eigentlich zur ersten Stufe in meiner späteren (in Nr. LXXXVII eingeführten) Terminologie, sondern ist als „zur ersten Stufe adjungiert" zu bezeichnen. (Vgl. unten Abh. XC, S. 208 im vorliegenden Bande.) Den Wert der im Text genannten zwölften Einheitswurzel in Abhängigkeit von α, β, γ, δ bestimmte A. Hurwitz in seiner Leipziger Dissertation: *Grundlagen einer independenten Theorie der elliptischen Modulfunktionen und Theorie der Multiplikatorgleichungen erster Stufe* (abgedruckt in den Math. Annalen, Bd. 18 (1881)). In dieser vorzüglichen Arbeit sind überhaupt alle Sätze, die hier ohne Beweis oder nur mit knapper Andeutung eines solchen mitgeteilt sind, ausführlich bewiesen und zahlreiche weitere Resultate hinzugefügt. K.]

und g_3 die Funktionaldeterminante beider (immer abgesehen von einem numerischen Faktor)[3]).

Sei nun Δ' die Diskriminante, welche bei einer Transformation vom Primzahlgrade n auftritt. So hat Δ' $(n+1)$ Werte, also $\sqrt[12]{\Delta'}$ deren $12(n+1)$. Aber es zeigt sich, daß bereits die symmetrischen Funktionen von nur $(n+1)$ richtig ausgewählten Werten von $\sqrt[12]{\Delta'}$ unter die eben erwähnte Kategorie von Funktionen fallen, also ganze Funktionen von g_2, g_3, $\sqrt[12]{\Delta}$ sind. Setzt man der Kürze halber z für $\sqrt[12]{\Delta'}$, so erhält man also eine Gleichung $(n+1)$-ten Grades für z. Da $\sqrt[12]{\Delta'}$ von der Dimension (-1) in ω_1, ω_2 ist, so hat der Koeffizient $z^{n+1-\varkappa}$ die Dimension $-\varkappa$ und ist dementsprechend als ganze Funktion von g_2, g_3, $\sqrt[12]{\Delta}$ aufzubauen.

Jetzt betrachte man insbesondere den Wert:

$$\sqrt[12]{\Delta'}\cdot\left(\frac{\omega_2}{2\pi}\right) = n\cdot q^{\frac{n}{6}}\cdot\prod(1-q^{2n\nu})^2 = z\cdot\left(\frac{\omega_2}{2\pi}\right).$$

Vermehrt man $\omega = \dfrac{\omega_1}{\omega_2}$ um 1, so erhält dieses z die Einheitswurzel $e^{\frac{n i \pi}{6}}$ zum Faktor, während bei dem ursprünglichen $\sqrt[12]{\Delta}$ die Einheitswurzel $e^{\frac{i\pi}{6}}$ zutritt. Bei dieser Änderung muß die für z bestehende Gleichung ungeändert richtig bleiben; es muß sich also aus allen Gliedern derselbe Faktor herausheben. Hieraus folgt, *daß der Koeffizient von $z^{n+1-\varkappa}$ die Form hat: $\sqrt[12]{\Delta^\lambda}\cdot G$, wo λ die kleinste nicht negative ganze Zahl ist, welche in bezug auf den Modul 12 zu $n\varkappa$ kongruent ist, und G eine ganze Funktion von g_2, g_3 allein ist.* Insbesondere schließt man: *So oft λ größer als $\varkappa$ wird, ist der Koeffizient von $z^{n+1-\varkappa}$ identisch Null.*

Auf Grund dieser Sätze kann man die Multiplikatorgleichung für ein beliebiges primzahliges n ohne weiteres der Art nach anschreiben. Man findet, daß bei $n = 12\mu+1$ nur g_2^3 und g_3^2 auftritt; bei $n = 12\mu+5$ stellt sich das g_2 ein, bei $n = 12\mu+7$ das g_3; bei $n = 12\mu+11$ treten beide, g_2 und g_3, auf. Für $n = 5, 7, 13$ stimmt dies Resultat mit meinen früheren Formeln überein[4]); für $n = 11$ erhält man in Übereinstimmung mit Ihren Angaben[5]):

$$z^{12} + a\cdot\Delta^{\frac{6}{12}}\cdot z^6 + b\cdot\Delta^{\frac{4}{12}}\cdot g_2\cdot z^4 + c\cdot\Delta^{\frac{3}{12}}\cdot g_3\cdot z^3 + d\cdot\Delta^{\frac{2}{12}}\cdot g_2^2\cdot z^2$$
$$+ e\cdot\Delta^{\frac{1}{12}}\cdot g_2 g_3\cdot z + f\cdot g_2^3 + g\cdot g_3^2 = 0,$$

wo $a, b, \ldots$ numerische Koeffizienten sind.

---

[3]) [Ausführlicher in Bd. 1 der „Modulfunktionen", S. 125/26.]

[4]) Math. Annalen, Bd. 14, (1878/79) [= Abh. LXXXII, in diesem Bande, S. 46—51].

[5]) Brioschi in den Annali di Matematica, (Ser. II) tomo IX., S. 167: *Sopra una classe di equazioni modulari* (Nov. 1878). [= Opere matematiche, Nr. LXXV, tomo II., S. 193.]

Man beweist nun ohne weiteres, daß das von z freie Glied der Gleichung den Wert $(-1)^{\frac{n-1}{2}} \cdot n \cdot \Delta$ hat, und, was die numerischen Koeffizienten in den übrigen Gliedern betrifft, daß sie bis auf den vorletzten alle durch n teilbar sind. Man hat außerdem folgende Regeln, welche freilich gerade den Fall $n \equiv 11 \pmod{12}$ nicht betreffen:

1. *Für* $n = 12\mu + 1$ *oder* $= 12\mu + 5$.

Setzt man $g_3 = 0$, *so verwandelt sich die linke Seite der Multiplikatorgleichung, nach Abtrennung eines quadratischen Faktors, in ein vollständiges Quadrat.*

2. *Für* $n = 12\mu + 1$ *oder* $12\mu + 7$.

Setzt man $g_2 = 0$, *so verwandelt sich die linke Seite der Multiplikatorgleichung, nach Unterdrückung eines quadratischen Faktors, in einen vollen Kubus.*

Man kann überdies die numerischen Koeffizienten der Gleichungen, welche für $g_2 = 0$ oder $g_3 = 0$ entstehen, allemal als rationale Funktionen von Einheitswurzeln a priori angeben; doch habe ich diesen Gegenstand noch nicht hinlänglich untersucht. Um die bei $n = 11$ auftretenden Zahlenkoeffizienten zu bestimmen, habe ich mich daher einstweilen der Reihenentwicklungen nach aufsteigenden Potenzen von q bedient, und so das Resultat erhalten, welches ich Ihnen bereits in meinem vorigen Briefe[6]) mitteilte:

$$z^{12} - 90 \cdot 11 \cdot \sqrt[2]{\Delta} \cdot z^6 + 40 \cdot 11 \cdot 12 g_2 \cdot \sqrt[3]{\Delta} \cdot z^4 - 15 \cdot 11 \cdot 216 g_3 \cdot \sqrt[4]{\Delta} \cdot z^3$$
$$+ 2 \cdot 11 \cdot (12 g_2)^2 \cdot \sqrt[6]{\Delta} \cdot z^2 - 12 g_2 \cdot 216 g_3 \cdot \sqrt[12]{\Delta} \cdot z - 11 \cdot \Delta = 0.^{7})$$

München, den 30. Dezember 1878.

---

[6]) Vom 25. Dezember 1878.

[7]) [Von der Beziehung der Multiplikatorgleichung [erster Stufe] zu den Kiepertschen L-Gleichungen ist schon S. 51, Fußnote [32]) die Rede gewesen. Die weiteren hier und für die folgenden Arbeiten dieses Bandes in Betracht kommenden Veröffentlichungen von Kiepert sind folgende: *Auflösung der Transformationsgleichungen und Division der elliptischen Funktionen*, Crelles Journal Bd. 76 (1872/73); drei Arbeiten mit dem Titel: *Zur Transformationstheorie der elliptischen Funktionen* in den Bänden 87, 88 und 95 des Crelleschen Journals (1879), (1879/80) und (1883), sodann die beiden zusammenfassenden Darstellungen in den Math. Annalen: *Über Teilung und Transformation der elliptischen Funktionen*, Bd. 26 (1885/86) und: *Über die Transformation der elliptischen Funktionen bei zusammengesetztem Transformationsgrade*, Bd. 32 (1888), schließlich noch eine ergänzende Note in Bd. 37 der Math. Annalen (1890): *Über gewisse Vereinfachungen der Transformationsgleichungen in der Theorie der elliptischen Funktionen*. Die Beziehung zu meinen eigenen Arbeiten ist um so enger, als wir in jenen Jahren eine fortgesetzte wissenschaftliche Korrespondenz geführt haben. Siehe übrigens unten S. 204 ff. in der Abh. XC über elliptische Normalkurven. K.]

LXXXVI. Über die Transformation elfter Ordnung der elliptischen Funktionen.

[Math. Annalen, Bd. 15 (1879).]

Im Verfolg meiner Untersuchungen über die Transformation der elliptischen Funktionen behandele ich im Nachstehenden die Transformation *elfter* Ordnung. Es ist dabei mein besonderes Ziel gewesen, die Gleichung *elften* Grades, welche in diesem Falle auftritt, in einfachster Form explizite herzustellen. Im 14. Bande der Math. Annalen (1878/79) [= Abh. LXXXIII, S. 84 bis 86 dieses Bandes] habe ich bereits gezeigt, daß man dieser Gleichung folgende Gestalt geben kann:

$$J = F(z),$$

wo $F(z)$ eine *ganze* Funktion elften Grades der Unbekannten z mit nur numerischen Koeffizienten ist, die einen kubischen Faktor dreifach enthält, während $(F(z) - 1)$ einen biquadratischen Doppelfaktor besitzt. Aber zugleich bemerkte ich, daß diese Angaben noch nicht zur vollen Bestimmung der Funktion F ausreichen. Ich kombiniere daher mit den damaligen Betrachtungen nunmehr ein im 15. Bande der Math. Annalen (1879), S. 277 [= Abh. LVII in Bd. 2 dieser Ausgabe, S. 416 ff.] für einen beliebigen Transformationsgrad ausgesprochenes Resultat. *Dasselbe lehrt bei* $\frac{n-1}{2}$ *Variablen* y *ein System von Kollineationen kennen, welches mit der Gruppe der Modulargleichung isomorph ist.* Dementsprechend gibt es ein „Problem der y", bei uns vom 660-sten Grade, und eine geeignete Spezialisierung desselben liefert zunächst in übersichtlichster Weise die Galoissche Resolvente 660-sten Grades der Modulargleichung, dann weiter die gewollte Gleichung elften Grades, und zwar in zwei Formen, von denen jede ihre Vorzüge hat und deren eine eben jene $J = F(z)$ ist. Ich habe in § 10 die so gefundenen Resultate zusammengestellt. Die folgenden Paragraphen vermitteln sodann den Übergang zu der einfachen Multiplikatorgleichung *zwölften* Grades, die ich Math. Annalen, Bd. 15 (1878/79) [= Nr. LXXXV, S. 137 ff. im vorliegenden Bande] angab, und liefern so die Möglichkeit, die neuen Gleichungen elften und 660-sten Grades auf transzendentem Wege zu lösen.

Die hiermit aufgezählten Resultate habe ich bereits, doch ohne Beweis, in zwei an Herrn Brioschi gerichteten Briefen vom 9. April und 11. Juni 1879, von denen der eine der *Accademia dei Lincei*, der andere dem *Istituto Lombardo* vorgelegt wurde, veröffentlicht; andererseits habe ich die ganze Entwicklung, wie ich sie hier gebe, im Laufe des verflossenen Sommersemesters in einer Vorlesung über algebraische Gleichungen zum Vortrag gebracht.

§ 1.

Über gewisse elfblättrige Riemannsche Flächen[1]).

Die Wurzel z der Gleichung

$$(1) \qquad J = F(z),$$

von der soeben die Rede war, ist, wie ich a. a. O. zeigte, so in bezug auf J verzweigt, daß bei $J = \infty$ sämtliche elf Blätter im Zyklus zusammenhängen, bei $J = 0$ dreimal drei, bei $J = 1$ viermal zwei. Nun behauptete ich ebendort, *daß es nicht weniger als zehn wesentlich verschiedene Riemannsche Flächen gibt, welche dieselbe Eigenschaft besitzen* (von denen aber nur zwei bei der Transformationstheorie in Betracht kommen). Es ist heute meine nächste Aufgabe, diese Behauptung auf dem damals bereits angedeuteten, rein geometrischen Wege zu beweisen.

Die elf Blätter der Riemannschen Fläche will ich vorab, wie ich es früher tat, der Anschaulichkeit halber zur Hälfte schraffieren, nämlich soweit sie die positive Halbebene J überdecken. Sodann zerschneide man die Blätter sämtlich längs desjenigen Stückes der reellen Achse J, welches im Endlichen von $J = 0$ bis $J = 1$ reicht. Unsere Fläche geht dann, wie aus der vorausgesetzten Multiplizität der Verzweigungspunkte folgt, in eine einfach zusammenhängende, einfach berandete Fläche über, deren Blätter nach wie vor bei $J = \infty$ im Zyklus verbunden sind. Offenbar kann man dieselbe durch stetige Deformation in das Innere eines Kreises ausbreiten, das von einem beliebigen seiner Punkte aus in 22 abwechselnd schraffierte und nicht schraffierte Sektoren zerlegt ist. Will man die Punkte $J = 0$ als Ecken gestalten und die zwischen ihnen befindlichen Stücke der Kreisperipherie geradlinig zeichnen, so hat man das Elfeck der Fig. 8 auf S. 85 dieses Bandes.

---

[1]) Dieser Paragraph knüpft unmittelbar an die schon soeben zitierte Arbeit an: *Über die Erniedrigung der Modulargleichungen*, Math. Annalen, Bd. 14 (1878/79) [= Abh. LXXXIII im vorliegenden Bande dieser Ausgabe]. [Allgemeinere Abzählungen über die Anzahl der Riemannschen Flächen, welche in der z-Ebene gegebene Verzweigungsstellen haben, finden sich vor allem in zwei Arbeiten von Hurwitz in Bd. 39 und in Bd. 55 der Math. Annalen (1891 und 1901/02). K.]

Die so hergestellte Figur modifiziere ich nun mit Rücksicht auf den speziellen hier vorliegenden Zweck in der Art, wie es die dieses Mal beigefügte Fig. 1 versinnlichen soll. Statt das *Innere* des Elfecks als Abbildung der zerschnittenen Fläche zu betrachten, wähle ich das *Äußere*

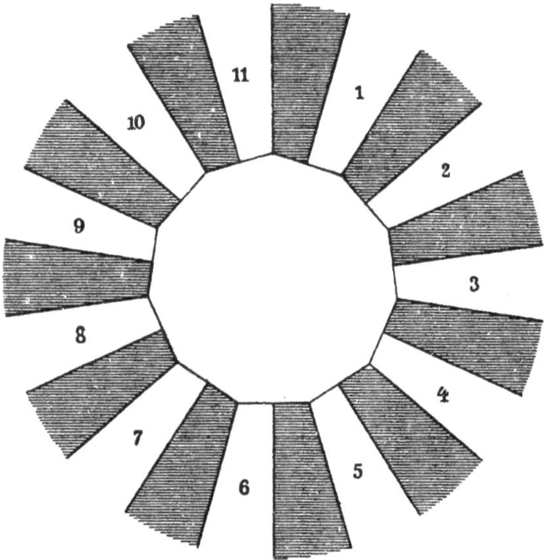

Fig. 1.

desselben und ersetze die früher im Mittelpunkte zusammenlaufenden 22 Halbdiagonalen durch ebensoviele ins Unendliche auslaufende gerade Linien. Außerdem habe ich zur Bezeichnung der verschiedenen Blätter in die nicht schraffierten Felder die Ziffern 1, 2, ..., 11 hineingesetzt.

Will man nun wissen, wie viele verschiedene elfblättrige Flächen es gibt, welche die von uns verlangte Lage und Multiplizität der Verzweigungspunkte besitzen, so ist die Frage augenscheinlich die [vgl. S. 86 im vorliegen Bande,]: *Auf wie viele Weisen ist es möglich, die 22 Halbkanten der in Fig. 1 vorhandenen inneren Begrenzung derart zu einem aus 11 Stücken bestehenden, doppelt überdeckten Linienzuge zusammenzubiegen, daß von den 11 Punkten $J = 0$ dreimal drei und von den 11 Punkten $J = 1$ viermal zwei zusammenkommen?* — Die Fig. 3 auf Seite 144 (die wohl ohne besondere Erläuterung verständlich ist) soll an einem Beispiele erläutern, wie dieses Zusammenbiegen gemeint ist.

Die so formulierte Frage wird durch die Schemata I, ..., VI in Figur 2 beantwortet. Dieselben sollen nur die Gestalt des elfgliedrigen Linienzuges in jedem Falle angeben. Die mit kleinen Kreisen bezeichneten Punkte entsprechen allemal $J = 0$, die durch gerade Striche markierten $J = 1$. Das Schema V bezieht sich auf den in Fig. 3 dargestellten Fall;

die Schemata I sind, meinen früheren Erläuterungen zufolge, die einzigen, welche auf die aus der Transformationstheorie hervorgehenden Gleichungen elften Grades passen.

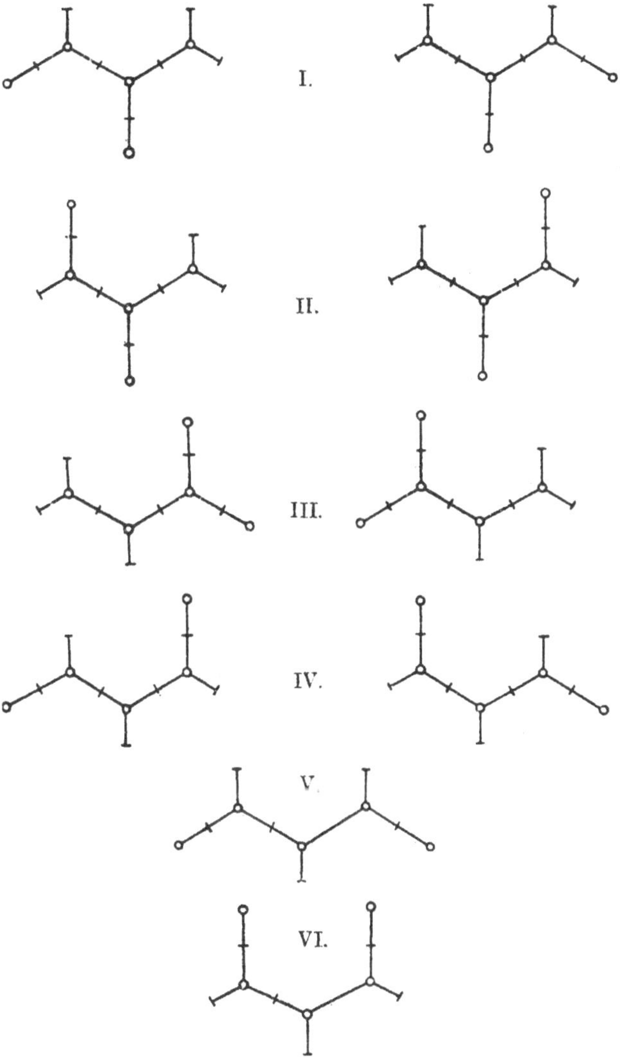

I.

II.

III.

IV.

V.

VI.

Fig. 2.

Es gibt, diesen Schematen nach, in der Tat *zehn* Möglichkeiten der Zusammenbiegung. Daß es auch nicht mehr gibt, ist ebenso evident; denn offenbar gelingt es nicht, noch andere elfgliedrige Linienzüge der von uns gewünschten Art herzustellen. — Somit ist der zu Eingang des Paragraphen ausgesprochene Satz bewiesen.

§ 2.
Gruppe der Monodromie.

Es wird sich nunmehr darum handeln, unter diesen zehn Fällen diejenigen beiden, welche allein für die Transformationstheorie Bedeutung
haben, durch ein einfaches Kriterium zu kennzeichnen. Ich wähle als
solches die *Gruppe der Monodromie* [2]). Wenn man J in seiner Ebene
beliebige geschlossene Wege beschreiben läßt, so werden, wie man weiß,
in den beiden in Betracht kommenden Fällen die elf Wurzeln der Gleichung $J = F(z)$ nur auf 660 Weisen vertauscht, und diese 660 Vertauschungen bilden die bekannte Gruppe, welche Galois zuerst auffand
und über die Betti [3]) die ersten ausführlichen Untersuchungen veröffentlichte. Diese Gruppe enthält nur solche Vertauschungen, deren Periode
1, 2, 3, 5, 6, 11 ist; und diesen Umstand will ich hier dazu benutzen,
um zu zeigen, daß die Gruppe der Monodromie in den acht für uns un-
brauchbaren Fällen eine andere ist, *daß also die beiden in Betracht
kommenden Flächen durch ihre Verzweigungspunkte und die Gruppe der
Monodromie zusammen völlig charakterisiert sind.*

Der betr. Nachweis stellt sich in sämtlichen Fällen durchaus analog.
Ich erläutere daher nur den Fall der Fig. 3 (Schema V). Man lasse J

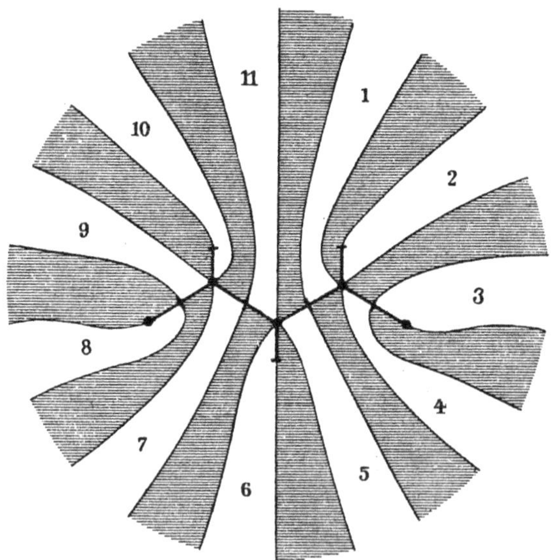

Fig. 3.

---

[2]) Vgl. die Fußnote [32]) auf S. 135 des vorliegenden Bandes.
[3]) Annali di Scienze matematiche etc. di Tortolini, t. IV. (1852). [= Opere
matematiche, Nr. VI, t. I., S. 81 ff.]

in seiner Ebene einmal den Unendlichkeitspunkt umkreisen, eine Operation, die ich S nennen will. Dann gehen (wie die Figur aufweist) die Wurzeln

$$1, 2, 3, 4, 5, 6, 7, 8, \quad 9, 10, 11$$

bei richtig gewähltem Bewegungssinne in folgende über:

$$2, 3, 4, 5, 6, 7, 8, 9, 10, 11, 1.$$

Andererseits lasse man J den Punkt $J = 1$ umkreisen, eine Operation, die T heißen soll. So wird aus

$$1, 2, 3, 4, 5, 6, \quad 7, 8, 9, 10, 11;$$

wie wieder die Figur zeigt, resp.

$$5, 2, 4, 3, 1, 6, 11, 9, 8, 10, \quad 7.$$

Jetzt mache man zuerst die Operation T, dann dreimal die Operation S. So entsteht aus

$$1, 2, 3, 4, 5, 6, 7, 8, \quad 9, 10, 11,$$

bez.

$$8, 5, 7, 6, 4, 9, 3, 1, 11, \quad 2, 10;$$

die Operation TS^3 vertauscht also folgende Wurzeln zyklisch:

$$(1\ 8,)\ (2, 5, 4, 6, 9, 11, 10)\ (3, 7).$$

Diese Zyklen enthalten bez. 2 und 7 Buchstaben; die Periode von TS^3 ist also 14, und die Gruppe der Monodromie von der Gruppe der 660 Substitutionen verschieden, was zu beweisen war[4]).

§ 3.

Die Gruppe der 660 y-Substitutionen.

Den soeben bewiesenen Satz benutze ich jetzt in der Art, daß ich mich fortan mit einem Probleme beschäftige, welches jedenfalls die richtige Gruppe von 660 Vertauschungen besitzt; *gelingt es mir dann, im Verlaufe der Untersuchung auf eine Gleichung $J = F(z)$ zu kommen, wo $F(z)$ einen kubischen Faktor kubisch und $(F(z) - 1)$ einen biquadratischen Faktor doppelt enthält, so habe ich die gesuchte Gleichung gefunden.*

Zu diesem Zwecke betrachte ich das System von 660 Kollineationen bei fünf Variablen, von dem schon in der Einleitung die Rede war. Indem ich die quadratischen Reste modulo 11 als Indizes wähle und so ordne, wie sie aus einem derselben durch Multiplikation mit 4 hervorgehen, nenne ich die Variablen

$$y_1,\ y_4,\ y_5,\ y_9,\ y_3.$$

Die 660 Kollineationen erwachsen dann durch Wiederholung und Kombination der folgenden zwei Operationen, $\left(\text{wo } \varrho = e^{\frac{2i\pi}{11}} \text{ gesetzt ist}\right)$:

---

[4]) Auch in den anderen Fällen genügt es, die Operation TS^3 zu betrachten.

$$(2) \quad \begin{cases} S) \quad y_1' = \varrho\, y_1, \; y_4' = \varrho^4 y_4, \; y_5' = \varrho^5 y_5, \; y_9' = \varrho^9 y_9, \; y_3' = \varrho^3 y_3; \\[2mm] T) \begin{cases} \sqrt{-11}\cdot y_1' = (\varrho^9 - \varrho^2)\,y_1 + (\varrho^4 - \varrho^7)\,y_4 + (\varrho^3 - \varrho^8)\,y_5 \\ \qquad\qquad\qquad + (\varrho^5 - \varrho^6)\,y_9 + (\varrho^1 - \varrho^{10})\,y_3, \\[1mm] \sqrt{-11}\cdot y_4' = (\varrho^4 - \varrho^7)\,y_1 + (\varrho^3 - \varrho^8)\,y_4 + (\varrho^5 - \varrho^6)\,y_5 \\ \qquad\qquad\qquad + (\varrho^1 - \varrho^{10})\,y_9 + (\varrho^9 - \varrho^2)\,y_3, \\[1mm] \sqrt{-11}\cdot y_5' = (\varrho^3 - \varrho^8)\,y_1 + (\varrho^5 - \varrho^6)\,y_4 + (\varrho^1 - \varrho^{10})\,y_5 \\ \qquad\qquad\qquad + (\varrho^9 - \varrho^2)\,y_9 + (\varrho^4 - \varrho^7)\,y_3, \\[1mm] \sqrt{-11}\cdot y_9' = (\varrho^5 - \varrho^6)\,y_1 + (\varrho^1 - \varrho^{10})\,y_4 + (\varrho^9 - \varrho^2)\,y_5 \\ \qquad\qquad\qquad + (\varrho^4 - \varrho^7)\,y_9 + (\varrho^3 - \varrho^8)\,y_3, \\[1mm] \sqrt{-11}\cdot y_3' = (\varrho^1 - \varrho^{10})\,y_1 + (\varrho^9 - \varrho^2)\,y_4 + (\varrho^4 - \varrho^7)\,y_5 \\ \qquad\qquad\qquad + (\varrho^3 - \varrho^8)\,y_9 + (\varrho^5 - \varrho^6)\,y_3, \end{cases} \end{cases}$$

denen sich als einfachste Kombination die zyklische Vertauschung zugesellt:

$$(2\mathrm{b}) \qquad C) \quad y_1' = y_4, \quad y_4' = y_5, \quad y_5' = y_9, \quad y_9' = y_3, \quad y_3' = y_1.\;^{5)}$$

Und zwar lassen sich sämtliche 660 Kollineationen durch die beiden Symbole angeben:

$$C^\alpha S^\beta, \quad C^\alpha S^\beta T S^\gamma,$$

wo man dem α die fünf Werte 0, 1, 2, 3, 4, dem β und dem γ die elf Werte 0, 1, 2, ..., 10 zu erteilen hat[6]).

Diesem Substitutionssysteme entspricht im Sinne meines letzten Aufsatzes (Math. Annalen, Bd. 15 (1879), S. 256 [= Abh. LVII in Bd. 2 dieser Ausgabe, S. 395 ff.]) ein „*Problem der y*", welches in allgemeinster Fassung so lautet: *Es sind sämtliche ganze Funktionen der y, die sich bei den 660 Kollineationen* (2) *nicht ändern, ihrem Zahlenwerte nach gegeben; man soll die unbekannten y berechnen.* Dies Problem hat jedenfalls die gewünschte Galoissche Gruppe, und mit ihm werde ich mich daher jetzt eine Zeit lang beschäftigen.

<h3 style="text-align:center">§ 4.</h3>

<h3 style="text-align:center">Ungeändert bleibende ganze Funktionen der y.</h3>

Es ist nicht meine Absicht, alle ungeändert bleibenden ganzen Funktionen der y mitzuteilen; dies würde jedenfalls eine weitläufige und vielleicht eine schwierige Aufgabe sein. Vielmehr definiere ich nur drei solche

---

[5]) [Man findet durch Rechnung, daß sich C durch S und T folgendermaßen ausdrückt: $C = S^6 T S^2 T S^6 T$ (vgl. Bd. 2 dieser Ausgabe, S. 417, Fußnote [28])). Die Produkte von Operationen sind in der vorliegenden Arbeit stets von links nach rechts zu lesen, $S^\alpha T^\beta$ z. B. soll also bedeuten, daß zuerst α-Mal die Operation S und dann β-Mal die Operation T angewandt wird. B.-H.]
[6]) [Vgl. z. B. „Modulfunktionen", Bd. 2, S. 303.]

Funktionen, die ich später gebrauche. Die erste ist die Funktion *dritten Grades*:

$$(3) \qquad \nabla = y_1^2 y_9 + y_4^2 y_3 + y_5^2 y_1 + y_9^2 y_4 + y_3^2 y_5,$$

offenbar die niedrigste ungeändert bleibende Funktion. Die zweite ist ihre *Hessesche Determinante* vom fünften Grade:

$$(4) \qquad H = \begin{vmatrix} y_9 & 0 & y_5 & y_1 & 0 \\ 0 & y_3 & 0 & y_9 & y_4 \\ y_5 & 0 & y_1 & 0 & y_3 \\ y_1 & y_9 & 0 & y_4 & 0 \\ 0 & y_4 & y_3 & 0 & y_5 \end{vmatrix},$$

deren erste Unterdeterminanten später von Interesse werden. Die dritte ist eine *Funktion elften Grades*:

$$(5) \qquad C = (y_1^{11} + y_4^{11} + y_5^{11} + y_9^{11} + y_3^{11}) + \cdots,$$

die man etwa definieren kann als numerisches Multiplum der Summe der elften Potenzen derjenigen 660 Werte, deren y_1 bei den 660 Kollineationen teilhaftig wird. Mit Rücksicht auf das erste in (5) angegebene Glied finde ich:

$$(5\,b) \qquad C = \frac{11}{118} (\textstyle\sum y^{11}).$$

Aus C und ∇ werde ich später die rationale Funktion 33-sten Grades und nullter Dimension:

$$\frac{C^3}{\nabla^{11}}$$

zusammensetzen.

§ 5.

Elfwertige ganze Funktionen der y.

Um die niedrigsten elfwertigen Funktionen der y zu finden, beginne ich damit, aus der Gesamtheit der Kollineationen (2) eine Untergruppe vom Index 11 (die sonach 60 Substitutionen enthält) auszuscheiden. Dies geschieht leicht, wenn man die eindeutige Beziehung benutzt, welche zwischen den 660 Kollineationen und denjenigen ganzzahligen linearen Substitutionen

$$\omega' = \frac{\alpha\omega + \beta}{\gamma\omega + \delta} \qquad \alpha\delta - \beta\gamma \equiv R \,(\mathrm{mod}.\ 11),$$

die modulo 11 verschieden sind, besteht, und dann die Bettischen Formeln heranzieht, welche ich in Abh. LXXXIII, S. 79 dieses Bandes reproduziert habe.

Offenbar kann man die beiden Kollineationen S, T den folgenden beiden ω-Substitutionen entsprechend setzen:

$$\omega' = \omega + 1, \qquad \omega' = -\frac{1}{\omega},$$

(aus denen wieder alle anderen durch Wiederholung und Kombination hervorgehen). Dann entsprechen den zyklischen Vertauschungen C^a der fünf y:

$$(y_1,\ y_4,\ y_5,\ y_9,\ y_3)^a,$$

wie man leicht findet[7]), die Wiederholungen von

$$\omega' = 4\,\omega.$$

Nun erwächst nach den genannten Formeln eine Untergruppe vom Index 11, wenn man die Substitution

$$\omega' = 4\,\omega$$

mit folgender Substitution von der Periode 2 verbindet:

$$\omega' = \frac{\omega - 2}{\omega - 1} = \frac{-1}{\omega - 1} + 1;$$

die Untergruppe enthält dann von selbst die Substitution

$$\omega' = -\frac{1}{\omega}.\ ^8)$$

Indem wir zu den y zurückkehren, haben wir also die zyklische Vertauschung C der y mit der Kollineation $S^{-1}TS$ zu kombinieren. Die entstehende Untergruppe umfaßt von selbst die Kollineation T.

Aber man kennt von vornherein eine sehr einfache Funktion der y, die bei den Operationen C und T invariant bleibt: das ist die *Summe* der y:

$$(6) \qquad p_\infty = y_1 + y_4 + y_5 + y_9 + y_3.$$

Wendet man auf sie die Kollineation $S^{-1}TS$ an, so kommt nach kurzer Rechnung:

$$
\begin{aligned}
(7) \qquad p_0 = \frac{1}{\sqrt{-11}}\ \{\,
& y_1\,(2\,(\varrho^7 - \varrho^1) + (\varrho^9 - \varrho^{10})) \\
+\ & y_4\,(2\,(\varrho^6 - \varrho^4) + (\varrho^3 - \varrho^7\ )) \\
+\ & y_5\,(2\,(\varrho^2 - \varrho^5) + (\varrho^1 - \varrho^6\ )) \\
+\ & y_9\,(2\,(\varrho^8 - \varrho^9) + (\varrho^4 - \varrho^2\ )) \\
+\ & y_3\,(2\,(\varrho^{10} - \varrho^3) + (\varrho^5 - \varrho^8\ ))\,\},
\end{aligned}
$$

---

[7]) [Unter Benutzung der in Fußnote [5]) auf S. 146 angegebenen Formel für C.]

[8]) [Setzt man der Kürze halber $C^2 = U$ und $S^{-1}TS = V$, so findet man zunächst $T = VC^4VCVC$; hiernach ist es sofort klar, daß die aus V und C erzeugte Gruppe die sämtlichen auf S. 79 des vorliegenden Bandes unter IIIa angegebenen Bettischen Substitutionen enthält. Sie enthält aber auch nicht mehr Substitutionen; denn statt C und V sind auch U und V zur Erzeugung brauchbar, und für diese gelten die Relationen

$$U^5 = 1, \qquad V^2 = 1, \qquad (UV)^3 = 1,$$

die bekanntlich (nach Dyck, Math. Annalen, Bd. 20 (1881/82), S. 35) zur abstrakten Definition der Ikosaedergruppe dienen. B.-H.]

und vertauscht man hier die fünf y zyklisch, so entstehen noch vier weitere Ausdrücke, die

$$(8) \qquad p_1, \ p_2, \ p_3, \ p_4$$

genannt werden sollen. — Da p_∞ bei zehn Kollineationen der Untergruppe ungeändert bleibt, so ist es gegenüber der Gesamtheit ihrer Kollineationen sechswertig; *d. h. die sechs Ausdrücke p werden bei den 60 Kollineationen der Untergruppe unter sich permutiert.* Die symmetrischen Funktionen der sechs p bleiben also bei sämtlichen Kollineationen der Untergruppe ungeändert; sie sind also gegenüber den 660 Kollineationen (2) elfwertig, sie müßten denn zu den überhaupt ungeändert bleibenden Funktionen gehören.

Demnach berechne man, um möglichst niedrige elfwertige Funktionen zu haben, die niedrigsten nicht verschwindenden symmetrischen Funktionen der p, also etwa die Summe der Quadrate und die Summe der Kuben. So findet man folgende Funktionen:

1.. *Die Funktion zweiten Grades:*

$$(9) \qquad \begin{aligned} \varphi_0 = {} & (y_1^2 + y_4^2 + y_5^2 + y_9^2 + y_3^2) \\ & - (y_1 y_9 + y_4 y_3 + y_5 y_1 + y_9 y_4 + y_3 y_5) \\ & + \frac{-1+\sqrt{-11}}{2}(y_1 y_4 + y_4 y_5 + y_5 y_9 + y_9 y_3 + y_3 y_1), \end{aligned}$$

2. *Die Funktion dritten Grades:*

$$(10) \qquad \begin{aligned} f_0 = {} & (y_1^3 + y_4^3 + y_5^3 + y_9^3 + y_3^3) \\ & + 3(y_1^2 y_3 + y_4^2 y_1 + y_5^2 y_4 + y_9^2 y_5 + y_3^2 y_9) \\ & - 3(y_1 y_4 y_9 + y_4 y_5 y_3 + y_5 y_9 y_1 + y_9 y_3 y_4 + y_3 y_1 y_5) \\ & + \frac{1+\sqrt{-11}}{2}(y_1^2 y_5 + y_4^2 y_9 + y_5^2 y_3 + y_9^2 y_1 + y_3^2 y_4) \\ & - \frac{1+\sqrt{-11}}{2}(y_1 y_4 y_5 + y_4 y_5 y_9 + y_5 y_9 y_3 + y_9 y_3 y_1 + y_3 y_1 y_4) \\ & - (1+\sqrt{-11})(y_1^2 y_4 + y_4^2 y_5 + y_5^2 y_9 + y_9^2 y_3 + y_3^2 y_1). \end{aligned}$$

Die Funktion φ_0 stimmt mit $\dfrac{-1+\sqrt{-11}}{12}\,\varSigma p^2$ überein; die Funktion f_0 ist von $\dfrac{-\sqrt{-11}\,\varSigma p^3}{6}$ nur um ein Glied verschieden, das ein numerisches Multiplum von ∇ (3) ist. — Die elf Werte, welche φ_0 oder f_0 bei den 660 Kollineationen annimmt, und die ich φ_ν, bez. f_ν nennen will, erwachsen aus φ_0 und f_0, wenn man der Kollineation S^ν entsprechend statt y_{k2} einträgt $\varrho^{k^2\nu} \cdot y_{k2}$. — Ändert man in diesen Formeln das Vorzeichen von $\sqrt{-11}$, so bekommt man Ausdrücke φ_ν', f_ν', welche ebenfalls elfwertig

sind und die sich auf die zweite Serie von Untergruppen vom Index 11
bezieht, die Betti a. a. O. ebenfalls angibt. Da sich aber für sie alle
Betrachtungen ganz geradeso gestalten, wie für die φ_ν, f_ν, so werde ich
sie in der Folge durchaus beiseite lassen. — Als elfwertige Funktionen
nullter Dimension werde ich später

$$\frac{f_\nu}{\nabla} \quad \text{und} \quad \frac{\varphi_\nu}{\nabla^{\tfrac{4}{3}}}$$

gebrauchen.

§ 6.
Spezialisierung des y-Problems.

Für unseren speziellen Zweck bedürfen wir nicht des *allgemeinen*
„Problems der y“: in der Schlußgleichung $J = F(z)$, die wir suchen, soll
nur der *eine* Parameter J vorkommen. Es handelt sich also darum, aus
der vierfach ausgedehnten Mannigfaltigkeit der $y_1 : y_4 : y_5 : y_9 : y_3$ nunmehr
in richtiger Weise eine einfach ausgedehnte Mannigfaltigkeit, *eine Kurve*,
auszuschneiden, die bei den 660 Kollineationen in sich übergeht, und das
spezielle auf sie bezügliche „Problem der y“ durchzuführen.

Von dieser Kurve wissen wir, *daß sie das Bild der Galoisschen
Resolvente der Transformationsgleichung sein muß*. Nun ist, wie ich
früher ausführte (Math. Annalen, Bd. 14 (1878/79) [= Abh. LXXXII, S. 55
dieses Bandes]), die Galoissche Resolvente vorgestellt durch eine Riemannsche Fläche, die 660-blättrig über der Ebene J ausgebreitet ist und
deren Blätter bei $J = 0$ zu je drei, bei $J = 1$ zu je zwei, bei $J = \infty$ zu
je elf, sonst aber nirgends zusammenhängen, deren Geschlecht also $= 26$
ist[9]). Auf unserer Kurve muß es dementsprechend eine rationale Funktion J
geben, welche jeden Wert in 660 und nur in 660 solchen Punkten annimmt, die durch die 660 Kollineationen auseinander hervorgehen; es darf
unter diesen Gruppen von je 660 zusammengehörigen Punkten nur drei
geben, welche aus einer geringeren Zahl von mehrfach zählenden Punkten
bestehen: eine Gruppe von 220 dreifach zählenden Punkten, eine von 330
zweifach zählenden und eine von 60 elffach zählenden. Das Geschlecht
der Kurve ist natürlich auch gleich 26. — Beachten wir ferner die Gleichung (1) $J = F(z)$. Sie sagt vor allen Dingen aus, daß es auf unserer
Kurve eine rationale Funktion z gibt, welche jeden Wert in 60 und nur
in solchen 60 Punkten annimmt, die durch die Kollineationen einer Untergruppe vom Index 11 auseinander hervorgehen. Die weiteren Eigenschaften der Funktion F: daß $F(z)$ eine rationale *ganze* Funktion elften
Grades ist, daß es einen kubischen Faktor kubisch und $F(z) - 1$ einen

---

[9]) [Vgl. die ergänzende Bemerkung Nr. 1 auf S. 166 am Schluß dieser Arbeit.]

biquadratischen Faktor doppelt enthalten soll, sind bloße Konsequenzen des Gesagten[10]). Daß $F(z)$ eine *ganze Funktion elften Grades* ist, ergibt sich daraus, daß die 660 einem beliebigen Werte von J entsprechenden Punkte sich gegenüber den 60 Kollineationen der Untergruppe in $11 \cdot 60$ spalten, daß aber die 60 Punkte $J = \infty$ alle auseinander durch die Kollineationen der Untergruppe hervorgehen. Die anderen Eigenschaften folgen aus dem Verhalten der 220 Punkte $J = 0$ und der 330 Punkte $J = 1$. Es gibt unter den 660 Kollineationen, wie bekannt, $2 \cdot 55$ von der Periode 3, 55 von der Periode 2.[11]) Bei jeder Kollineation von der Periode 3 bleiben daher vier Punkte $J = 0$ fest, bei jeder Kollineation von der Periode 2 sechs Punkte $J = 1$. Aber die Untergruppe vom Index 11 enthält $2 \cdot 10$ Kollineationen von der Periode 3, 15 von der Periode 2. Die 220 Punkte $J = 0$ sondern sich also ihr gegenüber in $2 \cdot 20 + 3 \cdot 60$ und die 330 Punkte $J = 1$ in $3 \cdot 30 + 4 \cdot 60$. Und eben dies wird durch die gemeinten Eigenschaften von F ausgesagt.

Wenn es also gelingt, eine Raumkurve zu finden, auf welcher die Funktion J in der angegebenen Weise, auf welcher überdies eine Funktion z existiert, so muß sie von selbst zu einer Gleichung $J = F(z)$ hinleiten, die alle charakteristischen Eigenschaften besitzt und also die von uns gesuchte Gleichung ist.

Jetzt ist die niedrigste nur von den Verhältnissen der y abhängige rationale Funktion, die bei den 60 Kollineationen einer Untergruppe ungeändert bleibt, nach § 5:

$$(11) \qquad z = \frac{f_\nu}{\nabla},$$

eine Funktion vom dritten Grade. Sie soll, will ich voraussetzen, diejenige Funktion sein, welche auf unserer Kurve jeden Wert in 60 Punkten annimmt; ich werde also die Hypothese machen, *daß unsere Kurve von der 20-sten Ordnung sei, und weder auf $f_\nu = 0$, noch auf $\nabla = 0$ gelegen sei, noch auch dem gemeinsamen Schnitte von $f_\nu = 0$, $\nabla = 0$ begegne.* Ich will ferner annehmen, *daß sie nicht auf $C = 0$ liege und auch nicht dem Schnitte von $C = 0$, $\nabla = 0$ begegne.* Dann ist $\dfrac{C^3}{\nabla^{11}}$ eine Funktion, welche jeden Wert in 660 zusammengehörigen Punkten annimmt; für $C = 0$ erhält man nur 220 getrennte Punkte, für $\nabla = 0$ nur 60. Man sieht: *es müßte $J = k \cdot \dfrac{C^3}{\nabla^{11}}$ gesetzt werden,* wo k eine numerische Konstante ist.

---

[10]) Vgl. bei diesen Überlegungen die analogen Betrachtungen für die Transformation siebenter Ordnung, welche ich Math. Annalen, Bd. 14 (1878/79) [= Abh. LXXXIV, S. 113 ff., 119 ff. dieses Bandes] etwas ausführlicher entwickelt habe.

[11]) Vgl. hier und im folgenden bei solchen Angaben die betr. Kapitel in Serrets Traité d'algèbre supérieure, vol. II, [oder in den „Modulfunktionen", Bd. 1, S. 435/36.]

Nun sage ich: *Wenn nur das Geschlecht unserer Kurve gleich 26 ist, so gibt es von selbst außer der Gruppe der dreifach zählenden 220 Punkte und der Gruppe der elffach zählenden 60 Punkte nur noch e i n e Gruppe von mehrfach zählenden Punkten, nämlich von 330 zweifach zählenden.* Denn denken wir uns die Kurve als Riemannsche Fläche 660-blättrig über der Ebene J ausgebreitet, so bekommen wir, wegen der 660 Transformationen der Kurve in sich, bei denen J ungeändert bleibt, jedenfalls eine *reguläre* Verzweigung (Math. Annalen, Bd. 14 (1878/79) [= Abh. LXXXIV, S. 122 dieses Bandes]), und wenn also irgendwo ν Blätter zusammenhängen, so hängen an dieser Stelle alle Blätter zu je ν zusammen. Man hat also

$$2p - 2 = 660\left(-2 + \sum \frac{\nu-1}{\nu}\right),$$

wo sich die Summe rechter Hand auf die verschiedenen Stellen der Ebene J bezieht, an denen Verzweigungen stattfinden. Soll nun $p = 26$, ein Wert von ν gleich 3, ein anderer gleich 11 sein, so kann, wie man sofort zeigt, nur noch ein drittes ν unter dem Summenzeichen vorkommen, und dieses muß gleich 2 sein. Auch können wir, durch zweckmäßige Wahl von k, erreichen, daß J an der betr. Stelle gleich 1 wird.

Man sieht, wie sich alle diese Hypothesen zusammenschließen. *Es gilt, in dem Raume der y eine Kurve von der 20-sten Ordnung und dem Geschlechte 26 zu finden, welche bei den 660 Kollineationen in sich übergeht, und weder auf $f_\nu = 0$, noch auf $\nabla = 0$, noch endlich auf $C = 0$ gelegen ist, auch nicht dem Schnitte von $f_\nu = 0$ und $\nabla = 0$, oder dem Schnitte von $C = 0$ und $\nabla = 0$ begegnet.*

§ 7.

Die Doppelkurve von $H = 0$.

Falls unsere Kurve 20-ster Ordnung existiert, muß sie jedenfalls auf der Fläche (4): $H = 0$ liegen[12]). Denn sonst gäbe es mit $H = 0$ 100 Schnittpunkte, und diese 100 Punkte müßten durch die 660 Kollineationen unter sich permutiert werden, was unmöglich ist. — Nun erinnere man sich der Untersuchungen, vermöge deren man in der gewöhnlichen Raumgeometrie zeigt, daß die Hessesche einer Fläche dritter Ordnung zehn Knotenpunkte besitzt. Man setzt zu dem Zwecke gleichzeitig alle ersten Unterdeterminanten der Hesseschen Determinante gleich Null. Genau so kann man bei fünf Variabeln verfahren und erhält dann durch bekannte Methoden

---

12) Ich nenne hier *Fläche* jede Mannigfaltigkeit, die durch *eine* Gleichung dargestellt wird, also im vorliegenden Falle eine Mannigfaltigkeit von drei Dimensionen; *Kurve* ein Gebiet von nur einer Dimension.

den allgemeinen Satz: *daß bei fünf Variabeln die Hessesche einer Fläche dritter Ordnung eine Doppelkurve von der 20-sten Ordnung und dem Geschlechte 26 besitzt.*

[Es seien nämlich $H_{ik} = 0$ in irgendeiner Reihenfolge die 15 Gleichungen vierter Ordnung, die man durch Nullsetzen der ersten Unterdeterminanten von H erhält. Wegen der zwischen den H_{ik} bestehenden, in $y_1, y_4, \ldots, y_8$ identischen, Relationen sind diese Gleichungen für die Punkte einer Kurve verträglich. Irgend drei derselben bestimmen zunächst eine Kurve 64-ster Ordnung, von der sich aber verschiedene Bestandteile abtrennen, welche die übrigen H_{ik} nicht sämtlich zu Null machen. Die Betrachtung wird ganz ähnlich durchzuführen sein, wie Clebsch in Crelles Journal, Bd. 59 (1861) bei der Abzählung der Doppelpunkte der Hesseschen Fläche einer Fläche dritter Ordnung im dreidimensionalen Raum verfährt. (Vergl. auch Salmon-Fiedler, *Analyt. Geometrie des Raumes*, Bd. 2, 2. Aufl. (1874), S. 331—334 und S. 535—536.) Von hier aus erhält man die Ordnung gleich 20. — Wie ich das Geschlecht p der Doppelkurve vermöge ähnlicher allgemeiner Ansätze zu $p = 26$ abzählte, kann ich nicht erinnern. Jedoch wird unten auf S. 155 für unsere spezielle Kurve $p = 26$ nachgewiesen, und da dieselbe keinerlei Doppelpunkte besitzt, liegt kein Grund vor, daß ihr Geschlecht niedriger sei, als das der Doppelkurve der Hesseschen Fläche einer allgemeinen Fläche dritter Ordnung im vierdimensionalen Raum. So läßt sich vom speziellen Fall der Rückschluß auf den allgemeinen machen.][13])

Es wird also auch, falls nicht besondere Verhältnisse störend einwirken, die Fläche $H = 0$ eine solche Doppelkurve besitzen, und diese Doppelkurve wird durch die 660 Kollineationen in sich übergehen, da die Fläche $H = 0$ es tut. Kann man zweifeln, daß eben diese Doppelkurve die von uns gesuchte Kurve ist? Dabei ist freilich zweierlei noch nachzuweisen: nämlich erstens, daß die im allgemeinen Falle richtigen Zahlen 20 und 26 für Ordnung und Geschlecht im besonderen Falle keine Modifikation erfahren, und zweitens, daß unsere Kurve auch die anderen, negativen Eigenschaften besitzt, welche wir angegeben haben.

Indem ich dem Beweise, zu dem ich mich sofort wende, vorgreife, spreche ich schon hier den Satz aus:

Die von uns gesuchte Kurve 20-ster Ordnung ist die Doppelkurve der Hesseschen Fläche $H = 0$.

Zum Beweise bilde man zunächst alle Unterdeterminanten von H und setze sie gleich Null. So bekommt man ein Gleichungssystem, welches ich

$$(12) \qquad\qquad H_{ik} = 0$$

---

[13]) [Zusatz beim Wiederabdruck. — Vgl. die ergänzende Bemerkung 5. auf S. 168 am Schlusse dieser Arbeit. K.]

nennen will, und dessen Gleichungen aus folgenden drei

$$(13) \quad \begin{cases} 0 = y_4 \, y_5 \, y_9 \, y_3 - y_1^2 \, y_5 \, y_3 + y_1^2 \, y_4^2 + y_3^3 \, y_1 \,, \\ 0 = y_1^2 \, y_5 \, y_9 - y_4^2 \, y_5 \, y_3 - y_3^2 \, y_1 \, y_9 \,, \\ 0 = y_4^3 \, y_9 + y_9^3 \, y_5 + y_3^3 \, y_1 \,, \end{cases}$$

durch zyklische Permutation der y hervorgehen.

Ich will nun die fünf Punkte, in denen vier von den fünf y verschwinden, als die Punkte I, IV, V, IX, III bezeichnen. Dann sieht man sofort:

Die fünf Punkte I, IV, V, IX, III *gehören unserer Kurve an.*
Und da sie den Flächen (5): $C = 0$ und $f_r = 0$ (§ 5): offenbar nicht angehören, so folgt:

Unsere Kurve liegt weder auf $C = 0$ *noch auf* $f_r = 0$.
Setzt man in (13) und die übrigen Gleichungen $H_{ik} = 0$ für eins der y den Wert Null, so folgt, daß noch drei, übrigens beliebige y verschwinden müssen. Daher:

Jede Ebene $y_{k^2} = 0$ *schneidet unsere Kurve nur in vier Punkten, nämlich in denjenigen vier unter den fünf Punkten* I, IV, V, IX, III, *welche nicht nach dem Index von* y_{k^2} *benannt sind.*

Man lasse nunmehr in einem der fünf Punkte, etwa im Punkte III, eine Reihenentwicklung eintreten, indem man $y_3 = 1$, $y_5 = dt$ setzt. Dann bekommt man aus den Gleichungen $H_{ik} = 0$ [14]) bis auf Glieder von höherer als der zehnten Ordnung:

$$y_1 = dt^{10}, \quad y_4 = dt^6, \quad y_5 = dt, \quad y_9 = -dt^3, \quad y_3 = 1,$$

und also für das Verhalten der y in sämtlichen fünf Punkten folgende Tabelle:

$$(14)$$

	y_1	y_4	y_5	y_9	y_3
I	1	dt^{10}	dt^6	dt	$-dt^3$
IV	$-dt^3$	1	dt^{10}	dt^6	dt
V	dt	$-dt^3$	1	dt^{10}	dt^6
IX	dt^6	dt	$-dt^3$	1	dt^{10}
III	dt^{10}	dt^6	dt	$-dt^3$	1

[14]) [Es genügt sogar, um die Rechnung durchzuführen, nur die Gleichungen zu benutzen, welche durch zyklische Vertauschung der Indizes aus der letzten der drei Gleichungen (13) hervorgehen. B.-H.]

Man sieht:

> *Die fünf Punkte sind einfache Punkte unserer Kurve.*

Dann aber vor allem:

> *Die Kurve ist von der 20-sten Ordnung.*

Denn die Summe der beim einzelnen $\dot{y}$ in der Tabelle vorkommenden Exponenten von dt ist $3 + 1 + 6 + 10 = 20$.

Jeder unserer fünf Punkte bleibt der Kollineation $S: y'_{k^2} = \varrho^{k^2} y_{k^2}$ ungeändert, bei der zyklischen Vertauschung C der y werden sie unter-einander permutiert. Es entstehen aus den fünf Punkten bei den 660 Kollineationen daher nur 60. In ihnen sämtlich verschwindet ∇, weil es z. B. in I verschwindet. Dagegen verschwindet ∇ nicht identisch. Denn tragen wir in ∇ z. B. die auf I bezügliche Reihenentwicklung (14) ein, so kommt (mit dem von uns gewählten Maße der Genauigkeit) $\nabla = dt$. Also:

> $\nabla = 0$ *hat mit unserer Kurve* 60 *und nur* 60 *Schnittpunkte gemein, und in diesen verschwindet weder* C *noch* f_r.

Um alle charakteristischen Eigenschaften der von uns gesuchten Kurve beisammen zu haben, bleibt nur noch zu zeigen, *daß das Geschlecht gleich* 26 *ist.* Dies gelingt sehr einfach durch die Betrachtung gewisser Ungleichheiten. [Indem wir unsere Doppelkurve 20-ster Ordnung als Teil-schnitt dreier Flächen vierter Ordnung betrachten, die wir $H_1 = 0$, $H_2 = 0$, $H_3 = 0$ nennen mögen, finden wir in bekannter Weise:][15]

$$p \leqq 71.$$

Andererseits ist p jedenfalls nicht kleiner als das Geschlecht einer in gerade Linien zerfallenen Kurve; also:

$$p \geqq -19.$$

---

[15] [Beim Wiederabdruck an die Stelle einer ungenauen Formulierung des Originals gesetzt. — Man hat nämlich folgenden Ansatz: Es seien $u_y = 0$, $v_y = 0$ irgend zwei Ebenen, (u, v, H_1, H_2, H_3) die Funktionaldeterminate der beteiligten Formen, so sind die überall endlichen Integrale, die zu unserer Kurve 20-ster Ordnung gehören, jeden-falls in der Gestalt

$$\int \Phi_7 \frac{u_y \, dv_y - v_y \, du_y}{(u, v, H_1, H_2, H_3)}$$

enthalten, unter Φ_7 eine Form siebenten Grades der Variablen y verstanden. Die Fläche $\Phi_7 = 0$ unterliegt indessen der Bedingung, daß sie die Kurve 20-ster Ordnung in denjenigen k festen Punkten trifft, in denen diese den übrigen Bestandteilen der Schnittkurve von $H_1 = 0$, $H_2 = 0$, $H_3 = 0$ begegnet. Außerdem wird $\Phi_7 = 0$ die Kurve 20-ster Ordnung in $2p-2$ beweglichen Punkten schneiden. Hieraus folgt die Be-ziehung

$$k + 2p - 2 = 7 \cdot 20 = 140,$$

also insbesondere $p \leqq 71$. Indem weiterhin p als 26 fixiert wird, folgt, daß unsere $\Phi_7 = 0$ die Kurve 20-ster Ordnung im $140 - (2 \cdot 26 - 2) = 90$ festen Punkten schneiden muß, falls wir ein Integral erster Gattung vor uns haben wollen. K.]

Endlich aber läßt sich, wie ich im vorigen Paragraphen zeigte, folgende Gleichung anschreiben:

$$2p - 2 = 660\left(-2 + \sum'\frac{\nu-1}{\nu}\right).$$

Hier muß, wegen des Schnittes mit $C = 0$ *ein* ν gleich 3, und wegen des Schnittes mit $\nabla = 0$ ein anderes ν gleich 11 genommen werden. Nähme man nun kein drittes ν dazu, so würde

$$2p - 2 = -280, \qquad p = -139$$

sein. Nähme man aber das dritte ν gleich 3 oder noch größer, oder nähme man gar mehrere ν an, so käme:

$$2p - 2 \geqq 160, \qquad p \geqq 81.$$

Also ist nur noch ein ν da; dasselbe ist gleich 2; *und p wird* $= 26$, was zu beweisen war.

<h3 style="text-align:center">§ 8.</h3>
<h3 style="text-align:center">Die Gleichung $J = F(z)$.</h3>

Jetzt ist es eine einfache Rechenaufgabe, die Gleichung $J = F(z)$ zu bilden. Wir haben

$$(15) \qquad J = k\cdot\frac{C^3}{\nabla^{11}}, \qquad z_\nu = \frac{f_\nu}{\nabla}$$

zu setzen und zunächst mit unbestimmten Koeffizienten anzuschreiben[16]):

$$(16) \qquad J = k(z^2 + Az + B)(z^3 + az^2 + bz + c)^3,$$

oder auch:

$$(16\,\mathrm{b}) \qquad J - 1 = k(z^3 + \mathsf{A}z^2 + \mathsf{B}z + \Gamma)(z^4 + \alpha z^3 + \beta z^2 + \gamma z^2 + \delta)^2.$$

Sodann trage man eine der Reihenentwicklungen (14) in C, ∇ und f_ν ein. So kommt bis auf Glieder von höherer als der zehnten Dimension:

$$(17) \quad \left\{ \begin{aligned}
&C = 1, \qquad \nabla = dt,\\
&f_\nu = \varrho^{9\nu} + \frac{1+\sqrt{-11}}{2}\varrho^{2\nu}\cdot dt^2 - 2\varrho^{4\nu}\cdot dt^3 + \frac{1+\sqrt{-11}}{2}\varrho^{6\nu}\cdot dt^4\\
&\qquad + (1+\sqrt{-11})\varrho^{8\nu}\cdot dt^5 - \frac{1+\sqrt{-11}}{2}\varrho^{10\nu}\cdot dt^6 + 3\varrho^{3\nu}\cdot dt^8\\
&\qquad + 2\varrho^{5\nu}\cdot dt^9 - \frac{1+\sqrt{-11}}{2}\varrho^{7\nu}\cdot dt^{10}.
\end{aligned} \right.$$

---

[16]) Das hier rechter Hand stehende k ist in der Tat dasselbe, wie das k in (15). Denn in $\frac{C^3}{\nabla^{11}}$ wie in z^{11} kommt im Zähler das Glied y_1^{33} mit $+1$ multipliziert vor.

Dies in (16) und (16b) eingesetzt gibt mit einer großen Zahl von Kontrollen:

$$(18) \qquad A = -3, \qquad B = 5 - \sqrt{-11},$$

$$a = 1, \qquad b = -3\frac{1+\sqrt{-11}}{2}, \qquad c = \frac{7-\sqrt{-11}}{2};$$

$$(18b) \qquad \mathsf{A} = 4, \qquad \mathsf{B} = \frac{7-5\sqrt{-11}}{2}, \qquad \Gamma = 4 - 6\sqrt{-11},$$

$$\alpha = -2, \quad \beta = 3\cdot\frac{1-\sqrt{-11}}{2}, \quad \gamma = 5 + \sqrt{-11}, \quad \delta = -3\cdot\frac{5+\sqrt{-11}}{2},$$

und die beiden so erhaltenen Werte von J und $J-1$ stimmen in der Tat überein (was wieder eine Menge von Bestätigungen einschließt), wenn

$$(19) \qquad k = -\frac{1}{1728}$$

gesetzt wird.

Daher lautet die fertige Gleichung $J = F(z)$ folgendermaßen:

(20) $J : J - 1 : 1$

$$= (z^2 - 3z + (5 - \sqrt{-11}))\cdot\left(z^3 + z^2 - 3\cdot\frac{1+\sqrt{-11}}{2}\cdot z + \frac{7-\sqrt{-11}}{2}\right)^3$$

$$: \left(z^3 + 4z^2 + \frac{7-5\sqrt{-11}}{2}\cdot z + (4 - 6\sqrt{-11})\right)\cdot$$

$$\cdot\left(z^4 - 2z^3 + 3\cdot\frac{1-\sqrt{-11}}{2}\cdot z^2 + (5 + \sqrt{-11})z - 3\cdot\frac{5+\sqrt{-11}}{2}\right)^2$$

$$: -1728.$$

§ 9.

Die zweite Form der Gleichung des elften Grades.

Neben die so gewonnene Gleichung stellt sich nun noch eine zweite, ebenfalls sehr einfache, wenn man nicht von der elfwertigen Funktion *dritten* Grades f_ν (10), sondern von der Funktion *zweiten* Grades φ_ν (9) ausgeht. Ich beweise zunächst den Satz:

Vermöge der Relationen $H_{ik} = 0$ (12) reduzieren sich alle bei den 660 Kollineationen ungeändert bleibenden ganzen Funktionen der y auf ganze Funktionen von ∇ und C.

Eine ungeändert bleibende Funktion der y, gleich Null gesetzt, stellt eine Fläche vor, welche entweder unsere Kurve enthält — und dann wird die Funktion vermöge der $H_{ik} = 0$ identisch Null sein — oder dieselbe in solchen Punkten schneidet, die bei den 660 Kollineationen untereinander permutiert werden. Unter ihnen können sich eine gewisse Anzahl von Malen die 60 Punkte $\nabla = 0$ finden, ebenso beliebig oft die 220 Punkte $C = 0$, dann irgendwelche Gruppen von 660 getrennten Punkten, die durch $C^3 - \lambda \nabla^{11} = 0$ dargestellt sind, wo λ eine geeignete Konstante bedeutet. Dagegen kann die Gruppe der 330 Punkte $J = 1$ nur eine *paare* Anzahl von Malen auftreten, weil die Gesamtzahl der Punkte durch 20 teilbar sein muß, 330 aber nur durch 10 teilbar ist. *Doppeltzählend* wird diese Gruppe aber auch durch eine Kombination von C und ∇ dargestellt, nämlich, da $J = 1$ ist, durch $C^3 + 1728\,\nabla^{11} = 0$; sämtliche Schnittpunkte also können mit der richtigen Multiplizität ausgeschnitten werden, indem man eine geeignete Funktion von ∇ und C gleich Null setzt, was zu beweisen war. —

Daher genügen vermöge der Relationen $H_{ik} = 0$ die elf φ_k einer Gleichung elften Grades, deren Koeffizienten ganze Funktionen von ∇ und C sind.

Mit Rücksicht auf den Grad der in Betracht kommenden Funktionen können wir sofort mit unbestimmten Zahlenfaktoren anschreiben:

$$(21) \quad \varphi^{11} + \alpha\,\nabla^2 \cdot \varphi^8 + \beta\,\nabla^4 \cdot \varphi^5 + \gamma\,\nabla C \cdot \varphi^4 + \delta\,\nabla^6 \cdot \varphi^2 + \varepsilon\,\nabla^3 C \cdot \varphi + \zeta \cdot C^2 = 0.$$

Die Zahlenfaktoren bestimmt man wieder vermöge der Reihenentwicklungen (14). Man hat ihnen zufolge:

$$(22) \quad \varphi_\nu = \varrho^{6\nu} - \varrho^{8\nu} \cdot dt + \varrho^{10\nu} \cdot dt^2 + \frac{1 - \sqrt{-11}}{2}\,\varrho^\nu \cdot dt^3 + \frac{1 - \sqrt{-11}}{2}\,\varrho^{3\nu} \cdot dt^4$$

$$+ \left[\frac{-1 + \sqrt{-11}}{2}\,\varrho^{9\nu} \cdot dt^7 + \varrho^{2\nu} \cdot dt^9 + \frac{-1 + \sqrt{-11}}{2}\,\varrho^{4\nu} \cdot dt^{10} + \ldots \right]$$

und findet also:

$$(23) \quad \alpha = -22, \quad \beta = 11(9 - 2\sqrt{-11}), \quad \gamma = 11, \quad \delta = 88\sqrt{-11},$$
$$\varepsilon = \frac{11(-3 + \sqrt{-11})}{2}, \quad \zeta = -1.$$

Ich will noch

$$(24) \quad \frac{\varphi_\nu}{\nabla^{2/3}} = \xi_\nu$$

setzen und für $\dfrac{C^3}{\nabla^{11}}$ einführen: $-1728\,J = -1728\,\dfrac{g_2^3}{\Delta}$. *Dann erhält die neue Gleichung elften Grades folgende Form:*

$$(25) \quad \xi^{11} - 22 \cdot \xi^8 + 11(9 - 2\sqrt{-11})\xi^5 - 11 \cdot \frac{12 g_2}{\sqrt[3]{\Delta}} \cdot \xi^4 + 88\sqrt{-11} \cdot \xi^2$$

$$- 11 \cdot \frac{-3 + \sqrt{-11}}{2} \cdot \frac{12 g_2}{\sqrt[3]{\Delta}} \cdot \xi - \frac{144 g_2^2}{\sqrt[3]{\Delta^2}} = 0.$$

Es bleibt nur noch zu zeigen, wie diese Gleichung mit Gleichung (20) zusammenhängt. Die Fläche $\varphi_\nu = 0$ schneidet aus unserer Kurve 40 Punkte aus, die sich bei den 60 Kollineationen der Untergruppe untereinander permutieren. Dies können, dem Früheren zufolge, nur diejenigen $2 \cdot 20$ Punkte sein, welche je bei zwei Kollineationen von der Periode 3 fest-

bleiben, d. h. dieselben Punkte, für welche man nach Gleichung (20)
hatte:

$$z^2 - 3z + (5 - \sqrt{-11}) = 0.$$

In der Tat zeigen die Reihenentwicklungen (14), daß folgende Relation
besteht (natürlich immer vermöge der $H_{ik} = 0$):

$$(26) \qquad \varphi_\nu^3 = f_\nu^2 - 3 f_\nu \nabla + (5 - \sqrt{-11}) \nabla^2,$$

und *daß man also von der Gleichung* (25) *zu der Gleichung* (20) *kommt,*
indem man setzt:

$$(27) \qquad \xi^3 = z^2 - 3z + (5 - \sqrt{-11}).$$

Die direkte Verifikation dieser Angabe, die wieder eine Reihe von Kontrollen für die Zahlenkoeffizienten einschließt, hat keinerlei Schwierigkeit.

§ 10.

Zusammenstellung der bisherigen Resultate.

Fassen wir zusammen, so sind wir für *die Transformation elfter*
Ordnung der elliptischen Funktionen nunmehr zu folgenden Resultaten
gekommen:

1. *Die Galoissche Resolvente* 660-*ten Grades läßt sich folgender-*
maßen anschreiben: Man unterwerfe die fünf Verhältnisgrößen

$$y_1 : y_4 : y_5 : y_9 : y_3$$

den 15 Relationen $H_{ik} = 0$ (vgl. (12) resp. (13)) und setze[17]):

$$\frac{-C^3}{1728 \, \nabla^{11}} = J,$$

wo ∇ die Funktion dritten Grades (2), C die Funktion elften Grades
(4) bezeichnet. — Hat man *ein* Lösungssystem dieser Gleichungen gefunden, so ergeben sich alle anderen durch die Kollineationen des § 3.

2. *Es gibt zwei einfachste Formen der Resolvente elften Grades.*
Die eine, von uns zu Anfang allein betrachtete, lautet (20):

$$J : J - 1 : 1$$

$$= (z^2 - 3z + (5 - \sqrt{-11})) \cdot \left(z^3 + z^2 - 3 \cdot \frac{1 + \sqrt{-11}}{2} \cdot z + \frac{7 - \sqrt{-11}}{2} \right)^3$$

$$: \left(z^3 + 4z^2 + \frac{7 - 5\sqrt{-11}}{2} \cdot z + (4 - 6\sqrt{-11}) \right).$$

$$\cdot \left(z^4 - 2z^3 + 3 \cdot \frac{1 - \sqrt{-11}}{2} \cdot z^2 + (5 + \sqrt{-11})z - 3 \cdot \frac{5 + \sqrt{-11}}{2} \right)^2$$

$$: -1728;$$

---

[17]) Wollte man nicht die Verhältnisse der y, sondern die y selbst betrachten,
so könnte man schreiben:

$$C = 12 g_2, \qquad \nabla = -\sqrt[11]{\Delta},$$

man müßte dann also g_2 und $\sqrt[11]{\Delta}$ adjungieren.

ihre elf Wurzeln sind durch die Formel gegeben:

$$z_\nu = \frac{f_\nu}{\nabla},$$

wo f_ν durch Gleichung (10) definiert ist.

Die zweite Form wird durch (25) vorgestellt:

$$0 = \xi^{11} - 22\cdot\xi^8 + 11(9 - 2\sqrt{-11})\cdot\xi^5 - 11\cdot\frac{12g_2}{\sqrt[3]{\Delta}}\cdot\xi^4 + 88\cdot\sqrt{-11}\cdot\xi^2$$

$$- 11\cdot\frac{-3+\sqrt{-11}}{2}\cdot\frac{12g_2}{\sqrt[3]{\Delta^2}}\cdot\xi - \frac{144g_2^2}{\sqrt[3]{\nabla^2}};$$

und ihre Wurzeln sind:

$$\xi_\nu = \frac{\varphi_\nu}{\nabla^{\frac{2}{3}}},$$

unter φ_ν die Funktionen (9) verstanden.

§ 11.

Zusammenhang mit der Gleichung zwölften Grades.

Ich wünsche nun noch zu zeigen, wie die Größen y mit der Multiplikatorgleichung zwölften Grades, die ich neuerdings mitteilte[18]), zusammenhängen und wie man dementsprechend das vorstehend formulierte Problem 660-ten Grades, resp. die Gleichungen elften Grades auf transzendentem Wege lösen kann. Ich setze zunächst die ausgerechnete Gleichung zwölften Grades noch einmal her:

$$(28) \quad z^{12} - 90\cdot11\cdot\sqrt[2]{\Delta}\cdot z^6 + 40\cdot11\cdot12\,g_2\cdot\sqrt[3]{\Delta}\cdot z^4 - 15\cdot11\cdot216g_3\cdot\sqrt[4]{\Delta}\cdot z^3$$

$$+ 2\cdot11\cdot(12g_2)^2\cdot\sqrt[6]{\Delta}\cdot z^2 - 12g_2\cdot216g_3\cdot\sqrt[12]{\Delta}\cdot z - 11\cdot\Delta = 0,$$

und gebe vor allen Dingen an, wie sich ihre Wurzeln als Funktionen des Periodenverhältnisses $\frac{\omega_1}{\omega_2} = \omega$ des elliptischen Integrals, resp. als Funktionen von $q^2 = e^{2i\pi\omega}$ darstellen lassen. Bekanntlich ist (28) eine Jacobische Gleichung. Setzt man dementsprechend:

$$(29) \quad \begin{cases} \sqrt{z_\infty} = \sqrt{-11}\cdot A_0, \\ \sqrt{z_\nu} = \qquad\quad A_0 + \varrho^\nu A_1 + \varrho^{4\nu} A_4 + \varrho^{5\nu} A_5 + \varrho^{9\nu} A_9 + \varrho^{3\nu} A_3, \\ \qquad\qquad\qquad (\nu = 0, 1, \ldots, 10) \end{cases}$$

(worin ich nur dadurch von der Jacobischen Beziehung abweiche, daß ich als Indizes der A die quadratischen Reste modulo 11 verwende), so erhält man auf bekanntem Wege für *ein* Wertsystem der A folgende Formeln:

<hr>

[18]) Vgl. Math. Annalen, Bd. 15 (1878/79) [= vorstehend abgedruckte Note Nr. LXXXV, S. 139].

$$(30)\begin{cases}
\mu A_0 = q^{\frac{121}{132}} \cdot \sum_{-\infty}^{+\infty} (-1)^{h+1} \cdot q^{33h^2 + 55h + 22}, \\[2ex]
\mu A_1 = q^{\frac{1}{132}} \cdot \left\{ \sum_{-\infty}^{+\infty} (-1)^h \cdot q^{33h^2 + h} + \sum_{-\infty}^{+\infty} (-1)^{h+1} \cdot q^{33h^2 + 43h + 14} \right\}, \\[2ex]
\mu A_4 = q^{\frac{37}{132}} \cdot \left\{ \sum_{-\infty}^{+\infty} (-1)^h \cdot q^{33h^2 + 13h + 1} + \sum_{-\infty}^{+\infty} (-1)^{h+1} \cdot q^{33h^2 + 31h + 7} \right\}, \\[2ex]
\mu A_5 = q^{\frac{49}{132}} \cdot \left\{ \sum_{-\infty}^{+\infty} (-1)^h \cdot q^{33h^2 + 37h + 10} + \sum_{-\infty}^{+\infty} (-1)^{h+1} \cdot q^{33h^2 + 7h} \right\}, \\[2ex]
\mu A_9 = q^{\frac{97}{132}} \cdot \left\{ \sum_{-\infty}^{+\infty} (-1)^{h+1} \cdot q^{33h^2 + 19h + 2} + \sum_{-\infty}^{+\infty} (-1)^h \cdot q^{33h^2 + 25h + 4} \right\}, \\[2ex]
\mu A_3 = q^{\frac{25}{132}} \cdot \left\{ \sum_{-\infty}^{+\infty} (-1)^h \cdot q^{33h^2 + 49h + 18} + \sum_{-\infty}^{+\infty} (-1)^h \cdot q^{33h^2 + 61h + 28} \right\},
\end{cases}$$

wo μ den Proportionalitätsfaktor $\sqrt{\dfrac{\omega_2}{2\pi}}$ bedeutet[19]).

Solcher Wertsysteme gibt es $660 \cdot 24$, nämlich 660 wegen der Galoisschen Gruppe der Modulargleichung, und 24 wegen der in (28) vorkommenden zwölften Wurzel und der in (29) stehenden Quadratwurzel. Aber man sieht leicht, daß sich je 24 Wertsysteme nur durch eine 24-ste Einheitswurzel unterscheiden, *daß also die Verhältnisse der A bloß 660-wertig sind*. In der Tat, läßt man in den Formeln (30) ω um 11 Einheiten wachsen, so erhalten sämtliche A eine 24-te Einheitswurzel, aber

---

[19]) [Damit die Formeln (29), (30) zusammenbestehen, müssen die Wurzeln z_r der Multiplikatorgleichung in die richtige Reihenfolge gebracht werden, die von der sonst üblichen abweicht, nämlich:

$$z_\rho = \left(\frac{2\pi}{\omega_2}\right) \cdot (-11) \cdot q^{\frac{11}{6}} \cdot \prod (1 - q^{22\lambda})^2$$

$$z_r = \left(\frac{2\pi}{\omega_2}\right) \cdot \varrho^{2\nu} \cdot q^{\frac{1}{66}} \cdot \prod \left(1 - \varrho^{2\nu\lambda} q^{\frac{2}{11}\lambda}\right)^2$$

$$(\nu = 0, 1, \ldots, 10).$$

Der allgemeine Ausdruck für die Reihenentwicklungen (30) mit von Null verschiedenem Index k^2 (mod 11) lautet:

$$\mu \cdot A_{k^2} = q^{\frac{1}{132}} \cdot \left\{ \sum_{-\infty}^{+\infty} (-1)^h \cdot q^{33h^2 - (11 + 12k)h + \frac{2(k+1)(6k+5)}{11}} \right.$$
$$\left. + \sum_{-\infty}^{+\infty} (-1)^h \cdot q^{33h^2 - (11 - 12k)h + \frac{2(k-1)(6k-5)}{11}} \right\}.$$

Im Texte ist nur an einigen Stellen der Summationsbuchstabe h durch $h+1$ bzw. $h+2$ ersetzt. B.-H.]

diese ist bei allen A dieselbe, und rührt nur von dem rechter Hand gemeinsam auftretenden Faktor $q^{\frac{1}{132}}$ her. — Ebenso waren, nach den früheren Betrachtungen, die Verhältnisse der y 660-wertig. Es ergibt sich also die Möglichkeit: *die Verhältnisse der y durch die Verhältnisse der A und diese durch jene rational auszudrücken*, und dies ist die präzise Formulierung des Problems, mit dem wir uns jetzt noch zu beschäftigen haben.

§ 12.
Zugehörige Formeln.

Die Betrachtungen, welche nötig sind, um das äußerst einfache Resultat abzuleiten, fasse ich in eine Reihe einzelner Bemerkungen zusammen. Dabei will ich ausdrücklich betonen, daß ich wohl kaum zu diesem Gedankengange geführt worden wäre, hätte nicht bei den Transformationsgraden 5 und 7 ein ganz ähnliches Resultat vorgelegen[20]).

1. Die 660 Wertsysteme der $A_0 : A_1 : A_4 : A_5 : A_9 : A_3$ ergeben sich nach meiner Darstellung in Bd. 15 der Math. Annalen (1879), S. 276 [= Abh. LVII, Bd. 2 dieser Ausgabe, S. 417] aus einem derselben durch 660 a priori bekannte Kollineationen, aus denen ich folgende zwei herausgreife:

$$(31) \quad \begin{cases} S': & A_0' = A_0, & A_1' = \varrho\, A_1, & A_4' = \varrho^4 A_4, & A_5' = \varrho^5 A_5, \\ & & & A_9' = \varrho^9 A_9, & A_3' = \varrho^3 A_3, \\ C': & A_0' = A_0, & A_1' = A_4, & A_4' = A_5, & A_5' = A_9, \\ & & & A_9' = A_3, & A_3' = A_1. \end{cases}$$

2. Die eindeutige Zuordnung zwischen den Verhältnissen der A und den Verhältnissen der y läßt sich auf 660 verschiedene Weisen treffen. Denn hat man eine solche Zuordnuug durchgeführt, so kann man nachträglich die y oder die A noch einer beliebigen der 660 Kollineationen unterwerfen. Daher kann man es jedenfalls erreichen, daß den Wiederholungen von S:

$$y_1' = \varrho\, y_1, \quad y_4' = \varrho^4 y_4, \quad y_5' = \varrho^5 y_5, \quad y_9' = \varrho^9 y_9, \quad y_3' = \varrho^3 y_3$$

die Wiederholungen von S' und den zyklischen Vertauschungen

$$(y_1\, y_4\, y_5\, y_9\, y_3)$$

die Wiederholungen von C' entsprechen.

3. Ich sage nun, daß unter dieser Voraussetzung der zyklischen Substitution C:

$$y_1' = y_4, \quad y_4' = y_5, \quad y_5' = y_9, \quad y_9' = y_3, \quad y_3' = y_1$$

---

[20]) Wie sich das analoge Theorem bei beliebigem Transformationsgrade gestaltet, beabsichtige ich demnächst zu zeigen. [Vgl. Math. Annalen, Bd. 17 (1881) [= Abh. LXXXIX im vorliegenden Bande, S. 190, Fußnote [11]).]

notwendig die zyklische Vertauschung C' selbst, nicht irgendeine Wiederholung derselben entspricht. Denn sei etwa:

$$\frac{A_1}{A_0} = R(y_1, y_4, y_5, y_9, y_3),$$

wo R eine rationale Funktion von nullter Dimension sein soll. Multiplizieren wir jetzt, der Kollineation S entsprechend, jedes y_{k} mit ϱ^{k^2}, so erhält R, nach Voraussetzung, irgendeine elfte Einheitswurzel ϱ^ν als Faktor. Nun bilden wir, indem wir die Kollineation C anwenden:

$$R(y_4, y_5, y_9, y_3, y_1).$$

Schreiben wir jetzt statt y_{k} bez. $\varrho^{k^2} \cdot y_{k}$, so muß $\varrho^{4\nu}$ als Faktor vortreten. Daher kann $R(y_4, y_5, y_9, y_3, y_1)$ nur gleich $\frac{A_4}{A_0}$ sein, was zu beweisen war.

4. Die fünf Punkte I, IV, V, IX, III (vgl. § 7) waren auf der y-Kurve dadurch charakterisiert, daß sie gleichzeitig bei der Kollineation S (und ihren Wiederholungen) ungeändert bleiben. Ihnen werden auf der Kurve der A (wenn diese geometrische Redeweise gestattet ist!) fünf Punkte entsprechen, welche die Substitution S' zulassen. *Offenbar sind es diejenigen fünf Punkte, in denen A_0 und vier der übrigen A verschwinden.* Denn erstens bleiben diese Punkte, wie evident ist, bei der Kollineation S' ungeändert, und zweitens gehören sie der Kurve der A an. Hebt man nämlich aus den Ausdrücken rechter Hand in (30) zunächst den gemeinsamen Faktor $q^{\frac{1}{132}}$ fort und setzt dann $q = 0$, so erhält man

$$A_0 = 0, \quad A_1 \gtrless 0, \quad A_4 = A_5 = A_9 = A_3 = 0,$$

so daß unsere Behauptung für einen der fünf Punkte richtig ist; aus dem einen Punkte gehen aber die vier anderen durch die zyklische Vertauschung C' hervor. Ich werde diese Punkte I', IV', V', IX', III' nennen.

5. Den Bemerkungen 2., 3. zufolge kann man den Punkt I einem beliebigen der Punkte I' ... III' zuordnen; hat man aber z. B. I dem IV' entsprechend gesetzt, so korrespondieren IV, V, IX, III notwendig dem V', IX', III', I'.

6. A_0 kann nur in den Punkten I' ... III' zu Null werden. Denn wenn A_0 gleich Null ist, so ist nach Gl. (29) eine der Wurzeln z gleich Null, also, nach (28), $\Delta = 0$ oder $J = \infty$. Es gibt 60 Punkte $J = \infty$, aber nur in fünf derselben kann die einzelne Wurzel z gleich Null sein. Denn in den fünf Punkten I' ... III' verschwindet, (29) zufolge, nur z_∞, keine der anderen Wurzeln z_ν.

7. Nachdem ich in (30) rechter Hand den gemeinsamen Faktor $q^{\frac{1}{132}}$ weggehoben, will ich $q^{\frac{2}{11}} = -ds$ setzen. Dann erweisen sich die

$$A_0, A_1, A_4, A_5, A_9, A_3$$

in erster Annäherung proportional zu:

$$-ds^5, \quad 1, \quad -ds^7, \quad -ds^2, \quad ds^{15}, \quad ds.$$

Dies gibt folgende Tabelle für das Verhalten der A in den Punkten $I' \ldots III'$:

$$(32) \quad \begin{cases} & A_0 & A_1 & A_4 & A_5 & A_9 & A_3 \\ I' & -ds^5 & 1 & -ds^7 & -ds^2 & +ds^{15} & +ds \\ IV' & -ds^5 & +ds & 1 & -ds^7 & -ds^2 & +ds^{15} \\ V' & -ds^5 & +ds^{15} & +ds & 1 & -ds^7 & -ds^2 \\ IX' & -ds^5 & -ds^2 & +ds^{15} & +ds & 1 & -ds^7 \\ III' & -ds^5 & -ds^7 & -ds^2 & +ds^{15} & +ds & 1 \end{cases}$$

8. *Die Kurve der A hat die 25-te Ordnung.* Denn die Summe der Exponenten von ds in der auf A_0 bezüglichen Kolonne der vorstehenden Tabelle ist 25. Aber auch die Summe der Exponenten von ds in einer auf ein beliebiges anderes A bezüglichen Kolonne ist 25. *Also werden die anderen A ebenfalls außer in den Punkten $I' \ldots III'$ nirgendwo gleich Null.*

Insbesondere ergibt sich:

$$(33) \qquad A_0^5 + A_1 A_4 A_5 A_9 A_3 = 0,$$

eine Relation, von der Brioschi gelegentlich Gebrauch macht[21]).

9. Man bilde jetzt folgende Verhältnisse der y:

$$\frac{y_4}{y_5}, \quad \frac{y_5}{y_9}, \quad \frac{y_9}{y_3}, \quad \frac{y_3}{y_1}, \quad \frac{y_1}{y_4}.$$

Da die y nirgendwo außer in den Punkten $I \ldots III$ Null werden, so erhält man für das Null- und Unendlichwerden dieser Funktionen folgende Tabelle (vgl. (14)):

---

[21]) *Sopra una classe di equazioni modulari.* Annali die Matematiche, ser. 2, t. IX (1878/79), S. 167 ff. [= Opere matematiche, Nr. LXXV, t. II., S. 193.] [Die Gleichung (33) ergibt sich aus folgender Überlegung Würde die Kurve der A nicht auf der durch sie dargestellten Fläche liegen, so hätte sie mit dieser 125 Schnittpunkte gemeinsam. Die Gesamtordnung des Verschwindens der Form $A_0^5 + A_1 A_4 A_5 A_9 A_3$ auf der Kurve der A ist aber gemäß unseren Formeln (32) größer als 125 und diese Kurve ist irreduzibel. K.]

$$(34)\begin{cases}\begin{array}{c|c|c|c|c|c}
\text{I} & +\,dt^4 & +\,dt^5 & -\,dt^{-2} & -\,dt^3 & +\,dt^{-10} \\
\hline
\text{IV} & +\,dt^{-10} & +\,dt^4 & +\,dt^5 & -\,dt^{-2} & -\,dt^3 \\
\hline
\text{V} & -\,dt^3 & +\,dt^{-10} & +\,dt^4 & +\,dt^5 & -\,dt^{-2} \\
\hline
\text{IX} & -\,dt^{-2} & -\,dt^3 & +\,dt^{-10} & +\,dt^4 & +\,dt^5 \\
\hline
\text{III} & +\,dt^5 & -\,dt^{-2} & -\,dt^3 & +\,dt^{-10} & +\,dt^4
\end{array}\end{cases}$$

10. Andererseits bilde man folgende Verhältnisse der A:

$$-\frac{A_0}{A_1},\quad -\frac{A_0}{A_4},\quad -\frac{A_0}{A_5},\quad -\frac{A_0}{A_9},\quad -\frac{A_0}{A_3}.$$

Sie werden nur in den Punkten $\mathrm{I'}\ldots\mathrm{III'}$ Null oder unendlich, und zwar findet man aus (32) folgendes Schema:

$$(35)\begin{cases}\begin{array}{c|c|c|c|c|c}
\mathrm{I'} & +\,ds^5 & -\,ds^{-2} & -\,ds^3 & +\,ds^{-10} & +\,ds^4 \\
\hline
\mathrm{IV'} & +\,ds^4 & +\,ds^5 & -\,ds^{-2} & -\,ds^3 & +\,ds^{-10} \\
\hline
\mathrm{V'} & +\,ds^{-10} & +\,ds^4 & +\,ds^5 & -\,ds^{-2} & -\,ds^3 \\
\hline
\mathrm{IX'} & -\,ds^3 & +\,ds^{-10} & +\,ds^4 & +\,ds^5 & -\,ds^{-2} \\
\hline
\mathrm{III'} & -\,ds^{-2} & -\,ds^3 & +\,ds^{-10} & +\,ds^4 & +\,ds^5
\end{array}\end{cases}$$

11. Jetzt ordne man dem I das $\mathrm{IV'}$, und also, nach 5., dem IV, V, IX, III bzw. das $\mathrm{V'}$, $\mathrm{IX'}$, $\mathrm{III'}$, $\mathrm{I'}$ zu. Dann werden, wie ein Blick auf die Tabellen lehrt,

$$\frac{y_4}{y_5},\quad \frac{y_5}{y_0},\quad \frac{y_9}{y_0},\quad \frac{y_3}{y_1},\quad \frac{y_1}{y_4}$$

und

$$-\frac{A_0}{A_1},\quad -\frac{A_0}{A_4},\quad -\frac{A_0}{A_5},\quad -\frac{A_0}{A_9},\quad -\frac{A_0}{A_3}$$

an entsprechenden Stellen und in demselben Maße Null und Unendlich, und sind demnach resp. einander gleich zu setzen. *Man hat also folgende Formeln, die das von uns gestellte Problem erledigen und die in § 10 zusammengestellten Resultate im angegebenen Sinne ergänzen:*

$$(36)\quad \frac{y_4}{y_5}=-\frac{A_0}{A_1},\quad \frac{y_5}{y_9}=-\frac{A_0}{A_4},\quad \frac{y_9}{y_3}=-\frac{A_0}{A_5},\quad \frac{y_3}{y_1}=-\frac{A_0}{A_9},\quad \frac{y_1}{y_4}=-\frac{A_0}{A_3}.$$

Ebenhausen, den 15. August 1879.

———

[Ergänzende Bemerkungen zur vorstehend abgedruckten Abhandlung Nr. LXXXVI.]

[1. *Die regulär eingeteilten Riemannschen Flächen der Galoisschen Resolventen der Modulargleichung.* Bereits in der Abhandlung Nr. LXXXIV über die Transformation siebenter Ordnung der elliptischen Funktionen war davon die Rede (vgl. S. 122/23 im vorliegenden Bande, Fußnote [24])), daß Dyck die zu den Galoisschen Resolventen der Modulargleichungen von primzahligem Transformationsgrade gehörigen regulär-symmetrischen Riemannschen Flächen einem Spezialstudium unterworfen hat. Da er seinen hierauf bezüglichen Aufsatz [22]) gerade mit einer den Fall $n = 11$ illustrierenden Tafel begleitet hat, mag an dieser Stelle über Dycks Untersuchung berichtet werden. Genau wie bei $n = 7$ setzt sich bei beliebigem ungeradem primzahligem n die regulär eingeteilte Oberfläche aus $\dfrac{n \cdot (n^2 - 1)}{2}$ Doppeldreiecken zusammen, und wieder wird man $\dfrac{n^2 - 1}{2}$ Punkte a, $\dfrac{n \cdot (n^2 - 1)}{6}$ Punkte b und $\dfrac{n \cdot (n^2 - 1)}{4}$ Punkte c unterscheiden, in denen je n, bzw. je 3, bzw. je 2 Doppeldreiecke aneinander stoßen. Wir gelangen zu einer ersten, vorläufigen Übersicht über unsere Fläche, indem wir je n solche Doppeldreiecke, die in einem Punkte a zusammenkommen, zu einem n-Eck vereinigen und also die Fläche aus $\dfrac{n^2 - 1}{2}$ n-Ecken aufbauen. Des weiteren werden wir diese n-Ecke zu noch größeren Aggregaten von Elementardreiecken, sogenannten „Polygonkränzen" oder „Rädern" zusammenfassen, indem wir je ein n-Eck mit den n an seine freien Kanten angrenzenden n-Ecken vereinigen. Es zeigt sich dann, daß es auf $n + 1$ verschiedene Weisen möglich ist, $\dfrac{n - 1}{2}$ Punkte a derart herauszugreifen, daß diejenigen Räder, welche diese Punkte a zu Zentren haben, zusammengenommen gerade unsere Fläche erschöpfen. Jeder solchen Zerlegung der Fläche in $\dfrac{n - 1}{2}$ Räder entspricht eine unter den $n + 1$ gleichberechtigten zyklischen Untergruppen der Ordnung n, welche in der zu unserer Fläche gehörigen Gesamtgruppe enthalten sind, indem die Untergruppe die $\dfrac{n - 1}{2}$ herausgegriffenen Punkte a festläßt und die einzelnen Räder um diese Zentren dreht, und zwar in der Weise, daß je zwei Räder gleichzeitig verschiedene Drehungswinkel erhalten; dreht sich nämlich z. B. ein erstes Rad um den Winkel $\dfrac{2\pi}{n}$, so stimmen in den Drehungswinkeln $\dfrac{2\varkappa\pi}{n}$ der $\dfrac{n - 1}{2}$ Räder die Zahlen $\varkappa$ in ihrer Gesamtheit mit den $\dfrac{n - 1}{2}$ quadratischen Resten (mod n) überein.

Um nun ein Bild unserer Fläche zu entwerfen, wird man — wenigstens, wenn ihr Geschlecht $p > 0$ ist — vorteilhafterweise die Zusammenheftung der $\dfrac{n - 1}{2}$ Räder nicht wirklich vollziehen, sondern besser die einzelnen Räder nebeneinander zeichnen und in einer beigefügten Tabelle die Zusammengehörigkeit der Kanten angeben [23]). In den niedersten Fällen gestalten sich demnach die Ergebnisse folgendermaßen:

---

[22]) *Versuch einer übersichtlichen Darstellung der Riemannschen Fläche, welche der Galoisschen Resolvente der Modulargleichung für Primzahltransformation der elliptischen Funktionen entspricht.* Math. Annalen, Bd. 18 (1881), S. 507—527.

[23]) Hier ist ein schönes konkretes Beispiel für Riemannsche Flächen, die aus einzelnen „Flächenkalotten" mit zusammengeordneten Rändern bestehen, wie ich sie bei den abstrakt funktionentheoretischen Überlegungen benutzt habe, die unten in Abhandlung Nr. CIII wieder abgedruckt werden.

Für $n = 3$ haben wir ein Rad aus 4 Dreiecken, das sich zu einem Tetraeder zusammenbiegen läßt, für $n = 5$ zwei Räder aus 6 Fünfecken, entsprechend der Zerlegung des Pentagondodekaeders in zwei gleiche Hälften, für $n = 7$ drei Räder aus 8 Siebenecken, wie schon in Fußnote [28]) auf S. 131 angedeutet, und für $n = 11$ fünf Räder aus 12 Elfecken. Ein solches hat nun eben D y c k auf einer seiner Arbeit beigegebenen Tafel veranschaulicht. Die Zeichnung ist dabei wieder so entworfen, daß das zentrale Elfeck als Kreisbogenelfeck in die Mitte eines Orthogonalkreises gelegt ist und die 11 übrigen Elfecke gleichfalls als zu demselben Orthogonalkreis gehörige Kreisbogenfiguren darumgelagert sind. So werden die Verhältnisse auch auf dieser, immerhin recht komplizierten Riemannschen Fläche, anschaulich klar.

Auch über die Symmetrielinien unserer Flächen macht D y c k für beliebige ungerade Primzahlen n allgemeine Angaben.

2. *Die Resolventen elften Grades und das Formenproblem der y.* Wir unterscheiden nach § 10 zweierlei einfachste Arten der Resolventen elften Grades, eine funktionentheoretische und eine formentheoretische. Beide treten selbstverständlich in zweierlei Gestalt auf, je nachdem für $\sqrt{-11}$ gesetzt wird $+i\sqrt{11}$ oder $-i\sqrt{11}$ (vgl. S. 149/1 50 Schluß von § 5). Man wird fragen, ob sich an die formentheoretischen Gleichungen nicht ähnliche algebraische Überlegungen knüpfen lassen, wie Gordan sie bei den entsprechenden Gleichungen für $n = 7$ durchgeführt hat. (Vgl. Bd. 2 dieser Ausgabe, S. 426—438.) Der erste Schritt hierzu wäre die Aufstellung eines vollen Systems aller Formen in den y, die bei den Substitutionen der Gruppe (2), S. 146, ungeändert bleiben. Daran wird man ein „allgemeines" Formenproblem der y knüpfen (vgl. S. 146) und fragen, welcher akzessorischer Irrationalitäten es bedarf, um dasselbe auf das „spezielle" Problem, bei welchem der Punkt y auf der Doppelkurve von $H = 0$ liegt, zurückzuführen. Sodann wären die Gleichungen (21), (23) auf den allgemeinen Fall zu übertragen; nachdem das volle Formensystem vorhanden ist, erfordert diese Aufgabe nur noch elementare algebraische Rechnungen [24]). Weiterhin ist die Beziehung der beiden Gleichungen elften Grades zueinander von Interesse. Versteht man in Formel (9) auf S. 149 unter $\sqrt{-11}$ den Wert $+i\sqrt{11}$ und nennt den Ausdruck, der aus φ_ν durch Vertauschung von $+i$ mit $-i$ hervorgeht, ψ_ν, so findet man, im Anschluß an F r i c k e, „Modulfunktionen", Bd. 2, S. 429, die $2 \cdot 11$ linearen Gleichungen

$$\frac{-1 + i\sqrt{21}}{2} \cdot \psi_\nu = \varphi_{\nu-1} + \varphi_{\nu-4} + \varphi_{\nu-5} + \varphi_{\nu-9} + \varphi_{\nu-3}$$

$$\frac{-1 - i\sqrt{11}}{2} \cdot \varphi_\nu = \psi_{\nu+1} + \psi_{\nu+4} + \psi_{\nu+5} + \psi_{\nu+9} + \psi_{\nu+3}.$$

Diese Beziehungen sind völlig analog denjenigen, welche G o r d a n zwischen den Wurzeln der entsprechenden Gleichungen bei $n = 7$ gefunden hat. (Vgl. Formel (14) auf S. 432 in Bd. 2 dieser Ausgabe.) Wird sich nun der Affekt der beiden Gleichungen dadurch festlegen lassen, daß man nebeneinander die symmetrischen Funktionen der φ und der ψ kennt? Und wird sich danach eine allgemeine Theorie der Gleichungen elften Grades von dem in Betracht kommenden Affekt entwickeln lassen nach dem Muster der G o r d a n schen Theorie der Gleichungen siebenten Grades mit einer Gruppe von 168 Substitutionen?

3. *Die Resolventen zwölften Grades.* Ich habe in der Note Nr. LXXXV die einfachste formentheoretische Gestalt der Resolvente zwölften Grades (Multiplikator-

---

[24]) Es versteht sich, daß man auch daran denken wird, die formentheoretische Resolvente zwölften Grades, die ich Multiplikatorgleichung erster Stufe zu nennen pflege, in entsprechender Weise zu verallgemeinern und zu dem „allgemeinen" Problem der A in Beziehung zu setzen, womit eine Theorie der Jacobischen Gleichungen zwölften Grades begründet würde.

gleichung erster Stufe) hergestellt. Fricke hat aber in Bd. 2 der „Modulfunktionen“, S. 440[25]) auch die funktionentheoretische Gestalt der Resolvente zwölften Grades vollständig entwickeln können, wobei sein Resultat nach Auspotenzierung der Klammerausdrücke mit den Formeln übereinstimmt, die Kiepert in Bd. 32 der Math. Annalen (1887/88), S. 97 mitgeteilt hat. Wie auf S. 35 des vorliegenden Bandes angegeben, erhält das Fundamentalpolygon für die Transformation elfter Ordnung das Geschlecht $p = 1$, läßt sich also zweiblättrig über einer komplexen Ebene ausbreiten. Der allgemeine Ansatz, den nun Fricke hier und in zahlreichen höheren Fällen, in denen das Fundamentalpolygon hyperelliptisch ist, verfolgt[26]), besteht darin, daß man zunächst auf das Klassenpolygon (vgl. Fußnote [18]) auf S. 35/36 in diesem Bande) zurückgreift, für welches in den genannten Fällen $p = 0$ wird[27]), und sich eine einwertige Funktion τ des Klassenpolygons verschafft. Zu jedem Werte von τ gehören dann noch zwei Stellen des Fundamentalpolygons, die am einfachsten durch das Vorzeichen einer zweiten Funktion τ' unterschieden werden, für die man etwa die folgende wählen mag:

$$\tau'^2 = (\tau - \tau_1)(\tau - \tau_2) \ldots (\tau - \tau_k),$$

unter $\tau_1, \tau_2, \ldots, \tau_k$ die Verzweigungsstellen verstanden, welche das Fundamentalpolygon in bezug auf die das Klassenpolygon abbildende komplexe τ Ebene besitzt. Nunmehr drückt sich die Transformation n-ter Ordnung durch ein Gleichungssystem aus:

$$J : J - 1 : 1 = G_1(\tau, \tau') \quad : G_2(\tau, \tau') \quad : G_3(\tau, \tau')$$
$$J' : J' - 1 : 1 = G_1(\tau, -\tau') : G_2(\tau, -\tau') : G_3(\tau, -\tau').$$

Hier bedeutet J' den transformierten Wert von J, und G_1, G_2, G_3 sind ganze rationale Funktionen der beigefügten Argumente, auf deren Bestimmung die Aufgabe der Transformation jetzt hinausläuft. In unserem Falle $n = 11$ findet Fricke:

$$\tau'^2 = 1 - 20\,\tau + 56\,\tau^2 - 44\,\tau^3,$$
$$J : J - 1 : 1 = [2^5 \cdot 11 \cdot \tau^2 - 2^4 \cdot 23 \cdot \tau + 61 - 2^2 \cdot 3 \cdot 5 \cdot \tau']^3$$
$$: [7\,(2^3 \cdot 11^2 \cdot \tau^3 - 2^6 \cdot 3 \cdot 11 \cdot \tau^2 + 2^4 \cdot 3 \cdot 23\,\tau - 5 \cdot 19)$$
$$- 2 \cdot 3^2 \cdot \tau'\,(2^3 \cdot 11 \cdot \tau - 37)]^2$$
$$: 2^4 \cdot 3^3 \cdot \tau\,[2^3 \cdot 11 \cdot \tau^2 - 3 \cdot 7 \cdot \tau + 1 - \tau'\,(11\,\tau - 1)]^2;$$

J' entsteht hieraus durch Zeichenwechsel von τ'.

4. *Die Integrale elfter Stufe.* Ebenso wie die zu dem Fundamentalpolygon siebenter Stufe gehörigen überall endlichen Integrale hat Hurwitz auch die zur elften Stufe gehörigen untersucht (Sächs. Berichte, Bd. 36 (1884)). Die Einzelheiten möge man in den „Modulfunktionen“, Bd. 2, Abschnitt VI nachlesen, wo sie ausführlich zur Darstellung gelangt sind.

5. *Die Doppelkurve der Hesseschen Fläche.* Während der Korrektur erhalte ich von Herrn Segre aus Turin die Mitteilung (datiert vom 11. Nov. 1922), daß einer seiner Schüler, der auf seine Veranlassung die auf S. 153 in einem Spezialfall behandelte Frage nach dem Geschlecht der Doppelkurve der Hesseschen Fläche einer algebraischen Fläche im vierdimensionalen Raum untersucht hat, zu folgendem allgemeinen Resultat gelangt ist: Setzt man eine symmetrische fünfreihige Determinante, deren Elemente Formen m-ten Grades sind, gleich Null, so enthält die hierdurch definierte algebraische Fläche eine Doppelkurve von der Ordnung $20\,m^2$ und vom Geschlechte $75\,m^4 - 50\,m^3 + 1$. Für $m = 1$ ergeben sich in der Tat, wie im Texte, die Zahlen 20 und 26.   K.]

---

[25]) und schon vorher in Bd. 40 der Math. Annalen (1891/92), S. 485.

[26]) Die betreffende Theorie ist unter Durchführung zahlreicher Beispiele, namentlich auch in Bd. 2 des neuen Frickeschen Lehrbuches, auseinandergesetzt.

[27]) Bis zum Transformationsgrade $n = 72$ findet Fricke Klassenpolygone vom Geschlechte Null in folgenden 36 Fällen:

$n = 2, 3, \ldots, 21, 23, 24, 25, 26, 27, 29, 31, 32, 35, 36, 39, 41, 47, 49, 50, 71.$
(Vgl. das eben genannte Lehrbuch, Bd. 2, S. 367.)

LXXXVII. Zur [Systematik der] Theorie der elliptischen Modulfunktionen[1]).

[Zuerst erschienen in den Sitzungsberichten der Akademie der Wissenschaften zu München, Sitzung vom 6. Dezember 1879; wieder abgedruckt in den Math. Annalen, Bd. 17 (1880/81).]

Durch eine Reihe von Arbeiten, die im 14. und 15. Bande der Math. Annalen veröffentlicht [und in diesem Bande vorstehend abgedruckt] sind, bin ich allmählich zu einer allgemeinen und im wesentlichen neuen Auffassung der elliptischen Modulfunktionen geführt worden. Indem ich im folgenden einige auf diese Auffassung bezüglichen Ideen entwickele, ist meine besondere Absicht, zu zeigen, daß die verschiedenen Formen, welche man den Modulargleichungen erteilt hat und die in gewissermaßen verwirrender Mannigfaltigkeit bisher unvermittelt nebeneinander standen, sich einem einfachen, allgemeinen Prinzipe als sehr spezielle Fälle einordnen.

§ 1.
Allgemeines über elliptische Modulfunktionen.

Die Theorie der elliptischen Modulfunktionen, wie ich sie auffasse, hat es mit *allen* solchen eindeutigen Funktionen einer Variablen ω zu tun, welche gegenüber ganzzahligen linearen Substitutionen von der Determinante Eins:

$$\omega' = \frac{\alpha\,\omega + \beta}{\gamma\,\omega + \delta}$$

ungeändert bleiben. Diese Substitutionen brauchen im einzelnen Falle die Gesamtheit aller ganzzahligen Substitutionen dieser Art durchaus nicht zu erschöpfen; sie bilden also, allgemein zu reden, eine in der

---

[1]) [Wie schon in den Vorbemerkungen erwähnt, ist die im folgenden entworfene Disposition den „Modulfunktionen" zugrunde gelegt. Dementsprechend dürfte ein ständiger Vergleich mit diesem Werke für das Lesen der vorliegenden Note besonders empfehlenswert sein. — Eigentümlicherweise finden in der vorliegenden Note nur die *Modulfunktionen*, nicht aber die *Modulformen* eine systematische Behandlung. Ich habe diese Lücke zu Beginn des unten abgedruckten Referates Nr. XCII ergänzt. K.]

Gesamtheit enthaltene *Untergruppe*. Daher scheint es mir ein erster wichtiger Schritt zu einem planmäßigen Studium der elliptischen Modulfunktionen zu sein, daß man alle in der erwähnten Gesamtheit enthaltenen Untergruppen aufstellt und nach sachgemäßen Rücksichten klassifiziert. Meine heutige Darlegung soll sich, soweit sie sich auf derartige allgemeine Fragen bezieht, auf die Besprechung einiger Klassifikationsprinzipien und der aus ihnen hervorgehenden funktionentheoretischen Folgerungen beschränken. Ich nehme dabei an, was freilich eine große Beschränkung ist, daß die in Betracht kommenden Untergruppen einen *endlichen* Index haben, d. h. daß sie einen endlichen Teil der Gesamtheit aller ω-Substitutionen umfassen.

Zuvörderst ist ersichtlich, daß alle die Gesichtspunkte, die man, seit Galois, bei endlichen Gruppen von Transformationen kennt, auch bei unendlichen Gruppen, und somit bei der Gruppe aller ω-Substitutionen, ihre Bedeutung behalten. Ich spreche demnach von *ausgezeichneten* Untergruppen, indem ich darunter solche verstehe, die mit der Gesamtheit aller ω-Substitutionen vertauschbar sind, — oder auch von *relativ ausgezeichneten* Untergruppen, die, in einer umfassenderen Untergruppe enthalten, sich wenigstens mit den Substitutionen dieser umfassenderen Untergruppe vertauschbar erweisen. Eine leichte Überlegung zeigt, daß in der Tat die Gesamtheit der ω-Substitutionen die verschiedenartigsten ausgezeichneten Untergruppen enthält, daß also die Gesamtheit, um den Galoisschen Ausdruck zu gebrauchen, eine „zusammengesetzte" und sogar eine höchst zusammengesetzte Gruppe ausmacht.

Mein *zweites* Klassifikationsprinzip gründet sich auf die *arithmetische* Natur der Substitutionskoeffizienten α, β, γ, δ, welche bei Substitutionen der Untergruppe vorkommen. Es ist dieses Prinzip gewissermaßen ein empirisches. Es hat sich nämlich gezeigt, daß sich die bei einer Untergruppe auftretenden α, β, γ, δ in vielen Fällen dadurch charakterisieren lassen, daß man Kongruenzen angibt, denen diese Koeffizienten in bezug auf einen Zahlenmodul m genügen. Ich spreche dann von einer *Kongruenzgruppe*, und zwar *der m-ten Stufe*, sofern m die kleinste Zahl ist, die zur Definition der Untergruppe ausreicht. Aber es muß stark hervorgehoben werden, daß durchaus nicht alle Untergruppen Kongruenzgruppen sind. Die Kongruenzgruppen sind diejenigen, mit denen man sich bisher fast ausschließlich beschäftigt hat; die anderen Gruppen scheinen deshalb nicht weniger interessant; nur sind sie zunächst weniger zugänglich[2]).

---

[2]) [Zwei Kriterien zur Entscheidung, ob eine vorgelegte Gruppe Kongruenzgruppe ist oder nicht, gab Hurwitz in seiner auf S. 137 des vorliegenden Bandes, Fußnote [2]) genannten Dissertation an. (Vgl. Math. Annalen, Bd. 18 (1881), S. 541.) — Im übrigen sind die Nichtkongruenzgruppen auch heute noch fast gänzlich unerforscht. K.]

Ich komme nun zu meinem dritten, *funktionentheoretischen* Einteilungsprinzipe. Dasselbe dürfte insofern das wichtigste sein, als sich vermöge desselben gewisse Schwierigkeiten, welche sich bisher einem weiteren Fortschritt in der Theorie der elliptischen Modulfunktionen entgegengestellt hatten, einfach wegheben. — Ich muß dabei auf die bereits zu Eingang dieser Mitteilung zitierten Arbeiten zurückgreifen. Ich zeigte in denselben an verschiedenen Stellen [Abh. LXXXII, S. 35 ff., Abh. LXXXIII, S. 80 ff., usw. im vorliegenden Bande], daß jeder in der Gesamtheit der ω-Substitutionen enthaltenen Untergruppe vom Index μ in der ω-Ebene ein gewisses, noch in vielen Hinsichten willkürliches, *Fundamentalpolygon* entspricht, das aus $2\,\mu$, abwechselnd schraffierten und nicht schraffierten, „Elementardreiecken" besteht, und dessen Kanten vermöge der Substitutionen der Untergruppe paarweise zusammengehören[3]). Die geschlossene Fläche, welche durch Vereinigung der zusammengehörigen Kanten des Fundamentalpolygons entsteht, besitzt, im Sinne der Analysis situs, ein gewisses Geschlecht, p, — und der Zahlenwert dieses p, welches ich kurz als *Geschlecht der Untergruppe* bezeichne, ist mein funktionentheoretisches Einteilungsprinzip. Es gilt vor allen Dingen, zu unterscheiden, ob $p = 0$ ist, oder nicht.

An die so exponierte Theorie der Untergruppen schließt sich nun eine Lehre von den *zugehörigen Moduln*, d. h. von solchen *eindeutigen* Funktionen von ω, $M(\omega)$, die bei den Substitutionen der Untergruppe, nicht aber bei anderen Substitutionen ungeändert bleiben. Aus naheliegenden Gründen betrachte ich hier, wo es sich um Untergruppen von endlichem Index handelt, nur solche Moduln, die innerhalb der durch das Fundamentalpolygon definierten geschlossenen Fläche keine Unstetigkeiten höherer Art[4]) besitzen; ich nenne sie *algebraische* Moduln. Hier wird nun sogleich das Geschlecht der Untergruppe von Wichtigkeit.

Ist $p = 0$, so kann man einen zugehörigen algebraischen Modul so wählen, daß er jeden vorgegebenen Wert im Fundamentalpolygon nur einmal annimmt. Ist aber $p > 0$, so muß man, um den einzelnen Punkt des Fundamentalpolygons zu bezeichnen, mindestens zwei Moduln gleichzeitig betrachten, zwischen denen dann eine Gleichung von dem betreffenden p besteht. — Dementsprechend rede ich im ersten Falle von einem *Hauptmodul*, im zweiten von den *Moduln eines vollen Systems*, wobei selbstverständlich ist, daß man, im zweiten Falle, statt zweier

---

[3]) [Auch diese Behauptung begründete Hurwitz in seiner soeben genannten Arbeit ausführlicher. Vgl. ebenda, S. 537 ff. K.]

[4]) [D. h.: $M(\omega)$ soll sich an jeder Stelle verhalten wie eine algebraische Funktion von J.]

Moduln eventuell eine größere Zahl von Moduln verwerten kann, die dann an eine Reihe algebraischer Identitäten gebunden ist.

Man hat nun sofort folgenden Satz:

Alle zur Untergruppe gehörigen algebraischen Moduln, sowie alle algebraischen Moduln, die einer umfassenderen Untergruppe angehören, drücken sich, für $p = 0$, durch den Hauptmodul, andernfalls durch die Moduln des vollen Systems rational aus.

Dann aber nachstehendes Resultat, vermöge dessen, wie ich schon andeutete, eine vielfach aufgeworfene Frage erledigt wird:

Soll ω' mit ω durch eine Substitution einer vorgelegten Untergruppe zusammenhängen, so ist, falls $p = 0$, nicht nur notwendig, sondern auch hinreichend, daß der Hauptmodul, berechnet für ω, mit dem für ω' berechneten Hauptmodul übereinstimmt. Ist aber $p > 0$, so ist für den gleichen Schluß die Gleichheit aller Moduln eines vollen Systems erforderlich. – –

Übrigens spreche ich, den anderen bei den Untergruppen getroffenen Unterscheidungen entsprechend, von *Kongruenzmoduln* (der m-ten Stufe), sowie von *ausgezeichneten Moduln*. Nur bezüglich letzterer sei hier eine Bemerkung gestattet. Wenn die Moduln $M(\omega)$, $M_1(\omega)$, ... das volle System einer ausgezeichneten Untergruppe bilden, so drücken sich, wie man sofort sieht, alle Werte $M\left(\dfrac{\alpha\,\omega+\beta}{\gamma\,\omega+\delta}\right)$, $M_1\left(\dfrac{\alpha\,\omega+\beta}{\gamma\,\omega+\delta}\right)$, ... durch die ursprünglichen Werte rational aus. Nun zeigen die Überlegungen, die ich Math. Annalen, Bd. 15 (1879), S. 251 ff. [= Abh. LVII in Bd. 2 dieser Ausgabe, S. 390 ff.] entwickelte, daß man in solchen Fällen M, M_1, ... so wählen kann, daß die rationalen Ausdrücke in *lineare* übergehen[5]). Etwas Ähnliches gilt für solche Untergruppen, die nicht schlechthin, sondern nur relativ ausgezeichnet sind. — Eine solche Wahl scheint in vielen Beziehungen zweckmäßig, wie ich noch weiter unten hervorzuheben habe, und in der Tat hat man auch früher, ohne die in Rede stehenden allgemeinen Überlegungen zu haben, ausgezeichnete Moduln, wenn sie auftraten, immer diesem Prinzipe entsprechend gewählt.

Zu den somit zur Sprache gebrachten allgemeinen Definitionen möchte ich hier nur einige wenige Beispiele anführen, indem ich übrigens auf meine anderen neueren Publikationen verweise:

1. Die Theorie der Modulfunktionen bekommt dadurch einen besonders einfachen Charakter, daß die Gesamtheit aller ω-Substitutionen, als Gruppe aufgefaßt, das Geschlecht *Null* besitzt. Deshalb gibt es einen

------

[5]) [Vgl. „Modulfunktionen", Bd. 1, S. 602 ff.]

Hauptmodul, der allen anderen Moduln übergeordnet ist, *die absolute Invariante J* (Herrn Dedekinds Valenz, vgl. Crelles Journal Bd. 83 (1877)).

2. *Die ν-te Wurzel aus dem Legendreschen $\varkappa^2$, sowie die ν-te Wurzel aus $\varkappa^2 \varkappa'^2$ ist für jedes ganzzahlige ν ein Hauptmodul.* Eine naheliegende Frage ist die, weshalb in der bisher üblichen Theorie von diesen Moduln nur eine kleine Zahl auftrat, nämlich $\varkappa^2$, $\varkappa$, $\sqrt{\varkappa}$, $\sqrt[4]{\varkappa}$, $\varkappa^2 \varkappa'^2$, $\varkappa \varkappa'$, $\sqrt{\varkappa \varkappa'}$, $\sqrt[4]{\varkappa \varkappa'}$, $\sqrt[3]{\varkappa^2 \varkappa'^2}$, $\sqrt[3]{\varkappa \varkappa'}$, $\sqrt[6]{\varkappa \varkappa'}$, $\sqrt[12]{\varkappa \varkappa'}$. Die Antwort ist, daß unter allen Moduln $\sqrt[\nu]{\varkappa^2}$, $\sqrt[\nu]{\varkappa^2 \varkappa'^2}$ nur diese Kongruenzmoduln sind[6]).

3. Als einen Hauptmodul fünfter Stufe und zugleich als einen „ausgezeichneten" Modul, der sich bei beliebigen ω-Substitutionen linear transformiert, bringe ich hier die *Ikosaederirrationalität* η in Erinnerung (dieser Band, S. 62). Desgleichen als volle Systeme ausgezeichneter Moduln von der siebenten Stufe (die auch nach dem Prinzip der linearen Transformation gewählt sind): einmal die drei Verhältnisgrößen $\lambda : \mu : \nu$ (dieser Band, S. 118), zwischen denen die Gleichung besteht:

$$\lambda^3 \mu + \mu^3 \nu + \nu^3 \lambda = 0,$$

dann die vier Verhältnisgrößen $x_0 : x_1 : x_2 : x_3$ (Math. Annalen, Bd. 15 (1879), S. 268 [= Abh. LVII in Bd. 2 dieser Ausgabe, S. 408]), für die man folgende Relationen hat:

$$\begin{vmatrix} x_1 & x_0 & -x_2 \sqrt{2} & 0 \\ x_2 & 0 & x_0 & -x_3 \sqrt{2} \\ x_3 & -x_1 \sqrt{2} & 0 & x_0 \end{vmatrix} = 0.$$

Das zugehörige Geschlecht ist gleich drei.

§ 2.

Anwendung auf die Transformationstheorie.

Unter *Transformation n-ter Ordnung* sei der Übergang von ω zu $\omega' = \dfrac{\omega}{n}$ verstanden, oder, was noch vorteilhafter ist, weil es die Umkehrbarkeit der in Betracht kommenden Operation deutlicher hervortreten läßt, der Übergang von ω zu $\omega' = -\dfrac{n}{\omega}$. Dann ist das allgemeinste Problem, welches man aufstellen mag, dieses:

Man soll alle algebraischen Gleichungen angeben, die, einem solchen Übergange entsprechend, zwischen irgendwie gegebenen algebraischen Moduln und ihren transformierten Werten statthaben.

---

[6]) [Beweise für die Behauptung des Textes veröffentlichten gleichzeitig Fricke und Pick, beide in den Math. Annalen, Bd. 28 (1886/87). Vgl. auch „Modulfunktionen", Bd. 1, S. 656 ff. K.]

Es ist nun keineswegs meine Absicht, dies Problem in voller Allgemeinheit hier zu behandeln. Vielmehr genügt mir ein viel bescheideneres Ziel. Ich erinnere zunächst an die Gleichungen, welche zwischen $J(\omega)$ und $J(\omega') = J'$ bestehen und die man als Prototyp aller Modulargleichungen erachten kann. Sodann wünsche ich zu zeigen, *daß es unendlich viele von vornherein erkennbare Fälle gibt, in denen Gleichungssysteme auftreten, welche mit den zwischen J und J' bestehenden Transformationsgleichungen in allen wesentlichen Eigenschaften übereinstimmen.* — Als wesentlich erachte ich dabei den *Grad* der Gleichung, ihre *Galoissche Gruppe* und die *Vertauschbarkeit* der in ihr auftretenden Argumente.

Den eigentlichen Kern meiner bez. Überlegung bildet ein gruppentheoretischer Satz, der als selbstverständlich gelten kann. Es handelt sich darum, einzusehen, daß zwei Untergruppen m-ter und n-ter Stufe, *sobald m und n teilerfremd sind*, eine Untergruppe $m \cdot n$-ter Stufe gemein haben, die innerhalb der Gruppe m-ter Stufe dieselbe Stellung einnimmt wie die Gruppe n-ter Stufe innerhalb der Gesamtheit der ω-Substitutionen. Und dies folgt einfach daraus, daß irgendwelche Kongruenzen, denen Zahlen $\alpha, \beta, \gamma, \delta$ modulo m unterworfen sein mögen, mit anderen Kongruenzen, denen dieselben Zahlen modulo n genügen sollen, in keiner Weise kollidieren können, sobald m und n, wie vorausgesetzt, relativ prim sind.

Auf Grund dieser Anschauung prüfe man jetzt die Schlüsse, welche zur Existenz der zwischen J und J' bestehenden Transformationsgleichung und ihren Eigenschaften hinleiten[7]). Man sieht dann sofort, daß der *gruppentheoretische* Teil derselben ungeändert bleibt, wenn man an die Stelle der Gesamtheit der ω-Substitutionen irgendeine Untergruppe m-ter Stufe setzt, sofern m zum Transformationsgrade n relativ prim ist. — Und nun handelt es sich, will man zu meinem allgemeinen Satze kommen, nur noch darum, dies gruppentheoretische Resultat funktionentheoretisch zu interpretieren. Offenbar muß man, dem Obigen zufolge, unterscheiden, ob das *Geschlecht* der Untergruppe m-ter Stufe gleich Null ist oder nicht. Im ersteren Falle kann man auch funktionentheoretisch so weiter schließen, wie man es bei der absoluten Invariante J tat; nur tritt an die Stelle von J der betr. *Hauptmodul.* Wir haben dann folgenden ersten Satz:

Ist M ein Hauptmodul m-ter Stufe, so bestehen für alle Transformationsgrade n, die zu m relativ prim sind, zwischen $M(\omega) = M$ und $M\left(-\dfrac{n}{\omega}\right) = M'$ Gleichungen, die nach Grad, Galoisscher Gruppe und

---

[7]) Man kann diese Schlüsse sehr knapp zusammenziehen, so daß gar keine Rechnung mehr erforderlich ist. Vgl. die Darstellung bei Dedekind, Crelles Journal Bd. 83 (1877), wo indes die Galoissche Gruppe nicht bestimmt wird.

Vertauschbarkeit der Argumente mit den zwischen J und J' bestehenden Transformationsgleichungen übereinstimmen.

Im zweiten Falle bedarf das Schlußverfahren einer Modifikation, die aber, nach dem Vorausgegangenen, nicht mehr schwer zu finden ist. Statt der *einen* Invariante J muß man jetzt *sämtliche* Moduln M, M_1, ... eines vollen Systems gleichzeitig betrachten. Zwischen den *Wertsystemen* $M(\omega) = M$, $M_1(\omega) = M_1$, ... und $M\left(-\dfrac{n}{\omega}\right) = M'$, $M_1\left(-\dfrac{n}{\omega}\right) = M_1'$, ... findet jetzt ein Entsprechen statt, das dem zwischen J und J' durchaus analog ist. Man hat also statt einer Gleichung zwischen zwei Größen das, was die Geometer eine „*Korrespondenz*" nennen, und zwar eine Korrespondenz auf einer „*Kurve vom Geschlechte p*".

Grad und Galoissche Gruppe dieser Korrespondenz sind wieder dieselben, wie bei der zwischen J und J' bestehenden Gleichung; auch ist die Korrespondenz, wie jene Gleichung, in den zweierlei in Betracht kommenden Argumenten symmetrisch.

Es ist kein Grund vorhanden, derartige Korrespondenzen nicht ebenso in Betracht zu ziehen, wie jene Gleichungen; *wir haben also schließlich für jeden Transformationsgrad n unendlich viele Gleichungssysteme, die sämtlich als Modulargleichungen bezeichnet werden können;* und dies ist der Satz, um dessen Ableitung es sich bei der heutigen Gelegenheit handelte[8].

Daß sich nun, wie in der Einleitung bemerkt, sämtliche bisher aufgestellten Modulargleichungen in das so gewonnene allgemeine Schema als sehr spezielle Fälle einordnen, ist leicht zu sehen[9]; ein spezieller

---

[8] [Daß Hurwitz die hier besprochenen Untersuchungen später sehr viel weiter geführt hat, wurde in den Vorbemerkungen (S. 6) hervorgehoben. Die genauen Zitate sind:

Zur Theorie der Modulargleichungen, Gött. Nachrichten 1883, S. 350.

Über Relationen zwischen den Klassenzahlen binärer quadratischer Formen von negativer Determinante, Math. Annalen, Bd. 25 (1884/85).

Über Relationen zwischen Klassenzahlen binärer quadratischer Formen von negativer Determinante, Sächsische Berichte, Bd. 36 (1884). (Von der vorigen Arbeit verschieden.)

Über Klassenzahlrelationen und Modularkorrespondenzen primzahliger Stufe, Sächsische Berichte, Bd. 37 (1885).

Über algebraische Korrespondenzen und das verallgemeinerte Korresondenzprinzip, Sächsische Berichte, Bd. 38 (1886), wiederabgedruckt in den Math. Annalen, Bd. 28 (1887). K.]

[9] Ich betone ausdrücklich, daß es sich im Texte nur um *Modular*gleichungen handelt (bei denen Vertauschbarkeit der Argumente statthat), nicht aber um *Multiplikator*gleichungen oder andere verwandte Gleichungen, [wie sie in den vorangehenden Aufsätzen vorkommen. Für die allgemeine Begriffsbestimmung der „Multiplikatorgleichungen" vergl. S. 278 in Nr. XCII des vorliegenden Bandes].

Nachweis würde hier zu weit führen. Ich erinnere nur an die Jacobi-Sohnkesche Modulargleichungen für $\sqrt[4]{\varkappa}$, an die Schröterschen Modulargleichungen in irrationaler Form, usw. [oder auch an die von Joubert[10]) betrachteten Modulargleichungen für $\sqrt[4]{\varkappa\varkappa'}$ und diejenigen von Schläfli[11]) für $\sqrt[12]{\varkappa\varkappa'}$, auf die Weber in seinem Lehrbuche der elliptischen Funktionen fortgesetzt Bezug nimmt.] Dabei ist freilich eine gewisse Kritik nötig, sobald es sich um Korrespondenzen handelt. Natürlich muß man bei einer solchen Korrespondenz immer den zwischen $M, M_1, \ldots$ einerseits, und den zwischen $M', M_1', \ldots$ andererseits bestehenden Identitäten Rechnung tragen. Aber auch dann wird die Korrespondenz nicht immer durch *eine* Gleichung zwischen den $M, M_1, \ldots$ und den $M', M_1', \ldots$ definiert sein. Hat man also durch irgendeine Methode *eine* solche Gleichung gefunden, so bleibt zu untersuchen, ob sie zur vollen Definition der gewollten Korrespondenz ausreicht, und wenn es nicht der Fall ist, so muß man eben noch weitere Relationen zwischen den M, M' aufsuchen[12]). —

Noch folgende Bemerkung möge hier eine Stelle finden. Es sollen die Moduln $M, M_1, \ldots$ der m-ten Stufe *ausgezeichnet* und dabei so gewählt sein, daß sie sich bei beliebiger ω-Substitution linear transformieren. Dann sieht man leicht, daß die zwischen den M und M' bestehenden Relationen bei gewissen *simultanen* linearen Transformationen der M, M' ungeändert bleiben müssen. Handelt es sich also darum, die fraglichen Relationen explizite herzustellen, so kann es vorteilhaft sein, vorher alle von M, M' abhängenden Ausdrücke zu bilden, die diese Eigenschaft der

---

[10]) [*Sur diverses équations analogues aux équations modulaires*, Comptes rendus, Bd. 47 (1858).]

[11]) [Beiläufig in der Note: *Beweis der Hermitesche Verwandlungstafeln für die elliptischen Modularfunktionen*, Crelles Journal, Bd. 72 (1870), S. 364.]

[12]) Herr Stud. Hurwitz, der mich bei solchen Untersuchungen unterstützte, wurde dabei für den 23. und 47. Transformationsgrad zu folgenden eleganten Gleichungen geführt:

$$\sqrt[4]{\varkappa\lambda}+\sqrt[4]{\varkappa'\lambda'}+\sqrt[3]{4}\,\sqrt[12]{\varkappa\varkappa'\lambda\lambda'}=1,$$

$$\left[2\left(\sqrt[4]{\varkappa\lambda}+\sqrt[4]{\varkappa'\lambda'}+1\right)+\sqrt[3]{4}\,\sqrt[12]{\varkappa\varkappa'\lambda\lambda'}\right]^2=8\left(\sqrt{\varkappa\lambda}+\sqrt{\varkappa'\lambda'}+1\right)-7\sqrt[3]{16}\,\sqrt[6]{\varkappa\varkappa'\lambda\lambda'}.$$

Hier bedeuten λ, λ' in der üblichen Weise die transformierten Werte von $\varkappa, \varkappa'$. Das volle System der in Betracht kommenden Moduln ist durch

$$\sqrt[4]{\varkappa},\ \sqrt[4]{\varkappa'},\ \sqrt[12]{\varkappa\varkappa'}$$

gegeben, zwischen denen folgende Identitäten bestehen:

$$\left(\sqrt[4]{\varkappa}\right)^8+\left(\sqrt[4]{\varkappa'}\right)^8=1,\quad \left(\sqrt[12]{\varkappa\varkappa'}\right)^3=\sqrt[4]{\varkappa}\cdot\sqrt[4]{\varkappa'};$$

die zugehörige Untergruppe ist von der 48. Stufe. — Jede der beiden angegebenen Gleichungen stellt die bei ihr in Betracht kommende Korrespondenz rein dar. [Bei dem Wiederabdruck wurde die zweite Formel auf Grund einer brieflichen Mitteilung von Hurwitz an mich vom Oktober 1883 berichtigt. K.]

Unveränderlichkeit besitzen. Eine solche Untersuchung, die der *linearen Invariantentheorie*[13]) angehört, kann z. B. mit Nutzen bei den gewöhnlich betrachteten, zwischen $\varkappa^2$ und λ^2 bestehenden Gleichungen durchgeführt werden[14]). Ich habe denselben Gedanken bereits früher (Math. Annalen, Bd. 14 (1878/79) [= Abh. LXXXII in diesem Bande, S. 67—69]) benutzt, um für die niedrigsten Transformationsgrade die *Ikosaedermodulargleichungen* ohne weiteres hinzuschreiben. Ich habe ihn neuerdings herangezogen, um wenigstens einige Modularkorrespondenzen der *siebenten Stufe* zu bilden. Die Moduln, welche ich dabei verwende, und die zwischen ihnen bestehenden identischen Relationen wurden bereits oben genannt. Ich kann also sofort die Resultate anführen, was nunmehr zum Schlusse geschehen mag. Es sind folgende:

1. *Für $n = 3$ und $n = 5$ erhält man nachstehende einfache lineare Gleichungen, deren jede zur Definition der bei ihr in Betracht kommenden Korrespondenz ausreicht:*

$$\lambda' \lambda + \mu' \mu + \nu' \nu = 0, \quad {}^{15})$$
$$x_0' x_0 + x_1' x_1 + x_2' x_2 + x_3' x_3 = 0.$$

2. *Die Modularkorrespondenz für $n = 2$ wird durch irgend zwei der folgenden drei Gleichungen völlig definiert:*

$$x_0' x_1 + x_1' x_0 - \sqrt{2} \cdot x_2' x_2 = 0,$$
$$x_0' x_2 + x_2' x_0 - \sqrt{2} \cdot x_3' x_3 = 0,$$
$$x_0' x_3 + x_3' x_0 - \sqrt{2} \cdot x_1' x_1 = 0. \quad {}^{16})$$

---

[13]) Natürlich gilt etwas Ähnliches in beschränkterem Sinne, wenn es sich nicht um ausgezeichnete Moduln schlechthin, sondern um „relativ ausgezeichnete" Moduln handelt. Hierher gehören z. B. die bekannten Regeln, welche die Art der Glieder bestimmen, die in den zwischen $\sqrt[4]{\varkappa}$, $\sqrt[4]{\lambda}$ bestehenden Gleichungen auftreten.

[14]) [Vgl. des weiteren auch die unten abgedruckten Referate Nr. XCI und Nr. XCII.]

[15]) Diese Gleichung stellt sich vermöge ihrer dreigliedrigen Form unmittelbar neben die bekannten Formen:

$$\sqrt{\varkappa \lambda} + \sqrt{\varkappa' \lambda'} = 1, \quad \sqrt[4]{\varkappa \lambda} + \sqrt[4]{\varkappa' \lambda'} = 1,$$

die Legendre für den dritten Grad und Gützlaff für den siebenten Grad gewonnen haben.

[16]) [Vielleicht hat die geometrische Bedeutung dieser Gleichungen einiges Interesse. Die Kurve

$$\begin{vmatrix} x_1 & x_0 & -x_2\sqrt{2} & 0 \\ x_2 & 0 & x_0 & -x_3\sqrt{2} \\ x_3 & -x_1\sqrt{2} & 0 & x_0 \end{vmatrix} = 0$$

3. *Für $n = 4$ bekommt man das einfachste[17]) Resultat, wenn man die $\lambda : \mu : \nu$ heranzieht. Die Korrespondenz ist dann nämlich durch die eine Formel gegeben:*

$$(\lambda'^2 \cdot \lambda \mu + \mu'^2 \cdot \mu \nu + \nu'^2 \cdot \nu \lambda) + (\lambda^2 \cdot \lambda' \mu' + \mu^2 \cdot \mu' \nu' + \nu^2 \cdot \nu' \lambda') = 0,$$

sofern ausdrücklich festgesetzt wird, daß man von der evidenten (doppelt-zählenden) Lösung

$$\lambda' : \mu' : \nu' = \lambda : \mu : \nu$$

absehen soll.

München, im November 1879.

---

ist die Hessesche Kegelspitzenkurve für das Netz von Flächen zweiter Ordnung durch die acht Grundpunkte

$$\Pi_\infty = - \sqrt{-7}\, u_0 = 0$$
$$\Pi_\nu = \qquad u_0 + \sqrt{2}\,(\gamma^{6\nu} u_1 + \gamma^{3\nu} u_2 + \gamma^{5\nu} u_3) = 0 \qquad (\nu = 0, 1, \ldots, 6).$$

(Vgl. Math. Annalen, Bd. 15 (1879), S. 270 = Abh. LVII in Bd. 2 dieser Ausgabe, S. 410.) Diese Kurve ist also von der sechsten Ordnung, hat das Geschlecht $p = 3$, und ihre dreifachen Sekanten bilden, wie M. Noether gezeigt hat (Math. Annalen, Bd. 3 (1870/71), S. 555), eine Linienfläche achter Ordnung, auf der sie selbst als dreifache Kurve gelegen ist. Eben diese Linienfläche wird durch die drei Gleichungen des Textes definiert und auf die Kurve sechster Ordnung eindeutig bezogen, indem durch die Korrespondenz jedem auf der Kurve gelegenen Punkte $x_0 : x_1 : x_2 : x_3$ eine bestimmte dreifache Sekante zugeordnet wird, die auf der Kurve gerade die drei gesuchten Punkte $x_0' : x_1' : x_2' : x_3'$ ausschneidet. K.]

[17]) Ich hatte zunächst nur mit den $x_0 : x_1 : x_2 : x_3$ operiert; das Resultat, wie es im Texte mitgeteilt ist, rührt von Herrn Hurwitz her.

LXXXVIII. Über unendlich viele Normalformen des elliptischen Integrals erster Gattung.

[Zuerst erschienen in den Sitzungsberichten der Akademie der Wissenschaften zu München, Sitzung vom 3. Juli 1880; wie der abgedruckt in den Math. Annalen, Bd. 17 (1880/81).]

Der Hauptgesichtspunkt, mit dem ich bisher in der Theorie der elliptischen Funktionen gearbeitet habe, läßt sich mit zwei Worten kennzeichnen. Ich wünschte, dem Legendreschen Modul x^2 nicht diejenige Alleinherrschaft zu lassen, welche er bisher fast unbestritten besaß. Einmal muß er in manchem Betracht, wie dies bereits die Weierstrassischen Vorlesungen gezeigt haben, hinter der rationalen Invariante J zurücktreten, andererseits aber bildet er als *Modul zweiter Stufe* das Anfangsglied einer unendlichen Kette von Moduln, die alle in vieler Hinsicht gleichberechtigt sind und eine gleichmäßige Berücksichtigung verlangen. In meiner ersten der K. Akademie vorgelegten Arbeit[1]) zeigte ich in diesem Sinne, daß sich der Begriff der Modulargleichungen wesentlich erweitern lasse. Herr Gierster publizierte im Anschlusse hieran eine Untersuchung[2]), derzufolge die neuen Modulargleichungen für zahlentheoretische Zwecke [nämlich die Aufstellung von Klassenzahlrelationen höherer Stufe] ebenso mit Nutzen verwertet werden können, wie die früheren. Ich wünsche heute denselben Grundgedanken, allerdings nur in allgemeinen Zügen, nach einer dritten Richtung auszuführen, indem ich nicht nur, wie bisher, Modulfunktionen (von ω_1, ω_2), sondern doppeltperiodische Funktionen (von u, ω_1, ω_2) in Betracht ziehe. Als einfachste Gestalt des elliptischen Integrals erster Gattung wählt man zumeist die Normalform[3]):

$$\int \frac{dx}{\sqrt{x \cdot 1 - x \cdot 1 - x^2 x}} \cdot$$

---

[1]) Sitzungsbericht vom 6. Dez. 1879. [Vgl. die vorstehend abgedruckte Arbeit Nr. LXXXVII.]

[2]) Sitzungsbericht vom 5. Febr. 1880 (abgedruckt in den Math. Annalen, Bd. 17, S. 74 ff.)

[3]) Daß man im Anschlusse an die gewöhnliche Behandlungsweise diese Form und nicht die aus ihr durch quadratische Transformation hervorgehende Legendresche

$$\int \frac{dx}{\sqrt{1 - x^2 \cdot 1 - x^2 x^2}}$$

Ich beabsichtige zu zeigen, *daß ebenso einfache Normalformen des elliptischen Integrals erster Gattung existieren, in denen die Moduln dritter, vierter, fünfter usw. Stufe als Konstante auftreten, so daß also die vorstehende Form nicht als Normalform schlechthin, sondern nur als solche zweiter Stufe erscheint, an die sich, den unendlich vielen Werten von n entsprechend, unendlich viele Normalformen n-ter Stufe anreihen.* Dabei möchte ich späteren Untersuchungen vorbehalten, zu beweisen, daß sich an jede dieser Normalformen in vollem Umfange analoge Untersuchungen anknüpfen lassen, wie man solche an die gewöhnliche Form in mannigfachster Weise angeschlossen hat.

Es kann sich bei einer solchen Theorie zuvörderst nicht um neue Tatsachen, sondern nur um neue Auffassung bekannter Tatsachen handeln. In der Tat sind meine ersten Sätze nichts anderes als eine Umstellung der bekannten Hermiteschen Sätze über Θ-Produkte, wobei ich nur äußerlich, im Anschlusse an die Weierstrassischen Vorlesungen, insofern eine Umänderung treffe, als ich statt der Funktion Θ, deren unendlich viele Formen für meine Zwecke gleichberechtigt sein würden, die nur in einer Form existierende Function σ setze.

Man betrachte verschiedene Produkte aus je n Faktoren σ:

$$\sigma(u - a_1) \cdot \sigma(u - a_2) \ldots \sigma(u - a_n),$$
$$\sigma(u - b_1) \cdot \sigma(u - b_2) \ldots \sigma(u - b_n), \text{ usw.},$$

wo

$$\Sigma a = \Sigma b = \text{usw.}$$

sein soll. Dann behaupten die hier in Betracht kommenden Hermiteschen Sätze: *daß der Quotient je zweier solcher Produkte eine doppeltperiodische Funktion von u ist mit denjenigen Perioden ω_1, ω_2, die bei der Bildung der σ-Funktion benutzt wurden,* sowie: *daß sich alle solche Produkte aus n unabhängigen derselben linear zusammensetzen lassen.* — Ich schreibe nun, indem ich n unabhängige Produkte dieser Art auswähle

---

als eigentliche Normalform betrachten soll, habe ich u. a. Math. Annalen, Bd. 14 (1878/79) [= Abh. LXXXII des vorliegenden Bandes. S. 18/19] auseinandergesetzt. Will man doch an letzterer festhalten, so operiert man, im Sinne der weiteren Auseinandersetzungen des Textes, mit einer Normalform *vierter* Stufe. $\sqrt{x}$ ist dann die Oktaederirrationalität (Math. Annalen, Bd. 14 (1878/79) [= Abh. LXXXII dieses Bandes, S. 59]). [Die Normalform des Textes habe ich später, einem Vorschlage meines damaligen Kollegen Scheibner folgend, als die Riemannsche bezeichnet, weil Riemann sie, ausgehend von seinen allgemeinen Prinzipien für die Behandlung der Integrale algebraischer Funktionen, an die Spitze stellt. Diese Auffassung findet ihre volle Bestätigung in den von Stahl 1899 herausgegebenen Riemannschen Vorlesungen über elliptische Funktionen von 1861/62. Übrigens tritt die Normalform als solche im Grunde auch bei Jacobi auf, jedoch immer nur als Übergangsstadium, weil Jacobi der historischen Kontinuität zuliebe von ihr stets sogleich zu der zuletzt angeschriebenen Form übergeht. Vgl. auch „Modulfunktionen", Bd. 1. S. 24 ff. K.]

und unter x_0, x_1, ... x_{n-1} homogene Variable, unter ϱ einen Proportionalitätsfaktor verstehe:

$$(1) \quad \begin{cases} \varrho x_0 \;\; = \sigma(u - a_1) \cdot \sigma(u - a_2) \ldots \sigma(u - a_n), \\ \varrho x_1 \;\; = \sigma(u - b_1) \cdot \sigma(u - b_2) \ldots \sigma(u - b_n), \\ \text{---} \quad \text{---} \quad \text{---} \quad \text{---} \quad \text{---} \quad \text{---} \quad \text{---} \\ \text{---} \quad \text{---} \quad \text{---} \quad \text{---} \quad \text{---} \quad \text{---} \quad \text{---} \\ \varrho x_{n-1} = \sigma(u - n_1) \cdot \sigma(u - n_2) \ldots \sigma(u - n_n). \end{cases}$$

Die x betrachte ich sodann, des kürzeren Ausdrucks wegen, als Koordinaten eines Punktes des Raumes von $(n-1)$ Dimensionen. In diesem Raume stellen die Formeln (1) eine Kurve dar, die, infolge der voraufgeschickten Sätze, *das Geschlecht* 1 und *die Ordnung* n besitzt. Ich will dieselbe *eine elliptische Kurve der n-ten Stufe* nennen. Man kann die Variable u definieren, indem man sie als Integral an einer solchen Kurve hinerstreckt; ich spreche dann von *einem Integral der n-ten Stufe*[4]).

Die niedrigste in Betracht kommende Stufe ist natürlich die *zweite*, da es keine doppeltperiodischen Funktionen der ersten Stufe gibt. Die zugehörige Kurve ist die gerade Linie $\frac{x_0}{x_1}$ *doppelt überdeckt*, und, wie man leicht sieht, *mit vier Verzweigungspunkten (sommets) versehen*. Das Integral zweiter Stufe ist kein anderes, als dasjenige, welches man gewöhnlich als elliptisches Integral (erster Gattung) schlechthin bezeichnet, nämlich:

$$\int \frac{x_1 \, dx_0 - x_0 \, dx_1}{\sqrt{f(x_0, x_1)}},$$

wo f irgendeine homogene biquadratische Form von x_0, x_1 bedeutet, die, gleich Null gesetzt, die Lage der Verzweigungspunkte auf $\frac{x_0}{x_1}$ fixiert.

Für die *dritte* Stufe erhält man, wie bekannt, aus (1) die allgemeine Kurve dritter Ordnung der Ebene $x_0 : x_1 : x_2$. Ein Integral dritter Stufe ist also ein solches, welches an einer ebenen Kurve dritter Ordnung hinerstreckt ist. Ich brauche hier nicht noch besonders an die elegante Schreibweise zu erinnern, die Aronhold für solche Integrale eingeführt hat. Nur das will ich betonen, um meiner Grundanschauung wiederholten Ausdruck zu geben, daß ich die Integrale dritter Stufe nicht etwa, wie man dies bisher fast durchgängig tat, auf Integrale zweiter Stufe zurückführen, vielmehr dieselben einer direkten Behandlung unterwerfen will. Dieselbe Bemerkung gilt natürlich hinsichtlich der Integrale der höheren Stufen.

---

4) [Später habe ich diese Benennung unter Festhaltung der Kurve n-ter Ordnung in verändertem Sinne gebraucht und habe seitdem die spätere Anwendungsweise der Benennung beibehalten. Vgl. Abh. XC, S. 201/202 in diesem Bande. K.]

Die Integrale *vierter* Stufe werden sich auf die gewöhnliche Raumkurve vierter Ordnung beziehen, welche der volle Schnitt zweier Flächen zweiter Ordnung ist, die Integrale *fünfter* Stufe auf eine Kurve fünfter Ordnung des Raumes von vier Dimensionen, usw. Was die algebraische Darstellung dieser höheren Kurven angeht, so findet man dieselbe der Art nach ohne weiteres durch den zweiterwähnten Hermiteschen Satz. Aus fünf fünfgliedrigen σ-Produkten: x_0, x_1, x_2, x_3, x_4 lassen sich $\frac{5 \cdot 6}{2} =$ 15 Glieder zweiter Ordnung bilden, deren jedes an 10 Stellen des Periodenparallelogramms gleich Null wird. *Daher bestehen* $15 - 10 = 5$ *quadratische Gleichungen zwischen den x, und unsere Kurve erscheint als der Schnitt von fünf richtig gewählten Flächen zweiten Grades des Raumes von vier Dimensionen.* — Ähnlich in allen höheren Fällen.

Alle diese „elliptischen Kurven" besitzen nun in vielfacher Hinsicht analoge Eigenschaften. Sie haben z. B. alle nur zwei rationale Invarianten, die dem g_2 und g_3 des elliptischen Integrals entsprechen. Bei allen gibt es, den berühmten Formeln analog, die Hermite für $n = 2$ [5]) und Brioschi für $n = 3$ [6]) gegeben haben, rationale Multiplikationsformeln vom Grade n^2, die ohne weiteres das an der Kurve hinerstreckte Integral in

$$\frac{1}{n} \int \frac{dz}{\sqrt{4 z^3 - g_2 z - g_3}}$$

verwandeln, usw. Ich will bei diesen allgemeinen Analogien nicht verweilen, sondern gehe nunmehr sofort zur Besprechung des Hauptpunktes der heutigen Mitteilung über, zur Lehre von den (irrationalen) *Normalformen*, die man den Kurven n-ter Stufe und damit den zugehörigen Integralen erteilen kann.

Das Mittel zur Herstellung dieser Normalformen liegt einfach in einer geeigneten linearen Transformation der x, oder, was auf dasselbe hinauskommt, in einer geschickten Wahl der Konstante a_i, $b_i \ldots n_i$ in Formel (1). Indem man diese Konstanten gleich n-ten Teilen der Perioden wählt, erreicht man, daß in den algebraischen Gleichungen der Kurve n-ter Stufe, und also auch im zugehörigen Integrale, nur noch wesentliche (invariante, aber irrationale) Konstante vorkommen, *und diese Konstanten erweisen sich dann als Moduln der n-ten Stufe.*

Ich kann dies heute nur für die beiden niedrigsten Stufen, die neues bieten, einigermaßen ausführen, nämlich für die *dritte* und die *fünfte* Stufe.

---

[5]) Crelles Journal Bd. 52, S. 8, (1854) [= Oeuvres mathématiques, tome I., S. 359—360. — Den Zahlenfaktor 2 hat erst Cayley fixiert. Siehe Crelles Journal, Bd. 55 (1856/58) = Collected Math. Papers, vol. IV., S. 69.]

[6]) Crelles Journal, Bd. 63, S. 32—33, (1863) [= Opere matematiche Nr. CCLXII, tomo V., S. 407].

Bei der dritten Stufe handelt es sich darum, die bekannte Theorie der Wendepunkte der ebenen Kurven dritter Ordnung in Beziehung zu der früher von mir entwickelten Theorie der Moduln dritter Stufe (der Tetraederirrationalität) zu setzen. Die fünfte Stufe hat Herr Bianchi in letzter Zeit auf meine Anregung hin untersucht, und es sind wesentlich von ihm gefundene Resultate, die ich im folgenden mitteile. Herr Bianchi wird eine ausführlichere Darlegung dieses Gegenstandes demnächst in den mathematischen Annalen veröffentlichen[7]).

Bei den ebenen Kurven *dritter* Ordnung erinnere ich an die Existenz der vier Wendepunktsdreiecke und an die Normalform, die man, nach Hesse, erhält, wenn man eins der Wendedreiecke als Koordinatendreieck zugrunde legt. Bekanntlich lautet die letztere:

$$(2) \qquad x_0^3 + x_1^3 + x_2^3 + 6\,a\,x_0\,x_1\,x_2 = 0.$$

Alles, was ich hier hinzufüge, ist, *daß die hier vorkommende Konstante a für das an der Kurve dritter Ordnung hinerstreckte Integral die Tetraederirrationalität ist.* In der Tat, man vergleiche die Formel, die etwa in Lindemanns Vorlesungen von Clebsch Bd. 1, S. 569 für den Zusammenhang der Größe a mit der absoluten Invariante $\frac{S^3}{T^2}$ gegeben ist, mit der Gestalt, die ich in den Math. Annalen, Bd. 14 (1878/79) [= Abh. LXXXII dieses Bandes, S. 58] der Tetraedergleichung erteilte. Trägt man der Verschiedenheit der angewandten Bezeichnung Rechnung, so sieht man, daß beide Gleichungen genau übereinstimmen.

Man bilde jetzt das zur Kurve (2) gehörige Integral. Dasselbe kann folgende einfache Form annehmen:

$$(3) \qquad \int \frac{x_1\,dx_0 - x_0\,dx_1}{x_2^2 + 2\,a\,x_0\,x_1},$$

oder auch eine der beiden anderen Formen, die aus dieser durch zyklische Vertauschung der x_0, x_1, x_2 entstehen. *Hier haben wir nun, was ich als Normalform dritter Stufe bezeichne.* Die in (3) vorkommenden Variablen sind durch die Gleichung (2) verknüpft; aber in beiden Ausdrücken, (2) und (3), kommt nur eine Konstante (ein Modul) vor: die Tetraederirrationalität.

Bei der Normalform *fünfter Stufe*[8]) mußte Herr Bianchi mit der in (1) enthaltenen transzendenten Definition beginnen, da ja die algebraische Definition der Kurve erst zu finden ist. Übrigens erkennt man so-

---

[7]) [Siehe Math. Annalen, Bd. 17 (1880/81), S. 234—262.]

[8]) [Die vierte Stufe behandelte E. Lange in einer Leipziger Dissertation (1881) *Über die 16 Wendeberührungspunkte der Raumkurve vierter Ordnung erster Spezies.* (Abgedruckt in Schlömilchs Zeitschrift, Bd. 28 (1883).) K.]

fort, daß die Kurve fünfter Stufe, den neun Wendepunkten der Kurve dritter Ordnung entsprechend, 25 singuläre Punkte besitzt, in denen je eine Ebene fünfpunktig schneidet. Diese 25 Punkte liegen sehr oft zu je 5 in einer Ebene, und aus diesen Ebenen lassen sich, den vier Wendedreiecken der ebenen Kurve dritter Ordnung entsprechend, insbesondere *sechs ausgezeichnete Pentaeder* zusammensetzen. Legt man eins derselben als Koordinatenpentaeder zugrunde, so erhält unsere Kurve, nach kurzen Zwischenüberlegungen, schließlich folgende fünf Gleichungen:

$$(4) \quad \begin{cases} \varphi_0 = x_0^2 + a\,x_2\,x_3 - \dfrac{1}{a}\,x_1\,x_4 = 0, \\[1.5ex] \varphi_1 = x_1^2 + a\,x_3\,x_4 - \dfrac{1}{a}\,x_2\,x_0 = 0, \\[1.5ex] \varphi_2 = x_2^2 + a\,x_4\,x_0 - \dfrac{1}{a}\,x_3\,x_1 = 0, \\[1.5ex] \varphi_3 = x_3^2 + a\,x_0\,x_1 - \dfrac{1}{a}\,x_4\,x_2 = 0, \\[1.5ex] \varphi_4 = x_4^2 + a\,x_1\,x_2 - \dfrac{1}{a}\,x_0\,x_3 = 0. \end{cases}$$

Hier kommt wieder nur *eine* Konstante a vor und diese Konstante a erweist sich als identisch mit der *Ikosaederirrationalität*, wie ich sie immer verwandt habe.

Um jetzt das Integral fünfter Stufe aufzustellen, haben wir uns nur noch Rechenschaft zu geben, welche Kurve dritter Ordnung irgend drei der Flächen φ (4) noch außer der von uns in Betracht zu ziehenden Kurve fünfter Ordnung gemein haben. Man findet, daß dies eine ebene Kurve ist, die z. B. für die drei Flächen φ_0, φ_1, φ_2 in der Ebene $x_1 = 0$ enthalten ist. Hiernach hat man für das an der Kurve hinerstreckte Integral nach bekannten Regeln (vgl. M. Noether, Math. Annalen, Bd. 8, (1875), S. 510), unter u_x, v_x irgend zwei lineare Ausdrücke, unter C eine willkürliche Konstante verstanden:

$$(5) \qquad C \int \frac{(v_x\,d u_x - u_x\,d v_x) \cdot x_1}{\mid \varphi_0\ \varphi_1\ \varphi_2\ u_x\ v_x \mid} .$$

Der im Nenner stehende Ausdruck bedeutet dabei die Funktionaldeterminante der hingeschriebenen Funktionen.

Die so gewonnene Formel läßt sich aber noch in doppelter Weise vereinfachen. Einmal kann man, wie selbstverständlich, die linearen Ausdrücke u_x, v_x beliebig spezialisieren und also z. B. mit irgend zwei der x zusammenfallen lassen. Dann aber gelingt es, vermöge der Gleichungen $\varphi = 0$, die im Nenner stehende Funktionaldeterminante durch das x_1 des Zählers zu dividieren (wie dies a priori aus dem Abelschen Theoreme erschlossen werden kann). Man erhält so schließlich, wenn man die Konstante C benutzt, um unnötige Faktoren zu entfernen, *zehn unter sich gleichwertige einfachste Schreibweisen für unser Integral.* Zwei derselben sind diese:

$$(6) \qquad \int \frac{x_1\, dx_0 - x_0\, dx_1}{5\, a^3\, x_2\, x_4 - (2\, a^3 + 1)\, x_0\, x_1} = \int \frac{x_2\, dx_0 - x_0\, dx_2}{5\, a^2\, x_3\, x_4 - (2 - a^5)\, x_0\, x_2} ,$$

und die übrigen acht ergeben sich aus diesen zwei durch zyklische Vertauschung der x. [9])

---

[9]) Es ist mir neuerdings gelungen, die im Texte berührten Resultate wesentlich zu verallgemeinern. [Siehe Abh. LXXXIX, besonders Fußnote [12]) auf S. 190.] Hierdurch werden meine früheren Entwicklungen über Transformation siebenter und elfter Ordnung (Math. Annalen, Bde. 14 u. 15 (1878/79) [= Abh. LXXXIV u. LXXXVI in diesem Bande]) ganz ebenso an die gewöhnliche Theorie der doppeltperiodischen Funktionen angeschlossen, wie dies hinsichtlich meiner Behandlung der Transformation fünfter Ordnung durch Herrn Bianchi geschehen ist. (Zusatz bei der ursprünglichen Korrektur, Ende August 1880.)

LXXXIX. Über gewisse Teilwerte der Θ-Funktion.

[Math. Annalen, Bd. 17 (1881).]

Bei meinen Untersuchungen über Transformation fünfter, siebenter und elfter Ordnung der elliptischen Funktionen, die ich (1878/79) im 14. und 15. Bande der Math. Annalen [= Abh. LXXXII, LXXXIV und LXXXVI im vorliegenden Bande] publiziert habe, bediente ich mich als geeigneter Moduln gewisser Systeme von Verhältnisgrößen, deren Existenz und Eigenart ich durch geometrisch-funktionentheoretische Methoden erschloß. Beim jetzigen Stande unserer Kenntnisse liegt es in der Natur dieser Methoden, nur auf die allerniedersten Fälle anwendbar zu sein. Wollte ich also meine Resultate auf den Fall eines beliebigen Transformationsgrades n ausdehnen, so mußte ich dieselben mit der gewöhnlichen Theorie der ϑ-Funktionen in möglichst unmittelbaren Zusammenhang zu bringen suchen. Dies gelingt in der Tat, wie ich zeigen werde, in äußerst einfacher Weise. *Die von mir benutzten Verhältnisgrößen sind geradezu gewissen Teilwerten der Funktion $\vartheta_1(x, q)$ proportional[1], und man kann aus den gewöhnlichen Reihenentwicklungen der ϑ-Funktionen mit leichter Mühe für beliebiges ungerades n Resultate ableiten, welche die früher von mir gefundenen als besondere Fälle einschließen.*

Ich erachte die früheren Betrachtungen darum nicht für überflüssig. Denn abgesehen von dem Interesse, das solchen direkten Überlegungen in allen Fällen innewohnt, haben sie erst auf den Weg gewiesen, der meiner Meinung nach allgemein zweckmäßigerweise einzuschlagen ist. Indem dieser Weg Schwierigkeiten trennt, die man früher vereinigt glaubte[2], führt er,

---

[1] Ich gebrauche im folgenden, weil es so am einfachsten wird, durchweg die gewöhnliche Jacobische Bezeichnungsweise, von der ich nur in dem einen Punkte abweiche, daß ich, im Anschlusse an meine früheren Arbeiten, die Perioden ω_1, ω_2, ihren Quotienten $\dfrac{\omega_1}{\omega_2}$ mit ω benenne (so daß also $q = e^{i\pi\omega}$ wird).

[2] Ich möchte z. B. auf Herrn Görings Arbeit: *Untersuchungen über die Teilwerte der Jacobischen Thetafunktionen usw.* im 7. Bande der Math. Annalen (1874) verweisen. Indem dort die Teilwerte von ϑ_1 immer gleichzeitig mit denen von ϑ, ϑ_2, ϑ_3 betrachtet werden, beschäftigt sich die Untersuchung vielmehr mit der $2n$-Teilung als

wenn ich nicht irre, zu einer *einfachsten* Behandlungsweise des Transformationsproblems der elliptischen Funktionen.

Die im folgenden eingehaltene Anordnung des Stoffes ergab sich aus dem Wunsche, die früher von mir benutzten Größen möglichst unmittelbar mit den Werten gewisser Teil-Thetas zu identifizieren. Erst in den folgenden Paragraphen stelle ich die allgemeinen Relationen auf, welche die alten Resultate als spezielle Fälle umfassen.

§ 1.

Rekapitulation der früheren Ergebnisse.

Ich beginne mit einer kurzen Übersicht der früher von mir erhaltenen Resultate, soweit dieselben zum Verständnisse des folgenden bekannt sein müssen.

1. In sämtlichen von mir betrachteten Fällen ($n = 5, 7, 11$) bediente ich mich gewisser Systeme von $\dfrac{n-1}{2}$ Verhältnisgrößen, die bei solchen linearen Transformationen der Perioden ω_1, ω_2, welche modulo n zur Identität kongruent sind, ungeändert bleiben und sich bei beliebiger linearer Transformation selber linear mit konstanten Koeffizienten in charakteristischer Weise transformieren[3]).

2. Bei $n = 5$ nannte ich die zwei sonach in Betracht kommenden Größen η_1, η_2; ihren Quotienten bezeichnete ich als *Ikosaederirrationalität*[4]).

3. Die drei bei $n = 7$ vorkommenden Größen benannte ich λ, μ, ν. Sie waren an die Gleichung vierter Ordnung

$$(1) \qquad \lambda^3\mu + \mu^3\nu + \nu^3\lambda = 0$$

gebunden und werden von mir dementsprechend als Koordinaten des Punktes einer Kurve vierter Ordnung gedeutet[5]).

4. Um die fünf Größen bei $n = 11$ zweckmäßig zu bezeichnen, wählte ich die quadratischen Reste modulo 11 als Indizes und unterschied also:

$$y_1,\, y_4,\, y_5,\, y_9,\, y_3.$$

der n-Teilung. — [Meiner Auffassungsweise sehr benachbart sind die auf S. 139 des vorliegenden Bandes genannten Kiepertschen Arbeiten, auf die im folgenden mehrfach zurückgegriffen wird. K.]

[3]) Vgl. die auf ein beliebiges primzahliges n bezügliche Darstellung im 15. Bande der Math. Annalen (1879), S. 275—278 [= Abh. LVII in Bd. 2 dieser Ausgabe, S. 416—419].

[4]) Vgl. etwa Math. Annalen, Bd. 12, (1877), S. 505—508 [= Abh. LIV in Bd. 2 dieser Ausgabe, S. 324—327] und Bd. 14 (1878/79) [= Abh. LXXXII im vorliegenden Bande, S. 62].

[5]) Siehe Math. Annalen, Bd. 14 (1878/79) [= Abh. LXXXIV des vorliegenden Bandes, S. 90 ff.].

Zwischen ihnen bestanden im ganzen 15 biquadratische Identitäten, von denen drei die folgenden sind:

$$(2) \qquad 0 = y_4 y_5 y_9 y_3 - y_1^2 y_5 y_3 + y_1^2 y_4^2 + y_3^3 y_1,$$

$$(3) \qquad 0 = y_1^2 y_5 y_9 - y_4^2 y_5 y_3 - y_3^2 y_1 y_9,$$

$$(4) \qquad 0 = y_4^3 y_9 + y_9^3 y_5 + y_3^3 y_1.$$

Die übrigen ergeben sich aus diesen durch Multiplikation der Indizes resp. mit 4, 5, 9, 3. Deutete man die y als Punktkoordinaten eines vierdimensionalen Raumes, so durchlief der Punkt y bei wechselndem Periodenverhältnisse ω eine Kurve der 20. Ordnung[6]).

5. In sämtlichen drei Fällen ergab sich eine enge Beziehung der vorgenannten Größen zu den Wurzeln der neuen *Multiplikatorgleichungen* [*erster Stufe*][7]). Nennt man diese Wurzeln in bekannter Weise $z_\infty, z_0, \ldots, z_{n-1}$, und setzt, da man es mit einer Jacobischen Gleichung zu tun hat:

$$\sqrt{z_\infty} = \sqrt{(-1)^{\frac{n-1}{2}} n \cdot A_0},$$

$$\sqrt{z_\nu} = A_0 + \varepsilon^{36\nu} A_1 + \varepsilon^{4\cdot36\nu} A_2 + \ldots + \varepsilon^{\left(\frac{n-1}{2}\right)^2 36\nu} A_{\frac{n-1}{2}},$$

$$\left(\varepsilon = e^{\frac{2i\pi}{n}}\right),$$

so findet man bis auf einen hier nicht weiter in Betracht kommenden Faktor ϱ:

$$(5) \quad \begin{cases} \varrho A_0 = \displaystyle\sum_{\lambda=-\infty}^{\lambda=\infty} (-1)^\lambda \cdot q^{\frac{(6\lambda+1)^2 n}{12}}, \\[2ex] \varrho A_\alpha = (-1)^\alpha \cdot \displaystyle\sum_{\lambda=-\infty}^{\lambda=+\infty} (-1)^\lambda \left\{ q^{\frac{((6\lambda+1)n+6\alpha)^2}{12n}} + q^{\frac{((6\lambda+1)n-6\alpha)^2}{12n}} \right\}. \end{cases} \,[8])$$

Unter Festhaltung der hiermit eingeführten Bezeichnungsweise lautet mein Resultat bei $n = 5$:

$$\frac{\eta_1}{\eta_2} = -q^{-\frac{2}{5}} + \ldots = \frac{A_1}{A_0}, \qquad \frac{\eta_2}{\eta_1} = -q^{+\frac{2}{5}} + \ldots = -\frac{A_2}{A_0},$$

(vgl. Math. Annalen, Bd. 14 (1878/79) [= Abh. LXXXII
dieses Bandes, S. 62]),

<hr>

[6]) Siehe Math. Annalen, Bd. 15 (1879) [= Abh. LXXXVI im vorliegenden Bande, S. 140 ff.].

[7]) Vgl. Math. Annalen, Bd. 15 (1878/79) [= Abh. LXXXV im vorliegenden Bande, S. 137 ff.], sowie Kiepert in Crelles Journal, Bd. 87 (1879), S. 199 ff.

[8]) [Zum Vergleich mit den in diesem Bande vorangehend abgedruckten Arbeiten mögen folgende Angaben dienen: Die (bei $n = 7$) auf S. 117/118 mit A_0, A_1, A_2, A_3 bezeichneten Größen sind proportional zu den hier mit A_0, A_3, A_1, A_2 bezeichneten. Was ferner (bei $n = 11$) auf S. 161 $\mu A_0, \mu A_1, \mu A_4, \mu A_9, \mu A_3$ hieß, stimmt genau überein mit dem hier mit $\varrho A_0, \varrho A_2, \varrho A_4, \varrho A_3 \cdot \varrho A_5, \varrho A_1$ Bezeichneten. B.-H.]

bei $n = 7$:

$$\frac{\mu}{\lambda} = -\,q^{-\frac{4}{7}} + \cdots = \frac{A_1}{A_0}, \qquad \frac{\nu}{\mu} = +\,q^{-\frac{2}{7}} + \cdots = \frac{A_2}{A_0},$$

$$\frac{\lambda}{\nu} = -\,q^{+\frac{6}{7}} + \cdots = \frac{A_3}{A_0},$$

(vgl. Math. Annalen, Bd. 14 (1878/79) [= Abh. LXXXIV
dieses Bandes, S. 118]),

und bei $n = 11$:

$$\frac{y_5}{y_4} = +\,q^{-\frac{8}{11}} + \cdots = -\frac{A_2}{A_0}, \qquad \frac{y_9}{y_5} = -\,q^{-\frac{10}{11}} + \cdots = -\frac{A_4}{A_0},$$

$$\frac{y_3}{y_9} = -\,q^{+\frac{4}{11}} + \cdots = -\frac{A_3}{A_0}, \qquad \frac{y_1}{y_3} = +\,q^{-\frac{6}{11}} + \cdots = -\frac{A_5}{A_0},$$

$$\frac{y_4}{y_1} = +\,q^{+\frac{20}{11}} + \cdots = -\frac{A_1}{A_0},$$

(vgl. Math. Annalen, Bd. 15 (1879) [= Abh. LXXXVI
dieses Bandes, S. 165]).

Ich habe dabei der besseren Orientierung wegen die niedrigsten Glieder
angegeben, die in den Reihenentwicklungen der betreffenden Quotienten
nach Potenzen von q auftreten.

§ 2.

Die von mir benutzten Größen sind Teilwerte von ϑ_1.

Man hat bekanntlich[9]):

$$\frac{\vartheta(x, q^n) \cdot \vartheta_2(x, q^n) \cdot \vartheta_3(x, q^n)}{2\,q^{\frac{n}{6}} \prod\limits_{\nu=1}^{\nu=\infty} (1 - q^{2\nu n})^2} = \sum_{\lambda=-\infty}^{\lambda=+\infty} (-1)^\lambda q^{\frac{(6\lambda+1)^2 n}{12}} \cdot \cos(6\lambda + 1)\,x.$$

Daher folgt für $q = e^{i\pi\omega}$:

$$\frac{A_\alpha}{A_0} = (-1)^\alpha \cdot 2 \cdot q^{\frac{3\alpha^2}{n}} \cdot \frac{\vartheta(\alpha\omega\pi, q^n) \cdot \vartheta_2(\alpha\omega\pi, q^n) \cdot \vartheta_3(\alpha\omega\pi, q^n)}{\vartheta(0, q^n) \cdot \vartheta_2(0, q^n) \cdot \vartheta_3(0, q^n)}.$$

Nun aber ist allgemein:

$$2 \cdot \frac{\vartheta(x, q) \cdot \vartheta_2(x, q) \cdot \vartheta_3(x, q)}{\vartheta(0, q) \cdot \vartheta_2(0, q) \cdot \vartheta_3(0, q)} = \frac{\vartheta_1(2x, q)}{\vartheta_1(x, q)}.$$

---

[9]) Vgl. **Kiepert** in Crelles Journal. Bd. 87 (1879), S. 213, Formel (31) daselbst,
wo indessen der Exponent im Vorzeichen zu ändern ist [oder jetzt auch: **Fricke**,
Die elliptischen Funktionen und ihre Anwendungen (1915/16), Bd. 1, S. 433].

Somit ergibt sich:

$$(6) \qquad \frac{A_\alpha}{A_0} = (-1)^\alpha \cdot q^{\frac{3\alpha^2}{n}} \cdot \frac{\vartheta_1(2\alpha\omega\pi, q^n)}{\vartheta_1(\alpha\omega\pi, q^n)} \cdot \quad {}^{10})$$

Ich will der Kürze halber schreiben:

$$(7) \qquad \sigma z_\alpha = (-1)^\alpha \cdot q^{\frac{\alpha^2}{n}} \cdot \vartheta_1(\alpha\omega\pi, q^n).$$

wo σ einen erst später zu bestimmenden Faktor bedeuten mag und α von 1 bis $(n-1)$ laufen soll, wobei übrigens nur $\frac{n-1}{2}$ wesentlich verschiedene Größen z_α entstehen, indem (für ungerades n)

$$(8) \qquad z_{n-\alpha} = - z_\alpha$$

wird. *Dann hat man:*

$$(9) \qquad \frac{A_\alpha}{A_0} = \frac{z_{2\alpha}}{z_\alpha} \cdot \quad {}^{11})$$

Und hieraus folgt unmittelbar, *daß die von mir bei $n = 5, 7, 11$ benutzten Verhältnisgrößen im wesentlichen mit den z_α übereinstimmen.* In der Tat ergibt ein Vergleich der soeben angeführten Formeln:

  1. *bei* $n = 5$:

$$(10) \qquad \eta_1 : \eta_2 = z_2 : z_1, \quad {}^{12})$$

  2. *bei* $n = 7$:

$$(11) \qquad \lambda : \mu : \nu = z_1 : z_2 : z_4,$$

  3. *bei* $n = 11$:

$$(12) \qquad y_1 : y_4 : y_5 : y_9 : y_3 = z_1 : z_9 : z_4 : z_3 : z_5.$$

---

[10]) Aus dieser Formel folgt ein interessantes Resultat. Einmal kommt in Übereinstimmung mit dem, was bei 5, 7, 11 bekannt ist, durch Ausmultiplikation sämtlicher Gleichungen für $\alpha = 1, 2, \ldots \left(\frac{n-1}{2}\right)$:

$$A_0^{\frac{n-1}{2}} = (-1)^{\frac{n^2-1}{8}} A_1 A_2 \cdots A_{\frac{n-1}{2}}.$$

Aber das Bemerkenswerte ist, daß sich diese Relation in d Relationen spaltet, wenn d die größte Zahl ist, für welche $4^{\frac{n-1}{2d}} \equiv 1 \pmod n$ ist; man hat zu dem Zwecke nur immer diejenigen Gleichungen (6) miteinander zu multiplizieren, welche, unter α einen beliebigen Anfangswert verstanden, $\alpha, 2\alpha, 4\alpha, \ldots, 2^{\left(\frac{n-1}{2d}-1\right)} \cdot \alpha$ entsprechen.

[11]) Mit dieser Formel und den weiteren Betrachtungen über das Verhalten der z_α ist die Bemerkung erledigt, die ich im 15. Bande der Math. Annalen (1879) [= Abh. LXXXVI des vorliegenden Bandes, S. 162] unter der Seite zufügte.

[12]) Diese Formel stimmt materiell mit derjenigen überein, die Herr Bianchi S.252 in Bd.17 der Math. Annalen (1880/81) gegeben hat. In der Tat ist es diese Bianchische Formel gewesen, die mich zu den hier im Texte entwickelten Resultaten hingeleitet hat; vgl. die Bemerkung unter der Seite, Math. Annalen, Bd. 17 (1880/81) [= Abh. LXXXVIII dieses Bandes, S. 185, Fußnote [9])]. — Die Formeln (10), (11), (12) teilte ich im Oktober 1880 der London Mathematical Society mit. [Vgl. deren Proceedings, Bd. 11 (1. Serie), S. 151, 152].

§ 3.

Verhalten der z bei linearer Transformation der Perioden ω_1, ω_2.

Ich wünsche nun zu zeigen, daß die z_a allgemein, bei beliebigem ungeraden n, sich ähnlich verhalten, wie bei 5, 7, 11. Hierzu ist vor allen Dingen erforderlich, die Änderungen anzugeben, welche die z_a bei linearer Transformation der Perioden erleiden. Ich werde zu dem Zwecke dem in (7) vorkommenden, noch unbestimmten Faktor σ einen solchen Wert erteilen, daß möglichst einfache Formeln resultieren.

Vor allen Dingen versehe man das Produkt

$$(-1)^a \cdot q^{\frac{a^2}{n}} \cdot \vartheta_1(\alpha\omega\pi, q^n)$$

mit dem Faktor $\sqrt{\dfrac{\pi}{\omega_2}}$; es würde sonst bei Vertauschung von ω_1 und ω_2 das neue z_a einen Faktor $\sqrt{\dfrac{\omega_2}{\omega_1}}$ bekommen, der bei dem ursprünglichen z_a kein Analogon hätte. Dann aber benutze man einen Kunstgriff, um die achten Einheitswurzeln zu entfernen, die bei Transformation der ϑ-Funktionen so störend dazwischenzutreten pflegen: *Man behafte nämlich unsere Größen mit dem gemeinsamen Nenner:*

$$\left\{\left(\sqrt{\frac{\pi}{\omega_2}}\right)^3 \cdot \vartheta_1'(0, q)\right\}^n.$$

Ich setze also definitiv:

$$(13) \qquad z_a = (-1)^a \left(\frac{\omega_2}{\pi}\right)^{\frac{3n-1}{2}} \cdot \frac{q^{\frac{a^2}{n}} \cdot \vartheta_1(\alpha\omega\pi, q^n)}{\vartheta_1'(0, q)^n}. \qquad [13]$$

Für die so normierten z ergibt sich nun folgendes Verhalten bei linearer Transformation von ω_1, ω_2:

1. Sei $\omega_1' = \omega_1 + \omega_2$, $\omega_2' = \omega_2$, so kommt unmittelbar:

$$(14) \qquad z_a(\omega_1 + \omega_2, \omega_2) = \varepsilon^{\frac{a(a-n)}{2}} \cdot z_a(\omega_1, \omega_2),$$

wo $\varepsilon = e^{\frac{2i\pi}{n}}$ gesetzt ist.

2. Sei $\omega_1' = -\omega_2$, $\omega_2' = +\omega_1$, so ergibt sich zunächst:

$$z_a(-\omega_2, \omega_1) = (-1)^a \left(\frac{\omega_1}{\pi}\right)^{\frac{3n-1}{2}} \cdot \frac{e^{-\frac{a^2 i\pi}{n\omega}} \cdot \vartheta_1\left(-\dfrac{\alpha\pi}{\omega}, e^{-\frac{ni\pi}{\omega}}\right)}{\vartheta_1'\left(0, e^{-\frac{i\pi}{\omega}}\right)^n}$$

---

[13]) [Es ist bemerkenswert, daß **M. Krause** von ganz anderem Ausgangspunkte aus im wesentlichen zu denselben Größen geführt wurde. Vgl. sein Lehrbuch über doppeltperiodische Funktionen (Leipzig 1895), Bd. 1, S. 282 ff. K.]

Dies setzt sich vermöge bekannter Formeln in nachstehende Gleichung um:

$$z_\alpha\left(-\omega_2, \omega_1\right) = \frac{(-1)^{\alpha+1}}{\sqrt{(-1)^{\frac{n-1}{2}} n}} \left(\frac{\omega_2}{\pi}\right)^{\frac{3n-1}{2}} \cdot \frac{\vartheta_1\left(\frac{\alpha\pi}{n}, q^{\frac{1}{n}}\right)}{\vartheta_1'(0, q)^n} \cdot \quad 14)$$

Andererseits konstatiert man mit Leichtigkeit das Vorhandensein folgender, bisher, wie es scheint, noch nicht bemerkter[15]) ϑ-Relation:

$$(15) \qquad (-1)^\alpha\, \vartheta_1\left(\frac{\alpha\pi}{n}, q^{\frac{1}{n}}\right)$$

$$= (-1)^{\frac{n-1}{2}} \sum_{\beta=1}^{\frac{n-1}{2}} \left(\varepsilon^{\alpha\beta} - \varepsilon^{-\alpha\beta}\right)\left((-1)^\beta \cdot q^{\frac{\beta^2}{n}} \cdot \vartheta_1(\beta\omega\pi, q^n)\right).$$

Daher folgt:

$$(16)\ \sqrt{(-1)^{\frac{n-1}{2}} n} \cdot z_\alpha\left(-\omega_2, \omega_1\right) = (-1)^{\frac{n+1}{2}} \sum_{\beta=1}^{\frac{n-1}{2}} \left(\varepsilon^{\alpha\beta} - \varepsilon^{-\alpha\beta}\right) \cdot z_\beta\left(\omega_1, \omega_2\right). \quad 16)$$

Dies ist aber im wesentlichen dasjenige Verhalten, welches ich bei $n = 5$, 7, 11 benutzt habe.

§ 4.

Die Kurve der z. [17])

Indem ich jetzt n als ungerade Primzahl voraussetze, sollen die Verhältnisse der $\frac{n-1}{2}$ Größen z_α als homogene Koordinaten eines Raumes von

---

[14]) [Das Zeichen $\sqrt{(-1)^{\frac{n-1}{2}}}$ steht hier in der Bedeutung $i^{\frac{n-1}{2}}$ und entstammt allein der Anwendung der Formel, die das Verhalten der Funktion $\vartheta_1(x, q)$ gegenüber der *speziellen* Transformation $\omega_1' = -\omega_2$, $\omega_2' = \omega_1$ angibt. Die feinere Theorie der Vorzeichen der Gaussischen Summen oder die (mit letzterer in nahem Zusammenhange stehende) Bestimmung der achten Einheitswurzeln, die bei beliebiger unimodularer Transformation der Thetafunktionen auftreten, kommt hier nicht in Betracht, wie überhaupt an keiner Stelle meiner Arbeiten. Im übrigen vgl. auch Fußnote [40]) unten auf S. 243. K.]

[15]) [Vgl. die Richtigstellung dieser Angabe in Abh. XC auf S. 245/246 dieses Bandes. — Übrigens läßt sich die Formel ein wenig verallgemeinern, siehe Formel (111) in Abh. XC auf S. 245 des vorliegenden Bandes. K.]

[16]) [Etwas kürzer zusammengezogen heißt die Formel:

$$-\sqrt{n} \cdot z_\alpha(-\omega_2, \omega_1) = i^{\frac{n-1}{2}} \cdot \sum_{\beta=1}^{\frac{n-1}{2}} \left(\varepsilon^{\alpha\beta} - \varepsilon^{-\alpha\beta}\right) z_\beta\left(\omega_1, \omega_2\right).$$

Im übrigen vgl. den Zusatz am Schluß dieser Arbeit, S. 196 ff. B.-H.]

[17]) [Ergänzende Bemerkungen zu einzelnen Beweisen in diesem Paragraphen sind im Zusatz am Schluß dieser Arbeit auf S. 196 ff. zusammengestellt.]

$\dfrac{n-3}{2}$ Dimensionen betrachtet werden. Bewegt sich die absolute Invariante J, und also ω, in der komplexen Ebene, so durchläuft der „Punkt" z eine Kurve. Zuvörderst beachte man, daß die Verhältnisse zweier beliebiger z_α nach ganzen Potenzen von $t = q^{\frac{2}{n}}$ entwickelt werden können, wobei höchstens eine endliche Anzahl von negativen Exponenten auftritt, Daher folgt, mit Rücksicht auf bekannte Eigenschaften der ϑ-Funktionen:

Die Kurve der z ist eine algebraische Kurve.

Nun folgt aus (14), (16), daß die Quotienten $\dfrac{z_\alpha}{z_\beta}$ sämtlich bei solchen linearen Substitutionen von $\omega = \dfrac{\omega_1}{\omega_2}$ ungeändert bleiben, die modulo n zur Identität kongruent sind, daß aber Analoges bei keiner anderen linearen Substitution eintritt. Die Kurve ist also auf diejenige über der J-Ebene ausgebreitete Riemannsche Fläche eindeutig bezogen, welche das Bild der Galoisschen Resolvente der Modulargleichung für Transformation n-ter Ordnung ist. Ich gab bereits Math. Annalen, Bd. 14 (1878/79) [= Abh. LXXXII dieses Bandes, S. 55] an, daß die $\dfrac{n(n^2-1)}{2}$ Blätter dieser Fläche bei $J = 0$ zu je 3, bei $J = 1$ zu je 2, bei $J = \infty$ zu je n, und sonst nirgends, zusammenhängen. Dementsprechend können wir sagen:

Das Geschlecht unserer Kurve ist $p = \dfrac{n+2\cdot n-3\cdot n-5}{24}$.

Die Kurve geht durch $\dfrac{n(n^2-1)}{2}$ *Kollineationen in sich über. Vermöge derselben werden ihre Punkte zu je* $\dfrac{n(n^2-1)}{2}$ *zusammengruppiert. Die zusammengehörigen Punkte sind im allgemeinen verschieden, nur für $J = 0$ fallen sie zu je 3, für $J = 1$ zu je 2, für $J = \infty$ zu je n zusammen. Hierdurch ist J als rationale Funktion der Koordinaten charakterisiert.*

Um jetzt die Ordnung unserer Kurve zu bestimmen, zählen wir die Verschwindungsstellen irgendeiner hinlänglich allgemeinen linear-gebrochenen Funktion der z ab, z. B. von $\dfrac{z_1}{\sum u_i z_i}$, wo keiner der Koeffizienten u_i gleich Null sein soll. Aus der Produktzerlegung der ϑ-Funktion[18]) folgt der Satz,

---

[18]) [Für z_α erhält man die Produktdarstellung:

$$z_\alpha = \frac{(-1)^\alpha \cdot i}{2^n} \cdot \left(\frac{\omega_2}{\pi}\right)^{\frac{3n-1}{2}} \cdot \left(q^{\frac{-\alpha(n-\alpha)}{n}} - q^{\frac{\alpha(n+\alpha)}{n}}\right)$$

$$\cdot \frac{\Pi(1-q^{2\lambda n}) \cdot \Pi(1-q^{2(\lambda n+\alpha)}) \cdot \Pi(1-q^{2(\lambda n-\alpha)})}{\Pi(1-q^{2\lambda})^{3n}}.$$

B.-H.]

daß ein solcher Quotient nur in den Punkten $J = \infty$ verschwinden kann. Diese $\frac{n^2-1}{2}$ Punkte müssen wir jetzt genauer betrachten. Ihre Unterscheidung kommt darauf zurück, daß alle reellen, rationalen Werte von ω, jeweils auf ihre kleinste Benennung gebracht, [in einer und nur einer der $\frac{n^2-1}{2}$ Zahlenreihen $\frac{\pm\varkappa + rn}{\pm\lambda + sn}$ $(r, s = 0, \pm 1, \pm 2, \ldots)$ enthalten sind, wo $\varkappa$, λ unabhängig von einander die Werte $0, 1, \ldots (n-1)$ durchlaufen sollen und nur die eine Kombination $\varkappa = 0$, $\lambda = 0$ ausgeschlossen bleibt. Ein gemeinsamer Zeichenwechsel in Zähler und Nenner gilt dabei, wie durch das $\pm$ angedeutet, als unwesentlich][19]. Ich will nun insbesondere die $\frac{n-1}{2}$ Punkte herausgreifen, in denen $\lambda = 0$ ist; sie sollen dem Werte von $\varkappa$ entsprechend mit I, II, $\ldots \left(\frac{N-1}{2}\right)$ bezeichnet sein. Der Punkt I wird derjenige sein, in welchem q gleich Null wird, auf den sich also unsere Reihenentwicklungen beziehen.

Nun wurde bereits erwähnt, daß diese Reihenentwicklungen nach ganzen Potenzen fortschreiten, wenn man statt q

$$(17) \qquad\qquad t = q^{\frac{2}{n}}$$

einführt. Das niedrigste Glied, welches sich dann bei z_a einstellt, enthält die Potenz $t^{-\frac{a(n-a)}{2}}$. Daher folgt:

Im Punkte I wird z_a $\frac{\alpha(n-\alpha)}{2}$-fach unendlich.

Insbesondere $z_{\frac{n-1}{2}}$ wird am stärksten unendlich, nämlich $\frac{n^2-1}{8}$-fach.

Ebenso stark wird $\sum u_i z_i$ unendlich, da wir voraussetzen, daß keiner der Koeffizienten u_i verschwinde. Somit kommt:

Die Funktion $\frac{z_a}{\sum u_i z_i}$ wird im Punkte I $\left(\frac{n^2-1}{8} - \frac{\alpha(n-\alpha)}{2}\right)$-fach gleich Null.

Nun wird, wie man sofort sieht, $\frac{z_1}{\sum u_i z_i}$ in den Punkten I, II, $\ldots \left(\frac{N-1}{2}\right)$ zusammengenommen ebenso oft zu Null, wie die verschiedenen $\frac{z_a}{\sum u_i z_i}$ zusammengenommen im Punkte I.

Die Gesamtheit der uns sonach bekannten Nullstellen unserer Funktionen beträgt:

$$\sum_{\alpha=1}^{\frac{n-1}{2}} \left(\frac{n^2-1}{8} - \frac{\alpha(n-\alpha)}{2}\right) = \frac{(n-3)(n^2-1)}{48}.$$

---

[19]) [Bei dem Wiederabdruck der Klarheit halber unwesentlich geändert. B.-H.]

Daß es nun keine anderen Nullstellen mehr gibt, daß also $\dfrac{z_1}{\sum u_i z_i}$ in den übrigen Punkten $J = \infty$ jedenfalls nicht verschwindet, folgt aus (14), (16). Denn diesen Formeln zufolge erfährt z_1, wenn man den Punkt I in einen der noch in Frage stehenden Punkte $J = \infty$ überführen will, eine lineare Substitution, in der das Glied mit $z_{\frac{n-1}{2}}$ nicht verschwindet[20]); z_1 selbst wird also in allen diesen Punkten $\dfrac{n^2-1}{8}$-fach unendlich, d. h. es wird mindestens ebenso stark unendlich, wie $\sum u_i z_i$. Mithin:

Die Kurve der z ist von der Ordnung $\dfrac{(n-3)(n^2-1)}{48}$.

Auch dies wieder stimmt mit den früheren Resultaten bei 5, 7, 11, wo wir 1, 4, 20 als betr. Ordnung fanden[21]).

<h2 style="text-align:center">§ 5.</h2>

<h3 style="text-align:center">Biquadratische Relationen zwischen den z.</h3>

Ich wünsche nun noch von der allgemeinen Definition der z_a aus das Vorhandensein der biquadratischen Relationen zu erklären, von denen in § 1 für $n = 7$, 11 die Rede war. Dies gelingt sofort vermöge der bekannten [von Weierstrass herrührenden] Formel:

$$\vartheta_1(v+w)\,\vartheta_1(v-w)\,\vartheta_1(t+u)\,\vartheta_1(t-u)$$
$$+\,\vartheta_1(w+u)\,\vartheta_1(w-u)\,\vartheta_1(t+v)\,\vartheta_1(t-v)$$
$$+\,\vartheta_1(u+v)\,\vartheta_1(u-v)\,\vartheta_1(t+w)\,\vartheta_1(t-w) = 0.$$

Aus ihr derivieren wir nämlich, wie man sofort sieht, unter i, k, l, m irgend vier voneinander verschiedene Zahlen verstanden, die folgenden Relationen zwischen den z:

$$(18) \quad z_{l+m} z_{l-m} z_{i+k} z_{i-k} + z_{m+k} z_{m-k} z_{i+l} z_{i-l} + z_{k+l} z_{k-l} z_{i+m} z_{i-m} = 0.$$

Nimmt man hier $n = 7$, so hat man die eine Relation:

$$z_1^3 z_2 + z_2^3 z_3 + z_3^3 z_1 = 0,$$

die mit der oben angegebenen (1) zusammenfällt. Nimmt man $n = 11$, so erhält man von den 15 Beziehungen (2), (3), (4) zunächst nur die-

---

[20]) Man vergleiche, was über Kombination solcher Substitutionen Math. Annalen, Bd. 15 (1879) [= Abh. LXXXVI dieses Bandes, S. 146], gesagt ist.

[21]) Man kann genau ebenso die Ordnung der Kurve A des § 1 bestimmen und findet

$$\frac{(n-1)(n^2-1)}{48},$$

also 2, 6, 25 für $n = 5$, 7, 11, wie es sein muß. Die Kurve der A ist durch die Formeln (9) umkehrbar eindeutig auf die Kurve der z bezogen.

jenigen 10, die aus drei Gliedern bestehen. Aus diesen kann man aber die fünf viergliedrigen als algebraische Folge ableiten. Denn es ist:

$$y_4\,y_5\,y_9\,y_3 - y_1^2\,y_5\,y_3 + y_1^2\,y_4^2 + y_3^3\,y_1$$
$$= \frac{1}{y_9}\{-y_3\,(y_1^2\,y_5\,y_9 - y_4^2\,y_5\,y_3 - y_3^2\,y_1\,y_9) - y_4\,(y_3^2\,y_4\,y_5 - y_1^2\,y_4\,y_9 - y_9^2\,y_3\,y_5)\}.$$

Also auch bei $n = 11$ ergeben sich sämtliche Gleichungen aus bekannten Eigenschaften der ϑ-Funktion.

Leipzig, den 3. Januar 1881.

[Erläuternde Bemerkungen zu einzelnen Stellen des vorstehenden Aufsatzes Nr. LXXXIX.]

[1. *Zu den Formeln* (14), (16) *auf S.* 191/192. Die Formeln (14), (16) des Textes stimmen im wesentlichen überein mit den Formeln (28), (29), die für den Fall einer ungeraden Primzahl n Math. Annalen, Bd. 15 (1879), S. 277 = Abh. LVII in Bd. 2 dieser Ausgabe, S. 418 mitgeteilt wurden. Der daselbst für die Tatsache, daß die angegebenen Substitutionen eine *endliche* Gruppe erzeugen, gegebene Beweis gilt jedoch nur unter der Voraussetzung n = Primzahl, und seine Verallgemeinerung auf beliebige ungerade n würde jedenfalls einige Komplikationen verursachen. Für beliebiges ungerades n sei in dieser Hinsicht auf § 15 der folgenden Abh. XC, S. 241, verwiesen, wo der entsprechende Beweis für die allgemeineren Größen $X_\alpha\,(u \mid \omega_1, \omega_2)$, deren Nullwerte die z_α ja im wesentlichen sind, unter Benutzung geometrischer Überlegungen erbracht wird.

Um die Beziehung der oben zitierten Formeln (28), (29) zu den jetzigen herzustellen, empfiehlt es sich, vorab durch eine leichte äußere Modifikation diese beiden Substitutionssysteme auf eine übereinstimmende Gestalt zu bringen. Man setze nämlich in (28) $\left(\dfrac{k}{n}\right) y_k$ an Stelle von y_k und beachte ferner, daß in (29) das Quadrat der Substitution 3. $y_k' = -y_k$ lautet, so daß man in (29), 2. und (29), 3. auf der rechten Seite auch die umgekehrten Vorzeichen benutzen darf. Schreiben wir noch, um den Vergleich zu erleichtern, z_α statt y_k und ε statt ϱ, so haben wir an Stelle der Substitutionen (28), (29) für $n \equiv 1 \pmod 4$ und $n \equiv 3 \pmod 4$ einheitlich die folgenden gewonnen:

$$\overline{S}: \qquad z_\alpha' = \varepsilon^{\alpha^2}\,z_\alpha$$
$$\overline{U}: \qquad z_\alpha' = \mp\, z_{\pm\,g\,\alpha}$$
$$\overline{T}: \qquad -\sqrt{(-1)^{\frac{n-1}{2}}}\;n\cdot z_\alpha' = \sum_{\beta=1}^{\frac{n-1}{2}} (\varepsilon^{2\,\alpha\,\beta} - \varepsilon^{-2\,\alpha\,\beta})\,z_\beta.$$

Hier bedeutet $\sqrt{(-1)^{\frac{n-1}{2}}}$ den Wert $+1$ oder $+i$, je nachdem $n \equiv 1$ oder $n \equiv 3 \pmod 4$ ist; g ist eine primitive Wurzel $(\bmod\,n)$, $\pm g\,\alpha$ derjenige von den beiden zu den Zahlen $+g\,\alpha$ und $-g\,\alpha$ im Systeme der kleinsten nicht negativen Reste $(\bmod\,n)$ kongruenten Repräsentanten, welcher $\leq \dfrac{n-1}{2}$ ist, und in der rechten Seite von $\overline{U}$ gelten stets beidemal übereinstimmend die oberen oder die unteren Zeichen [22]).

----

[22]) $\overline{U}$ läßt sich natürlich durch Kombination von $\overline{S}$ und $\overline{T}$ herstellen. Vgl. Bd. 2 dieser Ausgabe, S. 417, Fußnote [28]).

Ich behaupte jetzt: *Unsere im Texte gefundenen Substitutionen* (14), (16), die wir S und T nennen mögen, *sind Kombinationen der eben angeschriebenen $\overline{S}$, $\overline{T}$, $\overline{U}$.* In der Tat, sei λ die Lösung der Kongruenz $2\lambda \equiv 1 \pmod{n}$, so finden wir, wenn wir beachten, daß von den beiden Zahlen α, $n - \alpha$ stets die eine gerade ist,

$$S = \overline{S}^{\,\lambda},$$

ferner

$$\overline{T} \cdot \overline{U}^{\,-\operatorname{ind} 2}: \qquad \sqrt{(-1)^{\frac{n-1}{2}} n} \cdot z'_\alpha = \left(\frac{2}{n}\right) \cdot \sum_{\beta=1}^{\frac{n-1}{2}} \left(\varepsilon^{\alpha\beta} - \varepsilon^{-\alpha\beta}\right) z_\beta.$$

Indem wir für $\sqrt{(-1)^{\frac{n-1}{2}}}$ die oben angegebene Bedeutung $+1$ oder $+i$, für $\left(\frac{2}{n}\right)$ aber $(-1)^{\frac{n^2-1}{8}}$ eintragen und die verschiedenen Werte von $n \pmod 8$ unterscheiden, finden wir

$$\frac{\left(\dfrac{2}{n}\right)}{\sqrt{(-1)^{\frac{n-1}{2}}}} = i^{\frac{n-1}{2}},$$

so daß $\overline{T} \cdot \overline{U}^{\,-\operatorname{ind} 2}$ wirklich mit T übereinstimmt.

Daß die Substitutionen $\overline{S}$, $\overline{T}$, $\overline{U}$ auch für nicht primzahliges n sich aus S und T zusammensetzen lassen müssen, und umgekehrt, entnimmt man den Ausführungen, die Fricke in Bd. 2 der „Modulfunktionen", S. 309 ff. im Anschluß an eine Arbeit von Kronecker in den Berliner Monatsberichten von 1861 gibt. Nur kann man die expliziten Formeln für den Zusammenhang zwischen den $\overline{S}$, $\overline{T}$, $\overline{U}$ einerseits und den S, T andererseits bei allgemeinen n nicht so ohne weiteres hinschreiben.

2. *Zum Beweise, daß die Kurve der z algebraisch ist.* Aus der Darstellung der z_0 durch die ϑ-Funktion entnimmt man, daß die Verhältnisse je zweier z sich an jeder Stelle des Fundamentalpolygons (der Galoisschen Resolvente) verhalten, wie algebraische Funktionen von $J(\omega)$. Da sie überdies infolge der Endlichkeit der aus (14), (16) erzeugten Substitutionsgruppe bei gegebenen J nur endlich vieler Werte fähig sind, sind es algebraische Funktionen von J, w. z. b. w.

3. *Über die eindeutige Beziehung der Kurve der z auf die Riemannsche Fläche der Galoisschen Resolvente.* Im Texte ist nur bewiesen, daß die Verhältnisse $\dfrac{z_\alpha}{z_\beta}$ auf der Riemannschen Fläche, die zur Galoisschen Resolvente der Modulargleichung für den n-ten Transformationsgrad gehört, eindeutig sind, nicht aber, daß die Wurzeln der Galoisschen Resolvente sich auch umgekehrt rational durch die Verhältnisse der z und durch J ausdrücken lassen. So bliebe also zunächst noch die Möglichkeit, daß die Kurve der z mehrfach durchlaufen würde, während sich der Bildpunkt nur einmal über die genannte Riemannsche Fläche bewegt. Um diese Annahme zu widerlegen, beachte man, daß vermöge der aus (14), (16) erzeugten Substitutionsgruppe das Verhältnis $\dfrac{z_1}{z_2}$ $\dfrac{n \cdot (n^2-1)}{2}$ Werte erhält, von denen im allgemeinen (d. h. abgesehen von höchstens endlich vielen Punkten der Riemannschen Fläche) keine zwei gleich sind. Diese Werte, die also alle rational von den z_α abhängen, permutieren sich bei Anwendung der ω-Substitutionen holoedrisch isomorph mit den Wurzeln der Galoisschen Resolvente der Modulargleichung, so daß man nach bekannten Regeln der Algebra rückwärts die letzteren (in dem durch Adjunktion von $J(\omega)$ zur Gesamtheit der rationalen Zahlen entstehenden Körper) rational durch die ersteren, d. h. die Wurzeln der Galoisschen Resolvente rational mit konstanten Koeffizienten durch die z_0 und J ausdrücken kann, w. z. b. w. B.-H.]

XC. Über die elliptischen Normalkurven der n-ten Ordnung.

[Abhandlungen der mathematisch-physikalischen Klasse der Sächsischen Kgl. Gesellschaft der Wissenschaften, Bd. 13, Nr. IV (1885).]

Inhalt.

Einleitung.

Unter elliptischen Normalkurven der n-ten Ordnung sollen im folgenden diejenigen Kurven n-ter Ordnung vom Geschlechte Eins verstanden sein, die im Raume von $(n-1)$ Dimensionen gelegen sind, die also, unter $x_0, x_1, \ldots, x_{n-1}$ homogene Koordinaten verstanden, mit Benutzung n-gliedriger, linear unabhängiger σ-Produkte folgendermaßen definiert werden können:

$$(1) \quad \begin{cases} \varrho x_0 = A \cdot \prod_1^n \sigma(u - a_i), \\[2mm] \varrho x_1 = B \cdot \prod_1^n \sigma(u - b_i), \\[2mm] \cdots \cdots \cdots \cdots \cdots, \\[2mm] \varrho x_{n-1} = N \cdot \prod_1^n \sigma(u - n_i), \end{cases}$$

wo $\Sigma a_i = \Sigma b_i = \ldots = \Sigma n_i$ zu nehmen ist[1]). Ich werde zunächst untersuchen, wie sich diese Kurven unter Zugrundelegung verschiedener ausgezeichneter Koordinatensysteme algebraisch darstellen, sodann den Übergang erforschen, der von der einen Darstellungsweise zur anderen hinüberführt und endlich die solchergestalt gewonnenen Resultate für die Theorie der Moduln n-ter Stufe verwerten. Dabei beschränke ich mich, wie gleich hier bemerkt sei, durchweg auf den Fall eines ungeraden n, was aber keineswegs durch die Methode der Untersuchung verlangt wird, sondern nur durch Rücksichten praktischer Natur geboten schien[2]). Die Untersuchungen über Teilwerte der σ Funktion, welche ich im ersten Abschnitte zusammenstelle, wolle man als eine Art von Einleitung betrachten, ich mußte sie gesondert voraufschicken, um bei der Betrachtung der Normalkurven nicht immer wieder durch die Ableitung von Hilfsformeln unterbrochen zu werden.

Die Ideen, welche hiernach im Zusammenhange entwickelt werden sollen, sind dieselben, welche ich vor nun fünf Jahren in einer der Münchener Akademie vorgelegten Note skizziert habe[3]) und die dann für $n=3$ und $n=5$ von Herrn Bianchi in einer wichtigen Arbeit, die ich noch oft zu

---

[1]) Was die geometrische Theorie dieser Kurven angeht, so vergleiche man namentlich auch: Clifford, *On the Classification of Loci*, Philosophical Transactions, London 1878 [= Mathematical papers, S. 305 ff.].

[2]) [In der Tat hat Hurwitz, wie schon in den Vorbemerkungen berichtet wurde, die Untersuchungen für gerades n ergänzt. (Math. Annalen, Bd. 27 (1886), S. 183—233.) K.]

[3]) Sitzungsberichte der Münchener Akademie vom Juli 1880: *Über unendlich viele Normalformen des elliptischen Integrals erster Gattung* (vgl. auch Math. Annalen Bd. 17 (1880/81), wo die Note wieder abgedruckt ist) [= Nr. LXXXVIII im vorliegenden Bande].

nennen haben werde, weiter ausgeführt worden sind[4]). Eben diese Ideen liegen meiner weiteren Note: *Über gewisse Teilwerte der ϑ-Funktion*[5]) zugrunde, in der man u. a. bereits den größeren Teil der Resultate, welche nun für Moduln n-ter Stufe in systematischer Weise abgeleitet werden sollen, in knapper Form zusammengestellt finden wird. Ich bin damals durch äußere Verhältnisse von der ausführlichen Darlegung der betreffenden Überlegungen abgehalten worden[6]), und nun erst im vergangenen Herbst zu denselben wieder zurückgekehrt, wo ich dann zunächst in den Berichten der Königl. Sächsischen Gesellschaft eine vorläufige Note publizierte[7]), um jetzt eine zusammenhängende Entwicklung folgen zu lassen. Vergleicht man den Inhalt der letztgenannten Note oder auch die folgende Darstellung mit den vorgenannten früheren Arbeiten, so wird man bemerken, daß ich mich jetzt mehr von den direkten Methoden der analytischen Geometrie entfernt und der eigentlichen Theorie der doppeltperiodischen Funktionen zugewandt habe. Ich hätte vielleicht ganz die geometrische Ausdrucksweise vermeiden und nur von n-gliedrigen σ-Produkten und den zwischen ihnen bestehenden algebraischen Relationen sprechen sollen: es würde sich dann in der vorliegenden Abhandlung um solche Entwicklungen handeln, die man *der Lehre von der Transformation und Teilung der elliptischen Funktionen* zuweisen kann. Wenn ich trotzdem die geometrische Redeweise nicht habe fallen lassen, so geschah dies einmal, um die Geometer (im engeren Sinne des Wortes) für die hier vorliegenden Fragen zu interessieren, dann aber namentlich auch, weil ich gern an dem Grundsatze festhalte, daß auch in Fragen der reinen Analysis die analytisch-geometrische Darstellung sehr wesentlich zur klaren Erfassung der Aufgabe und überhaupt zur Formulierung zweckmäßiger Fragestellungen beiträgt.

Was die Bezeichnungen, die ich verwende, angeht, so bemerke ich gleich hier das Folgende.

---

[4]) *Über die Normalformen dritter und fünfter Stufe des elliptischen Integrals erster Gattung*, Bd. 17 der Math. Annalen (1880/81), S. 234 ff.

[5]) Bd. 17 der Math. Annalen (1881) [= der vorstehend abgedruckten Abh. LXXXIX].

[6]) In der Zwischenzeit hat Herr Lange den Fall $n = 4$ in seiner Dissertation bearbeitet (Leipzig 1881): *Über die 16 Wendeberührungspunkte der Raumkurve vierter Ordnung erster Spezies* (abgedruckt im 28. Bande von Schlömilchs Zeitschrift (1883)).

[7]) Sitzung vom 14. November 1884: *Zur Theorie der elliptischen Funktionen n-ter Stufe.* Anschließend an diese Note habe ich im Wintersemester 1884/85 in meinem Seminare zahlreiche Vorträge über denselben Gegenstand gehalten, [an welche später die Leipziger Dissertationen anknüpften, über die in Nr. XCI und Nr. XCII berichtet wird. — Die genannte Note wird in der jetzigen Gesamtausgabe nicht mit abgedruckt, weil ihr Inhalt in die vorliegende Abhandlung in ausführlicherer Form vollständig aufgenommen ist. K.]

Zunächst, was die Formeln betrifft, so schließe ich mich teils an Jacobi, teils auch, wo es wesentlich ist, an Herrn Weierstrass an, wobei ich freilich (wie dies bereits Herr Bianchi getan) insofern wieder abweiche, als ich die Perioden der Integrale erster und zweiter Gattung nicht 2ω, $2\omega'$, bez. 2η, $2\eta'$, sondern ω_1, ω_2, resp. η_1, η_2 nenne. Der imaginäre Teil von $\dfrac{\omega'}{\omega} = \dfrac{\omega_1}{\omega_2}$ kann bekanntlich nach Belieben positiv oder negativ genommen werden, es muß nur an der einmal getroffenen Verabredung festgehalten werden[8]). Indem ich ihn als *positiv* voraussetze, nimmt die Legendresche Relation, die späterhin bei fast allen Zwischenrechnungen zu benutzen sein wird, die folgende Gestalt an:

$$(2) \qquad \omega_1\eta_2 - \omega_2\eta_1 = 2i\pi.$$

Ich schreibe dann:

$$3) \qquad e^{i\pi\frac{\omega_1}{\omega_2}} = q, \qquad e^{-i\pi\frac{\omega_2}{\omega_1}} = r, {}^9) \qquad g_2^3 - 27 g_3^2 = \Delta.$$

Sei ferner, was die Ausdrucksweise angeht, der folgende Punkt hervorgehoben. Alle solche linearen Transformationen von ω_1, ω_2:

$$\begin{aligned} \omega_1' &= \alpha\,\omega_1 + \beta\,\omega_2 \\ \omega_2' &= \gamma\,\omega_1 + \delta\,\omega_2 \end{aligned} \qquad (\alpha\delta - \beta\gamma = 1),$$

welche den Bedingungen genügen:

$$\alpha \equiv \delta \equiv 1, \qquad \beta \equiv \gamma \equiv 0 \;(\mathrm{mod}\ n),$$

nenne ich, wie früher bereits geschah, *modulo n zur Identität kongruent*, und rechne nun jede irgendwie gegebene elliptische Funktion (mag dieselbe das u enthalten oder nicht) *zur n-ten Stufe*, wenn sie bei sämtlichen in Rede stehenden linearen Transformationen von ω_1, ω_2 ungeändert bleibt, — es sei denn, daß die Unveränderlichkeit schon bei einer Zahl $m < n$ eintritt, worauf die vorgelegte Funktion der m-ten Stufe zuzuweisen sein wird. Die hiermit gegebene Definition umfaßt ohne weiteres auch den Fall eines elliptischen Integrals erster Gattung und weicht daher von derjenigen ab, die ich betreffs des Integrals in meiner vorgenannten Münchener Note [Nr. LXXXVIII] verwandt habe. Wenn wir ein elliptisches Integral erster

---

[8]) [In dem Original war in Übereinstimmung mit Bianchi (bzw. Hermite), aber entgegen Kleins früheren Arbeiten der imaginäre Teil von $\dfrac{\omega_2}{\omega_1}$ positiv vorausgesetzt. Beim Wiederabdruck wurden die in den vorangehenden Arbeiten benutzten Bezeichnungen wiederhergestellt, die auch in den „Modulfunktionen" und dem Buche von Fricke über elliptische Funktionen verwandt sind. B.-H.]

[9]) [Für den Vergleich mit den „Modulfunktionen" mag bemerkt werden, daß die dort mit r bezeichnete Größe mit der hier so genannten nichts zu tun hat, indem dort $r = q^2 = e^{2i\pi\frac{\omega_1}{\omega_2}}$ gesetzt ist.]

Gattung, wie damals geschah und in der Folge wieder in Betracht kommen soll, an einer der elliptischen Normalkurven n-ter Ordnung hin erstrecken, so ist es darum noch nicht im Sinne der jetzigen Ausdrucksweise von der n-ten Stufe. Es hat nur insofern Beziehung zur n-ten Stufe, als man die genannte Kurve mit besonderer Leichtigkeit auf ein Koordinatensystem beziehen kann, bei dem das Integral von der n-ten Stufe wird. Eben dieses war nun freilich der Kern meiner damaligen Entwicklung, so daß die abweichende Ausdrucksweise, die ich übrigens ausdrücklich zurücknehme, mit der hier zu gebrauchenden nicht in direktem Widerspruche steht.

Ich erinnere hier noch an einige Formeln, welche fernerhin fortwährend zu Hilfe zu nehmen sind. Vor allem haben wir die Fundamentaleigenschaft der σ-Funktion festzuhalten:

$$(4) \qquad \sigma(u + m_1\omega_1 + m_2\omega_2)$$
$$= (-1)^{m_1 m_2 + m_1 + m_2} \cdot e^{(m_1\eta_1 + m_2\eta_2)\left(u + \frac{m_1\omega_1 + m_2\omega_2}{2}\right)} \cdot \sigma(u),$$

sodann ihre Beziehung zur ϑ-Funktion:

$$(5) \qquad \sigma(u) = \sqrt{\frac{2\pi}{\omega_2} \cdot \frac{e^{\frac{\eta_2 u^2}{2\omega_2}}}{\sqrt[8]{\Delta}}} \cdot \vartheta_1\left(\frac{u\pi}{\omega_2}, q\right)$$

$$= e^{\frac{3i\pi}{4}} \cdot \sqrt{\frac{2\pi}{\omega_1} \cdot \frac{e^{\frac{\eta_1 u^2}{2\omega_1}}}{\sqrt[8]{\Delta}}} \cdot \vartheta_1\left(\frac{u\pi}{\omega_1}, r\right).$$

Hier ist ϑ_1 in bekannter Weise:

$$(6) \qquad \vartheta_1(x, q) = \frac{1}{i}\sum_0^\infty (-1)^h q^{\frac{(2h+1)^2}{4}}\left\{e^{(2h+1)ix} - e^{-(2h+1)ix}\right\},$$

während $\sqrt[8]{\Delta}$ durch folgende Formeln definiert sein mag, welche $\sqrt[24]{\Delta}$ darstellen: [10]

$$(7) \qquad \sqrt[24]{\Delta} = \sqrt{\frac{2\pi}{\omega_2}} \cdot q^{\frac{1}{12}} \cdot \prod_1^\infty (1 - q^{2h})$$

$$= e^{-\frac{i\pi}{4}} \cdot \sqrt{\frac{2\pi}{\omega_1}} \cdot r^{\frac{1}{12}} \cdot \prod_1^\infty (1 - r^{2k}).$$

---

[10]) [Durch die Formeln (7) ist $\sqrt[24]{\Delta}$ nur bis auf das Vorzeichen definiert. In der Tat ist es *keine eindeutige* Modulform mehr. Im Texte kommt es jedoch nie isoliert vor, sondern stets in Verbindungen wie z. B. $\sqrt[24]{\dfrac{\Delta}{\Delta^n}}$ (wo $\overline{\Delta}$ durch (11) definiert ist), die für ungerades n wieder *eindeutige* Modulformen ergeben. K.]

Wir schreiben jetzt ausführlicher $\sigma(u\,|\,\omega_1, \omega_2)$ für $\sigma(u)$, $\Delta(\omega_1, \omega_2)$ für Δ und lassen Transformation n-ter Ordnung eintreten, indem wir setzen:

$$(8) \qquad \overline{\omega}_1 = \omega_1, \quad \overline{\omega}_2 = \frac{\omega_2}{n}.$$

Es ist dann der Legendreschen Relation zufolge:

$$(9) \qquad \frac{\overline{\eta}_1}{2\,\overline{\omega}_1} - \frac{n\,\eta_1}{2\,\omega_1} = \frac{\overline{\eta}_2}{2\,\overline{\omega}_2} - \frac{n\,\eta_2}{2\,\omega_2}.$$

Den gemeinsamen Wert dieser Ausdrücke bezeichne ich, wie dies auch sonst üblich ist, mit G_1 (siehe z. B. auch **Felix Müller**, *De transformatione functionum ellipticarum*, Berlin 1867). Der folgende Quotient:

$$(10) \qquad e^{-G_1 u^2} \cdot \frac{\sigma\left(u\,\Big|\,\omega_1, \dfrac{\omega_2}{n}\right)}{\sigma(u\,|\,\omega_1, \omega_2)^n}$$

stellt dann diejenige doppeltperiodische Funktion von u (mit den Perioden ω_1, ω_2) vor, welche bei allen Untersuchungen über Transformation n-ter Ordnung zugrunde zu legen ist. Wir werden dieselbe in der Folge noch so modifizieren, daß wir sie mit $\sqrt[8]{\overline{\Delta} : \Delta^n}$ multiplizieren[11]), wo Δ den ursprünglichen Wert der Diskriminante, $\overline{\Delta}$ aber den transformierten Wert bedeutet:

$$(11) \qquad \overline{\Delta} = \Delta\left(\omega_1, \frac{\omega_2}{n}\right).$$

Sie verwandelt sich dadurch in einen einfachen ϑ-Quotienten, den wir in der doppelten Form schreiben können:

$$(12) \qquad \sqrt{n} \cdot \left(\frac{\omega_2}{2\pi}\right)^{\frac{n-1}{2}} \cdot \frac{\vartheta_1\left(\dfrac{n\,u\,\pi}{\omega_2}, q^n\right)}{\vartheta_1\left(\dfrac{u\,\pi}{\omega_2}, q\right)^n} = \left(\frac{\omega_1}{2\pi}\right)^{\frac{n-1}{2}} \cdot \frac{\vartheta_1\left(\dfrac{u\,\pi}{\omega_1}, r^{\frac{1}{n}}\right)}{\vartheta_1\left(\dfrac{u\,\pi}{\omega_1}, r\right)^n}.$$

Abschnitt I.
Über die Teilwerte der σ-Funktion.

§ 1.
Definition der Teilwerte.

Die Lehre von der Teilung der elliptischen Funktionen wird gewöhnlich in der Weise vorgetragen, daß nur von doppeltperiodischen Funk-

---

[11]) [$\sqrt[8]{\overline{\Delta}}$ an sich stammt vom Übergang zur Thetafunktion. $\sqrt[8]{\overline{\Delta} : \Delta^n}$ wird gewählt, um bei ungeradem n eine *eindeutige* Modulform zu haben. Vgl. die letzte Fußnote. K.]

tionen im engeren Sinne, also (sofern wir uns an Weierstrass' Bezeichnung anschließen wollen) von $\wp(u)$ und $\wp'(u)$ darin die Rede ist. Inzwischen zeigt eine aufmerksame Betrachtung der von verschiedenen Seiten
entwickelten Formeln, daß es zweckmäßig ist, auch Teilwerte der σ-Funktion
selbst in geeigneter Weise in Betracht zu ziehen. In der Tat treten [soviel ich
weiß] solche Teilwerte auch bisher fortwährend in den Zwischenrechnungen auf,
nur daß man dieselben noch nicht einzeln derart in absoluter Weise fixiert
hat, daß jeder von ihnen eine algebraische Funktion der Invarianten
g_2, g_3 vorstellt[12]). Ich wünsche im gegenwärtigen Abschnitte den hiermit
bezeichneten Gedanken auszuführen und die Beziehung der neuen Teilgrößen zu den früheren (den Teilwerten von $\wp(u)$ und $\wp'(u)$) festzustellen.

Ich setze allgemein:

$$(13) \quad \sigma_{x,y}(u \,|\, \omega_1, \omega_2) = e^{(x\eta_1 + y\eta_2)\left(u - \frac{x\omega_1 + y\omega_2}{2}\right)} \cdot \sigma(u - x\omega_1 - y\omega_2 \,|\, \omega_1, \omega_2),$$

insbesondere auch für den Nullwert kurzweg:

$$(14) \qquad \sigma_{x,y}(0 \,|\, \omega_1, \omega_2) = \sigma_{x,y}(\omega_1, \omega_2).$$

Bei der Teilung durch n oder der Transformation n-ter Ordnung sollen
von diesen Funktionen insbesondere diejenigen in Betracht kommen, bei
denen x, y rationale Zahlen mit dem Nenner n sind. Sei demensprechend

$$(15) \qquad x = \frac{\lambda}{n}, \quad y = \frac{\mu}{n}.$$

Ich werde dann zumeist, insofern kein Mißverständnis zu befürchten ist,
den Nenner n einfach unterdrücken, und also die in Betracht kommenden
Funktionen folgendermaßen schreiben:

$$(16) \qquad \sigma_{\lambda,\mu}(u \,|\, \omega_1, \omega_2), \quad \sigma_{\lambda,\mu}(\omega_1, \omega_2),$$

oder auch kurzweg, wenn ω_1, ω_2 als selbstverständliche Argumente gelten:

$$(16\,\mathrm{b}) \qquad \sigma_{\lambda,\mu}(u), \quad \sigma_{\lambda,\mu}.$$

Die Nullwerte $\sigma_{\lambda,\mu}$ und die Quotienten $\sigma_{\lambda,\mu}(u) : \sigma(u)$ sind algebraische Funktionen von g_2, g_3 [und natürlich von $\wp(u)$, $\wp'(u)$].

Um dies zu zeigen, bedürfen wir einmal der Sätze, welche im folgenden Paragraphen über das Verhalten unserer Funktionen bei linearer

---

[12]) Man sehe hier und im folgenden die bereits auf S. 139 genannten Arbeiten
von Kiepert, zu denen sich die allernächsten Beziehungen ergeben. Was ältere
Untersuchungen angeht, so will ich insbesondere auf die Habilitationsschrift von
Herrn Schröter (Breslau 1855) verweisen, in welcher die Teilwerte der ϑ-Funktion
in einer meinen eigenen Tendenzen nahe verwandten Weise eingeführt werden, aber
doch immer nur, da die Kenntnis der σ-Funktion fehlt, bis auf einen allen gemeinsamen Faktor definiert erscheinen.

Transformation der Perioden aufgestellt werden sollen, und die darauf hinauslaufen, daß unsere Funktionen bei genannter Transformation nur eine endliche Anzahl verschiedener Werte annehmen. Wir bedürfen andererseits der Reihenentwicklungen unserer Größen nach Potenzen von q, die wir finden, indem wir auf den Zusammenhang der σ-Funktion mit der ϑ-Funktion zurückgehen. Wir haben nach kurzer Zwischenrechnung:

$$(17) \qquad \frac{\sigma_{x,y}(u)}{\sigma(u)} = e^{\frac{-2i\pi x}{\omega_2}\left(u - \frac{x\omega_1 + y\omega_2}{2}\right)} \cdot \frac{\vartheta_1\left((u - x\omega_1 - y\omega_2)\frac{\pi}{\omega_2}, q\right)}{\vartheta_1\left(\frac{u\pi}{\omega_2}, q\right)}.$$

Der Faktor, mit welchem hier rechter Hand der ϑ-Quotient multipliziert ist, läßt sich in folgende Form setzen:

$$e^{i\pi xy} \cdot q^{x^2} \cdot e^{\frac{-2i\pi xu}{\omega_2}}.$$

Unser Satz beruht wesentlich darauf, daß hier q mit einem Exponenten verbunden erscheint, der unter der Voraussetzung (15) eine rationale Zahl wird. Denn dies besagt vermöge einer Schlußweise, die in meinen früheren Arbeiten über elliptische Modulfunktionen vorgebildet ist, daß die endlichwertige Funktion von g_2, g_3, mit der wir es zu tun haben, in bezug auf g_2, g_3 nirgendwo eine wesentliche Singularität besitzt. Ich darf mich hier um so mehr mit dieser Andeutung begnügen, als wir ohnehin demnächst zur Wertbestimmung unseres Quotienten (17), bez. des Nullwertes $\sigma_{\lambda,\mu}$ explizite Formeln aufstellen werden.

Möge folgende beiläufige Bemerkung zur allgemeinen Systematik der elliptischen Funktionen gleich hier eine Stelle finden. So wie die Funktion ϑ_1, der Formel (5) entsprechend, von $\sigma(u)$ ($= \sigma_{0,0}(u)$) nur um einen Faktor abweicht, so stimmen die drei anderen ϑ-Funktionen:

$$(18) \qquad \vartheta(x, q), \quad \vartheta_2(x, q), \quad \vartheta_3(x, q),$$

welche man im Anschlusse an Jacobi und Hermite mit ϑ_1 zusammen zu betrachten und der Theorie der elliptischen Funktionen gleichförmig zugrunde zu legen pflegt, in der Hauptsache mit denjenigen $\sigma_{x,y}(u)$ überein, die

$$x = \tfrac{1}{2}, \; y = 0; \quad x = 0, \; y = \tfrac{1}{2}; \quad x = \tfrac{1}{2}, \; y = \tfrac{1}{2}$$

entsprechen[13]). *Es bietet sich hier der Gedanke, die Jacobi-Hermite-*

---

[13]) In Weierstrass' Vorlesungen werden die drei ϑ-Funktionen (18) bekanntlich durch $\sigma_1 u$, $\sigma_2 u$, $\sigma_3 u$ ersetzt; es sind dies unsere drei σ-Funktionen

$$\sigma_{\frac{1}{2},0}(u), \quad \sigma_{0,\frac{1}{2}}(u), \quad \sigma_{\frac{1}{2},\frac{1}{2}}(u),$$

jede dividiert durch ihren Nullwert (so daß $\sigma_1(0)$, $\sigma_2(0)$, $\sigma_3(0)$ bei Weierstrass übereinstimmend gleich 1 sind).

*sche Theorie so zu generalisieren, daß man für beliebig anzunehmendes n
die n^2 Größen*

$$(19) \qquad \sigma_{\frac{\lambda}{n},\,\frac{\mu}{n}}(u) \qquad (\lambda,\,\mu = 0,\,1,\,\ldots,\,(n-1))$$

simultan betrachtet. Dieser Gedanke ist gewissermaßen in der Theorie
der Normalkurven von der Ordnung n^2 enthalten, wie ich indes nicht
ausführen will[14]). Es ist derselbe Gedanke, dessen Durchführung neuerdings von den Herren Prym und Krazer in Angriff genommen worden
ist[15]). Indem die genannten Autoren von der ϑ-Reihe ausgehen und diese
gleich für p Veränderliche in Betracht ziehen, erhalten sie eine ϑ-Relation
von außerordentlicher Allgemeinheit. Ich werde im folgenden der so gewonnenen Thetarelation noch zu gedenken haben. Indem ich mich durchaus auf den Fall $p = 1$ beschränke, notiere ich hier als Unterschied, daß
die genannten Forscher nicht von $\vartheta_1(x, q)$ ausgehen, wie dies durch (17)
indiziert wird, sondern von $\vartheta(x, q)$. Für die Technik der ϑ-Relationen
kommt dieser Unterschied, wie selbstverständlich, nur unwesentlich in
Betracht. Wenn aber die auftretenden Formeln, was in der Folge bei uns
geschehen muß, auf ihr Verhalten bei linearer Transformation der Perioden
untersucht werden sollen, so ist es durchaus nötig, an dem ϑ_1 als der
richtigen Fundamentalfunktion festzuhalten, und es dürfte sich dann überhaupt empfehlen, mit den Funktionen $\sigma_{\lambda,\mu}(u)$, wie wir sie vorstehend
definierten, zu operieren, insofern dann alle störenden Exponentialfaktoren,
die sonst immer wieder in Betracht gezogen werden müssen, mit einem
Schlage wegfallen.

Die allgemeinen Funktionen $\sigma_{x,y}(u)$, die wir in (13) definierten,
treten in natürlich anderer Bezeichnung ebenfalls verschiedentlich in der
Literatur auf. Ich will diesbezüglich hier nur hervorheben, daß die „analytische Invariante Λ", welche Herr Kronecker in seinen neuesten Untersuchungen zur Theorie der elliptischen Funktionen einführt[16]), in unserer
Bezeichnung $\log\left|\sqrt[12]{\Delta}\cdot\sigma_{x,y}\right|$ ist (wo $\left|\sqrt[13]{\Delta}\cdot\sigma_{x,y}\right|$ den absoluten Betrag von
$\sqrt[12]{\Delta}\cdot\sigma_{x,y}$ bedeuten soll).

---

[14]) Vgl. für $n = 4$ die schon genannte Dissertation von Lange.

[15]) Acta Mathematica, Bd. 3 (1883/84): *Über die Verallgemeinerung der Riemannschen Thetaformel*; vgl. auch den vorausgehenden Aufsatz von Krazer im 22. Bande der Math. Annalen (1883): *Über Thetafunktionen, deren Charakteristiken aus Dritteln ganzer Zahlen gebildet sind*. Herr Krazer hat dort allein den Fall $p = 1$ in Betracht gezogen und übrigens seine Formeln mit den bereits genannten auf $n = 3$ bezüglichen Untersuchungen von Herrn Bianchi in Verbindung gesetzt.

[16]) Sitzungsberichte der Berliner Akademie vom Jahre 1883; siehe insbesondere S. 497 bis 506, 525 bis 530 daselbst.

§ 2.
Verhalten der Teilwerte bei linearer Veränderung der Argumente.

Wir haben unsere $\sigma_{\lambda,\mu}$ soeben (Formel (19)) der Einschränkung $\lambda,\ \mu = 0,\ 1,\ \dots (n-1)$ unterworfen. Diese Einschränkung ist selbstverständlich unwesentlich. Vermehrt man nämlich λ und μ um irgendwelche ganzzahlige Multipla von n, so erhält man folgende Formel:

$$(20) \qquad \sigma_{\lambda+ln,\ \mu+mn}(u) = (-1)^{lm+l+m} \cdot e^{\frac{-i\pi}{n}(l\mu - m\lambda)} \cdot \sigma_{\lambda,\mu}(u).$$

Es ist also $\sigma_{\lambda+ln,\ \mu+mn}(u)$ von $\sigma_{\lambda,\mu}(u)$ nur um einen konstanten Faktor verschieden. Die Zahl der linear unabhängigen Nullwerte der $\sigma_{\lambda,\mu}$ reduziert sich noch weiter. Einmal nämlich ist $\sigma_{0,0} = \dot{\sigma}(0) = 0$, andererseits aber findet man:

$$(21) \qquad e^{(\mu-\lambda)\frac{i\pi}{n}} \cdot \sigma_{\lambda,\mu} = \sigma_{n-\lambda,\ n-\mu},$$

so daß beispielsweise bei ungeradem n nur $\dfrac{n^2-1}{2}$ Größen $\sigma_{\lambda,\mu}$ zu unterscheiden sind.

Ich stelle nunmehr einige Formeln zusammen, welche sich auf das Verhalten unserer Teilwerte einerseits bei *Vermehrung des u um Multipla der Perioden*, andererseits bei *linearer Transformation der Perioden* beziehen.

In ersterer Hinsicht berechnen wir sofort:

$$(22) \qquad \sigma_{\lambda,\mu}(u + l\omega_1 + m\omega_2)$$

$$= e^{\frac{2i\pi(l\mu - m\lambda)}{n}} \cdot (-1)^{lm+l+m} \cdot e^{(l\eta_1 + m\eta_2)\left(u + \frac{l\omega_1 + m\omega_2}{2}\right)} \cdot \sigma_{\lambda,\mu}(u),$$

woraus für den Quotienten $\sigma_{\lambda,\mu}(u) : \sigma(u)$ des nachstehende Verhalten folgt:

$$(23) \qquad \frac{\sigma_{\lambda,\mu}(u + l\omega_1 + m\omega_2)}{\sigma(u + l\omega_1 + m\omega_2)} = e^{\frac{2i\pi(l\mu - m\lambda)}{n}} \cdot \frac{\sigma_{\lambda,\mu}(u)}{\sigma(u)}.$$

Der Quotient $\sigma_{\lambda,\mu}(u) : \sigma(u)$ hat also die Eigenschaft, bei Vermehrung des u um Multipla der Perioden bis auf eine bestimmte als Faktor vortetende n-te Einheitswurzel ungeändert zu bleiben [17]).

---

[17]) Man vgl. Kiepert im 76. Bande des Journals für Mathematik (1872/73), S. 28 ff., oder auch Jacobis alte Abhandlung: *De functionibus ellipticis commentatio prima*, Crelles Journal Bd. 4 (1829) [= Ges. Werke, Bd. 1], wo unter anderer Bezeichnung dasselbe Theorem bereits vorkommt. Ich möchte gleich hier bei der ersten sich darbietenden Gelegenheit generell auf jene Arbeiten verweisen, die Jacobi bald nach Publikation der Fundamenta folgen ließ, indem ich wesentlich dort die Rechnungsmethoden gefunden habe, deren ich mich weiterhin für meine Zwecke bediene, was immer wieder durch besondere Zitate nachzuweisen zu weitläufig sein würde.

Wir notieren noch folgende Formel

$$(24) \qquad \sigma_{\lambda,\mu}(-u) = -\,\sigma_{-\lambda,\,-\mu}(u)$$

(die der Formel (22) gewissermaßen koordiniert ist) und wenden uns zur linearen Transformation der Perioden. Ich will mich dabei der Einfachheit halber auf solche Transformationen beschränken, die modulo n zur Identität kongruent sind, die also folgendermaßen geschrieben werden können:

$$(25) \qquad \begin{cases} \omega_1' = (an+1)\,\omega_1 + bn\cdot\omega_2, \\ \omega_2' = cn\cdot\omega_1 + (dn+1)\,\omega_2, \end{cases}$$

wo

$$(25b) \qquad (ad - bc)\,n + (a+d) = 0.$$

Berücksichtigen wir, daß den Substitutionen (25) entsprechend für die η_1, η_2 durchaus ähnliche Formeln bestehen:

$$\eta_1' = (an+1)\,\eta_1 + bn\cdot\eta_2,$$
$$\eta_2' = cn\cdot\eta_1 + (dn+1)\,\eta_2,$$

so finden wir nach kurzer Rechnung:

$$(26) \qquad \sigma_{\lambda,\mu}(u \mid \omega_1', \omega_2')$$

$$= (-1)^{\lambda^2(ab+a+b)+\lambda\mu(ad+bc)+\mu^2(cd+c+d)} \cdot e^{\frac{i\pi}{n}(b\lambda^2+(d-a)\lambda\mu-c\mu^2)} \cdot \sigma_{\lambda,\mu}(u \mid \omega_1, \omega_2).\,^{18)}$$

Diese Formel ist gewissermaßen der eben abgeleiteten (23) analog. *Die Funktionen $\sigma_{\lambda,\mu}(u)$, oder ihre Nullwerte $\sigma_{\lambda,\mu}$, erscheinen, als Modulfunktionen aufgefaßt, nicht etwa direkt als Funktionen n-ter Stufe. Vielmehr gehören sie zu denjenigen Funktionen, welche man der n-ten Stufe adjungiert nennen könnte, insofern sie sich bei linearen Substitutionen, die modulo n zur Identität kongruent sind, nur um eine als Faktor vortretende Einheitswurzel ändern.* Solche Funktionen benutzt man mit Vorteil, um aus ihnen als Faktoren Moduln der n-ten Stufe zusammenzusetzen, wozu wir im folgenden vielfache Beispiele kennen lernen werden.

Was den in (26) auftretenden Faktor angeht, so erscheint derselbe zunächst als eine $2\,n$-te Einheitswurzel. Indes ist leicht zu sehen, daß sich derselbe bei ungeradem n (dem einzigen Falle, den wir fernerhin behandeln) zu einer n-ten Einheitswurzel zusammenzieht. Aus (25b) folgt nämlich, daß für ungerade n immer folgende Relationen statthaben:

$$ab + a \equiv cd + d \equiv 0, \quad ad + bc \equiv a - d \ (\mathrm{mod.}\ 2).$$

---

[18]) Übrigens hat man, wie ebenfalls angeführt sei, bei beliebiger [unimodularer] linearer Transformation der ω_1, ω_2:

$$\omega_1' = \alpha\,\omega_1 + \beta\,\omega_2,$$
$$\omega_2' = \gamma\,\omega_1 + \delta\,\omega_2$$

die folgende Formel:

$$\sigma_{\lambda,\mu}(u \mid \omega_1', \omega_2') = \sigma_{\alpha\lambda+\gamma\mu,\,\beta\lambda+\delta\mu}(u \mid \omega_1, \omega_2).$$

Wir können daher (26), indem wir für (-1) die Größe $e^{i\pi}$ einführen und übrigens, wie immer im folgenden, ε für $e^{\frac{2i\pi}{n}}$ schreiben, folgendermaßen umgestalten:

$$(26\,\mathrm{b}) \qquad \sigma_{\lambda,\mu}(u \mid \omega_1', \omega_2') = \varepsilon^{\frac{n-1}{2}(-b\lambda^2+(a-d)\lambda\mu+c\mu^2)} \cdot \sigma_{\lambda,\mu}(u \mid \omega_1\,\omega_2),$$

womit unsere Behauptung bewiesen ist. *Die n-te Potenz*

$$\sigma_{\lambda,\mu}(u \mid \omega_1, \omega_2)^n$$

erweist sich jetzt als Modulfunktion der n-ten Stufe. — Übrigens sieht man leicht, daß der in (26b) auftretende Exponentialfaktor für sämtliche $\sigma_{\lambda,\mu}(u)$ gleichzeitig nur dann in Wegfall kommt, wenn b, c und $(a-d)$, und also, wegen (25b), auch a und d einzeln durch n teilbar sind. *In diesem Sinne gehört das System der $\sigma_{\lambda,\mu}(u \mid \omega_1, \omega_2)$ bei ungeradem n zur Stufe n^2.*

§ 3.
Herstellung anderer Größen aus den Teilwerten.

Wir gedachten bereits der Möglichkeit, aus den Quotienten $\sigma_{\lambda,\mu}(u) : \sigma(u)$ (oder auch aus den Nullwerten $\sigma_{\lambda,\mu}$) solche Modulfunktionen zusammenzusetzen, welche der n-ten Stufe angehören; Formel (23) bietet die Möglichkeit, die Formeln zugleich so einzurichten, daß die entstehende Funktion in u um ω_1, ω_2 doppeltperiodisch ist. Ich wünsche hier hervorzuheben, daß sämtliche Hauptfunktionen der Teilungs- oder Transformationstheorie auf solche Weise entstehen.

Erinnern wir uns zunächst der Fundamentalformeln:

$$(27) \qquad \wp(u) - \wp(v) = - \frac{\sigma(u+v) \cdot \sigma(u-v)}{\sigma(u)^2 \cdot \sigma(v)^2}, \qquad \wp'(u) = - \frac{\sigma(2u)}{\sigma(u)^4}.$$

Wir schließen aus ihnen:

$$(28) \qquad \wp\left(u - \frac{\lambda\omega_1 + \mu\omega_2}{n}\right) - \wp\left(\frac{\lambda'\omega_1 + \mu'\omega_2}{n}\right) = - \frac{\sigma_{\lambda+\lambda',\,\mu+\mu'}(u) \cdot \sigma_{\lambda-\lambda',\,\mu-\mu'}(u)}{\sigma_{\lambda,\mu}(u)^2 \cdot \sigma_{\lambda',\mu'}^2},$$

$$(29) \qquad \wp'\left(u - \frac{\lambda\omega_1 + \mu\omega_2}{n}\right) = - \frac{\sigma_{2\lambda,2\mu}(2u)}{\sigma_{\lambda,\mu}(u)^4}.$$

Setzen wir hier $u = 0$, so erfahren wir ohne weiteres die Teilgrößen $\wp'\left(\frac{\lambda\omega_1 + \mu\omega_2}{n}\right)$ als Funktionen der $\sigma_{\lambda,\mu}$. Aber auch die $\wp\left(\frac{\lambda\omega_1 + \mu\omega_2}{n}\right)$ werden wir als solche berechnen, wenn wir noch hinzunehmen, daß die Summe $\sum\left(\wp\left(\frac{\lambda\omega_1 + \mu\omega_2}{n}\right)\right)$, ausgedehnt über alle $\frac{n^2-1}{2}$ unterschiedenen Teilgrößen, bekanntermaßen gleich 0 ist.

Was Transformationstheorie betrifft, so gedenken wir der drei Fundamentalfunktionen, die wir unter (10) bis (12) einführten. Wir haben zunächst in bekannter Weise:

$$(30) \qquad e^{-G_1 u^2} \cdot \frac{\sigma\left(u \mid \omega_1, \dfrac{\omega_2}{n}\right)}{\sigma(u \mid \omega_1, \omega_2)^n} = \prod_1^{\frac{n-1}{2}} \left(\wp(u) - \wp\left(\frac{\mu \omega_2}{n}\right)\right).$$

Greifen wir hier auf (28) zurück, so kommt:

$$(31) \qquad e^{-G_1 u^2} \cdot \sigma\left(u \mid \omega_1, \frac{\omega_2}{n}\right) = \frac{(-1)^{\frac{n-1}{2}} \cdot \prod\limits_{-\frac{n-1}{2}}^{+\frac{n-1}{2}} \sigma_{0,\mu}(u)}{\left(\prod\limits_1^{\frac{n-1}{2}} \sigma_{0,\mu}\right)^2}.$$

Wir behandeln ferner den Quotienten

$$\sqrt[24]{\frac{\overline{\Delta}}{\Delta^n}}$$

mit der Produktentwicklung (7). Herr Kiepert hat bereits bemerkt, daß man das entstehende Produkt nach Abtrennung eines Exponentialfaktors als Aggregat von $\dfrac{n-1}{2}$ Faktoren $\sigma\left(\dfrac{\mu \omega_2}{n} \mid \omega_1, \omega_2\right)$ darstellen kann (vgl. Crelles Journal, Bd. 87 (1879), S. 203). Führen wir die Bezeichnung $\sigma_{\lambda,\mu}$ ein, so fallen aus seiner Formel alle Exponentialgrößen fort und wir haben einfach:

$$(32) \qquad \sqrt[24]{\frac{\overline{\Delta}}{\Delta^n}} = (-1)^{\frac{n-1}{2}} \cdot \prod_1^{\frac{n-1}{2}} \sigma_{0,\mu}.$$

Wir kombinieren endlich (31), (32) in geeigneter Weise. So kommt, der Formel (12) entsprechend:

$$(33) \qquad \sqrt[8]{\frac{\overline{\Delta}}{\Delta^n}} \cdot e^{-G_1 u^2} \cdot \sigma\left(u \mid \omega_1, \frac{\omega_2}{n}\right) = \prod_1^{\frac{n-1}{2}} \sigma_{0,\mu} \cdot \prod_{-\frac{n-1}{2}}^{+\frac{n-1}{2}} \sigma_{0,\mu}(u),$$

womit in der Tat in allen Fällen die gewollte Darstellung geleistet ist.

§ 4.

Beziehung unserer Teilwerte auf die $\wp_{\lambda,\mu}$, $\wp'_{\lambda,\mu}$.

Es ist ein Hauptsatz in der Theorie der Modulfunktionen n-ter Stufe, daß alle zu ihnen gehörigen, von g_2, g_3 algebraisch abhängenden Funktionen in den $\wp\left(\dfrac{\lambda \omega_1 + \mu \omega_2}{n}\right)$, $\wp'\left(\dfrac{\lambda \omega_1 + \mu \omega_2}{n}\right)$ rational sind. Man wird verlangen, daß solche Verbindungen der $\sigma_{\lambda,\mu}(u)$ oder der $\sigma_{\lambda,\mu}$, welche der Formel (26) nach unter die Bedingungen des Satzes fallen, explizit als rationale Funktionen der $\wp\left(\dfrac{\lambda\omega_1+\mu\omega_2}{n}\right)$, $\wp'\left(\dfrac{\lambda\omega_1+\mu\omega_2}{n}\right)$ darzustellen.

Ich will dies hier nur für zweierlei Kombinationen der $\sigma_{\lambda,\mu}$ durchführen, nämlich erstens (unter der immer festgehaltenen Annahme, daß n ungerade sei) für die n-ten Potenzen der $\sigma_{\lambda,0}$, zweitens aber für

$$\sqrt[8]{\overline{\Delta:\Delta^n}} = (-1)^{\frac{n-1}{2}} \prod_1^{\frac{n-1}{2}} (\sigma_{0,\mu})^8 \quad \text{oder auch, unter der Annahme, daß}$$

$n \not\equiv 0 \pmod 3$, für $\sqrt[24]{\overline{\Delta:\Delta^n}} = (-1)^{\frac{n-1}{2}} \prod_1^{\frac{n-1}{2}} \sigma_{0,\mu}$ (wobei die Einschränkung, der wir das n unterwerfen, in dem Umstande seine Erklärung

findet, daß für $n \equiv 0 \pmod 3$, eben infolge von (26), $\prod_1^{\frac{n-1}{2}} \sigma_{0,\mu}$ gar keine Modulfunktion der n-ten Stufe ist).

1. Was die in Rede stehende n-te Potenz von $\sigma_{\lambda,0}$ angeht, so gewinnen wir dieselbe am einfachsten, indem wir zunächst durch geeignete Ausmultiplikation aus (28) die Formel ableiten:

$$(35) \qquad \left(\frac{\sigma_{\lambda,0}(u)}{\sigma(u)}\right)^n = (-1)^\lambda \cdot \frac{\displaystyle\prod_{\varrho=1}^{\frac{n-1}{2}}\left(\wp(u)-\wp\left(\frac{\varrho\,\omega_1}{n}\right)\right)}{\displaystyle\prod_{\varrho=1}^{\frac{n-1}{2}}\left(\wp\left(u-\frac{\lambda\omega_1}{n}\right)-\wp\left(\frac{\varrho\,\omega_1}{n}\right)\right)},$$

dann mit $\sigma(u)^n$ heraufmultiplizieren und $u=0$ setzen. Solcherweise kommt:

$$(36) \qquad (\sigma_{\lambda,0})^n = \frac{(-1)^{\lambda+1}}{\wp'\left(\dfrac{\lambda\omega_1}{n}\right)\cdot \displaystyle\prod_{\varrho=1}^{\frac{n-1}{2}}{}'\left(\wp\left(\dfrac{\lambda\omega_1}{n}\right)-\wp\left(\dfrac{\varrho\,\omega_1}{n}\right)\right)},$$

wo der dem Produktzeichen beigefügte Akzent bedeuten soll, daß der dem Werte $\varrho=\lambda$ entsprechende Faktor auszulassen ist.

2. Den Wert von $\prod_1^{\frac{n-1}{2}} \sigma_{0,\mu}{}^8$ finden wir sofort aus (29). Das Resultat ist:

$$(37) \qquad \prod_{1}^{\frac{n-1}{2}} \sigma_{0,\mu}{}^{3} = (-1)^{\frac{n-1}{2}} \sqrt[8]{\frac{\Delta}{\Delta^{n}}} = \frac{1}{\prod\limits_{1}^{\frac{n-1}{2}} \wp'\left(\frac{\mu\,\omega_{2}}{n}\right)}.$$

Sei nun, für $n \not\equiv 0 \pmod{3}$, $n = 6g \pm 1$. Für diesen Fall gibt bereits
Herr Kiepert im 87. Bande des Crelleschen Journals (1879), S. 202)
eine Formel an, deren Beweis aus (28) fließt, und die in unserer Bezeichnung folgendermaßen lautet:

$$(38) \qquad \prod_{1}^{\frac{n-1}{2}} \sigma_{0,\mu}{}^{3} = \sqrt[12]{\frac{\Delta}{\Delta^{n}}} = \frac{\pm 1}{\prod\limits_{1}^{\frac{n-1}{2}} \left(\wp\left(\frac{2\,\mu\,\omega_{2}}{n}\right) - \wp\left(\frac{\mu\,\omega_{2}}{n}\right)\right)}. \qquad {}^{19})$$

Wir erhalten $\displaystyle\prod_{1}^{\frac{n-1}{2}} \sigma_{0,\mu} = (-1)^{\frac{n-1}{2}} \sqrt[24]{\frac{\Delta}{\Delta^{n}}}$, indem wir (37) durch (38) beider-

seitig dividieren[20]).

Abschnitt II.
Die Normalkurven n-ter Ordnung im allgemeinen und ihre zwiefache algebraische Darstellung.

§ 5.
Grundlegende Sätze.

Die Definition der Normalkurven n-ter Ordnung, die wir in Formel (1)
voranstellten und an die wir jetzt anzuknüpfen haben, kann unbeschadet
der Allgemeingültigkeit noch etwas partikulärer gefaßt werden. Wir verlangten bei (1), daß die Residuensummen $\sum a_i$ usw. einander gleich sein
sollten. Wir wollen fortan voraussetzen, daß folgende Gleichungen statthaben:

$$(39) \qquad \sum a_i = \sum b_i = \ldots = \sum n_i = 0.$$

Die hierin liegende Umänderung ist durchaus unwesentlich, insofern
sie nur eine Vermehrung des ursprünglich eingeführten Parameters u um
eine geeignete Konstante bedeutet; sie erleichtert aber die Ausdrucksweise.

---

[19]) [Auf der rechten Seite gilt $+1$ oder -1, je nachdem n die Form $6g+1$
oder $6g-1$ hat. B.-H.]

[20]) [Wie schon auf S. 51, in Fußnote [32]) erwähnt, bilden diese Formeln den
Ausgangspunkt für Kieperts Untersuchungen. K.]

Wir vermehren jetzt u in (1) um Multipla von Perioden. Die Rechnung gibt, daß die Verhältnisse der x bei dieser Umänderung völlig ungeändert bleiben. *Es genügt also, daß der Parameter u das durch ω_1, ω_2 fixierte Periodenparallelogramm überstreicht, damit der Punkt $x_0 : x_1 : \ldots : x_{n-1}$ jede Stelle der Normalkurve erreiche.*

Wir erinnern ferner, daß die σ-Produkte, welche in (1) auftreten, linear-unabhängig sein sollten. Dies heißt geometrisch, *daß unsere Kurve dem Raume von $(n-1)$ Dimensionen eigentlich angehört und nicht etwa schon in einen linearen Raum von einer geringeren Dimensionenzahl eingeschlossen ist.*

Wir ziehen endlich, als hauptsächliches Hilfsmittel für alles Folgende, den sogenannten Hermiteschen Satz heran[21]). Demselben zufolge verschwindet eine homogene ganze Funktion m-ten Grades der x_0, x_1', $\ldots$, x_{n-1}, aufgefaßt als Funktion von u, an mn Stellen des Periodenparallelogramms der u-Ebene und zwar an solchen mn Stellen, deren Argumente $u_1, u_2, \ldots$ der folgenden Bedingung genügen, bei welcher λ, μ ganze Zahlen bedeuten:

$$(40) \qquad u_1 + u_2 + \ldots + u_{mn} = \lambda \omega_1 + \mu \omega_2;$$

umgekehrt aber, wenn die Bedingung (40) statt hat, so ist das Produkt:

$$(41) \qquad e^{(\lambda \eta_1 + \mu \eta_2)\left(u + \frac{\lambda \omega_1 + \mu \omega_2}{2}\right)} \cdot \prod_1^{mn} \sigma(u - u_i)$$

als ganze homogene Funktion m-ten Grades der $x_0, x_1, \ldots, x_{n-1}$ darstellbar.

Sei hier erstlich $m = 1$. So haben wir, daß jede lineare Verbindung der x n-mal auf unserer Normalkurve verschwindet, *daß also unsere Normalkurve in der Tat von der n-ten Ordnung ist.* Wir wollen jetzt neben $x_0, \ldots, x_{n-1}$ andere n Größen $x_0', \ldots, x_{n-1}'$ betrachten, welche ebenfalls zu linear-unabhängigen n-gliedrigen σ-Produkten von der Residuensumme Null proportional sein sollen. Der Hermitesche Satz besagt, daß sich die x' in den x und die x in den x' homogen linear darstellen lassen. *Je zwei Normalkurven n-ter Ordnung sind also kollinear verwandt, oder auch, anders ausgedrückt: es gibt für die projektive Auffassung nur eine Normalkurve n-ter Ordnung.* Bei Formulierung dieses Satzes werden natürlich die Perioden ω_1, ω_2 als konstante Größen betrachtet. — Wir wollen uns ferner die n Größen x' so eingerichtet denken, daß $x_0', x_1', \ldots, x_{n-2}'$ gemeinsam für $u = u_0$ verschwinden (daß also der Punkt

$$x_0 = x_1' = \ldots = x_{n-2}' = 0$$

---

[21]) Hermite, *Lettre à Mr. Jacobi* (vom August 1844). Siehe Crelles Journal, Bd. 32 (1846) oder Jacobis gesammelte Werke, Bd. 2 (insbesondere S. 102), [oder Oeuvres mathématiques de Ch. Hermite, tome I., S. 18 ff.].

unserer Kurve angehört). Lassen wir dann x'_{n-1} beiseite und deuten $x'_0 : x'_1 : \ldots : x'_{n-2}$ im Raume von $(n-2)$ Dimensionen, so haben wir in diesem, da $\sigma(u - u_0)$ aus jedem der n-gliedrigen σ-Produkte als gemeinsamer Faktor herausfällt, eine Normalkurve von der $(n-1)$-ten Ordnung. *Die Normalkurve $(n-1)$-ter Ordnung kann also aus der Normalkurve n-ter Ordnung durch Projektion von einem beliebigen ihrer Punkte aus gewonnen werden.* Wir wollen jetzt den niedersten Fall $n = 2$ außer Betracht lassen, der überhaupt als Grenzfall zu erachten ist [22]). Für $n = 3$ haben wir in der Ebene eine eigentliche Kurve dritter Ordnung ohne Doppelpunkt. Von hier steigen wir zur Normalkurve vierter, fünfter Ordnung usw. auf, indem wir immer die niedere Normalkurve als die Projektion der nächstfolgenden betrachten. Wir schließen dann, *daß auch für $n > 3$ die Normalkurve n-ter Ordnung keinerlei vielfache Punkte oder mehrfach zählende Kurvenzüge besitzen kann*, daß also nur solche Parameterwerte u, u', welche bis auf Multipla der Perioden übereinstimmen, dieselben Verhältnisse der $x_0 : x_1 : \ldots : x_{n-1}$ ergeben können. *Die Normalkurve und das Periodenparallelogramm der u-Ebene sind demnach Punkt für Punkt eindeutig aufeinander bezogen.*

Sei ferner $m > 1$. Eine Gleichung m-ten Grades zwischen n homogenen Veränderlichen enthält

$$\frac{(m+1)(m+2)\ldots(m+n-1)}{(n-1)!} - 1$$

willkürliche Konstanten, während nach (40), (41) von den mn Schnittpunkten unserer Normalkurve mit einer Fläche m-ter Ordnung genau $(mn-1)$ willkürlich sind. *Daher gehen*

$$\frac{(m+1)(m+2)\ldots(m+n-1)}{(n-1)!} - mn$$

linear unabhängige Flächen m-ter Ordnung durch unsere Normalkurve hindurch, beispielsweise $\dfrac{n(n-3)}{2}$ linear unabhängige Flächen zweiter Ordnung.

Wir betrachten endlich die *eindeutigen Transformationen der Normalkurve in sich.* Es gilt, den Parameter u eines ersten Punktes mit dem Parameter u' eines zweiten Punktes der Normalkurve derart zu verbinden, daß eine Vermehrung von u um Perioden eine ebensolche Vermehrung von u' nach sich zieht und umgekehrt. Von den besonderen Fällen, in denen g_2 oder g_3 oder gar Δ verschwindet, will ich hier absehen. Dann

---

[22]) Vgl. hier überall meine Erläuterungen in der vorgenannten, der Münchener Akademie vorgelegten Note [= Nr. LXXXVIII in diesem Bande].

wird die allgemeinste Lösung der gestellten Aufgabe bekanntlich durch die Formel geliefert:

$$(42) \qquad u' = \pm\, u + C,$$

wo nach Belieben das $+$ oder das $-$ Zeichen zu nehmen und C durchaus willkürlich ist, übrigens eine Vermehrung des C um Multipla der Perioden geometrisch für uns keine Bedeutung hat.

Wir fragen, wie sich diese eindeutigen Transformationen bei Benutzung der Koordinaten $x_0, \ldots, x_{n-1}$ algebraisch darstellen. Um die Koordinaten $x'_0, \ldots, x'_{n-1}$ des transformierten Punktes zu erhalten, werden wir $\pm\, u + C$ für u in (1) eintragen, also schreiben

$$\varrho\, x'_0 = A \prod_{1}^{n} \sigma(\pm\, u + C - a_i) \qquad \text{usw.}$$

Da $\sigma(-u) = -\sigma(u)$ und $\Sigma a_i = \Sigma b_i = \ldots = 0$, so ist die Residuensumme der n hier entstehenden σ-Produkte je $\mp\, nC$. Wir müssen nun zwei Fälle unterscheiden, je nachdem nC modulo der Perioden ω_1, ω_2 zu Null kongruent ist, oder nicht.

Ersterer Fall tritt nur für diejenigen Werte von C ein, welche die Form haben: $\dfrac{\lambda\omega_1 + \mu\omega_2}{n}$, wo die ganzen Zahlen λ, μ noch je auf das Intervall von 0 bis $(n-1)$ eingeschränkt werden können, so daß hier im ganzen n^2 verschiedene Werte von C in Betracht kommen. Die neuen Koordinaten $x'_0, \ldots, x'_{n-1}$ sind dann, dem Hermiteschen Satze zufolge, mit *linearen* Verbindungen der $x_0, \ldots, x_{n-1}$ proportional. *Die Normalkurve geht also, den $2n^2$ Substitutionen*

$$(43) \qquad u' = \,+\, u + \frac{\lambda\omega_1 + \mu\omega_2}{n}$$

entsprechend, durch $2n^2$ Kollineationen des Raumes in sich über.

Im zweiten Falle können wir die n-gliedrigen σ-Produkte $x'_0, \ldots, x'_{n-1}$ nur so mit möglichst niedrigen ganzen Funktionen der $x_0, \ldots, x_{n-1}$ proportional setzen, daß wir sie vorab durch gemeinsame Zufügung irgendeines neuen n-gliedrigen σ-Produkts

$$\prod_{1}^{n} \sigma(u - s_i),$$

dessen Residuensumme $= \mp\, nC + \lambda\omega_1 + \mu\omega_2$ ist, zu $2n$-gliedrigen σ-Produkten ergänzen, deren Residuensumme $(= \lambda\omega_1 + \mu\omega_2)$ unter die Bedingungen des Hermiteschen Satzes fällt. Die so modifizierten x' werden dann zu ganzen Funktionen zweiten Grades der $x_0, \ldots, x_{n-1}$ proportional (allgemeines „Additionstheorem" der x, ein Gegenstand, den ich nicht weiter verfolge).

§ 6.

Von der algebraischen Darstellung der Normalkurven.

Was die algebraische Darstellung der Normalkurven, d. h. die Darstellung durch algebraische, zwischen den $x_0, \ldots, x_{n-1}$ bestehende Gleichungen angeht, so ist diese in allgemeinster Form nur für die kleinsten n, bei $n = 2, 3, 4$ bekannt: bei $n = 2$ haben wir überhaupt keine Gleichung, bei $n = 3$ eine einzelne Gleichung dritten Grades, bei $n = 4$ irgend zwei Gleichungen zweiten Grades zur Definition der Kurve anzuschreiben. Ich werde später zeigen, was Herr Bianchi speziell bei $n = 5$ nachwies, daß nämlich für größere Werte von n unsere Normalkurve immer als Schnitt der bereits genannten $\dfrac{n(n-3)}{2}$ Flächen zweiter Ordnung, welche durch sie hindurchgehen, definiert werden kann. Aber diese Flächen zweiter Ordnung sind keineswegs voneinander unabhängig, und es ist eine durchaus offene Frage, wie man in allgemeinster Weise $\dfrac{n(n-3)}{2}$ Gleichungen zweiten Grades zwischen n homogenen Veränderlichen hinzuschreiben hat, damit die entsprechenden Flächen zweiten Grades eine Normalkurve der n-ten Ordnung gemein haben. Handelt es sich um Definition der Normalkurven n-ter Ordnung durch algebraische Gleichungen, so wird man hiernach bis auf weiteres *besondere Koordinatensysteme* zugrunde zu legen haben. Eben hierdurch gewinnen dann unsere Betrachtungen Bedeutung für die Theorie der elliptischen Modulfunktionen im engeren Sinne.

Ich werde den bezeichneten Gedanken, der sehr verschiedener Modifikationen fähig ist, des weiteren in doppelter Weise ausführen. Die zu benutzenden Koordinatensysteme sollen beide in engster Beziehung zu denjenigen n^2 Punkten der Normalkurve stehen, welche ich die *singulären* nenne. *Es sind dies diejenigen n^2 Punkte, deren Parameter u in der Form enthalten sind:*

$$(44) \qquad u = \frac{\lambda \omega_1 + \mu \omega_2}{n}.$$

Die geometrische Eigentümlichkeit dieser Punkte liegt ohne weiteres zutage, indem für jeden derselben

$$n u \equiv 0 \ (\text{mod. } \omega_1, \omega_2)$$

ist, der einzelne Punkt also, n-fach gezählt, den vollen Schnitt der Normalkurve mit einer zutretenden Ebene vorstellt; es sind, um einen Ausdruck der analytischen Geometrie des Raumes von 3 Dimensionen zu entnehmen, die *Hyperoskulationspunkte* der Raumkurve. — Beispiel, $n = 3$ entprechend: die 9 Wendepunkte der ebenen Kurve dritter Ordnung.

Eben das Beispiel der ebenen Kurve dritter Ordnung mag nun dazu dienen, um die beiden Koordinatensysteme, welche fortan benutzt werden sollen, und von denen ich das eine das *kanonische*, das andere das *singuläre* System nenne, nach ihren Haupteigenschaften zu charakterisieren.

A. Das kanonische Koordinatensystem der C_3.

Es seien $\wp(u)$, $\wp'(u)$ die Weierstrassischen Funktionen, zwischen denen die Relation statthat:

$$(45) \qquad \wp'^2 = 4\,\wp^3 - g_2\,\wp - g_3.$$

Ich setze nun einfach:

$$(46) \qquad \wp' = \frac{x_2}{x_0}, \qquad \wp = \frac{x_1}{x_0},$$

und betrachte die $x_0 : x_1 : x_2$ als Koordinaten eines Punktes der Ebene. Aus (45) erhalten wir

$$(47) \qquad x_0\,x_2^2 = 4\,x_1^3 - g_2\,x_0^2\,x_1 - g_3\,x_0^3,$$

der Punkt durchläuft also eine Kurve dritter Ordnung. Die einfache Gestalt, welche die Gleichung dieser Kurve darbietet, ist eben diejenige, die ich die *kanonische* nenne.

Bemerken wir vor allem, daß die durch (46) gegebene Einführung der $x_0 : x_1 : x_2$ als spezieller Fall unter den Formeln (1) inbegriffen ist. Sei nämlich der Kürze halber geschrieben:

$$(48) \qquad \wp(u) = \frac{\Sigma(u)}{\sigma(u)^2}, \qquad \wp'(u) = -\,2\,\frac{\mathsf{T}(u)}{\sigma(u)^3},$$

wo $\Sigma(u)$, $\mathsf{T}(u)$ zwei wohlbekannte, aus 2 bez. 3 Faktoren bestehende σ-Produkte vorstellen. Wir können dann (46) sofort durch folgende Formeln ersetzen:

$$(49) \qquad \varrho\,x_0 = \sigma(u)^3, \qquad \varrho\,x_1 = \sigma(u)\cdot\Sigma(u), \qquad \varrho\,x_2 = -\,2\,\mathsf{T}(u),$$

die sich auch formal unter die allgemeine Definition (1) subsumieren.

Suchen wir ferner das Koordinatensystem, welches bei (47) zugrunde liegt, geometrisch zu verstehen. Wir erkennen sofort, daß $x_0 = x_1 = 0$ einen der neun Wendepunkte unserer Kurve, $x_2 = 0$ die zugehörige Wendetangente, $x_2 = 0$ die harmonische Polare vorstellt. Die geometrische Definition von $x_1 = 0$ ist ein wenig komplizierter. Die Linie $x_1 = 0$ ist unter den Geraden des Büschels $x_0 + \lambda x_1 = 0$ diejenige, welche der Wendetangente $x_0 = 0$ als erste [geradlinige] Polare in bezug auf die drei weiteren vom Wendepunkte $(x_0 = x_1 = 0)$ an die Kurve laufenden Tangenten korrespondiert. — Den 18 Kollineationen entsprechend, welche die C_3 in sich überführen, kann man bei gegebener C_3 die Gleichungsform (47) auf 18 Weisen herstellen. Ein jeder der 9 Wendepunkte gibt allerdings nur zu einem kanonischen Koordinatendreiecke Anlaß, aber zu jedem Dreiecke gehören zwei kanonische Darstellungen, indem (47) ungeändert bleibt, wenn wir x_2 im Vorzeichen ändern, was eine der 18 in Aussicht genommenen Kollineationen ist.

Wir besprechen noch die in (47) auftretenden Koeffizienten. Dieselben sind, als Modulfunktionen betrachtet, von der ersten Stufe, wie a priori notwendig, wenn man bemerkt, daß $\wp(u)$ und $\wp'(u)$ selbst, — oder auch $\sigma(u)$, $\Sigma(u)$, $\mathsf{T}(u)$ — der ersten Stufe angehören. Dem entspricht, was ich hier ohne Beweis anführe, daß die in (47) auftretenden g_2, g_3 von den rationalen Invarianten vierten und sechsten Grades, welche die durch (47) dargestellte Kurve dritter Ordnung im Sinne der Aronholdschen Theorie besitzt, nur durch Zahlenfaktoren verschieden sind[23]). *Trotzdem also eine beliebig gegebene Kurve dritter Ordnung auf 18 Weisen in die Gleichungsform (47) gesetzt werden kann, sind die in dieser Gleichungsform auftretenden Koeffizienten von vornherein rational bekannt.* Der Grund hierfür liegt in der schon hervorgehobenen Tatsache, daß sämtliche 18 kanonische Darstellungen einer Kurve dritter Ordnung aus einer derselben vermöge derjenigen Kollineationen hervorgehen, welche, anders aufgefaßt, die Kurve dritter Ordnung in sich selbst überführen[24]).

B. Das singuläre Koordinatensystem der C_3.

Bekanntlich liegen die 9 Wendepunkte einer ebenen Kurve dritter Ordnung zwölfmal zu drei auf einer Geraden, worauf man aus den zwölf solcherweise entstehenden „Wendelinien" vier Dreiecke (die „Wendedreiecke" der Kurve) zusammensetzen kann, derart, daß die drei Seiten des einzelnen Dreiecks zusammengenommen sämtliche neun Wendepunkte enthalten. Jetzt lassen wir die drei Achsen des Koordinatensystems x_0, x_1, x_2 mit den drei Seiten eines Wendedreiecks zusammenfallen und fixieren die absoluten Werte von $x_0 : x_1 : x_2$ in solcher Weise, daß die Kurve bei zyklischer Vertauschung der drei Koordinaten in sich übergeht. *So entsteht die sogenannte Hessesche Normalform der Kurvengleichung:*

$$(50) \qquad (x_0^3 + x_1^3 + x_2^3) + 6\, a \cdot x_0 x_1 x_2 = 0,$$

welche wir hier als die *singuläre* Gleichungsform bezeichnen.

---

[23]) [Es ist nämlich $S = \dfrac{-4}{27} g_2$, $T = \dfrac{64}{27} g_3$, wo S und T die Aronholdschen Bezeichnungen sind. B.-H.]

[24]) Ich habe die Verhältnisse des kanonischen Koordinatensystems bei den Kurven dritter Ordnung so ausführlich besprochen, weil ich glaubte, damit zugleich seine geometrische Bedeutung für die höheren Normalkurven (bei denen ich die jetzt im Texte gegebenen Erläuterungen nicht noch einmal wiederholen werde) hinreichend bezeichnen zu können. Merkwürdigerweise wurde das kanonische Koordinatensystem bei den Kurven dritter Ordnung von den Geometern bisher nur wenig und bei den Raumkurven vierter Ordnung wohl gar nicht betrachtet.

Die transzendente Definition der in (50) auftretenden x_0, x_1, x_2 (welche bei der Verallgemeinerung zugrunde gelegt werden muß) ist äußerst einfach. Bezeichnen wir mit Clebsch den Wendepunkt, dessen Argument $\dfrac{\lambda \omega_1 + \mu \omega_2}{3}$ ist, mit (λ, μ), so enthalten die geraden Linien $x_0 = 0$, $x_1 = 0$, $x_2 = 0$ etwa diejenigen Wendepunkte, welche in folgendem Schema je in eine Horizontalreihe zusammengestellt sind:

$$(51) \qquad \begin{cases} 0\,0, & 0\,1, & 0\,2; \\ 1\,0, & 1\,1, & 1\,2; \\ 2\,0, & 2\,1, & 2\,2. \end{cases}$$

Gleichzeitig wird diejenige Kollineation, welche durch eine zyklische Vertauschung der x_0, x_1, x_2 vorgestellt wird, in transzendenter Form gegeben sein, indem man u um ein Drittel der ersten Periode vermehrt. Daß diese Angaben genügen, um die x_0, x_1, x_2 bestimmten dreigliedrigen σ-Produkten proportional zu setzen, möge man a. a. O. bei Bianchi nachsehen. Ich selbst verschiebe die betreffende Erörterung bis später, wo für ein beliebiges ungerades n aus den entsprechenden Bedingungen singuläre x_0, x_1, $\ldots$, x_{n-1} gewonnen werden sollen.

§ 7.
Zweierlei Koordinatensysteme bei beliebiger Normalkurve.

Wenn es sich jetzt darum handelt, die zweierlei Koordinatensysteme von der Normalkurve dritter Ordnung auf die Normalkurve n-ter Ordnung zu übertragen, so ist dies an sich, wie jede Verallgemeinerung, eine unbestimmte Aufgabe.

Ich suche die kanonische Darstellung in der Weise zu übertragen, daß ich, der Formel (46) entsprechend, die $x_0 : x_1 : \ldots : x_{n-1}$ mit geeigneten Potenzen und Produkten von $\wp(u)$ und $\wp'(u)$ proportional setze. Es muß dies nur in solcher Weise geschehen, daß durch Heraufmultiplizieren mit $\sigma(u)^n$ überall n-gliedrige σ-Produkte entstehen, und zwar solche, die untereinander linear unabhängig sind. Beispielsweise dürfte bei ungeradem n sich folgender Ansatz empfehlen:

$$(52) \quad \begin{cases} x_0 : x_1 \ldots : x_{\frac{n-1}{2}} : x_{\frac{n+1}{2}} : x_{\frac{n+3}{2}} : \ldots : x_{n-1} \\[2mm] = 1 : \wp(u) : \ldots : \wp(u)^{\frac{n-1}{2}} : \wp'(u) : \wp'(u)\,\wp(u) : \ldots : \wp'(u)\,\wp(u)^{\frac{n-3}{2}}, \end{cases}$$

dem für gerades n der folgende zur Seite steht:

$$(52\,\mathrm{b}) \begin{cases} x_0 : x_1 : \ldots : x_{\frac{n}{2}} : x_{\frac{n+2}{2}} : x_{\frac{n+4}{2}} : \ldots : x_{n-1} \\[2mm] = 1 : \wp(u) : \ldots : \wp(u)^{\frac{n}{2}} : \wp'(u) : \wp'(u)\,\wp(u) : \ldots : \wp'(u)\,\wp(u)^{\frac{n-4}{2}}. \end{cases}$$

Vielleicht auch scheint es eleganter, statt (52) und (52b) die einheitliche Formel zugrunde legen, die schließlich dasselbe leistet:

$$(53) \quad \begin{cases} x_0 : x_1 : x_2 : x_3 : \dots : x_{n-1} \\ = 1 : \wp(u) : \wp'(u) : \wp''(u) : \dots : \wp^{(n-2)}(u) \end{cases}$$

(wo der Index $(n-2)$ eine $(n-2)$fache Differentiation bedeutet), doch meine ich, daß man mit den Koordinaten (52) besser rechnet.

Schwieriger, weil um vieles mannigfaltiger, ist die Verallgemeinerung der *singulären* Darstellung. Wir werden an Stelle des Wendedreiecks jedenfalls ein solches Polyeder der Koordinatenbestimmung zugrunde legen wollen, dessen n Ebenen zusammengenommen sämtliche n^2 singuläre Punkte enthalten. Daß es in allen Fällen solche Polyeder gibt, beweist man leicht auf dem Wege des Versuches mit Hilfe des Abelschen Theorems (indem immer solche n singuläre Punkte in einer Ebene liegen, deren Argumente zueinander addiert eine Summe ergeben, die modulo ω_1, ω_2 gleich Null ist). Nun wird aber die Zahl dieser Polyeder bei wachsendem n übergroß, und eine nähere Überlegung zeigt, daß die entstehenden Polyeder nicht etwa, wie die Wendedreiecke bei der Kurve dritter Ordnung, alle gleichberechtigt sind (was man mit Hilfe der $2 n^2$ Kollineationen und übrigens durch lineare Transformationen der Perioden ω_1, ω_2 untersucht), daß selbige vielmehr verschiedenartigen Klassen angehören. So findet Herr Lange in seiner wiederholt genannten Dissertation, daß bei $n = 4$ im ganzen 745 Tetraeder der gewünschten Beschaffenheit existieren, welche sich den genannten Operationen gegenüber auf sechs verschiedene Klassen verteilen. An und für sich scheint es nicht schwierig, bei beliebigem n diese Aufzählung zu wiederholen und nun für jedes der so entstehenden Polyeder als Koordinatenpolyeder die algebraische Darstellung der Normalkurve zu diskutieren[25]). Aber praktische Rücksichten lassen bei gegenwärtiger Gelegenheit betreffs der formulierten Aufgabe eine Beschränkung als durchaus notwendig erscheinen.

Indem ich mich, was die singuläre Darstellung angeht, im folgenden auf den Fall des ungeraden n beschränke, will ich ein Koordinatensystem

---

[25]) Vielleicht sollte man überhaupt alle Koordinatensysteme in Betracht ziehen, deren Ebenen die Eigenschaft haben, der Kurve nur in singulären Punkten zu begegnen, ohne darum auszuschließen, daß einige singuläre Punkte möglicherweise mehrfach als Schnittpunkte auftreten und dafür dann andere singuläre Punkte unter den Schnittpunkten fehlen. Fassen wir die Aufgabe so, so gibt es bereits bei der ebenen Kurve dritter Ordnung verschiedenartige singuläre Koordinatensysteme. Es entsteht dann beispielsweise die vielfach benutzte Gleichungsform:

$$(x_0 + x_1 + x_2)^3 - 6k \cdot x_0 x_1 x_2 = 0,$$

wo $x_0 = 0$, $x_1 = 0$, $x_2 = 0$ drei Wendetangenten der Kurve vorstellen, deren Berührungspunkte in gerader Linie liegen usw. usw.

einführen, welches, dem Wendedreiecke (51) *entsprechend, durch folgendes Schema gegeben ist:*

$$(54) \quad \begin{vmatrix} 0,\,0 & 0,\,1 & 0,\,2 & \ldots\ldots & 0,\,n-1 \\ 1,\,0 & 1,\,1 & 1,\,2 & \ldots\ldots & 1,\,n-1 \\ \cdot\cdot\cdot & \cdot\cdot\cdot & \cdot\cdot\cdot & \cdot\cdot\cdot & \cdot\cdot\cdot \\ \cdot\cdot\cdot & \cdot\cdot\cdot & \cdot\cdot\cdot & \cdot\cdot\cdot & \cdot\cdot\cdot \\ n-1,\,0 & n-1,\,1 & n-1,\,2 & \ldots & n-1,\,n-1 \end{vmatrix}$$

Die Aufstellung zugehöriger x mit Hilfe n-gliedriger σ-Produkte mag noch wieder verschoben werden, bis wir sie in § 9 im Zusammenhange behandeln.

§ 8.

Die Normalkurve n-ter Ordnung in kanonischer Darstellung.

Das im vorigen Paragraphen unter (52), (52b) definierte kanonische Koordinatensystem soll jetzt insoweit benutzt werden, als wir mit seiner Hilfe die *Flächen zweiten Grades* untersuchen wollen, welche durch die Normalkurve hindurchgehen. Ich will bei den verschiedenen Überlegungen, die diesbezüglich nötig werden, von den Fällen des geraden oder des ungeraden n alternierend immer nur einen berücksichtigen; der Leser wird mit Leichtigkeit die kleinen Umsetzungen vornehmen, welche jedesmal von dem einen Falle zum andern führen.

Es handelt sich vor allem um *wirkliche Aufstellung* der $\dfrac{n(n-3)}{2}$ linear unabhängigen quadratischen Relationen. Ich nehme dabei n ungerade und will die Formeln (52) der einfacheren Ausdrucksweise halber eine Zeit lang so schreiben, daß ich $x_{n+1}, \ldots, x_{n-1}$ durch $y_0, \ldots, y_{\frac{n-3}{2}}$ ersetze und bei $\wp(u)$, $\wp'(u)$ das Argument u unterdrücke. Die Formeln lauten dann:

$$x_0 : x_1 : \ldots : x_{\frac{n-1}{2}} : y_0 : y_1 : \ldots : y_{\frac{n-3}{2}}$$

$$= 1 : \wp : \ldots : \wp^{\frac{n-1}{2}} : \wp' : \wp'\wp : \ldots : \wp'\wp^{\frac{n-3}{2}},$$

wo $\wp'$ mit $\wp$ durch die Relation verbunden ist:

$$\wp'^2 = 4\wp^3 - g_2\wp - g_3.$$

Die nähere Überlegung ergibt nun vier Arten von quadratischen Relationen:

1. Binomische Relationen von der Gestalt:

$$x_i x_k = x_{i'} x_{k'},$$

die auftreten, weil die beiden zu Vergleich kommenden Produkte je derselben Potenz von $\wp$ gleich werden. Beispiel: $x_0 x_2 = x_1^2$ usw. Solcher Relationen entstehen ebenso viele, als es linear-unabhängige Flächen zweiten Grades gibt, welche durch die rationale Raumkurve $\left(\frac{n-1}{2}\right)$-ten Grades des Raumes von $\frac{n-1}{2}$ Dimensionen:

$$x_0 : x_1 : \ldots : x_{\frac{n-1}{2}} = 1 : \wp : \ldots : \wp^{\frac{n-1}{2}}$$

hindurchlaufen, nämlich $\frac{n-1 \cdot n-3}{8}$.

2. Binomische Relationen vom Typus:

$$y_i y_k = y_{i'} y_{k'}.$$

Die Abzählung (welche wieder an einer rationalen Raumkurve, die aber nun von der $\left(\frac{n-3}{2}\right)$-ten Ordnung ist und im Raume von $\frac{n-3}{2}$ Dimensionen liegt, gedeutet werden kann) liefert $\frac{n-3 \cdot n-5}{8}$ Relationen dieser Art.

3. Binomische Relationen, welche beiderseits ein y enthalten:

$$y_i x_k = y_{i'} x_{k'}.$$

Im ganzen kommen $\frac{n-1 \cdot n-3}{4}$ hierher gehörige Gleichungen.

4. Quadrinomische Relationen, die entstehen, indem wir das Produkt $y_i y_k$ durch Einsetzen des für $\wp'^2$ vorgegebenen Wertes als Funktion von $\wp$ allein darstellen und die drei dabei hervorkommenden Terme durch Produkte zweier x ersetzen. Bei der Abzählung müssen wir beachten, daß von allen Produkten $y_i y_k$, die einander gleich sind, und ebenso von allen Produkten $x_i x_k$, die einander gleich sind, immer nur eines benutzt werden darf (insofern der Gleichheit verschiedener derartiger Produkte bereits durch 1., 2. Rechnung getragen ist). Daher wird die Anzahl der neuen Relationen relativ gering; sie beträgt nur $(n-3)$.

Addieren wir zusammen, so haben wir

$$(n-3)\left[\frac{n-1}{8} + \frac{n-5}{8} + \frac{n-1}{4} + 1\right]$$

linear unabhängige quadratische Relationen gefunden. Dies ist aber gerade $\frac{n(n-3)}{2}$, so daß wir in der Tat sämtliche Relationen dieser Art gewonnen haben.

Ich werde jetzt weiter zeigen, daß für $n > 3$ *die* $\frac{n(n-3)}{2}$ *quadratischen Relationen hinreichen, um die Normalkurve n-ter Ordnung als solche algebraisch zu definieren.* Es handelt sich um den Nachweis, daß unsere $\dfrac{n(n-3)}{2}$ Flächen zweiten Grades außer der Normalkurve nicht noch andere Bestandteile gemein haben. Ich zeige dies durch vollständige Induktion, indem ich zunächst annehme, daß unser Satz für ein gegebenes $(n-1)$ richtig sei, und dann schließe, daß er auch bei n selbst gelten muß. Da unser Satz bei $n=4$ zutrifft, so muß er allgemein richtig sein[26]).

Der Beweis selbst ist jetzt äußerst einfach. Ich will wieder n als ungerade Zahl annehmen. Dann unterscheiden sich die für die Kurve n-ter Ordnung geltenden Formeln von denjenigen, die für die Kurve $(n-1)$-ter Ordnung in Betracht kommen dadurch, daß sie eine Koordinate, nämlich $y_{\frac{n-3}{2}}$, mehr enthalten. Wir scheiden jetzt die für die Kurve n-ter Ordnung geltenden quadratischen Relationen in solche, welche $y_{\frac{n-3}{2}}$ enthalten, und solche, welche es nicht tun. Erstere lassen $y_{\frac{n-3}{2}}$ in mannigfacher Weise als rationale Funktion der anderen Koordinaten berechnen. Nun zeigt ein Blick auf die so entstehenden rationalen Funktionen, daß selbige nicht etwa alle gleichzeitig für ein und dasselbe der Normalkurve $(n-1)$-ter Ordnung angehörige Wertsystem der $x_0, \ldots, x_{\frac{n-1}{2}}, y_0, \ldots, y_{\frac{n-5}{2}}$ die Form $\dfrac{0}{0}$ annehmen, [so daß die Beziehung zwischen Kurve $(n-1)$-ter Ordnung und der n-ter Ordnung durchweg eindeutig ist]. Nimmt man dies mit der Voraussetzung zusammen, die wir machen müssen: daß nämlich jene quadratischen Relationen, welche $y_{\frac{n-3}{2}}$ nicht enthalten, die Kurven $(n-1)$-ter Ordnung rein darstellen, so ist, wie man erkennt, unsere Behauptung erwiesen[27]).

§ 9.

Das singuläre Koordinatensystem bei der Normalkurve n-ter Ordnung.

Indem ich mich jetzt bei beliebigem (als ungerade vorausgesetzten) n zur Betrachtung des *singulären* Systems wende, werde ich die Koordi-

---

[26]) Man sehe auch Bianchi, a. a. O., wo unser Satz für $n=5$ unter Benutzung des singulären Koordinatensystems erwiesen wird.

[27]) Ich habe den Beweis des Textes an die kanonische Darstellung angeknüpft, weil dadurch die Ausdrucksweise bequemer wird. Es ist aber nicht schwer, den Beweis unter Beibehaltung seines Grundgedankens so zu modifizieren, daß er der konkreten Formeln gar nicht mehr bedarf. Man hat nur zu beachten, daß die Projektion der Kurve n-ter Ordnung von einem *beliebigen* ihrer Punkte aus immer wieder eine Normalkurve $(n-1)$-ter Ordnung liefert, welche ihrerseits durch die zugehörigen quadratischen Relationen rein dargestellt wird. Dies aber wäre unmöglich, wenn die zur Kurve n-ter Ordnung gehörigen Relationen außer der Kurve noch irgendwelche sonstigen Elemente gemein hätten. [Vgl. die Ausführung dieses Gedankens in „Modulfunktionen“, Bd. 2, S. 245/246.]

naten fortan zur Unterscheidung mit großen Buchstaben bezeichnen $(X_0, \ldots, X_{n-1}$, allgemein $X_\alpha)$. Wir haben die X_α in (54) nur erst so weit definiert, daß wir angaben, an welchen Stellen des Periodenparallelogramms der u-Ebene dieselben verschwinden sollen, was in folgender Formel seinen Ausdruck findet:

$$(55) \qquad \varrho\, X_\alpha(u) = M_\alpha \cdot \prod_{\mu=0}^{n-1} \sigma\left(u - \frac{\alpha\,\omega_1 + \mu\,\omega_2}{n}\right),$$

wo M_α einen Term bedeutet, der in der u-Ebene nirgends Null ist. Wir werden M_α erstlich in der Weise zu bestimmen haben, daß die Verhältnisse der X_α und überhaupt die Quotienten $X_\alpha(u) : \sigma(u)^n$ doppeltperiodische Funktionen von u mit den Perioden ω_1, ω_2 werden, dann aber, entsprechend der singulären Darstellung der Kurve dritter Ordnung, auch so, daß eine Vermehrung des u um $\frac{\omega_1}{n}$ die Verhältnisse der X_α zyklisch vertauscht.

Ich erinnere hier zunächst an die Formeln (31) und (10). Ersterer zufolge ist:

$$e^{-G_1 u^2} \cdot \sigma\left(u \,\middle|\, \omega_1,\, \frac{\omega_2}{n}\right) = \frac{(-1)^{\frac{n-1}{2}} \displaystyle\prod_{-\frac{n-1}{2}}^{+\frac{n-1}{2}} \sigma_{0,\mu}(u)}{\left(\displaystyle\prod_{1}^{\frac{n-1}{2}} \sigma_{0,\mu}\right)^2},$$

während wir bei Formel (10) angaben, daß

$$\frac{e^{-G_1 u^2} \cdot \sigma\left(u \,\middle|\, \omega_1,\, \frac{\omega_2}{n}\right)}{\sigma(u \,|\, \omega_1, \omega_2)^n}$$

eine doppeltperiodische Funktion von u mit den Perioden ω_1, ω_2 ist. *Daher wollen wir jedenfalls setzen:*

$$(56) \qquad \varrho\, X_0(u) = e^{-G_1 u^2} \cdot \sigma\left(u \,\middle|\, \omega_1,\, \frac{\omega_2}{n}\right).$$

Wir nehmen jetzt die Bezeichnung $\sigma_{\lambda,\mu}(u \,|\, \omega_1, \omega_2)$ des ersten Abschnitts wieder auf. Nach der dort gegebenen Definition ist

$$\sigma_{\alpha,0}\left(u \,\middle|\, \omega_1,\, \frac{\omega_2}{n}\right) = e^{\frac{\alpha\,\bar{\eta}_1}{n}\left(u - \frac{\alpha\,\omega_1}{2n}\right)} \cdot \sigma\left(u - \frac{\alpha\,\omega_1}{n} \,\middle|\, \omega_1,\, \frac{\omega_2}{n}\right)$$

(wo $\bar{\eta}_1$ den transformierten Wert von η_1 bezeichnet), also eine Funktion, welche, wie unser X_α, für

$$u = \frac{\alpha\,\omega_1 + \mu\,\omega_2}{n} \qquad (\mu = 0, 1, \ldots, n-1)$$

verschwindet. Gleichzeitig ist nach (23)

$$\frac{\sigma_{\alpha,0}\left(u\,\middle|\,\omega_1,\dfrac{\omega_2}{n}\right)}{\sigma\left(u\,\middle|\,\omega_1,\dfrac{\omega_2}{n}\right)}$$

eine doppeltperiodische Funktion von u mit den Perioden ω_1, ω_2. *Vergleichen wir noch (56), so sehen wir, daß wir jedenfalls der ersten an die X_α gestellten Anforderung gerecht werden, indem wir allgemein setzen:*

$$(57) \qquad \varrho\, X_\alpha(u) = (-1)^\alpha \cdot e^{-G_1 u^2} \cdot \sigma_{\alpha,0}\left(u\,\middle|\,\omega_1,\frac{\omega_2}{n}\right).$$

Hiermit ist aber in der Tat auch der zweiten Forderung (der Forderung zyklischer Vertauschung der X_α bei Vermehrung des u um $\dfrac{\omega_1}{n}$) Genüge geleistet. Man findet nämlich nach kurzer Rechnung:

$$(58) \qquad X_{n+\alpha}(u) = X_\alpha(u),$$

$$(59) \qquad X_\alpha\left(u + \frac{\lambda\,\omega_1}{n}\right) = (-1)^\lambda \cdot e^{\lambda\,\eta_1\left(u + \frac{\lambda\,\omega_1}{2n}\right)} \cdot X_{\alpha-\lambda}(u),$$

wo der dem $X_{\alpha-\lambda}$ zugesetzte Faktor von α unabhängig ist, so daß für die *Verhältnisse* der X_α in der Tat eine zyklische Vertauschung vorliegt[28]). Wir können geradezu schreiben:

$$(60) \qquad X_\alpha(u) = (-1)^\alpha \cdot e^{\alpha\,\eta_1\left(u - \frac{\alpha\,\omega_1}{2n}\right)} \cdot X_0\left(u - \frac{\alpha\,\omega_1}{n}\right).$$

Übrigens können wir die X_α auch ohne Benutzung der Transformationstheorie definieren. Indem wir die Formel (57) mit (31) kombinieren, erhalten wir:

$$(61) \qquad \varrho\, X_\alpha(u) = (-1)^{\frac{n-1}{2}+\alpha} \cdot \frac{\displaystyle\prod_{-\frac{n-1}{2}}^{+\frac{n-1}{2}} \sigma_{\alpha,\mu}(u)}{\left(\displaystyle\prod_{1}^{\frac{n-1}{2}} \sigma_{0,\mu}\right)^2}.$$

Der Proportionalitätsfaktor ϱ, der in allen diesen Formeln ((57), (58), (61)) auftritt, ist als solcher natürlich unbestimmt. Ich will aber schon hier angeben, daß wir ihn im folgenden Paragraphen mit Rücksicht auf

---

[28]) Man beachte noch, daß der Formel (58) zufolge der Index α fortan als eine beliebig veränderliche ganze Zahl betrachtet werden kann, deren Wert dann selbstverständlich nur modulo n in Betracht zu ziehen ist.

spätere Zwecke, die über die [hier gebrauchte] geometrische Deutung hinausgreifen, in absoluter Weise fixieren werden[29]).

Wir prüfen noch das Verhalten unserer X_α bei Vermehrung des u um n-te Teile der zweiten Periode, wie bei Zeichenwechsel des u. Die Rechnung gibt:

$$(62) \qquad X_\alpha\!\left(u + \frac{\mu\,\omega_2}{n}\right) = (-1)^\mu \cdot e^{\mu\,\eta_2\left(u + \frac{\mu\,\omega_2}{2\,n}\right)} \cdot \varepsilon^{-\alpha\mu} \cdot X_\alpha(u),$$

$$(63) \qquad X_\alpha(-u) \quad = - X_{n-\alpha}(u).$$

Die Formeln (59), (62), (63) *stellen bei Zugrundelegung der X_α die $2\,n^2$ Kollineationen vor, welche unsere Normalkurve in sich selbst überführen.* Man beachte wohl, daß das Koordinatenpolyeder der X_α, d. h. der Inbegriff der Ebenen

$$X_0 = 0, \quad X_1 = 0, \ \ldots$$

bei diesen Kollineationen nicht geändert wird, was einen wesentlichen Unterschied des singulären Systems gegenüber dem kanonischen bezeichnet[30]).

Formel (63) gibt uns jetzt Anlaß, folgende Kombinationen einzuführen:

$$(64) \qquad Y_0 = X_0, \quad Y_1 = X_1 + X_{n-1}, \ \ldots, \quad Y_{\frac{n-1}{2}} = X_{\frac{n-1}{2}} + X_{\frac{n+1}{2}},$$

$$(65) \qquad Z_0 = 0, \quad Z_1 = X_1 - X_{n-1}, \ \ldots, \quad Z_{\frac{n-1}{2}} = X_{\frac{n-1}{1}} - X_{\frac{n+1}{2}},$$

wo die Y_α *ungerade*, die Z_α *gerade* Funktionen von u sind. Ich werde diese Formeln zumeist so benutzen, daß ich auch in ihnen wieder α als eine modulo n zu betrachtende, aber übrigens beliebige ganze Zahl voraussetze, wo dann

$$(66) \qquad Y_\alpha(u) = Y_{-\alpha}(u), \quad Z_\alpha(u) = - Z_{-\alpha}(u)$$

sein wird. Endlich werde ich gleich hier für die Nullwerte der Z_α und der Differentialquotienten der Y_α diejenige Bezeichnung einführen, die später immer verwendet werden soll. *Ich setze:*

$$(67) \qquad Z_\alpha(0) = 2z_\alpha, \quad \left(\frac{dY_\alpha(u)}{du}\right)_{u=0} = y'_\alpha.$$

---

[29]) Dies eben ist der wesentliche Punkt, in welchem meine Theorie der X_α von der durch Herrn Bianchi bei $n = 3$ und $n = 5$ entwickelten abweicht.

[30]) Und zwar speziell des singulären Systems, das wir in (54) auswählten, resp. der anderen, die wir später aus ihm durch lineare Transformation der Perioden ableiten werden. Hätten wir die allgemeinen singulären Systeme eingeführt, von denen in § 7 die Rede war, so würden sich wesentlich kompliziertere Verhältnisse eingestellt haben.

§ 10.
Normierung der X_α [31]).

Unsere Einführung der X_α würde unvollständig sein, wenn wir nicht ausdrücklich nachwiesen, daß dieselben linear unabhängig sind, d. h. daß zwischen ihnen keine Relation der folgenden Art besteht:

$$(68) \qquad \sum c_\alpha X_\alpha = 0,$$

wo die c_α von u unabhängige Größen bedeuten sollen. Hiermit verbinde ich dann gleich die in Aussicht genommene *Normierung* der X_α (bez. der $Y_\alpha, Z_\alpha, y'_\alpha, z_\alpha$). Man hat es als ein Postulat zu betrachten, dessen Berechtigung in den Entwicklungen des folgenden Abschnittes noch hervortreten soll, *daß in Fragen der hier vorliegenden Art die ϑ-Funktionen immer diejenigen Funktionen sind, denen man möglichst nahezukommen suchen muß.* Nun sahen wir bereits in (12) der Einleitung, daß die Fundamentalfunktion der Transformationstheorie

$$e^{-G_1 u^2} \cdot \frac{\sigma\left(u \mid \omega_1, \dfrac{\omega_2}{n}\right)}{\sigma(u \mid \omega_1, \omega_2)^n}$$

selbst keinen einfachen Thetaquotienten vorstellt, wohl aber in einen solchen durch Multiplikation mit $\sqrt[8]{\Delta : \Delta^n}$ verwandelt werden kann. *Dementsprechend wollen wir fortan in* (56), (57), (61), $\dfrac{1}{\varrho} = \sqrt[8]{\Delta : \Delta^n}$ *nehmen und also die Werte der $X_\alpha(u)$ folgendermaßen absolut fixieren:*

$$(69) \qquad X_\alpha(u) = (-1)^\alpha \cdot \sqrt[8]{\frac{\Delta}{\Delta^n}} \cdot e^{-G_1 u^2} \cdot \sigma_{\alpha,0}\left(u \mid \omega_1, \frac{\omega_2}{n}\right),$$

oder auch, was mit Rücksicht auf (32), (33) *dasselbe ist:*

$$(70) \qquad X_\alpha(u) = (-1)^\alpha \cdot \prod_1^{\frac{n-1}{2}} \sigma_{0,\mu} \cdot \prod_{-\frac{n-1}{2}}^{+\frac{n-1}{2}} \sigma_{\alpha,\mu}(u).$$

---

[31]) [Der Ausdruck „Normierung" ist hier in anderem Sinne gebraucht, als in meinen früheren Arbeiten (z. B. in Abh. LXXXII, S. 47), ja beinahe in entgegengesetzter Bedeutung. Damals nannte ich ein elliptisches Integral normiert, wenn es in den Perioden die Dimension Null hatte, so daß seine obere Grenze nur von den Verhältnissen $u : \omega_1 : \omega_2$, nicht aber von den Größen u, ω_1, ω_2 einzeln abhing. Hier dagegen bedeutet Normierung die Behaftung der X_α mit einer geeigneten Modulform als Faktor, um ein möglichst einfaches Verhalten den homogenen ω-Substitutionen gegenüber zu erzielen. (Siehe weiter unten §§ 15, ff.) So ist z. B. das Integral in Formel (137) dieser Abhandlung, S. 254, zwar mit den im jetzigen Sinne normierten X_α gebildet, es ist aber nicht im früheren Sinne normiert, da es in den Perioden ersichtlich die Dimension $+1$ hat. K.]

Unter Benutzung des Funktionszeichens ϑ_1 haben wir jetzt nach (5) folgende Darstellung der $X_a(u)$: [32])

$$(71) \quad X_a(u) = (-1)^a \cdot \sqrt{\frac{2n\pi}{\omega_2}} \cdot \frac{e^{\frac{n\eta_2 u^2}{2\omega_2}} \cdot e^{\frac{-2i\pi u\alpha}{\omega_2}} \cdot q^{\frac{\alpha^2}{n}}}{\sqrt[8]{\Delta^n}} \cdot \vartheta_1\left(\frac{nu - \alpha\omega_1}{\omega_2} \cdot \pi, \, q^n\right),$$

oder auch

$$(72) \quad X_a(u) = (-1)^a \cdot \sqrt{\frac{2\pi}{\omega_1}} \cdot \frac{e^{\frac{n\eta_1 u^2}{2\omega_1}} \cdot e^{\frac{3i\pi}{4}}}{\sqrt[8]{\Delta^n}} \cdot \vartheta_1\left(\frac{u\pi}{\omega_1} - \frac{\alpha\pi}{n}, \, r^{\frac{1}{n}}\right),$$

was uns vermöge (6) die folgenden Reihenentwicklungen ergibt:

$$(73) \quad X_a(u) = (-1)^a \cdot \left(\frac{\omega_2}{2\pi}\right)^{\frac{3n-1}{2}} \cdot \sqrt{n} \cdot \frac{e^{\frac{n\eta_2 u^2}{2\omega_2}}}{i \cdot q^{\frac{n}{4}} \cdot \prod (1 - q^{2h})^{3n}} \times$$

$$\times \sum_{h=0}^{\infty} (-1)^h \left\{ q^{\frac{[(2h+1)n - 2\alpha]^2}{4n}} \cdot e^{[(2h+1)n - 2\alpha]\frac{u\pi i}{\omega_2}} - q^{\frac{[-(2h+1)n - 2\alpha]^2}{4n}} \cdot e^{[-(2h+1)n - 2\alpha]\frac{u\pi i}{\omega_2}} \right\},$$

bzw.:

$$(74) \quad X_a(u) = (-1)^a \cdot \left(\frac{\omega_1}{2\pi}\right)^{\frac{3n-1}{2}} \cdot e^{-(n-1)\frac{i\pi}{4}} \cdot \frac{e^{\frac{n\eta_1 u^2}{2\omega_1}}}{i \cdot r^{\frac{n}{4}} \cdot \prod (1 - r^{2k})^{3n}} \times$$

$$\times \sum_{k=0}^{\infty} (-1)^k \cdot r^{\frac{(2k+1)^2}{4n}} \cdot \left\{ e^{\frac{-(2k+1)i\pi\alpha}{n}} \cdot e^{(2k+1)\frac{u\pi i}{\omega_1}} - e^{\frac{(2k+1)i\pi\alpha}{n}} \cdot e^{-(2k+1)\frac{u\pi i}{\omega_1}} \right\}.$$

Ich habe diese Reihenentwicklungen so ausführlich mitgeteilt, weil ich sie später noch benutzen werde. Die *Unabhängigkeit* der X_a im

---

[32]) Insbesondere sind also die Nullwerte z_a durch die Formel gegeben:

$$z_a = (-1)^{\alpha+1} \cdot \sqrt{\frac{2n\pi}{\omega_2}} \cdot \frac{q^{\frac{\alpha^2}{n}}}{\sqrt[8]{\Delta^n}} \cdot \vartheta_1\left(\frac{\alpha\omega_1\pi}{\omega_2}, \, q^n\right)$$

und stimmen daher bis auf einen [von α unabhängigen] Zahlenfaktor mit denjenigen Größen überein, die ich in meiner Notiz: *Über gewisse Teilwerte der ϑ-Funktion* in Bd. 17 der Math. Annalen (1881) [= Abh. LXXXIX, S. 191 des vorliegenden Bandes] eben auch als z_a bezeichnet habe. Die Relationen zwischen den z_a, die ich damals mitteilte, werden sich weiterhin aus allgemeineren Beziehungen, welche die $X_\alpha(u)$ betreffen, ergeben, indem wir $u = 0$ setzen.

Sinne von (68) ergibt sich am einfachsten aus (74), indem die X_α dort mit Hilfe der Multiplikatoren

$$e^{\frac{(2k+1)i\pi\alpha}{n}}, \quad \begin{pmatrix} \alpha = 0, & 1, & \ldots, & (n-1) \\ k = 0, & 1, & \ldots, & (n-1) \end{pmatrix},$$

deren Determinante nicht verschwindet, aus n durchaus verschiedenen Reihenentwicklungen linear zusammengesetzt erscheinen.

Aus (72) wollen wir noch folgende Formel ableiten, die ebenfalls später benutzt wird, und in der C eine numerische Konstante bedeutet, deren Wert uns nicht weiter interessiert:

$$(75) \qquad \frac{X_\alpha(u)}{\sigma(u)^n} = C \cdot \omega_1^{\frac{n-1}{2}} \cdot \frac{\vartheta_1\left(\frac{u\pi}{\omega_1} - \frac{\alpha\pi}{n}, \, r^{\frac{1}{n}}\right)}{\vartheta_1\left(\frac{u\pi}{\omega_1}, \, r\right)^n}.$$

Ich habe diese Formel hierhergesetzt, um von vornherein den Vergleich unserer Größen X_α, Y_α, Z_α mit denjenigen Funktionen, welche die Transformationstheorie gewöhnlich betrachtet, nahezulegen. Sieht man von dem Umstande ab, daß meistens neben ϑ_1 immer auch ϑ, ϑ_2, ϑ_3 gebraucht werden (siehe oben, § 1), daß ferner bei der üblichen Darstellung von gemeinsamen Faktoren $\omega_1^{\frac{n-1}{2}}$ usw. kurzweg abstrahiert wird, so erweisen sich die Kombinationen:

$$\frac{Y_0(u)}{\sigma(u)^n} = \frac{X_0(u)}{\sigma(u)^n}, \qquad \frac{Y_\alpha(u)}{\sigma(u)^n} = \frac{X_\alpha(u) + X_{n-\alpha}(u)}{\sigma(u)^n},$$

$$\left(\alpha = 1, 2, \ldots \frac{n-1}{2}\right)$$

als wohlbekannte Größen der Transformationstheorie. Dagegen scheint es nicht, daß man die Ausdrücke (75) einzeln, oder, was auf dasselbe hinauskommt, daß man neben den $Y_\alpha(u) : \sigma(u)^n$ die Kombinationen

$$\frac{Z_\alpha(u)}{\sigma(u)^n}$$

betrachtet hat. Nun sind aber nach meiner Auffassung gerade diese Kombinationen (bzw. unter den Nullwerten die z_α) die wichtigsten. Ich möchte es also für wahrscheinlich halten, daß eine Einführung derselben in die eigentliche Transformationstheorie, resp. eine Erweiterung der Transformationstheorie bis zu dem Punkte, wo die genannten Kombinationen in die Betrachtung eintreten, von großem Vorteil sein wird.

§ 11.

Die quadratischen Relationen zwischen den X_α und das Integral erster Gattung n-ter Stufe.

Wir gehen für einen Augenblick zur geometrischen Theorie der Normalkurven n-ter Ordnung zurück (wobei die gerade getroffene Normierung der X_α noch ohne Bedeutung ist). Es soll sich darum handeln, *die Normalkurve n-ter Ordnung unter Zugrundelegung der X_α algebraisch darzustellen,* wozu es nach § 8 genügt, $\dfrac{n(n-3)}{2}$ linear unabhängige quadratische Relationen zwischen den X_α aufzufinden. *Ich sage, daß wir solche Relationen sofort gewinnen, wenn wir von der wohlbekannten [von Weierstrass herrührenden] σ-Relation ausgehen:*

$$(76) \qquad \begin{aligned} &\sigma(t+u)\cdot\sigma(t-u)\cdot\sigma(v+w)\cdot\sigma(v-w) \\ &+\sigma(t+v)\cdot\sigma(t-v)\cdot\sigma(w+u)\cdot\sigma(w-u) \\ &+\sigma(t+w)\cdot\sigma(t-w)\cdot\sigma(u+v)\cdot\sigma(u-v) = 0. \end{aligned}$$

Man verstehe hier nämlich unter σ speziell die σ-Funktion mit den Perioden $\omega_1,\ \dfrac{\omega_2}{n}$ und substituiere nun für $t,\ u,\ v,\ w$ die folgenden Argumente:

$$\frac{u}{2}-\frac{\alpha_1\,\omega_1}{n},\quad \frac{u}{2}-\frac{\alpha_2\,\omega_1}{n},\quad \frac{u}{2}-\frac{\alpha_3\,\omega_1}{n},\quad \frac{u}{2}-\frac{\alpha_4\,\omega_1}{n}.$$

Wir bekommen dann eine Gleichung, die sich vermöge der in (61) oder (69) enthaltenen Definition der X_α und der Bezeichnung z_α für die Nullwerte sofort in folgende umsetzt:

$$(77) \qquad \begin{aligned} &z_{a_1-a_2}\cdot z_{a_3-a_4}\cdot X_{a_1+a_2}\cdot X_{a_3+a_4} \\ &+ z_{a_1-a_3}\cdot z_{a_4-a_2}\cdot X_{a_1+a_3}\cdot X_{a_4+a_2} \\ &+ z_{a_1-a_4}\cdot z_{a_2-a_3}\cdot X_{a_1+a_4}\cdot X_{a_2+a_3} = 0 \ \text{[33]}). \end{aligned}$$

Ich behaupte, daß in diese eine Formel die $\dfrac{n(n-3)}{2}$ *gesuchten quadratischen Relationen bereits eingeschlossen sind.*

Zum Beweise beachte man, daß jede in (77) einbegriffene Gleichung nur Glieder $X_i X_k$ von einer bestimmten Indexsumme $(i+k)=s$ enthält. Linear abhängig können also nur solche Gleichungen sein, welche dasselbe s besitzen. *Unter ihnen finden sich nun,* wie ich zunächst bemerke,

---

[33]) Man vergleiche wieder die Bianchische Arbeit, wo die Formeln für $n=5$ auf analytisch-geometrischem Wege gewonnen werden. Übrigens finden sich die Relationen für $n=5$ (und zwar auf ganz ähnliche Weise, wie bei Bianchi, abgeleitet) auch in Halphens Abhandlung: *Sur la réduction des équations différentielles linéaires aux formes intégrables* (siehe S. 289 des Bd. 18 der »Mémoires présentés à l'Académie des Sciences de Paris« (1883)). — Setzt man in (77) $u=0$, so hat man die biquadratischen Relationen zwischen den z_α, die ich in Bd. 17 der Math. Annalen (1881) [= S. 195 in Nr. LXXXIX des vorliegenden Bandes] angab.

jedesmal $\frac{n-3}{2}$ *unabhängige.* Wählt man nämlich irgend zwei Terme von der Indexsumme s nach Belieben aus: $X_i X_{s-i}$ und $X_{i'} X_{s-i'}$, so gestattet (77), alle $\frac{n-3}{2}$ anderen Terme derselben Indexsumme durch diese linear auszudrücken. *Jetzt kann s im ganzen die n Werte haben:* 0, 1, 2, ..., $(n-1)$. Daher kommen in der Tat $\frac{n(n-3)}{2}$ linear unabhängige Relationen, was zu beweisen war.

Ich will von den Formeln (77) hier noch eine Anwendung machen, vermöge deren ich der ursprünglichen Forderung gerecht werde, von der ich in meiner Note: *Über unendlich viele Normalformen des elliptischen Integrals erster Gattung* [= Nr. LXXXVIII im vorliegenden Bande] ausgegangen bin. *Es soll sich darum handeln, die Formeln* (69) *zu invertieren, d. h. die Variable u durch die Größen X_α auszudrücken.* Die Größe u erscheint dabei als an der Normalkurve hin erstrecktes Integral erster Gattung und zwar speziell als „Integral erster Gattung n-ter Stufe", insofern in dem Ausdrucke des Integrals als Koeffizienten der Variabelen die Größen y_α', z_α auftreten, welche ihrerseits zur n-ten Stufe gehören, wie ich bald ausführlich nachweisen werde.

Die Rechnung selbst verläuft folgendermaßen. Es seien α, β irgend zwei in bezug auf n als Modul verschiedene Indizes. Wir bilden uns dann, indem wir $X_\alpha(u) : X_\beta(u)$ nach u differentiieren, den Ausdruck:

$$(78) \qquad \frac{X_\beta \cdot dX_\alpha - X_\alpha \cdot dX_\beta}{X_\beta^2 \cdot du}.$$

Derselbe ist eine doppeltperiodische Funktion von u, welche $2n$-mal (je zweimal an jeder Stelle $X_\beta = 0$) im Periodenparallelogramme der u Ebene unendlich und also auch $2n$-mal daselbst gleich Null wird. Er läßt sich also nach dem Hermiteschen Satze in die Gestalt setzen:

$$(79) \qquad \frac{\Sigma a_{ik} X_i X_k}{X_\beta^2},$$

wo die Summe zunächst über alle Indexkombinationen i, k zu nehmen ist. Wir werden unser Ziel erreicht haben, sobald wir die hier auftretenden a_{ik} kennen; denn wir haben dann durch Umkehr des Differentiationsprozesses:

$$(80) \qquad u = \int \frac{X_\beta \cdot dX_\alpha - X_\alpha \cdot dX_\beta}{\Sigma a_{ik} X_i X_k}.$$

Ich sage jetzt zunächst, daß die a_{ik} der Mehrzahl nach gleich Null genommen werden können. Zunächst nämlich folgt, wenn wir Formel (62) in Anwendung bringen, also das u in den $X(u)$ um $\frac{\mu \omega_2}{n}$ vermehren, wobei du ungeändert bleibt, daß alle diejenigen in (80) auftretenden Terme sich gegenseitig wegheben, deren Indexsumme $(i+k)$ von $(\alpha+\beta)$ verschieden ist. Unter je dreien der sonach allein in Betracht kommenden Glieder $X_i X_k$ besteht aber, wie wir gerade sahen, eine lineare Relation. *Wir können unsere Summe also auf eine lineare Kombination irgend zweier dieser Glieder beschränken.*

Ich setze dem Gesagten entsprechend, indem ich mit γ eine Zahl bezeichne, welche weder mit α noch mit β modulo n kongruent ist:

$$(81) \qquad X_\beta \cdot \frac{dX_\alpha}{du} - X_\alpha \cdot \frac{dX_\beta}{du} = a \cdot X_\alpha X_\beta + b \cdot X_\gamma X_{\alpha+\beta-\gamma},$$

wo jetzt nur noch die beiden Konstanten a, b zu bestimmen sind. Dies aber gelingt sofort, wenn wir die Nullwerte y'_α, z_α als bekannt erachten. Durch geeignete Anwendung von (59) leiten wir nämlich aus (81) zunächst folgende zwei Gleichungen ab:

$$X_{\beta-\gamma} \cdot \frac{dX_{\alpha-\gamma}}{du} - X_{\alpha-\gamma} \cdot \frac{dX_{\beta-\gamma}}{du} = a \cdot X_{\alpha-\gamma} X_{\beta-\gamma} + b \cdot X_0 X_{\alpha+\beta-2\gamma},$$

$$X_{\beta-\alpha} \cdot \frac{dX_0}{du} - X_0 \cdot \frac{dX_{\beta-\alpha}}{du} = a \cdot X_0 X_{\beta-\alpha} + b \cdot X_{\gamma-\alpha} X_{\beta-\gamma},$$

und erhalten hieraus, indem wir $u=0$ setzen:

$$(82) \qquad \begin{cases} z_{\beta-\gamma} \cdot y'_{\alpha-\gamma} - z_{\alpha-\gamma} \cdot y'_{\beta-\gamma} = 2a \cdot z_{\alpha-\gamma} z_{\beta-\gamma}, \\ z_{\beta-\alpha} \cdot y'_0 = b \cdot z_{\gamma-\alpha} z_{\beta-\gamma}, \end{cases}$$

was unmittelbar die gewünschten Formeln sind. Tragen wir in (81), bez. (80) ein, *so haben wir folgenden allgemeinen Wert des Integrals erster Gattung n-ter Stufe erhalten:*

$$(83) \qquad u = \int \frac{2 z_{\alpha-\gamma} z_{\beta-\gamma} (X_\alpha \, dX_\beta - X_\beta \, dX_\alpha)}{(z_{\beta-\gamma} y'_{\alpha-\gamma} - z_{\alpha-\gamma} y'_{\beta-\gamma}) X_\alpha X_\beta + 2 z_{\alpha-\beta} y'_0 \cdot X_\gamma X_{\alpha+\beta-\gamma}}.$$

Beispielsweise also bei $n=5$, indem wir $\alpha=1$, $\beta=2$, $\gamma=0$ setzen:

$$(84) \qquad u = \int \frac{2 z_1 z_3 (X_1 \, dX_2 - X_2 \, dX_1)}{(z_2 y'_1 - z_1 y'_2) X_1 X_2 - 2 z_1 y'_0 \cdot X_0 X_3}.$$

Dies Resultat muß mit demjenigen stimmen, welches Herr Bianchi auf S. 261, 262 seiner Arbeit eben auch für $n=5$ abgeleitet hat. Wir verschieben den Vergleich bis zum Schlusse, indem wir behufs Durchführung desselben den Zusammenhang der y'_α und z_α kennen müssen, dieser aber erst in den letzten Paragraphen des folgenden Abschnitts abgeleitet werden kann.

Abschnitt III.

Die y_a', z_a als Fundamentalmoduln. Koordinatenverwandlungen bei der Normalkurve. Die $\overline{X}_\gamma(u)$ und die A_γ.

§ 12.

Die y_a', z_a als Fundamentalmoduln der n-ten Stufe.

Der schließliche Zielpunkt, dem ich mit gegenwärtiger Arbeit zustrebe, besteht in der Erkenntnis gewisser Fundamentaleigenschaften der normierten Moduln y_a' und z_a, bez. solcher Größen, die aus ihnen abgeleitet sind. Ich wünsche in dieser Hinsicht hier zunächst zu zeigen, daß die y_a', z_a zusammengenommen ein volles Modulsystem der n-ten Stufe bilden, und zwar in der Weise, daß ich erstlich die y_a', z_a rational durch die Teilwerte $\wp\left(\frac{\lambda\,\omega_1 + \mu\,\omega_2}{n}\right)$, $\wp'\left(\frac{\lambda\,\omega_1 + \mu\,\omega_2}{n}\right)$ ausdrücke, dann aber die Mittel gebe, um rückwärts diese Teilwerte als rationale Funktionen der y_a', z_a zu berechnen.

Die erste der angedeuteten Aufgaben erledigt sich sofort, wenn wir Formel (70) zugrunde legen und dementsprechend schreiben:

$$(85) \qquad \frac{X_a(u)}{\sigma(u)^n} = (-1)^a \cdot \prod_{\mu=1}^{\frac{n-1}{2}} \sigma_{0,\mu}^3 \cdot \prod_{\mu=1}^{\frac{n-1}{2}} \frac{\sigma_{a,\mu}(u) \cdot \sigma_{a,-\mu}(u)}{\sigma_{0,\mu}^2 \cdot \sigma_{a,0}(u)^{2\cdot}} \cdot \left[\frac{\sigma_{a,0}(u)}{\sigma(u)}\right]^r .$$

Die dreierlei rechterseits auftretenden Faktoren sind bereits früher (Formel (37), (28) und (35)), in dem hier in Betracht kommenden Sinne ausgewertet worden. Tragen wir ein, so ergibt sich:

$$(86) \quad \frac{X_a(u)}{\sigma(u)^n} = \frac{(-1)^{\frac{n-1}{2}}}{\prod_{\mu=1}^{\frac{n-1}{2}} \wp'\left(\frac{\mu\,\omega_2}{n}\right)} \cdot \prod_{\mu=1}^{\frac{n-1}{2}} \left[\wp\left(u - \frac{\alpha\,\omega_1}{n}\right) - \wp\left(\frac{\mu\,\omega_2}{n}\right)\right] \cdot \prod_{\lambda=1}^{\frac{n-1}{2}} \cdot \left[\frac{\wp(u) - \wp\left(\frac{\lambda\,\omega_1}{n}\right)}{\wp\left(u - \frac{\alpha\,\omega_1}{n}\right) - \wp\left(\frac{\lambda\,\omega_1}{n}\right)}\right] .$$

Es ist dies sozusagen die Stammformel, aus welcher die Ausdrücke der z_a, y_a' hervorkommen: wir finden die z_a, indem wir $u = 0$ setzen, die y_a', wenn wir zuerst mit $\sigma(u)^n$ multiplizieren, nach u differentiieren und dann $u = 0$ nehmen. Ich will hier der Kürze halber nur folgende zwei Formeln zusammenstellen:

$$(87) \quad z_a = \frac{(-1)^{\frac{n-1}{2}}}{\prod_{\mu=1}^{\frac{n-1}{2}} \wp'\left(\frac{\mu\,\omega_2}{n}\right)} \cdot \prod_{\mu=1}^{\frac{n-1}{2}} \left[\wp\left(\frac{\alpha\,\omega_1}{n}\right) - \wp\left(\frac{\mu\,\omega_2}{n}\right)\right] \cdot \prod_{\lambda=1}^{\frac{n-1}{2}}{}' \frac{1}{\wp\left(\frac{\alpha\,\omega_1}{n}\right) - \wp\left(\frac{\lambda\,\omega_1}{n}\right)} \cdot \frac{1}{\wp'\left(\frac{\alpha\,\omega_1}{n}\right)} ,$$

wo der dem letzten Produktzeichen beigesetzte Akzent bedeutet, daß ein bestimmtes Glied (dasjenige, welches $\lambda = \alpha$ entsprechen würde) bei der Produktbildung auszulassen ist, — ferner:

$$(88) \qquad y_0' = \frac{(-1)^{\frac{n-1}{2}}}{\prod\limits_{\mu=1}^{\frac{n-1}{2}} \wp'\left(\frac{\mu\,\omega_2}{n}\right)}$$

was nur eine andere Form von (37) ist.

Um jetzt rückwärts die Teilwerte $\wp\left(\frac{\lambda\,\omega_1 + \mu\,\omega_2}{n}\right)$ usw. durch die y_α', z_α auszudrücken, gehe ich von der wichtigen Formel aus, welche Jacobi der sogenannten umgekehrten Transformation zugrunde gelegt hat[34]), und die in unserer Bezeichnung folgendermaßen lautet[35]):

$$(89) \qquad \sum_{\mu=0}^{n-1} \varepsilon^{-\alpha\,\mu} \cdot \frac{d\log\sigma\left(u - \dfrac{\lambda\,\omega_1 + \mu\,\omega_2}{n}\right)}{du} = \frac{\eta_2}{1 - \varepsilon^{-\alpha}} + \frac{y_0' \cdot X_{\alpha+\lambda}(u)}{z_\alpha \cdot X_\lambda(u)}.$$

Indem wir diese Formel einmal nach u differentiieren und dann $u = 0$ setzen, bekommen wir lineare Gleichungen für die Teilwerte $\wp\left(\frac{\lambda\,\omega_1 + \mu\,\omega_2}{n}\right)$, $\wp'\left(\frac{\lambda\,\omega_1 + \mu\,\omega_2}{n}\right)$, aus denen wir letztere mit leichter Mühe bestimmen können, — vorausgesetzt natürlich, daß wir die auf der rechten Seite auftretenden Größen zu berechnen wissen. Nun beginnt die Reihenentwicklung von $X_0(u)$ mit $y_0' \cdot u$ und enthält nur ungerade Potenzen von u, während die Entwicklung der übrigen $X_\alpha(u)$ mit den Termen $z_\alpha + \frac{y_\alpha'}{2} \cdot u$ einsetzt. Hieran anknüpfend werden wir in § 14 alle höheren Terme der in Rede stehenden Entwicklungen rational durch die y_α', z_α ausdrücken. Ist dies geschehen, so kennen wir in der Tat alle Größen, welche bei der Diskussion von (89) rechterseits auftreten, und können dann die gewünschte Berechnung der Teilwerte von $\wp(u)$, $\wp'(u)$, — oder auch von $\wp''(u)$ usw. — mit Leichtigkeit durchführen.

Ich will den Verlauf der Rechnung hier nur für die Teilwerte von $\wp(u)$ und zwar diejenigen derselben, bei denen $\lambda = 0$ ist, genauer angeben. Wir haben aus (89) durch einmalige Differentiation nach u:

$$(90) \qquad \sum_{\mu=0}^{n-1}{}' \varepsilon^{-\mu\,\alpha} \cdot \wp\left(u - \frac{\mu\,\omega_2}{n}\right) = \frac{y_0'\left(X_\alpha \dfrac{dX_0}{du} - X_0 \dfrac{dX_\alpha}{du}\right)}{z_\alpha \cdot X_0{}^2}.$$

<hr>

[34]) Jacobi: Crelles Journal, Bd. 3 (1828) = Gesammelte Werke, Bd. 1, S. 272 ff.

[35]) Die hier mitgeteilte Umsetzung der Jacobischen Formel rührt von Herrn Kiepert her, vgl. Bd. 76 des Crelleschen Journals (1872/73), S. 37, 38. Man sehe weiter Frobenius und Stickelberger in Bd. 88 ebenda (1880), S. 169 ff.

Nun sei unter Benutzung der in § 14 einzuführenden Bezeichnung:

$$(91) \qquad X_0(u) = y_0' \cdot u + a_{0,1} \cdot u^3 + \dots,$$

sowie für $\alpha \not\equiv 0 \ (\mathrm{mod}\ n)$:

$$(92) \qquad X_\alpha(u) = z_\alpha + \frac{y_\alpha'}{2} \cdot u + b_{\alpha,1} \cdot u^2 + \dots.$$

Indem wir diese Entwicklungen in (90) eintragen und nach Potenzen von u ordnen, kommt:

$$(93) \qquad \sum_{\mu=1}^{n-1} \varepsilon^{-\mu\alpha} \cdot \wp\left(\frac{\mu\omega_2}{n}\right) = \frac{a_{0,1}}{y_0'} - \frac{b_{\alpha,1}}{z_\alpha}.$$

Hier kann α nach Belieben gleich $1, 2, \dots, (n-1)$ genommen werden; wir haben also ebenso viele lineare Gleichungen als Unbekannte $\wp\left(\frac{\mu\omega_2}{n}\right)$.[36] Um aber diese Gleichnngen elegant auflösen zu können, setzen wir noch eine Relation hinzu, die aus (86) hervorgeht. Schreiben wir nämlich in (86) $\alpha = 0$, so kommt:

$$\frac{X_0(u)}{\sigma(u)^n} = (-1)^{\frac{n-1}{2}} \cdot \prod_{1}^{\frac{n-1}{2}} \frac{\wp(u) - \wp\left(\frac{\mu\omega_2}{n}\right)}{\wp'\left(\frac{\mu\omega_2}{n}\right)},$$

und hieraus, indem wir nach Potenzen von u ordnen und (88) heranziehen:

$$(94) \qquad \sum_{\mu=1}^{n-1} \wp\left(\frac{\mu\omega_2}{n}\right) = -\frac{2a_{0,1}}{y_0'}.$$

Die Kombination von (93), (94) *ergibt jetzt folgendes Resultat:*

$$(95) \qquad \wp\left(\frac{\mu\omega_2}{n}\right) = -\frac{3}{n} \cdot \frac{a_{0,1}}{y_0'} - \sum_{\alpha=1}^{\frac{n-1}{2}} \frac{\varepsilon^{\mu\alpha} + \varepsilon^{-\mu\alpha}}{n} \cdot \frac{b_{\alpha,1}}{z_\alpha},$$

was die gewünschte Endformel ist[37].

---

[36] Natürlich ist $\wp\left(\frac{\mu\omega_2}{n}\right) = \wp\left(\frac{-\mu\omega_2}{n}\right)$, wovon ich im Texte der bequemeren Ausdrucksweise wegen keinen Gebrauch mache.

[37] Man vgl. hierzu die ganz ähnliche Rechnung, vermöge deren Herr Kronecker in den Berliner Monatsberichten von 1875 (S. 498 ff. daselbst) die Teilwerte von $\sin^2 \mathrm{am}\ u$ durch die Wurzeln der Jacobischen Modular- und Multiplikatorgleichung ausdrückt.

Ich berühre hier noch einen verwandten Gegenstand, auf den zuerst Herr Sylow in den Berichten der Akademie zu Christiania von 1864 eingegangen ist, nachdem Abel bereits einige diesbezügliche Andeutungen gegeben hatte, die *linearen Relationen* nämlich, welche zwischen den Teilwerten der elliptischen Funktionen bestehen. Wie Herr Engel nachgewiesen hat (Berichte der Königl. Sächs. Gesellschaft der Wissen-

§ 13.
Koordinatenverwandlungen bei der Normalkurve.

Unsere weiteren Untersuchungen knüpfen aufs Neue an eine direkte geometrische Betrachtung der Normalkurve n-ter Ordnung an.

Wir haben bislang zwei Darstellungen der Normalkurve einander gegenübergestellt: die *kanonische* Darstellung des § 7 und die *singuläre* Darstellung der §§ 9 bis 11. Aber jede dieser Darstellungen ist nur eine unter einer Anzahl gleichberechtigter. Wir gewinnen die letzteren, wie wir schon sagten, indem wir einerseits u den charakteristischen Umformungen unterwerfen:

$$(96) \qquad u' = u + \frac{\lambda\,\omega_1 + \mu\,\omega_2}{n},$$

$$(97) \qquad u' = -u,$$

indem wir andererseits ω_1, ω_2 in beliebiger Weise linear transformieren:

$$(98) \qquad \begin{cases} \omega_1' = \alpha\,\omega_1 + \beta\,\omega_2, \\ \omega_2' = \gamma\,\omega_1 + \delta\,\omega_2. \end{cases} \qquad (\alpha\,\delta - \beta\,\gamma = 1)$$

Was speziell die *kanonische* Darstellung angeht, so bemerkten wir bereits, daß sie mit Modulfunktionen erster Stufe zu tun hat, so daß sie

---

schaften vom Juli 1884) lauten dieselben unter Zugrundelegung der Weierstrassschen Bezeichnungen folgendermaßen:

$$\sum_{\mu=0}^{n-1} \frac{\varepsilon^{2\lambda\mu}}{\wp'\left(\dfrac{\lambda\,\omega_1 + \mu\,\omega_2}{n}\right)} = 0, \qquad \sum_{\mu=0}^{n-1} \frac{\varepsilon^{2\lambda\mu}\cdot\wp\left(\dfrac{\lambda\,\omega_1 + \mu\,\omega_2}{n}\right)}{\wp'\left(\dfrac{\lambda\,\omega_1 + \mu\,\omega_2}{n}\right)} = 0.$$

Man leitet diese Relationen (was Herr Engel [im Anschluß an eine von mir gehaltene Vorlesung] unter leichter Modifikation der Bezeichnungen a. a. O. ausführt) unmittelbar aus Formel (89) des Textes ab, wenn man zunächst 2λ statt λ schreibt, dann für u der Reihe nach

$$\frac{\lambda\,\omega_1}{n} + \frac{\omega_1}{2}, \qquad \frac{\lambda\,\omega_1}{n} + \frac{\omega_2}{2}, \qquad \frac{\lambda\,\omega_1}{n} + \frac{\omega_1 + \omega_2}{2}$$

einträgt und endlich die so entstehenden drei Gleichungen nach Multiplikation mit gewissen Faktoren, deren Summe gleich Null ist, zusammenaddiert —, worauf der Umstand zur Geltung kommt, daß der Quotient

$$X_{2\lambda}(u) : X_0(u)$$

für die genannten drei Werte von u genau denselben Wert annimmt. Letzterer Satz kann, wie hier hervorgehoben werden soll, in eleganter Weise als Eigenschaft der Normalkurve n-ter Ordnung gedeutet werden. Wenn ich hierauf im Texte nicht eingehe, so geschieht es, weil es sich dabei um Lageneigentümlichkeiten solcher Punkte der Normalkurve handelt, deren Argumente von den Argumenten der singulären Punkte um halbe Perioden abweichen, wir aber mit den Lagenverhältnissen der singulären Punkte bereits hinreichend beschäftigt sind. [Die Bedeutung der „Abelschen Relationen" liegt vor allem darin, daß sie erkennen lassen, daß die ε für die speziellen Teilungsgleichungen natürliche Irrationalitäten sind. K.]

gegenüber den Transformationen (98) durchaus ungeändert bleibt. Aber auch die Umformung (97) bewirkte nur eine unbedeutetende Umänderung des kanonischen Koordinatensystems. *Es gibt also im wesentlichen n^2 unterschiedene Koordinatensysteme, welche aus einem beliebigen derselben durch die Umformungen (96) hervorgehen.*

Gewissermaßen umgekehrt ist es bei ·der *singulären* Darstellung. Nach den Formeln des § 9 bleibt das singuläre Koordinatensystem nicht nur bei (97), sondern überhaupt bei allen Transformationen (96) in der Hauptsache ungeändert. *Wollen wir andere, gleichberechtigte Systeme finden, so müssen wir die Operationen* (98) *anwenden.* Es ist leicht zu sehen, daß die Anzahl der gleichberechtigten Systeme mit der Zahl der unterschiedenen Transformationen n-ter Ordnung der elliptischen Funktionen zusammenfällt. Die Ebenen des singulären Koordinatensystems entstehen nämlich auf alle Fälle aus der ersten, $X_0(u) = 0$, durch die Umformungen (96). Es fragt sich also nur, auf wie viele Weisen die Ebene X_0 angenommen werden kann. Nun ist, wie wir früher sahen

$$\frac{X_0(u)}{\sigma(u)^n} = \sqrt[8]{\frac{\overline{\Delta}}{\Delta^n}} \cdot e^{-G_1 u^2} \cdot \frac{\sigma\left(u \mid \omega_1, \frac{\omega_2}{n}\right)}{\sigma(u \mid \omega_1, \omega_2)^n};$$

jedes X_0 korrespondiert also einer bestimmten Transformation n-ter Ordnung und umgekehrt. *Die Anzahl der wesentlich unterschiedenen singulären Koordinatensysteme ist daher, der bekannten Formel zufolge:*

$$(99) \qquad\qquad N = n \prod \left(1 + \frac{1}{p}\right),$$

wo das Produkt über alle unterschiedenen Primfaktoren der Zahl n zu erstrecken ist.

Es entsteht jetzt das Problem, den Zusammenhang aller dieser verschiedenartigen Koordinatensysteme darzulegen. Wir wollen dabei jenes singuläre System, welches wir in § 9 einführten, und das wir fernerhin als *erstes* singuläres System bezeichnen, zum Ausgangspunkte wählen, alle in Betracht kommenden Konstanten aber durch die zum ersten Systeme gehörigen y_α', z_α darzustellen suchen. Unsere erste Aufgabe wird sein, mit dem genannten Systeme das kanonische Koordinatensystem des § 8 in Verbindung setzen. Eine fernere Betrachtung der anderen kanonischen Koordinatensysteme erscheint dann überflüssig, weil selbige aus dem ersten kanonischen Systeme durch die n^2 Kollineationen hervorgehen, die (96) entsprechen, diese Kollineationen aber unter Zugrundelegung des ersten singulären Systems, wie wir in § 9 sahen, äußerst einfache Formeln erhalten. So bleibt denn nur noch der Zusammenhang des ersten singulären Systems mit den anderen singulären Systemen zu erforschen, eine Aufgabe, die selbst späterhin in mehrere Einzelprobleme zerlegt werden wird.

Indem ich nunmehr die angedeuteten Aufgaben hintereinander behandle, halte ich durchweg an der geometrischen Ausdrucksweise fest. Für den Kundigen aber muß unmittelbar einleuchten, daß es sich analytisch zu reden, um die Grundprobleme der Transformationstheorie handelt, wobei sich unsere Behandlung von der sonst üblichen dadurch unterscheidet, daß der Wert $u = 0$, den man gemeinhin auszeichnet, nur als einer unter den n^2 Werten $u = \dfrac{\lambda \omega_1 + \mu \omega_2}{n}$ betrachtet wird $(\lambda, \mu = 0, 1, \ldots (n-1))$. Eben hierin liegt die „Erweiterung" des Transformationsproblems, von der am Schlusse des § 10 die Rede war. Diese Erweiterung ist bei uns unabweisbar, insofern doch alle singulären Punkte der Normalkurve geometrisch gleichberechtigt erscheinen.

§ 14.
Über die Verbindung des ersten singulären Systems mit dem ersten kanonischen.

Um jetzt die erste unserer Aufgaben zu behandeln, wird es von vornherein gut sein, zwischen geraden und ungeraden Funktionen von u zu unterscheiden und also statt der X_a die Kombinationen Y_a, Z_a einzuführen, die wir in (64), (65) definierten. Die Quotienten $Y_a(u) : \sigma(u)^n$ sind gerade, die Quotienten $Z_a(u) : \sigma(u)^n$ ungerade Funktionen von u, übrigens beide ganze lineare Funktionen der kanonischen Variabelen (52):

$$1, \quad \wp(u), \quad \wp(u)^2, \ldots, \quad \wp(u)^{\frac{n-1}{2}},$$

$$\wp'(u), \quad \wp'(u) \cdot \wp(u), \quad \ldots, \quad \wp'(u) \cdot \wp(u)^{\frac{n-3}{2}}.$$

Berücksichtigen wir noch die Benennungen y'_a, z_a für die Nullwerte, so können wir jedenfalls schreiben:

$$(100) \qquad \frac{Y_a(u)}{\sigma(u)^n} = y'_a \cdot \wp(u)^{\frac{n-1}{2}} + a_{a,1} \cdot \wp(u)^{\frac{n-3}{2}} + \ldots + a_{a,\frac{n-1}{2}},$$

$$(101) \quad \frac{Z_a(u)}{\sigma(u)^n} = - \wp'(u)\left(z_a \cdot \wp(u)^{\frac{n-3}{2}} + b_{a,1} \cdot \wp(u)^{\frac{n-5}{2}} + \ldots + b_{a,\frac{n-3}{2}} \right),$$

(wo die Bezeichnung mit der in (91), (92) verwandten übereinstimmt). *Unsere Aufgabe wird darauf zurückkommen, die sukzessiven Koeffizienten* $a_{a,\varkappa}$, $b_{a,\varkappa}$ *zu berechnen.* Zu dem Zwecke mögen wir die Entwicklungen (100), (101) in die für die X_a geltenden quadratischen Relationen eintragen und verlangen, daß alle entstehenden Gleichungen vermöge der einen, welche $\wp(u)$ mit $\wp'(u)$ verknüpft, zu identischen werden sollen.

Die zahlreichen Relationen, welche wir so erhalten, müssen zur Bestimmung der unbekannten Koeffizienten jedenfalls ausreichen, insofern ja die Normalkurve n-ter Ordnung durch die zugehörigen quadratischen Relationen vollkommen definiert ist. Inzwischen haben wir ein sehr viel übersichtlicheres Mittel, um die gesuchten Größen durch die z_a, y_a' und ihre nach g_2, g_3 genommmenen Differentialquotienten auszudrücken. *Einem bekannten Jacobischen Gedanken folgend, werden wir nämlich eine lineare partielle Differentialgleichung aufstellen, der $Y_a(u) : \sigma(u)^n$ und $Z_a(u) : \sigma(u)^n$ als Funktion von $\wp(u) = \wp$, g_2, g_3 genügen. Diese Differentialgleichung gestattet uns dann, jeden der gesuchten Koeffizienten rekurrent aus den vorangehenden zu berechnen.*

Um die in Rede stehende Differentialgleichung zu gewinnen, gehen wir von (75) aus:

$$\frac{X_a(u)}{\sigma(u)^n} = C \cdot \omega_1^{\frac{n-1}{2}} \cdot \frac{\vartheta_1\left(\frac{u\pi}{\omega_1} - \frac{\alpha\pi}{n}, \; r^{\frac{1}{n}}\right)}{\vartheta_1\left(\frac{u\pi}{\omega_1}, \; r\right)^n}$$

und stellen zunächst die wohlbekannte Differentialgleichung auf, welcher der rechts stehende ϑ_1-Quotient in bezug auf $\frac{u}{\omega_2}$, $\frac{\omega_1}{\omega_2}$ als unabhängige Variabele genügt. Sodann gestalten wir diese Differentialgleichung um, indem wir für den ϑ-Quotienten den Ausdruck $X_\alpha(u) : (\omega_1^{\frac{n-1}{2}} \cdot \sigma(u)^n)$ substituieren, beachten, daß er eine homogene Funktion der Variabelen u, ω_1, ω_2 ist, und endlich statt u, ω_1, ω_2 die Größen $\wp$, g_2, g_3 als unabhängige Veränderliche einführen. Hier nun bewährt sich die Normierung, die wir für die X_α in § 10 verabredet haben. Der Erfolg ist nämlich der, daß die in der schließlich resultierenden Differentialgleichung auftretenden Koeffizienten *rationale* Funktionen von g_2, g_3 werden.

Ich werde hier nicht in die Einzelheiten der Rechnung eingehen. Für denjenigen Quotienten nämlich, den wir $X_0(u) : \sigma(u)^n$ nennen, hat bereits Herr Kiepert die Rechnung durchgeführt (Bd. 88 des Crelleschen Journals (1880), S. 209; siehe auch Frobenius und Stickelberger, Bd. 92 ebenda (1882), S. 327), und es ist von vornherein klar, daß die fragliche Differentialgleichung von dem Index α ganz unabhängig ist. Ich darf mich also darauf beschränken, das Resultat kurz anzugeben. Dasselbe läuft darauf hinaus, *daß sämtliche Größen*

$$\frac{X_a(u)}{\sigma(u)^n}, \quad oder \; auch \quad \frac{Y_a(u)}{\sigma(u)^n}, \quad \frac{Z_a(u)}{\sigma(u)^n},$$

die ich zusammenfassend mit ϱ bezeichnen will, der folgenden partiellen Differentialgleichung genügen:

$$(102) \qquad (4\wp^3 - g_2\wp - g_3) \cdot \frac{\partial^2 \varrho}{\partial \wp^2} + \left[(6 - 4n)\wp^2 + \frac{4n - 3}{6} \cdot g_2 \right] \cdot \frac{\partial \varrho}{\partial \wp}$$

$$- \frac{2n}{3}\left(18 g_3 \cdot \frac{\partial \varrho}{\partial g_2} + g_2^2 \cdot \frac{\partial \varrho}{\partial g_3} \right) + n(n-1)\wp \cdot \varrho = 0,$$

der dann noch die Homogeneitätsrelation zutritt:

$$(103) \qquad \wp \cdot \frac{\partial \varrho}{\partial \wp} + 2 g_2 \cdot \frac{\partial \varrho}{\partial g_2} + 3 g_3 \cdot \frac{\partial \varrho}{\partial g_3} = \frac{n-1}{4} \cdot \varrho.$$

Eine Betrachtung der Gleichungssysteme, welche die y_a', z_a mit g_2, g_3 verknüpfen, liegt außerhalb der Grenzen der gegenwärtigen Darstellung. Ich werde also auch bei der Berechnung der in (100), (101) auftretenden Koeffizienten mit Hilfe von (102), (103) nicht länger verweilen, und bemerke nur, daß sich dieselbe in den niedersten Fällen $n = 3, 5, 7$ sehr einfach gestaltet[38]).

Übrigens aber mögen folgende Bemerkungen hier noch eine Stelle finden. Ich will einen Augenblick, wie früher bereits geschah, $\wp(u) = \Sigma(u) : \sigma(u)^2$, $\wp'(u) = - 2\,\mathsf{T}(u) : \sigma(u)^3$ setzen. Wir erreichen dann durch Inversion der Formeln (100), (101), daß wir alle Produkte

$$\sigma(u)^a \cdot \Sigma(u)^b \cdot \mathsf{T}(u)^c, \quad \text{wo} \quad a + 2b + 3c = n,$$

als lineare homogene Funktionen der $X_a(u)$ darstellen können. Aus den so gewonnenen Formeln erhalten wir dann leicht entsprechende Ausdrücke für die

$$\sigma\left(u - \frac{\lambda\omega_1 + \mu\omega_2}{n} \right)^a \cdot \Sigma\left(u - \frac{\lambda\omega_1 + \mu\omega_2}{n} \right)^b \cdot \mathsf{T}\left(u - \frac{\lambda\omega_1 + \mu\omega_2}{n} \right)^c.$$

Schließlich können wir aus den so entstehenden Resultaten insbesondere die Funktionen $\wp\left(u - \dfrac{\lambda\omega_1 + \mu\omega_2}{n} \right)$, $\wp'\left(u - \dfrac{\lambda\omega_1 + \mu\omega_2}{n} \right)$ in ihrer Abhängigkeit von den $X_a(u)$ und die Teilwerte $\wp\left(\dfrac{\lambda\omega_1 + \mu\omega_2}{n} \right)$, $\wp'\left(\dfrac{\lambda\omega_1 + \mu\omega_2}{n} \right)$ als Funktionen der y_a', z_a berechnen, wodurch wir auf anderem Wege zu demselben Ziele geführt werden, das wir in § 12 mit Hilfe der Formel (89) erreicht haben.

<h2 style="text-align:center">§ 15.</h2>

<h3 style="text-align:center">Verhalten der X_a bei linearer Transformation von ω_1, ω_2.</h3>

Um jetzt den Übergang von dem ersten singulären Systeme zu allen anderen zu finden, haben wir § 13 zufolge das Verhalten der X_a, die wir jetzt ausführlicher als

$$X_a(u \mid \omega_1, \omega_2)$$

bezeichnen, bei linearer Transformation von ω_1, ω_2 in Betracht zu ziehen.

---

[38]) Was die $a_{0,k}$ betrifft, so sehe man auch Kiepert a. a. O.

Jeder einzelnen solchen Transformation entsprechend haben wir nach dem Hermiteschen Satze jedenfalls eine Formel:

$$(104) \qquad X_\alpha(u \mid \omega_1', \omega_2') = \sum c_{\alpha\beta} \cdot X_\beta(u \mid \omega_1, \omega_2),$$

wo die $c_{\alpha\beta}$ von u unabhängig sind. Hier nun bewährt sich aufs neue die Normierung der X_α. *Wir werden nämlich finden, daß die $c_{\alpha\beta}$ auch von ω_1, ω_2 nicht abhängen, daß also die X_α bei linearer Transformation der Perioden sich linear homogen mit konstanten Koeffizienten substituieren.*

Der ferneren Entwicklung wollen wir folgende Bemerkung vorausschicken. Wir haben die X_α soeben (§ 14) aus Funktionen der ersten Stufe mit Hilfe von Koeffizienten zusammengesetzt, die selbst zur n-ten Stufe gehören. Daher bleiben die X_α sicher bei allen denjenigen linearen Transformationen von ω_1, ω_2 ungeändert, die modulo n zur Identität kongruent sind. Sie bleiben aber auch bei keinen anderen linearen Transformationen von ω_1, ω_2 ungeändert: ein Blick auf das Schema (54) genügt, um uns davon zu überzeugen. Daher schließen wir, daß die X_α bei solchen linearen Transformationen von ω_1, ω_2, und nur bei solchen Transformationen, welche modulo n zueinander kongruent sind, übereinstimmende Änderungen erleiden. Mit anderen Worten: *Die Gruppe der linearen Substitutionen, denen unsere X_α bei linearer Transformation der Perioden ω_1, ω_2 unterliegen, ist mit dem Inbegriff der durch das Kongruenzzeichen definierten Operationen:*

$$(105) \qquad \begin{cases} \omega_1' \equiv \alpha\,\omega_1 + \beta\,\omega_2, \\ \omega_2' \equiv \gamma\,\omega_1 + \delta\,\omega_2, \end{cases} \qquad (\alpha\,\delta - \beta\,\gamma \equiv 1)\,(\mathrm{mod}\,n)$$

holoedrisch isomorph.

Um jetzt zu wirklichen Formeln zu schreiten, erinnern wir uns vor allen Dingen, daß sämtliche lineare Transformationen von ω_1, ω_2 sich aus folgenden beiden, die wir S und T nennen:

$$S: \begin{cases} \omega_1' = \omega_1 + \omega_2, \\ \omega_2' = \qquad \omega_2, \end{cases} \qquad T: \begin{cases} \omega_1' = \qquad -\omega_2, \\ \omega_2' = \omega_1 \qquad , \end{cases}$$

durch Wiederholung und Kombination ableiten lassen. Es wird also genügen, daß wir die zwei gerade diesen Transformationen entsprechenden Substitutionen der X_α (die selbst wieder S und T genannt werden sollen) berechnen. Dies geschieht bei S sofort vermöge (75). Wir finden, in Übereinstimmung mit der vorangestellten Behauptung über den Charakter der in (104) auftretenden Koeffizienten:

$$(106) \qquad S: \; X_\alpha(u \mid \omega_1 + \omega_2, \omega_2) = \varepsilon^{-\frac{a(n-a)}{2}} \cdot X_\alpha(u \mid \omega_1, \omega_2).$$

Die Formel für $X_\alpha(u \mid -\omega_2, \omega_1)$ können wir jetzt gewinnen, indem wir die Entwicklungen (73), (74) vergleichen. Ehe ich dies jedoch ausführe, will ich das Bildungsgesetz des entstehenden Ausdrucks, soweit dasselbe von der Normierung der X_α unabhängig ist, zu erforschen suchen, was nunmehr geschehen soll.

§ 16.
Vorläufige Betrachtung von $X_\alpha(u \mid -\omega_2, \omega_1)$.

Wir setzen, der Formel (104) entsprechend:

$$X_\alpha(u \mid -\omega_2, \omega_1) = \sum_{\beta=0}^{n-1} c_{\alpha\beta} \cdot X_\beta(u \mid \omega_1, \omega_2),$$

und vermehren hier u das eine Mal um $\dfrac{\lambda\,\omega_1}{n}$, das andere Mal um $-\dfrac{\mu\,\omega_2}{n}$. In (59), (62) hatten wir bestimmt, welche Umänderungen die ursprünglichen X_α dabei erleiden; die Änderungen der $X_\alpha(u \mid -\omega_2, \omega_1)$ ergeben sich daraus durch bloße Buchstabenvertauschung. Wir gewinnen so die Formeln:

$$\varepsilon^{-\lambda\alpha}\,X_\alpha(u \mid -\omega_2, \omega_1) = \sum_{\beta=0}^{n-1} c_{\alpha\beta} \cdot X_{\beta-\lambda}(u \mid \omega_1, \omega_2),$$

$$X_{\alpha-\mu}(u \mid -\omega_2, \omega_1) = \sum_{\beta=0}^{n-1} c_{\alpha\beta} \cdot \varepsilon^{+\mu\beta}\,X_\beta(u \mid \omega_1, \omega_2),$$

die wir auch folgendermaßen schreiben können:

$$X_\alpha(u \mid -\omega_2, \omega_1) = \sum_{\beta=0}^{n-1} c_{\alpha,\,\beta+\lambda} \cdot \varepsilon^{+\lambda\alpha}\,X_\beta(u \mid \omega_1, \omega_2),$$

$$X_\alpha(u \mid -\omega_2, \omega_1) = \sum_{\beta=0}^{n-1} c_{\alpha+\mu,\,\beta} \cdot \varepsilon^{+\mu\beta}\,X_\beta(u \mid \omega_1, \omega_2),$$

(wo jetzt die Indizes unbeschränkt veränderliche ganze Zahlen sein sollen, die allein modulo n in Betracht kommen). *Daher ist überhaupt:*

$$c_{\alpha,\,\beta+\lambda} = \varepsilon^{-\lambda\alpha} \cdot c_{\alpha\beta}, \quad c_{\alpha+\mu,\,\beta} = \varepsilon^{-\mu\beta} \cdot c_{\alpha\beta}$$

und also:

$$c_{\alpha\beta} = \varepsilon^{-\alpha\beta} \cdot c_{00}.$$

Schreiben wir noch C für c_{00} und lassen der Symmetrie halber die Summation über β von $-\dfrac{n-1}{2}$ bis $+\dfrac{n-1}{2}$ gehen, so haben wir:

$$(107) \qquad X_\alpha(u \mid -\omega_2, \omega_1) = C \cdot \sum_{\beta=-\frac{n-1}{2}}^{+\frac{n-1}{2}} \varepsilon^{-\alpha\beta} \cdot X_\beta(u \mid \omega_1, \omega_2),$$

eine Formel, auf die schon Herr Bianchi auf S. 243 seiner Arbeit hinweist[39]).

Den eigentlichen Erfolg der Normierung hat man nun, soweit Formel (107) *in Betracht kommt, darin zu erblicken, daß C eine konstante Größe wird.* Nehmen wir nämlich an, daß C konstant sei, so ist dasselbe, wie ich jetzt zeigen will, vollständig gegeben. Zu dem Zwecke beachte man zunächst, daß eine Wiederholung von T aus ω_1, ω_2 die negativen $-\omega_1$, $-\omega_2$ macht, während sich für $X_a(u\,|-\omega_1,\,-\omega_2)$ folgende Formel ergibt:

$$(108) \qquad X_a(u\,|-\omega_1,\,-\omega_2) = (-1)^{\frac{n-1}{2}} \cdot X_a(-u\,|\,\omega_1,\,\omega_2)$$
$$= (-1)^{\frac{n-1}{2}} \cdot X_{n-a}(u\,|\,\omega_1,\,\omega_2).$$

Nun gibt die Wiederholung von (107), sofern wir C konstant nehmen:

$$X_a(u\,|-\omega_1,\,-\omega_2) = n \cdot C^2 \cdot X_a(u\,|\,\omega_1,\,\omega_2).$$

Die Konstante C hat also jedenfalls folgenden Wert:

$$C = \pm \frac{i^{\frac{n-1}{2}}}{\sqrt{n}}.$$

Ich behaupte aber, daß nur das obere Vorzeichen zulässig ist. Man findet dies Resultat, wenn man in Betracht zieht, daß die Operation ST, dreimal hintereinander auf ω_1, ω_2 angewandt, $-\omega_1$, $-\omega_2$ ergibt, und nun bei Zusammensetzung der auf die X_a bezüglichen Substitutionen die Theorie der *Gaussischen Summen* in Anwendung bringt[40]).

---

[39]) In der Tat hat Herr Bianchi bei $n = 3$ und $n = 5$ ganz ähnliche Überlegungen benutzt, wie ich sie im Texte für beliebiges ungerades n gebe.

[40]) [Die Theorie der Gaussischen Summen ist nur dann erforderlich, wenn man verlangt, C durch $\sqrt{n}$ auszudrücken. Da aber der Formel (109) an sich schon der Rationalitätsbereich der n-ten Einheitswurzeln zugrunde liegt, ist es vielleicht richtiger, den Ausdruck der Gaussischen Summe als rationale Funktion von ε stehen zu lassen. Die im Texte angedeutete Rechnung liefert in der Tat das Resultat

$$C^3 = \frac{(-1)^{\frac{n-1}{2}}}{(-1)^{\frac{n^2-1}{8}} \cdot n \cdot \sum_{\nu=0}^{n-1} \varepsilon^{\nu^2}}.$$

Vergleicht man dies mit dem schon bekannten Ergebnis $n \cdot C^2 = (-1)^{\frac{n-1}{2}}$, so erhält man

$$C = \frac{1}{(-1)^{\frac{n^2-1}{8}} \cdot \sum_{\nu=0}^{n-1} \varepsilon^{\nu^2}}.$$

Hieraus folgt insbesondere, daß $\left(\sum_{\nu=0}^{n-1} \varepsilon^{\nu^2}\right)^2 = (-1)^{\frac{n-1}{2}} \cdot n$ ist. Auf die Entwicklung von

Unter der Voraussetzung, daß C konstant sei, muß also die in Betracht kommende Formel lauten:

$$(109) \quad (-i)^{\frac{n-1}{2}} \cdot \sqrt{n} \cdot X_\alpha(u \mid -\omega_2, \omega_1) = \sum_{\beta=-\frac{n-1}{2}}^{+\frac{n-1}{2}} \varepsilon^{-\alpha\beta} \cdot X_\beta(u \mid -\omega_1, \omega_2),$$

was wir im folgenden Paragraphen durch direkte Rechnung bestätigen[41]).

§ 17.

Berechnung von $X_\alpha(u \mid -\omega_2, \omega_1)$ mit Hilfe der Reihenentwicklungen.

Um Formel (109) auf direktem Wege abzuleiten, gehen wir zur Doppelformel (73), (74) zurück und ordnen die Rechnung etwa folgendermaßen.

Wir knüpfen zuerst an (73) an. Indem wir der Kürze halber setzen:

$$\left(\frac{\omega_2}{2\pi}\right)^{\frac{3n-1}{2}} \cdot \frac{e^{\frac{n\eta_2 u^2}{2\omega_2}}}{i \cdot q^{\frac{n}{4}} \cdot \prod (1-q^{2h})^{3n}} = M,$$

finden wir:

$$\sum_{\beta=-\frac{n-1}{2}}^{+\frac{n-1}{2}} \varepsilon^{-\alpha\beta} \cdot X_\beta(u \mid \omega_1, \omega_2)$$

$$= \sqrt{n} \cdot M \cdot \sum_{\beta=-\frac{n-1}{2}}^{+\frac{n-1}{2}} \sum_{h=0}^{\infty} (-1)^{\beta+h} \cdot \varepsilon^{-\alpha\beta} \cdot \left\{ \begin{array}{l} q^{\frac{[(2h+1)n-2\beta]^2}{4n}} \cdot e^{[(2h+1)n-2\beta]\frac{u\pi i}{\omega_2}} \\[6pt] - q^{\frac{[-(2h+1)n-2\beta]^2}{4n}} \cdot e^{[-(2h+1)n-2\beta]\frac{u\pi i}{\omega_2}} \end{array} \right\},$$

oder, wenn wir je zwei Terme, welche dieselbe Potenz von q enthalten, zusammennehmen:

$$(110) \quad \sum_{\beta=-\frac{n-1}{2}}^{+\frac{n-1}{2}} \varepsilon^{-\alpha\beta} \cdot X_\beta(u \mid \omega_1, \omega_2)$$

$$= \sqrt{n} \cdot M \cdot \sum_{\beta=-\frac{n-1}{2}}^{+\frac{n-1}{2}} \sum_{h=0}^{\infty} (-1)^{\beta+h} \cdot q^{\frac{[(2h+1)n+2\beta]^2}{4n}} \cdot \left\{ \begin{array}{l} \varepsilon^{\alpha\beta} \cdot e^{[(2h+1)n+2\beta]\frac{u\pi i}{\omega_2}} \\[6pt] - \varepsilon^{-\alpha\beta} \cdot e^{[-(2h+1)n-2\beta]\frac{u\pi i}{\omega_2}} \end{array} \right\} \cdot$$

§ 17 läßt sich dann umgekehrt die Vorzeichenbestimmung der Gaussischen Summen stützen. So hat auch Fricke in den „Modulfunktionen", Bd. 2, S. 304 ff. die Darstellung gewandt. B.-H.]

[41]) Bei dieser ganzen Betrachtungsweise ist natürlich der Umstand wesentlich, daß wir den imaginären Teil von $\frac{\omega_1}{\omega_2}$ positiv genommen haben. Hätten wir ihn negativ vorausgesetzt, so müßte in (106), (109) übereinstimmend ε durch ε^{-1}, i aber durch $-i$ ersetzt werden.

Mit dieser Formel bringen wir jetzt die andere zum Vergleich, welche sich aus (74) für $X_\alpha(u \mid -\omega_2, \omega_1)$ ergibt und die folgendermaßen lautet:

$$X_\alpha(u \mid -\omega_2, \omega_1)$$

$$= e^{-(n-1)\frac{\pi i}{4}} \cdot (-1)^\alpha \cdot M \cdot \sum_{k=0}^\infty (-1)^k \cdot q^{\frac{(2k+1)^2}{4n}} \cdot \left\{ \begin{array}{l} e^{-\frac{(2k+1)i\pi\alpha}{n}} \cdot e^{-(2k+1)\frac{u\pi i}{\omega_2}} \\ - e^{\frac{(2k+1)i\pi\alpha}{n}} \cdot e^{(2k+1)\frac{u\pi i}{\omega_2}} \end{array} \right\}.$$

Wir ·verwandeln zu dem Zwecke die in (110) rechter Hand auftretende Doppelsumme, indem wir $(2h+1)n + 2\beta = 2k+1$ setzen und nun k von 0 bis ∞ laufen lassen. Dabei wird $(-1)^{h+\beta} = (-1)^{\frac{n-1}{2}} \cdot (-1)^k$ sein, $\varepsilon^{\alpha\beta}$ aber durch folgenden Ausdruck ersetzt werden können: $(-1)^\alpha \cdot e^{\frac{(2k+1)i\pi\alpha}{n}}$. Solcherweise kommt:

$$\sum_{\beta=-\frac{n-1}{2}}^{+\frac{n-1}{2}} \varepsilon^{-\alpha\beta} \cdot X_\beta'(u \mid \omega_1, \omega_2)$$

$$= (-1)^{\frac{n-1}{2}} \cdot \sqrt{n} \cdot (-1)^\alpha \cdot M \cdot \sum_{k=0}^\infty (-1)^k \cdot q^{\frac{(2k+1)^2}{4n}} \cdot \left\{ \begin{array}{l} e^{\frac{(2k+1)i\pi\alpha}{n}} \cdot e^{(2k+1)\frac{u\pi i}{\omega_2}} \\ - e^{-\frac{(2k+1)i\pi\alpha}{n}} \cdot e^{-(2k+1)\frac{u\pi i}{\omega_2}} \end{array} \right\}.$$

Daher lesen wir ab:

$$X_\alpha(u \mid -\omega_2, \omega_1) = \frac{(-1)^{\frac{n-1}{2}} \cdot e^{-(n-1)\frac{i\pi}{4}}}{\sqrt{n}} \cdot \sum_{\beta=-\frac{n-1}{2}}^{+\frac{n-1}{2}} \varepsilon^{-\alpha\beta} \cdot X_\beta(u \mid \omega_1, \omega_2),$$

was mit der in Aussicht genommenen Formel (109) übereinstimmt.

Überblicken wir diese Rechnung genauer, so handelt es sich im Grunde um Beweis und Anwendung einer bestimmten Thetarelation, die wir nach Wegwerfung überschießender Faktoren etwa folgendermaßen schreiben können:

$$(111) \qquad (-1)^\alpha \cdot \vartheta_1\left(\frac{u\pi}{\omega_2} - \frac{\alpha\pi}{n}, \; q^{\frac{1}{n}}\right)$$

$$= (-1)^{\frac{n-1}{2}} \cdot \sum_{\beta=-\frac{n-1}{2}}^{+\frac{n-1}{2}} (-1)^\beta \cdot \varepsilon^{\alpha\beta} \cdot q^{\frac{\beta^2}{n}} \cdot e^{-\frac{2\beta u\pi i}{\omega_2}} \cdot \vartheta_1\left(\frac{nu - \beta\omega_1}{\omega_2}\pi, \; q^n\right).$$

Diese Relation als solche ist nicht neu [wohl aber ihre gruppentheoretische Verwertung], wie ich in Berichtigung ·einer früheren Angabe[42] hier ausdrücklich bemerken will; man findet sie beispielsweise mit unwesentlichen

---

[42] [Siehe S. 192 in diesem Bande.]

Abweichungen bei Schröter (*Habilitationsschrift*, Breslau 1855), bei Brioschi in Bd. 59 der Comptes Rendus de l'Académie des Sciences (1858, *Sur diverses équations analogues aux équation modulaires* [= Opere matematiche, Nr. CLXXV, tomo IV., S. 327]), bei Scheibner in Bd. 14 der Berichte der sächsischen Gesellschaft der Wissenschaften (1862, *Über periodische Funktionen*), usw. usw. Beiläufig bemerkt: die letztgenannte Relation gestattet überhaupt, unter Zugrundelegung der X_a die Gleichung jeder Ebene anzuschreiben, welche der Normalkurve ausschließlich in singulären Punkten begegnet. An sie also könnte man anknüpfen, wenn man von den X_a zu allen den verschiedenen Koordinatensystemen übergehen wollte, von welchen in § 7 die Rede war.

<h2 style="text-align:center">§ 18.</h2>

Verhalten der Y_a, Z_a. Charakter der entstehenden Substitutionsgruppen.

Um jetzt das Verhalten der Y_a, Z_a bei linearer Transformation der Perioden zu studieren, stelle ich die beiden auf die X_a bezüglichen Formeln für S, T noch einmal zusammen. Wir hatten in (106), (109):

$$(112) \quad \begin{cases} S: \ X_a(u\,|\,\omega_1+\omega_2,\omega_2) = \varepsilon^{-\frac{a(n-a)}{2}} \cdot X_a(u\,|\,\omega_1,\omega_2), \\[2em] T: \ (-i)^{\frac{n-1}{2}} \cdot \sqrt{n} \cdot X_a(u\,|-\omega_2,\omega_1) = \sum_{\beta=-\frac{n-1}{2}}^{+\frac{n-1}{2}} \varepsilon^{-a\beta} \cdot X_\beta(u\,|\,\omega_1,\omega_2). \end{cases}$$

Führen wir jetzt statt der X_a die Y_a, Z_a ein (siehe (64), (65)), so ergibt sich jedenfalls, *daß sich die $\frac{n+1}{2}$ Größen Y_a, und ebenso die $\frac{n-1}{2}$ Größen Z_a, linear für sich substituieren;* denn die Z_a sind gerade, die Y_a ungerade Funktionen von u. *Des näheren findet man:*

1. *für die Y_a:*

$$(113) \quad \begin{cases} S: \ Y_a(u\,|\,\omega_1+\omega_2,\omega_2) = \varepsilon^{-\frac{a(n-a)}{2}} \cdot Y_a(u\,|\,\omega_1,\omega_2), \\[2em] T: \ \begin{cases} (-i)^{\frac{n-1}{2}} \cdot \sqrt{n} \cdot Y_0(u\,|-\omega_2,\omega_1) = \sum_{\beta=0}^{\frac{n-1}{2}} Y_\beta(u\,|\,\omega_1,\omega_2), \\[2em] (-i)^{\frac{n-1}{2}} \cdot \sqrt{n} \cdot Y_a(u\,|-\omega_2,\omega_1) = 2\,Y_0(u\,|\,\omega_1,\omega_2) \\[1.5em] \qquad\qquad + \sum_{\beta=1}^{\frac{n-1}{2}} (\varepsilon^{a\beta}+\varepsilon^{-a\beta}) \cdot Y_\beta(u\,|\,\omega_1,\omega_2), \end{cases} \end{cases}$$

(wo α in der letzten Formel nur die Werte $1, 2, \ldots, \frac{n-1}{2}$ zu durchlaufen hat);

2. *für die Z_α, unter derselben Beschränkung für die Werte von α:*

$$(114) \begin{cases} S: Z_\alpha(u \mid \omega_1 + \omega_2, \omega_2) = \varepsilon^{-\frac{\alpha(n-\alpha)}{2}} \cdot Z_\alpha(u \mid \omega_1, \omega_2), \\[2em] T: (-i)^{\frac{n-1}{2}} \cdot \sqrt{n} \cdot Z_\alpha(u \mid -\omega_2, \omega_1) = -\sum_{\beta=1}^{\frac{n-1}{2}} (\varepsilon^{\alpha\beta} - \varepsilon^{-\alpha\beta}) \cdot Z_\beta(u \mid \omega_1, \omega_2). \end{cases}$$

Alle diese Formeln bleiben natürlich bestehen, wenn man das u irgendwelchem konstanten Werte gleichsetzt. *Insbesondere gelten die (113) für die y'_α und die weiteren in (100) auftretenden Koeffizienten $a_{a,k}$, die (114) für die z_α und die in (101) definierten $b_{a,k}$.*

Von den hiermit gefundenen Resultaten ist dasjenige, welches durch (113) ausgedrückt wird, seit lange bekannt. Man spricht es gewöhnlich so aus, daß man die *Gleichung* in Betracht zieht, von welcher die verschiedenen Werte abhängen, die $Y_0(u):\sigma(u)^n$ (gleich $X_0(u):\sigma(u)^n$) bei linearer Transformation der Perioden annimmt, und nun als besondere Eigenschaft dieser Gleichungen hinstellt, daß alle ihre Wurzeln sich aus $\frac{n+1}{2}$ Größen, eben unseren $Y_0, Y_1, \ldots, Y_{\frac{n-1}{2}}$, linear zusammensetzen[43]). Ich will hier an die ursprünglichen Untersuchungen von Jacobi, die in dieser Richtung liegen[44]), wie an die weitergehenden Entwicklungen der Herren Brioschi[45]) und Kronecker[46]) nur beiläufig erinnern. Ein Vergleich ihrer Untersuchungen mit den unserigen wird dadurch erschwert, daß sie nicht nach Potenzen von $\wp(u)$, sondern von $\sin^2 \operatorname{am} u$ entwickeln (wodurch die Entwicklungskoeffizienten unnötigerweise von der $2n$-ten Stufe werden,

---

[43]) Man sehe etwa die Exkurse über „Jacobische" Gleichungen in meinem *„Ikosaederbuch"* (Leipzig 1884), Abschnitt II, Kapitel 1, § 3 u. § 5. Ich habe dort in Übereinstimmung mit Herrn Brioschi die Ausdrucksweise so gewählt, daß $\left(\frac{X_0(u)}{\sigma(u)^n}\right)^2$ als Unbekannte gilt und also die „Quadratwurzeln aus den Wurzeln" sich linear aus $\frac{n+1}{2}$ Größen zusammensetzen lassen. Im gegenwärtigen Texte dagegen halte ich auch weiter unten daran fest, daß $X_\alpha(u):\sigma(u)^n$ selbst als Wurzel der Jacobischen Gleichung betrachtet werden soll.

[44]) Crelles Journal, Bd. 3 (1828) = Gesammelte Werke, Bd. 1, S. 261.

[45]) Vgl. die bereits zitierte Arbeit in Bd. 47 der Comptes Rendus (1858) [= Opere matematiche, Nr. CLXXV, tomo IV., S. 327 ff.], sowie eine Abhandlung im Jahrgange 1866 der Atti della R. Accademia di Napoli, Bd. 3 [= Opere matematiche, Nr. CLXII, tomo IV., S. 161].

[46]) Berliner Monatsberichte von 1861 (*Bericht über algebraische Arbeiten*). [Ferner: Berliner Monatsberichte 1879 (*Entwicklungen aus der Theorie der algebraischen Gleichungen*)].

während sie bei uns von der n-ten Stufe sind). Die Entwicklung von $X_0(u) : \sigma(u)^n$ nach Potenzen von $\wp(u)$ findet sich zuerst bei Herrn Kiepert ausgeführt, wie wir bereits in § 14 erwähnten.

Dagegen erscheinen die Formeln (114), soweit ich nicht selbst auf dieselben bei früheren Gelegenheiten aufmerksam machte, als neu. Vom Ikosaeder ausgehend habe ich zuerst in Bd. 15 der Math. Annalen (1879), S. 275 ff. [= Abh. LVII, S. 416 in Bd. 2 dieser Ausgabe] darauf hingewiesen, daß der auf $\frac{n+1}{2}$ Variabele bezüglichen Substitutionsgruppe der Jacobischen Gleichungen eine andere, auf $\frac{n-1}{2}$ Variabele bezügliche Substitutionsgruppe zur Seite steht, wobei zwischen diesen Gruppen ein merkwürdiger Gegensatz statthat: *Ist $n \equiv 3 \,(\mathrm{mod}\,4)$, so ist die erste dieser Gruppen mit den modulo n betrachteten linearen Transformationen von ω_1, ω_2 holoedrisch, die zweite hemiedrisch isomorph; für $n \equiv 1 \,(\mathrm{mod}\,4)$ ist es genau umgekehrt*[47]). Dieser Satz erscheint jetzt in einem neuen Lichte, indem beiderlei Substitutionsgruppen ihre Entstehung in der einen Gruppe der X_α (112) finden. Letztere Gruppe ist, wie wir wissen, mit der Gruppe der zu Vergleich stehenden ω-Transformationen immer holoedrisch isomorph. Der verschiedene Charakter der für die Y_α und die Z_α geltenden Gruppen erklärt sich aus dem verschiedenen Verhalten dieser Größen gegenüber der Operation $\omega_1' = -\omega_1$, $\omega_2' = -\omega_2$. Aus Formel (108) nämlich:

$$X_\alpha(u \mid -\omega_1, -\omega_2) = (-1)^{\frac{n-1}{2}} \cdot X_{n-\alpha}(u \mid \omega_1, \omega_2);$$

folgt einerseits:

$$(115) \qquad Y_\alpha(u \mid -\omega_1, -\omega_2) = (-1)^{\frac{n-1}{2}} \cdot Y_\alpha(u \mid \omega_1, \omega_2),$$

andererseits aber:

$$(116) \qquad Z_\alpha(u \mid -\omega_1, -\omega_2) = (-1)^{\frac{n+1}{2}} \cdot Z_\alpha(u \mid \omega_1, \omega_2),$$

wo nun die Unterscheidung der beiden Fälle $n \equiv \pm 1 \,(\mathrm{mod}.\,4)$ unmittelbar hervorspringt.

§ 19.

Der besondere Fall $n = 3$. Die Größen $\overline{X}_\gamma(u)$ usw.

Das Formelsystem (114) wird besonders einfach für $n = 3$, wo es für die eine dann allein vorhandene Größe:

$$(117) \qquad Z_1(u) = X_1(u) - X_2(u)$$

---

[47]) Wegen der allgemeinsten Definition dieser Gruppen und ihrer prinzipiellen Stellung in der Theorie der elliptischen Funktionen wolle man insbesondere auch die neuerdings im 25. Bande der Math. Annalen (1885) erschienene Arbeit von Herrn Morera vergleichen: *Über einige Bildungsgesetze in der Theorie der Teilung und der Transformation der elliptischen Funktionen.*

das folgende Verhalten aussagt:

$$(118) \quad \begin{cases} Z_1(u \mid \omega_1 + \omega_2, \, \omega_2) = \varepsilon^2 \cdot Z_1(u \mid \omega_1, \, \omega_2), \\ Z_1(u \mid -\omega_2, \, \omega_1) = Z_1(u \mid \omega_1, \, \omega_2). \end{cases}$$

Wir werden diese Formeln besser verstehen, wenn wir einerseits den Nullwert z_1 durch g_2, g_3, Δ darzustellen suchen, andererseits aber Formel (101) heranziehen, derzufolge $Z_1(u) : \sigma(u)^3$ gleich $-z_1 \cdot \wp'(u)$ ist. Um z_1 zu gewinnen, trage ich in (117) für X_1, X_2 die entsprechenden Ausdrücke (71) ein. Dies gibt:

$$(119) \quad Z_1(u) = -\sqrt{\frac{6\pi}{\omega_2}} \cdot \frac{e^{\frac{3\eta_2 u^2}{2\omega_2}}}{\sqrt[8]{\Delta^3}} \cdot \left[q^{\frac{1}{8}} \cdot e^{-\frac{2i\pi u}{\omega_2}} \cdot \vartheta_1\left(\frac{3u\pi - \omega_1\pi}{\omega_2}, \, q^3\right) \right.$$
$$\left. + q^{\frac{4}{8}} \cdot e^{-\frac{4i\pi u}{\omega_2}} \cdot \vartheta_1\left(\frac{3u\pi - 2\omega_1\pi}{\omega_2}, \, q^3\right) \right],$$

oder zusammengezogen:

$$(120) \quad Z_1(u) = i\sqrt{\frac{6\pi}{\omega_2}} \cdot \frac{e^{\frac{3\eta_2 u^2}{2\omega_2}}}{\sqrt[8]{\Delta^3}} \cdot \sum_{k=-\infty}^{+\infty} (-1)^k \cdot q^{\frac{(6k+1)^2}{12}} \cdot \left\{ \begin{array}{l} e^{(6k+1)\frac{u\pi i}{\omega_2}} \\ + e^{-(6k+1)\frac{u\pi i}{\omega_2}} \end{array} \right\}.$$

Für z_1 kommt also (indem wir vorstehend $u = 0$ setzen):

$$(121) \quad z_1 = \frac{i\sqrt{3}}{\sqrt[8]{\Delta^3}} \left\{ \sqrt{\frac{2\pi}{\omega_2}} \cdot \sum_{k=-\infty}^{+\infty} (-1)^k \cdot q^{\frac{(6k+1)^2}{12}} \right\}.$$

Hier ist nun der in der geschweiften Klammer stehende Teil die bekannte Reihenentwicklung für $\sqrt[24]{\Delta}$ (welche der unter (7) gegebenen Produktentwicklung entspricht). *Der Nullwert z_1 erhält also folgende Bedeutung*[48]):

$$(122) \quad z_1 = \frac{i\sqrt{3}}{\sqrt[3]{\Delta}}.$$

Wir setzen jetzt wieder $\wp'(u) = -2\mathsf{T}(u) : \sigma(u)^3$. Dann folgt aus der bereits angezogenen Formel (101):

$$(123) \quad Z_1(u) = 2z_1 \cdot \mathsf{T}(u) = \frac{2i\sqrt{3}}{\sqrt[3]{\Delta}} \cdot \mathsf{T}(u),$$

womit in der Tat das Verhalten von $Z_1(u)$ bei linearer Transformation der Perioden erklärt ist, insofern $\mathsf{T}(u)$ als Modulfunktion zur ersten Stufe gehört.

---

[48]) Siehe hier und im folgenden auch Brioschi, Annali di Matematica, ser. 2, t. XII. (1883/84), S. 49 ff. [= Opere matematiche, Nr. LXXXVI, tomo II., S. 295].

Ich werde nun zeigen, *daß wir auf Grund dieser Entwicklung für solche ungerade n, die nicht durch 3 teilbar sind, neue Größen zusammensetzen können, die sich bei linearer Transformation der Perioden ganz ähnlich wie die X_a verhalten.* Einen ersten Schritt hierzu hat schon Herr Kiepert getan (Crelles Journal Bd. 87 (1879), S. 213), indem er von folgender Reihenentwicklung ausging (die sich durch Zusammenstellung von (120) und (123) ergibt):

$$(124) \qquad \mathsf{T}(u) = \sqrt{\frac{2\pi}{\omega_2}} \cdot \frac{e^{\frac{3\eta_2 u^2}{2\omega_2}}}{2\sqrt[24]{\Delta}} \cdot \sum_{k=-\infty}^{+\infty}{}'(-1)^k \cdot q^{\frac{(6k+1)^2}{12}} \cdot \left\{ \begin{array}{l} e^{(6k+1)\frac{u\pi i}{\omega_2}} \\[2mm] + e^{-(6k+1)\frac{u\pi i}{\omega_2}} \end{array} \right\}$$

und mit ihrer Hilfe schloß, daß

$$(125) \qquad \sqrt[24]{\frac{\overline{\Delta}}{\Delta^n}} \cdot e^{-3G_1 u^2} \cdot \mathsf{T}\left(u \mid \omega_1, \frac{\omega_2}{n}\right)$$

zusammen mit den Werten, die aus ihm durch lineare Transformation der Perioden entstehen, für $n \not\equiv 0$ (mod. 3) einer Jacobischen Gleichung genügt, — einer Jacobischen Gleichung, die als speziellen Fall $(u = 0)$ die wohlbekannte Gleichung einschließt, deren Wurzeln die verschiedenen Werte von $\sqrt[24]{\dfrac{\overline{\Delta}}{\Delta^n}}$ sind[49]). Auf demselben Wege, nämlich ausgehend von der Reihenentwicklung (124), würde man auch die in Aussicht genommenen neuen Größen, die den X_a koordiniert sind, gewinnen können, wobei die T-Funktion eine ganz ähnliche Rolle spielen müßte, wie bei der Aufstellung der X_a die σ-Funktion[50]). Inzwischen ziehe ich vor, die neuen Größen (die ich $\overline{X}_\gamma(u)$ nenne) aus den X_a selbst durch geeignete Kombination verschiedener X_a herzuleiten.

Es seien X_a jetzt diejenigen Größen X, welche sich auf die Zahl $3n$ beziehen (wo die ungerade Zahl n selbst durch 3 nicht teilbar sein

---

[49]) Es ist dies diejenige Gleichung, welche ich sonst als *Multiplikatorgleichung erster Stufe* bezeichnet habe. [Für weitere Literaturangaben siehe die Arbeit Nr. LXXXV im vorliegenden Bande.]

[50]) Man vgl. meine Note vom November 1884 (in den Berichten der Königl. Sächs. Gesellschaft der Wiss.), wo eben das im Texte angedeutete Verfahren durchgeführt ist. [Bildet man nämlich in völliger Analogie zu den Sigma-Teilwerten auch Teilwerte der Funktion T:

$$\mathsf{T}_{\lambda,\mu} = e^{3\frac{\lambda\eta_1 + \mu\eta_2}{n}\left(u - \frac{1}{2} \cdot \frac{\lambda\omega_1 + \mu\omega_2}{n}\right)} \cdot \mathsf{T}\left(u - \frac{\lambda\omega_1 + \mu\omega_2}{n} \,\Big|\, \omega_1, \omega_2\right),$$

so drücken sich die $\overline{X}_\gamma(u \mid \omega_1, \omega_2)$ aus Formel (126) durch die T-Teilwerte in ähnlicher Weise aus, wie die $X_a(u \mid \omega_1, \omega_2)$ nach Formel (69), S. 227 durch die Sigma-Teilwerte, nämlich

$$\overline{X}_\gamma(u \mid \omega_1, \omega_2) = (-1)^\gamma \cdot \sqrt[24]{\frac{\overline{\Delta}}{\Delta^n}} \cdot e^{-3G_1 u^2} \cdot \mathsf{T}_{\gamma,0}\left(u \mid \omega_1, \frac{\omega_2}{n}\right).$$

K.]

soll). Dann sind die $\overline{X}_\gamma(u)$, um die es sich handelt, durch folgende Formel gegeben:

$$(126)\quad \overline{X}_\gamma(u\,|\,\omega_1,\omega_2) = \frac{\sqrt[3]{\Delta^n}}{2\,i\,\sqrt{3}}\left(X_{3\gamma+n}(u\,|\,\omega_1,\omega_2) - X_{3\gamma+2n}(u\,|\,\omega_1,\omega_2)\right),$$

welche für $\gamma = 0$ den Ausdruck (125) vorstellt.

Um das Verhalten der $\overline{X}_\gamma$ bei linearer Transformation zu erforschen, brauchen wir nur die für die X_α geltenden Substitutionsformeln (in denen natürlich n durch $3n$ zu ersetzen ist) in geeigneter Weise zusammenzuziehen. Wir finden nach kurzer Zwischenrechnung[51]):

$$(127)\quad \begin{cases} S: \ \overline{X}_\gamma(u\,|\,\omega_1+\omega_2,\omega_2) = \varepsilon^{-\frac{3\gamma(n-\gamma)}{2}}\cdot\overline{X}_\gamma(u\,|\,\omega_1,\omega_2), \\[2em] T: \ \binom{3}{n}\cdot(-i)^{\frac{n-1}{2}}\cdot\sqrt{n}\cdot\overline{X}_\gamma(u\,|\,-\omega_2,\omega_1) = \displaystyle\sum_{\delta=-\frac{n-1}{2}}^{+\frac{n-1}{2}}\varepsilon^{-3\gamma\delta}\cdot\overline{X}_\delta(u\,|\,\omega_1,\omega_2), \end{cases}$$

also in der Tat Formeln, welche genau den für die alten X_α geltenden entsprechen, nur daß ε überall durch ε^3 ersetzt ist (was sich denn auch in dem Legendreschen Zeichen ausdrückt, welches linker Hand dem Zahlenfaktor $(-i)^{\frac{n-1}{2}}\cdot\sqrt{n}$ zugesetzt ist.

Aus den $\overline{X}_\gamma$ können wir jetzt wieder Systeme von $\frac{n+1}{2}$ und $\frac{n-1}{2}$ Größen ableiten, die sich für sich genommen substituieren. Indem ich dieselben, der Analogie mit der früheren Entwicklung folgend, $\overline{Y}_\gamma$ und $\overline{Z}_\gamma$ nenne, habe ich:

$$(128)\quad \begin{cases} \overline{Y}_0 = \overline{X}_0,\ \ \overline{Y}_1 = \overline{X}_1+\overline{X}_{n-1},\ \ldots,\ \overline{Y}_{\frac{n-1}{2}} = \overline{X}_{\frac{n-1}{2}}+\overline{X}_{\frac{n+1}{2}}, \\[1.2em] \overline{Z}_1 = \overline{X}_1-\overline{X}_{n-1},\ \ldots,\ \overline{Z}_{\frac{n-1}{2}} = \overline{X}_{\frac{n-1}{2}}-\overline{X}_{\frac{n+1}{2}}. \end{cases}$$

Hier ist $\overline{Y}_0 = \overline{X}_0$, wie wir bereits bemerkten, dem Ausdrucke (125) gleich, *die $\overline{Y}_\gamma$ aber überhaupt sind die Teilgrößen, aus denen sich die verschiedenen Werte, welche $\overline{Y}_0$ bei linearer Transformation der Perioden annimmt, nach dem Jacobischen Schema zusammensetzen.* Insbesondere also sind die Nullwerte $\overline{Y}_\gamma(0)$ diejenigen Teilgrößen, welche zu der für die $\sqrt[24]{\dfrac{\overline{\Delta}}{\Delta^n}}$ geltenden Jacobischen Gleichung gehören. Ich habe diese Teilgrößen in Bd. 17 der Math. Annalen (1881) [= Nr. LXXXIX, S. 188 des vorliegenden Bandes] (wo eben die Betrachtungen, die ich im folgenden Paragraphen

---

[51]) [Diese ist in „Modulfunktionen", Bd. 2, S. 321—323 ausführlich dargelegt.]

ausführe, bereits angedeutet sind), mit $A_0, A_1, \ldots, A_{\frac{n-1}{2}}$ bezeichnet und will hier diese Benennung festhalten. Die Größen A_γ des folgenden Paragraphen sind also in nachstehender Weise definiert:

$$(129) \qquad A_\gamma = \overline{Y}_\gamma(0).$$

§ 20.
Verbindung der y'_a und z_a mit Hilfe der A_γ.

Mit den Ausdrücken A_γ ist ein neues System von Moduln n-ter Stufe gewonnen, welches insofern besondere Beachtung verdient, als es ebensowohl mit den y'_a als den z_a, wie ich jetzt zeigen werde, in einfachster Beziehung steht und also die Verbindung dieser beiden Modulsysteme vermittelt. Allerdings gelten die entstehenden Formeln, wie selbstverständlich, nur für $n \not\equiv 0 \ (\mathrm{mod.}\ 3)$, was aber den besonders wichtigen Fall, in welchem n eine Primzahl > 3 ist, einschließt.

Um mit den y'_a zu beginnen, so haben wir jedenfalls die Formel:

$$(130) \qquad y'_0 = A_0{}^3.$$

Lassen wir hier beiderseits die Operation T eintreten, so erhalten wir:

$$\pm n \cdot \sum_{a=0}^{\frac{n-1}{2}} y'_a = \left(\sum_{\gamma=0}^{\frac{n-1}{2}} A_\gamma \right)^3,$$

wo das $+$ oder $-$ Zeichen anzuwenden ist, je nachdem $(n-1)$ oder $(n+1)$ durch 6 teilbar ist. Hieraus aber folgt weiter, indem wir ν-mal mit S operieren:

$$(131) \qquad \pm n \sum_{a=0}^{\frac{n-1}{2}} \varepsilon^{-\nu \frac{a \cdot n - a}{2}} \cdot y'_a = \left(\sum_{\gamma=0}^{\frac{n-1}{2}} \varepsilon^{-3\nu \frac{\gamma(n-\gamma)}{2}} \cdot A_\gamma \right)^3.$$

Nun müssen in dieser Gleichung, wie schon Herr Brioschi bemerkt hat[52]), die Potenzen von ε linker und rechter Hand übereinstimmen. Dies gibt einmal $\frac{n-1}{2}$ kubische Relationen für die A_γ, *andererseits aber*, worauf es hier ankommt, *die y'_a als rationale ganze Funktionen dritten Grades der A_γ, so daß die y'_a überall zweckmäßigerweise durch die A_γ ersetzt werden können.*

Die Beziehung zu den z_a gestaltet sich nicht minder einfach. Wir haben folgende Relation voranzustellen (die nichts anderes als eine wohlbekannte σ-Relation ist):

$$\mathsf{T}(u) = \frac{\sigma(2u)}{2\sigma(u)},$$

---

[52]) *Sopra una classe di equazioni modulari*, Annali di Matematica, ser. 2, t. IX. (1878/79), S. 167 ff. [= Opere matematiche, Nr. LXXV, tomo II., S. 193].

aus der wir dann mit leichter Mühe die Formel ableiten:

$$(132) \qquad \frac{\overline{X_\gamma}(u)}{A_0} = \frac{X_{2\gamma}(2u)}{X_\gamma(u)},$$

(unter X_γ die zur ursprünglichen Zahl n gehörigen X verstanden). Wir setzen jetzt $u = 0$ und haben:

$$(133) \qquad \frac{A_\gamma}{A_0} = \frac{z_{2\gamma}}{z_\gamma},$$

so daß wir jedenfalls die Verhältnisse der A durch die Verhältnisse der z, oder auch, wenn wir wollen, sämmtliche vorkommende Moduln durch die z_α und die eine Größe A_0 rational darstellen können.

Wird auch A_0 selbst eine rationale Funktion der z_α sein[53])? Eine nähere Überlegung, welche ich hier nicht ausführe, zeigt, daß dies in der Tat für $n \equiv 1$ (mod. 4) der Fall ist, während für $n \equiv 3$ (mod. 4) erst A_0^2 in den z_α rational wird und die Berechnung des A_0 aus den z_α also eine Quadratwurzel erfordert. Es ist diese Unterscheidung darin begründet, daß die z_α von der $\frac{3n-1}{2}$-ten Dimension in ω_1, ω_2 sind, A_0 aber von der $\frac{n-1}{2}$-ten Dimension, daß also die z_α und die A_γ in bezug auf ω_1, ω_2 abwechselnd geraden und ungeraden Charakter haben.

Ich will hier wenigstens eine der Formeln angeben, welche A_0 mit den z_α verknüpft, und zwar deshalb, weil sie bei $n = 5$ und $n = 7$ bereits ausreicht, um A_0, bzw. A_0^2 rational durch die z_α darzustellen. Es ist folgende:

$$(134) \qquad \prod_1^{\frac{n-1}{2}} z_\alpha \cdot \Delta^{\frac{n^2-1}{24}} = i^{\left(\frac{n-1}{2}\right)^2} \cdot \sqrt{n} \cdot A_0^{\frac{n-3}{2}}.$$

Unter Zugrundelegung derselben mögen wir insbesondere den Fall $n = 5$ durchrechnen. Aus (134) wird:

$$(135) \qquad A_0 = \frac{z_1 z_2 \cdot \Delta}{\sqrt{5}},$$

also aus (133):

$$(135\,\mathrm{b}) \qquad A_1 = \frac{z_2^2 \cdot \Delta}{\sqrt{5}}, \qquad A_2 = \frac{-z_1^2 \cdot \Delta}{\sqrt{5}}.$$

Dies tragen wir in (131) ein und erhalten:

$$(136) \quad y_0' = \frac{z_1^3 z_2^3 \cdot \Delta^3}{5\sqrt{5}}, \quad y_1' = \frac{(z_1^6 - 3 z_1 z_2^5) \cdot \Delta^3}{25\sqrt{5}}, \quad y_2' = \frac{(-3 z_1^5 z_2 - z_2^6) \cdot \Delta^3}{25\sqrt{5}},$$

---

[53]) In der wiederholt genannten Note vom November 1884 habe ich die Sache gerade umgekehrt gewandt, indem ich A_0 als Wurzel der Multiplikatorgleichung erster Stufe betrachtete und nun nach der Bestimmung der z_α fragte.

so daß bei $n = 5$ jetzt alle von uns betrachteten Modulsysteme durch z_1, z_2 allein ausgedrückt sind.

Wir wollen die Formeln (136) noch in (84) eintragen. Wir finden dann für das „Integral erster Gattung fünfter Stufe":

$$(137) \qquad u = \int \frac{25\sqrt{5}\,(X_1\,dX_2 - X_2\,dX_1)}{((2z_1^5 - z_2^5)\,X_1\,X_2 - 5z_1^3\,z_2^2\,X_0\,X_3)\cdot\Delta^3}\,,$$

womit wir nun auch in der Bestimmung von u den Anschluß an Bianchis ursprüngliche Formel gewonnen haben (siehe Bd. 17 der Math. Annalen (1880/81), S. 261, 262). Die unbestimmte Konstante C, welche bei Herrn Bianchi als Faktor auftritt, und die in (137) fehlt, findet dadurch ihre Begründung, daß Herr Bianchi nirgendwo die absoluten Werte der X_α fixiert hat und also auch nicht die z_1, z_2 selbst, sondern nur deren Quotienten in Betracht zieht.

Wir haben hiermit die Theorie der y_α' und z_α, wie der A_γ, so weit entwickelt, als sie sich ungezwungen an die Theorie der Normalkurven anschließt. Ich betrachte dies alles nur als Vorbereitung zu einer tiefergehenden Untersuchung der genannten Modulsysteme, die aber nach Umfang und Inhalt einer gesonderten Darstellung vorbehalten bleiben muß [54]).

Düsseldorf, den 10. April 1885.

---

[54]) [Der Ansatz, der mir in § 19 den Übergang zu den A_γ vermittelte, nämlich durch bilineare Kombination der zu verschiedenen Werten von n gehörigen X_α von verschiedenen Argumenten — in § 19 sind es die zu 3 gehörigen $X_\alpha(o) = z_\alpha$ und die zu $3\,n$ gehörigen $X_\alpha(u)$ — neue Systeme elliptischer Funktionen zu gewinnen, die sich bei Periodentransformationen linear mit konstanten Koeffizienten substituieren, wurde, wie schon in den Vorbemerkungen erwähnt, von Hurwitz, Math. Annalen, Bd. 27. (1886), in systematischer Weise verallgemeinert und zur Gewinnung neuer Modulsysteme n-ter Stufe verwandt. Diese sind dadurch charakterisiert, daß in ihren Potenzreihenentwicklungen nach q^2 als Exponenten die zur Diskriminante $-n$ bzw. $-4\,n$ gehörenden quadratischen binären Formen auftreten. Alle diese Entwicklungen hat Fricke in vervollständigter Form in Bd. 2 der „Modulfunktionen" sowie im zweiten Bande seines neuen Lehrbuchs (1921/22) ausführlich dargestellt.   K.]

XCI. Neue Untersuchungen über elliptische Funktionen und Modulfunktionen. Erster Bericht[1]).

[Berichte der Kgl. Sächs. Gesellschaft der Wissenschaften, Mathematisch-physische Klasse. Sitzung am 2. März 1885.]

§ 1.

Die Betrachtungen, welche ich in meiner vorigen Note[2]) der Gesellschaft der Wissenschaften unterbreitete, sind ursprünglich dadurch veranlaßt worden, daß ich die Fälle kleiner Primzahlen: $n = 2, 3, 5, 7, 11$ einer direkten funktionentheoretischen Untersuchung unterwarf[3]) und dadurch einen Fingerzeig erhielt, in welcher Richtung auch bei höheren Primzahlen einfache Modulsysteme zu finden sein möchten. Die solchergestalt erhaltenen Resultate erwiesen sich dann überhaupt für ungerade Zahlen als gültig, oder doch für solche ungerade Zahlen, welche nicht durch drei teilbar sind. Es ist aber keineswegs ausgeschlossen, daß für zusammengesetzte Zahlen dieser Art noch einfachere Modulsysteme existieren mögen[4]), während die Moduln gerader Stufe allgemein noch zu behandeln bleiben[5]). Unter diesen Umständen schien es nützlich, jene direkte funktionentheoretische Methode, die ihrer Natur nach nur bei kleinen Zahlen durchführbar ist, auf kleine *zusammengesetzte* Zahlen an-

---

[1]) [Die Titel dieser und der nächstfolgenden Arbeit Nr. XCII wurden beim Wiederabdruck unwesentlich geändert, um bei den beiden Noten XCI und XCII Gleichklang zu erzielen. In der Tat sind beide Berichte ihrem Inhalte nach nahe verwandt und der zweite wiederholt in manchen Punkten den ersten, da er seinerzeit an einen anderen Leserkreis gerichtet war. Auch finden sich in Nr. XCII Zitate auf die ersten Publikationen der besprochenen Untersuchungen, während zur Zeit der Abfassung der vorliegenden Note die Veröffentlichungen noch nicht vorlagen. K.]

[2]) *Zur Theorie der elliptischen Funktionen n-ter Stufe* (Sitzung vom 14. Nov. 1884). [Der Inhalt dieser in der vorliegenden Gesamtausgabe nicht reproduzierten Note ist in ausführlicherer Form enthalten in der vorstehend abgedruckten Abh. XC über elliptische Normalkurven.]

[3]) Vgl. meine bez. Arbeiten in den Bänden 14 und 15 der Math. Annalen (1878/79) [= Nr. LXXXII bis LXXXVI in diesem Bande].

[4]) Eine gleiche Vermutung äußerte mir gelegentlich Herr Kiepert. [Vgl. die auf S. 139 genauer zitierten Arbeiten in den Bänden 32 und 37 der Math. Annalen (1888 und 1890).] Man sehe auch die neueste Arbeit von Herrn Weber, Bd. 6 der Acta Mathematica (1885).

[5]) [Dies ist später durch Hurwitz geschehen, vgl. das Zitat auf S. 199, Fußnote[2]).]

zuwenden. Ein Mitglied meines Seminars, Herr Fricke, hat sich mit der hierdurch bezeichneten Fragestellung ausführlich beschäftigt, und ich möchte im folgenden zunächst über die hauptsächlichen von ihm erhaltenen Resultate Bericht erstatten. Die Beweise, welche ich unterdrücke, beruhen in allen Fällen auf direkter Betrachtung der zugehörigen Fundamentalpolygone der ω-Ebene (ω = Periodenverhältnis).

Erinnern wir uns zunächst der Fälle $n = 2, 3$. In beiden Fällen existiert ein einziger sogenannter *Hauptmodul*, durch welchen sich alle anderen Moduln derselben Stufe rational darstellen. Es ist dies bei $n = 2$ das *Doppelverhältnis* λ, welches mit der absoluten Invariante J durch eine Diedergleichung sechsten Grades verbunden ist[6]):

$$(1) \quad J:J-1:1 = 4(\lambda^2 - \lambda + 1)^3 : (2\lambda^3 - 3\lambda^2 - 3\lambda + 2)^2 : 27\lambda^2(1-\lambda)^2,$$

bei $n = 3$ die *Tetraederirrationalität* a, deren Verbindung mit J durch folgende Gleichung fixiert sei[7]):

$$(2) \quad J:J-1:1 = (a^4 + 8a)^3 : (a^6 - 20a^3 - 8)^2 : 64(a^3 - 1)^3.$$

Auch bei $n = 4$ existiert, wie ich früher ausführlich zeigte[8]), ein Hauptmodul, die *Oktaederirrationalität* o, definiert durch die Gleichung 24sten Grades:

$$(3) \quad J:J-1:1 = (o^8 + 14o^4 + 1)^3 : (o^{12} - 33o^8 - 33o^4 + 1)^2 : 108o^4(o^4 - 1)^4.$$

Herr Fricke hat nun zunächst, um die *vierte* Stufe an die *zweite* anzuschließen, den Zusammenhang zwischen o und λ klargelegt. Wir schreiben in gewöhnlicher Weise für $\lambda(\omega)$ das Legendresche $\varkappa^2$ und wählen $\varkappa(\omega)$ insbesondere so, daß

$$\varkappa(0) = 0, \quad \varkappa(1) = 1, \quad \varkappa(i\infty) = \infty$$

ist, während

$$o\left(\tfrac{1}{2}\right) = 0, \quad o(0) = 1, \quad o(i\infty) = \infty$$

sein soll[9]). Setzen wir dann noch in üblicher Weise

$$\varkappa' = \sqrt{1 - \varkappa^2}$$

---

[6]) Vgl. wegen der im Text gebrauchten Ausdrucksweise außer den bereits genannten, in den Math. Annalen publizierten [und vorangehend abgedruckten] Arbeiten mein „Ikosaederbuch" (Leipzig 1884), — Übrigens ist λ dieselbe Größe, welche bei Legendre und Jacobi als $\varkappa^2$ bezeichnet wird, eine Benennung, auf die ich später im Texte zurückgreife.

[7]) „Ikosaederbuch", S. 133. [Siehe auch S. 58 in Abh. LXXXII im vorliegenden Bande. Die hier gebrauchte Größe a ist mit der dort gebrauchten $\dfrac{x_1}{x_2}$ durch die Gleichung $a = -2\dfrac{x_1}{x_2}$ verknüpft. B.-H.]

[8]) Math. Annalen, Bd. 14 (1878/79), [= Abh. LXXXII im vorliegenden Bande, S. 59].

[9]) [Gemäß dieser Festsetzung besteht zwischen λ und der in Abh. LXXXII gebrauchten Größe o die Beziehung $\lambda = \dfrac{o-1}{o}$. B.-H.]

und nehmen $\varkappa'(0) = 1$, so kommt:

$$(4) \qquad o = \varkappa' - i\varkappa, \qquad \varkappa = i\,\frac{o^2-1}{2o}, \qquad \varkappa' = \frac{o^2+1}{2o}.$$

Wir betrachten ferner die *sechste* Stufe. Das aus 72 Doppeldreiecken bestehende Fundamentalpolygon der sechsten Stufe gehört zum Geschlechte $p = 1$. Daher wird sich ein volles Modulsystem sechster Stufe nur durch Nebeneinanderstellung mindestens zweier Moduln erreichen lassen. Am nächsten liegt es, in diesem Sinne die beiden Größen λ und a (mit denen man in der Tat ausreicht) simultan zu betrachten. Das Fundamentalpolygon erscheint dann eindeutig auf die Kurve bezogen, deren Gleichung sich durch Elimination von J aus (1) und (2) ergibt:

$$(5) \qquad 256 \cdot \frac{(\lambda^2 - \lambda + 1)^3}{\lambda^2 (\lambda - 1)^2} = 27 \cdot \frac{a^3 (a^3 + 8)^3}{(a^3 - 1)^3}.$$

Inzwischen erscheint es zweckmäßig, die beiden Moduln λ und a durch zwei andere x, y zu ersetzen, indem wir schreiben:

$$(6) \qquad \lambda = \frac{(3-y)^3 \cdot (1+y)}{16\, y^3}, \qquad a = \frac{x^3 + 4}{3\, x^2}.$$

Die Elimination von λ und a zwischen (5), (6) ergibt dann nämlich:

$$(7) \qquad y^2 = x^3 + 1$$

und es erscheint also die Kurve vom Geschlechte $p = 1$ auf die für sie geltende *Normalform* bezogen. Will man x und y rational durch λ und a ausdrücken, so hat dies keine Schwierigkeit, führt aber zu Formeln, die wir der Kürze halber hier weglassen müssen.

Im Falle der *achten* Stufe, den wir nunmehr betrachten, kommt ein Fundamentalpolygon von 192 Doppeldreiecken und dem Geschlechte $p = 5$ in Betracht. Zugehörige Moduln sind, wie selbstverständlich, die Quadratwurzeln $\sqrt{\varkappa}$, $\sqrt{\varkappa'}$. *Es ist aber sehr wichtig, zu bemerken, daß sie allein genommen noch nicht ausreichen, um die einzelne Stelle des Fundamentalpolygons zu fixieren.* Vielmehr gehören zu jedem Punkte der durch $\sqrt{\varkappa}$, $\sqrt{\varkappa'}$ bestimmten ebenen Kurve vom Geschlechte 3 und der Gleichung [9a]):

$$(8) \qquad (\sqrt{\varkappa})^4 + (\sqrt{\varkappa'})^4 = 1$$

immer noch zwei Stellen des Polygons. *Um eine eindeutige Beziehung zu erhalten, müssen wir zu* $\sqrt{\varkappa}$, $\sqrt{\varkappa'}$ *etwa noch folgende Größe hinzunehmen:*

$$(9) \qquad \sqrt{o} = \sqrt{\varkappa' - i\varkappa}.$$

Wir haben dann neben (8) noch folgende Relation:

$$(10) \qquad (\sqrt{o})^2 = (\sqrt{\varkappa'})^2 - i(\sqrt{\varkappa})^2$$

und also unser Fundamentalpolygon eindeutig auf eine (durch (8), (10) dargestellte) Raumkurve achter Ordnung abgebildet. — Des näheren wollen

---

[9a]) [Vgl. die auf S. 136 genannte Arbeit von Dyck, Math. Annalen, Bd. 17 (1880/81.).]

wir die hier angeführten Wurzelzeichen in der Folge so fixiert denken, daß
wird.
$$\sqrt{\varkappa(1)} = 1, \quad \sqrt{\varkappa'(0)} = 1, \quad \sqrt{o(0)} = 1$$

Wir schreiten zu $n = 9$. Wir haben dann 324 Doppeldreiecke und das Geschlecht $p = 10$ des Fundamentalpolygons. Sei $\varrho = e^{\frac{2i\pi}{3}}$. *Eine einfache Überlegung zeigt dann, daß ein volles Modulsystem der neunten Stufe durch Nebeneinanderstellung der folgenden Kubikwurzeln gegeben ist:*

$$(11) \qquad \sqrt[3]{a - 1}, \quad \sqrt[3]{a - \varrho}, \quad \sqrt[3]{a - \varrho^2}.$$

Zwischen denselben bestehen die selbstverständlichen Relationen:

$$(12) \qquad \left(\sqrt[3]{a-1}\right)^3 + 1 = \left(\sqrt[3]{a-\varrho}\right)^3 + \varrho = \left(\sqrt[3]{a-\varrho^2}\right)^3 + \varrho^2;$$

das Fundamentalpolygon erscheint also vermöge unserer Darstellung eindeutig auf eine Raumkurve neunter Ordnung bezogen.

Wir erledigen endlich noch den Fall $n = 16$. Es handelt sich um ein Fundamentalpolygon von 1536 Doppeldreiecken und dem Geschlechte $p = 81$. Zugehörige Moduln sind vor allen Dingen:

$$(13) \qquad \sqrt[4]{\varkappa}, \quad \sqrt[4]{\varkappa'},$$

zwischen denen die Relation besteht:

$$(14) \qquad \left(\sqrt[4]{\varkappa}\right)^8 + \left(\sqrt[4]{\varkappa'}\right)^8 = 1,$$

aber allein genommen reichen dieselben wieder keineswegs aus, um die einzelne Stelle des Fundamentalpolygons festzulegen. Wollen wir ein volles Modulsystem der 16-ten Stufe haben, so können wir einmal, wie bei der achten Stufe, die Quadratwurzel aus der Oktaederirrationalität:

$$(15) \qquad \sqrt{o}$$

hinzunehmen, worauf neben (14) die folgende Gleichung tritt:

$$(16) \qquad \left(\sqrt{o}\right)^2 = \left(\sqrt[4]{\varkappa'}\right)^4 - i\left(\sqrt[4]{\varkappa}\right)^4.$$

Aber hiermit reichen wir noch nicht aus; wir müssen überdies noch eine zweite Irrationalität adjungieren, welche selbst wieder mit den vorgenannten Moduln durch eine quadratische Gleichung zusammenhängt. Als derartige Irrationalität bringt Herr Fricke *insbesondere in Vorschlag:*

$$(17) \qquad \sqrt{\frac{\sqrt{2\varkappa'} + \sqrt{\varkappa' + i\varkappa}}{\sqrt{2\varkappa'} - \sqrt{\varkappa' - i\varkappa}}}.$$

Zwischen den so definierten Moduln bez. Modulsystemen ergeben sich natürlich bei Transformation zweiter oder dritter Ordnung von ω zahlreiche Zusammenhänge, von denen hier die einfachsten erwähnt werden sollen [10]).

---

[10]) Man könnte insbesondere immer auch die transformierten Werte von J in Betracht ziehen, doch haben die betreffenden Formeln wegen ihrer Kompliziertheit kein sonderliches Interesse.

1. Es ist:

$$(18) \qquad \lambda\left(\frac{\omega}{2}\right) = -\frac{(o-1)^4}{8\,o\,(1+o^2)}, \qquad \lambda\left(\frac{\omega+1}{2}\right) = \frac{(1+i\,o)^4}{8\,i\,o\,(1-o^2)},$$

$$\lambda(2\,\omega) = 1 - o^4;\ {}^{11})$$

analog:

$$(19) \qquad \lambda\left(\frac{\omega}{4}\right) = -\frac{(1+\varkappa'-2\sqrt{\varkappa'})^2}{8\sqrt{\varkappa'}\,(1+\varkappa')},$$

$$(20) \qquad \lambda\left(\frac{\omega}{8}\right) = -\frac{[(1+\sqrt{\varkappa'})^2 - 2\sqrt{2}\sqrt[4]{\varkappa'}\sqrt{1+\varkappa'}]^2}{2\sqrt{2}\sqrt[4]{\varkappa'}\sqrt{1+\varkappa'}\,(1+\sqrt{\varkappa'})^2}, \quad \text{usw.}$$

2. Von den transformierten Werten von o kommen insbesondere die folgenden in Betracht:

$$(21) \qquad o\left(\frac{\omega}{2}\right) = \sqrt{\varkappa'}, \quad o\left(\frac{\omega+1}{2}\right) = -i\sqrt{\varkappa}, \quad o(2\,\omega) = \frac{\dfrac{1+i}{\sqrt{2}}\cdot\sqrt{\varkappa'}+\sqrt{\varkappa}}{\dfrac{1+i}{\sqrt{2}}\cdot\sqrt{\varkappa'}-\sqrt{\varkappa}}$$

$$(22) \qquad o\left(\frac{\omega}{4}\right) = \frac{1+o}{2\sqrt[4]{\varkappa'}\cdot\sqrt{o}}, \quad \text{usw.}$$

3. Endlich hat man für Transformation dritter Ordnung der Tetraeder-irrationalität, wenn man die Moduln neunter Stufe (11) der Kürze halber bez. mit x, y, z bezeichnet:

$$(23) \qquad a\left(\frac{\omega}{3}\right) = \frac{1}{\sqrt[3]{9}}\cdot\frac{a+2}{y\,z}, \quad \text{usw.,} \quad a(3\,\omega) = \frac{a+2\,x\,y\,z}{a-x\,y\,z}.\ {}^{12})$$

Andererseits wird man fragen, wie die eingeführten Moduln mit den *Teilwerten der elliptischen Funktionen* zusammenhängen. Es muß dabei

<hr>

${}^{11})$ Bei anderer Fixierung von o wird diese Formel einfach:

$$\lambda(2\,\omega) = o^4.$$

${}^{12})$ Ebenso, wie man die wiederholte quadratische Transformation verwenden kann, um aus gegebenem λ das zugehörige ω zu berechnen, kann man die Formel des Textes dazu benutzen, um bei gegebenem a das Entsprechende zu erreichen. Für sehr kleine Werte von q $(= e^{i\pi\omega})$ ist ω annäherungsweise $= -\dfrac{3}{2\,i\,\pi}\log(3\,a-3)$. Sei nun abkürzend $a_\nu = a(3^\nu\,\omega)$, worauf wir dem Texte die Formelkette entnehmen:

$$\cdot\ \cdot\ \cdot\ \cdot\ \cdot\ \cdot\ \cdot\ \cdot\ \cdot\ \cdot\ \cdot$$

$$a_\nu = \frac{a_{\nu-1}+2\cdot\sqrt[3]{a_{\nu-1}^3-1}}{a_{\nu-1}-\sqrt[3]{a_{\nu-1}^3-1}},$$

$$a_{\nu+1} = \frac{a_\nu+2\cdot\sqrt[3]{a_\nu^3-1}}{a_\nu-\sqrt[3]{a_\nu^3-1}},$$

$$\cdot\ \cdot\ \cdot\ \cdot\ \cdot\ \cdot\ \cdot\ \cdot\ \cdot\ \cdot\ \cdot$$

Dann ist allgemein:

$$\omega = \left[\frac{i\log(3\,a_\nu-3)}{2\,\pi\cdot 3^{\nu-1}}\right]\lim\nu=\infty$$

wohl beachtet werden, daß Weierstrass' elliptische Funktionen (die einzigen, die wir hier gebrauchen) homogene Funktionen der beiden Variabelen ω_1, ω_2 sind, während unsere Moduln nur von dem Verhältnisse $\omega_1 : \omega_2$ abhängen. Es ist daher zweckmäßig, unsere Moduln λ, a, o selbst in Zähler und Nenner zu spalten:

$$(24) \qquad \lambda = \frac{\lambda_1}{\lambda_2}, \quad a = \frac{a_1}{a_2}, \quad o = \frac{o_1}{o_2},$$

wobei wir nun Zähler und Nenner (übrigens in Übereinstimmung mit den Fundamentalgleichungen (1), (2), (3)) definieren werden, indem wir bestimmte Darstellungen von g_2 und g_3 durch λ_1, λ_2 usw. verlangen.

Zunächst, was die *Teilwerte von* $\wp(u)$ angeht, so findet Herr Fricke folgende Resultate [18]).

1. Sei $n = 2$ und

$$(25) \qquad \frac{3\,g_3}{g_2} = \frac{-2\,\lambda_1^3 + 3\,\lambda_1^2\,\lambda_2 + 3\,\lambda_1\,\lambda_2^2 - 2\,\lambda_2^3}{\lambda_1^2 - \lambda_1\,\lambda_2 + \lambda_2^2},$$

so wird:

$$(26) \quad \wp\left(\frac{\omega_1}{2}\right) = \lambda_1 - 2\,\lambda_2, \quad \wp\left(\frac{\omega_2}{2}\right) = \lambda_2 - 2\,\lambda_1, \quad \wp\left(\frac{\omega_1 + \omega_2}{2}\right) = \lambda_1 + \lambda_2,$$

oder auch (indem wir die Weierstrassische Bezeichnung e_1, e_2, e_3 für die drei Teilwerte aufnehmen):

$$(27) \quad e_1 - e_2 = 3\,(\lambda_1 - \lambda_2), \quad e_1 - e_3 = -3\,\lambda_2, \quad e_2 - e_3 = -3\,\lambda_1.$$

2. Im Falle $n = 3$ bestimme man a_1, a_2 in Übereinstimmung mit folgender Gleichung:

$$(28) \qquad \frac{2\,g_2}{3\,g_3} = -\frac{a_1\,(a_1^3 + 8\,a_2^3)}{a_1^6 - 20\,a_1^3\,a_2^3 - 8\,a_2^6}.$$

Es gelten dann nachstehende Formeln:

$$(29) \quad
\begin{aligned}
&\sqrt{\wp\left(\frac{\omega_1}{3}\right)} = a_1 + 2\,a_2, &\qquad &\sqrt{\wp\left(\frac{\omega_2}{3}\right)} = i\,\sqrt{3}\cdot a_1, \\[2mm]
&\sqrt{\wp\left(\frac{\omega_1 + \omega_2}{3}\right)} = a_1 + 2\,\varrho\,a_2, &\qquad &\sqrt{\wp\left(\frac{\omega_1 + 2\,\omega_2}{3}\right)} = a_1 + 2\,\varrho^2\,a_2.
\end{aligned}$$

3. Endlich sei $n = 4$. Wir unterwerfen o_1, o_2 der folgenden Bedingung:

$$(30) \qquad \frac{g_2}{g_3} = -\frac{3}{2} \cdot \frac{o_1^8 + 14\,o_1^4\,o_2^4 + o_2^8}{o_1^{12} - 33\,o_1^8\,o_2^4 - 33\,o_1^4\,o_2^8 + o_2^{12}}.$$

---

[18]) [In den folgenden Formeln (25) bis (42) wurden beim Wiederabdruck gegenüber dem Original leichte Veränderungen vorgenommen, die damit zusammenhängen, daß im Original, im Anschluß an die damalige Fassung der Abhandlung XC über die elliptischen Normalkurven, $\dfrac{\omega_2}{\omega_1}$ als Periodenverhältnis zugrunde gelegt war, hier aber, um mit dem sonst in diesem Bande eingehaltenen Brauch in Einklang zu bleiben, $\omega = \dfrac{\omega_1}{\omega_2}$ als Periodenverhältnis gebraucht bezw. mit positivem imaginärem Teil versehen gedacht wird. (Vgl. Fußnote [9]) auf S. 201.) B.-H.]

Dann kommt:

$$(31) \quad \begin{cases} \wp\left(\dfrac{\omega_1}{4}\right) = (o_1 - o_2)^4 - 2\,o_1\,o_2\,(o_1^2 + o_2^2), \\[2mm] \wp\left(\dfrac{2\,\omega_1 + \omega_2}{4}\right) = -\,5\,o_1^4 + o_2^4, \\[2mm] \wp\left(\dfrac{\omega_2}{4}\right) = o_1^4 - 5\,o_2^4, \\[2mm] \wp\left(\dfrac{\omega_1 + \omega_2}{4}\right) = (o_1 - i\,o_2)^4 - 2\,i\,o_1\,o_2\,(o_1^2 - o_2^2), \\[2mm] \wp\left(\dfrac{\omega_1 + 2\,\omega_2}{4}\right) = (o_1 + o_2)^4 + 2\,o_1\,o_2\,(o_1^2 + o_2^2), \\[2mm] \wp\left(\dfrac{\omega_1 + 3\,\omega_2}{4}\right) = (o_1 + i\,o_2)^4 + 2\,i\,o_1\,o_2\,(o_1^2 - o_2^2). \end{cases}$$

Wichtiger erscheinen auch hier wieder die *Teilwerte von* σ, die ich in meiner vorigen Note [vgl. statt ihrer Abh. XC, S. 204 im vorliegenden Bande] mit $\sigma_{\lambda,\mu}$ bezeichnete und durch die Formel definierte:

$$(32) \quad \sigma_{\lambda,\mu} = -\,e^{-\dfrac{(\lambda\,\eta_1 + \mu\,\eta_2)\,(\lambda\,\omega_1 + \mu\,\omega_2)}{2\,n^2}} \cdot \sigma\left(\dfrac{\lambda\,\omega_1 + \mu\,\omega_2}{n}\right);$$

je nachdem n ungerade oder gerade ist, ist bereits die n-te Potenz von $\sigma_{\lambda,\mu}$, oder erst die $2\,n$-te, eine Modulform der n-ten Stufe. Herr **Fricke** findet für die Darstellung der in Rede stehenden Potenzen von $\sigma_{\lambda,\mu}$ in den einzelnen von ihm behandelten Fällen folgende Resultate.

1. Sei $n = 2$ und dabei λ_1, λ_2 in der Art gewählt, daß

$$(33) \quad g_2 = +\,\frac{16}{3}\cdot\frac{\lambda_1^2 - \lambda_1\,\lambda_2 + \lambda_2^2}{\lambda_1\,\lambda_2\,(\lambda_2 - \lambda_1)}.$$

Dann kommt für die Teilwerte von σ:

$$(34) \quad \sigma_{10}^4 = \lambda_1,\quad \sigma_{01}^4 = -\,\lambda_2,\quad \sigma_{11}^4 = -\,\lambda_1 + \lambda_2.$$

2. Im Falle $n = 3$ setzen wir

$$(35) \quad 24\,g_3 = -\,\frac{a_1^6 - 20\,a_1^3\,a_2^3 - 8\,a_2^6}{a_2^2\,(a_1^3 - a_2^3)^2}$$

wir finden dann[14])

$$(36) \quad \begin{aligned} \sigma_{01}^3 &= \sqrt{-\,3}\cdot a_2, & \sigma_{10}^3 &= a_1 - a_2, \\ \sigma_{11}^3 &= a_1\,\varrho^2 - a_2, & \sigma_{12}^3 &= a_1\,\varrho - a_2, \end{aligned}$$

vier Ausdrücke, deren nahe Beziehung zu den oben eingeführten Moduln neunter Stufe ersichtlich ist.

3. Für $n = 4$ nehmen wir:

$$(37) \quad g_2^2 = \frac{1}{18}\cdot\frac{(o_1^8 + 14\,o_1^4\,o_2^4 + o_2^8)^2}{o_1^3\,o_2^3\,(o_1^4 - o_2^4)^3}.$$

---

[14]) Man vgl. auch **Bianchi** im 17. Bande der Math. Annalen (1880/81), S. 244.

Es kommen dann folgende Darstellungen der Teil-Sigma:

$$(38)\quad\begin{cases}\sigma_{01}^8 = 2\,\dfrac{o_2^3}{o_1}, & \sigma_{21}^8 = -\,2\,\dfrac{o_1^3}{o_2}, \\[2ex] \sigma_{10}^8 = \dfrac{(o_1-o_2)^3}{o_1+o_2}, & \sigma_{12}^8 = -\,\dfrac{(o_1+o_2)^3}{o_1-o_2}, \\[2ex] \sigma_{11}^8 = \dfrac{(o_1-i\,o_2)^3}{o_1+i\,o_2}, & \sigma_{13}^8 = -\,\dfrac{(o_1+i\,o_2)^3}{o_1-i\,o_2}. \end{cases}$$

Ihnen laufen die folgenden Formeln parallel, bei denen rechter Hand die in (34) bestimmten zweiten Teilwerte gebraucht werden, die ich der Reihe nach, um jedes Mißverständnis zu vermeiden, mit μ, ν, ϱ bezeichnen will:

$$(39)\quad\begin{cases}\sigma_{01}^4 = \dfrac{i-1}{2\sqrt{2}}\cdot\varrho\,\nu\,(\varrho^2+i\,\nu^2), & \sigma_{21}^4 = \dfrac{1-i}{2\sqrt{2}}\cdot\varrho\,\nu\,(\nu^2+i\,\varrho^2), \\[2ex] \sigma_{10}^4 = \dfrac{i-1}{2\sqrt{2}}\cdot\mu\varrho\,(\varrho^2+i\,\mu^2), & \sigma_{12}^4 = \dfrac{1-i}{2\sqrt{2}}\cdot\mu\varrho\,(\mu^2+i\,\varrho^2), \\[2ex] \sigma_{11}^4 = \dfrac{1-i}{2\sqrt{2}}\cdot\mu\,\nu\,(\nu^2+i\,\mu^2), & \sigma_{13}^4 = \dfrac{i-1}{2\sqrt{2}}\cdot\mu\,\nu\,(\mu^2+i\,\nu^2), \end{cases}$$

Die Formeln, welche die *zweiten* Potenzen der vorliegenden $\sigma_{\lambda,\mu}$ durch die Moduln 16-ter Stufe darstellen, werden zu kompliziert, um hier eine Stelle finden zu können.

4. Sei endlich $n=8$. Es möge genügen, eine einzige der dann in Betracht kommenden Formeln anzuführen. Es wird:

$$(40)\quad \sigma_{10} = -\,e^{-\frac{\eta_1\,\omega_1}{128}}\cdot\sigma\!\left(\frac{\omega_1}{8}\right)$$

$$= -\,e^{-\frac{\eta_1\,\omega_1}{32}}\cdot\sigma\!\left(\frac{\omega_1}{4}\right)\cdot\frac{\sqrt[16]{8}\cdot\sqrt[8]{\varkappa'}\cdot\sqrt[32]{\varkappa'}\cdot\sqrt[16]{1+\varkappa'}}{\sqrt[4]{1+\sqrt{\varkappa'}}\cdot\sqrt{1+\sqrt{\varkappa'}+\sqrt{1+\varkappa'}}}.$$

Neben diese Darstellungen der $\sigma_{\lambda,\mu}$ durch unsere Moduln stellen sich natürlich andere, welche unsere Moduln durch die $\sigma_{\lambda,\mu}$ ausdrücken. Dieselben erscheinen um so bemerkenswerter, als die $\sigma_{\lambda,\mu}$ von vornherein für sämtliche Stufen bekannt sind und wir also hoffen dürfen, bei höheren Stufen einfachste Modulsysteme zu finden, indem wir analoge Kombinationen der $\sigma_{\lambda,\mu}$ heranziehen, wie sie für niedere Stufen in unseren Formeln sich tatsächlich einstellen. Herr Fricke bemerkt in dieser Hinsicht insbesondere folgende Darstellungen der Moduln 16-ter Stufe.

1. Unter $\sigma_{\lambda,\mu}$ die vierten Teilwerte verstanden hat man:

$$(41)\quad \sqrt[4]{\varkappa}:\sqrt[4]{\varkappa'}:\sqrt[8]{-1} = \sigma_{10}\,\sigma_{12}:\sigma_{11}\,\sigma_{13}:\sigma_{01}\,\sigma_{21}.$$

2. Ferner, unter $\sigma_{\lambda,\mu}$ die achten Teilwerte verstanden:

$$(42)\quad\left\{\begin{aligned}
\frac{\varepsilon}{\sqrt{o}}\cdot\sqrt{\frac{\sqrt{2\varkappa'}-\sqrt{\varkappa'-i\varkappa}}{\sqrt{2\varkappa'}+\sqrt{\varkappa'+i\varkappa}}} &= \frac{\sigma_{10}\cdot\sigma_{12}\cdot\sigma_{14}\cdot\sigma_{16}}{\sigma_{30}\cdot\sigma_{32}\cdot\sigma_{34}\cdot\sigma_{36}},\\[2ex]
\varepsilon\sqrt{o}\cdot\sqrt{\frac{\sqrt{2\varkappa}+\sqrt{\varkappa-i\varkappa'}}{\sqrt{2\varkappa}-\sqrt{\varkappa+i\varkappa'}}} &= \frac{\sigma_{11}\cdot\sigma_{13}\cdot\sigma_{15}\cdot\sigma_{17}}{\sigma_{31}\cdot\sigma_{33}\cdot\sigma_{35}\cdot\sigma_{37}},\\[2ex]
\varepsilon\cdot\frac{\sqrt{1-\varkappa'}}{\sqrt{\varkappa}}\cdot\sqrt{\frac{\sqrt{2\varkappa'}-\sqrt{1-\varkappa'}}{\sqrt{2\varkappa'}+\sqrt{1+\varkappa'}}} &= \frac{\sigma_{01}\cdot\sigma_{21}\cdot\sigma_{41}\cdot\sigma_{61}}{\sigma_{03}\cdot\sigma_{23}\cdot\sigma_{43}\cdot\sigma_{63}}.
\end{aligned}\right.$$

Der Buchstabe ε bedeutet dabei eine 32-ste Einheitswurzel.

§ 2.

An die Theorie der Moduln schließt sich naturgemäß die Lehre von den *Modulargleichungen*. Eigentliche Modulargleichungen existieren bekanntlich nur für Hauptmoduln und bei ihnen auch nur für diejenigen Transformationsgrade, welche zur Stufe des Hauptmoduls relativ prim sind[15]). Nun zeichnen sich unter allen Hauptmoduln die drei, die wir vorhin voranstellten: das Doppelverhältnis λ, die Tetraederirrationalität a, die Oktaederirrationalität o, denen dann noch die *Ikosaederirrationalität* (die wir η nennen wollen) hinzutritt, dadurch aus, daß sie zugleich Galoissche Moduln ihrer Stufe sind und sich daher bei beliebiger Transformation von ω selber linear substituieren. Infolgedessen haben die für sie geltenden Modulargleichungen die charakteristische Eigenschaft, durch gewisse simultane, lineare Substitutionen, denen einerseits der ursprüngliche, andererseits der transformierte Modul zu unterwerfen ist, in sich selbst überzugehen.

Außerdem bleiben die Modulargleichungen, wie selbstverständlich, bei Vertauschung des unsprünglichen Moduls mit dem transformierten ungeändert bestehen. Handelt es sich jetzt um Aufstellung der Modulargleichungen, so wird man zweckmäßigerweise in der Art beginnen, daß man vorab die allgemeine Form derjenigen Gleichungen zu bestimmen sucht, die bei den erwähnten Prozessen invariant bleiben: die wirkliche Berechnung der Modulargleichung im gegebenen Falle muß dann auf Auswertung nur weniger Zahlenkoeffizienten mit Hilfe der für λ, a, o, η geltenden, nach q fortschreitenden Reihenentwicklungen zurückkommen.

Der hiermit bezeichnete Ansatz, den ich schon bei früherer Gelegenheit zur Sprache gebracht hatte[16]), ist jetzt von Herrn Friedrich durchgeführt worden. Es handelte sich dabei einmal zur Fixierung der auf

---

[15]) Vgl. etwa Bd. 17 der Math. Annalen (1880/81) [= Abh. LXXXVII im vorliegenden Bande, S. 174].

[16]) Vgl. Math. Annalen, Bd. 17 (1880/81) [= Abh. LXXXVII des vorliegenden Bandes S. 176/177].

den ursprünglichen und den transformierten Modul auszuübenden simultanen Substitutionen um geschickte Wahl der zur Transformation gehörigen Repräsentanten, es handelte sich dann aber ferner um *algebraische*, der *Invariantentheorie* entnommene Prozesse, welche an diejenigen Theorien anknüpfen, die ich neuerdings in meinem „Ikosaederbuch" dargestellt habe.

Modulargleichungen für das Doppelverhältnis λ.

Im Falle des *Doppelverhältnisses* λ (dessen Stufe die zweite ist) kommen als Transformationsgrade n beliebige ungerade Zahlen in Betracht. Nennen wir den transformierten Wert μ, so kann man, wie Herr Friedrich zeigt, μ in allen Fällen so wählen, daß es mit λ zusammen je dieselben Doppelverhältnissubstitutionen erfährt. Wir nehmen λ gleich $\lambda_1 : \lambda_2$, μ gleich $\mu_1 : \mu_2$ und ersetzen die linearen Substitutionen von λ bez. μ je durch die ihnen entsprechenden homogenen von der Determinante Eins. Alle homogenen ganzen Funktionen von λ_1, λ_2 allein, welche bei den in Rede stehenden Substitutionen ungeändert bleiben, sind bekanntlich ganze Funktionen der folgenden drei einfachsten unter ihnen:

$$(43) \quad \begin{cases} (\lambda_1^2 - \lambda_1\lambda_2 + \lambda_2^2)^3, \\ (\lambda_1^2 - \lambda_1\lambda_2 + \lambda_2^2)(\lambda_1^2\lambda_2 - \lambda_1\lambda_2^2)^2, \\ (\lambda_1^2\lambda_2 - \lambda_1\lambda_2^2)(2\lambda_1^3 - 3\lambda_1^2\lambda_2 - 3\lambda_1\lambda_2^2 + 2\lambda_2^3). \end{cases} \text{[17]}$$

Aus ihnen leitet man dann leicht alle Formen ab, welche λ und μ gleichzeitig enthalten und bei den simultanen Substitutionen dieser Größen ungeändert bleiben: die in Rede stehenden Formen setzen sich aus der Determinante $(\lambda_1\mu_2 - \lambda_2\mu_1)$ und den nach μ_1, μ_2 genommenen Polaren der Formen (43) zusammen. Nunmehr beachte man noch, daß die Modulargleichung bei Vertauschung von λ und μ ungeändert bleiben soll. *Schließlich ergibt sich, daß die linke Seite der Modulargleichung eine ganze Funktion der folgenden vier Ausdrücke sein muß:*

$$(45) \quad \begin{cases} A_2 = (\lambda_1\mu_2 - \lambda_2\mu_1)^2, \\ A_2' = (2\lambda_1\mu_1 - \lambda_1\mu_2 - \lambda_2\mu_1 + 2\lambda_2\mu_2)^2, \\ A_4 = (2\lambda_1\mu_1 - \lambda_1\mu_2 - \lambda_2\mu_1 + 2\lambda_2\mu_2)(\lambda_1^2\lambda_2 - \lambda_1\lambda_2^2)(\mu_1^2\mu_2 - \mu_1\mu_2^2), \\ A_6 = (\lambda_1^2\lambda_2 - \lambda_1\lambda_2^2)^2(\mu_1^2\mu_2 - \mu_1\mu_1^2)^2. \end{cases}$$

Beispielsweise kommt für $n = 3$, 5, 7 der Reihe nach:

$$(46) \quad \begin{cases} n = 3: \quad A_2^2 - 128\,A_4 = 0, \\ n = 5: \quad A_2^3 - 512\,(16\,A_2'\,A_4 - 9\,A_2\,A_4 - 32\cdot 27\,A_6) = 0, \\ n = 7: \quad A_2^4 - 256\,(2^{11}\,A_2'^2\,A_4 - 19\cdot 2^7\,A_2\,A_2'\,A_4 + 13\cdot 3^2\cdot 5\,A_2^2\,A_4 \\ \qquad\qquad + 125\cdot 2^6\cdot 3^3\,A_2'\,A_6 - 125\cdot 2^7\cdot 3^3\,A_2\,A_6) = 0. \end{cases}$$

---

[17] „Ikosaederbuch", S. 63. — Man vgl. auch Gleichung (1) des Textes.

Die Gleichungen für $n = 3, 5$ finden sich bereits in Jacobis Fundamenta (1829) ($=$ Bd. 1, S. 122, 123 der Gesammelten Werke), worauf hier um so mehr verwiesen sei, als der Fortschritt der Methode, welcher hier vorliegt, beim Vergleiche unverkennbar hervortritt.

Modulargleichungen des Tetraeders.

Bei der *Tetraederirrationalität* a müssen wir unterscheiden, ob der Transformationsgrad n zu 1 oder 2 modulo 3 kongruent ist. Beidemal schreiben wir $a_1 : a_2$ für a und $b_1 : b_2$ für den transformierten Wert. Wir haben ferner von folgenden, die a_1, a_2 allein enthaltenden Formen auszugehen[18]):

$$(47) \quad \begin{cases} a_1^6 - 20\,a_1^3\,a_2^3 - 8\,a_2^6, \\ (a_1^3\,a_2 - a_2^4)(a_1^4 + 8\,a_1\,a_2^3), \\ (a_1^3\,a_2 - a_2^4)^3. \end{cases}$$

Ist jetzt $n \equiv 1 \pmod{3}$, so kann man $b_1 : b_2$ so wählen, daß es je dieselben Substitutionen erleidet wie $a_1 : a_2$. Im anderen Falle gilt der analoge Satz, sofern man für $b_1 : b_2$ setzt $- 2\,b_2 : b_1$. Schließlich bekommen wir in beiden Fällen vier Funktionen, aus denen sich die linke Seite der Modulargleichung zusammensetzen muß. *Es sind dies bei* $n \equiv 1$ *(mod. 3):*

$$(48) \quad \begin{cases} D_2 = (a_1 b_2 - a_2 b_1)^2, \\ D_3 = - a_1^3 b_1^3 + a_1^3 b_2^3 + 9\,a_1^2 a_2 b_1 b_2^2 + 9\,a_1 a_2^2 b_1^2 b_2 + a_2^3 b_1^3 \\ \qquad\qquad\qquad\qquad\qquad\qquad\qquad\qquad\qquad + 8\,a_2^3 b_2^3, \\ D_4 = (a_1^3 a_2 - a_2^4)(b_1^4 + 8\,b_1 b_2^3) + (b_1^3 b_2 - b_2^4)(a_1^4 + 8\,a_1 a_2^3), \\ D_6 = (a_1^3 a_2 - a_2^4)(b_1^3 b_2 - b_2^4)(a_1^2 b_1 b_2 + a_1 a_2 b_1^2 - 2\,a_2^2 b_2^2), \end{cases}$$

dagegen im anderen Falle:

$$(49) \quad \begin{cases} E_1 = a_1 b_1 + 2\,a_2 b_2, \\ E_3 = a_1^3 b_1^3 - 18\,a_1^2 a_2 b_1^2 b_2 + 36\,a_1 a_2^2 b_1 b_2^2 - 8\,a_2^3 b_2^3 + 8\,a_1^3 b_2^3 \\ \qquad\qquad\qquad\qquad\qquad\qquad\qquad\qquad\qquad + 8\,a_2^3 b_1^3, \\ E_4 = (a_1^3 a_2 - a_2^4)(b_1^3 b_2 - b_2^4), \\ E_6 = (a_1^3 a_2 - a_2^4)(b_1^4 + 8\,b_1 b_2^3)(a_1^2 b_1 b_2 - 2\,a_1 a_2 b_2^2 + a_2^2 b_1^2) \\ \qquad + (a_1^4 + 8\,a_1 a_2^3)(b_1^3 b_2 - b_2^4)(a_1^2 b_2^2 + a_1 a_2 b_1^2 - 2\,a_2^2 b_1 b_2). \end{cases}$$

Beispiele von Modulargleichungen der Tetraederirrationalität sind folgende:

$$(50) \quad \begin{cases} n = 2: & E_1^3 - E_3 = 0 \\ n = 4: & 3^3 D_6 - D_2^3 = 0 \\ n = 5: & (E_1^3 - E_3)^2 - 2^6 \cdot 3^4 E_1^2 E_4 = 0 \\ n = 7: & 3^{11}(D_4^2 - D_3^2 D_2) - 4 \cdot 3^5 D_2^4 - 2^5 \cdot 7\,D_2 D_6 = 0. \end{cases}$$

---

[18]) Siehe oben Gleichung (2); „Ikosaederbuch", S. 63.

Auch bei *Oktaeder* und *Ikosaeder* sind die Verhältnisse ganz ähnlich; es wird genügen, wenn ich die in den einzelnen Fällen geltenden Resultate tabellarisch angebe. Dabei ist wieder $o_1 : o_2$ für o, $\eta_1 : \eta_2$ für η gesetzt, während die transformierten Werte beziehungsweise mit $p_1 : p_2$ und $\zeta_1 : \zeta_2$ benannt wurden.

Modulargleichungen des Oktaeders.

1. $n \equiv 1$ (mod. 4). Die Irrationalitäten o und p erfahren simultan je dieselben Substitutionen. Grundformen, aus denen sich die linke Seite der Modulargleichung zusammensetzen muß, sind:

$$(51)\begin{cases}
D_2 = (o_1 p_2 - o_2 p_1)^2, \\
D_4 = 5\, o_1^4 p_1^4 + o_2^4 p_1^4 + 16\, o_1 o_2^3 p_1^3 p_2 + 36\, o_1^2 o_2^2 p_1^2 p_2^2 \\
\qquad\qquad + 16\, o_1^3 o_2 p_1 p_2^3 + o_1^4 p_2^4 + 5\, o_2^4 p_2^4, \\
D_6 = (o_1^3 p_1^2 p_2 + o_1^2 o_2 p_1^3 - o_1 o_2^2 p_2^3 - o_2^3 p_1 p_2^2)^2, \\
D_{12} = ((o_1^6 p_1^6 + o_2^6 p_2^6) - (o_1^2 p_1^2 + o_2^2 p_2^2)\cdot(o_1^4 p_2^4 + 8\, o_1^3 o_2 p_1 p_2^3 \\
\qquad\qquad + 15\, o_1^2 o_2^2 p_1^2 p_2^2 + 8\, o_1 o_2^3 p_1^3 p_2 + o_2^4 p_1^4))^2.
\end{cases}$$

2. $n \equiv 3$ (mod. 4). Die Substitutionen für o und p unterscheiden wir durch das Vorzeichen von $i\ (= \sqrt{-1})$. Volles Formensystem:

$$(52)\begin{cases}
E_1 = o_1 p_1 + o_2 p_2, \\
E_4 = o_1^4 p_1^4 - 16\, o_1^3 o_2 p_1^3 p_2 + 36\, o_1^2 o_2^2 p_1^2 p_2^2 - 16\, o_1 o_2^3 p_1 p_2^3 \\
\qquad\qquad + o_2^4 p_2^4 + 5\, o_1^4 p_2^4 + 5\, o_2^4 p_1^4, \\
E_6 = (o_1^3 p_1 p_2^2 - o_1^2 o_2 p_2^3 - o_1 o_2^2 p_1^3 + o_2^3 p_1 p_2^2)^2, \\
E_{12} = ((o_1^6 p_2^6 + o_2^6 p_1^6) - (o_1^2 p_2^2 + o_2^2 p_1^2)\cdot(o_1^4 p_1^4 - 8\, o_1^3 o_2 p_1^3 p_2 \\
\qquad\qquad + 15\, o_1^2 o_2^2 p_1^2 p_2^2 - 8\, o_1 o_2^3 p_1 p_2^3 + o_2^4 p_2^4))^2.
\end{cases}$$

3. Beispiele. Man findet:

$$(53)\begin{cases}
n = 3: & E_1^4 - E_4 = 0; \\
n = 5: & 20\, D_6 - 4\, D_2 D_4 - D_2^3 = 0, \\
n = 7: & 79\, E_1^8 - 78\, E_1^4 E_4 - E_4^2 + 400\, E_1^2 E_6 = 0.
\end{cases}$$

Die ersten dieser beiden Gleichungen sind übrigens in anderer Form wohlbekannt. Da nämlich $o(\omega)$, wie oben erwähnt, bei geeigneter Fixierung des in Betracht zu nehmenden Funktionszweiges mit $\sqrt[4]{\lambda(2\omega)} = \sqrt{\varkappa(2\omega)}$ gleichbedeutend ist, so sind die Modulargleichungen der Oktaederirrationalität mit den für $\sqrt{\varkappa}$ geltenden identisch; letztere aber finden sich für $n = 3, 5$ beispielsweise bei Cayley im 164-sten Bande der Philosophical Transactions (1873/74), S. 451, 452 [= Collected mathematical papers, vol. IX, S. 170—173] aufgestellt.

Modulargleichungen des Ikosaeders.

1. $n \equiv 1 \pmod{5}$. Die Substitutionen von η und ζ sind dieselben. Es gibt vier Grundformen:

$$(54) \qquad \begin{cases} D_2 = (\eta_1 \zeta_2 - \eta_2 \zeta_1)^2, \\ D_6, \qquad D_{10}, \qquad D_{15}, \end{cases}$$

wo D_6, D_{10}, D_{15} aus den wohlbekannten Ikosaederformen:

$$(55) \qquad \begin{cases} f = \eta_1 \eta_2 (\eta_1^{10} + 11\,\eta_1^5 \eta_2^5 - \eta_2^{10}), \\ H = -(\eta_1^{20} + \eta_2^{20}) + 228\,(\eta_1^{15} \eta_2^5 - \eta_1^5 \eta_2^{15}) - 494\,\eta_1^{10} \eta_2^{10}, \\ T = (\eta_1^{30} + \eta_2^{30}) + 522\,(\eta_1^{25} \eta_2^5 - \eta_1^5 \eta_2^{25}) \\ \qquad\qquad\qquad - 10005\,(\eta_1^{20} \eta_2^{10} + \eta_1^{10} \eta_2^{20}) \end{cases}$$

beziehungsweise durch sechs-, zehn-, fünfzehnmalige Polarisation nach ζ_1, ζ_2 erwachsen.

2. $n \equiv 4 \pmod{5}$. Vier Grundformen:

$$(56) \qquad E_1, \quad E_6, \quad E_{10}, \quad E_{15},$$

wo

$$E_1 = \eta_1 \zeta_1 + \eta_2 \zeta_2,$$

während E_6, E_{10}, E_{15} aus den gerade genannten D_6, D_{10}, D_{15} hervorgehen, indem man ζ_1, ζ_2 durch $-\zeta_2$, ζ_1 ersetzt.

3. $n \equiv 2 \pmod{5}$. Die Substitutionen von ζ_1, ζ_2 ergeben sich aus denjenigen von η_1, η_2 durch Verwandlung der fünften Einheitswurzel ε in ε^2. Es gibt drei Grundformen, dieselben, welche Herr Gordan im 13. Bande der Math. Annalen (1878), S. 379, 381 [vgl. den Zusatz auf S. 380 bis 384 des zweiten Bandes dieser Ausgabe] unter der Benennung f, φ, ψ aufgestellt hat. Wir schreiben:

$$(57) \qquad \begin{cases} \varphi = \eta_1^0 \zeta_1^2 \zeta_2 + \eta_1^2 \eta_2 \zeta_2^0 + \eta_1 \eta_2^2 \zeta_1^0 - \eta_2^0 \zeta_1 \zeta_2^2, \\ \psi = -\eta_1^4 \zeta_1 \zeta_2^3 + \eta_1^3 \eta_2 \zeta_1^4 + 3\,\eta_1^2 \eta_2^2 \zeta_1^2 \zeta_2^2 - \eta_1 \eta_2^3 \zeta_2^4 + \eta_2^4 \zeta_1^3 \zeta_2, \\ \chi = \eta_1^5 \zeta_1^5 + \eta_1^5 \zeta_2^5 - \eta_2^5 \zeta_1^5 + \eta_2^5 \zeta_2^5 + \\ \qquad + 10\,\eta_1 \eta_2 \zeta_1 \zeta_2 (-\eta_1^3 \zeta_1^2 \zeta_2 + \eta_1^2 \eta_2 \zeta_2^3 + \eta_1 \eta_2^2 \zeta_1^3 + \eta_2^3 \zeta_1 \zeta_2^2). \end{cases}$$

4. $n \equiv 3 \pmod{1}$. Drei Grundformen:

$$(58) \qquad \varphi', \quad \psi', \quad \chi',$$

die sich aus den gerade genannten ergeben, wenn wir ζ_1, ζ_2 durch $-\zeta_2$, ζ_1 ersetzen.

5. Beispiele von Ikosaedermodulargleichungen:

$$\begin{cases} n = 2: \quad \varphi = 0, \\ n = 3: \quad \psi' = 0, \\ n = 4: \quad E_1^6 - E_6 = 0, \\ n = 6: \quad 11 \cdot 17\, D_6^2 - 18 \cdot 49\, D_2 D_{10} + 121 \cdot 16\, D_2^3 D_6 \\ \qquad\qquad\qquad - 17 \cdot 73\, D_2^6 = 0, \end{cases}$$

$$(59) \quad \begin{cases} n = 7: \quad \psi^2 - \varphi\chi = 0, \\ n = 8: \quad \varphi'^4 - \varphi'\psi'\chi' + \psi'^3 = 0, \\ n = 9: \quad 11 \cdot 17\, E_6^2 + 6 \cdot 49\, E_1^2\, E_{10} + 11 \cdot 16 \cdot 53\, E_1^6\, E_6 - \\ \qquad\qquad\qquad\qquad\qquad - 17 \cdot 577\, E_1^{12} = 0, \\ n = 11: \quad 11 \cdot 17\, D_6^2 - 18 \cdot 49\, D_2\, D_{10} - 11 \cdot 8 \cdot 335\, D_2^3\, D_6 - \\ \qquad\qquad\qquad\qquad\qquad - 17 \cdot 75841\, D_2^6 = 0. \\ n = 13: \quad \varphi'^3\chi' - \varphi'^2\psi'^2 - \psi'\chi'^2 = 0. \end{cases}$$

(Man vergleiche hierzu die Entwicklungen in meinem „Ikosaederbuch“, sowie insbesondere Bd. 14 der Math. Annalen (1878/79) [= Abh. LXXXII, S. 68 in diesem Bande], wo die Resultate für $n = 2, 3, 4$ bereits angegeben sind.)

§ 3.

Die Theorie der Modulargleichungen findet in derjenigen der *Modularkorrespondenzen* ihre natürliche Fortsetzung. Sind allgemein $M_1, M_2, \ldots$ die Moduln eines zur ϱ-ten Stufe gehörigen vollen Systems, so findet zwischen $M_1, M_2, \ldots$ einerseits und den transformierten Werten $\overline{M}_1, \overline{M}_2, \ldots$ andererseits für jeden zu ϱ relativ primen Transformationsgrad n ein Entsprechen statt, welches nach Grad, Galoisscher Gruppe und Vertauschbarkeit der Argumente mit den eigentlichen Modulargleichungen übereinstimmt[19]). Hiermit ist aber noch keineswegs gesagt, wie sich im gegebenen Falle dieses Entsprechen analytisch darstellt. Zwischen $M_1, M_2, \ldots$ nämlich und ebenso zwischen $M_1', M_2', \ldots$ bestehen, allgemein zu reden, höhere algebraische Relationen, und es ist die Beziehung der in Aussicht genommenen Korrespondenz zu diesen Relationen von vornherein durchaus unbekannt. Die hierin liegende prinzipielle Schwierigkeit ist nur erst neuerdings von Herrn Hurwitz durch Heranziehen der zugehörigen überall endlichen Abelschen Integrale überwunden worden. Herr Hurwitz hat in diesem Sinne in einer im Jahre 1883 publizierten Note[20]) die Modularkorrespondenzen behandelt, zu denen

$$(60) \qquad\qquad M_1 = \sqrt{\varkappa}, \quad M_2 = \sqrt{\varkappa'}$$

Anlaß geben, neuerdings, im 25. Bande der Math. Annalen (1885), die anderen, die sich auf

$$(61) \qquad\qquad M_1 = \frac{z_1}{z_3}, \quad M_2 = \frac{z_2}{z_3}$$

beziehen, wo z_1, z_2, z_3 speziell für $n = 7$ diejenigen Größen sind, die ich

---

[19]) Vgl. wieder Math. Annalen, Bd. 17, (1880/81) [= Nr. LXXXVII, S. 175 im vorliegenden Bande].

[20]) Göttinger Nachrichten (1883), S. 350 ff. [Vgl. auch die weiteren Zitate in Fußnote 8) auf S. 175 im vorliegenden Bande.]

in meiner vorigen Note für beliebige ungerade Stufen einführte. Auch die zahlentheoretischen auf die elfte Stufe bezüglichen Resultate, welche ich der Gesellschaft der Wissenschaften im vergangenen Dezember vorlegte, sind von Herrn Hurwitz durch das Studium höherer Modularkorrespondenzen gewonnen worden.

Inzwischen handelt es sich bei den in Rede stehenden Untersuchungen nur um die allgemeine *Form* der die Modularkorrespondenzen definierenden Gleichungen, nicht eigentlich um *wirkliche Aufstellung* derselben. Letztere aber muß um so mehr Interesse haben, als einzelne besonders einfache Resultate in dieser Richtung bereits seit langem bekannt sind[21]: Ich glaubte also Herrn E. Fiedler ein richtiges Thema zu stellen, indem ich ihm eine eingehende Bearbeitung der für $\sqrt{\varkappa}$, $\sqrt{\varkappa'}$ geltenden Modularkorrespondenzen, sowie der weiteren, denen $\sqrt[4]{\varkappa}$, $\sqrt[4]{\varkappa'}$ genügen, in Vorschlag brachte. Ich werde hier nur von den Resultaten für den letzteren Fall berichten. Die Überlegungen, welche Herr E. Fiedler bei Ableitung derselben anzustellen hatte, bewegen sich übrigens, wenn man von der durch die Abelschen Integrale veranlaßten Komplikation absieht, in einer ganz ähnlichen Richtung, wie diejenigen von Herrn Friedrich, nur daß statt der simultanen *binären* Substitutionen zweier Reihen von Variabelen simultane *ternäre* Substitutionen in Betracht zu ziehen sind.

Setzen wir zunächst mit Herrn E. Fiedler:

$$(62) \qquad x_1 : x_2 : x_3 = \sqrt[4]{\varkappa} : \sqrt[4]{\varkappa'} : e^{\frac{i\pi}{8}}.$$

Wir haben dann:

$$(63) \qquad x_1^8 + x_2^8 + x_3^8 = 0$$

und damit die Gleichung einer ebenen Kurve achter Ordnung vom Geschlechte $p = 21$. Dieselbe geht, wie leicht ersichtlich, bei 384 Kollineationen in sich über. Wir wollen die letzteren in homogener Form schreiben, indem wir die absoluten Werte der Substitutionskoeffizienten in geeigneter Weise fixieren. Beispielsweise sollen drei der Kollineationen durch folgende Formeln vorgestellt sein:

$$(64) \quad \begin{cases} \text{a)} \ x_1' = \varepsilon x_1, & x_2' = x_2, & x_3' = x_3; \quad \left(\varepsilon = e^{\frac{i\pi}{4}}\right); \\ \text{b)} \ x_1' = x_2, & x_2' = x_1, & x_3' = x_3; \\ \text{c)} \ x_1' = x_2, & x_2' = x_3, & x_3' = x_1. \end{cases}$$

Die anderen ergeben sich aus ihnen durch Wiederholung und Kombination.

---

[21]) Vgl. abermals Math. Annalen, Bd. 17, (1880/81) [= Nr. LXXXVII S. 176 ff. im vorliegenden Bande].

Wir gehen einen Augenblick auf die Abhängigkeit der $x_1 : x_2 : x_3$ von ω zurück. Zuvörderst konstatieren wir, daß $x_1 : x_2 : x_3$ bei allen denjenigen und nur denjenigen Substitutionen

$$\omega' = \frac{\alpha\omega + \beta}{\gamma\omega + \delta}$$

ungeändert bleiben, deren Koeffizienten α, β, γ, δ modulo 16 einer der folgenden Kongruenzen genügen:

$$(65)\qquad \left\{\begin{array}{l} \alpha \equiv \delta \equiv \left\{\begin{array}{c}\pm 1\\ \pm 9\end{array}\right\}\quad \beta \equiv \gamma \equiv 0,\\[2ex] \alpha \equiv \delta \equiv \left\{\begin{array}{c}\pm 3\\ \pm 11\end{array}\right\}\quad \beta \equiv \gamma \equiv 8,\end{array}\right\}\ \text{mod. 16.}\ {}^{22})$$

Andererseits bemerken wir, daß die Substitutionen a), b), c) (64) beispielsweise bei denjenigen linearen Transformationen von ω entstehen, die in bekannter Weise durch

$$S^2,\quad T \quad\text{und}\quad S^{-1}TS^{-2}$$

zu bezeichnen sind.

Es seien jetzt $z_1 : z_2 : z_3$ diejenigen Werte, welche aus $x_1 : x_2 : x_3$ hervorgehen, wenn wir ω durch $\dfrac{\omega}{n}$ ersetzen (unter n eine ungerade Zahl verstanden). Wir schreiben ferner:

$$(66)\qquad y_1 : y_2 : y_3 = z_1 : \left(\frac{2}{n}\right) z_2 : e^{(n-1)\frac{i\pi}{8}}\cdot z_3,$$

wo $\left(\dfrac{2}{n}\right)$ das Legendresche Zeichen bedeuten soll.

Dann ergibt sich als erstes Resultat folgendes: *daß die zwischen dem Punkte x und dem ebenfalls der Kurve achter Ordnung angehörigen Punkte y bestehende Modularkorrespondenz ungeändert bleibt, wenn man die x den Substitutionen* a), b) c) (64), *die y aber simultan den folgenden unterwirft:*

$$(67)\qquad \left\{\begin{array}{llll} \text{a}') & y_1' = \varepsilon^n y_1, & y_2' = y_2, & y_3' = y_3;\\[1ex] \text{b}') & y_1' = y_2, & y_2' = y_1, & y_3' = y_3;\\[1ex] \text{c}') & y_1' = y_2, & y_2' = y_3, & y_3' = y_1. \end{array}\right.$$

Des weiteren hat man in die Betrachtung der überall endlichen zur Kurve achter Ordnung gehörigen Integrale einzutreten. Ich will von den bez. Resultaten, die noch nicht vollständig abgeschlossen dastehen, nur dieses einfachste erwähnen: *daß nämlich für $n \equiv 7\ (mod.\ 8)$ die Modular-*

---

^{22}) Hiermit ist genauer präzisiert, was oben über $\sqrt[4]{\varkappa}$, $\sqrt[4]{\varkappa'}$ als Moduln sechzehnter Stufe gesagt wurde.

korrespondenz durch eine einzige zwischen x und y bestehende Gleichung ausgedrückt wird:

$$(68) \qquad f(x_1, x_2, x_3; \; y_1, y_2, y_3) = 0,$$

indem die Punkte y, welche demselben Punkte x korrespondieren (und umgekehrt die Punkte x, welche demselben y entsprechen), das volle Schnittpunktsystem der Kurve achter Ordnung mit einer zutretenden Kurve bilden.

Der Grad von $f = 0$ in den x oder den y ist natürlich $= \dfrac{N}{8}$, unter N den Grad der Modulargleichung verstanden. Vertauscht man die x mit den y, so muß die *Gleichung* $f = 0$ ungeändert bleiben; eine nähere Überlegung, die auf der Irreduzibilität der Modularkorrespondenz basiert, die wir aber hier nicht ausführen können, beweist, daß das Gleiche bereits für die linke Seite der Gleichung, d. h. für die *Form f* selbst gilt. Außerdem muß f völlig ungeändert bleiben, wenn man die Substitutionen (64), (67) simultan zur Anwendung bringt.

Versucht man nun vorab, alle Formen f zu bilden, welche gegenüber den genannten Prozessen invariant sind, so kommt man zu einem äußerst einfachen Resultate. *Alle diese Formen nämlich setzen sich aus folgenden drei niedrigsten zusammen:*

$$(69) \qquad \begin{cases} S_1 = x_1 y_1 + x_2 y_2 + x_3 y_3, \\ S_2 = x_2 x_3 y_2 y_3 + x_3 x_1 y_3 y_1 + x_1 x_2 y_1 y_2, \\ S_3 = x_1 x_2 x_3 y_1 y_2 y_3. \end{cases}$$

Wir werden dieses Resultat am besten verstehen, wenn wir für $x_1 : x_2 : x_3$ die ihnen proportionalen Werte (62) und entsprechend für $y_1 : y_2 : y_3$ in Übereinstimmung mit (66) die folgenden Ausdrücke eintragen:

$$(70) \qquad \sqrt[4]{\lambda} : \sqrt[4]{\lambda'} : \mp \, e^{-\frac{i\pi}{8}},$$

wo λ, λ' die transformierten Werte von $\varkappa, \varkappa'$ bezeichnen und das obere oder untere Vorzeichen zu nehmen ist, je nachdem $n \equiv 7$ oder $n \equiv 15 \pmod{16}$ ist. Wir finden so:

Ist $n \equiv 7 \pmod{16}$, so ist die linke Seite der zwischen $\sqrt[4]{\varkappa}$, $\sqrt[4]{\varkappa'}$ und $\sqrt[4]{\lambda}$, $\sqrt[4]{\lambda'}$ bestehenden Modularkorrespondenz eine ganze Funktion der drei Ausdrücke:

$$(71) \qquad \begin{cases} S_1 = \sqrt[4]{\varkappa \lambda} + \sqrt[4]{\varkappa' \lambda'} - 1, \\ S_2 = \sqrt[4]{\varkappa \varkappa' \lambda \lambda'} - \sqrt[4]{\varkappa \lambda} - \sqrt[4]{\varkappa' \lambda'}, \\ S_3 = - \sqrt[4]{\varkappa \varkappa' \lambda \lambda'}; \end{cases}$$

ist aber $n \equiv 15 \ (mod.\ 16)$, so gilt das entsprechende Theorem unter Zugrundelegung folgender drei Terme:

$$(72) \quad \begin{cases} S_1 = \sqrt[4]{\varkappa\lambda} + \sqrt[4]{\varkappa'\lambda'} + 1, \\ S_2 = \sqrt[4]{\varkappa\varkappa'\lambda\lambda'} + \sqrt[4]{\varkappa\lambda} + \sqrt[4]{\varkappa'\lambda'}, \\ S_3 = \sqrt[4]{\varkappa\varkappa'\lambda\lambda'}. \end{cases}$$

Sei noch:

$$(73) \qquad S_2' = S_1^2 - 4 S_2.$$

Dann bekommt man beispielsweise im ersten Falle:

$$(74) \quad \begin{cases} \text{für } n = 7 : & S_1 = 0, \\ \text{''} \quad n = 23: & S_1^3 - 4 S_3 = 0, \\ \text{''} \quad n = 39: & S_1^5 S_2' - 4 S_3 (S_2'^2 + 5 S_1^2 S_2' - 2 S_1^4) - 144 S_1 S_3^2 = 0, \\ \text{''} \quad n = 55: & S_1^7 S_2' - 4 S_3 (S_2'^3 + 7 S_1^2 S_2'^2 + 10 S_1^4 S_2' - 2 S_1^6) \\ & \qquad - 16 S_1 S_3^2 (6 S_2' + 19 S_1^2) + 512 S_3^3 = 0, \\ \text{''} \quad n = 71: & S_1^9 - 4 S_3 (S_2'^3 + 9 S_1^2 S_2'^2 + 21 S_1^4 S_2' + 12 S_1^6) \\ & \qquad - 16 S_1 S_3^2 (6 S_2' + 7 S_1^2) - 64 S_3^3 = 0 \end{cases}$$

und im zweiten Falle:

$$(75) \quad \begin{cases} \text{für } n = 15: & S_1 S_2' + 4 S_3 = 0, \\ \text{''} \quad n = 31: & S_2'^2 - 4 S_1 S_3 = 0, \\ \text{''} \quad n = 47: & S_2'^3 - 4 S_1 S_3 (6 S_2' + S_1^2) - 128 S_3^2 = 0, \\ \text{''} \quad n = 79: & S_2'^5 - 4 S_1 S_3 (21 S_2'^3 + 28 S_1^2 S_2'^2 + 10 S_1^4 S_2' + S_1^6) \\ & \qquad - 16 S_3^2 (24 S_2'^2 + 26 S_1^2 S_2' + 7 S_1^4) + 512 S_4 S_3^3 = 0. \end{cases}$$

Bekannt waren von diesen Gleichungen bisher nur diejenigen für $n = 7$ (Gützlaff, Crelles Journal, Bd. 12 (1834)) und $n = 23$ (Hurwitz, Math. Annalen, Bd. 17, (1880/81), S. 69 [= Fußnote [12]) in meiner oben abgedruckten Arbeit Nr. LXXXVII, S. 176 im vorliegenden Bande], siehe auch Schröter, Acta Mathematica, Bd. 5 (1884/85) S. 208), aber auch die anderen Gleichungen sind, wie man sieht, keineswegs kompliziert und enthalten nur eine relativ geringe Zahl solcher Koeffizienten, die auf empirischem Wege haben bestimmt werden müssen. Daß in diesen Gleichungen gewisse Terme, $S_1^\alpha S_2'^\beta S_3^\gamma$ nicht vorkommen, die ihrer Dimensionen nach vorkommen könnten, ist allemal schon aus den Anfangstermen der für S_1, S_2', S_3 geltenden Reihenentwicklungen zu erkennen.

Herr E. Fiedler hat auch einige derjenigen Fälle untersucht, in denen n, ohne selbst von der Form $8h + 7$ zu sein, doch einen Primfaktor dieser Gestalt in nicht gerader Potenz enthält. Die Analogie mit den für

$\sqrt{\varkappa}$, $\sqrt{\varkappa'}$ geltenden Modularkorrespondenzen läßt vermuten und die Untersuchung der Abelschen Integrale bestätigt es jedenfalls für kleine Transformationszahlen, daß auch in diesem Falle die Modularkorrespondenz zwischen x und y sich durch nur eine Gleichung rein darstellt. Die fundamentalen Invarianten, aus denen sich die linke Seite der betreffenden Gleichung zusammensetzt, gestalten sich dann freilich wesentlich anders. Sei beispielsweise $n = 21$. Wir setzen:

$$Z = \varkappa\lambda + \varkappa'\lambda' - 1,$$

$$(76)\quad V = -(\sqrt{\varkappa\lambda'} + \sqrt{\varkappa'\lambda})\sqrt[4]{\varkappa\varkappa'\lambda\lambda'} + (\sqrt{\varkappa'} - \sqrt{\lambda'})\sqrt[4]{\varkappa'\lambda'} - (\sqrt{\varkappa} - \sqrt{\lambda})\sqrt[4]{\varkappa\lambda},$$

und finden zur Darstellung der Modularkorrespondenz:

$$(77)\qquad\qquad Z - 2V = 0.$$

Analog kommt für $n = 35$ die Gleichung:

$$(78)\qquad\qquad Z_1^3 - 8Z_1Z_2 + 8Z_3 + 4W = 0,$$

wo Z_1, Z_2, Z_3, W folgende Invarianten bedeuten:

$$(79)\quad
\begin{cases}
Z_1 = \sqrt{\varkappa\lambda} + \sqrt{\varkappa'\lambda'} - 1,\\
Z_2 = \sqrt{\varkappa\varkappa'\lambda\lambda'} - \sqrt{\varkappa\lambda} - \sqrt{\varkappa'\lambda'},\\
Z_3 = -\sqrt{\varkappa\varkappa'\lambda\lambda'},\\
W = -(\varkappa\lambda' + \varkappa'\lambda)\sqrt[4]{\varkappa\varkappa'\lambda\lambda'} + (\varkappa' - \lambda')\sqrt[4]{\varkappa'\lambda'} - (\varkappa - \lambda)\sqrt[4]{\varkappa\lambda}.
\end{cases}$$

XCII. Neue Untersuchungen über elliptische Funktionen und Modulfunktionen. Zweiter Bericht[1]).

[Math. Annalen, Bd. 26 (1885/86).]

Vor nun anderthalb Jahren richtete ich im Anschluß an meine Vorlesungen die Übungen meines Seminars auf die Theorie der elliptischen Funktionen, insbesondere der elliptischen Modulfunktionen, um so eine Reihe von Problemen, die mir von meiner früheren Beschäftigung mit der genannten Theorie her geläufig waren, zur Bearbeitung und gleichförmigen Erledigung zu bringen. Von den Untersuchungen, welche aus diesem Anlasse entstanden sind, haben einige wenige in den Mathematischen Annalen Aufnahme gefunden (vgl. Morera: *Über einige Bildungsgesetze in der Theorie der Teilung und der Transformation der elliptischen Funktionen*, Bd. 25 (1885) und zwei Aufsätze von Pick in Bd. 25 und 26 (1885/86): *Über die komplexe Multiplikation der elliptischen Funktionen*); die anderen sind in den Schriften der K. Sächsischen Gesellschaft der Wissenschaften erschienen oder werden binnen kurzem als Dissertationen veröffentlicht werden. Es ist Gefahr vorhanden, daß diese letzteren Arbeiten der Beachtung des mathematischen Publikums mehr oder minder entgehen, und es schien mir also zweckmäßig, an gegenwärtiger Stelle ein zusammenhängendes Referat über dieselben zu erstatten.

Ich will dabei den Gesamtstoff von vornherein auf zwei Abschnitte verteilen. — Einmal nämlich handelte es sich um die weitere Durchführung jenes Programms einer reinen Theorie der elliptischen Modulfunktionen, welches sich aus meinen Untersuchungen in den Bänden 14 und 15 der Math. Annalen (1878/79) [= Nr. LXXXII bis LXXXVI des vorliegenden Bandes] entwickelt hat, andererseits aber um die Aufgabe, die betreffenden Überlegungen mit der eigentlichen Theorie der elliptischen Funktionen, insbesondere mit den Fundamentalformeln, wie sie Weierstrass in seinen Vorlesungen zu geben pflegt, in Verbindung zn bringen.

---

[1]) [Vgl. die Fußnote [1]) auf S. 255 des vorliegenden Bandes.]

In ersterer Hinsicht muß ich voranstellen, daß in der Note „*Zur [Systematik der] Theorie der elliptischen Modulfunktionen*", welche ich im Dezember 1879 der Münchener Akademie vorlegte[2]) und auf die ich mich wiederholt zu beziehen habe, nur ein *Teil* des in Rede stehenden Programms niedergelegt ist. Ich beschränke mich dort durchaus auf Modulfunktionen im engeren Sinne, d. h. auf Funktionen des Periodenverhältnisses ω, während die weitergehende Untersuchung durchaus verlangt, Modul*formen*, d. h. homogene Funktionen der Perioden ω_1, ω_2 in Betracht zu ziehen. Man kann sich das Verhältnis etwa in der Weise vorstellen, daß die Riemannschen Methoden, welche ich damals voranstellte, (die Konstruktion und Diskussion der Fundamentalpolygone usw.) die zuerst erforderliche Vorarbeit leisten, während die feinere Ausbildung der Betrachtungen und die Durchführung auch in komplizierten Fällen der formentheoretischen Behandlung vorbehalten bleiben muß, — beide beherrschend aber die gruppentheoretische Auffassung (die Stufeneinteilung usw.) das oberste Einteilungsprinzip abgibt. Ich möchte mit Rücksicht hierauf insbesondere auf die Hurwitzsche Abhandlung im 18. Bande der Mathematischen Annalen (1881) verweisen (*Grundzüge einer independenten Theorie der elliptischen Modulfunktionen usw.*). Man beachte namentlich, wie dort (in § 9 des ersten Teiles) der Übergang von der Modulfunktion der ersten Stufe, die ich J nenne, zu den Modulformen derselben Stufe, d. h. zu g_2 und g_3, gefunden wird, indem $\dfrac{dJ}{d\omega}$ als Durchgangspunkt dient.

Die ersten Arbeiten, über welche ich nunmehr zu berichten habe, machen übrigens von dem Begriffe der Modulform nur beiläufigen Gebrauch und basieren dementsprechend in der Hauptsache auf der Diskussion algebraischer Funktionen im Riemannschen Sinne.

Ich referiere zunächst über die Untersuchungen von Herrn Fricke[3]). Bekanntlich ergibt die Betrachtung der Kreisbogendreiecke der ω-Ebene und der aus ihnen gebildeten Fundamentalpolygone, daß für $n = 2, 3, 4, 5$ sich sämtliche Modulfunktionen der zugehörigen Stufe rational je durch einen Hauptmodul darstellen lassen, welcher, wenn man J als gegeben ansieht, bzw. mit einer der durch die regulären Körper definierten Irrationalitäten, nämlich der Dieder-, Tetraeder-, Oktaeder- und Ikosaeder-Irrationalität, koinzidiert. Denselben Ansatz habe ich dann in meinen früheren Arbeiten auch noch für die Fälle $n = 7$ und $n = 11$ in Anwendung gebracht, wobei sich aber

---

[2]) Dieselbe ist in Bd. 17 der Math. Annalen [und im vorliegenden Bande unter Nr. LXXXVII, S. 169 ff.] abgedruckt.

[3]) Siehe meine noch öfter zu nennende Notiz in den Berichten der K. Sächs. Ges. d. Wiss. vom 2. März 1885: „*Neue Untersuchungen über elliptische Modulfunktionen der niedersten Stufen.*" [Vorstehend mit etwas verändertem Titel als Nr. XCI abgedruckt.]

eine steigende Komplikation einstellte, so daß die Leistungsfähigkeit der Methode auf kleine Stufenzahlen beschränkt erscheint. Um so wünschenswerter mußte es sein, die kleinen Werte von n nun auch sämtlich in dem angedeuteten Sinne diskutiert zu sehen. Dies ist, was Herr Fricke für $n = 6$, 8, 16 und neuerdings auch bei $n = 10$ ausgeführt hat[4]). Es handelt sich dabei selbstverständlicherweise in jedem Falle um Definition solcher einfachster algebraischer Funktionen der Invariante J, durch welche sich alle anderen Funktionen derselben Stufe rational darstellen lassen. Herr Fricke hat dabei seine Aufgabe so gefaßt, daß er es unternahm, alle Moduln der genannten Stufen, welche in der ausgedehnten hierhergehörigen Literatur als wesentlich vorkommen, explizit auf die Fundamentalgrößen zurückzuführen. So finden sich hier in die modernen Anschauungen eingeordnet insbesondere jene Relationen über dritte und fünfte Teilwerte der Thetafunktionen, welche man im Anschlusse an den Gaussischen Nachlaß neuerdings vielfach behandelt hat[5]).

Ich wende mich ferner zu den Untersuchungen der Herren Friedrich und E. Fiedler[6]). Dieselben beziehen sich auf die Theorie der *Modulargleichungen* in dem allgemeinen Sinne, wie ich dieselbe in meiner soeben genannten Münchener Note skizziert habe, und knüpfen an eine dort gegebene Bemerkung an, vermöge deren bei zweckmäßiger Wahl der zugrunde zu legenden Moduln Überlegungen *invariantentheoretischer Natur* bei Aufstellung der Modulargleichungen am Platze sind. Herr Friedrich hat in diesem Sinne die Modulargleichungen der regulären Körper behandelt. Es seien λ, a, o, η die Benennungen für Doppelverhältnis, Tetraeder-, Oktaeder- und Ikosaeder-Irrationalität; mit λ', a', o', η' bezeichnen wir die transformierten Werte. Die linke Seite der Modulargleichung muß dann eine solche ganze rationale Funktion von λ und λ', usw., sein, daß sie bei gewissen linearen Substitutionen, denen λ und λ' simultan zu unterwerfen sind, bis auf einen Faktor ungeändert bleibt. Hieraus nun leitet man durch rein algebraische Überlegungen ab, daß die linke Seite der Modulargleichung eine ganze Funktion einiger charakteri-

---

[4]) Die betreffenden Resultate sollen im Zusammenhange in der demnächst erscheinenden Leipziger Dissertation d. Verf. veröffentlicht werden. [= Robert Fricke, *Über Systeme elliptischer Modulfunktionen von niederer Stufenzahl.* — Gedruckt in Braunschweig bei Vieweg 1886].

[5]) [Siehe Gauss' Werke, Bd. 3, S. 470 ff. und z. B. Göring in Bd. 7 der Math. Annalen (1874).]

[6]) Vgl. wieder die schon genannte Note in den Berichten d. K. Sächs. Ges. d. Wiss. oder auch die bezüglichen, demnächst erscheinenden Leipziger Dissertationen. [= Georg Friedrich, *Die Modulargleichungen der Galoisschen Moduln der 2. bis 5. Stufe.* — Gedruckt in Greifswald bei Kunike 1886. — Ernst Wilhelm Fiedler, *Über eine besondere Klasse irrationaler Modulargleichungen der elliptischen Funktionen.* — Gedruckt in Zürich bei Zürcher und Furrer 1886].

stischer Verbindungen von λ, λ' usw. sein wird, wodurch die wirkliche Berechnung der Modulargleichungen auch bei höheren Transformationsgraden auf die Auswertung relativ weniger Zahlenkoeffizienten zurückgeführt ist. Herr Friedrich gibt — unter Beschränkung auf solche Transformationsgrade, welche bzw. zu 2, 3, 4, 5 relativ prim sind — für λ, a, o, η die Durchführung dieser Theorie und als Beleg jeweils eine Zahl ausgerechneter Beispiele. Dabei liegt ein interessanter Vergleichspunkt in dem Umstande, daß die Modulargleichungen für λ, λ' in den Fällen $n = 3$ und $n = 5$ schon in Jacobis Fundamenten (1829) [= Gesammelte Werke, Bd. 1, S. 122/123] auftreten, wo sie „non sine calculo prolixo" abgeleitet werden (wie Jacobi dies selbst ausdrückt), während jetzt die empirische Berechnung je eines Zahlenkoeffizienten genügt. — Ganz ähnliche Bemerkungen sind hinsichtlich der Arbeit des Herrn E. Fiedler am Platze. Es handelt sich bei Herrn E. Fiedler nicht um Modulargleichungen im engeren Sinne, sondern um *Modularkorrespondenzen* und zwar insbesondere um diejenigen, welche zwischen $x = \sqrt[8]{\lambda}$, $y = \sqrt[8]{1-\lambda}$ einerseits und den transformierten Werten dieser Größen, die x', y' heißen mögen, bestehen. In meiner wiederholt genannten Münchener Note hatte ich die Frage offen gelassen, wie man eine solche Korrespondenz in jedem Falle algebraisch vollständig darzustellen habe, so daß hier in der Theorie eine wesentliche Lücke blieb, welche erst durch die neueren Untersuchungen von Herrn Hurwitz ausgefüllt worden ist[7]). An letztere Untersuchungen anknüpfend leitet Herr E. Fiedler den Satz ab, daß im Falle des von ihm betrachteten Modulsystems zur Darstellung der Modularkorrespondenz außer den selbstverständlichen Relationen $x^8 + y^8 = 1$, $x'^8 + y'^8 = 1$ immer eine Gleichung genügt, sobald der Transformationsgrad n (den Herr E. Fiedler der Einfachheit halber durchweg als ungerade voraussetzt) entweder selbst von der Gestalt $8\varkappa + 7$ ist oder einen in ungerader Potenz vorkommenden Primfaktor von der Gestalt $8\varkappa + 7$ hat. Er entwickelt ferner, daß man diese eine Gleichung immer so auswählen kann, daß sie bei gewissen ternären linearen Substitutionen, denen einerseits x, y, andererseits (und zwar gleichzeitig) x', y' zu unterwerfen sind, ungeändert erhalten bleibt, und zeigt endlich, daß infolge der genannten Eigenschaft die linke Seite der Gleichung als ganze Funktion bestimmter, aus x, y, x', y' zusammengesetzter Ausdrücke sich aufbauen läßt. Die einfachste hierhergehörige Gleichung ist die bekannte, welche Gützlaff [Crelles Journal, Bd. 12 (1834)] für den siebenten Transformationsgrad gab:

$$xy + x'y' = 1;$$

---

[7]) Siehe insbesondere dessen Mitteilung in den Göttinger Nachrichten von 1883: „*Zur Theorie der Modulargleichungen*". [Die weiteren hierher gehörigen Untersuchungen von Hurwitz sind auf S. 175, Fußnote [8]) genannt.]

Herr E. Fiedler steigt mit den von ihm durchgerechneten Beispielen bis zu den Transformationsgraden 55, 71, 79 auf, ohne dabei übermäßig lange numerische Rechnungen zu gebrauchen[8]).

Dem Gegensatze entsprechend, der soeben zwischen Modulfunktionen und Modulformen gefunden wurde, treten an Seite der Modulargleichungen die *Multiplikatorgleichungen*. Unter einem *Multiplikator* verstehe ich überhaupt einen Quotienten, dessen Zähler der transformierte Wert einer Modulform ist, während der Nenner durch den anfänglichen Wert der Modulform gegeben wird. Der Multiplikator ist also zunächst Modul*funktion* und dementsprechend stellen sich die Koeffizienten der Multiplikatorgleichung zuvörderst ebenfalls als Modulfunktionen dar. Wenn wir dann aber hinterher mit einer geeigneten Potenz der im Nenner des Multiplikators stehenden Modulform heraufmultiplizieren, so verwandelt sich die Multiplikatorgleichung in eine solche, *welche den transformierten Wert einer Modulform von den gegebenen Werten irgendwelcher anderer Modulformen abhängig macht*. Eben hierin nun erblicke ich die innere Bedeutung der Multiplikatorgleichungen[9]).

Dem Gesagten zufolge gibt es so viele Multiplikatorgleichungen, als es Modulformen gibt, für die eine Transformationstheorie existiert. Die Jacobischen Multplikatorgleichungen, sowie die anderen, die ich Multiplikatorgleichungen erster Stufe nenne[10]), sind nur die ersten einfachen Beispiele.

Herr Biedermann[11]) hat nun insbesondere diejenigen Multiplikatorgleichungen untersucht, welche durch Betrachtung der *Teilwerte der Weierstrassischen* σ-*Funktion* erwachsen. Ich verstehe unter letzteren, wenn s eine beliebig gegebene Zahl bezeichnet, die folgenden Größen[12]):

$$\sigma_{\lambda,\mu}(\omega_1, \omega_2) = - e^{\frac{-(\lambda\eta_1 + \mu\eta_2)(\lambda\omega_1 + \mu\omega_2)}{2s^2}} \cdot \sigma\left(\frac{\lambda\omega_1 + \mu\omega_2}{s} \,\Big|\, \omega_1, \omega_2\right),$$

wo dann, unter n den Transformationsgrad, unter a, b, c, d vier ganze Zahlen von der Determinante $ad - bc = n$ verstanden, als Wurzeln der Multiplikatorgleichung die folgenden Quotienten genommen werden müssen:

$$x_{\lambda,\mu} = \frac{\sigma_{\lambda,\mu}(a\omega_1 + b\omega_2, c\omega_1 + d\omega_2)}{\sigma_{\lambda,\mu}(\omega_1, \omega_2)}.$$

---

[8]) [Vgl. die in Nr. XCI, S. 272 mitgeteilten Schlußformeln.]

[9]) [Vgl. meine oben aus Math. Annalen, Bd. 15 (1878/79) abgedruckte Note, Nr. LXXXV im vorliegenden Bande, sowie die daselbst gegebenen Zitate. K.]

[10]) [Vgl. wieder die unter [9]) genannte Note Nr. LXXXV.]

[11]) Berichte der K. Sächs. Ges. d. Wiss. vom 4. Mai 1885. (Der Inhalt dieser Note soll wieder in einer Leipziger Dissertation besonders ausgeführt werden.) [= Paul Biedermann, *Über Multiplikatorgleichungen höherer Stufe im Gebiete der elliptischen Funktionen.* — Gedruckt in Greifswald bei Kunike 1887.]

[12]) [Vgl. Abh. XC, S. 204 im vorliegenden Bande.]

Indem Herr Biedermann die Zahl s insbesondere gleich 2, 3, 4 setzt und dann, der Einfachheit halber, den Transformationsgrad n zu 2, bez. zu 3, relativ prim nimmt, bestimmt er mit Hilfe der zugehörigen in der ω-Ebene gelegenen Fundamentalpolygone die Form der entstehenden Multiplikatorgleichungen und ist dadurch in der Lage, für niedere Transformationsgrade die Schlußformeln fast ohne Rechnung hinzuschreiben. Die Bedeutung dieser Untersuchungen soll wieder nicht nur in der Erledigung eines einzelnen Falles beruhen, sondern in dem methodischen Fortschritte, der mit ihnen für alle ähnlichen Probleme, insbesondere auch für die Theorie der Jacobischen Multiplikatorgleichungen, gegeben erscheint. —

Indem ich mich nunmehr zum zweiten Teile meines Referates wende, gedenke ich zunächst der Untersuchungen des Herrn Nimsch. Die Perioden ω_1, ω_2, η_1, η_2 der elliptischen Integrale erster und zweiter Gattung lassen sich bekanntlich, wie Herr Bruns zuerst hervorhob[13]), aus den Invarianten g_2, g_3 durch hypergeometrische Reihen berechnen. Inzwischen fehlte es bislang an einer zusammenhängenden Darstellung der Theorie unter Heranziehung derjenigen Anschauungen, welche Riemann der Theorie der hypergeometrischen Funktionen zugrunde gelegt hat[14]). Eben hier hat Herr Nimsch eingesetzt und den Gegenstand so weit gefördert, daß seine Untersuchungen, die demnächst publiziert werden sollen, mit einer Tabelle numerischer Werte abschließen[15]).

Ich erwähne ferner die Untersuchungen von Herrn Molien[16]). Die achte Einheitswurzel, welche in der Theorie der unendlich vielen Formen der Funktion Θ auftritt, kann bekanntlich vom Weierstrassischen Standpunkte aus auf die Änderungen zurückgeführt werden, welche die achte Wurzel aus der Diskriminante $\Delta = g_2^3 - 27\,g_3^2$ bei linearer Transformation der Perioden erfährt. Statt $\sqrt[8]{\Delta}$ wird man dann lieber gleich $\sqrt[24]{\Delta}$ in Be-

---

[13]) *Über die Perioden der elliptischen Integrale erster und zweiter Gattung* (Dorpater Festschrift 1875) [wieder abgedruckt in Bd. 27 der Math. Annalen (1886), S. 234 ff.] vgl. auch meine Darstellung in Bd. 14 der Math. Annalen (1879/80) [= Abh. LXXXII, S. 26 ff. im vorliegenden Bande].

[14]) *Beiträge zur Theorie der durch die Gaussische Reihe darstellbaren Funktionen* (1857). Es ist übrigens bemerkenswert, daß Riemann in dieser Abhandlung (vgl. S. 77 der Werke (2. Aufl.)) unter den rationalen Transformationen, welche unter Umständen eine gegebene P-Funktion in eine neue P-Funktion überführen, bereits folgende angibt: $y = \dfrac{4}{27}\dfrac{(1 - x + x^2)^3}{x^2\,(1 - x)^2}$, die genau dem Übergange vom Doppelverhältnisse $\lambda = x$ zur absoluten Invariante $J = y$ entspricht, so daß man annehmen darf, Riemann habe die Abhängigkeit der ω_1, ω_2 von J ihrem Wesen nach sehr wohl gekannt.

[15]) [Paul Nimsch, *Über die Perioden der elliptischen Integrale I. und II. Gattung als Funktionen der rationalen Invarianten*. Dissertation, Leipzig (1886). — Gedruckt in Leipzig bei Naumann 1886.]

[16]) Berichte d. K. Sächs. Ges. d. Wiss. vom 12. Januar 1885.

tracht ziehen, welches in gewissem Sinne die eigentliche fundamentale Größe ist, die freilich ihrerseits (wie Jacobi gelegentlich in den Fundamenten bemerkt) durch Heranziehen einer Transformation dritter Ordnung auf die Θ-Funktion und also wieder auf $\sqrt[8]{\Delta}$ zurückgeführt werden kann. Herr Molien hat nun den Faktor, um welchen sich $\sqrt[24]{\Delta}$ bei linearer Transformation der Perioden ändert, in der Weise bestimmt, daß er von der Eulerschen Reihenentwicklung für $\Pi(1 - q^{2r})$ ausging und auf diese das Cauchysche Verfahren der Reihenvergleichung anwandte[17]). Die Gestalt, welche Herr Molien den Schlußformeln gibt, entspricht genau derjenigen, welche Henri John Stephen Smith bei der Transformation der Θ-Funktion zur Geltung bringt[18]) und die in mancher Hinsicht der von Hermite gewählten Form vorzuziehen sein dürfte. Ich will übrigens nicht unerwähnt lassen, daß eben die Änderungen von $\sqrt[24]{\Delta}$ in neuerer Zeit auch von anderer Seite untersucht worden sind, so von Herrn Weber im 6. Bande der Acta Mathematica (1885) auf arithmetischem Wege und von Herrn Kiepert in Bd. 26 der Math. Annalen (1885/86) vermöge der Hermiteschen Methode[19]).

Herr Engel hat eine andere Spezialfrage zur Beantwortung gebracht[20]). Abel bemerkt in seinem *Précis d'une théorie des fonctions elliptiques*[21]), daß zwischen den n-ten Teilwerten der von ihm betrachteten elliptischen Funktionen lineare Identitäten bestehen, deren Koeffizienten n-te Einheitswurzeln sind, eine Behauptung, welche dann später von den Herren Sylow und Kronecker ausführlich begründet und weiter verfolgt worden ist[22]). Man wird fragen, was aus diesen Relationen wird, wenn man durchweg die Weierstrassischen Funktionen $\wp(u)$, $\wp'(u)$ einführt. Man könnte

---

[17]) Cauchy im Bulletin de la Société Philomatique von 1817.

[18]) Reports of the British Association for the Advancement of Science, Bd. 35 (1865): *Report VI on the Theory of Numbers* (vgl. insbesondere S. 329). [= Collected mathematical papers, vol. I, S. 297].

[19]) Vom Standpunkte einer reinen Theorie der elliptischen Funktionen aus liegt die Schwierigkeit (oder das Charakteristische) der in Rede stehenden Untersuchungen darin, daß $\sqrt[24]{\Delta}$ und $\sqrt[8]{\Delta}$ keine *eindeutigen* Funktionen von ω_1, ω_2 sind, sondern nur *unverzweigte* Funktionen der Größen, welche erst durch eine willkürliche Festsetzung (durch Ziehen eines Querschnittes im Gebiete der ω_1, ω_2) zu eindeutigen Funktionen gemacht werden können. Bei $\sqrt[12]{\Delta}$ ist es noch anders und es kann also die elegante Behandlung, welche Herr Hurwitz in seiner öfter genannten Abhandlung (Bd. 18 der Math. Annalen (1881), siehe insbesondere S. 564—566 daselbst) der $\sqrt[12]{\Delta}$ zuteil werden läßt, nicht ohne weiteres auf die anderen Wurzeln übertragen werden.

[20]) Berichte der K. Sächs. Ges. d. Wiss. vom 31. Juli 1884.

[21]) [Crelles Journal, Bd. 4 (1829) = Oeuvres complètes, vol. I., S. 523, Nr. 6 (Ausgabe von Sylow und Lie).]

[22]) Sylow in den Verhandlungen der Akademie von Christiania, 1864 und 1871, Kronecker in den Berliner Monatsberichten, 1875 und 1876.

hier Komplikationen erwarten; indes sind die Formeln, welche Herr Engel findet, ebenso einfach wie die früheren, auf die älteren Funktionen bezüglichen. Schreiben wir der Kürze halber $\wp_{\lambda\mu}$, $\wp'_{\lambda\mu}$ für $\wp\left(\frac{\lambda\omega_1+\mu\omega_2}{n}\right)$, $\wp'\left(\frac{\lambda\omega_1+\mu\omega_2}{n}\right)$ und ε für $e^{\frac{2i\pi}{n}}$, so lauten die von Herrn Engel gefundenen Relationen für $\lambda = 0, 1, \ldots, (n-1)$:

$$\sum_{\lambda=0}^{n-1} \frac{\varepsilon^{2\lambda\mu}}{\wp'_{\lambda,\mu}} = 0, \qquad \sum_{\lambda=0}^{n-1} \frac{\varepsilon^{2\lambda\mu}\cdot\wp_{\lambda\mu}}{\wp'_{\lambda,\mu}} = 0 \,.\,^{23})$$

Eine [24]) weitere naheliegende Aufgabe, betreffs der ich in meinem Aufsatz „*Über gewisse Teilwerte der Θ-Funktion*", Math. Annalen Bd. 17 (1881) = Abh. LXXXIX im vorliegenden Bande] bereits einige Andeutungen machte[25]), die ich aber in meiner, die Gedanken dieses Aufsatzes fortführenden Abhandlung über elliptische Normalkurven [= Abh. XC im vorliegenden Bande] nicht weiter in Betracht gezogen habe, ist die, den Zusammenhang der z_α, A_α mit der Invariante J, bez. g_2, g_3 genauer zu studieren. Es geschieht dies vielleicht am zweckmäßigsten derart, daß die Ansätze verallgemeinert werden, die ich in den Bänden 14, 15 dieser Annalen für $n = 5, 7, 11$ gegeben habe. Die Moduln z_α usw. erscheinen dann schließlich als die Lösungen bestimmter *Formenprobleme*[26]), deren Koeffizienten sich aus g_2, g_3 aufbauen. Inzwischen dürfte eine Durchführung dieses Gedankens schwierig sein. Einfacher ist es jedenfalls, zunächst die Größe A_0 von g_2, g_3 durch die Multiplikatorgleichung erster Stufe abhängig zu machen (wegen dieser Gleichung siehe oben S. 278), dann A_0 zu adjungieren und zuzusehen, wie sich unter dieser Voraussetzung die z_α, bez. die A_α berechnen, was der Theorie zufolge durch Wurzelzeichen gelingen muß. In zwei neuerdings erschienenen Noten hat Herr Morera den hiermit bezeichneten Gedanken wenigstens in allgemeinen Zügen durchgeführt[27]).

---

[23]) [Der seinerzeit von mir gewählte Weg zur Ableitung dieser Relationen ist skizziert in Fußnote [87]) von Abh. XC, S. 235/236 im vorliegenden Bande. K.]

[24]) [Hier ist beim Wiederabdruck ein Absatz des Originals, der ein Selbstreferat betreffend die Abhandlung „*Über die elliptischen Normalkurven n-ter Ordnung usw.*" enthielt, fortgelassen worden, da diese selbst als Nr. XC im vorliegenden Bande abgedruckt ist.]

[25]) Indem ich nämlich die „Kurven" der z_α, A_α in Betracht zog, ihre Ordnung bestimmte usw.

[26]) Wegen dieser Ausdrucksweise siehe mein „Ikosaederbuch" (Leipzig 1884), insbesondere S. 123—126 daselbst [oder Abh. LIV in Bd. 2 dieser Ausgabe, S. 395 ff.]

[27]) *Zur Transformation und Teilung der elliptischen Funktionen*, Berichte d. K. Sächs. Ges. d. Wiss. vom 1. Juni 1885; *Intorno alla risoluzione di certe equazioni modulari*, Rendiconti dell' Istituto Lombardo, ser. 2, vol. 28, fasc. 13 (1885).

Ich kann dieses Referat nicht schließen, ohne die Untersuchungen wenigstens genannt zu haben, welche Herr Hurwitz im Zusammenhange mit meinen eigenen Bestrebungen neuerdings ebenfalls in den Berichten der K. Sächs. Ges. d. Wiss. veröffentlicht hat[28]). Die Zwecke, welche Herr Hurwitz bei ihnen verfolgt, sind durch die Titel der Arbeiten hinreichend angedeutet. Ich möchte aber ausdrücklich auf die Methode aufmerksam machen, deren sich der Verf. zur Erreichung seiner Zielpunkte bedient, insofern dieselbe an sich hervorragendes Interesse beanspruchen dürfte. Dieselbe besteht darin, die *überall endlichen Integrale*, welche zur n-ten Stufe gehören, als Funktionen von ω wirklich aufzustellen und eingehend zu diskutieren.

Zum Schlusse will ich noch einer anderen Arbeit gedenken, die, aus meinen Seminarübungen hervorgegangen, allerdings nicht direkt die Theorie der elliptischen Modulfunktionen, aber doch die eng verwandte Lehre von den Irrationalitäten der regulären Körper betrifft. In seiner Dissertation[29]) entwickelt Herr O. Fischer vielseitige Methoden, um das Elementardreieck des Ikosaeders auf die anderen von den Symmetriebögen derselben Konfiguration umgrenzten sphärischen Dreiecke konform abzubilden, was jedesmal mit Hilfe algebraischer Funktionen gelingen muß. Insbesondere ist es interessant, daß die algebraischen Funktionen in gewissen Fällen rational werden, wo dann die Bestimmung der Koeffizienten der rationalen Funktionen in ähnlicher Weise durch Hilfsmittel der Invariantentheorie abgekürzt werden kann, wie dies in der Theorie der Modulargleichungen in den oben besprochenen Fällen gelang.

Leipzig, den 17. September 1885.

---

[28]) Berichte vom 15. Dezember 1884: *Über Relationen zwischen Klassenzahlen binärer quadratischer Formen von negativer Determinante*, sowie Berichte vom 4. Mai 1885: *Über die Klassenzahlrelationen und Modularkorrespondenzen primzahliger Stufe.* [Vgl. die weiteren Zitate auf S. 175 des vorliegenden Bandes.]

[29]) *Konforme Abbildung sphärischer Dreiecke aufeinander mittels algebraischer Funktionen* (Leipzig 1885). [Von dieser Arbeit war bereits auf S. 317, 346, 582 des zweiten Bandes dieser Gesamtausgabe und auf S. 63 des vorliegenden Bandes die Rede.]

XCIII. Über die Komposition der binären quadratischen Formen.

[Nachrichten von der Königl. Gesellschaft der Wissenschaften zu Göttingen. Mathematisch-physikalische Klasse (1893). Heft 2. Vorgelegt in der Sitzung vom 14. Januar 1893.]

Bekanntlich kann man nach Gauss jede positive binäre quadratische Form $(ax^2 + bxy + cy^2)$ [1]) geometrisch durch ein parallelogrammatisches Gitter interpretieren. Man konstruiere sich nämlich ein Parallelogramm, welches die Seitenlängen $\sqrt{a}$ und $\sqrt{c}$ und zwischen diesen eingeschlossen einen Winkel besitzt, dessen Kosinus gleich $\dfrac{b}{2\sqrt{ac}}$ ist; von diesem entsteht dann das Gitter durch allseitige Aneinanderreihung kongruenter Parallelogramme. Sei (x, y) derjenige Eckpunkt des Gitters, welcher nach x-maliger Durchlaufung der Seite $\sqrt{a}$ und y-maliger Durchlaufung der Seite $\sqrt{c}$ erreicht wird; derselbe hat dann vom Punkte $(0, 0)$ eine Entfernung, deren Quadrat gleich $ax^2 + bxy + cy^2$ ist; eben hierin besteht die Gaussische Interpretation von f, d. h. die Interpretation aller Werte, welche f für ganzzahlige Werte der x, y annehmen kann [2]). Des weiteren werden wir jetzt die Seiten unseres Gitters wegnehmen und einzig das System seiner Eckpunkte beibehalten. Dasselbe läßt sich dann, wie man weiß, auf unendlich viele Weisen parallelogrammatisch ordnen und vertritt dadurch nicht nur die ursprüngliche Form f, sondern ebensowohl alle mit ihr äquivalente Formen. Wir werden sagen dürfen, daß die ganze Klasse äquivalenter Formen durch das bezügliche *Punktgitter* repräsentiert sei. Endlich beziehen wir dieses Punktgitter noch auf ein rechtwinkliges Koordinatensystem, dessen Anfangspunkt in den Gitterpunkt $(0, 0)$ fällt, während die Richtung seiner Achsen unter irgendwelchem Azimut φ gegen

---

[1]) In Übereinstimmung mit den Entwicklungen von Herrn Weber lasse ich hier die 2 beim xy weg und bezeichne $b^2 - 4ac$ nicht als Determinante, sondern als Diskriminante der Form.

[2]) [Siehe Gauss' Recension eines Buches von Seeber über ternäre quadratische Formen in den Göttingischen gelehrten Anzeigen vom Juli 1831, abgedruckt in Gauss' Werken, Bd. 2, S. 188 ff. Vgl. ferner das Fragment: *Geometrische Seite der ternären Formen* in Bd. 2 von Gauss' Werken, S. 305 ff.]

das Gitter orientiert sein mag. Die einzelnen Gitterpunkte stellen uns dann komplexe Zahlen der folgenden Gestalt dar:

$$e^{i\varphi}\cdot\left\{\sqrt{a}\cdot x+\frac{b+\sqrt{b^2-4\,ac}}{2\sqrt{a}}\cdot y\right\}.$$

Bis hier enthält unser Ansatz noch nichts Neues und unterscheidet sich nur dadurch von der ·gewöhnlichen Einführung komplexer [ganzer] Zahlen [in die Kompositionstheorie], daß wir durch Heranziehen der Irrationalität $\sqrt{a}$ und des beliebigen Azimuts $e^{i\varphi}$ ·aus dem Kreise der durch $\sqrt{b^2-4\,ac}$ unmittelbar gegebenen ganzen Zahlen heraustreten. Nun aber betrachte man die ·verschiedenen Klassen primitiver Formen, welche dieselbe Diskriminante besitzen, nebeneinander. Ich will deren Zahl mit h benennen und übrigens die Benennung Hauptform usw. auf die zugehörigen Punktgitter übertragen. Meine Behauptung ist, *daß man die h Gitter* (die alle vom Koordinatenanfangspunkte auslaufen mögen) *derart durch Wahl geeigneter Azimute φ gegen das Koordinatensystem orientieren kann, daß die Sätze von der Komposition der Formen unmittelbar geometrisch hervortreten.* Irgend zwei der durch unsere Gitter vorgestellten komplexen Zahlen ergeben nämlich ·(bei richtiger Lage der Gitter) miteinander multipliziert immer wieder einen Gitterpunkt, und zwar gehört der so entstehende Gitterpunkt gerade derjenigen Formenklasse an, welche aus den beiden Klassen, denen die anfänglichen Zahlen entnommen wurden, komponiert ist. — Insbesondere mögen wir dabei unsere Aufmerksamkeit auf das Hauptgitter richten. Dasselbe erhält bei unserer Anordnung eine symmetrische Lage gegen das Koordinatensystem; seine komplexen Zahlen sind also keine anderen, als diejenigen, die man ohnehin in der Theorie der quadratischen Körper von der Diskriminante $(b^2-4\,ac)$ betrachtet. Für sie gewinnt denn die Lehre von der Zerlegung in ideale Faktoren ihre unmittelbare Bedeutung. *Die idealen Faktoren decken sich einfach mit den durch die Nebengitter vorgestellten komplexen Zahlen.*

Zum Beweise dieser Angaben sind nicht etwa neue Entwicklungen nötig, vielmehr genügt es, die Formeln, welche Dirichlet und Dedekind für die Theorie der Komposition gegeben haben, nach ihrer geometrischen Bedeutung aufzufassen. Trotzdem scheinen mir die vorstehenden Sätze nach mehreren Seiten einen Fortschritt vorzustellen. Ich will hier nur auf ihre Verwendung in der Theorie der komplexen Multiplikation der elliptischen Funktionen hinweisen. Indem wir in der Ebene unserer h orientierten Gitter die Werte einer komplexen Variabelen w ausgebreitet denken, definiert uns jedes der Gitter eine besondere Klasse doppeltperiodischer Funktionen von w, d. h. ein besonderes elliptisches Gebilde. Die

„Moduln" dieser Gebilde sind selbstverständlich keine anderen, als diejenigen, die man nach Kronecker als die *singulären* Moduln der betreffenden Diskriminante bezeichnet. So oft wir jetzt w mit irgendeiner der durch die Gitterpunkte gegebenen komplexen Zahlen multiplizieren, werden nicht nur die Gitter selbst, sondern auch die zugehörigen elliptischen Gebilde der Kompositionstheorie entsprechend in wechselseitige Abhängigkeit gesetzt. Die Folge ist, daß wir anschauungsmäßig erkennen, was sonst nur in indirekter Weise abgeleitet zu werden pfiegt, daß nämlich die Galoissche Gruppe der Gleichung der singulären Moduln mit der Gruppe der Komposition übereinstimmt. —

Wir mögen des weiteren fragen, ob sich unsere Theorie auf quadratische binäre Formen $ax^2 + bxy + cy^2$ von positiver Determinante übertragen läßt. Die Antwort ist, daß dies in der Tat sofort gelingt, sobald wir nur erst für die einzelne derartige Form eine geometrische Interpretation haben, welche der Gaussischen Interpretation der positiven Formen durch das Parallelgitter analog ist. Dies aber erreichen wir sofort, wenn wir die bisher betrachteten Maßverhältnisse im Parallelgitter so auffassen, wie es die projektive Geometrie lehrt, nämlich als projektive Beziehungen zu den beiden auf der unendlich fernen Geraden gelegenen imaginären „Kreispunkten". *Alles, was wir jetzt ändern, ist, daß wir diese letzteren durch irgend zwei reelle Punkte der unendlich fernen Geraden ersetzen.* Man nehme etwa die beiden Punkte, welche auf letzterer von den Linien $x \pm y = 0$ ausgeschnitten werden. Als „Entfernung" zweier Punkte (xy) und $(x'y')$ erscheint dann bekanntlich der Ausdruck

$$\sqrt{(x - x')^2 - (y - y')^2},$$

als „Winkel" der Verbindungslinien mit O der

$$\arccos \frac{xx' - yy'}{\sqrt{x^2 - y^2} \cdot \sqrt{x'^2 - y'^2}}.$$

„Drehung" um O ist eine homogene lineare Transformation von x und y, bei welcher jeder Punkt der Ebene auf einer gleichseitigen Hyperbel fortschreitet, welche die Linien $x \pm y = 0$ zu Asymptoten hat. „Parallellinien" aber sind genau so zu definieren, wie bei der gewöhnlichen Maßbestimmung, nämlich als Linien, die sich auf der unendlich fernen Geraden schneiden. — *Im Sinne der so geschilderten Maßbestimmung läßt sich nun jede indefinite Form f wieder durch ein von O auslaufendes parallelogrammatisches Gitter, jede Klasse äquivalenter f durch ein Punktgitter deuten.* Dabei bleibt die „Orientierung" des Gitters fürs erste natürlich noch unbestimmt. Die Existenz aber der unendlich vielen linearen Transformationen der indefiniten f in sich selbst findet ihr Gegenbild in dem Umstande, daß jedes solche Parallelgitter nach einer endlichen „Drehung" um O immer wieder in sich selbst übergeht. — Auch diese Angaben sind nur neu, was die zugrunde gelegte Auffassung angeht. Denn in Wirklichkeit finden sich die Parallelgitter, von denen wir sprechen, bereits in Sellings berühmten Untersuchungen über indefinite Formen[3]) zugrunde gelegt. *Der Unterschied ist nur, daß die Figuren dort in keine direkte Beziehung zu einer verallgemeinerten Maßbestimmung gesetzt sind, und daß infolgedessen ihre unmittelbare Analogie zu den Gaussischen Parallelogrammnetzen nicht hervortritt.* Diese Analogie ist aber hier das Wesentliche. Denn erst mit ihr ist der Schlüssel zur geometrischen Behandlung der zugehörigen Kompositionstheorie gegeben. Die Sache wird dann übrigens so einfach, daß es nicht nötig scheint, hier auf dieselbe noch näher einzugehen.

Zum Schlusse darf ich noch eine Bemerkung über komponierbare Formen n-ten Grades machen. Bei ihnen wird man mit Parallelepipedsystemen des n-dimensionalen Raumes arbeiten müssen. Die geometrischen Methoden, deren sich Herr Minkowski neuerdings in seinen Untersuchungen über die Theorie der algebraischen ganzen Zahlen bedient[4]), ordnen sich hier als spezieller Fall ein[5]).

---

[3]) E. Selling: *Über die binären und ternären quadratischen Formen*, Crelles Journal, Bd. 77 (1873/74), S. 143—229, insbesondere S. 152 daselbst.

[4]) H. Minkowski: *Über die positiven quadratischen Formen und über kettenbruch-ähnliche Algorithmen*, Crelles Journal, Bd. 107 (1891) [= Ges. mathematische Abhandlungen, Bd. 1, S. 243 ff.]

[5]) [Alle in dieser Note berührten Punkte sind ausführlich entwickelt in meiner autographierten Vorlesung von 1895/96 über „Ausgewählte Kapitel der Zahlentheorie", über die das nachfolgend abgedruckte Referat Nr. XCIV berichtet. K.]

XCIV. Autographierte Vorlesungshefte.

[Math. Annalen, Bd. 48 (1896/97).]

Ausgewählte Kapitel der Zahlentheorie.
(Zweistündige Vorlesung im Winter 1895/96 und Sommer 1896.) [1]

Es hat einige Jahrzehnte lang die Tendenz vorgeherrscht, zahlen theoretische Probleme möglichst abstrakt für sich, losgelöst von allen Be-ziehungen zu anderen mathematischen Disziplinen zu betrachten. Ich werde das Verdienst einer derartigen Darstellung wie insbesondere die große Leistung der dabei beteiligten Forscher gewiß nicht verkennen, glaube aber, daß der Gegenstand für zahlreiche Mathematiker durch Heranziehen geometrischer Vorstellungen und der Zusammenhänge mit Nachbargebieten zugänglicher wird. In den von F r i c k e und mir herausgegebenen *Vor-lesungen über elliptische Modulfunktionen*, auf die ich im folgenden viel-fach zurückgreifen muß, ist in diesem Sinne die Theorie der binären quadratischen Formen bereits nach verschiedenen Richtungen hin behandelt worden. Inzwischen habe ich die dort gegebene Darstellung in einer Vor-lesung, die sich zweistündig durch die beiden letzten Semester hindurchzog und über die hier berichtet werden soll, wesentlich vervollständigt. Von dieser Vorlesung soll wieder eine autographierte Ausarbeitung[1]) publiziert werden. Ich darf hier vorweg erwähnen, daß es mein besonderes Interesse war, für die *Theorie der singulären elliptischen Gebilde* eine möglichst einfache und durchsichtige Grundlegung zu geben. Insbesondere habe ich dabei Gelegenheit genommen, einen Gegenstand zur Darstellung zu bringen, der mir seit lange am Herzen lag, nämlich die Lehre von den zugehörigen singulären Werten der *Ikosaederirrationalität*. Übrigens zweifele ich nicht, daß sich die entwickelten geometrischen Methoden auch für höhere Gebiete der Zahlentheorie als nützlich erweisen sollen; es genüge, auf die mannig-fachen Zusammenhänge hinzuweisen, welche dieselben mit den von Min-

---

¹) [Die Ausarbeitung wurde hergestellt von A. S o m m e r f e l d und Ph. Furt-wängler (1896 und 1897). Ein zweiter, unveränderter Abdruck erschien 1907 (in Kommission bei B. G. Teubner).]

kowski in den bisher erschienenen Bogen[2]) seines vielversprechenden Werkes (Geometrie der Zahlen) gegebenen Ansätzen besitzen.

‑ Teil I meiner Vorlesung beginnt gleich damit, dasjenige ebene geometrische Gebilde zu schildern, welches in der Folge den meisten Betrachtungen zugrunde liegt, das *Parallelgitter* [in der Ebene]. Es handelt sich einfach um zwei Scharen unter sich äquidistanter Parallelen. Den Inbegriff der Schnittpunkte der beiden Scharen bezeichne ich kurzweg als *Punktgitter*. Es ist das also die Gesamtheit der Punkte, welche in irgendeinem x, y-Systeme ganzzahlige Koordinaten haben. Ist das Punktgitter als solches (ohne die verbindenden Parallelgeraden) vorgelegt, so gibt es auch unendlich viele Koordinatensysteme, betreffend deren es diese Eigenschaft besitzt; es ist ein erster wichtiger Satz, daß man von einem ersten solchen Systeme zu jedem anderen durch die ganzzahligen linearen Substitutionen

$$\left.\begin{aligned} x' &= \alpha x + \beta y \\ y' &= \gamma x + \delta y \end{aligned}\right\}, \quad \alpha\delta - \beta\gamma = \pm 1$$

übergeht.

Die Figur dieser Punktgitter wird nun in erster Linie dazu gebraucht, um die *Theorie der gewöhnlichen numerischen Kettenbrüche* in geometrischer Form verständlich zu machen[3]). Sei ω der Einfachheit halber eine irrationale Größe, die wir in einen Kettenbruch entwickeln wollen. Wir setzen $\omega = \dfrac{x}{y}$ und haben damit eine gerade Linie, welche vom Koordinatenanfangspunkte aus zwei entgegengesetzte Quadranten des x, y-Systems durchschneidet, ohne irgendeinen Gitterpunkt weiter zu enthalten. Ich will meine Aufmerksamkeit hier nur auf den einen Quadranten richten und die beiden Teile, in welche derselbe durch unsere Gerade zerlegt wird, kurz als X-Sektor und Y-Sektor bezeichnen. Sei jetzt vermöge gewöhnlicher Kettenbruchentwicklung:

$$\omega = \mu_1 + \cfrac{1}{\mu_2 + \cfrac{1}{\mu_3 + \dots}} \; ;$$

wir erhalten von da die Näherungspunkte:

$$\frac{p_{-1}}{q_{-1}} = \frac{0}{1}, \quad \frac{p_0}{q_0} = \frac{1}{0}, \quad \frac{p_1}{q_1} = \frac{\mu_1}{1}, \; \dots$$

allgemein:

$$\frac{p_\nu}{q_\nu} = \frac{\mu_\nu \cdot p_{\nu-1} + p_{\nu-2}}{\mu_\nu \cdot q_{\nu-1} + q_{\nu-2}} .$$

---

[2]) [Diese wurden zusammen mit einem nachgelassenen Bogen von Hilbert und Speiser im Jahre 1910 unter dem Titel „*Geometrie der Zahlen*" als Buch herausgegeben.]

[3]) [Vgl. hierzu die bereits in Bd. 2 dieser Gesamtausgabe als Nr. XLIV abgedruckte Note: *Über eine geometrische Auffassung der gewöhnlichen Kettenbruchentwicklung*, Göttinger Nachrichten 1895.]

Hier sind die p_ν, q_ν teilerfremde ganze Zahlen, die ich so im Vorzeichen fixieren will, daß der,, Näherungspunkt'' $(x, y) = (p_\nu, q_\nu)$ dem von uns ausgewählten Quadranten angehört. Die Frage wird sein; *welches das geometrische Gesetz dieser Näherungspunkte ist*, bez. *wie in der Reihenfolge dieser Punkte die Zahlen μ_ν hervortreten.* Hierauf kommt nun folgende einfache Antwort: Man denke sich die ganzzahligen Punkte (Gitterpunkte) zunächst des X-Sektors, dann des Y-Sektors, durch kleine Stifte markiert, und schlinge um das Ganze einen Faden, den man anzieht. Der Faden wird zunächst längs des begrenzten Teils der X-Achse (bez. der Y-Achse) herlaufen und dann in einen Polygonzug übergehen, welcher sich der Linie ω asymptotisch nähert. *Die Näherungspunkte (p_ν, q_ν) der Kettenbruchentwicklung sind nun nichts anderes als die Ecken dieses Polygonzuges, mit der Maßgabe, daß (p_{-1}, q_{-1}), (p_1, q_1), (p_3, q_3), $\ldots$ dem Y-Sektor, (p_0, q_0), (p_2, q_2), $\ldots$ dem X-Sektor angehören.* Man betrachte ferner die einzelne Polygonseite, welche $(p_{\nu-2}, q_{\nu-2})$ mit (p_ν, q_ν) verbindet. *Dieselbe ist parallel der Strecke, welche von 0 nach $(p_{\nu-1}, q_{\nu-1})$ führt und μ_ν-mal so lang; sie enthält also $(\mu_\nu - 1)$ Gitterpunkte in ihrem Inneren.* Hierin liegt unmittelbar die geometrische Bedeutung der μ_ν. Ich habe von da aus in meiner Vorlesung alle Einzelheiten der gewöhnlichen Kettenbruchtheorie abgeleitet und zum Teil noch vervollständigt.

So weit sind die Maßverhältnisse des Parallelgitters noch gar nicht in Betracht gekommen. Vielmehr handelte es sich um Beziehungen, die bei beliebigen *affinen* Umformungen des Gitters ungeändert bestehen bleiben; wir stehen, um es kurz zu sagen, auf dem Standpunkte der *affinen* Geometrie. Jetzt erst wenden wir uns den Betrachtungen der Maßverhältnisse zu. Aber wir tun dies in der freien Weise, daß wir ganz willkürlich eine quadratische Form geben:

$$f(x, y) = a x^2 + b x y + c y^2$$

und nun die Entfernung zweier Punkte (x, y), (x', y') durch

$$\sqrt{f(x - x', y - y')}$$

definieren. Wir erreichen dadurch, daß wir unabhängig von dem Vorzeichen der Diskriminante $D = b^2 - 4ac$ eine gleichförmige geometrische Ausdrucksweise gewinnen. Wir können geradezu sagen, *daß die Theorie einer beliebigen binären quadratischen Form in der zu ihr gehörigen Maßgeometrie unseres Gitters enthalten ist.* Insbesondere berechnen wir für das Elementarparallelogramm als Seitenlänge $\sqrt{a}$ und $\sqrt{c}$ und als Kosinus des eingeschlossenen Winkels $\dfrac{b}{2\sqrt{ac}}$. Ist $D < 0$, so sind die beiden ,,Minimalrichtungen'' $f(x, y) = 0$ imaginär. Wir können dann das Gitter so wählen, daß diese beiden Richtungen nach den gewöhnlichen Kreispunkten hinweisen. Nehmen wir überdies unsere Form als positiv, so koinzidiert unsere Maßbestimmung mit derjenigen der elementaren Geometrie; wir haben so für definite $f(x, y)$ genau die von Gauss angegebene Deutung[4]). Der Vorzug unserer Auffassung aber ist der, daß wir ebensowohl für positives D eine durchaus anschauliche Deutung des f haben, sofern wir uns nur die Mühe nehmen, uns in die betreffende Maßbestimmung mit ihren reellen Minimalrichtungen hineinzudenken. Die Gaussische Deutung der definiten Formen $f(x, y)$ ist bekanntlich von Dirichlet zu einer einfachen Ableitung der Reduktionstheorie dieser Formen benutzt worden[5]). Ich habe daher in meiner Vorlesung mein Hauptinteresse darauf verwandt, nachzuweisen, *daß die scheinbar ganz anders geartete Theorie der Reduktion der indefiniten quadratischen Formen in unserer verallgemeinerten Maßbestimmung eine durchaus entsprechende geometrische Interpretation findet*[6]).

---

[4]) [Vgl. das Zitat in Fußnote [2]) auf S. 283 des vorliegenden Bandes.]

[5]) [*Über die Reduktion der positiven quadratischen Formen mit drei unbestimmten ganzen Zahlen*, Monatsber. der K. Preuß. Akademie der Wissenschaften (1848) (= Werke, Bd. 2, S. 23 ff.). Unter dem gleichen Titel ein zweiter, ausführlicherer Aufsatz in Crelles Journal, Bd. 40 (1850) (= Werke, Bd. 2, S. 29 ff.). In der letzten Arbeit werden auch die binären Formen eingehend behandelt.]

[6]) Vielleicht ist es manchem Leser erwünscht, wenn ich hier folgende Bemerkung einschalte. Die im Text gemeinte Interpretation der Formen $f(x, y)$ ist im Grunde ganz trivial und besteht einfach darin, die Variablen x, y als Parallelkoordinaten in der Ebene zu deuten und danach f als eine Funktion des Ortes aufzufassen, — die Gitterfigur kommt erst dadurch herein, daß wir uns, was an sich nicht nötig wäre, auf ganzzahlige Werte der Variablen beschränken. Die linearen Substitutionen der x, y decken sich dabei mit denjenigen affinen Transformationen der Ebene, welche den Anfangspunkt festlassen; alle Eigenschaften der Formen also, welche gegenüber linearen Substitutionen der x, y invariant sind, verwandeln sich in Beziehungen der affinen Geometrie. Statt dessen findet man in den Werken über Invariantentheorie fast ausschließlich die *projektive* Interpretation der binären Formen entwickelt, welche nur den *Quotienten* $\frac{x}{y}$ geometrisch deutet, nämlich als Koordinate auf der geraden Linie oder im Strahlbüschel, wobei man dann von vornherein darauf angewiesen ist, nicht die Form f selbst, sondern nur die *Gleichung* $f = 0$ geometrisch zu interpretieren. Die hierbei hervortretenden Verhältnisse haben natürlich an sich ihr großes und berechtigtes Interesse, und werden dementsprechend auch in meiner Vorlesung bei Gelegenheit herangezogen, — als geometrische Deutung der invariantentheoretischen Beziehungen aber ist die Methode wesentlich unvollkommen. Daß sie solche universelle Geltung hat erlangen können, wie es tatsächlich der Fall ist, ist nur historisch zu verstehen, aus dem Umstande, daß sich die Invariantentheorie ursprünglich in Anlehnung an die entwickelt vorliegende projektive Geometrie ausgebildet hat. Alles dieses ist so selbstverständlich, daß ich darüber keine Worte verlieren würde, wenn ich nicht aus eigener Erfahrung wüßte, wie hemmend eine ausschließlich projektive Gewöhnung (wie überhaupt jede einseitige Gewöhnung) werden kann. Beispielsweise bin ich selbst nur durch diese Gewöhnung bis in die letzten Jahre gehindert worden, die Kompositionstheorie der quadratischen binären Formen geometrisch zu verstehen, während doch die Sache selbst, wie im Texte dargelegt ist, ganz einfach und natürlich zustande kommt.

Betrachten wir in dieser Hinsicht zunächst die gewöhnlichen *Automorphien* von f, d. h. diejenigen linearen ganzzahligen Substitutionen $\left| \begin{smallmatrix} \alpha & \beta \\ \gamma & \delta \end{smallmatrix} \right|$ von der Determinante $+1$, welche nicht nur f selbst, sondern auch die einzelnen Wurzeln von $f = 0$ in sich überführen. Damit solche Automorphien existieren, müssen natürlich die Koeffizienten von f kommensurabel sein; ich schließe mich der üblichen Darstellung an, indem ich sie von vornherein ganzzahlig und ohne gemeinsamen Teiler nehme. Es handelt sich dann zunächst um den Satz, daß die [sogenannte] Pellsche Gleichung

$$t^2 - Du^2 = 4$$

bei positivem D unendlich viele positive Lösungen hat, die sich aus der sogenannten kleinsten Lösung t_0, u_0 vermöge der Formel

$$\frac{t + \sqrt{D} \cdot u}{2} = \left(\frac{t_0 + \sqrt{D} \cdot u_0}{2} \right)^{\nu}$$

zusammensetzen. Von da aus erhält man die in Rede stehenden Automorphien, indem man f irgendwie in zwei Linearformen spaltet:

$$f = \xi \cdot \eta, \text{ wo } \begin{cases} \xi = \sqrt{a} \cdot x + \dfrac{b + \sqrt{D}}{2\sqrt{a}} \cdot y \\[2ex] \eta = \sqrt{a} \cdot x + \dfrac{b - \sqrt{D}}{2\sqrt{a}} \cdot y \end{cases},$$

und nun diese Linearfaktoren beliebig oft mit $\dfrac{t \pm \sqrt{D} \cdot u}{2}$ multipliziert:

$$\begin{aligned} \xi' &= \left(\frac{t_0 + \sqrt{D} \cdot u_0}{2} \right)^{\nu} \cdot \xi \\[2ex] \eta' &= \left(\frac{t_0 - \sqrt{D} \cdot u_0}{2} \right)^{\nu} \cdot \eta \end{aligned} \Bigg\} .$$

Was bedeuten diese Automorphien geometrisch? Wir haben zunächst den Übergang von den x, y zu den ξ, η; derselbe besagt, daß wir statt der beliebigen Parallelkoordinaten *Minimalkoordinaten* einführen, d. h. die beiden geraden Linien $f = 0$ als neue Koordinatenachsen wählen sollen. Jede Formel

$$\xi' = m\xi, \quad \eta' = \frac{1}{m}\eta$$

wird nun geometrisch eine *Drehung* um den Koordinatenanfangspunkt vorstellen, d. h. eine Drehung im Sinne unserer durch $\sqrt{f}$ gegebenen Maßbestimmung. Der Drehwinkel berechnet sich dabei nach bekannten Grundsätzen[6a] als $\frac{i}{2} \log DV$, wo DV das Doppelverhältnis der vier Strahlen

$$\frac{\xi}{\eta} = \infty,\ 0;\ \frac{\xi}{\eta},\ \frac{\xi'}{\eta'},$$

also m^2 ist.

[6a]) Vgl. meine in Bd. 1 dieser Ausgabe abgedruckten Arbeiten über nichteuklidische Geometrie. K.]

*Offenbar handelt es sich bei dem zahlentheoretischen Ansatz um die-
jenigen Drehungen dieser Art, welche unser Gitter mit sich selbst zur
Deckung bringen.* Und die Theorie sagt, daß es unendlich viele solcher
Drehungen gibt, die sich alle aus einer kleinsten Drehung durch beliebige
(positive oder negative) Wiederholung ergeben. Der Satz ist, wenn erst
die Existenz einer kleinsten Drehung zugegeben wird, geometrisch evident.
Der Winkel dieser kleinsten Drehung aber (den ich schlechtweg den Pellschen Winkel nenne) *hat den Betrag* $i \log \frac{t_0 + u_0 \sqrt{D}}{2}$. Da wird nun deutlich, weshalb dieser letztere Ausdruck in der Theorie der indefiniten
quadratischen Formen genau da eintritt, wo in der Theorie der definiten
Formen π $\left(\text{oder unter Umständen } \frac{\pi}{2} \text{ oder } \frac{\pi}{3}\right)$ steht. Denn dieses π
$\left(\text{oder } \frac{\pi}{2}, \frac{\pi}{3}\right)$ ist gerade auch der kleinste Winkel, um den man ein defi-
nites Gitter (wie ich der Kürze halber sagen will) drehen muß, damit es
zum ersten Male mit sich selbst zur Deckung kommt.

Wir werden weiter fragen, weshalb diese Theorie in der bekannten
engen Beziehung zur Kettenbruchentwicklung der beiden Wurzeln ω', ω''
steht, welche die Gleichung $f(x, y) = 0$ für den Quotienten $\frac{x}{y}$ ergibt.
Wir konstruieren uns die beiden geraden Linien $\frac{x}{y} = \omega'$, $\frac{x}{y} = \omega''$, — deren
jede durch O in zwei Halbgerade zerlegt wird —, und umgeben jede
dieser vier Halbgeraden nach der oben geschilderten Regel mit zwei
Kettenbruchpolygonen. Andererseits will ich gewisse vom Koordinatensystem unabhängige Polygone bilden, welche ich die zu ω', ω'' gehörigen
natürlichen Umrißpolygone nenne. Nämlich: die ganzzahligen Punkte
x, y werden durch die beiden Geraden ω', ω'' auf vier Sektoren verteilt,
und nun will ich wieder die ganzzahligen Punkte des einzelnen so ent-
tehenden Sektors, nachdem ich sie durch kleine Stifte bezeichnet habe,
mit einem Faden umschlingen und diesen Faden straff ziehen. Es entstehen so vier Polygone, welche nach Art eines Hyperbelastes ein jedes
asymptotisch zu zweien unserer Halbgeraden beiderseitig ins Unendliche
laufen; die Polygone gehören paarweise als „Scheitelpolygone" zusammen.
Daß diese natürlichen Umrißpolygone bei den Pellschen Drehungen mit
sich selbst zur Deckung kommen, ist a priori klar, denn sie sind durch
$f = 0$ eindeutig bestimmt. Man könnte sagen: es sind *semireguläre* Polygone, denn sie müssen nach einer gewissen Periode immer wieder [im Sinne
unserer Maßbestimmung] dieselben Seitenlängen und Seitenwinkel darbieten.
Die ganze Theorie der Kettenbruchentwicklungen von ω', ω'' kommt nun einfach
darauf hinaus, daß die acht Kettenbruchpolygone, welche wir vorab nannten, *in
ihrem asymptotischen Verlauf notwendig in diese natürlichen Umrißpolygone*

einmünden. Dies ist geometrisch evident, und insbesondere erkennt man auch, wie viele verschiedene Fälle in dieser Hinsicht je nach der Lage der X- und Y-Achse zu den Linien ω', ω'' zu unterscheiden sind. Ich habe dies in meiner Vorlesung genau ausgeführt und namentlich auch entwickelt, daß sich auf Grund der erhaltenen Figuren die Gaussische Theorie der Reduktion von f nunmehr ganz von selbst ergibt[7]. · In einer vorläufigen Mitteilung, welche ich über diesen Gegenstand im vorigen Herbst vor der Lübecker Naturforscherversammlung gegeben habe[8], habe ich gleich auf Verallgemeinerungen hingewiesen, welche das geschilderte Verfahren im dreidimensionalen Raume findet. Die Sache ist folgende:

Ich nehme das Gitter aller ganzzahligen Punkte x, y, z, und zwar $F(x, y, z)$ einmal als indefinite quadratische ternäre Form, das andere Mal als eine in drei reelle lineare Faktoren zerlegbare kubische ternäre Form. Wir haben dann in $F = 0$ das eine Mal einen reellen Kegel zweiten Grades, das andere Mal drei reelle Ebenen. Jede der beiden Kegelhälften umschließt ein unendliches Aggregat ganzzahliger Punkte, ebenso jeder der acht von den drei Ebenen gebildeten Oktanten. Mein Vorschlag ist nun der, daß man die Reduktionstheorie der genannten ternären Formen an die *ebenflächigen Umrißpolyeder* knüpfen soll, welche diese Aggregate ganzzahliger Punkte darbieten. Leider ist dieser Vorschlag bisher noch nicht zur Ausführung gelangt, insbesondere hat Herr **Furtwängler** in seiner damals in Aussicht gestellten, inzwischen erschienenen Dissertation[9] die Reduktion der kubischen ternären zerlegbaren Formen doch nicht an die bezeichneten Umrißpolyeder, sondern an die **Hermite**sche Methode der „réduction continuelle" angeknüpft (wie dies betr. quadratische indefinite binäre Formen in den „Modulfunktionen" geschehen ist).

---

[7] [Mit den meinigen ganz verwandte Betrachtungen stellte schon im Jahre 1880 H. **Poincaré** in seiner Arbeit: *Sur un mode nouveau de réprésentation géométrique des formes quadratiques définies ou indéfinies* (Journal de l'École polytechnique, 47ième cahier) an. Auch er nimmt die Gittervorstellung zum Ausgangspunkt und benutzt, ohne es hervorzuheben, die Nicht-Euklidische Maßbestimmung, indem er als „module" und „argument" die Größen $\sqrt{x^2 - Dy^2}$ bzw. $\dfrac{1}{\sqrt{-D}} \cdot \text{arctang} \dfrac{y}{x} \sqrt{-D}$ einführt und geometrisch deutet. Auch die Reduktion mit Hilfe der Umrißpolygone steht bei ihm, der Sache nach, in allen Stücken; jedoch die wegen ihrer Anschaulichkeit so suggestive Formulierung mit dem um die Stifte geschlagenen Faden fehlt. Die Komposition der Formen, bzw. die Idealmultiplikation, behandelt er gleichfalls in geometrischem Gewande, ohne jedoch die h Gitter zu orientieren, wie ich es tue. K.]

[8] Vgl. auch meine Mitteilung in den Göttinger Nachrichten vom Herbst 1895, [= Nr. XLIV in Bd. 2 dieser Ausgabe], sowie eine Übersetzung dieser Mitteilung in den Nouvelles Annales von 1896.

[9] Göttingen 1896: *Zur Theorie der in Linearfaktoren zerlegbaren, ganzzahligen ternären kubischen Formen.*

Betreffs des weiteren Inhaltes des ersten Teils meiner Vorlesung wünsche ich noch folgendes anzuführen:

Nachdem die Reduktionstheorie für die einzelne binäre quadratische Form durchgeführt ist, handelt es sich darum, die Stellung der reduzierten Formen innerhalb der Gesamtheit darzulegen. Dies ist zur Zeit in den „Modulfunktionen" in der Weise geschehen, daß man die Wurzeln der Gleichung $a\omega^2 + b\omega + c = 0$ einführte und in der komplexen Ebene interpretierte. Inzwischen habe ich schon damals darauf hingewiesen, daß man die entstehenden Kreisbogenfiguren zweckmäßigerweise durch geradlinige ersetzen kann [10]). Man erhält die letzteren unmittelbar, indem man die Verhältnisse $a : b : c$ als trimetrische Koordinaten in der Ebene deutet [11]). Die „definiten" Formen füllen dann mit ihren Bildpunkten das Innere des „Diskriminantenkegelschnitts" $b^2 - 4ac = 0$ aus, die indefiniten das Äußere. Dabei zerlegt sich das Innere, den Substitutionen $\begin{vmatrix} \alpha & \beta \\ \gamma & \delta \end{vmatrix}$ entsprechend, in unendlich viele äquivalente Dreiecke, deren eines die reduzierten Formen repräsentiert. Die Reduktionstheorie der indefiniten Formen aber wird dadurch zugänglich, daß man — entsprechend dem Grundgedanken von Hermites réduction continuelle — dem außerhalb des Kegelschnitts gelegenen Punkte seine *Polarsehne* zuordnet (d. h. denjenigen Teil seiner Polare, welche im Kegelschnittinneren liegt), und nun zusieht, wie diese Polarsehne die Dreiecksteilung des Inneren durchzieht [12]). Diese Verhältnisse sind noch letzthin von Herrn Hurwitz ausführlich dargelegt worden (Math. Annalen Bd. 44 (1894), sowie Mathematical Papers presented to the Chicago Congress (1893), erschienen 1896). Insbesondere hat derselbe dort die Gausssche Reduktion der indefiniten Formen in sehr eleganter Weise an die Betrachtung der Polarsehne geknüpft; es kommt einfach darauf an, zuzusehen, wie diese Polarsehne die Symmetrie*linien* der Dreiecksteilung durchsetzt (während die Hermitesche Reduktionstheorie, die der geometrischen Erläuterung der „Modulfunktionen" zugrunde liegt, die Dreiecks*flächen* in Betracht nimmt, durch welche die Polarsehne hindurchläuft). Ich habe in meiner Vorlesung die Hurwitzschen Entwicklungen mit einigen Modifikationen reproduziert und insbesondere hervorgehoben, wie dieselben Schritt für Schritt mit den früher dargelegten am Gitter operierenden Reduktionsbetrachtungen parallel

---

[10]) [Die geradlinige Figur aus Bd. 1 der „Modulfunktionen", S. 239, ist in Bd. 1 der vorliegenden Ausgabe, S. 379 wiedergegeben.]

[11]) Dies reicht hier aus; aber natürlich erhält man entsprechend der Anmerkung [6]) auf S. 290 eine vollständigere Interpretation, wenn man den dreidimensionalen Raum heranzieht und hier die a, b, c selbst als Punktkoordinaten interpretiert.

[12]) [Vgl. hierzu, was in den Vorbemerkungen auf S. 7, 8 über die Arbeiten von H. J. S. Smith gesagt ist, der analoge Untersuchungen in der ω-Halbebene durchführt. K.]

laufen. Ich betone dann insbesondere noch das unterschiedliche Verhalten der Gruppe $\begin{vmatrix} \alpha & \beta \\ \gamma & \delta \end{vmatrix}$ im Inneren des Diskriminantenkegelschnitts und außerhalb desselben. Während die Gruppe im Inneren eigentlich diskontinuierlich ist und dementsprechend das Innere in wohldefinierte Diskontinuitätsbereiche von endlicher Ausdehnung zerlegt (die Dreiecke der wiederholt genannten Einteilung), ist sie im Bereiche $b^2 - 4ac > 0$ uneigentlich diskontinuierlich, und es erscheint ganz unmöglich, sich hier eine Gesamtheit von Punkten anschaulich vorzustellen, welche aus jeder Klasse äquivalenter Punkte nur je einen enthielte. Die Theorie der automorphen Funktionen hat ja für das gleiche Vorkommnis längst sehr viel mannigfachere Beispiele geliefert. Trotzdem wollte ich hier — auch im Referate — nicht unterlassen, ausdrücklich auf dasselbe hinzuweisen. Denn es gibt meines Erachtens keine Tatsache, die so sehr zum Nachdenken über das Wesen der räumlichen Kontinuität anregt, als dieses verschiedenartige Verhalten ein und derselben Gruppe in verschiedenen Gebieten.

Zum Schlusse gebe ich noch eine Einleitung in diejenigen Gebiete der Theorie der elliptischen Funktionen, bez. Modulfunktionen, welche in der Folge benutzt werden sollen.

Der Übergang zu den elliptischen Funktionen geschieht am unmittelbarsten von der Figur des Parallelgitters aus. Man hat dabei eine quadratische Form $f(x, y)$ von *negativer* Diskriminante zugrunde zu legen. Wir konstruieren das zugehörige Parallelgitter am besten gleich (in Gaussischer Weise) so, daß $\sqrt{f(x, y)}$ die Entfernung von O im elementaren Sinne bezeichnet. Es genügt jetzt, die Ebene x, y in gewöhnlicher Weise als Ebene einer komplexen Variablen $(x + iy)$ aufzufassen: unser Parallelgitter legt dann ohne weiteres einen Inbegriff doppeltperiodischer Funktionen von $(x + iy)$, d. h. ein elliptisches Gebilde fest. Sind ω_1, ω_2 die dem Gitterparallelogramm entsprechenden Perioden des Gebildes, so ist rückwärts unsere quadratische Form $f(x, y)$ nichts anderes als die *Norm* $(\omega_1 x + \omega_2 y)(\overline{\omega}_1 x + \overline{\omega}_2 y)$. Die Invarianten erster Stufe des elliptischen Gebildes, also g_2, g_3, Δ, ferner $J = \dfrac{g_2^3}{\Delta}$ oder $j = 1728 J$ [nach der Bezeichnung von Weber], die von der besonderen Auswahl der Perioden ω_1, ω_2 unabhängig sind, erscheinen hier unmittelbar als *analytische Invarianten* des zum Parallelgitter gehörigen Punktgitters, d. h. als Invarianten der ganzen Formen*klasse*, welcher f zugehört. Eben deshalb tritt die Dreiecksfigur, mit deren Hilfe wir uns in der Ebene $a : b : c$ eine Übersicht über die Äquivalenzverhältnisse der definiten Formen verschafften, in der Theorie der elliptischen Modulfunktionen grundlegend hervor. Die ausführliche Darstellung, welche hiervon in den „Modulfunktionen" gegeben ist, benutzt durchweg die Kreisbogendreiecke der ω-Ebene; es wäre die Frage, ob man nicht auch bei funktionentheoretischen Untersuchungen sich gewöhnen soll, direkt mit der geradlinigen Figur zu arbeiten.

Natürlich gibt die so gewonnene Beziehung zwischen elliptischen Funktionen und quadratischen Formen nach beiden Seiten hin den Anstoß zu ferneren Entwicklungen.

Ich erinnere in meiner Vorlesung insbesondere daran, daß nach den in den „Modulfunktionen" dargelegten Grundsätzen die vorgenannten Invarianten (oder Moduln) der *ersten* Stufe (welche bei allen unimodularen Substitutionen $\begin{vmatrix} \alpha & \beta \\ \gamma & \delta \end{vmatrix}$ ungeändert bleiben) den Anfang einer unbegrenzten Reihe von Invarianten *höherer* Stufe bilden, nämlich solcher Invarianten, welche nur bei denjenigen Substitutionen $\begin{vmatrix} \alpha & \beta \\ \gamma & \delta \end{vmatrix}$ unverändert bleiben, die in bezug auf eine bestimmte Zahl q geeigneten Kongruenzbedingungen genügen. Als Beispiel für Moduln höherer Stufe benutze ich dabei mit Vorliebe die *Ikosaederirrationalität* $\zeta(\omega)$, also den sogenannten Hauptmodul fünfter Stufe.

Die Sache ist nun die, daß diese Stufeneinteilung sich auf die Theorie der quadratischen Formen überträgt, indem man bei ihnen nicht nach Äquivalenz schlechthin, sondern nur nach *relativer* Äquivalenz fragt, d. h. nach Äquivalenz vermöge solcher $\begin{vmatrix} \alpha & \beta \\ \gamma & \delta \end{vmatrix}$, welche in bezug auf eine Zahl q den angedeuteten Kongruenzbedingungen genügen. Eine Erledigung findet das Problem der relativen Äquivalenz jeweils durch Betrachtung des *Fundamentalpolygons*, welche der gewählten Kongruenzgruppe innerhalb der zur Gesamtgruppe $\begin{vmatrix} \alpha & \beta \\ \gamma & \delta \end{vmatrix}$ gehörigen Dreiecksteilung entspricht[13]).

Von der anderen Seite, d. h. von seiten der Zahlentheorie, stammt das besondere Interesse für *ganzzahlige* quadratische Formen $ax^2 + bxy + cy^2$, wobei man diejenigen Formen resp. Formenklassen, welche zu der nämlichen Diskriminante $D = b^2 - 4ac$ gehören, zweckmäßigerweise zusammenordnet und nebeneinander betrachtet. Was bedeutet diese Einschränkung für die Theorie der elliptischen Funktionen? Wir bezeichnen die betreffenden elliptischen Gebilde [nach K r o n e c k e r] als *singuläre* elliptische Gebilde, und es war der Hauptzielpunkt des zweiten Teils der vorliegenden Vorlesung, darzulegen, welche Bewandtnis es mit diesen besonderen elliptischen Gebilden hat. In dieser Weise also kommen wir hier zu demjenigen Gebiete,

---

[13]) Die „relative" Äquivalenz kommt in eingeschränktem Sinne auch in den Arbeiten von K r o n e c k e r vor; was nämlich K r o n e c k e r *vollständige* Äquivalenz zweier binärer quadratischen Formen nennt, ist relative Äquivalenz modulo der Hauptkongruenzgruppe zweiter Stufe. [Vgl. K r o n e c k e r s Aufsatz: *Über bilineare Formen mit vier Variablen,* Sitzungsber. d. K. Preuß. Akademie der Wissenschaften (1883) (vorgetragen bereits 1866), abgedruckt in Kroneckers Werken, Bd. 2, S. 424 ff].

welches man gemeinhin als die Lehre von der *komplexen Multiplikation der elliptischen Funktionen* bezeichnet.

Schließlich dürfen wir wohl nicht unterlassen, hervorzuheben, wie merkwürdig es ist, daß sich die funktjonentheoretischen Beziehungen, von denen wir reden, nur an die Formen negativer Diskriminanten anknüpfen, trotzdem die Formen positiver Diskriminanten zahlentheoretisch ebenso zugänglich sind, wie die anderen, und die Unterschiede ihrer Theorie nach der eben gegebenen Auseinandersetzung den gegensätzlichen Charakter verlieren, den sie zunächst zu besitzen scheinen. Wird hier dasselbe Mittel seine Kraft bewähren, welches Jacobi in der Theorie der Abelschen Funktionen benutzt, indem er Verhältnisse, die im Gebiete einer einzelnen Variablen undurchsichtig scheinen, dadurch zu voller Klarheit erhob, daß er sie als Projektionen mehrdimensionaler Beziehungen auffassen lehrte?

Der *zweite* Teil meiner Vorlesung beginnt mit denjenigen Transformationen der Gitter, welche durch lineare Substitutionen *höherer Ordnung*,

$$\left.\begin{array}{l} x' = ax + by \\ y' = cx + dy \end{array}\right\} \quad ad - bc = n$$

dargestellt sind. Durch jede solche Transformation wird einem gegebenen Gitter ein großmaschigeres Gitter „eingelagert", umgekehrt wird auf diese Weise jedes eingelagerte Gitter gewonnen. Sieht man von den Parallelstäben der Gitter ab, achtet also nur auf die Punktgitter, so gibt es für vorgeschriebenes n eine wohlbekannte endliche Zahl eingelagerter Gitter (wobei noch zu unterscheiden ist, ob man die Koeffizienten a, b, c, d als teilerfremd voraussetzen will oder nicht). — Diese Theorie gewinnt ihre besondere Bedeutung für die ganzzahligen quadratischen Formen bez. die zu ihnen gehörigen Gitter; sie gibt nämlich die Grundlage einer *rationellen Klassifikation* dieser Formen. Man bemerke vorab, daß die zu einer solchen Form gehörige Diskriminante $D = b^2 - 4ac$ entweder $\equiv 0$ oder $\equiv 1$ (mod. 4) ist, und daß umgekehrt jede Zahl D, welche eine dieser Kongruenzen modulo 4 befriedigt, als Diskriminante einer ganzzahligen quadratischen Form angesehen werden kann. Man teile nun die Diskriminanten in Stammdiskriminanten d — das sind solche, die keinen quadratischen Faktor enthalten, nach dessen Abtrennung sie noch Diskriminanten bleiben — und in die zugehörigen Zweigdiskriminanten $D = n^2 d$. Sei ferner h die Zahl der zur Stammdiskriminante d gehörigen Klassen quadratischer Formen resp. Punktgitter. Ein jedes dieser „Stammgitter" enthält dann vermöge Transformation n-ter Ordnung eine gewisse Anzahl „Zweiggitter" der Diskriminante $n^2 d$, und mit diesen den h Stammgittern eingelagerten Gittern sind die Gitter, welche zur Diskriminante $n^2 d$

gehören, überhaupt erschöpft. Das Resultat ist also, daß die betreffenden Gitter sich nach den Werten der Stammdiskriminante d zusammengruppieren.

Auf die Theorie der elliptischen Funktionen übertragen ergibt unser obiger Ansatz in bekannter Weise die Lehre von den Transformationen höherer Ordnung. Ich begründe in der von den „Modulfunktionen" her bekannten Weise [14]) die Existenz von algebraischen Transformationsgleichungen zunächst für die Invarianten erster Stufe, dann auch für diejenigen höherer Stufe, insbesondere die Ikosaederirrationalität. Bei der ersten Stufe haben wir erstlich die Gleichungen $F(j', j) = 0$, welche das gegebene j und das transformierte j (das wir j' nennen) verbinden, andererseits die Multiplikatorgleichung $\Phi(M, j) = 0$, wo $M = n \sqrt[12]{\dfrac{\Delta'}{\Delta}}$. Auf die Modulargleichungen des Ikosaeders komme ich noch später zurück. — Die besondere Betrachtung der singulären elliptischen Gebilde aber wird noch hinausgeschoben, weil erst noch bestimmte wichtige arithmetische Untersuchungen vorauszuschicken sind.

Wir können dieselben vielleicht folgendermaßen am kürzesten bezeichnen:

Wenn schon bislang an Stelle der quadratischen Formen immer mehr die zugehörigen Gitter getreten sind, so gilt es jetzt *mit den Gitterpunkten, oder vielmehr den Minimalkoordinaten (ξ, η) der Gitterpunkte* (vgl. oben S. 291) *zu rechnen*. Der einfacheren Exposition halber beschränken wir uns dabei zunächst auf Stammdiskriminanten d und denken uns übrigens für jede der h zugehörigen Klassen eine repräsentierende Form $ax^2 + bxy + cy^2$ gewählt. Die zugehörigen „Gitterzahlen" werden dann folgende sein:

$$\begin{cases} \xi = \varrho \left(\sqrt{a} \cdot x + \dfrac{b + \sqrt{d}}{2\sqrt{a}} \cdot y \right), \\[2mm] \eta = \dfrac{1}{\varrho} \left(\sqrt{a} \cdot x + \dfrac{b - \sqrt{d}}{2\sqrt{a}} \cdot y \right), \end{cases}$$

wo ϱ ein vorläufig noch unbestimmter Faktor ist, den wir im Falle eines positiven d reell, im Falle eines negativen d komplex vom absoluten Betrage 1 wählen. Ich bezeichne dieses ϱ als den *Azimutalfaktor* des Gitters, weil $i \log \varrho$ ersichtlich der Winkel ist, den die von O nach $x = 1$, $y = 0$ laufende Gerade mit der Geraden $\xi - \eta = 0$ bildet. Über „Addition" zweier Gitterpunkte brauchen wir kaum eine Festsetzung zu treffen; wir verstehen darunter den Übergang von den beiden Punkten (ξ, η) und (ξ', η') zum Punkte $(\xi + \xi', \eta + \eta')$. Ersichtlich dürfen nur solche Punkte addiert werden, welche demselben Gitter angehören; anderenfalls würden wir über

---

[14]) D. h. durch unmittelbare funktionentheoretische Betrachtung in der ω-Ebene, also ohne die sonst übliche Voranstellung der Teilungsgleichung.

die h Gitter, auf deren Punkte wir uns doch beschränken wollen, hinaus-geführt. Dagegen werden wir zwei Punkte (ξ, η) und (ξ', η') miteinander „multiplizieren", mögen sie demselben Gitter oder verschiedenen Gittern angehören; wir 'verstehen darunter den Übergang zum Punkte $(\xi\xi',\ \eta\eta')$. *Unsere Absicht wird sein, die Azimutalfaktoren der h Gitter so auszu-wählen, daß die Multiplikation innerhalb des Gebietes unserer h Gitter unbeschränkt ausführbar wird (ohne irgend über dasselbe hinauszuführen).*

Zu dem Zwecke beginne man mit Überlegungen, die von der Aus-wahl der ϱ noch unabhängig sind. Man lasse bei beliebiger Annahme des ϱ bez. des ϱ', (ξ, η) alle Punkte eines Gitters G, (ξ',η') alle Punkte eines Gitters G' durchlaufen und bilde nicht nur alle Produkte $\xi\xi'$, $\eta\eta'$, sondern auch die Summe aller solcher Produkte $\sum\xi\xi'$, $\sum\eta\eta'$. *Die so erhaltenen Punkte werden dann geradezu ein drittes zur Diskriminante d gehöriges Gitter, G'', ausmachen* (dessen Azimut natürlich davon abhängt, wie man gerade die Azimute von G und G' gewählt hat). Wir schreiben symbolisch:

$$G \cdot G' = G''$$

und haben damit, was ich als *Komposition der Gitter* bezeichne. Die sogenannte „Komposition der Formen" ist davon nur ein Korollar.

Dem Prozeß der Komposition zufolge bilden die Gitter G, G', ... eine *Gruppe vertauschbarer Elemente.* Als „Einheit" erscheint dabei das *Hauptgitter,* als dessen repräsentierende Form wir je nach dem Verhalten von d in bezug auf den Modul 4 die Form

$$x^2 - \frac{d}{4}y^2 \quad \text{bzw.} \quad x^2 + xy + \frac{1-d}{4}y^2$$

nehmen können; wir bezeichnen diese Form kurzweg als *Hauptform.* Alle anderen Gitter setzen sich nach bekannten Sätzen [15]) aus gewissen erzeugen-den Gittern Γ, Γ_1, Γ_2, ... in der Gestalt $\Gamma^\alpha \Gamma_1^{\alpha_1} \Gamma_2^{\alpha_2} \ldots$ zusammen. Für jedes Γ gibt es dabei eine niederste Potenz, zu der erhoben es gleich 1 wird: $\Gamma^k = 1$, $\Gamma_1^{k_1} = 1$, $\Gamma_2^{k_2} = 1$, ... Hier ist k_1 ein Teiler von k, k_2 ein Teiler von k_1 usw., das Produkt aller k aber ist die Klassenzahl h.

Es ist nun leicht, unsere h Gitter G, G', ... in der Weise zu „orien-tieren", d. h. über ihre Azimutalfaktoren so zu verfügen, daß die Kom-positionsformel $G \cdot G' = G''$ nicht nur in abstracto, sondern auch hinsicht-lich der Azimute gilt. Man lege zu dem Zwecke vor allen Dingen das Hauptgitter in der Weise fest, daß es die Punkte

$$\xi = x + \frac{\sqrt{d}}{2}y, \qquad \eta = x - \frac{\sqrt{d}}{2}y,$$

---

[15]) Vgl. Schering: *Die Fundamentalklassen der zusammensetzbaren arithmeti-schen Formen.* Göttinger Abhandlungen Bd. 14. (1868/69) [= Gesammelte Mathematische Werke, Bd. 1, S. 135—148].

bzw.

$$\xi = x + \frac{1+\sqrt{d}}{2}\,y, \qquad \eta = x + \frac{1-\sqrt{d}}{2}\,y$$

enthält; dasselbe umfaßt dann insbesondere alle Punkte $(\xi, \eta) = (x, x)$, unter x beliebige rationale ganze Zahlen verstanden. Des ferneren werden wir die erzeugenden Gitter Γ unabhängig voneinander in der Weise orientieren, wie es der jedesmaligen Relation $\Gamma^k = 1$ entspricht; von da aus folgt dann die Orientierung der anderen Gitter von selbst.

Die so erhaltene Figur, welche ich die *Normalfigur* der h Gitter nenne, ist nur erst h-deutig bestimmt, weil die Forderung $\Gamma^k = 1$ für das einzelne erzeugende Gitter Γ, wie eine leichte Überlegung zeigt, noch k Lagen offen läßt. *Irgendeine dieser h Figuren, gleichgültig welche, ist für die Folge festzuhalten.* Ich bemerke noch ausdrücklich (was sich im Laufe der weiteren Betrachtung ergibt), daß die h Gitter der Normalfigur durchaus getrennt liegen (d. h., daß keine zwei Gitter außer dem Koordinatenanfangspunkte einen Punkt gemein haben).

Wir haben die Normalfigur konstruiert, indem wir verlangten, daß die Multiplikation zweier Punkte innerhalb der h Gitter unbeschränkt ausführbar sei. Nennen wir das Gitter $\Gamma^\alpha \cdot \Gamma_1^{\alpha_1} \cdots$ kurz G_α, ebenso das Gitter $\Gamma^\beta \cdot \Gamma_1^{\beta_1} \cdots$ kurz G_β, so wird ein Punkt von G_α, multipliziert mit einem Punkte von G_β, einen Punkt von $G_{\alpha+\beta}$ ergeben. *Das Schöne ist nun, daß innerhalb unserer Figur auch die Gesetze der Teilbarkeit in der von der gewöhnlichen Zahlentheorie her bekannten Weise gelten.*

Wir müssen, um diese Gesetze auszusprechen, zunächst die *Einheitspunkte* und ferner die *Primpunkte* definieren.

Als Einheitspunkte bezeichnen wir alle diejenigen Punkte, welche die Hauptform zu 1 machen. Es sind dies in Anlehnung an die oben besprochene Theorie der Pellschen Gleichung die Punkte

$$\xi = \pm \left(\frac{t_0 + u_0\sqrt{d}}{2}\right)^\nu, \qquad \eta = \pm \left(\frac{t_0 - u_0\sqrt{d}}{2}\right)^\nu;$$

in der Tat geht die Pellsche Gleichung durch eine elementare Substitution in die Forderung über, daß die Hauptform $= 1$ sein soll.

Für die Primpunkte aber erhält man folgende Aufzählung:

1. Es kann erstlich sein, daß [die rationale Primzahl] p durch keine Form der Diskriminante d darstellbar ist. Dann werden wir den Punkt $(\xi, \eta) = (p, p)$ als Primpunkt zu bezeichnen haben.

2. Zweitens nehmen wir den Fall, daß p in der Diskriminante d als Faktor enthalten ist. Dann wird sich in einem unserer Gitter der Primpunkt $(\sqrt{p}, \sqrt{p})$ — oder auch $(\sqrt{-p}, \sqrt{-p})$ — finden, dessen Quadrat der Punkt (p, p), evtl. nach Anbringung eines Zeichenwechsels ist.

3. Endlich soll p durch Formen der Diskriminante d zwar darstellbar sein, aber nicht in d enthalten sein. Wir können als darstellende Form dann

$$p x^2 \pm q x y + r y^2$$

nehmen, wo das Vorzeichen von q unbestimmt bleibt. Von da aus kommen wir auf zwei getrennte Primpunkte, deren einer nach geeigneter Fixierung des Azimuthalfaktors ϱ durch

$$\xi = \varrho \sqrt{p}, \quad \eta = \frac{1}{\varrho} \sqrt{p}$$

gegeben ist, während der andere umgekehrt

$$\xi' = \frac{1}{\varrho} \sqrt{p}, \quad \eta' = \varrho \sqrt{p}$$

aufweist.

Ich bezeichne abkürzend $\varrho \sqrt{p}$ mit π, $\frac{1}{\varrho} \sqrt{p}$ mit $\bar{\pi}$ und habe dann

$$\pi \cdot \bar{\pi} = p.$$

Daraufhin sind nun die Gesetze der Teilbarkeit einfach die:

> *daß ein Primpunkt nicht anders zerlegt werden kann, als durch Abtrennung von Einheitspunkten,*

> *daß jeder andere Punkt, abgesehen von dieser immer möglichen Abtrennung, nur auf eine Weise in Primpunkte zerlegt werden kann.*

Die so dargelegten Verhältnisse sind natürlich nur eine andere Formulierung der für die ganzen Zahlen des quadratischen Körpers $\sqrt{d}$ geltenden sogenannten *Idealtheorie*. Des näheren gestaltet sich diese Beziehung folgendermaßen:

Bemerken wir vorab, daß es offenbar ausreicht, überall statt von den Gitterpunkten (ξ, η) von ihren ξ-Koordinaten (oder ihren η-Koordinaten) zu reden. Die anschauliche Vorstellung des Gitters geht dabei allerdings verloren, aber es ist in jedem Augenblicke möglich, zu derselben zurückzugehen. Ich werde in diesem Sinne vielfach nicht mehr von den Gitterpunkten, sondern von den Gitter*zahlen* (eben den ξ-Koordinaten) sprechen und von Hauptzahlen, Nebenzahlen unserer Figur reden. Es wird, hoffe ich, kein Mißverständnis hervorrufen, wenn ich diese Abänderung der Ausdrucksweise nicht weiter jedesmal betone.

Unsere *Hauptzahlen* $x + y \cdot \dfrac{\sqrt{d}}{2}$ resp. $x + y \cdot \dfrac{1 + \sqrt{d}}{2}$ sind nun nichts anderes als die *ganzen* Zahlen des quadratischen Körpers $\sqrt{d}$. Beschränkt man sich auf diese Hauptzahlen und ist die Klassenzahl $h > 1$, so hat die Zerlegung der Zahlen in Faktoren bekanntlich nicht mehr die eben hervorgehobene Eigenschaft der Eindeutigkeit; eben darum hat Kummer seinerzeit diesen Hauptzahlen gewisse gedachte Zahlen, *ideale* Zahlen, hinzugefügt, durch deren Hilfe sich die Eindeutigkeit der Faktorenzerlegung wieder herstellen ließ. *Diese idealen Zahlen Kummers werden bei uns realisiert; sie sind nichts anderes als die Nebenzahlen unserer Normalfigur.* Diese Nebenzahlen sind selbst ganze algebraische Zahlen. Sie gehören aber nicht mehr dem Körper $\sqrt{d}$ an, sondern enthalten gewisse zutretende Irrationalitäten, die sich aus den symbolischen Gleichungen

$$\Gamma^k = 1, \quad \Gamma_1^{k_1} = 1, \ldots$$

ergeben, also kurz gesagt eine k-te, eine k_1-te, ... Wurzel aus einer geeigneten Zahl des Körpers $\sqrt{d}$.

Daß man die idealen Zahlen Kummers durch Wurzeln aus wirklichen Zahlen (Hauptzahlen) darstellen kann, ist natürlich lange bekannt[16]). Dagegen ist die anschauliche Art, wie diese idealen Zahlen in unserer Normalfigur an die Nebengitter geknüpft werden, soviel ich weiß, von anderer Seite noch nicht gegeben[17]), und gerade sie soll uns weiterhin (bei den singulären elliptischen Gebilden) die besten Dienste leisten. Man wird auch in höheren Fällen die idealen Zahlen in entsprechender Weise realisieren können, sofern man nur, bei Körpern l-ten Grades, mit Gittern im Raume von l Dimensionen operiert. In der schon oben genannten Furtwänglerschen Dissertation ist dies neuerdings für $l = 3$ entwickelt worden; ich verweise auf die dort gegebene Darstellung insbesondere auch wegen der Grundlegung der Theorie[18]). Auch die Bemerkungen von Hurwitz in den Göttinger Nachrichten von 1895, S. 324 ff., bewegen sich in der gleichen Richtung[19]).

---

[16]) [Vgl. z. B. Kummer selbst in Crelles Journal, Bd. 35 (1847), S. 325 unten. — Neuerdings hat auch Hecke auf die mittels Wurzeln aus Hauptzahlen des Körpers $\sqrt{d}$ gebildeten idealen Zahlen zurückgegriffen und ihre Theorie klar auseinandergesetzt. Vgl. Math. Zeitschrift, Bd. 6 (1919/20), S. 12, 13 und S. 17, 18. K.]

[17]) Meine erste Mitteilung hierüber findet sich in den Göttinger Nachrichten vom Februar 1893 [= der vorstehend wiederabgedruckten Note XCIII]; vgl. auch den Vortrag IX in meinem „Evanston Colloquium". [In Betreff der Poincaréschen Entwicklungen, auf welche ich am letztgenannten Orte verweise, vergleiche man die Fußnote 7), S. 293 des vorliegenden Bandes. — Übrigens bemerkt schon H. J. S. Smith im zweiten Teile seines *Report on the theory of numbers* (1860), Artikel 48, daß man ideale Zahlen aus einer und derselben Klasse addieren kann, was doch nur eine abstrakte Ausdrucksweise dafür ist, daß die Zahlen einer jeden Klasse ein Gitter bilden. K.]

[18]) [Neuerdings hat Furtwängler in einem „*Punktgitter und Idealtheorie*" betitelten Aufsatz seine Theorie in der Tat auf beliebig viele Dimensionen ausgedehnt und die eindeutige Zerlegbarkeit der Ideale in geometrischem Gewande bewiesem. Siehe Math. Annalen, Bd. 82 (1920/21).]

[19]) Vielleicht gehen die von den Gittern beginnenden geometrischen Betrachtungen doch in einer Hinsicht über die bisherigen Angaben der Zahlentheoretiker hinaus. Ich will dies hier nur für die binären quadratischen Formen auseinander-

Nicht minder direkt sind die Beziehungen zu Dedekinds Idealtheorie. Sei (ξ, η) ein Gitterpunkt unserer Normalfigur; derselbe möge dem Gitter G_β angehören. Man wird diesem Punkte allemal ein *Bildgitter* zuordnen können, welches dem Hauptgitter eingelagert ist, indem man einfach (ξ, η) mit allen Punkten des Gitters $G_{-\beta}$ multipliziert. Dieses Bildgitter (welches dem Gitter $G_{-\beta}$ „ähnlich" ist) entspricht dem Dedekindschen „Ideal", d. h. das Ideal, welches Dedekind an Stelle des idealen Faktors ξ setzt, wird durch die ξ-Koordinaten der Ecken unseres Bildgitters geliefert. Ich werde vielfach das Bildgitter selbst als das zum Punkte (ξ, η) gehörige *Ideal* bezeichnen. Durch das Ideal ist der Punkt (ξ, η) rückwärts nur bis auf Einheitsfaktoren bestimmt; man kann sagen, daß das Ideal der Inbegriff der durch den Punkt (ξ, η) *teilbaren* Hauptzahlen sei.

Ich möchte nicht, daß man meine Darlegung dieser Verhältnisse als einen Gegensatz zu den Dedekindschen Entwicklungen auffaßte, sondern wesentlich nur als eine Veranschaulichung derselben. In der Tat operiere ich bei dem in meiner Vorlesung gegebenen Beweise der hier im Referate nur historisch mitgeteilten Sätze fortgesetzt mit den Dedekindschen Begriffsbestimmungen, und auch die Einführung meiner Figuren geschieht durchweg in Anlehnung an die Dedekindschen Entwicklungen. Eine gewisse Verschiedenheit der Darstellung liegt allerdings darin, daß ich von der Theorie der quadratischen *Formen* ausgehe, deren Koeffizienten zunächst keineswegs ganze Zahlen zu sein brauchen, während bei Dedekind die Betrachtung des *Körpers* $\sqrt{d}$ und die Frage nach den für ihn geltenden Rechnungsregeln voransteht. Übrigens bedarf ich bei der Behandlung der singulären elliptischen Gebilde noch einer leichten Verallgemeinerung des Idealbegriffs, die sich bei Betrachtung der Normalfigur ganz zwanglos bietet. Genau so, wie wir dem Punkte (ξ, η) ein dem Hauptgitter eingelagertes Bildgitter zuordneten — die Gesamtheit der durch (ξ, η) teilbaren Hauptpunkte —, werden wir ihm innerhalb irgendeines gegebenen Nebengitters G_α ein Bildgitter koordinieren können. Dasselbe umfaßt einfach die Produkte von (ξ, η) mit sämtlichen Punkten des Gitters $G_{\alpha-\beta}$. *Solche einem Nebengitter G_α eingelagerte Bildgitter werde ich Nebengitterideale nennen.*

Im übrigen sollte die Theorie von den Stammgittern (mit der Diskriminante d) jetzt noch auf die zugehörigen Zweigformen (von der Diskriminante $n^2 d$) übertragen werden. Diese Übertragung erfordert keine weitere Zurüstung, weil die Zweiggitter den Hauptgittern in fester Weise

setzen. Die Irrationalität, welche hier beim einzelnen Nebengitter der $\sqrt{d}$ hinzutritt, hat nach unseren Darlegungen von Hause aus die Gestaltung $\varrho \sqrt{a}$; *sie ist also nicht schlechtweg eine h-te Wurzel, sondern enthält neben dem Azimutalfaktor ϱ nur eine Quadratwurzel.* Dies scheint bisher nicht hervorgehoben zu sein.

eingelagert sind und daher mit diesen bei Konstruktion der Normalfigur endgültig orientiert werden. Ich habe diese Sache in meiner Vorlesung wegen Zeitmangels nicht weiter ausgeführt und bemerke um so lieber, daß auch sie implizite bei Dedekind erledigt ist. In dieser Hinsicht genüge zu bemerken, daß das, was Dedekind eine *Ordnung* nennt [20]), der Inbegriff der ξ-Koordinaten der Eckpunkte des dem Hauptstammgitter eingelagerten Hauptgitters der Diskriminante $n^2 d$ ist.

Die hiermit entwickelten Verhältnisse, insbesondere unsere Normalfigur, werden nun der Untersuchung der singulären elliptischen Gebilde zugrunde gelegt. Wir haben uns dabei natürlich auf *negative* Diskriminanten zu beschränken und setzen dementsprechend in der Folge für D die Bezeichnung $-\nabla$.

Man denke sich zuvörderst die verschiedenen Gitter, welche zu irgendeiner Stammdiskriminante oder Zweigdiskriminante $(-\nabla)$ gehören, in unserer Normalfigur nebeneinander liegend. Dabei wollen wir der Deutlichkeit wegen festsetzen (was für Stammdiskriminanten noch keine Einschränkung ist), daß wir nur solche Gitter in Betracht nehmen wollen, die zu *primitiven* quadratischen Formen Anlaß geben; die Zahl dieser zu einer bestimmten Diskriminante gehörigen „primitiven" Gitter bezeichnen wir allgemein mit h. Wir suchen jetzt die neuen Gitter, die aus ihnen durch irgendeine Transformation höherer Ordnung entstehen (die ihnen vermöge Transformation n-ter Ordnung eingelagert sind). Ich will der Einfachheit wegen annehmen, daß der Transformationsgrad n eine Primzahl p sei, und zwar eine solche Primzahl, die sich im Gebiete unserer Gitterzahlen in zwei verschiedene (nicht bloß durch Einheitsfaktoren unterschiedene) Faktoren π und $\bar{\pi}$ spaltet. Diese Faktoren mögen den Gittern G_β und $G_{-\beta}$ angehören. Durch Transformation p-ter Ordnung entstehen aus irgendeinem unserer gegebenen Gitter G_α, allgemein zu reden, $(p+1)$ neue. *Aber zwei von ihnen nehmen eine Sonderstellung ein. Es sind dies die Bildgitter (Idealgitter), welche den Zahlen π bez. $\bar{\pi}$ innerhalb G_α entsprechen, also die Gitter $\pi \cdot G_{\alpha-\beta}$ und $\bar{\pi} \cdot G_{\alpha+\beta}$, die aus $G_{\alpha-\beta}$ bez. $G_{\alpha+\beta}$ durch komplexe Multiplikation hervorgehen.* Diese zwei Gitter sind ersichtlich mit $G_{\alpha-\beta}$ und $G_{\alpha+\beta}$ ähnlich; ihre quadratischen Formen werden sich dementsprechend von $f_{\alpha-\beta}$, $f_{\alpha+\beta}$ nur um den Faktor p unterscheiden, also imprimitiv sein. Im Gegensatze dazu sind die übrigen $(p-1)$ transformierten Gitter mit keinem der vorgegebenen Gitter ähnlich und geben zu primitiven quadratischen Formen Anlaß.

Was wir so für eine bestimmte Kategorie von Primzahlen konstatiert haben, überträgt sich leicht (mutatis mutandis) auf beliebige Transforma-

---

[20]) Statt „Ordnung" gebraucht Hr. Hilbert neuerdings das Wort „Ring".

tionsgrade. *Dies ist der eigentliche Fundamentalsatz in der Theorie der singulären elliptischen Gebilde.*

Unsere nächste Aufgabe wird sein, aus diesem Fundamentalsatze Folgerungen für die zu den Gittern G gehörigen Invarianten j zu ziehen. Ich werde die zu G_α gehörigen Invarianten j, Δ usw. einfach durch den Index α bezeichnen: j_α, Δ_α, ... und übrigens die h verschiedenen j_α die *zu ∇ gehörigen singulären Invarianten* nennen. Man nehme zunächst wieder an, daß es sich um Transformation vom Grade p handele und daß p in unserem Zahlengebiet, wie vorhin, in das Produkt zweier verschiedener komplexer Faktoren, π und $\bar\pi$, zerfalle.

Wir haben dann sofort folgende beiden Sätze:

1. Die zu Transformation p-ter Ordnung gehörige Transformationsgleichung $F(j', j) = 0$ besitzt für $j = j_\alpha$ zwei (und nur zwei) Wurzeln, welche sich in der Reihe der singulären j befinden, nämlich $j' = j_{\alpha+\beta}$ und $j' = j_{\alpha-\beta}$.

2. Die Multiplikatorgleichung $\Phi(M, j) = 0$ hat entsprechend für $j = j_\alpha$ zwei Wurzeln, welche sich durch die Diskriminanten Δ der vorgelegten singulären Gebilde selbst ausdrücken, nämlich

$$M = \bar\pi \sqrt[12]{\frac{\Delta_{\alpha-\beta}}{\Delta_\alpha}} \quad \text{und} \quad M = \pi \sqrt[12]{\frac{\Delta_{\alpha+\beta}}{\Delta_\alpha}}.$$

Analoge Theorien ergeben sich natürlich für andere Primzahlen p und beliebige zusammengesetzte Transformationsgrade. Von da aus zeigt man dann ohne Schwierigkeit, erstlich: daß die zu ∇ gehörigen singulären j einer ganzzahligen Gleichung h-ten Grades $\chi_\nabla(j) = 0$ genügen, 'deren höchster Koeffizient $= 1$ ist (ich nenne diese Gleichung die Klassengleichung *erster Stufe*), ferner aber, daß $j_{\alpha+\beta}$ im Rationalitätsbereich $\sqrt{-\nabla}$ von j_α rational abhängt, und zwar vermöge einer Substitution: $j_{\alpha+\beta} = R_\beta(j_\alpha, \sqrt{-\nabla})$, die nur vom Index β bedingt ist. In dieser Angabe liegt bereits, daß für unsere Wurzeln j_α $R_\beta R_\gamma = R_\gamma R_\beta$ ist, daß also die Klassengleichung nach Adjunktion von $\sqrt{-\nabla}$ eine Abelsche Gleichung ist. Ich gehe auf die betreffenden Ausführungen meiner Vorlesung hier darum nicht genauer ein, weil die Gliederung des Gedankenganges schließlich dieselbe ist, welche Hr. Weber in den bez. Teilen seiner elliptischen Funktionen [1. Aufl. (1890/91)] eingehalten hat. In der Tat liegt der Fortschritt meiner Darstellung (sofern ein solcher überhaupt zugestanden wird) nicht in diesen weiteren Ausführungen, sondern in der Einfachheit, mit der sich die vorangeführten grundlegenden Sätze ergeben, in der Evidenz, mit der sie sozusagen von selbst aus der Normalfigur hervorsprießen[21]).

---

[21] [Der durch Adjunktion der singulären j zu dem Körper $\sqrt{-d}$ entstehende Körper $2h$-ten Grades hat von den Zahlentheoretikern den Namen Klassenkörper

Im übrigen aber wende ich mich zu neuen Entwicklungen. In der Tat ist nach dem Ideengange, welcher den „Modulfunktionen" zugrunde liegt, die Fragestellung nach der Natur der singulären elliptischen Gebilde mit den vorstehenden Angaben über die singulären j noch keineswegs erschöpft, vielmehr wird es gelten, nunmehr entsprechende Überlegungen für die Moduln *höherer Stufe* durchzuführen. Ansätze hierzu liegen in der Literatur bereits verschiedentlich vor. Beispielsweise betrachtet Hr. Weber in seinem Werke neben den singulären j gelegentlich die zugehörigen $\sqrt[3]{j}$ und ganz besonders die $\sqrt[12]{\varkappa\varkappa'}$ und ihre Potenzen.[22]) Andererseits haben Gierster und Hurwitz eine Seite der Frage längst allgemein bearbeitet, indem sie die *Klassenzahlrelationen höherer Stufe* aufstellten[23]); man vergleiche die ent sprechenden Entwicklungen der „Modulfunktionen". Es wird gelten, allgemein eine Theorie der *Klassengleichungen höherer Stufe* zu entwerfen. Zu dem Zwecke habe ich in meiner Vorlesung das Beispiel der Ikosaedergleichung behandelt, und wenn ich auch bei der Kürze der Zeit selbst diesen besonderen Gegenstand nur nach seinen Umrissen habe bezeichnen können, so meine ich doch damit die ganze Fragestellung so weit zugänglich ge-

erhalten, weil jedes j einer Klasse quadratischer Formen zugeordnet ist. Auch in ihm werden die idealen Zahlen des Körpers $\sqrt{-d}$ realisiert. Wo werden sich in ihm die Bilder unserer Nebengitter befinden? Die Sache kann wegen der eindeutigen Zerlegbarkeit in Primfaktoren nur so sein, daß man die letzteren mit der k-ten Wurzel aus einer Einheit des Klassenkörpers multiplizieren muß, um die entsprechen den Zahlen des Klassenkörpers zu erhalten. k bedeutet hierbei den Exponenten der jenigen Potenz, in die man das Nebengitter erheben muß, um es dem Hauptgitter einzulagern. Je nachdem der Klassenkörper unendlich viele oder nur endlich viele Einheiten hat, tritt jedes unserer Gitter in ihm unendlich oft oder nur endlich oft auf. — Ich habe in einer Vorlesung von 1901 das niederste hier mögliche Beispiel berührt. Es sei $d = -20$, worauf wir zwei Klassen haben, die Hauptklasse $x^2 + 5y^2$ $= (x + i\sqrt{5}\,y)\,(x - i\sqrt{5}\,y)$ und eine Anzepsklasse, die durch $2x^2 + 2xy + 3y^2$ $= \left(\sqrt{2}\,x + \dfrac{1 + i\sqrt{5}}{\sqrt{2}}\,y\right)\left(\sqrt{2}\,x + \dfrac{1 - i\sqrt{5}}{\sqrt{2}}\,y\right)$ repräsentiert werden kann. Das zu letzterer gehörige Rhombengitter ist bereits so orientiert, daß die Diagonalen seiner Rhomben in die Richtung der x- und der y-Achse fallen. Die zu den beiden Klassen gehörigen singulären j sind $j(\sqrt{-5}) = (50 + 26\sqrt{5})^3$ und $j\left(\dfrac{1 + \sqrt{-5}}{2}\right) = (50 - 26\sqrt{5})^3$. Man wird die beiden Gitter also in den Klassenkörper verlegen, indem man die Zahlen des Hauptgitters mit einer beliebigen Potenz von i, diejenigen des Nebengitters mit einer ungeraden Potenz der achten Einheitswurzel $\dfrac{1 + i}{\sqrt{2}}$ multipliziert, d. h. indem man die Gitter um Multipla von $90°$ bzw. $45°$ aus der Normallage herumdreht. Es wäre recht erwünscht, in ähnlicher konkreter Weise die Fälle höherer Diskriminanten durchzudenken. K.]

[22]) [Auch Kiepert hat bei seinen umfangreichen Berechnungen numerischer Werte der singulären Invarianten neben j immer auch $\sqrt[3]{j}$ und $\sqrt[2]{j - 1728}$ betrachtet. Vgl. Math. Annalen, Bd. 39 (1891). K.]

[23]) [Siehe die Zitate in den Vorbemerkungen und in Fußnote [6]) auf S. 175 des vorliegenden Bandes.]

macht zu haben, daß die weitere Behandlung nur mehr Sache der Einzelausführung ist. Die Grundlage für die Behandlung der Ikosaederirrationalität bilden natürlich die früheren Untersuchungen über die Modulargleichungen des Ikosaeders und die sich aus ihnen ergebenden Klassenzahlrelationen der fünften Stufe. Man findet diese Dinge in den Kapiteln 4
und 6 des vierten Abschnitts der „Modulfunktionen" mit aller Ausführlichkeit
auseinandergesetzt[24]). Inzwischen ist es im Interesse der allgemeinen Verständlichkeit der von mir zu machenden Angaben vielleicht nützlich, wenn
ich hierauf nicht weiter rekurriere, sondern den Tatbestand in knappen
Sätzen meiner Darstellung mit einfüge. Ich gliedere meine Darlegung in
eine Reihe einzelner Nummern:

1. Der Transformationsgrad n werde der Einfachheit halber (um
nicht zu viele Fälle immer nebeneinander betrachten zu müssen) $\not\equiv 0 \,(\mathrm{mod.}\,5)$
genommen. Die Kongruenz $ad - bc \equiv n \;(\mathrm{mod.}\;5)$ hat dann — sofern
wir gemeinsame Vorzeichenwechsel der a, b, c, d als irrelevant ansehen —, 60 verschiedene Lösungssysteme. Es gibt, sagen wir, modulo 5
betrachtet, 60 verschiedene *Schemata* für Transformation n-ter Ordnung
$\omega' = \dfrac{a\,\omega + b}{c\,\omega + d}$. Das einzelne dieser Schemata bezeichnen wir in der Folge
mit $\begin{vmatrix} a_0\,b_0 \\ c_0\,d_0 \end{vmatrix}$. Übrigens betrachten wir nur „eigentliche" Transformation,
schließen also aus, daß die a, b, c, d einen Faktor gemein haben.

2. Wir betrachten nun die Ikosaederirrationalität $\zeta(\omega)$. Während
$j(\omega)$ mit allen durch Transformation n-ter Ordnung hervorgehenden
Werten $j\!\left(\dfrac{a\,\omega + b}{c\,\omega + d}\right)$ durch dieselbe Transformationsgleichung verbunden ist,
bekommen wir hier je nach dem *Schema*, welches wir für die Transformation n-ter Ordnung auswählen, 60 verschiedene derartige Transformationsgleichungen, die wir in folgender Weise bezeichnen:

$$f_{\left|\begin{smallmatrix} a_0\,b_0 \\ c_0\,d_0 \end{smallmatrix}\right|}(\zeta',\,\zeta) = 0.$$

3. Das einfachste Schema ist natürlich $\begin{vmatrix} 1 & 0 \\ 0 & n \end{vmatrix}$. Die zugehörige Transformationsgleichung (auf deren Aufstellung ich hier nicht weiter eingehe)
hat rationale Zahlenkoeffizienten. Aus ihr entstehen die 59 anderen
Gleichungen, indem man auf ζ' (oder auch auf ζ) die Ikosaedersubstitutionen anwendet. Da die Ikosaedersubstitutionen die Irrationalität
$\varepsilon = e^{\frac{2i\pi}{5}}$ enthalten, so werden die Koeffizienten der 59 Gleichungen, allgemein zu reden, erst im Körper ε rational sein.

4. Es gilt nun vor allen Dingen, diese 60 Transformationsgleichungen

---

in *Kategorien gleichberechtigter Gleichungen* zusammenzufassen. Wir nennen zwei Transformationsgleichungen gleichberechtigt, wenn sie auseinander hervorgehen, indem man auf ζ' und ζ *dieselbe* Ikosaedersubstitution (kogrediente Ikosaedersubstitutionen) ausübt. Es ist klar, daß zwei gleichberechtigte Gleichungen für die folgenden Entwicklungen gleichwertig sind, so daß es genügt, aus jeder Kategorie gleichberechtigter Gleichungen immer nur eine zu betrachten. Man wird, allgemein zu reden, diejenigen wählen, welche die einfachsten Zahlenkoeffizienten darbietet.

5. Die hiermit postulierte Einteilung unserer Gleichungen steht in engster Beziehung zu derjenigen Zahl g, welche Gierster das *Gewicht* der einzelnen Gleichung genannt hat. Das Gewicht g ist die Zahl derjenigen kogredienten Substitutionen von ζ' und ζ, durch welche $f = 0$ in sich übergeht. Ersichtlich ist die Anzahl der Gleichungen, welche mit einer gegebenen Gleichung gleichberechtigt sind, $= \dfrac{60}{g}$.

6. Diese Zahl g bestimmt sich nun für jedes Schema $\begin{vmatrix} a_0 & b_0 \\ c_0 & d_0 \end{vmatrix}$ als Anzahl der modulo 5 unterschiedenen unimodularen Substitutionen $\omega' = \dfrac{\alpha\omega + \beta}{\gamma\omega + \delta}$, welche der Kongruenz genügen:

$$\begin{vmatrix} a_0 & b_0 \\ c_0 & d_0 \end{vmatrix} \cdot \begin{vmatrix} \alpha & \beta \\ \gamma & \delta \end{vmatrix} \equiv \begin{vmatrix} \alpha & \beta \\ \gamma & \delta \end{vmatrix} \cdot \begin{vmatrix} a_0 & b_0 \\ c_0 & d_0 \end{vmatrix} \quad (\text{mod. } 5).$$

7. Die Spezialdiskussion dieser Kongruenzen ergibt für g die folgenden Tabellen:

$n \equiv 1 \pmod{5}$

Bezeichnung der Schemata	Anzahl der Schemata	Gewicht g
$\pm\begin{vmatrix} 1 & 0 \\ 0 & 1 \end{vmatrix}$	1	60
Andere Schemata mit $a_0 + d_0 \equiv \pm 2$	24	5
$a_0 + d_0 \equiv 0$	15	4
$a_0 + d_0 \equiv \pm 1$	20	3

$n \equiv 4 \pmod{5}$

Schemata	Anzahl	g
$\pm\begin{vmatrix} 2 & 0 \\ 0 & 2 \end{vmatrix}$	1	60
Andere Schemata mit $a_0 + d_0 \equiv \pm 1$	24	5
$a_0 + d_0 \equiv 0$	15	4
$a_0 + d_0 \equiv \pm 2$	20	3

$n \equiv 2 \pmod{5}$

Schemata	Anzahl	g
$a_0 + d_0 \equiv 0$	10	6
$a_0 + d_0 \equiv \pm 1$	20	3
$a_0 + d_0 \equiv \pm 2$	30	2

$n \equiv 3 \pmod{5}$

Schemata	Anzahl	g
$a_0 + d_0 \equiv 0$	10	6
$a_0 + d_0 \equiv \pm 2$	20	3
$a_0 + d_0 \equiv \pm 1$	30	2

8. Da die Anzahl der gleichberechtigten Gleichungen jedesmal $\frac{60}{g}$ beträgt, schließen wir aus den vorstehenden Tabellen:

Bei $n \equiv 2, 3$ (mod. 5) sind jedesmal diejenigen Schemata gleichberechtigt, welche dieselbe Summe $\pm (a_0 + d_0)$ darbieten.

Das Gleiche gilt bei $n \equiv 1$ für $(a_0 + d_0) \equiv 0, \pm 1$, ebenso bei $n = 4$ für $(a_0 + d_0) \equiv 0, \pm 2$.

Dagegen zerfallen bei $n \equiv 1$ die Schemata mit $(a_0 + d_0) \equiv \pm 2$ und bei $n \equiv 4$ die Schemata mit $(a_0 + d_0) \equiv \pm 1$ in drei getrennte Kategorien gleichberechtigter. Es gibt jedesmal ein für sich stehendes Schema vom Gewicht 60. Die übrigbleibenden 24 Schemata vom Gewicht 5 zerlegen sich noch in 2 Kategorien je von 12 gleichberechtigten Schematen. Diese 2 Kategorien werden weiter unten noch näher charakterisiert werden.

9. Die Zahl g bezeichnet nach ihrer Entstehung je [die Ordnung] einer Untergruppe der Ikosaedergruppe. Vermöge derselben werden die Punkte der ζ-Kugel, allgemein zu reden, zu je g zusammengeordnet. Diese g Punkte können nur dann ganz oder zum Teil zusammenfallen, wenn es sich um die Ecken des Ikosaeders, oder die Mitten seiner Seitenfläche, oder seine Kantenhalbierungspunkte handelt.

10. Jetzt können wir in mannigfacher Weise eine rationale Funktion g-ten Grades, r_g, bilden, welche bei den Substitutionen unserer Untergruppe ungeändert bleibt. *Dieses r_g kann immer so ausgesucht werden* — und dies werden wir im folgenden voraussetzen —, *daß es in seinen Koeffizienten keine andere Irrationalität besitzt als höchstens ε.* Wir denken uns r_g bei jeder Kategorie gleichberechtigter Gruppen für eine Gruppe möglichst einfach gewählt und bringen dann bei den gleichberechtigten Gruppen diejenigen r_g in Anwendung, die sich aus diesem einen durch die Ikosaedersubstitutionen ergeben. Die Gleichung $r_g = \text{Konst.}$ liefert uns, je nach dem Werte der rechter Hand stehenden Konstante, die Gruppen von jedesmal g zusammengehörigen Punkten der Kugel; sie hat also nur dann möglicherweise vielfache Wurzeln, wenn es sich um die vorhin bezeichneten besonderen Punkte handelt. Alle anderen rationalen Funktionen von ζ, welche bei unserer Untergruppe ungeändert bleiben — insbesondere die rationale Funktion 60-ten Grades j —, sind rationale Funktionen von r_g. Ist $g = 60$, so nehmen wir r_g einfach $= j$.

11. Jetzt setzen wir in $f_{\left|\begin{smallmatrix} a_0\, b_0 \\ c_0\, d_0 \end{smallmatrix}\right|}(\zeta', \zeta) = 0$, $\zeta' = \zeta$ und fragen nach der Natur der entstehenden Gleichung. Eine Anzahl ihrer Wurzeln fällt möglicherweise in die Ecken oder die Seitenmitten oder die Kantenmitten des Ikosaeders. Diese werden wir (innerhalb des Bereiches ε) allemal

rational abtrennen können. Wir nehmen an, daß dieses geschehen sei und untersuchen die übrigbleibende Gleichung, die wir zwecks äußerer Kennzeichnung in eckige Klammern schließen wollen:

$$\left[f_{\left|\begin{smallmatrix} a_0\, b_0 \\ c_0\, d_0 \end{smallmatrix}\right|} (\zeta, \zeta) \right] = 0.$$

Von ihren Wurzeln gehören jedesmal g vermöge unserer Untergruppe zusammen, und diese g Wurzeln sind unter sich alle verschieden. Wir schließen, daß unsere Gleichung in Wirklichkeit eine solche für r_g ist. Wir schreiben dieselbe

$$\Psi_{\left|\begin{smallmatrix} a_0\, b_0 \\ c_0\, d_0 \end{smallmatrix}\right|} (r_g) = 0.$$

Die Koeffizienten von Ψ sind jedenfalls nach Adjunktion von ε rational. Übrigens aber sind gleichberechtigte Ψ nur durch ihr r_g verschieden; sie fallen, wenn man hiervon absieht, geradezu zusammen.

12. Die Wurzeln der Gleichung $\Psi = 0$ lassen sich nun in übersichtlicher Weise durch die zugehörigen Werte von ω bezeichnen.

Wir werden zunächst verabreden, daß wir das zu irgendeinem ζ gehörige ω allemal *reduziert* nehmen, d. h. innerhalb des aus 60 Elementarbereichen der ω-Ebene zur Hauptkongruenzgruppe fünfter Stufe gehörigen Ikosaederpolygons. Da wir die besonderen Werte von ζ, welche den Ikosaederecken usw. entsprechen, bereits entfernt haben, werden wir des ferneren nur solche Punkte ω zu betrachten haben, welche erstens im *Inneren* der Halbebene liegen, und zweitens weder mit $\varrho = \dfrac{-1 + \sqrt{-3}}{2}$ noch mit $i = \sqrt{-1}$ im elementaren Sinne äquivalent sind.

Da gilt nun: ein Wert ζ wird ebenso oft Wurzel der Gleichung $[f(\zeta, \zeta)] = 0$ sein, als das entsprechende ω bei Transformationen n-ter Ordnung des vorgelegten Schemas ungeändert bleibt. Und ferner: jedesmal g Werte ζ (oder auch ω) zusammen ergeben *eine* Wurzel r_g von $\Psi = 0$.

13. Sei jetzt in Übereinstimmung hiermit:

$$\omega = \frac{a\omega + b}{c\omega + d},$$

wo $(ad - bc) = n$ und $\left|\begin{smallmatrix} a\, b \\ c\, d \end{smallmatrix}\right| \equiv \pm \left|\begin{smallmatrix} a_0\, b_0 \\ c_0\, d_0 \end{smallmatrix}\right|$ (mod. 5).

Wir haben dann

$$c\omega^2 + (d - a)\omega - b = 0$$

oder, wie wir abkürzend schreiben:

$$P\omega^2 + Q\omega + R = 0.$$

Hier sind die ganzen Zahlen P, Q, R (die gern einen Faktor gemein haben können, den wir dann aber zweckmäßigerweise *nicht* wegheben) an die Kongruenzen gebunden:

$$P \equiv \pm c_0, \quad Q \equiv \pm (d_0 - a_0), \quad R \equiv \mp b_0 \ (\text{mod. } 5).$$

Wir setzen noch der Kürze halber:

$$a + d = t,$$

worauf natürlich t der Kongruenz unterliegt:

$$t \equiv \pm (d_0 + a_0) \ (\text{mod. } 5).$$

Als Wert der negativ genommenen Diskriminante der für ω geltenden quadratischen Gleichung ergibt sich jetzt:

$$4PR - Q^2 = \nabla = 4n - t^2.$$

Auf solche Weise finden wir: Um alle in Betracht kommenden Werte von ω zu erhalten, suche man zunächst alle positiven Werte von ∇, die in der Gestalt $4n - t^2$ enthalten sind, wo $t \equiv \pm (d_0 + a_0)$ (mod. 5). Ferner bestimme man innerhalb des Ikosaederbereiches der ω-Ebene die Nullstellen aller solcher primitiver oder imprimitiver Gleichungen $P\omega^2 + Q\omega + R = 0$, deren Diskriminante $= - \nabla$ ist und die außerdem den für die P, Q, R aufgestellten Kongruenzbedingungen genügen. Von diesen Nullstellen schließe man noch diejenigen aus, deren P, Q, R mit t einen gemeinsamen Teiler haben — denn sie würden auf uneigentliche Transformationen n-ter Ordnung führen; — ferner schließe man diejenigen aus, die mit ϱ oder i im elementaren Sinne äquivalent sind. *Die übrigen ω geben jeweils mit der richtigen Multiplizität die einzelnen Wurzeln der Gleichung* $[f] = 0$, *und, da sie zu g zusammengehören, der Gleichung* $\Psi (r_g) = 0$.

14. Es kommt nun darauf an, für jeden Wert von ∇ die Zahl der hiermit bezeichneten ω-Werte abzuzählen. Es möge H die Klassenzahl der zu $(- \nabla)$ gehörigen primitiven und imprimitiven Klassen quadratischer Formen sein. Von ihnen kommen wegen der gerade formulierten Nebenbedingungen gewisse in Wegfall; ich bezeichne die Zahl der übrigbleibenden Klassen mit H'. Dieses H' baut sich in einfacher Weise aus den Anzahlen h der primitiven Klassen auf, die zu solchen Diskriminanten gehören, die aus $(- \nabla)$ durch Abtrennung eines quadratischen Teilers entstehen. Ich schreibe in diesem Sinne

$$H' = \sum h \left(\frac{\nabla}{\tau^2} \right),$$

wobei ich die in den früheren Angaben enthaltenen näheren Bedingungen für die Summation nicht noch besonders zufüge. Zu jeder der H' Klassen gehören nun innerhalb des Ikosaederbereiches der ω-Ebene 60 Nullpunkte. Unter ihnen müssen wir diejenigen insbesondere aussuchen, welche den für

P, Q, R aufgestellten Kongruenzbedingungen genügen. Wir wissen bereits, daß sich die auszuwählenden Punkte in Serien von je g zusammengruppieren. Die nähere Untersuchung ergibt nun, daß sich bei $n \equiv 2, 3$ (mod. 5) innerhalb der zur einzelnen Klasse quadratischer Formen gehörigen 60 Nullpunkte immer gerade *eine* Serie von g Punkten befindet, die die Kongruenzbedingungen befriedigt. *Das gibt also $g \sum H'(4n - t^2)$ Nullpunkte* (wobei t nur Werte $\equiv \pm (a_0 + d_0)$ (mod. 5) zu durchlaufen hat). Dieselbe Formel gilt bei $n \equiv 1$ (mod. 5) für $a_0 + d_0 \equiv 0, \pm 1$, und bei $n \equiv 4$ (mod. 5) für $a_0 + d_0 \equiv 0, \pm 2$. Dagegen ist für $n \equiv 1$ und $a_0 + d_0 \equiv \pm 2$ und ebenso für $n \equiv 4$ und $a_0 + d_0 \equiv \pm 1$ eine Fallunterscheidung einzuführen.

Haben wir für $n \equiv 1$ das Schema $\pm \begin{vmatrix} 1 & 0 \\ 0 & 1 \end{vmatrix}$ $\Big\{$bez. für $n \equiv 4$ das Schema $\pm \begin{vmatrix} 2 & 0 \\ 0 & 2 \end{vmatrix} \Big\}$, so erweisen sich vermöge unserer Kongruenz P, Q, R durch 5 teilbar; es sind also nur solche Formen in Betracht zu ziehen, welche den Teiler 5 haben, diese aber auch (sofern nicht die ganze Klasse wegen der Nebenbedingungen in Wegfall kommt) alle. *Die Zahl der Nullpunkte wird hiernach, in Übereinstimmung mit dem Werte $g = 60$, in leicht verständlicher Abkürzung*

$$60 \sum H' \left(\frac{4n - t^2}{25} \right).$$

Die Zahl t durchläuft dabei nur solche Werte, welche $\equiv \pm 2$ (oder, im Falle $n \equiv 4$, $\equiv \pm 1$) modulo 5 sind.

Für die anderen 24 Schemata aber tritt noch folgende Trennung ein. Man bemerke, daß $\nabla = 4n - t^2$ bei ihnen allemal durch 5 teilbar ist. Daher vermag nach der Theorie der *Gattungen* (die übrigens in meiner Vorlesung nicht weiter entwickelt wird), nur die Hälfte der jedesmaligen H' Klassen *Reste* mod. 5 darzustellen, die andere Hälfte, und nur sie, gibt *Nichtreste*. Je nachdem die Zahlen b_0, c_0 in dem gerade ausgewählten Schema Reste oder Nichtreste modulo 5 sind, wird nur die eine Hälfte der Klassen vermöge unserer Kongruenzbedingungen brauchbare Nullpunkte liefern oder nur die andere[25]). Im ersteren Falle erhalten wir jedesmal g Nullpunkte. *Die Gesamtzahl der Nullstellen ist also*

$$g \cdot \sum \frac{H'(4n - t^2)}{2},$$ *wo $t \equiv \pm 2$ oder $\equiv \pm 1$ (mod. 5) zu nehmen ist, je nachdem der Fall $n \equiv 1$ oder $n \equiv 4$ vorliegt.*

15. Diese Anzahlen sind alle bereits seinerzeit von Gierster bestimmt worden, der von ihnen aus zu den Klassenzahlrelationen 5-ter Stufe

---

[25]) Hierin also liegt die oben noch nicht angegebene Unterscheidung der beiden Kategorien, in die sich unsere vorliegenden Schemata teilen.

gelangt ist, wie man des näheren in den „Modulfunktionen" nachlesen mag. Sie geben zugleich die Zahl der Wurzeln von $[f(\zeta, \zeta)] = 0$ und, durch g dividiert, die Zahl der Wurzeln von $\Psi(r_g) = 0$. Aber sie geben nicht nur die Zahl dieser Wurzeln, sondern auch deren Bedeutung im einzelnen, sie lassen also die *Struktur* der Gleichung $[f(\zeta, \zeta)] = 0$ bez. $\Psi(r_g) = 0$ erkennen.

Man bezeichne als *die zu einem Schema* $\begin{vmatrix} a_0 & b_0 \\ c_0 & d_0 \end{vmatrix}$ *gehörige Klassengleichung fünfter Stufe der Diskriminante* $(-\nabla)$ diejenige Gleichung vom Grade h, welcher die zu den betreffenden primitiven Klassen gehörigen Werte des r_g genügen. Ich schreibe diese Gleichung:

$$\chi_V(r_g) = 0.$$

In den besonderen Fällen, wo nur die Hälfte der existierenden Klassen in Betracht kommen, konstruiere ich mir entsprechend *Halbklassengleichungen*; ich will in dem Falle dem Buchstaben χ zur Unterscheidung einen horizontalen Strich zusetzen:

$$\overline{\chi}_V(r_g) = 0.$$

Endlich setze ich aus diesen χ ebenso größere Aggregate X' zusammen, wie sich die H' aus den h aufbauen:

$$\cdot \; \mathsf{X}'_V(r_g) = \Pi \chi_{\underset{\tau^2}{V}}(r_g).$$

Eventuell ist hier beiderseits ein horizontaler Strich zuzufügen. Wir erhalten dann den Formeln von Nr. 14 entsprechend folgende Dekomposition des jedesmaligen $\Psi(r_g)$:

1. bei $n \equiv 2, 3 \pmod{5}$, sowie bei $n \equiv 1$ für die Schemata $a_0 + d_0 = 0, \pm 1$ und bei $n \equiv 4$ für die Schemata $a_0 + d_0 = 0, \pm 2$:

$$\Psi(r_g) = \Pi \mathsf{X}'_{4n-t^2}(r_g); \quad t \equiv \pm(a_0 + d_0);$$

2. bei $n \equiv 1, 4$ im Falle jeweils des ausgezeichneten Schemas:

$$\Psi(r_g) = \Pi \mathsf{X}'_{\underset{25}{4n-t^2}}(r_g); \quad t \equiv \pm 2 \text{ resp. } \equiv \pm 1;$$

(man erinnere sich, daß r_g hier einfach $= j$ ist);

3. bei $n \equiv 1, 4$ für die anderen Schemata $a_0 + d_0 = \pm 2$, resp. $a_0 + d_0 = \pm 1$:

$$\Psi(r_g) = \Pi \overline{\mathsf{X}}'_{4n-t^2}(r_g); \quad t \equiv \pm 2 \text{ resp. } \equiv \pm 1.$$

16. Es hat nun keine Schwierigkeit, unsere Ψ in rationaler Weise in die einzelnen X' und fernerhin in die einzelnen χ zu spalten. Es genügt in dieser Hinsicht zu bemerken, daß die singulären j den Klassengleichungen erster Stufe genügen und daß sich j jedesmal rational durch

die in Betracht kommende r_g darstellt. *Wir erfahren so, daß unsere Gleichungen:*
$$\chi_V(r_g) = 0, \quad bez. \quad \bar{\chi}_V(r_g) = 0,$$
die ich nunmehr als Klassengleichungen, bez. Halbklassengleichungen der fünften Stufe bezeichne, rationale Zahlenkoeffizienten haben. „Rational" ist dabei selbstverständlich (sofern die Spezialuntersuchung der einzelnen Fälle es nicht als überflüssig erscheinen läßt) dahin zu verstehen, daß ε als adjungiert gilt. Die Auflösung der Klassengleichung erster Stufe zieht natürlich die Auflösung unserer Klassengleichungen fünfter Stufe unmittelbar nach sich. Wir können daher auch so sagen: *Man betrachte die Darstellung von j als rationale Funktion $\left(\dfrac{60}{g}\right)$-ten Grades von r_g als eine algebraische Gleichung für r_g. Diese Gleichungen, welche sich kurzweg als Resolventen der Ikosaedergleichung bezeichnen lassen, haben bei gegebenem singulären Werte von j nach Adjunktion von ε eine rationale Wurzel.*

17. Bis zu diesem Punkte habe ich die Untersuchung der singulären Werte der Ikosaederirrationalität in meiner Vorlesung gefördert. Wenn ich dieselbe in der vorliegenden unabgeschlossenen Form der Öffentlichkeit übergebe, so geschieht es, weil ich kaum hoffen darf, in absehbarer Zeit selbst zu diesen Fragestellungen zurückzukehren, und weil eben nun von verschiedenen Seiten den Klassengleichungen eine erhöhte Aufmerksamkeit zugewandt wird[26]).

Borkum, den 13. August 1896.

---

[26]) [Den Entwicklungen des Textes zufolge treten neben den Klassenkörper erster Stufe, der von den singulären j und $\sqrt{-d}$ erzeugt wird, für jede zu 5 relativ prime Diskriminante $-d$, Klassenkörper fünfter Stufe, die entstehen, indem man zum Körper $\sqrt{-d}$ die Wurzeln der verschiedenen Resolventen der Ikosaedergleichung (mit singulären ω-Werten als Argumenten) adjungiert. Es kann vorkommen, daß diese Wurzeln schon selbst dem Klassenkörper erster Stufe angehören, arithmetisch also nichts Neues liefern. Im Texte wird diese Seite der Frage nicht berührt, geschweige denn entschieden. Der Nachdruck liegt vielmehr auf der algebraischen Leistungsfähigkeit des Klassenkörpers erster Stufe. Seine Zahlen lösen nicht nur die Klassengleichung erster Stufe, sondern sie erteilen auch den Transformationsgleichungen höherer Stufe bzw. deren Resolventen, je nach den Umständen, einen stärkeren oder schwächeren Affekt. So wird die Galoissche Gruppe der Ikosaedergleichung, die nach Adjunktion der fünften Einheitswurzel ε für unbestimmtes J bekanntlich aus 60 Operationen besteht, auf eine ihrer Untergruppen reduziert, wenn man für J singuläre Invarianten, d. h. Zahlen eines Klassenkörpers erster Stufe, einsetzt. Die Einzelheiten hängen dabei von dem Verhalten der Diskriminante $-d$ modulo 5 ab, zu der die singulären ω gehören. — Es wird solcherweise allgemein darauf ankommen, zu studieren, welche Bedeutung die systematische Gliederung der Transformationstheorie der elliptischen Funktionen nach Stufen für die komplexe Multiplikation hat. Die Aufstellung der Klassenzahlrelationen höherer Stufe, wie sie Gierster und Hurwitz vollzogen haben, bzw. Fricke in Bd. 2 der „Modulfunktionen" dargestellt hat, ist in dieser Hinsicht ein erster Schritt. K.]

Hyperelliptische und Abelsche Funktionen.

Vorbemerkungen zu den Arbeiten über hyperelliptische und Abelsche Funktionen.

Die drei Abhandlungen XCV bis XCVII, welche hier als zweiter Abschnitt des vorliegenden Bandes zusammengestellt sind, verfolgen einen Zweck, den einst Clebsch und Gordan am Schluß der Vorrede zu ihrem Werke über Abelsche Funktionen (Leipzig 1866) als erstrebenswert hingestellt haben, nämlich: *Die Theorie der hyperelliptischen und Abelschen Funktionen mit der Formentheorie bzw. Invariantentheorie in sachgemäße Verbindung zu bringen.* Hierbei erwiesen sich für mich zwei Maßnahmen als wesentlich: erstens, daß man sich hinsichtlich der Zahl der zu benutzenden homogenen Variabeln volle Freiheit vorbehält (also je nach Bedarf binär, ternär, ... operiert), und zweitens, daß man einen geeigneten Rationalitätsbereich (sowohl für die Konstanten als auch für die zu verwendenden algebraischen Formen) zugrunde legt und insbesondere auch die transzendenten Funktionen (z. B. die Integrale und ihre Perioden) nach ihrem invarianten Verhalten betrachtet.

Das Hauptziel meiner Untersuchungen war, für ein beliebiges algebraisches Gebilde vom Geschlechte p den Aufbau der 2^{2p} Thetafunktionen eines gegebenen Riemannschen Querschnittsystems systematisch zu bewerkstelligen. Es mögen hier, um eine prinzipielle Übersicht zu gewinnen, vorab zwei Aufgabenstellungen unterschieden werden, wenn auch diese Scheidung in den Abhandlungen selbst nicht so deutlich hervortritt: Erstens handelt es sich darum, die Abhängigkeit der Thetafunktionen von den Koeffizienten des algebraischen Gebildes, von den Moduln einer Riemannschen Klasse zu untersuchen, insbesondere also die Thetanullwerte als Modulfunktionen zu bestimmen. Zweitens gilt es, die Thetafunktionen in ihrer Abhängigkeit von den Stellen des Gebildes, zwischen denen die in den Argumenten auftretenden Integrale genommen werden, darzustellen.

Beidemal konnte bei den Zwecken, die ich verfolgte, für mich die Weierstrassische Theorie der elliptischen Funktionen Vorbild sein, nur daß deren Ergebnisse noch unmittelbarer mit den in der Invariantentheorie üblichen Ansätzen in Verbindung zu bringen waren, als es in Weierstrass' eigener Darstellung geschieht (vgl. Abh. XCV, § 12). Auch habe ich mich bei den hyperelliptischen und Abelschen Funktionen an Weierstrass' bezügliche Entwicklungen vielfach anschließen können. Zu der Zeit, als ich meine Abhandlungen schrieb, waren diese nur erst aus gelegentlichen Mitteilungen seiner Schüler bzw. aus ausgearbeiteten Vorlesungsheften bekannt; eine authentische Veröffentlichung liegt erst seit 1902 in Bd. IV von Weierstrass' Mathematischen Werken vor, und es ist ineressant, die dort gegebene (übrigens auch aus verschiedenen Vorlesungen zusammengearbeitete) Darstellung hinterher zu vergleichen.

I. Was die erste der oben genannten Aufgaben, also die Betrachtung der Modulfunktionen anlangt, so möge vorab etwa folgendes bemerkt werden: Die Bestimmung der multiplizierenden Konstanten der Thetafunktionen konnte nur in den niedersten Fällen von mir voll erreicht werden. Es sind dies die hyperelliptischen Fälle (in Nr. XCV und XCVI) und im wesentlichen auch der allgemeine Fall $p = 3$ (in Nr. XCVII, Abschnitt II).

In den hyperelliptischen Fällen eines beliebigen p legte ich eine Binärform f vom $(2p + 2)$-ten Grade zugrunde. Um an bekannte Untersuchungen anzuknüpfen zerlegte ich f zunächst auf alle möglichen Weisen in zwei Faktoren, deren Gradzahl sich um ein Multiplum von vier unterscheidet:

$$f = \varphi_{p+1-2\mu} \cdot \psi_{p+1+2\mu} \qquad \left(\mu = 0, 1, 2 \ldots \left[\frac{p+1}{2}\right]\right).$$

Solcher Zerlegungen gibt es gerade 2^{2p}, denen bei gegebenem Querschnittsystem die einzelnen Thetafunktionen entsprechen. Einerseits wußte man nun aus den Untersuchungen von H. Weber, wieviele Anfangsglieder in der Reihenentwicklung der verschiedenen Thetafunktionen verschwinden und andererseits aus denen von J. Thomae, daß für $\mu = 0$ und $\mu = 1$ der konstante Faktor des niedrigsten nicht verschwindenden Termes bis auf einen Zahlfaktor gleich ist der Quadratwurzel aus einer Periodendeterminante (also einem vom gewählten Querschnittsystem abhängigen Faktor) multipliziert mit $\sqrt[8]{\varDelta\varphi \cdot \varDelta\psi}$, wo $\varDelta\varphi$ und $\varDelta\psi$ die Diskriminanten von φ und ψ sind. Es war für mich nicht schwer, zu vermuten, daß dies auch in den Fällen $\mu > 1$ gilt. Die neuen Gedanken sind übrigens im wesentlichen folgende gewesen:

1. Von den 2^{2p} zu einem Querschnittsystem gehörigen Thetafunktionen aus definiere ich 2^{2p} *Sigmafunktionen*, welche sich bei linearen Periodentransformationen glatt vertauschen und übrigens vom Querschnittsystem unabhängig sind. Sie entsprechen kurzweg den 2^{2p} Zerspaltungen von f in $\varphi \cdot \psi$. Meine Sigmafunktionen sind das genaue Analogon der von Weierstrass in seiner Theorie der elliptischen Funktionen gebrauchten Funktionen σ, σ_1, σ_2, σ_3. Zur Gewinnung der Sigmafunktionen dividiere man zunächst jede für die Argumente $0, 0, \ldots 0$ nicht verschwindende Thetafunktion durch ihren Nullwert und multipliziere alle diese Quotienten mit demselben Exponentialfaktor zweiten Grades in den Argumenten, der dann so gewählt wird, daß in der Reihenentwicklung des bezüglichen Produktes

$$\varPi\left(\frac{\vartheta(v_1, v_2, \ldots v_p)}{\vartheta(0, 0, \ldots 0)} e^{G_2(v_1, v_2, \ldots v_p)}\right)$$

die Glieder zweiter Ordnung identisch verschwinden. Von den Thetafunktionen mit verschwindenden Nullwerten kommt man hernach analog zu entsprechenden Sigmafunktionen (vgl. Nr. XCV· §§ 1, 2, 4 und Nr. XCVII §§ 25, 27). Umgekehrt kann man von den Sigmafunktionen leicht zu den Thetafunktionen zurückgelangen, wenn man die obigen Angaben über die konstanten Faktoren der Thetareihen benutzt und außerdem den Exponentialfaktor so bestimmt, daß die Thetareihen für ein bestimmtes Querschnittsystem die bekannten Periodizitätseigenschaften besitzen. — Meine Sigmafunktionen sind natürlich ebenso wie die Thetafunktionen Spezialfälle der allgemeinen Jacobischen Funktionen erster Ordnung und es mag hier, um Verwechselungen vorzubeugen, gleich bemerkt werden, daß Weierstrass selbst und seine Schüler bei $p > 1$ den Buchstaben σ zur Bezeichnung beliebiger derartiger Jacobischer Funktionen gebraucht haben. Unter allen diesen Jacobischen Funktionen sind meine Sigmafunktionen dadurch ausgezeichnet, daß sie Reihenentwicklungen nach Potenzen der Argumente zulassen, welche nach *rationalen, ganzen Kovarianten* der zugehörigen Formen φ und ψ fortschreiten. Auch dies ist eine Verallgemeinerung der bei $p = 1$ bekannten Sätze. (Vgl. Nr. XCV, § 12).

2. Dem Übergang von den Thetafunktionen zu den Sigmafunktionen entspricht, daß es mir gelang, statt des vom Querschnittsystem abhängigen Clebsch-Gordanschen Normalintegrales dritter Gattung $\varPi$ unter allen denjenigen Integralen dritter Gattung P, welche Vertauschung von Argument und Parameter gestatten, ein invariantentheoretisch ausgezeichnetes Integral Q aufzustellen. In bekannter Weise schreibe ich die Integrale dritter Gattung als Doppelintegrale. Unter $F(z, \zeta)$ die $(p+1)$-te Polare von f verstanden, ist das Integral Q gegeben durch:

$$Q = \int\int \frac{(z\,dz)\cdot(\zeta\,d\zeta)}{\sqrt{f(z)}\cdot\sqrt{f(\zeta)}} \cdot \frac{\sqrt{f(z)}\,\sqrt{f(\zeta)} + F(z, \zeta)}{2\,(z, \zeta)^2}.$$

Der wesentliche Bestandteil des Integranden ist also eine *rationale, ganze Kovariante von f*. — Mit Hilfe dieses Integrales Q lassen sich die 2^{2p} Sigmafunktionen, als Funktionen der Integralgrenzen betrachtet, übersichtlich aufbauen, wie unten noch erläutert werden soll. Hier interessiert uns vor allen Dingen, daß die Sigmafunktionen zufolge der Eigenart des Q das dem invariantentheoretischen Denken entsprechende Zwischenglied zwischen den algebraischen Funktionen und ihren Integralen einerseits und den Thetafunktionen andrerseits sind.

Das Analogon des Integrales Q ist in unmittelbarem Anschluß an meine erste Arbeit über hyperelliptische Funktionen von Pick in den Math. Annalen, Bd. 29 (1887) für ebene Kurven n-ter Ordnung ohne Doppelpunkt gebildet worden. Aber dies ist nur ein erster Schritt für den Aufbau der zugehörigen Sigmafunktionen bzw. Thetafunktionen. Um die Thetafunktionen herzustellen, ist es insbesondere nötig, die nur von den Moduln des algebraischen Gebildes abhängigen Faktoren der Thetareihen zu bestimmen. Die Förderung dieser letztgenannten Aufgabe gelang mir nur noch, wie schon angedeutet, im allgemeinen Falle $p = 3$ (wo nach Riemannschen Prinzipien eine doppelpunktlose ebene Kurve vierter Ordnung zugrunde zu legen war). Indem ich die von den Geometern entwickelte Theorie der 64 Systeme von Berührungskurven dritter Ordnung benutzte, indem ich sodann deren Verhalten beim Auftreten eines Doppelpunktes der C_4 studierte, gelang es mir, durch rein algebraische Betrachtung auch hier die konstanten Faktoren der Thetareihen festzulegen, allerdings nur bis auf einen unbestimmt bleibenden Zahlenfaktor. Jedem System von Berührungskurven dritter Ordnung entspricht bei gegebenem Querschnittsystem eine der 64 Thetafunktionen. Auch stelle ich gemäß der oben gegebenen Vorschrift wieder 64 vom Querschnittsystem unabhängige Sigmafunktionen auf, die also den Übergang zu den unendlich vielen Formen zugehöriger Thetafunktionen vermitteln. Diese Sigmafunktionen haben die Eigenschaft, daß ihre Potenzentwicklungen nach rationalen ganzen Kovarianten desjenigen Rationalitätsbereiches fortschreiten, welcher dem zugehörigen System der Berührungskurven dritter Ordnung entspricht.

Für allgemeine p wird man, um die Grundsätze der linearen Invariantentheorie anwenden zu können, nach bekannten Prinzipien, die auf Riemann zurückgehen und insbesondere von M. Noether entwickelt sind (Math. Annalen, Bd. 17, 1880), zu der Normalkurve der φ des Raumes von $(p-1)$ Dimensionen greifen, gegebenenfalls statt ihrer besondere, im ersten Abschnitt von Nr. XCVII definierte Projektionen setzen, die ich als *kanonische Kurven* bezeichne. Die vorausgeschickten besonderen Fälle (der hyperelliptische und der allgemeine Fall $p = 3$) sind hier eingeschlossen. Überall sind die φ als homogene Koordinaten zu denken. Aber es ist wohl zur Zeit nicht möglich, allgemein weiter vorzudringen. Man weiß zwar aus den Arbeiten von M. Noether (a. a. O.), wieviele quadratische, kubische, ... Relationen zwischen den φ in jedem Falle statthaben. Auch hat sich neuerdings Herr Petri (in den Math. Annalen, Bd. 88, 1922) mit der Gestalt dieser Relationen, die in den verschiedenen Fällen verschieden sein kann, beschäftigt. Es dürfte aber vorläufig noch zu schwierig sein, eine formale Invariantentheorie dieser Relationen zu entwerfen bzw. alle Fälle herauszusuchen, in denen sich dieselbe durch Einführung einer niederen kanonischen Kurve vereinfacht. (Über einige spezielle Fälle, die von vornherein erkennbar sind, folgen noch Zitate im Text.) Hier findet also der algebraisch-invariantentheoretische Ansatz, den ich zur Bestimmung der Modulfunktionen verfolgte, zur Zeit seine Grenze.

II. Sprechen wir nun von der zweiten Aufgabe, die Abhängigkeit der Thetafunktionen oder Sigmafunktionen (und, beide umfassend, der allgemeinen Jacobischen Funktionen erster Ordnung) von den Stellen des algebraischen Gebildes, welche als Grenzen in den Integralsummen der Argumente auftreten, durch den Aufbau dieser Funktionen aus einfacheren Bestandteilen ersichtlich zu machen, und so die Thetafunktionen vom Gebilde her systematisch zu gewinnen. Weierstrass hat diese Aufgabe in seinen Vorlesungen bekanntlich dadurch vereinfacht, daß er aus den zum algebraischen Gebilde gehörigen Integralen zunächst eine *Primfunktion* $E(x, y)$ zusammensetzt, deren

Argumente x und y indes nicht gleichberechtigt sind. Als Funktion von x betrachtet, verschwindet E auf dem Gebilde nur an der Stelle y, besitzt aber mindestens eine wesentlich singuläre Stelle. Letzterer Umstand ist durch die Forderung bedingt, daß die Primfunktion als Funktion von x eindeutig sein soll. Statt dessen tritt in meinen Entwicklungen von Nr. XCV, XVI und XCVII, Abschnitt I, immer deutlicher werdend, die Idee einer *Primform* $\Omega(x, y)$ auf, wie es der konsequenten Verwendung homogener Variabler entspricht. Diese Primform ändert bei Vertauschung von x und y nur ihr Vorzeichen; sie wird also für $x = y$ gleich Null. Sie verschwindet sonst nirgendwo und bietet überhaupt keine singuläre Stelle dar. Dieses Ω ist dann freilich auf dem algebraischen Gebilde unendlich vieldeutig. Ich definiere die Primform folgendermaßen: Ich gehe von der Normalkurve der φ aus, wo die homogenen Koordinaten φ nicht wie bei Riemann Funktionen der Stelle sind, sondern „Formen", welche sich wie die überall endlichen Differentiale du verhalten, und bezeichne mit $d\omega$ den Quotienten eines beliebigen du dividiert durch das zugehörige φ. Bedeutet P sodann irgendein Integral dritter Gattung, welches Vertauschung von Argument und Parameter gestattet, so wird meine Primform durch folgenden Grenzübergang gewonnen:

$$\Omega(x\,y) = \sqrt{d\omega_x\, d\omega_y \cdot e^{-P_{x,\,y}^{x+dx,\,y+dy}}} \qquad \lim dx = 0,\ dy = 0,$$

der sich bequem ausführen läßt, wenn das Gebilde als Kurve der φ oder überhaupt als kanonische Kurve gegeben ist. Hier bleibt natürlich die Unbestimmtheit, die bei der Definition des Integrals P besteht. Diese Primform liefert nicht nur die algebraischen Funktionen und Integrale des Gebildes, sondern sie gestattet auch, den Aufbau der allgemeinen Jacobischen Funktionen in ihrer Abhängigkeit von den Stellen des Gebildes darzulegen. Und zwar erhält man (jeweils bis auf die als konstante Faktoren auftretenden Modulfunktionen des Gebildes) speziell die Sigmafunktionen, wenn man in der obigen Formel das Integral P durch das invariantentheoretisch ausgezeichnete Integral Q ersetzt, und die Thetafunktion, wenn man statt P das Clebsch-Gordansche Integral Π einführt. Indem man z. B. als Argumente der Thetafunktionen mit Clebsch und Gordan geeignete $(p+1)$-gliedrige Integralsummen nimmt und das Verschwinden dieser Thetafunktionen als Funktionen der oberen Integralgrenzen studiert, ergeben sich als wesentliche Bestandteile für den Aufbau ein p-gliedriges Produkt von Primformen und eine p-reihige Determinante der Formen φ, dividiert wieder durch ein Produkt von Primformen. So ist es in Abschnitt I von Abh. XCVII auseinandergesetzt und damit meines Ermessens ein wirklicher Fortschritt n der Theorie, aber freilich noch nicht der Abschluß erreicht. — Der Deutlichkeit wegen erwähne ich noch, daß die von mir sogenannten „Mittelformen", welche ich dabei einführe, wenn man will, bloße Abkürzungen von Kombinationen von Primformen und φ-Formen sind. Alles einzelne möge man an Ort und Stelle nachsehen. Dort werden auch genauere Literaturnachweise auf Weierstrass und Schottky einerseits, auf Prym-Rost und sonstige Autoren andererseits gegeben.

Was die Entstehung der Arbeiten XCV bis XCVII und die daran anknüpfenden weiteren Ansätze angeht, so möchte ich folgendes anführen:

Untersuchungen über hyperelliptische und Abelsche Integrale bzw. Funktionen haben mich, dem damaligen Zuge der Zeit folgend, von Beginn meiner wissenschaftlichen Laufbahn an, zeitweise immer wieder beschäftigt. So finden sich schon in Bd. 1 und Bd. 2 der vorliegenden Ausgabe mehrfach bezügliche Entwicklungen. In Bd. 1 (vgl. S. 45, 151 und die Abhandlungen XII, XIII) handelt es sich namentlich um Anwendungen auf die Liniengeometrie, insbesondere die Kummersche Fläche. In Bd. 2 folgen Auseinandersetzungen über den Verlauf der überall endlichen Integrale bei reellen algebraischen Kurven (vgl. die Abhandlungen XXXIX, XLI und XLII, von denen die letzte übrigens erst aus dem Jahre 1892 stammt). Dann namentlich Angaben über endliche Gruppen linearer Substitutionen, die man aus den Periodentransformationen derjenigen hyperelliptischen Funktionen $X_{\alpha\beta}$, $Y_{\alpha\beta}$, $Z_{\alpha\beta}$ mit $p = 2$ gewinnen kann, welche die genauen Analoga zu den Größen X_a, Y_a, Z_a der Theorie der elliptischen Funktionen sind (siehe die Bemerkungen auf S. 439, 440, 478, 479 und die Abhandlungen LVIII und LIX; die dort gegebenen Zitate sollen hier nicht wiederholt werden.)

Was nun die Abhandlungen XCV bis XCVII anlangt, so sind ihnen historisch meine Arbeiten über die allgemeine Riemannsche Funktionentheorie und meine ersten über automorphe Funktionen vorausgegangen. Es sollen diese aber erst im letzten Abschnitt dieses Bandes folgen, weil ich in ihnen die Krönung meiner funktionentheoretischen Untersuchungen sehe. Der Leser möge jedoch beim Studium von Nr. XCV bis XCVII (besonders bei dem des ersten Abschnittes von XCVII) meine Schrift über „Riemanns Theorie der algebraischen Funktionen und ihrer Integrale" (Nr. XCIX) und den Abschnitt I der „Neuen Beiträge zur Riemannschen Funktionentheorie" (Nr. CIII) heranziehen.

In meiner Leipziger Zeit hielt ich im Winter 1882/83 zunächst ein Seminar über hyperelliptische Funktionen. An diesem nahmen u. a. Krazer und Staude teil, deren einschlägige Arbeiten man vergleichen wolle.[1] Ich habe zum Schluß ebendort, von Ostern 1885 bis Ostern 1886 eine eigene Spezialvorlesung über die niedersten hyperelliptischen Funktionen ($p = 2$) gehalten. Hier sind jene Ideen über zugehörige σ-Funktionen entstanden, die in Nr. XCV auseinandergesetzt sind und in Weiterführung derselben im Sinne meiner elliptischen Stufentheorie diejenigen über die hyperelliptischen $X_{\alpha\beta}$, $Y_{\alpha\beta}$, $Z_{\alpha\beta}$, über die zwar meinerseits keine Veröffentlichungen vorliegen, wohl aber die in Bd. 2 dieser Ausgabe a. a. O. zitierten Arbeiten von Reichardt, Witting, Maschke und Burkhardt. Von Ostern 1887 bis Ostern 1888 habe ich dann in Göttingen über allgemeine hyperelliptische Funktionen gelesen und anschließend die Abhandlung XCVI geschrieben. Auf Arbeiten von Bolza, J. Schröder und Thomson, welche damals unter meinem Einfluß entstanden sind, und auf Untersuchungen von Wiltheiss und Brioschi, welche die Reihenentwicklung der hyperelliptischen Sigmafunktionen weiter förderten, wird noch im Text zurückzukommen sein.

Unter allen meinen Mitarbeitern hat mir damals keiner mehr geholfen als Burkhardt. Ich nenne gleich hier zwei größere von ihm veröffentlichte Abhandlungen, die als wesentliche Vervollständigungen meiner einschlägigen Darstellungen in Nr. XCV und XCVI anzusehen sind:

1. *Grundzüge einer allgemeinen Systematik der hyperelliptischen Funktionen erster Ordnung. Nach Vorlesungen von F. Klein.* (Math. Annalen, Bd. 35, 1889.) Hier werden die Ideen, die ich früher für $p = 1$ entwickelt hatte, namentlich die Stufentheorie (vgl. die im ersten Abschnitt des vorliegenden Bandes zusammengestellten Arbeiten) auf den nächst höheren Fall $p = 2$ übertragen. Die Darstellung greift also wesentlich über den jetzigen Ideenkreis hinaus.

2. *Beiträge zur Theorie der hyperelliptischen Sigmafunktionen.* (Math. Annalen, Bd. 32, 1888). Diese Arbeit enthält den vollen und sorgfältigen Beweis aller der Angaben, die ich für hyperelliptische Funktionen von beliebigem p in der Abhandlung XCVI gemacht hatte. In Bd. 32 der Math. Annalen folgte s. Z. Burkhardts Arbeit unmittelbar hinter der meinen.

Burkhardt hat in der Folge noch interessante Beiträge zur Transformationstheorie der hyperelliptischen Funktionen erster Ordnung veröffentlicht; vgl. Math. Annalen, Bde. 36, 38, 41 (1890 bis 1892) wie auch die Bemerkung auf S. 479 in Bd. 2 dieser Gesamtausgabe. Auch hier ist wieder sein volles Verständnis der Theorie und der Tragweite der Hilfsmittel zu rühmen, das durch die Sorgfalt, mit der alle Schlüsse gezogen werden, womöglich noch übertroffen wird. Doch kann auf diese Untersuchungen an gegenwärtiger Stelle nicht näher eingegangen werden. Über Burk-

---

[1] Das schönste Resultat, welches sich ergab, ist zweifellos die Staudesche Fadenkonstruktion des Ellipsoids.

hardt, der schon 1914 starb, und seine Arbeiten berichten Nachrufe von Liebmann in den Jahresberichten der deutschen Mathematiker-Vereinigung Bd. 24 (1915) und von Dyck im Jahrbuch 1915 der Münchener Akademie.

Endlich, was die ausführliche Abhandlung Nr. XCVII über Abelsche Funktionen beliebigen Geschlechtes angeht, so ist ihr eine dreisemestrige Spezialvorlesung, die ich von Ostern 1888 bis Herbst 1889 gehalten habe, vorangegangen. Unmittelbar anschließende Arbeiten meiner Schüler Osgood und White über besondere kanonische Kurven und solche meiner Mitarbeiter Pascal und Wiltheiss über Reihenentwicklungen der Sigmafunktionen im Falle $p = 3$ sind wieder im Texte genannt. Ich erwähne aber bereits an gegenwärtiger Stelle, daß Wirtinger und Ritter meine Ansätze bald wesentlich weiterführten.

Von Wirtinger will ich in dieser Hinsicht nennen: Die Herstellung des Analogons der Kummerschen Fläche für $p = 3$ in den Göttinger Nachrichten von 1889 und für beliebiges p in den Wiener Monatsheften 1890, vor allen Dingen aber die Erledigung des Jacobischen Umkehrproblems für $p = 3$ in einer der invariantentheoretischen Auffassung (unter Wahrung des natürlichen Rationalitätsbereiches) entsprechenden völlig symmetrischen Form, in den Math. Annalen, Bd. 40, 1892. Eine kurze Analyse beider Arbeiten soll am Schluß von Nr. XCVII, S. 473 u. 474 folgen. Die wichtigen späteren Arbeiten von Wirtinger über $p = 4$ und die allgemeinen $2\,p$-fach periodischen Funktionen können hier selbstverständlich nicht noch besonders genannt werden, weil sie sich nicht unmittelbar an meine hier abgedruckten Arbeiten anschließen.

Von Ritter aber kommt insonderheit in Betracht die Abhandlung über die „multiplikativen“ Formen auf algebraischen Gebilden beliebigen Geschlechtes, in den Math. Annalen, Bd. 44, 1894. Es sind dies solche Formen, die sich bei Umläufen auf dem Gebilde bis auf konstante Faktoren reproduzieren. Nachdem Ritter die von mir eingeführten Primformen und Mittelformen hinsichtlich ihres bezüglichen Verhaltens bei Umläufen genau studiert hat, kann er seine multiplikativen Formen aus ihnen synthetisch aufbauen. Unter ihnen finden sich natürlich die algebraischen Formen, die sich bei beliebigen Umläufen ungeändert, und die Wurzelformen, welche sich bis auf Einheitswurzeln reproduzieren. Ritter bemerkt aber, daß das System dieser besonderen Formen gegenüber birationalen Transformationen des Gebildes nicht invariant ist, daß man vielmehr, um ein invariantes System zu erhalten, zu den allgemeinen multiplikativen Formen aufsteigen muß. — Auf sonstige Arbeiten von Ritter komme ich noch im folgenden Abschnitt des gegenwärtigen Bandes zurück. Sie sind leider nicht mehr zu dem von ihm geplanten, glänzenden Abschluß gekommen, weil ihn ein frühzeitiger Tod ereilte (1895). Ich habe seiner besonderen Leistung in Bd. 4 der Jahresberichte der Deutschen Mathematikervereinigung (1895) Worte der Erinnerung gewidmet.

Die Theorie der hyperelliptischen und Abelschen Funktionen ist nachgerade ein weitschichtiges Gebiet, dessen Gesamtgliederung um so schwerer zu überblicken ist, als sich die verschiedenen Autoren verschiedener Grundauffassungen und Ausdrucksweisen bedienen. Um so lieber weise ich hier zum Schlusse noch darauf hin, daß in dem erst letzthin (1921) in Bd. II₂ der mathematischen Enzyklopädie erschienenen umfangreichen Referate von Krazer und Wirtinger über „Abelsche Funktionen und allgemeine Thetafunktionen“ die Gesamtheit der vorliegenden Literatur übersichtlich zusammengestellt und eingehend besprochen ist. Was meine eigenen und die unmittelbar damit zusammenhängenden Arbeiten angeht, so vergleiche man daselbst insbesondere die Nummern 64, 83, 84 und 93 bis 103. Außerdem nenne ich das bereits 1901 erschienene Referat Wirtinger über „algebraische Funktionen und ihre Integrale“ in demselben Enzyklopädieband, von welchem besonders die Nummern 37, 38 und 39 in Betracht kommen. Neben diesen Enzyklopädiereferaten ist übrigens immer noch der Bericht von Brill und Noether über die Entwicklung der Theorie der algebraischen Funktionen in Bd. 3 der Jahresberichte der Deutschen Mathematikervereinigung (1894) von Bedeutung, auf den ich noch späterhin zurückkomme. K.

XCV. Über hyperelliptische Sigmafunktionen.

(Erster Aufsatz.)

[Math. Annalen, Bd. 27 (1886).]

§ 1.

Begriff der σ-Funktionen.

Wenn man versuchen will, die neueren Fortschritte der Theorie der elliptischen Funktionen auf die Theorie der hyperelliptischen Funktionen (zunächst zweier Variabler) zu übertragen, so scheint es in erster Linie nötig, statt der 16 Thetafunktionen der gewöhnlichen Theorie

$$\vartheta\left(v_1, v_2; \tau_{11}, \tau_{12}, \tau_{22}\right)$$

solche 16 Funktionen einzuführen, die sich bei linearer Transformation der Perioden ohne Zutritt irgendwelcher Faktoren einfach permutieren.

Man nähert sich diesem Ziele in einer für viele Zwecke ausreichenden Weise, wenn man mit Weierstrass die geraden Thetafunktionen durch ihre Nullwerte, die ungeraden durch die Nullwerte gewisser (hernach noch genauer zu definierender) Differentialquotienten dividiert[1]). Die so entstehenden Funktionen permutieren sich nämlich bei linearer Transformation der Perioden bis auf einen bei allen gemeinsam auftretenden, von den Koeffizienten der Transformation abhängenden Exponentialfaktor:

$$(1) \qquad e^{c_{11} v_1^2 + 2 c_{12} v_1 v_2 + c_{22} v_2^2},$$

so daß also irgendwelche für die Funktionen aufgestellte *homogene* Relationen sich so umsetzen, als hätte eine reine Permutation der Funktionen stattgefunden. Dies Verhalten wird der Art nach nicht geändert, wenn man die in Rede stehenden Funktionen von vornherein noch mit einem gemeinsamen, beliebig anzunehmenden Exponentialfaktor:

$$(2) \qquad e^{A_{11} v_1^2 + 2 A_{12} v_1 v_2 + A_{22} v_2^2}$$

multipliziert, so daß also alle auf solche Weise entstehenden Funktionen

---

[1]) Man vgl. insbesondere die Ausführungen bei Staude im 24. Bande der Math. Annalen (1884).

zunächst gleichberechtigt erscheinen. Ich werde die so definierten Funktionen vorübergehend mit

$$\Theta\left(v_1, v_2; \tau_{11}, \tau_{12}, \tau_{22}\right)$$

bezeichnen.

Wenn es sich jetzt darum handeln soll, statt der ϑ-Funktionen solche
einzuführen, die sich bei linearer Transformation der Perioden glatt permutieren, so kann es von vornherein keinem Zweifel unterliegen, daß derartige Funktionen unter den Θ mitenthalten sind. Unser Problem kann
also dahin spezialisiert werden, *daß wir verlangen, den zunächst willkürlichen Faktor* (2) *so festzulegen, daß die bei linearer Transformation
der Perioden im allgemeinen auftretenden Faktoren* (1) *überhaupt in
Wegfall kommen.* Ich werde im folgenden Paragraphen zeigen, daß es in
der Tat in einfacher Weise gelingt, dieser Forderung zu entsprechen. Indem ich fortwährend die Analogie mit Weierstrass' Theorie der elliptischen Funktionen festhalte, bezeichne ich die neuen, so entstehenden
Funktionen als *σ-Funktionen* (während Herr Weierstrass selbst im Falle
der hyperelliptischen und Abelschen Funktionen vorzuziehen scheint, den
Faktor (2) überhaupt unbestimmt zu lassen und sämtliche Funktionen,
die wir gerade Θ nannten, als σ-Funktionen zu bezeichnen[2])).

Ich will hier gleich einer anderen Ausdrucksweise gedenken, die ich
gelegentlich gebrauche. Es handelt sich um eine gemeinsame Benennung
aller derjenigen Funktionen, welche aus Thetafunktionen ν-ter Ordnung
durch Zufügung irgendwelcher Faktoren der folgenden Form

$$K \cdot e^{a_{11} v_1^2 + 2 a_{12} v_1 v_2 + a_{22} v_2^2}$$

(wo die $K, a_{11}, a_{12}, a_{22}$ ganz beliebige Konstante sind) entstehen. Ich
werde dieselben, wie dies auch anderweitig schon geschehen ist als *Jacobische Funktion der ν-ten Ordnung* bezeichnen. — Meine sonstige Terminologie
ist die allgemein übliche. Unter *Charakteristik* einer ϑ-Funktion verstehe
ich ausschließlich einen gewissen Komplex von halben ganzen Zahlen, so
daß also die Verallgemeinerung, die in der Einführung beliebig gebrochener
Charakteristiken liegt, hier einstweilen ausgeschlossen bleibt[3]).

§ 2.

Aufstellung der zehn geraden σ-Funktionen.

Wir beschränken uns jetzt zunächst auf gerade Funktionen. Indem
wir den Nullwert eines geraden $\vartheta\left(v_1, v_2\right)$ kurz mit ϑ bezeichnen und der

---

[2]) Man vgl. Sitzungsberichte der Berliner Akademie von 1882 [= Math. Werke, Bd. III,
S. 155—159] oder auch die einleitenden Paragraphen bei Schottky: *Abriß einer
Theorie der Abelschen Funktionen von 3 Variabelen* (Teubner, Leipzig 1880).

[3]) [Für allgemeine Thetafunktionen mit beliebiger Variabelnzahl und beliebigen
rationalen Charakteristiken hat Krazer in den Math. Annalen, Bd. 33 (1889) die
folgenden Betrachtungen sinngemäß erweitert. K.]

Einfachheit halber jede Charakteristikenbezeichnung beiseite lassen, setzen wir dem eben Gesagten zufolge:

$$(3) \qquad \Theta(v_1, v_2) = e^{A_{11}v_1^2 + 2A_{12}v_1v_2 + A_{22}v_2^2} \cdot \frac{\vartheta(v_1, v_2)}{\vartheta}.$$

Um hier die A_{ik} in solcher Weise zu bestimmen, daß σ-Funktionen resultieren, betrachten wir das Produkt sämtlicher gerader Θ:

$$(4) \qquad \prod_1^{10} \Theta(v_1, v_2) = e^{10(A_{11}v_1^2 + 2A_{12}v_1v_1 + A_{22}v_2^2)} \cdot \prod_1^{10} \frac{\vartheta(v_1, v_2)}{\vartheta}$$

Wenn sich bei linearer Transformation der Perioden unsere Θ bis auf einen bei allen gemeinsam zutretenden Faktor (1):

$$e^{c_{11}v_1^2 + 2c_{12}v_1v_2 + c_{22}v_2^2}$$

vertauschen, so wird dies Produkt bis auf den Faktor:

$$e^{10(c_{11}v_1^2 + 2c_{12}v_1v_2 + c_{22}v_2^2)}$$

ungeändert bleiben: sollen also die Θ speziell in σ übergehen, so muß das Produkt überhaupt invariant sein. Aber auch der Rückschluß läßt sich machen: Ist unser Produkt invariant, so folgt

$$c_{11} = c_{12} = c_{22} = 0.$$

Wir werden uns also zunächst ausschließlich mit dem Produkte (4) beschäftigen.

Wir wollen unser Produkt insbesondere in eine nach Potenzen von v_1, v_2 fortschreitende Reihe entwickeln. Indem wir die Terme gleicher Ordnung in leicht verständlicher Weise zusammenfassen, haben wir (da es sich um eine gerade Funktion handelt):

$$(5) \qquad \prod \Theta = 1 + [v_1, v_2]_2 + [v_1, v_2]_4 + \cdots;$$

wir haben gleichzeitig:

$$e^{10(c_{11}v_1^2 + 2c_{12}v_1v_2 + c_{22}v_2^2)} = 1 + 10(c_{11}v_1^2 + 2c_{12}v_1v_2 + c_{22}v_2^2)$$
$$+ 50(c_{11}v_1^2 + 2c_{12}v_1v_2 + c_{22}v_2^2)^2$$
$$+ \cdots$$

Wir können also $(c_{11}v_1^2 + 2c_{12}v_1v_2 + c_{22}v_2^2)$ definieren als den zehnten Teil derjenigen Änderung, welche die Terme zweiter Ordnung $[v_1, v_2]_2$ der Reihenentwicklung (5) bei linearer Transformation der Perioden erfahren[1]). Wollen wir jetzt statt der Θ speziell σ-Funktionen haben, so

---

[1]) Man vergesse hier nicht, was ich der Kürze halber im Texte nicht weiter hervorhebe, daß bei linearer Transformation der Perioden die v_1, v_2 selbst lineare Umsetzungen erleiden. Dagegen bleiben die später einzuführenden u_1, u_2 bei linearer Transformation der Perioden ungeändert.

genügt es, besagte Terme zweiter Ordnung gegenüber linearer Transformation der Perioden invariant zu machen; die Invarianz der höheren Terme und also unseres Produktes folgt dann von selbst.

Hiermit nun haben wir eine bestimmte, aber noch unendlich vieler Lösungen fähige Aufgabe. Da wir nämlich die A_{ik} in (3), (4) ganz beliebig annehmen dürfen, so können wir $[v_1, v_2]_2$ in (5) jeder beliebigen quadratischen Form von v_1, v_2 gleich machen, und es gibt also so viele verschiedenartige σ-Funktionen, als es quadratische Formen von v_1, v_2 gibt, die bei linearer Transformation der Perioden ungeändert bleiben. Auf die hiermit berührte Frage nach der allgemeinsten Bestimmung von σ-Funktionen werde ich erst späterhin zurückkommen. An gegenwärtiger Stelle kommt es nur darauf an, der aufgestellten Forderung in irgendeiner (möglichst einfachen) Weise zu genügen. Das evidente Prinzip, dessen wir uns zu diesem Zwecke bedienen, ist dies, daß $[v_1, v_2]_2$ bei linearer Transformation jedenfalls ungeändert bleibt, wenn es von vornherein identisch verschwindet. *Wir wollen also in der Folge Funktionen (3) dann und nur dann als σ-Funktionen bezeichnen, wenn in der Reihenentwicklung (5) die Terme zweiter Ordnung einfach wegfallen.* Der Erfolg wird zeigen, daß die spezielle Festsetzung, die wir hiermit getroffen haben, in der Tat zu den *einfachsten* Funktionen hinführt, die unserer anfänglichen Forderung genügen.

Die Bestimmung der A_{ik} in (3) geschieht jetzt folgendermaßen. Ich will die Nullwerte der zweiten Differentialquotienten

$$\frac{\partial^2 \vartheta(v_1, v_2)}{\partial v_1{}^2}, \quad \frac{\partial^2 \vartheta(v_1, v_2)}{\partial v_1 \partial v_2}, \quad \frac{\partial^2 \vartheta(v, v_2)}{\partial v_2{}^2}$$

der Kürze halber mit $\vartheta_{11}, \vartheta_{12}, \vartheta_{22}$ bezeichnen. Dann ist für ein beliebiges gerades ϑ dem Taylorschen Lehrsatze zufolge:

$$\frac{\vartheta(v_1, v_2)}{\vartheta} = 1 + \frac{1}{2}\left(\frac{\vartheta_{11}}{\vartheta}\cdot v_1{}^2 + 2\frac{\vartheta_{12}}{\vartheta}\cdot v_1 v_2 + \frac{\vartheta_{22}}{\vartheta}\cdot v_2{}^2\right) + \cdots$$

Dies in (5) eingesetzt, erhalten wir sofort vermöge unserer Forderung:

$$A_{11} = -\frac{1}{20}\sum_1^{10}\frac{\vartheta_{11}}{\vartheta}, \quad A_{12} = -\frac{1}{20}\sum_1^{10}\frac{\vartheta_{12}}{\vartheta}, \quad A_{22} = -\frac{1}{20}\sum_1^{10}\frac{\vartheta_{22}}{\vartheta},$$

(wo die Summation über alle geraden ϑ zu erstrecken ist). *Wir finden also für die geraden σ folgende Definition, die fernerhin zugrunde zu legen ist:*

$$(6) \qquad \sigma(v_1, v_2) = e^{-\frac{1}{20}\left(\sum_1^{10}\frac{\vartheta_{11}}{\vartheta}\cdot v_1{}^2 + 2\sum_1^{10}\frac{\vartheta_{12}}{\vartheta}\cdot v_1 v_2 + \sum_1^{10}\frac{\vartheta_{22}}{\vartheta}\cdot v_2{}^2\right)}\cdot\frac{\vartheta(v_1, v_2)}{\vartheta}.$$

§ 3.
Bezeichnungen.

Ehe wir weiter schreiten, wird es zweckmäßig sein, gewisse Bezeichnungen zu verabreden, bez. die in ihnen liegende, für unsere weiteren Entwicklungen fundamentale Bedeutung hervorzuheben.

Zunächst: für die Auffassung, die ich zu entwickeln habe, ist es der wesentlichste Punkt, daß die ganze Funktion sechsten Grades, welche bei den hyperelliptischen Integralen unter dem Quadratwurzelzeichen vorkommt, in keinerlei kanonischer Form vorausgesetzt wird, während gleichzeitig möglichst übersichtlich sein soll, welchen Erfolg jeweils irgendeine lineare Substitution hat, der die Integrationsvariable unterworfen wird. Dementsprechend bedienen wir uns durchweg *homogener* Variabler $z_1 : z_2$ usw., so daß die genannte ganze Funktion in eine *binäre Form sechsten Grades* übergeht:

$$(7) \qquad f(z_1, z_2), \quad \text{oder} \quad f(x_1, x_2) \text{ usw.} \ldots,$$

(was wir dann freilich der Kürze halber meist wieder mit $f(z), f(x), \ldots$ bezeichnen), während die einfachsten beiden zugehörigen überall endlichen Integrale die folgende Form gewinnen:

$$(8) \qquad u_1 = \int\limits_y^x \frac{z_1 \, (z \, dz)}{\sqrt{f(z_1, z_2)}}, \quad u_2 = \int\limits_y^x \frac{z_2 \, (z \, dz)}{\sqrt{f(z_1, z_2)}}.$$

Hier steht $(z \, dz)$ abkürzend für $(z_1 \, dz_2 - z_2 \, dz_1)$, x und y in den Grenzen für $\frac{x_1}{x_2}, \frac{y_1}{y_2}$, oder, was genauer ist, für $\varrho x_1, \varrho x_2, \varrho^3 \sqrt{f(x)}$ und $\varrho y_1, \varrho y_2$, $\varrho^3 \sqrt{f(y)}$, unter ϱ einen Proportionalitätsfaktor verstanden, dessen Wert völlig gleichgültig ist, und der nur der Symmetrie wegen eingefügt wurde. Als Funktion der x_1, x_2, wie der y_1, y_2, sind u_1, u_2 von der 0-ten Dimension, indem die unter den Integralzeichen stehenden Ausdrücke, wie selbstverständlich, nur von dem Quotienten $z_1 : z_2$ abhängen. Als Funktionen der Koeffizienten von f sind sie aus dem entsprechenden Grunde von der $(-\frac{1}{2})$-ten Dimension.

Wir fixieren jetzt auf der zur Irrationalität $\sqrt{f}$ gehörigen Riemannschen Fläche ein System kanonischer Querschnitte A_1, A_2, B_1, B_2, bei deren Überschreitung u_1, u_2 beziehungsweise die folgenden Perioden darbieten mögen:

$$(9)$$

	A_1	A_2	B_1	B_2
u_1	ω_{11}	ω_{12}	ω_{13}	ω_{14}
u_2	ω_{21}	ω_{22}	ω_{23}	ω_{24}

Die eigentlich wichtigen Größen der weiteren Theorie sind dann die *Unterdeterminanten*:

$$(10) \qquad u_1\,\omega_{2k} - u_2\,\omega_{1k}, \qquad \omega_{1i}\,\omega_{2k} - \omega_{2i}\,\omega_{1k},$$

von denen ich die letzteren mit p_{ik} bezeichne:

$$(10\,\text{b}) \qquad p_{ik} = \omega_{1i}\,\omega_{2k} - \omega_{2i}\,\omega_{1k} = -\,p_{ki}.$$

Zwischen ihnen bestehen wohlbekannte Relationen, von denen ich hier nur diejenigen hinschreibe, die sich auf die p_{ik} beziehen, nämlich erstens die Gleichung:

$$(11) \qquad \Pi = p_{13} + p_{24} = 0,$$

ferner die Identität:

$$(12) \qquad P = p_{12}\,p_{34} + p_{13}\,p_{42} + p_{14}\,p_{23} = 0.$$

Unsere eigentliche Tendenz muß sein, unter den Größen (10) diejenigen, welche gleichberechtigt sind, auch formal in gleichförmiger Weise zu benutzen. Da wir aber bei unseren Entwicklungen an die Theorie der ϑ-Funktionen anknüpfen, so haben wir hier zunächst in unsymmetrischer Weise vorzugehen. *Die Größen* $v_1, v_2, \tau_{11}, \tau_{12}, \tau_{22}$, *welche als Argumente der* ϑ-*Funktionen fungieren, sind einfach fünf voneinander unabhängige Quotienten der Unterdeterminanten* (10). Man hat:

$$(13) \qquad \begin{cases} v_1 = \dfrac{u_1\,\omega_{22} - u_2\,\omega_{12}}{p_{12}}, \\[2ex] v_2 = \dfrac{u_1\,\omega_{21} - u_2\,\omega_{11}}{p_{21}} \end{cases}$$

und hierzu das Periodenschema:

	A_1	A_2	B_1	B_2
v_1	1	0	$\tau_{11} = \dfrac{p_{32}}{p_{12}}$	$\tau_{12} = \dfrac{p_{42}}{p_{12}}$
v_2	0	1	$\tau_{21} = \dfrac{p_{13}}{p_{12}}$	$\tau_{22} = \dfrac{p_{14}}{p_{12}}$

(14)

wo nun, infolge von (11), $\tau_{12} = \tau_{21}$ ist.

Wir gedenken jetzt gleich derjenigen Eigenschaft der Unterdeterminanten (10), die in der Folge zumeist in Betracht kommt und die sich auf ihr Verhalten gegenüber linearer Substitution der Integrationsvariabelen $z_1 : z_2$ bezieht. Um schon hier diejenige Ausdrucksweise zu benutzen, die wir fernerhin immer gebrauchen, wollen wir sagen, *daß unsere Unterdeterminanten transzendente Kovarianten, bez. transzendente Invarianten der Form f sind.* Unterwerfen wir nämlich die homogenen Variabelen z_1, z_2 und ebenso die x_1, x_2 bez. y_1, y_2, welche in den Grenzen der Integrale auftreten, einer und derselben übrigens beliebigen linearen Substitution:

$$(15) \quad \begin{aligned} z_1 &= \alpha z_1' + \beta z_2', & x_1 &= \alpha x_1' + \beta x_2', \\ z_2 &= \gamma z_1' + \delta z_2'; & x_2 &= \gamma x_1' + \delta x_2', \quad \text{usw.}, \end{aligned}$$

setzen ferner:

$$u_1' = \int_{y'}^{x'} \frac{z_1'(z'\,dz')}{\sqrt{f'(z_1',z_2')}}, \quad u_2' = \int_{y'}^{x'} \frac{z_2'(z'\,dz')}{\sqrt{f'(z_1',z_2')}},$$

so kommt:

$$(16) \quad \begin{cases} u_1 = r(\alpha u_1' + \beta u_2'), \\ u_2 = r(\gamma u_1' + \delta u_2'), \end{cases}$$

wo r die Determinante der Substitution (15) bezeichnet:

$$(17) \quad r = \alpha\delta - \beta\gamma,$$

und ebenso für die zu irgend einem Querschnitte der Riemannschen Fläche gehörigen Perioden:

$$(18) \quad \begin{cases} \omega_{1k} = r(\alpha\omega_{1k}' + \beta\omega_{2k}'), \\ \omega_{2k} = r(\gamma\omega_{1k}' + \delta\omega_{2k}'). \end{cases}$$

Daher kommt für die p_{ik}:

$$(19) \quad p_{ik} = r^3 \cdot p_{ik}',$$

und ebenso für die anderen Unterdeterminanten, was eben die Invarianteneigenschaft ausmacht. Wenn wir speziell die p_{ik} als Invarianten, die anderen Unterdeterminanten als Kovarianten bezeichneten, so sollte dies ausdrücken, daß erstere nur von den Koeffizienten von f abhängen, letztere außerdem Variable, nämlich die u_1, u_2, enthalten. Die Quotienten v_1, v_2, τ_{11}, τ_{12}, τ_{22}, die bei (15) durchaus ungeändert bleiben, würde man *absolute* Kovarianten, bez. Invarianten von f nennen können.

Bemerken wir noch, daß die Unterdeterminanten (10) in den Koeffizienten von f von der Dimension (-1) sind.

Wir gedenken jetzt der zweierlei Zerlegungen von f, die wir fernerhin gebrauchen. Es handelt sich erstens (den 10 geraden Thetafunktionen oder Sigmafunktionen entsprechend) um die auf 10 Weisen mögliche Zerlegung von f in zwei kubische Formen:

$$(20) \quad f = \varphi \cdot \psi,$$

dann aber (den 6 ungeraden Funktionen entsprechend) um die auf sechs Weisen mögliche Zerlegung von f in eine Linearform p und eine Form fünften Grades χ:

$$(21) \quad f = p \cdot \chi.$$

Die Koeffizienten von f sind bilineare ganze Funktionen der Koeffizienten von φ und ψ, beziehungsweise von p und χ, außerdem hängen sie von φ und ψ symmetrisch ab.

§ 4.

Die Definition der sechs ungeraden σ.
Die Kovarianteneigenschaft der σ-Funktion.

Um zunächst die Definition der ungeraden σ nachzutragen, benutzen wir den von anderer Seite bekannten Satz, daß bei der Reihenentwicklung einer ungeraden ϑ-Funktion nach Potenzen von u_1, u_2 die Terme erster Ordnung folgendermaßen lauten:

$$C.(p_1 u_1 + p_2 u_2),$$

wo $p_1 z_1 + p_2 z_2 = p$ die Linearform ist, die in der zum ungeraden ϑ gehörigen Zerlegung (21) auftritt, und wir für C die Doppelformel anschreiben können:

$$(22) \qquad C = \frac{\left(\dfrac{\partial \vartheta}{\partial u_1}\right)_{u_1=0\; u_2=0}}{p_1} = \frac{\left(\dfrac{\partial \vartheta}{\partial u_2}\right)_{u_1=0,\; u_2=0}}{p_2}.$$

Nach dem Verfahren, welches wir in § 1 andeuteten, haben wir jetzt, um zur entsprechenden σ-Funktion zu gelangen, nur folgendes zu tun: wir haben erstens durch C zu dividieren und dann mit dem in § 2 bestimmten Exponentialfaktor zu multiplizieren. *Wir setzen also im Falle einer ungeraden Charakteristik:*

$$(23) \qquad \sigma(v_1, v_2) = e^{-\frac{1}{20}\left(\sum_{1}^{10}\frac{\vartheta_{11}}{\vartheta}\cdot v_1^2 + 2\sum_{1}^{10}\frac{\vartheta_{12}}{\vartheta}\cdot v_1 v_2 + \sum_{1}^{10}\frac{\vartheta_{22}}{\vartheta}\cdot v_2^2\right)} \cdot \frac{\vartheta(v_1, v_2)}{C},$$

wo die Summen im Exponenten nach wie vor über die geraden Charakteristiken zu nehmen sind.

Es wird nützlich sein, an die nunmehr gewonnenen Definitionen der geraden und ungeraden σ noch eine Bemerkung zu schließen. Die geraden σ sind vermöge (6) unmittelbar Funktionen der $v_1, v_2, \tau_{11}, \tau_{12}, \tau_{22}$, während sich die ungeraden nach (23) erst in solche verwandeln, wenn man sie mit $p_1 u_1 + p_2 u_2$ dividiert. Nun sahen wir aber, daß sich bei der linearen Substitution (15) die v_1, v_2, τ_{ik} gar nicht ändern, während gleichzeitig, nach Formel (16), $p_1 u_1 + p_2 u_2$ in $r(p_1'u' + p_2'u_2')$ übergehen wird. Dementsprechend haben wir für das Verhalten unserer σ-Funktionen der Substitution (15) gegenüber, wenn wir uns noch gestatten, die u_1, u_2 als Argumente der σ-Funktionen zu betrachten, die Formeln:

$$(24) \qquad \begin{cases} \text{bei gerader Charakteritik: } \sigma(u_1, u_2) = \sigma(u_1', u_2'), \\ \text{bei ungerader Charakteristik: } \sigma(u_1, u_2) = r\cdot\sigma(u_1', u_2'). \end{cases}$$

Wir können die σ also wieder als *Kovarianten* bezeichnen: *die geraden σ sind absolute Kovarianten, die ungeraden haben das Gewicht* 1. Außerdem hängen die geraden σ in einer fernerhin noch genauer anzugebenden Weise zehnwertig von den Koeffizienten von f allein ab, die ungeraden σ aber von den Koeffizienten von f und p, — wobei zwar das Verhältnis $p_1 : p_2$ aus der Gleichung $f = 0$ sechswertig bestimmt werden kann, aber die absolute Fixierung der p_1, p_2 selbst der Willkür überlassen bleibt. *Die geraden σ sind Kovarianten von f allein, die ungeraden σ simultane Kovarianten von f und p.*

§ 5.

Umgestaltung des in § 2 eingeführten Exponentialfaktors.

Der in § 2 eingeführte Exponentialfaktor kann noch wesentlich vereinfacht werden, wie jetzt geschehen soll. Vermöge der partiellen Differentialgleichung der ϑ-Funktionen haben wir für die Nullwerte der geraden ϑ:

$$\vartheta_{11} = 4i\pi\frac{\partial\vartheta}{\partial\tau_{11}}, \qquad \vartheta_{12} = 2i\pi\frac{\partial\vartheta}{\partial\tau_{12}}, \qquad \vartheta_{22} = 4i\pi\frac{\partial\vartheta}{\partial\tau_{22}}.$$

Daher können wir den in Rede stehenden Exponentialfaktor jedenfalls folgendermaßen schreiben:

$$(25)\qquad e^{-\frac{i\pi}{5}\left(\sum_1^{10}\frac{\partial\log\vartheta}{\partial\tau_{11}}\cdot v_1^2 + \sum_1^{10}\frac{\partial\log\vartheta}{\partial\tau_{12}}\cdot v_1 v_2 + \sum_1^{10}\frac{\partial\log\vartheta}{\partial\tau_{22}}\cdot v_2^2\right)}.$$

Hier nun tragen wir für das einzelne ϑ seinen von anderer Seite bekannten Wert ein. Ist $f = \varphi \cdot \psi$ diejenige Zerlegung, welche dem in Betracht genommenen ϑ im Sinne von (20) entspricht, und bezeichnen wir die Diskriminanten von φ und ψ mit $\Delta\varphi$, bez. $\Delta\psi$, so hat man die Formel [5]):

$$\vartheta = \sqrt{\frac{p_{12}}{(2i\pi)^2}} \cdot \sqrt[3]{\Delta\varphi \cdot \Delta\psi}.$$

Ziehen wir zusammen, so erhalten wir schließlich statt (25), unter D die Diskriminante von f selbst verstanden:

$$e^{-\frac{i\pi}{10}\left(\frac{\partial\log D}{\partial\tau_{11}}\cdot v_1^2 + \frac{\partial\log D}{\partial\tau_{12}}\cdot v_1 v_2 + \frac{\partial\log D}{\partial\tau_{22}}\cdot v_2^2\right)},$$

oder auch, wenn wir die τ durch ihre Werte in den p_{ik} ersetzen:

$$(26)\qquad e^{-\frac{i\pi p_{12}}{10}\left(\frac{\partial\log D}{\partial p_{32}}\cdot v_1^2 + \frac{\partial\log D}{\partial p_{42}}\cdot v_1 v_2 + \frac{\partial\log D}{\partial p_{14}}\cdot v_2^2\right)}.\ ^{6})$$

Die hiermit gefundene Formel bedarf noch einer gewissen Erläuterung. Die Diskriminante D ist, wie jede rationale Invariante von f, eine ho-

---

[5]) Vgl. Thomae im 71. Bande von Crelles Journal (1869/70). Für die Konstante C (Formel (22) des Textes) entnehmen wir derselben Abhandlung den Wert:

$$C = \frac{1}{2}\sqrt{\frac{p_{12}}{(2i\pi)^2}} \cdot \sqrt[3]{\Delta\chi},$$

wo $\Delta\chi$ die Diskriminante der Form 5. Grades ist, die in der Zerlegung $f = p \cdot \chi$ vorkommt. [Thomae nennt abweichend das Differenzenprodukt „Diskriminante Δ".]

[6]) [Bei dieser Umformung ist p_{12} als Parameter anzusehen.]

mogene Funktion der Unterdeterminanten p_{ik} (hyperelliptische Modulfunktion) und zwar, wie ich beiläufig bemerke, vom (-10)-ten Grade
(da ja das einzelne p_{ik} in den Koeffizienten von f von der Dimension
-1 ist). Nun kann aber jede solche Funktion vermöge der unter (11),
12) mitgeteilten Relationen:

$$\Pi = 0, \quad P = 0$$

in sehr verschiedene Gestalten gesetzt werden. In Formel (26) ist, der
Entstehung dieser Formel entsprechend, D in der Weise aufzufassen, daß
$(p_{12})^{10} \cdot D$ nur von $\tau_{11}, \tau_{12}, \tau_{22}$ abhängt, D erscheint also als Funktion
allein von $p_{12}, p_{32}, p_{42}, p_{14}$. Dies ist eine unsymmetrische Einführung der
p_{ik}, welche man, allgemein zu reden, durch Vermehrung von D um irgendwelche Multipla der Ausdrücke Π und P zu korrigieren bestrebt sein
wird. Ich will dem hiermit angeregten Gedanken an vorliegender Stelle
nur so weit Rechnung tragen, daß ich für D den gleichwertigen Ausdruck

$$(27) \qquad \Delta = D + \frac{\Pi}{2} \cdot \frac{\partial D}{\partial p_{42}}$$

einführe. Es ist dann

$$(28) \qquad \frac{\partial \Delta}{\partial p_{13}} = \frac{\partial \Delta}{\partial p_{42}} = \frac{1}{2} \frac{\partial D}{\partial p_{42}}$$

und unser Exponentialfaktor nimmt folgende Gestalt an, in welcher die
Differentiation nach p_{42} ohne weiteres durch eine Differentiation nach p_{13}
ersetzt werden kann:

$$(29) \qquad e^{\frac{-i\pi p_{12}}{10}\left(\frac{\partial \log \Delta}{\partial p_{32}} \cdot v_1^2 + 2\frac{\partial \log \Delta}{\partial p_{42}} \cdot v_1 v_2 + \frac{\partial \log \Delta}{\partial p_{14}} \cdot v_2^2\right)}.$$

§ 6.

Verhalten der σ bei Vermehrung der Argumente um Perioden.

Wir suchen nunmehr die Funktionalgleichungen, denen unsere σ
bei Vermehrung der u_1, u_2, oder der v_1, v_2, um Perioden unterliegen.
Indem wir für erste nur die Charakteristik $\begin{vmatrix} 0 & 0 \\ 0 & 0 \end{vmatrix}$ in Betracht ziehen und
diese der Einfachheit halber nicht weiter zusetzen, beginnen wir mit der
Formel

$$\vartheta(v_1 + 1, v_2) = \vartheta(v_1, v_2).$$

Aus ihr ergibt sich durch direkte Umrechnung vermöge (29):

$$\sigma(u_1 + \omega_{11}, u_2 + \omega_{21}) = E \cdot \sigma(u_1, u_2)$$

wo E den folgenden Exponentialfaktor bedeutet:

$$E = e^{\frac{-i\pi}{5}\left(\left(\omega_{22}\frac{\partial \log \Delta}{\partial p_{32}} - \omega_{21}\frac{\partial \log \Delta}{\partial p_{13}}\right)\left(u_1 + \frac{\omega_{11}}{2}\right) + \left(\omega_{12}\frac{\partial \log \Delta}{\partial p_{23}} - \omega_{11}\frac{\partial \log \Delta}{\partial p_{31}}\right)\left(u_2 + \frac{\omega_{21}}{2}\right)\right)}.$$

Jetzt ist, da Δ, zufolge (27), das p_{34} gar nicht enthält:

$$\frac{\partial \Delta}{\partial \omega_{13}} = - \frac{\partial \Delta}{\partial p_{13}} \cdot \omega_{31} + \frac{\partial \Delta}{\partial p_{32}} \cdot \omega_{32},$$

$$\frac{\partial \Delta}{\partial \omega_{23}} = - \frac{\partial \Delta}{\partial p_{31}} \cdot \omega_{11} + \frac{\partial \Delta}{\partial p_{23}} \cdot \omega_{13}.$$

Daher wird unsere Formel:

$$(30) \quad \sigma(u_1 + \omega_{11}, u_2 + \omega_{21}) = e^{-\frac{i\pi}{5}\left(\frac{\partial \log \Delta}{\partial \omega_{13}}\left(u_1 + \frac{\omega_{11}}{2}\right) + \frac{\partial \log \Delta}{\partial \omega_{23}}\left(u_2 + \frac{\omega_{21}}{2}\right)\right)} \cdot \sigma(u_1, u_2),$$

wo wir hinterher Δ durch irgendeine Kombination

$$(31) \qquad\qquad \Delta + M \cdot P$$

ersetzen können, indem der Ausdruck P (Formel (12)) nicht nur selbst identisch verschwindet, sondern auch, nach irgendeiner Periode (ω_{13}, ω_{23} usw.) differentiiert, identisch verschwindende Differentialquotienten liefert.

Die Rechnung für die zweite Periode verläuft selbstverständlich ganz entsprechend; *wir finden:*

$$(32) \quad \sigma(u_1 + \omega_{12}, u_2 + \omega_{22}) = e^{-\frac{i\pi}{5}\left(\frac{\partial \log \Delta}{\partial \omega_{14}}\left(u_1 + \frac{\omega_{12}}{2}\right) + \frac{\partial \log \Delta}{\partial \omega_{24}}\left(u_2 + \frac{\omega_{22}}{2}\right)\right)} \cdot \sigma(u_1, u_2).$$

Aber auch für die dritte und vierte Periode können die Formeln gleich hingeschrieben werden. Vertauschen wir nämlich, für $i = 1, 2$:

$$\omega_{i1}, \quad \omega_{i2}, \quad \omega_{i3}, \quad \omega_{i4}$$

mit

$$\omega_{i3}, \quad \omega_{i4}, \quad -\omega_{i1}, \quad -\omega_{i2},$$

so ist dies eine lineare Transformation der Perioden, bei welcher die Charakteristik $\begin{vmatrix} 0 & 0 \\ 0 & 0 \end{vmatrix}$ und also unsere σ-Funktion ungeändert bleibt und Δ nur insoweit modifiziert wird, als es in einen Ausdruck von der Form (31) verwandelt wird, — in der Tat kann Δ nicht noch um ein Multiplum von Π geändert werden, indem die Bedingung, durch welche wir Δ ursprünglich einführten (Formel (28)):

$$\frac{\partial \Delta}{\partial p_{13}} = \frac{\partial \Delta}{\partial p_{42}}$$

bei der vorgelegten Vertauschung ungeändert erhalten bleibt. Die hiernach allein mögliche Modifikation von Δ ist aber, wie wir eben sahen, für unsere Formeln ohne Belang. *Wir schließen, daß wir die Funktionalgleichungen für die dritte und die vierte Periode erhalten, indem wir in den Formeln* (30), (32) *einfach die vorgenannte Periodenvertauschung ausführen.*

Ich will, um den Vergleich mit den elliptischen σ-Funktionen auch äußerlich nahezulegen, die folgenden Bezeichnungen einführen:

$$(33)\quad
\begin{aligned}
\eta_{11} &= -\frac{i\pi}{5}\cdot\frac{\partial \log\Delta}{\partial\omega_{13}}, &
\eta_{12} &= -\frac{i\pi}{5}\cdot\frac{\partial \log\Delta}{\partial\omega_{14}}, &
\eta_{13} &= \frac{i\pi}{5}\cdot\frac{\partial \log\Delta}{\partial\omega_{11}}, &
\eta_{14} &= \frac{i\pi}{5}\cdot\frac{\partial \log\Delta}{\partial\omega_{12}}, \\[2mm]
\eta_{21} &= -\frac{\pi i}{5}\cdot\frac{\partial \log\Delta}{\partial\omega_{23}}, &
\eta_{22} &= -\frac{i\pi}{5}\cdot\frac{\partial \log\Delta}{\partial\omega_{24}}, &
\eta_{23} &= \frac{\pi i}{5}\cdot\frac{\partial \log\Delta}{\partial\omega_{21}}, &
\eta_{24} &= \frac{i\pi}{5}\cdot\frac{\partial \log\Delta}{\partial\omega_{22}},
\end{aligned}$$

wo Δ durch irgendeine der Funktionen (31) ersetzt werden kann. *Dann lauten die Funktionalgleichungen für Zutreten eines beliebigen Periodenpaares:*

$$(34)\qquad
\sigma(u_1+\omega_{1k},\, u_2+\omega_{2k}) = e^{\eta_{1k}\left(u_1+\frac{\omega_{1k}}{2}\right)+\eta_{2k}\left(u_2+\frac{\omega_{2k}}{2}\right)}\cdot\sigma(u_1, u_2).$$

Soll hier noch statt der bisher festgehaltenen Charakteristik $\left|\begin{smallmatrix}0&0\\0&0\end{smallmatrix}\right|$ eine beliebige $\left|\begin{smallmatrix}g_1 & g_2\\ h_1 & h_2\end{smallmatrix}\right|$ eingeführt werden, so ist rechter Hand für $k = 1, 2, 3, 4$ beziehungsweise

$$(-1)^{g_1},\quad (-1)^{g_2},\quad (-1)^{h_1},\quad (-1)^{h_2}$$

als Faktor zuzusetzen.

Die Größen η_{1k}, η_{2k} nennen wir, der Weierstrassischen Bezeichnung folgend, die *Perioden zweiter Gattung* der σ-Funktionen. Zwischen ihnen und den ω_{1k}, ω_{2k} bestehen die bekannten bilinearen Relationen, auf welche ich hier nicht weiter einzugehen brauche. Das Wichtige an den Entwicklungen, die ich hier beabsichtigte, ist nicht die *Gestalt* der Gleichung (34) (die ja bei allen Θ-Funktionen mutatis mutandis wiederkehrt), sondern die unter (33) gegebene Wertbestimmung der η_{1k}, η_{2k}, die sich genau entsprechend in der Theorie der elliptischen σ-Funktionen wiederfindet.

<h3 style="text-align:center">§ 7.</h3>

<h3 style="text-align:center">Zur Theorie der Integrale dritter Gattung.</h3>

Unser ferneres Ziel soll sein, die hyperelliptischen σ-Funktionen unabhängig von der Theorie der Thetafunktionen durch Integrale dritter Gattung zu definieren, woraus dann weiterhin das Gesetz für ihre Entwicklungen nach Potenzen von u_1, u_2 abgeleitet werden wird. Zu dem Zwecke schicke ich hier einige Bemerkungen über Integrale dritter Gattung voraus, die ihrem allgemeinen Inhalte nach sich selbstverständlich unter die Sätze subsumieren, die in dieser Hinsicht anderweitig gewonnen worden sind[7]), die aber vermöge ihrer besonderen Gestalt und der durch sie vermittelten Beziehung zur Invariantentheorie neu sein dürften. Ich benutze dabei dieselbe Abkürzung wie früher bei den Integralen erster Gattung,

---

[7]) Man vergleiche, was allgemeine Abelsche Integrale angeht, insbesondere Noether: *Über die algebraischen Differentialausdrücke*, zweite und dritte Note (in den Berichten der Erlanger physik.-medizin. Gesellschaft von 1884). Über Weierstrass' Behandlung der hierher gehörigen Fragen speziell für hyperelliptische Integrale werde ich sogleich (in Fußnote [8])) noch Genaueres zufügen.

indem ich nämlich die beiden Grenzen des Integrals wie seine Parameter, je durch einen Buchstaben $(x, y,$ bez. $x', y')$ bezeichne. Außerdem bediene ich mich derjenigen Schreibweise der Integrale dritter Gattung, bei welcher die Gleichberechtigung der Grenzen und der Parameter am klarsten hervortritt, nämlich der Darstellung durch Doppelintegrale.

Wir haben oben (Formel (7)) die binäre Form sechster Ordnung $f(z_1, z_2)$ in ganz allgemeiner Gestalt vorausgesetzt. Mein Ausgangspunkt ist jetzt der, daß wir ein zugehöriges Integral dritter Gattung mit den Grenzen y und x und den Parametern y' und x', welches überdies direkte Vertauschung der Parameter und Argumente gestattet, unmittelbar anschreiben können, ohne irgendwelche Irrationalität zu Hilfe zu nehmen. Mit $F(z, z')$ bezeichne ich die durch 120 dividierte dritte Polare:

$$(35) \qquad F(z, z') = \frac{1}{120}\left(\frac{\partial^3 f(z_1, z_2)}{\partial z_1^3}\cdot z_1'^3 + \dots\right)$$

(wo der Zahlenfaktor so gewählt ist, daß vermöge des Eulerschen Theorems $F(z, z) = f(z)$ wird). *Dann ist das fragliche Integral dritter Gattung durch folgende einfache Formel gegeben:*

$$(36) \qquad Q_{x,y}^{x',y'} = Q_{x',y'}^{x,y} = \int\limits_y^x \int\limits_{y'}^{x'} \frac{(z\,dz)}{\sqrt{f(z)}}\cdot\frac{(z'\,dz')}{\sqrt{f(z')}}\cdot\frac{\sqrt{f(z)}\cdot\sqrt{f(z')}+F(z,z')}{2\,(zz')^2}$$

wo $(z\,dz)$, $(z'\,dz')$, (zz') *wieder Abkürzungen zweigliedriger Determinanten sind.*

Daß Q wirklich ein Integral dritter Gattung mit den angegebenen Eigenschaften ist, ist teils unmittelbar evident, teils in der üblichen Weise durch Reihenentwicklungen zu beweisen[8]). Für das allgemeinste Integral

---

[8]) In einer Vorlesung *über hyperelliptische Funktionen* vom Winter 1881/82 (von der ich eine von Hurwitz angefertigte Ausarbeitung zur Verfügung hatte) hat Herr Weierstrass Betrachtungen gegeben, die auf die Formeln (35), (36) des Textes unmittelbar Anwendung finden. Seine weitere Durchführung wird dann freilich von der unsrigen verschieden, indem er von vornherein eine Wurzel von $f = 0$ nach $z = \infty$ verlegt und bei seinen Rechnungen immer an der hierdurch gegebenen speziellen Voraussetzung festhält, [was das Heranziehen eines höheren Rationalitätsbereiches und außerdem in der Durchführung eine Unsymmetrie zur Folge hat]. Schreiben wir der letzteren Annahme entsprechend, indem wir zugleich z für z_1 und 1 für z_2 substituieren:

$$f(z) = A_0 + A_1 z + A_2 z^2 + A_3 z^3 + A_4 z^4 + A_5 z^5,$$

so wird unser $F(z, z')$ gleich:

$$F(z, z') = A_0 + \frac{A_1}{2}\,(z+z') + \frac{A_2}{5}\,(z^2 + 3zz' + z'^2)$$

$$+ \frac{A_3}{20}\,(z^3 + 9z^2 z' + 9zz'^2 + z'^3)$$

$$+ \frac{A_4}{5}\,(z^3 z' + 3z^2 z'^2 + zz'^3) + \frac{A_5}{2}\,(z^3 z'^2 + z^2 z'^3),$$

dritter Gattung P, mit den Argumenten x, y und den Parametern x', y', welches unmittelbare Vertauschung der Argumente und Parameter gestattet, ergibt sich dann ferner der Ausdruck:

$$(37) \qquad P^{x, y}_{x', y'} = P^{x', y'}_{x, y} = Q^{x, y}_{x', y'} + \alpha\, u_1\, u_1' + \beta\, (u_1\, u_2' + u_2\, u_1') + \gamma\, u_2\, u_2'.$$

Hier bedeuten u_1', u_2' die zwischen den Grenzen y' und x' hin erstreckten Integrale erster Gattung und α, β, γ sind irgendwie anzunehmende Konstante. Als spezieller Fall subsumiert sich das von Clebsch und Gordan in ihrer Theorie der Abelschen Funktionen gewählte Normalintegral:

$$(38) \qquad \Pi^{x, y}_{x', y'};$$

dasselbe ist dadurch ausgezeichnet, daß die Periodizitätsmoduln, die es an den Querschnitten A_1, A_2 besitzt, verschwinden, mögen wir nun z oder z' auf der Riemannschen Fläche als variabel betrachten.

Wir bemerken jetzt — und dies wird für unsere Theorie der Hauptpunkt —, daß unter allen Integralen P (37) das Integral Q durch eine besondere Eigenschaft ausgezeichnet ist. Um dieselbe bequem zu bezeichnen, will ich P in die Gestalt setzen:

$$P = \int \int \frac{(z\, dz)}{\sqrt{f(z)}} \cdot \frac{(z'\, dz')}{\sqrt{f(z')}} \cdot \frac{\sqrt{f(z)}\, \sqrt{f(z')} + F(z, z') + 2(z z')^2 \{\alpha\, z_1\, z_1' + \beta\, (z_1\, z_2' + z_2\, z_1') + \gamma\, z_2\, z_2'\}}{2(z z')^2}$$

und den Ausdruck:

$$(39) \qquad \sqrt{f(z)}\, \sqrt{f(z')} + F(z, z') + 2(z z')^2 \{\alpha\, z_1\, z_1' + \beta\, (z_1\, z_2' + z_2\, z_1') + \gamma\, z_2\, z_2'\}$$

als *Zähler* von P bezeichnen. Der Zähler von Q ist offenbar eine *Kovariante* der Grundform f, und zwar eine solche, die wir als *rational* und *ganz* bezeichnen dürfen, insofern es im Gebiete der hyperelliptischen Funktionen naturgemäß ist, die Quadratwurzeln $\sqrt{f(z)}$, $\sqrt{f(z')}$ zu den rational bekannten Größen zu rechnen. Auch den Zähler von P können wir als Kovariante von f einführen: wir haben nur dafür zu sorgen, daß die quadratische Form

$$(40) \qquad \alpha\, z_1^2 + 2\beta\, z_1\, z_2 + \gamma\, z_2^2$$

---

während der von Herrn Weierstrass benutzte Ausdruck folgendermaßen lautet:

$$R(z, z') = A_0 \qquad\qquad + A_2\, z z' \qquad\qquad + A_4\, (z z')^2$$
$$+ \frac{A_1}{2}\, (z - z') + \frac{A_3}{2}\, (z + z')\, z z' + \frac{A_5}{2}\, (z - z')\, (z z')^2,$$

und also mit unserem $F(z, z')$ durch die Formel zusammenhängt:

$$R(z, z') = F(z, z') - (z - z')^2 \left(\frac{A_2}{5} + \frac{A_3}{20}\, (z + z') + \frac{A_4}{5}\, z z' \right),$$

die ihrerseits mit Formel (37), (39) des Textes stimmt. — [In Weierstrass' Math. Werken, Bd. IV (1902) wird diese Rechnung auf S. 273 für beliebiges p durchgeführt. K.]

(deren erste Potenz in dem Zähler von P auftritt) eine Kovariante von f ist, deren Dimension in den Koeffizienten von f der Homogeneität wegen gleich $+ 1$ zu nehmen sein wird. Nun ist es in der Tat leicht, eine *rationale* quadratische Kovariante von f aufzustellen, die diesen Grad in den Koeffizienten von f besitzt. Ich komme an dieser Stelle zum ersten Male dazu, was inder Folge immer wieder geschehen muß, auf die *vollen Formensysteme* zu verweisen, welche Clebsch in seiner *Theorie der binären Formen* (Leipzig 1872) auf Grund der Untersuchungen von Gordan mitteilt. Das volle Formensystem speziell der Form sechsten Grades f, um welches es sich hier zunächst handelt, ist auf S. 296 daselbst abgedruckt. Um eine Kovariante der in (40) postulierten Art zu finden, genügt es, von den dort mitgeteilten rationalen und ganzen quadratischen Kovarianten von f irgendeine zu wählen und diese durch eine der eben dort aufgeführten Invarianten, deren Dimension in den Koeffizienten von f um eine Einheit niedriger ist, zu dividieren. Dagegen findet sich in dem genannten Formensysteme keine einzige quadratische Kovariante, die an sich die Dimension $+ 1$ in den Koefizienten von f besäße (wie ja auch a priori klar ist, daß eine solche Kovariante nicht existieren kann)[9]. Daher haben wir, indem wir zusammenfassen:

Es gibt unbegrenzt viele Integrale P, deren Zähler eine rationale Kovariante von f ist, aber unter ihnen ist Q das einzige, bei dem der Zähler zugleich eine ganze Kovariante von f ist.

Übrigens ergibt sich aus dem Grad in den Variabeln und in den Koeffizienten von f, daß die Zähler der Integrale P, wenn sie überhaupt Kovarianten von f sind, auch absolute Kovarianten von f sind. Nun werden diese Zähler unter dem doppelten Integralzeichen einerseits mit den beiden Determinanten $(z\,dz)$, $(z'\,dz')$ multipliziert, andererseits durch $(z\,z')^2$ dividiert. Daher sind die Integrale P, von denen wir handeln, und insbesondere das Integral Q, selbst absolute Kovarianten von f.

§ 8.

Definition der Thetafunktionen durch Integrale dritter Gattung.

Ehe ich weitergehe, kehre ich noch einmal wieder zur Theorie der Thetafunktionen zurück und gebe eine Definition dieser Funktionen durch Integrale dritter Gattung, welche für den Fortgang unserer Betrachtungen zweckmäßig ist. Ich werde dabei die fernere Abkürzung gebrauchen, solche Stellen des hyperelliptischen Gebildes, welche zu $x, y, \ldots$ konjugiert

---

[9]) Die einzige rationale ganze Kovariante einer allgemeinen binären Form f, die in den Koeffizienten von f linear ist, ist immer nur f selbst,

sind, d. h. sich von $x, y, \ldots$ nur durch das Vorzeichen der Quadratwurzel $\sqrt{f(x)}$, $\sqrt{f(y)}$, $\ldots$ unterscheiden, mit $\bar{x}, \bar{y}, \ldots$ zu benennen.

Wir bezeichnen jetzt mit $\vartheta(v_1, v_2)$ irgendeine gerade Thetafunktion und mit $f = \varphi \cdot \psi$ die zugehörige Zerlegung von f. Die Wurzeln $z = \frac{z_1}{z_2}$ der Gleichungen $\varphi = 0$, $\psi = 0$ benennen wir vorübergehend mit k_1, k_2, k_3 und k_4, k_5, k_6. Wir haben dann jedenfalls folgende fundamentale Gleichung:

$$
(41) \qquad \log \frac{\vartheta\left(\int\limits_{k_1}^{x} - \int\limits_{k_2}^{x'} - \int\limits_{k_3}^{x''}\right) \cdot \vartheta\left(\int\limits_{k_1}^{y} - \int\limits_{k_2}^{y'} - \int\limits_{k_3}^{y''}\right)}{\vartheta\left(\int\limits_{k_1}^{x} - \int\limits_{k_2}^{y'} - \int\limits_{k_3}^{y''}\right) \cdot \vartheta\left(\int\limits_{k_1}^{y} - \int\limits_{k_2}^{x'} - \int\limits_{k_3}^{x''}\right)} = \Pi_{x,\,y}^{x',\,y'} + \Pi_{x,\,y}^{x'',\,y''},
$$

wo die Bezeichung der Argumente der ϑ-Funktion wohl ohne nähere Erläuterung verständlich ist und Π das unter (38) erklärte Clebsch-Gordansche Normalintegral ist. In dieser Gleichung können k_1, k_2, k_3 sofort durch k_4, k_5, k_6 ersetzt werden, so daß die Bevorzugung der Form φ gegenüber ψ, die vorzuliegen scheint, tatsächlich nicht statthat.

In (41) bedeuten x, x', x'', y, y', y'' zunächst beliebige Stellen des hyperelliptischen Gebildes. Wir wollen jetzt x', x'' von x und y', y'' von y durch die Gleichungen abhängig machen:

$$
(42) \qquad \begin{cases} \int\limits_{k_1}^{x} d u_i = \int\limits_{k_2}^{x'} d u_i + \int\limits_{k_3}^{x''} d u_i, \\[2em] \int\limits_{k_1}^{y} d u_i = \int\limits_{k_2}^{y'} d u_i + \int\limits_{k_3}^{y''} d u_i, \end{cases} \qquad (i = 1, 2)
$$

in denen wieder k_1, k_2, k_3 durch k_4, k_5, k_6 ersetzt werden können. Wir bringen diese Formeln in (41) zuvörderst linker Hand in Anwendung. Indem wir zusammenziehen und schließlich beiderseits von den Logarithmen zu den Zahlen übergehen, kommt:

$$
(43) \qquad \frac{\vartheta\left(\int\limits_{y}^{x}\right)}{\vartheta} = e^{-\frac{1}{2}\left(\Pi_{x,\,y}^{x',\,y'} + \Pi_{x,\,y}^{x'',\,y''}\right)}.
$$

Nun aber können wir auch rechter Hand vom Abelschen Theoreme Gebrauch machen. Gleichung (42) sagt aus, daß die Punktgruppen

$$
x', x'', \bar{x},
$$

und

$$
y', y'', \bar{y},
$$

mit
$$k_1, k_2, k_3$$
oder, was auf dasselbe hinauskommt, mit
$$k_4, k_5, k_6$$
„korresidual" sind. Daher kommt, indem wir die Bezeichnung φ, ψ wieder aufnehmen:

$$\Pi_{x,y}^{x',y'} + \Pi_{x,y}^{x'',y''} = -\Pi_{x,y}^{\bar{x},\bar{y}} + 2\log\frac{2\sqrt[4]{f(x)\cdot f(y)}}{\sqrt{\varphi(x)}\sqrt{\psi(y)} + \sqrt{\psi(x)}\sqrt{\varphi(y)}}$$

und also:

$$(44)\qquad \frac{\vartheta\left(\int\limits_y^x\right)}{\vartheta} = \frac{\sqrt{\varphi(x)}\sqrt{\psi(y)} + \sqrt{\psi(x)}\sqrt{\varphi(y)}}{2\sqrt[4]{f(x)\cdot f(y)}}\cdot e^{\frac{1}{2}\Pi_{x,y}^{\bar{x},\bar{y}}}.$$

Diese Formel, *welche wir fortan als Definition der linker Hand stehenden Größe betrachten wollen*, gilt selbstverständlich für jede gerade Thetafunktion, sofern wir unter φ, ψ nur die jedesmal zugehörigen kubischen Formen verstehen wollen: sie hat den Vorteil, daß alles, was auf die Charakteristik der Thetafunktion Bezug hat, auf den algebraischen Teil geworfen ist, während der hinzutretende Exponentialfaktor bei allen Thetafunktionen derselbe ist, [aber natürlich vom Querschnittsystem abhängt].

Um für die ungeraden ϑ-Funktionen eine ähnliche Definitionsformel zu erhalten, beziehe ich mich hier der Kürze halber auf Rosenhains Parameterdarstellung der Quotienten je zweier ϑ-Funktionen[10]. Indem wir dieselbe in unsere Bezeichnung übertragen, insbesondere die Formeln (21), (22) heranziehen, kommt:

$$(45)\qquad \frac{\vartheta\left(\int\limits_y^x\right)}{C} = \frac{(xy)\sqrt{p(x)\cdot p(y)}}{2\sqrt[4]{f(x)\cdot f(y)}}\cdot e^{\frac{1}{2}\Pi_{x,y}^{\bar{x},\bar{y}}}.$$

§ 9.

Definition der σ-Funktionen durch Integrale dritter Gattung.

Die Quotienten, welche in (44), (45) linker Hand stehen, sind spezielle Fälle der Funktionen, die wir in § 1 mit Θ bezeichneten; um zu den allgemeinen Θ überzugehen, brauchen wir nur mit irgendeinem Exponentialfaktor

$$e^{A_{11}v_1^2 + 2A_{12}v_1v_2 + A_{22}v_2^2}$$

---

[10] [Mémoires des savants étrangers. Bd. 11, 1851.]

zu multiplizieren. *Dies aber kommt augenscheinlich darauf hinaus, das Integral $\Pi_{x,y}^{\bar{x},\bar{y}}$ in (44), (45) durch irgendein anderes Integral dritter Gattung $P_{x,y}^{\bar{x},\bar{y}}$ zu ersetzen.* In der Tat, aus der Nebeneinanderstellung der Formeln (37), (38) folgt, daß $\Pi_{x,y}^{x',y'}$ mit $P_{x,y}^{x',y'}$ durch eine Relation verbunden ist, die wir, unter Heranziehung der v_1, v_2 statt der u_1, u_2, so schreiben können:

$$\frac{1}{2} P_{x,y}^{x',y'} = \frac{1}{2} \Pi_{x,y}^{x',y'} - A_{11} v_1 v_1' - A_{12}(v_1 v_2' + v_2 v_1') - A_{22} v_2 v_2'.$$

Nehmen wir nun insbesondere $x' = \bar{x}$, $y' = \bar{y}$, so wird $v_1' = -v_1$, $v_2' = -v_2$ und es kommt:

$$\frac{1}{2} P_{x,y}^{\bar{x},\bar{y}} = \frac{1}{2} \Pi_{x,y}^{\bar{x},\bar{y}} + A_{11} v_1^2 + 2 A_{12} v_1 v_2 + A_{22} v_2^2,$$

worin unsere Behauptung liegt.

Es müssen sich also auch unsere σ-Funktionen durch Formeln vom Typus (44), (45) definieren lassen; es gilt nur, das Integral $\Pi_{x,y}^{\bar{x},\bar{y}}$ durch ein anderes zweckmäßig gewähltes Integral dritter Gattung zu ersetzen. Ich will hier gleich das Resultat aussprechen, welches man nach dem bisherigen Gange unserer Entwicklung bereits erwarten wird: *Das Integral dritter Gattung, welches wir bei den σ benutzen müssen, ist einfach das Normalintegral Q (Formel (36)); die Definitionsformeln der σ lauten:*

1. *im Falle gerader Charakteristik:*

$$(46) \qquad \sigma(u_1, u_2) = \frac{\sqrt{\varphi(x)} \cdot \sqrt{\psi(y)} + \sqrt{\psi(x)} \cdot \sqrt{\varphi(y)}}{2 \sqrt[4]{f(x) \cdot f(y)}} \cdot e^{\frac{1}{2} Q_{x,y}^{\bar{x},\bar{y}}},$$

2. *im Falle ungerader Charakteristik:*

$$(47) \qquad \sigma(u_1, u_2) = \frac{(x\,y)\sqrt{p(x) \cdot p(y)}}{2 \sqrt[4]{f(x) \cdot f(y)}} \cdot e^{\frac{1}{2} Q_{x,y}^{\bar{x},\bar{y}}}.$$

Ich habe dabei die Argumente der σ-Funktionen gleich wieder mit u_1, u_2 (und nicht mit v_1, v_2) bezeichnet, da wir in der Folge nur noch von ersteren Gebrauch machen werden.

Der Beweis der Formeln (46), (47) wird in Übereinstimmung mit § 2 darin zu liegen haben, daß in der Potenzentwicklung, die wir aus (46) für das Produkt der geraden σ ableiten können, die Glieder zweiter Ordnung identisch fortfallen (wobei es augenscheinlich auf dasselbe hinauskommt, ob wir, wie in § 2 geschehen, nach v_1, v_2, oder, wie wir später tun, nach u_1, u_2 ordnen). Da die Prinzipien dieses Nachweises dieselben sind, die ich bei Aufstellung der Reihenentwicklung für die einzelnen σ

gebrauche, so will ich hier in der Weise verfahren, daß ich zunächst letztere Reihenentwicklungen herleite, *indem ich einstweilen* (46), (47) *als Definition der σ gelten lasse,* um dann den in Aussicht genommenen Beweis kurz nachzutragen. Beides soll in den folgenden zwei Paragraphen erledigt werden.

§ 10.

Allgemeines zur Reihenentwicklung der σ-Funktionen.

Wir haben bereits oben (§ 7) darauf aufmerksam gemacht, daß der „Zähler" des Integrals Q eine *ganze* und in gewissem Sinne *rationale* Funktion der Koeffizienten von f ist. Andererseits treten in den algebraischen Teilen der Formeln (46), (47) nur solche Irrationalitäten auf, die mit den Zerlegungen $f = \varphi \cdot \psi$ und $f = p \cdot \chi$ oder mit f selbst einfach zusammenhängen. *Hierin liegt, daß die Koeffizienten der Reihenentwicklungen nach Potenzen von u_1, u_2*

> beim geraden σ: *ganze rationale Funktionen der Koeffizienten von φ und ψ.*
> beim ungeraden σ: *ganze rationale Funktionen der Koeffizienten von p und χ*

sind. Was den Beweis dieser Behauptungen angeht, so vergleiche man die neueste Arbeit von Wiltheiss (Crelles Journal für Mathematik, Bd. 99, 1886): durch Übertragung der dort gegebenen Rechnungen könnte man geradezu das rekurrente Gesetz finden, dem die in Rede stehenden Entwicklungskoeffizienten genügen, (Partielle Differentialgleichungen der σ-Funktionen, ein Gegenstand, der in enger Verbindung mit den sogleich zu entwickelnden invariantentheoretischen Sätzen behandelt werden sollte)[11]. — Wir wollen gleich noch zufügen, daß bei der Entwicklung der geraden σ die zugehörigen Formen φ, ψ selbstverständlich *symmetrisch* beteiligt sind.

Wir setzen jetzt für das gerade σ:

$$(48) \qquad \sigma(u_1, u_2) = 1 + (u_1, u_2)_2 + (u_1, u_2)_4 + \cdots,$$

und für das ungerade σ entsprechend:

$$(49) \qquad \sigma(u_1, u_2) = (p_1 u_1 + p_2 u_2) + (u_1, u_2)_3 + (u_1, u_2)_5 + \cdots.$$

Die Anfangsterme dieser Reihenentwicklungen stehen nach den früheren

---

[11]) Die Reihenentwicklungen der hyperelliptischen Θ-Funktionen sind neuerdings von Brioschi weiter verfolgt worden; vgl. die Rendiconti della R. Accademia dei Lincei vom 21. März und 4. April 1886 [= Opere matematiche, Nr. CXLIV, tomo III., S. 925 ff. und Nr. CXLV, tomo IV., S. 1 ff.]. [Vgl. auch die am Anfang der folgenden Abh. XCVI, S. 357, Fußnote 2) gegebenen weiteren Zitate auf Wiltheiss und Brioschi und endlich die Artikelserie von Wiltheiss in den Bänden 35, 36, 37 der Math. Annalen (1890). K.]

Bemerkungen von vornherein fest; die höheren Terme, die zu bestimmen bleiben, sollen weiterhin kurzweg mit $(u_1, u_2)_{2\nu}$, beziehungsweise $(u_1, u_2)_{2\nu+1}$ bezeichnet werden. Indem wir uns erinnern, daß u_1, u_2 in den Koeffizienten von f von der Dimension $-\,^1/_2$ sind, ferner die Schlußbemerkungen von § 3 herannehmen, folgt betreffs ihrer der weitere Satz:

Die Koeffizienten von $(u_1, u_2)_{2\nu}$ in (48) sind in den Koeffizienten von φ und ψ je vom Grade ν.

Die Koeffizienten von $(u_1, u_2)_{2\nu+1}$ in (49) sind in p_1, p_2 vom Grade $(\nu+1)$, dagegen in den Koeffizienten von χ vom Grade ν.

Hierüber hinaus erinnere man sich jetzt der Formeln (15), (16), (24). Wir sahen damals, daß bei einer linearen Substitution von der Determinante r, der die Integrationsvariabeln z_1, z_2 unterworfen werden:

$$z_1 = \alpha z_1' + \beta z_2',$$
$$z_2 = \gamma z_1' + \delta z_2',$$

die Integrale u_1, u_2 die Umsetzung erfahren:

$$u_1 = r(\alpha u_1' + \beta u_2'),$$
$$u_2 = r(\gamma u_1' + \delta u_2'),$$

während das gerade σ ganz ungeändert bleibt und das ungerade σ den Faktor r erhält. Das Verhalten der σ muß aus dem Verhalten jedes einzelnen Terms $(u_1, u_2)_{2\nu}$, bez. $(u_1, u_2)_{2\nu+1}$ resultieren. Daher schließen wir:

Die Terme $(u_1, u_2)_{2\nu}$ in (48) sind simultane Kovarianten der Formen φ, ψ in denen die Variabelen durch u_1, u_2 ersetzt sind;

Die Terme $(u_1, u_2)_{2\nu+1}$ in (49) sind ebensolche simultane Kovarianten der Formen p und χ.

Daß die $(u_1, u_2)_{2\nu}$ bei den in Rede stehenden linearen Substitutionen überhaupt ungeändert bleiben, während die $(u_1, u_2)_{2\nu+1}$ den Faktor r erhalten, gibt keinen neuen Satz, ist vielmehr eine Folge dessen, was eben über den Grad dieser Terme in den Koeffizienten von φ, ψ, beziehungsweise p, χ, bereits gesagt wurde.

Die hiermit aufgestellten Sätze ergeben nun, wie ersichtlich, für die Aufstellung der Reihenentwicklungen der σ ein allgemeines Prinzip: *wir werden damit beginnen, die vollen Formensysteme der rationalen, ganzen Kovarianten von φ und ψ, beziehungsweise von p und χ aufzustellen und setzen hernach die Terme $(u_1, u_2)_{2\nu}$ bez. $(u_1, u_2)_{2\nu+1}$ aus geeigneten Formen dieser Systeme mit Hilfe zunächst unbestimmter numerischer Faktoren zusammen.* Genau so werden wir Entwicklungen verwandten Charakters aufzusuchen haben. Wenn wir uns z. B. sogleich mit der Reihenentwicklung des Produktes der geraden σ beschäftigen, so werden wir in demselben Sinne das volle Formensystem der binären Formen sechster Ordnung f selbst heranziehen müssen.

Die theoretische Grundlage unseres Prinzips ruht ersichtlich auf dem Gordanschen Satze, demzufolge bei irgend gegebenen binären Formen *endliche* Formensysteme der in Rede stehenden Art jedesmal existieren: die praktische Brauchbarkeit hinwieder auf dem glücklichen Umstande, daß wir die von uns postulierten Formensysteme in den Untersuchungen der Invariantentheoretiker tatsächlich bereits aufgestellt finden (siehe überall Clebschs *Theorie der binären algebraischen Formen* 1872), so daß wir die fertig vorliegenden Formeln nur heranzunehmen brauchen, wie dies nunmehr für die niedrigsten Terme der Reihenentwicklungen geschehen soll.

§ 11.

Spezielle Durchführung der Reihenentwicklungen. Erledigung des noch ausstehenden Beweises.

Das simultane Formensystem zweier binärer kubischer Formen φ, ψ findet sich bei Clebsch a. a. O. auf S. 224 behandelt. Ich teile hier die niedrigsten demselben angehörigen Formen in nachstehendem Schema mit. Dasselbe ist nach dem Grade der Formen in den Koeffizienten von φ sowie nach dem Grade in den Koeffizienten von ψ geordnet; die über die einzelne Form gesetzte Zahl bedeutet den Grad in den Variabelen, die an die Klammerausdrücke rechts unten angefügten Indizes den Grad der Überschiebung. Wir haben[13]):

		Ordnung in φ		
		0	1	2
Ordnung in ψ	0	—	$\overset{3}{\varphi}$	$(\varphi, \varphi)_2 = \overset{2}{\Delta}$
	1	$\overset{3}{\psi}$	$(\varphi, \psi)_1 = \overset{4}{\Omega}$ $(\varphi, \psi)_2 = \overset{2}{\Theta}$ $(\varphi, \psi)_3 = \overset{0}{A}$	
	2	$(\psi, \psi)_2 = \overset{2}{\nabla}$		

Diesem Schema entsprechend ergibt sich nun folgende Reihenentwicklung der geraden σ bis zu den Termen vierter Ordnung inklusive:

---

[13]) Die Buchstaben φ, ψ, Δ, ∇, Θ habe ich ohne weiteres bei Clebsch entnommen, die anderen (A und Ω) der besseren Übersichtlichkeit halber von mir aus hinzugefügt. Statt $(\varphi, \psi)_3 = A$ gibt Clebsch $(\varphi, \psi)_2$ als eine von Θ und $(\varphi, \psi)_1 = \Omega$ verschiedene in den Koeffizienten von φ und ψ bilineare Form an, was ein offenbarer Druckfehler ist.

$$(50)\quad \sigma(u_1, u_2) = 1 + c \cdot \Theta(u_1, u_2)$$
$$+ (c' \cdot A \cdot \Omega(u_1, u_2) + c'' \cdot \Theta(u_1, u_2)^2 + c''' \cdot \Delta(u_1, u_2) \cdot \nabla(u_1, u_2))$$
$$+ \cdots,$$

unter c, c', c'', c''' numerische Konstante verstanden, die auszuwerten bleiben.

Um die Reihenentwicklungen der ungeraden σ zu finden, müssen wir zuerst das volle Formensystem einer einzelnen binären Form fünften Grades χ ins Auge fassen. Nach Clebsch, S. 277, sind die niedrigsten Formen:

<table>
<tr><td rowspan="2" colspan="2"></td><td colspan="3" align="center">Ordnung in den Variabelen</td></tr>
<tr><td align="center">2</td><td align="center">5</td><td align="center">6</td></tr>
<tr><td rowspan="2">Ordnung in den
Koeff. von χ</td><td align="center">1</td><td align="center">—</td><td align="center">χ</td><td align="center">—</td></tr>
<tr><td align="center">2</td><td align="center">$(\chi, \chi)_4 = i$</td><td align="center">—</td><td align="center">$(\chi, \chi)_2 = H$</td></tr>
</table>

Die simultanen Formen von χ und p erwachsen nun nach invariantentheoretischen Prinzipien, indem man alle möglichen Potenzen p^ν mit den Formen des vorstehenden Schemas durch ν-fache Überschiebung verbindet.

Solcherweise kommt für das ungerade σ bis zu den Termen fünfter Ordnung inklusive:

$$(51)\quad \sigma(u_1, u_2) = p + c \cdot (\chi, p^2)_2 + (c' \cdot p \cdot (H, p^2)_2 + c'' \cdot p^3 \cdot i) + \cdots,$$

wo c, c', c'' auszuwertende Konstante sind.

Selbstverständlich hat man in die hier auftretenden Kovarianten statt der Variablen wieder u_1, u_2 zu substituieren.

— Übrigens vergegenwärtige man sich den Fortschritt, der hinsichtlich der Berechnung definitiver Reihenentwicklungen der σ-Funktionen durch Heranziehen der invariantentheoretischen Resultate gewonnen ist. Wollte man z. B. bei der Reihenentwicklung eines geraden σ nur die Dimension der einzelnen Terme in den Koeffizienten von φ und ψ und die Symmetrie hinsichtlich φ und ψ heranziehen, so hätte man die Terme zweiter Ordnung mit $\dfrac{3 \cdot 16}{2} = 24$ und die Terme vierter Ordnung mit $\dfrac{5 \cdot 100}{2} = 250$ unbestimmten Koeffizienten anzuschreiben. —

Wie jetzt die Reihenentwicklung des *Produktes der geraden σ* zu finden ist, wurde bereits angedeutet. Wir setzen:

$$\prod_{1}^{10} \sigma(u_1, u_2) = 1 + [u_1, u_2]_2 + [u_1, u_2]_4 + \cdots,$$

bestimmen den Grad in den Koeffizienten von f, den $[u_1, u_2]_{2\nu}$ besitzt, zu ν und setzen schließlich die einzelnen Terme als ganze Funktionen geeigneter Formen des bei Clebsch auf S. 296 mitgeteilten vollen Formensystems von f zusammen. Daß nun $[u_1, u_2]_2$ identisch verschwindet, *daß also unsere jetzigen σ mit den in § 2 eingeführten übereinstimmen*, ergibt sich sofort aus dem Umstande, der schon einmal (in § 7) für uns von Wichtigkeit war: daß nämlich eine quadratische Kovariante von f, ersten Grades in den Koeffizienten von f, nicht existiert. — Wir erfahren zugleich, daß $[u_1, u_2]_4$ bis auf einen Zahlenfaktor mit $(f, f)_4$ übereinstimmt, usw...., was wir hier nicht weiter verfolgen.

Wir wollen jetzt auch noch die Frage zum Abschluß bringen, die in § 2 entstand, inwieweit nämlich die Fixierung der σ-Funktionen, die wir damals wählten und auf die wir nun zurückgeführt worden sind, unter allen möglichen die zweckmäßigste ist. Offenbar ergeben sich die allgemeinsten σ-Funktionen aus den hier betrachteten durch Zufügung eines Exponentialfaktors

$$e^{\alpha u_1^2 + 2\beta u_1 u_2 + \gamma u_2^2},$$

wo $(\alpha u_1^2 + 2\beta u_1 u_2 + \gamma u_2^2)$ eine in den u_1, u_2 als Variable geschriebene *eindeutige*, oder sagen wir gleich, da wir unnötige Transzendenten jedenfalls vermeiden wollen, *rationale* Kovariante von f ist, deren Dimension in den Koeffizienten von f der Homogeneität wegen gleich $+1$ genommen werden muß. Nun sahen wir aber schon in § 7, daß eine solche Kovariante notwendig eine *gebrochene* Funktion der Koeffizienten von f ist. Wenn wir die Koeffizienten von f hinterher durch die Koeffizienten von φ und ψ oder von p und χ ersetzen, wird sie immer noch eine gebrochene Funktion der in Betracht kommenden Koeffizienten bleiben. *Unsere σ sind daher die einzigen, deren Reihenentwicklungen nicht nur nach rationalen, sondern auch nach ganzen Kovarianten der Formen φ und ψ, bez. p und χ fortschreiten.* Übrigens würde die Einführung allgemeinerer σ darauf hinauskommen, statt des Normalintegrales Q bei der Definition der σ-Funktionen eines der anderen in § 7 erwähnten kovarianten Integrale P zu benutzen.

Ich habe dabei als selbstverständlich vorausgesetzt, daß wir nur mit Kovarianten von f operieren wollen. In der Tat, würden wir unseren Exponentialfaktor nicht als Kovariante von f einführen, so hieße dies, daß wir in die Definition der σ-Funktionen überflüssige Parameter, die mit der Form f in keinem notwendigen Zusammenhange stünden, mit aufnähmen — ein Verfahren, welches niemand würde gutheißen können.

§ 12.

Exkurs über elliptische Funktionen.

Um die nunmehr gewonnenen Resultate beurteilen und in geeigneter Richtung weiterführen zu können, erscheint es nützlich, die Grundformeln von Weierstrass' Theorie der elliptischen Funktionen zum Vergleich heranzuziehen. Indem ich an der durchgängigen Verwendung invarianter Bildungen festhalte, werde ich dieselben hier in einer Form hersetzen, bei welcher keinerlei besondere Voraussetzung über die Gestalt der zugrunde liegenden Quadratwurzel oder die Wahl der Integralgrenzen gemacht ist. Ich denke mir $f(z_1, z_2)$ als irgendeine binäre biquadratische Form, und u durch die Formel definiert:

$$(52) \qquad u = \int_y^x \frac{(z\,dz)}{\sqrt{f(z)}}.$$

Was sind $\wp(u)$, $\wp'(u)$, was insbesondere die vier Sigmafunktionen $\sigma(u)$ und $\sigma_i(u)$ $(i = 1, 2, 3)$? Dies ist die Frage, die ich hier zunächst beantworte. Ich will dabei wieder in der Weise vorgehen, daß ich die in Betracht kommenden Formeln zuerst hinschreibe und hinterher verifiziere. *Man findet folgende Resultate:*

1. Um $\wp(u)$ zu definieren, bilden wir uns die durch 12 dividierte zweite Polare:

$$(53) \qquad F(x, y) = \frac{1}{12}\left(\frac{\partial^2 f(x)}{\partial x_1^2}\cdot y_1^2 + \ldots\right).$$

Dann ist einfach:

$$(54) \qquad \wp(u) = \frac{\sqrt{f(x)}\,\sqrt{f(y)} + F(x, y)}{2(xy)^2}.$$

2. Bei der Definition von $\wp'(u)$ haben wir nur erste Polaren von f in Betracht zu ziehen, *wir haben:*

$$(55) \quad \wp'(u) = \frac{\sqrt{f(y)}\left(\dfrac{\partial f(x)}{\partial x_1}\cdot y_1 + \dfrac{\partial f(x)}{\partial x_2}\cdot y_2\right) + \sqrt{f(x)}\left(\dfrac{\partial f(y)}{\partial y_1}\cdot x_1 + \dfrac{\partial f(y)}{\partial y_2}\cdot x_2\right)}{4(xy)^3}.$$

3. Wir bilden uns jetzt das Integral dritter Gattung:

$$(56) \qquad Q_{x,y}^{x',y'} = \int_y^x \int_{y'}^{x'} \frac{(z\,dz)}{\sqrt{f(z)}}\cdot\frac{(z'\,dz')}{\sqrt{f(z')}}\cdot\frac{\sqrt{f(z)}\,\sqrt{f(z')} + F(z, z')}{2(zz')^2},$$

wo unter dem Integralzeichen derselbe Ausdruck steht, nur in z und z' statt in x und y geschrieben, den wir eben gleich $\wp(u)$ gesetzt haben. *Für $\sigma(u)$ finden wir dann folgenden Ausdruck:*

$$(57) \qquad \sigma(u) = \frac{(xy)}{\sqrt[4]{f(x)\cdot f(y)}}\cdot e^{\frac{1}{2}Q_{x,y}^{x,y}}.$$

4. Jeder geraden σ-Funktion $\sigma_i(u)$ entspricht eine bestimmte Zerlegung von f in zwei quadratische Faktoren:

$$(58) \qquad f = \varphi_i\cdot\psi_i.$$

Für $\sigma_i(u)$ erhält man die Formel:

$$(59) \qquad \sigma_i(u) = \frac{\sqrt{\varphi_i(x)}\,\sqrt{\psi_i(y)} + \sqrt{\psi_i(x)}\,\sqrt{\varphi_i(y)}}{2\sqrt[4]{f(x)\cdot f(y)}} \cdot e^{\frac{1}{2}Q_{x.y}^{\bar{x}.\bar{y}}}.$$

Was den Beweis der hiermit mitgeteilten Formeln betrifft, so bemerke man, daß selbige sämtlich ihrem Bildungsgesetze nach völlig ungeändert bleiben, wenn man z_1, z_2 usw. irgendeiner homogenen linearen Substitution von der Determinante 1 unterwirft. Wir werden jetzt voraussetzen, daß $f(z_1, z_2)$ durch eine solche Substitution, wie bekanntlich stets möglich, in die Weierstrassische Normalform verwandelt sei:

$$(60) \qquad f(z_1, z_2) = 4\,z_1^3\,z_2 - g_2\,z_1\,z_2^3 - g_3\,z_2^4,$$

werden an ihr unsere Formeln ausrechnen und zusehen, ob dieselben dann mit solchen, die man anderweitig mitgeteilt findet[13]) übereinstimmen. Um den Vergleich zu erleichtern, setze ich noch:

$$\int_x^\infty \frac{(z\,dz)}{\sqrt{f(z)}} = v, \qquad \int_y^\infty \frac{(z\,dz)}{\sqrt{f(z)}} = w,$$

also unser früheres u:

$$u = w - v$$

und substituiere dementsprechend in unsere Formeln für:

$$x_1, x_2, \sqrt{f(x)}; \quad y_1, y_2, \sqrt{f(y)}$$

der Reihe nach:

$$\wp(v),\, 1,\, \wp'(v); \quad \wp(w),\, 1,\, \wp'(w).$$

1. Formeln (54), (55) verwandeln sich durch die angegebene Substitution in folgende:

$$\wp(w-v) = \frac{\wp'v\cdot\wp'w + 2\wp v\cdot\wp w\,(\wp v + \wp w) - \dfrac{g_2}{2}(\wp v + \wp w) - g_3}{2(\wp v - \wp w)^2};$$

$$\wp'(w-v) = \frac{\begin{cases}\wp'w\left[\wp v^3 - \dfrac{3g_2}{4}\wp v - g_3 + 3\wp v^2\cdot\wp w - \dfrac{g_2}{4}\wp w\right] \\[2mm] +\,\wp'v\left[\wp w^3 - \dfrac{3g_2}{4}\wp w - g_3 + 3\wp w^2\cdot\wp v - \dfrac{g_2}{4}\wp v\right]\end{cases}}{(\wp v - \wp w)^3},$$

was bekannte Formen des Additionstheorems für $\wp$ und $\wp'$ sind[14]), womit (54) und (55) bewiesen sind.

---

[13]) Vgl. überall: H. A. Schwarz: *Formeln und Lehrsätze zum Gebrauche der elliptischen Funktionen* (1885). Nach Vorlesungen und Aufzeichungen des Herrn K. Weierstrass. [Ich zitiere diese Formelsammlung von Schwarz weil Weierstrass eigene Vorlesungen erst 1915 durch das Erscheinen der Bände V und VI seiner Math. Werke allgemein bekannt wurden. K.]

[14]) Schwarz, a. a. O., S. 14, Formel (4) und (11).

2. Um Formel (57) zu prüfen, setze ich noch:

$$\int_z^\infty \frac{(z\,dz)}{\sqrt{f(z)}} = t, \qquad \int_{z'}^\infty \frac{(z\,dz)}{\sqrt{f(z)}} = t'.$$

Dann wird das Doppelintegral (56) nach dem gerade Bewiesenen:

$$Q_{x,y}^{x'\,y'} = \int_{w'}^{v'}\int_{w}^{v} dt\cdot dt' \cdot \wp(t - t')$$

oder in bekannter Weise:

$$Q_{x,y}^{x',y'} = \log \frac{\sigma(v - v')\cdot\sigma(w - w')}{\sigma(v - w')\cdot\sigma(w - v')},$$

also

$$Q_{x,y}^{\bar{x},\bar{y}} = \log \frac{\sigma(2v)\cdot\sigma(2w)}{\sigma(v + w)^2}.$$

Formel (57) besagt hiernach:

$$\sigma(w - v) = \frac{\wp v - \wp w}{\sqrt{\wp' v\, \wp' w}} \cdot \frac{\sqrt{\sigma(2v)\cdot\sigma(2w)}}{\sigma(v + w)},$$

was sich sofort als Identität zu erkennen gibt[15]).

3. Wir schreiten jetzt zu Formel (59). Wir zerlegen (60) mit **Weierstrass** in folgender Weise:

$$(61) \qquad f(z_1, z_2) = 4z_2(z_1 - e_i z_2)(z_1 - e_k z_2)(z_1 - e_l z_2)$$

und wählen dementsprechend:

$$\varphi_i = 4z_2(z_1 - e_i z_2), \qquad \psi_i = (z_1 - e_k z_2)(z_1 - e_l z_2)$$

oder, vermöge der verabredeten Substitutionen:

$$\sqrt{\varphi_i(x)} = 2\sqrt{\wp v - e_i} \qquad\qquad = \frac{2\cdot\sigma_i(v)}{\sigma(v)},$$

$$\sqrt{\psi_i(x)} = \sqrt{\wp v - e_k \cdot \wp v - e_l} = \frac{\sigma_k(v)\cdot\sigma_l(v)}{\sigma(v)^2},$$

$$\sqrt{\varphi_i(y)} = 2\sqrt{\wp w - e_i} \qquad\qquad = \frac{2\cdot\sigma_i(w)}{\sigma(w)},$$

$$\sqrt{\psi_i(y)} = \sqrt{\wp w - e_k \cdot \wp w - e_l} = \frac{\sigma_k(w)\cdot\sigma_l(w)}{\sigma(w)^2}.$$

Setzen wir noch

$$\wp v - \wp w = (\wp v - e_i) - (\wp w - e_i) = \frac{\sigma(w)^2\cdot\sigma_i(v)^2 - \sigma(v)^2\cdot\sigma_i(w)^2}{\sigma(v)^2\cdot\sigma(w)^2},$$

so verwandelt sich (59) nach Division mit der bereits bewiesenen Gleichung (57) in folgende Formel:

$$\frac{\sigma_i(v - w)}{\sigma(v - w)} = \frac{(\sigma v\cdot\sigma_i v\cdot\sigma_k w\cdot\sigma_l w + \sigma w\cdot\sigma_i w\cdot\sigma_k v\cdot\sigma_l v)}{(\sigma w^2\cdot\sigma_i v^2 - \sigma v^2\cdot\sigma_i w^2)},$$

---

[15]) **Schwarz**, a. a. O., S. 13, N. 11 Formel (1), S. 14, Formel (16).

die eine einfache Folge des gewöhnlichen Additionstheorems der σ-Funktionen ist[16]). —

Ich gebe übrigens diese Formeln (54)—(59) nur insofern als neu, als in ihnen infolge der Verwendung homogener Variabler die Beziehung zur Invariantentheorie der Form f explizit hervortritt. Jedenfalls die Formeln (54), (55) sind aus Vorlesungen von Weierstrass[17]), wie aus einer Abhandlung von Scheibner[18]) wohl bekannt. Sie erscheinen dort als Lösungen des Problems, ein beliebig vorgelegtes elliptisches Integral:

$$\int_y^x \frac{(z\,dz)}{\sqrt{f(z)}}$$

durch rationale Transformation in die Normalform:

$$\int_\wp^\infty \frac{d\wp}{\sqrt{4\wp^3 - g_2\,\wp - g_3}}$$

überzuführen[19]). —

<hr>

[16]) Schwarz, a. a. O., S. 51 $[D \cdot 8]$ und $[D \cdot 1]$.

[17]) Vgl. die erste Mitteilung der betreffenden Formeln in § 1—3 der Dissertation von Biermann: *Problemata quaedam mechanica functionum ellipticarum ope soluta* (Berlin 1865). [Weierstrass hat, wie aus Bd. V seiner Mathematischen Werke, S. 13—15 hervorgeht, die ausgerechneten Formeln für die allgemeinen $\wp u$ und $\wp' u$ bereits 1863 schriftlich an Mertens mitgeteilt. Die Formeln (57) und (59) aber scheinen bei ihm nicht explizit vorzukommen, wie überhaupt die Beziehung zu den formalen Prozessen der Invariantentheorie fehlt. K.]

[18]) *Zur Theorie der Reduktion elliptischer Integrale in reeller Form* (Bd. 12 der Abhandl. d. math. phys. Klasse der K. Sächs. Gesellschaft d. Wiss., 1879).

[19]) Es ist interessant, auch die ebendort mitgeteilten Umkehrungen der betreffenden Transformation in die homogene Form zu setzen. Betrachtet man neben $\wp(u)$, $\wp'(u)$ die Grenze y als bekannt und bezeichnet mit $H(y)$, $T(y)$ in üblicher Weise die Kovarianten:

$$H(y) = \frac{1}{144}\begin{vmatrix} \dfrac{\partial^2 f(y)}{\partial y_1^2} & \dfrac{\partial^2 f(y)}{\partial y_2\,\partial y_1} \\[2ex] \dfrac{\partial^2 f(y)}{\partial y_1\,\partial y_2} & \dfrac{\partial^2 f(y)}{\partial y_2^2} \end{vmatrix}, \qquad T(y) = \frac{1}{16}\begin{vmatrix} \dfrac{\partial f(y)}{\partial y_1} & \dfrac{\partial f(y)}{\partial y_2} \\[2ex] \dfrac{\partial H(y)}{\partial y_1} & \dfrac{\partial H(y)}{\partial y_2} \end{vmatrix},$$

so hat man zunächst für x, bez. für x_1 und x_2, unter ϱ einen Proportionalitätsfaktor verstanden:

$$\varrho\, x_1 = +\frac{\partial f}{\partial y_2} \cdot \wp(u) + \frac{\partial H}{\partial y_2} + 2y_1 \sqrt{f(y)} \cdot \wp'(u),$$

$$\varrho\, x_2 = -\frac{\partial f}{\partial y_1} \cdot \wp(u) - \frac{\partial H}{\partial y_1} + 2y_2 \sqrt{f(y)} \cdot \wp'(u),$$

und hieraus durch Differentiation und Benutzung von

$$\frac{(x\,dx)}{\sqrt{f(x)}} = \frac{d\wp}{\wp'}$$

die Bestimmung der Quadratwurzel:

$$\varrho^2 \sqrt{f(x_1, x_2)} = -16\,T(y)\cdot\wp'(u) + 8\,H(y)\sqrt{f(y)}\cdot\wp''(u)$$
$$+ 8f(y)\sqrt{f(y)}\left(2\wp(u)^3 - \frac{3g_2}{2}\wp(u) - g_3\right).$$

Zum Schlusse gedenke ich noch der Reihenentwicklungen von $\sigma(u)$, $\sigma_i(u)$. Wir haben zunächst in bekannter Weise[20]:

$$(62) \qquad \sigma(u) = u - \frac{g_2}{120} u^5 - \frac{g_3}{840} u^7 - \cdots,$$

wo alle Koeffizienten ganze Funktionen der beiden rationalen Invarianten g_2 und g_3 von f sind. — Die Reihenentwicklungen der $\sigma_i(u)$ sind noch erst neuerdings von Weierstrass selbst ausführlich behandelt worden[21]. Man findet:

$$(63) \qquad \sigma_i(u) = 1 - \frac{e_i}{2} u^2 \cdots,$$

wo die Koeffizienten der aufeinanderfolgenden Potenzen ganze Funktionen von e_i und $(e_k - e_l)$ sind. Wir bemerken insbesondere, daß infolge von (63) und der Relation

$$e_i + e_k + e_l = 0$$

in der Reihenentwicklung des Produktes $\sigma_1 u \cdot \sigma_2 u \cdot \sigma_3 u$ der Term mit u^2 in der Tat wegfällt. Übrigens aber wollen wir noch hervorheben, daß e_i, e_k, e_l, indem sie vermöge (60), (61) allein von g_2, g_3 abhängen, *irrationale* Invarianten von f sind. In allgemeiner Form können wir dieselben definieren, wenn wir von der Zerlegung $f = \varphi_i \cdot \psi_i$ ausgehen. *Es ist nämlich e_i gleich dem dritten Teile der zweiten Überschiebung von φ_i und ψ_i:*

$$(64) \qquad e_i = \frac{1}{3} (\varphi_i, \psi_i)_2.$$

Zum Beweise genügt es, die betreffende Überschiebung an den quadratischen Faktoren der Weierstrassischen Normalform auszurechnen[22].

§ 13.

Vergleich der elliptischen und hyperelliptischen Funktionen.

Wenn wir jetzt zwischen den Entwicklungen, die wir über hyperelliptische Funktionen gegeben haben, und den anderen, die wir nun betreffs der elliptischen Funktionen hinzufügten, einen Vergleich anstellen sollen, so bemerken wir vor allem, daß die Definition, die wir in (46), (47) für die hyperelliptischen σ hinschrieben, vollständig übereinstimmt mit der in (57), (59) für die elliptischen σ aufgestellten. Das Gleiche können wir auch

---

[20] Schwarz, a. a. O., S. 6, Formel (6).

[21] Sitzungsberichte der Berliner Akademie von 1882. [= Werke, Bd. 2, S. 247; außerdem Schwarz, a. a. O., S. 22, Formel (4).]

[22] [Pick hat in den Math. Annalen, Bd. 28 (1886/87) eine invariante Darstellung für $\wp u$, $\wp' u$, σu, $\sigma_i u$ gegeben, welche eine ternäre C_3 zugrunde legt. Diese Arbeit muß als Vorbereitung für die noch wiederholt zu nennende Arbeit Picks aus den Math. Annalen, Bd. 29 (1887) angesehen werden. K.]

von den beiderseitigen Reihenentwicklungen sagen: wir müssen nur beachten, daß statt der zwei bei den hyperelliptischen Funktionen vorhandenen Größen u_1, u_2 im Falle der elliptischen Funktionen nur eine, u, vorliegt, daß es sich also nicht mehr um *binäre* Kovarianten, sondern um *unäre* handeln wird[23]), d. h. eben um Potenzen von u, die mit geeigneten Invarianten von f multipliziert sind. Dem Satze, daß alle Entwicklungsterme der hyperelliptischen σ sich als ganze Funktionen aus den Kovarianten gewisser voller Systeme zusammensetzen, entspricht bei den elliptischen σ, daß die Koeffizienten der einzelnen Potenzen von u jedesmal ganze Funktionen von nur zwei Invarianten sind. — Ich verzichte darauf, die Übereinstimmung der zweierlei σ noch weiter zu verfolgen; man vergleiche übrigens, was in § 6 über die beiderseitigen Funktionalgleichungen und an anderen Stellen über die Potenzentwicklung der Produkte der jeweiligen geraden σ-Funktionen gesagt wurde. —

Das hiermit Bemerkte ist eine Bestätigung für die Zweckmäßigkeit unserer bisherigen Überlegungen. Aber ein fortgesetzter Vergleich mit der Theorie der elliptischen Funktionen führt weiter, zu wesentlich neuen Gedankenentwicklungen. Man beachte, daß die eigentliche Normalform der Theorie der elliptischen Funktionen keineswegs diejenige ist, welche sich auf die Nebeneinanderstellung der $\sigma(u)$, $\sigma_i(u)$ stützt, vielmehr die andere, welche konsequent mit $\sigma(u)$, $\wp(u)$, $\wp'(u)$ operiert. Das entscheidende Moment liegt in dem Verhalten der in Betracht kommenden Funktionen gegenüber linearen Transformationen der Perioden: während $\sigma(u)$, $\wp(u)$, $\wp'(u)$ bei allen linearen Transformationen ungeändert bleiben, ist dies bei den $\sigma_i(u)$ nur noch bei solchen lineraren Transformationen der Fall, die modulo 2 zur Identität kongruent sind, — oder auch im Sinne der sonst von mir eingehaltenen Terminologie: *die $\sigma(u)$, $\wp(u)$, $\wp'(u)$ sind Funktionen erster Stufe, die $\sigma_i(u)$ Funktionen der zweiten Stufe.* Wir werden den Sachverhalt noch besser bezeichnen, wenn wir $\wp(u)$, $\wp'(u)$ als Quotienten Jacobischer Funktionen schreiben (wobei die Nenner Potenzen von $\sigma(u)$ selbst sind) und nun statt $\wp(u)$, $\wp'(u)$ neben $\sigma(u)$ nur die in den Zählern auftretenden Jacobischen Funktionen nennen. Ich will eine Jacobische Funktion, welche der *ersten* Stufe angehört, fortan zur Unterscheidung mit $\Sigma(u)$ bezeichnen und ihr einen oberen Index geben, der ihre Ordnung anzeigt. Wir haben dann

---

[23]) In der Tat, hätten wir statt hyperelliptischer Funktionen zweier Variabler den nächst höheren Fall in Betracht gezogen, wo dann eine Grundform f vom achten Grade und drei überall endliche Integrale u_1, u_2, u_3 vorgelegt sein würden, so müßten die Entwicklungen der σ nach Kovarianten mit drei Variablen u_1, u_2, u_3 fortschreiten, d. h. nach simultanen Invarianten von f und einer quadratischen Form, in denen die Koeffizienten der quadratischen Form hinterher durch u_1, u_2, u_3 ersetzt worden sind. [Vgl. die Ausführungen in der folgenden Abhandlung XCVI.]

$$(65) \qquad \sigma(u) = \Sigma^{(1)}(u), \quad \wp(u) = \frac{\Sigma^{(2)}(u)}{\left(\Sigma^{(1)}(u)\right)^2}, \quad \wp'(u) = \frac{\Sigma^{(3)}(u)}{\left(\Sigma^{(1)}(u)\right)^3}$$

und können sagen: *daß die Normalform der Theorie der elliptischen Funktionen durchweg mit Σ-Funktionen operiert, insbesondere mit $\Sigma^{(1)}$, $\Sigma^{(2)}$, $\Sigma^{(3)}$, durch die sich alle anderen ausdrücken lassen.* Verwenden wir statt $\Sigma^{(1)}$, $\Sigma^{(2)}$, $\Sigma^{(3)}$ die σ, σ_i, so haben wir eine Theorie „zweiter Stufe"; an sie reihen sich, bei systematischer Behandlung der elliptischen Funktionen, Theorieen der dritten, vierten Stufe usw.[24]).

Unser Zielpunkt muß jetzt sein, *eben jene Systematik, die sich im Falle der elliptischen Funktionen bewährt hat, auch im Falle der hyperelliptischen Funktionen durchzuführen, vor allem sonach auch im hyperelliptischen Falle Σ-Funktionen zu konstruieren.* Ich werde in der gegenwärtigen Darstellung nur noch auf letzteren Punkt eingehen, und kehre hier vorab, um die betreffenden Entwicklungen vorzubereiten, noch einen Augenblick zu den elliptischen Σ-Funktionen zurück.

Indem wir (65) mit (54), (55), (57) kombinieren, erhalten wir folgende Definitionen der elliptischen Fundamentalfunktionen:

$$(66) \quad \begin{cases} \Sigma^{(1)}(u) = (x\,y) \cdot Z, \\[2ex] \Sigma^{(2)}(u) = \dfrac{\sqrt{f(x)}\,\sqrt{f(y)} + F(x,y)}{2} \cdot Z^2, \\[3ex] \Sigma^{(3)}(u) = \dfrac{\sqrt{f(y)}\left(\dfrac{\partial f(x)}{\partial x_1}\,y_1 + \dfrac{\partial f(x)}{\partial x_2}\,y_2\right) + \sqrt{f(x)}\left(\dfrac{\partial f(y)}{\partial y_1}\,x_2 + \dfrac{\partial f(y)}{\partial y_2}\,x_2\right)}{4} \cdot Z^3, \end{cases}$$

wo Z den folgenden „Zusatzfaktor" bedeutet:

$$(67) \qquad Z = \frac{e^{\frac{1}{2}\,Q^{\bar{x},\,\bar{y}}_{x,\,y}}}{\sqrt[4]{f(x)\cdot f(y)}}.$$

Wir erkennen hier folgende Gesetze, denen sämtliche Σ-Funktionen unterliegen und die rückwärts zur Charakterisierung der Σ-Funktionen ausreichen:

---

[24]) Man vgl. die Erläuterungen, welche ich hierüber in meiner Arbeit: *Über die elliptischen Normalkurven der n-ten Ordnung und zugehörige Modulfunktionen der n-ten Stufe* im 13. Bande der Abhandlungen der math. phys. Klasse der K. Sächs. Ges. d. Wiss. gegeben habe. [= Abh. XC in vorliegendem Bande]. — [Über die den dort eingeführten Größen X_a, Y_a, Z_a, entsprechenden Größen $X_{a\beta}$, $Y_{a\beta}$, $Z_{a\beta}$, des hyperelliptischen Falles findet man in dem Referat von Krazer und Wirtinger „Abelsche und allgemeine Thetafunktionen" in Bd. II$_2$, der math. Enzyklopädie in Nr. 97, 98, Literatur. Vgl. außerdem Abhandlung LIX in Bd. 2 dieser Gesamtausgabe und die dort auf S. 475 und 478/79 gegebenen Zitate. K.]

1. Eine Σ-Funktion ν-ter Ordnung $(\Sigma^{(\nu)}(u))$ ist gleich dem Produkte von Z^ν in eine Kovariante $C_{x,\,y}$ von f, die wir nach Adjunktion der Größen $\sqrt{f(x)}$, $\sqrt{f(y)}$ als eine rationale ganze Kovariante von f bezeichnen dürfen.

2. In x und y hat diese Kovariante denselben Grad ν, so daß sie also bei festgehaltenem y, $\sqrt{f(y)}$ für 2ν Wertsysteme x, $\sqrt{f(x)}$, und ebenso bei festgehaltenem x, $\sqrt{f(x)}$ für 2ν Wertsysteme y, $\sqrt{f(y)}$ verschwindet.

3. Von den genannten 2ν Wertsystemen x, $\sqrt{f(x)}$ fallen jedesmal ν mit $\bar{y}$ (d. h. mit y, $-\sqrt{f(y)}$) und ebenso von den 2ν Wertsystemen y, $\sqrt{f(y)}$ jedesmal ν mit $\bar{x}$ (d. h. mit x, $-\sqrt{f(x)}$) zusammen.

Der letzte dieser drei Sätze ist offenbar besonders wichtig. Er ist notwendig, weil der Zusatzfaktor Z für $y=\bar{x}$ (oder, was dasselbe ist, für $x=\bar{y}$) einfach unendlich wird, während doch Σ endlich bleiben soll; er ist aber auch hinreichend, weil Z, wie leicht zu sehen, keine anderen Unendlichkeitsstellen als die hiermit berücksichtigten besitzt. Indem das Unendlichwerden von Z die unter 3. genannten Nullstellen von $C_{x,\,y}$ kompensiert, verschwindet $\Sigma^{(\nu)}(u)$ selbst bei festgehaltenem y, $\sqrt{f(y)}$ nur für ν Stellen x, $\sqrt{f(x)}$ usw., wie dies von anderer Seite (aus der Theorie der Jacobischen Funktionen) bekannt ist.

Übrigens erweist sich $\Sigma^{(\nu)}(u)$ als eine gerade oder ungerade Funktion von u und bleibt also bei Vertauschung von x und y im ersteren Falle überhaupt, im zweiten bis auf das Vorzeichen ungeändert. Es folgt dies aus Homogeneitätsgründen bei Betrachtung der nach Potenzen von u fortschreitenden Reihenentwicklungen der Σ (deren Koeffizienten durchweg ganze Funktionen von g_2, g_3 sein müssen), oder auch durch direkte Aufstellung sämtlicher zulässiger Kovarianten $C_{x,\,y}$. Was letzteren Punkt angeht, so können offenbar alle homogenen Relationen zwischen Σ-Funktionen als Identitäten zwischen Kovarianten $C_{x,\,y}$ aufgefaßt und bewiesen werden. Insbesondere, wenn alle $\Sigma^{(\nu)}(u)$ ganze Funktionen der drei fundamentalen $\Sigma^{(1)}(u)$, $\Sigma^{(2)}(u)$, $\Sigma^{(3)}(u)$ sind, so heißt dies, daß alle $C_{x,\,y}$ ganze Funktionen der in (66) auftretenden sind, ein Satz, den man durch direkte Überlegung bestätigt.

§ 14.

Hyperelliptische Σ-Funktionen.

Indem ich mich nunmehr zur Theorie der hyperelliptischen Σ-Funktionen wende, beginne ich mit der Konstruktion von Beispielen. Wir erhalten dieselben, indem wir geeignete symmetrische Verbindungen der hyperelliptischen σ in Betracht ziehen. Von dem hierher gehörigen Produkte der geraden σ haben wir schon in § 2 und § 11 gehandelt. Aber ebensowohl gehört hierher das Produkt der ungeraden σ, für welches sich aus (47), unter Z wieder den Zusatzfaktor (67) verstanden, folgender Wert ergibt:

$$(68) \qquad \prod_{1}^{6} \sigma(u_1, u_2) = \frac{(xy)^6 \cdot \sqrt{f(x)} \cdot \sqrt{f(y)}}{64} \cdot Z^6,$$

oder die Summe der Quadrate der geraden σ,[25]) für welche aus (46) der folgende Ausdruck resultiert, dessen hauptsächlicher Bestandteil uns im Laufe unserer Entwicklungen nun schon so oft begegnet ist:

$$(69) \qquad \sum_{1}^{10} \sigma(u_1, u_2)^2 = 5 \cdot (\sqrt{f(x)}\,\sqrt{f(y)} + F(x, y)) \cdot Z^2,$$

oder auch jede lineare Kombination der Quadrate der ungeraden σ:

$$(70) \qquad \sum_{1}^{6} C_i \cdot \sigma_i(u_1, u_2)^2,$$

bei der wir die C_i mit Rücksicht auf die Dimension der σ_i in den Koeffizienten der zugehörigen Formen p_i und χ_i in der Art als simultane Invarianten der p_i und χ_i einführen, daß ihr Grad in den Koeffizienten von p_i um zwei Einheiten kleiner als ihr Grad in den Koeffizienten von χ_i ist. — Ausgerechnet ergeben die Summen (70) Werte der folgenden Form

$$(71) \qquad (\alpha x_1 y_1 + \beta(x_1 y_2 + x_2 y_1) + \gamma x_2 y_2) \cdot (xy)^2 \cdot Z^2,$$

unter

$$\alpha x_1^2 + 2\beta x_1 x_2 + \gamma x_2^2$$

je eine rationale, ganze, quadratische Kovariante von f verstanden.

Diese Beispiele, zusammen mit dem im vorigen Paragraphen über elliptische Σ-Funktionen Gesagten, werden genügen, um den allgemeinen Begriff hyperelliptischer Σ-Funktionen erfassen zu lassen. Ein Punkt selbstverständlich bleibt den elliptischen Funktionen bei diesem Vergleiche eigentümlich und erteilt ihrer Theorie eine besondere Signatur, daß bei ihnen nämlich eine Jacobische Funktion

$$\sigma(u) = \Sigma^{(1)}(u)$$

existiert, welche gleichzeitig ein σ und ein Σ ist. Im übrigen haben wir den folgenden Satz, der die Charakterisierung der hyperelliptischen Σ-Funktionen enthält:

---

[25]) Die Summe der ersten Potenzen kommt nicht in Betracht, weil sie überhaupt keine Jacobische Funktion ist.

Eine hyperelliptische Σ-Funktion ν-ter Ordnung hat die Gestalt:

$$(72) \qquad \Sigma^{(\nu)}(u_1, u_2) = C_{x, y} \cdot Z^\nu,$$

wo $C_{x, y}$ eine im Rationalitätsbereiche $\sqrt{f(x)}$, $\sqrt{f(y)}$ rationale, ganze Kovariante von f ist, welche bei festgehaltenem y, $\sqrt{f(y)}$ für 3ν Wertsysteme x, $\sqrt{f(x)}$ verschwindet, von denen ν mit $\bar{y}$ zusammenfallen, bei festgehaltenem x, $\sqrt{f(x)}$ aber für 3ν Wertsysteme y, $\sqrt{f(y)}$ verschwindet, von denen ν mit $\bar{x}$ koinzidieren.

Als Grad von $C_{x, y}$ in den x oder den y ergibt sich $\dfrac{3\nu}{2}$, woraus wir schließen, daß ν jedenfalls eine gerade Zahl ist. Wir zeigen ferner, daß $C_{x, y}$ bei Vertauschung von x und y ungeändert bleiben muß. Es folgt dies schon aus der Reihenentwicklung von $\Sigma^{(\nu)}(u_1, u_2)$, die nach den Formen des vollen Formensystems der Form f fortschreiten muß, indem ja unter diesen Formen (deren Variable durch u_1, u_2 ersetzt werden) nur Kovarianten geraden Grades vorhanden sind, die Reihenentwicklung also ungeändert bleibt, wenn wir u_1, u_2 durch $-u_1$, $-u_2$ ersetzen[26]).

Speziell als niederste Σ-Funktionen ergeben sich vier von der zweiten Ordnung, die ich durch untere Indizes unterscheiden will:

1. Es seien $\sum a_{ik} x_i x_k$, $\sum b_{ik} x_i x_k$, $\sum c_{ik} x_i x_k$ die niedrigsten drei rationalen, ganzen, quadratischen Kovarianten von f. *Dann sind die ersten drei in Betracht kommenden Σ-Funktionen in Übereinstimmung mit* (71):

$$(73) \qquad \left\{ \begin{array}{l} \Sigma_1^{(2)}(u_1, u_2) = \sum a_{ik} x_i y_k \cdot (xy)^2 \cdot Z^2, \\[4pt] \Sigma_2^{(2)}(u_1, u_2) = \sum b_{ik} x_i y_k \cdot (xy)^2 \cdot Z^2, \\[4pt] \Sigma_3^{(2)}(u_1, u_2) = \sum c_{ik} x_i y_k \cdot (xy)^2 \cdot Z^2. \end{array} \right.$$

2. *Als weitere Funktion wähle ich nach* (69):

$$(74) \qquad \Sigma_4^{(2)}(u_1, u_2) = \left(\sqrt{f(x)} \cdot \sqrt{f(y)} + F(x, y) \right) \cdot Z^2. -$$

Die vorliegenden Untersuchungen mögen hiermit ihr vorläufiges Ende gefunden haben[27]). In welcher Richtung sie weiterzuführen sind, und insbesondere: daß sie Übertragungen auf allgemeine Abelsche Funktionen gestatten, dürfte ohne weiteres deutlich sein. Das wesentlich Neue meiner

---

[26]) Bei hyperelliptischen Funktionen höherer Art treten alternierend nur gerade Σ-Funktionen oder auch ungerade auf, je nachdem die Zahl der in Betracht kommenden Variabeln eine gerade oder eine ungerade ist.

[27]) [Wegen weiterer Ausführungen zur Theorie der Σ-Funktionen erster Stufe siehe die Ausführungen von Burkhardt in Bd. 35 der Math. Annalen (1889/90) und die Arbeiten von E. Pascal in den Annali di Matematica, ser. 2, Bd. 18 (1890), S. 131 und 227, sowie Bd. 19 (1891/92), S. 159. K.]

Betrachtungen erblicke ich in dem prinzipiellen Anschlusse an die Prozesse und Begriffsbildungen der Invariantentheorie: nur hierdurch wird von vornherein die Unterscheidung wesentlicher und unwesentlicher Konstanten möglich und also ein wichtiges Hindernis weggehoben, das sich bisher dem Fortschritte der Theorie entgegenstellte[38]). Die elliptischen Funktionen zusammen mit den hyperelliptischen Funktionen beliebig vieler Argumente erscheinen dabei durch den Umstand ausgezeichnet, daß bei ihnen die Betrachtung einer *binären* Form zugrunde zu legen ist (oder doch zugrunde gelegt werden kann), während man zur Behandlung der allgemeinen Abelschen Funktionen zu Formen mit größerer Variablenzahl wird fortschreiten müssen.

Göttingen, den 10. April 1886.

---

[38]) [Siehe z. B. Bolza in den Math. Annalen, Bd. 30 (1887): „*Darstellung der ganzen rationalen Invarianten der Binärform sechsten Grades durch die Nullwerte der zugehörigen Thetafunktionen*". K.]

XCVI. Über hyperelliptische Sigmafunktionen.

(Zweiter Aufsatz.)

[Math. Annalen, Bd. 32 (1888).]

In einer ersten unter vorstehendem Titel veröffentlichten Abhandlung, die ich weiterhin mit Nr. XCV zitieren werde[1]), habe ich gezeigt, daß sich die Definition der σ-Funktionen, die Weierstrass zunächst nur für den Fall $p = 1$ gegeben hat, bei zweckmäßiger Deutung der WeierstrassischenFormeln in einfacher und naturgemäßer Weise auf $p = 2$ übertragen läßt: ich entwickelte zunächst, wie die neuen σ-Funktionen aus den zugehörigen ϑ-Funktionen entstehen (Nr. XCV, Gl. (6), (23)), ich gab sodann die Definition der σ am hyperelliptischen Gebilde (Gl. (46), (47) ebenda) und beschäftigte mich schließlich mit gewissen Eigenschaften ihrer Potenzentwicklung (Gl. (50), (51) daselbst)[2]). Ich habe seitdem diesen Gegenstand in Vorlesungen weiter verfolgt (Sommer 1887 und Winter 1887—88). Hierbei handelte es sich in erster Linie darum, die Darstellung in der Weise systematisch zu ordnen, daß ich die σ-Funktionen als den natürlichen Durchgangspunkt betrachtete, um vom hyperelliptischen Gebilde zu den zugehörigen ϑ-Funktionen zu gelangen. Andererseits strebte ich Erweiterung aller Entwicklungen auf hyperelliptische Funktionen beliebigen Geschlechtes an. Ich werde im folgenden hierüber Bericht erstatten, indem ich mich, wie in meinen Vorlesungen, auf eine allgemeine Skizzierung des Gedankenganges beschränke und immer nur diejenigen Punkte genauer ausführe, die für meine Überlegung besonders charakteristisch sind. Die notwendige Ergänzung, welche meine Darstellung hiernach im einzelnen benötigt, findet sich zum großen Teile bereits in der [in Bd. 32 der Math. Annalen auf das Original

---

[1]) Math. Annalen, Bd. 27 1886. [Vorstehend als Abh. XCV abgedruckt. Die angegebenen Seitenzahlen beziehen sich auf diesen Wiederabdruck.]

[2]) Die genannten Entwicklungen sind seitdem von Herrn Wiltheiss (Math. Annalen, Bd. 29, 1887, S. 272 ff.) und von Herrn Brioschi (Annali di Matematica, ser. 2, t. XIV, 1887, S. 241 ff.) [= Opere matematiche, Nr. LXXXIX, tomo II., S. 345 ff.] eingehender untersucht worden. Herr Brioschi berechnet die Entwicklungsterme der geraden σ-Funktionen bis zu denjenigen vom zwölften Grade einschließlich.

des vorliegenden Aufsatzes unmittelbar folgenden] Arbeit des Herrn Burkhardt[3]), auf die ich wiederholt zu verweisen haben werde; Zitate auf dieselbe sollen kurz durch den Buchstaben B. bezeichnet sein. Ich darf dabei nicht unterlassen anzugeben, daß mir der wissenschaftliche Verkehr mit Herrn Burkhardt auch für diejenigen Überlegungen, die ich im folgenden selbst entwickle, mannigfach förderlich gewesen ist.

§ 1.
Vorerinnerungen.

Die Bezeichnungen, die ich im folgenden verwende, sind im großen und ganzen dieselben, die ich in Nr. XCV gebraucht habe. Mit f_6 oder kurz f benenne ich die binäre Form sechsten Grades, durch welche das hyperelliptische Gebilde vom Geschlechte 2 definiert wird. Bei der Definition der σ-Funktionen hat man zweierlei Zerlegungen dieses f zu betrachten: solche in zwei kubische Formen und andere in einen Linearfaktor und einen Faktor fünften Grades. Beide will ich hier in die eine Formel zusammenfassen $f = \varphi\psi$, wo dann, sobald es der Deutlichkeit wegen wünschenswert scheint, φ und ψ im ersten Falle den Index 3 erhalten mögen, im zweiten Falle aber φ_1 und ψ_5 genannt werden sollen. Die zugehörigen σ werden dann ausführlich als $\sigma_{\varphi_3\psi_3}$ und $\sigma_{\varphi_1\psi_5}$ zu bezeichnen sein, wofür ich gelegentlich der Kürze halber $\sigma_{\varphi\psi}$ oder auch, wenn es nur auf den Grad der φ, ψ ankommt, $\sigma_{3,3}$ und $\sigma_{1,5}$ schreibe. Die Integrale erster Gattung, die früher u_1, u_2 hießen, nenne ich jetzt w_1, w_2:

$$(1) \qquad w_1 = \int_y^x \frac{z_1\,(z\,dz)}{\sqrt{f(z_1, z_2)}}, \quad w_2 = \int_y^x \frac{z_2\,(z\,dz)}{\sqrt{f(z_1, z_2)}}.$$

Dann ist nach Nr. XCV, Gl. (46) die Definition der zehn geraden σ die folgende:

$$(2) \qquad \sigma_{\varphi_3\psi_3}(w_1, w_2) = \frac{\sqrt{\varphi_3\,x}\,\sqrt{\psi_3\,y} + \sqrt{\psi_3\,x}\,\sqrt{\varphi_3\,y}}{2\sqrt[4]{f_6\,x \cdot f_6\,y}} \cdot e^{\frac{1}{2}Q_{xy}^{\bar{x}\bar{y}}},$$

und die der sechs ungeraden σ nach Nr. XCV, Gl. (47):

$$(3) \qquad \sigma_{\varphi_1\psi_5}(w_1, w_2) = \frac{(xy)\,\sqrt{\varphi_1\,x \cdot \varphi_1\,y}}{2\sqrt[4]{f_6\,x \cdot f_6\,y}} \cdot e^{\frac{1}{2}Q_{xy}^{\bar{x}\bar{y}}}.$$

---

[3]) [*Beiträge zur Theorie der hyperelliptischen Sigmafunktionen.* Burkhardt gibt als Ziel seiner Arbeit an „die in der vorstehenden Abhandlung des Herrn F. Klein für die Behandlung der hyperelliptischen Sigmafunktionen aufgestellten Gesichtspunkte ins einzelne durchzuführen". Vgl. überdies die Vorbemerkungen auf S. 321 des vorliegenden Bandes.]

Hierbei ist Q nach Nr. XCV, Gl. (36) das Normalintegral dritter Gattung:

$$(4) \qquad Q_{x\,y}^{x'\,y'} = Q_{x'\,y'}^{x\,y} = \int\limits_{y'}^{x'}\int\limits_{y}^{x} \frac{(z'\,dz')}{\sqrt{fz'}} \cdot \frac{(z\,dz)}{\sqrt{fz}} \cdot \frac{\sqrt{fz'}\,\sqrt{fz} + F(z',z)}{2\,(z'\,z)^2},$$

wo $F(z', z)$ die durch 120 dividierte dritte Polare bedeutet:

$$(5\,\mathrm{a}) \qquad F(z', z) = \frac{1}{120}\left(\frac{\partial^3 f(z_1 z_3)}{\partial z_1^3} \cdot z_1'^3 + \dots\right),$$

die man symbolisch so schreiben kann, wenn man $f(z) = a_z^6$ setzt:

$$(5\,\mathrm{b}) \qquad F(z', z) = a_{z'}^3\, a_z^3.$$

Ferner sind $\bar{x}$, $\bar{y}$ die Benennungen derjenigen Stellen des hyperelliptischen Gebildes, die zu den Stellen x, y konjugiert sind (vgl. Nr. XCV, S. 338).

Auf der durch $\sqrt{f}$ gegebenen Riemannschen Fläche fixieren wir jetzt, wie in Nr. XCV, S. 327, ein System kanonischer Querschnitte A_1, A_2, B_1, B_2. Die zugehörigen Perioden der w_1, w_2 bezeichnen wir nach Nr. XCV Gl. (9) durch das Schema:

$$(6)$$

	A_1	A_2	B_1	B_2
w_1	ω_{11}	ω_{12}	ω_{13}	ω_{14}
w_2	ω_{21}	ω_{22}	ω_{23}	ω_{24}

Dabei gilt, wohlverstanden, eine Periode als einem Querschnitte *zugehörig*, wenn sie dem Integralwerte bei *Überschreitung* des Querschnitts hinzutritt. Wollten wir die Perioden so ordnen, wie sie sich bei *Durchlaufung* der einzelnen Querschnitte A, B ergeben, so müßten wir in dem vorstehenden Schema die erste und dritte, wie die zweite und vierte Vertikalreihe miteinander vertauschen.

Aus (6) ergeben sich jetzt die Normalintegrale v_i und die Thetamoduln τ_{ik} nach der Tabelle:

$$(7)$$

	A_1	A_2	B_1	B_2
v_1	1	0	τ_{11}	τ_{12}
v_2	0	1	τ_{21}	τ_{22}

Die Unterdeterminante aus den beiden ersten Kolonnen der ω bezeichnen wir mit p_{12}:

$$(8) \qquad p_{12} = \omega_{11}\,\omega_{22} - \omega_{12}\,\omega_{21}.$$

Aus den v, τ denken wir uns des weiteren die 16 ϑ-Reihen gebildet. Wir unterscheiden dieselben in üblicher Weise durch eine *Charakteristik*

$$(9) \qquad \left| \begin{array}{cc} g_1 & g_2 \\ h_1 & h_2 \end{array} \right| = \left| \begin{array}{c} g \\ h \end{array} \right| ,$$

wo die g_1, g_2, h_1, h_2 je die beiden Werte Null und Eins annehmen können. Wenn x in (1) die Querschnitte A_1, A_2, B_1, B_2 überschreitet und die v_1, v_2 dementsprechend die in (7) bezeichneten Periodenzuwächse erhalten, wird das zur Charakteristik $\left| \begin{array}{c} g \\ h \end{array} \right|$ gehörige ϑ, das fortan mit

$$\vartheta_{\left|\begin{smallmatrix} g \\ h \end{smallmatrix}\right|}(v_1, v_2) \quad \text{oder kurz} \quad \vartheta_{\left|\begin{smallmatrix} g \\ h \end{smallmatrix}\right|}$$

bezeichnet werden soll, die Faktoren erhalten:

$$(10) \quad (-1)^{g_1}, \quad (-1)^{g_2}; \quad (-1)^{h_1} \cdot e^{-2i\pi\left(v_1 + \frac{\tau_{11}}{2}\right)}, \quad (-1)^{h_2} \cdot e^{-2i\pi\left(v_2 + \frac{\tau_{22}}{2}\right)}.$$

Jeder geraden ϑ-Funktion entspricht eine bestimmte Zerspaltung von f in zwei Faktoren φ_3 und ψ_3, jeder ungeraden eine solche in φ_1 und ψ_5. Es wird weiterhin unsere besondere Aufgabe sein, zu entscheiden, welche Zerlegung dies in jedem Falle ist und wie also, je nach der Wahl des Querschnittssystems (6), die 16 ϑ-Funktionen den 16 σ-Funktionen zugeordnet sind. Bemerken wir hier nur noch, daß die zugehörigen Zerlegungen von f sich insbesondere geltend machen, wenn man die ϑ-Funktionen nach Potenzen der v_1, v_2 entwickeln will. Mit $\Delta \varphi_3$, $\Delta \psi_3$ seien, wie in Nr. XCV, die Diskriminanten von φ_3, ψ_3 bezeichnet, ebenso mit $\Delta \psi_5$ diejenige von ψ_5. Ich will der Gleichförmigkeit der Formeln wegen hier auch noch das Zeichen $\Delta \varphi_1$ einführen, das einfach den Zahlenwert Eins repräsentieren soll. Die Koeffizienten von $\varphi_1(z_1, z_2)$ nenne ich φ_{11}, φ_{12}:

$$\varphi_1(z_1, z_2) = \varphi_{11} z_1 + \varphi_{12} z_2 .$$

Dann ist nach Nr. XCV, S. 330—331, vermöge der dort zitierten Thomaeschen Entwicklungen[4]) der Anfangsterm der Reihenentwicklnng:

a) *beim geraden* ϑ:

$$(11\,\mathrm{a}) \qquad \vartheta(v_1, v_2) = \sqrt{\frac{p_{12}}{(2i\pi)^2}} \cdot \sqrt[8]{\Delta \varphi_3 \cdot \Delta \psi_3} + \cdots,$$

b) *beim ungeraden* ϑ:

$$(11\,\mathrm{b}) \qquad \vartheta(v_1, v_2) = \frac{1}{2} \sqrt{\frac{p_{12}}{(2i\pi)^2}} \cdot \sqrt[8]{\Delta \varphi_1 \cdot \Delta \psi_5} \cdot (\varphi_{11} w_1 + \varphi_{12} w_2) + \cdots$$

---

[4]) Crelles Journal, Bd. 71 (1869/70). *Beitrag zur Bestimmung von* $\vartheta(0, 0, \ldots 0)$ *durch die Klassenmoduln algebraischer Funktionen.*

(wo in der letzten Formel die w_1, w_2 noch durch die ihnen gleichen linearen Verbindungen der v_1, v_2 zu ersetzen sind, die sich aus (7) ergeben:

(11 c)
$$w_1 = \omega_{11} v_1 + \omega_{12} v_2,$$
$$w_2 = \omega_{21} v_1 + \omega_{22} v_2).$$

§ 2.
Integrale zweiter Gattung.

Es wird sich jetzt zunächst darum handeln, die Periodizitätseigen
schaften der σ-Funktionen von den Formeln (2), (3) aus festzulegen.
Hierzu haben wir vorab die Periodizitätseigenschaften des Integrals Q zu
untersuchen. Zu dem Zwecke wird man sich des bekannten Zerlegungs-
verfahrens bedienen, welches Weierstrass seinen bezüglichen Entwicklungen zugrunde legt[5]). Inzwischen konnte mir die Gestalt, in der dieses
Verfahren gegeben wird, für meine Zwecke nicht genügen. Vielmehr mußte
ich versuchen, dasselbe so umzusetzen, daß durchweg invariante Bildungen
und Prozesse zur Verwendung kamen. Hierzu gehörte vor allen Dingen
eine geeignete Einführung der beiden, in der Weierstrassischen Theorie
vorkommenden Integrale zweiter Gattung, die den Integralen w_1, w_2 der ersten
Gattung korrespondieren. Ich werde dieselben nach den in Nr. XCV entwickelten Prinzipien, also unter Vermeidung aller unnötigen Irrationalitäten und im Anschluß an die Verfahrungsweisen der Invariantentheorie
so wählen, daß ihre gemeinsame Unstetigkeitsstelle (an der sie, allgemein
zu reden, zweifach unendlich werden) *eine beliebige Stelle t des hyperelliptischen Gebildes ist, während gleichzeitig ihre Perioden von der Wahl dieser
Stelle unabhängig sind.* Letzteres muß sich in der Tat erreichen lassen. Ist
nämlich t' eine zweite Stelle des algebraischen Gebildes, so wird man auf letzterem eine algebraische Funktion konstruieren können, welche in t genau so
unendlich wird, wie das eine der beiden zu t gehörigen Integrale zweiter Gattung, welche ferner in t' höchstens doppelt unendlich wird und überall sonst
endlich bleibt. Subtrahiert man nun diese algebraische Funktion von dem in
t unendlich werdenden Integral zweiter Gattung, so hat man ein Integral
zweiter Gattung gewonnen, dessen Unstetigkeitsstelle nach t' verlegt ist,
während seine Perioden völlig ungeändert geblieben sind.

Die Durchführung der hiermit angedeuteten Entwicklungen wird durch
folgende einfache Formeln geliefert. Sei:

(12)
$$Z^{(t)} = \int_y^x \frac{(z\,dz)}{\sqrt{fz}} \cdot \frac{\sqrt{fz}\,\sqrt{ft} + F(z,t)}{2\,(zt)^2}.$$

---

[5]) Vgl. beispielsweise die **Darstellung** bei **Wiltheiss** in Crelles Journal für
Mathematik, Bd. 99 (1886), S. 238.

d. h. dasselbe Integral, welches unter dem Doppelintegral Q vorkommt, sofern man für das bei Q benutzte z' jetzt t setzt. Dieses Z stellt an sich bereits ein Integral zweiter Gattung mit der Unstetigkeitsstelle t vor, an welcher es übrigens nur einfach unendlich wird. Formentheoretisch ist dasselbe als eine Kovariante von f mit den Variabelreihen x, y, t vom Gewichte (-1) zu bezeichnen. In den x, y ist Z selbstverständlich vom 0-ten Grade, in den t vom ersten, in den Koeffizienten von f vom Grade $+\frac{1}{2}$. *Wir gewinnen nun die beiden fernerhin zu benutzenden Integrale der zweiten Gattung, die wir $Z_1^{(t)}$, $Z_2^{(t)}$ nennen wollen, indem wir $Z^{(t)}$ nach t_1, bez. t_2 differentiieren. Wir setzen also:*

$$(13) \qquad Z_1^{(t)} = \frac{\partial Z^{(t)}}{\partial t_1}, \qquad Z_2^{(t)} = \frac{\partial Z^{(t)}}{\partial t_2}.$$

Daß diese $Z_1^{(t)}$, $Z_2^{(t)}$ allen von uns aufgestellten Forderungen in der Tat entsprechen, ist leicht zu sehen. Um zu zeigen, daß ihre Perioden von der Stelle t unabhängig sind, bilde man für eine zweite Stelle, t', die entsprechenden Integrale $Z_1^{(t')}$, $Z_2^{(t')}$. Die Differenzen

$$Z_1^{(t)} - Z_1^{(t')}, \qquad Z_2^{(t)} - Z_2^{(t')}$$

erweisen sich dann als algebraische Funktionen[6]).

Ich werde die Perioden, welche die $Z_1^{(t)}$, $Z_2^{(t)}$ an den Querschnitten A_1, A_2, B_1, B_2 annehmen, folgendermaßen bezeichnen:

	A_1	A_2	B_1	B_2
$Z_1^{(t)}$	$-\eta_{11}$	$-\eta_{12}$	$-\eta_{13}$	$-\eta_{14}$
$Z_2^{(t)}$	$-\eta_{21}$	$-\eta_{22}$	$-\eta_{23}$	$-\eta_{24}$

(14)

In der Tat sind dies, wie aus der ferneren Entwicklung hervorgeht, dieselben Größen, die ich in Nr. XCV Gl. (33) als $\eta_{11}, \dots$ eingeführt habe und die ich damals bereits als Perioden der zweiten Gattung bezeichnete.

Aus (13) folgern wir sofort:

$$(15) \qquad t_1 \cdot Z_1^{(t)} + t_2 \cdot Z_2^{(t)} = Z^{(t)}.$$

Da $Z^{(t)}$ als Kovariante von f von dem Gewichte -1 aufzufassen war, so ist in dieser Formel das Verhalten der $Z_1^{(t)}$, $Z_2^{(t)}$ bei linearer Transformation der Integrationsvariabeln z_1, z_2 ausgesprochen. Insbesondere folgt, daß die Summe

$$(16) \qquad w_1^{x'y'} \cdot \overset{xy}{Z_1^{(t)}} + w_2^{x'y'} \cdot \overset{xy}{Z_2^{(t)}},$$

---

[6]) Vgl. **Wiltheiss** in den Math. Annalen, Bd. 31, (1887/88) S. 137, oder auch die Entwicklungen von B. § 2.

— wo die x', y', x, y, irgendwelche Grenzen der Integrale bedeuten sollen —, eine absolute Kovariante der kogredienten Variabelreihen x', y', x, y, t ist, vom nullten Grade in jeder derselben wie in den Koeffizienten von f.

Diese Bemerkungen übertragen sich auf die Perioden η. Insbesondere lasse man in (16) das x' nach Überschreitung des α-ten Periodenweges mit y' zusammenfallen, ebenso das x nach Überschreitung des β-ten Periodenweges mit y. *Dann folgt, daß nachstehender Ausdruck:*

$$(17) \qquad - \omega_{1\alpha}\,\eta_{1\beta} - \omega_{2\alpha}\,\eta_{2\beta}$$

eine absolute Invariante von f ist. Die bekannten Bilinearrelationen zwischen den ω und η, auf deren Theorie wir hier nicht weiter eingehen (vgl. B. § 9, 10), sind lineare Beziehungen zwischen solchen Invarianten.

§ 3.

Von der Periodizität der σ-Funktionen.

Die Zerlegung des Q, von der zu Anfang des vorigen Paragraphen die Rede war, wird jetzt durch folgende Formeln gegeben:

$$(18\,\mathrm{a}) \qquad Q_{x\,y}^{x'\,y'} = \int_{y'}^{x'} \frac{(z'\,d z')}{\sqrt{f z'}} \left[z_1' \cdot Z_1^{\overset{x\,y}{(z')}} + z_2' \cdot Z_2^{\overset{x\,y}{(z')}} \right]$$

$$= \int_{y'}^{x'} \frac{(z'\,d z')}{\sqrt{f z'}} \left[z_1' \left(Z_1^{\overset{x\,y}{(z')}} - Z_1^{\overset{x\,y}{(t')}} \right) + z_2' \left(Z_2^{\overset{x\,y}{(z')}} - Z_2^{\overset{x\,y}{(t')}} \right) \right]$$

$$+ w_1^{x'\,y'} \cdot Z_1^{\overset{x\,y}{(t')}} + w_2^{x'\,y} \cdot Z_2^{\overset{x\,y}{(t')}},$$

$$(18\,\mathrm{b}) \qquad Q_{x'\,y'}^{x\,y} = \int_{y}^{x} \frac{(z\,d z)}{\sqrt{f z}} \left[z_1 \cdot Z_1^{\overset{x'\,y'}{(z)}} + z_2 \cdot Z_2^{\overset{x'\,y'}{(z)}} \right]$$

$$= \int_{y}^{x} \frac{(z\,d z)}{\sqrt{f z}} \left[z_1 \left(Z_1^{\overset{x'\,y'}{(z)}} - Z_1^{\overset{x'\,y'}{(t)}} \right) + z_2 \left(Z_2^{\overset{x'\,y'}{(z)}} - Z_2^{\overset{x'\,y'}{(t)}} \right) \right]$$

$$+ w_1^{x\,y} \cdot Z_1^{\overset{x'\,y'}{(t)}} + w_2^{x\,y} \cdot Z_2^{\overset{x'\,y'}{(t)}}.$$

Hier ist t', bez. t ein willkürlicher Hilfspunkt. *Erstere Formel gebrauchen wir, wenn es sich um die Änderung handelt, die Q erleidet, wenn x oder y auf dem hyperelliptischen Gebilde einen Periodenweg durchläuft, letztere Formel, wenn x' oder y' einen Periodenweg beschreibt.* Die Ausführung wolle man in der Arbeit von Herrn Burkhardt vergleichen, wo auch gezeigt wird, wie man von den so entstehenden Formeln aus zu den Periodizitätseigenschaften der Funktion $Q_{x\,y}^{x\,y}$ und schließlich des einzelnen $\sigma_{\varphi\,\psi}$

gelangt. Das Resultat, wie es sich zunächst darbietet, läßt sich folgendermaßen aussprechen:

Mögen auf irgendeinem Periodenwege die Integrale

$$w_1, w_2, Z_1^{(t)}, Z_2^{(t)}$$

beziehungsweise um

$$\omega_1, \omega_2, -\eta_1, -\eta_2$$

wachsen, dann tritt zu jeder σ-Funktion ein Exponentialfaktor hinzu von folgender Gestalt:

$$(19) \qquad \pm e^{\eta_1\left(w_1+\frac{\omega_1}{2}\right)+\eta_2\left(w_2+\frac{\omega_2}{2}\right)}.$$

Was ich hier ausdrücklich erläutern muß, ist die Bestimmung des bei dieser Formel zu verwendenden Vorzeichens. Man denke sich zu dem Zwecke den geschlossenen Integrationsweg, der die Perioden ω, $-\eta$ liefert, aus lauter solchen einfachen Periodenwegen zusammengesetzt, deren jeder nur zwei Verzweigungspunkte umschließt. Für diese besonderen Wege ergibt sich dann folgende Regel:

Es sei $f = \varphi \cdot \psi$ diejenige Zerlegung von f, welche dem gerade in Betracht gezogenen σ entspricht. Wir werden in der zugehörigen Formel (19) das $+$ oder das $-$ Zeichen anwenden müssen, je nachdem ob sich die beiden Verzweigungspunkte, die der Periodenweg umschließt, auf φ und ψ verteilen oder nicht.

Wiederholte Anwendung dieser Regel ergibt, wie bereits angedeutet, die für einen beliebigen Periodenweg geltende Vorzeichenbestimmung[7]).

Wir wollen nun insbesondere diejenigen Faktoren (19) in Betracht ziehen, welche beim einzelnen $\sigma_{\varphi\psi}$ in dem hiermit erläuterten Sinne den Wegen B_1, B_2, A_1, A_2 (also der Überschreitung von A_1, A_2, B_1, B_2) entsprechen. Die zugehörigen Vorzeichen mögen beziehungsweise durch

$$(-1)^{g_1}, \quad (-1)^{g_2}, \quad (-1)^{h_1}, \quad (-1)^{h_2}$$

gegeben sein (wo die g, h die beiden Werte 0 und 1 je nachdem vorstellen sollen). *Dann lauten die betreffenden Exponentialfaktoren in Übereinstimmung mit* Nr. XCV, Gl. (34):

$$(20) \quad \begin{cases} (-1)^{g_1} \cdot e^{\eta_{11}\left(w_1+\frac{\omega_{11}}{2}\right)+\eta_{21}\left(w_2+\frac{\omega_{21}}{2}\right)}, \quad (-1)^{g_2} \cdot e^{\eta_{12}\left(w_1+\frac{\omega_{12}}{2}\right)+\eta_{22}\left(w_2+\frac{\omega_{22}}{2}\right)}, \\[2ex] (-1)^{h_1} \cdot e^{\eta_{13}\left(w_1+\frac{\omega_{13}}{2}\right)+\eta_{23}\left(w_2+\frac{\omega_{23}}{2}\right)}, \quad (-1)^{h_2} \cdot e^{\eta_{14}\left(w_1+\frac{\omega_{14}}{2}\right)+\eta_{24}\left(w_2+\frac{\omega_{24}}{2}\right)}. \end{cases}$$

---

[7]) [Die 36 Arten von verschiedenen Schnittsystemen, welche im hyperelliptischen Falle $p = 3$ zu unterscheiden sind, hat Herr H. D. Tompson 1892 in seiner Göttinger Dissertation „*Hyperelliptische Schnittsysteme und Zusammenordnung der algebraischen und transzendenten Thetacharakteristiken*" (abgedruckt im American Journal of Mathematics, Bd. 15.) untersucht. K.]

Dabei werden von den 16 unterschiedenen σ-Funktionen keine zwei dieselben Zahlen g_1, g_2, h_1, h_2 darbieten können; andernfalls nämlich wäre der Quotient der beiden σ auf dem hyperelliptischen Gebilde eindeutig, was nach (2), (3) nicht angeht.

§ 4.
Darstellung der ϑ durch die σ.

Wir haben gerade mit Bezug auf das zugrunde gelegte kanonische Querschnittsystem der A_1, A_2, B_1, B_2 jedem $\sigma_{\varphi\psi}$ vier bestimmte Zahlen g_1, g_2, h_1, h_2, deren jede 0 oder 1 sein kann, zugeordnet. Ich brauche nun nicht auszuführen, daß dem einzelnen $\sigma_{\varphi\psi}$ unter den zum Querschnittsystem gehörigen ϑ-Funktionen gerade diejenige korrespondiert, deren Charakteriktik durch $\begin{vmatrix} g_1 & g_2 \\ h_1 & h_2 \end{vmatrix}$ gegeben ist, und daß wir also zur Definition des $\vartheta_{\begin{vmatrix} g \\ h \end{vmatrix}}$ eine Formel der folgenden Art haben:

$$(21) \qquad \vartheta_{\begin{vmatrix} g \\ h \end{vmatrix}} = C_{\varphi\psi} \cdot e^{G(v_1, v_2)} \cdot \sigma_{\varphi\psi};$$

hier ist $G(v_1, v_2)$ eine homogene quadratische Funktion der v_1, v_2, die von der Charakteristik $\begin{vmatrix} g \\ h \end{vmatrix}$, resp. der Zerlegung $f = \varphi \cdot \psi$, unabhängig ist, während $C_{\varphi\psi}$ eine Größe bezeichnet, in der die v_1, v_2 nicht mehr vorkommen, die aber mit der Zerlegung des f wechselt. Es handelt sich uns um die expliziten Werte des G und der C. In ersterer Hinsicht ziehen wir die Periodizitätsgleichungen (10) und (20) heran und finden aus den beiden ersten Gleichungspaaren:

$$(22) \quad G(v_1, v_2) = \begin{vmatrix} \omega_{11} & \omega_{12} & w_1 \\ \omega_{21} & \omega_{22} & w_2 \\ \eta_{11}w_1 + \eta_{21}w_2 & \eta_{12}w_1 + \eta_{22}w_2 & 0 \end{vmatrix} : 2\,p_{12}.$$

Die Bestimmung von $C_{\varphi\psi}$ erfolgt aus (11a), bez. (11b). In der Tat korrespondiert in (21), wie wir hier nicht näher nachweisen, jeder geraden Charakteristik $\begin{vmatrix} g \\ h \end{vmatrix}$ eine Zerlegung von f in $\varphi_3 \cdot \psi_3$, jeder ungeraden eine Zerlegung in $\varphi_1 \cdot \psi_5$. Hiernach ist unmittelbar

1. im Falle der geraden Charakteristik:

$$(23a) \qquad C_{\varphi\psi} = \sqrt{\frac{p_{12}}{(2i\pi)^2}} \cdot \sqrt[8]{\Delta\varphi_3 \cdot \Delta\psi_3},$$

2. im Falle der ungeraden Charakteristik:

$$(23b) \qquad C_{\varphi\psi} = \frac{1}{2}\sqrt{\frac{p_{12}}{(2i\pi)^2}} \cdot \sqrt[8]{\Delta\varphi_1 \cdot \Delta\psi_5}.$$

Die Formeln (21), (22), (23) *zusammengenommen enthalten diejenige Definition der ϑ-Funktionen am hyperelliptischen Gebilde, die wir in der Einleitung in Aussicht nahmen.* Man vergleiche hiermit die genau analogen Formeln, welche Herr Weierstrass für den Zusammenhang seiner σ- und ϑ-Funktionen bei $p = 1$ gegeben hat (Formelsammlung von Schwarz, S. 42).

§ 5.

Die elliptischen σ für mehrgliedriges Argument.

Wir kehren jetzt einen Augenblick zu den σ-Funktionen für $p = 1$ zurück. Ich erwähne zunächst die Definition, welche ich für dieselben in Nr. XCV gegeben habe. Sei

$$(24) \qquad w = \int\limits_{y}^{x} \frac{(z\,dz)}{\sqrt{fz}},$$

wo fz eine Binärform vierten Grades, sei ferner Q in ähnlicher Weise definiert, wie oben in (4), (nur daß $F(z', z)$ jetzt die durch 12 dividierte zweite Polare von f vorstellt), dann war das ungerade σ:

$$(25\,\text{a}) \qquad \sigma(w) = \frac{(xy)}{\sqrt[4]{fx \cdot fy}} \cdot e^{\frac{1}{2}Q_{xy}^{\bar{x}\bar{y}}}.$$

Um die geraden σ zu konstruieren, mußte f auf alle Weisen in zwei quadratische Faktoren zerspalten werden:

$$f = \varphi_2\,\psi_2.$$

Jeder solchen Zerlegung gehörte dann ein gerades σ an:

$$(25\,\text{b}) \qquad \sigma(w) = \frac{\sqrt{\varphi x}\sqrt{\psi y} + \sqrt{\psi x}\,\sqrt{\varphi y}}{2\sqrt[4]{fx\,fy}} \cdot e^{\frac{1}{2}Q_{xy}^{\bar{x}\bar{y}}}.$$

Wir werden im folgenden die hiermit erhaltenen vier σ-Funktionen zweckmäßigerweise wieder nach der zugehörigen Zerspaltung von f benennen, also die geraden σ als $\sigma_{\varphi_2\,\psi_2}$, das ungerade σ aber, bei dem in Wirklichkeit keinerlei Zerspaltung von f vorliegt, als $\sigma_{\varphi_0\,\psi_4}$.

Die Frage, um welche es sich nunmehr handeln soll, ist folgende. Wir denken uns w nicht mehr durch (24), sondern *in Gestalt der mehrfachen Integralsumme* gegeben:

$$(26) \qquad w = \int\limits_{y'}^{x'} \frac{(z\,dz)}{\sqrt{fz}} + \int\limits_{y''}^{x'} \frac{(z\,dz)}{\sqrt{fz}} + \cdots + \int\limits_{y^{(\nu)}}^{x^{(\nu)}} \frac{(z\,dz)}{\sqrt{fz}};$$

welches ist dann die Definition der $\sigma(w)$?

Die gewöhnlichen Additionsformeln der σ-Funktionen gestatten, diese Frage auf sehr verschiedenartige Weise zu beantworten[8]). Ich werde in dieser Hinsicht hier Formeln mitteilen, welche später unmittelbare Verallgemeinerung auf $p > 1$ zulassen. Dieselben gehen von der in (25a) enthaltenen Definition der ungeraden σ-Funktion für eingliedriges Argument aus und führen mit deren Hilfe die σ-Funktionen mehrgliedriger Argumente (26) auf gewisse einfache Determinantenausdrücke zurück. Hierbei spielt also der in (25a) rechter Hand auftretende Ausdruck eine bevorzugte Rolle. Ich darf nun gleich hinzufügen, daß für $p > 1$ ein ganz ähnlicher Ausdruck, von genau entsprechender Bedeutung, konstruiert werden kann, der aber nicht mehr mit einer der dann zu unterscheidenden σ-Funktionen zusammenfällt, auch nicht, wenn man die in den letzteren auftretenden Argumente spezialisiert. Ich werde also für den fraglichen Ausdruck (25a) schon hier ein von σ verschiedenes Zeichen einführen, das bei der späteren Verallgemeinerung beibehalten werden kann. Dementsprechend schreibe ich:

$$(27) \qquad \frac{(xy)}{\sqrt[4]{fx \cdot fy}} \cdot \varrho^{\frac{1}{2} Q_{x\nu}^{\bar{x}\bar{y}}} = \Omega(x, y).$$

Ich will ferner unter M folgendes Aggregat verschiedener Ω-Ausdrücke verstehen:

$$(28) \quad M = \frac{\prod_i \prod_k \Omega(x^{(i)}, y^{(k)})}{\prod_i \prod_k (x^{(i)}, y^{(k)}) \cdot \prod_i \prod_k{}' \Omega(x^{(i)}, x^{(k)}) \cdot \prod_i \prod_k{}' \Omega(y^{(i)}, y^{(k)})}$$

Hier sollen die i, k bei den Doppelprodukten je die Werte $1, 2, \ldots, \nu$ durchlaufen, mit der Maßgabe, daß bei den mit einem Akzent versehenen Produkten die Glieder mit $i = k$ auszulassen sind und jede Kombination zweier Zahlen i, k nur einmal zu nehmen ist[9]). Dieses M ist eine Kovariante der Variabelreihen $x', x'', \ldots, x^{(\nu)}$; $y', y'', \ldots, y^{(\nu)}$, in jeder derselben von der $(-\nu)$-ten Dimension, dabei in den Koeffizienten von f vom Grade $\left(-\frac{\nu}{2}\right)$.

Ich wende mich nun zur Konstruktion der in Betracht kommenden Determinantenausdrücke. Dieselben erhalten je 2ν Reihen, die bez. von den einzelnen $x', x'', \ldots, x^{(\nu)}$, $y', y'', \ldots, y^{(\nu)}$ abhängen. Da das Bildungsgesetz der ν ersten Reihen genau dasselbe ist, und ebenso das Bildungs-

---

[8]) Vgl. etwa Frobenius und Stickelberger in Crelles Journal für Mathematik, Bd. 88 (1880) S. 146 ff. (wo man eine Reihe weiterer Zitate findet), oder Schwarz-Weierstrass, Formeln und Lehrsätze zum Gebrauche der elliptischen Funktionen, S. 16 ff.

[9]) In gleichem Sinne wolle man später immer den einem Doppelprodukt zugesetzten Akzent verstehen.

gesetz der ν folgenden Reihen, so wird es genügen, eine einzige Reihe mit x und eine Reihe mit y anzuschreiben. In diesem Sinne lautet die Determinante, welche zur Zerlegung $f = \varphi_0 \psi_4$ gehört:

$$(29\,\mathrm{a}) \quad D_{\varphi_0 \psi_4} = \begin{vmatrix} x_1^{\nu}, & x_1^{\nu-1} x_2, & \ldots & x_2^{\nu}, & x_1^{\nu-2} \sqrt{\psi_4\,x}, & x_1^{\nu-3} x_2 \sqrt{\psi_4\,x}, & \ldots & x_2^{\nu-2} \sqrt{\psi_4\,x} \\ -y_1^{\nu}, & -y_1^{\nu-1} y_2, & \ldots & -y_2^{\nu}, & y_1^{\nu-2} \sqrt{\psi_4\,y}, & y_1^{\nu-3} y_2 \sqrt{\psi_4\,y}, & \ldots & y_2^{\nu-2} \sqrt{\psi_4\,y} \end{vmatrix},$$

die zu $f = \varphi_2 \psi_2$ gehörige Determinante aber:

$$(29\,\mathrm{b}) \quad D_{\varphi_2 \psi_2} = \begin{vmatrix} x_1^{\nu-1} \sqrt{\varphi_2\,x}, & \ldots & x_2^{\nu-1} \sqrt{\varphi_2\,x}, & x_1^{\nu-1} \sqrt{\psi_2\,x}, & \ldots & x_2^{\nu-1} \sqrt{\psi_2\,x} \\ -y_1^{\nu-1} \sqrt{\varphi_2\,y}, & \ldots & -y_2^{\nu-1} \sqrt{\varphi_2\,y}, & y_1^{\nu-1} \sqrt{\psi_2\,y}, & \ldots & y_2^{\nu-1} \sqrt{\psi_2\,y} \end{vmatrix};$$

das beidemal zugrunde liegende Bildungsgesetz tritt noch deutlicher hervor, wenn wir $D_{\varphi_0 \psi_4}$ so schreiben:

$$\begin{vmatrix} x_1^{\nu} \sqrt{\varphi_0\,x}, & \ldots & x_2^{\nu} \sqrt{\varphi_0\,x}, & x_1^{\nu-2} \sqrt{\psi_4\,x}, & \ldots & x_1^{\nu-2} \sqrt{\psi_4\,x} \\ -y_1^{\nu} \sqrt{\varphi_0\,y}, & \ldots & -y_2^{\nu} \sqrt{\varphi_0\,y}, & y_1^{\nu-2} \sqrt{\psi_4\,y}, & \ldots & y_2^{\nu-2} \sqrt{\psi_4\,y} \end{vmatrix}.$$

Dieses voraufgeschickt haben wir nun für das durch (26) *gegebene Argument w die folgende Definition der Sigmafunktionen:*

$$(30) \qquad \begin{cases} \sigma_{\varphi_0 \psi_4}(w) = c_\nu' \cdot M \cdot D_{\varphi_0 \psi_4}, \\ \sigma_{\varphi_2 \psi_2}(w) = c_\nu \cdot M \cdot D_{\varphi_2 \psi_2}. \end{cases}$$

Die c_ν', c_ν sind dabei numerische (von der in (26) auftretenden Gliederzahl ν abhängige) Konstanten, mit deren Bestimmung wir uns hier nicht aufhalten.

Was den Beweis der Formeln (30) angeht, so ist derselbe nach bekannten Vorschriften durch Betrachtung der beiderseitigen Verschwindungsstellen und Periodizitätseigenschaften zu führen. Insbesondere wolle man beachten, daß die σ vermöge (30) Kovarianten in den x', x'', $\ldots$, y', y'', $\ldots$ werden, die in diesen Variabelreihen übereinstimmend die Dimensionen 0 haben; der Grad in den Koeffizienten von f ist dabei für $\sigma_{\varphi_0 \psi_4}$ gleich $-\frac{1}{2}$, für die $\sigma_{\varphi_2 \psi_2}$ gleich 0, wie es sein muß.

Nimmt man in (30) die Zahl ν gleich 1, so kommt man auf die Ausgangsformeln (25) zurück.

§ 6.

Entsprechende Verallgemeinerung der σ für $p = 2$.

Es soll sich nunmehr darum handeln, die hiermit für $p = 1$ gegebenen Entwicklungen auf $p = 2$ zu übertragen. Wir schreiben also statt der Formeln (1) mehrgliedrige Integralsummen:

$$(31) \quad \begin{cases} w_1 = \int\limits_{y'}^{x'} \frac{z_1\,(z\,dz)}{\sqrt{fz}} + \int\limits_{y''}^{x''} \frac{z_1\,(z\,dz)}{\sqrt{fz}} + \cdots + \int\limits_{y^{(\nu)}}^{x^{(\nu)}} \frac{z_1\,(z\,dz)}{\sqrt{fz}}, \\[2em] w_2 = \int\limits_{y'}^{x'} \frac{z_2\,(z\,dz)}{\sqrt{fz}} + \int\limits_{y''}^{x''} \frac{z_2\,(z\,dz)}{\sqrt{fz}} + \cdots + \int\limits_{y^{(\nu)}}^{x^{(\nu)}} \frac{z_2\,(z\,dz)}{\sqrt{fz}}, \end{cases}$$

und fragen, welche Formeln dementsprechend an Stelle von (2), (3) als Definition der $\sigma\,(w_1, w_2)$ zu treten haben. Wir haben im vorigen Paragraphen die geeigneten Vorbereitungen getroffen, die uns jetzt ohne weiteres zur Beantwortung dieser Frage hinleiten.

Wir setzen zunächst, wie in (27):

$$(32) \qquad \Omega\,(x, y) = \frac{(x\,y)}{\sqrt[4]{fx \cdot fy}}\, e^{\frac{1}{2} Q_{xy}^{\bar{x}\bar{y}}}.$$

Dieses Ω (dessen Einführung auch für $p > 1$ wir schon vorhin in Aussicht stellten) ist hier, wie im Falle $p = 1$, eine Kovariante der beiden Variabelreihen x und y, vom Grade $(-\frac{1}{2})$ in den Koeffizienten von f. Aber es ist nicht mehr, wie damals, von der 0-ten Dimension in den x, oder y, es ist also nicht mehr, wie im elliptischen Falle, eine eigentliche Funktion der Stellen x, y des algebraischen Gebildes. *Trotzdem werden wir Ω als wesentliches Element der auf $p = 2$ bezüglichen Theorie betrachten dürfen. Es hat nämlich auch bei $p = 2$ die Eigenschaft, an keiner Stelle des algebraischen Gebildes verzweigt zu sein, oder unendlich zu werden, und nur dann und zwar einfach zu verschwinden, wenn x mit y zusammenfällt.* Ω hat also nach wie vor, um es prägnant zu bezeichnen, die Eigenschaft eines *Primausdrucks*[10]).

Wir konstruieren jetzt, wie in (28), das folgende Aggregat verschiedener Ω:

$$(33) \quad M = \frac{\underset{i}{\Pi}\,\underset{k}{\Pi}\,\Omega\,(x^{(i)}\,y^{(k)})}{\underset{i}{\Pi}\,\underset{k}{\Pi}\,(x^{(i)}\,y^{(k)}) \cdot \underset{i}{\Pi}\,\underset{k}{\Pi}{}'\,\Omega\,(x^{(i)}\,x^{(k)}) \cdot \underset{i}{\Pi}\,\underset{k}{\Pi}{}'\,\Omega\,(y^{(i)}\,y^{(k)})},$$

---

[10]) Man wolle den Primausdruck Ω nicht mit der Weierstrassischen „Primfunktion" $E\,(x, y)$ verwechseln. [Die unterscheidenden Merkmale beider sind bereits in den Vorbemerkungen auf S. 319/320 auseinandergesetzt.] — Mit dem Ausdruck Ω, der sich ganz entsprechend in allen höheren Fällen (nicht nur bei den hyperelliptischen Gebilden) aufstellen läßt [vgl. die nachfolgend abgedruckte Abh. XCVII über Abelsche Funktionen, insbes. § 4 daselbst], ist meines Erachtens ein allgemeiner Fortschritt in der Theorie der Abelschen Funktionen gegeben. [Näheres hierüber sowie über die in Betracht kommenden literarischen Beziehungen siehe in Abh. XCVII, Fußnote [19]) auf S. 404/405. K.]

wir konstruieren ferner die folgenden Determinanten:

$$
(34)\quad
\begin{cases}
D_{\varphi_3\psi_3}=
\begin{vmatrix}
x_1^{\nu-1}\sqrt{\varphi_3\,x},\dots & x_2^{\nu-1}\sqrt{\varphi_3\,x}, & x_1^{\nu-1}\sqrt{\psi_3\,x},\dots x_2^{\nu-1}\sqrt{\psi_3\,x}\\[4pt]
-\,y_1^{\nu-1}\sqrt{\varphi_3\,y},\dots -\,y_2^{\nu-1}\sqrt{\varphi_3\,y}, & y_1^{\nu-1}\sqrt{\psi_3\,y},\dots y_2^{\nu-1}\sqrt{\psi_3\,y}
\end{vmatrix}.\\[18pt]
D_{\varphi_1\psi_5}=
\begin{vmatrix}
x_1^{\nu}\sqrt{\varphi_1\,x},\dots & x_2^{\nu}\sqrt{\varphi_1\,x}, & x_1^{\nu-2}\sqrt{\psi_5\,x},\dots x_2^{\nu-2}\sqrt{\psi_5\,x}\\[4pt]
-\,y_1^{\nu}\sqrt{\varphi_1\,y},\dots -\,y_2^{\nu}\sqrt{\varphi_1\,y}, & y_1^{\nu-2}\sqrt{\psi_5\,y},\dots y_2^{\nu-2}\sqrt{\psi_5\,y}
\end{vmatrix}.
\end{cases}
$$

Dann ist die Definition der zu den Integralsummen (31) *gehörigen σ-Funktionen die folgende:*

$$
(35)\quad
\begin{cases}
\sigma_{\varphi_3\psi_3}(w_1,\,w_2)=c_\nu\cdot M\cdot D_{\varphi_3\psi_3},\\[4pt]
\sigma_{\varphi_1\psi_5}(w_1,\,w_2)=c_\nu'\cdot M\cdot D_{\varphi_1\psi_5}.
\end{cases}
$$

Die $c,\,c'$ sind dabei wieder geeignete Zahlenfaktoren.

Der Beweis gestaltet sich ganz ähnlich wie im elliptischen Falle; ich darf dieserhalb auf B., § 19 ff. verweisen.

<h2 style="text-align:center">§ 7.</h2>

<h3 style="text-align:center">Übergang zu beliebigem p. Festlegung der zugehörigen Integrale.</h3>

Wir haben jetzt die Entwicklungen für $p=1$ und $p=2$ bis zu einem Punkte geführt, von dem aus sich unmittelbare Verallgemeinerung für beliebiges p ermöglicht[11]).

Sei also jetzt $f(z)=f_{2p+2}(z)=a_z^{2p+2}$ eine binäre Form $(2p+2)$-ten Grades, durch die wir ein hyperelliptisches Gebilde definieren.

Wir verabreden zunächst, welche zugehörigen Integrale der ersten, zweiten und dritten Gattung wir der weiteren Betrachtung zugrunde legen wollen.

1. Als fundamentale überall endliche Integrale wählen wir die folgenden p:

$$
(36)\quad
w_1=\int_y^x\frac{z_1^{p-1}(z\,dz)}{\sqrt{f\,z}},\qquad
w_2=\int_y^x\frac{z_1^{p-2}z_2\,(z\,dz)}{\sqrt{f\,z}},\;\dots\;
w_p=\int_y^x\frac{z_2^{p-1}(z\,dz)}{\sqrt{f\,z}}.
$$

Wir notieren gleich, wie sich dieselben umsetzen, wenn man die z_1, z_2 einer linearen Substitution unterwirft:

$$
(37)\quad
\begin{cases}
z_1=\alpha z_1'+\beta z_2'\\
z_2=\gamma z_1'+\delta z_2'
\end{cases}
\qquad(\alpha\delta-\beta\gamma=r).
$$

Offenbar sind die $w_1,\,\dots\,w_p$ homogene lineare Kombinationen der

---

[11]) Ich habe die bez. allgemeinen Formeln zum großen Teile bereits in den Göttinger Nachrichten 1887 mitgeteilt (Sitzung vom 5. November 1887): *Zur Theorie der hyperelliptischen Funktionen von beliebig vielen Veränderlichen.*

$w_1', \ldots w_p'$. Um das Gesetz dieser Kombination möglichst einfach zu bezeichnen, sei

$$(38) \quad \chi(t) = w_1\, t_2^{p-1} - (p-1)_1\, w_2\, t_2^{p-2}\, t_1 + (p-1)_2\, w_3\, t_2^{p-3}\, t_1^2 - + \cdots$$

$$= \int\limits_y^x \frac{(zt)^{p-1}\,(z\,dz)}{\sqrt{fz}}.$$

Wenn wir dann die t ebenso substituieren, wie die z in (37), so haben wir offenbar

$$(39) \qquad \chi(t) = \chi'(t') \cdot r^p,$$

worin das gesuchte Gesetz ausgesprochen ist.

2. Um jetzt zu geeigneten Integralen zweiter Gattung zu kommen (deren wir ebenfalls p gebrauchen), beginnen wir wie bei $p = 2$ mit dem Integral

$$(40) \qquad Z^{(t)} = \int\limits_y^x \frac{(z\,dz)}{\sqrt{fz}} \cdot \frac{\sqrt{fz}\,\sqrt{ft} + a_z^{p+1}\,a_t^{p+1}}{2\,(zt)^2}.$$

Aus ihm leiten wir dann durch Differentiation nach t_1, t_2 die p fundamentalen Integrale zweiter Gattung ab; wir setzen:

$$(41) \qquad Z_1^{(t)} = \frac{1}{(p-1)!} \cdot \frac{\partial^{p-1} Z^{(t)}}{\partial t_1^{p-1}}, \qquad Z_2^{(t)} = \frac{(p-1)_1}{(p-1)!} \cdot \frac{\partial^{p-1} Z^{(t)}}{\partial t_1^{p-2}\,\partial t_2}, \cdots,$$

so daß also nach dem Eulerschen Theoreme:

$$(42) \qquad t_1^{p-1} \cdot Z_1^{(t)} + t_1^{p-2}\, t_2 \cdot Z_2^{(t)} + \ldots + t_2^{p-1}\, Z_p^{(t)} = Z^{(t)}.$$

Diese $Z_1, \ldots, Z_p$ haben, bei $z = t$, allgemein zu reden, einen p-fachen Unstetigkeitspunkt. Ihr Verhalten bei einer linearen Substitution (37) ergibt sich aus der Kovariantennatur des $Z^{(t)}$; das Resultat ist, wie bei $p = 2$, *daß die* $Z_1, Z_2, \ldots, Z_p$ *den* $w_1, w_2, \ldots, w_p$ *genau kontragredient sind, so daß also der Ausdruck*

$$(43) \qquad w_1^{x'y'} \cdot \overset{xy}{Z_1^{(t)}} + w_2^{x'y'} \cdot \overset{xy}{Z_2^{(t)}} + \ldots + w_p^{x'y'} \cdot \overset{xy}{Z_p^{(t)}}$$

bei (37) *durchaus ungeändert bleibt.*

3. Als Integral dritter Gattung endlich bilden wir das folgende

$$(44) \qquad Q_{xy}^{x'y'} = Q_{x'y'}^{xy} = \int\limits_y^x \int\limits_{y'}^{x'} \frac{(z\,dz)}{\sqrt{fz}} \cdot \frac{(z'\,dz')}{\sqrt{fz'}} \cdot \frac{\sqrt{fz}\,\sqrt{fz'} + a_z^{p+1}\,a_{z'}^{p+1}}{2\,(zz')^2}$$

$$= \int\limits_y^x \frac{(z\,dz)}{\sqrt{fz}} \cdot Z^{(z)}_{x'y'} = \int\limits_{y'}^{x'} \frac{(z'\,dz')}{\sqrt{fz'}} \cdot Z^{(z')}_{xy},$$

seine Eigenschaften betr. Unendlichwerden und Verhalten bei linearer Substitution der z_1, z_2 gestalten sich genau so, wie in den Fällen $p = 1$ und $p = 2$.

§ 8.

Periodizität der Integrale.

Wir denken uns jetzt auf der durch $\sqrt{f}$ definierten Riemannschen Fläche $2\,p$ kanonische Querschnitte gezogen:

$$A_1,\ A_2,\ldots A_p;\quad B_1,\ B_2,\ldots B_p$$

und betrachten die Perioden, welche unsere Integrale bei Überschreitung dieser Querschnitte aufweisen.

1. Bei den Integralen erster Gattung beschränken wir uns darauf, eine feste Benennung der zugehörigen Perioden zu vereinbaren. Wir bezeichnen dieselben folgendermaßen:

$$(45)\qquad
\begin{array}{c|ccc|ccc}
 & A_1 & \cdots & A_p & B_1 & \cdots & B_p \\
\hline
w_1 & \omega_{1,1} & \cdots & \omega_{1,p} & \omega_{1,p+1} & \cdots & \omega_{1,2p} \\
\vdots & & & & & & \\
w_p & \omega_{p,1} & \cdots & \omega_{p,p} & \omega_{p,p+1} & \cdots & \omega_{p,2p}
\end{array}$$

2. Bei den Integralen zweiter Gattung führen wir die Perioden durch das Schema ein:

$$(46)\qquad
\begin{array}{c|ccc|ccc}
 & A_1 & \cdots & A_p & B_1 & \cdots & B_p \\
\hline
Z_1^{(t)} & -\eta_{1,1} & \cdots & -\eta_{1,p} & -\eta_{1,p+1} & \cdots & -\eta_{1,2p} \\
\vdots & & & & & & \\
Z_p^{(t)} & -\eta_{p,1} & \cdots & -\eta_{p,p} & -\eta_{p,p+1} & \cdots & -\eta_{p,2p}
\end{array}$$

Die hier auftretenden η heißen die *Perioden zweiter Gattung* schlechtweg. In der Tat zeigt sich, genau wie bei $p = 2$ (oder bei $p = 1$), daß dieselben von der Wahl des bei Konstruktion der Z benutzten t unabhängig sind.

3. Die Periodizität von Q ergibt sich nun wieder aus einer doppelten Umsetzung desselben.

Wir haben das eine Mal:

$$(47\text{a})\qquad Q^{x'y'}_{xy} = \int_{y'}^{x'} \frac{(z'\,dz')}{\sqrt{f\,z'}}\left[z_1'^{\,p-1}\left(Z^{\overset{xy}{(z')}}_1 - Z^{\overset{xy}{(t')}}_1\right) + \ldots + z_2'^{\,p-1}\left(Z^{\overset{xy}{(z')}}_p - Z^{\overset{xy}{(t')}}_p\right)\right]$$

$$+\, w_1^{x'y'}\cdot Z^{\overset{xy}{(t')}}_1 + \ldots + w_p^{x'y'}\cdot Z^{\overset{xy}{(t')}}_p,$$

das andere Mal:

$$(47\,\mathrm{b}) \qquad Q_{x'y'}^{xy} = \int_{y}^{x} \frac{(z\,dz)}{\sqrt{fz}} \left[z_1^{p-1}(\overset{x'y'}{Z_1^{(z)}} - \overset{x'y'}{Z_1^{(t)}}) + \ldots + z_2^{p-1}(\overset{x'y'}{Z_p^{(z)}} - \overset{x'y'}{Z_p^{(t)}}) \right]$$

$$+ \, w_1^{xy} \cdot \overset{x'y'}{Z_1^{(t)}} + \ldots + w_p^{xy} \cdot \overset{x'y'}{Z_p^{(t)}}.$$

Wegen der Folgerungen hieraus, der Bilinearrelationen zwischen den ω und η, usw. usw. verweise ich auf die Darstellung von B. § 4 ff.[12])

§ 9.

Definition der allgemeinen σ-Funktionen.

Um jetzt die 2^{2p} zu $\sqrt{f_{2p+2}}$ gehörigen σ-Funktionen zu definieren, wollen wir von vorneherein beliebig vielgliedrige Integralsummen in Betracht ziehen, setzen also an Stelle der einfachen Formeln (36) die folgenden:

$$(48) \qquad \begin{cases} w_1 = \int_{y'}^{x'} \frac{z_1^{p-1}(z\,dz)}{\sqrt{fz}} + \ldots + \int_{y^{(\nu)}}^{x^{(\nu)}} \frac{z_1^{p-1}(z\,dz)}{\sqrt{fz}} \\[2em] \qquad \vdots \\[1em] w_p = \int_{y'}^{x'} \frac{z_2^{p-1}(z\,dz)}{\sqrt{fz}} + \ldots + \int_{y^{(\nu)}}^{x^{(\nu)}} \frac{z_2^{p-1}(z\,dz)}{\sqrt{fz}}. \end{cases}$$

Übrigens aber halten wir uns genau an die Resultate, die sich bei $p = 1, 2$ ergeben haben.

Wir konstruieren uns also vor allen Dingen den *Primausdruck*:

$$(49) \qquad\qquad \Omega(x, y) = \frac{(xy)}{\sqrt[4]{fx \cdot fy}} \cdot e^{\frac{1}{2} Q_{xy}^{\overline{xy}}} ;$$

derselbe ist jetzt in den x und den y bez. vom Grade $-\dfrac{p-1}{2}$.

---

[12]) [Von späteren Arbeiten, die sich hier anschließen und zugleich die Verbindung mit der Weierstrassischen Darstellung der Theorie hervorkehren, nenne ich folgende Arbeiten von Bolza: *On Weierstrass' systems of hyperelliptic integrals of the first and second kind*", Mathematical Papers read at the internat. mathemat. Congress Chicago 1893 und für den folgenden Paragraphen: „*Über das Analogon der Funktion $\wp u$ im allgemeinen hyperelliptischen Falle*", Göttinger Nachrichten 1894 und „*On the first and second logarithmic derivatives of hyperelliptic σ-functions*", American Journal of Mathematics, Bd. 17, 1895. K.]

Wir setzen ferner, wie früher:

$$(50) \qquad M = \frac{\prod_i \prod_k \Omega\,(x^{(i)} y^{(k)})}{\prod_i \prod_k (x^{(i)} y^{(k)}) \cdot \prod_i \prod_k{}' \Omega\,(x^{(i)} x^{(k)}) \cdot \prod_i \prod_k{}' \Omega\,(y^{(i)} y^{(k)})}.$$

Wir betrachten sodann alle *Zerlegungen von f* von folgender Form:

$$(51) \qquad f = \varphi_{p+1-2\mu}\, \psi_{p+1+2\mu}, \qquad \left(\mu = 0,\, 1,\, \ldots \left[\tfrac{p+1}{2}\right]\right),$$

d. h. alle Zerlegungen von f in zwei Faktoren, deren Grad sich um ein Multiplum von 4 unterscheidet. Solcher Zerlegungen gibt es gerade 2^{2p} (wobei wir, im Falle p ungerade ist, den Ansatz $f = \varphi_0 \psi_{2p+2}$ mitgezählt haben, wie wir ja schon im Falle $p = 1$ getan hatten).

Einer jeden dieser Zerlegungen entsprechend konstruieren wir jetzt eine 2ν-reihige Determinante, die im Sinne der früheren Verabredung folgendermaßen zu bezeichnen sein wird:

$$(52) \qquad D_{\varphi_{p+1-2\mu}\, \psi_{p+1+2\mu}}$$

$$= \begin{vmatrix} x_1^{\nu-1+\mu} \sqrt{\varphi\,x},\ldots & x_2^{\nu-1+\mu} \sqrt{\varphi\,x}; & x_1^{\nu-1-\mu} \sqrt{\psi\,x},\ldots x_2^{\nu-1-\mu} \sqrt{\psi\,x} \\ -\, y_1^{\nu-1+\mu} \sqrt{\varphi\,y},\ldots -y_2^{\nu-1+\mu} \sqrt{\varphi\,y}, & y_1^{\nu-1-\mu} \sqrt{\psi\,y},\ldots y_2^{\nu-1-\mu} \sqrt{\psi\,y} \end{vmatrix}.$$

Hierauf nun führen wir die 2^{2p} *σ-Funktionen durch folgende Formeln ein*[18]):

$$(53) \qquad \sigma_{\varphi_{p+1-2\mu}\, \psi_{p+1+2\mu}} = c_\nu^{(\mu)} \cdot M \cdot D_{\varphi_{p+1-2\mu}\, \psi_{p+1+2\mu}}.$$

Die $c_\nu^{(\mu)}$ sollen dabei numerische Konstanten sein, die von μ und ν abhängen und über deren Werte noch weiterhin geeignete Verfügung getroffen werden wird.

§ 10.

Einige Eigenschaften der σ-Funktionen.

Die σ-Funktionen erscheinen im vorigen Paragraphen als Kovarianten der Formen φ, ψ mit den Variabelreihen x', x'', $\ldots$, $x^{(\nu)}$; y', y'', $\ldots$, $y^{(\nu)}$. In diesen Variabelenreihen sind sie je vom 0-ten Grade, dagegen in den Koeffizienten von φ, ψ bez. vom Grade $+\frac{\mu}{2}$ und $-\frac{\mu}{2}$.

Dabei hat die Definition wegen der Determinanten (52) zunächst nur Bedeutung, wenn $\nu > \mu$ ist.

Immer können wir die Definition auch noch für $\nu = \mu$ aufrecht erhalten, wenn wir die Determinante (52), wie fortan geschehen soll, in

---

[18]) In den Göttinger Nachrichten (a. a. O.) hatte ich die Definition der allgemeinen σ etwas anders gefaßt, indem ich die Funktion $X\,(x) = \Omega\,(x, y)_{\lim\,(y=x)}$ einführte; inzwischen erscheint dies zunächst weniger zweckmäßig, als das im Texte angewandte Verfahren. [Siehe jedoch unten S. 405.]

diesem Falle dahin interpretieren, daß sie überhaupt keine Kolonne mit $\sqrt{\overline{\psi}}$ enthält, sich also auf den einfachen Wert reduziert:

$$(54) \qquad (-1)^{\nu} \cdot \begin{vmatrix} x_1^{2\nu-1} \ldots x_2^{2\nu-1} \\ y_1^{2\nu-1} \ldots y_2^{2\nu-1} \end{vmatrix} \cdot \prod_i \sqrt{\overline{\varphi(x^{(i)})}} \cdot \prod_i \sqrt{\overline{\varphi(y^{(i)})}}.$$

Es stimmt dies mit der allgemeinen Formel insofern, als die Zahl der Kolonnen mit $\sqrt{\overline{\psi}}$ für $\nu > \mu$ ja $(\nu - \mu)$ beträgt.

Sollte aber $\nu < \mu$ sein, werden wir o, wie wir jetzt verabreden, einfach $= 0$ setzen.

Es ist jetzt zu zeigen, daß bei geeigneter Abhängigkeit der Konstanten $c_\nu^{(\mu)}$ von der Anzahl ν [14]) *die hiermit eingeführten σ-Funktionen allein von den Integralsummen $w_1, \ldots, w_p$ (48) abhängen.*

Es ist ferner zu zeigen, *daß sie eindeutige ganze Funktionen der genannten Integralsummen sind, welche geraden oder ungeraden Charakter besitzen, je nachdem μ gerade oder ungerade ist.*

Es ist endlich zu entwickeln, *daß sie als Funktionen der $w_1, \ldots, w_p$ für $\nu < \mu$ genau $(\mu - \nu)$-fach verschwinden.*

Alle diese Nachweise werden von B. (§ 17 ff.) erbracht.

Bemerken wir insbesondere noch das Folgende. Unser letzter Satz schließt ein, daß die σ-Funktionen für $w_1, \ldots, w_p = 0, \ldots, 0$ μ-fach zu Null werden.

Die einzigen σ also, welche für die Nullwerte der Argumente nicht verschwinden, sind diejenigen, die Zerlegungen $f = \varphi_{p+1} \cdot \psi_{p+1}$ zugehören.

Die einzigen ferner, die für die Nullwerte der Argumente nur einfach verschwinden, sind die anderen, die Zerlegungen $f = \varphi_{p-1} \cdot \psi_{p+8}$ entsprechen, usw. usw.

§ 11.

Über die Reihenentwicklungen der σ nach steigenden Potenzen der w.

Nach den zuletzt angeführten Sätzen können die σ nach steigenden ganzen Potenzen der w in immer konvergente Potenzreihen entwickelt werden (wobei nur gerade oder nur ungerade Potenzen der w auftreten werden, je nachdem μ gerade oder ungerade genommen ist).

Es besteht nun der wichtige Satz, daß die Koeffizienten der Reihenentwicklungsterme rationale ganze Funktionen der Koeffizienten von φ und ψ sind, *daß also die σ nicht nur eindeutige ganze Funktionen der $w_1, \ldots, w_p$ sind, sondern ebensolche Funktionen der Koeffizienten von φ*

---

[14]) [Burkhardt findet $c_\nu^{(\mu)} = \dfrac{(-1)^{\mu\nu + \frac{1}{2}\mu(\mu+1)}}{2^{\mu-\nu}}$.]

und ψ. (Man vergleiche B. § 24, sowie die Darstellung bei **Wiltheiss** im 31. Bande der Math. Annalen, 1888, S. 410 ff.[15]))

Ich bespreche hier einige besonders einfache Gesetze, denen die in Rede stehenden Reihenentwicklungen unterliegen.

Man erinnere sich vor allem, daß vermöge der in (53) enthaltenen Definition σ in den Koeffizienten von φ den Grad $+\frac{\mu}{2}$ hatte, in den Koeffizienten von ψ den Grad $-\frac{\mu}{2}$. Nun sind die w ihrerseits in den Koeffizienten von $f = \varphi\psi$ von der $-\frac{1}{2}$-ten Dimension. Hat also ein Entwicklungsterm in den w den Grad $\mu + 2\varrho$, so hat er in den Koeffizienten von φ den Grad $\mu + \varrho$, in denen von ψ den Grad ϱ; wir werden den Inbegriff derartiger Terme mit

$$\begin{pmatrix} \mu+2\varrho & \mu+\varrho & \varrho \\ w, & \varphi, & \psi \end{pmatrix}$$

bezeichnen dürfen. Aus dem, was über das Verhalten des σ für verschwindende Argumente gesagt wurde, folgt jetzt, daß die niedrigsten überhaupt auftretenden Terme diejenigen sind, die $\varrho = 0$ entsprechen. Ferner ist deutlich, daß ϱ nur ganzzahlige Werte annehmen kann. *Daher wird die Reihenentwicklung des σ folgendermaßen lauten:*

$$(55) \qquad \sigma_{\varphi_{p+1-2\mu}\,\psi_{p+1+2\mu}} = \begin{pmatrix} \mu & \mu & 0 \\ w, & \varphi, & \psi \end{pmatrix} + \begin{pmatrix} \mu+2 & \mu+1 & 1 \\ w, & \varphi, & \psi \end{pmatrix} + \cdots$$
$$+ \begin{pmatrix} \mu+2\varrho & \mu+\varrho & \varrho \\ w, & \varphi, & \psi \end{pmatrix} + \cdots,$$

in Übereinstimmung mit dem, was über den geraden, bez. ungeraden Charakter der Entwicklungsterme in Aussicht gestellt wurde.

Man bemerke jetzt ferner, daß die σ, vermöge der in (53) enthaltenen Definition, gegenüber linearen Transformationen der Integrationsvariabelen *Kovarianten* der φ, ψ sind. Sei die lineare Transformation, wie früher, durch (37) gegeben; mit w', φ', ψ' bezeichnen wir diejenigen Werte, welche dabei aus den w, φ, ψ entstehen, endlich mit σ' diejenige σ-Funktion, welche genau so aus den w', φ', ψ' zusammengesetzt ist, wie σ aus w, φ, ψ. Dann ergibt sich nach kurzer Zwischenrechnung:

$$(56) \qquad \sigma = r^{\mu^2} \cdot \sigma',$$

und also auch für jeden einzelnen Term in (55):

$$(57) \qquad \begin{pmatrix} \mu+2\varrho & \mu+\varrho & \varrho \\ w, & \varphi, & \psi \end{pmatrix} = r^{\mu^2} \begin{pmatrix} \mu+2\varrho & \mu+\varrho & \varrho \\ w', & \varphi', & \psi' \end{pmatrix}.$$

[15) [**Wiltheiss** hat später seine einschlägigen Untersuchungen im 33. und 34. Band der Math. Annalen (1888/89) durch Hervorkehrung der invarianten-theoretischen Gesichtspunkte noch wesentlich vervollständigt. K.]

Nun haben wir in § 7 genauer untersucht, wie die w und die w' zusammenhängen. Allerdings waren damals die w als einfache Integrale vorausgesetzt, während sie jetzt als Integralsummen gelten, aber es ist deutlich, daß die Beziehungen zwischen den w und den w' von dieser Unterscheidung unabhängig sind. Wir werden also wieder dieselbe Hilfsform χ einführen dürfen, wie damals, wobei ich nur, was jetzt keine Verwechslung erzeugen kann, die in χ auftretenden Variabelen mit z_1, z_2 bezeichnen will, so daß wir haben:

$$\chi(z) = w_1 z_2^{p-1} - (p-1)_1\, w_2\, z_2^{p-2}\, z_1 + (p-1)_2\, w_3\, z_2^{p-3} z_1^2 - + \cdots$$

Unser Resultat betr. Umsetzung der w war dann einfach (Formel (39)), *daß $\chi(z)$ bei linearer Transformation der z_1, z_2, bis auf einen hier nicht wieder anzugebenden Faktor ungeändert bleibt.* Wir wollen die w jetzt durchweg als Koeffizienten dieses χ betrachten und demnach die Reihenentwicklung (55) folgendermaßen schreiben:

$$(58) \qquad \sigma\varphi_{p+1-2\mu}\,\psi_{p+1+2\mu} = \begin{pmatrix} \mu & \mu & 0 \\ \chi, & \varphi, & \psi \end{pmatrix} + \begin{pmatrix} \mu+2 & \mu+1 & 1 \\ \chi, & \varphi, & \psi \end{pmatrix} + \cdots$$
$$+ \begin{pmatrix} \mu+2\varrho & \mu+\varrho & \varrho \\ \chi, & \varphi, & \psi \end{pmatrix} + \cdots.$$

Die einzelnen Terme rechter Hand sind hier rationale ganze Funktionen der in $\varphi(z)$, $\psi(z)$, $\chi(z)$ auftretenden Koeffizienten, beziehungsweise von den beigesetzten Graden in diesen Koeffizienten. Formel (57) gibt dabei

$$(59) \qquad \begin{pmatrix} \mu+2\varrho & \mu+\varrho & \varrho \\ \chi, & \varphi, & \psi \end{pmatrix} = r^{\mu^2} \begin{pmatrix} \mu+2\varrho & \mu+\varrho & \varrho \\ \chi', & \varphi', & \psi' \end{pmatrix}.$$

Dies aber heißt, mit Rücksicht auf das bereits hervorgehobene, in (39) enthaltene Verhalten der Form bei linearer Transformation:

Die einzelnen Terme (χ, φ, ψ) in (58) sind simultane Invarianten der drei Formen $\chi(z)$, $\varphi(z)$, $\psi(z)$.

Dies ist das hauptsächliche Resultat, welches hier zunächst abgeleitet werden sollte. Wir wollen uns für die folgenden Paragraphen die Aufgabe stellen, wenigstens den ersten Term der Reihenentwicklung (58), also den Term

$$\begin{pmatrix} \mu & \mu & 0 \\ \chi, & \varphi, & \psi \end{pmatrix},$$

oder, wie wir kurz sagen werden, den Term

$$\begin{pmatrix} \mu & \mu \\ \chi, & \varphi \end{pmatrix}$$

zu berechnen. Zur Gewinnung der höheren Terme werden dann die Differentialgleichungen dienlich sein, welche Herr Wiltheiss in Crelles Journal für Mathematik, Bd. 99, 1886 (S. 236 ff.) und neuerdings, unter Verwendung invariantentheoretischer Prozesse, im 31. Bande der Math. Annalen 1888 (S. 134 ff.) abgeleitet hat.

§ 12.

Vorbereitungen zur Berechnung des ersten Terms der Reihenentwicklungen.

Indem ich mich jetzt zur Berechnung des Terms $\left(\begin{smallmatrix}\mu\\\chi\end{smallmatrix}, \begin{smallmatrix}\mu\\\varphi\end{smallmatrix}\right)$ hinwende, habe ich vor allem folgendes zu berichten. In der Definition (53) der ϱ-Funktionen waren die Konstanten $c_\nu^{(\mu)}$ zunächst völlig unbestimmt. Nun haben wir in § 10 verabredet, wie dieselben von der Zahl ν abhängig gemacht werden sollen, nämlich so, daß die σ, unabhängig von ν, Funktionen der Integralsummen $w_1, \ldots, w_p$ werden. Die Abhängigkeit der c von der Zahl μ ist dabei noch völlig unbestimmt gelassen. Wir wollen dieselbe jetzt fixieren, indem wir bedingen, *daß der Term* $\left(\begin{smallmatrix}\mu\\\chi\end{smallmatrix}, \begin{smallmatrix}\mu\\\varphi\end{smallmatrix}\right)$ *keinen überflüssigen Zahlenfaktor enthalten soll.* Dies hat zur Folge, daß wir bei der folgenden Zwischenrechnung von den $c_\nu^{(\mu)}$ überhaupt absehen und alle vortretenden Zahlenfaktoren einfach beiseite lassen dürfen. Es hat ferner zur Folge, worauf es uns hier zunächst ankommt, daß die Reihenentwicklung derjenigen σ, bei denen $\mu = 0$ ist (die also Zerlegungen $f = \varphi_{p+1}\,\psi_{p+1}$ entsprechen), mit $+1$ beginnt.

Wir betrachten jetzt ein beliebiges $\sigma_{\varphi_{p+1-2\mu}\,\psi_{p+1+2\mu}}$. Nach dem, was wir gerade verabredeten, wird es auf dasselbe hinauskommen, ob wir den ersten Reihenentwicklungsterm für dieses σ selbst bestimmen oder aber für einen der Quotienten:

$$\frac{\sigma_{\varphi_{p+1-2\mu}\,\psi_{p+1+2\mu}}}{\sigma_{\varphi_{p+1}\,\psi_{p+1}}};$$

diesen Quotienten aber können wir, indem wir das $c_\nu^{(\mu)}$ des Zählers wegwerfen, durch den algebraischen Ausdruck

$$(60) \qquad \frac{D_{\varphi_{p+1-2\mu}\,\psi_{p+1+2\mu}}}{D_{\varphi_{p+1}\,\psi_{p+1}}}.$$

ersetzen. An ihn also werden unsere weiteren Entwicklungen anknüpfen.

Wir werden nun, allgemein zu reden, folgendermaßen verfahren. In den Determinanten D treten die Variabelreihen $x', \ldots, x^{(\nu)}, y', \ldots, y^{(\nu)}$ auf. *Wir lassen jetzt die* $x', \ldots, x^{(\nu)}$ *den* $y', \ldots, y^{(\nu)}$ *beziehungsweise konsekutiv werden,* setzen also:

$$(61) \qquad x' = y' + d\,y',\ x'' = y'' + d\,y'', \ldots, x^{(\nu)} = y^{(\nu)} + d\,y^{(\nu)}.$$

Wir bestimmen zunächst, welchen Wert der Determinantenquotient (60) infolge dieser Formeln annimmt, sofern wir nur unendlich kleine Größen der niedersten Ordnung (die hier notwendig die μ-te Ordnung ist) beibehalten. Wir haben andererseits nach (48) für die Integralsummen w, indem wir Terme höherer Ordnung beiseite lassen:

$$(62)\quad\begin{cases} w_1 = \dfrac{y_1'^{\,p-1}(y'\,dy')}{\sqrt{f\,y'}} + \dfrac{y_1''^{\,p-1}(y''\,dy'')}{\sqrt{f\,y''}} + \cdots + \dfrac{y_1^{(r)\,p-1}(y^{(r)}\,dy^{(r)})}{\sqrt{f\,y^{(r)}}}, \\[2em] \;\vdots \\[1em] w_p = \dfrac{y_2'^{\,p-1}(y'\,dy')}{\sqrt{f\,y'}} + \dfrac{y_2''^{\,p-1}(y''\,dy'')}{\sqrt{f\,y''}} + \cdots + \dfrac{y_2^{(r)\,p-1}(y^{(r)}\,dy^{(r)})}{\sqrt{f\,y^{(r)}}} \end{cases}$$

oder für das zugehörige $\chi(z)$:

$$(62\,\mathrm{a})\;\chi(z)=\frac{(y'\,dy')}{\sqrt{f\,y'}}(y'\,z)^{p-1} + \frac{(y''\,dy'')}{\sqrt{f\,y''}}(y''\,z)^{p-1} + \cdots + \frac{(y^{(r)}\,dy^{(r)})}{\sqrt{f\,y^{(r)}}}(y^{(r)}z)^{p-1}.$$

Unsere Aufgabe ist jetzt, zwischen dem für (60) *gefundenen Werte und den Formeln* (61), *resp.* (62) *die* y, dy *zu eliminieren, was möglich sein muß.* Der Quotient (60) wird dann einem Ausdrucke $\left(\overset{\mu}{w},\ \overset{\mu}{\varphi}\right)$ oder $\left(\overset{\mu}{\chi},\ \overset{\mu}{\varphi}\right)$ proportional werden, der eben das gesuchte erste Reihenentwicklungsglied vorstellt.

Die hiermit angedeutete Rechnung soll nun im folgenden Paragraphen in besonderer Weise durchgeführt werden. Wir wollen nämlich zunächst voraussetzen, daß $\nu = \mu$ sei, wodurch alle Formeln wesentlich vereinfacht werden. Aus dem dann entstehenden partikulären Ansatze werden wir sodann *vermöge invariantentheoretischer Prinzipien* das allgemeine Resultat in ganz bestimmter Form ablesen können.

§ 13.
Die wirkliche Berechnung des ersten Terms.

Wir nehmen jetzt, wie verabredet, $\nu = \mu$ und tragen die dieser Voraussetzung entsprechenden Werte (61) von x in Zähler und Nenner von (60) ein, wobei wir nur Glieder der niedrigsten Ordnung beibehalten.

Was zunächst den Nenner $D_{\varphi_{p+1}\,\psi_{p+1}}$ betrifft, so kommt dies auf dasselbe hinaus, als wenn wir in ihm einfach $x' = y',\ \ldots,\ x^{(\nu)} = y^{(\nu)}$ setzten. Durch eine leichte Umstellung, die ich hier nicht ausführe, wird derselbe dabei zu dem Produkt der Determinanten proportional:

$$\left| y_1^{r-1}\sqrt{\varphi_{p+1}\,y} \cdots y_2^{r-1}\sqrt{\varphi_{p+1}\,y}\right| \cdot \left| y_1^{r-1}\sqrt{\psi_{p+1}\,y} \cdots y_2^{r-1}\sqrt{\psi_{p+1}\,y}\right|$$

d. h. zu folgendem Ausdrucke:

$$(63)\qquad \prod_{i}\prod_{k}{}'(y^{(i)}\,y^{(k)})^2 \cdot \prod_{i}\sqrt{f(y^{(i)})}.$$

Hier haben $i,\,k$ die Werte $1, 2, \ldots, \mu$ zu durchlaufen.

Wir betrachten ferner die Zählerdeterminante $D_{\varphi_{p+1-2\mu} \, \psi_{p+1+2\mu}}$. Da $\nu = \mu$, so nimmt dieselbe die vereinfachte in (54) angegebene Form an, die wir bei geeigneter Vorzeichenbestimmung der einzelnen Faktoren auch so schreiben können

$$\prod_{i}\prod_{k}{}'(x^{(i)}x^{(k)}) \cdot \prod_{i}\prod_{k}{}'(y^{(i)}y^{(k)}) \cdot \prod_{i}\prod_{k}(x^{(i)}y^{(k)}) \cdot \prod_{i}\sqrt{\overline{\varphi(x^{(i)}) \cdot \varphi(y^{(i)})}}.$$

Hier nun tragen wir die Werte (61) der x ein, so zwar, daß wir in jedem einzelnen Faktor die Bestandteile höherer Ordnung einfach weglassen. Offenbar kommt:

$$(64) \qquad \prod_{i}\prod_{k}{}'(y^{(i)}y^{(k)})^4 \cdot \prod_{i}\varphi(y^{(i)}) \cdot \prod_{i}(y^{(i)}dy^{(i)}).$$

Nehmen wir (63), (64) *zusammen, so haben wir für den Quotienten* (60) *(von konstanten Faktoren abgesehen, die wir vernachlässigten) den folgenden Ausdruck gefunden:*

$$(65) \qquad \prod_{i}\prod_{k}{}'(y^{(i)}y^{(k)})^2 \cdot \prod_{i}\varphi(y^{(i)}) \cdot \prod_{i}\frac{(y^{(i)}dy^{(i)})}{\sqrt{fy^{(i)}}}.$$

Hiermit schließt die Behandlung des speziellen Falles. Wir haben jetzt, um zum allgemeinen Falle überzugehen, folgende Sachlage vor uns:

Gesucht wird eine simultane Invariante $\left(\overset{\mu}{\chi}, \overset{\mu}{\varphi}\right)$ zweier unabhängiger binärer Formen $\chi(z)$, $\varphi(z)$, von denen die erste vom $(p-1)$-ten, die zweite vom $(p+1-2\mu)$-ten Grade ist. Wir kennen den Wert (65), den diese Invariante in dem besonderen Falle annimmt, daß $\chi(z)$ durch (62a) mit der Maßgabe vorgestellt wird, daß man das in dieser Formel auftretende ν durch μ ersetzt. Wird hierdurch $\left(\overset{\mu}{\chi}, \overset{\mu}{\varphi}\right)$ allgemein bestimmt sein?

Ich sage, daß dies in der Tat der Fall ist. Wir wollen vorübergehend für $\dfrac{(y'dy')}{\sqrt{fy'}}$, $\dfrac{(y''dy'')}{\sqrt{fy''}}, \ldots, c', c'', \ldots$ schreiben, so daß das besondere $\chi(z)$ die folgende Gestalt annimmt:

$$(66) \qquad \chi(z) = c'(y'z)^{p-1} + c''(y''z)^{p-1} + \ldots + c^{(\mu)}(y^{(\mu)}z)^{p-1}.$$

Das besondere $\chi(z)$ *ist also invariantentheoretisch dadurch partikularisiert, daß es sich aus nur* μ $(p-1)$-*ten Potenzen linearer Formen zusammensetzen läßt.* Diese Partikularisierung tritt aber nach der Lehre von den Potenzdarstellungen der binären Formen dann und nur dann ein, wenn eine gewisse Kovariante $(\mu+1)$-ten Grades in den Koeffizienten von χ identisch verschwindet[16]). Hierdurch aber können keine zwei Aus-

---

[16]) Vgl. beispielsweise Gundelfinger in Crelles Journal für Mathematik, Bd. 100, 1886: *Zur Theorie der binären Formen*, oder die Dissertation von Hilbert: *Über die invarianten Eigenschaften spezieller binärer Formen usw.* (Königsberg 1885). [Diese Kovariante führt den Namen „Katalektikante".

drücke $\left(\begin{smallmatrix}\mu & \mu \\ \chi, & \varphi\end{smallmatrix}\right)$, die im allgemeinen verschieden sind, einander gleich werden. *Es gibt also in der Tat nur eine Bildung $\left(\begin{smallmatrix}\mu & \mu \\ \chi, & \varphi\end{smallmatrix}\right)$, die für unser spezielles χ die Form (65) annimmt, und also muß es möglich sein, die allgemeine Form von $\left(\begin{smallmatrix}\mu & \mu \\ \chi, & \varphi\end{smallmatrix}\right)$ aus (65) abzulesen.*

Übrigens will ich die Form (65) in Übereinstimmung mit (66) noch folgendermaßen schreiben:

$$(67)\qquad \prod_i \prod_k{}' (y^{(i)} y^{(k)})^2 \cdot \prod_i \varphi(y^i) \cdot \prod_i c^{(i)}.$$

Um nun $\left(\begin{smallmatrix}\mu & \mu \\ \chi, & \varphi\end{smallmatrix}\right)$ wirklich aufzustellen, setze man symbolisch:

$$\chi = \chi_z{}^{p-1}, \qquad \varphi = \varphi_z{}^{p+1-2\mu}.$$

Ich behaupte dann, daß die gesuchte Invariante folgenden Wert hat:

$$(68)\qquad \left(\begin{smallmatrix}\mu & \mu \\ \chi, & \varphi\end{smallmatrix}\right)$$

$$= \begin{vmatrix} (\chi\varphi)^{p+1-2\mu}\chi_1{}^{2\mu-2} & (\chi\varphi)^{p+1-2\mu}\chi_1{}^{2\mu-3}\chi_2 & \cdots & (\chi\varphi)^{p+1-2\mu}\chi_1{}^{\mu-1}\chi_2{}^{\mu-1} \\ (\chi\varphi)^{p+1-2\mu}\chi_1{}^{2\mu-3}\chi_2 & (\chi\varphi)^{p+1-2\mu}\chi_1{}^{2\mu-4}\chi_2{}^{2} & \cdots & (\chi\varphi)^{p+1-2\mu}\chi_1{}^{\mu-2}\chi_2{}^{\mu} \\ \cdot\;\cdot\;\cdot & \cdot\;\cdot\;\cdot & & \cdot\;\cdot\;\cdot \\ \cdot\;\cdot\;\cdot & \cdot\;\cdot\;\cdot & & \cdot\;\cdot\;\cdot \\ (\chi\varphi)^{p+1-2\mu}\chi_1{}^{\mu-1}\chi_2{}^{\mu-1} & \cdots & & (\chi\varphi)^{p+1-2\mu}\chi_2{}^{2\mu-2} \end{vmatrix}.$$

Der Beweis hat sich, dem Vorangehenden zufolge, auf den Nachweis zu beschränken, daß (68) in (67) übergeht, sobald man $\chi(z)$ in der besonderen Form (66) voraussetzt. Dies aber ergibt sich durch eine ganz einfache Rechnung, die nicht weiter angeführt werden soll[17]).

Ich komme jetzt noch einmal auf die Bemerkung zurück, mit der ich den vorigen Paragraphen begann. Der Ausdruck (68) enthält keinen ohne weiteres erkennbaren abtrennbaren Zahlenfaktor. *Wir werden die in (53) noch unbestimmten Konstanten $c_r^{(\mu)}$ also definitiv dahin fixieren, daß wir*

---

[17]) Ich habe den Ausdruck (68) bereits a. a. O. in den Göttinger Nachrichten mitgeteilt. Inzwischen habe ich ihn dort in unrichtiger Weise eingeführt. Unser Ausdruck verschwindet, sobald wir in (66) eine der Konstanten c', c'', ..., $c^{(\mu)}$ gleich Null nehmen, — in Übereinstimmung mit dem Satze, daß die ganze σ-Funktion (nicht nur der erste Term ihrer Reihenentwicklung) identisch verschwindet, sofern wir die Argumente w_1, ..., w_p aus Summen von weniger als μ Integralen zusammensetzen. Aber hierdurch allein ist unser Ausdruck noch nicht definiert; vielmehr gibt es zahlreiche Ausdrücke $\left(\begin{smallmatrix}\mu & \mu \\ \chi, & \varphi\end{smallmatrix}\right)$ der hiermit bezeichneten Eigenschaft, worauf mich Herr Hilbert aufmerksam machte. Es ist also unmöglich, den in Betracht kommenden Term $\left(\begin{smallmatrix}\mu & \mu \\ \chi, & \varphi\end{smallmatrix}\right)$ aus dem Satze vom Verschwinden der σ-Funktion allein zu bestimmen, wie ich damals wollte. Immerhin scheint dieser Satz für die Reihenentwicklung des σ überaus wesentlich; denn er gibt eine Eigenschaft nicht nur des ersten Entwicklungsterms von σ, sondern aller folgenden.

verlangen, die Reihenentwicklungen der einzelnen σ soll genau mit dem Term (68) beginnen.

Ist $\mu = 0$, so wird dieser Term gleich 1, wie es sein soll. Wir betrachten noch insbesondere den Fall $\mu = 1$. Setzen wir ein Augenblick

$$\varphi(z) = a\, z_1{}^{p-1} + b\, z_1{}^{p-2} z_2 + \ldots,$$ so reduziert sich das zugehörige $\left(\begin{smallmatrix} \mu \\ \chi \end{smallmatrix}, \begin{smallmatrix} \mu \\ \varphi \end{smallmatrix}\right)$ auf

$a w_1 + b w_2 + \ldots$. *Die Reihenentwicklung derjenigen σ also, die Zerlegungen $f = \varphi_{p-1}\,\psi_{p+3}$ entsprechen, beginnt je mit einem in den w linearen Gliede, das sich einfach ergibt, wenn man in $\varphi(z)$ statt der sukzessiven Terme $z_1{}^{p-1}, z_1{}^{p-2} z_2, \ldots$ der Reihe nach die $w_1, w_2, \ldots$ einträgt*[18]).

§ 14.

Die Periodizität der σ-Funktionen. Der Übergang zu den ϑ.

Die Frage nach der Periodizität der σ-Funktionen erledigt sich jetzt genau so, wie im Falle $p = 2$; ich darf dieserhalb durchaus auf B. verweisen. Das Resultat ist, daß bei der Überschreitung der in § 8 eingeführten Querschnitte A_k', B_k jedem σ ein Exponentialfaktor zutritt, dessen Wert bez.

$$(69) \qquad \pm\, e^{\sum_i \eta_{ik}\left(w_i + \frac{\omega_{ik}}{2}\right)}, \qquad \pm\, e^{\sum_i \eta_{i,\,k+p}\left(w_i + \frac{\omega_{i,\,k+p}}{2}\right)}$$

ist. Ob hier $+$ oder $-$ zu schreiben ist, hängt von derselben Regel ab, die wir in § 3 für $p = 2$ aufgestellt haben. Wir bezeichnen die Vorzeichen, die dem einzelnen σ in diesem Sinne an den Querschnitten

$$A_1, A_2, \ldots, A_p; \quad B_1, B_2, \ldots, B_p$$

zukommen, mit

$$(70) \quad (-1)^{g_1}, (-1)^{g_2}, \ldots, (-1)^{g_p}; \quad (-1)^{h_1}, (-1)^{h_2}, \ldots, (-1)^{h_p}.$$

Hierdurch ist dann, da keine zwei σ dieselben „Charakteristiken“ g, h aufweisen, *eine ganze bestimmte Zuordnung der σ zu den ϑ-Funktionen*:

$$(71) \qquad \vartheta_{\left|\begin{smallmatrix} g \\ h \end{smallmatrix}\right|}(v, \tau) = \vartheta_{\left|\begin{smallmatrix} g_1 g_2 \ldots g_p \\ h_1 h_2 \ldots h_p \end{smallmatrix}\right|}(v_1, v_2, \ldots, v_p;\ \tau_{11}, \ldots, \tau_{pp})$$

---

[18]) [Die weiteren Terme der Reihenentwicklungen der hyperelliptischen Sigmafunktionen für $p > 2$ scheinen nur wenig untersucht zu sein. Für $p = 3$ hat E. Pascal in den Annali di matematica, ser. 2, Bd. 17 (1889/90) in der Arbeit: „*Sulla teoria delle funzioni σ iperellitiche pari e dispari di genere 3*“ weitergehende Resultate abgeleitet. Mit der Berechnung des zweiten Gliedes für beliebiges p beschäftigen sich im Falle $\mu = 0$ und $\mu = 1$ Joh. Schröder in den Mitteilungen der Hamburger Mathematischen Gesellschaft, Bd. 3, Heft 1 u. 2 (1891) und im Falle eines beliebigen μ Brioschi in den Memorie della R. Acc. dei Lincei, ser. 4, Bd. 6 (1890). = Opere matematiche, Nr. CLIV, tomo IV. K.]

gegeben. Die Größen v, τ werden dabei durch das Schema erklärt:

$$
(72) \quad
\left\{
\begin{array}{c|ccccc|cccc}
& A_1 & A_2 & \ldots & A_p & & B_1 & B_2 & \ldots & B_p \\
\hline
v_1 & 1 & 0 & \ldots & 0 & & \tau_{11} & \tau_{12} & \ldots & \tau_{1p} \\
v_2 & 0 & 1 & \ldots & 0 & & \tau_{21} & \tau_{22} & \ldots & \tau_{2p} \\
\vdots & & & & & & & & & \\
v_p & 0 & 0 & \ldots & 1 & & \tau_{p1} & \tau_{p2} & \ldots & \tau_{pp}
\end{array}
\right.
$$

Um jetzt die Beziehung zwischen dem einzelnen $\sigma_{\varphi,\psi}$ und dem zugehörigen $\vartheta_{\left|\begin{smallmatrix} g \\ h \end{smallmatrix}\right|}$ explizit festzulegen, schreiben wir wie in § 4

$$
(73) \qquad \vartheta_{\left|\begin{smallmatrix} g \\ h \end{smallmatrix}\right|} = C_{\varphi\,\psi} \cdot e^{\,G(v_1,\,v_2\,\ldots\,v_p)} \cdot \sigma_{\varphi\,\psi},
$$

wo wieder G eine homogene Funktion zweiten Grades der v, $C_{\varphi\,\psi}$ aber eine von den v unabhängige Konstante sein wird, deren Wert von der Zerlegung $f = \varphi \cdot \psi$ abhängt, die bei Konstruktion des σ benutzt wurde. Hier bestimmt sich G aus der Periodizität der σ, ϑ. Es wird überflüssig sein, die bekannten Periodizitätseigenschaften der ϑ noch besonders anzugeben, um so mehr als dies für $p = 2$ in § 1 geschehen ist. *Der resultierende Wert von G ist folgender:*

$$
(74) \qquad G(v_1, v_2, \ldots, v_p)
$$

$$
= \begin{vmatrix}
\omega_{11} & \omega_{12} & \cdots & \omega_{1p} & w_1 \\
\omega_{21} & \omega_{22} & \cdots & \omega_{2p} & w_2 \\
\vdots & & & & \\
\omega_{p1} & \omega_{p2} & \cdots & \omega_{pp} & w_p \\
\sum \eta_{i1} w_i & \sum \eta_{i2} w_i & \cdots & \sum \eta_{ip} w_i & 0
\end{vmatrix}
: 2 \begin{vmatrix}
\omega_{11} & \omega_{12} & \cdots & \omega_{1p} \\
\omega_{21} & \omega_{22} & \cdots & \omega_{2p} \\
\vdots & & & \\
\omega_{p1} & \omega_{p2} & \cdots & \omega_{pp}
\end{vmatrix}
$$

Wie aber bestimmen sich die $C_{\varphi\psi}$? Ich kann nicht zweifeln, *daß dieselben in Übereinstimmung mit den Formeln (23) allgemein folgende Werte haben:*

$$
(75) \qquad C_{\varphi\,\psi} = c \cdot \sqrt{\dfrac{\begin{vmatrix} \omega_{11} & \cdots & \omega_{1p} \\ \vdots & & \\ \omega_{p1} & \cdots & \omega_{pp} \end{vmatrix}}{(2i\pi)^p}} \cdot \sqrt[n]{\Delta\varphi \cdot \Delta\psi}.
$$

wo c ein rationaler Zahlenfaktor ist und $\Delta\varphi$, $\Delta\psi$ die Diskriminanten von φ, ψ vorstellen (die gleich Eins zu setzen sind, wenn der Grad von φ, ψ auf 1 oder auf 0 herabsinken sollte). Die Entwicklungen von

Thomae, auf die ich mich in § 4 bei $p = 2$ stützen konnte, sind allerdings nicht weit genug durchgeführt, um diesen Wert des $C_{\psi\varphi}$ unmittelbar ablesen zu lassen; sie geben denselben nur in den beiden Fällen, daß $\mu = 0$ oder $= 1$ genommen wird. Es kann aber nicht schwer sein, die Thomaeschen Entwicklungen in dem hier in Betracht kommenden Sinne zu vervollständigen; es muß dies um so mehr gelingen, als wir im vorigen Paragraphen für jedes σ den Anfangsterm der Potenzentwicklung aufgestellt haben[19]). Übrigens vergleiche man auch Andeutungen von Prym am Schlusse seiner sogleich noch einmal zu nennenden Arbeit: „Zur Theorie der Funktionen in einer zweiblättrigen Fläche[20]).“ Wir bemerken noch, daß der in (75) mitgeteilte Wert des C in den Koeffizienten von φ, ψ jedenfalls die richtige Dimension hat. Die Perioden ω der Integrale w haben nämlich in den Koeffizienten von φ, ψ ersichtlich die Grade:

$$-\frac{1}{2}, \quad -\frac{1}{2},$$

die $\Delta\varphi, \Delta\psi$ dagegen bzw. die Grade:

$$2(p - 2\mu), \quad 0$$

und

$$0, \quad 2(p + 2\mu);$$

die Dimension des C in den φ, ψ ist also:

$$-\frac{\mu}{2}, \quad +\frac{\mu}{2},$$

Nun hatte $\sigma_{\varphi\psi}$ seinerseits die Dimension

$$+\frac{\mu}{2}, \quad -\frac{\mu}{2},$$

das Produkt $C \cdot \sigma$ wird also in den φ, wie in den ψ vom 0-ten Grade, wie es mit Rücksicht auf das Bildungsgesetz der ϑ-Funktion sein muß.

Mit den Formeln (73), (74), (75) haben wir nun denjenigen Zielpunkt gewonnen, der in dieser Arbeit erreicht werden sollte. *In der Tat geben diese Formeln bei beliebigem p die Definition der ϑ am hyperelliptischen Gebilde.* Sie sind das genaue Analogon derjenigen, die in § 4 für $p = 2$ aufgestellt werden.

Vermöge dieser Formeln kommt ein Teil der Sätze, die wir für die σ aufstellen, naturgemäß auf solche zurück, die man für die ϑ-Funktionen bereits kennt.

---

[19]) [Die Vermutung des Textes hat Herr Johannes Schröder in seiner Göttinger Dissertation „*Über den Zusammenhang der hyperelliptischen Sigma- und Thetafunktionen*“, 1890 (gedruckt in Leipzig) bestätigt. Für c findet er den Wert $\dfrac{1}{2^\mu}$. K.]

[20]) Bd. 22 der Denkschriften der Schweizerischen naturforschenden Gesellschaft, Zürich 1866.

Beispielsweise treten unsere Determinanten $D_{\varphi\psi}$ in allgemeinster Form bereits in der soeben genannten Abhandlung von Herrn Prym auf (woselbst algebraische Darstellungen für den *Quotienten* zweier hyperelliptischer ϑ gesucht werden); nur ist daselbst die Symmetrie ihres Bildungsgesetzes etwas verdeckt, indem sich Herr Prym unhomogener Schreibweise bedient und zwecks Vereinfachung der dann entstehenden Formeln den einen der $(2p + 2)$ Verzweigungspunkte des hyperelliptischen Gebildes ins Unendliche wirft. Hierdurch werden Fallunterscheidungen notwendig, die bei unserer Darstellung alle fortfallen.

Andererseits hat bereits Herr Weber angegeben (Math. Annalen, Bd. 13, 1877/78 S. 43), wie viele der 2^{2p} hyperelliptischen ϑ-Funktionen für die Nullwerte der Argumente keinmal, einmal, zweimal, ... verschwinden. Nach den Entwicklungen unseres § 10 korrespondieren diese ϑ bzw. denjenigen σ, bei welchen μ gleich 0, 1, 2, ... genommen ist.

§ 15.

Schlußbemerkungen.

Der Zweck der vorstehenden Betrachtungen war es, wie wiederholt gesagt wurde, die hyperelliptischen ϑ-Funktionen [vom algebraischen hyperelliptischen Gebilde ausgehend] *durch Vermittlung der σ-Funktionen* zu definieren. In Abhandlung XCV war dies anders gewesen: ich hatte dort zunächst (unter Beschränkung auf $p = 2$) die σ-Funktionen aus den ϑ abgeleitet. Dabei fand ich den zu diesem Zwecke den ϑ-Funktionen zuzusetzenden Exponentialfaktor dadurch, daß ich verlangte, das Produkt der geraden σ soll eine Reihenentwicklung nach Potenzen der w ergeben, in der die Terme zweiter Ordnung ausfallen. Wollen wir im Falle eines beliebigen p einen ähnlichen Gang einschlagen, so werden wir statt des Produktes sämtlicher gerader σ das Produkt nur derjenigen geraden σ in Betracht ziehen müssen, deren Nullwerte nicht verschwinden (die also Zerlegungen $f = \varphi_{p+1} \cdot \psi_{p+1}$ entsprechen). In der Tat können bei der Reihenentwicklung dieses Produktes von σ-Funktionen quadratische Terme wieder nicht auftreten. Dieselben müßten nämlich, wie sofort zu sehen, eine rationale ganze simultane Invariante unserer Hilfsform $(p-1)$-ten Grades χ und der Grundform $(2p + 2)$-ten Grades f bilden, vom zweiten Grade in den Koeffizienten von χ, vom ersten Grade in den Koeffizienten von f, und eine solche simultane Invariante existiert nicht.

Noch einen andern Punkt möchte ich hier zur Sprache bringen. Gewiß ist das Wesentlichste an den vorstehenden Entwicklungen, daß ich überhaupt σ-Funktionen einführe, d. h. Funktionen, die sich, gleich den ϑ, an die in Betracht kommenden Zerspaltungen $f = \varphi\psi$ in einer vom Koordinatensystem unabhängigen Weise anschließen, ohne doch, wie es die ϑ tun, Irrationalitäten zu benötigen, die nicht unmittelbar durch die Zerspaltungen selbst gegeben sind. Es findet dies darin seinen prägnanten Ausdruck, daß ich durchaus mit dem Integral dritter Gattung Q operiere, dessen Sonderstellung in Nr. XCV, § 7 ausführlich besprochen wurde. Hätte ich im Vorangehenden statt Q durchweg das sonst übliche „transzendent normierte" Integral Π gesetzt (das durch die Eigenschaft definiert wird, an den Querschnitten $A_1, A_2, \ldots, A_p$ verschwindende Periodizitätsmoduln zu haben), so würde ich, wie leicht zu sehen, in Formel (53) bei geeigneter Wahl der multiplizierenden Konstanten direkt zu den ϑ-Funktionen geführt worden sein. Aber ich möchte darauf aufmerksam machen, daß meine Darstellung noch in anderem Sinne von der sonst üblichen abweicht. Wir haben in (53), bez. (73) eine *explizite* Definition der σ, resp. ϑ, vor uns. Die gewöhnliche Darstellungsweise begnügt sich mit einer *impliziten* Definition des ϑ, etwa derjenigen, die in der Formel:

$$
(76) \qquad \log \frac{\vartheta\left(\int_a^x - \int_{a'}^{x'} - \ldots - \int_{a^{(p)}}^{x^{(p)}}\right) \cdot \vartheta\left(\int_a^y - \int_{a'}^{y'} - \ldots - \int_{a^{(p)}}^{y^{(p)}}\right)}{\vartheta\left(\int_a^y - \int_{a'}^{x'} - \ldots - \int_{a^{(p)}}^{x^{(p)}}\right) \cdot \vartheta\left(\int_a^x - \int_{a'}^{y'} - \ldots - \int_{a^{(p)}}^{y^{(p)}}\right)} = \sum_1^p{}'_i \, \Pi_{xy}^{x'^{(i)} y^{(i)}}
$$

ihren Ausdruck findet. Hier sind die $a, a', \ldots, a^{(p)}$ Verzweigungspunkte des hyperelliptischen Gebildes, deren Auswahl von der Zerlegung

$$
f = \varphi_{p+1-2\mu} \, \psi_{p+1+2\mu}
$$

abhängt, zu der die gerade gewählte ϑ-Funktion gehört: 2μ der genannten Verzweigungspunkte können, unter der einzigen Bedingung, daß man sie paarweise zusammenfallen läßt, übrigens beliebig angenommen werden, während die übrigen $(p+1-2\mu)$ in die Wurzeln von $\varphi = 0$ zu verlegen sind. Eine ganz ähnliche Formel kann selbstverständlich für das zugehörige σ konstruiert werden; sie lautet einfach:

$$
(77) \qquad \log \frac{\sigma\left(\int_a^x - \int_{a'}^{x'} - \ldots - \int_{a^{(p)}}^{x^{(p)}}\right) \cdot \sigma\left(\int_a^y - \int_{a'}^{y'} - \ldots - \int_{a^{(p)}}^{y^{(p)}}\right)}{\sigma\left(\int_a^y - \int_{a'}^{x'} - \ldots - \int_{a^{(p)}}^{x^{(p)}}\right) \cdot \sigma\left(\int_a^x - \int_{a'}^{y'} - \ldots - \int_{a^{(p)}}^{y^{(p)}}\right)} = \sum_1^p{}'_i \, Q_{xy}^{x^{(i)} y^{(i)}} .
$$

Sicher sind dies sehr elegante Formeln, und ich habe deshalb auch nicht unterlassen wollen, sie hier anzuführen. Aber sie stehen doch hinter den expliziten Formeln (53), (73) zurück. Einmal führen letztere ja tatsächlich weiter, indem sie eine genaue Definition der multiplizierenden Konstanten ermöglichen. Dann aber erscheinen sie auch prinzipiell einfacher. Ich darf in dieser Hinsicht noch einmal auf B. verweisen, indem ich den Leser bitte, die dort § 22 ff. gegebene Begründung der fundamentalen funktionentheoretischen Sätze unseres . § 10 mit der sonst üblichen indirekten zu vergleichen.

Göttingen, den 24. März 1888.

XCVII. Zur Theorie der Abelschen Funktionen.

[Math. Annalen, Bd. 36 (1889/90).]

Anknüpfend an die Untersuchungen über hyperelliptische Funktionen beliebig vieler Variabler, über die in Bd. 32 der Math. Annalen, 1888 [= Abh. XCVI im vorliegenden Bande] berichtet ist, habe ich in den Spezialvorlesungen der letzten drei Semester *die Theorie der Abelschen Funktionen* in Betracht gezogen und bei ihnen die vom algebraischen Gebilde ausgehende Definition der Thetafunktionen bis zu demselben Punkte zu führen gesucht, der bei den hyperelliptischen erreicht ist. Dies gelang, wenigstens in der Hauptsache, hinsichtlich aller derjenigen Fragen, bei denen die Moduln des algebraischen Gebildes als fest gegeben angesehen werden; sollen die Moduln als veränderlich gelten (eine Auffassung, die ich im Falle der hyperelliptischen Funktionen in Bd. 32 auch nur erst gestreift habe), so erwies sich die Beschränkung auf den Fall $p = 3$ einstweilen als notwendig. Hiermit ist die Einteilung des folgenden Berichtes in zwei Hauptabschnitte gegeben, die sich nach Inhalt und Methode unterscheiden. Ich war leider durch äußere Verhältnisse verhindert, einzelne Punkte so ausführlich zu behandeln, wie ich dies gewünscht hätte. Neben meinen Abhandlungen über hyperelliptische Sigmafunktionen in den Bänden 27 und 32 der Math. Annalen (1886 und 1888) [= Nr. XCV und XCVI im vorliegenden Bande] wird zum Verständnisse die Bearbeitung eines Teiles meiner hyperelliptischen Vorlesungen nützlich sein, welche Herr Burkhardt neuerdings in Bd. 35 dieser Annalen veröffentlicht hat[1]). Übrigens wird man bemerken, daß vermöge meiner neuen Darstellung die Theorie der hyperelliptischen Sigmafunktionen selbst an vielen Punkten eine weitere Durchbildung bez. neue Grundlegung erfährt. Über die Gliederung der nachfolgenden Betrachtungen wird das folgende Verzeichnis den besten Aufschluß geben[2]):

---

[1]) *Grundzüge einer allgemeinen Systematik der hyperelliptischen Funktionen erster Ordnung* (1889). — Übrigens vergleiche man auch Herrn Burkhardts Abhandlung: *Beiträge zur Theorie der hyperelliptischen Sigmafunktionen* (Math. Annalen, Bd. 32 (1888)), [deren Wichtigkeit schon in den Vorbemerkungen auf S. 321 betont ist].

[2]) Was die hier abzuleitenden Resultate angeht, so habe ich dieselben großenteils schon in vorläufigen Mitteilungen bekannt gemacht; vgl. drei Noten in den Göttinger Nachrichten (*Über irrationale Kovarianten*, März 1888, *Zur Theorie der Abelschen Funktionen* I, II, März und Mai 1889), zwei Noten in den Comptes Rendus der Pariser Akademie Bd. 108 (*Formes principales sur les surfaces de Riemann*, Jan. 1889, *Des*

Inhalts-Verzeichnis.

Abschnitt I.
Von den Funktionen auf gegebener Riemannscher Fläche.

Abschnitt II.
Spezielle Theorie des Falles $p = 8$.

Abschnitt I.

Von den Funktionen auf gegebener Riemannscher Fläche.

§ 1.

Die Riemannsche Fläche als Grundlage der Theorie. Integrale erster und dritter Gattung.

Bei den hyperelliptischen Gebilden ist von vornherein eine einfachste algebraische Darstellung bekannt, die man zweckmäßigerweise allen auf

fonctions théta sur la surface générale de Riemann, Febr. 1889), endlich eine Note in den Proceedings der London Mathematical Society (*Über die konstanten Faktoren der Thetareihen für $p = 3$*, Febr. 1889).

sie bezüglichen Untersuchungen zugrunde legt und von der selbstverständlicherweise auch in Bd. 32 [Nr. XCVI] ausgegangen wurde. Nicht so bei den allgemeinen algebraischen Gebilden[3]). Von den zahlreichen bei ihnen in Vorschlag gebrachten Normalgleichungen bietet für die hier in Betracht kommenden Fragestellungen keine solche besonderen Vorteile, daß es nützlich schiene, gerade sie zum Ausgangspunkte der Entwicklung zu nehmen. Vielmehr finde ich es am zweckmäßigsten, mit der Riemannschen Auffassung zu beginnen und erst aus ihr diejenige Form der algebraischen Darstellung, welche für uns die dienlichste sein dürfte, zu entwickeln. Als Riemannsche Auffassung schlechtweg bezeichne ich dabei diejenige, bei der das algebraische Gebilde geradezu durch eine Riemannsche *Fläche* gegeben wird, auf der dann erst hinterher die Funktionen, die uns interessieren mögen, insbesondere die algebraischen Funktionen, konstruiert werden. Ich habe die wesentlichen Momente dieser Auffassung, so wie ich dieselben verstehe, 1881 in einer besonderen Schrift dargestellt[4]); im folgenden Jahre gab ich in Bd. 21 der Math. Annalen Erläuterungen über die dabei in Betracht kommenden Existenzbeweise[5]). Nachdem inzwischen Herr Carl Neumann eine ausführliche Darlegung der letzteren publiziert hat[6]), darf ich die betreffenden Anschauungen im folgenden als bekannt voraussetzen. Es sei hier nur daran erinnert, daß vermöge derselben die Integrale erster und dritter Gattung das prius sind, aus welchem die Integrale zweiter Gattung und insbesondere die algebraischen Funktionen erst hinterher abgeleitet werden. Ich will gleich hier die Bezeichnungen zusammenstellen, die ich für die Integrale erster und dritter Gattung weiterhin gebrauche:

Irgend p linear unabhängige Integrale erster Gattung nenne ich:

$$(1) \qquad w_1, w_2, \ldots, w_p,$$

oder ausführlicher, wenn die obere Grenze x und die untere Grenze y in Betracht kommen:

$$w_1^{xy}, w_2^{xy}, \ldots, w_p^{xy}.$$

---

[3]) Ich bediene mich dieses aus den Weierstrassischen Vorlesungen stammenden Ausdruckes (den man evtl. noch durch das Wort „eindimensional" näher umgrenzen kann) überall da, wo die Benennungen „Riemannsche Fläche" oder „algebraische Kurve" störende Nebenvorstellungen mit sich führen würden; wo diese Nebenvorstellungen wesentlich sind, werden letztere Benennungen herangezogen.

[4]) *Über Riemanns Theorie der algebraischen Funktionen und ihrer Integrale* (Teubner, 1881/82) [= Nr. XCIX im vorliegenden Bande.]

[5]) *Neue Beiträge zur Riemannschen Funktionentheorie* [= Nr. CIII im vorliegenden Bande]; vgl. insbesondere daselbst Abschnitt I, § 6.

[6]) *Vorlesungen über Riemanns Theorie der Abelschen Integrale.* Zweite Auflage (Teubner, 1884).

Die $2p$ Perioden von w_a an den Querschnitten A_β, B_β einer kanonischen Zerschneidung heißen

$$(2) \qquad \omega_{a,\beta} \text{ bez. } \omega_{a,\beta+p}.$$

Mit Hilfe derselben setzen wir uns aus den w die „transzendent normierten" Integrale erster Gattung

$$(3) \qquad v_1, v_2, \ldots, v_p$$

zusammen; die Perioden derselben sind durch das Schema gegeben:

$$(4) \quad
\begin{array}{c|ccc|ccc}
 & A_1 & \ldots & A_p & B_1 & \ldots & B_p \\
\hline
v_1 & 1 & 0 \ldots & 0 & \tau_{11} & \ldots & \tau_{1p} \\
v_2 & 0 & 1 \ldots & 0 & \tau_{21} & \ldots & \tau_{2p} \\
\vdots & & & & & & \\
v_p & 0 & 0 \ldots & 1 & \tau_{p1} & \ldots & \tau_{pp}
\end{array}$$

Ein Integral dritter Gattung mit den „Grenzen" x, y und den „Parametern" ξ, η heißt allgemein

$$(5) \qquad P^{x\,y}_{\xi\,\eta}.$$

Dasselbe kann insbesondere so spezialisiert werden, daß es als Funktion von x (oder y) an den Querschnitten A, B die folgenden Perioden darbietet:

$$(6) \quad
\frac{A_1 \ldots A_p \;\left|\; B_1 \qquad \ldots \qquad B_p\right.}{0 \;\ldots\; 0 \;\left|\; 2\pi i v_1^{\xi\eta} \ldots 2\pi i v_p^{\xi\eta}\right.};$$

wir bezeichnen dasselbe dann [nach Clebsch und Gordan] mit

$$(7) \qquad \Pi^{x\,y}_{\xi\,\eta}$$

und benennen es als „transzendent normiertes" Integral dritter Gattung. Aus dem $\Pi^{x\,y}_{\xi\,\eta}$ (oder irgendeinem anderen speziell gewählten Integral dritter Gattung) ergibt sich das allgemeinste $P^{x\,y}_{\xi\,\eta}$, wenn man irgendeine bilineare Verbindung der $v_a^{x\,y}$, $v_\beta^{\xi\eta}$ hinzufügt:

$$(8) \qquad P^{x\,y}_{\xi\,\eta} = \Pi^{x\,y}_{\xi\,\eta} + \sum c_{a\beta}\, v_a^{x\,y}\, v_\beta^{\xi\,\eta}.$$

Nimmt man hier $c_{a\beta} = c_{\beta a}$, so hat man insbesondere diejenigen Integrale dritter Gattung, welche, wie das Π selbst, Vertauschung von Parameter und Argument zulassen. [Mit $Q^{x\,y}_{\xi\,\eta}$ ist in den hyperelliptischen Fällen (Abh. XCV und XCVI) und weiterhin in einfachen Fällen, die man ausführlicher behandeln kann, ein invariantentheoretisch ausgezeichnetes P bezeichnet.]

§ 2.
Einführung der Formentheorie auf Grund der φ.

Wir schreiben jetzt, indem wir die Differentiale der überall endlichen Integrale in Betracht ziehen [und $p > 1$ voraussetzen]:

$$(9) \qquad d w_1 : d w_2 : \ldots : d w_p = \varphi_1 : \varphi_2 : \ldots : \varphi_p. \,^7)$$

Die Herren Weber[8]) und Nöther[9]) haben bereits die so eingeführten $\varphi_1, \ldots, \varphi_p$ als homogene Koordinaten der Punkte eines Raumes von $(p-1)$ Dimensionen interpretiert, innerhalb dessen dann, unserer Riemannschen Fläche entsprechend, eine Kurve $(2p-2)$-ter Ordnung (C_{2p-2}), die *Normalkurve der φ*, liegt[10]). Wir adoptieren den hiermit gegebenen Gedanken, indem wir ihn weiter entwickeln. Die Funktionen, welche man in der Theorie der Abelschen Funktionen bisher ausschließlich zu betrachten pflegt, sind nur von den Verhältnissen der φ abhängig, sie sind *homogene Funktionen 0-ten Grades* der $\varphi_1, \ldots, \varphi_p$. Wir werden Veranlassung nehmen überhaupt homogene Funktionen der $\varphi_1, \ldots, \varphi_p$ in Betracht zu ziehen. Wir bezeichnen dieselben im Gegensatze zu jenen nur von den Verhältnissen der φ abhängigen Funktionen als *Formen*.

Der hiermit bezeichnete Schritt von den Funktionen zu den Formen wird mehr oder minder bewußt immer vollzogen, wenn man irgendwelche algebraische Gebilde analytisch-geometrisch im Sinne projektiver Auffassung behandelt. Inzwischen hat sich eben hierdurch, wenn ich nicht irre, eine gewisse Unklarheit festgesetzt. Man möchte dieselbe zu dem

---

^{7}) [Die φ erscheinen hier also als die sogenannten *Cauchy'schen Differentiale* der w, d. h. als beliebige endliche Größen, welche sich wie die $d w_1 : d w_2 : \ldots : d w_p$ verhalten. Aus Riemanns Werken (siehe 1. Aufl. Nr. XXX, 2. Aufl. Nr. XXXI) und den 1902 von Noether und Wirtinger herausgegebenen Nachträgen dazu wissen wir, daß Riemann selbst schon in seinen Vorlesungen 1861/62 die Betrachtung der φ in den Mittelpunkt seiner algebraischen Untersuchungen gerückt hat. K.]

^{8}) *Über gewisse in der Theorie der Abelschen Funktionen auftretende Ausnahmefälle*, Math. Annalen, Bd. 13 (1878).

^{9}) *Über die invariante Darstellung algebraischer Funktionen*, Math. Annalen, Bd. 17 (1880). [In dem Titel der Noetherschen Arbeit ist der Grundgedanke auch meiner vorliegenden Abhandlung ausgedrückt. In der Tat sind die Verhältnisse $\varphi_1 : \varphi_2 : \ldots : \varphi_p$ bei einem gegebenen algebraischen Gebilde bis auf eine beliebige lineare Substitution von vornherein festgelegt, womit der Anschluß an die lineare Invariantentheorie von p Veränderlichen gegeben ist. K.]

^{10}) Im hyperelliptischen Falle artet dieselbe bekanntlich in die doppeltzählende rationale C_{p-1} aus; dies hindert aber [gemäß der wiederholt von mir entwickelten Auffassung (vgl. meine Abhandlungen „*Über den Verlauf der Abelschen Integrale bei den Kurven vierten Grades*" in den Bänden 10 und 11 der Math. Annalen, 1876 und 1877 = Abh. XXXIX und XLI in Bd. 2 dieser Ausgabe)] nicht, daß wir die C_{2p-2} auch im hyperelliptischen Falle in Betracht ziehen, den wir überhaupt im folgenden immer als miteingeschlossen betrachten, sofern wir nicht, wie in § 7, ausdrücklich das Gegenteil bemerken.

Satze verdichten: Funktionen, d. h. Formen 0-ter Dimension, haben an sich eine geometrische Bedeutung, Formen höherer Dimension aber nur, insofern sie gleich Null oder Unendlich gesetzt werden. Dieser Satz ist bei der gewöhnlichen Darstellung in der Tat völlig richtig, aber doch nur infolge der willkürlichen Verabredung, vermöge deren man von vornherein nur die Verhältnisse der homogenen Variablen geometrisch interpretiert hat. Letzteres ist ja in der Tat für viele Zwecke außerordentlich nützlich, wie es denn im folgenden zunächst in der herkömmlichen Weise geschehen soll. Aber es steht doch nichts entgegen, die homogenen Variablen in einem mit einer Dimension mehr ausgestatteten Raume als absolute Koordinaten zu interpretieren. Dann gewinnen sofort die Formen irgendwelchen Grades selbst ihre geometrische Bedeutung. Man nehme das Beispiel unserer $\varphi_1, \ldots, \varphi_p$. Wenn wir, in Übereinstimmung mit dem gewöhnlichen Ansatze, wie wir es gerade sagten, die Verhältnisse $\varphi_1 : \varphi_2 : \ldots : \varphi_p$ als Koordinaten eines im Raume von $(p-1)$ Dimensionen gelegenen Punktes interpretieren, wo dann jeder Stelle der Riemannschen Fläche ein solcher Punkt entspricht und der Riemannschen Fläche selbst, als den Inbegriff ihrer Stellen, die gerade erwähnte C_{2p-2} korrespondiert, dann ist es freilich unmöglich, bei einer von den φ nicht im 0-ten Grade abhängenden Form etwas anderes als die Null- und die Unendlichkeitsstellen geometrisch aufzufassen. Aber wir können doch die $\varphi_1, \varphi_2, \ldots, \varphi_p$ ebensowohl als gewöhnliche Parallelkoordinaten des Raumes von p Dimensionen deuten. Dann erheben wir uns zu einem höheren Standpunkte: einer jeden Stelle der Riemannschen Fläche entspricht dann ein ganzer, durch den Koordinatenanfangspunkt laufender *Strahl*; dieser Strahl beschreibt, wenn die Stelle die Riemannsche Fläche überstreicht, einen *Kegel* der $(2p-2)$-ten Ordnung, und auf diesem Kegel finden dann alle die in den nächsten Paragraphen einzuführenden Formen: das Differential $d\omega$, die Primform Ω, usw. ihre vollwertige geometrische Interpretation. [An die Stelle der projektiven Geometrie des R_{p-1} tritt so diejenige affine Geometrie des R_p, bei welcher der Anfangspunkt O festbleibt.]

Noch ein paar Worte über den Gebrauch homogener Variabler überhaupt. Ich entschließe mich zu demselben nicht irgendwelcher Tradition oder Gewöhnung zuliebe, sondern um das Wesen der Sache, so wie ich dasselbe verstehe, klarer herauszustellen. Um nur von den nächstfolgenden Paragraphen zu reden, so ist es der Zielpunkt derselben, gewisse kompliziertere Funktionen der bisherigen Theorie, die Integrale dritter Gattung, die Thetafunktionen usw. aus einfacheren Elementen aufzubauen; dies würde ohne homogene Variable unmöglich sein, denn diese einfacheren Elemente existieren, [wenn man ihnen volle Beweglichkeit wahren will,] eben nur im Bereich der homogenen Variablen. Dabei wolle man sich, was die

Formulierung der Sätze angeht, immer gegenwärtig halten, daß beim Gebrauch homogener Variabler nicht nur unendlich große Werte der Veränderlichen ausgeschlossen sind, sondern auch das gleichzeitige Verschwinden sämtlicher Veränderlichen. Nur hierdurch werden die im folgenden immer wiederkehrenden Sätze möglich, daß gewisse Formen niemals unendlich werden usw.

Die Erläuterungen, welche ich hiermit über das Wesen der homogenen Variablen und ihre geometrische Interpretation insbesondere gegeben habe, machen keinen Anspruch auf Neuheit. Trotzdem schien es im Interesse besserer Verständlichkeit der folgenden Entwicklungen nützlich, dieselben hierher zu setzen. In der Tat hat mich die Erfahrung belehrt, daß selbst solche Mathematiker, die an den Gebrauch homogener Variabler im Gebiete rationaler algebraischer Operationen durchaus gewöhnt sind, einen Augenblick stutzen, wenn sie die gleiche Art des Ansatzes im transzendenten Gebiete handhaben sollen.

§ 3.

Das Differential $d\omega$. Die Integrale zweiter Gattung.

Der erste Erfolg, der aus der Einführung der φ resultiert, ist der, daß wir in einfachster Form einen Differentialausdruck (eine *Differentialform*) konstruieren können, welcher nirgendwo auf dem algebraischen Gebilde (oder besser gesagt: auf der für uns in Betracht kommenden Mannigfaltigkeit der φ) Null oder Unendlich wird. Derselbe lautet, unter α eine beliebige der Zahlen $1, 2, \ldots, p$ verstanden:

$$(10) \qquad d\omega = \frac{dw_\alpha}{\varphi_\alpha}.$$

Daß hier der Wert des α durchaus gleichgültig ist, ergibt sich sofort aus (9); wir könnten, unter den c_α irgendwelche Konstante verstanden, ebensowohl schreiben:

$$(10\,\mathrm{a}) \qquad d\omega = \frac{\Sigma c_\alpha\, dw_\alpha}{\Sigma c_\alpha\, \varphi_\alpha}.$$

Aber ebensowohl folgt aus (9), unter Berücksichtigung unserer Festsetzungen über den Bereich, innerhalb dessen sich die homogenen Variablen φ zu bewegen haben, daß $d\omega$ keine Null- oder Unendlichkeitsstellen besitzt: in Formel (10a) kann, bei gegebenen c_α, allerdings Zähler und Nenner gleichzeitig verschwinden, aber wir gehen dann jedesmal sofort zu einem bestimmten endlichen Werte des $d\omega$ über, indem wir die c_α durch irgendwelche andere Konstante ersetzen.

Das so gewonnene $d\omega$ erweist sich nun in der Folge als ganz besonders nützlich. Ich werde dasselbe hier zunächst zur Definition der Integrale zweiter Gattung anwenden. Man führt diese Integrale in die Riemannsche Theorie allgemein so sein, daß man ein Integral dritter Gattung nach einem seiner Parameter differentiiert. Aber was heißt nach einem Parameter (überhaupt nach einer Stelle der Riemannschen Fläche) differentiieren? Die gewöhnliche Darstellung benutzt dazu irgendeine Funktion der Stelle und differentiiert nach dieser Funktion; sie führt damit in die Definition der Integrale zweiter Gattung eine unnötige Partikularisierung ein. Für uns ist in allen solchen Fällen unmittelbar die Benutzung des $d\omega$ gegeben. *Eine Funktion auf der Riemannschen Fläche differentiieren heißt, das Differential der Funktion durch $d\omega$ dividieren.* Ist also Y_ξ^{xy} ein Integral zweiter Gattung mit den Grenzen x, y und der Unstetigkeitsstelle ξ, so setzen wir:

$$(11) \qquad Y_\xi^{xy} = \frac{\partial P_{\xi\eta}^{xy}}{\partial \omega_\xi}.$$

Hier ist $d\omega_\xi$ von der (-1)-ten Dimension in den φ der Stelle ξ; *es ist also Y eine Form (1)-ter Dimension in den φ der Unstetigkeitsstelle.* Natürlich wechselt das Y mit dem zugrunde gelegten Integral dritter Gattung. Indem wir in (11) statt P das Normalintegral Π setzen, wollen wir insbesondere schreiben:

$$(12) \qquad \Upsilon_\xi^{xy} = \frac{\partial \Pi_{\xi\eta}^{xy}}{\partial \omega_\xi}.$$

Formel (8) gibt dann:

$$(13) \qquad Y_\xi^{xy} = \Upsilon_\xi^{xy} + \sum c_{\alpha\beta}\, v_\alpha^{xy}\, \psi_\beta(\xi).$$

Andererseits ergeben sich aus (6) als Perioden des Integrals Υ_ξ:

$$(14) \qquad \frac{\begin{array}{c|ccc|ccc} & A_1 & \ldots & A_p & B_1 & \ldots & B_p \end{array}}{\begin{array}{c|ccc|ccc} \Upsilon_\xi & 0 & \ldots & 0 & 2\pi i\,\psi_1(\xi) & \ldots & 2\pi i\,\psi_p(\xi) \end{array}}.$$

Ich habe dabei diejenigen linearen Verbindungen der φ, die, vermöge (9), den Differentialen $dv_1, \ldots, dv_p$ der Normalintegrale v entsprechen, mit $\psi_1, \ldots, \psi_p$ bezeichnet.

Ich schließe einige Folgerungen an, welche man aus der so verschärften Definition der Integrale zweiter Gattung ohne Mühe ableitet.

Seien $t', t'', \ldots, t^{(m)}$ irgend m Stellen des algebraischen Gebildes. Wir haben dann in

$$(15) \qquad c'\, \Upsilon_{t'}^{xy} + c''\, \Upsilon_{t''}^{xy} + \ldots + c^{(m)}\, \Upsilon_{t^{(m)}}^{xy} + C$$

die allgemeinste Integralfunktion vor uns, welche an den Stellen

$t', t'', \ldots, t^{(m)}$ je einfach algebraisch unendlich wird und dabei an den Querschnitten $A_1, \ldots, A_p$ durchaus verschwindende Periodizitätsmoduln aufweist. Bestimmen wir jetzt vermöge (14) die $c', c'', \ldots, c^{(m)}$ so, daß auch noch die Perioden zweiter Art verschwinden, so haben wir die allgemeinste auf dem Gebilde eindeutige algebraische Funktion der Stelle x vor uns, welche für $x = t', t'', \ldots, t^{(m)}$ einfach unendlich wird. Dies gibt sofort den Riemann-Rochschen Satz über die Zahl der in einer solchen Funktion noch willkürlichen Konstanten $c', c'', \ldots, c^{(m)}$: *die Zahl dieser Konstanten ist*

$$(16) \qquad\qquad m - p + \tau,$$

wo τ die Zahl der linear unabhängigen linearen Verbindungen der φ ist, die für $t', t'', \ldots, t^{(m)}$ verschwinden.

Wir betrachten ferner $(p + 1)$ Stellen des Gebildes: $t, t', \ldots, t^{(p)}$ und bilden die Determinante:

$$(17) \qquad \begin{vmatrix} \Upsilon_t^{xy} & \Upsilon_{t'}^{xy} & \ldots & \Upsilon_{t^{(p)}}^{xy} \\ \psi_1(t) & \psi_1(t') & \ldots & \psi_1(t^{(p)}) \\ \vdots & & & \\ \psi_p(t) & \psi_p(t') & \ldots & \psi_p(t^{(p)}) \end{vmatrix}.$$

Wir schließen sofort, daß dies eine algebraische Funktion der Stelle x (bez. y) ist, welche für $x = y$ verschwindet, dagegen einfach unendlich wird, wenn x (oder y) mit $t, t', \ldots, t^{(p)}$ zusammenfällt. Wir wollen diese Funktion mit dem Zeichen

$$(18) \qquad\qquad \mathrm{Alg}(x, y;\ t, t', \ldots, t^{(p)})$$

bezeichnen; in den $\varphi(t), \varphi(t'), \ldots$ ist sie bzw. von der $+ 1$-ten Dimension. Jetzt wird (17) nach Formel (13) nicht geändert, wenn wir die Υ durch beliebige Y ersetzen; sie ändert sich nur um einen konstanten Faktor, indem wir statt der ψ die anfänglichen φ einführen. Indem wir diesen konstanten Faktor mit in die Definition der algebraischen Funktion (18) aufnehmen, haben wir die Gleichung:

$$(19) \qquad \begin{vmatrix} Y_t^{xy} & Y_{t'}^{xy} & \ldots & Y_{t^{(p)}}^{xy} \\ \varphi_1(t) & \varphi_1(t') & \ldots & \varphi_1(t^{(p)}) \\ \vdots & & & \\ \varphi_p(t) & \varphi_p(t') & \ldots & \varphi_p(t^{(p)}) \end{vmatrix} = \mathrm{Alg}(x, y;\ t, t', \ldots, t^{(p)}).$$

Hier entwickle man jetzt linker Hand nach den Elementen der ersten Vertikalreihe und dividiere durch den Koeffizienten von Y_t^{xy}. Indem wir dann noch der Kürze wegen für die auftretenden linearen Verbindungen der $Y_{t'}^{xy}, \ldots, Y_{t^{(p)}}^{xy}$ die Zeichen $- Y_1^{xy}, \ldots, - Y_p^{xy}$ einführen, erhalten wir:

$$(20) \qquad Y_{(t)}^{xy} = \varphi_1(t) \cdot Y_1^{xy} + \varphi_2(t) \cdot Y_2^{xy} + \ldots + \varphi_p(t) \cdot Y_p^{xy}$$
$$+ \frac{\mathrm{Alg}\left(x, y; t, t_1', \ldots, t^{(p)}\right)}{\left|\begin{matrix} \varphi_1(t'), \ldots, \varphi_1(t^{(p)}) \\ \vdots \\ \varphi_p(t'), \ldots, \varphi_p(t^{(p)}) \end{matrix}\right|} \cdot$$

Die hiermit erhaltene Formel ist, von unwesentlichen Änderungen abgesehen, dieselbe, welche in den Vorlesungen von Herrn Weierstrass
eine bekannte wichtige Rolle spielt. (Sie wird dort nur in ganz anderer
Weise gewonnen, indem die algebraische Funktion (18) in direkter Weise
hergestellt und dann in Aggregate von Integralen zweiter Gattung ge-
spalten wird[11]). Man könnte die von den p Stellen t', t'', $\ldots$, $t^{(p)}$ abhängigen $Y_1, Y_2, \ldots, Y_p$ *Normalkombinationen von Integralen zweiter
Gattung* nennen. Um ihre Perioden zu erforschen, bilden wir uns zunächst
die der Determinantenform (17) entsprechenden Normalkombinationen
$Y_1, \ldots, Y_p$. Für die Perioden der letzteren ergibt (14) sofort folgendes
Schema:

$$(21) \qquad \begin{array}{c|ccc|ccc} & A_1 & \ldots & A_p & B_1 & \ldots & B_p \\ \hline Y_1 & 0 & \ldots & 0 & 2\pi i & \ldots & 0 \\ \vdots & & & & & & \\ Y_p & 0 & \ldots & 0 & 0 & \ldots & 2\pi i \end{array}$$

Wir schließen, *daß die Perioden der Normalkombinationen* $Y_1, \ldots, Y_p$
*von der Auswahl der p Stellen $t', \ldots, t^{(p)}$ unabhängig sind, und also
nur von der Wahl des Integrals dritter Gattung P (Formel (11)), bzw.
der p Integrale erster Gattung w_α, durch welche wir die φ_α bestimmt
haben, abhängen. Diese Perioden sind es jetzt, die wir Perioden zweiter
Gattung nennen werden.* Der Formel (2) entsprechend bezeichnen wir
die Perioden von Y_α an den Querschnitten A_β, B_β mit

$$(22) \qquad -\eta_{\alpha,\beta}, \quad \text{bez.} \quad -\eta_{\alpha,\beta+p}.$$

Die Perioden von Y_t werden dann bzw., nach Formel (20):

$$(23) \qquad -\sum{}^\alpha \varphi_\alpha(t)\,\eta_{\alpha,\beta}, \quad \text{und} \quad -\sum{}^\alpha \varphi_\alpha(t)\,\eta_{\alpha,\beta+p}.{}^{12})$$

---

[11]) [Vgl. z. B. Weierstrass' Math. Werke, Bd. IV, S. 62—73, 193—210. — Sie
wird dort auch viel weitergehend benutzt als hier, wo sie nur zur Definition der Perioden η (Formel (22), (23)) dient. Vgl. das Referat von Wirtinger über algebraische Funktionen und ihre Integrale in Bd. II_2, der math. Enzyklopädie, Nr. 33 daselbst. K.]

[12]) Ich habe die Definition der η im Texte um so lieber ausführlich gegeben,
als ich in Bd. 32 der Math. Annalen [= Abh. XCVI des vorliegenden Bandes, S. 361 f.]
bei den entsprechenden Entwicklungen für den Fall der hyperelliptischen Funktionen
eine unnötige Partikularisation einführte. Die dort benutzten $Z_1^{(t)}, Z_2^{(t)}, \ldots, Z_p^{(t)}$ sind
solche Normalverbindungen von Integralen zweiter Gattung, deren sämtliche Unstetigkeitsstellen in die eine mit t benannte Stelle des hyperelliptischen Gebildes zu-
sammengerückt sind. [Auch Weierstrass macht von dieser Partikularisation in verschiedenen seiner Vorlesungen Gebrauch; vgl. Math. Werke, Bd. IV, S. 211—225. K.]

§ 4.

Die Primform $\Omega(x, y)$.

In den vorigen beiden Paragraphen war $p > 1$ vorausgesetzt. Wir betrachten einen Augenblick die Fälle $p = 0$ und $p = 1$. Es ist sehr leicht, bei ihnen Differentialausdrücke anzugeben, die insofern dem $d\omega$ des vorigen Paragraphen entsprechen, als sie gleichfalls auf·dem algebraischen Gebilde nirgendwo Null oder Unendlich werden und dabei, von einem etwaigen konstanten Faktor abgesehen, den wir nach Belieben zufügen mögen, völlig bestimmt sind. Bei $p = 1$ ist dies das Differential des einen in diesem Falle überhaupt vorhandenen überall endlichen Integrals selbst:

$$(24) \qquad\qquad d\omega = dw.$$

Bei $p = 0$ werden wir uns auf dem algebraischen Gebilde zunächst eine solche algebraische Funktion x konstruieren, die jeden Wert nur einmal annimmt, dieses $x = \dfrac{x_1}{x_2}$ setzen, [also homogene Variable einführen] und endlich $d\omega$ gleich der Determinante $(x_1\,dx_2 - x_2\,dx_1)$ wählen:

$$(25) \qquad\qquad d\omega = (x\,dx).$$

Ich werde jetzt umgekehrt ein wesentliches Element der allgemeinen Theorie einführen, indem ich mit den Fällen $p = 0$ und $p = 1$ beginne.

Bei $p = 0$ und $p = 1$ kann man nämlich einen einfachen nur von zwei Stellen des Gebildes, x und y, abhängigen Ausdruck $\Omega(x, y)$ aufbauen, der nur verschwindet, und zwar wie $d\omega$, wenn die beiden Stellen x, y zusammenrücken, und der nirgends unendlich wird; mit Hilfe dieses Ω lassen sich die zum Gebilde gehörigen Integrale in einfachster Weise darstellen.

Bei $p = 0$ ist einfach

$$(26) \qquad\qquad \Omega(x, y) = (x_1\,y_2 - x_2\,y_1).$$

Dabei wird die Definition des zum Gebilde $p = 0$ gehörigen Integrals dritter Gattung:

$$(27) \qquad\qquad P_{\xi\eta}^{xy} = \log\frac{(x\xi)(y\eta)}{(x\eta)(y\xi)}.$$

Bei $p = 1$ ist die Sache ein wenig komplizierter. Sei $\vartheta_1(w)$ Jacobis ungerade Thetafunktion, gebildet für das Integral erster Gattung w und seine beiden Perioden ω_1, ω_2. Ich schreibe dann, unter c eine beliebige Konstante verstanden:

$$(28) \qquad\qquad \Theta_1(w) = e^{cw^2}\cdot\vartheta_1(w):\vartheta_1{}'(0).$$

Unser Ω entsteht, indem wir in die so definierte „allgemeine" Thetafunktion Θ_1 für w den Wert w^{xy} substituieren:

$$(29) \qquad\qquad \Omega(x, y) = \Theta_1(w^{xy}).$$

Auch hier brauche ich die in Aussicht gestellten Eigenschaften von $\Omega(x, y)$ nicht ausführlich darzulegen. Ich will nur daran erinnern, daß in der Tat

$$(30) \qquad P_{\xi \eta}^{x y} = \log \frac{\Theta_1(w^{x \xi}) \cdot \Theta_1(w^{y \eta})}{\Theta_1(w^{x \eta}) \cdot \Theta_1(w^{y \xi})}$$

ein zum Gebilde $p = 1$ gehöriges Integral dritter Gattung definiert (und zwar ein solches, welches Vertauschung von Parameter und Argument gestattet); — den unendlich vielen Formen, welche die Funktion Θ_1 in (28) der Willkür des c entsprechend annehmen kann, entsprechen die verschiedenen Definitionen, die bei einem solchen Integral dritter Gattung noch möglich sind. Läßt man x auf dem algebraischen Gebilde einen Periodenweg beschreiben, bei welchem w um ω, das zu P und w gehörige Integral zweiter Gattung Y um $-\eta$ zunimmt, so erhält $\Omega(x, y)$, nach (29), den Faktor

$$(31) \qquad - e^{\eta \left(u^{x y} + \frac{\omega}{2} \right)}.$$

Gelten hier η und ω als bekannt, so gibt uns dies eine Definition der Größe $w^{x y}$. Man kann also in der Tat sämtliche Integrale von Ω beginnend definieren.

Ich sage nun, daß sich diese Theorie vermöge des im vorigen Paragraphen für $p > 1$ eingeführten Differentialausdrucks $d\omega$ ungeändert auf den Fall eines größeren p überträgt.

Wir müssen zu dem Zwecke die Formelgruppen (26), (27) und (29), (30) umkehren. Dies gelingt, wie man sofort nachrechnet, durch die gemeinsame Formel:

$$(32) \qquad \Omega(x, y) = \left(\sqrt{d\omega_x \cdot d\omega_y \cdot e^{-P_{x, y}^{x+dx, y+dy}}} \right)_{\lim dx=0, dy=0}, \quad {}^{13})$$

wo $d\omega$ durch (25), bez. (24) definiert ist und natürlich das Vorzeichen der Quadratwurzel durch passende Verabredung festzulegen ist.

Eben diese Formel, in der wir $d\omega$ durch (10) erklären, unter P aber irgendein zum algebraischen Gebilde gehöriges Integral dritter Gattung verstehen, ist uns jetzt die Definition des $\Omega(x, y)$ in den höheren Fällen. [Dieses Ω ist im Zusammenhange der vorliegenden Betrachtungen als Mittelpunkt und Quelle aller zum algebraischen Gebilde gehörigen Funktionen und Formen anzusehen.]

In der Tat verifiziert man sofort, daß das durch (32) gegebene Ω auch bei höherem p nur für $x = y$ verschwindet, und zwar bei geeigneter

---

${}^{13})$ [Diese Formel verliert ihr merkwürdiges Aussehen, wenn man in den Fällen $p = 0$ und $p = 1$ für P gemäß (27) oder (29) seinen Ausdruck als Logarithmus einträgt bzw. wenn man im Falle eines beliebigen p bedenkt, daß $P_{x, y}^{x+dx, y+dy}$ bei Ausführung des Grenzüberganges an den Stellen x und y logarithmisch unendlich wird. K.]

Wahl der Quadratwurzel wie $d\omega_x$ selbst, niemals aber unendlich wird. Eine Formel, ganz ähnlich gebaut wie (27) oder (30), gibt uns sodann eine Definition des P durch Ω.[14]) Um von Ω aus die Integrale erster Gattung zu definieren, bestimmen wir wieder den Faktor, um den Ω wächst, wenn x auf dem algebraischen Gebilde einen geschlossenen Weg durchläuft, der für die w_a die Perioden ω_a, für die Y_a die Perioden $-\eta_a$ liefert; wir finden:

$$(33) \qquad\qquad \pm\, e^{\sum_a \eta_a \left(w_a^{xy} + \frac{\omega_a}{2}\right)}; \quad {}^{15})$$

hier ist das Zeichen $\pm$ an sich unbestimmt, weil Ω eine Form $\left(-\dfrac{1}{2}\right)$-ter Dimension in den $\varphi(x)$ bez. den $\varphi(y)$ ist. — Ich werde das Ω, welches mit dem Integral dritter Gattung Π gebildet ist, im folgenden gelegentlich Ω_{Π} nennen; für das allgemeine Ω_P hat man dann nach Formel (8):

$$(34) \qquad\qquad \Omega(x,y)_P = \Omega(x,y)_{\Pi}\cdot e^{-\frac{1}{2}\sum c_{\alpha\beta}\, v_\alpha^{xy}\, v_\beta^{xy}}.$$

Das so gewonnene $\Omega(x, y)$ ist nun diejenige *Primform*, deren allgemeine Einführung ich bereits in Bd. 32 der Math. Annalen [Fußnote [10]) auf S. 369 dieses Bandes] in Aussicht nahm, [die ich aber damals nur erst für den hyperelliptischen Fall verwandte.] Ich kann nicht zweifeln, daß dieselbe für die allgemeine Theorie der algebraischen Gebilde nach den verschiedensten Richtungen hin Bedeutung gewinnen wird. Wenn ich dieselbe im folgenden nur erst zur Konstruktion der Thetafunktionen benutze, so ist das eben nur eine von den verschiedenen möglichen Anwendungen. Vorbehaltlich der Ergänzungen, welche der folgende Paragraph bringt, denke ich mir den Fortschritt, der in der Einführung der von zwei Stellen des algebraischen Gebildes abhängigen Primform statt des von vier Stellen abhängenden Integrals dritter Gattung liegt, genau so, wie den Fortschritt von der projektiven Geometrie der geraden Linie, welche nur Doppelverhältnisse von vier Punkten kennt, bez. (bei der Lehre von der projektiven Maßbestimmung) mit Logarithmen solcher Doppelverhältnisse operiert, zur binären Invariantentheorie, welche die Determinante (xy) als einfachstes Gebilde zugrunde legt. Ich habe [ursprünglich] in Bd. 32 der Math. Annalen [= Nr. XCVI] [und jetzt in den Vorbemerkungen] der nahen

---

[14]) Dabei ist vorausgesetzt, daß P Vertauschung von Parameter und Argument gestattete; ist dies nicht der Fall, so wird durch (32) nach wie vor ein brauchbares $\Omega(x, y)$ definiert, die Anwendung von (27), (30) führt aber nicht zu $P_{\xi\eta}^{xy}$, sondern zu $\frac{1}{2}\left(P_{\xi\eta}^{xy} + P_{xy}^{\xi\eta}\right)$ zurück.

[15]) [Die genaue Änderung von Ω und sogar von $\log\Omega$ bei Umläufen der homogenen Variablen hat Ritter in den Math. Annalen, Bd. 44 (1894) bestimmt. K.]

Beziehung gedacht, welche zwischen der *Primform* $\Omega(x, y)$ und der von Weierstrass in seinen Vorlesungen benutzten *Primfunktion* $E(x, y)$ besteht. Noch näher kommt dem $\Omega(x, y)$ vermöge · seines besonderen Ausgangspunktes Herr Schottky in seiner Abhandlung „*Über eine spezielle Funktion, welche bei einer bestimmten linearen Transformation ihres Argumentes unverändert bleibt*" (Crelles Journal für Mathematik, Bd. 101, 1887). Herr Schottky behandelt daselbst die Darstellung algebraischer Gebilde durch solche eindeutige Funktionen einer Variablen η mit linearen Transformationen in sich, welche auf der ganzen η-Kugel existieren (eben die Darstellung, welche nach dem von mir in Band 19 der Math. Annalen (1881) [= Nr. CI des vorliegenden Bandes] aufgestellten Satze allgemein gültig ist). Dabei erscheint ihm (S. 242 a. a. O.) ein von zwei Stellen des Gebildes abhängiges unendliches Produkt fundamental, das er, der Weierstrassischen Bezeichnung entsprechend, mit E benennt:

$$E(\xi, \eta) = (\xi - \eta) \cdot \prod \frac{(\xi - \eta_n)(\eta - \xi_n)}{(\xi - \xi_n)(\eta - \eta_n)}; \; {}^{16})$$

mit seiner Hilfe erzeugt er alle anderen für ihn in Betracht kommenden Funktionen. Hier sind ξ, η die transzendenten Argumente, durch welche die beiden Stellen des algebraischen Gebildes, die wir x, y nennen, gegeben werden; $E(\xi, \eta)$ *ist infolgedessen mit unserer Primform* $\Omega(x, y)$ *so gut wie identisch.* Man hat nur, um letztere zu erhalten, ξ in geeigneter Weise gleich $\xi_1 : \xi_2$, η gleich $\eta_1 : \eta_2$ zu setzen, worauf

$$\Omega(x, y) = \xi_2 \eta_2 E(\xi, \eta)$$

ist, sich also durch ein unendliches Produkt darstellt, dessen einzelne Faktoren Determinanten vom Typus $(\xi\eta) = (\xi_1 \eta_2 - \xi_2 \eta_1)$ sind:

$$\Omega(x, y) = (\xi\eta) \cdot \prod \frac{(\xi\eta_n)(\eta\xi_n)}{(\xi\xi_n)(\eta\eta_n)}. \; {}^{17})$$

Die hiermit gegebene formal ganz unbedeutende Modifikation des Schottkyschen Ansatzes ist für die Auffassung von fundamentaler Bedeutung. Indem das E des Herrn Schottky für $\xi = \infty$ oder $\eta = \infty$ selbst unendlich wird, verhält es sich auf dem ursprünglichen algebraischen Gebilde durchaus kompliziert und läßt in keiner Weise das einfache Verhalten erkennen, welches das $\Omega(x, y)$ tatsächlich besitzt^{18}).

---

^{16}) [W. Burnside hat in den Proceedings of the London Mathematical Society, vol. 23 (1892), gezeigt, daß dies Produkt außer in den von Schottky angegebenen Fällen, immer dann konvergiert, wenn die Poincaréschen Reihen (-2)-ter Dimension konvergieren. Ob die Konvergenz weiter reicht, scheint noch unbekannt. K.]

^{17}) [Der Zusammenhang dieses Produktes mit der von mir gegebenen Formel (32) wurde von W. Burnside a. a. O. entwickelt. K.]

^{18}) [Wegen der Primform der hyperelliptischen Gebilde vgl. oben S. 369.] Für eine andere spezielle Art algebraischer Gebilde, nämlich die ebenen Kurven m-ter

§ 5.

Von den Mittelformen.

Wir betrachten jetzt auf unserem algebraischen Gebilde für einen Augenblick algebraische Funktionen, die auf dem Gebilde eindeutig sind, dieselben, die wir oben (§ 3) aus Integralen zweiter Gattung zusammensetzten. Die Primform Ω ergibt bei beliebigem p eine Darstellung dieser Funktionen, die für $p = 0$ wie für $p = 1$ sehr bekannt ist. In der Tat, seien die a_i die Nullpunkte, die b_i die Unendlichkeitspunkte einer solchen Funktion R, so hat man

$$(35) \qquad R = \frac{\prod_i \Omega\,(x, a_i)}{\prod_i \Omega\,(x, b_i)}.$$

Wie aber steht es mit der analogen Darstellung algebraischer *Formen?* Wir müssen, ehe wir diese Frage beantworten, die Bedeutung des Wortes Form noch erst genauer festlegen. Im allgemeineren Sinne wird dies erst weiter unten (§ 7) geschehen. Indem wir den Fall $p = 1$ vorläufig ausschließen, wollen wir uns hier mit einer vorläufigen Definition für $p = 0$ und $p > 1$ begnügen. Im Falle $p = 0$ verstehen wir hier unter einer algebraischen Form eine homogene rationale ganze Funktion der im vorigen Paragraphen eingeführten x_1, x_2. Im Falle $p > 1$ wollen wir als algebraische Form eine homogene rationale ganze Funktion der φ_1, $\varphi_2, \ldots, \varphi_p$ bezeichnen, durchaus den Erläuterungen des § 2 entsprechend. Möge nun eine solche Form F an den Stellen a_i des algebraischen Gebildes verschwinden. Wir werden dann für $p = 0$ bei geeigneter Wahl der absoluten Werte der den a_i zugehörigen homogenen Koordinaten sofort schreiben können:

$$F = \prod_i (x\,a_i).$$

Ist aber $p > 1$ und wir bilden das entsprechende Produkt

$$\prod_i \Omega\,(x, a_i),$$

Ordnung, welche keine singulären Punkte besitzen, wird Herr Pick in Bd. 29 der Math. Annalen in der noch wiederholt zu nennenden Arbeit *„Zur Theorie der Abelschen Funktionen"* (1886) ebenfalls ganz in die Nähe der Primform $\Omega\,(x, y)$ geführt. In der Tat ist, für den dort vorliegenden Fall, der S. 267 a. a. O. gegebene Ausdruck:

$$\frac{(h\,x\,y)^2}{a_h\,a_x^{m-1} \cdot a_h\,a_y^{m-1}} \cdot e^{H(x\,y)}$$

geradezu das Quadrat unseres Ω. Herr Pick bemerkt auch die ausgezeichnete Eigenschaft dieses Ausdrucks, nirgends unendlich zu werden und nur bei $x = y$ zu verschwinden [und für die Aufstellung von Σ-Funktionen brauchbar zu sein. Siehe auch die Bemerkungen auf S. 409. K.]

so wird dasselbe, weil transzendent [und unendlich vieldeutig] keineswegs mit F übereinstimmen.

Den Quotienten

$$(36) \qquad \frac{\prod_i \Omega(x, a_i)}{F}$$

betrachte ich als Definition einer neuen, auf dem algebraischen Gebilde nirgendwo Null oder Unendlich werdenden Form. Ich bezeichne alle so entstehenden Formen als *Mittelformen*, weil sie, sozusagen, zwischen den transzendenten Ω-Produkten und den algebraischen Formen in der Mitte stehen.

In der hiermit gegebenen Definition liegt noch, was man wohl beachten möge, eine gewisse Unbestimmtheit. Eine jede der im Zähler von (36) auftretenden Primform kann nach (33), unabhängig von jeder anderen, um einen Faktor

$$\pm\, e^{\sum_a \eta_a^{(i)}\left(w_a^{x\,a_i}+\frac{\omega_a^{(i)}}{2}\right)}$$

modifiziert werden. Ich werde einen solchen Faktor, der Ausdrucksweise von Weierstrass folgend, eine *Einheit* nennen. Dann kann also unser Quotient um das folgende Produkt von Einheiten modifiziert werden:

$$\pm\, e^{\sum_i \sum_a \eta_a^{(i)}\left(w_a^{x\,a_i}+\frac{\omega_a^{(i)}}{2}\right)}.$$

Aber unter den so entstehenden Werten hängen augenscheinlich nur diejenigen analytisch zusammen, die sich um einen Einheitsfaktor folgender Form unterscheiden:

$$e^{\sum_a \eta_a \left(\sum_i w_a^{x\,a_i}+\frac{n\,\omega_a}{2}\right)},$$

unter n die (notwendig gerade) Zahl der Nullstellen a_i verstanden. *Unser Quotient (36) schließt also unendlich viele untereinander analytisch nicht zusammenhängende Wertereihen in sich.* Wenn wir also unseren Quotienten als ein analytisch wohlbestimmtes Gebilde behandeln, so ist dabei die Voraussetzung, daß wir irgendeine dieser unendlich vielen Wertereihen fest gewählt haben. Von der einen Wertereihe können wir hernach zu jeder anderen durch Zufügung geeigneter Einheitsfaktoren übergehen.

Wir überzeugen uns jetzt, *daß wir, von solchen Einheitsfaktoren abgesehen, alle Mittelformen (36) auf eine einzige $m(x)$ zurückführen können.* Wir definieren dieses $m(x)$, indem wir in (36) für F irgendeine Linearform $C_1\varphi_1 + C_2\varphi_2 + \ldots + C_p\varphi_p$ einführen, deren $2p-2$ Nullpunkte wir c_i nennen wollen:

$$(37) \qquad m(x) = \frac{\prod_i \Omega(x, c_i)}{C_1\varphi_1 + \ldots + C_p\varphi_p}.$$

In der Tat wird (36), für irgendeine Form ν-ten Grades der φ gebildet, von der ν-ten Potenz des so gewonnenen $m(x)$ nur um Einheitsfaktoren verschieden sein können. Um dies zu sehen, genügt es, den betreffenden Quotienten (36) durch $m(x)^\nu$ zu dividieren und die entstehende Funktion von x auf der Riemannschen Fläche, auf der sie keinerlei Null- oder Unendlichkeitsstellen hat, auf ihre Periodizitätseigenschaften zu untersuchen.

Das durch (37) eingeführte $m(x)$ ist in dem allgemeinen Sinne des § 2 eine Form $(-p)$-ten Grades in den φ der Stelle x. Beschreibt x einen Periodenweg, bei welchem die w_a um ω_a, die Y_a um $-\eta_a$ wachsen, so erhält $m(x)$ einen Faktor, den ich folgendermaßen schreiben will:

$$(38) \qquad e^{\sum_a \eta_a \left(W_a^x + (p-1)\omega_a\right)}$$

Hier bedeutet W_a^x die Integralsumme:

$$(39) \qquad W_a^x = w_a^{x c_1} + w_a^{x c_2} + \dots + w_a^{x c_{2p-2}};$$

ich habe dieselbe mit einem besonderen Zeichen belegt, weil dieselbe, dem Abelschen Theorem zufolge, von der besonderen Linearform C_φ, deren Verschwindungspunkte die c_i sind, unabhängig ist.

Wir könnten $m(x)$ die *fundamentale Mittelform* nennen. Inzwischen bestimmt uns die Rücksicht auf die folgenden Entwicklungen der §§ 6 und 9, diesen Namen lieber für die $(2p-2)$-te Wurzel aus $m(x)$ in Anwendung zu bringen:

$$(40) \qquad \mu(x) = \sqrt[2p-2]{m(x)}.$$

Hierdurch wird ja zunächst, bei der Vieldeutigkeit des Wurzelzeichens, eine neue Unbestimmtheit eingeführt. Allein diese Unbestimmtheit ist weiterhin ohne Belang, insofern in den späteren Formeln immer so viele Faktoren μ miteinander multipliziert auftreten, daß alle Vieldeutigkeit wegfällt, sobald man an der selbstverständlichen Regel festhält, daß man für nebeneinander stehende Faktoren μ immer nur die gleiche Definition in Anwendung bringt. Es ist dies mit Absicht etwas ungenau ausgedrückt. In der Tat zeigt sich, daß in den bald zu betrachtenden speziellen Fällen statt $\mu(x)^{2p-2}$ schon $\mu(x)^m$, wo m ein Teiler von $2p-2$ ist, durch eine Formel vom Typus (36), (37) definiert werden kann, so daß dann zur Weghebung der in Rede stehenden Unbestimmtheit nur eine kleinere Zahl von Faktoren $\mu(x)$ zusammenzutreten braucht[19]).

Die Mittelformen sind meines Wissens bislang in der Literatur nicht aufgetreten. In Band 32 der Math. Annalen [= Nr. XCVI dieses Abdrucks]

---

[19]) [Die Primform $\Omega(x, y)$ ist nur im Falle $p = 1$ von der nullten Ordnung und fällt dann mit der ungeraden Jacobischen Funktion erster Ordnung zusammen. Im Falle

konnte ich die Darstellung des dort zu behandelnden hyperelliptischen Falles so wenden, daß es noch nicht nötig war, von Mittelformen zu sprechen. Anders verfuhr ich in einer vorher über denselben Gegenstand in den Göttinger Nachrichten publizierten Note (*Zur Theorie der hyperelliptischen Funktionen beliebig vieler Argumente*, Nov. 1887). Dort benutzte ich einen Ausdruck $\mathsf{X}(x)$, der dem $\mu(x)$ sehr nahe steht. Es ist nämlich im Sinne der damals gebrauchten Bezeichnung:

$$\mu(x) = \left(\frac{\mathsf{X}(x)}{\sqrt{f(x)}}\right)^{\frac{1}{4}}.$$

$p = 0$ bleibt man notwendig bei *Formen*. Dagegen kann man bei $p > 1$ eine Kombination von Ω und μ bilden, welche von der nullten Ordnung ist, nämlich:

$$\text{(a)} \qquad \Omega(x, y) \cdot \mu(x)^{\frac{1-p}{p}} \cdot \mu(y)^{\frac{1-p}{p}}.$$

Man hat so eine *Funktion*, die nur an der Stelle $x = y$ verschwindet, keine singulären Stellen besitzt, aber selbstverständlich unendlich vieldeutig ist. Daß eine solche Funktion existiere, hat mir Prym schon in einem Briefe vom 8. März 1882 andeutungsweise mitgeteilt.

Explizite treten derartige Funktionen wohl zuerst bei A. C. Dickson in den Proceedings of the London Mathematical Society, vol. 33 (1902) auf. Sie finden sich dann in dem Werke von Prym und Rost, welches 1911 in Leipzig erschien und die allgemeine Theorie der Prymschen Funktionen erster Ordnung behandelt, d. h. solcher Funktionen w auf einer Riemannschen Fläche, welche sich bei Überschreiten der Querschnitte in der Gestalt $Aw + B$ reproduzieren. Die Übereinstimmung des Prym-Rostschen $\Theta\begin{vmatrix} x \\ y \end{vmatrix}$ mit dem obigen Ausdrucke (a) bemerkte ich damals gleich in den Jahresberichten der Deutschen Mathematikervereinigung, Bd. 20 (1911), *S. 199*.

Es scheint aber zweckmäßig, um je nach dem vorliegenden Zweck geeignete Kombinationen bilden zu können, die Formen Ω und μ nebeneinander zu behalten. So bildet Ritter in den Math. Annalen, Bd. 44 (1894) die folgende Kombination:

$$P(x, y) = \Omega(x, y) \frac{\mu(y)}{\mu(x)},$$

womit zwar die Symmetrie von x und y geopfert ist, aber eine Form gewonnen wird, welche bei Umläufen des x nur konstante Faktoren annimmt.

Wegen weiterer Literatur vergleiche man die Nummern 64 und 65 des wiederholt genannten Enzyklopädieartikels von Krazer und Wirtinger.

Hier mögen nur noch einige Bemerkungen über die entsprechende Darstellung in meinen und Frickes Büchern Platz finden. In den „Modulfunktionen" Bd. II, S. 505 und 506 hat Fricke statt der Formel (32) des Textes, weil es für die dort eingehaltene Darstellung bequemer war, den Ausdruck benutzt:

$$\sqrt{(x\,dx)(y\,dy)\,e^{-P_{x,\,y}^{x+dx,\,y+dy}}} \qquad \lim dx = 0,\, dy = 0.$$

Er bekommt dadurch eine Form, die ebenfalls für $x = y$ einfach verschwindet, aber in den Verzweigungspunkten der mehrblättrig über der komplexen Ebene ausgebreiteten Riemannschen Fläche Nullstellen besitzt und dort eventuell auch verzweigt ist. Dieser Unterschied ist für die damals in Betracht kommende Anwendung auf die Hurwitzsche Korrespondenztheorie ohne Bedeutung, weil dort nur Quotienten von Primformen benutzt werden. In den „Automorphen Funktionen", Bd. II, S. 222 ff. kommt Fricke auf den Zusammenhang meines $d\omega_x$ mit seinem $(x\,dx)$ zu sprechen und somit schließlich zu meiner ursprünglichen Definition der Primform (Formel (32) des Textes) zurück. K.]

§ 6.

Fälle besonders einfacher algebraischer Darstellung.

Die bisher gegebenen Definitionen knüpften, wie dies in § 1 in Aussicht genommen war, durchaus an die Grundvorstellungen der Riemannschen Theorie an, sie machten keinerlei Voraussetzungen oder Angaben darüber, wie das in Betracht zu ziehende algebraische Gebilde algebraisch dargestellt sein sollte. Wir wenden uns jetzt zu der Frage, ob es nicht eine solche Darstellung gibt, die für unseré Zwecke besonders geeignet ist. Um in dieser Hinsicht bestimmte Ideen zu gewinnen, betrachten wir vorab zwei Fälle algebraischer Darstellung, die zu besonders einfachen Resultaten führen, so daß sie für die höheren Fälle einen Fingerzeig abzugeben scheinen. Das eine Mal handelt es sich um die hyperelliptischen Gebilde, betreffs deren ich zumal auf die in Bd. 32 der Math. Annalen [= Nr. XCVI im vorliegenden Bande] gegebenen Formeln verweisen will, das andere Mal um die ebenen Kurven ohne Doppelpunkt, wegen deren man neben den Arbeiten von Clebsch insbesondere die bereits genannte Abhandlung von Pick im 29. Bande der Math. Annalen vergleichen mag.

Im hyperelliptischen Falle gestalten sich die Verhältnisse folgendermaßen. Wir haben eine zweiblättrige Riemannsche Fläche, die durch die Quadratwurzel aus einer Binärform $(2p+2)$-ten Grades

$$(41) \qquad \sqrt{f_{2p+2}(z_1, z_2)}$$

definiert ist. Das zugehörige $d\omega$ wird:

$$(42) \qquad d\omega_z = \frac{(z\,dz)}{\sqrt{f_{2p+2}(z_1, z_2)}}.$$

Infolgedessen decken sich die φ mit den rationalen ganzen Formen $(p-1)$-ten Grades der z_1, z_2; wir können insbesondere setzen:

$$(43) \qquad \varphi_1(z) = z_1^{p-1}, \quad \varphi_2(z) = z_1^{p-2}z_2, \ldots, \varphi_p(z) = z_2^{p-1},$$

woran sich die weiteren Formeln schließen:

$$(44) \qquad w_1^{xy} = \int_y^x \varphi_1(z)\,d\omega_z, \quad w_2^{xy} = \int_y^x \varphi_2(z)\,d\omega_z, \ldots, \omega_p^{xy} = \int_y^x \varphi_p(z)\,d\omega_z.$$

Aber auch die Definition der Integrale dritter Gattung wird einfach. Dieselben erscheinen als Doppelintegrale algebraischer Ausdrücke von übersichtlicher Bauart. Invariantentheoretische Betrachtungen, auf deren Einzelheiten ich hier nicht einzugehen habe, lassen dabei unter allen möglichen Integralen dritter Gattung eines, Q, als besonders bevorzugt erscheinen. Sei $f(z)$ symbolisch gleich a_z^{2p+2} gesetzt, so ist Q durch folgende Formel gegeben

$$(45) \qquad Q_{\xi\eta}^{xy} = \int\limits_{y}^{x}\int\limits_{\eta}^{\xi} d\omega_z\, d\omega_\zeta \cdot \frac{\sqrt{fz}\,\sqrt{f\zeta} + a_z^{p+1}\,a_\zeta^{p+1}}{2\,(z\zeta)^2}\,;$$

aus ihm entsteht das allgemeine $P_{\xi\eta}^{xy}$, indem man eine beliebige bilineare Kombination der w^{xy} und $w^{\xi\eta}$ hinzufügt (oder, was dasselbe ist, unter dem doppelten Integralzeichen eine beliebige bilineare Kombination der $\varphi(z)$ und $\varphi(\zeta)$). — Des ferneren ergibt sich eine Darstellung der Primform, bei welcher der in Formel (32) postulierte Grenzübergang vollzogen ist. Bezeichnet man nämlich mit $\bar{x}$, $\bar{y}$ die Stellen, welche zu x, y konjugiert sind (d. h. sich von den Stellen x, y nur durch das Vorzeichen der zugehörigen Quadratwurzel $\sqrt{fx}$, $\sqrt{fy}$ unterscheiden), so kommt:

$$(46) \qquad \Omega(x,\,y) = \frac{(x\,y)}{\sqrt[4]{fx\cdot fy}}\cdot e^{\frac{1}{2}P_{xy}^{\bar{x}\bar{y}}}.$$

Endlich wird die Definition der Mittelform $\mu(x)$ jetzt besonders einfach, indem wir auf dem hyperelliptischen Gebilde neben den algebraischen Formen, die wir im vorigen Paragraphen ausschließlich betrachteten, nämlich den rationalen ganzen Formen der $\varphi_1, \ldots, \varphi_p$, die sich in den z_1, z_2 vermöge (43) als rationale ganze Formen von einem durch $(p-1)$ teilbaren Grade darstellen, überhaupt rationale ganze Formen der z_1, z_2 betrachten können. Wir werden insbesondere eine lineare Form dieser Art in Betracht ziehen: $C_1 z_1 + C_2 z_2$; ihre Verschwindungsstellen sollen c, $\bar{c}$ heißen. Statt (37), (40) können wir dann schreiben

$$(47) \qquad \mu(x)^2 = \frac{\Omega(x,\,c)\cdot\Omega(x,\,\bar{c})}{C_1\,x_1 + C_2\,x_2}\,,$$

so daß also jetzt, entsprechend der am Schlusse des vorigen Paragraphen gemachten Andeutung, die 2-te Potenz von $\mu(x)$ ebenso definiert erscheint, wie früher, im allgemeinen Falle, die $(2p-2)$-te.[20]

Bei den ebenen Kurven m-ter Ordnung, welche keinen Doppelpunkt (d. h. überhaupt keinen singulären Punkt) besitzen und also dem Geschlecht

$$(48) \qquad p = \frac{m-1\cdot m-2}{2}$$

---

[20] [Setzt man in Formel (47) c und $\bar{c}$ bzw. gleich y und $\bar{y}$ und berücksichtigt die Dimension des entstehenden Ausdruckes in x und y, so erhält man für das in Fußnote [19] auf Seite 404/405 genannte $\Theta\left|{}^{x}_{y}\right|$ folgenden Ausdruck:

$$\Theta\left|{}^{x}_{y}\right| = \frac{(xy)^{\frac{p+1}{2p}}}{[f(x)\,f(y)]^{\frac{1}{4p}}}\cdot e^{\frac{p+1}{4p}P_{xy}^{\bar{x}\bar{y}} - \frac{p-1}{4p}P_{x\bar{y}}^{\bar{x}y}}.$$

K].

angehören, kommen Formeln ganz ähnlicher Art vor. Um diesen Formeln volle Symmetrie zu erteilen, muß man in dieselben bekanntlich, da es sich um ternäre Bildungen handelt, Reihen willkürlicher Größen einführen. Herr Pick benutzt zu dem Zwecke, wie es zumeist üblich ist, die Koordinaten eines Hilfspunktes h. Inzwischen ist es im Interesse der späteren Verallgemeinerung zweckmäßig, statt des Punktes h die Koordinaten zweier sich in ihm kreuzender gerader Linien α, β einzuführen. Sei jetzt

$$(49) \qquad\qquad f(z_1, z_2, z_3) = 0$$

die Gleichung der Kurve, $\alpha_z = 0$, $\beta_z = 0$ seien die beiden willkürlichen Geraden, $(f\alpha\beta)$ die Funktionaldeterminante von $f(z)$, α_z, β_z. Dann hat man vor allen Dingen die folgende Darstellung des zur Kurve gehörigen Differentials $d\omega$:

$$(50) \qquad\qquad d\omega_z = \frac{(\alpha_z \beta_{dz} - \beta_z \alpha_{dz})}{(f\alpha\beta)}\,.$$

Es ergeben sich sodann die φ als identisch mit den rationalen ganzen Formen $(m-3)$-ten Grades der z_1, z_2, z_3, also etwa:

$$(51) \qquad \varphi_1(z) = z_1^{m-3}, \quad \varphi_2(z) = z_1^{m-2} z_2, \ldots, \quad \varphi_p(z) = z_3^{m-3},$$

womit die zugehörigen Integrale erster Gattung w_1, w_2, $\ldots$, w_p definiert sind. Die Integrale dritter Gattung wird man wieder als Doppelintegrale darzustellen suchen. Abermals sind es invariantentheoretische Überlegungen, die in dieser Hinsicht zu einer bestimmten einfachsten Normalform Q führen. Sei $f(z)$ symbolisch gleich $a_z^m = b_z^m$; α_z, β_z seien wieder zwei willkürliche Linearformen (die übrigens von den in (50) benutzten ganz unabhängig zu denken sind). Dann lautet das von Herrn Pick aufgestellte Q folgendermaßen[21]):

$$52) \qquad\qquad\qquad Q_{\xi\eta}^{xy}$$

$$= \int_y^x \int_\eta^\xi d\omega_z\, d\omega_\zeta \cdot \frac{\sum_1^m \big((a\alpha\beta)\, a_z^{\nu-1} a_\zeta^{m-\nu} \cdot (b\alpha\beta)\, b_z^{m-\nu} b_\zeta^{\nu-1}\big) - \sum_1^{m-1} \big((a\alpha\beta)^2\, a_z^{\nu-1} a_\zeta^{m-\nu-1} \cdot b_z^{m-\nu} b_\zeta^{\nu}\big)}{m(\alpha_z \beta_{\zeta_1} - \beta_z \alpha_\zeta)^2}\,;$$

aus ihm ergibt sich wieder das allgemeine $P_{\xi\eta}^{xy}$ durch Hinzufügung einer bilinearen Verbindung der w^{xy}, $w^{\xi\eta}$. Wir haben ferner eine explizite

---

[21]) Man kann dasselbe für $f(z) = a_z^m = b_z^m = c_z^m$ in die folgende Gestalt symbolisch umrechnen:

$$Q_{\xi\eta}^{xy} = \int_y^x \int_\eta^\xi d\omega_z\, d\omega_\zeta \cdot \frac{(abc)^2 \sum_{\varkappa+\lambda+\mu=m-2} a_z^\varkappa b_z^\lambda c_z^\mu a_\zeta^{\lambda+\mu} b_\zeta^{\mu+\varkappa} c_\zeta^{\varkappa+\lambda}}{6 m a_\zeta^{m-1} a_z}\,,$$

wo im Zähler eine aus der Theorie der Doppeltangenten bekannte Covariante steht. [Vgl. Dersch, Math. Annalen, Bd. 7, 1874.]

Darstellung der Primform. Zu dem Zwecke muß man die $(m-1)$ von der Stelle x verschiedenen Stellen

$$x', \ x'', \ \ldots, \ x^{(m-1)}$$

der Kurve $f = 0$ einführen, für welche (ebenso wie für x selbst)

$$a_x \beta_z - \beta_x a_z = 0,$$

desgleichen die $(m-1)$ Stellen

$$y', \ y'', \ \ldots, \ y^{(m-1)}$$

die sich in entsprechender Weise aus y ableiten lassen. Man hat dann[22]

$$(53) \qquad \Omega(x,\, y) = \frac{a_x \beta_y - \beta_x a_y}{\sqrt{(a a \beta) a_x^{m-1} \cdot (b a \beta) b_y^{m-1}}} \cdot e^{\frac{1}{2} \sum_{1}^{m-1} P_{xy}^{x^{(i)} y^{(i)}}}$$

Für die Mittelform $\mu(x)$ ergibt sich dem allgemeinen Ansatze des vorigen Paragraphen gegenüber wieder eine Vereinfachung. In der Tat können wir jetzt alle homogenen rationalen ganzen Verbindungen der x_1, x_2, x_3 als Formen auf der Kurve betrachten. Sei nun C_x eine Linearform dieser Art; ihre Nullstellen heißen $c', c'', \ldots, c^{(m)}$. Wir setzen dann einfach:

$$(54) \qquad \mu(x)^m = \frac{\prod\limits_{1}^{m} \Omega(x,\, c^{(i)})}{C_1 x_1 + C_2 x_2 + C_3 x_3}.$$

Ich will noch ausdrücklich darauf aufmerksam machen, daß die Formeln dieses Paragraphen ungeändert in Geltung bleiben auch wenn $p = 0$ oder $p = 1$ ist. Damit sind also, der Beschränkung des vorigen Paragraphen entgegen, Mittelformen auch im Falle $p = 1$ definiert. Nur haben dieselben keine absolute Bedeutung, sondern hängen von der besonderen Gleichungsform ab, in der wir das elliptische Gebilde als gegeben voraussetzen.

§ 7.
Allgemeines über algebraische Formen auf eine Kurve.[23]

Ehe wir weitergehen, müssen wir den Begriff der *algebraischen Form* auf einer algebraischen Kurve noch in allgemeinerem Sinne festlegen, als dies im vorigen Paragraphen geschehen ist, wobei wir gleich

---

[22] Vgl. die Fußnote [18] auf S. 401/402.

[23] [Wegen der über die übliche Darstellungsweise hinausgehenden Theorie der Formen auf einer Kurve bzw. Riemannschen Fläche vgl. auch die ausfürlichen Darstellungen in meinem autographierten Vorlesungsheft „Riemannsche Flächen I" (1892). S. 114 ff. in den „Modulfunktionen" Bd. II, S. 486 ff., in den „Automorphen Funktionen", Bd. II, 1. Abschnitt und ferner Ritter in den Math. Annalen Bd. 44 (1894). K.]

Gelegenheit nehmen, den wichtigen Begriff des *vollen Formensystems* einzuführen.

Von den beiden im vorigen Paragraphen betrachteten Fällen betrifft
der eine (der hyperelliptische) eine solche Kurve, die den eindimensionalen
Raum der $z_1 : z_2$ doppelt überdeckt, der andere eine Kurve des zwei-
dimensionalen Raumes der $z_1 : z_2 : z_3$, welche nur der einen Beschränkung
unterliegt, keine singulären Punkte zu besitzen.

Indem wir diese beiden Fälle umfassen, denken wir uns jetzt im
$(n-1)$-fach ausgedehnten Raume der $z_1 : z_2 : \ldots : z_n$ eine Kurve m-ter
Ordnung gegeben, welche keinerlei singuläre Punkte (Doppelpunkte,
Spitzen usw.) besitzen soll, die aber gerne in eine mehrfache Überdeckung
einer Kurve niederer Ordnung ausgeartet sein kann (wo wir uns dann
diese verschiedenen Überdeckungen durch Verzweigungspunkte in irgendwelcher Weise verbunden denken mögen).

Was wollen wir im allgemeinsten Sinne unter einer *algebraischen
Form δ-ten Grades* auf dieser Kurve verstehen? Sicher wird uns eine
rationale ganze homogene Funktion δ-ten Grades G_δ der $z_1, z_2, \ldots, z_n$,
ein Beispiel hierfür sein. Wir haben uns im vorigen Paragraphen auf
dieses Beispiel beschränkt. Wir knüpfen jetzt an den allgemeinen Begriff
der auf der Kurve eindeutigen algebraischen *Funktion* an. Wir werden
verabreden, *daß wir jede solche homogene, ganze, algebraische Verbindung
Γ_δ des δ-ten Grades der $z_1, z_2, \ldots, z_n$ eine algebraische Form δ-ten
Grades nennen wollen, die durch eine Form G_δ dividiert eine auf der
Kurve eindeutige algebraische Funktion ergibt.* Die $m\delta$ Nullstellen einer
Form Γ_δ sind also schlechtweg solche Punkte der Kurve, welche zu irgend
$m\delta$ Punkten $G_\delta = 0$ äquivalent sind[24]).

Die so gegebene allgemeine Definition ist mit den Entwicklungen des
vorigen Paragraphen nicht im Widerspruche, aber sie erweitert dieselbe
für den Fall des hyperelliptischen Gebildes. Sie läßt uns nämlich die
Quadratwurzel $\sqrt{f_{2p+2}(z_1, z_2)}$ als eine zum Gebilde gehörige algebraische
Form $(p+1)$-ten Grades erscheinen. Bei der ebenen Kurve $f = 0$ tritt
eine solche Erweiterung nicht ein: die zu $f = 0$ gehörigen Γ decken sich
einfach, auf Grund bekannter Sätze der analytischen Geometrie, mit den
rationalen ganzen Formen der z_1, z_2, z_3. Bei dem hyperelliptischen Gebilde setzt sich die Gesamtheit der Γ erst aus $z_1, z_2, \sqrt{f_{2p+2}}$ zusammengenommen rational und ganz zusammen.

---

[24]) Nach der Ausdrucksweise von De de kind und Weber im 92. Bande von Crelles
Journal für Mathematik (*Theorie der algebraischen Funktionen einer Veränderlichen,*
1880); Brill und Noether gebrauchen für denselben Begriff das Wort „corresidual",
welches aber im Zusammenhange des Textes weniger zweckmäßig scheint.

Wir haben mit diesen letzten Bemerkungen tatsächlich bereits den Begriff des vollen Formensystems berührt. *Allgemein werde ich als ein zu unserer Kurve gehöriges volles Formensystem jede solche Zusammenstellung zugehöriger algebraischer Formen Γ', Γ'', ... bezeichnen, durch deren Formen sich alle anderen zur Kurve gehörigen algebraischen Formen rational und ganz darstellen.*

Die hiermit besprochenen Ideenbildungen finden sich in der Literatur von zwei Seiten her bearbeitet, von geometrischer und von arithmetischer Seite.

In ersterer Hinsicht will ich insbesondere auf die bereits oben genannte Arbeit von Herrn Noether verweisen, in welcher derselbe die Normalkurve der φ untersucht (Math. Annalen, Bd. 17: *Über die invariante Darstellung algebraischer Funktionen*, 1880). Herr Noether entwickelt daselbst ein Resultat, welches für uns besonders wichtig ist. In unsere Ausdrucksweise übersetzt besagt dasselbe, *daß für die Normalkurve der φ* (sofern wir den hyperelliptischen Fall ausnehmen, der hier in der Tat eine Sonderstellung einnimmt) *die φ_1, φ_2, ..., φ_p selbst ein volles Formensystem bilden.*

In letzterer Hinsicht habe ich auf die gerade genannte Arbeit der Herren Dedekind und Weber, sowie auf die im 91. Bande von Crelles Journal für Mathematik veröffentlichte Abhandlung von Herrn Kronecker zu verweisen (*Über die Diskriminante algebraischer Funktionen einer Variabeln*, 1881 [= Werke, Bd. II]). Es seien α_z, β_z zwei lineare Formen der z, welche für keinen Punkt unserer Kurve gemeinsam verschwinden. Wir setzen:

$$\alpha_z : \beta_z = x = x_1 : x_2$$

(projizieren also unsere Kurve m-ter Ordnung durch das Buschel linearer Mannigfaltigkeiten

$$\alpha_z - x \cdot \beta_z = 0$$

auf die x-Achse, wodurch letztere m-fach überdeckt wird). Ist nun eine Form Γ_δ vorgelegt, so wird $\dfrac{\Gamma_\delta}{x_2^\delta}$ eine auf unserem Gebilde eindeutige algebraische Funktion sein, welche nur bei $x = \infty$ unendlich wird. Dies ist aber gerade, was die genannten Herren schlechtweg als eine zum Gebilde gehörige *ganze* algebraische Funktion bezeichnen. Ist umgekehrt eine solche ganze algebraische Funktion gegeben, die bei $x = \infty$ höchstens δ-fach unendlich wird, so wird ihr Produkt mit x_2^δ eine Form Γ_δ vorstellen. „Ganze algebraische Funktionen" und „algebraische Formen" stehen einander also sehr nahe; der Unterschied liegt in der Hauptsache darin, daß wir homogene Veränderliche einführen und uns dadurch von der dem Wesen der Sache fremden Bevorzugung des Wertes $x = \infty$ freimachen. In der Tat können wir denn auch den genannten Arbeiten ein für uns wichtiges Resultat entnehmen. Es wird dort nämlich gezeigt, daß man allemal ein System von $(m-1)$ ganzen Funktionen

$$F_1, F_2, \ldots, F_{m-1}$$

so aussuchen kann, daß jede andere ganze Funktion sich in der Form darstellen läßt:

$$g + g_1 F_1 + g_2 F_2 + \cdots + g_{m-1} F_{m-1},$$

unter den g rationale ganze Funktionen von x verstanden. Das heißt, in unsere Sprache übertragen, daß allemal $(m-1)$ algebraische Formen

$$\Gamma_1, \Gamma_2, \ldots, \Gamma_{m-1}$$

mit x_1, x_2 zusammen ein volles Formensystem bilden, durch welches sich alle anderen algebraischen Formen besonders einfach ausdrücken lassen. Im hyperelliptischen Falle ist dieses Formensystem von dem bei uns benutzten nicht verschieden, im Falle unserer ebenen Kurve aber, wie in dem der Normalkurve der φ, dürfte es für die Anwendung komplizierter sein als das von uns angegebene System der x_1, x_2, x_3, beziehungsweise der $\varphi_1, \varphi_2, \ldots, \varphi_p$.

Ich gebe diese Erläuterungen über volle Formensysteme übrigens wesentlich nur zur allgemeinen Orientierung. Ich werde die folgende Darstellung so wählen, daß ich betreffs derselben keinerlei allgemeine Kenntnis voraussetze; vielmehr dienen mir die vollen Systeme nur zur Exemplifizierung in einzelnen Fällen.

§ 8.

Kanonische Kurven.

Die Entwicklungen des vorigen Paragraphen und die anderen, von denen wir in §§ 2, 5 ausgingen, widersprechen einander gewissermaßen: damals definierten wir Formen auf dem algebraischen Gebilde ganz allgemein von den φ aus, jetzt knüpfen wir zu demselben Zwecke an eine bestimmte Art algebraischer Darstellung des Gebildes an, indem wir uns dasselbe als Kurve m-ter Ordnung im Raume von $(n-1)$ Dimensionen gelegen denken. Die zweierlei Festsetzungen stimmen ohne weiteres nur in einem einzigen Falle überein, wenn nämlich die C_m mit der Normalkurve der φ identisch ist (wobei wir dann noch, um den Noetherschen Satz anwenden zu können, den hyperelliptischen Fall beiseite lassen müssen). Indessen zeigen die beiden Beispiele des § 6, daß doch auch noch auf andere Weise eine Verträglichkeit der zweierlei Auffassungen herbeigeführt werden kann. Beim hyperelliptischen Gebilde sind die linearen Verbindungen der φ mit den Verbindungen $(p-1)$-ten Grades der z_1, z_2, bei den ebenen Kurven

m-ter Ordnung, die wir betrachteten, mit den Verbindungen $(m-3)$-ten Grades der z_1, z_2, z_3 identisch; *dadurch wird erreicht, daß alle rationalen ganzen homogenen Verbindungen der φ_1, φ_2, ..., φ_p in den beiden Fällen algebraische Formen auch im Sinne des § 7 sind.* Ich werde alle Kurven, bei denen etwas Ähnliches statthat, *kanonische Kurven* nennen.

Kanonische Kurven sind also unter den in § 7 betrachteten Kurven solche, bei denen die φ_1, φ_2, ..., φ_p algebraische Formen, sagen wir vom d-ten Grade, der z_1, z_2, ..., z_n sind. Es ist dies auf Grund bekannter Äquivalenzbetrachtungen dasselbe, als wenn wir sagten, daß die Gesamtheit der linearen Verbindungen der φ mit der Gesamtheit der algebraischen Formen d-ten Grades der z identisch ist.[25]

Auf Grund dieser Definition ergeben sich sofort zwei Eigenschaften, welche für die kanonischen Kurven charakteristisch sind.

Erstlich beachte man, daß eine φ in $2p-2$ Punkten verschwindet; es ist daher

$$(55) \qquad 2p - 2 = md;$$

die Ordnung m der kanonischen Kurve ist ein Teiler von $2p-2$.

Zweitens seien α_z, β_z irgend zwei lineare Formen der z_1, ..., z_n, welche für keinen Punkt der kanonischen Kurve gemeinsam verschwinden. Der Differentialausdruck

$$(56) \qquad \alpha_z \beta_{dz} - \beta_z \alpha_{dz}$$

verschwindet dann in

$$2m + 2p - 2 = m(d + 2)$$

Punkten der Kurve. *Ich sage, daß diese $m(d+2)$ Punkte die Nullstellen einer algebraischen Form Γ_{d+2} sind.* In der Tat, sei vorübergehend dW dasjenige überall endliche Differential, welches durch die Gleichung:

$$dW = (\beta_z)^d \cdot d\omega$$

definiert ist. Der Differentialquotient

$$- d\left(\frac{\alpha_z}{\beta_z}\right) : dW$$

ist dann eine auf der Kurve eindeutige algebraische Funktion, welche in den genannten $m(d+2)$ Punkten verschwindet. Aber die Unend-

---

[25] [Weitere Beispiele kanonischer Kurven sind gewisse Fälle der binomischen Gebilde (vgl. die Erlanger Dissertation von Osgood *„Zur Theorie der zum algebraischen Gebilde $y^m = R(x)$ gehörigen Abelschen Funktionen"*, 1890) und singularitätenfreie Durchschnittskurven von $(n-2)$ Hyperflächen des Raumes von $(n-1)$ Dimensionen. (vgl. die Göttinger Dissertation von H. S. White *„Abelsche Integrale auf singularitätenfreien, einfach überdeckten, vollständigen Schnittkurven eines beliebig ausgedehnten Raumes"*, 1891, abgedruckt in den Nova Acta Leopoldina.) K.]

lichkeitspunkte dieser Funktion liegen $(d+2)$-fach zählend in den
Punkten $\beta_z = 0$; sie sind also die Nullstellen einer $G_{d+2}(z)$ (um diese
im vorigen Paragraphen gelegentlich gebrauchte Bezeichnung wieder auf-
zunehmen). Daher sind die Nullstellen der Funktion nach der Definition
der Γ durch das Verschwinden einer Γ_{d+2} gegeben. Wir könnten geradezu
schreiben:

$$(57) \qquad \Gamma_{d+2}(z_1,\ldots,z_n) = \frac{-d\left(\dfrac{\alpha_z}{\beta_z}\right)}{dW} \cdot (\beta_z)^{d+2}.$$

Für $d\omega$ ergibt sich dann der Ausdruck

$$(58) \qquad d\omega = \frac{(\alpha_z\,\beta_{dz} - \beta_z\,\alpha_{dz})}{\Gamma_{d+2}(z_1,\ldots,z_n)}.$$

Die beiden hiermit genannten Eigenschaften der kanonischen Kurven,
die in der Formel (58) zusammengefaßt erscheinen, sind, wie gesagt, für
die kanonischen Kurven charakteristisch. Denn sobald man für $d\omega$ die
Formel (58) hat, werden die Integrale

$$(59) \qquad \int \Gamma_d(z_1,\ldots,z_n)\cdot d\omega$$

überall endliche Integrale vorstellen, die Formen Γ_d sind also lineare Verbindungen der φ und die Gesamtheit der Γ_d deckt sich, wieder vermöge
der bekannten Äquivalenzbetrachtungen, mit der Gesamtheit der linearen
Verbindungen der φ.

Wir haben bei den letzten Erläuterungen (indem wir von den φ handelten) p selbstverständlich > 1 genommen. Unser letzter Satz gestattet
uns, die Definition der kanonischen Kurven auch auf die Fälle $p = 0$ und
$p = 1$ auszudehnen. *Wir werden, bei beliebigem p, eine Kurve kanonisch
nennen, wenn das zugehörige $d\omega$ durch eine Formel vom Typus (58)
gegeben ist.*

Dies gibt für $p = 1$ ein besonders einfaches Resultat. In der Tat
können wir die Formeln (57), (58) sofort für $p = 1$ gelten lassen, indem
wir in denselben $d = 0$ nehmen und dW mit dem einen in diesem Falle
vorhandenen Differential erster Gattung identifizieren. Wir haben also:
Sämtliche Kurven des § 7, die $p = 1$ aufweisen, sind kanonische Kurven.

Für $p = 0$ ergeben sich als kanonische Kurven: die einfach überdeckte
Gerade $z_1 : z_2$, die m-fach überdeckte Gerade, welche durch das Wurzelzeichen

$$\sqrt[m]{a_z : b_z}$$

definiert wird, der einfache Kegelschnitt der Ebene.

*Jedenfalls läßt sich also jedes algebraische Gebilde in kanonische
Form setzen.* Für $p > 1$ ist ja in allen Fällen die Normalkurve der φ
eine kanonische Kurve (auch im hyperelliptischen Falle, trotzdem dort der

Satz vom vollen Formensystem der φ nicht gilt). Um zu untersuchen, ob neben ihr gegebenenfalls noch niedere kanonische Kurven existieren, hat man nur nachzusehen, ob für irgendeinen Teiler d der Zahl $2p - 2$ eine Schar überall $(d - 1)$-fach berührender linearer Verbindungen der φ existiert:

$$\left(c_1 \sqrt[d]{\varphi_1} + c_2 \sqrt[d]{\varphi_2} + \ldots + c_n \sqrt[d]{\varphi_n} \right)^d ;$$

ist dies der Fall — und dies muß sich jeweils mit algebraischen Mitteln entscheiden lassen, — so hat man vermöge der Formeln:

$$z_1 = \sqrt[d]{\varphi_1}, \quad z_2 = \sqrt[d]{\varphi_2}, \quad \ldots, \quad z_n = \sqrt[d]{\varphi_n}$$

eine kanonische Darstellung des algebraischen Gebildes im Raume der z. Es müßte interessant sein, für beliebige Werte des p alle Möglichkeiten aufzuzählen, welche in dieser Hinsicht existieren.

Die kanonischen Kurven sind nun diejenige Darstellung der algebraischen Gebilde, die wir im folgenden ausschließlich zugrunde legen[26]). In der Tat zeigt sich, daß sich für sie die Verhältnisse immer am einfachsten gestalten. Ich werde in dieser Hinsicht jetzt zunächst entwickeln, daß sich die Formeln des § 6 fast ohne Änderung auf beliebige kanonische Kurven übertragen.

<h2 style="text-align:center">§ 9.</h2>

<h3 style="text-align:center">Grundformeln der kanonischen Darstellung.</h3>

Ich werde die in Betracht kommenden Formeln in derselben Reihenfolge geben wie in § 6, sodaß fortwährender Vergleich möglich ist.

Zunächst noch eine genauere Festlegung der unter (58) gegebenen Formel für $d\omega$. Indem wir die in (58) vorkommenden willkürlichen Konstanten α, β in geeigneter Weise partikularisieren, erhalten wir spezielle Formeln:

$$d\omega = \frac{z_l\, dz_k - z_k\, dz_l}{\Gamma^{(ik)}_{d+2}(z_1, \ldots, z_n)},$$

wo i, k irgend zwei verschiedene der Indizes $1 \ldots n$ sind; indem wir

---

[26]) Entsprechend dem Umstande, daß wir mit der Riemannschen Theorie beginnen, gelten im Texte die φ und die aus ihnen herzustellenden Ausdrücke von vornherein als bekannt; es bleibt also die Frage durchaus unberührt, wie wir dieselben herzustellen haben, wenn uns das algebraische Gebilde irgendwie durch Gleichungen definiert vorliegt. Ich will aber doch ausdrücklich darauf hinweisen, daß diese Frage längst von anderer Seite erledigt ist (so daß also, theoretisch zu reden, wirklich die Möglichkeit vorliegt, von dem irgendwie algebraisch gegebenen Gebilde bis zu jeder zulässigen kanonischen Darstellung desselben vorzudringen). Man vgl. z. B. Noether in Bd. 23 der Math. Annalen (*Rationale Ausführung der Operationen in der Theorie der algebraischen Funktionen*, 1883). [Es steht andererseits aber nichts entgegen, alle im Text gebrauchten Formen für ein algebraisches Gebilde, welches mit beliebigen Singularitäten behaftet ist, zu definieren; siehe, was z. B. binäre Gebilde angeht, Pick in den Math. Annalen, Bd. 50 (1897). K.]

sodann die einzelnen der so gewonnenen Formeln im Zähler und Nenner mit $(\alpha_i \beta_k - \beta_i \alpha_k) = (\alpha\beta)_{ik}$ multiplizieren und die sämtlichen so entstehenden Ausdrücke vereinigen, kommt:

$$d\,\omega = \frac{(\alpha_z \beta_{dz} - \beta_z \alpha_{dz})}{\Sigma\,(\alpha\beta)_{ik}\,\Gamma^{(ik)}_{d+2}\,(z_1,\ldots,z_n)},$$

womit die Abhängigkeit des in (58) auftretenden Nenners Γ_{d+2} von den Konstanten α, β klargelegt ist. Wir wollen diese Formel abkürzenderweise so schreiben:

$$(60)\qquad d\,\omega = \frac{(\alpha_z \beta_{dz} - \beta_z \alpha_{dz})}{\Gamma_{d+2}\,(z_1\ldots z_n;\,\alpha,\beta)}.$$

Wir wenden uns zur Definition der φ und der Integrale erster Gattung. Dieselbe ist bereits in (59) enthalten: *die linearen Verbindungen der φ decken sich mit den algebraischen Formen $\Gamma_d(z_1,\ldots,z_n)$; unter den Formen Γ_d gibt es genau p linear unabhängige.*

Sei ferner $P^{xy}_{\xi\eta}$ ein Integral dritter Gattung. Wir bilden uns

$$\frac{\partial^2 P}{\partial\,\omega_x\,\partial\,\omega_\xi},$$

multiplizieren mit $(\alpha_x \beta_\xi - \beta_x \alpha_\xi)^2$, wo die α, β willkürliche Größen sind, die übrigens mit den unter (60) benutzten durchaus nicht identisch zu sein brauchen, und erhalten einen Ausdruck

$$\Psi\,(x,\,\xi;\,\alpha,\beta),$$

der sich linear aus den Verbindungen zweiten Grades der Determinanten $(\alpha\beta)_{ik}$ zusammensetzt. Dieser Ausdruck erweist sich in den $x_1,\ldots,x_n$, wie in den $\xi_1,\ldots,\xi_n$, als algebraische Form $(d+2)$-ten Grades, verschwindet doppelt, wenn $\alpha_x\beta_\xi - \beta_x\alpha_\xi = 0$ ist, ohne daß x mit ξ zusammenfällt, und geht für $\xi = x$ in das Quadrat von $\Gamma_{d+2}(x_1,\ldots,x_n;\,\alpha,\beta)$ über. Wir schliessen, *daß es jedenfalls möglich sein muß, bei der vorgelegten C_m Formen Ψ dieser Art zu bilden.* Das Integral P erscheint dann in der Form

$$(61)\qquad P^{xy}_{\xi\eta} = \int\limits_y^x\!\int\limits_\eta^\xi d\,\omega_z\, d\,\omega_\zeta\cdot\frac{\Psi\,(z,\,\zeta;\,\alpha,\beta)}{(\alpha_z \beta_\zeta - \beta_z \alpha_\zeta)^2}.$$

Umgekehrt wird jedes Ψ, welches die angegebenen Eigenschaften besitzt, in (61) eingesetzt ein Integral dritter Gattung definieren. Wir schließen, daß der Ausdruck Ψ durch die von uns angegebenen Eigenschaften so weit definiert ist, wie das Integral dritter Gattung selbst: *aus einem speziellen Werte des Ψ werden wir den allgemeinen erhalten, indem wir den mit willkürlichen c_{ik} ausgestatteten Ausdruck*

$$(62)\qquad (\alpha_z\beta_\zeta - \beta_z\alpha_\zeta)^2\cdot\sum c_{ik}\,\varphi_i(z)\,\varphi_k(\zeta)$$

hinzuaddieren.

Wir ziehen jetzt die Definition (32) der Primform in Betracht. Wieder können wir den daselbst angedeuteten Grenzübergang mit Hilfe des Abelschen Theorems ausführen, indem wir diejenigen Stellen

$$x', x'', \ldots, x^{(m-1)}$$

bzw.

$$y', y'', \ldots, y^{(m-1)}$$

unserer kanonischen Kurve einführen, welche die Gleichungen

$$\alpha_x \beta_z - \beta_x \alpha_z = 0, \quad \text{bez.} \quad \alpha_y \beta_z - \beta_y \alpha_z = 0$$

befriedigen, ohne doch mit x, bez. y identisch zu sein. Wir erhalten:

$$(63) \qquad \Omega(x, y) = \frac{\alpha_x \beta_y - \beta_x \alpha_y}{\sqrt{\Gamma_{d+2}(x; \alpha, \beta) \cdot \Gamma_{d+2}(y; \alpha, \beta)}} \cdot e^{\frac{1}{2} \sum P_{xy}^{x^{(i)} y^{(i)}}}.$$

Übrigens bemerken wir: $\Omega(x, y)$ *ist in den Koordinaten des Punktes* x, *bez.* y *vom Grade* $-\dfrac{d}{2}$.

Wir beschäftigen uns endlich mit der Mittelform $\mu(x)$. Zu ihrer Definition werden wir selbstverständlich nicht eine lineare Verbindung der φ, sondern eine solche der x heranziehen. Wir gewinnen dadurch die m-te Potenz von $\mu(x)$ in der Form:

$$(64) \qquad \mu(x)^m = \frac{\prod_{1}^{m} \Omega(x, c^{(i)})}{C_1 x_1 + C_2 x_2 + \ldots + C_n x_n}.$$

Wir sehen: $\mu(x)$ *ist in den Koordinaten* x *vom Grade* $-\dfrac{p}{m}$.[27])

Hiermit sind in der Tat die Formeln des § 6 auf den Fall einer beliebigen kanonischen Kurve übertragen, abgesehen allerdings von einem einzigen Punkte: wir haben in (61), (62) die zur kanonischen Kurve gehörigen Integrale dritter Gattung nur im allgemeinen definiert, während wir in § 6 für jeden der beiden dort in Betracht kommenden Fälle ein ganz bestimmtes Integral dritter Gattung, das wir Q nannten, als das einfachste von allen festgelegt hatten. Ich bin einstweilen nicht in der Lage, die Theorie dieses Q auf beliebige kanonische Kurven zu übertragen. In § 26 unten wird für ebene Kurven vierter Ordnung ohne Doppelpunkt die Eigenart des Q noch näher erläutert; es handelt sich dabei aber um solche Betrachtungen, bei denen die *Konstanten* der Riemannschen Fläche (die

---

[27]) [In meinem autographierten Vorlesungsheft „Riemannsche Flächen" I, S. 144 ff. findet man noch eine andere Darstellung für die mit geeigneten Mittelformen multiplizierte Primform $\Omega(x, y)$ an der kanonischen Kurve. K.]

Moduln derselben) als veränderlich gelten, und diese Betrachtungen entziehen sich zur Zeit, wie schon in der Einleitung angedeutet, der Verallgemeinerung[28]).

§ 10.
Von den Lösungen des Umkehrproblems.

Wir werden jetzt das Umkehrproblem der Integrale erster Gattung einführen, bez. diejenigen auf seine Lösungen bezüglichen Sätze kurz zusammenstellen, die sogleich gebraucht werden. Die allgemeinste Formulierung des Umkehrproblems ist jedenfalls die, daß wir für $\alpha = 1, 2, \ldots, p$ die Gleichungen anschreiben

$$(65) \qquad w_\alpha^{x' y'} + w_\alpha^{x'' y''} + \ldots + w_\alpha^{x^{(\nu)} y^{(\nu)}} = W_\alpha,$$

wo ν irgendwelche Zahl, und nun verlangen, den aus den Werten der W_α folgen den algebraischen Zusammenhang zwischen den $x', \ldots, x^{(\nu)}, y', \ldots, y^{(\nu)}$ anzugeben. Inzwischen wollen wir diese Fragestellung hier gleich so partikularisieren, daß wir die y als gegebene Größen und nur die x als veränderlich, bez. als unbekannt betrachten. Wir haben jedenfalls den Satz:

Ist $x', x'', \ldots, x^{(\nu)}$ irgendeine Lösung der Gleichungen (65), *so ist auch jedes zu den $x', x'', \ldots, x^{(\nu)}$ im Sinne des § 7 äquivalente Punktsystem eine Lösung.*

Aber diesen Satz können wir unmittelbar umkehren. Sind $x', \ldots, x^{(\nu)}$ und $\bar{x}', \ldots, \bar{x}^{(\nu)}$ zwei Lösungssysteme derselben Gleichungen (65), so erweist sich der Primformenquotient:

$$\frac{\Omega\left(x, x'\right) \ldots \Omega\left(x, x^{(\nu)}\right)}{\Omega\left(x, \bar{x}'\right) \ldots \Omega\left(x, \bar{x}^{(\nu)}\right)}$$

als algebraische, auf unserer Kurve eindeutige Funktion von x. Wir schließen:

Je zwei Lösungssysteme $x', \ldots, x^{(\nu)}$ und $\bar{x}', \ldots, \bar{x}^{(\nu)}$ von (65) *sind äquivalent.*

Hiernach gestattet der Riemann-Rochsche Satz, unter der Voraussetzung, daß überhaupt ein Lösungssystem der Gleichungen (65) existiere, die Zahl dieser Lösungen anzugeben. Wir formulieren das Resultat mit den Worten:

Ist τ die Zahl der linear unabhängigen φ, die in den Punkten $x', \ldots, x^{(\nu)}$ irgendeines Lösungssystems der Gleichungen (65) *verschwinden, so ist die Zahl der überhaupt vorhandenen Lösungen $\infty^{\nu-p+\tau}$.*

---

[28]) [Außer Pick (vgl. § 6) haben Osgood und White in ihren bereits oben (S. 413, Fußnote [25]) genannten Dissertationen ein Integral Q mit kovariantem Charakter für die von ihnen betrachteten kanonischen Kurven aufgestellt. K.]

Wir sind so zu der fundamentalen Frage geführt, ob das Gleichungssystem (65) überhaupt Lösungen hat. Für $\nu < p$ verlangt dies jedenfalls Bedingungen zwischen den W_α, und diesen können wir hier nicht nachgehen, da sie sich erst mit Hilfe der hier noch als unbekannt geltenden Thetafunktionen beantworten lassen. Dagegen haben wir ohne weiteres:

Für $\nu \geqq p$ hat die Problemstellung (65) *sicher Lösungen.*

Allerdings leitet man auch diesen Satz, nach dem Vorgange von Riemann, vielfach erst aus der Theorie der Thetafunktionen ab. Demgegenüber ist es mit Rücksicht auf den Inhalt der folgenden Paragraphen wesentlich, hier ausdrücklich zu konstatieren, daß man zu diesem Zwecke der Theorie der Thetafunktionen keineswegs bedarf. Herr Weierstrass hat in der Tat seit langem einen ganz elementaren Beweis des in Rede stehenden Satzes gegeben[29]). Derselbe läßt sich mit wenigen Worten skizzieren. Man beginnt damit, für die W hinreichend kleine Größen zu setzen, welche (W) heißen sollen. Läßt man dann $\nu - p$ der zugehörigen Punkte x mit den korrespondierenden Punkten y zusammenfallen, so kann man die symmetrischen Funktionen der Koordinaten der übrigen x nach Potenzen der (W) in konvergente Reihen entwickeln. Damit ist für die (W) die Existenz eines ersten Lösungssystems sichergestellt. Hierauf gestattet das Abelsche Theorem, für Größen $W = n \cdot (W)$, wo n irgendeine ganze Zahl, ein Lösungssystem aus dem für die (W) gefundenen algebraisch zu konstruieren. Aber die so definierten W sind an sich die allgemeinsten, die es gibt. In der Tat, wenn irgendwelche W vorgelegt sind, so kann man n immer so groß nehmen, daß die Größen $\dfrac{W}{n}$ zu den bereits behandelten (W) gehören. Daher usw.

Dies ist alles, was wir von der Theorie des Umkehrproblems in den folgenden Paragraphen brauchen werden.

§ 11.

Wurzelformen bei kanonischen Kurven.

Wir denken uns jetzt wieder eine kanonische Kurve m-ter Ordnung des Raumes der $z_1 : z_2 : \ldots : z_n$ gegeben.

Eine zu derselben gehörige algebraische Form irgendwelchen Grades Γ_δ kann so beschaffen sein, daß ihre $m\delta$ Nullpunkte, unter μ einen Teiler

---

[29]) [Siehe Crelles Journal, Bd. 52 (1856) = Math. Werke, Bd. I, S. 297 ff. oder Math. Werke, Bd. IV, S. 445 ff. Vgl. auch die Darstellungen in den „Modulfunktionen", Bd. II, S. 512—517 oder in der wiederholt genannten Arbeit von Burkhardt, Math. Annalen, Bd. 32, § 22. K.]

von $m\,\delta$ verstanden, zu je μ zusammenfallen. Wir nennen sie dann eine *Berührungsform* μ-ter Stufe, die μ-te Wurzel aber

$$\sqrt[\mu]{\Gamma_\delta}$$

eine *Wurzelform* der μ-ten Stufe.

Über die Mannigfaltigkeit solcher zu einer gegebenen C_m gehöriger Wurzelformen geben die Entwicklungen des vorigen Paragraphen eine Reihe von übrigens wohlbekannten Sätzen, von denen hier einige in knapper Form zusammengestellt werden sollen.

Mit a', a'', ..., $a^{(m)}$ seien vorübergehend die m auf unserer Kurve gelegenen Verschwindungspunkte einer Linearform a_x, mit c ein festgewählter, willkürlicher Punkt der Kurve bezeichnet. Wir setzen, für $\alpha = 1, 2, \ldots, p$:

$$(66) \qquad w_\alpha^{a'c} + w_\alpha^{a''c} + \ldots + w_\alpha^{a^{(m)}c} = C_\alpha.$$

Es seien ferner x', x'', ..., $x^{(\nu)}$ die Verschwindungspunkte einer Wurzelform $\sqrt[\mu]{\Gamma_\delta}$, also $\mu\nu = m\,\delta$. Dann hat man, wie auch die Integrationswege gewählt werden mögen, modulo der Perioden erster Gattung folgende Kongruenzen:

$$\mu\left(w_\alpha^{x'c} + w_\alpha^{x''c} + \ldots + w_\alpha^{x^{(\nu)}c}\right) \equiv \delta\, C_\alpha.$$

Wir schließen hieraus in bekannter Weise:

$$(67) \qquad w_\alpha^{x'c} + w_\alpha^{x''c} + \ldots + w_\alpha^{x^{(\nu)}c} = \frac{\delta}{\mu}\cdot C_\alpha + \left(\frac{\omega_\alpha}{\mu}\right),$$

wo $\left(\dfrac{\omega_\alpha}{\mu}\right)$ irgendeinen der μ^{2p} Teilwerte

$$(68) \qquad \frac{h_1\,\omega_{\alpha,1} + h_2\,\omega_{\alpha,2} + \ldots + h_{2p}\,\omega_{\alpha,2p}}{\mu}$$

bedeuten soll, die man erhält, indem man h_1, h_2, ..., h_{2p} unabhängig voneinander die Werte $0, 1, \ldots, (\mu - 1)$ durchlaufen läßt. Wir haben also zur Bestimmung der Nullstellen x', x'', ..., $x^{(\nu)}$ die μ^{2p} Umkehrprobleme (67) zu behandeln.

Indem wir jetzt den Inhalt des vorigen Paragraphen von rückwärts durchlaufen, haben wir zunächst:

Ob es bei gegebener Kurve C_m für $\nu < p$ bei irgendwelcher Annahme der h_1, h_2, ..., h_{2p} Lösungen x der Gleichungen (67) gibt, steht dahin; sicher aber gibt es solche Lösungen, und zwar bei beliebig angenommenen Werten der h_1, h_2, ..., h_{2p}, für $\nu \geq p$.

Für $\nu \geq p$ erhalten wir also μ^{2p} getrennte Systeme von Wurzelformen δ-ter Ordnung μ-ter Stufe; ob es für $\nu < p$ derartige Systeme gibt und wie groß eventuell deren Zahl ist, bleibt [bei der gegenwärtigen Betrachtung] unbestimmt.

Indem wir jetzt unter den Gleichungen (67) eine bestimmte ins Auge fassen, sei τ die Anzahl der linear unabhängigen φ, welche für die Punkte x', x'', ..., $x^{(\nu)}$ irgendeines zugehörigen Lösungssystems verschwinden. Wir haben dann:

Die Zahl der Lösungssysteme unserer Gleichung ist $\infty^{\nu-p+\tau}$; die Punkte jedes einzelnen Lösungssystems sind mit x', x'', ..., $x^{(\nu)}$ äquivalent.

Und hieraus:

Unter den der einzelnen Gleichung (67) zugehörigen Wurzelformen $\sqrt[\mu]{\Gamma_\delta}$ gibt es $(\nu - p + \tau + 1)$ linear unabhängige; alle anderen Wurzelformen des Systems setzen sich aus diesen mit Hilfe beliebig zu wählender konstanter Multiplikatoren linear zusammen.

Sind also

$$\sqrt[\mu]{\Gamma_\delta'}, \; \sqrt[\mu]{\Gamma_\delta''}, \; \ldots, \; \sqrt[\mu]{\Gamma_\delta^{(\nu-p+\tau+1)}}$$

unter den Wurzelformen des Systems geschickt ausgewählt, so ist

$$(69) \qquad \sqrt[\mu]{\Gamma_\delta} = c'\sqrt[\mu]{\Gamma_\delta'} + c''\sqrt[\mu]{\Gamma_\delta''} + \ldots + c^{(\nu-p+\tau+1)}\sqrt[\mu]{\Gamma_\delta^{(\nu-p+\tau+1)}},$$

unter den c unabhängige Konstante verstanden, die allgemeinste Wurzelform desselben.

Wir betrachten jetzt Wurzelformen μ-ter Stufe von den Ordnungen δ und δ' nebeneinander. Es entstehen dann gewisse Gruppierungssätze, von denen wir nur zwei herausgreifen:

1. *Ist $\delta \equiv \delta'$ (mod. μ) und $\delta' > \delta$, so gehört zu jedem existierenden Systeme von Wurzelformen $\sqrt[\mu]{\Gamma_\delta}$ ein bestimmtes System von Wurzelformen $\sqrt[\mu]{\Gamma_{\delta'}}$.*

Man erhält nämlich Wurzelformen $\sqrt[\mu]{\Gamma_{\delta'}}$, indem man die $\sqrt[\mu]{\Gamma_\delta}$ des gegebenen Systems mit beliebigen zur C_m gehörigen algebraischen Formen vom Grade $\dfrac{\delta'-\delta}{\mu}$ multipliziert; durch die so gewonnenen $\sqrt[\mu]{\Gamma_{\delta'}}$ ist dann ein ganzes System von Wurzelformen δ'-ter Ordnung rational festgelegt.

2. *Haben δ und δ' mit μ verschiedene Faktoren gemein, so haben die Systeme von Formen $\sqrt[\mu]{\Gamma_\delta}$, die es gibt, unter sich eine ganz andere Gruppierung, als die Systeme von Formen $\sqrt[\mu]{\Gamma_{\delta'}}$.*

Ist beispielsweise δ durch μ teilbar, so findet sich unter den zugehörigen Systemen des $\sqrt[\mu]{\Gamma_\delta}$ ein besonders ausgezeichnetes: das ist der Inbegriff der algebraischen Formen des Grades $\dfrac{\delta}{\mu}$. Oder ist $\mu = \mu'\mu''$ und δ durch μ' teilbar, so finden sich unter den Systemen der $\sqrt[\mu]{\Gamma_\delta}$ als ausgezeichnete Systeme die Wurzelformen $\sqrt[\mu'']{\Gamma_{\frac{\delta}{\mu'}}}$.

Es ist hier nicht der Ort, diese Gruppierungssätze weiter zu verfolgen. Auf den besonderen Fall derselben, welcher der Annahme $m = 2p - 2$, $\mu = 2$ entspricht, ist insbesondere Herr Noether wiederholt eingegangen (in der schon öfter genannten Arbeit in Bd. 17 der Math. Annalen, in Bd. 28 daselbst *„Zum Umkehrproblem in der Theorie der Abelschen Funktionen“* 1886, usw.); der Fall $m = 2$, $p = 2$ (μ beliebig) findet seine Erledigung in der wiederholt genannten Abhandlung von Herrn Burkhardt (*Systematik der hyperelliptischen Funktionen*).

<h2 style="text-align:center">§ 12.</h2>

Charakteristiken von Wurzelformen, insbesondere Primcharakteristiken.

Die μ^{2p} verschiedenen Systeme von Wurzelformen $\sqrt[\mu]{\Gamma_\delta}$, die es für $\nu \geqq p$ gibt, erscheinen vermöge (67), (68) je durch ein bestimmtes System der Zahlen $h_1, h_2, \ldots, h_{2p}$ festgelegt. Aber diese Zahlen haben an sich keine absolute Bedeutung, insofern man der in derselben Formel vorkommenden Größe $\dfrac{\delta C_a}{\mu}$ nach Belieben die μ^{2p} verschiedenen Werte erteilen kann, welche sich aus einem einzelnen dieser Werte durch Hinzufügen eines beliebigen μ-Teiles der Perioden ergeben. Ich werde das so ausdrücken:

Durch die Formeln (67), (68) *werden für die Wurzelformen* $\sqrt[\mu]{\Gamma_\delta}$ *keine absoluten Charakteristiken* $(h_1, h_2, \ldots, h_{2p})$, *sondern nur relative Charakteristiken festgelegt.*

Unter der relativen Charakteristik zweier Systeme von Wurzelformen $\sqrt[\mu]{\Gamma_\delta}$ und $\left(\sqrt[\mu]{\Gamma_\delta}\right)$ verstehe ich nämlich den Inbegriff der Differenzen der diesen Systemen in (67), (68) entsprechenden Zahlen h, (h), also den Zahlenkomplex:

$$\mid h_1 - (h_1),\ h_2 - (h_2),\ \ldots,\ h_{2p} - (h_{2p}) \mid$$

(sämtliche Zahlen immer nur modulo μ genommen). Wir können für denselben eine selbständige Definition aufstellen, indem wir den Quotienten

$$\frac{\sqrt[\mu]{\Gamma_\delta}}{\left(\sqrt[\mu]{\Gamma_\delta}\right)}$$

in Betracht ziehen. Seien $x', x'', \ldots, x^{(\nu)}$ diejenigen Punkte unserer Kurve, für welche der Zähler, $(x'), (x''), \ldots, (x^{(\nu)})$ diejenigen Punkte, für welche der Nenner verschwindet. Dann ist unser Quotient gleich dem Produkte von Primformen:

$$\frac{\Omega(x, x') \cdot \Omega(x, x'') \ldots \Omega(x, x^{(\nu)})}{\Omega(x, (x')) \cdot \Omega(x, (x'')) \ldots \Omega(x, (x^{(\nu)}))}.$$

Von hier aus berechnet man jetzt vermöge (33) die Faktoren, welche unser Quotient erhält, sobald der Punkt x auf der zerschnitten gedachten Riemannschen Fläche beziehungsweise die Querschnitte

$$A_1, \ldots, A_p; \quad B_1, \ldots, B_p$$

überschreitet. Wir finden, vermöge der zwischen den ω, η herrschenden Bilinearrelationen,

$$(70) \qquad \varepsilon^{h_{p+1}-(h_{p+1})}, \ldots, \varepsilon^{h_{2p}-(h_{2p})}, \quad \varepsilon^{-h_1+(h_1)}, \ldots, \varepsilon^{-h_p+(h_p)},$$

wo $\varepsilon = e^{\frac{2i\pi}{n}}$. *In diesen Faktoren liegt die in Aussicht genommene Definition der relativen Charakteristik zweier Systeme von Wurzelformen.*

Es gibt nun zwei besondere Fälle, in denen man, unter Aufrechterhaltung der so formulierten Sätze, dem einzelnen Systeme der $\sqrt[\mu]{\Gamma_\delta}$ in zwangloser Weise eine *absolute* Charakteristik

$$|h_1, h_2, \ldots, h_{2p}|$$

beilegen kann.

Der erste dieser Fälle tritt ein, wenn δ durch μ teilbar ist. Es gibt dann, wie schon bemerkt, ein ausgezeichnetes System von Wurzelformen $\sqrt[\mu]{\Gamma_\delta}$, dasjenige, welches aus den algebraischen Formen vom Grade $\frac{\delta}{\mu}$ besteht. Es ist natürlich, diesem System die Charakteristik $|0,0,\ldots,0|$ zu erteilen. Dann sind die Charakteristiken aller anderen Systeme damit festgelegt; wenn wir wollen, durch die Faktoren

$$(71) \qquad \varepsilon^{h_{p+1}}, \ldots, \varepsilon^{h_{2p}}, \quad \varepsilon^{-h_1}, \ldots, \varepsilon^{-h_p},$$

welche der Quotient

$$\frac{\sqrt[\mu]{\Gamma_\delta}}{\Gamma_{\frac{\delta}{\mu}}}$$

an den Querschnitten A, B erhält. Wir werden die so gewonnenen „absoluten" Charakteristiken als *Elementarcharakteristiken* bezeichnen.

Den Elementarcharakteristiken treten zweitens die *Primcharakteristiken* gegenüber. Ich wähle diesen Namen, weil bei ihrer Definition die Primform Ω zu benutzen ist. Der Einfachheit wegen will ich fortan $\mu = 2$ setzen. Dann ist der Grad δ derjenigen Wurzelformen, für welche es Primcharakteristiken gibt, $2\varrho + d$, unter ϱ eine beliebige ganze Zahl verstanden, während $d = \frac{2p-2}{m}$ ist. Ist nämlich eine Wurzelform $(2\varrho + d)$-ter Ordnung zweiter Stufe

$$\sqrt{\Gamma_{2\varrho+d}}$$

vorgelegt, so können wir aus ihr eine *Funktion* der Stelle x bilden, indem wir ihr den Faktor $\Omega(x, y)$ hinzufügen (wo y ein beliebiger Hilfspunkt) und dann durch eine beliebige algebraische Form $\Gamma_{\varrho+d}$ dividieren. Um die Primcharakteristik von $\sqrt{\Gamma_{2\varrho+d}}$ zu finden, bestimmen wir die Faktoren, welche die in Rede stehende Funktion

$$\frac{\sqrt{\Gamma_{2\varrho+d}} \cdot \Omega(x,y)}{\Gamma_{\varrho+d}}$$

an den $2p$ Querschnitten der Riemannschen Fläche annimmt. Indem wir mit $h_1, h_3, \ldots, h_{2p}$ geeignete ganze Zahlen bezeichnen, lauten diese Faktoren:

$$(72) \quad \begin{cases} \text{bei } A_1: \quad (-1)^{h_{p+1}} \cdot e^{\sum \eta_{\alpha 1}\left(w_{\alpha}^{xy}+\frac{\omega_{\alpha 1}}{2}\right)}, \\[2ex] \text{bei } A_2: \quad (-1)^{h_{p+2}} \cdot e^{\sum \eta_{\alpha 2}\left(w_{\alpha}^{xy}+\frac{\omega_{\alpha 2}}{2}\right)}, \\[1ex] \quad\quad \vdots \\[1ex] \text{bei } B_p: \quad (-1)^{h_p} \quad \cdot e^{\sum \eta_{\alpha,2p}\left(w_{\alpha}^{xy}+\frac{\omega_{\alpha,2p}}{2}\right)}, \end{cases}$$

wo die h natürlich nur modulo 2 bestimmt sind. *Die so definierten*

$$(73) \quad\quad\quad\quad h_1, h_2, \ldots, h_{2p}$$

sind die Primcharakteristik der Wurzelform $\sqrt{\Gamma_{2\varrho+d}}$. In der Tat ist sofort zu sehen, daß die so gegebene Definition der Charakteristiken mit der aus (67), (68) fließenden verträglich ist. Bilden wir nämlich für zwei Wurzelformen $\sqrt{\Gamma_{2\varrho+d}}$ aus verschiedenen Systemen — sie mögen $\sqrt{\Gamma_{2\varrho+d}}$, $(\sqrt{\Gamma_{2\varrho+d}})$ heißen — nach der neuen Regel die Primcharakteristiken h und (h), so wird deren Quotient

$$\frac{\sqrt{\Gamma_{2\varrho+d}}}{(\sqrt{\Gamma_{2\varrho+d}})}$$

an den A, B die Faktoren annehmen:

$$(-1)^{h_{p+1}-(h_{p+1})}, \quad (-1)^{h_{p+2}-(h_{p+2})}, \ldots, (-1)^{h_p-(h_p)},$$

was mit Formel (70) genau übereinstimmt.

Übrigens werden wir, um uns der gewöhnlichen Bezeichnung anzuschließen, für

$$h_1, h_2, \ldots, h_p, \quad h_{p+1}, \ldots, h_{2p}$$

in der Folge vielfach

$$h_1, h_2, \ldots, h_p, \quad g_1, \ldots, g_p$$

schreiben. In der Tat gehen die Charakteristiken, welche wir definierten, in dem besonderen Falle $\mu = 2$, $d = 1$, d. h. im Falle der Wurzelformen zweiter Stufe bei zugrunde gelegter Normalkurve der φ, in die sonst gebrauchten Charakteristiken über; die Primcharakteristiken beziehen sich dann auf die Wurzelformen ungerader Ordnung, die Elementarcharakteristiken auf die Formen gerader Ordnung. Die Primcharakteristiken werden also das, was man *eigentliche Charakteristiken*, die Elementarcharakteristiken das, was man *Gruppencharakteristiken* zu benennen pflegt. Ich habe mich diesen letzteren Benennungen schon darum nicht anschließen mögen, weil ich für das Wort „Gruppe" durchweg die spezifische, auf Galois zurückgehende Bedeutung aufrecht erhalten will[30]).

Übrigens möchte ich vorgreifend hier folgende Bemerkung einschalten. Die Primcharakteristiken wurden, wo sie bislang in der Literatur auftraten, nur indirekt, von der Theorie der Thetafunktionen aus, eingeführt. Aber hierbei blieb eine Unbestimmtheit bestehen. Man wußte sehr wohl, daß den 2^{2p} unterschiedenen Thetafunktionen an der Normalkurve der φ die 2^{2p} zu unterscheidenden Systeme von Wurzelformen ungerader Ordnung entsprechen, aber man war nicht in der Lage, die betreffende Zuordnung ins einzelne durchzuführen. Nun wir die Primcharakteristiken direkt definieren, ist diese Unbestimmtheit beseitigt. *An der kanonischen C_m wird jeder Thetafunktion dasjenige System von Wurzelformen $\sqrt{\overline{\Gamma_{2\varrho+\alpha}}}$ entsprechen, deren Primcharakteristik mit der Charakteristik der Thetafunktion* (deren Definition durch die Thetareihe selbst gegeben ist), *übereinstimmt.*

Herr Noether hat in Bd. 28 der Annalen (a. a. O.) auf das verschiedene Verhalten aufmerksam gemacht, welches die an der Normalkurve der φ für $\mu = 2$ definierten Charakteristiken der beiden Arten gegenüber linearer Periodentransformation zeigen. Dieses Verhalten ist von der Auswahl der zugrunde zu legenden kanonischen Kurve selbstverständlich unabhängig. Zugleich ergibt sich dasselbe hier, ohne irgendwelche Bezugnahme auf die lineare Transformation der Thetafunktionen, aus der Betrachtung der Faktoren (71), (72) direkt. Die Formeln selbst sind folgende. Sei die lineare Transformation der Perioden (ich will mich der Kürze halber auf $p = 3$ beschränken) durch die Formeln gegeben:

$$(74) \quad \begin{cases} \omega_1' = a_1\,\omega_1 + b_1\,\omega_2 + c_1\,\omega_3 + d_1\,\omega_4 + e_1\,\omega_5 + f_1\,\omega_6, \\ \omega_2' = a_2\,\omega_1 + b_2\,\omega_2 + \ldots\ldots\ldots\ldots\ldots, \\ \omega_3' = \ldots\ldots\ldots\ldots\ldots\ldots\ldots, \\ \ldots\ldots\ldots\ldots\ldots\ldots\ldots\ldots, \end{cases}$$

Man hat dann als Umsetzung der Elementarcharakteristiken

$$(75) \quad \left.\begin{cases} h_1 = a_1\,h_1' + a_2\,h_2' + a_3\,h_3' + a_4\,h_4' + a_5\,h_5' + a_6\,h_6' \\ h_2 = b_1\,h_1' + b_2\,h_2' + \ldots\ldots\ldots\ldots\ldots \\ h_3 = \ldots\ldots\ldots\ldots\ldots\ldots\ldots\ldots \\ \ldots\ldots\ldots\ldots\ldots\ldots\ldots\ldots\ldots \end{cases}\right\} (\text{mod. } 2),$$

[30]) [Statt Primcharakteristik wird vielfach auch der Name Thetacharakteristik gebraucht, der hier vermieden werden mußte, weil die Thetafunktion erst aus den Primformen aufgebaut werden sollte. K.]

dagegen für die Primcharakteristiken:

$$6)\quad \left\{\begin{aligned}
&h_1 = a_1 h_1' + a_2 h_2' + a_3 h_3' + a_4 h_4' + a_5 h_5' + a_6 h_6' + (a_1 a_4 + a_2 a_5 + a_3 a_6)\\
&h_2 = b_1 h_1' + b_2 h_2' + \ldots \qquad\qquad\qquad\qquad + (b_1 b_4 + b_2 b_5 + b_3 b_6)\\
&h_3 = \ldots\ldots\ldots\ldots\ldots\ldots\ldots\ldots\ldots\ldots\ldots\ldots\ldots\ldots\ldots\ldots\\
&\quad\ldots\ldots\ldots\ldots\ldots\ldots\ldots\ldots\ldots\ldots\ldots\ldots\ldots\ldots\ldots
\end{aligned}\right\} \; (\mathrm{mod.}\ 2),$$

Die Folge ist, daß unter allen Elementarcharakteristiken die eine $(0,0,\ldots,0)$ eine Sonderstellung den anderen gegenüber einnimmt, während sich die Primcharakteristiken in gerade und ungerade zerlegen, je nachdem

$$h_1 h_4 + h_2 h_5 + h_3 h_6$$

gerade oder ungerade ist.

Diese tiefgehende Unterscheidung von Elementarcharakteristiken und Primcharakteristiken schließt nicht aus, daß sich beide, *sobald das d der kanonischen Kurve eine gerade Zahl ist*, auf dieselben Wurzelformen beziehen können. Es ist dies z. B. bei den hyperelliptischen Gebilden eines ungeraden p der Fall.

§ 13.

Fundamentalformeln für die auf kanonische Kurven bezogenen Thetafunktionen.

Wir haben jetzt alle Vorbereitungen, um uns wenigstens dem ersten Teile desjenigen wichtigen Problems zuwenden zu können, dessen Erledigung in der Einleitung als der allgemeine Zielpunkt der gegenwärtigen Abhandlung bezeichnet wurde.

Es handelt sich um eine Fragestellung, welche von derjenigen, die Riemann in Nr. 25 seiner Abelschen Funktionen gibt, nur wenig verschieden ist.

Wir denken uns nämlich die 2^{2p} Thetareihen, deren einzelne durch ihre Charakeristik $\left|\begin{smallmatrix} g \\ h \end{smallmatrix}\right|$ festgelegt ist:

$$(77)\qquad \vartheta_{\left|\begin{smallmatrix} g_1 \ldots g_p \\ h_1 \ldots h_p \end{smallmatrix}\right|}(v_1,\ldots,v_p;\ \tau_{11},\ldots,\tau_{pp}) = \sum_{-\infty}^{+\infty}{}_{n_1} \ldots \sum_{-\infty}^{+\infty}{}_{n_p} E,$$

wo

$$E = e^{\;i\pi\left(\sum\limits_{1}^{p}{}^{\alpha}\sum\limits_{1}^{p}{}^{\beta}\left(n_\alpha + \frac{g_\alpha}{2}\right)\left(n_\beta + \frac{g_\beta}{2}\right)\tau_{\alpha\beta} + 2\sum\limits_{1}^{p}{}^{\alpha}\left(n_\alpha + \frac{g_\alpha}{2}\right)\left(v_\alpha + \frac{h_\alpha}{2}\right)\right)},$$

in Funktionen auf der uns gegebenen kanonischen Kurve m-ter Ordnung des Raumes von $(n-1)$ Dimensionen verwandelt, indem wir die $\tau_{\alpha\beta}$ mit den gleichbenannten Perioden der zugehörigen Normalintegrale erster Gattung zusammenfallen lassen, für die v_α aber, unter ν eine beliebige Zahl verstanden, die folgenden Integralsummen einführen:

$$(78)\qquad v_\alpha = v_\alpha^{x'\,y'} + v_\alpha^{x''\,y''} + \ldots + v_\alpha^{x^{(\nu)}\,y^{(\nu)}}.$$

Die einfachen und fundamentalen Eigenschaften der so definierten Funktionen der Stellen x', ..., $x^{(\nu)}$, y', ..., $y^{(\nu)}$ sollen als bekannt gelten. Unsere Aufgabe ist, *diese neuen Funktionen,* sofern es möglich ist, *durch die in den früheren Paragraphen bereits eingeführten Funktionen und Formen explizit darzustellen, was darauf hinauskommen wird, sie aus algebraischen Ausdrücken, Primformen und Mittelformen, zusammenzusetzen.*

Von dieser allgemeinen Frage lassen wir hier, im ersten Abschnitte der gegenwärtigen Abhandlung, unserem anfänglichen Plane entsprechend, so viel nach, daß wir auf eine Festlegung der sogenannten konstanten Faktoren der Thetareihen, d. h. derjenigen Faktoren, welche nicht mehr von den x', ..., $x^{(\nu)}$, y', ..., $y^{(\nu)}$, sondern nur noch von den Moduln des algebraischen Gebildes abhängen, verzichten; wir werden also mit Formeln zufrieden sein, die noch eine unbestimmte multiplikative Konstante enthalten. Die Auswertung dieser konstanten Faktoren wird dann die Hauptaufgabe unseres zweiten Abschnittes sein, wobei wir uns aber, wie ebenfalls schon in der Einleitung bemerkt, auf $p = 3$ beschränken müssen.

Leider aber sind wir nun genötigt, auch hierüber hinaus noch eine Reduktion unseres Problems eintreten zu lassen. Es hat mir nämlich nicht gelingen wollen, für die allgemeinen Integralsummen (78) zweckmäßige Lösungen desselben zu finden. Ich sehe mich also genötigt, statt der Summen (78) speziellere Integralsummen einzuführen, die freilich noch so allgemein sind, daß man alle anderen Fälle nach dem Abelschen Theoreme auf sie zurückführen kann. Ich habe in dieser Hinsicht zwei verschiedene Ansätze gemacht, die ich hier gleich nennen will.

1. Um die Integralsummen (78) der ersten Art zu definieren, haben wir vorab jedem Punkte y unserer kanonischen Kurve bezüglich der Primcharakteristik $\left|\begin{smallmatrix} y \\ h \end{smallmatrix}\right|$ (Formel (72), (73)) bestimmte p Punkte c_y', c_y'', ..., $c_y^{(p)}$ zuzuordnen. Zu dem Zwecke betrachten wir dasjenige System von Wurzelformen $(d + 2)$-ter Ordnung zweiter Stufe, welches die Primcharakteristik $\left|\begin{smallmatrix} g \\ h \end{smallmatrix}\right|$ besitzt. Wir wählen ferner irgendeine Linearform α_z, welche in $z = y$ verschwindet; ihre $(m - 1)$ sonstigen Nullpunkte sollen y', ..., $y^{(m-1)}$ heißen. Dann gibt es den Umkehrtheoremen zufolge eine Wurzelform der gerade bezeichneten Art, welche in y', ..., $y^{(m-1)}$ verschwindet. *Ihre weiteren p Verschwindungspunkte sind die hier gesuchten c_y', c_y'', ..., $c_y^{(p)}$.* In der Tat hängen die so definierten c, wie man nach dem Abelschen Theoreme zeigt, nur vom y und der gewählten Primcharakteristik ab, nicht aber von der speziellen, bei ihrer Konstruktion benutzten Linearform α_z.[31])

---

[31]) Die Theorie dieser Punkte c_y', ..., $c_y^{(p)}$ geht bekanntlich auf Clebsch und Gordan zurück (*Theorie der Abelschen Funktionen,* Leipzig 1866): der dort ge-

Jetzt sind die Integralsummen v_a, die wir beim einzelnen $\vartheta_{\left|\begin{smallmatrix} g \\ h \end{smallmatrix}\right|}$ in erster Linie in Betracht ziehen wollen:

$$(79) \qquad v_a = v_a^{x\,y} - v_a^{x'} c_y' - v_a^{x''} c_y'' - \ldots - v_a^{x^{(p)}} c_y^{(p)};$$

die $x, y, x', x'', \ldots, x^{(p)}$ werden hier willkürliche Punkte unserer Kurve vorstellen.

2. Wir nehmen zweitens an, *die Zahl v der in (78) vorkommenden Einzelintegrale sei durch m teilbar, also $v = m\varrho$, es seien ferner die unteren Grenzpunkte y als die Nullstellen irgendeiner algebraischen Form ϱ-ten Grades Γ_ϱ, gewählt.* Wir wollen dies andeuten, indem wir schreiben:

$$(80) \qquad v_a = \underbrace{\int^{x'} dv_a + \int^{x''} dv_a + \ldots + \int^{x^{(m\varrho)}} dv_a}_{(\Gamma_\varrho = 0)}.$$

Die so bestimmten v_a wollen wir dann in ein beliebiges $\vartheta_{\left|\begin{smallmatrix} g \\ h \end{smallmatrix}\right|}$ als Argumente substituieren.

In den beiden hiermit bezeichneten Fällen läßt sich nun in der Tat der Wert der Thetafunktion vorbehaltlich einer unbestimmt bleibenden multiplikativen Konstanten in einfachster Weise durch geschlossene Formeln der von uns gewollten Art darstellen. Ich gebe hier diese Formeln vorweg ohne Beweis an. *In denselben bedeuten Ω, μ diejenigen Primformen, bez. Mittelformen, die man erhält, indem man das bei ihrer Definition zu benutzende Integral dritter Gattung mit dem transzendent normierten Integral $\Pi_{\xi\,\eta}^{x\,y}$ zusammenfallen läßt.* Die verschiedenen nebeneinander stehenden Faktoren Ω und μ sind natürlich in ihrer Vieldeutigkeit aneinander gebunden, widrigenfalls man ein falsches Resultat erhalten würde; da ich auf die Einzelheiten der diesbezüglichen Verhältnisse hier unmöglich eingehen kann, will ich vorweg bemerken, daß die analogen Fragen des hyperelliptischen Falles mit aller Ausführlichkeit in Bd. 32 der Math. Annalen von Herrn Burkhardt in seiner bereits in der Einleitung genannten Arbeit zur Diskussion gebracht worden sind[32]).

Im ersten Falle (Formel (79)) seien $\varphi_1', \ldots, \varphi_p^{(p)}$ die Werte, welche die Formen $\varphi_1, \ldots, \varphi_p$ an den Stellen $x', \ldots, x^{(p)}$ annehmen. *Man hat dann* [bis auf einen Einheitsfaktor, der durch die Unbestimmtheit bei der Definition der Mittelform bedingt ist] *folgende Formel:*

---

gebenen Darstellung gegenüber bietet die des Textes zumal den Vorteil, daß sie vermöge des Begriffs der Primcharakteristik unter den 2^{2p} überhaupt vorhandenen Systemen von Punkten c das jedesmal in Betracht kommende einzeln herauslöst.

[32]) *Beiträge zur Theorie der hyperelliptischen Sigmafunktionen,* § 22.

$$(81) \qquad \vartheta_{\left|\substack{g\\h}\right|}(v,\tau) = C \cdot \frac{\Omega(x,x')\dots\Omega(x,x^{(p)})}{\mu(x)^{p-1}} \cdot \frac{\left|\begin{matrix}\varphi_1' \dots \varphi_1^{(p)}\\ \varphi_p' \dots \varphi_p^{(p)}\end{matrix}\right| \cdot \prod_{1}^{p} \mu(x^{(i)})^{p-1}}{\prod\limits_{1}^{p} \prod\limits_{i+1}^{p} \Omega(x^{(i)},x^{(k)})} \quad {}^{33}).$$

Im zweiten Falle haben wir das zur Primcharakteristik $\left|\substack{g\\h}\right|$ gehörige System von Wurzelformen zweiter Stufe $(2\varrho + d)$-ter Ordnung in Betracht zu ziehen. Es sind hier zwei Möglichkeiten auseinanderzuhalten. Es kann sein — und es ist für alle $\varrho > \frac{d}{2}$ notwendig der Fall —, daß in den Nullpunkten einer solchen Wurzelform keine einzige Linearverbindung der φ verschwindet. *Dann setzen sich nach dem Riemann-Rochschen Satze die sämtlichen Wurzelformen des Systems aus $m\varrho$ linear unabhängigen zusammen, die ich*

$$\sqrt{\Phi_1}, \ \sqrt{\Phi_2}, \dots, \sqrt{\Phi_{m\varrho}}$$

nennen will. Es kann aber auch sein, daß in den Nullpunkten der einzelnen Wurzelform τ linear unabhängige Linearverbindungen der φ verschwinden. *Dann ist die Zahl der linear unabhängigen $\sqrt{\Phi}$ um τ größer.*

Bei ersterer Voraussetzung wird das der Formel (80) *entsprechende* $\vartheta_{\left|\substack{g\\h}\right|}(v,\tau)$ *[bis auf einen Einheitsfaktor] folgenden Wert haben:*

$$(82) \qquad \vartheta_{\left|\substack{g\\h}\right|}(v,\tau) = C \cdot \frac{\left|\begin{matrix}\sqrt{\Phi_1'} \dots \sqrt{\Phi_1^{(m\varrho)}}\\ \sqrt{\Phi_{m\varrho}'} \dots \sqrt{\Phi_{m\varrho}^{(m\varrho)}}\end{matrix}\right| \cdot \prod_{1}^{m\varrho} \mu(x^{(i)})^{m\varrho}}{\prod\limits_{1}^{m\varrho} \prod\limits_{i+1}^{m\varrho} \Omega(x^{(i)},x^{(k)})}$$

bei letzterer Voraussetzung wird es identisch verschwinden und zwar τ-*fach verschwinden, d. h. mit seinen ersten, zweiten, $\dots, (\tau-1)$-ten nach den $v_1, v_2, \dots, v_p$ genommenen Differentialquotienten.* Dabei bedeuten in Formel (82) die $\sqrt{\Phi_1'}, \dots, \sqrt{\Phi_{m\varrho}^{(m\varrho)}}$ die Werte, welche die Wurzelformen $\sqrt{\Phi_1}, \dots, \sqrt{\Phi_{m\varrho}}$ an den Stellen $x', \dots, x^{(m\varrho)}$ annehmen [34]).

---

[33]) [Es ist dies dem Wesen nach dieselbe Formel, welche Prym und Rost in ihrem Werke über Prymsche Funktionen (1911), Teil II, S. 262 aufstellen. Über einen ersten Ansatz dazu, der sich aber nur auf die Abhängigkeit von der Stelle x bezog, hat mir Prym im Jahre 1882 wiederholt andeutungsweise geschrieben; derselbe scheint auf das Jahr 1873 zurückzugehen. Dagegen ist die vollständige Formel erst in den Jahren 1909—1911 von Prym und Rost in ihrer Darstellung aufgefunden, wie Krazer in seinem Nachruf auf Prym in den Jahresberichten der deutschen Mathematiker-Vereinigung, Bd. 25, 1917, S. 1ff. angibt und mir Rost bestätigt. K.]

[34]) [Ein Spezialfall der Formel (82) ist die Darstellung der hyperelliptischen Sigmafunktionen in § 9 der vorstehend abgedruckten Abhandlung XCVI. Siehe die Formeln (50) und (52) auf S. 374 daselbst. K.]

Man sieht: die beiden Formeln (81), (82) stehen in einem gewissen Gegensatze: bei (81) sind die Argumente v in geeigneter Weise (durch Vermittlung der Punkte $c'_y, \ldots, c^{(p)}_y$) von der Charakteristik $\left|\begin{smallmatrix} g \\ h \end{smallmatrix}\right|$ abhängig gemacht, dafür ist die rechte Seite von (81) von der Charakteristik unabhängig; bei (82) ist es genau umgekehrt.

<h3 style="text-align:center">§ 14.</h3>

<h2 style="text-align:center">Beweis der aufgestellten Formeln nebst weiteren auf sie bezüglichen Bemerkungen.</h2>

Über den Beweis der Formeln (81), (82) werde ich hier nur solche Andeutungen machen, welche geeignet sind, das Bildungsgesetz der rechter Hand stehenden Ausdrücke verständlich zu machen. Dabei sei es der Kürze halber gestattet, die Argumente v als Summen bloßer Integral*zeichen* anzuschreiben.

Formel (81) ruht durchaus auf dem bekannten Riemannschen Satze, daß

$$\vartheta_{\left|\begin{smallmatrix} g \\ h \end{smallmatrix}\right|}\left(\int_{y}^{x} - \int_{c'_y}^{x'} - \ldots - \int_{c^{(p)}_y}^{x^{(p)}} \right)$$

nur dann verschwindet, wenn entweder x mit einemder Punkte $x', \ldots, x^{(p)}$ zusammenfällt oder die $x', \ldots, x^{(p)}$ Nullpunkte einer und derselben Linearverbindung der φ sind. Indem die rechte Seite von (81) einerseits die Primfaktoren $\Omega(x, x'), \ldots, \Omega(x, x^{(p)})$, andererseits die Determinante $\Sigma \pm \varphi'_1 \ldots \varphi^{(p)}_p$ enthält, verschwindet sie in den angegebenen Fällen jedenfalls auch. Aber die genannte Determinante ist auch Null, wenn es die Thetafunktion keineswegs ist, wenn nämlich irgend zwei der Punkte $x', x'', \ldots, x^{(p)}$ zusammenfallen. *Dies nun wird gerade durch das der Determinante als Nenner beigefügte Produkt von Primformen* $\Omega(x^{(i)}, x^{(k)})$ *kompensiert.* Man beachte sodann, daß die Thetareihe eine *Funktion* der Stellen $x, x', \ldots, x^{(p)}$ ist, d. h. von den homogenen Koordinaten dieser Stellen im 0-ten Grade abhängt. Um das gleiche auf der rechten Seite unserer Gleichung zu erzielen, eben dazu dienen die verschiedenen daselbst im Zähler und Nenner als Faktoren beigesetzten Mittelformen.

In ganz ähnlicher Weise können wir uns jetzt von dem Aufbau der Formel (82) und den zugehörigen Bemerkungen über den Fall $\tau > 0$ Rechenschaft geben. Soll die in (82) betrachtete Thetafunktion verschwinden, so wird man nach dem gerade benutzten Satze schreiben dürfen, unter $z', \ldots, z^{(p-1)}$ irgendwelche $(p-1)$ Punkte unserer Kurve verstanden:

$$\underbrace{\int\limits^{x'}+\int\limits^{x''}+\ldots+\int\limits^{x^{(m\varrho)}}}_{\Gamma_\varrho\,=\,0}=-\int\limits_{c'_y}^{z'}-\int\limits_{c''_y}^{z''}-\ldots-\int\limits_{c^{(p-1)}_y}^{z^{(p-1)}}-\int\limits_{c^{(p)}_y}^{y}.$$

Wir führen jetzt solche $(m-1)$ Punkte $y', \ldots, y^{(m-1)}$ in die Betrachtung ein, welche mit y durch eine lineare Gleichung $\alpha_s = 0$ verbunden sind, und die also mit den $c'_y, \ldots, c^{(p)}_y$ zusammen die Verschwindungspunkte einer Wurzelform zweiter Stufe der Ordnung $(2+d)$ sind. Indem wir dann vorstehende Gleichung so schreiben:

$$\underbrace{\int\limits^{x'}+\ldots+\int\limits^{x^{(m\varrho)}}}_{\Gamma_\varrho\,=\,0}+\int\limits_{c'_y}^{z'}+\ldots+\int\limits_{c^{(p-1)}_y}^{z^{(p-1)}}+\int\limits_{c^{(p)}_y}^{y}+\int\limits_{y'}^{y'}+\ldots+\int\limits_{y^{(m-1)}}^{y^{(m-1)}}=0,$$

bemerken wir, *daß unsere Thetafunktion* (82) *dann und nur dann verschwindet, wenn die Punkte* $x', \ldots, x^{(m\varrho)}$ *zusammen mit irgend* $(p-1)$ *beliebig anzunehmenden Punkten* $z', \ldots, z^{(p-1)}$ *die Nullstellen einer zur Primcharakteristik* $\left|\begin{matrix}g\\h\end{matrix}\right|$ *gehörigen Wurzelform zweiter Stufe der* $(2\varrho+d)$-*ten Ordnung sind.* Dies ist aber, wenn $\tau > 0$, immer der Fall, daher unser Satz von dem identischen Verschwinden. Andererseits wird im Falle $\tau = 0$ die rechte Seite von (82) dem so formulierten Satze genau entsprechen. Denn wenn die Determinante $\sum \pm \sqrt{\Phi'_1} \ldots \sqrt{\Phi^{(m\varrho)}_{m\varrho}}$ überflüssigerweise auch dann verschwindet, wenn irgend zwei der Stellen $x', \ldots, x^{(m\varrho)}$ zusammenfallen, so wird dies wieder durch das dem Nenner zugefügte Primformprodukt kompensiert. Die Mittelformen aber, welche als Faktoren beigesetzt sind, haben wieder den Zweck, den Grad des auf der rechten Seite stehenden Ausdrucks in den homogenen Koordinaten der einzelnen Stelle $x', \ldots, x^{(m\varrho)}$ auf Null herabzudrücken. —

Ich füge nun noch einige Bemerkungen hinzu, welche bestimmt sind, die Formeln (81), (82) mit anderweitig bekannten Resultaten in Verbindung zu setzen.

Die in (81), (82) auftretenden Formen Ω und μ waren, wie wir ausdrücklich hervorhoben, unter Zugrundelegung des Integrals dritter Gattung $\Pi^{xy}_{\xi\eta}$ gebildet. Setzen wir an seine Stelle nach (8) irgend ein P:

$$P^{xy}_{\xi\eta} = \Pi^{xy}_{\xi\eta} + \Sigma\, c_{\alpha\beta}\, v^{xy}_\alpha\, v^{\xi\eta}_\beta,$$

so wird sich die linke Seite (81), (82) in die allgemeine Thetafunktion

$$e^{-\frac{1}{2}\Sigma c_{\alpha\beta}v_\alpha v_\beta}\cdot\vartheta_{\left|\begin{matrix}g\\h\end{matrix}\right|}(v,\tau)$$

verwandeln, die wir natürlich, der in unseren Formeln vorkommenden unbestimmten Konstanten C entsprechend, auch noch mit irgendeinem konstanten Faktor multipliziert denken können. Nun sind die *Sigmafunktionen* des hyperelliptischen Gebildes, die ich in den Bänden 27, 32 der Math. Annalen [= Nr. XCV, XCVI des vorliegenden Bandes] behandelte, in die hiermit bezeichneten Funktionen mit eingeschlossen; bei ihnen ist das Integral dritter Gattung P durch das unter (45) genannte Normalintegral Q ersetzt. In der Tat wird für $m = 2$ nach Einführung des Q unsere Formel (82) mit der in Abh. XCVI, S. 374 unter (53) gegebenen Definition der hyperelliptischen Sigmafunktion ohne weiteres identisch. Man hat sich nur vor Augen zu halten, daß die dort betrachteten Integralsummen

$$\int_{y'}^{x'} + \cdots + \int_{y^{(\nu)}}^{x^{(\nu)}}$$

vermöge der Eigenart der hyperelliptischen Gebilde auch so geschrieben werden können:

$$\underbrace{\int_{x'}^{x'} + \cdots + \int^{x^{(\nu)}} + \int^{\bar{y}'} + \cdots + \int^{\bar{y}^{(\nu)}}}_{\Gamma_\nu = 0},$$

daß beim hyperelliptischen Gebilde die Mittelform $\mu(x)$ der einfachen Definition (47) unterliegt, und daß man beim hyperelliptischen Gebilde die sämtlichen Wurzelformen zweiter Stufe $(2\nu + d)$-ter Ordnung kennt, sobald man die sämtlichen Zerlegungen des fundamentalen f_{2p+2} in zwei Faktoren $\varphi_{p+1-2\mu} \cdot \psi_{p+1+2\mu}$ beherrscht; diese Wurzelformen sind dann nämlich durch

$$(83) \qquad \gamma_{\nu-1+\mu}(x_1, x_2) \cdot \sqrt{\varphi_{p+1-2\mu}} + \gamma_{\nu-1-\mu}(x_1, x_2) \cdot \sqrt{\psi_{p+1+2\mu}}$$

gegeben, unter $\gamma_\lambda(x_1, x_2)$ eine beliebige rationale ganze Form λ-ten Grades der x_1, x_2 verstanden. Zugleich subsumiert sich das, was a. a. O. in § 10 über das identische Verschwinden der hyperelliptischen Sigma gesagt wurde, unter die allgemeine für das identische Verschwinden der Theta im vorigen Paragraphen aufgestellte Regel.

Wir wollen ferner jenes bekannte Umkehrtheorem zu Hilfe nehmen, welches sich über die Sätze des § 10 hinaus in bekannter Weise aus dem Verschwinden der ungeraden Thetafunktionen für die Nullwerte der Argumente ergibt. Dasselbe besagt, daß jeder ungeraden Charakteristik $\left|\begin{smallmatrix} g \\ h \end{smallmatrix}\right|$ entsprechend mindestens eine in den φ lineare Berührungsform zweiter Stufe $\varphi_{\left|\begin{smallmatrix} g \\ h \end{smallmatrix}\right|}$ existiert; eventuell kann es deren eine ganze Schar geben[35]), was wir aber der Kürze halber hier ausschließen wollen. Von den p einem

---

[35]) Weber, *Über gewisse in der Theorie der Abelschen Funktionen auftretende Ausnahmefälle*, Math. Annalen, Bd. 13 (1878).

Punkte y vermöge der Charakteristik $\begin{vmatrix} g \\ h \end{vmatrix}$ zugeordneten Punkten $c_y', \ldots, c_y^{(p)}$, fällt dementprechend einer, etwa $c_y^{(p)}$, in den Punkt y zurück, während die übrigen $p - 1$ in die Berührungspunkte der zugehörigen $\varphi_{\begin{vmatrix} g \\ h \end{vmatrix}}$ rücken. Wir wollen jetzt Formel (81) heranziehen, indem wir unter Voraussetzung eines ungeraden $\begin{vmatrix} g \\ h \end{vmatrix}$ die $x', \ldots, x^{(p)}$ mit den so bestimmten $c_y', \ldots, c_y^{(p)}$ zusammenfallen lassen. Wir erhalten dann nach leichter Umformung:

$$(84) \qquad \vartheta_{\begin{vmatrix} g \\ h \end{vmatrix}}\left(\int_y^x \right) = C \cdot \sqrt{\varphi_{\begin{vmatrix} g \\ h \end{vmatrix}}(x) \cdot \varphi_{\begin{vmatrix} g \\ h \end{vmatrix}}(y)} \cdot \Omega(x, y).$$

Es ist dies [dem Wesen der Sache nach] dieselbe Formel, welche für den Fall ebener Kurven ohne Doppelpunkt Herr Pick in Bd. 29 der Math. Annalen aufgestellt hat (wobei er sich nur das Ω nicht mit dem Integral Π, sondern mit dem unter (52) angegebenen Q gebildet denkt, weshalb er auch den Buchstaben ϑ durch den Buchstaben σ ersetzt[36])). Daß sich die ungeraden $\vartheta_{\begin{vmatrix} g \\ h \end{vmatrix}}\left(\int_y^x \right)$ wie die mit geeigneten Konstanten multiplizierten Quadratwurzeln aus $\varphi_{\begin{vmatrix} g \\ h \end{vmatrix}}(x) \cdot \varphi_{\begin{vmatrix} g \\ h \end{vmatrix}}(y)$ verhalten, ist ein bekannter Satz von Riemann (Über das Verschwinden der Thetafunktionen, 1865.[37]) Übrigens kann man, wenn man mit der Definition der Thetafunktionen beginnen will, (84) als *Definition der Primform* $\Omega(x\,y)$ ansehen. Man wird mit Hilfe derselben Ω in viele Untersuchungen einführen können, in denen man sich bisher mehr oder minder elegant mit Hilfe der Thetafunktionen zurecht gefunden hat[38].

Überhaupt werden wir die mannigfachen Formeln, die man für die Darstellung der Quotienten verschiedener ϑ am algebraischen Gebilde aufgestellt hat, mit Leichtigkeit aus (81), (82) ableiten.

---

[36]) Die sämtlichen Entwicklungen des Herrn Pick finden durch die Formeln (81), (82) ihre naturgemäße Erweiterung. Es ist besonders interessant, dabei den Sätzen über das identische Verschwinden der Thetafunktionen nachzugehen. Wir haben bei der singularitätenfreien ebenen Kurve das d der Formel (82) gleich $m - 3$ zu nehmen. Daher wird (worauf mich Herr Pick gelegentlich aufmerksam machte) bei ungeradem m von den dort in Betracht kommenden Wurzelformen $(2\varrho + d)$-ter Ordnung ein System rational; dasselbe besteht aus der Gesamtheit der rationalen Formen $\left(\varrho + \dfrac{m - 3}{2} \right)$-ter Ordnung. Für $\varrho \leqq \dfrac{m - 3}{2}$ verschwindet die zugehörige ausgezeichnete Thetafunktion $\dfrac{(m - 2\varrho)^2 - 1}{8}$-fach.

[37]) [Crelles Journal, Bd. 65 = Ges. Math. Werke Nr. XI.]

[38]) [Vgl. z. B. die in den „Modulfunktionen“, Bd. II gegebene Darstellung der Hurwitzschen Korrespondenztheorie. K.]

Aus Formel (81) schließen wir z. B. (ich unterdrücke dabei der Kürze halber linker Hand die Charakteristikenbezeichnung):

$$\log \cdot \frac{\vartheta\left(\int_y^x - \int_{c'}^{x'} - \ldots - \int_{c^{(p)}}^{x^{(p)}}\right) \cdot \vartheta\left(\int_\eta^\xi - \int_{c_\eta'}^{\xi'} - \ldots - \int_{c_\eta^{(p)}}^{\xi^{(p)}}\right)}{\vartheta\left(\int_y^\xi - \int_{c'}^{x'} - \ldots - \int_{c^{(p)}}^{x^{(p)}}\right) \cdot \vartheta\left(\int_\eta^x - \int_{c_\eta'}^{\xi'} - \ldots - \int_{c_\eta^{(p)}}^{\xi^{(p)}}\right)}$$

$$= \log \frac{\Omega(x,x') \cdot \Omega(\xi,\xi')}{\Omega(x,\xi') \cdot \Omega(\xi,x')} + \ldots + \log \frac{\Omega(x,x^{(p)}) \cdot \Omega(\xi,\xi^{(p)})}{\Omega(x,\xi^{(p)}) \cdot \Omega(\xi,x^{(p)})}.$$

Hier ist nun jeder der rechter Hand stehenden Logarithmen nach (27), (30) ein Integral dritter Gattung $\Pi_{x^{(\nu)}\,\xi^{(\nu)}}^{x\,\xi}$. Wir haben also die wohlbekannte und vielfach benutzte Formel vor uns:

$$(85) \qquad \log \cdot \frac{\vartheta\left(\int_y^x - \int_{c'}^{x'} - \ldots - \int_{c^{(p)}}^{x^{(p)}}\right) \cdot \vartheta\left(\int_\eta^\xi - \int_{c_\eta'}^{\xi'} - \ldots - \int_{c_\eta^{(p)}}^{\xi^{(p)}}\right)}{\vartheta\left(\int_y^\xi - \int_{c'}^{x'} - \ldots - \int_{c^{(p)}}^{x^{(p)}}\right) \cdot \vartheta\left(\int_\eta^x - \int_{c_\eta'}^{\xi'} - \ldots - \int_{c_\eta^{(p)}}^{\xi^{(p)}}\right)}$$

$$= \Pi_{x\,\xi}^{x'\,\xi'} + \ldots + \Pi_{x\,\xi}^{x^{(p)}\,\xi^{(p)}}.\,^{39)}$$

Wir wollen ferner in (82) $d = 1$, also $m = 2p - 2$ setzen und $\varrho = 1$ nehmen. Indem wir die Quotienten der den verschiedenen Charakteristiken $\left|\begin{smallmatrix} g \\ h \end{smallmatrix}\right|$ entsprechenden Ausdrücke bilden, sehen wir, daß sich an der Normalkurve der φ die ϑ mit den Argumenten

$$\underbrace{\int^{x'} + \int^{x''} + \ldots + \int^{x^{(2p-2)}}}_{\Gamma_1 = 0}$$

wie $(2p - 2)$-gliedrige Determinanten aus Wurzelformen zweiter Stufe der dritten Ordnung verhalten. Dieses Resultat ist für $p = 3$ von Herrn Weber[40]), für beliebiges p von Herrn Noether[41]) abgeleitet worden.

---

[39]) [Die rechte Seite ist identisch mit der Funktion $T_{x\,\xi}$ in den Abelschen Funktionen von Clebsch und Gordan. K.]

[40]) *Theorie der Abelschen Funktionen vom Geschlecht 3.* Berlin 1876.

[41]) In der wiederholt genannten Arbeit in Bd. 28 der Math. Annalen 1886/89.

Abschnitt II.
Spezielle Theorie des Falles $p = 3$.

§ 15.
Die ebene Kurve vierter Ordnung. Algebraische Moduln der ersten Stufe und transzendente Moduln.

Wir wenden uns jetzt zu neuen Fragestellungen, auf deren allgemeinen Charakter bereits in der Einleitung verwiesen wurde. Es soll sich nicht mehr darum handeln, nach funktionentheoretischen Grundsätzen auf *gegebener Riemannscher Fläche* zu operieren, vielmehr sollen fortan die Konstanten der Riemannschen Fläche (ihre Moduln) als Veränderliche gelten und als solche der funktionentheoretischen Betrachtung unterworfen werden. Hier lassen wir nun von vornherein die bereits in Aussicht genommene Beschränkung auf den Fall $p = 3$ eintreten. Daß $p = 3$ einfacher ist als der Fall der höheren p, kann von vornherein vorausgesetzt werden, überdies aber ist es sehr viel zugänglicher, weil wir gerade bei $p = 3$ noch eine größere Zahl von Untersuchungen anderer Mathematiker als Vorarbeiten werden benutzen können. Die Weiterführung unserer Untersuchungen für höhere p bleibt anzustreben; vielleicht daß dabei neue Hilfsmittel werden herangezogen werden müssen.

Die Normalkurve der φ ist für $p = 3$ (vom hyperelliptischen Falle abgesehen, den wir um so lieber beiseite lassen können, als er mit Rücksicht auf die hier vorliegende Fragestellung bereits erledigt ist) eine ebene Kurve vierter Ordnung allgemeiner Art:

$$(86) \qquad f(x_1, x_2, x_3) = 0.$$

Eine solche soll der Untersuchung fortan zugrunde gelegt sein. Als fundamentale Moduln des algebraischen Gebildes betrachten wir konsequenterweise die Koeffizienten von f, sie sind uns, im Gegensatz zu anderen bald einzuführenden Modulsystemen, die „algebraischen Moduln erster Stufe"[42]). Eine geometrische Deutung finden vermöge unserer C_4 natürlich nur die Verhältnisse dieser Koeffizienten. Die geometrische Auffassung, mit der wir arbeiten, wird also wieder nur solchen homogenen Funktionen der Veränderlichen gerecht, die homogen 0-ter Dimension sind (vgl. oben § 2); dies hindert uns aber nicht, allgemein homogene Verbindungen derselben, d. h. *Formen*, in die analytische Untersuchung

---

[42]) Vgl. hier und in der Folge überall die allerdings auf $p = 2$ bezüglichen Erläuterungen in den [in den Vorbemerkungen und sonst wiederholt genannten] von Herrn **Burkhardt** publizierten „*Grundzügen einer allgemeinen Systematik usw.*" in Bd. 35 der Math. Annalen (1889).

einzuführen. Daneben haben wir uns fortgesetzt vor Augen zu halten, daß es sich bei unseren Untersuchungen nur um solche Eigenschaften der C_4 oder Konstruktionen an der C_4 handeln kann, welche gegenüber projektiven Umformungen invariant sind. Es kommt dies darauf hinaus, daß wir fortgetzt mit Invarianten, bez. Kovarianten von f zu tun haben.

Neben die hiermit festgelegten fundamentalen Moduln treten nun vor allen Dingen die „transzendenten" Moduln. Es sind dies zunächst die $3 \cdot 6$ Perioden

$$(87) \qquad \begin{cases} \omega_{11}, \ \omega_{12}, \ \ldots, \ \omega_{16}, \\ \omega_{21}, \ \omega_{22}, \ \ldots, \ \omega_{26}, \\ \omega_{31}, \ \omega_{32}, \ \ldots, \ \omega_{36}, \end{cases}$$

welche die überall endlichen Integrale

$$w_1 = \int x_1 \, d\omega, \quad w_2 = \int x_2 \, d\omega, \quad w_3 = \int x_3 \, d\omega$$

an den Querschnitten A, B der von uns gewählten kanonischen Zerschneidung besitzen[43]); es sind dann insbesondere die invarianten Verbindungen derselben, d. h. die aus den ω_{ik} gebildeten dreigliedrigen Determinanten. Unter den letzteren greifen wir insbesondere die folgende heraus

$$(88) \qquad p_{123} = \begin{vmatrix} \omega_{11} & \omega_{12} & \omega_{13} \\ \omega_{21} & \omega_{22} & \omega_{23} \\ \omega_{31} & \omega_{32} & \omega_{33} \end{vmatrix},$$

mit ihrer Hilfe lassen sich die übrigen aus den sechs Thetamoduln

$$(89) \qquad \tau_{11}, \ \tau_{12}, \ \tau_{22}, \ \tau_{13}, \ \tau_{23}, \ \tau_{33}$$

zusammensetzen. Hier ist p_{123} eine Invariante vom Grade (-3) in den Koeffizienten von f, die τ_{ik} aber sind absolute Invarianten. Jede Invariante von f verwandelt sich dementsprechend durch Multiplikation mit einer geeigneten Potenz von p_{123} in eine Funktion der τ_{ik}.

Indem bei gegebener C_4 auf der zu ihr gehörigen Riemannschen Fläche unendlich viele kanonische Querschnittsysteme zur Definition der Perioden konstruiert werden können, treten neben die von uns zuerst gewählten ω_{ik} (87) unendlich viele andere Periodensysteme ω_{ik}' welche mit den ω_{ik} durch die schon oben, unter (74), angegebenen Formeln der linearen Transformation zusammenhängen:

$$\begin{aligned} \omega_1' &= a_1 \, \omega_1 + b_1 \, \omega_2 + c_1 \, \omega_3 + d_1 \, \omega_4 + e_1 \, \omega_5 + f_1 \, \omega_6, \\ \omega_2' &= a_2 \, \omega_1 + b_2 \, \omega_2 + \ldots \ldots \ldots \ldots \ldots, \\ \omega_3' &= \ldots \ldots \ldots \ldots \ldots \ldots \ldots \ldots, \end{aligned}$$

$$\ldots \ldots \ldots \ldots \ldots \ldots \ldots \ldots$$

---

[43]) Zwischen den 18 Größen ω_{ik} bestehen bekanntlich drei linear unabhängige Bilinearrelationen, so daß wir 15 unabhängige Größen behalten, was mit der Zahl der Koeffizienten von f genau übereinstimmt.

Umgekehrt ist bekannt, daß jeder linearen Transformation der Perioden der Übergang von dem ursprünglich gewählten Querschnittssystem zu irgendeinem anderen Systeme kanonischer Querschnitte entspricht[44]. Sind alle so entstehenden Periodensysteme gegenüber der C_4 gleichberechtigt oder zerfallen dieselben in verschiedenwertige Kategorien? Das ist die fundamentale Frage, über die wir uns vor allen Dingen klar werden müssen. Ich sage, *daß die sämtlichen Periodensysteme in der Tat gleichberechtigt sind. Man kann nämlich die Koeffizienten von f von irgendwelchen Anfangswerten beginnend durch stetige Änderung so zu ihren Anfangswerten zurückführen, daß dabei das irgendeiner ursprünglichen Zerschneidung der zugehörigen Riemannschen Fläche entsprechende Periodensystem der ω in das irgendeiner anderen Zerschneidung der Fläche entsprechende Periodensystem der ω' übergeht.*

Was den Beweis der so formulierten Behauptung angeht, so erbringt man denselben wohl am einfachsten, indem man eine Überlegung zu Hilfe nimmt, welche Riemann in Nr. 12 seiner Abelschen Funktionen entwickelt. Man interpretiere die komplexen Werte irgendeines an der C_4 hinerstreckten, überall endlichen Integrals, etwa des w_1, in einer Ebene. Sodann bilde man die zur C_4 gehörige Riemannsche Fläche vermöge w_1 zweimal auf diese Ebene ab, das eine Mal, nachdem wir sie vermöge des ersten Querschnittsystems, das andere Mal, nachdem wir sie vermöge des zweiten Querschnittsystems zerschnitten haben. Wir erhalten dann in der Ebene w_1 zwei Figuren, welche je aus drei übereinandergeschichteten Parallelogrammen bestehen, die durch vier Verzweigungspunkte aneinander geheftet sind. Und nun ruht der ganze hier zu erbringende Beweis darauf, daß man jede solche Figur in jede andere derselben Art solcherweise überführen kann, daß alle Zwischenlagen von Figuren der gleichen Art gebildet werden, d. h. von Figuren, welche aus Tripeln übereinandergelegter und durch vier Verzweigungspunkte verbundener Parallelogramme bestehen. Einer jeden solchen Figur entspricht nämlich rückwärts[45] ein algebraisches Gebilde $p = 3$, d. h. eine C_4; wir können also der kontinuierlichen Reihenfolge der Figuren eine kontinuierliche Aufeinanderfolge von Kurven vierter Ordnung entsprechend setzen: vermöge dieser Reihenfolge wird also gleichzeitig das Periodensystem der ω in das der ω' und die ursprüngliche C_4 in sich selbst übergeführt, was zu beweisen war[46].

---

[44]) Dies ist zuerst von Herrn Thomae gezeigt worden, vgl. dessen „*Beitrag zur Theorie der Abelschen Funktionen*" in Bd. 75 von Crelles Journal für Math. (1872).

[45]) Vgl. hierzu auch S. 149—150 meiner Arbeit in Bd. 21 der Math. Annalen: „*Neue Beiträge zur Riemannschen Funktionentheorie*" (1882) [= Abh. CIII in diesem Bande].

[46]) [Wie sich die Riemannsche Figur in concreto gestaltet, hat Wirtinger für $p = 2$ in den Wiener Denkschriften, Bd. 85 (1909) näher ausgeführt.]

Es ist interessant, und ich ergreife gern die Gelegenheit, hierüber einige Angaben zu machen, daß der in Rede stehende Satz keineswegs mehr richtig bleibt, wenn man sich durchweg auf hyperelliptische Gebilde $p = 3$ beschränkt: läßt man die acht Verzweigungspunkte einer zweiblättrigen Fläche des Geschlechtes 3 (also die Moduln eines *hyperelliptischen* Gebildes $p = 3$) irgendwelche Wege beschreiben, durch die sie, einzeln oder in ihrer Gesamtheit, zu ihren Anfangslagen zurückgeführt werden, während sie eine ein für allemal auf der Fläche angebrachte Zerschneidung vor sich her schieben, so kann man dadurch keineswegs jede lineare Transformation der Perioden erzielen[47]). Vielmehr gelingt dies nur hinsichtlich derjenigen linearen Transformationen, die in bestimmter Weise modulo 2 zu kennzeichnen sind. Hierdurch zerfallen die linearen Transformationen, die es überhaupt gibt, in 36 modulo 2 unterschiedene Kategorien. Wir schließen daraus, *daß es auf der hyperelliptischen Fläche des Geschlechtes 3 36 verschiedene (hinsichtlich des hyperelliptischen Gebildes nicht gleichberechtigte) Arten kanonischer Querschnittsysteme gibt.* Auf meinen Wunsch hat sich Herr H. D. Thompson im Frühjahr 1888 damit beschäftigt, bei gegebener hyperelliptischer Fläche auf der von derselben doppelt überdeckten Ebene Zeichnungen für zweckmäßig gewählte Repräsentanten eines jeden dieser 36 Fälle herzustellen[48]). Diese Zeichnungen werden ganz übersichtlich; man hat in der Hauptsache nur zu unterscheiden, ob in der Ebene der Zeichnung durch den einzelnen Querschnitt die acht Verzweigungspunkte des hyperelliptischen Gebildes in $2 + 6$ oder in $4 + 4$ zerlegt werden. Analytisch ist jede der hier unterschiedenen 36 Arten von Querschnittsystemen durch die Charakteristik gekennzeichnet, welche, bei Zugrundelegung derselben, der im vorliegenden Falle vorhandenen ausgezeichneten geraden Thetafunktion, deren Nullwert verschwindet, zuteil wird: je nach der Wahl des Querschnittsystems kann nämlich diese Thetafunktion jede beliebige der 36 überhaupt vorhandenen geraden Charakteristiken erhalten.

§ 16.

Adjunktion von Wurzelformen und zugehörigen Moduln der zweiten Stufe.

Wir führen jetzt neben die algebraischen Moduln erster Stufe (die Koeffizienten von f schlechthin) algebraische Moduln zweiter Stufe ein, indem wir gewisse auf der C_4 existierende Wurzelformen und die Rela-

---

[47]) Dies bemerkt bereits Camille Jordan auf S. 364—365 seines *Traité des substitutions* (Paris 1870).

[48]) [Vgl. seine Göttinger Dissertation „*Hyperelliptische Schnittsysteme und Zusammenordnung der algebraischen und transzendenten Thetacharakteristiken*", abgedruckt im American Journal of Math., Bd. 15, 1893. K.]

tionen, durch welche dieselben miteinander verknüpft sind, in Betracht ziehen. [Wir steigen also in einen höheren Rationalitätsbereich auf.]

Die allgemeine Theorie der auf einer kanonischen Kurve existierenden Wurzelformen wurde bereits in § 11 skizziert. Wir haben derselben zufolge bei Wurzelformen zweiter Stufe zwischen solchen von gerader und ungerader Ordnung zu unterscheiden. Von jeder Art gibt es 2^{2p}, bei der C_4 also 64 Systeme. Die 64 Systeme gerader Ordnung sind durch Elementarcharakteristiken, die Systeme ungerader Ordnung durch Primcharakteristiken festzulegen (§ 12). Entsprechend dem verschiedenartigen Verhalten dieser Charakteristiken gegenüber linearer Transformation (ebenda) spalten sich die 64 Systeme gerader Ordnung in $1 + 63$, die 64 Systeme ungerader Ordnung in $28 + 36$. Wir lesen ferner aus dem soeben (§ 15) entwickelten Satze von der Gleichberechtigung aller kanonischen Querschnittsysteme ab, daß die 63 Systeme, wie die 28, und die 36, je unter sich der C_4 gegenüber gleichberechtigt sind[49]). Wenn wir also in der Folge irgendeines der 63 Systeme, oder eines der 28, bez. der 36, adjungieren, so brauchen wir nicht zu unterscheiden, welches wir gewählt haben.

Ich werde den hiermit in abstrakter Gestalt mitgeteilten Sätzen weiterhin, wo es ohne Mißverständnisse geschehen kann, die übliche geometrische Form geben. Ich werde also nicht von *Berührungsformen* sprechen (durch die die Wurzelformen definiert sind), sondern von *Berührungskurven*. Dabei sollen die typischen Repräsentanten der Berührungskurven gerader Ordnung die *Berührungskegelschnitte* sein. In Übereinstimmung mit den allgemeinen Sätzen des § 11 besteht das eine System derselben aus den doppelt zählenden geraden Linien der Ebene, ist also zweifach unendlich; die anderen 63, unter sich gleichberechtigten Systeme sind je einfach unendlich. Als Repräsentanten der Berührungskurven ungerader Ordnung werden zumeist die *Berührungskurven dritter Ordnung* dienen. Ihre sämtlichen 64 Systeme sind dreifach unendlich. Ich nenne die 28 Systeme mit ungerader Charakteristik *Systeme der ersten Art*, die 36 Systeme gerader Charakteristik *Systeme der zweiten Art*. Berührungskurven erster Ordnung, d. h. *Doppeltangenten*, gibt es auf Grund des in § 14 berührten speziellen Umkehrtheorems nur im Falle ungerader Charakteristik. Die 28 dementsprechend zu unterscheidenden Doppeltangenten sind den 28 Systemen von Berührungskurven dritter Ordnung erster Art in der Weise einzeln zugeordnet, daß jedesmal die Doppeltangente zusammen mit einer beliebigen doppeltzählenden Geraden der Ebene eine Kurve dritter Ordnung des zugehörigen Systems bildet.

---

[49]) Mit dem algebraischen Nachweise dieser Gleichberechtigung beschäftigt sich neuerdings Herr Noether in den Abhandlungen der Münchener Akademie (Bd. XVII, 1889: *Zur Theorie der Berührungskurven der ebenen Kurve vierter Ordnung*.)

Zwecks Definition geeigneter Moduln zweiter Stufe werden wir [in der Folge] ausschließlich Berührungskurven ungerader Ordnung betrachten. Wir denken uns zu dem Zwecke eines ihrer 28 oder 36 Systeme adjungiert und die Gleichung der Kurve vierter Ordnung dementsprechend in die eine oder andere charakteristische Form gesetzt. *Die Moduln zweiter Stufe, welche wir weiterhin gebrauchen, sind nichts anderes als die in diesen Gleichungsform vorkommenden Konstanten.* Dabei ist es vielfach nützlich, das geometrische Bild zu wechseln. Den dreifach unendlich vielen Kurven entsprechend, welche in dem einzelnen Systeme von Berührungskurven dritter Ordnung enthalten sind, gibt es unter den zugehörigen Wurzelformen zweiter Stufe vier linear unabhängige. Als solche wähle ich

$$\sqrt{\Phi_1}, \ \sqrt{\Phi_2}, \ \sqrt{\Phi_3}, \ \sqrt{\Phi_4}$$

und setze nun

(90) $$z_1 : z_2 : z_3 : z_4 = \sqrt{\Phi_1} : \sqrt{\Phi_2} : \sqrt{\Phi_3} : \sqrt{\Phi_4}.$$

Wir beziehen dadurch unsere C_4 auf eine *Raumkurve sechster Ordnung.* Je nach der Art des benutzten Systems unterscheiden wir Raumkurven sechster Ordnung der ersten oder der zweiten Art. An dieser Kurve sechster Ordnung werden sich dann die zuerst in der Ebene zu betrachtenden Konstruktionen in räumliche Konstruktionen umsetzen. Algebraisch entspricht dem, daß wir von ternären Invarianten zu quaternären schreiten.

Ich werde jetzt in dem hiermit bezeichneten Sinne die zweierlei Arten von Berührungskurven dritter Ordnung einzeln in Betracht ziehen.

§ 17.

Von den Berührungskurven dritter Ordnung erster Art.

Sei $D = 0$ eine Doppeltangente unserer C_4. Indem wir durch ihre Berühungspunkte einen Kegelschnitt $\Omega = 0$ legen, können wir die Gleichung der C_4 in folgende Gestalt setzen:

(91) $$D\Phi - \Omega^2 = 0;$$

$\Phi = 0$ ist dabei, wie man sofort erkennt, eine Berührungskurve dritter Ordnung des zu D gehörigen Systems. Wir erhalten die sämtlichen Berührungskurven des Systems, indem wir schreiben:

(92) $$\Phi + 2 u_x \Omega + u_x^2 D = 0,$$

wo $u_x = u_1 x_1 + u_2 x_2 + u_3 x_3$ und die u beliebig. Zum Beweise genügt es, (91) in die Gestalt zu setzen:

(93) $$D(\Phi + 2 u_x \Omega + u_x^2 D) - (\Omega + u_x D)^2 = 0.$$

Vermöge (92) ist also das ganze zu D gehörige System von Berührungskurven dritter Ordnung rational hinzuschreiben. Daher ist (91) eine der beiden charakteristischen Gleichungsformen der C_4, die fortan festzuhalten sind: *Die Koeffizienten von D, Ω, Φ sind die Moduln zweiter Stufe, welche, dieser Gleichungsform entsprechend, als adjungiert gelten sollen.*

Die Zahl der so eingeführten Moduln ist 19, entgegen der Zahl 15 der Koeffizienten von f. Die erste Frage, über die wir uns bei Benutzung der neuen Moduln klar zu werden haben, ist daher die, welche Funktionen derselben überhaupt als Funktionen der Koeffizienten von f anzusehen sind. Es sind dies offenbar diejenigen, welche bei allen kontinuierlichen Änderungen der D, Ω, Φ, die f ungeändert lassen, selber ungeändert bleiben. Nun sind diese Abänderungen in Übereinstimmung mit (92), (93) durch folgende Formeln gegeben:

$$(94) \quad \begin{cases} D' = \lambda D, \\ \Omega' = \Omega + u_x D, \\ \Phi' = \dfrac{\Phi + 2 u_x \Omega + u_x^2 D}{\lambda}, \end{cases}$$

wo λ, u_1, u_2, u_3 beliebig. Wir mögen hier insbesondere λ unendlich wenig verschieden von 1 und u_1, u_2, u_3 unendlich wenig verschieden von Null nehmen. Indem wir ausdrücken, daß eine Funktion der Koeffizienten von D, Ω, Φ bei den solchergestalt gewonnenen unendlich kleinen Transformationen ungeändert bleibt, erhalten wir ein System von vier linearen partiellen Differentialgleichungen, durch welches die von uns gesuchten Funktionen charakterisiert sind. Unter diesen Funktionen werden uns insbesondere solche interessieren, welche gegenüber linearen Transformationen der x_1, x_2, x_3 Invarianteneigenschaft besitzen. Ich bezeichne dieselben als *die, der Gleichungsform* (91) *entsprechenden, irrationalen Invarianten, bez. Kovarianten von f.*[50])

Von (91) ausgehend haben wir jetzt folgende vier linear unabhängige Wurzelformen unseres Systems

$$(95) \quad \sqrt{\Phi_1} = x_1 \sqrt{D}, \quad \sqrt{\Phi_2} = x_2 \sqrt{D}, \quad \sqrt{\Phi_3} = x_3 \sqrt{D}, \quad \sqrt{\Phi_4} = \sqrt{\Phi}.$$

Indem wir dieselben der Formel (90) entsprechend mit z_1, z_2, z_3, z_4 proportional setzen, erhalten wir im Raume der z eine Kurve sechster Ordnung, für welche die Gleichungen bestehen:

$$(96) \quad D(z_1, z_2, z_3) \cdot \Phi(z_1, z_2, z_3) - \Omega(z_1, z_2, z_3)^2 = 0,$$

$$(97) \quad \Phi(z_1, z_2, z_3) - 2\Omega(z_1, z_2, z_3) \cdot z_4 + D(z_1, z_2, z_3) \cdot z_4^2 = 0.$$

Hier stellt (97) eine Fläche dritter Ordnung vor, welche nur insofern partikularisiert ist, als sie durch die vierte Ecke des Koordinatentetraeders

---

[50]) [Vgl. die bereits oben S. 388 genannte Notiz in den Göttinger Nachrichten v. J. 1888. K.]

der z hindurchläuft; (96) ist der Umhüllungskegel vierter Ordnung, welcher sich von besagter Ecke an die Fläche legen läßt. Indem wir das hierin liegende Resultat von dem speziellen bei uns benutzten Koordinatensystem ablösen, haben wir: *Unsere Raumkurve sechster Ordnung kann definiert werden als die Berührungskurve, welche eine beliebige F_3 mit dem an sie von einem beliebigen ihrer Punkte auslaufenden Umhüllungskegel vierter Ordnung gemein hat*[51]).

Wir fragen, wie bei der so gewonnenen Raumfigur die 28 Doppeltangenten der C_4 zur Geltung kommen. Eben diese Frage hat Herr Geiser in Bd. 1 der Math. Annalen untersucht (*Über die Doppeltangenten einer ebenen Kurve vierten Grades*, 1868). Es handelt sich um die 28 Doppeltangentialebenen des Kegels vierter Ordnung (96). Eine derselben ist von vornherein bekannt, das ist $D(z_1, z_2, z_3) = 0$, *die Tangentialebene der Fläche dritter Ordnung in der Kegelspitze*. Die anderen werden nach Geiser durch die 27 Geraden der Fläche dritter Ordnung gegeben: *sie fallen mit denjenigen Ebenen zusammen, welche die Kegelspitze beziehungsweise mit den 27 Geraden der F_3 verbinden*. Von hier aus ergeben sich bekannte Vergleichspunkte zwischen der Theorie der 28 Doppeltangenten und derjenigen der 27 Geraden, auf die wir zum Teil noch weiter unten zurückkommen.

Wir führen jetzt die z in die Formeln (94) ein und erhalten:

$$z_1' = \lambda z_1, \quad z_2' = \lambda z_2, \quad z_3' = \lambda z_3,$$
$$z_4' = \frac{z_4 + u_1 z_1 + u_2 z_2 + u_3 z_3}{\lambda}.$$

Kombiniert man diese Formeln mit einer beliebigen linearen Transformation der z_1, z_2, z_3, so hat man die allgemeinste quaternäre lineare Transformation der z_1, z_2, z_3, z_4. Wir schließen daraus, daß wir die erwähnten irrationalen Invarianten, bez. Kovarianten der C_4 schlechtweg definieren können als *Invarianten, bez. Kovarianten des von der Fläche dritter Ordnung und dem auf ihr gegebenen Projektionspunkte gebildeten quaternären Systems*. —

Dies sind, was die Berührungskurven dritter Ordnung erster Art angeht, die Elemente, mit denen wir später zu arbeiten haben werden.

§ 18.

Von den Berührungskurven dritter Ordnung zweiter Art.

Unsere Kenntnis der Berührungskurven dritter Ordnung zweiter Art geht bekanntlich auf Hesse zurück (*Über Determinanten und ihre An-*

---

[51]) Diese Berührungskurve liegt natürlich auf einer Fläche zweiten Grades [nämlich der Polaren der Kegelspitze]; aus (96), (97) findet sich für dieselbe
$$\Omega(z_1, z_2, z_3) - D(z_1, z_2, z_3) \cdot z_4 = 0.$$

wendung in der Geometrie, insbesondere auf Kurven vierter Ordnung, Crelles Journal für Math., Bd. 49, 1855 [= Gesammelte Werke, Nr. 24, S. 319 ff.]; *Über Doppeltangenten der ebenen Kurven vierter Ordnung*, ebenda [= Gesammelte Werke, Nr. 25, S. 345 ff.]). Ich reproduziere sein Hauptresultat zunächst folgendermaßen (indem ich durchaus in der Ebene operiere):

Seien

$$\sqrt{\Phi_1}, \ \sqrt{\Phi_2}, \ \sqrt{\Phi_3}, \ \sqrt{\Phi_4}$$

vier linear unabhängige Wurzelformen eines Systems zweiter Art. Es ergibt sich dann der Satz, daß auch die Quadrate und Produkte dieser Formen, die wir, vermöge $f = 0$, rationalen Formen dritten Grades gleich setzen können:

$$(\sqrt{\Phi_1})^2 = \Psi_{11}, \ \sqrt{\Phi_1}\,\sqrt{\Phi_2} = \Psi_{12}, \ \dots$$

linear unabhängig sind. Daher ist es möglich, die drei Polaren

$$\frac{\partial f}{\partial x_1}, \quad \frac{\partial f}{\partial x_2}, \quad \frac{\partial f}{\partial x_3}$$

aus den Ψ linear zusammenzusetzen, was durch folgende Formeln geschehen mag:

$$(98) \qquad \frac{\partial f}{\partial x_1} = \sum \alpha_{ik}\,\Psi_{ik}, \quad \frac{\partial f}{\partial x_2} = \sum \beta_{ik}\,\Psi_{ik}, \quad \frac{\partial f}{\partial x_3} = \sum \gamma_{ik}\,\Psi_{ik}.$$

Mit den solchergestalt gewonnenen Konstanten α_{ik}, β_{ik}, γ_{ik} bilde man jetzt die Linearformen

$$(99) \qquad \pi_{ik} = \alpha_{ik}\,x_1 + \beta_{ik}\,x_2 + \gamma_{ik}\,x_3 \,.$$

Dann läßt sich die Gleichung der C_4 in Gestalt folgender symmetrischer Determinante schreiben:

$$(100) \qquad \begin{vmatrix} \pi_{11} & \cdot & \cdot & \pi_{14} \\ \cdot & \cdot & \cdot & \cdot \\ \cdot & \cdot & \cdot & \cdot \\ \pi_{41} & \cdot & \cdot & \pi_{44} \end{vmatrix} = 0 \,;$$

die Ψ_{ik} aber werden den dreigliedrigen Unterdeterminanten dieser Determinante proportional, so daß das zugehörige System von Berührungskurven dritter Ordnung, unter c_1, c_2, c_3, c_4 willkürliche Konstante verstanden, durch die rationale Gleichung gegeben ist:

$$(101) \qquad \begin{vmatrix} \pi_{11} & \cdot & \cdot & \pi_{14} & c_1 \\ \cdot & \cdot & \cdot & \cdot & c_2 \\ \cdot & \cdot & \cdot & \cdot & c_3 \\ \pi_{41} & \cdot & \cdot & \pi_{44} & c_4 \\ c_1 & c_2 & c_3 & c_4 & 0 \end{vmatrix} = 0.\,^{52})$$

---

^{52}) Ich schließe hier, weil sich in gegenwärtiger Abhandlung keine andere passende Stelle findet, eine Formel für die auf die Kurve vierter Ordnung bezogene, unserem

Hier sind nun die 30 *durch* (98) *eingeführten Größen* α_{ik}, β_{ik}, γ_{ik} *die von uns in Betracht zu ziehenden Moduln der zweiten Stufe.* Wir fragen uns wieder vor allen Dingen, welchen Bedingungen eine Funktion der neuen Moduln genügen muß, um eine Funktion der Koeffizienten von f zu sein. Diese Bedingungen ergeben sich fast unmittelbar aus (100) und lassen sich in folgender Weise formulieren: Man denke sich die ursprünglich gewählten vier Wurzelformen $\sqrt{\Phi_1}, \ldots, \sqrt{\Phi_4}$ irgendwie durch vier ihrer linearen Verbindungen, deren Determinante gleich Eins sein soll, ersetzt. Dann erleiden ebenfalls die zehn Größen Ψ_{ik} und also, nach (98), die α_{ik}, β_{ik}, γ_{ik} (jede dieser drei Größenreihen für sich genommen) eine bestimmte lineare Substitution. *Diejenigen und nur diejenigen Funktionen der* α_{ik}, β_{ik}, γ_{ik} *sind Funktionen der Koeffizienten von* f, *welche bei den sämtlichen solcherweise entstehenden linearen Substitutionen ungeändert bleiben.* Hiernach kann man ein System von 15 linearen partiellen Differentialgleichungen aufstellen, durch welches sich unsere Funktionen charakterisieren lassen. — Wieder mögen wir unter den so definierten Funktionen solche heraussuchen, welche gegenüber linearen Transformationen der x_1, x_2, x_3 Invarianteneigenschaft besitzen. Wir werden dieselben als *die zur Gleichungsform* (100) *gehörenden irrationalen Invarianten, bez. Kovarianten von* f bezeichnen.

Alle diese Beziehungen werden nun um vieles durchsichtiger, wenn wir der Formel (90) entsprechend, wie dies im vorliegenden Falle H e s s e selbst bereits tat, raumgeometrische Vorstellungen einführen. Statt (90) können wir hier schreiben:

$$ z_1^2 : z_1 z_2 : \ldots : z_4^2 = \Psi_{11} : \Psi_{12} : \ldots : \Psi_{44} . $$

Die Gleichungen (98) also ergeben die drei Flächen zweiten Grades:

$$ (102) \qquad \sum \alpha_{ik} z_i z_k = 0 , \qquad \sum \beta_{ik} z_i z_k = 0 , \qquad \sum \gamma_{ik} z_i z_k = 0 ; $$

das Flächennetz, welches sich aus denselben zusammensetzen läßt, entspricht dem Netz der aus den Ausdrücken (98) zusammenzusetzenden

Berührungssysteme entsprechende gerade Thetafunktion $\vartheta \begin{vmatrix} g \\ h \end{vmatrix} \left(\int_y^x \right)$ an, — eine Formel, welches das Seitenstück zu der unter (84) gegebenen für ungerade Thetafunktionen geltenden ist, sofern man letztere auf den Fall der ebenen Kurve vierter Ordnung einschränken will. Die neue Formel lautet:

$$ \vartheta \begin{vmatrix} g \\ h \end{vmatrix} \left(\int_y^x \right) = \frac{k_1 \sum \alpha_{ik} \sqrt{\Phi_i(x)} \sqrt{\Phi_k(y)} + k_2 \sum \beta_{ik} \sqrt{\Phi_i(x)} \sqrt{\Phi_k(y)} + \ldots}{\sqrt{\left(k_1 \sum \alpha_{ik} \Psi_{ik}(x) + \ldots \right) \left(k_1 \sum \alpha_{ik} \Psi_{ik}(y) + \ldots \right)}} \cdot e^{\frac{1}{2} \sum' \Pi_{\substack{x \ y}}^{x^{(i)} y^{(i)}}} $$

Hier bedeutet k_1, k_2, k_3 irgendwelchen Hilfspunkt der Ebene und die Summation im Exponenten ist über diejenigen Punkte x', x'', x''', bez. y', y'', y''' der Kurve zu erstrecken, welche, von x und y verschieden, der Verbindungslinie des k mit x, bez. y angehören.

Polaren der Kurve vierter Ordnung. *Daher entspricht der Kurve vierter Ordnung gemäß* (100) *im Raume die Kegelspitzenkurve sechster Ordnung des durch* (102) *gegebenen Flächennetzes.* Besonders einfach wird, was wir über die zu (100) gehörigen irrationalen Invarianten und Kovarianten der C_4 gesagt haben. Man betrachte die gemischt ternär-quaternäre Form:

$$(103) \qquad x_1 \sum \alpha_{ik} z_i z_k + x_2 \sum \beta_{ik} z_i z_k + x_3 \sum \gamma_{ik} z_i z_k.$$

Es wird sich bei unseren Invarianten und Kovarianten um solche von (103) *abhängige Ausdrücke handeln, welche bei beliebigen linearen Substitutionen der x wie der z Invarianteneigenschaft besitzen, d. h. um Kombinanten des Flächennetzes im allgemeinsten Sinne.* Beschränken wir uns dabei auf gewöhnliche Invarianten oder Kovarianten von f, so müssen wir natürlich hinzufügen, daß in den betreffenden Ausdrücken keine z mehr vorkommen sollen.

Es erübrigt, daß wir zur Sprache bringen, wie sich die 28 Doppeltangenten unserer C_4 an der C_6 darstellen. Zu dem Zwecke müssen wir, mit Hesse, die acht Punkte, in denen sich die Flächen (102) schneiden, einzeln einführen. *Die 28 Verbindungslinien dieser 8 Punkte sind in gewissem Sinne das Bild der 28 Doppeltangenten.* Jede dieser Verbindungslinien erweist sich nämlich als eine Sekante der C_6, welche die C_6 in solchen zwei Punkten trifft, die vermöge (90) den Berührungspunkten der ebenen C_4 mit einer ihrer Doppeltangenten entsprechen.

§ 19.

Von der Diskriminante der C_4 und ihre Darstellung in den Rationalitätsbereichen erster und zweiter Stufe.

Eine ganz besondere Rolle spielt im folgenden die *Diskriminante* der C_4, d. h. diejenige Funktion ihrer Koeffizienten, deren Verschwinden das Auftreten eines Doppelpunktes der Kurve vierter Ordnung anzeigt. Wir müssen uns hier mit den Darstellungen beschäftigen, welche dieselbe in den von uns unterschiedenen Rationalitätsbereichen erster und zweiter Stufe findet.

Im Bereiche erster Stufe ist die Diskriminante definiert als diejenige rationale, ganze, homogene Funktion 27-ten Grades der Koeffizienten von f, die sich als Resultante der drei Gleichungen

$$\frac{\partial f}{\partial x_1} = 0, \quad \frac{\partial f}{\partial x_2} = 0, \quad \frac{\partial f}{\partial x_3} = 0$$

bei Elimination der x_1, x_2, x_3 ergibt. Dieselbe ist eine Invariante vom Gewichte 36. Ich führe dabei gern an, daß es Herrn Gordan, einer brieflichen Mitteilung zufolge, neuerdings gelungen ist, die hier geforderte

Elimination wirklich durchzuführen. Sei f vorübergehend symbolisch $= a_x^4 = b_x^4 = c_x^4$. So geht Hr. Gordan von der Bemerkung aus, daß die folgende, von uns schon oben (in der Anmerkung zu Formel (52)) benutzte Kovariante:

$$(a\,b\,c)^2 \sum_{\varkappa+\lambda+\mu=2} a_x^{\lambda+\mu}\, b_x^{\mu+\varkappa}\, c_x^{\varkappa+\lambda}\, a_y^{\varkappa}\, b_y^{\lambda}\, c_y^{\mu},$$

unter x die Koordinaten eines Doppelpunktes der C_4 verstanden, für sämtliche Werte der y verschwindet. Dies gibt, indem wir die Koeffizienten y_1^2, $y_1 y_2$, ... einzeln gleich Null setzen, sechs Gleichungen vierten Grades für die x_1, x_2, x_3, d. h. sechs lineare Gleichungen für die 15 Glieder 4-ter Dimension x_1^4, $x_1^3 x_2$, ... Weitere 9 Gleichungen derselben Art erhält man aber, wenn man eine jede der drei bereits bekannten Gleichungen

$$\frac{\partial f}{\partial x_1} = 0, \qquad \frac{\partial f}{\partial x_2} = 0, \qquad \frac{\partial f}{\partial x_3} = 0$$

der Reihe nach mit x_1, x_2, x_3 multipliziert. Aus den so gewonnenen 15 Gleichungen können wir jetzt die x_1^4, $x_1^3 x_2$, ... als linear vorkommende Größen in elementarer Weise eliminieren. Das Resultat ist eine fünfzehnreihige Determinante, deren erste 6 Zeilen je dritten Grades in den Koeffizienten von f sind, während die neun folgenden in den Koeffizienten linear sind. Die Determinante ist also im ganzen 27-ten Grades in den Koeffizienten von f: sie ist mit der gesuchten Diskriminante ohne weiteres identisch, oder weicht doch nur, wenn wir letztere ihrem absoluten Werte nach bereits auf andere Weise definiert haben, von ihr um einen Zahlenfaktor ab, der uns hier gleichgültig ist. —

Wir wenden uns jetzt zu den beiden Rationalitätsbereichen der §§ 17 und 18.

Um mit dem ersten derselben zu beginnen, wollen wir unsere Untersuchung in der Weise geometrisch einleiten, daß wir fragen, wie man das von der Fläche dritter Ordnung und dem auf ihr liegenden Projektionspunkte gebildete System partikularisieren muß, damit der von dem Projektionspunkte an die Fläche gehende Umhüllungskegel vierter Ordnung eine Doppelkante erhält. Die Geiserschen Betrachtungen, auf welche wir bereits verwiesen, ergeben in dieser Hinsicht zwei und nur zwei Möglichkeiten: *Entweder muß die Fläche dritter Ordnung, von der wir ausgehen, selbst einen Doppelpunkt bekommen, oder es muß der Projektionspunkt, den wir benutzen, auf eine der 27 Geraden der Fläche rücken.* Im ersteren Falle verschwindet ein Ausdruck Σ, den wir als „Diskriminante der F_3" benennen können. Im anderen Falle wird Null erhalten, wenn wir in diejenige Kovariante neunter Ordnung der F_3, deren Verschwinden auf der F_3 die 27 Geraden festlegt, die Koordinaten des Projektionspunktes eintragen. Ich will den so bestimmten Ausdruck mit T bezeichnen. Wir haben also für die Diskriminante der Kurve vierter Ordnung notwendig eine Darstellung folgender Form:

$$(104) \qquad \text{Diskr.} = \Sigma^{\alpha} \, \mathsf{T}^{\beta},$$

unter α, β noch zu bestimmende Multiplizitäten verstanden[53].

Um α, β festzulegen, müssen wir jetzt genauer darauf eingehen, wie sich die Ausdrücke Σ und T aus den Koeffizienten von D, Ω, Φ aufbauen. Ich will dabei jeden einzelnen Ausdruck als eine Summe von Gliedern anschreiben, deren einzelnes in den Koeffizienten von D, Ω, Φ bez. homogen ist:

$$= S(\overset{l}{D}, \overset{m}{\Omega}, \overset{n}{\Phi}),$$

wo l, m, n resp. den Grad des einzelnen Gliedes in den Koeffizienten von D, Ω, Φ angeben sollen. Wir haben in dieser Hinsicht[54]:

1. Σ ist in den Koeffizienten unserer F_3 (97), deren Gleichung wir noch einmal hersetzen:

$$\Phi - 2\,\Omega z_4 + D z_4^2 = 0,$$

von der 32-ten Ordnung. Daher hat man für jedes einzelne Glied der Σ entsprechenden Summe S:

$$l + m + n = 32.$$

Ferner hat Σ das Gewicht $\dfrac{32 \cdot 3}{4} = 24$. Setzt man jetzt in die Gleichung der F_3 für z_4 λz_4, während z_1, z_2, z_3 ungeändert bleiben, so kommt dies darauf hinaus, für Φ, Ω, D beziehungsweise $\Phi, \lambda\Omega, \lambda^2 D$ zu schreiben. Hierbei soll Σ seinem Gewicht entsprechend den Faktor λ^{24} erhalten. Dies gibt für jedes Glied unseres S:

$$2l + m = 24.$$

Wir erhalten also für Σ folgende Darstellung:

$$(105) \qquad \Sigma = S(\overset{l}{D}, \overset{24-2l}{\Omega}, \overset{8+l}{\Phi}).$$

2. T ist der leitende Koeffizient einer Kovariante unserer F_3, d. h. der Koeffizient der höchsten in dieser Kovariante auftretenden Potenz von z_4. Diese Kovariante hat in den Variabeln den Grad 9, in den Koeffizienten den Grad 11. Hiernach erhält man für die in der Entwicklung von T auftretenden Glieder:

$$l + m + n = 11, \quad 2l + m = \frac{33 - 9}{4} + 9 = 15.$$

---

[53] Ich werde, um alle Mißverständnisse auszuschließen, die Diskriminante der C_4 in den Formeln immer ausführlich mit „Diskr." bezeichnen.

[54] Vgl. die Angaben in Salmons Analytic Geometry of three dimensions, S. 503 ff. (ich zitiere auch weiterhin auf die vierte Auflage des Originals (vom Jahre 1882), die ich gerade zur Hand habe). [Vgl. daneben Salmon-Fiedler, Analytische Geometrie des Raumes, Bd. II, 3. Aufl., 1880, wo S. 427 der Ausdruck für Σ und S. 429 der Ausdruck für T zu finden ist.]

Daher ist:

$$(106) \qquad \mathsf{T} = S(\overset{l}{D},\ \overset{15-2l}{\Omega},\ \overset{-4+l}{\Phi}).$$

3. Die Diskriminante von $f = D\Phi - \Omega^2$ ergibt als Funktion 27-ten Grades der Koeffizienten von f eine Darstellung der folgenden Form:

$$(107) \qquad \text{Diskr.} = S(\overset{l}{D},\ \overset{54-2l}{\Omega},\ \overset{l}{\Phi}).$$

Der Vergleich der Formeln (105)—(107) mit (104) ergibt jetzt mit Notwendigkeit für die in (104) noch unbestimmten Konstanten $\alpha = 1$, $\beta = 2$. Wir haben also:

Im Rationalitätsbereiche zweiter Stufe der ersten Art setzt sich die Diskriminante der C_4 aus den in (105), (106) *näher definierten Bestandteilen* Σ, T *vermöge der Formel zusammen:*

$$(108) \qquad \text{Diskr.} = \Sigma \cdot \mathsf{T}^2.$$

Hierbei sind, wie man beachten mag, Σ und T allein genommen, keineswegs Funktionen der Koeffizienten von f. Sie bleiben allerdings, vermöge ihrer quaternären Invarianteneigenschaft, bei denjenigen Operationen (94) ungeändert, welche $\lambda = 1$ entsprechen; setzt man aber, um zu den allgemeinen Operationen (94) aufzusteigen, hinterher $D' = \lambda D$, $\Omega' = \Omega$, $\Phi' = \dfrac{\Phi}{\lambda}$, so wird Σ den Faktor λ^{-8}, T den Faktor λ^{+4} erhalten; *erst das Produkt* $\Sigma \cdot \mathsf{T}^2$ *ist eine Funktion der Koeffizienten von* f. —

Wir betrachten ferner die Raumkurven sechster Ordnung zweiter Art. Dabei können wir uns etwas kürzer fassen, weil das Resultat, um welches es sich handelt, schon anderweitig bekannt ist[55]). Soll unsere Kurve vierter Ordnung einen Doppelpunkt erhalten, so zeigt sich, daß die 8 Grundpunkte des die Raumkurve sechster Ordnung definierenden Netzes von Flächen zweiter Ordnung eine von zwei besonderen Lagen annehmen müssen: *es müssen entweder zwei der acht Punkte zusammenfallen* (worauf die C_6 selbst einen Doppelpunkt erhält), *oder es müssen sich die Punkte zu vier und vier auf zwei Ebenen verteilen* (es muß im Flächennetz ein Ebenenpaar vorhanden sein, worauf die C_6 in die Durchschnittskante der beiden Ebenen und eine C_5 zerfällt). Beide Vorkommnisse werden durch das Verschwinden von Invarianten der ternär-quaternären Form (103) (von Kombinanten des Flächennetzes) ausgedrückt. Im ersteren Falle ist die betreffende Kombinante nichts anderes als die sogenannte Taktinvariante des Netzes; sie ist also solche in den α_{ik}, β_{ik}, γ_{ik} je vom 16-ten Grade; wir wollen sie hier mit S bezeichnen. Im zweiten Falle haben wir eine

---

[55]) Vgl. Salmon a. a. O. S. 208 ff., insbesondere S. 213. [Vgl. auch Salmon-Fiedler, Bd. I, 4. Aufl., 1898, S. 403 ff., insbesondere S. 406, 407.]

Kombinante zehnten Grades in den α_{ik}, wie in den β_{ik} und den γ_{ik}; sie soll T genannt werden. Nun ist die Diskriminante unserer C_4, mit Rücksicht auf die unter (100) gegebene Gleichungsform derselben, in den α_{ik}, β_{ik}, γ_{ik} zusammengenommen vom 108-ten Grade, also in den α_{ik}, wie in den β_{ik} oder in den γ_{ik} einzeln genommen vom Grade 36. Wir sprechen sofort das Resultat aus:

Im Rationalitätsbereiche zweiter Stufe der zweiten Art hat man eine ganz ähnliche Zerlegung der Diskriminante der C_4, wie oben unter (108); es ist:

$$(109) \qquad \text{Diskr.} = S \cdot T^2.$$

Nur sind jetzt hier die beiden Faktoren S und T einzeln genommen bereits als Funktionen der Koeffizienten von f anzusehen. Denn hierzu ist es nach § 18 nicht nur erforderlich, sondern auch hinreichend, daß man es mit Kombinanten des Flächennetzes zu tun hat. Als Funktion der Koeffizienten von f hat S den Grad 12, T den Grad $7^1/_2$.

<h3 style="text-align:center">§ 20.</h3>

<h2 style="text-align:center">Über das Verhalten der Berührungkurven dritter Ordnung beim Auftreten eines Doppelpunktes. [56]</h2>

Wir bestätigen die Formeln (108), (109) und gewinnen zugleich die Grundlage für spätere Folgerungen, indem wir zusehen, wie sich die einzelnen Systeme von Berührungskurven dritter Ordnung der C_4 verhalten, wenn die C_4 einen Doppelpunkt bekommt. Zu dem Zwecke werden wir zunächst untersuchen, welchen Einfluß die Entstehung des Doppelpunktes auf die Thetamoduln $\tau_{\alpha\beta}$ hat, wobei uns aber gestattet sein wird, zwecks Definition der $\tau_{\alpha\beta}$ auf der zur C_4 gehörigen Riemannschen Fläche ein möglichst bequem gewähltes Schnittsystem zugrunde zu legen. In der Tat gewinnen wir auf dem hiermit angedeuteten Wege in einfachster Weise nicht nur die in Betracht kommenden Sätze über das Verhalten der Berührungskurven, sondern zugleich die Grundlage für unsere späteren die Thetafunktionen betreffenden Entwicklungen [57]).

---

[56]) [Vgl. bei diesem und den beiden folgenden Paragraphen, die *Untersuchungen aus dem Gebiete der hyperelliptischen Modulfunktionen* von Herrn Burkhardt. (Math. Annalen, Bd. 36 (1890), Bd. 38 (1891), Bd. 41 (1892/93)). Es sind dort Überlegungen ähnlicher Art, wie die im Texte für $p = 3$ gegebenen, für den Fall $p = 2$ mit großer Sorgfalt durchgeführt.]

[57]) [Die hier gebrauchte „Doppelpunktsmethode", wie andrerseits den Übergang vom allgemeinen Gebilde zum hyperelliptischen, habe ich in meiner späteren Arbeit, in den Math. Annalen, Bd. 42, 1892 (bereits in Bd. 2 als Abh. XLII abgedruckt) vielfach angewandt. K.]

Um jetzt zunächst das in Rede stehende Schnittsystem zu definieren, denken wir uns die Riemannsche Fläche aus der Kurve vierter Ordnung durch Projektion von irgendeinem der Kurve selbst nicht angehörigen Punkte der Ebene aus abgeleitet, so daß wir eine vierblättrige Fläche mit 12 Verzweigungspunkten vor uns haben. Da sieht man dann ohne weiteres, wie das Entstehen eines Doppelpunktes der C_4 auf die Riemannsche Fläche wirkt. Der Erfolg ist der, daß zwei auf der Riemannschen Fläche durch einen Verzweigungsschnitt verbundene Verzweigungspunkte zusammenrücken und sich dadurch kompensieren. Ich will die Stelle, an der sich die beiden Verzweigungspunkte vereinigen, insofern sie dem einen der beiden ursprünglich verbundenen Blätter angehört, mit ξ, insofern sie dem anderen der beiden Blätter angehört, mit η bezeichnen. Durch das Zusammenrücken der beiden Verzweigungspunkte ist das p unserer Fläche auf Zwei herabgesunken. Wir werden jetzt die so erhaltene Fläche kanonisch zerschneiden, indem wir auf ihr nach den bekannten Regeln zwei Paare von Querschnitten: A_1, B_1 und A_2, B_2 herstellen, von denen indes keiner durch ξ oder η hindurchlaufen soll. Ist dies geschehen, so führen wir noch zwei Schnitte A_3, B_3, die folgendermaßen definiert sein sollen: A_3 führt vom Punkte η, ohne den A_1, B_1, A_2, B_2 irgendwie zu begegnen, zum Punkte ξ, B_3 umgibt den Punkt ξ (oder auch η, wenn wir es vorziehen sollten) in kleinem Kreise. Wir betrachten jetzt, was offenbar gestattet ist, dieses Schnittnetz A_1, B_1, A_2, B_2, A_3, B_3 als *Grenzlage einer eben hierdurch definierten kanonischen Zerschneidung der ursprünglichen Fläche $p = 3$.* Hinsichtlich der so gefundenen Zerschneidung führen wir dann auf der Fläche $p = 3$ Normalintegrale erster Gattung ein, die uns bestimmte Thetamoduln $\tau_{\alpha\beta}$ liefern. Dann gehen wir wieder zur Fläche $p = 2$ zurück und sehen, was dabei aus den Integralen erster Gattung und den $\tau_{\alpha\beta}$ wird.

Ich setze das allgemeine Schema der Formel (4) noch einmal her:

	A_1	A_2	A_3	B_1	B_2	B_3
v_1	1	0	0	τ_{11}	τ_{12}	τ_{13}
v_2	0	1	0	τ_{21}	τ_{22}	τ_{23}
v_3	0	0	1	τ_{31}	τ_{32}	τ_{33}

Hier ändert sich nun, was die Integrale v angeht, beim Grenzübergang zur Fläche $p = 2$ nur das, daß v_3 in ξ und η logarithmische Unstetigkeitsstellen erhält und also in ein Integral dritter Gattung übergegangen ist. In der Tat liefert die Überschreitung von A_3, d. h. die Umkreisung von ξ, für v_3 dem Schema entsprechend den Betrag 1; wir haben also $\dfrac{1}{2\,i\,\pi}$ als das zum Punkte ξ gehörige logarithmische Residuum von v_3 anzusehen.

Aber unser Schema schreibt gleichzeitig als Perioden von v_3 an A_1, A_2 bzw.
0, 0 vor. Nehmen wir beides zusammen, so werden wir, in der Grenze,

$$v_3 = \frac{1}{2\,i\,\pi}\,(\Pi_{\xi\eta}),$$

setzen dürfen, unter (Π) ein zur Fläche $p = 2$ gehöriges im gewöhnlichen
Sinne transzendent normiertes Integral dritter Gattung verstanden[58]). Dabei
gehen nun, in Übereinstimmung mit Formel (6), $\tau_{13} = \tau_{31}$ und $\tau_{23} = \tau_{32}$
beziehungsweise in die wohlbestimmten Größen $v_1{}^{\xi\eta}$ und $v_2{}^{\xi\eta}$ über. Anders
aber das τ_{33}. *Es ergibt sich, daß $\tau_{33} = i\infty$ wird.* Wir wollen in der
Folge schreiben:

$$(110) \qquad\qquad q_{33} = e^{i\pi\tau_{33}}.$$

Wir haben dann:

*Erhält die Kurve vierter Ordnung einen Doppelpunkt, so wird für
das von uns gewählte Schnittsystem q_{33} zu Null.*

Wir fragen jetzt nach dem zugehörigen Verhalten der Berührungskurven, gerader und ungerader Ordnung, die wir hier beide brauchen[59]).
Wir wollen dabei, um möglichst einfache Sätze zu erhalten, dem gewöhnlichen Sprachgebrauche entgegen nur solche Kurven zur Kurve vierter
Ordnung *adjungiert* nennen, welche eine *ungerade* Anzahl von Malen durch
den Doppelpunkt der letzteren hindurchlaufen; alle anderen Kurven heißen
nicht-adjungiert.

Um mit den Berührungskegelschnitten zu beginnen, so ist deren
Theorie besonders zugänglich, weil wir das einzelne System derselben durch
eine *Elementarcharakteristik* $\left|\begin{smallmatrix} g \\ h \end{smallmatrix}\right|$ festlegen können (§ 12). Seien a_1, a_2, a_3, a_4
die vier Schnittpunkte der C_4 mit einer geraden Linie, b_1, b_2, b_3, b_4 die Be-
rührungspunkte eines dem System angehörigen Kegelschnittes, $\omega_1, \omega_2, .. \omega_6$
die Perioden eines beliebigen Integrals erster Gattung, so ist die betr.
Charakteristik $\left|\begin{smallmatrix} g \\ h \end{smallmatrix}\right|$ durch folgende Gleichung gegeben:

$$\int\limits_{a_1}^{b_1} + \int\limits_{a_2}^{b_2} + \int\limits_{a_3}^{b_3} + \int\limits_{a_4}^{b_4} = \frac{h_1\,\omega_1 + h_2\,\omega_2 + h_3\,\omega_3 + g_1\,\omega_4 + g_2\,\omega_5 + g_3\,\omega_6}{2}$$

Dabei kommen von den möglichen Wertsystemen $\left|\begin{smallmatrix} g \\ h \end{smallmatrix}\right|$ allein die 63 in Be-
tracht, welche von $\left|\begin{smallmatrix} 0 & 0 & 0 \\ 0 & 0 & 0 \end{smallmatrix}\right|$ verschieden sind. — Wir schließen jetzt, mit
Rücksicht auf den angegebenen Wert von τ_{33}:

---

[58]) Ich habe dies zum ersten Male vorgetragen, als ich im Sommer 1874 über
Abelsche Funktionen las.

[59]) Vgl. insbesondere Brill, *„Über die Anwendung der hyperelliptischen Funktionen in der Geometrie"*, Crelles Journal für Math. Bd. 65 (1864), sodann die Erläuterungen, welche Herr Lindemann in Clebschs Vorlesungen über Geometrie auf
S. 879, 880 des Bd. I (1876) gibt. Die im Texte gegebenen Theoreme scheinen in
ihrer vollständigen Form neu zu sein.

Von den 63 Systemen von Berührungskegelschnitten, die bei der allgemeinen C_4 zu unterscheiden sind, erweisen sich, sobald die C_4 einen Doppelpunkt erhält, diejenigen 32, deren $g_3 = 1$ ist, als adjungiert, die anderen 31 (mit $g_3 = 0$) als nicht adjungiert.

Die nähere Untersuchung zeigt ferner, daß von den Kegelschnittsystemen der ersten Art immer diejenigen zwei identisch werden, deren Charakteristiken sich nur durch das h_3 unterscheiden; *es gibt also bei der C_4 mit Doppelpunkt nur 16 getrennte Systeme adjungierter Berührungskegelschnitte.*

Die Kegelschnittsysteme der anderen Art bleiben getrennt. Aber unter ihnen ist eines, welches unsere ganz besondere Aufmerksamkeit auf sich zieht. Es ist dies das System mit der Charakteristik

$$\begin{vmatrix} 0 & 0 & 0 \\ 0 & 0 & 1 \end{vmatrix}.$$

Während nämlich die 30 übrigen nicht adjungierten Kegelschnittsysteme allgemein zu reden aus eigentlichen Kegelschnitten bestehen (unter denen sich nur einzelne Linienpaare finden), so ist dieses System in das Büschel der doppeltzählenden durch den Doppelpunkt laufenden Geraden ausgeartet. Insbesondere vertreten bei ihm die sechs vom Doppelpunkt an die Kurve auslaufenden Tangenten, jede dieser sechs Tangenten doppeltgezählt, die sechs Doppeltangentenpaare, welche der allgemeinen Theorie zufolge unter den Kegelschnitten jedes Berührungssystems vorhanden sein sollen. —

Wir beschäftigen uns jetzt des näheren mit den 28 Doppeltangenten. Jede einzelne derselben wird uns im allgemeinen Falle durch eine Primcharakteristik $\begin{vmatrix} g \\ h \end{vmatrix}$ festgelegt, die ungerade ist, d. h. für die

$$g_1 h_1 + g_2 h_2 + g_3 h_3 \equiv 1 \ (\text{mod. } 2).$$

Erhält jetzt die C_4 einen Doppelpunkt, so müssen wir diejenigen 12 Doppeltangenten, für welche $g_3 = 0$ ist, von den anderen 16, für die $g_3 = 1$ ist, abtrennen. Wir finden:

Von den 12 Doppeltangenten mit $g_3 = 0$ fallen jedesmal diejenigen zwei, deren Charakteristiken sich nur durch das h_3 unterscheiden, miteinander zusammen und gehen dabei, indem sie adjungiert werden, in die 6 soeben genannten vom Doppelpunkte auslaufenden Tangenten über. — Die 16 Doppeltangenten mit $g_3 = 1$ verlaufen getrennt und nicht adjungiert.

Man beweist diese Sätze, indem man bemerkt, daß die Primcharakteristiken irgend zweier Doppeltangenten zusammenaddiert die Elementarcharakteristik gerade desjenigen Kegelschnittsystems ergeben müssen, unter dessen Kegelschnitten das von den beiden Doppeltangenten gebildete Linienpaar als spezieller Fall enthalten ist.

Auf dieselbe Weise weiter schließend, sieht man, daß man allgemein bei den Berührungskurven ungerader Ordnung die Fälle $g_3 = 0$ und $g_3 = 1$ auseinanderzuhalten hat:

Von den Systemen mit $g_3 = 0$ fallen immer diejenigen zwei, die sich nur durch das h_3 unterscheiden, zusammen; die Systeme mit $g_3 = 1$ verlaufen getrennt.

Die sämtlichen Kurven der Systeme mit $g_3 = 0$ sind adjungiert, diejenigen der Systeme mit $g_3 = 1$ sind nicht adjungiert [60]).

Betrachten wir insbesondere Berührungskurven dritter Ordnung, so haben wir 32 Systeme mit $g_3 = 0$ und ebensoviele mit $g_3 = 1$. Wir unterschieden oben die Systeme mit ungerader und gerader Charakteristik als solche der ersten und der zweiten Art. Von den Systemen erster Art finden sich 12 unter den 32 mit $g_3 = 0$, die übrigen 16 unter den 32 mit $g_3 = 1$. Die entsprechenden Zahlen für Systeme zweiter Art sind 20 und 16. Unter den Systemen mit $g_3 = 0$ fallen selbstverständlich immer nur solche zwei zusammen, die derselben Art angehören. —

§ 21.
Neue Sätze über das Verhalten der Kurvendiskriminante.

Die im vorigen Paragraphen erhaltenen Sätze gestatten uns vor allen Dingen, die Theoreme über Diskriminantenzerlegung, die wir in § 19 erhielten, wesentlich zu vervollständigen.

Wir bemerken zunächst, daß jedesmal, wenn bei einer C_4 ein Doppelpunkt entsteht, eines der 63 Systeme zugehöriger Kegelschnitte ausgezeichnet ist. Nun sind, wie wir wissen, alle 63 Systeme an sich gleichberechtigt (§ 16). Daher schließen wir:

Adjungiert man [61]) *sämtliche Systeme von Berührungskegelschnitten, so zerfällt die Diskriminante der C_4 in 63 gleichberechtigte Faktoren.*

Wir könnten diesem Satze weiter nachgehen, indem wir bemerken, daß sämtliche Berührungskegelschnitte rational bekannt sind, wenn man die 28 Doppeltangenten einzeln kennt, daß man aber letzteres im Anschlusse an bekannte Untersuchungen von Aronhold erreichen kann, indem man von 7 Doppeltangenten als willkürlich gegeben ausgeht, usw. [62])

---

[60]) Das ist also genau umgekehrt wie bei den durch Elementarcharakteristiken festgelegten Systemen von Berührungskegelschnitten (oder von Berührungskurven gerader Ordnung überhaupt).

[61]) Im Galoisschen Sinne.

[62]) [Siehe Aronhold in den Berliner Monatsberichten v. J. 1864. Auch Riemann hat in seinen Vorlesungen von 1861/62 schon hierauf hingewiesen; vgl. die Angaben in Fußnote [7]) auf S. 392.]

Inzwischen würde uns dies zu sehr von dem speziellen Gegenstande unserer Untersuchung abführen. Vielmehr wende ich mich zu den Entwicklungen des § 19 zurück[68]).

Wir sind in § 19 von den Raumfiguren der § 17, 18 ausgegangen. Ich sage jetzt, *daß in jeder dieser beiden Raumfiguren die* 63 *Faktoren der Diskriminante, von den wir gerade sprechen, mit Leichtigkeit zu erkennen sind.*

Um mit der Kurve sechster Ordnung erster Art zu beginnen, so ist von vornherein klar, daß der Faktor T der Zerlegung (108) 27 der 63 Faktoren in sich begreift: besagt doch $T = 0$, daß der auf der Fläche dritter Ordnung bewegliche Projektionspunkt auf eine der 27 Geraden der Fläche gerückt ist. Aber ebenso lassen die bereits zitierten Geiserschen Entwicklungen erkennen, daß der andere Faktor der Zerlegung (108), also Σ, 36 von den 63 Möglichkeiten umfaßt. Denn wenn, dem Verschwinden von Σ entsprechend, die Fläche dritter Ordnung, mit der wir operieren, selbst einen Doppelpunkt bekommt, so wird dabei von den 36 Schläflischen Doppelsechsen, welche die Fläche trägt, immer eine ausgezeichnet, und jede dieser Doppelsechsen steht zu einer der Steinerschen „Gruppen" von 12 Doppeltangenten der C_4, d. h. zu einem der 63 Systeme von Berührungskegelschnitten der C_4, in ausschließlicher Beziehung. Zusammenfassend wollen wir schreiben:

$$(111) \qquad\qquad 63 = (27)_T + (36)_\Sigma.$$

In demselben Sinne werden wir jetzt für die Kurve sechster Ordnung zweiter Art erhalten:

$$(112) \qquad\qquad 63 = (35)_T + (28)_S.$$

Es ist nämlich klar, daß die Bedingung $T = 0$ (d. h. die Bedingung, unter der sich die acht Grundpunkte des Netzes von Flächen zweiter Ordnung zu vier und vier auf zwei Ebenen verteilen), sofern man die Doppeltangenten der C_4 und also die Grundpunkte des Netzes als einzeln bekannt ansieht, auf 35 verschiedene Weisen zu befriedigen ist

---

[68]) Ich muß hier speziell auf die Arbeiten der Herren Schottky und Frobenius über die Theorie der Kurven vierter Ordnung verweisen (Schottky, *Abriß einer Theorie der Abelschen Funktionen von 3 Variabeln* (Leipzig, 1880), Frobenius in den Bänden 98, 99, 103, 105 von Crelles Journal für Mathematik (1885—89)). Es ist nicht zu zweifeln, daß in diesen Arbeiten (wie schon vorher in Herrn Webers Schrift über die *Theorie der Abelschen Funktionen vom Geschlecht 3* (Berlin, 1876)) zahlreiche Formeln auftreten, welche mit den von mir im Texte gegebenen Entwicklungen, insbesondere auch denjenigen, die weiter unten über die Thetanullwerte mitgeteilt werden sollen, auf das innigste zusammenhängen. Inzwischen scheint es, daß die expliziten Theoreme, zu denen ich in einfachster Weise komme, als solche bisher nicht bekannt gewesen sind.

$\left(35 = \frac{1}{2} \cdot \frac{8 \cdot 7 \cdot 6 \cdot 5}{1 \cdot 2 \cdot 3 \cdot 4}\right)$, während die Forderung $S = 0$ (daß zwei von den acht Grundpunkten zusammenfallen) genau entsprechend auf 28 Möglichkeiten führt $\left(28 = \frac{8 \cdot 7}{1 \cdot 2}\right)$.

Wir verbinden diese Resultate jetzt mit den am Schluß des vorigen Paragraphen erhaltenen Sätzen.

Den letzteren zufolge zerfallen die 28 Systeme von Berührungskurven dritter Ordnung erster Art, die es gibt, sobald ein Doppelpunkt auftritt, in 12, welche adjungiert, und in 16, welche nicht adjungiert werden. Man halte jetzt ein einzelnes der 28 Systeme fest, lasse dafür aber den Doppelpunkt der Reihe nach entsprechend jeder einzelnen der 63 hierfür unterschiedenen Möglichkeiten auftreten. Dann wird $\frac{12 \cdot 63}{28} = 27$ mal der Fall vorliegen, daß das gegebene System von Berührungskurven adjungiert verläuft, $\frac{16 \cdot 63}{28} = 36$ mal wird es nicht adjungiert sein. Hiermit vergleiche man jetzt (111). Wir schließen:

Im ersteren Falle verschwindet das zum System der Berührungskurven gehörige T, *im zweiten Falle* Σ.

Wir machen jetzt die entsprechende Abzählung für die 36 Systeme von Berührungskurven dritter Ordnung zweiter Art. Von den 63 hinsichtlich der Entstehung des Doppelpunktes zu unterscheidenden Möglichkeiten müssen für das einzelne der 36 Systeme $\frac{20 \cdot 63}{36} = 35$ zur Folge haben, daß das System adjungiert wird, $\frac{16 \cdot 63}{36} = 28$, daß es nicht adjungiert wird. Der Vergleich mit (112) ergibt also:

Das eine Mal verschwindet das zum Systeme der Berührungskurven gehörige T, *das andere Mal das* S.

Wir werden diese beiden Ergebnisse jetzt so zu einem Satze zusammenfassen, daß wir die spezielle Zerschneidung der Riemannschen Fläche heranziehen, die im vorigen Paragraphen benutzt wurde. Wir haben dann:

Erhält die Kurve vierter Ordnung einen Doppelpunkt, so verschwindet für diejenigen ihr zugehörigen Raumkurven sechster Ordnung, deren im Sinne von § 20 bestimmte Charakteristik $g_3 = 0$ aufweist, T *beziehungsweise* T; *für die anderen Raumkurven, deren Charakteristiken $g_3 = 1$ enthalten, verschwindet* Σ *beziehungsweise* S.

Noch wollen wir genauer angeben, wie stark in jedem Falle der einzelne Diskriminantenfaktor, beziehungsweise die Diskriminante selbst verschwindet. Wir wollen uns dabei auf die bekannten Verhältnisse des elliptischen Falles beziehen. Ich will letzteren in ˴gewöhnlicher˴ Weise

durch eine zweiblättrige Riemannsche Fläche mit vier Verzweigungspunkten vorgestellt sein lassen, von denen jetzt, dem Ansatze des § 20
entsprechend, zwei zusammenrücken mögen. Wir denken uns auf dieser
Fläche das den Vorschriften des § 20 entsprechende kanonische Querschnittsystem konstruiert. Wir finden dann, daß in der Grenze das zugehörige τ gleich $i\infty$ wird, so daß $q = e^{i\pi\tau}$ verschwindet. Nun kennen
wir aber von anderer Seite (aus der Theorie der elliptischen Funktionen)
für das aus den Argumenten der vier Verzweigungspunkte zu bildende
Differenzenprodukt eine nach Potenzen von q fortschreitende Reihe, aus der
wir erfahren, daß besagtes Differenzenprodukt im Grenzfalle ebenso stark
wie q selbst verschwindet. Wir übertragen jetzt dieses Resultat auf die
vierblättrige, mit zwölf Verzweigungspunkten ausgestattete Riemannsche
Fläche des § 20. Dann tritt an Stelle des q das q_{33} (110), und wir
finden, daß das Differenzenprodukt der Argumente der zwölf Verzweigungspunkte, sobald die Kurve vierter Ordnung einen Doppelpunkt erhält, wie
q_{33} selber verschwindet. Jetzt erheben wir unser Differenzenprodukt ins
Quadrat und erhalten so einen Ausdruck, dessen wesentlicher, hier allein
in Betracht zu ziehender Faktor die Diskriminante der Kurve vierter
Ordnung ist. Daher haben wir den wichtigen Satz:

*Erhält die Kurve vierter Ordnung einen Doppelpunkt, so ver-
schwindet die zugehörige Diskriminante bei Zugrundelegung des in § 20
definierten Schnittsystems wie q_{33}^2.*

Dieses Resultat überträgt sich dann sofort, vermöge (108), (109)
auf die einzelnen Diskriminantenfaktoren Σ, T, bez. S, T. *Insbesondere
werden Σ und S, wenn sie verschwinden* (d. h. wenn das g_3 der im Sinne
von § 20 in Betracht kommenden Charakteristik gleich 1 ist) *immer auch
verschwinden wie q_{33}^2.*

§ 22.

Erneute Inbetrachtnahme der Thetafunktionen.

Wir haben jetzt alle Hilfsmittel, um bei der Kurve vierter Ordnung
die in § 13 aufgestellten Formeln wesentlich zu vervollständigen. Bei
der Wertbestimmung der Theta sind damals die multiplikativen Konstanten durchaus unbestimmt geblieben. Wir nehmen uns jetzt vor, dieselben bei der Kurve vierter Ordnung jedenfalls so weit festzulegen, als
sie von den Koeffizienten der Kurve abhängen: der numerische Bestandteil, der dann noch zu bestimmen bleibt, wird durch Grenzübergang zu
niederen Fällen zu eruieren sein. Und zwar werden wir die Frage in der
Weise anfassen, daß wir geradezu das Glied niederster Dimension in der
nach Potenzen der v_1, v_2, v_3 (oder, was dasselbe ist, in der nach Potenzen
der w_1, w_2, w_3) fortschreitenden Reihenentwicklung der Thetafunktionen zu

bestimmen suchen. Hieran reiht sich dann naturgemäß als letzte von uns zu behandelnde Aufgabe die Frage nach den Gliedern höherer Dimension dieser Entwicklung. Und hier, zum Schluß der gegenwärtigen Abhandlung, wird es von Vorteil, für den allgemeinen Fall $p = 3$ diejenigen Funktionen in die Betrachtung einzuführen, die man nach Analogie des elliptischen und des hyperelliptischen Falles als *Sigmafunktionen* bezeichnen wird.

Es handelt sich, wie man sieht, in den folgenden Paragraphen um dieselben Fragestellungen, die ich für hyperelliptische Funktionen in den §§ 11—14 meiner Arbeit in Bd. 32 der Math. Annalen [= Nr. XCVI dieser Ausgabe] behandelt habe. Inzwischen ist der Ausgangspunkt hier und dort ein wesentlich verschiedener. Ich hatte mir damals die Aufgabe gestellt, vom algebraischen Gebilde beginnend auf synthetischem Wege zu den Sigmafunktionen und deren Reihenentwicklung zu gelangen; der Übergang zu den ϑ geschah erst hinterher und mehr beiläufig. Hier dagegen erscheinen die ϑ als das von vornherein Gegebene; es sind ganz wesentlich ihre Eigenschaften, die uns interessieren; die σ erscheinen nur zum Schlusse bei der Durchführung der Potenzentwicklung. Hiermit hängt zusammen, daß ich damals den Wert der bei den ϑ auftretenden multiplikativen Konstanten C kurzweg ohne Beweis angab [S. 383 in diesem Bande], während die Festlegung dieser Konstanten jetzt als ein Hauptpunkt der Entwicklung erscheint, dem wir die nächsten beiden Paragraphen ausschließlich widmen.

Was Untersuchungen anderer Mathematiker angeht, die hier in Betracht kommen, so hat Riemann bekanntlich in der schon oben genannten Nr. 25 seiner Abelschen Funktionen darauf hingewiesen, daß die Bestimmung der fraglichen Konstanten auf rechnerischem Wege durch Umformung derjenigen Differentialgleichungen muß gefunden werden können, denen die ϑ bezüglich der v und der τ genügen. Dieser Weg ist dann für den Fall der hyperelliptischen Funktionen von Herrn Thomae wenigstens betreffs der einfachsten bei denselben in Betracht kommenden Thetafunktionen durchgeführt worden[64]), und ich füge gern an, daß in seiner demnächst erscheinenden Göttinger Dissertation Herr Schröder die analogen Betrachtungen für die höheren hyperelliptischen Theta zum Abschluß bringt[65]). Es haben sich ferner die Herren Thomae[66]) und Fuchs[67])

---

[64]) Crelles Journal für Math., Bd. 71 (1870): *Beitrag zur Bestimmung von* $\vartheta(0, 0, \ldots, 0)$ *durch die Klassenmoduln algebraischer Funktionen.*

[65]) [Vgl. das genauere Zitat in Fußnote [19]) auf S. 384 dieses Bandes.]

[66]) Crelles Journal für Math., Bd. 66 (1866): *Bestimmung von* $d\log\vartheta(0, 0, \ldots, 0)$ *durch die Klassenmoduln.*

[67]) Crelles Journal für Math., Bd. 73 (1871): *Über die Form der Argumente der Thetafunktionen und über die Bestimmung von* $d\log\vartheta(0, 0, \ldots, 0)$ *als Funktion der Klassenmoduln.* [= Ges. Math. Werke, Bd. I, Nr. XIII.]

mit der Aufgabe beschäftigt, bei allgemeineren algebraischen Gebilden den von Riemann geforderten Ausdruck für $d \log \vartheta (0,0,\dots,0)$ zu berechnen. Herr Thomae hat später auch die Integration dieses Ausdrucks in Betracht gezogen[68]), wobei er sich eines funktionentheoretischen Ansatzes bedient, der, allgemein gesagt, darauf hinauskommt, die Konstanten der Riemannschen Fläche als veränderliche Größen zu betrachten. Letzteres ist, wie man bemerkt, derselbe Gedanke, der dem ganzen zweiten Abschnitte der gegenwärtigen Abhandlung zugrunde liegt und der uns nun in der Tat bei der hier vorliegenden Frage, was den allgemeinen Fall $p = 3$ angeht, zu einfachen Schlußresultaten leiten soll. Mein Ansatz ist dabei insofern einfacher als der von Herrn Thomae, als ich mich überhaupt nicht mit der Differentialformel für $d \log \vartheta (0,0,0)$ beschäftige, [oder mit irgendwelchen inhomogenen Thetarelationen operiere] sondern die Wertbestimmung des $\vartheta (0,0,0)$, bez. der anderen, neben $\vartheta (0,0,0)$ in Betracht kommenden Konstanten direkt in Angriff nehme (so daß also mit meinen Entwicklungen zugleich eine vereinfachte Bestimmung der betreffenden Konstanten der hyperelliptischen und elliptischen Theorie gegeben ist). Aber der wesentliche Unterschied liegt in der Wahl der veränderlichen Größen, durch die wir die einzelne Riemannsche Fläche festlegen. Während ich nämlich als solche durchweg die Koeffizienten der C_4, beziehungsweise die in § 17, 18 definierten Moduln zweiter Stufe verwende, benutzt Herr Thomae die komplexen Argumente der Verzweigungspunkte, die bei der von ihm zugrunde gelegten Riemannschen Fläche auftreten. An dieser Wahl geeigneter Variablen, die sich genau dem jeweils in Betracht kommenden Rationalitätsbereiche anpassen, hängt der ganze Erfolg der weiterhin zu gebenden Entwicklungen. Dabei bewährt sich wieder das Prinzip der homogenen Veränderlichen. Denn die Schlußformeln, um die es sich handelt, würden sich unnötig kompliziert darstellen, wenn man nicht die bei uns vorkommenden Koeffizienten selbst, sondern irgendwelche aus ihnen zu bildende Quotienten als Variable zugrunde gelegt hätte[69]).

Ich will doch, ehe ich weitergehe, das Prinzip der in Rede stehenden funktionentheoretischen Schlußweise klar formulieren, und dies um so mehr, als ich mich weiterhin, bei den einzelnen Anwendungen, der Kürze halber gezwungen sehe, immer nur die Prämissen der einzelnen Schlüsse und dann gleich die Resultate zu geben. Man denke sich die Gesamtheit der von

---

[68]) Crelles Journal für Math., Bd. 75 (1873): *Beitrag zur Theorie der Abelschen Funktionen.*

[69]) Herr Thomae ist seinerseits neuerdings auf den Fall $p = 3$ zurückgekommen (in den Sächsischen Berichten von 1887: *Bemerkungen über Thetafunktionen vom Geschlecht 3*).

den 15 Koeffizienten der C_4 anzunehmenden Wertsysteme unter dem Bilde eines 15-fach ausgedehnten Raumes. Innerhalb desselben werden die Koeffizienten solcher Kurven vierter Ordnung, welche einen gewöhnlichen Doppelpunkt besitzen, durch eine 14-fach ausgedehnte algebraische Mannigfaltigkeit vertreten sein: denjenigen C_4 dagegen, welche höhere Singularitäten oder singuläre Punkte in höherer Zahl besitzen, werden algebraische Mannigfaltigkeiten von höchstens 13 Dimensionen entsprechen; die Zahl der verschiedenen derart in Betracht zu ziehenden Mannigfaltigkeiten ist notwendig endlich. Alle Schlüsse über die Natur der darzustellenden Funktionen werden nun gemacht, indem wir diese sämtlichen höchstens 13-fach ausgedehnten Mannigfaltigkeiten schlechtweg beiseite lassen, in der Weise, daß wir jedesmal solche zwei Funktionen identisch setzen, von denen wir wissen, daß sie sich an sämtlichen Stellen, die jenen höchstens 13-fach ausgedehnten Mannigfaltigkeiten *nicht* angehören, gleichartig verhalten.

Es erübrigt, daß ich die speziellen Grundlagen des angewandten Verfahrens angebe. Dieselben werden zunächst von den Sätzen gebildet, die Riemann in seiner Abhandlung über das Verschwinden der Theta gab [70]), beziehungsweise von den Folgerungen, welche Herr Weber aus diesen Sätzen gezogen hat (in der schon oben genannten Abhandlung in Bd. 13 der Math. Annalen (1878): *Über gewisse in der Theorie der Abelschen Funktionen auftretende Ausnahmefälle*). Aus denselben folgt nämlich, was die Voraussetzung aller weiteren Schlüsse ist, daß bei keiner der 64 zu einer singularitätenfreien C_4 gehörigen Thetafunktionen das erste Glied der nach Potenzen der v_1, v_2, v_3 fortschreitenden Entwicklung identisch verschwinden kann. Hierüber hinaus aber benutzen wir *das Verhalten der ϑ gegenüber linearer Periodentransformation*. Ich will hier die Fundamentalformel für die lineare Transformation der ϑ in einer Form hersetzen, in der Herr Thomae dieselbe im 75. Bande von Crelles Journal für Mathematik (a. a. O.) entwickelt hat. Es sei p_{123} die unter (88) eingeführte Periodendeterminante; v', τ', p'_{123}, g', h' seien die transformierten Werte der v, τ, p_{123}, g, h; M bezeichne den Quotienten:

$$(113) \qquad\qquad M = \frac{p_{123}}{p'_{123}}.$$

Dann hat man

$$(114) \qquad \frac{\vartheta\left|{g' \atop h'}\right|(v', \tau')}{\sqrt{p'_{123}}} = j\left|{g \atop h}\right| \cdot \frac{\vartheta\left|{g \atop h}\right|(v, \tau)}{\sqrt{p_{123}}} \cdot e^{-i\pi\left(\frac{\partial \log M}{\partial \tau_{11}} v_1^2 + \frac{\partial \log M}{\partial \tau_{12}} v_1 v_2 + \dots\right)},$$

unter $j\left|{g \atop h}\right|$ eine von der Charakteristik abhängige achte Einheitswurzel verstanden, deren besonderer Wert für uns nicht in Betracht kommt.

---

[70]) [Vgl. auch seine Vorlesung von 1861/62. K.]

§ 23.

Das Produkt der Nullwerte der 36 geraden Thetafunktionen.

Wir betrachten jetzt zunächst, wieder im Anschlusse an Thomae, Crelles Journal, Bd. 75, das durch p_{123}^{18} dividierte Produkt der Nullwerte der 36 geraden Thetafunktionen, oder vielmehr, um Formel (114) bequem anwenden zukönnen, die achte Potenz des so definierten Ausdrucks, d. h.

$$(115) \qquad \frac{\prod\limits_{1}^{36} \vartheta \left|\begin{smallmatrix} g \\ h \end{smallmatrix}\right| (000)^8}{p_{123}^{144}},$$

Nach Formel (114) ändert sich dieser Ausdruck bei linearer Transformation der Perioden überhaupt nicht, ist also eine eindeutige Funktion der Koeffizienten von f. Die $\vartheta(0,0,0)$ sind in diesen Koeffizienten homogen vom 0-ten Grade, p_{123} ist vom Grade -3. Der Grad unseres Ausdrucks ist also $+432$.

Es handelt sich jetzt darum, diesen Ausdruck, wenn möglich, als rationale Funktion der Koeffizienten von f darzustellen.

Zu dem Zwecke müssen wir uns zunächst damit beschäftigen, zu untersuchen, wie sich die 36 zu f gehörigen geraden Thetafunktionen beim Entstehen eines Doppelpunktes verhalten. Wir dehnen diese Untersuchung, da es ohne Mühe geschieht und wir das Resultat später doch brauchen, gleich mit auf die 28 ungeraden Thetafunktionen aus. Indem wir über die Formeln der linearen Periodentransformation verfügen, durch welche wir von jedem beliebigen kanonischen Querschnittsystem zu jedem anderen übergehen können, so dürfen wir bei dieser Untersuchung irgendwelche bequem gewählte Zerschneidung der Riemannschen Fläche zugrunde legen. Als solche benutzen wir jetzt die in § 20 gegebene, vermöge deren die Argumente v, τ der Thetafunktionen beim Eintreten des Doppelpunktes keine andere Änderung erlitten, als daß τ_{33} gleich $i\infty$ wurde, so daß $q_{33} = e^{i\pi\tau_{33}}$ verschwand. Wir verfahren hiernach einfach so, daß wir $q_{33} = 0$ in die 64 Thetareihen eintragen. So ergibt sich ein Resultat, dessen Übereinstimmung mit dem in § 20 (gegen Ende des Paragraphen) für die Berührungskurven dritter Ordnung abgeleiteten auf der Hand liegt. Wir finden:

Diejenigen 32 *Theta, deren* $g_3 = 0$ *ist* (die also adjungierten Berührungskurven dritter Ordnung entsprechen), *fallen paarweise zusammen, indem sie in die* 16 *Thetareihen des Falles* $p = 2$ *übergehen, die anderen* 32 (welche den nicht adjungierten Berührungskurven dritter Ordnung korrespondieren) [*erhalten einen verschwindenden Faktor.*]

Wir werden bei den 32 ϑ der letzteren Kategorie unter den Gliedern der Reihenentwicklung jetzt diejenigen heraussuchen, die am schwächsten verschwinden. *Es ergibt sich, daß dieselben alle den Faktor $q_{33}^{1/4}$ besitzen.* Betrachten wir q_{33} als unendlich kleine Größe, so werden wir dementsprechend in erster Annäherung setzen dürfen:

$$(116) \qquad \vartheta_{\left|\begin{smallmatrix} g_1 g_2 1 \\ h_1 h_2 h_3 \end{smallmatrix}\right|}(v,\ \tau) = q_{33}^{1/4} \cdot \overline{\vartheta}_{\left|\begin{smallmatrix} g_1 g_2 1 \\ h_1 h_2 h_3 \end{smallmatrix}\right|}(v,\ \tau).$$

Hier ist $\overline{\vartheta}_{\left|\begin{smallmatrix} g \\ h \end{smallmatrix}\right|}$ ein solches Grenztheta, wie es schon in den Untersuchungen von Rosenhain auftritt und später von Clebsch und Gordan vielfach bei der Behandlung ebener Kurven mit Doppelpunkt gebraucht wurde[71]). Die Definition dieser $\overline{\vartheta}_{\left|\begin{smallmatrix} g \\ h \end{smallmatrix}\right|}$ wird durch die Reihe gegeben:

$$(117) \quad \overline{\vartheta}_{\left|\begin{smallmatrix} g_1 g_2 1 \\ h_1 h_2 h_3 \end{smallmatrix}\right|}(v,\ \tau) = \sum_{-\infty}^{+\infty}{}_{n_1} \sum_{-\infty}^{+\infty}{}_{n_2} \left(e^{i\pi\left(v_3 + \frac{h_3}{2}\right)} \cdot E_1 + e^{-i\pi\left(v_3 + \frac{h_3}{2}\right)} \cdot E_2 \right),$$

wo:

$$E_1 = e^{\,i\pi\left(\sum\limits_{1}^{2}{}_{\alpha} \sum\limits_{1}^{2}{}_{\beta} \left(n_\alpha + \frac{g_\alpha}{2}\right)\left(n_\beta + \frac{g_\beta}{2}\right)\tau_{\alpha\beta} + \sum\limits_{1}^{2}{}_{\alpha}\left(n_\alpha + \frac{g_\alpha}{2}\right)\tau_{\alpha 3} + 2\sum\limits_{1}^{2}{}_{\alpha}\left(n_\alpha + \frac{g_\alpha}{2}\right)\left(v_\alpha + \frac{h_\alpha}{2}\right) \right)}$$

$$E_2 = e^{\,i\pi\left(\sum\limits_{1}^{2}{}_{\alpha} \sum\limits_{1}^{2}{}_{\beta} \left(n_\alpha + \frac{g_\alpha}{2}\right)\left(n_\beta + \frac{g_\beta}{2}\right)\tau_{\alpha\beta} - \sum\limits_{1}^{2}{}_{\alpha}\left(n_\alpha + \frac{g_\alpha}{2}\right)\tau_{\alpha 3} + 2\sum\limits_{1}^{2}{}_{\alpha}\left(n_\alpha + \frac{g_\alpha}{2}\right)\left(v_\alpha + \frac{h_\alpha}{2}\right) \right)} ;$$

ich teile dieselbe hier mit, damit man sich überzeugt, was wir später brauchen werden, daß die $\overline{\vartheta}$ ebenso wie die ϑ ganze Funktionen der v_1, v_2, v_3 sind.

Wir kehren jetzt zu den Nullwerten der geraden Theta zurück. Bezüglich derselben werden wir sofort sagen:

Sobald die C_4 einen Doppelpunkt erhält, werden von den 36 geraden Thetanullwerten 16 Null wie $q_{33}^{1/4}$, die übrigen 20 bleiben von Null verschieden.

Nun wird, sofern wir an dem besonderen in § 20 eingeführten Querschnittsystem festhalten, die Periodendeterminante p_{123} von dem Entstehen eines Doppelpunktes überhaupt nicht in Mitleidenschaft gezogen. Wir haben daher:

Unser Produkt (115) verschwindet beim Entstehen eines Doppelpunktes wie q_{33}^{32}.

Jetzt ziehen wir den Satz heran, den wir der Riemannschen Abhandlung über das Verschwinden der Thetafunktionen in § 22 gegen Schluß entnahmen. Derselbe besagt für die hier in Betracht kommenden Thetanullwerte, daß keiner derselben verschwinden kann, solange die Kurve vierter Ordnung keinen Doppelpunkt (oder höheren singulären Punkt) bekommt. Das gleiche wird also auch für unser Produkt (115) gelten.

---

[71]) *Abelsche Funktionen*, S. 270 ff. (das Kapitel vom „erweiterten" Umkehrproblem), Clebsch-Lindemann, *Vorlesungen über Geometrie*, Bd. I, 1876 S. 867 ff.

Hiermit haben wir aber, bei unserem Produkte, lauter Eigenschaften, welche gleicherweise der 16-ten Potenz der Kurvendiskriminante zukommen. In der Tat, die 16-te Potenz der Diskriminante ist in den Koeffizienten von f vom Grade 432, sie verschwindet (nach § 21) beim Entstehen eines Doppelpunktes wie q_{33}^{32}, sie wird gewiß nicht Null, solange kein Doppelpunkt vorliegt. Und nun tritt die Schlußweise, von der wir im vorigen Paragraphen handelten, in ihr Recht.

Wir schließen, *daß unser Produkt bis auf einen konstanten Faktor mit der 16-ten Potenz der Diskriminante übereinstimmt.* Wir wollen hier noch beiderseits die achte Wurzel ziehen. *Dann haben wir, unter c eine numerische Konstante verstanden:*

$$(118) \qquad \prod_{1}^{36} \vartheta_{\left|\begin{smallmatrix} g \\ h \end{smallmatrix}\right|}(0,0,0) : p_{123}^{18} = c \cdot \text{Diskr.}^{2} \; {}^{72})$$

Die Fragestellung, von der wir zu Anfang dieses Paragraphen ausgingen, ist damit vollständig beantwortet. Nebenbei folgt, daß das Produkt der 36 in (114) definierten, auf gerade Charakteristiken $\left|\begin{smallmatrix} g \\ h \end{smallmatrix}\right|$ bezüglichen achten Einheitswurzeln $j_{\left|\begin{smallmatrix} g \\ h \end{smallmatrix}\right|}$ allemal der Einheit gleich ist[73]).

<h3 style="text-align:center">§ 24.</h3>

<h3 style="text-align:center">Das Anfangsglied in der Reihenentwicklung des einzelnen ϑ.</h3>

Wir haben das Produkt des vorigen Paragraphen vorab betrachtet, weil bei ihm die Schlußweise, auf die es ankommt, innerhalb des Rationalitätsbereiches erster Stufe zur Geltung gelangt. Indem wir uns jetzt dazu wenden, durch entsprechende Betrachtungen das Anfangsglied in der Reihenentwicklung der einzelnen ϑ festzulegen, haben wir uns je in einem derjenigen Rationalitätsbereiche zweiter Stufe zu bewegen, die in § 17, 18 eingeführt wurden. Übrigens sind die hier zu ziehenden Schlüsse durch die Entwicklungen des § 21 auf das beste vorbereitet.

Beginnen wir mit dem geraden Theta. Bei ihnen wird es sich um die algebraische Bestimmung des einzelnen

$$\vartheta_{\left|\begin{smallmatrix} g \\ h \end{smallmatrix}\right|}(0,0,0) : \sqrt{p_{123}}$$

---

[72]) [Die numerische Konstante c bleibt notwendig unbestimmt, solange die in Betracht kommenden Diskriminanten selbst nur bis auf einen unbestimmten Faktor definiert sind. Das gleiche gilt von den später auftretenden Konstanten c' und c''. K.]

[73]) Formel (118) dehnt sich mit Leichtigkeit auf $p = 4$ aus. Die Normalkurve der φ ist bei $p = 4$ im dreidimensionalen Raume als Durchschnitt einer F_2 und einer F_3 gegeben. Nun sei Δ die Determinante der F_2, T die Taktinvariante von F_2 und F_3. Dann kommt für das Produkt der Nullwerte der zugehörigen 136 geraden Thetafunktionen:

$$\prod_{1}^{136} \vartheta_{\left|\begin{smallmatrix} g \\ h \end{smallmatrix}\right|}(0,0,0,0) : p_{1234}^{68} = c \cdot \Delta^{2} \cdot T^{8}.$$

handeln. Nach Formel (114) ist die achte Potenz dieser Größe innerhalb desjenigen Rationalitätsbereiches zweiter Stufe, der die gerade
Charakteristik $\left|\begin{smallmatrix} g \\ h \end{smallmatrix}\right|$ trägt, eindeutig. Dabei ist sie (wegen des p_{123}) von der
12-ten Dimension in den Koeffizienten von f. Und wie ist es mit
ihrem Verschwinden? Sie verschwindet, dem Riemannschen Satze zufolge, gewiß nicht, solange die Kurve vierter Ordnung keinen Doppelpunkt besitzt; erhält aber die C_4 einen solchen, so verschwindet sie
dann und nur dann, wenn ihre auf das Querschnittsystem des § 20 bezogene Charakteristik $g_3 = 1$ aufweist; sie verschwindet in einem solchen
Falle wie das Quadrat des zugehörigen q_{33}. Alle diese Eigenschaften
kommen aber genau so dem in Formel (109) auftretenden Diskrimi-
nantenfaktor $S_{\left|\begin{smallmatrix} g \\ h \end{smallmatrix}\right|}$ zu $\Big($wir setzen demselben hier, um uns völlig genau

ausdrücken zu können, die Charakteristik $\left|\begin{smallmatrix} g \\ h \end{smallmatrix}\right|$ als Index hinzu$\Big)$. *Wir
schließen also, daß, unter c' eine geeignete numerische Konstante ver-
standen, die folgende Formel statthat:*

$$(119) \qquad\qquad \vartheta_{\left|\begin{smallmatrix} g \\ h \end{smallmatrix}\right|}(0,0,0) : \sqrt{p_{123}} = c' \sqrt[8]{S_{\left|\begin{smallmatrix} g \\ h \end{smallmatrix}\right|}}.$$

Hiermit ist der Fall der geraden ϑ erledigt.

Wenden wir uns jetzt zu den ungeraden ϑ. Um keine Lücke zu
lassen, will ich zunächst aus (84) die allgemeine Form des ersten Gliedes
ihrer Reihenentwicklung ableiten. Wir wollen dabei zwecks besseren An-
schlusses an die jetzt gebrauchte Bezeichnung das dort vorkommende $\varphi_{\left|\begin{smallmatrix} g \\ h \end{smallmatrix}\right|}$
durch das gleichbedeutende $D_{\left|\begin{smallmatrix} g \\ h \end{smallmatrix}\right|}$ ersetzen, sodaß wir die Formel haben

$$\vartheta_{\left|\begin{smallmatrix} g \\ h \end{smallmatrix}\right|}\left(\int_y^x\right) = C \cdot \sqrt{D_{\left|\begin{smallmatrix} g \\ h \end{smallmatrix}\right|}(x) \cdot D_{\left|\begin{smallmatrix} g \\ h \end{smallmatrix}\right|}(y)} \cdot \Omega(x,y).$$

Hier schreibe man jetzt $x = y + dy$. Dann entsteht rechter Seite,
indem wir die unendlich kleinen Glieder höherer Ordnung weglassen:

$$C \cdot D_{\left|\begin{smallmatrix} g \\ h \end{smallmatrix}\right|}(y) \cdot d\omega_y.$$

Aber die Integrale w_1, w_2, w_3 sind unter gleicher Voraussetzung:

$$w_1 = y_1 \, d\omega_y, \qquad w_2 = y_2 \, d\omega_y, \qquad w_3 = y_3 \, d\omega_y.$$

Der Anfangsterm in der Reihenentwicklung des ϑ nach Potenzen der w
wird also, wie anderweitig bekannt $\Big($ich lasse jetzt der Kürze halber die
Charakteristik $\left|\begin{smallmatrix} g \\ h \end{smallmatrix}\right|$ in den Formeln weg$\Big)$:

$$C \cdot D(w) = C(D_1 w_1 + D_2 w_2 + D_3 w_3).$$

Dies ist die gesuchte allgemeine Form. Unsere Aufgabe ist damit darauf
zurückgeführt, die hier vorkommende Konstante C [in ihrer Abhängigkeit von den Kurvenkoeffizienten] festzulegen. Wir erhalten eine explizite
Definition derselben, indem wir die Taylorsche Entwicklung unserer Thetafunktion heranziehen. In der Tat wird vermöge derselben:

$$(120) \qquad C = \frac{\left(\frac{\partial \vartheta}{\partial v_1}\right)_{000} \cdot v_1 + \left(\frac{\partial \vartheta}{\partial v_2}\right)_{000} \cdot v_2 + \left(\frac{\partial \vartheta}{\partial v_3}\right)_{000} \cdot v_3}{D_1 w_1 + D_2 w_2 + D_3 w_3}.$$

Dieses C unterwerfen wir nun einer ganz ähnlichen Betrachtung, wie vorhin
den Nullwert des geraden ϑ. Wir bilden uns $\left(\text{ich füge jetzt die Charak-}\right.$
teristik $\left|\begin{smallmatrix} g \\ h \end{smallmatrix}\right|$ wieder zu$\left.\right)$ den Quotienten

$$C_{\left|\begin{smallmatrix} g \\ h \end{smallmatrix}\right|} : \sqrt{p_{123}}$$

und bemerken, daß dessen achte Potenz vermöge (1) in dem zur un-
geraden Charakteristik $\left|\begin{smallmatrix} g \\ h \end{smallmatrix}\right|$ gehörigen Rationalitätsbere. e des § 17 ein-
deutig ist. Wir untersuchen seine Dimension in den oeffizienten der
zugehörigen D, Φ, Ω und betrachten die Fälle, in denei r verschwindet.
Solcherweise kommt dann als Gegenstück zu Formel (119):

$$(121) \qquad C_{\left|\begin{smallmatrix} g \\ h \end{smallmatrix}\right|} : \sqrt{p_{123}} = c'' \sqrt[8]{\Sigma_{\left|\begin{smallmatrix} g \\ h \end{smallmatrix}\right|}},$$

unter c'' eine geeignete numerische Konstante, unter Σ den in (105),
(108) *betrachteten Diskriminantenfaktor verstanden.*

§ 25.
Von den Funktionen Th.

Ehe wir jetzt die höheren Glieder der uns interessierenden Reihenentwicklungen der ϑ aufsuchen, werden wir statt der ϑ, indem wir dieselben mit einem geeigneten Exponentialfaktor versehen, andere Funktionen
einführen, die von den Koeffizienten der C_4 in einfacherer Weise abhängen. Es sind dies dieselben Funktionen, welche Herr Wiltheiss mit
dem Buchstaben Th zu bezeichnen pflegt[74]), Funktionen, welche zwischen
den ϑ und den weiter unten einzuführenden σ in der Mitte stehen. Wir
schreiben:

$$(122) \qquad \mathrm{Th}_{\left|\begin{smallmatrix} g \\ h \end{smallmatrix}\right|}(w_1 w_2 w_3; \omega_{ik}) = \frac{\vartheta_{\left|\begin{smallmatrix} g \\ h \end{smallmatrix}\right|}^{(v,\tau)}}{\sqrt{p_{123}}} \cdot e^{\Sigma a_{\alpha\beta} v_\alpha v_\beta}$$

---

[74]) Vgl. z. B. Herrn Wiltheiss' Untersuchungen über hyperelliptische Funktionen
in den Bänden 29, 31, 33 der Math. Annalen. [Vgl. auch oben S. 323f.]

und legen den hier rechter Seite auftretenden Exponentialfaktor durch
dieselbe Forderung fest, von welcher ich im Falle $p = 2$ in meiner ersten
Arbeit über hyperelliptische Sigmafunktion (Math. Annalen, Bd. 27, 1886
[= Nr. XCV im vorliegenden Bande]) ausgegangen bin. Wir verlangen nämlich,
daß in der Reihenentwicklung des Produktes der geraden Th *nach Potenzen der* w_1, w_2, w_3, *bez. der* v_1, v_2, v_3, *das Glied zweiter Dimension identisch ausfallen soll.* Dies bewirkt dann (vgl. § 2 der genannten Arbeit),
daß sich die Th bei linearer Periodentransformation von etwa zutretenden
achten Einheitswurzeln abgesehen glatt permutieren, so daß an Stelle von
(114) die einfache Formel tritt:

$$(123) \qquad \mathrm{Th}_{\left|\begin{smallmatrix} g' \\ h' \end{smallmatrix}\right|} (w_1 w_2 w_3;\, \omega'_{ik}) = j_{\left|\begin{smallmatrix} g \\ h \end{smallmatrix}\right|} \cdot \mathrm{Th}_{\left|\begin{smallmatrix} g \\ h \end{smallmatrix}\right|} (w_1 w_2 w_3;\, \omega_{ik}).$$

Für den in (122) auftretenden Exponentialfaktor finden wir vermöge
des Taylorschen Theorems:

$$(124) \qquad \sum a_{\alpha\beta} v_\alpha v_\beta = - \frac{1}{72} \left(\sum_1^{36} \frac{\vartheta_{11}}{\vartheta} \cdot v_1^2 + 2 \sum_1^{36} \frac{\vartheta_{12}}{\vartheta} \cdot v_1 v_2 + \cdots \right).$$

Hier soll der Buchstabe ϑ rechter Hand den Nullwert des einzelnen geraden Theta, $\vartheta_{\alpha\beta}$ den Nullwert des nach v_α, v_β genommenen zweiten
Differentialquotienten desselben Theta bedeuten; die Summation geht über
sämtliche gerade Theta. Ich habe in § 5 der genannten Abhandlung über
hyperelliptische Sigmafunktionen den entsprechenden Ausdruck für $p = 2$ in
charakteristischer Weise umgerechnet, indem ich die Diskriminante des
hyperelliptischen Gebildes in denselben einführte. Genau so können wir
hier verfahren, sofern wir Formel (118) zugrunde legen. Indem wir die
Riemannschen Differentialgleichungen heranziehen:

$$4 i \pi \frac{\partial \vartheta (v,\, \tau)}{\partial \tau_{11}} = \frac{\partial^2 \vartheta (v,\, \tau)}{\partial v_1^2}, \qquad 2 i \pi \frac{\partial \vartheta (v,\, \tau)}{\partial \tau_{12}} = \frac{\partial^2 \vartheta (v,\, \tau)}{\partial v_1\, \partial v_2}, \ldots$$

erhalten wir aus (124) zunächst:

$$\sum a_{\alpha\beta} v_\alpha v_\beta = - \frac{i\pi}{18} \left(\sum_1^{36} \frac{\frac{\partial \vartheta}{\partial \tau_{11}}}{\vartheta} \cdot v_1^2 + \sum_1^{36} \frac{\frac{\partial \vartheta}{\partial \tau_{12}}}{\vartheta} \cdot v_1 v_2 + \cdots \right).$$

Hier werden wir jetzt

$$\sum_1^{36} \frac{\frac{\partial \vartheta}{\partial \tau_{ik}}}{\vartheta}$$

durch

$$\frac{\partial \log \prod_1^{36} (\vartheta)}{\partial \tau_{ik}}$$

ersetzen und dann für das Produkt der Thetanullwerte dessen Wert aus (118) einführen. Solcherweise kommt

$$(125) \qquad \sum' a_{\alpha\beta} v_\alpha v_\beta =$$

$$= -\frac{i\pi}{9}\left(\frac{\partial \log\left(p_{123}^9 \,\text{Diskr.}\right)}{\partial \tau_{11}}\cdot v_1^2 + \frac{\partial \log\left(p_{123}^9 \,\text{Diskr.}\right)}{\partial \tau_{12}}\cdot v_1 v_2 + \dots\right).$$

Wir könnten diesen Ausdruck vermöge der zwischen den verschiedenen dreigliedrigen Periodendeterminanten p_{ikl} bestehenden Relationen noch symmetrischer gestalten (vgl. immer die Entwicklungen in Bd. 27 der Math. Annalen, Abh. XCV), doch mag es hier bei Formel (125) sein Bewenden haben.

Um die Fundamentaleigenschaft der durch (122), (125) definierten Th, die durch (123) ausgedrückt wird, von der Grundformel (114) der linearen Transformation der Theta aus zu verifizieren, hat man nur zu beachten, daß bei beliebiger linearer Transformation jedesmal

$$\frac{\partial}{\partial \tau'_{11}}\cdot v_1'^2 + \frac{\partial}{\partial \tau'_{12}}\cdot v_1' v_2' + \dots = \frac{\partial}{\partial \tau_{11}}\cdot v_1^2 + \frac{\partial}{\partial \tau_{12}}\cdot v_1 v_2 + \dots$$

wird (so daß man also den Operator

$$\frac{\partial}{\partial \tau_{11}}\cdot v_1^2 + \frac{\partial}{\partial \tau_{12}}\cdot v_1 v_2 + \dots$$

als eine Invariante der linearen Transformation bezeichnen könnte). Wir erkennen daraus, daß es noch unendlich viele andere Funktionen gibt, die sich bei linearer Periodentransformation wie die Th nach Formel (123) umsetzen. Sei nämlich J irgendeine rationale (und also bei linearer Periodentransformation unveränderliche) Invariante unserer C_4; ihr Grad in den Koeffizienten sei ν. Wir schreiben dann in (125) für das Produkt $(p_{123}^9\cdot\text{Diskr.})$ allgemeiner $(p_{123}^{\nu/3}\cdot J)$, für $\frac{i\pi}{9}$ folglich $\frac{3i\pi}{\nu}$. *Die dementsprechend aus* (122) *hervorgehenden Funktionen*

$$(126) \qquad \frac{\vartheta\left|\begin{smallmatrix} g \\ h \end{smallmatrix}\right|(v,\tau)}{\sqrt{p_{123}}}\, e^{-\frac{3i\pi}{\nu}\left(\frac{\partial \log\left(p_{123}^{\nu/3}J\right)}{\partial \tau_{11}}\cdot v_1^2 + \frac{\partial \log\left(p_{123}^{\nu/3}J\right)}{\partial \tau_{12}}\cdot v_1 v_2 + \dots\right)}$$

werden immer die Eigenschaft haben, sich bei linearer Periodentransformation der Formel (123) *entsprechend zu verhalten.*

Es ist wesentlich, zu bemerken, wodurch sich unter den so gewonnenen Funktionen (126) unsere durch (125) festgelegten Th insbesondere auszeichnen. Es liegt dies darin, *daß sie, gleich den ursprünglichen* ϑ, *bei allen Ausartungen der* C_4 *endlich bleiben.* Im allgemeinen wird die durch (126) eingeführte Funktion unendlich werden, sobald die Invariante J verschwindet. Unser Th dagegen bleibt endlich, auch wenn die

Diskriminante der Kurve vierter Ordnung zu Null wird. Wir brauchen, um dies zu sehen, nur von (125) zu (124) zurückzugehen. Erhält die Kurve vierter Ordnung einen Doppelpunkt, so bleiben nach den früheren Entwicklungen alle $\vartheta_{\left|\begin{smallmatrix} g \\ h \end{smallmatrix}\right|}(v, \tau)$ von Null verschieden, deren g_3 gleich Null ist, die anderen verschwinden wie $q_{33}^{1/4} \cdot \bar{\vartheta}_{\left|\begin{smallmatrix} g \\ h \end{smallmatrix}\right|}(v, \tau)$. Hierbei bleiben, wie man sieht, die sämtlichen in (124) auftretenden Quotienten $\dfrac{\vartheta_{\alpha\beta}}{\vartheta}$ endlich. Wir haben bei dieser Überlegung allerdings die spezielle Zerschneidung des § 20 zugrunde gelegt. Allein Formel (123) belehrt uns darüber, daß das Resultat von der besonderen Art der zugrunde gelegten Zerschneidung unabhängig ist.

§ 26.

Exkurs über Integrale dritter Gattung.

Aus Formel (126) werden wir jetzt eine Folgerung für die Theorie der Integrale dritter Gattung ziehen. Wir bemerkten bereits oben, in § 14, daß man jeder allgemeinen Thetafunktion

$$\Theta = C \cdot e^{\sum a_{\alpha\beta} v_\alpha v_\beta} \cdot \vartheta(v, \tau)$$

genau so ein Integral dritter Gattung entsprechend setzen kann, wie dem ϑ selbst das Π; die Definition dieses Integrals dritter Gattung war in der Formel enthalten

$$\Pi_{\xi\eta}^{xy} - 2 \sum a_{\alpha\beta} v_\alpha^{xy} v_\beta^{\xi\eta}.$$

Wir schließen, indem wir (126) herannehmen:

Jedes Integral dritter Gattung der folgenden Form:

$$(127) \qquad P_{\xi\eta}^{xy} = \Pi_{\xi\eta}^{xy}$$
$$+ \frac{3i\pi}{\nu}\left(2\,\frac{\partial \log\left(p_{123}^{\frac{\nu}{3}} J\right)}{\partial \tau_{11}} \cdot v_1^{xy} v_1^{\xi\eta} + \frac{\partial \log\left(p_{123}^{\frac{\nu}{3}} J\right)}{\partial \tau_{12}}\left(v_1^{xy} v_2^{\xi\eta} + v_1^{\xi\eta} v_2^{xy}\right) + \dots\right)$$

hat die Eigenschaft, bei linearer Periodentransformation völlig ungeändert zu bleiben, also von den Koeffizienten der C_4 eindeutig abzuhängen.

Wir denken uns jetzt dieses P nach Formel (61) des § 9 an der Kurve vierter Ordnung als Doppelintegral hinerstreckt:

$$(128) \qquad P_{\xi\eta}^{xy} = \int\limits_{y}^{x}\int\limits_{\eta}^{\xi} d\omega_z \cdot d\omega_\zeta \cdot \frac{\Psi(z, \zeta; \alpha\beta)}{(\alpha_z \beta_\zeta - \beta_z \alpha_\zeta)^2}.$$

Hier wird Ψ (weil P in den Koeffizienten der C_4 vom 0-ten Grade ist) selbst in den Koeffizienten vom zweiten Grade sein. Es ist ferner klar,

daß Ψ eine Kovariante von f sein muß: denn P ist aus lauter Bestandteilen aufgebaut, welche sich bei projektiven Umformungen der C_4 nicht
ändern. Wir ziehen endlich die in § 22 besprochene Schlußweise heran
und erfahren durch sie, daß Ψ nicht nur eindeutig, sondern *rational* von
den Koeffizienten von f abhängen muß.

Wir werden jetzt (um zu unseren Th zurückzukehren) das J in (127)
insbesondere durch die Kurvendiskriminante ersetzen. Dann belehren uns
die Schlußbemerkungen des § 25 darüber, daß wir es mit einem Integral
dritter Gattung zu tun haben, welches als Funktion der Kurvenkoeffizienten überall endlich ist. Das im Sinne von (128) zugehörige Ψ muß
also neben den sonstigen bereits angegebenen Eigenschaften auch noch
die besitzen, eine *ganze* Funktion der Kurvenkoeffizienten zu sein. *Hiermit ist nun, was die Kurven vierter Ordnung angeht, der in § 10 nur
erst in Aussicht genommene volle Anschluß an die von Herrn Pick für
singularitätenfreie ebene Kurven gegebene Normalform Q der Integrale
dritter Gattung (§ 6) erreicht.* In der Tat war das Picksche Q gegenüber
der allgemeinen in (128) enthaltenen Definition des P dadurch spezialisiert, das wir für Ψ die unter (52) angegebene *rationale, ganze Kovariante* eingeführt hatten:

$$(129)\quad \Psi = \frac{\sum_{1}^{n}(a\,\alpha\,\beta)\,a_z^{\nu-1}\,a_\zeta^{m-\nu}\cdot(b\,\alpha\,\beta)\,b_s^{m-\nu}\,b_\zeta^{\nu-1} - \sum_{1}^{n-1}(a\,\alpha\,\beta)^2\,a_s^{\nu-1}\,a_\zeta^{m-\nu-1}\cdot b_s^{m-\nu}\,b_\zeta^{\nu}}{m};$$

es gab keine andere rationale, ganze Kovariante, als die hiermit hinge-
schriebene, welche den sonst an Ψ zu stellenden Forderungen genügte.
Wir haben also:

Zwecks Definition der Th sind die unter (81), (82) *in § 13 für
die ϑ aufgestellten Formeln in der Weise zu modifizieren, daß man in
sie an Stelle des transzendent normierten Integrals dritter Gattung Π das
Picksche Q einführt,*
so wie andererseits:

*Von transzendenter Seite läßt sich das Integral Q durch die Formel
definieren:*

$$(130)\quad Q_{\xi\eta}^{xy} = \Pi_{\xi\eta}^{xy}$$
$$+ \frac{i\pi}{9}\left(2\,\frac{\partial\log\left(p_{123}^{9}\ \text{Diskr.}\right)}{\partial\tau_{11}}\cdot v_1^{xy}\,v_1^{\xi\eta} + \frac{\partial\log\left(p_{123}^{9}\ \text{Diskr.}\right)}{\partial\tau_{12}}\left(v_1^{xy}\,v_2^{\xi\eta} + v_2^{xy}\,v_1^{\xi\eta}\right) + \cdots\right).$$

Übrigens gilt letztere Formel, wie man leicht sieht, nicht nur für unsere
Kurven vierter Ordnung, sondern mit geeigneter Modifikation überhaupt
für singularitätenfreie ebene Kurven m-ter Ordnung. Hiermit ist die
Picksche Entwicklung in einem wesentlichen Punkte ergänzt. Bei Herrn
Pick wird nämlich der unter (129) angegebene Ausdruck nur empirisch

konstruiert: es wird gezeigt, daß er tatsächlich den sämtlichen an ihn zu stellenden Anforderungen genügt, es wird aber nicht a priori entwickelt, daß es einen derartigen Ausdruck geben *muß*, (daß die zahlreichen an den Ausdruck zu stellenden Anforderungen überhaupt verträglich sind). Hier nun greift Formel (130) ergänzend ein. Indem wir dieselbe als Definition des Q betrachten, sind wir der *Existenz* des bei Herrn Pick aufgestellten Ausdrucks von vornherein sicher.

Den vorstehenden Entwicklungen laufen andere parallel, die sich auf die hyperelliptischen Gebilde beziehen und vermöge deren wir bei ihnen von den ϑ, bez. den Th aus zu dem von algebraischer Seite bekannten Normalintegrale Q kommen. Hierdurch findet dann die bez. Darstellung in Bd. 27 und 32 der Math. Annalen [= Abh. XCV und XCVI dieser Ausgabe] ihre Ergänzung. Ich verfolge das hier nicht weiter.

§ 27.

**Die höheren Glieder in der Reihenentwicklung der ϑ.
Die Sigmafunktionen.**

Durch Formel (122) sind die ϑ mit dem Th in so einfacher Weise verknüpft, daß wir die nach Potenzen der v, resp. der w fortschreitenden Reihenentwicklungen der ϑ als bekannt ansehen dürfen, sobald wir die Reihenentwicklungen der Th beherrschen: letztere aber werden, wie wir dies schon in Aussicht stellten, leichter aufzustellen sein, als die Entwicklungen der ϑ selbst, weil sich die Th gegenüber linearer Periodentransformation einfacher verhalten als die ϑ und also von den Koeffizienten der C_4 ihrem Wesen nach einfacher abhängen als diese. Aber die Th selbst lassen sich in diesem Betracht noch durch einfachere Funktionen ersetzen. Wir haben die Sätze, die wir in § 23 über das Verschwinden der ϑ beim Entstehen eines Doppelpunktes aufgestellt haben, bis jetzt nur erst dahin ausgenutzt, daß wir vermöge derselben die Anfangsglieder in den Reihenentwicklungen der ϑ festlegten. Aber sie liefern nicht minder einen Beitrag zur Kenntnis der höheren Glieder. Wenn nämlich bei entstehendem Doppelpunkte das Anfangsglied der Entwicklung einer Thetafunktion verschwindet, so verschwindet nach den genannten Sätzen die zugehörige Thetafunktion überhaupt, und zwar in demselben Grade, wie das Anfangsglied. *Wir schließen, daß sämtliche Glieder der Reihenentwicklung der geraden ϑ durch $\sqrt[8]{S}$, sämtliche Glieder der Reihenentwicklung der ungeraden ϑ durch $\sqrt[8]{\Sigma}$ teilbar sein müssen.* Von den ϑ überträgt sich dieser Satz sofort auf die Th. *Statt der Th wollen wir also lieber diejenigen Funktionen auf ihre Reihenentwicklung* *untersuchen, die sich aus den* Th *durch Division mit* $\sqrt[8]{S}$, *bez.* $\sqrt[8]{\Sigma}$ *ergeben.*

Die neuen so entstehenden Funktionen, deren Reihenentwicklungen wir jetzt des näheren untersuchen werden, sind [diejenigen, welche ich in Anlehnung an die vorangehenden Abhandlungen über hyperelliptische Funktionen als *Sigmafunktionen* bezeichne]. In der Tat stimmen dieselben durchaus mit den im elliptischen und im hyperelliptischen Falle so benannten Funktionen überein, sofern wir die Definition im einzelnen noch so präzisieren, daß wir die noch nicht fixierten numerischen Konstanten c', c'' eliminieren, welche in den Formeln (119), (121) auftreten.

Ich setze dementsprechend bei gerader Charakteristik:

$$(131) \qquad \sigma_{\left|\begin{smallmatrix} g \\ h \end{smallmatrix}\right|}(w_1, w_2, w_3) = \mathrm{Th}_{\left|\begin{smallmatrix} g \\ h \end{smallmatrix}\right|}(w) : c' \sqrt[8]{S_{\left|\begin{smallmatrix} g \\ h \end{smallmatrix}\right|}},$$

bei ungerader Charakteristik:

$$(132) \qquad \sigma_{\left|\begin{smallmatrix} g \\ h \end{smallmatrix}\right|}(w_1, w_2, w_3) = \mathrm{Th}_{\left|\begin{smallmatrix} g \\ h \end{smallmatrix}\right|}(w) : c'' \sqrt[8]{\Sigma_{\left|\begin{smallmatrix} g \\ h \end{smallmatrix}\right|}}.$$

Wir betrachten zunächst einen Augenblick die ersten Glieder in den Entwicklungen der σ. Nach (119) beginnt die Entwicklung des geraden σ mit 1, nach (120) die des ungeraden σ mit

$$D_1 w_1 + D_2 w_2 + D_3 w_3.$$

Wir schließen daraus, daß sich die unter (123) für die Th aufgestellten Formeln der linearen Periodentransformation noch einmal vereinfachen, sobald wir von den Th zu den σ gehen. In der Tat ist aus den mitgeteilten Anfangsgliedern ersichtlich, daß beim Vergleich zweier Sigmafunktionen achte Einheitswurzeln unmöglich auftreten können. *Die Formeln der linearen Transformation heißen einfach:*

$$(133) \qquad \sigma_{\left|\begin{smallmatrix} g' \\ h' \end{smallmatrix}\right|}(w_1, w_2, w_3;\ \omega'_{ik}) = \sigma_{\left|\begin{smallmatrix} g \\ h \end{smallmatrix}\right|}(w_1, w_2, w_3;\ \omega_{ik});$$

die σ permutieren sich also bei linearer Periodentransformation ohne irgendwelche zutretende Faktoren.

Aus dem hiermit gewonnenen Satze erkennen wir eine wesentliche Eigenschaft der nach Potenzen der w_1, w_2, w_3 fortschreitenden Entwicklungen der σ. Es folgt nämlich, daß die Koeffizienten sämtlicher in diesen Entwicklungen auftretenden Glieder jeweils innerhalb des durch die Charakteristik $\left|\begin{smallmatrix} g \\ h \end{smallmatrix}\right|$ festgelegten Rationalitätsbereiches *eindeutig* sein müssen. Die Koeffizienten in der Entwicklung des einzelnen geraden σ sind also eindeutige Funktionen der zugehörigen Moduln $\alpha_{ik}, \beta_{ik}, \gamma_{ik}$ des § 18, die Koeffizienten in der Entwicklung des einzelnen ungeraden σ eindeutige Funktionen der bei den zugehörigen D, Ω, Φ des § 17 auftretenden Konstanten. Aus den eindeutigen Funktionen werden *ganze* Funktionen, sobald wir berücksichtigen, daß die Th und also die σ als Funktionen der Kurvenkoeffizienten niemals unendlich werden. Endlich erweisen sich bei Fortsetzung der funktionentheoretischen Betrachtung die eindeutigen Funktionen als *rationale* Funktionen.

Hiermit haben wir nun für unsere neuen Sigmafunktionen alle die grundlegenden Sätze, welche mutatis mutandis für die elliptischen und hyperelliptischen Sigmafunktionen bekannt sind. Ich führe noch an, wie sich diese Sätze ausgestalten, sofern man die Dimension der einzelnen in Betracht kommenden Terme in den verschiedenen Arten homogener Variablen, die Invarianteneigenschaft dieser Terme usw. berücksichtigt.

Wir betrachten zunächst die *geraden* σ und erhalten das Folgende:

1. Die äußere Gestalt der Reihenentwicklung ist jedenfalls diese:

$$(134) \qquad \sigma(w_1, w_2, w_3) = 1 + [w]_2 + [w]_4 + \cdots;$$

unter $[w]_{2\nu}$ verstehen wir dabei das Aggregat sämtlicher Glieder, welche die w_1, w_2, w_3 in der 2ν-ten Potenz enthalten.

2. Wir wissen bereits, daß diese Glieder rationale ganze Funktionen der Moduln $\alpha_{ik}, \beta_{ik}, \gamma_{ik}$ des zugehörigen Rationalitätsbereiches zweiter Stufe sind. Da die w vermöge (100) in den $\alpha_{ik}, \beta_{ik}, \gamma_{ik}$ zusammengenommen von der (-4)-ten Dimension sind, werden die Koeffizienten von $[w]_{2\nu}$ die Gesamtdimension 8ν aufweisen müssen.

3. Bei linearer Koordinatentransformation verhalten sich die w_1, w_2, w_3 den x_1, x_2, x_3 kogredient, die einzelne σ-Funktion aber bleibt durchaus ungeändert. Wir schließen, daß $[w]_{2\nu}$ eine dem Rationalitätsbereiche der $\alpha_{ik}, \beta_{ik}, \gamma_{ik}$ angehörige Kovariante von f ist, deren Variablen x_1, x_2, x_3 man durch w_1, w_2, w_3 ersetzt hat.

4. Indem wir auf § 18 zurückgreifen, werden wir uns zusammenfassend folgendermaßen ausdrücken können:

$[w]_{2\nu}$ *ist eine rationale ganze Kovariante der gemischt ternär-quaternären Form:*

$$w_1 \cdot \sum \alpha_{ik} z_i z_k + w_2 \cdot \sum \beta_{ik} z_i z_k + w_3 \cdot \sum \gamma_{ik} z_i z_k,$$

welche in den w_1, w_2, w_3 den Grad 2ν, in den $\alpha_{ik}, \beta_{ik}, \gamma_{ik}$ zusammengenommen den Grad 8ν, in den z_1, z_2, z_3, z_4 den Grad Null besitzt. —

Wir betrachten ferner die *ungeraden* σ, deren Reihenentwicklung wir durch die Formel andeuten

$$(135) \quad \sigma(w_1, w_2, w_3) = (D_1 w_1 + D_2 w_2 + D_3 w_3) + [w]_3 + [w]_5 + \cdots.$$

Hier sind die $[w]_{2\nu+1}$ Aggregate rationaler Kovarianten der drei zur ungeraden Charakteristik gehörigen ternären Formen D, Ω, Φ, in denen man die Koordinaten x_1, x_2, x_3 durch w_1, w_2, w_3 ersetzt hat. Multipliziert man die Koeffizienten von D, Ω, Φ mit einem gemeinsamen Faktor λ, so erhält f den Faktor λ^2, die w werden also in $\frac{w}{\lambda^2}$ verwandelt. Mit Rücksicht auf das Anfangsglied unserer Reihenentwicklung schließen wir hieraus, daß $[w]_{2\nu+1}$ die Koeffizienten von D, Ω, Φ zusammen homogen im Grade $4\nu + 1$ enthalten muß. Andererseits ersetze man D, Ω, Φ bzw. durch $\lambda D, \Omega, \frac{\Phi}{\lambda}$, wobei f und also die w ungeändert bleiben. Hierbei wird jedes $[w]_{2\nu+1}$, wie man wieder aus dem Anfangsgliede sieht, den Faktor λ erhalten müssen[75]). Der Term $[w]_{2\nu+1}$ wird sich daher im Sinne der in § 19 gebrauchten Bezeichnung folgendermaßen als Aggregat einzelner Glieder darstellen lassen, deren jedes in den Koeffizienten von D, von Ω und von Φ homogen ist:

$$(136) \qquad [w]_{2\nu+1} = \overset{l=2\nu+1}{\underset{l=1}{S}} \; (\overset{l}{D}, \; \overset{4\nu+2-2l}{\Omega}, \; \overset{l-1}{\Phi}; \; \overset{2\nu+1}{w}).$$

Wir können endlich von diesem Aggregate noch aussagen, daß es bei denjenigen Operationen (94), die $\lambda = 1$ entsprechen, d. h. den Substitutionen

$$\begin{aligned} D' &= D, \\ \Omega' &= \Omega + u_x \cdot D, \\ \Phi' &= \Phi + 2u_x \cdot \Omega + u_x^2 \cdot D, \end{aligned}$$

ungeändert bleiben muß.

Hiermit ist die Untersuchung des allgemeinen Falles $p = 3$ bis zu denselben Formeln geführt, die in Band 32 der Math. Annalen [= Nr. XCVI dieser Ausgabe] für die hyperelliptischen Sigmafunktionen entwickelt wurden, und es ist also der Zielpunkt erreicht, den ich für die gegenwärtige Abhandlung von vornherein in Aussicht nahm. Ich darf nicht schließen ohne hinzuzufügen, daß die Herren Wiltheiss und Pascal die Frage der Reihenentwicklungen der ϑ vom Geschlechte $p = 3$ in neuester Zeit bereits weiter verfolgt haben. In den Göttinger Nachrichten vom Juni 1889 hat Herr Wiltheiss elegante Differentialgleichungen veröffentlicht, denen die ϑ, bzw. die Th, hinsichtlich der als variabel angesehenen Koeffizienten der C_4 genügen. Herr Pascal hat sodann in den Nachrichten vom Juli 1889 nähere Angaben über die Reihenentwicklung der ungeraden σ ge-

---

[75]) In der Tat ist das ungerade σ und also auch das einzelne $[w]_{2\nu+1}$ in dem genauen, oben festgehaltenen Sinne des Wortes, gar keine Funktion der Koeffizienten von f, erst Th $= \sqrt[8]{\Sigma} \cdot \sigma$ ist eine solche Funktion. Vgl. die in § 19 an Formel (108) geknüpften Erläuterungen.

macht; er hat den Term $[w]_3$ direkt berechnet und aus ihm mit Hilfe der Wiltheissischen Differentialgleichungen rekurrente Formeln zur Berechnung der allgemeinen Terme $[w]_{2\nu+1}$ abgeleitet. Ausführlicher gibt Herr Pascal diese Rechnungen in dem neuesten Hefte der Annali di Matematica (ser. 2, t. XVII, 2: *Sullo sviluppo delle funzioni σ abeliane dispari di genere 3*).[76])

Göttingen, den 24. September 1889.

[Im Zusammenhange mit den vorstehend abgedruckten Abhandlungen XCV bis XCVII möchte ich noch einige Worte über zwei Arbeiten von Wirtinger sagen. Die eine (erschienen in den Math. Annalen, Bd. 40, 1892) behandelt das Umkehrproblem bei $p = 3$, die andere (veröffentlicht in den Göttinger Nachrichten v. J. 1889) das Analogon der Kummerschen Fläche bei $p = 3$. In diese Arbeiten Wirtingers spielen die Gedanken hinein, welche in Abh. XCV bis XCVII und in den einschlägigen Untersuchungen meiner damaligen Seminare, sowie auch in Abh. XII und XIII in Bd. 1 dieser Ausgabe berührt wurden. Die Einzelheiten können hier freilich nicht dargelegt werden, und dies ist auch nicht nötig, da sich in den Nummern 101 und 34 des wiederholt genannten Enzyklopädiereferates von Krazer und Wirtinger ausführliche Berichte über beide Arbeiten finden.

Was die erste Arbeit anlangt, so ist ihr Ziel, das Umkehrproblem in solche Formulierung zu bringen, daß man aus dem Rationalitätsbereich der Koeffizienten der doppelpunktlosen Kurve vierter Ordnung $f = 0$ nicht heraustritt und selbstverständlich überall den invariantentheoretischen Gesichtpunkt zur Geltung bringt. Statt der 64 σ-Funktionen werden daher, wie bei mir am Schluß der Abh. XCV, Σ-Funktionen gesucht, d h. Jacobische Funktionen höherer Ordnung, deren beständig konvergente Entwicklung nach Potenzen der gegebenen Integralsummen w_1, w_2, w_3 nach ganzen rationalen Kovarianten von f fortschreitet (wozu übrigens schon Pick in den Math. Annalen, Bd. 29, 1887 einen ersten Ansatz gemacht hat.)

Wirtinger formuliert zu dem Zwecke das Umkehrproblem folgendermaßen: Gegeben sind die drei viergliedrigen Integralsummen:

$$w_i = \int^x + \int^y + \int^z + \int^t \qquad (i = 1, 2, 3).$$

Es sollen die ∞^1 korresidualen Quadrupel $(x\,y\,z\,t)$, welche durch die oberen Grenzen der Integrale vorgestellt sind, bestimmt werden. (Die unteren Grenzen werden ge-

---

[76]) Inzwischen erschien in den Annali di Matematica bereits eine Fortsetzung dieser Untersuchungen unter dem Titel: *Sulle formole di ricorrenza per lo sviluppo delle σ abeliane dispari a tre argomenti*. Herr Pascal hat überdies jetzt die Berechnung des Gliedes $[w]_2$ der Reihenentwicklung (134) der geraden Sigmafunktionen bewerkstelligt; ich habe eine bez. Mitteilung vor wenigen Tagen der Göttinger Societät der Wissenschaften vorgelegt; dieselbe wird im Dezemberheft der Göttinger Nachrichten veröffentlicht werden. [Zusatz bei der Korrektur am 14. Dez. 1889.] — [Ich nenne an weiterer anschließender Literatur: Wiltheiss, *Die partiellen Differentialgleichungen der Abelschen Thetafunktionen dreier Argumente*, in den Math. Annalen, Bd. 38, 1890/91 und Pascal, *Sulla teoria delle funzioni σ abeliane pari a tre argomenti*, Annali di Mat. ser. 2, t. XVIII, 1889/90, sowie *Sulla ricerca del secondo termine dello sviluppo in serie delle funzioni σ abeliane pari di genere tre*, Annali di Mat. ser. 2, t. XXIV, 1896. K.]

bildet durch die Schnittpunkte der Kurve vierter Ordnung mit einer beliebigen Geraden.) Zu jeder solchen Schar gehört eine Schar residualer Quadrupel $(x'\, y'\, z'\, t')$, die den Integralsummen $(-w_i)$ entsprechen. Jedes Quadrupel der ersten Schar bildet mit jedem Quadrupel der zweiten Schar den vollen Schnitt der Kurve vierter Ordnung mit einem Kegelschnitt. Solcherweise entstehen ∞^2 Kegelschnitte. — Wirtinger unternimmt zunächst, das System dieser Kegelschnitte durch algebraische Kovarianten k zu charakterisieren und auch zu sagen, welche Quadratwurzel r man gebraucht, um die beiden Quadrupelscharen voneinander zu trennen.

Um die erforderlichen Σ-Funktionen zu bilden, hat Wirtinger nur die Primform $\Omega(x, y)$ und die Mittelform $m(x)$, wie ich sie in Nr. XCVII betrachte, unter Zugrundelegung des Pickschen Integrals Q zu bilden und aus ihnen den auch von mir benutzten Faktor

$$M = \frac{m(x)\cdot m(y)\cdot m(z)\cdot m(t)}{\Omega(x, y)\cdot \Omega(x, z)\cdot \Omega(x, t)\cdot \Omega(y, z)\cdot \Omega(y, t)\cdot \Omega(z, t)}$$

zusammenzusetzen. Die Produkte kM^2 und rM^4 werden dann die Σ-Funktionen sein, durch deren Reihenentwicklung nach Potenzen von w_1, w_2, w_3 das Umkehrproblem gelöst wird. Dabei sind die kM^2 gerade und das rM^4 ungerade Funktionen der w_i.

Hier findet denn auch diejenige niederste Σ-Funktion, die 1889 bei Frobenius unter der Bezeichnung φ auftritt und die den Kern der Entwicklungen des Schottkyschen Buches ausmacht, ihre Stelle. (Vgl. die Zitate in Fußnote [68]) auf S. 454). $\varphi = 0$ besagt, daß sich die Integralsummen w_i als eingliedrige Integrale, genommen zwischen zwei beliebigen Stellen x und y der Kurve vierter Ordnung, also in der Gestalt $\int_y^x$, darstellen lassen.

Was das Analogon zur Kummerschen Fläche angeht, so muß man eine Arbeit von H. Weber in Crelles Journal, Bd. 84, 1877/78 gegenwärtig haben, welche davon ausgeht, daß die Quadrate der 16 Thetafunktionen zweier Argumente v_1, v_2 sich aus vier geeigneten linear zusammensetzen lassen, die man den homogenen Koordinaten $x_1 : x_2 : x_3 : x_4$ eines dreidimensionalen Raumes proportional nimmt. Läßt man die Argumente v_1, v_2 der Thetafunktionen variieren, so beschreibt der Punkt x eine Kummersche Fläche. (Vgl. auch die in Bd. 1, S. 164, Fußnote [1]) genannte Leipziger Dissertation von W. Reichardt in den Nova Acta Leopoldina, Bd. 50, 1886.)

Genau entsprechend kann man die 64 Quadrate der Thetafunktionen von drei Variabeln v_1, v_2, v_3 durch acht derselben linear darstellen und bekommt, wenn man diese den homogenen Koordinaten $x_1 : x_2 : \ldots : x_8$ eines siebendimensionalen Raumes gleichsetzt, als Ort des Punktes x eine dreifach ausgedehnte Mannigfaltigkeit, deren Ordnung ich seiner Zeit auf Grund eines Poincaréschen Satzes zu 24 bestimmt hatte. Diese $M_3{}^{24}$ geht durch 64 Kollineationen, die der Vermehrung der v_i um Systeme halber Perioden entsprechen, in sich über. Wirtinger findet nun, daß sie auch durch 64 dualistische Transformationen in sich übergeht, von denen 28 Nullsysteme und 36 Polarreziprozitäten sind. Durch die Gruppe dieser $2 \cdot 64$ Operationen werden die Punkte und die R_6 des R_7 zu Konfigurationen $(64)_{28}$ zusammengeordnet. Insbesondere wird eine derartige Konfiguration von 64 vierfachen Punkten der $M_3{}^{24}$ und 64 entsprechenden R_6 gebildet. — Diese schöne Theorie hat Wirtinger 1890 in den Wiener Monatsheften für Mathematik u. Physik auf beliebige p übertragen.

K.]

Riemannsche Funktionentheorie und automorphe Funktionen.

Vorbemerkungen zu den Arbeiten über Riemannsche Funktionentheorie.

Indem ich den letzten Abschnitt meiner gesammelten Abhandlungen „Riemannsche Funktionentheorie und automorphe Funktionen" überschreibe, muß ich zu allererst bemerken, daß ich Riemann selbst nicht etwa gekannt habe, und daß auch die persönlichen Überlieferungen, die mich erreicht haben, nur sehr dürftig sind. Mein Lehrer Clebsch hat mich selbstverständlich auf die Riemannschen Resultate auf das Nachdrücklichste hingewiesen, aber die geometrisch-physikalischen Betrachtungsweisen, durch die Riemann zu seinen Ergebnissen gekommen war, nicht eigentlich als tragkräftig und weiterführend angesehen. Insofern steht die Entwicklung, welche mich zu Riemann hinführte, im Widerspruch zu der Tradition, in der ich aufgewachsen bin. Ich habe es zunächst dem schon in meiner Bonner Studienzeit gefaßten Plan, nach und nach alle Richtungen der Mathematik kennen zu lernen (s. Bd. 1 dieser Ausgabe, S. 52), zu verdanken, daß ich mich mit Riemanns eigenen funktionentheoretischen Überlegungen beschäftigte. Der Weg, den ich in dieser Hinsicht gegangen bin, tritt in den bereits in den Bänden 2 und 3 dieser Ausgabe abgedruckten Abhandlungen ziemlich klar zutage. Zunächst handelte es sich darum, zum Verständnis der Riemannschen Gedankenreihen in ihren Anwendungen auf die Theorie der algebraischen Kurven zu gelangen. So entstanden die Arbeiten über die neuen Riemannschen Flächen, in den Math. Annalen Bd. 7 und 10 (1874, 1876) und über Abelsche Integrale bei Kurven vierten Grades, ebenda Bd. 10 und 11 (1876, 1876/77). [Siehe die Abhandlungen XXXVIII und XL, bzw. XXXIX und XLI in Bd. 2.] Des weiteren führte mich dann die Theorie der regulären Körper und die damit in Verbindung stehende Theorie der algebraisch integrierbaren linearen Differentialgleichungen immer mehr zu Fragen der geometrischen Funktionentheorie. Vgl. meine Arbeiten über binäre Formen mit linearen Transformationen in sich und über das Ikosaeder, in den Math. Annalen, Bd. 9 und 12 (1875/76, 1877), sowie die über lineare Differentialgleichungen, ebenda Bd. 11 und 12 (1876, 1877). [Siehe die Abhandlungen LI und LIV, bzw. LII und LIII in Bd. 2.] Ihnen folgten 1877—1880 noch in München meine Untersuchungen über elliptische Modulfunktionen, welche im ersten Abschnitt des vorliegenden Bandes unter Nr. LXXXI bis LXXXIX abgedruckt sind, in denen sich Riemannsche Denkweise mit Gruppentheorie und geometrischer Konstruktion verband.

Durch diese ganze Arbeitsrichtung war ich so tief in die geometrische Funktionentheorie eingedrungen, daß ich meine Leipziger Lehrtätigkeit sofort nach meiner Übersiedelung aus München im Herbst 1880 mit einer zweisemestrigen Vorlesung über „Funktionentheorie in geometrischer Darstellung" begann. Diese Vorlesungen wurden von meinem damaligen „Famulus" Ernst Lange ausgearbeitet, und auf Grund dieser Ausarbeitung hat später (1892) Paul Epstein die Betrachtungen des ersten Semesters in einer Autographie *„Einleitung in die geometrische Funktionentheorie"* dargestellt. Diese Autographie ist nie in den Buchhandel gekommen, hat aber unter der Hand Verbreitung gefunden. Bei der dort gegebenen Behandlung der algebraischen

Funktionen und ihrer Integrale bildet die algebraische Gleichung den Ausgangspunkt, und die Riemannsche Fläche dient in üblicher Weise als mehrblättrige Fläche
über der $(x+iy)$-Ebene zur Veranschaulichung der Mehrwertigkeit der Funktion.
Erst später werden die von mir aufgestellten „projektiven" Riemannschen Flächen
und die frei im Raume gelegenen Flächen gleichfalls nur zur Veranschaulichung
herangezogen. — Die Vorlesung des zweiten Semesters nahm dann einen höheren Auf-
schwung. Sie deckt sich nach Inhalt und Tendenz im wesentlichen mit meiner
Schrift „*Über Riemanns Theorie der algebraischen Funktionen und ihrer Integrale*",
welche unten als Nr. XCIX abgedruckt ist. Dies kleine Büchlein habe ich in den
Herbstferien 1881 ausgearbeitet; es ist Anfang 1882 im Teubnerschen Verlage in
Leipzig erschienen; jedoch konnten die ersten Exemplare bereits vor Weihnachten 1881
versandt werden.

Da ich meine andern im letzten Abschnitt dieser Gesamtausgabe zusammengestellten Arbeiten über automorphe Funktionen und deren Zusammenhang mit der
Theorie der linearen Differentialgleichungen mit besonderen Ausführungen begleiten
will, kann ich mich hier gleich einer ausführlicheren Besprechung der genannten
Schrift und der Weiterführungen der Theorie, die sich bald daran anschlossen, zuwenden. Indem ich mir vorbehalte, einige wünschenswert erscheinende Einzelausführungen noch an Ort und Stelle in Fußnoten im Texte zu machen, mögen hier nur
einige allgemeine Betrachtungen ihre Stelle finden.

Da darf zunächst folgendes gesagt werden: Es ist in der modernen mathematischen Literatur durchaus ungewöhnlich, daß allgemein physikalische und geometrische Überlegungen in naiv-anschaulicher Form, die später in exakten mathematischen Beweisen ihre feste Stütze finden, als solche so vorangestellt werden, wie
dies in meiner Schrift geschieht. Ich suche durch physikalische Erwägungen zu einer
wirklichen Beherrschung der Grundgedanken der Riemannschen Theorie zu gelangen.
Ich möchte den Wunsch äußern, daß ähnliches öfter geschehen möge. Denn bei
der üblichen Art der mathematischen Publikation (die übrigens auch im Altertum
unter dem Druck der öffentlichen Meinung vorherrschend war) tritt die wichtige
Frage, *wie man überhaupt dazu kommt, gewisse Probleme und Gedankenreihen aufzustellen,*
ganz in den Hintergrund. Es ist gar nicht zu sagen, wie sehr die Auffassung mathematischer Arbeiten dadurch erschwert wird. Ich halte es für ein Unrecht, wenn die
meisten Mathematiker ihre intuitiven Überlegungen ganz unterdrücken und nur die
allerdings notwendigen strengen (und meist arithmetisierten) Beweise veröffentlichen.
Es scheint da eine gewisse Angst mitzuwirken, den Fachgenossen nicht „wissen-
schaftlich" genug zu erscheinen. Oder ist es in andern Fällen der Wunsch gewesen,
den Konkurrenten nicht die Quelle der eigenen Überlegungen zu verraten? Jedenfalls
betrachte ich es als eine charakteristische Leistung, daß ich gerade diese Seite der
mathematischen Publikation betonte. Ich habe meine Schrift über Riemann geradezu als Physiker geschrieben, unbekümmert um alle die vorsichtigen Zusätze, die
man bei ausgeführter mathematischer Behandlung zu machen gewohnt ist und habe
damit gerade auch bei verschiedenen Physikern Beifall gefunden. — Es war natürlich
eine Ausführung der erforderlichen Beweise in einer zweiten Schrift geplant (siehe die
Vorrede S. 503). Aber diese ist als solche leider nicht mehr zustande gekommen,
weil meine Arbeitskraft bald durch weitergehende Fragestellungen betreffend automorphe Funktionen in Anspruch genommen wurde. Sie findet sich aber skizziert
im Abschnitt I meiner unten als Nr. CIII abgedruckten Abhandlung „*Neue Beiträge
zur Riemannschen Funktionentheorie*" aus den Math. Annalen, Bd. 21 (1882/83) und
ausführlicher nach Vorlesungen von mir in den durch Fricke fertiggestellten Werken
über „Modulfunktionen" Bd. 1 (1890), S. 493 ff. und „Automorphe Funktionen" Bd. 2
(1912) S. 3 ff., oder bei Ritter in den Math. Annalen, Bd. 41 (1892) und 44 (1893).
Eingehender behandele ich selbst diese Gegenstände in den beiden Bänden meiner
autographierten Vorlesung „*Riemannsche Flächen*", auf die ich gleich nachher noch
zu sprechen komme.

Es ist natürlich die Frage, ob bei Riemann historisch die Überlegungen wirklich so erwachsen sind, wie ich es in meiner Schrift darstelle. Aus den noch vorhandenen auf Riemann zurückgehenden Manuskriptstücken wird sich vermutlich keine Klärung dieser Frage ergeben, obwohl noch eine philologisch-kritische Durcharbeitung des Riemannschen wissenschaftlichen Nachlasses unter den hier in Betracht kommenden Gesichtspunkten fehlt. Hoffentlich erfolgt eine solche in nicht zu ferner Zeit. Aber auch die von mir einst angestellte Befragung von Schülern Riemanns liefert keinen bestimmten Anhaltspunkt. Denn selbst die Bezugnahme auf eine Mitteilung von Prym, auf die ich mich in der Vorrede zu meiner Schrift (S. 501/502) berief, kann ich nicht aufrecht erhalten. Prym hat mir nämlich, als Antwort auf die Übersendung meiner Schrift, deren ganze Tendenz er durchaus billigte, unter dem 8. April 1882 u. a. ausdrücklich folgendes geschrieben: „... Bei meiner Ihnen gegenüber gemachten Bemerkung hatte ich wahrscheinlich das Abbildungsproblem im Auge; ich erinnere mich leider nicht mehr des Zusammenhangs, in welchem ich dieselbe gemacht habe. Das nur kann ich bestimmt behaupten, daß ich niemals den Gedanken gehegt, daß bei Riemann die Untersuchung von Funktionen auf beliebigen Flächen der Untersuchung der Funktionen in einer über der Ebene ausgebreiteten mehrblättrigen Fläche T vorangegangen sei; und wenn in meiner betr. Bemerkung das Wort ‚ursprünglich‘ vorgekommen ist, so muß es im Zusammenhange der Rede eine andere Bedeutung gehabt haben, als diejenige, die Sie ihm beigelegt haben ...“

Demnach wäre also der Inhalt meiner Mitteilung wesentlich einzuschränken. Es ist jetzt, nach fast 50 Jahren, natürlich unmöglich, aus der Erinnerung Bestimmtes hinzuzufügen. Jedoch bemerke ich, daß man zweierlei auseinanderhalten muß: Bei Betrachtungen der Analysis Situs hat man von Beginn an Flächen im Raume betrachtet, und es war umgekehrt eine Leistung von Riemann, wenn er seine bezüglichen Überlegungen auf mehrblättrige Flächen über der Ebene übertrug. Hinterher entstand der Gedanke, die Verhältnisse, wie sie sich bei letzteren einstellen, an Normalflächen mit p Löchern zu erläutern. So finden wir es bei Tonelli 1875 in den Atti dei Lincei, ser. II, t. 2, so 1877 bei Clifford in den Proceedings of the London Math. Society vol. 8 [= Math. Papers Nr. XXVII]. Etwas anderes ist die Benutzung im Raume gelegener Flächen als Träger komplexer Ortsfunktionen. Dies geschieht zum ersten Male wohl bei Beltrami 1867, in den Annali di Matematica, ser. II, t. 1 [= Opere matematiche, t. 1, Nr. XXI]. Aber Beltrami behandelt nur Flächenstücke, bei denen er die Randwertaufgabe stellt. Die Idee, *geschlossene Flächen im Raume der funktionentheoretischen Betrachtung zugrunde zu legen und damit die eigentlichen Grundgedanken der Riemannschen Theorie zu fassen*, scheint vor meiner Schrift nicht hervorgetreten zu sein. Sie hat auch wenig Nachahmung gefunden. Einzig H. Poincaré (1898, in seiner Abhandlung *Les fonctions fuchsiennes et l'équation $\Delta u = e^u$* im Journal des Mathématiques, série V, vol. 4 [= Oeuvres, vol. 2.]) und H. Weyl (1913, in seinem Buche *Die Idee der Riemannschen Fläche*) scheinen eine Ausnahme zu machen.

Ich gebe also, was die Darstellung in meiner Schrift angeht, jeden Anspruch auf historische Treue in den Einzelheiten preis und behaupte nur, eine adäquate Einleitung in die schließliche Riemannsche Auffassung, wie sie sich bei ihm im Laufe der Jahre gebildet hat, geliefert zu haben. Man wolle überhaupt in dieser Hinsicht nicht zu sehr an Äußerlichkeiten haften bleiben. Wenn ich z. B. von stationären elektrischen Strömen rede, wie das der modernen physikalischen Überlegung entspricht, so weiß ich sehr wohl, daß man um das Jahr 1850 herum in Mathematikerkreisen immer noch vorwiegend die (experimentell sehr viel schwieriger herstellbaren) stationären Wärmeströmungen betrachtete.

Nachdem dieser Punkt klargestellt ist, möge noch darauf hingewiesen werden, daß meine Schrift bei aller Unstrenge in der Form doch auch nach rein mathematischer Seite einige wesentliche Fortschritte enthält, zunächst dadurch, daß sie bestimmte Sätze, deren Beweise im Prinzip vorlagen, mit Lebhaftigkeit in den Vordergrund stellte und sie als Hilfsmittel für die weiterdringende Forschung empfahl. Ich rechne dahin vor allen Dingen die allgemeinen Existenzsätze betreffend die uns interessierenden Funktionen auf beliebig gegebenen Riemannschen Flächen. Im Wesentlichen waren diese Sätze durch Schwarz streng bewiesen, aber man hatte das mehr als ein Endergebnis aufgefaßt, nicht als eine Grundlage, auf der man weiterbauen könne. Dann ferner den Nachweis (der für alle Untersuchungen über automorphe Funktionen fundamental werden sollte), daß die Riemannschen Flächen desselben p (und damit die algebraischen Gebilde, welche sie vorstellen) ein Kontinuum bilden, ein Satz, der sich mit leichter Mühe auf die Flächen desselben p, welche nach einem bestimmten Typus zerschnitten sind, überträgt. — Ich betone ferner, daß die Theorie der Ortsfunktionen auf einer allgemeinen Riemannschen Fläche an sich mehr besagt, als die auf einer mehrblättrig über die $(x+iy)$-Ebene ausgebreiteten Fläche. Bei letzterer ist nämlich eine Ortsfunktion — das $x+iy$ selbst — von vornherein gegeben, was bei der ersteren nicht der Fall ist, so daß alle Ortsfunktionen erst konstruiert werden müssen und damit gleichberechtigt werden: jede ist eine analytische Funktion jeder andern. Darüber hinaus findet man bei mir wohl zum ersten Male eine systematische und erschöpfende Theorie der *symmetrischen* Riemannschen Flächen und ihre Einordnung in die Gesamtheit der übrigen, also eine Systematik der algebraischen Gebilde mit reellen Gleichungskoeffizienten.

Ich komme nun zu den Weiterbildungen, welche die hiermit auseinandergesetzte Auffassung noch in den weiter unten abgedruckten Nummern CIII und CIV gefunden hat.

In dieser Hinsicht kommt vor allen Dingen der erste Abschnitt von Nr. CIII in Betracht. (Die übrigen Abschnitte dieser Abhandlung sind der Theorie der automorphen Funktionen gewidmet und bilden meine hierauf bezügliche Hauptarbeit.) Da ist zunächst zu nennen, daß ich an Stelle der geschlossenen Fläche allgemein das setze, was ich als „Riemannsche Mannigfaltigkeit" bezeichne, nämlich einen gegebenenfalls aus mehreren Stücken bestehenden Bereich, dessen Ränder derart aufeinander bezogen sind, daß ideell eine geschlossene Mannigfaltigkeit vorliegt. Hier ordnet sich also der Begriff des Fundamentalpolygons, wie es in meinen Arbeiten zur Theorie der elliptischen Modulfunktionen hervortrat, als spezieller Fall unter. Auf jedem Teil der Riemannschen Mannigfaltigkeit kann sogar das ds^2 (oder vielmehr die Gleichung $ds^2 = 0$) irgendwie definit gewählt werden. Es ist aber zu beachten (vgl. Nr. CIV), daß eine Mannigfaltigkeit der genannten Art nur brauchbar ist, wenn es gelingt, sie mit einer endlichen Anzahl von Kalotten „dachziegelartig" zu überdecken, deren jede sich auf das Innere eines Kreises ein-eindeutig konform abbilden läßt. — Man wird heutzutage natürlich gleich die Frage aufwerfen, was sich aussagen läßt, wenn die Zahl solcher Kalotten unendlich groß wird. Statt dessen habe ich bereits früher (in den oben genannten Abhandlungen über die „neuen" Riemannschen Flächen) die Möglichkeit gestreift, daß das ds^2 längs bestimmter auf der Riemannschen Fläche gelegener Kurvenzweige seinen definiten Charakter verliert (vgl. insbesondere S. 101 in Bd. 2). — Da ist ferner ein synthetischer Aufbau der zu einer vorgelegten Mannigfaltigkeit gehörigen Existenzbeweise, der sich durch seine Einfachheit empfiehlt. Dabei wird durch die Kombinationsmethoden von C. Neumann und Schwarz nur erst die Existenz des Integrals zweiter Gattung (mit einem einfachen algebraischen Pol) festgestellt und dann durch Summation, bzw. Integration solcher Integrale der Rest der übrigen gewonnen. Es hängt dies genau damit zusammen, daß in der bereits als Nr. XCVII abgedruckten Abhandlung über Abelsche Funktionen (1889) das Integral dritter Gattung als Doppelintegral erscheint, das durch seine Perioden die Integrale erster Gattung liefert.

In der genannten Abhandlung über Abelsche Funktionen wird sodann der weitere Fortschritt gemacht, aus der Theorie der zu einer Riemannschen Fläche gehörigen algebraischen Funktionen durch konsequente Einführung homogener Variabler eine Theorie der algebraischen *Formen* zu gestalten. Aus diesen Formen entstehen die Funktionen dann durch Quotientenbildung. Dieser Gegenstand ist bald darauf, wie schon auf S. 322 auseinandergesetzt wurde, durch E. Ritters Theorie der „multiplikativen" Formen wesentlich weitergeführt worden. E. Ritter hat dann auch einen andern Punkt bewiesen, an dessen Festlegung mir besonders lag, nämlich die Stetigkeit der „Moduln" einer Riemannschen Mannigfaltigkeit in ihrer Abhängigkeit von deren Abmessungen. Vgl. Math. Annalen, Bd. 45 und 46, 1894 und 1895.

Im übrigen finden sich diese Fortschritte, soweit sie 1891/92 vorlagen, in den beiden autographierten Heften über Riemannsche Flächen, die ich damals ausgab und auf die hier verwiesen sei, zusammengefaßt. Über diese Hefte ist in Nr. C ein leider nur sehr kurzes Selbstreferat abgedruckt. Dabei ist weggelassen, was in den Nummern CIII und CIV ohnehin ausführlicher gesagt ist. In Heft 2 ist insbesondere die Theorie der symmetrischen Riemannschen Flächen, d. h. der Realitätstheoreme, welche man bei reellen algebraischen Gebilden aufstellen kann, weitergehend verfolgt. Hierüber ist schon in Bd. 2 dieser Ausgabe in der als Nr. XLII abgedruckten Abhandlung ein ausführlicher, aber in seiner Gedrängtheit vielleicht schwer zu lesender Bericht erstattet.

Den Abschluß meiner ganzen somit besprochenen auf die allgemeine Riemannsche Theorie bezüglichen Tätigkeit bildet endlich der Vortrag über Riemann, den ich 1894 auf der Naturforscherversammlung in Wien hielt und der nach Dafürhalten der Herausgeber, sozusagen als Einleitung zu allem Folgenden, schon in Nr. XCVIII abgedruckt ist. Der Abdruck ist ungeändert erfolgt, weil das Gefüge des Vortrages verloren gegangen sein würde, wenn alle die Fortschritte, die seitdem unsere Kenntnis der Riemannschen Theorie gemacht hat, genannt worden wären. Jedenfalls gilt noch heute, vielleicht mehr als je, was im Schlußsatze des Vortrages gesagt ist: „daß die Ausführungen nicht als Schilderungen einer zurückliegenden Zeit anzusehen sind, der wir die Empfindungen der Pietät widmen, sondern als Wiedergabe lebendiger Momente, welche die Mathematik der Gegenwart erfüllen". Beschäftigen sich ja noch heute zahlreiche Mathematiker und neuerdings auch Physiker mit den Riemannschen Problemen und Gedankenreihen.

In üblicher Weise nenne ich noch zum Schluß einige Referate, in denen über die Weiterentwicklung der hier in Betracht kommenden Literatur berichtet wird. Da ist zunächst der „*Bericht über die Entwicklung der Theorie der algebraischen Funktionen*" von Brill und Noether in Bd. 3 der Jahresberichte der Deutschen Mathematiker-Vereinigung (1894). Ferner folgende Artikel aus der Mathematischen Enzyklopädie: Wirtinger, *Algebraische Funktionen und ihre Integrale* in Bd. II, 2 (abgeschlossen 1901), Burkhardt und Fr. Meyer, *Potentialtheorie* in Bd. II, 1 1 (abgeschlossen 1900), und schließlich Lichtenstein, *Neuere Entwicklung der Potentialtheorie* in Bd. II, 3 (abgeschlossen 1918); letzterer bringt die Entwicklung der Variationsmethoden. K.

XCVIII. Riemann und seine Bedeutung für die Entwicklung der modernen Mathematik[1]).

[Amtlicher Bericht der Naturforscherversammlung zu Wien (1894), abgedruckt im Jahresbericht der Deutschen Mathematiker-Vereinigung Bd. 4 (1894/95).]

Hochgeehrte Anwesende!

Es hat gewiß seine ganz besondere Schwierigkeit, über mathematische Dinge, oder auch nur über allgemeine Verhältnisse und Beziehungen innerhalb der Mathematik vor einem größeren Publikum zu sprechen. Diese Schwierigkeit resultiert daraus, daß die Begriffe, mit denen wir uns beschäftigen und deren inneren Zusammenhang wir erforschen, selbst erst das Produkt fortgesetzter mathematischer Gedankenarbeit sind, daß sie dem gewöhnlichen Leben fern liegen.

Trotzdem habe ich nicht angestanden, der ehrenvollen Aufforderung zu entsprechen, welche der Vorstand Ihrer Gesellschaft neuerdings an mich richtete, und den heutigen ersten Vortrag zu übernehmen.

Ich hatte das Beispiel des nun vollendeten großen Forschers vor Augen, welcher ursprünglich als Redner in Aussicht genommen war. Es ist zweifellos ein großes Verdienst von Hermann v. Helmholtz, daß er von Beginn seiner Laufbahn an bemüht gewesen ist, die Probleme und Resultate der wissenschaftlichen Arbeit auf allen den vielen von ihm berührten Gebieten in allgemein verständlichen Vorträgen dem Kreise der weiteren Fachgenossen vorzulegen; er hat dadurch jeden einzelnen von uns auf dessen eigenem Gebiete gefördert. Wenn es von vornherein unmöglich scheint, ein Gleiches im Hinblick auf reine Mathematik zu leisten, so drängen dafür die inneren Verhältnisse meines Faches immer zwingender darauf hin, zu versuchen, was sich erreichen lassen möchte. Ich spreche hier nicht als einzelner, ich spreche im Namen der sämtlichen Mitglieder der *mathematischen Vereinigung*, welche sich im Anschluß an die Gesellschaft der Naturforscher und Ärzte vor einigen Jahren gebildet hat, und die, wenn nicht formal, so doch tatsächlich mit ihrer ersten Sektion identisch ist. Wir empfinden, daß unter dem Einflusse der modernen

---

[1]) Vortrag, gehalten in der öffentlichen Sitzung der Naturforscherversammlung zu Wien am Mittwoch den 26. September 1894.

Entwicklung unsere fortschreitende Wissenschaft je länger je mehr Gefahr läuft, sich zu isolieren. Die enge Beziehung zwischen Mathematik und theoretischer Naturwissenschaft, wie sie zum Segen beider Gebiete seit dem Emporkommen der modernen Analysis bestand, droht zu zerreißen. Hier liegt eine große, täglich wachsende Gefahr. Dem wollen wir Mitglieder der mathematischen Vereinigung nach Kräften entgegenwirken. In diesem Sinne war es, daß wir uns an die Naturforscherversammlung angeschlossen haben. Wir wünschen von Ihnen im persönlichen Verkehre zu lernen, wie sich der wissenschaftliche Gedanke in Ihren Disziplinen entwickelt, und wo dementsprechend der Ansatzpunkt für das Eingreifen des Mathematikers gegeben sein mag. Wir wünschen umgekehrt, von Ihrer Seite für unsere Auffassungen und Bestrebungen einiges Interesse und Verständnis zu finden. In diesem Sinne stehe ich vor Ihnen und versuche, von der Bedeutung desjenigen Forschers ein Bild zu entwerfen, der wie kein anderer für die Entwicklung der modernen Mathematik bestimmend gewesen ist, von Bernhard Riemann. Dabei hoffe ich, jedenfalls denjenigen unter Ihnen einiges bieten zu können, denen die Ideengänge der Mechanik und theoretischen Physik geläufig sind. Sie alle aber müssen fühlen, daß hier Verbindungspunkte mit dem naturwissenschaftlichen Denken vorliegen.

Der äußere Lebensgang von Riemann wird vielleicht Ihre Teilnahme, aber kaum Ihr besonderes Interesse erregen. Riemann ist einer der stillen Gelehrten gewesen, welche ihre tiefen Gedanken langsam in sich ausreifen lassen. Als er 1851 in Göttingen mit einer allerdings sehr hervorragenden Dissertation promovierte, war er 25 Jahre alt; es dauerte weitere drei Jahre, bis er sich ebenda habilitierte. Um diese Zeit entstehen in rascher Aufeinanderfolge alle die bedeutenden Arbeiten, von denen ich zu berichten habe. Riemann ist 1859 nach dem Tode von Dirichlet dessen Nachfolger an der Göttinger Universität geworden, aber schon 1863 begann die unheilvolle Krankheit, der er 1866 zum Opfer gefallen ist, im Alter von nur 40 Jahren. Seine gesammelten Werke, welche zuerst 1876 von Heinrich Weber und Dedekind herausgegeben wurden (und die bereits in zweiter Auflage vorliegen), sind nicht etwa besonders umfangreich; sie füllen einen Oktavband von ca. 550 Seiten, darunter sind nur etwa die Hälfte Arbeiten, die zu Riemanns Lebzeiten veröffentlicht worden sind[2]). Die große Wirkung, welche von Riemann ausgegangen ist und fortwährend ausgeht, ist einzig eine Folge der *Eigenartigkeit* und selbstverständlich der *eindringenden Kraft* seiner mathematischen Betrachtungen.

---

[2]) [1902 haben Noether und Wirtinger noch in einem Oktavband von ca. 200 Seiten Nachträge zu Riemanns Werken herausgegeben, die aus Nachschriften Riemannscher Vorlesungen bestehen und viel Interessantes enthalten.]

Entzieht sich die letztere der heutigen Darlegung, so meine ich die Eigenart der Riemannschen Mathematik Ihnen allerdings vorweg erklären zu können, indem ich den einheitlichen Grundgedanken bezeichne, von dem aus alle seine Entwicklungen entspringen. Ich darf vorweg erwähnen, daß Riemann sich viel und eingehend mit physikalischen Betrachtungen beschäftigt hat. Aufgewachsen in der großen Tradition, die durch die Vereinigung der Namen Gauss und Wilhelm Weber bezeichnet ist, beeinflußt andererseits von der Herbartschen Philosophie, hat er immer wieder daran gearbeitet, in mathematischer Form eine einheitliche Formulierung der sämtlichen Naturerscheinungen zugrunde liegenden Gesetze zu finden. Diese Untersuchungen sind, wie es scheint, niemals zu einem bestimmten Abschlusse gekommen und liegen uns in Riemanns Nachlaß nur ganz bruchstückweise vor. Es handelt sich um verschiedene Ansätze, denen nur dies Eine gemeinsam ist, was heute unter der Herrschaft von Maxwells elektromagnetischer Lichttheorie die allgemeine Grundanschauung wenigstens der jüngeren Physiker sein dürfte, die Annahme nämlich, daß der Raum von einer kontinuierlich ausgebreiteten Flüssigkeit erfüllt ist, welche gleichzeitig der Träger der optischen, wie der elektrischen und der Gravitationserscheinungen ist. Ich verweile nicht bei den Einzelheiten, um so mehr, als dieselben heute nur noch historisches Interesse besitzen dürften. Was ich betonen will, ist dies, *daß eben hier die Quelle von Riemanns rein mathematischen Entwicklungen liegt*. Was in der Physik die Verbannung der Fernwirkungen, die Erklärung der Erscheinungen durch die inneren Kräfte eines raumerfüllenden Äthers ist, das ist in der Mathematik das Verständnis der Funktionen *aus ihrem Verhalten im Unendlich-Kleinen*, insbesondere also *aus den Differentialgleichungen*, denen sie genügen. Und wie im übrigen die einzelne Erscheinung im Gebiete der Physik von der allgemeinen Anordnung der Versuchsbedingungen abhängt, so individualisert Riemann seine Funktionen durch die *besonderen Grenzbedingungen*, die er ihnen auferlegt. Die Formel, deren man zur rechnerischen Beherrschung der Funktion bedarf, erscheint hier als Schlußresultat der Betrachtungen, nicht als Ausgangspunkt. Wenn ich wagen darf, die Analogie so scharf zu betonen, so werde ich sagen, *daß Riemann im Gebiete der Mathematik und Faraday im Gebiete der Physik parallel stehen.* — Diese Bemerkung bezieht sich zunächst auf den *qualitativen Inhalt* der beiderseitigen Gedankengänge; ich meine aber, daß auch die *Wichtigkeit* der von den beiden Forschern erreichten Resultate, gemessen an den Bedingungen der einzelnen Wissenschaft vergleichbar sei.

Indem ich mich jetzt dazu wende, an der Hand der hiermit gegebenen Auffassung mit Ihnen die einzelnen Hauptgebiete von Riemanns mathematischen Untersuchungen zu durchwandern, habe ich selbstverständlich mit derjenigen Disziplin zu beginnen, welche am innigsten mit seinem Namen verbunden erscheint, wenn er sie selbst auch nur als einen Beleg für sehr viel weiter ausgreifende, umfassende Tendenzen betrachten mochte: — mit der *Funktionentheorie komplexer Variabler.*

Der fundamentale Ansatz dieser Theorie ist wohlbekannt; bei Untersuchung der Funktionen einer Variablen z substituiert man für diese Variable eine zweiteilige Größe $x + iy$, mit der so gerechnet wird, daß man für i^2 allemal -1 einträgt. Der Erfolg ist, daß die Eigenschaften der Funktionen einfacher Variabler, die wir gewöhnlich betrachten, in sehr viel höherem Maße verständlich werden, als ohne eine solche Maßnahme. Um die eigenen Worte Riemanns aus seiner Dissertation von 1851 zu gebrauchen (in welcher er die Grundlinien für die ihm eigentümliche Behandlungsweise unserer Theorie gezogen hat): *es tritt beim Übergange zu komplexen Werten eine sonst versteckt bleibende Harmonie und Regelmäßigkeit hervor.*

Der Begründer dieser Theorie ist der große französische Mathematiker Cauchy[3]); aber erst in Deutschland hat dieselbe ihr modernes Gepräge erhalten, durch welches sie, sozusagen in den Mittelpunkt unserer mathematischen Überzeugungen gerückt wird. Das ist der Erfolg der gleichzeitigen Bestrebungen der beiden Forscher, die wir noch wiederholt nebeneinander zu nennen haben, nämlich von Riemann und andererseits von Weierstrass.

Auf dasselbe Ziel gerichtet, sind die Methoden dieser beiden Mathematiker im einzelnen so verschieden wie möglich; sie scheinen sich fast zu widerstreiten, was, von einem höheren Standpunkte gesehen, selbstverständlich dahin führt, daß sie einander ergänzen.

Weierstrass definiert die Funktionen einer komplexen Veränderlichen analytisch durch eine gemeinsame Formel, nämlich die unendlichen Potenzreihen; er vermeidet auch weiterhin nach Möglichkeit geometrische Hilfsmittel und sucht seine spezifische Leistung in der durchgebildeten Schärfe der Beweisführung.

Riemann dagegen beginnt — dem allgemeinen Ansatze entsprechend, den ich vorhin bezeichnete, — mit gewissen Differentialgleichungen, denen die Funktionen von $x + iy$ genügen. Es nimmt das hier unmittelbar physikalische Form an. Man setze $f(x + iy) = u + iv$. Dann erscheint

---

³) Ich sehe bei der Darstellung des Textes von Gauss ab, der, hier wie in anderen Gebieten seiner Zeit vorauseilend, zahlreiche Entdeckungen antizipiert hat, ohne hierüber irgend etwas an die Öffentlichkeit zu bringen. Es ist besonders merkwürdig, daß man bei Gauss funktionentheoretische Ansätze findet, die ganz in der Richtung der späteren Riemannschen Methoden liegen, als habe in unbewußter Form von dem älteren Forscher auf den jüngeren eine Übertragung leitender Ideen stattgefunden. [Vgl. hierzu die unten auf S. 577f. folgenden Angaben.]

vermöge der genannten Differentialgleichungen der einzelne Bestandteil,
u wie v, als ein *Potential* in dem Raume der zwei Veränderlichen x und
y, und man kann Riemanns Entwicklungen kurzweg dahin bezeichnen,
daß er auf diese einzelnen Bestandteile die Grundsätze der Potential-
theorie zur Geltung bringt. Sein Ausgangspunkt liegt hiernach auf dem
Gebiete der mathematischen Physik. Sie sehen, daß auch innerhalb der
Mathematik der Individualität ein breiter Spielraum bleibt.

Wollen Sie übrigens bemerken, daß die Potentialtheorie, welche nach
ihrer Unentbehrlichkeit in der Elektrizitätslehre und anderen Kapiteln der
Physik heutzutage ein allgemein gekanntes und benutztes Instrument ist,
damals noch jung war. Allerdings hat Green bereits 1828 seine grundlegende Abhandlung geschrieben, aber diese ist lange unbeachtet geblieben.
Dann folgt Gauss 1839. Die Weiterverbreitung und Entwicklung der hier
gegebenen Grundsätze ist, soweit Deutschland in Betracht kommt, wesentlich das Verdienst der Vorlesungen von Dirichlet, und an diese knüpft
Riemann unmittelbar an.

Als spezifische Leistung von Riemann erscheint in diesem Zusammenhange zunächst selbstverständlich die Tendenz, der Potentialtheorie eine
grundlegende Bedeutung für die ganze Mathematik zu geben, weiter aber
eine Reihe *geometrischer Konstruktionen*, oder, wie ich lieber sage, *geo-*
metrischer Erfindungen, über die Sie mir ein paar Worte gestatten wollen.

Ein erster Schritt ist, daß Riemann die Gleichung $u + iv = f(x + iy)$
durchweg als eine *Abbildung* der Ebene x, y auf eine Ebene u, v auffaßt.
Diese Abbildung erweist sich als konform, das heißt winkeltreu, und kann
geradezu durch diese Eigenschaft charakterisiert werden. Wir haben so
ein neues Hilfsmittel zur Definition der Funktionen von $x + iy$. Riemann entwickelt in dieser Hinsicht den glänzenden Satz, daß es immer
eine Funktion f gibt, welche ein beliebiges, einfach zusammenhängendes
Gebiet der xy-Ebene auf ein beliebig gegebenes, einfach zusammenhängendes
Gebiet der uv-Ebene überträgt; diese Funktion ist bis auf drei Konstante,
die willkürlich bleiben, völlig bestimmt.

Hierüber hinaus aber begründet er die Vorstellung der Riemannschen *Fläche* (wie wir es heute ausdrücken), das heißt einer Fläche, welche
sich mehrblättrig über der Ebene ausbreitet und deren Blätter in sogenannten Windungspunkten zusammenhängen. Dies ist ohne Zweifel der
schwierigste, aber auch der erfolgreichste Schritt gewesen. Wir sehen noch
täglich, wie hart es dem Neuling ankommt, das Wesen der Riemannschen Fläche zu begreifen, und wie er auf einmal die ganze Theorie
besitzt, wenn er diese fundamentale Vorstellungsweise erfaßt hat. Die
Riemannsche Fläche bietet das Mittel, um die mehrwertigen Funktionen
von $x + iy$ in ihrem Verlaufe zu verstehen. Denn auf ihr existieren

ebensolche Potentiale, wie auf der schlichten Ebene, deren Gesetzmäßigkeiten mit denselben Mitteln erforscht werden können; nicht minder bleibt die Methode der konformen Abbildung hier in Geltung. Einen ersten Haupteinteilungsgrund gibt dabei die Zusammenhangszahl der Flächen, das heißt die Zahl der Querschnitte, die man ausführen kann, ohne die Fläche in getrennte Teile zu zerlegen. Auch dies ist eine geometrisch ganz neue Fragestellung, die vor Riemann trotz ihres elementaren Charakters von niemand berührt worden war.

Vielleicht bin ich mit diesen Ausführungen bereits zu sehr ins einzelne gegangen. Um so lieber will ich gleich hinzufügen, daß alle diese Hilfsmittel, welche Riemann von der physikalischen Anschauung aus für die Zwecke der reinen Mathematik geschaffen hat, rückwärts für die mathematische Physik die größte Bedeutung gewonnen haben. Überall zum Beispiel, wo es sich um *stationäre Strömungen* von Flüssigkeiten in Gebieten von zwei Dimensionen handelt, kommen die Riemannschen Ansätze jetzt allgemein zur Verwendung. Hierdurch ist eine Reihe der interessantesten Aufgaben, die früher unlösbar schienen, erledigt worden. Sehr bekannt ist in dieser Hinsicht Helmholtz' Bestimmung der Gestalt eines freien Flüssigkeitsstrahls. Vielleicht weniger beachtet ist eine andere Art der physikalischen Anwendung, bei welcher die Riemannschen Vorstellungsweisen in besonders reizvoller Kombination zur Geltung kommen. Ich meine die Theorie der *Minimalflächen*. Riemanns eigene Untersuchungen hierüber sind erst 1867 nach seinem Tode publiziert worden, ziemlich gleichzeitig mit parallellaufenden Untersuchungen von Weierstrass über denselben Gegenstand. Seitdem ist die Fragestellung durch Schwarz und andere sehr viel weiter verfolgt worden. Es handelt sich darum, die Gestalt der kleinsten Fläche zu bestimmen, die in einen festen Rahmen eingespannt werden kann, — sagen wir die Gleichgewichtsfigur einer Flüssigkeitslamelle, die in eine gegebene Kontur paßt. Da ist das Merkwürdige, daß auf Grund der Riemannschen Ansätze die in der Analysis bekannten Funktionen gerade ausreichen, um die einfachsten Fälle zu erledigen.

Diese Anwendungen, die ich heute voranstelle, sind selbstverständlich nur die eine Seite der Sache. Die Hauptbedeutung der funktionentheoretischen Methoden, um die es sich handelt, liegt zweifellos nach Seiten *der reinen Mathematik*. Ich muß versuchen, dies genauer zu entwickeln, wie es der Wichtigkeit des Gegenstandes entspricht, ohne doch dabei besondere Vorkenntnisse vorauszusetzen.

Lassen Sie mich mit der ganz allgemeinen Frage beginnen, wie es überhaupt mit dem Fortschritt im Gebiete der reinen Mathematik bestellt ist. Die Weiterbildung der reinen Mathematik erscheint dem Fernerstehenden vielleicht als etwas ganz Willkürliches, weil die Konzentration auf einen von Haus aus gegebenen bestimmten Gegenstand wegfällt. Und dennoch gibt es einen Regulator, der in beschränkterem Sinne innerhalb aller anderen Disziplinen wohlbekannt ist — *die historische Kontinuität: Die reine Mathematik wächst, indem man alte Probleme mit neuen Methoden durchdenkt. In dem Maße, wie wir die früheren Aufgaben besser verstehen, bieten sich neue von selbst.*

Von dieser Auffassung geleitet, müssen wir zunächst einen Blick auf das funktionentheoretische Material werfen, welches Riemann zu Beginn seiner Laufbahn entgegentrat. Man hatte gefunden, daß unter den analytischen Funktionen einer Variablen, das heißt eben unter den Funktionen von $x + iy$, drei Klassen der Beachtung ganz besonders wert sind. Es sind dies zunächst die *algebraischen* Funktionen, die durch eine endliche Zahl von Elementaroperationen, das heißt von Additionen, Multiplikationen und Divisionen definiert werden — im Gegensatze zu den transzendenten Funktionen, bei deren Festlegung unendliche Reihen der genannten Operationen benötigt werden. Unter den transzendenten Funktionen stehen natürlich die Logarithmen und andererseits die trigonometrischen Funktionen, also Sinus und Cosinus usw., als die einfachsten voran. Aber die Forschung war über diese bereits fortgeschritten, einerseits zu den *elliptischen* Funktionen, die aus der Umkehr der elliptischen Integrale erwachsen, dann zu den anderen Funktionen, welche mit der *hypergeometrischen Reihe* zusammenhängen, den Kugelfunktionen, Besselschen Funktionen, Gammafunktionen usw.

Die Riemannsche Leistung kann nun am kürzesten dahin bezeichnet werden, daß er für eine jede dieser drei Funktionsklassen ganz neue Resultate und neue Auffassungen gefunden hat, welche bis heute fortschreitend die Quelle nachhaltigster Anregung geblieben sind. Einige wenige Bemerkungen mögen dies mehr im einzelnen vorführen.

Das Studium der *algebraischen Funktionen* fällt dem Wesen nach zusammen mit dem Studium der algebraischen *Kurven*, deren Eigenschaften die Geometer studieren, mögen sie sich zu den „Analytikern" zählen, welche die Formel voranstellen, oder zu den „synthetischen Geometern" im Sinne Steiners und v. Staudts, die mit der Erzeugung der Kurven durch Strahlbüschel operieren. Der wesentliche neue Gesichtspunkt. den Riemann hier eingeführt hat, ist der Gesichtspunkt der allgemeinen eindeutigen Transformation. Von hier aus erscheinen die vielgestaltigen algebraischen Kurven in große Kategorien zusammengefaßt, und es entsteht, indem man von den Eigentümlichkeiten der einzelnen Kurvenform absieht, eine Lehre von den allgemeinen Eigenschaften, die allen zusammengehörigen Kurven gemeinsam sind. Die Geometer haben nicht gezögert, die solcherweise entspringenden Resultate von ihrem Standpunkte aus abzuleiten und weiter zu verfolgen, — allen voran Clebsch, der gleich auch begann, die entsprechenden Untersuchungen bei mehrdimensionalen algebraischen Gebilden in Angriff zu nehmen. Aber es wird darauf ankommen, daß die Kurvengeometrie auch die *Methoden* Riemanns nach ihrem inneren Gehalte zu assimilieren sucht. Ein erster Schritt dazu ist, daß man an der Kurve selbst das Gegenbild für die zweifach ausgedehnte Riemannsche Fläche konstruiert, was in mannigfacher Weise gelingt. Der weitere Fortschritt müßte sein, daß man auf dem so definierten Gebilde funktionentheoretisch operieren lernt.

Die Theorie der *elliptischen Integrale* findet ihre Weiterbildung in der Betrachtung der allgemeinen Integrale algebraischer Funktionen, über welche der Norweger Abel in den zwanziger Jahren dieses Jahrhunderts die ersten grundlegenden Untersuchungen publiziert hat. Man wird es immer als eine der größten Leistungen Jacobis ansehen müssen, daß er durch eine Art von Divination für diese Integrale ein Umkehrproblem aufstellte, welches, ebenso wie im Falle der elliptischen Integrale die direkte Umkehr, eindeutige Funktionen ergibt. Die wirkliche Durchführung dieses Umkehrproblems ist die zentrale Aufgabe, welche auf verschiedenen Wegen gleichzeitig von Weierstrass und Riemann gelöst worden ist. Man hat die große Abhandlung *über die Abelschen Funktionen*, in welcher Riemann 1857 seine Theorie veröffentlichte, unter allen Leistungen seines Genius immer als die glänzendste betrachtet. Denn das Resultat kommt nicht auf mühsamem Wege, sondern durch unmittelbare Betrachtungen hervor, einfach indem Riemann in geeigneter Ideenverbindung die geometrischen Hilfsmittel heranzieht, von denen soeben andeutungsweise die Rede war. Ich habe bei einer früheren Gelegenheit[4]) gezeigt, daß man seine Resultate, betreffend die Integrale, sowie die daraus folgenden Ergebnisse, betreffend die algebraischen Funktionen, in übersichtlichster Weise erhält, indem man stationäre Flüssigkeitsströmungen, sagen wir Strömungen der Elektrizität, auf beliebig im Raume gelegenen geschlossenen Flächen betrachtet. Doch betrifft das nur die erste Hälfte der Riemannschen Abhandlung. Die zweite Hälfte, welche sich auf die Thetareihen bezieht, ist vielleicht noch bemerkenswerter. Es ergibt sich da das merkwürdige Resultat, daß die Thetareihen, deren man zur Erledigung des Jacobischen Umkehrproblems bedarf, nicht die allgemeinen sind, womit die neue Aufgabe gegeben ist, die Stellung der allgemeinen Theta in dieser Theorie zu bestimmen. Nach einer Notiz von Hermite hat Riemann bereits den Satz gekannt, der später von Weierstrass publiziert und neuerdings von Picard und Poincaré behandelt wurde, nämlich daß die Thetareihen

---

4) [Vgl. die hier folgend als Nr. XCIX abgedruckte Schrift „Über Riemanns Theorie der algebraischen Funktionen und ihrer Integrale."]

ausreichen, um die allgemeinsten periodischen Funktionen mehrerer Variablen aufzustellen.

Doch ich darf auf diese Einzelfragen nicht zu weit eingehen. Eine zusammenhängende Darstellung der Entwicklung zu geben, welche an Riemanns Abelsche Funktionen anschließt, ist darum mißlich, weil die weitgehenden Untersuchungen von Weierstrass über denselben Gegenstand immer nur erst aus Vorlesungsheften bekannt sind. Ich werde mich also auf die Bemerkung beschränken, daß das wichtige Buch von Clebsch und Gordan, das 1866 erschien, im wesentlichen bezweckte, die Riemannschen Resultate an der algebraischen Kurve mit den Hilfsmitteln der analytischen Geometrie zur Ableitung zu bringen. Die Riemannschen Methoden waren damals noch eine Art Arcanum seiner direkten Schüler und wurden von den übrigen Mathematikern fast mit Mißtrauen betrachtet. Ich kann dem gegenüber nur wiederholen, was ich soeben bei den Kurven bemerkte, daß nämlich die fortschreitende Entwicklung ersichtlich mit Notwendigkeit dahin führt, auch die Riemannschen Methoden dem Allgemeinbesitz der Mathematiker einzufügen. Es ist interessant, in dieser Hinsicht, die neuesten französischen Lehrbücher zu vergleichen[5]).

Die dritte Funktionsklasse, die wir nannten, sollte diejenigen Abhängigkeitsgesetze umfassen, welche sich an die hypergeometrische Reihe anschließen. Es sind dies im weiteren Sinne diejenigen Funktionen, die durch lineare Differentialgleichungen mit algebraischen Koeffizienten definiert werden können. Riemann hat hierüber bei seinen Lebzeiten nur eine erste einleitende Arbeit veröffentlicht (1856), welche sich ausschließlich mit dem hypergeometrischen Falle selbst beschäftigt und in überraschender Weise zeigt, wie alle die früher bekannten merkwürdigen Eigenschaften der hypergeometrischen Funktion ohne alle Rechnung aus dem Verhalten der Funktion bei Umkreisung der singulären Punkte abgeleitet werden können. Wir wissen jetzt aus seinem Nachlasse, in welcher Form er sich die entsprechende allgemeine Theorie der linearen Differentialgleichungen n-ter Ordnung ausgeführt dachte: auch hier sollte die Gruppe der linearen Substitutionen, welche die Lösungen bei Umkreisung der singulären Punkte erleiden, voranstehen und das oberste Merkmal der Klassifikation abgeben.

Dieser Ansatz, welcher gewissermaßen der von Riemann gegebenen Behandlung der Abelschen Integrale entspricht, ist in der umfassenden von Riemann beabsichtigten Weise noch nicht durchgeführt worden; die zahlreichen Untersuchungen über lineare Differentialgleichungen, welche in den letzten Jahrzehnten anderweitig publiziert worden sind, haben im

---

[5]) Vgl. Picard, Traité d'analyse, Bd. 2, Paris 1893. Appell et Goursat, Théorie des fonctions algébriques et de leurs intégrales, Paris 1895.

wesentlichen nur erst einzelne Teile der Theorie geordnet. Es sind in dieser Hinsicht insbesondere die Untersuchungen von Fuchs zu nennen. Übrigens ist die Theorie, sofern man sich auf lineare Differentialgleichungen der zweiten Ordnung beschränkt, einer einfachen geometrischen Interpretation fähig. Man hat die konforme Abbildung zu betrachten, welche der Quotient zweier Partikularlösungen der Differentialgleichung von dem Gebiet der unabhängigen Veränderlichen entwirft. Im einfachsten Falle der hypergeometrischen Funktion erhält man hier die Abbildung einer Halbebene auf ein Kreisbogendreieck und damit einen merkwürdigen Übergang zur sphärischen Trigonometrie. Allgemein gibt es Fälle, welche eindeutige Umkehr gestatten und damit zu jenen bemerkenswerten Funktionen einer Variablen Anlaß geben, die gleich den periodischen Funktionen durch unendlich viele lineare Transformationen in sich übergehen, und die ich dem entsprechend als *automorphe* Funktionen bezeichne. Alle diese Entwicklungen, welche die Funktionentheoretiker der Neuzeit beschäftigen, treten mehr oder minder explizite bereits in den hinterlassenen Papieren Riemanns[6]) auf, insbesondere in der Arbeit über die Minimalflächen, von welcher oben die Rede war. Ich verweise übrigens auf Schwarz' Abhandlung über die hypergeometrische Reihe und auf die bahnbrechenden Untersuchungen von Poincaré zur Theorie der automorphen Funktionen. Hier rubrizieren auch die Untersuchungen über die elliptischen Modulfunktionen und die Funktionen der regulären Körper.

Ich darf die Besprechung von Riemanns funktionentheoretischen Arbeiten nicht schließen, ohne einer isoliert stehenden Abhandlung zu gedenken, in welcher derselbe interessante Beiträge zur Theorie der bestimmten Integrale gibt, die aber zumal durch die Anwendung, welche Riemann auf ein zahlentheoretisches Problem macht, berühmt geworden ist. Es handelt sich um das *Gesetz der Verteilung der Primzahlen* innerhalb der natürlichen Zahlenreihe. Riemann gibt für dasselbe Annäherungsausdrücke, welche sich wesentlich näher an die Ergebnisse der empirischen Abzählungen anschließen, als die bis dahin aus diesen Abzählungen induktiv abgeleiteten Regeln. Zwei Bemerkungen sind es, die sich hier aufdrängen. Erstlich wollen Sie beachten, wie merkwürdig die einzelnen Teile der höheren Mathematik zusammenhängen, indem hier ein Problem, welches in die Elemente der Zahlenlehre zu gehören scheint, aus den Entwicklungen der feinsten funktionentheoretischen Fragen eine ungeahnte Förderung erfährt. Zweitens aber habe ich hervorzuheben, daß die Beweise der Riemannschen Abhandlung, wie er übrigens selbst bemerkt, nicht ganz vollständig sind, und daß dieselben trotz zahlreicher Be-

---

[6]) [Vgl. die auf S. 577 folgenden Ausführungen über die Vorgeschichte der automorphen Funktionen.]

mühungen der neuesten Zeit noch nicht lückenlos haben hergestellt werden
können. Riemann muß vielfach mit der Intuition. gearbeitet haben. Es
gilt dies auch, wie ich nicht verfehlen darf, nachträglich anzugeben, für
seine Grundlegung der Funktionentheorie selbst. Riemann verwendet
dort eine in der mathematischen Physik oft gebrauchte Schlußweise, die
er seinem Lehrer Dirichlet zu Ehren als *Dirichletsches Prinzip* bezeichnet. Es handelt sich darum, eine stetige Funktion zu bestimmen,
welche ein gewisses Doppelintegral zu einem Minimum macht, und hier
behauptet nun das genannte Prinzip, daß die *Existenz* einer solchen
Funktion aus der Fragestellung selbst evident sei[7]). Weierstrass hat
gezeigt, daß hier ein Fehlschluß vorliegt; es könnte sein, daß das Minimum, welches wir suchen, nur eine Grenze bezeichnet, welche man innerhalb des Gebietes der stetigen Funktionen nicht erreichen kann. Hiermit
wird ein großer Teil der Riemannschen Entwicklungen hinfällig. Trotzdem aber sind die weitreichenden Resultate, welche Riemann auf das
genannte Prinzip stützt, alle richtig, wie dies Carl Neumann und
Schwarz durch strenge Methoden später ausführlich gezeigt haben. Man
muß sich wohl die Idee bilden, daß Riemann die Theoreme selbst ursprünglich der physikalischen Anschauung entnommen hat, die sich hier
wieder einmal als heuristisches Prinzip bewährte, und nur hinterher auf
die genannte Schlußweise bezog, um einen in sich geschlossenen mathematischen Gedankengang zu haben. Hierbei hat er, wie längere Entwicklungen seiner Dissertation zeigen, gewisse Schwierigkeiten sehr wohl
gefühlt, aber im Hinblicke darauf, daß er die Schlußweise in analogen
Fällen von seiner Umgebung, selbst von Gauss, anstandslos angenommen
sah, nicht so weit verfolgt, als erforderlich gewesen wäre[8]).

---

[7]) Ich verstehe hier also unter dem „Prinzip" entgegen einem vielfach ver-
breiteten Sprachgebrauche die Schlußweise, nicht die daraus abgeleiteten Resultate.
Bei der Gelegenheit möchte ich auf einen Aufsatz von W. Thomson aufmerksam
machen, der in Liouvilles Journal, Bd. XII, 1847 [= Reprint of Papers on Electrostatics and Magnetism by Sir W. Thomson, Nr. XIII, S. 139 ff.] abgedruckt ist und
von den deutschen Mathematikern zu wenig beachtet zu sein scheint. Das fragliche
Prinzip ist dort in großer Allgemeinheit ausgesprochen.

[8]) [Ich erinnere mich, daß Weierstrass mir bei Gelegenheit erzählte, Riemann
habe auf die Gewinnung seiner Existenzsätze durch das „Dirichletsche Prinzip"
keinerlei entscheidenden Wert gelegt. Daher habe ihm auch seine (Weierstrass')
Kritik des „Dirichletschen Prinzips" keinen besonderen Eindruck gemacht. Jedenfalls
ergab sich die Aufgabe, die Existenzsätze auf andere Art zu beweisen. Diese
dürfte dann Weierstrass seinem Spezialschüler Schwarz übertragen haben, bei dem
er die erforderliche Verbindung geometrisch-anschaulichen Denkens mit der Fähigkeit,
analytische Konvergenzbeweise zu führen, bemerkt hatte. Damit ist der bezüglichen
außerordentlichen Leistung von Schwarz nichts abgebrochen, aber es ist der historische Zusammenhang, der bei bloßer Aufzählung der in den Publikationen enthaltenen
Resultate verborgen bleibt, hervorgekehrt. Übrigens scheint sich Schwarz bei seinen
Beweisen von physikalischen Anschauungen haben leiten lassen. Wegen der Beweise

So viel über die Funktionen komplexer Variabler. Sie repräsentieren das einzige Gebiet, welches Riemann im Zusammenhange bearbeitet hat; alles andere sind Einzeluntersuchungen. Aber man würde doch ein sehr unzureichendes Bild von dem Mathematiker Riemann erhalten, wenn man darum diese anderen Arbeiten zur Seite schieben wollte. Denn abgesehen von den sehr bemerkenswerten Resultaten, welche er in denselben gewinnt, lassen sie erst die allgemeine Auffassung hervortreten, die ihn beherrschte, und das Arbeitsprogramm, welches er auszuführen dachte. Auch hat eine jede dieser Untersuchungen in hervorragendem Maße anregend und bestimmend auf die Weiterentwicklung der Wissenschaft eingewirkt, wie ich sofort des näheren ausführen werde.

Sagen wir es vor allen Dingen, was wir schon oben andeuteten, daß die von Riemann gegebene Behandlung der Funktionentheorie komplexer Variabler, welche von der partiellen Differentialgleichung des Potentials beginnt, nach seiner Auffassung nur ein *Beispiel* für eine analoge Behandlung aller anderen physikalischen Probleme sein sollte, die auf partielle Differentialgleichungen — oder überhaupt auf Differentialgleichungen — führen; allemal soll gefragt werden, welches die mit den Differentialgleichungen verträglichen Unstetigkeiten sind, und wie weit die Lösungen durch die bei ihnen hervortretenden Unstetigkeiten und zutretende Nebenbedingungen bestimmt sein mögen. Die Durchführung dieses Programms, welches seitdem von verschiedenen Seiten wesentlich gefördert ist und in den letzten Jahren mit besonderem Erfolge von den französischen Geometern aufgenommen wurde, kommt auf nichts Geringeres als eine *systematische Neubegründung der Integrationsmethoden der Mechanik und mathematischen Physik* hinaus. Riemann hat selbst in dieser Hinsicht nur ein einzelnes Problem eingehender behandelt. Es geschieht dies in der Abhandlung über die *Fortpflanzung ebener Luftwellen von endlicher Schwingungsweite*, 1860. Man muß bei den linearen partiellen Differentialgleichungen der mathematischen Physik zwei Haupttypen unterscheiden: den elliptischen und den hyperbolischen Typus, für welche beziehungsweise die Differentialgleichung des Potentials und die Differentialgleichung

---

von Schwarz und Carl Neumann vgl. auch die §§ 6 und 7 des Abschnittes I meiner unten abgedruckten Abh. CIII. — Ich bemerke gern, daß neuerdings Bolza in seinem Artikel „Gauss und die Variationsrechnung", III. Teil, § 2 in Bd. X_2 der Gesammelten Werke von Gauss dargelegt hat, daß das von Riemann so genannte „Dirichletsche Prinzip" auf Gauss' Untersuchungen zur Potentialtheorie (1839/40) zurückgeht. Riemann hatte die Schlußweise in Dirichlets Vorlesung kennen gelernt und dann, wie es junge Forscher zu tun pflegen, mit dem Namen seines Lehrers belegt. — Es ist Hilbert vorbehalten geblieben, von 1901 an beginnend, zu zeigen, daß unbeschadet der Richtigkeit der Weierstrassischen Ausführungen gerade im Falle der Potentialtheorie und verwandter Probleme die Existenz des Minimums dennoch aus dem Variationsproblem als solchem erschlossen werden kann. K.]

der schwingenden Saite die einfachsten Beispiele bilden; ihnen tritt als ein Übergangsfall der parabolische Typus zur Seite, unter den die Differentialgleichung der Wärmeleitung rubriziert. Neuere Untersuchungen von Picard haben gezeigt, daß man die Integrationsmethoden der Potentialtheorie ziemlich ungeändert auf die elliptischen Differentialgleichungen überhaupt übertragen kann. Aber wie ist es bei den anderen Typen? In dieser Hinsicht gibt Riemanns Arbeit einen ersten wichtigen Beitrag. Riemann zeigt, welche merkwürdigen Modifikationen an der aus der Potentialtheorie bekannten Randwertaufgabe und ihrer Lösung durch die heute so genannte Greensche Funktion angebracht werden müssen, damit die Entwicklung für die hyperbolischen Differentialgleichungen gültig bleibe. Aber auch nach anderer Seite ist die Riemannsche Abhandlung besonders bemerkenswert. Schon die Reduktion des in der Überschrift genannten Problems auf eine lineare Differentialgleichung ist eine besondere Leistung. Und daneben zieht sich durch die Abhandlung eine Betrachtungsweise, die dem Physiker allerdings kaum überraschend sein wird: *die graphische Behandlung des Problems*. Ich möchte hierauf ganz besonders aufmerksam machen. Denn die in Rede stehende Methode wird seitens der an abstraktere Überlegungen gewöhnten Mathematiker heutzutage vielfach unterschätzt. Um so erfreulicher ist es, daß eine mathematische Autorität wie Riemann deren Gebrauch an geeigneter Stelle vertritt und aus ihr die merkwürdigsten Folgerungen zu ziehen weiß.

Es bleiben nun noch die beiden großen Entwürfe zu besprechen, welche Riemann 1854, im Alter von 28 Jahren, bei seiner Habilitation vorgelegt hat: der Aufsatz *über die Hypothesen, welche der Geometrie zugrunde liegen*, und die Schrift *über die Darstellbarkeit einer Funktion durch eine trigonometrische Reihe*. Es ist merkwürdig, wie verschieden diese beiden Arbeiten bisher von dem allgemeineren wissenschaftlichen Publikum gewertet worden sind: Die Hypothesen der Geometrie haben seit lange die ihnen gebührende allgemeine Beachtung gefunden, hauptsächlich jedenfalls durch das Eintreten von Helmholtz, wie viele von Ihnen wissen; die Untersuchung über die trigonometrische Reihe aber ist bislang nur im engeren Kreise der Mathematiker bekannt. Dies hindert nicht, daß die Resultate, welche sie enthält, oder, ich will lieber sagen, die Betrachtungen, zu denen sie Anlaß gegeben hat, oder mit denen sie im Zusammenhange steht, vom allgemeinen erkenntnistheoretischen Standpunkte aus das höchste Interesse beanspruchen.

Was die *Hypothesen der Geometrie* angeht, so werde ich hier mich nicht weiter über die philosophische Bedeutung der Sache verbreiten, über die ich nichts Neues zu sagen habe. Es handelt sich bei dieser Diskussion für den Mathematiker weniger um den Ursprung der geometrischen Axiome, als um deren gegenseitige logische Abhängigkeit. Die berühmteste Frage ist jedenfalls die nach der Stellung des Parallelenaxioms. Die Untersuchungen von Gauss, Lobatschefskij und Bolyai (um nur die hervorragendsten Namen zu nennen) haben bekanntlich gezeigt, daß das Parallelenaxiom gewiß keine Folge der übrigen Axiome ist, daß man eine allgemeine, in sich konsequente Geometrie aufbauen kann, welche die gewöhnliche Geometrie als Spezialfall enthält, indem man vom Parallelenaxiom absieht. Diesen wichtigen Betrachtungen hat Riemann dadurch eine neue und spezifische Wendung gegeben, daß er die Ideenbildungen der *analytischen* Geometrie voranstellt: der Raum erscheint ihm als ein besonderer Fall einer dreifach ausgedehnten Zahlenmannigfaltigkeit, in welcher sich das Quadrat des Bogenelementes durch eine quadratische Form der Differentiale der Koordinaten ausdrückt. Die speziellen geometrischen Resultate, welche er von hier aus gewinnt, werde ich nicht weiter besprechen und noch weniger auf die Weiterentwicklung eingehen, welche die Theorie in der Zwischenzeit von anderer Seite gefunden hat. Das Wesentliche in dem vorliegenden Zusammenhange ist, daß Riemann auch hier seinem Grundgedanken treu geblieben ist: *die Eigenschaften der Dinge aus ihrem Verhalten im Unendlichkleinen zu verstehen.* Er hat dabei den Grund zu einem neuen Kapitel der Differentialrechnung gelegt: *zur Lehre von den quadratischen Differentialausdrücken beliebiger Variabler*, beziehungsweise von den *Invarianten*, welche diese Differentialausdrücke gegenüber beliebigen Transformationen der Variabeln besitzen. Ich will hier, in Ergänzung der sonstigen Betrachtungen meines Vortrages, einmal diese abstrakte Seite der Sache hervorheben. Gewiß ist es bei der *Auffindung* mathematischer Beziehungen nicht gleichgültig, ob man den Symbolen, mit welchen man operiert, eine bestimmte Bedeutung beilegt oder nicht, indem sich gerade aus der konkreten Auffassung diejenigen Gedankenverbindungen ergeben, welche weiterführen. Beleg hierfür ist so ziemlich alles, was wir bisher über die innere Verwandtschaft der Riemannschen Mathematik und der mathematischen Physik sagten. Aber unabhängig davon steht das schließliche Resultat der mathematischen Untersuchungen oberhalb aller derartiger spezieller Ansätze; es ist ein allgemeines logisches Schema, dessen besonderer Inhalt gleichgültig bleibt und je nachdem in verschiedener Weise gewählt werden kann. Von diesem Standpunkte aus hat es nichts Überraschendes, daß Riemann später (1861) in einer der Pariser Akademie eingereichten Preisaufgabe von seiner Untersuchung über die Differentialausdrücke eine Anwendung auf ein Problem der Wärmeleitung macht, also auf einen Gegenstand, der mit den Hypothesen der Geometrie gewiß nichts zu tun hat. In demselben Sinne schließen sich hier moderne Untersuchungen über die Äquivalenz und Klassifikation der allgemeinen mechanischen Probleme an. In der Tat kann man die Differentialgleichungen der Mechanik nach Lagrange und Jacobi in der Weise darstellen, daß sie von einer einzigen quadratischen Form der Differentiale der Koordinaten abhängen.

Ich komme nun zu der Arbeit *über die trigonometrische Reihe*, die ich mit Vorbedacht an das Ende gesetzt habe, weil sie einen letzten wesentlichen Charakter der Riemannschen Auffassung hervortreten läßt. Bei meiner bisherigen Darstellung konnte ich allemal kurzweg an die geläufigen Vorstellungsweisen der Physik oder doch der Geometrie anknüpfen. Aber der eindringende Geist Riemanns hat sich nicht damit begnügt, die geometrisch-physikalische Anschauung zu benutzen; er ist dazu übergegangen, dieselbe zu kritisieren und nach der Notwendigkeit der aus ihr fließenden mathematischen Beziehungen zu fragen. Es handelt sich, kurz gesagt, um die *Prinzipien der Infinitesimalrechnung*. Riemann hat in seinen sonstigen Arbeiten zu den in dieser Richtung vorliegenden Problemen immer nur beiläufig oder versteckt Stellung genommen. Anders in der Arbeit über die trigonometrische Reihe. Er behandelt ja da leider nur einzelne Probleme: die Frage, ob eine Funktion in jedem Punkte unstetig sein könne, und ob bei Funktionen von so allgemeiner Beschaffenheit unter Umständen noch von einer Integration möchte gesprochen werden können. Aber diese Probleme behandelt er in so überzeugender Weise, daß von hier aus die Untersuchungen anderer über die Grundlagen der Analysis den mächtigsten Impuls erhalten haben. Die Tradition berichtet, daß Riemann in späteren Jahren seinen Schülern denjenigen Punkt bezeichnete, der als das merkwürdigste Ergebnis der modernen Kritik dasteht: die Existenz stetiger Funktionen, die an keiner Stelle differentiierbar sind. Ausführlicheres über derartige „unvernünftige" Funktionen (wie man lange sagte) ist dann freilich erst durch Weierstrass bekannt geworden, der überhaupt wohl das meiste dazu beigetragen hat, um die *Theorie reeller Funktionen reeller Variabler* (wie man das ganze hier vorliegende Gebiet zu nennen pflegt) in seine heutige strenge Gestalt zu bringen. Ich verstehe die Riemannschen Entwicklungen über die trigonometrische Reihe so, daß er mit der Weierstrassischen Darstellungsweise, welche in den hier vorliegenden Fragen die räumliche Anschauung verbannt und ausschließlich mit arithmetischen Definitionen operiert, was die Grundlegung angeht, einverstanden sein würde. Aber ich kann mir nicht denken, daß Riemann darum in seinem Herzen die räumliche Anschauung, wie es jetzt wohl von übereifrigen Vertretern der modernen Richtung geschieht, als etwas der Mathematik Widerstreitendes, welches notwendig zu Fehlschlüssen verleiten müßte, angesehen hat. Er muß daran festgehalten haben, daß in der Schwierigkeit, welche hier vorliegt, ein Ausgleich möglich ist.

Wir berühren hier eine Frage, welche für die Weiterentwicklung der Mathematik gerade in der Gegenwart von entscheidender Wichtigkeit sein dürfte: Unsere Studierenden wachsen zur Zeit heran, indem sie gleich anfangs alle die intrikaten Verhältnisse kennen lernen, welche die moderne Analysis als möglich aufgedeckt hat. Das ist gewiß gut, aber es hat eine bedenkliche Folgeerscheinung, daß nämlich die jungen Mathematiker sich vielfach scheuen, überhaupt bestimmte Sätze zu formulieren, daß ihnen die Frische fehlt, ohne welche auch in der Wissenschaft kein Erfolg errungen werden kann. Auf der anderen Seite glaubt die Mehrzahl der Praktiker sich den angedeuteten schwierigen Untersuchungen einfach entziehen zu dürfen. Sie lösen sich dadurch von der strengen Wissenschaft ab und entwickeln für ihren Hausgebrauch eine besondere Mathematik, die wie ein Wurzelschößling neben der veredelten Pflanze emporschießt. Wir werden alles einsetzen wollen, daß die hier vorliegende gefährliche Spaltung überwunden wird. Sei es dementsprechend gestattet, mit zwei Sätzen meine eigene Stellung in dieser Sache zu präzisieren:

Erstlich glaube ich, daß die von mathematischer Seite gerügten Mängel der räumlichen Anschauung nur temporäre sind, daß man die Anschauung üben kann, so daß man mit ihrer Hilfe die abstrakten Entwicklungen der Analytiker jedenfalls in ihrer *Tendenz* versteht.

Ich glaube ferner, daß bei der so geforderten Ausbildung der Anschauung die Anwendungen der Mathematik auf Gegenstände der Außenwelt in der Hauptsache ungeändert bestehen bleiben, sofern man sich nur entschließt, dieselben durchweg als eine Art von *Interpolation* gelten zu lassen, welche die Verhältnisse mit einer den praktischen Anforderungen genügenden, aber doch nur begrenzten Genauigkeit darstellt[9]).

Mit diesen Bemerkungen darf ich meinen Vortrag, der Ihre Geduld schon zu lange in Anspruch genommen hat, schließen. Sie mögen erkannt haben, daß auch innerhalb der Mathematik kein Stillstand ist, daß eine ähnliche Bewegung herrscht, wie in den Naturwissenschaften. Und auch dieses ist ein allgemeines Gesetz, daß zwar viele zur Entwicklung der Wissenschaft beitragen, daß aber die wirklich neuen Anregungen nur auf wenige hervorragende Forscher zurückgehen. Deren Wirksamkeit ist dann nicht auf die kurze Spanne ihres Lebens beschränkt; sie wirken nach, indem sie allmählich in immer vollerem Maße verstanden werden. So ist es zweifellos mit Riemann. Ich möchte, daß Sie meine heutigen Ausführungen nicht als die Schilderung einer zurückliegenden Zeit ansehen, der wir die Empfindungen der Pietät widmen, sondern als eine Wiedergabe lebendiger Momente, welche die Mathematik der Gegenwart erfüllen.

---

[9]) [Vgl. hierzu auch, was ich in den Abhandlungen XLV—XLIX in Bd. 2 dieser Ausgabe und den Vorbemerkungen dazu auf S. 212—213 ausgeführt habe. K.]

XCIX.

ÜBER RIEMANNS THEORIE

DER

ALGEBRAISCHEN FUNKTIONEN

UND IHRER INTEGRALE.

EINE

ERGÄNZUNG DER GEWÖHNLICHEN DARSTELLUNGEN.

VON

FELIX KLEIN,

O. Ö. PROFESSOR DER GEOMETRIE A. D. UNIVERSITÄT LEIPZIG.

LEIPZIG,

DRUCK UND VERLAG VON B. G. TEUBNER.

1882.

Vorrede.

Die kleine Schrift, welche ich hiermit der Öffentlichkeit übergebe, ist aus Vorlesungen erwachsen, die ich im verflossenen Jahre gehalten habe[1]) und in denen ich mir neben anderen Aufgaben eine Darlegung von Riemanns Theorie der algebraischen Funktionen und ihrer Integrale zum Zweck gesetzt hatte[2]). Es ist um höhere mathematische Vorlesungen eine eigentümliche und schwierige Sache: bei der besten Absicht des Dozenten erreichen sie durchweg nur ein sehr bescheidenes Ziel. Zumeist bestimmt, eine *systematische* Entwicklung zu bringen, beschränken sie sich entweder auf die Elemente der darzustellenden Disziplin oder verlieren sich in Einzelheiten. Ich glaubte in meinem Falle, wie ich es öfters schon tat, eine umgekehrte Methode eintreten lassen zu sollen. Die gewöhnlichen Darstellungen, wie sie die Lehrbücher von den Elementen der Riemannschen Theorie geben, setzte ich als bekannt voraus. Überdies verwies ich, sobald Einzelheiten ausführlicher zu erledigen waren, auf die einschlägigen Monographien. Dafür aber verwandte ich alle Sorgfalt auf die Darlegung des *eigentlichen Gedankenganges*, und strebte nach *Überblick* über Umfang und Leistung der Methode. Ich meine auf solchem Wege wiederholt gute Erfolge errungen zu haben, allerdings nur bei begabten Zuhörern; möge die Erfahrung zeigen, ob eine auf gleichen Grundlagen ruhende kleine Schrift sich ebenfalls als nützlich erweist!

Eine Darstellung, wie ich sie hiernach anstrebe, ist notwendig eine sehr subjektive, und bei Riemanns Theorie um so mehr, als sich für sie in Riemanns Schriften nur sehr dürftiges Material explizite vorfindet. Ich weiß nicht, ob ich je zu einer in sich abgeschlossenen Gesamtauffassung gekommen wäre, hätte mir nicht Herr Prym vor längeren Jahren (1874) bei gelegentlicher Unterredung eine Mitteilung gemacht, die immer

---

[1]) „Funktionentheorie in geometrischer Behandlungsweise", Teil I, Wintersemester 1880/81, Teil II, Sommersemester 1881.

[2]) Ich bezeichne so den Inbegriff der Untersuchungen, mit denen sich Riemann in der ersten Abteilung seiner „*Theorie der Abelschen Funktionen*" Crelles Journal Bd. 54, 1857 (= Gesammelte Werke, 1. Aufl., S. 81 ff.; 2. Aufl., S. 88 ff.) beschäftigt. Die Theorie der Θ-Funktionen, wie sie in der zweiten Abteilung daselbst entwickelt wird, hat zunächst einen wesentlich anderen Charakter, und soll in der folgenden Darstellung ebenso ausgeschlossen bleiben, wie sie es in jener Vorlesung gewesen ist. [Ich habe sie später (1889) in der oben abgedruckten Nr. XCVII behandelt. K.]

wesentlicher für mich geworden ist, je länger ich über den Gegenstand
nachgedacht habe.   Er erzählte mir, *daß die Riemannschen Flächen
ursprünglich durchaus nicht notwendig mehrblättrige Flächen über der
Ebene sind, daß man vielmehr auf beliebig gegebenen krummen Flächen
ganz ebenso komplexe Funktionen des Ortes studieren kann, wie auf den
Flächen über der Ebene*[3]).   Die folgende Darlegung wird genugsam zeigen,
wie nützlich mir diese Bemerkung gewesen ist. Mit ihr kombinieren sich
von selbst gewisse physikalische Überlegungen, die neuerdings, wenn auch
unter Beschränkung auf einfachere Fälle, von verschiedenen Seiten her
entwickelt worden sind[4]).   Ich habe kein Bedenken getragen, diese physikalischen Anschauungen geradezu zum Ausgangspunkte meiner Darstellung
zu machen.   Riemann verwendet statt ihrer, wie man weiß, in seinen
Schriften das Dirichletsche Prinzip[5]).   Aber ich kann nicht zweifeln, daß
er von analogen physikalischen Problemen ausgegangen ist, und ihnen
nur hinterher, um die physikalische Evidenz durch einen mathematischen
Schluß zu stützen, das Dirichletsche Prinzip substituiert hat. Wer sich die
Bedingungen klar macht, unter denen Riemann in Göttingen arbeitete, wer die
naturphilosophischen Spekulationen Riemanns verfolgt hat, wie sie zum Teil in
Fragmenten auf uns gekommen sind[6]), wird, denke ich, diese Meinung teilen.
— Wie dem auch sei: für meine Zwecke erschien die physikalische Methode
als die richtige.   Denn zur eigentlichen Begründung der aufzustellenden
Theoreme reicht auch das Dirichletsche Prinzip bekanntermaßen in keiner
Weise aus; das *heuristische* Element der Methode aber, auf dessen Entwicklung mir alles ankam, tritt bei der physikalischen Methode viel klarer
hervor. Eben darum im folgenden durchweg das Heranziehen anschauungs-
mäßiger Überlegungen, wo ein Beweis durch Formeln nicht schwierig und
vielleicht einfacher gewesen wäre, eben darum auch die wiederholte Erläuterung allgemeiner Resultate durch Beispiele und Figuren.

   Im Zusammenhange hiermit muß ich der wesentlichen Beschränkung
gedenken, an der ich im folgenden festgehalten habe. Man kennt die
umständlichen und schwierigen Überlegungen, durch welche es in neuerer
Zeit gelungen ist, wenigstens einen Teil der hier in Betracht kommenden
Riemannschen Sätze durch zuverlässige Methoden zu beweisen[7]).   Ich

---

[3]) [Siehe indessen die Vorbemerkungen auf S. 479].
[4]) Vgl. C. Neumann im 10. Bande der Math. Annalen, 1876, S. 569—571;
Kirchhoff in den Berliner Monatsberichten von 1875, S. 487—497 [= Gesammelte Abhandlungen, S. 56 ff.]; Töpler in Poggendorffs Annalen, Bd. 160, 1877, S. 375—388.
[5]) [Vgl. die Ausführungen oben auf S. 492f.]
[6]) Gesammelte Werke, 1. Aufl., S. 494 ff., 2. Aufl., S. 576 ff.
[7]) Man vergleiche insbesondere die hierhergehörigen Untersuchungen von C. Neumann und Schwarz. Übrigens findet der allgemeine Fall *geschlossener* Flächen (der
für uns im folgenden der wichtigste ist) bisher nirgendwo explizite Erledigung. Herr
Schwarz begnügt sich in dieser Hinsicht mit einigen Andeutungen (Berliner Monats-

habe diese Überlegungen im folgenden durchaus beiseite gelassen und also auf andere als anschauungsmäßige Begründung der vorzutragenden Sätze verzichtet. In der Tat soll man solche Beweise mit der Gedankenentwicklung, wie ich sie im folgenden versuche, in keiner Weise untermischen; es entsteht sonst eine Darstellung, die nach keiner Seite befriedigt. Aber freilich sollte man sie hinterher bringen, und ich gebe gern dem Gedanken Raum, in diesem Sinne der gegenwärtigen Schrift bei Gelegenheit eine Ergänzung folgen zu lassen[8]).

Im übrigen mag Umfang und Begrenzung meiner Darstellung für sich selbst sprechen. Daß ich oft und ausführlich meiner Freunde und meine eigenen früheren, auf verwandte Gegenstände bezüglichen Publikationen herangezogen habe, hat in einer Nebenabsicht seinen Grund, die mir aus persönlichen Gründen wichtig war: ich wünschte meinen Zuhörern eine Art Leitfaden in die Hand zu geben, vermöge dessen sie sich über den wechselseitigen Zusammenhang jener Arbeiten und ihre Stellung zu der hier entwickelten allgemeinen Auffassung selbständig orientieren können. Auf Erledigung *neuer* Probleme und Fragestellungen, die sich in großer Anzahl bieten, habe ich mich im folgenden nur so weit eingelassen, als mit der Gesamtanlage des Schriftchens verträglich schien. Immerhin möchte ich auf die Sätze aufmerksam machen, die ich (im letzten Abschnitte) betreffs konformer Abbildung beliebiger Flächen entwickelt habe; ich bin denselben um so lieber nachgegangen, als Riemann am Schlusse seiner Dissertation eine hierauf bezügliche merkwürdige Äußerung macht.

Und nun noch eine Schlußbemerkung, die einem Mißverständnisse entgegentreten soll, das sonst aus dem Gesagten erwachsen könnte! Indem ich bemüht bin, im Falle der algebraischen Funktionen und ihrer Integrale den ursprünglichen Ideengang zu entwickeln, den ich bei Riemann voraussetze, umspanne ich in keiner Weise die Gesamtheit seiner funktionentheoretischen Intentionen. Für ihn waren die genannten Funktionen ja nur ein Beispiel, in dessen Behandlung er freilich besonders glücklich war. Insofern er alle möglichen Funktionen komplexer Veränderlicher umfassen wollte, dachte er an viel allgemeinere Bestimmungsweisen derselben, als im folgenden in Betracht kommen: Bestimmungsweisen, bei denen die physikalische Analogie, die wir hier zum hodegetischen Prinzip nehmen,

---

berichte, 1870, S. 767 ff. = Ges. Math. Abhandlungen Bd. 2. S. 144 ff.), und Herr C. Neumann hat überhaupt nur solche Fälle in Betracht gezogen, in denen Funktionen durch gegebene Randwerte zu bestimmen sind. [Anders ist es in der zweiten Auflage von C. Neumanns Lehrbuch „*Vorlesungen über Riemanns Theorie der Abelschen Integrale*", Leipzig 1884, wo der Fall einer beliebigen, über der Ebene ausgebreiteten, geschlossenen Riemannschen Fläche ausführlich behandelt wird. — Weitere Zitate folgen in Nr. CIII].

[8]) [Vgl. die Vorbemerkungen auf S. 478.]

versagt. Man vergleiche hierzu den § 19 seiner Dissertation, man vergleiche die Arbeit über die hypergeometrische Reihe. — Demgegenüber habe ich zu erklären, daß ich in keiner Weise von diesen allgemeineren Betrachtungen ablenken möchte, indem ich von dem speziellen, in sich geschlossenen Teile eine gesonderte Darstellung gebe. Vielmehr ist meine innerste Meinung, daß gerade sie berufen sind, in der Entwicklung der modernen Funktionentheorie noch eine wichtige und hervorragende Rolle zu spielen[9]).

Borkum, den 7. Oktober 1881.

---

[9]) [In der Tat schließen auch meine eigenen späteren Untersuchungen, wie sie in den Nummern CI bis CVII dieses Bandes abgedruckt sind, an das erweiterte Riemannsche Programm an. K.]

Inhalt.

Abschnitt I.

Einleitende Betrachtungen.

Abschnitt II.

Exposition der Riemannschen Theorie.

Abschnitt III.

Folgerungen.

Abschnitt I.

Einleitende Betrachtungen.

§ 1.

Stationäre Strömungen in der Ebene als Deutung der Funktionen von $x + iy$.

Die physikalische Deutung der Funktionen von $x + iy$, mit welcher wir im folgenden zu arbeiten haben, ist in ihren Grundlagen wohlbekannt [10]), nur der Vollständigkeit halber müssen letztere kurz zur Sprache gebracht werden.

Sei $w = u + iv$, $z = x + iy$, $w = f(z)$. Dann hat man vor allen Dingen:

$$(1) \qquad \frac{\partial u}{\partial x} = \frac{\partial v}{\partial y}, \qquad \frac{\partial u}{\partial y} = -\frac{\partial v}{\partial x}$$

und hieraus:

$$(2) \qquad \frac{\partial^2 u}{\partial x^2} + \frac{\partial^2 u}{\partial y^2} = 0,$$

sowie für v:

$$(3) \qquad \frac{\partial^2 v}{\partial x^2} + \frac{\partial^2 v}{\partial y^2} = 0.$$

Hier wird man nun u als *Geschwindigkeitspotential* deuten, so daß $\frac{\partial u}{\partial x}$, $\frac{\partial u}{\partial y}$ die Komponenten der Geschwindigkeit sind, mit der eine Flüssigkeit parallel zur xy-Ebene strömt. Wir mögen uns diese Flüssigkeit zwischen zwei Ebenen eingeschlossen denken, die parallel zur xy-Ebene verlaufen, oder auch uns vorstellen, daß die Flüssigkeit als unendlich dünne, übrigens gleichförmige Membran über der xy-Ebene ausgebreitet sei. Dann sagt die Gleichung (2) — und dies ist der Kern unserer physikalischen Deutung —, daß unsere Strömung eine *stationäre* ist. Die Kurven $u = $ Const. heißen die *Niveaukurven*, während die Kurven $v = $ Const., die vermöge (1) den ersteren überall rechtwinklig begegnen, die *Strömungskurven* abgeben.

---

[10]) Sei insbesondere auf die Darstellung verwiesen, welche M a x w e l l in seinem *Treatise on Electricity and Magnetism* (Cambridge 1873) gegeben hat. Dieselbe entspricht, was anschauungsgemäße Behandlung angeht, genau den Gesichtspunkten, die auch ich im Texte verfolge.

Bei dieser Vorstellungsweise ist es zunächst natürlich völlig gleichgültig, wie beschaffen wir uns die strömende Flüssigkeit denken wollen. Inzwischen wird es in der Folge vielfach zweckmäßig sein, dieselbe mit dem *elektrischen Fluidum* zu identifizieren. Es wird dann nämlich u mit dem elektrostatischen Potential, welches die Strömung hervorruft, proportional, und die experimentelle Physik. gibt uns mannigfache Mittel an die Hand, um zahlreiche Strömungszustände, die uns interessieren, tatsächlich zu realisieren.

Die Strömung selbst wird übrigens ungeändert bleiben, wenn wir u durchweg um eine Konstante vermehren: es sind nur die Differential-quotienten $\frac{\partial u}{\partial x}$, $\frac{\partial u}{\partial y}$, welche unmittelbar in Evidenz treten. Das Analoge gilt von v; so daß die Funktion $u + iv$, welche wir physikalisch deuten, durch diese Deutung nur bis auf eine additive Konstante bestimmt ist, was im folgenden wohl zu beachten ist.

Sodann bemerke man noch, daß die Gleichungen (1) bis (3) ungeändert bestehen bleiben, wenn man u durch v, v durch $- u$ ersetzt. Dementsprechend erhalten wir einen zweiten Strömungszustand, bei welchem v das Geschwindigkeitspotential abgibt und die Kurven $u =$ Const. die Strömungskurven sind. Derselbe repräsentiert in dem oben erläuterten Sinne die Funktion $v - ui$. Es ist häufig zweckmäßig, diese neue Strömung neben der ursprünglichen zu betrachten, bei welcher u das Geschwindigkeitspotential war; wir wollen dann der Kürze halber von *konjugierten* Strömungen sprechen. Die Benennung ist zwar etwas ungenau, weil sich u zu v verhält wie v zu $(- u)$; sie wird aber für später ausreichen.

Diese ganze Erläuterung bezieht sich, gleich den Differentialgleichungen (1) bis (3), zuvörderst nur auf einen solchen (übrigens beliebigen) *Teil* der Ebene, in welchem $u + iv$ eindeutig ist und weder $u + iv$, noch einer seiner Differentialquotienten unendlich wird. Um den entsprechenden physikalischen Vorgang deutlich zu übersehen, hat man sich also vorab einen solchen Bereich abzugrenzen und durch geeignete Vorrichtungen an der Grenze dafür zu sorgen, daß der im Inneren des Gebietes eingeleitete stationäre Bewegungszustand ungehindert fortdauern kann.

In einem so umgrenzten Gebiete werden diejenigen Punkte z_0 unsere besondere Aufmerksamkeit auf sich ziehen, für welche der Differential-quotient $\frac{dw}{dz}$ verschwindet. Ich will der Allgemeinheit wegen gleich annehmen, daß auch $\frac{d^2 w}{dz^2}$, $\frac{d^3 w}{dz^3}$, ... bis hin zu $\frac{d^\alpha w}{dz^\alpha}$ gleich Null sein mögen. Um über den Verlauf der Niveaukurven, oder auch der Strömungskurven, in der Nähe eines solchen Punktes Aufschluß zu erhalten, entwickle man w in eine nach Potenzen von $(z - z_0)$ fortschreitende Reihe.

Dieselbe bringt hinter dem konstanten Gliede unmittelbar ein Glied mit $(z - z_0)^{a+1}$. Durch Einführung von Polarkoordinaten schließt man hieraus, *daß sich im Punkte z_0 $(\alpha + 1)$ Kurven $u = Const.$ unter resp. gleichen Winkeln kreuzen, während ebenso viele Kurven $v = Const.$ als Halbierungslinien der genannten Winkel auftreten.* Ich werde einen solchen Punkt dementsprechend einen *Kreuzungspunkt* nennen, und zwar einen *Kreuzungspunkt von der Multiplizität α.*

Die folgende (selbstverständlich nur schematische) Figur mag dieses Vorkommnis für $\alpha = 2$ erläutern und namentlich verständlich machen, wie sich ein Kreuzungspunkt in das Orthogonalsystem einfügt, welches übrigens von den Kurven $u = Const.$, $v = Const.$ gebildet wird:

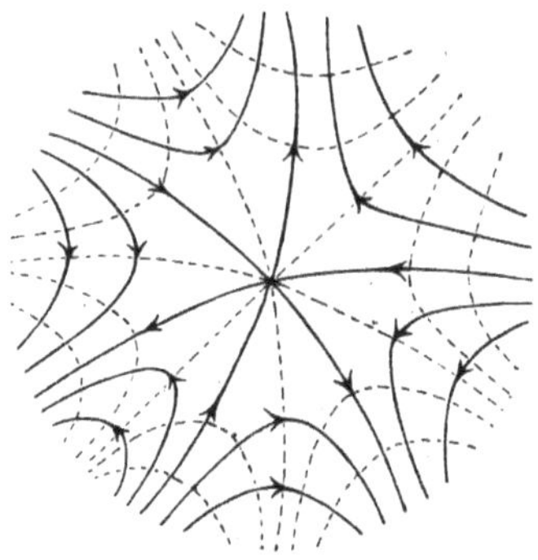

Fig. 1.

Die Strömungskurven $v = Const.$ erscheinen in der Figur ausgezogen und die Strömungsrichtungen auf ihnen durch beigesetzte Pfeilspitzen angegeben; die Niveaukurven sind durch Punktierung angedeutet. Man sieht, wie die Flüssigkeit von drei Seiten auf den Kreuzungspunkt zuströmt, um ebenfalls nach drei Seiten von demselben abzuströmen. Dies wird nur dadurch möglich, daß die Geschwindigkeit der Strömung im Kreuzungspunkte gleich Null wird (daß sich die Flüssigkeit in demselben staut, wie man nach Analogie bekannter Vorkommnisse sagen könnte). In der Tat ist ja die Geschwindigkeit durch $\sqrt{\left(\dfrac{\partial u}{\partial x}\right)^2 + \left(\dfrac{\partial u}{\partial y}\right)^2}$ gegeben.

Es ist weiterhin vorteilhaft, den Kreuzungspunkt von der Multiplizität α *als Grenzfall von α einfachen Kreuzungspunkten* aufzufassen. Daß dies zulässig ist, zeigt die analytische Behandlung. Denn im α-fachen Kreuzungspunkte hat die Gleichung $\dfrac{dw}{dz} = 0$ eine α-fache Wurzel, und eine solche entsteht, bekanntermaßen durch Zusammenrücken von α-einfachen Wurzeln. Im übrigen mögen folgende Figuren diese Auffassung erläutern:

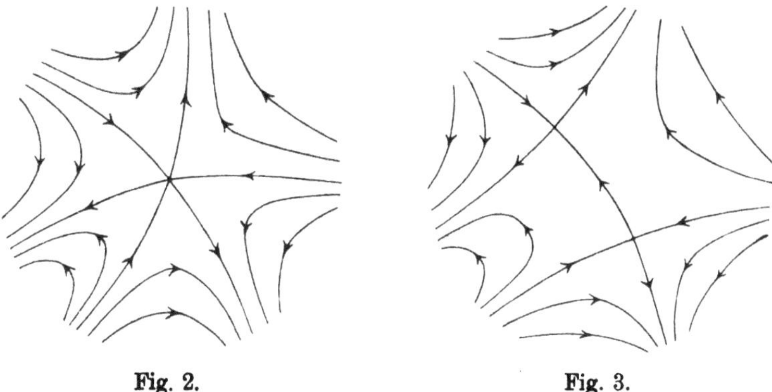

Fig. 2.Fig. 3.

Ich habe in denselben der Einfachheit halber nur die Strömungskurven angegeben. Linker Hand erblickt man denselben Kreuzungspunkt von der Multiplizität Zwei, auf den sich Fig. 1 bezieht. Rechter Hand liegt eine Strömung vor, welche dicht beieinander zwei einfache Kreuzungspunkte aufweist. Man erkennt, wie der eine Strömungszustand aus dem anderen durch kontinuierliche Änderung hervorgeht.

Bei dieser Erläuterung wurde stillschweigend vorausgesetzt, daß das Gebiet, in welchem wir den Strömungszustand betrachten, sich nicht ins Unendliche erstrecke. Es hat allerdings keinerlei prinzipielle Schwierigkeit, den Punkt $z = \infty$ ebenso in Betracht zu ziehen, wie irgendeinen anderen Punkt $z = z_0$. An Stelle der Reihenentwicklung nach Potenzen von $z - z_0$ hat dann in bekannter Weise eine solche nach Potenzen von $\frac{1}{z}$ zu treten. Man wird von einem α-fachen Kreuzungspunkte bei $z = \infty$ sprechen, wenn diese Entwicklung hinter dem konstanten Gliede sofort einen Term mit $\left(\frac{1}{z}\right)^{\alpha+1}$ bringt. Aber es scheint überflüssig, die geometrischen Verhältnisse, welche diesen Vorkommnissen bei unserer Strömung entsprechen, ausführlicher zu schildern. Denn wir werden später Mittel und Wege kennen lernen, um die Sonderstellung des Wertes $z = \infty$, wie sie uns hier entgegentritt, ein für allemal zu beseitigen. Ebendeshalb wird der Punkt $z = \infty$ in den nächtfolgenden Paragraphen (§§ 2—4) beiseite gelassen, trotzdem er auch dort, wenn man vollständig sein wollte, besonders in Betracht gezogen werden müßte.

§ 2.

Berücksichtigung der Unendlichkeitspunkte von $w = f(z)$.

Wir wollen nunmehr auch solche Punkte z_0 in unser Gebiet hereinnehmen, in denen $w = f(z)$ unendlich groß wird. Dabei schränken wir indes die unbegrenzte Reihe der Möglichkeiten, welche in dieser Richtung vorliegt, mit Rücksicht auf die spezielle von uns allein zu studierende Funktionsklasse bedeutend ein. Wir wollen verlangen, *daß der Differential-quotient $\frac{dw}{dz}$ keine wesentlich singuläre Stelle besitzen soll*, oder, was das-selbe ist, wir wollen festsetzen, *daß w nur so unendlich werden darf, wie ein Ausdruck der folgenden Form*:

$$A \log (z - z_0) + \frac{A_1}{z - z_0} + \frac{A_2}{(z - z_0)^2} + \cdots + \frac{A_\nu}{(z - z_0)^\nu},$$

unter ν eine bestimmte endliche ganze Zahl verstanden.

Entsprechend den verschiedenen Formen, die dieser Ausdruck darbietet, sagen wir, daß sich bei $z = z_0$ verschiedene Unstetigkeiten überlagern: ein *logarithmischer* Unendlichkeitspunkt, ein *algebraischer* Unendlichkeits-punkt von der Multiplizität Eins, usw. Wir werden der Einfachheit halber hier jedes dieser Vorkommnisse für sich betrachten, worauf es eine nütz-liche Übung sein wird, sich in einzelnen Fällen das Resultat der Über-lagerung deutlich zu machen.

Sei $z = z_0$ zuvörderst ein *logarithmischer* Unendlichkeitspunkt. Wir haben dann:

$$w = A \log (z - z_0) + C_0 + C_1 (z - z_0) + C_2 (z - z_0)^2 + \cdots$$

Hier ist A diejenige Größe, welche man, mit $2 i\pi$ multipliziert, nach Cauchy als *Residuum* des logarithmischen Unendlichkeitspunktes be-zeichnet, eine Benennung, die im folgenden gelegentlich angewandt werden soll. Für die Strömung in der Nähe des Unstetigkeitspunktes ist es von primärer Wichtigkeit, ob A reell ist oder rein imaginär, oder endlich komplex. Offenbar kann man den dritten Fall als eine Überlagerung der beiden ersten auffassen. Wir wollen daher auch ihn beiseite lassen, und haben uns somit nur mit zwei getrennten Möglichkeiten zu beschäftigen.

1. Wenn A reell ist, so werde $C_0 = a + ib$ gesetzt. Man hat dann in erster Annäherung für $w = u + iv$, $z - z_0 = r e^{i\varphi}$:

$$u = A \cdot \log r + a, \qquad v = A \cdot \varphi + b.$$

Die Kurven $u = $ Const. umgeben also den Unendlichkeitspunkt in Gestalt kleiner Kreise; die Kurven $v = $ Const. laufen, den wechselnden Werten von φ entsprechend, in allen Richtungen auf den Unendlichkeits-punkt zu. Wir haben eine Bewegung, bei welcher $z = z_0$ *eine Quelle von einer gewissen positiven oder negativen Ergiebigkeit vorstellt.* Um diese Ergiebigkeit zu berechnen, multiplizieren wir das Bogenelement eines kleinen mit dem Radius r um den Unstetigkeitspunkt beschriebenen Kreises mit der zugehörigen Geschwindigkeit und integrieren den so gewonnenen Ausdruck längs der Kreisperipherie. Da $\sqrt{\left(\frac{\partial u}{\partial x}\right)^2 + \left(\frac{\partial u}{\partial y}\right)^2}$ in erster Annäherung mit $\frac{\partial u}{\partial r}$ und dieses mit $\frac{A}{r}$ zusammenfällt, so kommt:

$$\int_0^{2\pi} \frac{A}{r} \cdot r\, d\varphi = 2\,A\,\pi$$

als Wert der Ergiebigkeit. *Die Ergiebigkeit ist also gleich dem Residuum, geteilt durch i; sie ist positiv oder negativ je nach dem Werte von A.*

2. Sei zweitens A rein imaginär, gleich $i\mathsf{A}$. Dann kommt unter Beibehaltung der übrigen Bezeichnungen in erster Annäherung:

$$u = -\,\mathsf{A}\cdot\varphi + a\,, \qquad v = \mathsf{A}\cdot\log r + b\,.$$

Die Rollen der Kurven $u = \text{Const.}$, $v = \text{Const.}$ sind also geradezu vertauscht. Die Niveaukurven verlaufen jetzt nach allen Richtungen von $z - z_0$ aus, während die Strömungskurven den Unendlichkeitspunkt in kleinen Kreisen umgeben. Die Flüssigkeit *wirbelt* auf letzteren Kurven um den Punkt $z = z_0$ herum. Ich will den Punkt dementsprechend als einen *Wirbelpunkt* bezeichnen[11]). Sinn und Intensität des Wirbels werden durch A gemessen. Da die Geschwindigkeit $\sqrt{\left(\frac{\partial u}{\partial x}\right)^2 + \left(\frac{\partial u}{\partial y}\right)^2}$ in erster Annäherung gleich $\frac{\partial u}{\partial \varphi}$ wird, *so findet die Wirbelbewegung bei positivem A im Sinne des Uhrzeigers, bei negativem A in entgegengesetztem Sinne statt.* Wir mögen die Intensität des Wirbels gleich $2\,\mathsf{A}\pi$ setzen, sie ist dann dem Residuum des betreffenden Unendlichkeitspunktes negativ gleich.

Übrigens können wir sagen, indem wir uns der Definition konjugierter Strömungen, wie sie im vorigen Paragraphen gegeben wurde, mit der ihr anhaftenden Unbestimmtheit erinnern: *Hat eine von zwei konjugierten Strömungen bei $z = z_0$ eine Quelle von einer gewissen Ergiebigkeit, so hat die andere dort einen Wirbelpunkt von gleicher oder entgegengesetzt gleicher Intensität.*

Wir betrachten ferner die *algebraischen* Unstetigkeitspunkte. Bei ihnen ist der Verlauf der Strömung seinem allgemeinen Charakter nach davon unabhängig, ob das erste Glied der Reihenentwicklung einen reellen, imaginären oder komplexen Koeffizienten hat. Sei zuvörderst:

$$w = \frac{A_1}{z - z_0} + C_0 + C_1(z - z_0) + \dots,$$

so wird in erster Annäherung für $z - z_0 = r e^{i\varphi}$, $A_1 = \varrho\, e^{i\psi}$:

$$w - C_0 = \frac{\varrho}{r}\left\{\cos(\psi - \varphi) + i\sin(\psi - \varphi)\right\}.$$

---

11) [Faßt man die Wirbelbewegung nicht kinematisch, sondern dynamisch auf, so muß man die Wirbelpunkte festgehalten denken.]

Betrachten wir zuvörderst den reellen Teil rechter Hand. Wenn r sehr klein ist, so kann $\frac{\varrho}{r}\cos(\psi-\varphi)$ durch geschickte Wahl von φ doch noch jeden beliebigen vorgegebenen Wert vorstellen. *Die Funktion u nimmt also in unmittelbarer Nähe der Unstetigkeitsstelle noch jeden Wert an.* Zur näheren Orientierung denken wir uns einen Augenblick r und φ als unbegrenzte Veränderliche, und betrachten das Kurvensystem

$$\frac{\varrho}{r}\cos(\psi-\varphi)=\text{Const.}$$

Wir erhalten dann einen Büschel von Kreisen, welche alle die feste Richtung $\varphi=\psi+\frac{\pi}{2}$ berühren. Die Kreise sind um so kleiner, je größer der absolute Betrag von Const. genommen wird. *In ähnlicher Weise verlaufen daher die Kurven $u=$ Const. in der Nähe der Unstetigkeitsstelle. Insbesondere haben sie für sehr große positive oder negative Werte von Const. die Gestalt kleiner, geschlossener, kreisähnlicher Ovale*[12]). — Für den imaginären Teil des Ausdrucks rechter Hand und also die Kurven $v=$ Const. gilt eine ähnliche Diskussion. Der Unterschied ist nur der, daß jetzt die Richtung $\varphi=\psi$ von allen Kurven berührt wird. Hiernach wird die folgende Figur, in welcher die Niveaukurven wieder punktiert, die Strömungskurven ausgezogen sind, verständlich sein:

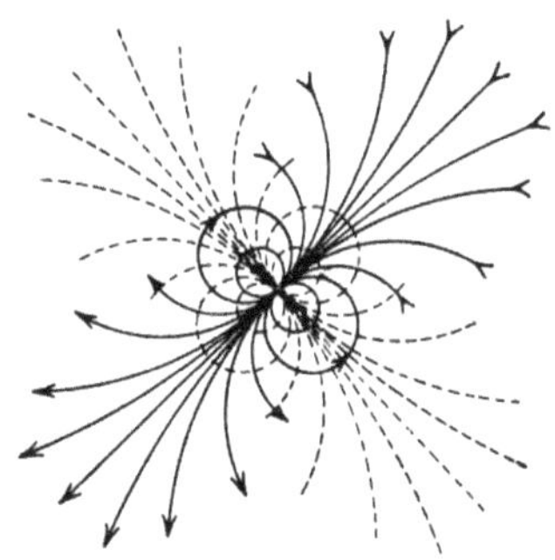

Fig. 4.

Die analoge Diskussion liefert vom ν-fachen algebraischen Unstetigkeitspunkte die erforderliche Anschauung. Ich will hier nur das Resultat anführen: *Jede Kurve $u=$ Const. läuft ν-mal durch den Unstetigkeitspunkt hindurch, indem sie der Reihe nach ν feste, gleich stark gegeneinander geneigte Tangenten berührt. Analog die Kurven $v=$ Const. Für sehr große (positive oder negative) Werte der Konstante sind beiderlei Kurven in unmittelbarer Nähe der Unstetigkeitsstelle geschlossen.* Ich gebe zur Veranschaulichung eine Figur für $\nu=2$:

---

[12]) [Wir haben hier den Kraftlinienverlauf eines magnetischen Moleküls, oder nach moderner Bezeichnung eines Dipols. Vgl. auch § 8 von Abschnitt I der Abh. CIII.]

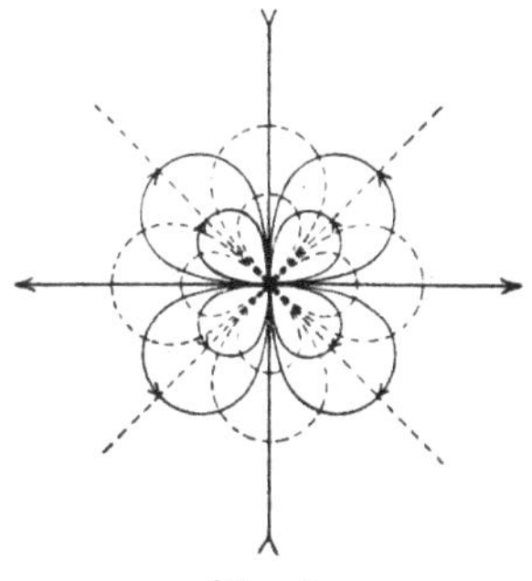

Fig. 5.

Man wird vermuten, daß diese höheren Vorkommnisse aus den niederen durch Grenzübergang entstehen mögen. Ich verschiebe die betreffende Erläuterung bis zum folgenden Paragraphen, wo uns eine bestimmte Funktionsklasse die erforderlichen Anschauungen mit Leichtigkeit vermitteln wird.

§ 3.

Rationale Funktionen und ihre Integrale. Entstehung höherer Unendlichkeitspunkte aus niederen.

Die entwickelten Sätze genügen, um den Gesamtverlauf solcher Funktionen zu veranschaulichen, die, übrigens in der ganzen Ebene eindeutig, keine anderen Unendlichkeitspunkte aufweisen, als die eben betrachteten. Es sind dies, wie man weiß, *die rationalen Funktionen und ihre Integrale*. Ohne ausgeführte Zeichnungen zu geben, stelle ich hier die Sätze, welche man bei ihnen betreffs der Kreuzungspunkte und Unendlichkeitspunkte findet, in knapper Form zusammen. Ich beschränke mich dabei, aus dem oben angegebenen Grunde, auf solche Fälle, in denen $z = \infty$ keinerlei ausgezeichnete Rolle spielt. Die hierin liegende Beschränkung wird hinterher, wie bereits angedeutet, von selbst in Wegfall kommen.

1. Die rationale Funktion, welche wir zu betrachten haben, stellt sich in der Form dar:

$$w = \frac{\varphi(z)}{\psi(z)},$$

wo φ und ψ ganze Funktionen desselben Grades sind, die ohne gemeinsamen Teiler angenommen werden können. Ist dieser Grad der n-te und zählt man jeden abgebraischen Unendlichkeitspunkt so oft, als seine Multiplizität anzeigt, so erhält man, den Wurzeln von $\psi = 0$ entsprechend, n algebraische Unstetigkeitspunkte. Die Kreuzungspunkte sind durch $\psi\varphi' - \varphi\psi' = 0$, eine Gleichung $(2n-2)$-ten Grades, gegeben. *Die Gesamtmultiplizität der Kreuzungspunkte ist also $2n - 2$*, wobei man aber beachten muß, daß jede ν-fache Wurzel von $\psi = 0$ eine $(\nu - 1)$-fache Wurzel von $\psi' = 0$ ist und also jeder ν-fache Unendlichkeitspunkt der Funktion für $(\nu - 1)$ Kreuzungspunkte mitzählt.

2. Soll das Integral einer rationalen Funktion

$$W = \int \frac{\Phi(z)}{\Psi(z)}\, dz$$

für $z = \infty$ endlich bleiben, so muß der Grad von Φ um zwei Einheiten kleiner sein als der Grad von Ψ. Φ und Ψ sollen dabei ohne gemeinsamen Teiler angenommen werden. Dann liefert $\Phi = 0$ *die freien Kreuzungspunkte*, d. h. diejenigen Kreuzungspunkte, welche nicht mit Unendlichkeitspunkten zusammenfallen. Die Wurzeln von $\Psi = 0$ geben die Unendlichkeitspunkte des Integrals. Und zwar entspricht der einfachen Wurzel von $\Psi = 0$ ein logarithmischer Unendlichkeitspunkt, der Doppelwurzel ein Unendlichkeitspunkt, der im allgemeinen die Überlagerung eines logarithmischen Unstetigkeitspunktes mit einem einfachen abgebraischen sein wird, usw. *Wenn man dementsprechend jeden Unendlichkeitspunkt so oft zählt, als die Multiplizität des entsprechenden Faktors in Ψ beträgt, so ist die Gesamtmultiplizität der Kreuzungspunkte um zwei Einheiten geringer als die der Unendlichkeitspunkte.* Übrigens sei noch an den bekannten Satz erinnert, daß die Summe der logarithmischen Residua sämtlicher Unstetigkeitspunkte gleich Null ist. —

Das Vorstehende gibt uns eine zweifache Möglichkeit, um höhere Unstetigkeitspunkte aus niederen entstehen zu lassen. Wir können einmal — und dies ist für uns das Wichtigste — vom Integral der rationalen Funktion ausgehen. Bei ihm entsteht ein ν-facher algebraischer Unstetigkeitspunkt, wenn $\nu + 1$ Faktoren von Ψ einander gleich werden, *wenn also $\nu + 1$ logarithmische Unstetigkeitspunkte in geeigneter Weise zusammenrücken.* Dabei ist deutlich, daß die Residuensumme der letzteren gleich Null sein muß, wenn der entstehende Unendlichkeitspunkt ein rein algebraischer sein soll. Die folgenden beiden Figuren, in denen nur die Strömungskurven angegeben sind, erläutern den betreffenden Grenzübergang für den einfachen algebraischen Unstetigkeitspunkt der Fig. 4:

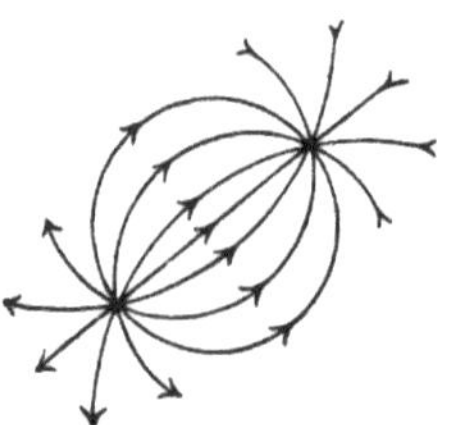

Fig. 6.

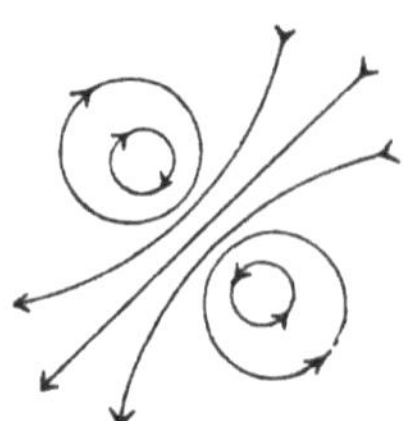

Fig. 7.

Ich habe dabei die Anordnung in doppelter Weise getroffen, so daß linker Hand zwei Quellenpunkte, rechter Hand zwei Wirbelpunkte einander nahegerückt scheinen und Fig. 4 als übereinstimmendes Resultat des Grenzüberganges in beiden Fällen erscheint. In derselben Beziehung stehen die folgenden beiden Zeichnungen zu Fig. 5:

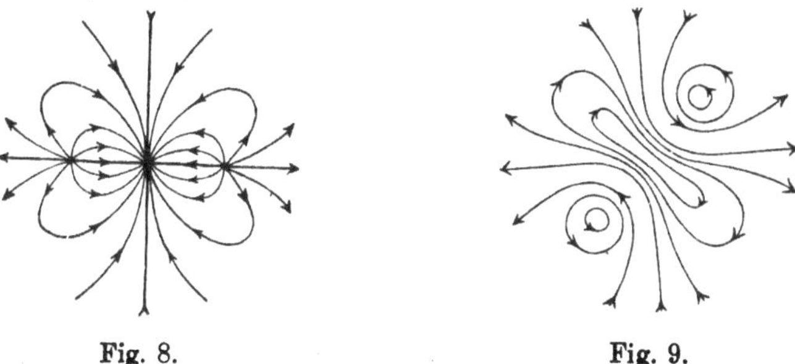

Fig. 8.   Fig. 9.

Die zweite Möglichkeit für das Entstehen höherer Unendlichkeitsstellen aus niederen bietet die Betrachtung der rationalen Funktion $\frac{\varphi}{\psi}$ selbst. Logarithmische Unendlichkeitsstellen bleiben dabei ausgeschlossen. *Der ν-fache algebraische Unstetigkeitspunkt entsteht jetzt aus ν einfachen algebraischen Unstetigkeitspunkten*, indem nämlich ν einfache lineare Faktoren von ψ zu einem ν-fachen zusammenrücken müssen. *Aber zugleich vereinigt sich mit ihnen eine Anzahl von Kreuzungspunkten, deren Gesamtmultiplizität $(\nu - 1)$ beträgt.* Denn $\psi\varphi' - \varphi\psi' = 0$ erhält, wie schon bemerkt, in demselben Augenblicke, wo ψ den ν-fachen Faktor bekommt, einen $(\nu - 1)$-fachen Faktor. Die folgende Figur erläutert in diesem Sinne das Entstehen des in Fig. 5 abgeleiteten zweifachen algebraischen Unendlichkeitspunktes:

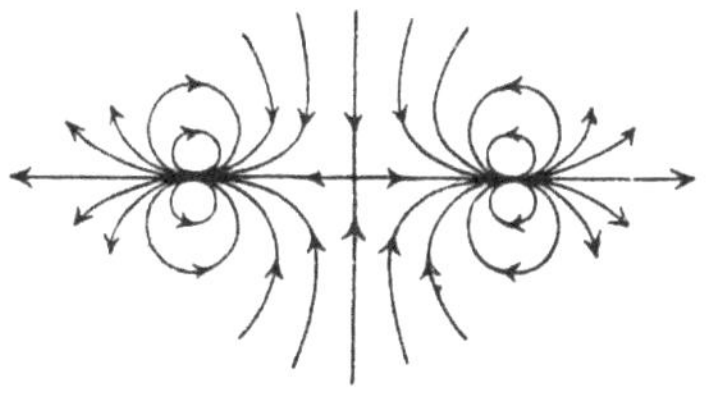

Fig. 10.

Es ist natürlich leicht, diese beiden Arten des Grenzüberganges unter eine allgemeinere gemeinsam zu subsumieren. Wenn man $\nu + \mu + 1$ logarithmische Unendlichkeitspunkte und μ Kreuzungspunkte sukzessive oder gleichzeitig zusammenfallen läßt, so wird allemal ein ν-facher algebraischer Unstetigkeitspunkt entstehen. Doch ist hier nicht der Ort, um diese Gedanken weiter auszuführen.

§ 4.

Realisation der betrachteten Strömungen auf experimentellem Wege.

Wir wollen unserer Betrachtung nunmehr eine andere Wendung geben, indem wir uns fragen, wie diejenigen Bewegungsformen, die wir jetzt von den rationalen Funktionen und ihren Integralen kennen, physikalisch realisiert werden mögen. Dabei sei es gestattet, von dem Prinzip der *Überlagerung* ausgiebigen Gebrauch zu machen, so daß es sich nur um Herstellung der allereinfachsten Bewegungsformen handelt. Aus der Theorie der Partialbrüche folgt, daß man jede der in Betracht kommenden Funktionen aus einzelnen Bestandteilen additiv zusammensetzen kann, welche sich unter einen der folgenden beiden Typen subsumieren:

$$A \cdot \log(z - z_0), \qquad \frac{A}{(z - z_0)^{\nu}}.$$

Da $\log(z - z_0)$ bei $z = \infty$ einen Unstetigkeitspunkt hat, was eine unnötige Besonderheit ist, so wollen wir den ersten Typus durch den allgemeineren ersetzen:

$$A \cdot \log \frac{z - z_0}{z - z_1}$$

und diesen selbst wieder, entsprechend den Erläuterungen des § 2, in zwei Bestandteile zerspalten, indem wir nämlich A gleich $\mathsf{A} + i\mathsf{B}$ setzen und nun $\mathsf{A} \cdot \log \frac{z - z_0}{z - z_1}$ und $i\mathsf{B} \cdot \log \frac{z - z_0}{z - z_1}$ gesondert betrachten. Hiernach haben wir im ganzen drei Fälle auseinanderzuhalten.

1. Wenn es sich um den Typus $\mathsf{A} \cdot \log \frac{z - z_0}{z - z_1}$ handelt, so haben wir bei z_0 eine Quelle von Ergiebigkeit $2\mathsf{A}\pi$, bei z_1 eine solche von der Ergiebigkeit $-2\mathsf{A}\pi$ anzubringen. Man denke sich zu dem Zwecke die xy-Ebene mit einer unendlich dünnen, gleichförmigen, elektrizitätsleitenden Schicht überdeckt. Dann wird die entsprechende Bewegungsform offenbar realisiert, *indem wir bei z_0 den einen, bei z_1 den anderen Pol einer galvanischen Batterie von zweckmäßig gewählter Stärke aufsetzen*[18]). — Man sieht zugleich, weshalb das Residuum von z_0 demjenigen von z_1 entgegengesetzt gleich sein muß: da der Strömungszustand stationär sein soll, muß an der einen Stelle ebensoviel Elektrizität zugeführt werden, wie an der anderen abströmt. Derselbe Grund gilt, wie man sofort erkennt, für den entsprechenden Satz bei beliebig vielen logarithmischen

---

[18]) Man vergleiche den grundlegenden Aufsatz von Kirchhoff im 64. Bande von Poggendorffs Annalen: (1845). *Über den Durchgang eines elektrischen Stromes durch eine Ebene.* [= Gesammelte Abhandlungen, S. 1 ff.]

Unendlichkeitspunkten, wobei allerdings zunächst nur von den rein imaginären Teilen der betreffenden Residua die Rede ist (welche den von den Unendlichkeitspunkten ausgehenden Quellenbewegungen entsprechen).

2. Im zweiten Falle (wo $i\mathsf{B}\cdot\log\dfrac{z-z_0}{z-z_1}$ gegeben ist) wird die experimentelle Anordnung etwas schwieriger. Das einfachste Schema ist dieses, daß man z_0 und z_1 durch eine sich selbst nicht schneidende Kurve verbindet *und nun dafür sorgt, daß diese Kurve der Sitz einer konstanten elektromotorischen Kraft sei.* Es entwickelt sich dann in der xy-Ebene eine Strömung, welche bei z_0 und z_1 Wirbelpunkte aufweist, welche überall sonst stetig verläuft, und aus der man durch Integration als zugehöriges Geschwindigkeitspotential eine Funktion findet, welche bei jeder Umkreisung von z_0 oder z_1 um einen gewissen Periodizitätsmodul wächst. Von diesem Geschwindigkeitspotential ist dabei das notwendig eindeutige elektrostatische Potential wohl zu unterscheiden. Die Kurve, welche z_0 und z_1 verbindet, ist für das letztere eine Unstetigkeitskurve, und eben hierdurch wird die Eindeutigkeit des elektrostatischen Potentials ermöglicht[14]).

Ich weiß nicht, ob es eine elementare experimentelle Anordnung gibt, um dieses einfachste Schema zu realisieren. Es scheint, daß man umständlicher zu Werke gehen muß. Denken wir zuvörderst etwa an *thermoelektrische* Ströme. Wir wollen die xy-Ebene zum Teil mit dem Materiale I, zum Teil mit dem Materiale II überdecken und die Stärke der überdeckenden Schichten dabei so bemessen, daß der spezifische Leitungswiderstand überall derselbe sei. Wenn wir dann dafür sorgen, daß die beiden durch z_0 und z_1 voneinander getrennten Teile der Kontur, in welcher die zweierlei Materialien zusammenstoßen, beide auf konstanten, unter sich verschiedenen Temperaturen gehalten werden, so wird in der Tat eine elektrische Strömung entstehen, wie wir sie haben wollen. Dabei weist das elektrostatische Potential, nach den Vorstellungen, die man der Lehre von der Thermoelektrizität zugrunde legt, an *beiden* Teilen der genannten Kontur Unstetigkeiten auf. — Noch komplizierter scheint

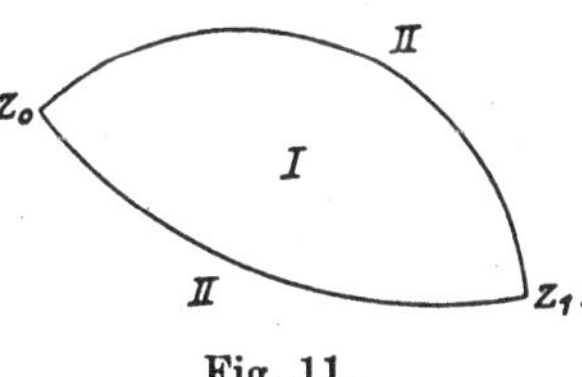

Fig. 11.

es, elektrische Ströme zu benutzen, wie sie die gewöhnlichen galvanischen Elemente liefern. Man muß die Ebene dann durch mindestens drei Kurven, welche von z_0 nach z_1 verlaufen, in Teile zerlegen und zwei dieser Teile

---

[14]) Die Behauptungen des Textes hängen, wie man sieht, auf das engste mit der Theorie der sogenannten Doppelbelegungen zusammen, wegen deren man **Helmholtz** in Poggendorffs Annalen Bd. 89, 1853, S. 224 ff. (*Über einige Gesetze der Verteilung elektrischer Ströme in körperlichen Leitern* [= Gesammelte Wissenschaftliche Abhandlungen Bd. 1, No. XVII, S. 475 ff.] sowie C. **Neumann** in dessen Buche: *Untersuchungen über das logarithmische und Newtonsche Potential* (Leipzig, Teubner, 1877) vergleichen mag.

mit metallischen Belegen, den dritten mit einem feuchten Leiter überdecken. Man vergleiche hierzu die Fig. 12.

Durch alle diese Anordnungen hindurch ist von vornherein ersichtlich, daß die beiden bei z_0 und z_1 auftretenden Wirbelpunkte in der Tat entgegengesetzt gleiche Intensität haben müssen. Aus ähnlichen Gründen wird die Gesamtintensität sämtlicher Wirbel bei beliebig vielen gegebenen Wirbelpunkten immer gleich Null sein, und dadurch ist der Satz von dem Verschwinden der Summe aller logarithmischen Residuen, auch was den reellen Teil dieser Residuen angeht, auf physikalisch evidente Gründe zurückgeführt.

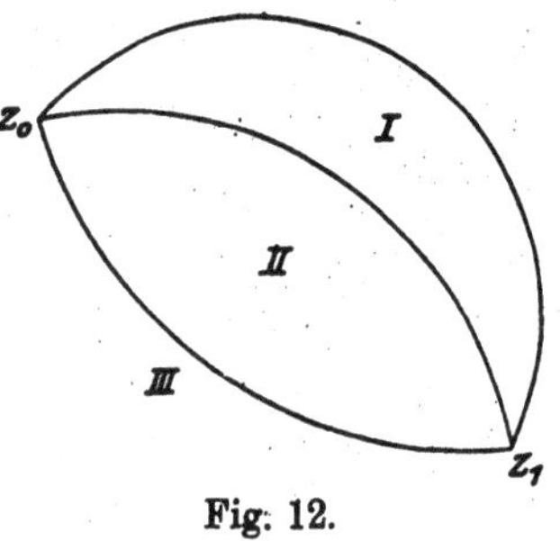

Fig. 12.

3. Die Bewegungsformen, welche den algebraischen Typen $\dfrac{A}{(z-z_0)^\nu}$ entsprechen, mögen den Entwicklungen des § 3 zufolge aus den eben betrachteten durch Grenzübergang gewonnen werden. Es wird dies natürlich nur mit einer gewissen Annäherung geschehen können. Man setze z. B. $(\nu + 1)$ Drähte, in welche die Pole einer galvanischen Batterie auslaufen, *dicht beieinander* auf die xy-Ebene auf. Dann entsteht eine Strömung, welche in einiger Entfernung von den Drahtenden mit derjenigen merklich zusammenfällt, welche einem algebraischen Unstetigkeitspunkte von der Multiplizität ν entspricht. Zugleich ergibt sich eine Ergänzung unserer obigen Darstellung. Man wird die galvanische Batterie *sehr stark* nehmen müssen, wenn bei der erwähnten Anordnung noch eine mittelstarke elektrische Strömung zustande kommen soll. Es entspricht dies dem von analytischer Seite wohlbekannten Satze, daß die Residua logarithmischer Unendlichkeitspunkte selbst ins Unendliche wachsen müssen, wenn beim Zusammenfallen der logarithmischen ein algebraischer Unstetigkeitspunkt entstehen soll. — Ich gehe hier in keine weitere Einzelheit, da es im folgenden allein darauf ankommt, daß auf Grund der Fig. 6 bis 10 das allgemeine Prinzip verstanden wird.

§ 5.

Übergang zur Kugelfläche, Strömungen auf beliebigen krummen Flächen.

Um die unendlich großen Werte von z derselben geometrischen Behandlungsweise zugänglich zu machen, wie die endlichen, bedient man sich in den Lehrbüchern jetzt allgemein der „*Riemannschen*" *Kugelfläche*[15]), welche

---

[15]) Nach dem Vorgange von C. Neumann, *Vorlesungen über Riemanns Theorie der Abelschen Integrale*, Leipzig 1865. — Die Einführung der Kugelfläche läuft so-

stereographisch auf die xy-Ebene bezogen ist. Man kennt die einfachen geometrischen Beziehungen, welche bei dieser Abbildung auftreten[16]). Man weiß auch zur Genüge, daß das Unendlichweite der Ebene sich in einen bestimmten Punkt der Kugel, den Projektionspunkt, zusammenzieht, so daß es keine symbolische Ausdrucksweise mehr ist, wenn man auf der Kugel von einem Punkte $z = \infty$ spricht. Dagegen scheint es noch immer weniger bekannt zu sein, daß bei dieser Abbildung die Funktionen von $x + iy$ eine Bedeutung für die Kugelfläche gewinnen, welche derjenigen, die sie für die Ebene hatten, genau analog ist, *daß man also in den Entwicklungen der vorangehenden Paragraphen statt der Ebene die Kugel gebrauchen kann, wobei von einer Sonderstellung des Wertes $z = \infty$ von vornherein keine Rede ist*[17]). Ich entwickle hier kurz diejenigen Sätze der Flächentheorie, aus denen diese Behauptung folgt, und nehme meinen Standpunkt dabei gleich so allgemein, daß meine Darstellung für später anzustellende Betrachtungen ausreicht.

Indem wir Flüssigkeitsbewegungen parallel der xy-Ebene studierten, haben wir uns bereits gewöhnt, die Flüssigkeitsschicht, welche der Betrachtung unterliegt, als unendlich dünn vorauszusetzen. In demselben Sinne kann man Flüssigkeitsbewegungen offenbar auf beliebig gegebenen Flächen betrachten. Die Verschiebungen frei ausgespannter Flüssigkeitsmembranen in sich, wie man sie bei den Plateauschen Versuchen so schön beobachten kann, geben ein anschauliches Beispiel dafür. — Wir

---

zusagen der Ersetzung von z durch das Verhältnis $\dfrac{z_1}{z_2}$ *zweier* Variabler parallel, wodurch die Behandlung unendlich großer Werte von z auch *formal* unter die der endlichen Werte subsumiert wird.

[16]) Unter ξ, η, ζ rechtwinklige Koordinaten verstanden, sei die Gleichung der Kugel $\xi^2 + \eta^2 + (\zeta - \tfrac{1}{2})^2 = \tfrac{1}{4}$. Projektionspunkt sei $\xi = 0$, $\eta = 0$, $\zeta = 1$, Projektionsebene (xy-Ebene) die gegenüberliegende Tangentialebene (die $\xi\eta$-Ebene). Dann folgt:

$$\xi = \frac{x}{x^2 + y^2 + 1}, \qquad \eta = \frac{y}{x^2 + y^2 + 1}, \qquad \zeta = \frac{1}{x^2 + y^2 + 1}.$$

Bezeichnet man mit ds das Bogenelement der Ebene, mit $d\sigma$ das entsprechende Bogenelement der Kugel, so kommt:

$$d\sigma = \frac{ds}{x^2 + y^2 + 1},$$

eine Formel, welche für das folgende insofern besonders wichtig ist, als sie die Abbildung als eine *konforme* charakterisiert.

[17]) Man vergleiche hierzu und zu den folgenden Entwicklungen: Beltrami, *Delle variabili complesse sopra una superficie qualunque;* Annali di Matematica, ser. II, t. 1 (1867), p. 329 ff. [= Opere matematiche, t I., Nr. XXI.] — Die besondere Bemerkung, daß Oberflächenpotentiale bei konformer Abbildung ebensolche bleiben, findet sich in den in der Vorrede zitierten Schriften von C. Neumann, Kirchhoff und Töpler, dann auch z. B. bei Haton de la Goupillière, *Méthodes de transformation en Géométrie et en Physique Mathématique*, Journal de l'Ecole Polytechnique, t. XXV, 1867, p. 169 ff.

werden versuchen, auch derartige Bewegungen durch ein Potential zu definieren, und vor allen Dingen fragen, welche Bewandtnis es dann mit den stationären Bewegungen hat.

Die zweckmäßige Verallgemeinerung des Potentialbegriffs bietet sich unmittelbar. Es sei u eine Funktion des Ortes auf der Fläche, und man denke sich auf letzterer die Kurven $u = \text{Const.}$ gezogen. Sodann werde festgesetzt, daß die Flüssigkeitsbewegung auf der Fläche in jedem Punkte *senkrecht* gegen die hindurchgehende Kurve $u = \text{Const.}$ stattfinden solle, und zwar mit einer Geschwindigkeit, die, unter dn das Bogenelement der zugehörigen, auf der Fläche verlaufenden [mit einem bestimmten Sinne versehenen] Normalrichtung verstanden, gleich $\dfrac{du}{dn}$ ist. Wir nennen dann u, wie in der Ebene, das zur Bewegung gehörige *Geschwindigkeitspotential*.

Die in solcher Weise definierte Strömung soll nun eine *stationäre* sein. Um eine bestimmte Formel zu haben, wollen wir ein krummliniges Koordinatensystem p, q auf unserer Fläche annehmen und uns die Form bestimmt denken:

$$(1)\qquad ds^2 = E\,dp^2 + 2F\,dp\,dq + G\,dq^2,$$

welche vermöge dieses Koordinatensystems das Bogenelement auf der Fläche annimmt. Dann gibt eine einfache Zwischenbetrachtung, welche der in der Ebene üblichen durchaus analog verläuft, daß u, um eine stationäre Bewegung zu veranlassen, der folgenden Differentialgleichung zweiter Ordnung genügen muß:

$$(2)\qquad \partial\,\frac{F\dfrac{\partial u}{\partial q} - G\dfrac{\partial u}{\partial p}}{\sqrt{EG - F^2}}\Big/\partial p + \partial\,\frac{F\dfrac{\partial u}{\partial p} - E\dfrac{\partial u}{\partial q}}{\sqrt{EG - F^2}}\Big/\partial q = 0 .^{18})$$

An diese Differentialgleichung knüpft nun eine kurze Überlegung, welche die volle Analogie mit den auf die Ebene bezüglichen Resultaten herstellt.

Es ergibt sich nämlich aus der Form von (2), daß man neben jedem u, welches (2) genügt, eine andere Funktion v einführen kann, *die zu u genau in dem bekannten Reziprozitätsverhältnisse steht.* In der Tat, vermöge (2) sind die folgenden beiden Gleichungen verträglich:

$$(3)\qquad \begin{cases} \dfrac{\partial v}{\partial p} = \dfrac{F\dfrac{\partial u}{\partial p} - E\dfrac{\partial u}{\partial q}}{\sqrt{EG - F^2}}, \\[3ex] \dfrac{\partial v}{\partial q} = \dfrac{G\dfrac{\partial u}{\partial p} - F\dfrac{\partial u}{\partial q}}{\sqrt{EG - F^2}}; \end{cases}$$

---

[18]) [Dividiert man die linke Seite von (2) durch $\sqrt{EG - F^2}$, so erhält man Beltramis zweiten Differentialparameter von u.]

sie definieren ein v bis auf eine notwendig unbestimmt bleibende Konstante. Aus ihnen aber folgt durch Auflösung:

$$(4) \qquad \begin{cases} -\dfrac{\partial u}{\partial p} = \dfrac{F\dfrac{\partial v}{\partial p} - E\dfrac{\partial v}{\partial q}}{\sqrt{EG - F^2}}, \\[3ex] -\dfrac{\partial u}{\partial q} = \dfrac{G\dfrac{\partial v}{\partial p} - F\dfrac{\partial v}{\partial q}}{\sqrt{EG - F^2}} \end{cases}$$

und hieraus:

$$(5) \qquad \frac{\partial \dfrac{F\dfrac{\partial v}{\partial q} - G\dfrac{\partial v}{\partial p}}{\sqrt{EG - F^2}}}{\partial p} + \frac{\partial \dfrac{F\dfrac{\partial v}{\partial p} - E\dfrac{\partial v}{\partial q}}{\sqrt{EG - F^2}}}{\partial q} = 0,$$

so daß einmal u sich zu v verhält, wie v zu $-u$, und andererseits v, so gut wie u, der partiellen Differentialgleichung (2) genügt. Zugleich haben die Gleichungen (3), bez. (4), die geometrische Bedeutung, daß die Kurven $u = $ Const. und $v = $ Const. einander im allgemeinen rechtwinklig schneiden.

Was nun die Behauptung betrifft, die ich hinsichtlich der stereographischen Beziehung der Kugel auf die Ebene zu Eingang dieses Paragraphen voranstellte, so ist sie ein unmittelbarer Ausfluß aus dem Umstande, *daß die Gleichungen (2) bis (5) in E, F, G homogen von der 0-ten Dimension sind*[19]). Wenn zwei Flächen konform aufeinander bezogen sind und man führt auf ihnen entsprechende krummlinige Koordinaten ein, so unterscheidet sich der Ausdruck für das Bogenelement auf der einen Fläche von dem auf die andere Fläche bezüglichen nur durch einen Faktor. Dieser Faktor aber fällt aus dem angegebenen Grunde aus den Gleichungen (2) bis (5) einfach heraus. Wir haben also einen allgemeinen Satz, der die besondere auf Kugel und Ebene bezügliche, oben ausgesprochene Behauptung als speziellen Fall umfaßt. Indem ich aus u, v die Kombination $u + iv$ bilde und diese als *komplexe Funktion des Ortes auf der Fläche* bezeichne, spricht sich derselbe folgendermaßen aus:

Wird eine Fläche konform auf eine zweite abgebildet, so verwandelt sich jede auf ihr existierende komplexe Funktion des Ortes in eine Funktion derselben Art auf der zweiten Fläche.

Vielleicht ist es nützlich, ausdrücklich einem Mißverständnisse entgegenzutreten, welches hierbei entstehen könnte. Derselben Funktion

---

[19]) Es ist übrigens nicht schwer, sich auch ohne alle Formel von der Richtigkeit jener Behauptung Rechenschaft zu geben; man sehe die wiederholt zitierten Arbeiten von C. Neumann und Töpler.

$u + iv$ entspricht eine Flüssigkeitsbewegung auf der einen und auf der anderen Fläche; man könnte meinen, daß die eine Bewegung vermöge der Abbildung aus der anderen hervorgehe. Dies ist natürlich richtig mit Bezug auf den Verlauf der Strömungskurven und der Niveaukurven, keineswegs aber in bezug auf die Geschwindigkeit. Wo das Bogenelement der einen Fläche größer ist als das Bogenelement der anderen Fläche, da ist die Geschwindigkeit der Strömung entsprechend *kleiner*. Hierin eben liegt es, daß der Wert $z = \infty$ auf der Kugel seine singuläre Stellung verliert. Für den Unendlichkeitspunkt der Ebene erweist sich die Geschwindigkeit der Strömung, wie man sofort sieht, im allgemeinen als unendlich klein von der zweiten Ordnung. Sollte der Unendlichkeitspunkt singulär sein, so wird die Geschwindigkeit dort allemal um zwei Ordnungen kleiner als die Geschwindigkeit in einem gleich zu benennenden Punkt des Endlichen. Man erinnere sich nun der oben (unter dem Texte) mitgeteilten Formel:

$$d\sigma = \frac{ds}{x^2 + y^2 + 1},$$

welche das Bogenelement der Kugel zum Bogenelement der Ebene in Beziehung setzt. Hier ist $x^2 + y^2 + 1$ eben auch eine Größe zweiter Ordnung, und es findet daher beim Übergange zur Kugel genaue Kompensation statt.

§ 6.

Zusammenhang der entwickelten Theorie mit den Funktionen eines komplexen Argumentes.

Nun wir die Kugel als Substrat unserer Betrachtungen gewonnen haben, übertragen wir auf sie, was wir in den §§ 3 und 4 betreffs rationaler Funktionen und ihrer Integrale haben kennen lernen. Wir gewinnen dadurch, daß alle früher aufgestellten Sätze auch für unendlich großes z und somit ausnahmslos gelten. Um so interessanter wird es, sich auf der Kugel den Verlauf bestimmter rationaler Funktionen zu überlegen und über die Mittel zu ihrer physikalischen Realisierbarkeit nachzudenken[20]).

---

[20]) Ein besonders übersichtliches Beispiel von doch nicht zu elementarem Charakter gibt die *Ikosaedergleichung* (siehe Math. Annalen, Bd. 12 (1877). [Vgl. Abh. LIV in Bd. 2 dieser Ausgabe]). Dieselbe lautet:

$$w = \frac{\left(-(z^{20}+1) + 228\,(z^{15}-z^5) - 494\,z^{10}\right)^3}{1728\,z^5\,(z^{10}+11\,z^5-1)^5},$$

ist also (für z) eine Gleichung vom sechzigsten Grade. Die Unendlichkeitspunkte von w fallen zu je 5 in 12 Punkte zusammen, welche die Ecken eines Ikosaeders sind, das der Kugel, auf welcher wir z deuten, einbeschrieben ist. Den 20 Seitenflächen dieses Ikosaeders entsprechend zerlegt sich die Kugel in 20 gleichseitige sphärische Dreiecke. Die Mittelpunkte dieser Dreiecke sind durch $w = 0$ gegeben und stellen ebensoviele Kreuzungspunkte von der Multiplizität Zwei für die Funktion w

Aber es ist eine andere wichtige Frage, welche sich bei solchen Untersuchungen aufdrängt. Die verschiedenen Funktionen des Ortes, welche wir auf der Kugelfläche studieren, sind zugleich Funktionen des *Argumentes* $x + iy$. Woher dieser Zusammenhang?

Man wolle vor allen Dingen bemerken, daß $x + iy$ selbst eine komplexe Funktion des *Ortes* auf unserer Kugel ist; genügen doch x und y, für u und v eingesetzt, den früher (§ 1) für letztere aufgestellten Differentialgleichungen. Solange man in der Ebene operiert, könnte man denken, daß diese Funktion vor den übrigen etwas Wesentliches voraus habe; nach dem Übergange zur Kugel ist hierzu keine Veranlassung mehr. Und in der Tat verallgemeinert sich die Bemerkung, auf die sich unsere Frage bezieht, sofort. Wenn $u_1 + iv_1$ und $u + iv$ Funktionen von $x + iy$ sind, so ist auch $u_1 + iv_1$ eine Funktion von $u + iv$. Wir haben also für Ebene und Kugelfläche den allgemeinen Satz: *daß von zwei komplexen Funktionen des Ortes im Sinne der gewöhnlichen funktionentheoretischen Ausdrucksweise jede eine Funktion der anderen ist.*

Wird dieses nun eine besondere Eigentümlichkeit der genannten Flächen sein? Sicher wird sich dieselbe auf alle solche Flächen übertragen, die man auf einen Teil der Ebene (oder der Kugel) konform beziehen kann. Dies folgt aus dem letzten Satze des vorigen Paragraphen. Ich sage aber, *daß dieselbe Eigentümlichkeit überhaupt allen Flächen zukommt*, womit implizite behauptet wird, daß man einen Teil einer *beliebigen* Fläche auf die Ebene oder die Kugelfläche konform übertragen kann.

Der Beweis gestaltet sich unmittelbar, wenn man die Bestandteile x, y irgendeiner auf einer Fläche existierenden komplexen Funktion des Ortes, $x + iy$, auf der Fläche selbst als krummlinige Koordinaten einführt. Dann müssen nämlich die Koeffizienten E, F, G in dem Ausdrucke des Bogenelementes so beschaffen werden, daß Identitäten entstehen, wenn man in die Gleichungen (2) bis (5) des vorigen Paragraphen für p und q und gleichzeitig für u und v bez. x und y einführt. *Dies bedingt, wie man sofort ersieht, daß $F = 0$, $E = G$ wird.* Hierdurch aber verwandeln sich jene Gleichungen in die wohlbekannten:

$$\frac{\partial^2 u}{\partial x^2} + \frac{\partial^2 u}{\partial y^2} = 0; \quad \frac{\partial u}{\partial x} = \frac{\partial v}{\partial y}, \quad \frac{\partial u}{\partial y} = -\frac{\partial v}{\partial x}; \quad \text{usw.}$$

----

dar. Hiernach kennt man (unter Einrechnung der Unendlichkeitspunkte) von den $2 \cdot 60 - 2 = 118$ Kreuzungspunkten bereits $4 \cdot 12 + 2 \cdot 20 = 88$. Die 30 noch fehlenden werden durch die Halbierungspunkte der 30 Kanten, die jenen 20 sphärischen Dreiecken angehören, geliefert. Die beistehende Figur repräsentiert in schematischer Weise eines jener 20 Dreiecke und auf ihm den Verlauf der Strömungskurven; auf den 19 übrigen Dreiecken ist die Sache genau ebenso.

Fig. 13.

Sie gehen also direkt in jene Gleichungen über, durch welche man Funktionen des Argumentes $(x + iy)$ zu definieren pflegt, so daß $u + iv$ in der Tat eine Funktion von $x + iy$ wird, was zu beweisen war.

Zugleich erledigt sich, was hinsichtlich konformer Abbildung behauptet wurde. Denn aus der Form des Bogenelementes

$$ds^2 = E(dx^2 + dy^2)$$

folgt unmittelbar, daß unsere Fläche durch $x + iy$ auf die xy-Ebene konform übertragen wird. Ich will dieses Resultat in etwas allgemeinerer Form aussprechen, indem ich sage:

Wenn man auf zwei Flächen beziehungsweise zwei komplexe Funktionen des Ortes kennt, und man bezieht die Flächen so aufeinander, daß entsprechende Punkte resp. gleiche Funktionswerte aufweisen, so sind die Flächen konform aufeinander bezogen.

Es ist dies die Umkehr des ähnlich lautenden am Schlusse des vorigen Paragraphen aufgestellten Satzes.

Alle diese Theoreme haben, soweit sie sich auf beliebige Flächen beziehen, fürs erste nur dann einen klaren Sinn, wenn man seine Aufmerksamkeit auf kleine Stücke der Flächen beschränkt, innerhalb deren die komplexen Funktionen des Ortes weder Unendlichkeitspunkte noch Kreuzungspunkte aufweisen. Ich habe deshalb gelegentlich auch nur von einem Flächen*teile* gesprochen. Aber es liegt nahe, zu fragen, wie sich die Verhältnisse gestalten, wenn man geschlossene Flächen *in ihrer ganzen Ausdehnung* benutzt. Diese Frage ist mit der weiteren Ideenentwicklung, die ich im folgenden zu geben habe, auf das innigste verknüpft; ihr speziell sind die §§ 19 bis 21 des Folgenden gewidmet.

<h3 style="text-align:center">§ 7.</h3>

<h2 style="text-align:center">Noch einmal die Strömungen auf der Kugel. Riemanns allgemeine Fragestellung.</h2>

Wir haben nunmehr alle Vorbedingungen, um die Entwicklungen der ersten Paragraphen dieser Einleitung in wesentlich neuer Weise aufzufassen und uns vermöge dieser Auffassung zu einer großen und allgemeinen Fragestellung zu erheben, welche die *Riemannsche* ist, und deren Präzisierung und Beantwortung den eigentlichen Gegenstand der gegenwärtigen Schrift zu bilden hat.

Das Primäre bei der bisherigen Darstellung bildete die Funktion von $x + iy$. Wir haben dieselbe durch eine stationäre Strömung auf der Kugel gedeutet und uns bemüht, Eigenschaften der Funktion in solchen der Strömung wieder zu erkennen. Insbesondere haben uns die rationalen

Funktionen und ihre Integrale mit einer einfachen Art von Strömungen bekannt gemacht: es sind die *einförmigen* Strömungen, diejenigen, bei denen in jedem Punkte der Kugel nur *eine* Strömung statthat. Und zwar sind es unter der Voraussetzung, daß keine anderen Unstetigkeitspunkte statthaben als die in § 2 definierten, die *allgemeinsten* einförmigen Strömungen, welche es auf der Kugel gibt.

Es scheint von vornherein möglich, diese ganze Entwicklung umzukehren: *das Studium der Strömungen voranzustellen und aus ihm erst die Theorie gewisser analytischer Funktionen zu entwickeln.* Die Frage nach der allgemeinsten in Betracht kommenden Strömung mag dann vorab durch physikalische Betrachtungen beantwortet werden; geben uns doch die experimentellen Anordnungen des § 4 zusammen mit dem Prinzip der Überlagerung das Mittel, um jede derartige Strömung zu definieren! Die einzelne Strömung bestimmt uns sodann, von einer Integrationskonstante abgesehen, eine komplexe Funktion des Ortes, deren allgemeinen Verlauf wir anschauungsmäßig verfolgen können. Jede solche Funktion ist eine analytische Funktion jeder anderen. Indem wir irgend zwei komplexe Funktionen des Ortes zusammenstellen, werden wir zu analytischen Abhängigkeiten hingeführt, deren Eigenschaften wir von vornherein übersehen und die wir erst hinterher, um den Zusammenhang mit den Betrachtungen der Analysis herzustellen, mit sonst in der Analysis üblichen Abhängigkeiten identifizieren.

Alles dieses ist so deutlich, daß eine genauere Ausführung hier überflüssig erscheint, daß wir vielmehr sofort zu der in Aussicht gestellten *Verallgemeinerung* schreiten können. Auch diese bietet sich auf Grund der bisherigen Entwicklungen fast mit Notwendigkeit. Wir werden alle die Fragen, welche wir gerade hinsichtlich der Kugelfläche formulierten, in gleicher Weise aufwerfen können, *wenn statt der Kugelfläche eine beliebige geschlossene Fläche gegeben ist.* Auch auf ihr werden wir einförmige Strömungen und also komplexe Funktionen des Ortes bestimmen können, deren Eigenschaften wir anschauungsmäßig erfassen. Die gleichzeitige Betrachtung verschiedener Funktionen des Ortes verwandelt hernach die zu gewinnenden Ergebnisse in ebenso viele Lehrsätze der gewöhnlichen Analysis. — Die Ausführung dieses Gedankenganges ist *die Riemannsche Theorie*, [soweit sie in dieser Schrift in Betracht kommt]; zugleich haben wir die Haupteinteilung, welche bei der folgenden Exposition derselben zugrunde zu legen ist.

Abschnitt II.
Exposition der Riemannschen Theorie.

§ 8.
Klassifikation geschlossener Flächen nach der Zahl p.[21])

Für unsere Betrachtungen sind selbstverständlich alle diejenigen geschlossenen Flächen als äquivalent aufzufassen, die sich durch eindeutige
Zuordnung konform aufeinander abbilden lassen.   Denn jede komplexe
Funktion des Ortes auf der einen Fläche wird sich bei einer solchen Abbildung in eine ebensolche Funktion auf der anderen Fläche verwandeln:
die analytische Beziehung also, welche durch das Zusammenbestehen zweier
komplexer Funktionen auf der einen Fläche versinnlicht wird, bleibt beim
Übergange zur zweiten Fläche durchaus ungeändert.   Wenn man also z. B.
(zufolge bekannter Entwicklungen) das Ellipsoid derart konform auf die
Kugel beziehen kann, daß jedem Punkte desselben ein und nur ein Kugelpunkt entspricht, so heißt dies für uns, daß das Ellipsoid ebenso geeignet
ist, die rationalen Funktionen und ihre Integrale zu repräsentieren, wie
die Kugel.

Um so wichtiger ist es, ein Element kennen zu lernen, welches nicht
nur bei konformer, sondern überhaupt bei *eindeutiger* Umgestaltung einer
Fläche ungeändert erhalten bleibt[22]).   *Es ist dies das Riemannsche p:*
die Zahl der Rückkehrschnitte, welche man auf einer Fläche ziehen kann,
ohne sie zu zerstücken.   Die einfachsten Beispiele genügen, um diesen
Begriff einzuüben.   Für die Kugel ist $p = 0$; denn sie zerfällt durch jede
auf ihr verlaufende geschlossene Kurve, in zwei getrennte Bereiche.   Für
den gewöhnlichen Ring ist $p = 1$, man kann ihn längs einer, aber auch

---

[21]) Die in diesem Paragraphen gegebene Darstellung weicht von der durch Riemann selbst gegebenen zumal dadurch ab, daß Flächen mit Randkurven vorab überhaupt nicht in Betracht gezogen werden und also statt der Querschnitte, die von
einem Randpunkte zu einem zweiten laufen, sogenannte *Rückkehrschnitte* zur Verwendung gelangen (vgl. C. Neumann, *Vorlesungen über Riemanns Theorie der Abelschen
Integrale*, 1865, S. 291 ff.).

[22]) Es ist immer nur an Umformung durch *stetige* Funktionen gedacht.   Überdies sollen bei den willkürlichen Flächen des Textes bis auf weiteres gewisse besondere Vorkommnisse ausgeschlossen sein.   Es ist am besten, sich dieselben ohne
alle singuläre Punkte zu denken; erst später kommen Verzweigungspunkte und damit
Selbstdurchsetzungen der Fläche in Betracht (§ 13).   Die Flächen dürfen jedenfalls
keine *Doppelflächen* sein, bei denen man von einer Flächenseite durch kontinuierliches
Fortschreiten auf der Fläche zur anderen Flächenseite gelangen kann; man vergleiche
indes § 23.   Überdies wird vorausgesetzt — wie man es immer tut, wenn man sich
eine geschlossene Fläche als *fertig* gegeben denkt — daß die Fläche durch eine *endliche* Zahl von Schnitten in einfach zusammenhängende Teile zerlegt werden kann.

nur längs einer, übrigens noch sehr willkürlichen, in sich zurücklaufenden Kurve zerschneiden, ohne daß er in Stücke zerfällt.

Daß es unmöglich ist, zwei Flächen von verschiedenem p eindeutig aufeinander zu beziehen, scheint evident[23]). Komplizierter ist es, den umgekehrten Satz zu beweisen, *daß nämlich die Gleichheit des p die hinreichende Bedingung für die Möglichkeit der ein-eindeutigen Beziehung zweier Flächen abgibt.* Ich muß mich, was den Beweis dieses wichtigen Satzes angeht, an dieser Stelle auf bloße Zitate unter dem Texte beschränken[24]). Auf Grund desselben ist man berechtigt, bei Untersuchungen über geschlossene Flächen, solange nur allgemeine Lagenverhältnisse in Betracht kommen, für jedes p einen möglichst einfachen Typus zugrunde zu legen. In diesem Sinne wollen wir von *Normalflächen* sprechen.[25]) Für quantitative Bestimmungen reichen die Normalflächen natürlich in keiner Weise mehr aus; aber sie bieten auch für sie ein Mittel zur Orientierung.

Die Normalfläche für $p = 0$ sei die Kugel, für $p = 1$ der Ring. Bei höherem p mag man sich eine Kugel mit p Anhängseln (Handhaben) versehen denken, wie folgende Figur für $p = 3$ aufweist:

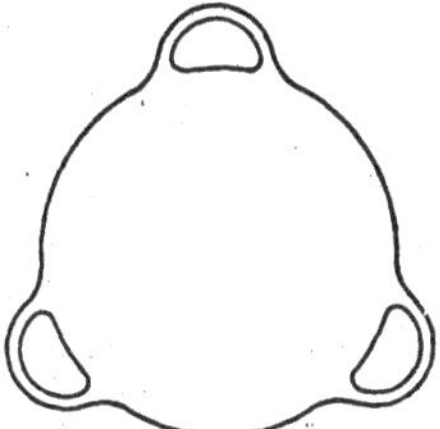

Fig. 14.

Eine ähnliche Normalfläche ist natürlich auch bei $p = 1$ statthaft, wie überhaupt man sich diese Flächen nicht als starr gegeben, sondern als beliebiger Verzerrungen fähig denken muß.

Auf diesen Normalflächen mögen nun gewisse *Querschnitte*, von denen wir im folgenden Gebrauch zu machen haben, festgelegt werden. Bei $p = 0$ kommen dieselben noch nicht in Betracht. Auf dem Ringe $p = 1$

---

[23]) Damit soll keineswegs gesagt sein, daß diese Art geometrischer Evidenz nicht noch der näheren Untersuchung bedürftig sei. Man vergleiche die Erläuterungen von G. Cantor in Crelles Journal, Bd. 84, 1877/78, S. 242 ff. Es bleiben indessen diese Untersuchungen von den Darlegungen des Textes ausgeschlossen, da es für letztere Prinzip ist, auf anschauungsmäßige Verhältnisse als letzte Begründung zu rekurrieren.

[24]) Man sehe C. Jordan, *Sur la déformation des surfaces* in Liouvilles Journal ser. 2, Bd. 11 (1866). Einige Punkte, die mir besonderer Aufklärung zu bedürfen schienen, sind in den Math. Annalen, Bd. 7 (1874) und Bd. 9 (1875/76) besprochen. [Vgl. Abh. XXXVI in Bd. 2 dieser Gesamtausgabe, S. 63 ff.]

[25]) [Vgl. die in den Vorbemerkungen auf S. 479 gegebenen Zitate.]

mag eine „Meridiankurve" A, verbunden mit einer „Breitenkurve" B das Querschnittsystem bilden:

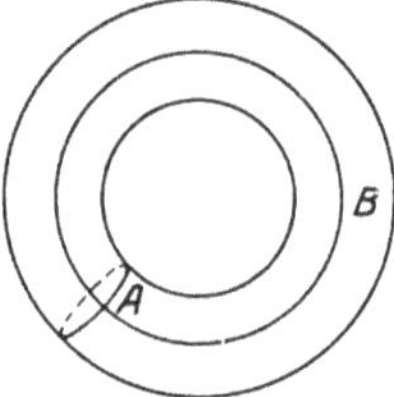

Fig. 15.

Allgemein gebrauchen wir $2p$ Querschnitte. Es wird, denke ich, mit Rücksicht auf die folgende Figur verständlich sein, wenn ich bei der einzelnen Handhabe unserer Normalfläche von einer Meridiankurve und einer Breitenkurve rede:

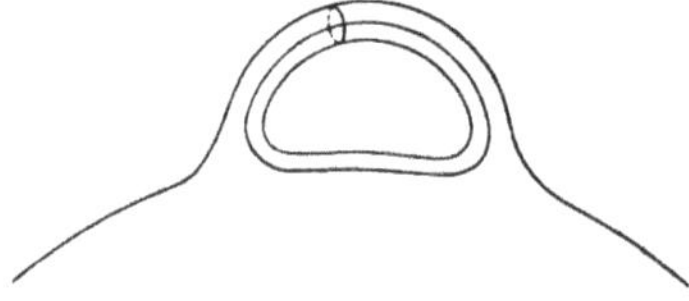

Fig. 16.

Wir wählen die $2p$ Querschnitte derart, daß wir um jede der p Handhaben eine Meridiankurve und eine Breitenkurve herumlegen. Wir wollen diese Querschnitte der Reihe nach mit $A_1, A_2, \ldots, A_p$, beziehungsweise $B_1, B_2, \ldots, B_p$ bezeichnen.

§ 9.

Vorläufige Bestimmung stationärer Strömungen auf beliebigen Flächen.

Wir haben uns nun mit der Aufgabe zu beschäftigen, auf beliebigen (geschlossenen) Flächen die allgemeinsten einförmigen, stationären Strömungen mit Geschwindigkeitspotential zu definieren, immer unter der Voraussetzung, daß keine anderen Unendlichkeitspunkte zugelassen werden sollen, als die in § 2 genannten[26]). Zu dem Zwecke richten wir unsere

---

[26]) Die Definition dieser Unendlichkeitspunkte bezog sich zunächst nur auf die Ebene, bez. die Kugel. Aber es ist wohl klar, wie dieselbe auf beliebige krumme Flächen zu übertragen ist: die Verallgemeinerung ist so zu treffen, daß wir auf die alten Unendlichkeitspunkte zurückkommen, wenn wir die Fläche und die stationären Strömungen auf ihr durch konforme Abbildung auf die Ebene übertragen. — In dieser Beschränkung hinsichtlich der Art der Unendlichkeitspunkte liegt auch, wie ich hier nicht ausführen kann, daß nur eine *endliche* Zahl von Unendlichkeitspunkten bei unseren Strömungen zulässig ist. Desgleichen folgt aus unseren Prämissen, wie beiläufig hervorgehoben sei, daß von Kreuzungspunkten bei unseren Strömungen jedenfalls auch nur eine endliche Zahl auftritt.

Ideen auf die Normalflächen des vorigen Paragraphen und benutzen übrigens wieder Vorstellungen der Elektrizitätslehre. Die gegebene Fläche denken wir uns mit einem unendlich dünnen gleichförmigen Überzuge einer leitenden Substanz versehen und wenden zunächst diejenigen experimentellen Mittel an, die uns von § 3 her bekannt sind. Wir werden also zuvörderst etwa die beiden Pole einer galvanischen Batterie auf unsere Fläche an zwei beliebigen Stellen aufsetzen: es entsteht dann eine Strömung, welche diese beiden Stellen als Quellenpunkte von entgegengesetzt gleicher Ergiebigkeit besitzt. Wir werden sodann zwei beliebige Punkte der Fläche durch eine oder mehrere, nebeneinander herlaufende, sich selbst nicht schneidende Kurven verbinden, welche der Sitz konstanter elektromotorischer Kräfte sein sollen, — wobei man sich alles dessen erinnern mag, was in § 4 betreffs der dann notwendig werdenden experimentellen Anordnung gesagt wurde. Wir erhalten dann eine stationäre Bewegung, für welche die beiden Punkte Wirbelpunkte von entgegengesetzt gleicher Intensität sind. — Wir werden ferner verschiedene solche Bewegungsformen überlagern und endlich, wenn es nötig scheint, getrennte Unendlichkeitspunkte durch Grenzübergang zu höheren Unendlichkeitspunkten zusammenfallen lassen. Alles das gestaltet sich genau so, wie auf der Kugel, und wir haben also jedenfalls den folgenden Satz:

Wenn man die Art der Unendlichkeitsstellen nach Anleitung des § 2 beschränkt, wenn man ferner daran festhält, daß die Summe sämtlicher logarithmischer Residua allemal gleich Null sein muß, so existieren auf unserer Fläche komplexe Funktionen des Ortes, welche an beliebig gegebenen Stellen in übrigens beliebig gegebener Weise unendlich werden und überall sonst stetig verlaufen.

Mit den so bestimmten Funktionen ist nun aber, für $p > 0$, die Sache noch keineswegs erschöpft. Wir können nämlich eine experimentelle Anordnung treffen, für welche auf der Kugel noch keinerlei Möglichkeit gegeben war. Es gibt jetzt auf der Fläche in sich zurücklaufende Kurven, vermöge deren die Fläche keineswegs in getrennte Bereiche zerlegt wird. Nichts steht im Wege, daß die Elektrizität von der einen Seite einer solchen Kurve durch die Fläche hindurch zur anderen Seite derselben hinüberströmt. *Wir werden eine solche Kurve, oder auch mehrere nebeneinander herlaufende Kurven dieser Art ebensogut als Sitz konstanter elektromotorischer Kräfte betrachten können, wie dies in § 4 mit Kurvenzügen geschah, die von einem Endpunkte zu einem zweiten hinlaufen.*

Die Strömungen, welche wir dann erhalten, haben überhaupt keine Unstetigkeiten. Wir werden sie als *überall endliche Strömungen* und die zugehörigen komplexen Funktionen des Ortes als *überall endliche Funktionen* bezeichnen können. Diese Funktionen sind notwendig unendlich vieldeutig. Denn sie erhalten jeweils einen reellen, der angenommenen elektromotorischen Kraft proportionalen Periodizitätsmodul, so oft man die gegebene Kurve in demselben Sinne überschreitet[27]).

Wir fragen, wie mannigfach die so definierten, überall endlichen Strömungen sein mögen. Offenbar sind zwei auf derselben Fläche verlaufende Kurven, als Sitz gleich starker elektromotorischer Kräfte betrachtet, für unseren Zweck *äquivalent*, wenn sie sich durch stetige Verschiebung über die Fläche hin zur Deckung bringen lassen. Verzerrt man eine Kurve so, daß Kurvenstücke auftreten, welche zweimal in entgegengesetzter Richtung durchlaufen werden, so dürfen dieselben einfach weggelassen werden. Infolgedessen beweist man, *daß eine jede geschlossene Kurve einer ganzzahligen Kombination der Querschnitte A_i, B_i, wie diese im vorigen Paragraphen definiert wurden, äquivalent ist.*

In der Tat, man verfolge den Weg einer geschlossenen Kurve auf unserer Normalfläche[28]). Für $p = 1$ wird die Richtigkeit unserer Behauptung dann unmittelbar evident. Es genügt, ein Beispiel zu betrachten, wie es in den folgenden Figuren vorliegt.

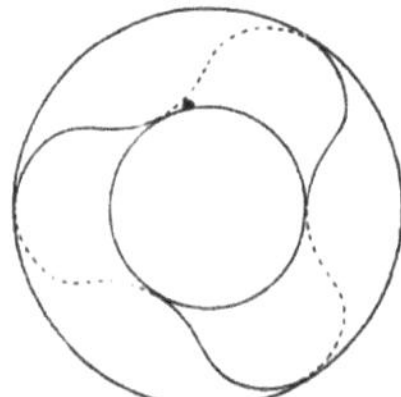

Fig. 17.

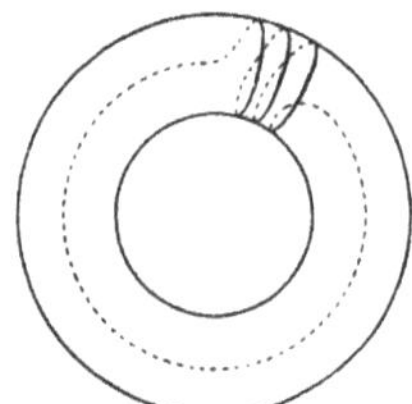

Fig. 18.

Die in Fig. 17 auf der Ringfläche verlaufende Kurve ist mit der anderen, welche rechter Hand gezeichnet ist, durch bloße Verzerrung zur Deckung zu bringen, sie ist also mit einer dreifachen Durchlaufung der Meridiankurve A (vgl. Fig. 15) und einer einfachen Durchlaufung der Breitenkurve B äquivalent. — Sei ferner $p > 1$. So oft dann unsere Kurve über eine der p Handhaben verläuft, kann man ein Stück von ihr abtrennen, das sich durch bloße Verzerrung in eine ganzzahlige Verbindung der betreffenden Meridiankurve und der zugehörigen Breitenkurve verwandeln läßt. Nach Absonderung aller solcher Bestandteile bleibt eine geschlossene Kurve übrig, die sich entweder unmittelbar in einen einzelnen

---

[27]) Über die Periodizität des imaginären Teils der Funktion soll hiermit keinerlei Verfügung getroffen sein. In der Tat ist v bei gegebenem u durch die Differentialgleichungen (1) der S. 520 nur bis auf eine additive Konstante vollständig bestimmt, und es unterliegen also die Periodizitätsmoduln, welche v an den Querschnitten A_i, B_i besitzen mag, keinerlei willkürlicher Festsetzung.

[28]) Einen anderen Beweis siehe bei C. Jordan: *Des contours tracés sur les surfaces,* in Liouvilles Journal, ser. 2, Bd. 11 (1866).

Punkt der Fläche zusammenziehen läßt und also jedenfalls keinen Beitrag zur elektrischen Strömung liefert, oder die eine oder mehrere Handhaben völlig umschließt, wovon Fig. 19 ein Beispiel aufweist:

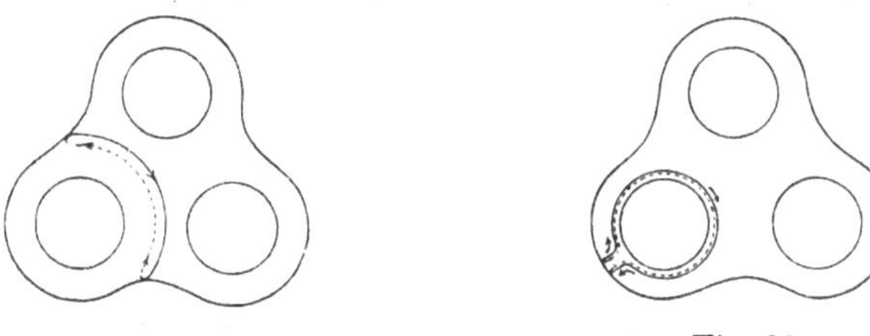

Fig. 19.   Fig. 20.

Die Fig. 20 erläutert, wie man eine solche Kurve durch Deformation verändern kann. Durch Fortsetzung des hierdurch angedeuteten Prozesses verwandelt sie sich in einen Kurvenzug, der aus der inneren Randkurve der betreffenden Handhabe und einer zugehörigen Meridiankurve besteht, dessen Stücke aber beide zweimal in entgegengesetzter Richtung durchlaufen werden. Also auch eine solche Kurve gibt keinen Beitrag zur Strömung. Man hätte dieses übrigens auch von vornherein aus der Bemerkung ersehen können, daß die jetzt betrachtete Kurve, gleich einer solchen, die sich in einen Punkt zusammenziehen läßt, die gegebene Fläche in getrennte Gebiete zerlegt.

Wir erzielen daher durch Heranziehen beliebiger geschlossener Kurven nicht *mehr*, als durch geeignete Benutzung der $2p$ Kurven A_i, B_i. Die allgemeinste überall endliche Strömung, welche wir hervorrufen können, wird entstehen, wenn wir jeden der $2p$ Querschnitte zum Träger einer beliebigen konstanten elektromotorischen Kraft machen. Oder anders ausgedrückt:

Die allgemeinste von uns zu konstruierende überall endliche Funktion ist diejenige, deren reeller Teil an den $2p$ Querschnitten beliebig vorgegebene Periodizitätsmoduln aufweist.

§ 10.

Die allgemeinste stationäre Strömung. Beweis für die Unmöglichkeit anderweitiger Strömungen.

Wenn wir die verschiedenen im vorigen Paragraphen konstruierten komplexen Funktionen des Ortes additiv zusammenfügen, so erhalten wir eine Funktion, deren Willkürlichkeit wir sofort übersehen. Indem wir die Bedingungen, die hinsichtlich der Unendlichkeitsstellen ein für allemal vorgeschrieben sind, nicht noch besonders erwähnen, können wir sagen: *daß unsere Funktion an beliebig gegebenen Stellen in beliebig gegebener Weise unendlich wird und überdies ihr reeller Teil an den $2p$ Querschnitten beliebig gegebene Periodizitätsmoduln aufweist.*

Ich sage nun, *daß dies in der Tat die allgemeinste Funktion ist, der auf unserer Fläche eine einförmige Strömung entspricht.* Zum Beweise mögen wir diese Behauptung auf eine einfachere reduzieren. Ist irgendeine komplexe Funktion der in Betracht kommenden Art auf unserer Fläche gegeben, so haben wir im vorhergehenden das Mittel, eine zugehörige Funktion zu konstruieren, welche an denselben Stellen in derselben Weise unendlich wird, und deren reeller Teil an den Querschnitten A_i, B_i dieselben Periodizitätsmoduln aufweist, wie der reelle Teil der gegebenen Funktion. Die Differenz der beiden Funktionen ist eine neue Funktion, welche nirgendwo unendlich wird und deren reeller Teil an den Querschnitten verschwindende Periodizitätsmoduln besitzt, welche überdies, wie selbstverständlich, wiederum eine einförmige Strömung definiert. *Offenbar haben wir zu beweisen, daß eine solche Strömung nicht existiert, daß also die Funktion sich auf eine Konstante reduziert.*

Und in der Tat ist dieser Beweis nicht schwierig. Was eine Durchführung desselben in strenger Form betrifft, so will ich mich darauf beschränken, zu bemerken, daß dieselbe mit Hilfe des verallgemeinerten Greenschen Satzes gelingt[29]). Die folgenden Betrachtungen sollen auf *anschauungsmäßigem Wege* dieselbe Unmöglichkeit dartun. Mag man dieselben wegen der unbestimmten Form, die sie besitzen, vielleicht auch nicht als zwingend erachten[30]), so scheint es doch nützlich, auch in dieser Weise den Gründen für das Bestehen jenes Theorems nachzugehen.

Wir mögen den besonderen Fall $p = 0$ vorwegnehmen und uns also fragen, weshalb auf der Kugel eine einförmige, überall endliche Strömung unmöglich ist. Das Zweckmäßigste scheint es zu sein, den Verlauf der Strömungskurven auf der Kugel zu verfolgen. Da Unendlichkeitspunkte nicht auftreten sollen, so kann eine Strömungskurve nicht plötzlich abbrechen, wie es in einem Quellenpunkte, oder in einem algebraischen Unstetigkeitspunkte geschieht. Überdies halte man vor Augen, daß nebeneinander herlaufende Strömungskurven notwendig gleichen Strömungssinn haben. Man erkennt dann, daß nur zweierlei Arten von nicht abbrechenden Strömungskurven möglich sind. Entweder die Kurve windet sich, je länger um so enger, um einen asymptotischen Punkt — dann haben wir wieder einen Unendlichkeitspunkt —, oder die Kurve ist geschlossen. Ist aber *eine* Strömungskurve geschlossen, so sind es die nächstfolgenden auch. Dabei schließen sie einen kleineren und kleineren Teil der Kugelfläche ein. Es kann also nicht fehlen, daß man zu einem Wirbelpunkte, d. h.

---

[29]) Wegen dieses Satzes siehe Beltrami, a. a. O. S. 354. [= Opere mat. t. I., S. 399].

[30]) Ich will übrigens daran erinnern, daß man auch den Greenschen Satz anschauungsmäßig begründen kann. Vgl. Tait, *On Green's and allied other theorems,* Edinburgh Transactions, 1870, S. 69 ff. [= Scientific Papers, vol. I, Nr. XIX].

abermals zu einem Unendlichkeitspunkte geführt wird. Eine überall endliche Strömung ist also in der Tat unmöglich. Allerdings haben wir der Möglichkeit nicht gedacht, die in dem Auftreten von Kreuzungspunkten liegt. Diese Punkte sind jedenfalls nur, wie oben hervorgehoben, in endlicher Zahl vorhanden. Es wird also nur eine endliche Zahl von Strömungskurven geben, welche durch sie hindurchlaufen. Man denke sich die Kugel durch diese Kurven in Gebiete zerlegt und wiederhole innerhalb der einzelnen Gebiete die gerade angestellten Betrachtungen, wobei sich das frühere Resultat von neuem ergeben wird.

Nehmen wir nun $p > 0$ und legen wieder die Normalflächen des § 8 zugrunde. Daß auf diesen Flächen überall endliche, einförmige Strömungen existieren, liegt nach dem gerade Gesagten an dem Auftreten der Handhaben. Eine auf der Normalfläche gezogene geschlossene Kurve, die sich in einen Punkt zusammenziehen läßt, kann ebensowenig, wie eine geschlossene Kurve auf der Kugel, Strömungskurve für eine überall endliche Strömung sein. Aber auch eine Kurve, wie wir sie in Fig. 19 betrachteten, ist nicht zu brauchen. Denn an eine erste solche Strömungskurve müssen sich weitere schließen nach Art der in Fig. 20 dargestellten, — so daß wir zuletzt zu einer Kurve gelangen, deren Teile zweimal in entgegengesetztem Sinne durchlaufen werden! Die Strömungskurve muß also notwendig sich um die eine oder andere Handhabe *herumwinden*, mag dies ein einfaches Umfassen jener Handhabe sein, oder ein wiederholtes Umkreisen derselben im Sinne der Meridian- oder der Breitenkurven. In allen Fällen läßt sich von der Strömungskurve ein Teil abtrennen, der im Sinne des vorigen Paragraphen mit einer ganzzahligen Kombination der betreffenden Meridiankurve und der zugehörigen Breitenkurve äquivalent ist. Nun wächst u, der reelle Teil der durch die Strömung definierten komplexen Funktion, fortwährend, wenn man längs einer Strömungskurve fortschreitet. Andererseits liefern zwei Kurven, welche im Sinne des vorigen Paragraphen äquivalent sind, bei Durchlaufung notwendig dieselben Inkremente von u. Es gibt also eine Kombination wenigstens einer Meridiankurve und einer Breitenkurve, deren Durchlaufung einen nicht verschwindenden Zuwachs von u herbeiführt. Das gleiche gilt notwendig von der betreffenden Meridiankurve oder der Breitenkurve selbst. Der Zuwachs aber, den u beim *Durchlaufen* der Meridiankurve gewinnt, entspricht dem *Überschreiten* der Breitenkurve, und umgekehrt. Daher hat u notwendig wenigstens an einer Breitenkurve oder Meridiankurve einen nicht verschwindenden Periodizitätsmodul, und eine überall endliche, einförmige Strömung, bei der alle diese Periodizitätsmoduln gleich Null sind, ist in der Tat unmöglich, w. z. b. w.

§ 11.

Erläuterung der Strömungen an Beispielen.

Es scheint sehr nützlich, sich über den allgemeinen Verlauf der nunmehr definierten Strömungen an Beispielen zu orientieren, damit nämlich unsere Sätze nicht bloße abstrakte Formulierungen bleiben, sondern mit konkreten Vorstellungen verbunden werden[31]). Es gelingt dies im gegebenen Falle ziemlich leicht, so lange man sich auf qualitative Verhältnisse beschränkt; die genaue quantitative Bestimmung würde selbstverständlich ganz andere Hilfsmittel erfordern. Ich will mich dabei der Einfachheit halber auf solche Flächen beschränken, bei denen eine Symmetrieebene existiert, die mit der Ebene der Zeichnung zusammenfällt, — und auf diesen Flächen nur solche Strömungen in Betracht ziehen, bei denen der scheinbare Umriß der Fläche (d. h. der Schnitt der Fläche mit der Zeichnungsebene) entweder Strömungskurve oder Niveaukurve ist. Man hat dann den wesentlichen Vorteil, daß man die Strömungskurven nur auf der *Vorderseite* der Fläche zu zeichnen braucht; denn auf der Rückseite verlaufen sie genau geradeso[32]).

Beginnen wir mit überall endlichen Strömungen auf dem Ringe $p = 1$. Wir betrachten zunächst eine Breitenkurve (oder mehrere solche Kurven) als Sitz der elektromotorischen Kraft. Dann entsteht die Fig. 21, in der alle Strömungskurven Meridiankurven sind und Kreuzungspunkte nicht auftreten. Die Meridiankurven sind dabei durch Stücke radial verlaufender gerader Linien vorgestellt. Die Pfeilspitzen geben die Strömungsrichtung auf der Vorderseite, auf der Rückseite haben wir durchweg den umgekehrten Bewegungssinn.

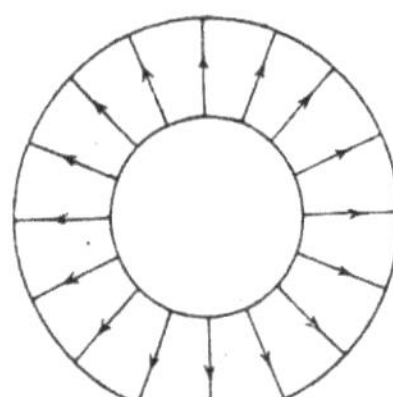

Fig. 21.

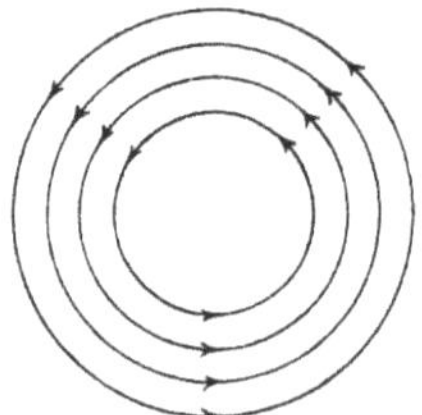

Fig. 22.

---

[31]) Eine solche Orientierung ist vermutlich auch für den praktischen Physiker von hohem Werte.

[32]) Derartige Zeichnungen gab ich bereits in dem Aufsatze: *Über den Verlauf der Abelschen Integrale bei den Kurven vierten Grades*, Math. Annalen, Bd. 10, 1876 [vgl. Abh. XXXIX in Bd. 2 dieser Gesamtausgabe]. Allerdings haben die Riemannschen Flächen daselbst eine etwas andere Bedeutung, so daß bei ihnen nur in übertragenem Sinne von einer Flüssigkeitsbewegung die Rede sein kann; vgl. die Erläuterungen, welche darüber in § 17 des Nachfolgenden gegeben werden.

Bei der konjugierten Strömung spielen die Breitenkurven die analoge Rolle, wie soeben die Meridiankurven; dieselbe mag durch Fig. 22 erläutert sein. Der Bewegungssinn ist in diesem Falle auf Vorder- und Rückseite derselbe.

Wir wollen nun den Ring $p = 1$ dadurch umändern, daß wir, etwa auf der rechten Seite der Figur, zwei Ausstülpungen aus ihm hervorwachsen lassen, die sich allmählich zusammenbiegen und schließlich verschmelzen. *So haben wir eine Fläche $p = 2$ und auf ihr ein Paar konjugierter Strömungen, wie es die Fig. 23 und 24 erläutern.*

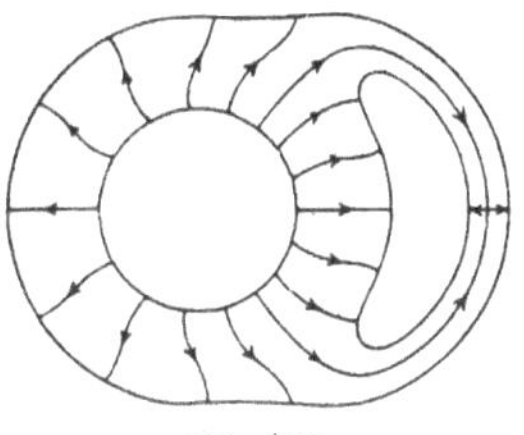

Fig. 23.

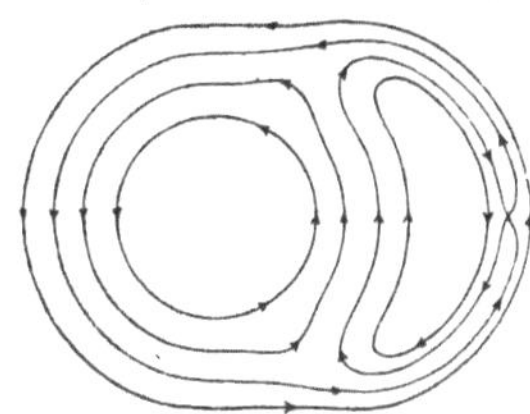

Fig. 24.

Es haben sich, wie man erkennt, rechter Hand zwei *Kreuzungspunkte* eingestellt (von denen natürlich nur einer auf der Vorderseite gelegen und also sichtbar ist). Etwas Analoges tritt jedesmal ein, wenn man überall endliche Strömungen auf einer Fläche $p > 1$ studiert. Ich setze statt weiterer Erläuterungen noch zwei Figuren mit je vier Kreuzungspunkten her, die sich auf $p = 3$ beziehen:

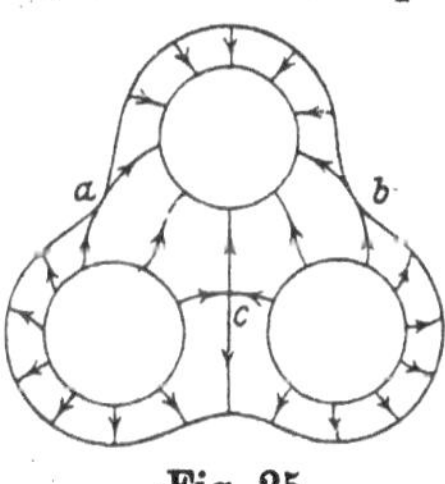

Fig. 25.

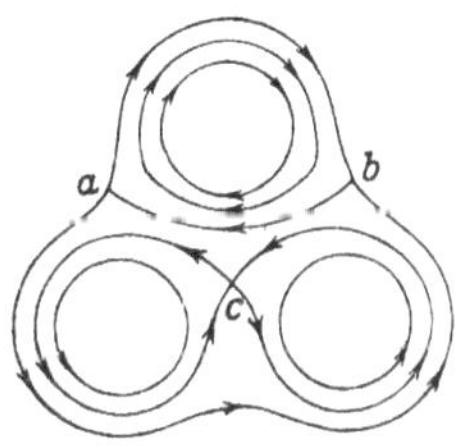

Fig. 26.

Dieselben entstehen, wenn man auf sämtlichen „Handhaben" der Fläche einmal in den Breitenkurven, das andere Mal in den Meridiankurven elektromotorische Kräfte wirken läßt. Auf den beiden unteren Handhaben sind dieselben in gleichem Sinne orientiert, bei der oberen im entgegengesetzten. Von den Kreuzungspunkten liegen zwei bei a und b, der dritte bei c, der vierte an der entsprechenden Stelle der Rückseite. Es sind die Kreuzungspunkte bei a und b in Fig. 25 nur deshalb schwer zu erkennen, weil am Rande der Figur bei der von uns gewählten Darstellungsweise eine perspektivische Verkürzung eintritt und daher beide im Kreuzungspunkte zusammentreffende Strömungskurven den Rand zu berühren scheinen.

Denkt man sich die (in entgegengesetzter Richtung) stattfindenden Strömungen auf der Rückseite der Fläche hinzu, so kann über die Natur
dieser Punkte wohl keine Unklarheit bestehen.

Gehen wir nun zum Ringe $p = 1$ zurück und lassen bei ihm zwei
logarithmische Unstetigkeitspunkte gegeben sein! Man erhält zugehörige
Figuren, wenn man die Zeichnungen 23 und 24 einem Deformations-
prozesse unterwirft, der auch in allgemeineren Fällen ebenso interessant
als nützlich ist. Wir wollen nämlich die Partieen linker Hand in den
einzelnen Figuren zusammenziehen, die rechter Hand ausdehnen, so daß
wir zunächst etwa folgende Bilder erhalten:

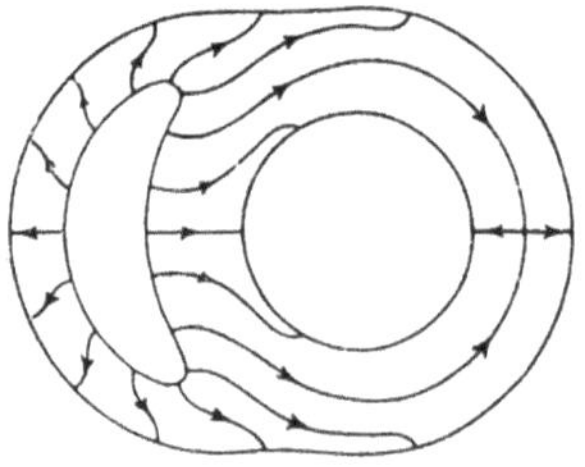

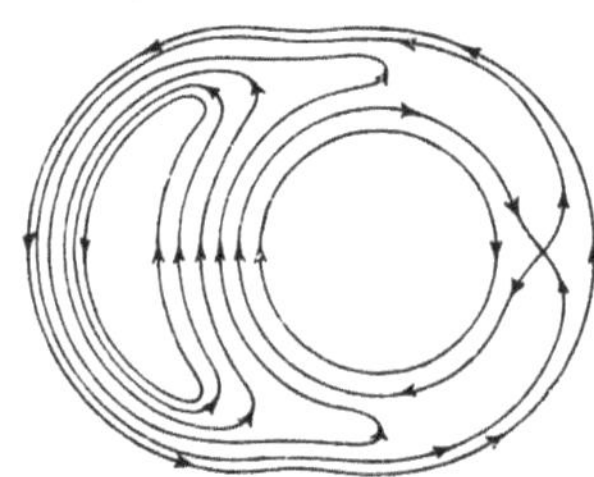

Fig. 27.   Fig. 28.

und nun die linker Hand bereits sehr schmal gewordene „Handhabe"
vollends zur Kurve zusammenziehen, um sie dann wegzuwerfen. *So ist
aus der überall endlichen Strömung auf der Fläche $p = 2$ eine Strömung
mit zwei logarithmischen Unstetigkeitspunkten auf der Fläche $p = 1$
geworden.* Die Figuren haben nämlich folgende Gestalt angenommen:

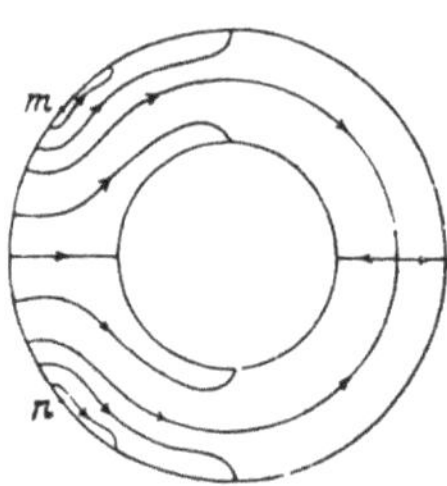

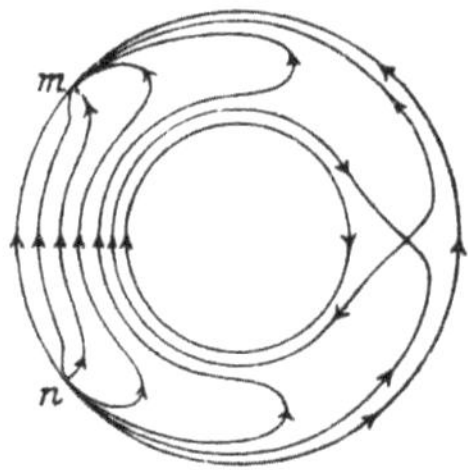

Fig. 29.   Fig. 30.

Die beiden Kreuzungspunkte von Fig. 23, 24 sind geblieben; m und n
sind die beiden logarithmischen Unstetigkeitspunkte. Und zwar sind dieselben im Falle der Fig. 29 Wirbelpunkte von entgegengesetzt gleicher
Intensität, im Falle der Fig. 30 Quellenpunkte von entgegengesetzt gleicher
Ergiebigkeit. Dabei ist es wieder eine Folge der von uns gewählten Projektionsart, wenn im zweiten Falle sämtliche Strömungskurven, von einer
einzigen abgesehen, in m und n den Rand zu berühren scheinen.

Wollen wir endlich m und n zusammenrücken lassen, so daß ein algebraischer Unstetigkeitspunkt von einfacher Multiplizität entsteht, so kommen folgende Zeichnungen, bei denen, wie man beachten mag, die Kreuzungspunkte nach wie vor an ihrer Stelle geblieben sind:

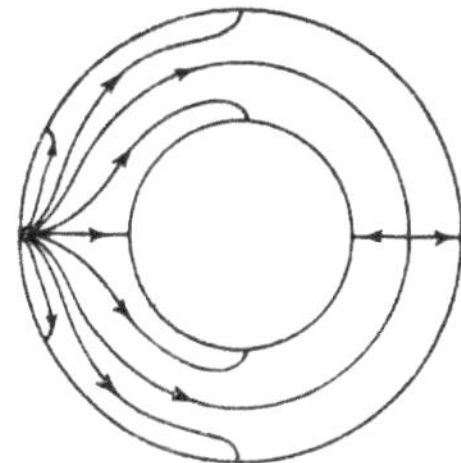

Fig. 31.

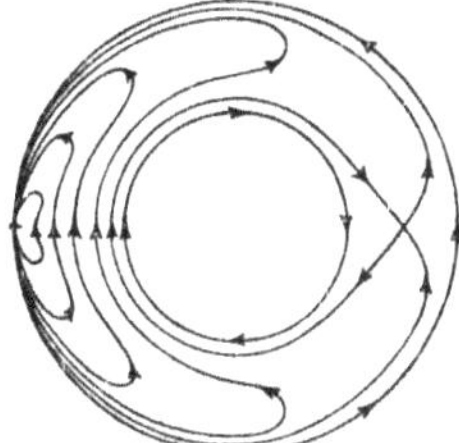

Fig. 32.

Ich will diese Figuren nicht noch mehr vervielfältigen, da weitere Beispiele nach Art der nunmehr betrachteten leicht zu bilden sind. Nur der eine Umstand werde noch hervorgehoben. Die Zahl der Kreuzungspunkte einer Strömung wächst offenbar mit dem p der Fläche und mit der Zahl der Unendlichkeitspunkte. Algebraische Unendlichkeitspunkte von der Multiplizität r mögen als $(r+1)$ logarithmische Unendlichkeitspunkte gezählt werden. Dann ist auf der Kugel bei μ logarithmischen Unendlichkeitspunkten die Anzahl der eigentlichen Kreuzungspunkte allgemein $\mu - 2$. Andererseits ist mit der Zunahme von p um eine Einheit nach unseren Beispielen eine Zunahme der Zahl der Kreuzungspunkte um zwei Einheiten verbunden. *Hiernach wird man vermuten, daß die Zahl der Kreuzungspunkte überhaupt $\mu + 2p - 2$ sein wird.* Ein strenger Beweis dieses Satzes auf Grund der bisher entwickelten Anschauungen hat jedenfalls keine besondere Schwierigkeit[33]); er würde hier aber zu weit führen. Der einzige Spezialfall unseres Satzes, den wir später gebrauchen werden, ist auf Grund der auf Riemann zurückgehenden Untersuchungen der Analysis situs bekannt: es handelt sich bei ihm (§ 14) um solche Strömungen, bei denen m einfache algebraische Unstetigkeitspunkte vorhanden sind, bei denen also $2m + 2p - 2$ Kreuzungspunkte auftreten müssen.

§ 12.

Über die Zusammensetzung der allgemeinsten komplexen Funktion des Ortes aus einzelnen Summanden.

Der Beweisgang des § 10 setzt uns in den Stand, von der allgemeinsten auf einer Fläche existierenden komplexen Funktion des Ortes

---

[33]) Zu einem solchen Beweise scheint vor allen Dingen notwendig, sich über die verschiedenen Möglichkeiten klar zu werden, die betreffs der Überführung einer gegebenen Fläche in die Normalfläche des § 8 vorliegen.

uns dadurch eine konkretere Vorstellung zu machen, daß wir dieselbe aus einzelnen Summanden von möglichst einfacher Eigenschaft additiv zusammensetzen.

Betrachten wir zuvörderst *überall endliche* Funktionen.

Es seien $u_1, u_2, \ldots, u_\mu$ überall endliche Potentiale. Dieselben mögen *linear abhängig* heißen, wenn zwischen ihnen eine Relation

$$a_1 u_1 + a_2 u_2 + \ldots + a_\mu u_\mu = a$$

mit konstanten, *reellen* Koeffizienten besteht. Eine solche Beziehung liefert entsprechende Gleichungen für die $2p$ Serien von μ Periodizitätsmoduln, welche $u_1, u_2, \ldots, u_\mu$ an den $2p$ Querschnittten der Fläche besitzen. Umgekehrt würde, nach dem in § 10 bewiesenen Satze, aus solchen Gleichungen zwischen den Periodizitätsmoduln die lineare Relation zwischen den u selbst hervorgehen. Es ergibt sich so, *daß man auf mannigfachste Weise $2p$ linear unabhängige überall endliche Potentiale*

$$u_1, u_2, \ldots, u_{2p}$$

finden kann, daß sich aber aus ihnen jedes andere überall endliche Potential linear zusammensetzt:

$$u = a_1 u_1 + a_2 u_2 + \ldots + a_{2p} u_{2p} + A.$$

In der Tat kann man $u_1, u_2, \ldots, u_{2p}$ z. B. derart wählen, daß jedes nur an einem der $2p$ Querschnitte einen nicht verschwindenden Periodizitätsmodul besitzt (wobei natürlich jedem Querschnitte ein und nur ein Potential zugewiesen werden soll). Hernach kann man in $\Sigma a_i u_i$ die Konstanten a_i so bestimmen, daß dieser Ausdruck an sämtlichen $2p$ Querschnitten dieselben Periodizitätsmoduln aufweist, wie u. Dann ist $u - \Sigma a_i u_i$ eine Konstante, und wir haben also die vorstehende Formel.

Um nun von den Potentialen u zu den überall endlichen Funktionen $u + iv$ überzugehen, denke ich mir der Einfachheit halber ein solches Koordinatensystem x, y auf der Fläche eingeführt (§ 6), daß u, v durch die Gleichungen verknüpft sind:

$$\frac{\partial u}{\partial x} = \frac{\partial v}{\partial y}, \quad \frac{\partial u}{\partial y} = -\frac{\partial v}{\partial x}.$$

Sei jetzt u_1 ein beliebiges überall endliches Potential. Wir bilden das zugehörige v_1 und haben:

u_1 *und v_1 sind jedenfalls linear unabhängig.*

Denn wenn zwischen u_1, v_1 eine Gleichung

$$a_1 u_1 + b_1 v_1 = \text{Const.}$$

mit konstanten Koeffizienten bestünde, so würde dieselbe die folgenden Relationen begründen:

$$a_1 \frac{\partial u_1}{\partial x} + b_1 \frac{\partial v_1}{\partial x} = 0, \quad a_1 \frac{\partial u_1}{\partial y} + b_1 \frac{\partial v_1}{\partial y} = 0,$$

aus denen vermöge der angegebenen Beziehungen das widersinnige Resultat

$$\frac{\partial u_1}{\partial x} = 0, \quad \frac{\partial u_1}{\partial y} = 0$$

folgen würde.

Es sei nun ferner u_2 von u_1 und v_1 linear unabhängig. Dann nehmen wir das zugehörige v_2 und haben dann den allgemeineren Satz:

Die vier Funktionen u_1, u_2, v_1, v_2 sind ebenfalls linear unabhängig.

In der Tat könnte man aus jeder linearen Relation:

$$a_1 u_1 + a_2 u_2 + b_1 v_1 + b_2 v_2 = \text{Const.}$$

durch Benutzung der zwischen den u, v bestehenden Beziehungen die folgenden Gleichungen ableiten:

$$(a_1 a_2 + b_1 b_2)\frac{\partial u_1}{\partial x} - (a_1 b_2 - a_2 b_1)\frac{\partial v_1}{\partial x} + (a_2^2 + b_2^2)\frac{\partial u_2}{\partial x} = 0,$$

$$(a_1 a_2 + b_1 b_2)\frac{\partial u_1}{\partial y} - (a_1 b_2 - a_2 b_1)\frac{\partial v_1}{\partial y} + (a_2^2 + b_2^2)\frac{\partial u_2}{\partial y} = 0,$$

aus denen durch Integration eine lineare Abhängigkeit zwischen u_1, v_1, u_2 folgen würde.

So vorwärts schließend bekommt man endlich $2p$ linear unabhängige Potentiale:

$$u_1, v_1; \; u_2, v_2; \; \ldots; \; u_p, v_p,$$

wo jedes v mit dem gleichbezeichneten u zusammengehört. Wir setzen $u_a + i v_a = w_a$ und nennen nunmehr überall endliche Funktionen w_1, w_2, $\ldots$, w_μ linear unabhängig, wenn zwischen ihnen keinerlei Relation:

$$c_1 w_1 + c_2 w_2 + \ldots + c_\mu w_\mu = c$$

besteht, unter $c_1, \ldots, c_\mu, c$ beliebige *komplexe* Konstanten verstanden. Dann haben wir sofort:

Die p überall endlichen Funktionen

$$w_1, w_2, \ldots, w_p$$

sind linear unabhängig.

Wenn nämlich eine lineare Abhängigkeit bestünde, so könnte man in ihr das Reelle und Imaginäre sondern und erhielte dadurch lineare Beziehungen zwischen den u und v.

Des weiteren aber folgt: *Jede beliebige überall endliche Funktion setzt sich aus unseren w_1, w_2, $\ldots$, w_p in der Form zusammen:*

$$w = c_1 w_1 + c_2 w_2 + \ldots + c_p w_p + C.$$

In der Tat können wir durch geeignete Wahl der komplexen Konstanten c_1, c_2, $\ldots$, c_p bei der linearen Unabhängigkeit der u_1, $\ldots$, u_p, v_1, $\ldots$, v_p erreichen, daß eine durch vorstehende Formel definierte Funktion w

an den $2p$ Querschnitten beliebig vorgegebene Größen als Periodizitäts-moduln des reellen Teils aufweist.

Dies ist das Theorem, welches wir hinsichtlich der Darstellung über-all endlicher Funktionen im gegenwärtigen Paragraphen aufzustellen hatten. Der Übergang zu *Funktionen mit Unendlichkeitsstellen* ist nun sehr leicht zu bewerkstelligen.

Es seien ξ_1, ξ_2, ..., ξ_μ die Punkte, in denen unsere Funktion in irgendwie vorgeschriebener Weise unendlich werden soll. Wir wollen dann einen Hilfspunkt η einführen und eine Reihe von einzelnen Funktionen

$$F_1, \ F_2, \ ..., \ F_\mu$$

konstruiren, von denen jede einzelne nur in einem der Punkte ξ, und zwar in der für diesen Punkt vorgeschriebenen Weise, unendlich werden soll und überdies in η einen logarithmischen Unstetigkeitspunkt besitzen mag, dessen Residuum dem, zu dem betreffenden ξ gehörigen, logarith-mischen Residuum entgegengesetzt gleich kommt. Die Summe

$$F_1 + F_2 + \cdots + F_\mu$$

wird dann in η stetig; denn die Summe aller zu den Unstetigkeitspunkten ξ gehörigen Residua ist, wie wir wissen, gleich Null. Überdies wird sie in den ξ und nur in den ξ, dabei in der vorgeschriebenen Weise unendlich. Sie unterscheidet sich also von der gesuchten Funktion nur um eine überall endliche Funktion. *Die gesuchte Funktion ist also in der Gestalt darstellbar:*

$$F_1 + F_2 + \cdots + F_\mu + c_1 w_1 + c_2 w_2 + \cdots + c_p w_p + C,$$

womit wir auch das allgemeine hier in Betracht kommende Theorem ge-funden haben.

Dasselbe entspricht offenbar der Zerlegung, welche wir in § 4 für die auf der Kugel existierenden komplexen Funktionen betrachteten, und die wir damals, wie man es gewöhnlich tut, der Lehre von der *Partialbruch-zerlegung rationaler Funktionen* entnahmen.

§ 13.
Über die Vieldeutigkeit unserer Funktionen.
Besondere Betrachtung eindeutiger Funktionen.

Die Funktionen $u + iv$, welche wir auf unseren Flächen studieren, sind im allgemeinen unendlich vieldeutig: denn einmal bringt jeder loga-rithmische Unendlichkeitspunkt einen Periodizitätsmodul mit sich, anderer-seits haben wir die Periodizitätsmoduln an den $2p$ Querschnitten A_i, B_i, deren reelle Teile wir willkürlich annehmen konnten. Ich sage nun, *daß mit diesen Angaben die Vieldeutigkeit von $u + iv$ in der Tat erschöpft ist.* Zum Beweise müssen wir auf den Begriff der Äquivalenz zweier Kurven auf gegebener Fläche zurückgreifen, den wir in § 9 zunächst zu anderem Zwecke einführten. Da die Differentialquotienten von u und v (oder, was dasselbe ist, die Komponenten der zugehörigen Strömung) auf unserer Fläche durchweg eindeutig sind, so liefern zwei äquivalente geschlossene Kurven, welche durch keinen logarithmischen Unstetigkeitspunkt getrennt sind, bei Durchlaufung denselben Zuwachs von u, wie von v. Nun fanden wir aber, daß jede geschlossene Kurve mit einer ganzzahligen Kombination der Querschnitte A_i, B_i äquivalent ist. Wir bemerkten ferner (§ 10), daß die Durchlaufung von A_i denjenigen Periodizitätsmodul liefert, welcher der Überschreitung von B_i entspricht, und umgekehrt. Hieraus aber folgt das ausgesprochene Theorem in bekannter Weise.

Es wird uns nun insbesondere interessieren, *eindeutige* Funktionen des Ortes zu betrachten. Dem Gesagten zufolge werden wir alle solche Funktionen erhalten, wenn wir als Unstetigkeiten nur rein *algebraische* Unendlichkeitspunkte zulassen und dann dafür sorgen, daß die $2p$ Periodizitätsmoduln an den Querschnitten A_i, B_i sämtlich verschwinden. Dabei wird es der leichteren Ausdrucksweise wegen gestattet sein, nur *einfache* algebraische Unstetigkeitspunkte in Betracht zu ziehen. Denn wir wissen ja aus § 3, daß der ν-fache algebraische Unstetigkeitspunkt durch Zusammenrücken von ν einfachen entstehen kann, wobei übrigens, wie man nicht vergessen darf, Kreuzungspunkte in der Gesamtmultiplizität $(\nu - 1)$ absorbiert werden. Seien also m Punkte als einfache algebraische Unendlichkeitspunkte der gesuchten Funktion, gegeben. So wollen wir zuerst irgend m Funktionen des Ortes bilden: $Z_1, Z_2, \ldots, Z_m$, von denen jede nur an einer der gegebenen Stellen einfach algebraisch unendlich werden soll, aber übrigens beliebig vieldeutig sein mag. Aus diesen Z setzt sich die allgemeinste komplexe Funktion des Ortes, welche an den gegebenen Stellen einfache algebraische Unstetigkeiten besitzt, dem vorigen Paragraphen zufolge in der Gestalt zusammen:

$$a_1 Z_1 + a_2 Z_2 + \ldots + a_m Z_m + c_1 w_1 + \ldots + c_p w_p + C,$$

unter $a_1, a_2, \ldots, a_m$ beliebige konstante Koeffizienten verstanden. Um eine eindeutige Funktion zu haben, setzen wir die Periodizitätsmoduln, welche dieser Ausdruck an den $2p$ Querschnitten besitzt, gleich Null. Aber diese Periodizitätsmoduln setzen sich vermöge der a, c aus den Periodizitätsmoduln der Z, w linear zusammen. *Wir finden also $2p$ lineare homogene Gleichungen für die $m + p$ Konstanten a und c. Wir*

wollen annehmen, daß diese Gleichungen linear unabhängig sind[34]). Dann
kommt der wichtige Satz:

*Unter der genannten Voraussetzung gibt es bei m beliebig vor-
geschriebenen einfachen algebraischen Unstetigkeitspunkten nur dann eindeutige Funktionen des Ortes, wenn $m \geq p + 1$ ist, und zwar enthalten
diese Funktionen $(m - p + 1)$ linear vorkommende willkürliche komplexe Konstante.*

Man denke sich jetzt die m Unendlichkeitspunkte als beweglich. So
treten m neue Willkürlichkeiten in die Betrachtung ein. Überdies ist klar,
daß man beliebige m Punkte auf der Fläche durch kontinuierliche Verschiebung in beliebige m andere verwandeln kann. Wir können also sagen,
indem wir uns übrigens immer der Voraussetzung erinnern, die wir gemacht haben:

*Die Gesamtheit der eindeutigen Funktionen mit m einfachen alge-
braischen Unstetigkeitspunkten, die auf gegebener Fläche existieren, bildet
ein Kontinuum von $(2m - p + 1)$ komplexen Abmessungen.*

Nun wir die Existenz und die Mannigfaltigkeit der eindeutigen Funktionen haben kennen lernen, wollen wir auf möglichst anschauungsmäßigem
Wege noch eine andere wichtige Eigenschaft derselben entwickeln. Die
Zahl m der Unendlichkeitspunkte unserer Funktion hat nämlich für letztere
eine noch viel weitergehende Bedeutung. Ich sage, *daß unsere Funktion
$u + iv$ jeden beliebig vorgegebenen Wert $u_0 + iv_0$ genau an m Stellen
annimmt.*

Zum Beweise betrachte man den Verlauf der Kurven $u = u_0$, $v = v_0$
auf unserer Fläche. Nach § 2 ist klar, daß jede dieser Kurven einen
Ast durch jeden der m Unendlichkeitspunkte hindurchschickt. Andererseits folgt aus Betrachtungen, wie wir sie in § 10 entwickelten, daß jeder
Kurvenast mindestens einen Unendlichkeitspunkt enthalten muß. Hiernach ist für sehr große u_0, v_0 die Richtigkeit unserer Behauptung unmittelbar klar. Denn die betreffenden Kurven $u = u_0$, $v = v_0$ gehen dann
in der Nähe des einzelnen Unendlichkeitspunktes nach § 2 in kleine durch

---

[34]) Sind sie es nicht, so ist die nächste Folge, daß die Zahl der in m Punkten
unendlich werdenden eindeutigen Funktionen *größer* wird als die im Texte angegebene.
Man kennt die Untersuchungen, welche zumal **Roch** über diese Möglichkeit ange-
stellt hat (Crelles Journal Bd. 64, 1865; vgl. auch, was die algebraische Formulierung betrifft: **Brill** und **Noether** *Über die algebraischen Funktionen und ihre Verwendung in der Geometrie*, Math. Annalen, Bd. 7, 1874). Ich kann diesen Untersuchungen im Texte nicht folgen, obgleich sie sich mit Leichtigkeit an die Darstellung
des Abelschen Theorems anschließen lassen, wie sie **Riemann** in Nr. 14 der *Abelschen Funktionen* gibt, und will nur, mit Rücksicht auf spätere Entwicklungen des
Textes (vgl. § 19), darauf hinweisen, *daß eine lineare Abhängigkeit zwischen den $2p$
Gleichungen jedenfalls nicht eintritt, wenn m die Grenze $2p - 2$ überschreitet.* [Siehe indessen Abh. XCVII, S. 396 des vorliegenden Bandes.]

den Unendlichkeitspunkt hindurchlaufende Kreise über, welche notwendig neben dem (hier nicht weiter in Betracht kommenden) Unstetigkeitspunkte noch je *einen* Schnittpunkt gemein haben.

Hieraus aber folgt die Sache allgemein. *Denn die Kurven $u = u_0$, $v = v_0$ können bei kontinuierlicher Änderung von u_0, v_0 niemals einen Schnittpunkt verlieren.* Es könnte dies nämlich nach dem Gesagten nur so geschehen, daß mehrere Schnittpunkte zusammenrückten, um dann in

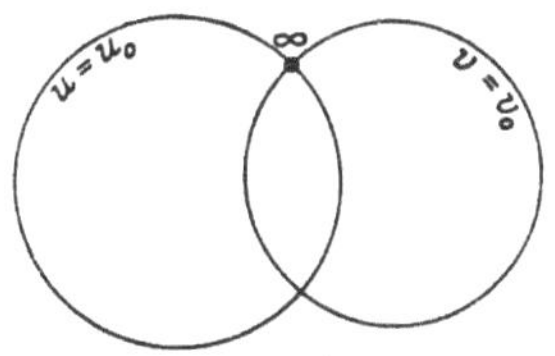

Fig. 33.

geringerer Zahl wieder auseinander zu treten. Nun bilden die Kurven u, v ein Orthogonalsystem. Ein Zusammenrücken reeller Schnittpunkte ist also nur in den Kreuzungspunkten möglich (in denen es auch wirklich geschieht). Die Kreuzungspunkte aber sind nur in endlicher Zahl vorhanden, und also nicht imstande, die Fläche in verschiedene Gebiete zu zerlegen. Die Eventualität des Zusammenrückens ist also überhaupt nicht in Betracht zu ziehen, und somit unsere Behauptung bewiesen.

Es ist übrigens für das Folgende nützlich, sich die Verteilung der Werte von $u + iv$ in der Nähe eines Kreuzungspunktes deutlich zu machen. Hierzu genügt eine aufmerksame Betrachtung der oben gegebenen Fig. 1. Man erkennt zumal, daß von den m beweglichen Schnittpunkten der Kurven $u = u_0$, $v = v_0$ bei Annäherung an den ν-fachen Kreuzungspunkt $(\nu + 1)$ zusammenrücken.

Analoge Betrachtungen, wie wir sie hiermit für eindeutige Funktionen erledigt haben, finden natürlich auch bei vieldeutigen Funktionen ihre Stelle. Ich gehe auf sie nur deshalb nicht ein, weil es die im folgenden festgehaltene Umgrenzung des Stoffes nicht nötig macht. Auch kommt nur in den allereinfachsten Fällen ein übersichtliches Resultat. Sei in dieser Beziehung daran flüchtig erinnert, daß eine komplexe Funktion mit mehr als zwei inkommensurabeln Periodizitätsmoduln an jeder Stelle jedem beliebigen Werte unendlich nahe gebracht werden kann.

§ 14.

Die gewöhnlichen Riemannschen Flächen über der $x + iy$-Ebene.

Statt die Verteilung der Funktionswerte $u + iv$ auf der ursprünglichen Fläche zu betrachten, kann man ein sozusagen umgekehrtes Verfahren einschlagen. Man deute nämlich die Funktionswerte — welche dementsprechend jetzt $x + iy$ genannt werden sollen — in gewöhnlicher Weise in der Ebene (oder auch auf der Kugel[35])) und studiere die *kon-*

---

[35]) Ich spreche im folgenden durchweg von der Ebene, statt von der Kugel, um mich möglichst an die gewöhnliche Auffassungsweise anzuschließen.

forme Abbildung, welche demzufolge (nach § 5) von unserer ursprünglichen Fläche entworfen wird. Wir beschränken uns dabei wieder, der
Einfachheit halber, auf den Fall der eindeutigen Funktionen, trotzdem es
besonderes Interesse hat, gerade auch die Abbildung durch mehrdeutige
Funktionen in Betracht zu ziehen[36]).

Eine kurze Überlegung zeigt, *daß wir so gerade zu der mehrblättrigen,
mit Verzweigungspunkten versehenen, über der xy-Ebene ausgebreiteten
Fläche geführt werden, welche man gewöhnlich als Riemannsche Fläche
schlechthin bezeichnet.*

In der Tat, sei m die Zahl der (einfachen) Unendlichkeitspunkte,
welche $x + iy$ auf der ursprünglichen Fläche besitzt. Es nimmt dann
$x + iy$, wie wir sahen, *jeden* Wert auf der gegebenen Fläche m-mal an.
*Daher überdeckt die konforme Abbildung unserer Fläche auf die $x + iy$-
Ebene die letztere im allgemeinen mit m Blättern.* Eine Ausnahmestellung nehmen nur diejenigen Werte von $x + iy$ ein, für welche einige
der m auf der ursprünglichen Fläche zugehörigen Stellen zusammenfallen,
denen also *Kreuzungspunkte* entsprechen. Man ziehe zum Verständnisse
noch einmal die Fig. 1 heran. Es folgt aus derselben, daß man die Umgebung eines ν-fachen Kreuzungspunktes derart in $(\nu + 1)$ Sektoren zerlegen kann, daß $x + iy$ innerhalb jedes Sektors denselben Wertvorrat
durchläuft. *Daher werden oberhalb der betreffenden Stelle der $(x + iy)$-
Ebene $(\nu + 1)$ Blätter der konformen Abbildung derart zusammenhängen,
daß eine Umlaufung der Stelle von einem Blatte in ein zweites, von
diesem in ein drittes führt usw., und daß eine $\cdot(\nu + 1)$-malige Umlaufung derselben nötig wird, um zum Anfangspunkte zurückzugelangen.*
Dies ist aber genau, was man gewöhnlich als einen ν-fachen *Verzweigungspunkt* bezeichnet[37]). Dabei ist die Abbildung in diesem Punkte selbst
natürlich keine konforme mehr; man beweist leicht, daß der Winkel, den
irgend zwei auf der ursprünglichen Fläche verlaufende sich im Kreuzungspunkte schneidende Kurven miteinander bilden, auf der über der $(x + iy)$-
Ebene ausgebreiteten Riemannschen Fläche genau mit $(\nu + 1)$ multipliziert erscheint.

---

[36]) Man vergleiche hierzu, was Riemann in Nr. 12 seiner *Abelschen Funktionen*
über die Abbildung durch überall endliche Funktionen sagt.

[37]) Wir haben oben (§ 11) ohne ausgeführten Beweis angegeben, daß die Zahl
der Kreuzungspunkte von $x + iy$ $(2m + 2p - 2)$ beträgt. Wie man jetzt sieht, ist
diese Behauptung eine einfache Umsetzung der bekannten Relation, welche die Zahl
der Verzweigungspunkte (oder vielmehr die Gesamtmultiplizität derselben) mit der
Blätterzahl m und dem p einer mehrblättrigen ebenen Fläche verknüpft (unter p die
Maximalzahl der Rückkehrschnitte verstanden, die man auf dieser mehrblättrigen
ebenen Fläche ziehen kann, ohne sie zu zerstücken).

Aber zugleich erkennen wir die Bedeutung, welche diese mehrblättrige Fläche für unsere Zwecke beanspruchen kann. Alle Flächen, welche durch konforme Abbildung eindeutig auseinander hervorgehen, sind für uns gleichbedeutend (§ 8). Wir können also die m-blättrige Fläche über der Ebene ebensogut zugrunde legen, wie die bisher benutzte Fläche, die wir uns ohne jedes singuläre Vorkommnis frei im Raume gelegen vorstellten. Dabei kommt die Schwierigkeit, die man in dem Auftreten der Verzweigungspunkte erblicken könnte, von vornherein in Wegfall: denn wir werden nur solche Strömungen auf der mehrblättrigen Fläche in Betracht ziehen, welche sich in der Umgebung der Verzweigungspunkte derart verhalten, daß sie rückwärts·auf die im Raume gelegene ursprüngliche Fläche übertragen dort keine anderen singulären Vorkommnisse darbieten, als die ohnehin gestatteten. Hierzu ist nicht einmal nötig, daß man eine entsprechende im Raume gelegene Fläche kennt; handelt es sich doch nur um Verhältnisse in der nächsten Umgebung der Verzweigungspunkte, d. h. um differentielle Relationen, denen unsere Strömungen genügen müssen[38]). Es hat hiernach auch keinen Zweck mehr, wenn wir von beliebig gekrümmten Flächen sprechen, uns diese ohne singuläre Punkte zu denken: *sie mögen selbst mit mehreren Blättern überdeckt sein, die unter sich durch Verzweigungspunkte, beziehungsweise Verzweigungsschnitte zusammenhängen.* Aber welche unter den unbegrenzt vielen, sonach gleichberechtigten Flächen wir auch der Betrachtung zugrunde legen wollen: wir müssen zwischen *wesentlichen* Eigenschaften unterscheiden, welche allen gleichberechtigten Flächen gemeinsam sind, und *unwesentlichen* Eigenschaften, die der partikulären Fläche anhaften. Zu ersteren gehört die Zahl p, es gehören dahin die „Moduln“, von denen in § 18 ausführlicher die Rede sein soll; zu letzteren bei mehrblättrigen Flächen die Art und Lage der Verzweigungspunkte. Wenn wir uns eine *ideale* Fläche denken, die nur jene wesentlichen Eigenschaften besitzen soll, so entsprechen auf ihr den Verzweigungspunkten der mehrblättrigen Fläche gewöhnliche Punkte, die, allgemein zu reden, vor den übrigen Punkten nichts voraus haben, und die erst dadurch beachtenswert werden, daß bei der konformen Abbildung, die von der idealen Fläche zur partikulären hinüberführt, in ihnen Kreuzungspunkte entstehen.

Das Resultat ist also dieses, *daß wir betreffs der Flächen, auf denen wir operieren dürfen, eine größere Beweglichkeit gewonnen haben, und daß wir zugleich die Zufälligkeiten erkennen, welche die Betrachtung jeder einzelnen besonderen Fläche mit sich bringt.* Insbesondere werden wir

---

[38]) Wegen der expliziten Formulierung dieser Relationen vergleiche man die gewöhnlichen Lehrbücher, sodann insbesondere die Schrift von C. Neumann: *Das Dirichletsche Prinzip in seiner Anwendung auf die Riemannschen Flächen*, Leipzig, 1865.

im folgenden, so oft es nützlich scheint, mehrblättrige Flächen über der $x + iy$-Ebene in Betracht ziehen; ihre Verwendung soll aber in keiner Weise die Allgemeinheit der Auffassung beeinträchtigen[39]).

§ 15.

Der Ring $p = 1$ und die zweiblättrige Fläche mit vier Verzweigungspunkten über der Ebene[40]).

Ich habe mich im vorigen Paragraphen ziemlich kurz fassen können, da ich die gewöhnliche Riemannsche Fläche über der Ebene mit ihren Verzweigungspunkten als bekannt ansah. Immerhin wird es nützlich sein, wenn ich das Gesagte an einem Beispiel erläutere. Wir wollen einen Ring $p = 1$ betrachten. Auf ihm existieren nach § 13 ∞^4 eindeutige Funktionen mit nur zwei Unendlichkeitspunkten. Eine jede derselben besitzt nach der allgemeinen Formel des § 11 vier Kreuzungspunkte. Der Ring ist also auf mannigfache Weise auf eine zweiblättrige ebene Fläche mit vier Verzweigungspunkten abzubilden. Ich will den besonderen Fall, in welchem ich diese Abbildung nunmehr betrachten werde, auf explizite Formeln

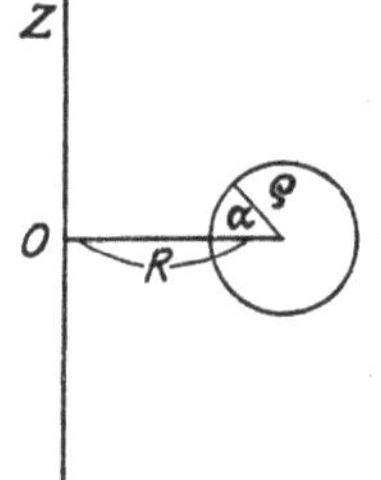

stützen, damit auch denjenigen Lesern, die in den rein anschauungsmäßigen Operationen minder geübt sind, die Sache zugänglich sei. Allerdings greife ich damit in etwas den Entwicklungen vor, welche erst der folgende Paragraph zu bringen bestimmt ist.

Wir wollen die Ringfläche als gewöhnlichen Torus voraussetzen, der durch Rotation eines Kreises um eine denselben nicht schneidende Achse seiner Ebene entsteht.

Fig. 34.   Sei ϱ der Radius dieses Kreises, R der Abstand seines Mittelpunktes von der Achse, α ein Polarwinkel.

Wir führen die Rotationsachse als Z-Achse, den Punkt O der Figur als Anfangspunkt eines rechtwinkligen Koordinatensystems ein und unterscheiden die durch OZ hindurchlaufenden Ebenen nach dem Winkel φ,

---

[39]) Es entsteht hier die interessante Frage, ob es immer möglich ist, mehrblättrige Flächen mit beliebigen Verzweigungspunkten konform in solche zu verwandeln, die durchaus keine singuläre Stelle besitzen. Diese Frage greift über die im Texte zu behandelnden Gegenstände hinaus, aber ich habe sie immerhin anführen wollen. Gelingt es im einzelnen Falle nicht, so haben die vorgängigen Betrachtungen des Textes doch noch die Bedeutung, daß sie am einfachsten Beispiele die allgemeinen Ideen haben entstehen lassen und dadurch die Behandlung auch der komplizierten Vorkommnisse ermöglicht haben. [Vgl. zu dieser Frage die Abschnitte über Minimalflächen in meiner Autographie „*Riemannsche Flächen*“ (1891/92). K.]

[40]) Vgl. Kirchhoff, Monatsberichte der Berliner Akademie von 1875, a. a. O. (wo übrigens explizite nur die Beziehung zwischen Ringfläche und ebenem Rechtecke besprochen wird).

den sie mit der positiven X-Achse bilden. Dann hat man für einen beliebigen Punkt der Ringfläche:

$$(1) \quad X = (R - \varrho \cos \alpha) \cos \varphi, \quad Y = (R - \varrho \cos \alpha) \sin \varphi, \quad Z = \varrho \sin \alpha.$$

Daher wird das Bogenelement:

$$(2) \quad ds = \sqrt{dX^2 + dY^2 + dZ^2} = \sqrt{(R - \varrho \cos \alpha)^2 \cdot d\varphi^2 + \varrho^2 \cdot d\alpha^2}$$

oder:

$$(3) \quad ds = (R - \varrho \cos \alpha) \cdot \sqrt{d\xi^2 + d\eta^2},$$

wo

$$(4) \quad \xi = \varphi, \quad \eta = \int_0^a \frac{\varrho \, d\alpha}{R - \varrho \cos \alpha}$$

gesetzt sein soll.

Nach Formel (3) haben wir eine konforme Abbildung der Ringfläche auf die $\xi\eta$-Ebene. Die ganze Ringfläche wird offenbar einmal überstrichen, wenn φ und α (in den Formeln (1)) jedes von $-\pi$ bis $+\pi$ läuft. *Die konforme Abbildung der Ringfläche überdeckt daher ein Rechteck der Ebene, wie es durch Fig. 35 vorgestellt wird.*

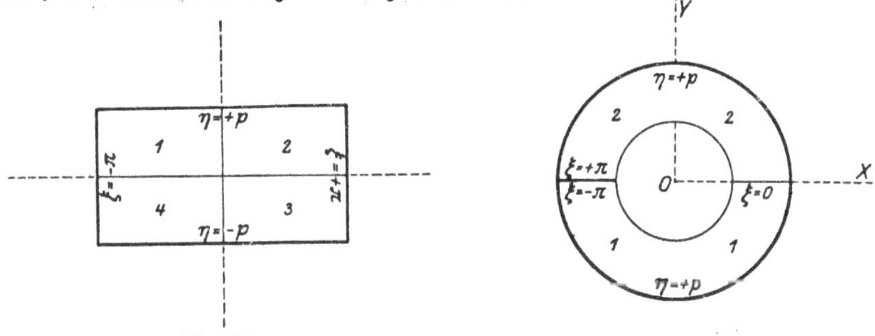

Fig. 35.   Fig. 36.

Ich habe dabei in der Figur der Kürze halber statt $\int_0^\pi \dfrac{\varrho \, d\alpha}{R - \varrho \cos \alpha}$ einfach p geschrieben. — Wollen wir uns die Beziehung zwischen Rechteck und Ringfläche recht anschaulich vorstellen, so denke man sich ersteres aus dehnsamem Material verfertigt und nun die gegenüberstehenden Kanten des Rechtecks ohne Torsion zusammengebogen. Oder auch, man denke sich den Ring von analoger Beschaffenheit, zerschneide ihn längs einer Breitenkurve und einer Meridiankurve und breite ihn dann in die $\xi\eta$-Ebene aus. Ich setze statt weiterer Erläuterung eine Figur her, welche die Vertikalprojektion der Ringfläche von der positiven Z-Achse aus auf die XY-Ebene vorstellt und bei der die Beziehung zur $\xi\eta$-Ebene markiert ist (Fig. 36).

Natürlich erblickt man nur die Oberseite der Ringfläche, die auf der Rückseite abgebildeten Quadranten 3 und 4 werden beziehungsweise von 2 und 1 verdeckt.

Sei nun andererseits bei reellem $\varkappa$ (< 1) über der Ebene eine zweiblättrige Fläche mit vier Verzweigungspunkten $Z = \pm 1$, $\pm \dfrac{1}{\varkappa}$ gegeben:

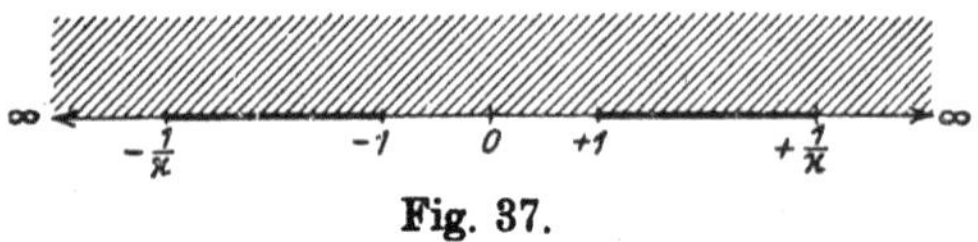

Fig. 37.

wobei ich mir (wie es in der Figur angedeutet ist) die beiden Halbblätter, welche die positive Halbebene überlagern, schraffiert denken will. Dabei sollen die Verzweigungsschnitte mit den geradlinigen Strecken zwischen $+1$ und $+\dfrac{1}{\varkappa}$ einerseits, und -1 und $-\dfrac{1}{\varkappa}$ andererseits zusammenfallen.

Diese zweiblättrige Fläche repräsentiert, wie man weiß, die Verzweigung von $w = \sqrt{1 - z^2 \cdot 1 - \varkappa^2 z^2}$, und zwar können wir, in Anbetracht der Wahl der Verzweigungsschnitte, die Zuordnung so treffen, daß auf dem oberen Blatte w durchweg einen positiven reellen Teil besitzt. Wir betrachten nun das Integral

$$W = \int_0^z \frac{dz}{w}.$$

Dasselbe liefert uns in bekannter Weise die Abbildung unserer zweiblättrigen Fläche ebenfalls auf ein Rechteck, dessen nähere Beziehung zur zweiblättrigen Fläche durch folgende Figur gegeben ist, auf welcher man die Schraffierungen und sonstigen Unterscheidungen der Fig. 37 wiederfindet:

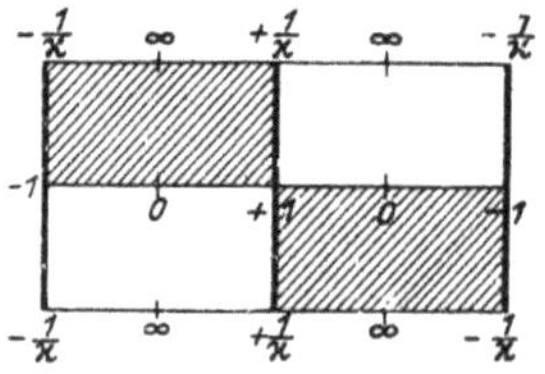

Fig. 38.

Dem oberen Blatte von Fig. 37 entspricht die linke Seite dieser Figur. Man beachte vor allem, wie sich die Abbildung für die Umgebung der Verzweigungspunkte der zweiblättrigen Fläche gestaltet. Vielleicht ist es am einfachsten, die Sache sich so vorzustellen, daß man von Fig. 37 zunächst durch stereographische Projektion zu einer zweimal überdeckten Kugelfläche übergeht, welche auf einem Meridian vier Verzweigungspunkte trägt, — daß man die so erhaltene Fläche durch einen längs des Meridians verlaufenden Schnitt in vier Halbkugeln zerlegt, deren einzelne man durch geeignete Dehnung und Deformierung in der Nähe der vier Verzweigungspunkte in ein ebenes Rechteck verwandelt, — daß man endlich die so entstehenden vier Rechtecke entsprechend den Beziehungen zwischen den vier Halbkugeln nach Art von Fig. 38 nebeneinander legt. Man sieht auf diese Art auch deutlich, daß in Fig. 38 immer *zwei* (zusammengehörige) Randpunkte denselben Punkt der ursprünglichen Fläche bezeichnen.

Um nun zwischen dem Ringe und der zweiblättrigen Fläche die gewünschte Beziehung zu erzielen, haben wir nur dafür zu sorgen, daß das Rechteck der Fig. 38 durch passende Wahl des Moduls $\varkappa$ mit dem Rechtecke der Fig. 35 *ähnlich* wird. Eine proportionale Vergrößerung des einen Rechtecks (welches auch eine konforme Umgestaltung ist) bringt dasselbe sodann mit dem anderen Rechteck zur Deckung und vermittelt so eine eindeutig-konforme Abbildung der zweiblättrigen Fläche auf die Ringfläche (oder der letzteren auf die erstere). Es wird wiederum genügen, das Sachverhältnis durch eine Figur zu kennzeichnen, dieselbe entspricht genau der eben gegebenen Fig. 36:

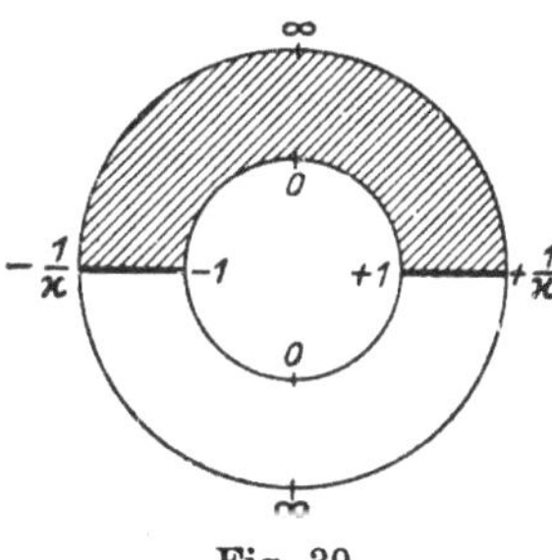

Fig. 39.

Die Schraffierung soll sich dabei nur auf die Vorderseite der Ringfläche beziehen; auf der Rückseite ist die untere Hälfte der Figur schraffiert zu denken, die obere frei zu lassen.

Die konforme Abbildung, welche wir wünschten, ist hiermit tatsächlich geleistet. Wir wollen jetzt rückwärts die Strömung auf der Ringfläche bestimmen, durch deren Vermittlung im Sinne des § 14 die Abbildung zustande kommt. Dieselbe wird an den mit ± 1, $\pm \varkappa^2$ bezeichneten Stellen Kreuzungspunkte besitzen müssen, an den beiden Stellen ∞ algebraische Unendlichkeitspunkte von einfacher Multiplizität. Man findet die betreffenden Kurven, die Niveaukurven sowohl wie die Strömungskurven, am besten, wenn man sich des Rechtecks als Zwischenfigur bedient. Offenbar übertragen sich die Kurven $x = $ Const., $y = $ Const. der z-Ebene (Fig. 37) auf das Rechteck der Fig. 38, wie die Fig. 40, 41 angeben. Ich habe dabei allein den Kurven $y = $ Const. Pfeilspitzen zugesetzt, um sie im Gegensatze zu den anderen als Strömungskurven zu charakterisieren.

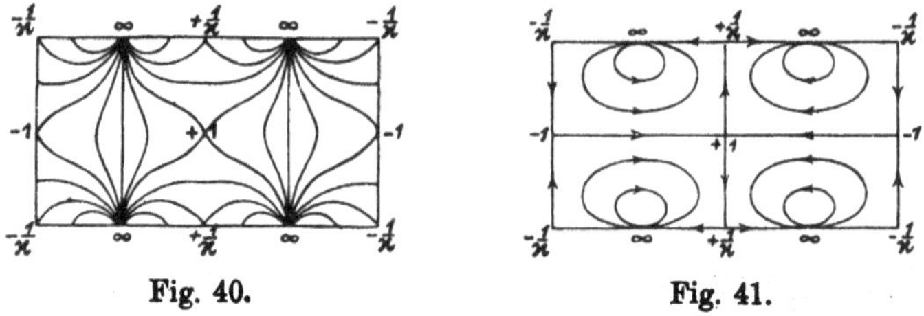

Fig. 40.   Fig. 41.

Man hat nun einfach diese Zeichnungen in derselben Weise zusammenzubiegen, wie es bei Fig. 35 geschildert wurde, um die Ringfläche und auf ihr die gewünschten Kurvensysteme zu erhalten. Das Resultat ist das folgende:

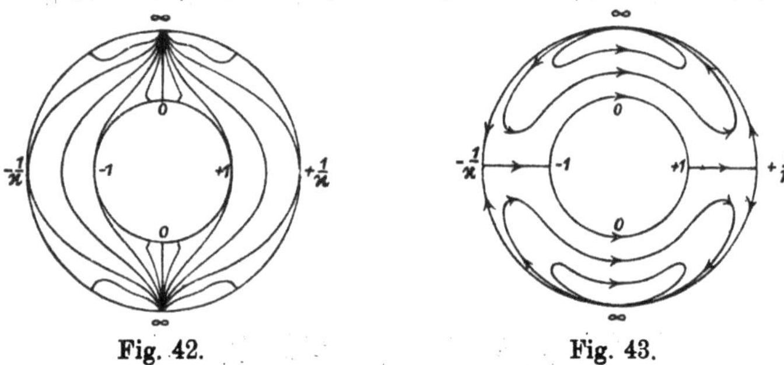

Fig. 42.   Fig. 43.

Dabei erscheinen in Fig. 42 die vier Kreuzungspunkte der Strömung vermöge der gewählten Projektionsart als Berührungspunkte der Niveaukurven mit der scheinbaren Kontur der Ringfläche.

§ 16.

Funktionen von $x + iy$, welche den untersuchten Strömungen entsprechen.

Sei $x + iy$, wie in § 14, eine eindeutige komplexe Funktion des Ortes auf unserer Fläche mit m algebraischen, einfachen Unendlichkeitspunkten. Wir verwandeln unsere Fläche nach Anleitung jenes Paragraphen in eine m-blättrige Fläche über der $x + iy$-Ebene[41]) und legen uns nun die Frage vor, *in welche Funktionen des Argumentes $x + iy$ die bisher untersuchten komplexen Funktionen des Ortes übergehen mögen.* Man erinnere sich dabei der Entwicklungen des § 6.

---

[41]) Diese geometrische Umsetzung ist natürlich keineswegs notwendig; wir erreichen durch dieselbe nur den Anschluß an die gewöhnlich eingehaltene Darstellungsweise.

Sei zunächst w eine komplexe Funktion des Ortes, welche auf unserer Fläche, ebenso wie $x + iy$, *eindeutig* ist. Vermöge der Festsetzungen, die hinsichtlich der Unendlichkeitspunkte unserer Funktionen und insbesondere der eindeutigen Funktionen getroffen worden sind, ergibt sich sofort, daß w als Funktion von $x + iy = z$ nirgendwo einen *wesentlich* singulären Punkt hat. Überdies ist w auf der m-blättrigen über der z·Ebene ausgebreiteten Fläche, so gut wie auf der ursprünglichen Fläche, eindeutig. Daher folgt auf Grund bekannter Sätze, *daß w eine algebraische Funktion von z ist.*

Dabei ist die Möglichkeit an sich nicht auszuschließen, daß die m Werte von w, welche demselben z entsprechen, zu je ν übereinstimmen mögen (wobei ν natürlich ein Teiler von m sein muß). Aber jedenfalls können wir solche eindeutige Funktionen w auswählen, bei denen dieses nicht der Fall ist. Wir bestimmten oben (§ 13) die eindeutigen Funktionen, indem wir ihre Unendlichkeitspunkte willkürlich annahmen. Wir haben es daher in der Hand, das erwähnte Vorkommnis jedenfalls zu vermeiden: wir brauchen nur die Unendlichkeitspunkte von w so anzunehmen, daß nicht jedesmal ν von ihnen dasselbe z aufweisen. Dann kommt:

Die irreduzible Gleichung, welche zwischen w und z besteht:

$$f(w, z) = 0$$

hat in w die m-te Ordnung.

Ebensogut wird sie in z natürlich die n-te Ordnung besitzen, wenn n die Gesamtmultiplizität der Unendlichkeitspunkte ist, die w aufweist.

Aber die Beziehung dieser Gleichung $f = 0$ zu unserer Fläche ist noch eine innigere, als die bloße Übereinstimmung der Ordnung mit der Blätterzahl aussagt: Zu jedem Punkte der Fläche gehört nur *ein* Wertepaar w, z, das der Gleichung genügt, und umgekehrt gehört zu jedem solchen Wertepaare im allgemeinen [42]) nur ein Punkt der Fläche. *Gleichung und Fläche sind sozusagen ein-eindeutig aufeinander bezogen.*

Es sei jetzt w_1 eine neue eindeutige Funktion auf unserer Fläche, also jedenfalls eine algebraische Funktion von z. Dann kann man die Art dieser algebraischen Funktion, nachdem einmal die Gleichung $f(w, z) = 0$ unter der angegebenen Voraussetzung gebildet ist, mit zwei Worten kennzeichnen. Man zeigt nämlich, *daß w_1 eine rationale Funktion von w und z ist, und daß auch umgekehrt jede rationale Funktion von w und z eine Funktion vom Charakter des w_1 abgibt.* Das letztere ist selbstverständlich. Denn eine rationale Funktion von w und z ist in unserer

---

[42]) Im besonderen kann dies anders sein. Wenn man w und z als Parallel-Koordinaten, die zwischen ihnen bestehende Gleichung durch eine Kurve deutet, so sind es, wie man weiß, die *Doppelpunkte* dieser Kurve, welche jenen besonderen Vorkommnissen entsprechen.

Fläche eindeutig; überdies als analytische Funktion von z eine komplexe
Funktion des Ortes in der Fläche. Aber auch das erstere ist leicht zu
beweisen[43]. Man bezeichne die m Werte von w, die zu einem beliebigen
Werte von z gehören, mit $w^{(1)}, w^{(2)}, \ldots, w^{(m)}$ (allgemein $w^{(a)}$), die entsprechenden Werte von w_1 (die nicht notwendig alle verschieden zu sein
brauchen) mit $w_1^{(1)}, w_1^{(2)}, \ldots, w_1^{(m)}$. Dann ist die Summe:

$$w_1^{(1)} w^{(1)\nu} + w_1^{(2)} w^{(2)\nu} + \ldots + w_1^{(m)} w^{(m)\nu}$$

(wo ν eine beliebige, positive oder negative ganze Zahl bedeuten soll) als
symmetrische Funktion der verschiedenen Werte $w_1^{(a)} w^{(a)\nu}$ eine eindeutige
Funktion von z, und also, als algebraische Funktion, eine *rationale* Funktion von z. Aus m beliebigen der so entstehenden Gleichungen kann man
$w_1^{(1)}, w_1^{(2)}, \ldots, w_1^{(m)}$ als linear vorkommende Unbekannte berechnen, und
es zeigt dann eine leichte Diskussion, daß in der Tat das einzelne $w_1^{(a)}$
eine rationale Funktion des zugehörigen $w^{(a)}$ und des z geworden ist. —
Von diesem Satze ausgehend bestimmt man nun auch sofort den Charakter derjenigen Funktionen von z, welche durch die von uns in Betracht
gezogenen *mehrdeutigen* Funktionen des Ortes geliefert werden. Sei W
eine solche Funktion. Dann ist W jedenfalls eine analytische Funktion
von z; man kann also von einem *Differentialquotienten* $\dfrac{dW}{dz}$ sprechen und
diesen selbst wieder als komplexe Funktion des Ortes auf unserer Fläche
deuten. Derselbe ist notwendig als Funktion des Ortes eindeutig. Denn
die Vieldeutigkeit von W bezieht sich ja nur auf konstante Periodizitätsmoduln, welche, in beliebiger Vielfachheit genommen, dem Anfangswerte
additiv hinzutreten können. Daher ist $\dfrac{dW}{dz}$ nach dem eben Bewiesenen
eine rationale Funktion von w und z, *und es stellt sich also W als Integral einer solchen Funktion dar*:

$$W = \int R(w, z)\, dz.$$

Der umgekehrte Satz, daß jedes solche Integral eine komplexe Funktion des Ortes in unserer Fläche abgibt, welche zu der von uns betrachteten Funktionsklasse gehört, ist auf Grund bekannter Entwicklungen selbstverständlich. Diese Entwicklungen beziehen sich einmal auf das Unendlichwerden der Integrale, andererseits auf die Wertänderungen, welche die
Integrale durch Wechsel des Integrationsweges erleiden. Ein näheres Eingehen hierauf scheint an dieser Stelle unnötig.

---

[43] Vgl. die eingehende Beweisführung bei **Prym**, Crelles Journal, Bd. 83,
1877, S. 251 ff.: *Beweis eines Riemannschen Satzes.*

Wir sind, wie wir sehen, zu einem wohlumgrenzten Resultate geführt worden. *Ist erst einmal die algebraische Gleichung bestimmt, welche die Abhängigkeit zwischen z und dem in hohem Maße willkürlichen w definiert, so sind die übrigen Funktionen des Ortes der Art nach wohlbekannt; sie decken sich in ihrer Gesamtheit mit den rationalen Funktionen von w und z, und mit den Integralen solcher Funktionen.*

Es wird gut sein, dieses Resultat am Falle der wiederholt betrachteten Ringfläche $p = 1$ zu erläutern. Als Funktionen z und w werden wir diejenigen zugrunde legen, die im vorigen Paragraphen besprochen wurden, und von denen die erstere durch die Fig. 42, 43 erläutert wird. Die zwischen ihnen bestehende Gleichung lautet einfach, wie wir wissen:

$$w^2 = 1 - z^2 \cdot 1 - \varkappa^2 z^2$$

und es verwandeln sich also die Integrale $\int R(w, z)\, dz$ in diejenigen, die man als *elliptische Integrale* zu bezeichnen pflegt. Unter ihnen gibt es, nach § 12, ein einziges „überall endliches" Integral. Aus der in Fig. 38 gegebenen Abbildung folgt, daß dieses kein anderes ist, als das dort betrachtete $\int \frac{dz}{w}$, das gewöhnlich sogenannte *Integral erster Gattung*. Die zugehörigen Niveaukurven und Strömungskurven sind dieselben, welche in Fig. 21 und 22 dargestellt sind. Aber auch diejenigen Funktionen, denen die Fig. 29 und 30, bez. 31 und 32 entsprechen, sind in der gewöhnlichen Analysis wohlbekannt. Wir haben das eine Mal eine Funktion mit zwei logarithmischen Unstetigkeitspunkten, das andere Mal eine solche mit nur einem algebraischen Unstetigkeitspunkte. Als Funktionen von z betrachtet geben dieselben solche elliptische Integrale ab, welche man als *Integrale dritter Gattung* bez. *zweiter Gattung* zu bezeichnen pflegt.

<h2 style="text-align:center">§ 17.</h2>

<h3 style="text-align:center">Tragweite und Bedeutung unserer Betrachtungen.</h3>

Mit den Entwicklungen des vorigen Paragraphen ist der Zielpunkt, den wir uns mit der allgemeinen Fragestellung des § 7 gesteckt haben, tatsächlich erreicht. Wir haben auf beliebiger Fläche die allgemeinsten für uns in Betracht kommenden komplexen Funktionen des Ortes bestimmt und nun die analytischen Abhängigkeiten derselben voneinander definiert, indem wir zusahen, wie alle von einer, übrigens beliebig gewählten, eindeutigen Funktion des Ortes im Sinne der gewöhnlichen Analysis abhängig sind. Es bleibt uns also, um unseren Gedankengang abzuschließen, nur noch ein Umblick zu halten, was alles durch unsere Betrachtungen gewonnen sein mag. Wir haben dann allerdings keineswegs den vollen Inhalt, aber doch die Grundlage der Riemannschen Theorie

gewonnen, und es kann wegen weiterer Ausführungen auf Riemanns Original-
arbeit sowie die sonstigen Darstellungen der Theorie verwiesen werden.

Konstatieren wir zunächst, *daß es in der Tat die Gesamtheit der
algebraischen Funktionen und ihrer Integrale ist, welche durch unsere
Untersuchung umspannt wird.* Denn wenn eine beliebige algebraische
Gleichung $f(w,z) = 0$ gegeben ist, so können wir in der gewöhnlichen
Weise über der z-Ebene eine zugehörige mehrblättrige Riemannsche
Fläche konstruieren und nun auf dieser einförmige Strömungen und kom-
plexe Funktionen des Ortes studieren (vgl. § 15).

Wir fragen, ob das Studium dieser Funktionen durch unsere Betrachtungen in der Tat gefördert sei. Erinnern wir uns zu dem Zwecke,
daß es vor allen Dingen die *Vieldeutigkeit* der Integrale war, welche so
lange einen Fortschritt in ihrer Theorie verhindert hat. Daß Integrale
durch das Auftreten logarithmischer Unstetigkeitspunkte vieldeutig werden,
hatte schon Cauchy erkannt. Aber erst durch die Riemannsche Fläche
ist die andere Art von Periodizität, welche in dem *Zusammenhange* der
Fläche ihren Grund hat und an den Querschnitten der Fläche gemessen
wird, uns völlig deutlich geworden. — Ein anderer Punkt ist dieser. Man
hat sich von je bei der Untersuchung der Integrale der Umformung durch
Substitution bedient, ohne sich indes über eine bloß empirische Verwertung
derselben beträchtlich zu erheben. Bei Riemanns Theorie ist eine umfangreiche Klasse von Substitutionen von selbst gegeben und in ihrer
Wirkung zu beurteilen. Die Variablen w und z sind für uns nur irgend
zwei, voneinander unabhängige, eindeutige Funktionen des Ortes; wir
können statt ihrer ebensogut zwei andere, w_1 und z_1, zugrunde legen,
wobei sich w_1 und z_1 als übrigens beliebige rationale Funktionen von w
und z und ebensowohl letztere als rationale Funktionen von w_1 und z_1
erweisen. Die Riemannsche Fläche, auf der wir operieren, wird von
dieser Umänderung durchaus nicht notwendig betroffen. Unter der Menge
der *zufälligen* Eigenschaften unserer Funktionen erkennen wir also *wesentliche*, welche bei eindeutiger Umformung ungeändert bleiben. Und vor
allem tritt uns in der Zahl p von vornherein ein solches invariantes
Element entgegen. — Indem die Riemannsche Theorie die beiden hiermit
bezeichneten Schwierigkeiten, welche frühere Bearbeiter gehemmt hatten,
beiseite räumt, gelangt sie unmittelbar zu dem Satze, den wir in § 10
aufstellten, und der die Willkürlichkeit der in Betracht zu ziehenden
Funktionen bestimmt. Ich meine den Satz, *daß man (unter den wiederholt angegebenen Beschränkungen) die Unendlichkeitspunkte der Funktion
und die Periodizitätsmoduln ihres reellen Teiles an den Querschnitten
als willkürliche und hinreichende Bestimmungsstücke derselben erachten darf [abgesehen von einer additiven Konstanten].*

So etwa stellt sich die Bilanz, wenn man die funktionentheoretischen Interessen, wie es unter Mathematikern zu geschehen pflegt, voranstellt. Aber vergessen wir nicht, daß die umgekehrte Auffassung im Grunde ebenso berechtigt ist. Das Studium einförmiger Strömungen auf gegebenen Flächen kann um so mehr als Selbstzweck betrachtet werden, als es bei zahlreichen *physikalischen* Problemen unmittelbar zur Verwertung gelangt. In der unendlichen Mannigfaltigkeit dieser Strömungen orientiert uns die Riemannsche Theorie, indem sie auf den Zusammenhang hinweist, der zwischen diesen Strömungen und den algebraischen Funktionen der Analysis bez. ihren Integralen statthat.

Wir können endlich den *geometrischen* Gesichtspunkt hervorkehren, und die Riemannsche Theorie als ein Mittel betrachten, um die Lehre von der konformen Abbildung geschlossener Flächen aufeinander der analytischen Behandlung zugänglich zu machen. Eben diese Auffassung ist es, der ich im folgenden, dritten Abschnitte meiner Darstellung Ausdruck zu geben bemüht bin. Es wird nicht nötig sein, schon an dieser Stelle ausführlicher hierauf einzugehen.

§ 18.
Weiterbildung der Theorie.

In Riemanns eigenem Gedankengange, wie ich ihn vorstehend zu schildern versuchte, veranschaulicht die Riemannsche Fläche nicht nur die in Betracht kommenden Funktionen, sondern sie *definiert* dieselben. Es scheint möglich, diese beiden Dinge zu trennen: die Definition der Funktionen von anderer Seite zu nehmen und die Fläche nur als Mittel der Veranschaulichung beizubehalten. Das ist es in der Tat, was von der Mehrzahl der Mathematiker um so lieber geschehen ist, als Riemanns Definition der Funktion bei genauerer Untersuchung beträchtliche Schwierigkeiten mit sich bringt[44]). Man beginnt also etwa mit der algebraischen Gleichung und der Begriffsbestimmung des Integrals, und konstruiert erst hinterher eine zugehörige Riemannsche Fläche.

Dann aber ist von selbst eine große Verallgemeinerung der ursprünglichen Auffassung gegeben. Bislang galten uns zwei Flächen nur dann als gleichwertig, wenn die eine aus der anderen durch eindeutige konforme Abbildung entstand. Jetzt ist kein Grund mehr, an der Konformität der Abbildung festzuhalten. *Jede Fläche, welche durch stetige Abbildung eindeutig in die gegebene verwandelt werden kann, überhaupt jedes geometrische Gebilde, dessen Elemente sich stetig ein-eindeutig auf die ursprüngliche Fläche beziehen lassen, kann ebensowohl zur Versinnlichung der in*

---

44) Vgl. die betreffenden Bemerkungen der Vorrede.

Betracht zu ziehenden Funktionen gebraucht werden. Ich habe diesem Gedanken, wie ich bei gegenwärtiger Gelegenheit ausführen möchte, in früheren Arbeiten nach zwei Richtungen hin Ausdruck gegeben.

Einmal operierte ich mit dem Begriffe einer möglichst übersichtlichen, übrigens verschiedentlich modifizierbaren *Normalfläche* (vgl. § 8), auf welcher ich den Verlauf der in Betracht kommenden Funktionen durch verschiedene graphische Hilfsmittel zu illustrieren bemüht war. Hierher gehören auch die *Polygonnetze*, deren ich mich wiederholt bediente[45]), indem ich mir die Riemannsche Fläche in geeigneter Weise zerschnitten und dann in die Ebene ausgebreitet dachte. Es bleibe dabei an dieser Stelle unerörtert, ob nicht den so entstehenden Figuren, die zunächst beliebig stetig verändert werden dürfen, im Interesse weitergehender funktionentheoretischer Untersuchungen hinterher doch eine gesetzmäßige Gestalt erteilt werden soll, vermöge deren sich eine *Definition* der durch die Figur zu veranschaulichenden Funktionen ermöglicht.

Das andere Mal[46]) stellte ich mir die Aufgabe, in möglichst anschaulicher Weise den Zusammenhang darzulegen zwischen der Auffassungsweise der Funktionentheorie und derjenigen der gewöhnlichen analytischen Geometrie, welch letztere eine Gleichung zwischen zwei Variablen als *Kurve* deutet. Indem ich von dem Satze ausging, daß jede imaginäre Gerade der Ebene und also auch jede imaginäre Tangente einer Kurve einen und nur einen reellen Punkt besitzt, erhielt ich eine Riemannsche Fläche, die sich an den Verlauf der gegebenen Kurve auf das innigste anschmiegt. Ich habe diese Fläche, wie es mein ursprünglicher Zweck war, bisher nur zur Veranschaulichung gewisser einfacher Integrale gebraucht[47]). Aber es findet eine ähnliche Bemerkung ihre Stelle, wie oben bei den Polygonnetzen. Insofern die Fläche gesetzmäßig ist, muß auch sie zur *Definition* der auf ihr existierenden Funktionen dienen können. In der Tat kann man für diese Funktionen eine partielle Differentialgleichung bilden, welche

---

[45]) Vgl. meine Arbeiten über elliptische Modulfunktionen in den Bänden 14, 15, der Math. Annalen (1878—1879) [= Abh. LXXXII—LXXXIV dieses Bandes]. Man sehe insbesondere die Figuren in der Arbeit *„Zur Transformation siebenter Ordnung der elliptischen Funktionen"* aus den Math. Annalen Bd. 14 [vgl. Abh. LXXXIV dieses Bandes, besonders S. 126 daselbst], sowie die später noch zu nennende Arbeit von Dyck im 17. Bande der Math. Annalen (1880/81). [Vgl. auch Fußnote[24]) auf S. 122 des vorliegenden Bandes.]

[46]) *„Über eine neue Art von Riemannschen Flächen"*, Math. Annalen Bd. 7 und 10 (1874 und 1876) [vgl. Abh. XXXVIII und XL in Bd. 2 dieser Gesamtausgabe].

[47]) Siehe: Harnack (*Über die Verwertung der elliptischen Funktionen für die Geometrie der Kurven dritten Grades*) im 9. Bande der Math. Annalen (1875/76), siehe ferner meinen schon oben genannten Aufsatz: *„Über den Verlauf der Abelschen Integrale bei den Kurven vierten Grades"* im 10. Bande daselbst (1876) [vgl. Abh. XXXIX in Bd. 2 dieser Gesamtausgabe].

den Differentialgleichungen zweiter Ordnung, die wir in §§ 1 und 5 betrachten, in etwa analog ist: nur daß der Differentialausdruck, an den diese Gleichung anknüpft, nicht unmittelbar [oder doch nur in übertragenem Sinne] als *Bogenelement* einer Fläche zu deuten ist[48]).

Diese wenigen Bemerkungen müssen genügen, um auf Betrachtungen hinzuweisen, deren Verfolg mir interessant erscheint.

<h2 style="text-align:center">Abschnitt III.</h2>

<h2 style="text-align:center">Folgerungen.</h2>

<h3 style="text-align:center">§ 19.</h3>

<h3 style="text-align:center">Über die Moduln algebraischer Gleichungen.</h3>

Es gibt einen wichtigen Punkt, in welchem die Riemannsche Theorie der algebraischen Funktionen nicht nur der Methode, sondern auch dem Resultate nach über die sonst üblichen Darstellungen dieser Theorie hinausgreift. Sie besagt nämlich, *daß zu jeder über der z-Ebene ausgebreiteten, graphisch gegebenen mehrblättrigen Fläche zugehörige algebraische Funktionen konstruiert werden können,* — wobei man beachten mag, daß diese Funktionen, sofern sie überhaupt existieren, in hohem Maße willkürlich sind, da $R(w, z)$ im allgemeinen geradeso verzweigt ist, wie w. — Der genannte Satz ist um so merkwürdiger, als er eine Angabe über eine interessante Gleichung höheren Grades impliziert. Sind nämlich die Verzweigungspunkte einer m-blättrigen Fläche gegeben, so existieren noch eine endliche Zahl von wesentlich verschiedenen Möglichkeiten, dieselben in die m-Blätter einzuordnen: man wird diese Zahl durch Betrachtungen auffinden können, die der reinen Analysis situs angehören[49]). Aber dieselbe Zahl hat unserem Satze zufolge ihre algebraische Bedeutung. Man bezeichne, wie es Riemann tut, alle solche algebraischen Funktionen von z als derselben „Klasse" angehörig, die sich, unter Benutzung von z, rational durch einander ausdrücken lassen. *Dann ist unsere Zahl die Anzahl der verschiedenen Klassen algebraischer Funktionen, welche in bezug auf z die gegebenen Verzweigungswerte besitzen.*[50])

---

[48]) [Siehe auch die Fußnote[1]) auf S. 101 in Bd. 2 dieser Ausgabe.]

[49]) Solche Bestimmungen machte z. B. Herr Kasten in seiner Göttinger Inauguraldissertation: *Zur Theorie der dreiblättrigen Riemannschen Fläche.* Bremen 1876.

[50]) Wenn es hier wieder gestattet ist auf eigene Arbeiten zu verweisen, so geschehe dies zunächst mit Bezug auf eine Stelle der Arbeit über lineare Differentialgleichungen im 12. Bande der Math. Annalen (1877) [vgl. Abh. LIII in Bd. 2 dieser Ausgabe, S. 315 ff.], wo der Schluß begründet wird, daß gewisse rationale Funktionen durch die Zahl ihrer Verzweigungen völlig bestimmt sind, sodann in bezug auf die Arbeit über die Transformation elfter Ordnung in Bd. 15 der Math. Annalen [vgl. Abh. LXXXVI

Ich wünsche im gegenwärtigen und im folgenden Paragraphen verschiedene Folgerungen zu ziehen, die sich aus dem vorausgeschickten Satze gewinnen lassen, und zwar mag zunächst die Frage nach den *Moduln* der algebraischen Funktionen [wie sie Riemann nennt] behandelt werden, d. h. die Frage nach denjenigen Konstanten, welche bei eindeutiger Transformation der Gleichungen $f(w, z) = 0$ die Rolle der Invarianten spielen.

Sei zu diesem Zwecke ϱ eine zunächst unbekannte Zahl, welche angibt, wie vielfach unendlich oft eine Fläche sich eindeutig in sich transformieren, d. h. konform auf sich selber abbilden läßt, [wieviele kontinuierlich veränderliche, komplexe Parameter die Transformation enthält.] Sodann erinnere man sich an die Anzahl der Konstanten in den eindeutigen Funktionen auf gegebener Fläche (§ 13). Es gab im allgemeinen ∞^{2m-p+1} eindeutige Funktionen mit m Unendlichkeitspunkten, und diese Zahl war jedenfalls genau richtig (wie ohne Beweis angegeben wurde), wenn $m > 2p - 2$ war. Nun bildet jede dieser Funktionen die gegebene Fläche auf eine m-blättrige Fläche über der Ebene eindeutig ab. *Daher ist die Gesamtheit der m-blättrigen Flächen, auf welche man eine gegebene Fläche konform eindeutig beziehen kann, und also auch der m-blättrigen Flächen, die man einer Gleichung $f(w, z) = 0$ durch eindeutige Transformation zuordnen kann,* $\infty^{2m-p+1-\varrho}$ *fach.* Denn jedesmal ∞^{ϱ} Abbildungen ergeben dieselbe m-blättrige Fläche, weil jede Fläche der Voraussetzung nach ∞^{ϱ} mal auf sich selber abgebildet werden kann.

Nun gibt es aber überhaupt ∞^{w} m-blättrige Flächen, unter w die Zahl der Verzweigungspunkte, d. h. $2m + 2p - 2$ verstanden. Denn durch die Verzweigungspunkte wird die Fläche, wie oben bemerkt, endlich-deutig bestimmt, und Verzweigungspunkte höherer Multiplizität entstehen durch Zusammenrücken einfacher Verzweigungspunkte, wie dieses betreffs der entsprechenden Kreuzungspunkte bereits in § 1 erläutert wurde (vgl. Fig. 2 und 3 auf S. 509). Zu jeder dieser Flächen gehören, wie wir wissen, algebraische Funktionen. *Die Anzahl der Moduln ist daher*
$$w - (2m + 1 - p - \varrho) = 3p - 3 + \varrho.$$

Bemerken wir hierzu, daß die Gesamtheit der m-blättrigen Flächen mit w Verzweigungspunkten ein *Kontinuum* bildet[51]), wie das Entsprechende betreffs der auf gegebener Fläche existierenden eindeutigen Funktionen mit m Unendlichkeitspunkten bereits in § 13 hervorgehoben wurde. Wir schließen dann, *daß die algebraischen Gleichungen eines gegebenen p ebenfalls eine*

---

dieses Bandes, S. 141 ff], wo eine ausführliche Betrachtung lehrt, daß es zehn rationale Funktionen elften Grades gibt, die gewisse Verzweigungsstellen besitzen. [Später hat Hurwitz diese Untersuchungen wesentlich weiter geführt. Siehe Math. Annalen Bd. 39 (1891) und Bd. 55 (1901).]

[51]) Es folgt dies z. B. aus den Sätzen von Lüroth und Clebsch, die man in den Bänden 4 und 6 der mathematischen Annalen (1871 und 1873) abgeleitet findet.

einzige zusammenhängende Mannigfaltigkeit konstituieren (wobei wir alle Gleichungen, die auseinander durch eindeutige Transformation hervorgehen, als ein Individuum erachten). Hierdurch erst gewinnt die angegebene Zahl der Moduln ihre präzise Bedeutung: *sie ist die Zahl der komplexen Dimensionen dieser zusammenhängenden Mannigfaltigkeit.*

Es kommt jetzt noch darauf an, die Zahl ϱ zu bestimmen. Dies geschieht durch folgende Sätze:

1. *Jede Gleichung $p = 0$ kann ∞^3 mal eindeutig in sich selbst transformiert werden.* Denn auf der zugehörigen Riemannschen Fläche existieren eindeutige Funktionen mit nur je einem Unendlichkeitspunkt in dreifach unendlicher Zahl (§ 13), von denen man, um eine eindeutige Transformation der Fläche in sich zu haben, nur irgend zwei entsprechend zu setzen hat. — Des näheren stellt sich die Sache so. Heißt eine der genannten Funktionen z, so sind alle anderen (nach § 16) algebraische eindeutige, d. h. rationale Funktionen von z, und, da das Verhältnis umkehrbar sein muß, *lineare* Funktionen von z. Umgekehrt ist auch jede lineare Funktion von z eine eindeutige Funktion des Ortes in unserer Fläche, mit nur einem Unendlichkeitspunkte. Daher wird man die allgemeinste eindeutige Transformation der Gleichung in sich bekommen, wenn man jedem Punkte z der Riemannschen Fläche einen anderen durch die Formel zuordnet:

$$z_1 = \frac{\alpha z + \beta}{\gamma z + \delta},$$

unter $\alpha : \beta : \gamma : \delta$ beliebige komplexe Konstante verstanden.

2. *Jede Gleichung $p = 1$ kann einfach unendlich oft eindeutig in sich transformiert werden.* Zum Beweise betrachte man das zugehörige überall endliche Integral W und insbesondere die Abbildung, welche von der zweckmäßig zerschnittenen Riemannschen Fläche in der Ebene W entworfen wird. Wir haben dies in einem besonderen Falle bereits getan (§ 15, Fig. 38); eine genaue Ausführung im allgemeinen Falle wird um so weniger nötig sein, als es sich um Betrachtungen handelt, die in der Theorie der elliptischen Funktionen ausführlich entwickelt zu werden pflegen. Das Resultat ist, daß zu jedem Werte von W *ein* Punkt und nur ein Punkt der betreffenden Riemannschen Fläche gehört, während sich die unendlich vielen Werte von W, die demselben Punkte der Riemannschen Fläche entsprechen, aus einem derselben in der Form zusammensetzen: $W + m_1 \omega_1 + m_2 \omega_2$, unter m_1, m_2 beliebige ganze Zahlen, unter ω_1, ω_2 die beiden Perioden des Integrals verstanden. Bei eindeutiger Umformung wird jedem Punkte W ein Punkt W_1 in der Weise zugeordnet werden müssen, daß jeder Vermehrung von W um Perioden eine solche

von W_1 entspricht, und umgekehrt. Dies gelingt in der Tat, aber im allgemeinen nur in der Weise, daß man

$$W_1 = \pm\, W + C$$

setzt. Nur im besonderen Falle (wenn das Periodenverhältnis $\dfrac{\omega_1}{\omega_2}$ bestimmte zahlentheoretische Eigenschaften hat) kann W_1 auch gleich $\pm\, i\, W + C$, oder $\pm\, \varrho\, W + C$ gesetzt werden (unter ϱ eine dritte Einheitswurzel verstanden)[52]. Wie dem auch sei, wir haben in jedem Falle in den Transformationsformeln nur eine willkürliche Konstante und also den wechselnden Werten derselben entsprechend in der Tat einfach unendlich viele Transformationen, wie behauptet wurde.

3. *Gleichungen $p > 1$ können niemals unendlich oft eindeutig in sich transformiert werden*[53].

Ich verweise, was den analytischen Beweis dieser Behauptung angeht, auf die Darstellungen von Schwarz (Crelles Journal, Bd. 87, 1875/79 [= Ges. Math. Abhandlungen Bd. 2, S. 285 ff.]) und Hettner (Göttinger Nachrichten, 1880, S. 386). Auf anschauungsmäßigem Wege kann man sich die Richtigkeit der Behauptung folgendermaßen verständlich machen. Sollte es unendlich viele eindeutige Transformationen der Gleichung in sich geben, so müßte es möglich sein, die zugehörige Riemannsche Fläche derart kontinuierlich über sich hin zu *verschieben*, daß jede kleinste Figur mit sich selbst ähnlich bleibt. Die Kurven, längs deren eine solche Verschiebung vor sich ginge, müßten die Fläche jedenfalls vollständig und zugleich einfach überdecken. Ein *Kreuzungspunkt* dürfte in diesem Kurvensysteme offenbar nicht vorhanden sein. Man müßte einen solchen Punkt nämlich, damit keine Vieldeutigkeit der Transformation eintritt, als festbleibenden Punkt betrachten und also die Geschwindigkeit der Verschiebung in ihm gleich Null setzen. Dann aber würde eine kleine Figur, welche bei der Verschiebung auf den Kreuzungspunkt zu rückt, im Sinne der Bewegung notwendig zusammengedrückt, senkrecht dazu auseinandergezogen werden; sie könnte also nicht mit sich selbst ähnlich bleiben, wie es doch durch den Begriff der konformen Abbildung verlangt wird. — Andererseits müssen aber in jedem Kurvensysteme, das eine Fläche $p > 1$ vollständig und einfach überdeckt, notwendig Kreuzungspunkte vorhanden sein. Dies ist der-

---

[52] Ich führe dieses Resultat, welches aus der Theorie der elliptischen Funktionen wohlbekannt ist, im Texte ohne Beweis an.

[53] Es ist bei diesem Satze an eine *kontinuierliche* Schar von Transformationen, also an Transformationen mit willkürlich veränderlichen Parametern gedacht. Ob eine Fläche $p > 1$ unter Umständen nicht durch unendlich viele *diskrete* Transformationen in sich übergehen kann, bleibt im Texte unerörtert; doch ist dies bei endlichem p in der Tat auch unmöglich. [Vgl. meinen Brief an H. Poincaré vom 3. April 1882, der unten auf S. 608f. abgedruckt ist, bzw. dessen an denselben anknüpfende Ausführungen in Bd. 7 der Acta mathematica, 1885, S. 16. K.]

selbe Satz, den wir in etwas weniger allgemeiner Form in § 11 aufgestellt haben. — Die ganze Verschiebung der Fläche in sich ist also unmöglich, was zu beweisen war.

Nach diesen Sätzen ist $\varrho = 3$ für $p = 0$, gleich 1 für $p = 1$, und gleich Null für alle größeren p. *Die Zahl der Moduln ist also für $p = 0$ gleich Null, für $p = 1$ gleich Eins, für größere p gleich $3p - 3$.*

Es wird gut sein, noch folgende Bemerkungen hinzuzufügen. Um den Punkt eines Raumes von $(3p - 3)$ Dimensionen zu bestimmen, wird man im allgemeinen mit $(3p - 3)$ Größen nicht ausreichen: man wird mehr Größen benötigen, zwischen denen dann algebraische (oder auch transzendente) Relationen bestehen. Außerdem mag es aber auch sein, daß man zweckmäßigerweise Bestimmungsstücke einführt, von denen jedesmal verschiedene Serien denselben Punkt der Mannigfaltigkeit bezeichnen. Welche Verhältnisse bei den $(3p - 3)$ Moduln, die bei $p > 1$ existieren müssen, in dieser Hinsicht vorliegen, ist nur erst wenig erforscht. Dagegen ist der Fall $p = 1$ aus der Theorie der elliptischen Funktionen genau bekannt. Ich erwähne die auf ihn bezüglichen Resultate, um mich im folgenden bei aller Kürze doch präzise ausdrücken zu können. Sei vor allen Dingen hervorgehoben, daß für $p = 1$ das algebraische Individuum (um diesen oben gebrauchten Ausdruck noch einmal zu verwenden) in der Tat durch eine (und nur eine) Größe charakterisiert werden kann: *die absolute Invariante* $J = \frac{g_2^3}{\Delta}$.[54]) Wenn im folgenden gesagt wird, daß zur Überführbarkeit zweier Gleichungen $p = 1$ ineinander die Gleichheit des Moduls nicht nur hinreichend, sondern auch erforderlich sei, so ist stets an die Invariante J gedacht. Statt ihrer verwendet man bekanntlich gewöhnlich das *Legendre*sche $\varkappa^2$, welches bei gegebenem J sechswertig ist, so daß bei der Formulierung allgemeiner Sätze eine gewisse Schwerfälligkeit unvermeidbar scheint. In noch höherem Maße ist dies der Fall, wenn man das Periodenverhältnis $\frac{\omega_1}{\omega_2}$ des elliptischen Integrals erster Gattung, wie dies in anderer Beziehung vielfach zweckmäßig ist, als Modul einführt. Jedesmal unendlich viele Werte des Moduls bezeichnen dann dasselbe algebraische Individuum.

§ 20.

Konforme Abbildung geschlossener Flächen auf sich selbst.

In den nun noch folgenden Paragraphen mögen die entwickelten Prinzipien, wie in Aussicht gestellt, nach der geometrischen Seite verfolgt

---

[54]) Vgl. die Darstellung im 14. Bande der Math. Annalen (1878/79) in der Arbeit *„Über die Transformation der elliptischen Funktionen und die Auflösung der Gleichungen fünften Grades“* [= Abh. LXXXII des vorliegenden Bandes S. 13 ff.].

werden, um wenigstens die Grundzüge für eine Theorie *der konformen Abbildung* von Flächen aufeinander zu gewinnen[55]) und so den Andeutungen zu entsprechen, mit denen Riemann, wie bereits in der Vorrede bemerkt, seine Dissertation abschloß. Ich werde mich dabei, was die Fälle $p = 0$ und $p = 1$ angeht, um nicht zu weitläufig zu werden, vielfach auf eine bloße Angabe der Resultate oder eine Andeutung ihres Beweises beschränken müssen.

Indem wir uns zuvörderst nach konformen Abbildungen einer geschlossenen Fläche auf sich selbst fragen, haben wir eine Unterscheidung einzuführen, von der bislang noch nicht die Rede war: *die Abbildung kann ohne Umlegung der Winkel geschehen oder mit Umlegung derselben.* Wir haben eine Abbildung der einen Art, wenn wir eine Kugel durch Drehung um den Mittelpunkt mit sich selbst zur Deckung bringen; wir bekommen die zweite Art, wenn wir zu demselben Zwecke eine Spiegelung an einer Diametralebene verwenden. Die analytische Behandlung, wie wir sie bisher benutzten, entspricht nur den Abbildungen der ersten Art. Sind $u + iv$ und $u_1 + iv_1$ zwei beliebige komplexe Funktionen des Ortes auf derselben Fläche, so liefert $u = u_1$, $v = v_1$ die allgemeinste Abbildung erster Art (vgl. § 6). Aber es ist leicht zu sehen, wie man die Erweiterung zu treffen hat, um auch Abbildungen zweiter Art zu umfassen. *Man hat einfach $u = u_1$, $v = -v_1$ zu setzen, um eine Abbildung zweiter Art zu haben.*

Entnehmen wir zunächst den Entwicklungen des vorigen Paragraphen, was sich auf Abbildung der ersten Art bezieht. Indem wir uns möglichst geometrischer Ausdrucksweise bedienen, formulieren wir die folgenden Theoreme:

Flächen $p = 0$ oder $p = 1$ können immer, Flächen $p > 1$ niemals unendlich oft durch Abbildung der ersten Art in sich übergeführt werden.

Bei den Flächen $p = 0$ ist die einzelne Abbildung der ersten Art bestimmt, wenn man drei beliebige Punkte der Fläche drei beliebigen Punkten derselben zugeordnet hat.

Ist $p = 1$, so darf man einen beliebigen Punkt der Fläche einem zweiten nach Willkür zuweisen, und hat dann noch zur Bestimmung der Abbildung erster Art im allgemeinen eine zweifache, im besonderen Falle eine vierfache oder sechsfache Möglichkeit.

---

[55]) Die im Texte aufzustellenden Sätze finden sich explizite größtenteils in der Literatur nicht vor. Wegen der Flächen $p = 0$ vergleiche man den bereits zitierten Aufsatz von Schwarz (Berliner Monatsberichte 1870 [= Ges. Math. Abhandlungen Bd. 2, S. 167]). Man sehe ferner die Arbeit von Schottky: *Über die konforme Abbildung mehrfach zusammenhängender Flächen*, die als Berliner Inaugural-Dissertation 1875 erschien und später (1877) in umgearbeiteter Form in Borchardts Journal Bd. 83 abgedruckt wurde. Es handelt sich in derselben um solche p-fach zusammenhängende ebene Bereiche, welche von $(p + 1)$ Randkurven begrenzt werden.

Mit diesen Sätzen ist natürlich nicht ausgeschlossen, daß besondere Flächen $p > 1$ durch *getrennte* Transformationen der ersten Art in sich übergehen mögen. Tritt dies ein, so bildet es eine bei beliebiger konformer Umänderung der Fläche invariante Eigenschaft, nach deren Vorhandensein und Modalität besonders interessante Flächenklassen aus der Gesamtheit der übrigen herausgehoben werden können[56]). Doch verfolgen wir hier diesen Gesichtspunkt nicht weiter.

Betreffs der Transformation zweiter Art mögen wir voranstellen, *daß jede Transformation der zweiten Art in Verbindung mit einer solchen der ersten Art eine neue Transformation der zweiten Art ergibt.* Nun kennen wir bei den Flächen $p = 0$ und $p = 1$ die Transformationen erster Art auf Grund der angegebenen Sätze vollständig. Es wird bei ihnen also genügen, zu untersuchen, ob überhaupt *eine* Transformation der zweiten Art existiert. *Bei den Flächen $p = 0$ ist dies sofort zu bejahen.* Denn es genügt, eine beliebige der eindeutigen Funktionen des Ortes mit nur einem Unendlichkeitspunkte, $x + iy$, herauszugreifen, und dann $x_1 = x$, $y_1 = - y$ zu setzen. Bei den Flächen $p = 1$ ist die Sache anders. *Man findet, daß im allgemeinen keine Transformation der zweiten Art existiert.* Zum Beweise ist es am einfachsten, die Werte in Betracht zu ziehen, welche das überall endliche Integral W auf der Fläche $p = 1$ annimmt. Man denke sich in der Ebene W die Punkte $W = m_1 \omega_1 + m_2 \omega_2$ markiert, unter m_1, m_2 wie oben beliebige positive oder negative ganze Zahlen verstanden. Man zeigt dann leicht, daß eine Transformation der zweiten Art der Fläche $p = 1$ in sich nur dann möglich ist, wenn dieses Punktsystem eine Symmetrieachse besitzt. Es ist dies gerade *der* Fall, in welchem die oben definierte absolute Invariante J einen *reellen* Wert aufweist. Je nachdem dabei $J < 1$ oder > 1, können jene Punkte in der W-Ebene als die Ecken eines *rhombischen* oder eines *rechteckigen* Systems betrachtet werden.

Sei nun $p > 1$. Wenn für eine solche Fläche eine Transformation der zweiten Art existiert, so wird dieselbe im allgemeinen von keiner weiteren Transformation derselben Art begleitet sein[57]). Denn sonst würde die Wiederholung oder Kombination dieser Transformationen eine von der Identität verschiedene Transformation der ersten Art liefern. Die Trans-

---

[56]) Solchen Flächen entsprechen algebraische Gleichungen mit einer Gruppe eindeutiger Transformationen in sich. Die Bemerkungen des Textes zielen also auf solche Untersuchungen ab, wie sie in neuerer Zeit von Herrn Dyck verfolgt worden sind (vgl. die bereits zitierte Arbeit im 17. Bande der Math. Annalen 1881: *Untersuchung und Aufstellung von Gruppe und Irrationalität regulärer Riemannscher Flächen*).

[57]) Es gibt natürlich wieder Flächen, welche neben einer Anzahl von Transformationen erster Art eine gleiche Anzahl von Transformationen zweiter Art zulassen; dieselben entsprechen den *regulär-symmetrischen* Flächen der Dyckschen Arbeit.

formation muß daher notwendig eine *symmetrische* sein, d. h. eine solche, welche die Punkte der Fläche *paarweise* zusammenordnet. Ich will dementsprechend die Fläche selbst eine *symmetrische* nennen.

Übrigens mögen hinterher unter diesem Namen überhaupt alle Flächen mit einbegriffen sein, welche Transformationen zweiter Art in sich zulassen, die zweimal angewandt zur Identität zurückführen. Es gehören dahin, wie man sofort sieht, die Flächen $p = 0$, sowie auch sämtliche Flächen $p = 1$ mit reeller Invariante.

§ 21.

Besondere Betrachtung der symmetrischen Flächen.

Für die symmetrischen Flächen, auf die wir hier unser besonderes Augenmerk richten wollen, ergibt sich sofort eine Einteilung nach der Zahl und Art der auf ihr befindlichen *Übergangskurven*, d. h. derjenigen Kurven, deren Punkte bei der in Betracht kommenden symmetrischen Umformung ungeändert bleiben.

Die Zahl dieser Kurven kann jedenfalls nicht größer sein, als $(p + 1)$. Denn wenn man eine Fläche längs aller ihrer Übergangskurven mit Ausnahme einer einzigen zerschneidet, so bildet sie, indem ihre symmetrischen Hälften noch immer in der einen Übergangskurve zusammenhängen, nach wie vor ein ungetrenntes Ganze. Es würden sich also, wenn mehr als $(p + 1)$ Übergangskurven vorhanden wären, auf der Fläche mehr als p nicht zerstückende Rückkehrschnitte ausführen lassen, was ein Widerspruch gegen die Definition der Zahl p ist.

Dagegen ist unterhalb dieser Grenze jede Zahl von Übergangskurven möglich. Es mag hier genügen, in diesem Sinne die Fälle $p = 0$ und $p = 1$ zu diskutieren; für die höheren p ergeben sich dann von selbst naheliegende Beispiele.

1. Wenn wir eine Kugel durch Spiegelung an einer Diametralebene mit sich zur Deckung bringen, so bildet der größte Kreis, in welchem sie von der Diametralebene geschnitten wird, eine Übergangskurve. Wir erhalten eine Zuordnung der anderen Art, indem wir je zwei solche Punkte der Kugel entsprechend setzen, welche die Endpunkte eines Durchmessers bilden. Beide Beispiele sind leicht zu generalisieren. Die analytische Darstellung ist diese. Wenn eine Übergangskurve existiert, so gibt es eindeutige Funktionen des Ortes mit nur einem Unendlichkeitspunkte, die auf der Übergangskurve reelle Werte annehmen. Heißt eine derselben $x + iy$, so ist die Umformung, wie oben schon als Beispiel angegeben, durch $x_1 = x$, $y_1 = -y$ gegeben. — Im zweiten Falle kann man eine Funktion

$x + iy$ so wählen, daß ihre Werte ∞ und 0, sowie $+1$ und -1 zusammengeordnete Punkte vorstellen. Dann ist

$$x_1 - iy_1 = \frac{-1}{x + iy}$$

die analytische Formel der betreffenden Umänderung.

2. Im Falle $p = 1$ müssen wir die Invariante J, wie wir wissen, jedenfalls reell nehmen. Sei dieselbe zunächst > 1. Dann können wir das zugehörige überall endliche Integral W (durch Zufügung eines geeigneten konstanten Faktors) so normieren, daß die eine Periode *reell*, gleich a, die andere *rein imaginär*, gleich ib, wird. Setzen wir dann (für $W = U + iV$):

$$U_1 = U, \quad V_1 = -V,$$

so haben wir eine symmetrische Umformung der Fläche $p = 1$ mit den *zwei* Übergangskurven:

$$V = 0, \quad V = \frac{b}{2};$$

schreiben wir dagegen:

$$U_1 = U + \frac{a}{2} \quad V_1 = -V,$$

was wieder eine symmetrische Umformung unserer Fläche ist, so haben wir den Fall, in welchem *keine* Übergangskurve entsteht. — Der Fall mit nur *einer* Übergangskurve tritt ein, wenn wir $J < 1$ nehmen. Wir können dann W so wählen, daß seine beiden Perioden konjugiert komplex werden. Wir schreiben dann wieder

$$U_1 = U, \quad V_1 = -V$$

und haben eine symmetrische Umformung mit der einen Übergangskurve $V = 0$.

Neben die hiermit erläuterte erste Unterscheidung der symmetrischen Flächen nach der *Zahl* der Übergangskurven stellt sich aber noch eine zweite. Ich will die Fälle von 0 oder $(p + 1)$ Übergangskurven einen Augenblick ausschließen. Dann bietet sich von vornherein eine doppelte Möglichkeit. *Eine Zerschneidung der Fläche längs sämtlicher Übergangskurven mag nämlich entweder ein Zerfallen der Fläche herbeiführen oder nicht.* Es sei π die Zahl der Übergangskurven. Man zeigt dann leicht, daß $p - \pi$ ungerade sein muß, wenn ein Zerfallen eintreten soll. Eine weitere Beschränkung existiert nicht, wie man an Beispielen beweist. Wir wollen dementsprechend symmetrische Flächen *der einen und der andern Art* unterscheiden und den ersteren (den zerfallenden) Flächen die Fläche mit $(p + 1)$ Übergangskurven, den letzteren die Fläche ohne Übergangskurve zurechnen[58]).

---

[58]) [Klein hat die beiden Arten symmetrischer Flächen später durch die Worte „orthosymmetrisch“ und „diasymmetrisch“ unterschieden. Vgl. Abh. XLII in Bd. 2

Diese Sätze besitzen eine gewisse Analogie mit den Resultaten, welche in der analytischen Geometrie die gestaltliche Untersuchung der Kurven von gegebenen p erzielt hat[59]). Und in der Tat zeigt sich, daß diese Analogie eine begründete ist. Die analytische Geometrie beschäftigt sich bei jenen Untersuchungen (zunächst) nur mit solchen Gleichungen

$$f(w, z) = 0,$$

welche reelle Koeffizienten besitzen. Beachten wir zunächst, daß jede solche Gleichung über der z-Ebene in der Tat eine symmetrische Riemannsche Fläche bestimmt, insofern ja die Gleichung und also auch die Fläche ungeändert bestehen bleibt, wenn man w und z gleichzeitig durch ihre konjugierten Werte ersetzt — und daß die Übergangskurven auf dieser Fläche den *reellen* Wertereihen von w und z entsprechen, welche $f = 0$ befriedigen, d. h. genau den verschiedenen Zügen, welche die Kurve $f = 0$ im Sinne der analytischen Geometrie aufweist.

---

dieser Ausgabe S. 172. Wegen der Entstehung dieser Benennung siehe die unten abgedruckte Abh. CI. — Für orthosymmetrische Flächen eines beliebigen p erhält man einfache Beispiele, wenn man eine Kugel derart mit p Handhaben versieht, daß diese zur Äquatorebene der Kugel als Symmetrieebene einer Spiegelung symmetrisch liegen, d. h. entweder am Äquator oder paarweise zu beiden Seiten desselben liegen. Nun hat man außer dem Äquator selbst nur auf den am Äquator liegenden Handhaben je eine Übergangskurve, woraus folgt, daß im orthosymmetrischen Fall $p - \pi$ ungerade ist. — Ein Beispiel für diasymmetrische Flächen ohne Übergangskurve bildet die Oberfläche einer Kugel mit p zentralen zylindrischen Durchbohrungen bei Symmetrie am Mittelpunkt, wobei natürlich die Durchdringungskurven der Durchbohrungen ohne Belang sind. Beispiele für diasymmetrische Flächen mit $\pi\,(> 0)$ Übergangskurven erhält man, indem man die Doppelflächen zu den sofort zu nennenden einseitigen Flächen bildet und die übereinanderliegenden Punkte beider Bedeckungen sich entsprechen läßt. Man nehme eine Scheibe mit p Löchern und verdrehe von den p Stücken zwischen dem äußeren Scheibenrand und den Lochrändern $p - \pi + 1$ nach Art eines Möbiusschen Bandes einfach; man erhält dann gerade π Randkurven, längs deren die beiden Bedeckungen aneinander zu heften sind. Hinterher mag man die zuerst flache Fläche unter Aufrechterhaltung der symmetrischen Beziehung noch zu einer Kugel mit p Handhaben aufblähen. — Im übrigen sei auf die Leipziger Dissertation von G. Weichold: *Über symmetrische Riemannsche Flächen und die Periodizitätsmoduln der zugehörigen Abelschen Normalintegrale erster Gattung.* (1893, abgedruckt in der Zeitschrift für Mathematik und Physik, Bd. 28) verwiesen. V.]

[59]) Vgl. Harnack, *Über die Vielteiligkeit der ebenen algebraischen Kurven*, in Bd. 10 der Math. Annalen, 1876, S. 189 ff.; vergleiche ferner S. 415, 416 daselbst [= Abh. XL in Bd. 2 dieser Ausgabe, S. 154, 155], wo ich die Einteilung jener Kurven in zweierlei Arten gegeben habe. Vielleicht ist es zweckmäßig, bei diesen Untersuchungen die Lehre von den symmetrischen Flächen und die Riemannsche Theorie, so wie beide hier im Texte dargestellt werden, geradezu als Ausgangspunkt zu wählen. [Daß es zu jedem p Kurven mit $p + 1$ reellen Zügen gibt, geht auch aus der oben zitierten Schottkyschen Dissertation hervor. Trotzdem ist das Ergebnis von Harnack mit dem von Schottky nicht ohne weiteres identisch. Harnack geht nämlich davon aus, daß die Ordnung der Kurve von vornherein gegeben sei, und zeigt, daß für jedes dann mögliche p Kurven mit $p + 1$ reellen Zügen existieren. Vgl. auch die Erläuterungen auf S. 155 in Bd. 2 dieser Ausgabe. K.]

Aber auch der Rückschluß ist leicht zu machen. Sei eine symmetrische Fläche und auf ihr eine beliebige komplexe Funktion des Ortes, $u + iv$, gegeben. Bei der symmetrischen Umformung erfährt unsere Fläche *eine Umlegung der Winkel.* Wenn man also jedem Punkte der Fläche solche Werte u_1, v_1 beilegt, wie sie, unter der Benennung u, v, sein symmetrischer Punkt aufweist, so wird $u_1 - iv_1$ eine neue komplexe Funktion des Ortes sein. Man bilde nun:

$$U + iV = (u + u_1) + i(v - v_1),$$

so hat man einen Ausdruck, der im allgemeinen nicht identisch verschwindet; es genügt zu dem Zwecke, die Unendlichkeitspunkte von $u + iv$ in unsymmetrischer Weise anzunehmen. *Man hat also eine komplexe Funktion des Ortes, welche in symmetrisch gelegenen Punkten gleiche reelle, aber entgegengesetzt gleiche imaginäre Werte aufweist.* Solcher $U + iV$ mögen nun irgend zwei: W und Z, die überdies *eindeutige* Funktionen des Ortes sein sollen, herausgegriffen werden. Die zwischen diesen bestehende algebraische Gleichung hat dann die Eigenschaft, ungeändert zu bleiben, wenn man W und Z gleichzeitig durch ihre konjugierten Werte ersetzt. *Sie ist also eine Gleichung mit reellen Koeffizienten*, womit der geforderte Beweis in der Tat erbracht ist.

Ich knüpfe an diese Überlegungen noch Bemerkungen über die *reellen* eindeutigen Transformationen *reeller* Gleichungen $f(w, z) = 0$ in sich, oder, was dasselbe ist, über solche konforme Abbildungen erster Art symmetrischer Flächen auf sich selbst, bei denen symmetrische Punkte wieder in symmetrische Punkte übergehen. In unendlicher Zahl können solche Transformationen nach dem allgemeinen Satze des § 19 nur für $p = 0$ und $p = 1$ auftreten; wir beschränken uns also auf diese Fälle. Nehmen wir zuvörderst $p = 1$. Dann sehen wir sofort, daß unter den früher aufgestellten Transformationen nur noch diejenigen

$$W_1 = \pm W + C$$

in Betracht kommen, *bei denen C eine reelle Konstante bedeutet.* Analog in dem ersten Falle $p = 0$. Die Beziehung $x_1 = x$, $y_1 = -y$ bleibt ungeändert, wenn man $x + iy = z$ und $x_1 + iy_1 = z_1$ gleichzeitig derselben linearen Transformation:

$$z' = \frac{\alpha z + \beta}{\gamma z + \delta}$$

unterwirft, *wo die Verhältnisgrößen $\alpha : \beta : \gamma : \delta$ reell sind.* In dem zweiten Falle $p = 0$ ist die Sache etwas komplizierter. *Auch bei ihm sind lineare Transformationen mit drei reellen Parametern möglich.* Dieselben nehmen aber für das oben eingeführte z die folgende Gestalt an:

$$z' = \frac{(a + ib)z + (c + id)}{-(c - id)z + (a - ib)},$$

wo $a:b:c:d$ die drei reellen Parameter vorstellen. Dieses Resultat ist implizite in den Untersuchungen enthalten, die sich auf die analytische Repräsentation der Drehungen der $x + iy$-Kugel um ihren Mittelpunkt beziehen[60]).

§ 22.

Konforme Abbildung verschiedener Flächen aufeinander.

Wenn es sich jetzt darum handelt, verschiedene geschlossene Flächen aufeinander abzubilden, so liefern die vorausgeschickten Untersuchungen über die konforme Abbildung geschlossener Flächen auf sich selbst die nötigen Nebenbestimmungen, welche angeben, wie oft sich eine solche Abbildung gestaltet, sofern eine solche überhaupt möglich ist. Flächen, welche sich konform aufeinander abbilden lassen, besitzen jedenfalls (wie schon hervorgehoben) übereinstimmende Transformationen in sich selbst. Man erhält also alle Abbildungen der einen Fläche auf die zweite, wenn man eine beliebige Abbildung mit allen solchen verbindet, welche *eine* der beiden Flächen in sich selbst überführen. Ich werde hierauf nicht weiter zurückkommen.

Betrachten wir nun zuvörderst allgemeine, d. h. nicht symmetrische Flächen. Dann treten die Abzählungen des § 19 betreffs der Moduln algebraischer Gleichungen unmittelbar in Geltung. Wir haben zunächst:

Flächen $p = 0$ lassen sich immer konform aufeinander abbilden; und finden übrigens, daß die Flächen $p = 1$ *einen*, die Flächen $p > 1$ $(3\,p - 3)$ bei konformer Abbildung unzerstörbare Moduln besitzen. Jeder solche Modul ist im allgemeinen eine *komplexe* Konstante. Dem Umstande entsprechend, daß bei symmetrischen Flächen reelle Parameter in Betracht gezogen werden müssen, wollen wir ihn in seinen reellen und seinen imaginären Bestandteil zerlegt denken. Dann haben wir:

Sollen zwei Flächen $p > 0$ aufeinander abbildbar sein, so sind im Fall $p = 1$ zwei, im Falle $p > 1$ aber $(6\,p - 6)$ Gleichungen zwischen den reellen Konstanten der Flächen zu erfüllen.

Indem wir uns jetzt zu den *symmetrischen* Flächen wenden, haben wir noch eine kleine Zwischenbetrachtung zu machen. Zunächst ist ersichtlich, daß zwei solche Flächen nur dann „symmetrisch" aufeinander bezogen werden können, wenn sie neben dem gleichen p dieselbe Zahl π der Übergangskurven darbieten und überdies beide entweder der ersten oder der zweiten Art angehören. Im übrigen wiederhole man speziell für die symmetrischen Flächen die Abzählungen des § 13 betreffs der Zahl

---

[60]) Siehe zumal: Cayley, *On the correspondence between homographies and rotations,* Mathematische Annalen, Bd. 15, 1879 S. 238—240 [= Collected math. papers, vol. X, Nr. 660, S. 153—154]. [Siehe ferner S. 32—34 des „Ikosaederbuches"].

der in eindeutigen Funktionen enthaltenen Konstanten unter der Bedingung, daß nur solche Funktionen in Betracht gezogen werden, welche an symmetrischen Stellen konjugiert imaginäre Werte aufweisen. Hiermit kombiniere man sodann nach dem Muster des § 19 die Zahl solcher über der Z-Ebene konstruierbarer mehrblättriger Flächen, welche in bezug auf die Achse der reellen Zahlen symmetrisch sind. Ich will dabei, um das Auftreten unendlich vieler Transformationen in sich zu vermeiden, zuvörderst annehmen, daß $p > 1$ sei. Die Sache ist dann so einfach, daß ich sie nicht speziell durchzuführen brauche. Der Unterschied ist nur, daß die in Betracht kommenden, früher unbeschränkten Konstanten nunmehr gezwungen sind, entweder *einzeln reell* oder *paarweise konjugiert komplex* zu sein. Infolgedessen reduzieren sich alle Willkürlichkeiten auf die Hälfte. Wir mögen folgendermaßen sagen:

Zur Abbildbarkeit zweier symmetrischer Flächen $p > 1$ aufeinander ist neben der Übereinstimmung in den Attributen das Bestehen von $(3\,p - 3)$ Gleichungen zwischen den reellen Konstanten der Fläche erforderlich.

Die Fälle $p = 0$ und $p = 1$, welche hierbei ausgeschlossen wurden, sind implizite bereits im vorigen Paragraphen erledigt. Selbstverständlich müssen zwei symmetrische Flächen $p = 1$, die sich aufeinander sollen abbilden lassen, die gleiche Invariante J besitzen, was *eine* Bedingung für die Konstanten der Flächen abgibt, insofern J jedenfalls reell ist. Im übrigen aber findet man sofort, daß die Abbildung sich allemal ermöglicht, sobald die symmetrischen Flächen, wie dies selbstverständlich verlangt werden muß, *in der Zahl der Übergangskurven* übereinstimmen.

§ 23.

Berandete Flächen und Doppelflächen.

Auf Grund der nunmehr gewonnenen Resultate können wir den bisherigen Untersuchungen über die Abbildung *geschlossener* Flächen eine scheinbar bedeutende Verallgemeinerung zuteil werden lassen, und deshalb habe ich eben die symmetrischen Flächen so ausführlich betrachtet. Wir können jetzt nämlich *berandete* Flächen und *Doppelflächen* in Betracht ziehen (mögen nun letztere berandet sein oder nicht) und mit einem Schlage die auf sie bezüglichen Fragen erledigen. Hierzu gehört, was die Einführung der Randkurven angeht, daß wir uns von einer gewissen Beschränkung befreien, welche wir bisher, allerdings nur implizite, vorausgesetzt haben. Wir dachten uns die Flächen, auf denen wir operierten, bislang durchweg als stetig gekrümmt, oder doch nur in einzelnen Punkten (den Verzweigungspunkten) mit Unstetigkeiten behaftet. Aber nichts hindert uns, jetzt hinterher auch andere Unstetigkeiten zuzulassen. Wir werden uns z. B. vorstellen dürfen, daß unsere Fläche aus einer endlichen Anzahl verschiedener (im allgemeinen selbst gekrümmter) Stücke, welche unter endlichen Winkeln zusammenstoßen, polyederartig zusammengesetzt sei. Können wir uns doch auf einer solchen Fläche ebensogut elektrische Ströme verlaufend denken, wie auf einer stetig gekrümmten! Unter diese Flächen nun lassen sich die berandeten Flächen subsumieren[61]). *Man fasse nämlich die beiden Seiten der berandeten Fläche als Polyederflächen auf, welche längs der Randkurve (also durchweg unter einem Winkel von 360 Grad) zusammenstoßen und behandele nunmehr statt der ursprünglichen berandeten Fläche die aus beiden Seiten zusammengesetzte Gesamtfläche*[62]). Diese Gesamtfläche ist dann in der Tat eine geschlossene Fläche. Sie ist aber überdies eine *symmetrische* Fläche. Denn wenn man die übereinanderliegenden Punkte der beiden Flächenseiten vertauscht, so erfährt die Gesamtfläche eine konforme Abbildung auf sich selbst mit Umlegung der Winkel. Die Randkurven sind dabei die Übergangskurven. *Zugleich aber gewinnt unsere Einteilung der symmetrischen Flächen in zweierlei Arten eine wichtige und durchschlagende Bedeutung.* Die gewöhnlichen berandeten Flächen, bei denen man zwei Flächenseiten unterscheiden kann, entsprechen offenbar der ersten Art. Der zweiten Art aber korrespondieren die *Doppelflächen*, bei denen man von einer Flächenseite durch kontinuierliches Fortschreiten über die Fläche hin zur anderen gelangen kann. Auch der Fall ist nicht auszuschließen (wie bereits angedeutet), daß die Doppelfläche überhaupt keine Randkurve besitzen mag. *Wir haben dann eine symmetrische Fläche ohne Übergangskurve vor uns.*

Ich betrachte nunmehr der Reihe nach die verschiedenen auseinanderzuhaltenden Fälle.

1. *Sei zuvörderst eine einfach berandete, einfach zusammenhängende Fläche gegeben.* Eine solche Fläche erscheint für uns als eine geschlossene Fläche $p = 0$, welche unter Auftreten einer Übergangskurve symmetrisch auf sich selbst bezogen ist. Wir finden also, *daß zwei solche Flächen sich allemal durch Abbildung der einen oder der anderen Art konform aufeinander beziehen lassen, und daß man dabei in jedem der beiden Fälle noch drei reelle Konstanten zur willkürlichen Verfügung hat.* Wir können die letzteren insbesondere dazu benutzen, um einen beliebigen inneren Punkt der einen Fläche einem entsprechend gelegenen

---

[61]) Ich verdanke diese Auffassung einer gelegentlichen Unterredung mit Herrn Schwarz (Ostern 1881). [Sie geht auf Herrn Schottky zurück.]

[62]) Ich drücke mich im Texte der Kürze halber so aus, als wenn die ursprüngliche Fläche eine zweiseitige Fläche gewesen wäre, während doch nicht ausgeschlossen sein soll, daß sie eine Doppelfläche ist.

Punkte der anderen Fläche zuzuweisen und überdies einen beliebigen Randpunkt der einen Fläche einem beliebigen Randpunkte der anderen. Diese Bestimmungsweise entspricht dem bekannten Satze, den Riemann betreffs der konformen Abbildung einer einfach berandeten, einfach zusammenhängenden, *ebenen* Fläche auf die Fläche eines Kreises gegeben und in Nr. 21 seiner Dissertation als Beispiel für die Anwendung seiner Theorie auf Probleme der konformen Abbildung ausführlich erläutert hat.

2. *Wir betrachten ferner Doppelflächen* $p = 0$ *(ohne Randkurven).* Aus §§ 21, 22 folgt sofort, daß zwei solche Flächen allemal konform aufeinander bezogen werden können, und man dabei, den Schlußformeln des § 21 entsprechend, noch drei reelle Konstanten zu beliebiger Verfügung hat.

3. *Die verschiedenen hier in Betracht kommenden Fälle, welche eine Gesamtfläche* $p = 1$ *ergeben, betrachten wir gemeinsam.* Es gehören dahin zunächst die *zweifach berandeten, zweifach zusammenhängenden* Flächen, also Flächen, die wir uns im einfachsten Falle als geschlossene *Bänder* vorstellen dürfen. Es gehören dahin ferner *die bekannten Doppelflächen mit nur einer Randkurve*, die man erhält, wenn man die beiden schmalen Seiten eines rechteckigen Papierstreifens zusammenbiegt, nachdem man den Streifen um 180 Grad tordiert hat. Es gehören endlich dahin *gewisse unberandete Doppelflächen.* Man kann sich von denselben ein Bild machen, indem man etwa ein Stück eines Kautschukschlauches umstülpt und nun so sich selbst durchdringen läßt, daß bei Zusammenbiegung der Enden die Außenseite mit der Innenseite zusammenkommt. Bezüglich aller dieser Flächen besagen die früheren Sätze, daß die Abbildbarkeit der einzelnen Fläche auf eine zweite derselben Art das Bestehen *einer*, aber nur einer, Gleichung zwischen den reellen Konstanten der Flächen voraussetzt, daß aber die Abbildung, wenn überhaupt, in unendlich vielen Weisen geschehen kann, indem man ein doppeltes Vorzeichen und eine reelle Konstante zu beliebiger Verfügung hat.

4. *Wir nehmen nunmehr den allgemeinen Fall einer zweiseitigen Fläche.* Die Fläche soll π Randkurven besitzen und überdies p' nicht zerstückende Rückkehrschnitte zulassen, wobei entweder $p' > 0$ sein muß oder $\pi > 2$. Dann wird die aus Vorder- und Rückseite gebildete Gesamtfläche $2\,p' + \pi - 1$ nicht zerstückende Rückkehrschnitte zulassen. Denn man kann erstens die p' nach Voraussetzung auf der einfachen Flächenseite möglichen Rückkehrschnitte jetzt doppelt benutzen (sowohl auf der Vorderseite als der Rückseite), man kann ferner noch längs $(\pi - 1)$ der vorhandenen Randkurven Schnitte anbringen, ohne daß die Gesamtfläche aufhörte, ein einziges zusammenhängendes Flächenstück zu bilden. Wir werden also in den Sätzen des vorigen Paragraphen $p = 2\,p' + \pi - 1$ setzen und haben:

Zwei Flächen der betrachteten Art lassen sich, wenn überhaupt, nur auf eine endliche Anzahl von Weisen aufeinander abbilden. Die Abbildbarkeit hängt von $6\,p' + 3\,\pi - 6$ Gleichungen zwischen den reellen Konstanten der Flächen ab.

5. *Wir haben endlich den allgemeinen Fall der Doppelfläche* mit π Randkurven und P auf der doppelt gedachten Fläche neben den Randkurven möglichen Rückkehrschnitten. Indem wir die drei unter 2. und 3. betrachteten Möglichkeiten ($P = 0$, $\pi = 0$ oder 1, und $P = 1$, $\pi = 0$) beiseite lassen, erhalten wir denselben Satz wie unter 4., nur daß überall statt $2\,p' + \pi - 1$ die Summe $P + \pi$ zu schreiben ist, wo P nach Belieben eine gerade oder ungerade Zahl sein kann. *Insbesondere beträgt die Zahl der reellen Konstanten einer Doppelfläche, die bei beliebiger konformer Abbildung ungeändert bleiben,* $3\,P + 3\,\pi - 3$. —

Unter die hiermit gewonnenen Resultate subsumieren sich die allgemeinen Theoreme und Entwicklungen, welche Herr Schottky in seiner wiederholt zitierten Abhandlung gegeben hat, als spezielle Fälle.

§ 24.
Schlußbemerkung.

Die Entwicklungen des nunmehr zu Ende geführten letzten Abschnitts dieser Schrift sollten, wie wiederholt gesagt, den Andeutungen entsprechen, mit denen Riemann seine Dissertation abschloß. Allerdings haben wir uns auf *eindeutige* Beziehung zweier Flächen durch konforme Abbildung beschränkt. Riemann hat, wie er ausspricht, ebensowohl an mehrdeutige Beziehung gedacht. Man würde sich dementsprechend jede der beiden in Vergleich kommenden Flächen mit mehreren Blättern überdeckt vorstellen müssen und erst die so entstehenden mehrblättrigen Flächen konform eindeutig zu beziehen haben. Die Verzweigungspunkte, welche diese mehrblättrigen Flächen besitzen mögen, würden ebensoviele neue, zur Disposition stehende komplexe Konstante abgeben. — Hierzu ist zu bemerken, daß wir wenigstens *einen* Fall einer solchen Beziehung bereits ausführlich in Betracht gezogen haben. Indem wir eine beliebige Fläche mehrblättrig über die Ebene ausbreiteten (§ 15), haben wir zwischen Fläche und Ebene eine Beziehung hergestellt, die von der einen Seite mehrdeutig ist. Es ist dann weiter hervorzuheben, daß eben dieser spezielle Fall auch zwei beliebige Flächen mehrdeutig aufeinander beziehen läßt. Denn sind erst die beiden Flächen auf die Ebene abgebildet, so sind sie, durch Vermittlung der Ebene, auch aufeinander bezogen. — Mit diesen Bemerkungen ist die Frage nach der mehrdeutigen Abbildung natürlich keineswegs erschöpft. Aber es ist doch eine Grundlage zu ihrer Behandlung gewonnen, indem gezeigt ist, wie sie sich in die übrigen funktionentheoretischen Spekulationen Riemanns, von denen wir hier Rechenschaft zu geben hatten, einfügt.

[Ich greife gern noch einmal auf die wiederholt genannte Arbeit Schottkys in Crelles Journal, Bd. 83 (1877) zurück, zumal ich weiter unten (S. 578/579) ohnehin ausführlicher auf sie zurückkommen muß. Die große Ähnlichkeit der auf einen besonderen Fall bezüglichen Schottkyschen Untersuchungen mit den allgemeinen meiner Schrift war mir von vornherein aufgefallen. Ich schrieb also damals an Herrn Schottky und fragte ihn nach der Entstehung seiner Ideen. Hierauf antwortete er mir in einem Briefe vom Mai 1882 (der in Bd. 20 der Math. Annalen abgedruckt wurde), daß er in der Tat ursprünglich auch von der Betrachtung der Strömungen einer inkompressiblen Flüssigkeit ausgegangen sei und diesen physikalischen Ausgangspunkt nur auf Rat von Weierstrass bei der Drucklegung durch die Bezugnahme auf Schwarz' Untersuchungen über konforme Abbildung ersetzt habe.

Ich weise ferner noch einmal darauf hin, daß Weyl in seinem Buche *Die Idee der Riemannschen Fläche* (1913) die Mehrzahl der in der vorstehenden Abhandlung ausgesprochenen Gedanken in einer allen modernen Anforderung an Strenge genügenden Weise bewiesen hat. K.]

C. Autographierte Vorlesungshefte.

[Math. Annalen Bd. 45 (1894).]

Riemannsche Flächen.

(Doppelvorlesung Winter 1891/92, Sommer 1892.)

Den Ausgangspunkt bildet hier selbstverständlich diejenige Auffassung der Riemannschen Theorie, welche ich seinerzeit in meiner Schrift über Riemann (Leipzig 1882) [vgl. die vorstehende Abh. XCIX] skizziert und bald darauf in Bd. 21 der Annalen [siehe die unten folgende Abh. CIII] noch weiter ausgeführt habe. Das Wesentliche ist, daß die Riemannsche Fläche (oder irgendein mit ihr äquivalenter Bereich) als *Definition* der zugehörigen Funktionen gilt. Ich brauche hierauf an gegenwärtiger Stelle kaum zurückzukommen, nachdem einerseits meine Auffassungsweise in den von Herrn Fricke bearbeiteten Vorlesungen über Modulfunktionen ausführlich dargelegt ist, nachdem andererseits Herr Picard in seinem neuen Traité d'analyse einen entsprechenden Standpunkt eingenommen hat. Ebensowenig führe ich hier aus (was ebenfalls bereits in den „Modulfunktionen" zur Geltung kommt), daß mit der genannten Auffassung zugleich eine neue Grundlage für die Darstellung der algebraischen Funktionen in homogener Form gegeben ist[1]). Ich habe im Anschluß daran in meiner Vorlesung u. a. eine homogene Formulierung der Theorie der zu einer gegebenen Riemannschen Fläche gehörigen *Minimalflächen* gegeben, wobei sich diese Theorie sehr viel symmetrischer gestaltet als bei den sonstigen Darstellungen und systematisch in die übrigen Betrachtungen eingefügt erscheint.

An die hiermit bezeichneten Entwicklungen knüpft sich nun als zweiter Teil der Vorlesung eine *historische Übersicht über die Theorie der algebraischen Kurven*, — wobei es sich in erster Linie darum handelt, überall hervorzukehren, wie sich die einzelnen Begriffsbestimmungen und Sätze vom Standpunkte der Riemannschen Theorie aus darstellen. Ich brauche hier auf die einzelnen Momente der historischen Darstellung um so weniger

---

[1]) [Siehe zu allen diesen Punkten die Vorbemerkungen auf S. 479 ff. Im übrigen verweise ich auf die ausführlichere Darstellung in der Autographie selbst. K.]

einzugehen, als ja ein ausführlicher Bericht über denselben Gegenstand von seiten der Herren Brill und Noether demnächst in den Berichten der deutschen mathematischen Gesellschaft publiziert werden soll[2]); dort werden zweifellos auch einzelne Ungenauigkeiten meiner Darstellung korrigiert sein. Andererseits überspringe ich alle diejenigen Formulierungen, welche bereits in den „Modulfunktionen" ihre Stelle gefunden haben. So mögen nur folgende Punkte genannt werden:

Eine jedenfalls wichtige Frage ist, wie man am einfachsten zu einer gegebenen ebenen algebraischen Kurve eine zugehörige Riemannsche Fläche konstruiert. Ich erinnere in dieser Hinsicht zunächst an das Verfahren, welches ich in Math. Annalen Bd. 7 und 10 gegeben habe (1874, 1876) [vgl. die Abh. XXXVII und XL in Bd. 2 dieser Ausgabe], wo ich den Ort der reellen Punkte der imaginären Kurventangenten als Riemannsche Fläche auffaßte („projektive Fläche"). Die verschiedenen Realitätstheoreme, welche man für die Singularitäten der ebenen algebraischen Kurven besitzt, erfahren von hier aus eine neue Beleuchtung. Ich gebe sodann eine zweite Konstruktion, die in analytischer Form schon bei früheren Autoren auftritt, aber hier wohl zum ersten Male geometrisch ausgeführt wird („metrische Fläche"). Einem imaginären Kurvenpunkte wird hier derjenige reelle Punkt der Ebene zugeordnet, der mit ihm und dem einen Kreispunkte der Ebene auf einer Geraden liegt. Dabei fallen die Verzweigungspunkte der Fläche in die Brennpunkte der Kurve. Es sind dies diejenigen Flächen, welche neuerdings Herr Loud einer eingehenden Betrachtung unterzogen hat (vgl. Annals of Mathematics, Bd. 8, 1893).

Eine weitere Frage ist die nach der Bedeutung der speziell kurventheoretischen Methoden, also des Noetherschen Fundamentalsatzes, des Restsatzes usw. für die Riemannsche Auffasung. Ich stelle hier mehr die Probleme, als daß ich sie erledige. Es handelt sich immer darum, die Theoreme, von der Formel abgelöst, nach ihrer funktionentheoretischen Bedeutung zu begreifen. Es würde mir wichtig scheinen, die verschiedenen hier nur angedeuteten Ansätze weiter auszuführen. Insbesondere ist meine Ansicht, daß überall da, wo die Moduln des algebraischen Gebildes in Betracht kommen, die Riemannsche Behandlung den Theoremen einen höheren Grad von Sicherheit verleiht. Man kann bei der üblichen algebraisch-geometrischen Behandlung fast bei jedem Schritte Einwürfe formulieren, dahingehend, daß notwendige Abhängigkeiten der zu kombinierenden Gleichungen vielleicht nicht erkannt sind. Es mag nicht schwierig sein, auf den einzelnen derartigen Einwurf zu antworten, etwa durch Diskussion

---

[2]) [Dies ist in Bd. 3 der Jahresberichte der Deutschen Mathematiker-Vereinigung (1894) geschehen.]

eines numerischen Beispiels. Dagegen scheint es fast unmöglich und jedenfalls äußerst umständlich, dieses Verfahren bei längeren Beweisen, überall
wo es nötig wäre, in Anwendung zu bringen. Ganz anders die Beweismethoden, welche an die Riemannschen Existenzsätze anknüpten. Ihnen
haftet nur, höchst bedauerlicherweise, eine andere Beschränkung an: sie
sind bis auf weiteres nur auf eindimensionale algebraische Gebilde anwendbar und können noch in keiner Weise auf mehrdimensionale algebraische Gebilde ausgedehnt werden.

An dritter Stelle sei eines Beispiels gedacht, welches ich für die hiermit entwickelte Auffassung in der Theorie der Raumkurven gebe. Bei
seinen interessanten Untersuchungen über die Brill-Noetherschen Spezial-
gruppen gebraucht Herr Castelnuovo gelegentlich die Annahme, es sei
möglich, eine C_{m+p} des R_m vom Geschlechte p in eine rationale C_m desselben Raumes und p geradlinige Sekanten dieser C_m zerfallen zu lassen.
Indem ich mir als Abbild der Raumkurve eine $(m+p)$-blättrige Riemannsche Fläche über der Ebene gegeben denke, vermag ich in der Tat
den hier erforderlichen Beweis zu führen. Es handelt sich nur darum,
die Fläche durch Verschiebung ihrer Verzweigungspunkte so ausarten zu
lassen, daß sich p einfache Blätter von ihr abtrennen. Allerdings wird
hier von dem Riemannschen Existenzsätzen in einer Weise Gebrauch gemacht, die in den explizite vorliegenden Beweisen desselben nicht vor-
gesehen ist. Das Problem ist, die Stetigkeit der durch eine Riemannsche
Fläche definierten Funktionen bei stetiger Abänderung der Fläche zu beweisen. Ich hoffe, daß dieser Gegenstand binnen kurzem von anderer Seite
seine Erledigung finden wird [3]).

Es folgt ein letzter Teil der Vorlesung. Ich kann mich hier wieder
sehr kurz fassen, weil ich den Gegenstand später (Math. Annalen Bd. 42)
in einer eigenen Abhandlung dargelegt habe. [Gemeint ist die Arbeit,
welche bereits in Bd. 2 dieser Ausgabe als Nr. XLII abgedruckt ist.] Schon
in meiner Schrift über Riemann hatte ich die Theorie der Kurven-
gestalten an die Theorie der „symmetrischen" Riemannschen Flächen angeknüpft. Dies habe ich nun hier nach verschiedenen Richtungen ausgeführt
und insbesondere durch Diskussion der Perioden der zugehörigen Abelschen
Integrale eine Menge von Theoremen über die Realität von Berührungskurven usw. entwickelt.

Göttingen, im März 1894.

---

[3]) [Dies ist in den Arbeiten von Ritter in den Bänden 45 (1894) und 46 (1895)
der Math. Annalen geschehen; insbesondere wird dort (auf S. 247—248 des Bandes 46)
die Berechtigung meiner Auffassung des Verfahrens von Castelnuovo ausdrücklich
bewiesen. K.]

Zur Vorgeschichte der automorphen Funktionen.

Die Benennung „automorphe Funktionen" für diejenigen Funktionen (insbesondere die eindeutigen von einer Veränderlichen), welche bei gewissen linearen Substistutionen der unabhängigen Variablen ungeändert bleiben, wird im Texte der folgenden Nummern CI bis CV noch nicht gebraucht; sie ist erst 1890 in meiner Arbeit *Zur Theorie der allgemeinen Laméschen Funktionen*[1]) eingeführt worden, und seitdem wohl allgemein, auch international, angenommen[2]). Das einfachste Beispiel bilden selbstverständlich die einfach- oder doppelt-periodischen Funktionen; dann kommen die rationalen Funktionen, die aus der Theorie der regulären Körper erwachsen. Mit ihrer Betrachtung begann meine eigene Arbeit an der Theorie der automorphen Funktionen im Jahre 1874. Diese niederen Fälle sollen im Folgenden durchweg beiseite bleiben; die Geschichte der periodischen und doppeltperiodischen Funktionen ist ja an sich hinreichend bekannt, und außerdem finden sich zahlreiche Angaben darüber im ersten Abschnitte des vorliegenden Bandes, während über die algebraischen Fälle der zweite Abschnitt des zweiten Bandes dieser Gesamtausgabe zusammenhängend Auskunft gibt. Im folgenden wird daher nur von den höheren transzendenten Fällen die Rede sein. Die geschichtliche Entwicklung ihrer Theorie bis zum Jahre 1912 und insbesondere die Vorgeschichte sind auf Grund des damals gedruckt vorliegenden Materials sehr zuverlässig von R. Fricke in seinem Artikel in der Enzyklopädie der Math. Wissenschaften (II B 4) dargestellt. Wenn ich an gegenwärtiger Stelle darauf zurückkomme, so geschieht es einmal, weil inzwischen einige neue Quellen erschlossen sind, dann aber, weil ich auch den subjektiven Zusammenhängen, so wie sie mir entgegengetreten sind, Ausdruck geben möchte. Zugleich gibt dies die beste Einleitung zu der Korrespondenz zwischen H. Poincaré und mir in den entscheidenden Jahren 1881 und 1882, die weiterhin folgt und selbst als ein Beitrag zur Vorgeschichte der automorphen Funktionen gelten mag. Dafür werden hernach die historischen Exkurse und persönlichen Bemerkungen, die seinerzeit an verschiedenen Stellen dem Texte der Abhandlungen in Fußnoten beigegeben waren, bei dem gegenwärtigen Wiederabdruck fortbleiben, bzw. durch Rückverweise auf diese Vorbemerkungen hier und den genannten Briefwechsel ersetzt werden.

Daß Gauss und Riemann die Figuren der Dreiecksfunktionen und speziell der Modulfunktion $\varkappa^2(\omega)$ bereits gekannt haben, ist schon in Bd. 2 dieser Ausgabe, S. 256, erwähnt. Hinzugefügt sei, daß Riemann den handschriftlichen Nachlaß von Gauss und also vermutlich die Figuren, welche R. Fricke aus demselben in Bd. 8 von Gauss' Werken (S. 103—105) zusammengestellt hat, kannte, als er 1858/59 die berühmte Vorlesung hielt, über welche die von Noether und Wirtinger herausgegebenen Nachträge zu Riemanns Ges. math. Werken (siehe daselbst S. 69—94) Auskunft geben. In einem gewissen Maße sagt Riemann es selbst in der Einleitung seiner Abhandlung über die P-Funktion (Ges. math. Werke, Nr. IV, 1. Aufl., S. 62 ff., 2. Aufl. S. 67 ff.), worauf

---

[1]) Siehe Göttinger Nachrichten vom Jahre 1890, S. 94 = Abh. LXIV in Bd. 2 dieser Ausgabe, S. 549.

[2]) Auch die Benennung *Stigma* für einen Verzweigungspunkt *relativ* zu einer (ein- oder mehrblättrigen, ebenen oder auch frei im Raume gelegenen) Riemannschen Fläche kommt in den folgenden Abhandlungen noch nicht vor; an welcher Stelle sie zum ersten Male steht, kann ich nicht angeben, sie empfiehlt sich aber durch ihre Prägnanz.

mich in freundlicher Weise Herr Schlesinger aufmerksam machte. Außerdem ist aus dem Bericht Scherings über den 3. Band von Gauss' Werken[3]) und dem heftigen Angriffe K. Hattendorffs gegen denselben[4]) bekannt, daß Riemann ursprünglich im Auftrage der Göttinger Gesellschaft der Wissenschaften die Herausgabe von Gauss' Untersuchungen über elliptische Funktionen übernommen hatte, und daß Schering erst nachträglich an seine Stelle trat (wobei in Bd. 3 der Gaussausgabe dann freilich die Figuren, welche die zu $\varkappa^2(\omega)$ gehörigen Doppeldreiecke vorstellen, in unkenntlicher Form wiedergegeben sind). Man wird also die betreffenden, ursprünglich jedenfalls von der Reduktionstheorie der binären quadratischen Formen ausgehenden, Gaussischen Ergebnisse nicht bloß als eine historisch merkwürdige Tatsache, sondern als eine Quelle von nachwirkender Kraft anerkennen müssen.

Aber auch Riemanns Forschungen sind nicht bloß hinterher bekannt geworden. Nicht nur waren Exemplare der Nachschriften seiner Vorlesungen, wie wir sie jetzt auf der Göttinger Universitätsbibliothek besitzen, im engeren Kreise seiner Schüler verbreitet, sondern es kann kein Zweifel sein, daß Riemann 1858/59 bei Gelegenheit einer ausführlichen Bezugnahme mit Weierstrass mit diesem über seine einschlägigen Untersuchungen gesprochen hat. Wir wissen, daß Weierstrass in einer im Sommer 1863 über Abelsche Funktionen gehaltenen Vorlesung — vielleicht also auch schon in früheren Vorlesungen — von der Theorie der linearen Differentialgleichungen gehandelt hat, natürlich, seiner Grundauffassung entsprechend, von der explizite hingeschriebenen Differentialgleichung beginnend; er hat sich fernerhin auch mannigfach mit der konformen Abbildung geradlinig und kreisförmig begrenzter Polygone auf die Halbebene beschäftigt und mit beiden Untersuchungsrichtungen jüngere Forscher angeregt, nämlich Fuchs und Schwarz. Ich berufe mich auf die Äußerungen, welche die beiden in dieser Hinsicht in ihren ersten einschlägigen Veröffentlichungen niedergelegt haben[5]). Es wäre um so mehr wünschenswert, diese Zusammenhänge klarzustellen, als Fuchs und Schwarz auch späterhin, wie es scheint, keine eigentliche wissenschaftliche Fühlung miteinander hatten. Uns interessiert an dieser Stelle insbesondere, daß Schwarz in seiner großen Abhandlung über die hypergeometrische Reihe in Crelles Journal, Bd. 75 (1872/73) (= Ges. math. Abhandlungen, Bd. 2, S. 211—259) die Theorie der eindeutigen Dreiecksfunktionen mit kreisförmiger natürlicher Grenze entwickelte und damit die wesentlichste Eigenschaft der Modulfunktion $\varkappa^2(\omega)$ zu allgemeiner Kenntnis brachte, woran ich und andere dann später angeknüpft haben.

Übrigens hat Riemann ja auch die andere Art automorpher Funktionen, die entstehen, indem man einen von Vollkreisen begrenzten Bereich der Ebene an diesen Kreisen fortgesetzt symmetrisch reproduziert[6]). Die Prüfung der Originalblätter hat ergeben, daß Webers Mitteilungen den Vorbereitungen zu einer im Sommer 1858 gehaltenen Vorlesung entnommen sind. Und zwar geht Riemann dabei zunächst von der Aufgabe aus, für ein von mehreren Kugeln gebildetes Konduktorsystem das Gleichgewicht elektrostatischer Ladungen zu bestimmen. Hierfür war die Benutzung des Symmetrieprinzipes in den Arbeiten von W. Thomson vorgebildet, die als Briefe an Liouville in dessen Journal von 1845 an erschienen[7]). Also auch hier sind die mathematischen Entwicklungen aus physikalischen Anregungen erwachsen.

---

[3]) Math. Annalen, Bd. 1, S. 139/140 (datiert vom 6. Dezember 1868); abgedruckt in Bd. 1 der Ges. math. Werke von E. Schering als Nr. IX, S. 153/154.

[4]) *„Die elliptischen Funktionen in dem Nachlasse von Gauss. Ein Beitrag zu einem Schreib- und Druckfehler-Verzeichnisse."* (Hannover, bei Schmorl und von Seefeld 1869).

[5]) Siehe z. B. Ges. math. Werke von L. Fuchs, Bd. 1, S. 111/112, 159/160 und Ges. math. Abhandlungen von H. A. Schwarz, Bd. 2, S. 65, 76/77, 80.

[6]) Siehe das von H. Weber bearbeitete Fragment XXV in der ersten (1876 erschienenen) bzw. XXVI in der zweiten (1892 erschienenen) Auflage der Ges. math. Werke von Riemann.

[7]) Diese sind in dem Buche *„Reprint of papers on electrostatics and magnetism"* by Sir William Thomson als Nr. XIV auf S. 144 ff. abgedruckt.

Auf dieselben Funktionen ist dann unabhängig in seiner Berliner Dissertation 1875 Herr Schottky gekommen. Von seinem physikalischen Ausgangspunkte ist schon oben auf S. 573, die Rede gewesen. Im übrigen sind die Schicksale der Schottkyschen Arbeit, wie sie sich nach persönlicher Mitteilung des Verfassers ergeben, so merkwürdig, daß ich gern die Gelegenheit ergreife, sie hier mitzuteilen. Es erfolgten nach einander drei verschiedene Redaktionen:

a) Eine lateinische Fassung, die nicht publiziert ist, sondern nur der Philosophischen Fakultät in Berlin vorgelegen hat,

b) Eine deutsche Bearbeitung, welche 1875 in Berlin als Dissertation gedruckt wurde,

c) Die umgearbeitete Darstellung in Crelles Journal, Bd. 83 (1877).

Bei Niederschrift von a) hat der Verfasser noch keine Fühlung mit Weierstrass gehabt, dafür aber ganz seiner freien Ideenbildung folgen können. Aus dem Gutachten, daß Weierstrass über a) seinerzeit für die Fakultät abgegeben hat und von dem ich durch die Freundlichkeit von Herrn Schottky eine Abschrift vor Augen habe, scheint mit Gewißheit hervorzugehen, daß Schottky hier, freilich nur auf Grund einer Konstantenzählung, das „Rückkehrschnitttheorem“[8]) für den besonderen, von ihm betrachteten Fall ausgesprochen hat, d. h. die Möglichkeit, einen von $p+1$ regulären Randkurven begrenzten ebenen Bereich auf einen von $p+1$ Vollkreisen begrenzten Bereich konform abzubilden (also das Rückkehrschnitttheorem für den obersten orthosymmetrischen Fall, wie ich mich ausdrücke).

Die Redaktion b) ist dann durch eine erste Fühlungnahme mit Weierstrass bedingt. Bei der umfassenden Beherrschung ausgedehnter Teile der Mathematik und seiner stark ausgeprägten Persönlichkeit, die sich zu bestimmten Beweisgängen durchgearbeitet hatte, übte Weierstrass auf jüngere Forscher je nachdem einen außerordentlich fördernden, oder auch, wo ihm die Gedankengänge fremdartig waren, einen hemmenden Einfluß. Ich könnte in diesem Zusammenhange auf Weierstrass' Stellungnahme zu meinen ersten Ideen über die Verwandtschaft zwischen Cayleyscher Maßbestimmung und Nicht-Euklidischer Geometrie zurückverweisen (vgl. Bd. 1 dieser Ausgabe, S. 51). Schottky scheint ähnliche Erfahrungen gemacht zu haben, so daß er in b) sich bloß auf die Konstantenzählung beschränkt, ohne ihre Tragweite für das Fundamentaltheorem anzudeuten (siehe S. 55—56 in b).) Die physikalische Ideenbildung aber, von der doch der Autor ausgegangen war, wird gänzlich ausgeschaltet und durch Zitate auf die das Existenzproblem der konformen Abbildungen betreffenden Arbeiten von Schwarz ersetzt.

In c) endlich ist auch noch besagte Konstantenzählung weggeblieben.[9]) Statt dessen finden sich wertvolle, vorher nicht publizierte, Angaben über die verschiedenen Normalformen, die Weierstrass bei den Gebilden $p > 2$ unterschied; bei $p = 3$ trennt sich neben dem hyperelliptischen Falle noch ein weiterer von dem allgemeinen Falle ab[10]). Vielleicht liegt hier die Quelle des Mißtrauens, welches Weierstrass gegen das Fundamentaltheorem schon in dem einfachsten hier vorliegenden Falle hatte. Die

---

[8]) Der Ausdruck ist unten in Nr. CI, S. 623 erklärt.

[9]) Dagegen hat Schottky in c) (S. 330 daselbst), wiederum auf Grund bloßer Konstantenzählung, den Satz ausgesprochen, daß sich jedes ebene, von $p+1$ Randkurven begrenzte, Gebiet umkehrbar eindeutig konform auf die Vollebene mit Ausnahme von $p+1$ geradlinigen, zur x-Achse parallelen Strecken abbilden läßt. Bereiche der letzteren Art spielen in der modernen Literatur unter dem Namen *Schlitzbereiche* bekanntlich eine wichtige Rolle.

[10]) Über die Weierstrassischen Normalformen vergleiche man neben der genannten Stelle die gleichfalls von Schottky nach einer Vorlesung von Weierstrass ausgearbeitete Note *Über Normalformen algebraischer Gebilde* in Bd. 3 der Math. Werke von Weierstrass, S. 297 ff.; ferner die Angaben von Brill und Noether in ihrem *Bericht über die Entwicklung der Theorie der algebraischen Funktionen in älterer und neuerer Zeit,* Jahresber. der Deutschen Mathem. Vereinigung, Bd. 3 (1894), S. 431 ff.

Wurzel des Fundamentaltheorems ist der Satz, den ich in meiner Schrift über Riemann (Abh. XCIX, S. 558—559) angab, daß die sämtlichen Gebilde desselben p ein Kontinuum bilden. Hiergegen hat Schwarz in einem ersten an mich gerichteten Briefe (vom 1. Februar 1882) lebhaft protestiert. Er vertritt dort die Auffassung, daß die genannten Gebilde, entsprechend den verschiedenen von Weierstrass aufgestellten Normalformen, in ebenso viele getrennte Scharen zerfallen. Ob dies Weierstrass' eigene Auffassung gewesen ist, bleibt nach dem Wortlaut des Briefes unklar, scheint aber nicht unwahrscheinlich. Jedenfalls hat Schwarz damals die Fallunterscheidungen, die doch nur aus der Voranstellung bestimmter Anforderungen an die Gestalt der verschiedenen Normalgleichungen erwachsen, als etwas Absolutes genommen. — Übrigens finden sich bei Schottky auch Fälle, wo die begrenzenden Vollkreise durch Kreisbogenpolygone ersetzt sind; es wird dann untersucht, wie sich die konforme Abbildung eines solchen Bereiches auf die Hälfte einer orthosymmetrischen Riemannschen Fläche mit $p+1$ Symmetrielinien gestaltet.

Nun setzt 1877 die moderne Entwicklung der Lehre von den elliptischen Modulfunktionen ein. Gleich am 4. Februar wurde bei der Academia dei Lincei die tief eindringende Arbeit von H. J. St. Smith vorgelegt, von der im ersten Abschnitte des vorliegenden Bandes mehrfach die Rede gewesen ist[11]); sie war schon, wie der Verfasser mitteilt, 1874 der Pariser Akademie, aber offenbar vergeblich, unterbreitet worden. Übrigens findet sich die wichtige Angabe, daß $\varkappa^2(\omega)$, $\varkappa(\omega)$, $\sqrt{\varkappa(\omega)}$, $\sqrt[4]{\varkappa(\omega)}$, um in meiner in Nr. LXXXVII, S. 171 des vorliegenden Bandes eingeführten Sprechweise zu reden, Hauptmoduln der zu ihnen gehörigen Gruppen von ω-Substitutionen sind, bereits in dem sechsten zahlentheoretischen Bericht von H. J. St. Smith vom Jahre 1865[12]). — Meine eigenen einschlägigen Veröffentlichungen beginnen mit dem oben unter Nr. LXXXI abgedruckten Briefe an Brioschi. Etwa um dieselbe Zeit erschien in Crelles Journal, Bd. 83, ein vom November 1876 datierter Brief von Fuchs an Hermite unter dem Titel: *Sur quelques propriétés des intégrales des équations différentielles, auxquelles satisfont les modules de périodicité des intégrales elliptiques des deux premières espèces.* (Abgedruckt als Nr. XXIV in Bd. 2 der Ges. math. Werke von L. Fuchs.) Hier wird, um das Positive vorweg zu nehmen, zum ersten Male der Grund aufgedeckt, warum die Größe $\varkappa^2$ als Funktion des Verhältnisses η zweier Perioden η_1 und η_2 eines elliptischen Integrales zweiter Gattung (in der Bezeichnung der „Modulfunktionen") betrachtet, eine unendlich vieldeutige Funktion wird, während sie doch als Funktion des Verhältnisses ω zweier Perioden eines Integrales erster Gattung eindeutig ist[13]). Was aber die Behandlung der Modulfunktion $\varkappa^2(\omega)$ betrifft, so muß ich an der von mir einst geäußerten Ansicht festhalten, daß der Verfasser den Gegenstand nicht eigentlich gefördert hat, weil er nicht bis zur Erfassung der Dreiecke der ω-Ebene, die der Halbebene des $\varkappa^2$ entsprechen, vorgedrungen ist, und sich bei der Behandlung der natürlichen Grenze, welche durch die reelle Achse der ω-Ebene gebildet wird, einer ungenauen Ausdrucksweise bedient hat. Trotzdem hat dieser Brief nach verschiedenen Seiten eine Wirkung ausgeübt: Er hat das Interesse der heranwachsenden französischen Forscher E. Picard und H. Poincaré auf das Problem der Modulfunktionen, welches lange in Frankreich geruht hatte, zurückgelenkt; er hat überdies Dedekind auf den Plan gerufen und

---

[11]) Vgl. das Zitat in Fußnote [6]) auf S. 7 des vorliegenden Bandes.

[12]) Siehe Reports of the British Association for 1865, S. 322 ff.; abgedruckt als Nr. X in Bd. 1 der Collected mathematical papers of H. J. St. Smith, S. 289 ff. Vgl. daselbst besonders Artikel 125.

[13]) Es scheint nützlich, folgende Bemerkung hinzuzufügen, die ich in meinen Vorlesungen wiederholt gab, die aber, soviel ich weiß, in der gedruckten Literatur nirgends vorkommt. Das Periodenverhältnis des Integrals zweiter Gattung $\eta = \eta_1 : \eta_2 = -\dfrac{\partial \log \Delta}{\partial \omega_2} : \dfrac{\partial \log \Delta}{\partial \omega_1}$ bildet die obere Halbebene des J auf das nebenstehende

ihn zu dem ebenfalls in Crelles Journal, Bd. 83, abgedruckten, Anfang September 1877 erschienenen Schreiben an Borchardt veranlaßt, in welchem er den ihm lange bekannten Sachverhalt, wie er sich im Anschluß an Gauss und Riemann unter Voranstellung der zahlentheoretischen Gesichtspunkte darbietet, in klassisch durchsichtiger Form darlegte. — Wie sich dann hier meine eigenen Arbeiten über elliptische Modulfunktionen anschlossen und weiter entwickelten, ist im ersten Abschnitte des vorliegenden Bandes ausführlich zur Sprache gebracht. Von Resultaten soll an dieser Stelle nur die ausführliche Theorie der Fundamentalpolygone hervorgehoben werden, bei der das Zusammengehen gruppentheoretischer und funktionentheoretisch-geometrischer Überlegungen in allgemeinster Weise überzeugend hervortrat.

Es wird nicht überraschen, daß ich im Anschluß daran (explizite in der Einleitung zu meiner Vorlesung von Sommer 1879) an mein altes Problem erneut herantrat: *Alle diskontinuierlichen Gruppen einer Variablen, bzw. die zugehörigen automorphen Funktionen aufzustellen.* Bei meinen betreffenden Überlegungen habe ich, wie ich hier besonders betonen möchte, von Anfang an von den Vorstellungen der Nicht-Euklidischen Geometrie Gebrauch gemacht; und zwar geschah dies nicht nur in der Weise, daß ich in der Ebene einen Cayleyschen Fundamentalkegelschnitt benutzte (vgl. die Abh. XV, XVI (1871) in Bd. 1 dieser Ausgabe), sondern ich zog sogleich die Riemannsche $x + iy$-Kugel als Fundamentalfläche einer räumlichen Nicht-Euklidischen Maßbestimmung heran (vgl. Abh. LI (1875/76) in Bd. 2 dieser Ausgabe). Aber es stellten sich mir zwei Hinderungen entgegen, die ich offen angebe, weil es mir scheint, daß damit dem Fortschritt der Wissenschaft und der Erkenntnis der Irrungen, in die man gelegentlich hineingerät, am besten gedient ist:

a) Ich kannte damals die Riemann-Schottkyschen Untersuchungen noch nicht, welche automorphe Funktionen mit unendlich vielen zerstreut liegenden Punkten als Grenze des Definitionsbereiches ergeben hatten, glaubte vielmehr, daß die unendlich vielen Grenzpunkte notwendig eine Kurve erfüllen müßten, von der ich annahm, daß sie analytisch sei da ich überzeugt war, daß bei vernünftig analytisch gestellten Problemen keine nichtanalytischen Gebilde auftreten könnten. Unter diesen Umständen

Dreieck der η-Ebene ab. Der Beweis ergibt sich sofort, wenn man aus der linearen Differentialgleichung, der die normierten Perioden $H_1 = \dfrac{\eta_1}{\sqrt[12]{\Delta}}$, $H_2 = \dfrac{\eta_2}{\sqrt[12]{\Delta}}$ genügen, entnimmt, daß der Quotient η die Halbebene J auf ein Kreisbogendreieck mit den Winkeln 0, $\dfrac{\pi}{2}$, $\dfrac{2\pi}{3}$ abbildet und beachtet, daß zufolge der Legendreschen Relation $\omega_1 \eta_2 - \omega_2 \eta_1 = 2\pi i$ bei Umläufen des J jeweils ω und η dieselbe lineare Substitution erleiden. Die Sache ist der Art nach genau die gleiche wie in der Ikosaedertheorie die Abbildung durch $-\dfrac{\partial f}{\partial \zeta_2} : \dfrac{\partial f}{\partial \zeta_1}$, vgl. die schon oft genannte Dissertation von O. Fischer, Leipzig (1885). — Hier ist es nun anschaulich klar, wie die η-Ebene bei symmetrischer Reproduktion der η-Dreiecke unendlich oft überdeckt wird, so daß $J(\eta)$ eine unendlich vieldeutige Funktion wird, deren Verhalten man, bei aller seiner Wunderlichkeit, vollkommen überblickt.

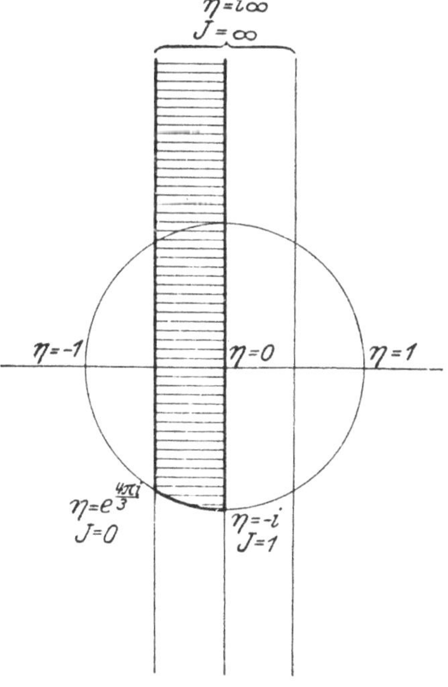

wurde es mir, auf Grund meiner Kenntnis der W-Kurven (vgl. Abh. XXVI in Bd. 1 dieser Ausgabe), nicht schwer, zu zeigen, daß diese Kurve ein Kreis sein müsse. So kam es, daß ich zunächst nur Gruppen mit Grenzkreis in Betracht zog.

b) Die Untersuchung der besonderen Resolventen siebenten und elften Grades (siehe oben Nr. LXXXIII, S. 82—85) hatte mich gelehrt, daß unter Umständen auch unsymmetrische Polygone durch symmetrische Wiederholung eines Ausgangsbereiches entstehen können. Ich habe mich nun damals vergeblich abgemüht, zu zeigen, daß man in ähnlicher Weise alle Gruppen mit Grenzkreis erhalten müsse, wenn man von der symmetrischen Reproduktion eines Kreisbogenpolygones ausgeht, dessen Seiten gegen den Grenzkreis normal sind und dessen Winkel aliquote Teile von π sind. Mir fehlte eben noch die Einsicht darein, wie sich die symmetrischen Riemannschen Gebilde in die Gesamtheit der übrigen einordnen; ich habe die bezügliche Sachlage erst 1881 in meiner Schrift über Riemann (Nr. XCIX in diesem Bande) klargestellt [14]).

Hierzu ist zu bemerken, daß das Mißverständnis a) in anderer Form auch bei H. Poincaré aufgetreten ist und ihn zunächst nur zur Aufstellung solcher automorpher Funktionen gelangen ließ, bei denen ein Hauptkreis festbleibt. Er hatte, wie er mir gelegentlich erzählte, kurzweg den Analogieschluß gemacht: Da bei den eindeutigen Funktionen der regulären Körper ein Punkt im Innern der $x + iy$-Kugel festbleibt, und bei den doppeltperiodischen Funktionen ein Punkt auf der Kugel, so wird dies bei den zu konstruierenden neuen automorphen Funktionen ein Punkt des Kugeläußeren sein, dessen Polarebene dann aus der $x + iy$-Kugel den festbleibenden Hauptkreis ausschneidet. Es hat mir in meiner Korrespondenz mit H. Poincaré (siehe unten meinen Brief 3 vom 19. Juni 1881, daselbst Punkt 7.) besonderes Vergnügen gemacht, H. Poincaré ein Gegenbeispiel vorzuführen, das ich mir aus den Schottkyschen Darlegungen, die ich inzwischen hatte kennen lernen, dadurch abgeleitet hatte, daß ich die Spiegelkreise, die Schottky getrennt liegend voraussetzt, aneinander rücken ließ, so daß ein ebenes Kreisbogenpolygon mit lauter Winkeln gleich Null entstand, dessen symmetrische Reproduktion in jedem Falle eindeutige automorphe Funktionen liefert, die aber, allgemein zu reden, eine nicht analytische Grenzkurve besitzen (vgl. unten Abh. CIII, Abschnitt III, § 15, S. 689/690). — Dagegen ist H. Poincaré dem entsprechenden Ansatze b) von vornherein entgangen, weil er nicht, wie wir in Deutschland, so viel mit dem Prinzip der Symmetrie gearbeitet hatte, sondern in naiver Weise den Fall der doppeltperiodischen Funktionen zu verallgemeinern suchte, deren Periodenparallelogramm sich doch auch nur dann aus symmetrischen Hälften aufbauen läßt, wenn es ein Rechteck oder ein Rhombus ist.

Offenbar hatte der junge H. Poincaré einen starken Anstoß von seinem Lehrer Hermite empfangen; in der Tat hat er mehrfach an dessen Arbeiten angeknüpft, ich nenne nur Hermites Untersuchungen über die verallgemeinerte Lamésche Differentialgleichung (von der in Bd. 2 dieser Ausgabe, S. 573/574, 594/595 die Rede gewesen ist), durch die in Frankreich das Interesse an der Lösung linearer Differentialgleichungen durch *eindeutige* Funktionen geweckt wurde, ferner Hermites Untersuchungen über die Reduktion der ganzzahligen indefiniten ternären quadratischen

---

[14]) In der Note vom 8. August 1881 in den Comptes rendus, Bd. 93, S. 301—303 (= Oeuvres de H. Poincaré, Bd. 2, S. 29—31) und in § 11 seiner großen Arbeit *Sur les groupes des équations linéaires*, Acta Mathematica, Bd. 4 (1883/84), S. 246 ff. (= Oeuvres, Bd. 2, S. 341 ff.) beweist H. Poincaré einen Satz, der auch darauf abzielt, die symmetrischen Gruppen vorzugsweise zu verwerten. Ist $y = f(x)$ eine algebraische Funktion von x, so führt er eine rationale Funktion $X = R(x)$ ein, in bezug auf die $y = F(X)$ nur reelle Verzweigungspunkte hat. Für die Gleichung $y = F(X)$ gelingt es dann leicht, eine uniformisierende Variable η vom Grenzkreistypus herzustellen, von der er dann zeigt, daß sie auch $y = f(x)$ uniformisiert. Jede algebraische Gleichung läßt sich also durch Untergruppen symmetrischer Gruppen uniformisieren; aber dies ist nicht die einfachste Uniformisierung, da überflüssige Stigmata eingeführt werden.

Formen, die Poincaré später mit der nichteuklidischen Geometrie und der Theorie der automorphen Funktionen in Verbindung brachte (womit er den Gedankenkreis meiner Arbeiten von 1871—1874 (vgl. Bd. 1 dieser Ausgabe, Abh. XV—XIX) aufgriff). Übrigens dürfte auch Hermite H. Poincarés Aufmerksamkeit auf die Arbeiten von Fuchs gelenkt haben, mit dem H. Poincaré sich bald in Verbindung setzte. Hierüber sind wir jetzt durch die Veröffentlichung seines Briefwechsels mit Fuchs in Bd. 38 der Acta Mathematica (1921) des näheren unterrichtet. Fuchs veröffentlichte 1880 in den Göttinger Nachrichten und in Crelles Journal zwei Abhandlungen mit dem gemeinsamen Titel: *Über eine Klasse von Funktionen mehrerer Variabeln, welche durch Umkehrung der Integrale von Lösungen der linearen Differentialgleichungen mit rationalen Koeffizienten entstehen* [15]). Es handelt sich um eine Verallgemeinerung des Jacobischen Umkehrproblems, wobei übrigens nur einige wenige brauchbare Fälle übrig bleiben, welche relativ elementaren Charakter besitzen [16]). Aber zwischendurch kommt er beiläufig auf die Frage, wann der Quotient $y_1 : y_2$ zweier Partikularlösungen einer linearen Differentialgleichung zweiter Ordnung eindeutig umkehrbar sein möchte. Er findet als notwendige Bedingung das nach dem Früheren nicht überraschende Resultat, daß die Abbildung bei geeigneter Zerschneidung der Ebene der unabhängigen Variablen nur Randwinkel enthalten dürfe, welche aliquote Teile von 2π sind. Diese Bedingung hält Fuchs a. a. O. auch für ausreichend. Ich habe in Bd. 21 der Math. Annalen (1882/83) (= der unten abgedruckten Abh. CIII) seinerzeit darauf aufmerksam gemacht, daß hier eine Verwechselung der eindeutigen Funktionen mit den unverzweigten Funktionen vorliegt; die beiden Funktionsarten decken sich keineswegs, sobald man Funktionen mit natürlichen Grenzen in Betracht zieht. Genau dieselbe Bemerkung macht H. Poincaré in seinem zweiten Brief an Fuchs vom 12. Juni 1880 und sucht nun nach Fällen, wo neben der Unverzweigtheit auch Eindeutigkeit besteht. (Vgl. übrigens auch die Briefe 17 und 18 des unten folgenden Briefwechsels zwischen H. Poincaré und mir.) H. Poincaré hatte damals von der gesamten deutschen vorangehenden Literatur keinerlei Kenntnis, wie sich des Näheren aus seiner sogleich abzudruckenden Korrespondenz mit mir ergibt. Aber die Bemerkung von Fuchs wirkte wie ein zündender Funke auf die latent in ihm vorhandene Produktivität. Indem er die Analogie der regulären Körper vor Augen hatte, findet er zunächst die transzendenten Fälle der eindeutigen Dreiecksfunktionen wieder (Brief an Fuchs vom 19. Juni 1880), also genau das, was uns von Schwarz her seit 1872 geläufig und übrigens schon Gauss und Riemann bekannt war. Diese Dreiecksfunktion nennt er „la fonction fuchsienne". Aber schon im vierten Briefe vom 30. Juli 1880 setzt er an Stelle der Dreiecke geeignete Bereiche mit Hauptkreis und bildet den Pluralis „les fonctions fuchsiennes". An dieser Personalbenennung hat er dann trotz meinem Einspruche nichts mehr ändern wollen, andererseits aber alle die anderen eindeutigen automorphen Funktionen, auf die ich ihn aufmerksam machte, „fonctions kleinéennes" genannt. Ich denke wohl, daß ich das Richtige traf, indem ich den Gegenvorschlag machte, alle Personalbenennungen zu unterlassen und dafür die überragende Bedeutung von Riemann (und wie ich heute sagen würde, von Gauss) hervorhob. Die ganze Sachlage wird aus der nachfolgend abgedruckten Korrespondenz zwischen H. Poincaré und mir, neben die man die oben erwähnten Briefe aus Acta Mathematica, Bd. 38, halten möge, deutlich sein.

H. Poincaré hat in seiner Schrift „Science et méthode" (Paris, Flammarion 1908, S. 50 ff. [17])) gelegentlich erzählt, wie er mitten in fremdartiger Umgebung zur ersten

---

[15]) Göttinger Nachrichten vom Jahre 1880, S. 170—176; Crelles Journal, Bd. 89 (1880), S. 151—169; abgedruckt als Nr. XXX bzw. XXXI in Bd. 2 der Ges. math. Werke von L. Fuchs. Vgl. daselbst auch die Abhandlungen Nr. XXXII bis XXXIVa.

[16]) Vgl. die von mir veranlaßte zusammenfassende Darstellung von Kempinski in Bd. 47 der Math. Annalen (1896).

[17]) Die uns interessierende Stelle ist abgedruckt in Bd. 2 der Oeuvres de H. Poincaré, S. LVII—LVIII. — In der deutschen Übersetzung von F. und L. Lindemann (Leipzig 1914) steht sie auf S. 41—44.

Konzeption seiner allgemeinen „fonctions fuchsiennes" gekommen ist. Dies hat insbesondere die Psychologen interessiert, weil es zeigt, wie die produktive Ideenbildung in dem dazu veranlagten Individuum unbewußt weiter arbeitet, um plötzlich, dem Nächstbeteiligten selbst überraschend, an das Tageslicht zu treten. Ich möchte demgegenüber nicht zurückbleiben und folgendes von mir berichten:

1. Das Theorem von Bd. 19 der Math. Annalen (Nr. CI unten), d. i. das allgemeine Rückkehrschnittheorem, habe ich in Borkum im September 1881, als ich an meiner Schrift über Riemann (Abh. XCIX) arbeitete, während eines Spazierganges gefunden, ohne daß ich eigentlich nach einem Satz in der Richtung gesucht hätte. Mein Beweis, der sich mir mit überzeugender Deutlichkeit aufdrängte, war der, daß ich in der Vorstellung irgendwelchen Abänderungen der Riemannschen Fläche bzw. ihres Querschnittsystems immer nachkommen konnte; er hatte also durchaus intuitiven, nicht recht in Worte zu fassenden Charakter. Das ist, was ich in Bd. 19 als irreguläre Methoden bezeichnet habe. Darum habe ich auch bis zum Januar 1882 gewartet, ehe ich das Theorem veröffentlichte. Im übrigen handelte es sich um die Grundlagen des Kontinuitätsbeweises, auf welchen ich unten auf S. 731 ff. zurückkomme.

2. Das Theorem in Bd. 20 der Math. Annalen (Nr. CII unten), d. i. das Grenzkreistheorem für Riemannsche. Flächen mit $p > 0$ ohne Stigmata oder nur mit parabolischen Stigmaten, ist unter besonders erschwerenden Verhältnissen zustande gekommen. Ich habe mich in einer Vorlesung von 1916 darüber ungefähr folgendermaßen geäußert.

„Ostern 1882 war ich zur Erholung meiner Gesundheit an die Nordsee gereist und zwar nach Norderney. Ich wollte dort in Ruhe einen zweiten Teil meiner Schrift über Riemann schreiben, nämlich die Existenzbeweise für die algebraischen Funktionen auf gegebenen Riemannschen Flächen in neuer Form ausarbeiten. Ich habe es dort aber nur acht Tage lang ausgehalten, denn die Existenz war zu kümmerlich, da heftige Stürme jedes Ausgehen unmöglich machten und sich bei mir starkes Asthma einstellte. Ich beschloß, schleunigst in meine Heimat Düsseldorf überzusiedeln. In der letzten Nacht vom 22. zum 23. März, die ich wegen Asthmas auf dem Sofa sitzend zubrachte, stand plötzlich um $2^{1}/_{2}$ Uhr das Grenzkreistheorem, wie es durch die Figur des Vierzehnecks in Bd. 14 der Math. Annalen (die „Hauptfigur" auf S. 126 in diesem Bande) ja eigentlich schon vorgebildet war, vor mir. Am folgenden Vormittag in dem Postwagen, der damals von Norden bis Emden fuhr, durchdachte ich das, was ich gefunden hatte, noch einmal bis in alle Einzelheiten. Jetzt wußte ich, daß ich ein großes Theorem hatte. In Düsseldorf angekommen, schrieb ich es gleich zusammen, datierte es vom 27. März, schickte es an Teubner und ließ Abzüge der Korrekturen an Poincaré und Schwarz und beispielsweise an Hurwitz gehen."

Ich bringe diese Äußerung hier zum Abdruck, weil ich die Auffindung des genannten Theorems, die offenbar auch mit einer inneren Anstrengung verbunden gewesen ist, welche bis an die Grenzen der Leistungsfähigkeit reichte, immer als bestes Resultat meiner mathematischen Produktivität angesehen habe. Es ist interessant, wie Hurwitz, Poincaré und Schwarz auf die Übersendung der Korrekturen antworteten. Hurwitz erkannte die Aufstellung des Theorems sofort rückhaltlos an; Schwarz dagegen äußerte anfangs Zweifel, schon bei der Konstantenzählung, brachte dann aber bald neue und vereinfachende Gedanken für einen Beweis hinzu, von denen er mir den einen bereits mitteilte, als ich ihn am 11. April 1882 in Göttingen besuchte. Das Grenzkreistheorem faßte er auf als konforme Abbildung einer unendlich vielfachen Überdeckung der gegebenen Riemannschen Fläche, der jetzt so genannten Überlagerungsfläche, auf das Innere eines Kreises. Später wies er noch einen anderen Weg zum Beweise, indem er den direkten Nachweis der Existenz des zum Grenzkreis gehörigen Nicht-Euklidischen Bogenelementes auf der Riemannschen Fläche selbst forderte. — H. Poincaré antwortete durch seinen unten als Nr. 18 abgedruckten Brief vom 4. April 1882 und durch eine Note in den Comptes rendus vom 10. April (abgedruckt in Bd. 2 seiner Oeuvres, S. 41 ff.), deren Beginn ich hier wörtlich anführe: „Je voudrais exposer ici quelques résultats nouveaux et les réunir à des théorèmes anciens, de façon à en faire un ensemble comprenant, comme cas particuliers, les résultats obtenus par M. Klein par d'autres considérations, et exposés par lui dans deux notes récentes (Math. Annalen, Bd. 19 u. 20)." Dieser Satz scheint kaum geeignet, den tatsächlichen Sachverhalt aufzuklären; was neu an der Poincaréschen Note ist, besteht darin, daß er statt parabolischer Stigmata beliebige elliptische Stigmata zuläßt, wodurch er zu einer Verschmelzung mit seinen früheren Theoremen für $p = 0$ gelangt; das Rückkehrschnittheorem von Bd. 19 wird hingegen überhaupt nicht berührt, so daß von einem „ensemble comprenant, comme cas particuliers, les résultats de M. Klein" schlechterdings nicht die Rede sein kann. Auch ist H. Poincaré später auf die Begründung des Rückkehrschnittheorems nie mehr zurückgekommen. Ich war ihm mit der Publikation des Grenzkreistheorems für $p > 0$ einfach zuvorgekommen. Ich sage ausdrücklich mit der Publikation, denn es ist mir kein Zweifel, daß Poincaré in jener Zeit selbst nach einem ähnlichen Theorem suchte. Wie weit er von sich aus gekommen war, hat er mir nie klar mitgeteilt. Ich habe nicht den geringsten Wunsch, dem außerordentlichen Erfindungstalent von H. Poincaré irgend etwas abzubrechen. Daher will ich ausdrücklich angeben, daß Poincaré 1883 (nachdem ich ihm in meinem unten folgenden Briefe Nr. 22 vom 14. Mai 1882 den allgemeinen Schwarzschen Gedanken der Überlagerungsfläche einer geschlossenen Riemannschen Fläche mitgeteilt hatte und nachdem er vielleicht auch mit Schwarz selber, der Ostern 1883 nach Paris gereist war, gesprochen hatte) eine letzte Verallgemeinerung des Grundtheorems fand, dahingehend, daß man jede analytische Funktion durch Funktionen, die nur innerhalb eines Grenzkreises existieren, uniformisieren könne. In der damals gedruckten Arbeit [18]) finden sich allerdings noch Unvollkommenheiten, die H. Poincaré jedoch 1907 zu beseitigen vermochte [19]). Ist eine algebraische Fläche gegeben, so gestattet die Überlagerungsfläche unendlich viele eindeutige Transformationen in sich, und die uniformisierenden Funktionen verwandeln sich dementsprechend in die linear polymorphen [20]), wie ich sie in meiner Note betrachtete. (Vgl. unten Nr. CII, Fußnote [4]), S. 628).

3. Es bleibt noch das allgemeine Fundamentaltheorem von Bd. 21 der Math. Annalen (Abh. CIII unten), wie es entsprechend der „Ineinanderschiebung" der verschiedenartigen dort betrachteten automorphen Figuren entsteht. Dies Theorem hat sich mir Anfang Sommer 1882 so selbstverständlich dargeboten, daß ich kein bestimmtes Datum zu nennen weiß. (Vgl. übrigens meinen unten folgenden Brief 20 an H. Poincaré vom 7. Mai 1882.)

Ich habe übrigens gleich im Sommer 1882 über den ganzen Komplex der Fragen, die mich damals beschäftigten, Spezialvorträge gehalten, welche E. Study für mich ausarbeitete [21]). Diese Vorträge sind die Grundlage für die Darstellung in den Math. Annalen, Bd. 21 (1882/83, Abh. CIII unten) gewesen, die ich im wesentlichen während eines Ferienaufenthaltes in Tabarz hergestellt habe. Aber es hatte sich wieder ein quälendes Asthma eingestellt, und das Resultat war eine tiefgehende Erschöpfung, die ich wohl nie ganz überwunden habe. Ich habe schon in Bd. 2 dieser Ausgabe, S. 258, geschildert, daß ich erst ganz allmählich wieder zu einiger Leistungsfähigkeit kam, aber diese nach anderer Seite richtete, weil das Zentrum meines produktiven Denkens sozusagen zerstört war. Immerhin habe ich erreicht, daß meine Arbeit seitens der Teubnerschen Buchdruckerei, der ich hier nachträglich meinen besten Dank dafür sagen will, am 28. November 1882 versandt werden konnte, während das erste Heft der Acta Math., das nur die vorbereitenden Überlegungen H. Poincarés enthielt, erst im Dezember erschien. Dabei werde ich wieder nicht verschweigen, daß der Druck der

---

[18]) Siehe Bulletin de la Société Mathématique de France, tome IX., S. 112 ff.

[19]) *Sur l'uniformisation des fonctions analytiques*, Acta Math., Bd. 31 (1907/08).

[20]) Diese Bezeichnung für solche Funktionen auf Riemannschen Flächen, die bei geschlossenen Umläufen sich linear transformieren, ist von Fricke auf S. 1 des 2. Bandes der „Automorphen Funktionen" eingeführt worden.

[21]) Es fanden in der Zeit vom 6. Juli bis zum 4. August 15 Vorträge statt.

ersten Poincaréschen Arbeit selbstverständlich vorher vollendet war. Nörlund gibt in dieser Hinsicht in dem von ihm herausgegebenen zweiten Bande der gesammelten Werke H. Poincarés für die fünf großen in den Acta Mathematica veröffentlichten Abhandlungen über automorphe Funktionen folgende Daten an:

I) *Théorie des groupes fuchsiens*, Acta Math., Bd. 1:
abgeschlossen (spätestens) Juli 1882,
gedruckt September 1882.

II) *Mémoire sur les fonctions fuchsiennes*, Acta Math., Bd. 1:
abgeschlossen am 23. Oktober 1882,
gedruckt am 29. November 1882.

III) *Mémoire sur les groupes kleinéens*, Acta Math., Bd. 3:
abgeschlossen am 19. Mai 1883,
gedruckt am 8. September 1883.

IV) *Sur les groupes des équations linéaires*, Acta Math., Bd. 4:
abgeschlossen am 20. Oktober 1883,
gedruckt am 9. Februar 1884.

V) *Mémoire sur les fonctions zétafuchsiennes*, Acta Math., Bd. 5:
abgeschlossen am 30. Mai 1884,
gedruckt vom 22. Juli bis zum 11. September 1884.

Bei dieser Gelegenheit sei auch gleich ein Aufsatz H. Poincarés in Bd. 19 der Math. Annalen erwähnt, von dem unten im Briefwechsel mehrfach die Rede ist und der den Arbeiten in den Acta Math. vorausgeht:

Sur les fonctions uniformes qui se reproduisent par des substitutions linéaires,
Math. Annalen, Bd. 19:
datiert vom 17. Dezember 1881,
ausgegeben am 13. März 1882.

Für den Vergleich mit meiner Abh. CIII kommen wesentlich nur die unter I) und IV) genannten Arbeiten H. Poincarés in Betracht, worüber hinter Nr. CV auf S. 731 ff. noch nähere Ausführungen folgen werden. —

Meine Abhandlung aus Bd. 21 der Math. Annalen (Abh. CIII) enthält vielfach noch ungenaue und vorläufige Ausdrucksweisen, auch sind einige Fragestellungen erst mehr aufgeworfen als eigentlich beantwortet. Das ist nicht verwunderlich, wenn man die Kürze der Zeit, die für die Redaktion zur Verfügung stand, in Betracht zieht und neben die Fülle des zu bewältigenden Stoffes hält, zumal die ganze Theorie damals erst jung war und ihr zahlreiche Hilfsmittel, die heute den Mathematikern geläufig sind, noch fehlten. Ein beträchtlicher Teil der genaueren Durcharbeitung der Einzelheiten wurde in der Folge bereits geleistet. Ich nenne in dieser Hinsicht nur meinen eigenen Aufsatz aus Bd. 40 der Math. Annalen (1891/92, Nr. CIV unten), die lange Aufsatzserie von E. Ritter in den Math. Annalen, Bde. 41—47 (1892—1896), sodann zahlreiche, in den Göttinger Nachrichten und den Math. Annalen erschienene, Aufsätze von R. Fricke, die als Vorarbeiten zu dem zweibändigen Werke: Fricke-Klein, *„Vorlesungen über die Theorie der automorphen Funktionen"* (Leipzig 1897 bis 1912) dienten, das eine umfassende Darstellung des Gesamtgebietes gibt und im folgenden kurz als „Automorphe Funktionen" zitiert werden wird. Den ersten Band, der die gruppentheoretischen Fragen behandelt, brachte Fricke 1897 heraus. 1901 folgte die erste Lieferung des zweiten Bandes; sie gibt die Ritterschen Untersuchungen in vervollständigter und vereinfachter Form wieder. Zum Abschlusse gelangte er erst 1911/12, nachdem von verschiedenen Autoren seit 1907 Beweise für die Fundamentaltheoreme geliefert worden waren. Eingehender werde ich über das Buch auf S. 742 ff. berichten. Trotz den erreichten Fortschritten muß aber das unbefangene Urteil lauten, daß die Theorie der automorphen Funktionen heute keineswegs abgeschlossen ist und der künftigen Forschung noch ein weites Feld bietet.   K.

Briefwechsel zwischen F. Klein und H. Poincaré in den Jahren 1881/1882.

[Vorbemerkung.

Die hier folgende Korrespondenz zwischen F. Klein und H. Poincaré wurde schon vor etwa einem halben Jahr (Sommer 1922) der Redaktion der Acta Mathematica zur Veröffentlichung in Bd. 39 dieser Zeitschrift übergeben. Sie wird im Einverständnis mit ihr hier vorweg abgedruckt, da sich für das Erscheinen jenes Bandes noch kein bestimmter Termin angeben läßt und ohne Zweifel der unveränderte Wortlaut der Briefe eine bessere Einsicht in das gegenseitige Verhältnis der beiden Forscher vermittelt, als ein noch so zuverlässiges zusammenhängendes Referat es ermöglichen könnte.

Von den Briefen H. Poincarés liegen dem Abdruck die Originale zugrunde, von denen F. Kleins Abschriften, die Herr Nörlund nach den im Besitze der Redaktion der Acta Mathematica befindlichen Originalen hat anfertigen lassen und Herrn Klein in freundlicher Weise zur Verfügung gestellt hat, wofür ihm an dieser Stelle besonders gedankt sei. Der Abdruck erfolgt wortgetreu nach den Vorlagen, bis auf die Orthographie und die Beseitigung einiger offensichtlicher Flüchtigkeitsfehler. Einschaltungen und Fußnoten in eckigen Klammern rühren, wie immer in dieser Ausgabe, von den Herausgebern her.]

1. F. Klein an H. Poincaré.

Leipzig, 12. Juni 1881.

Sehr geehrter Herr!

Ihre 3 Noten in den Comptes Rendus: „Sur les fonctions fuchsiennes"[1]) die ich erst gestern, und auch da nur flüchtig kennen lernte, stehen in so engem Zusammenhange mit den Überlegungen und Bestrebungen, mit denen ich mich in den letzten Jahren beschäftigte, daß ich Ihnen deshalb schreiben muß. Ich möchte mich zunächst auf die verschiedenen Arbeiten beziehen, die ich in den Bänden 14, 15, 17 der Mathematischen Annalen[2]) über elliptische Funktionen veröffentlichte. Es handelt sich bei den ellip-

---

[1]) [Comptes rendus, Bd. 92, S. 333—335 (vom 14. Februar 1881), S. 395—398 (vom 21. Februar 1881), S. 859—861 (vom 4. April 1881). Abgedruckt in Bd. 2 der Oeuvres de H. Poincaré, S. 1—10.]

[2]) [Siehe im vorliegenden Bande die Nummern LXXXII bis LXXXVII. (Erschienen 1878/79).]

tischen Modulfunktionen natürlich nur um einen speziellen Fall der von
Ihnen betrachteten Abhängigkeitsverhältnisse; aber ein näherer Vergleich
wird Ihnen zeigen, daß ich sehr wohl allgemeine Gesichtspunkte hatte.
Ich möchte Sie in dieser Hinsicht auf einige besondere Punkte aufmerksam machen:

Bd. 14, S. 128 [= S. 30/31 im vorliegenden Bande] handelt von denjenigen algebraischen Funktionen, die sich durch Modulfunktionen darstellen lassen, ohne mit den doppeltperiodischen Funktionen zusammen-
zuhängen. — Dann folgt, zunächst am speziellen Falle, die wichtige
Theorie der Fundamentalpolygone.

Bd. 14, S. 159—160 [= S. 64 im vorliegenden Bande][3]) ist davon die
Rede, daß man hypergeometrische Reihen als eindeutige Funktionen geeigneter Modulfunktionen darstellen kann.

Zu Bd. 14, S. 428ff. gehört eine Tafel [S. 126 im vorliegenden Bande],
welche die Aneinanderlagerung von Kreisbogendreiecken mit den Winkeln
$\frac{\pi}{7}, \frac{\pi}{3}, \frac{\pi}{2}$ erläutert (was also ein Beispiel der von Halphen betrachteten[4])
partikulären Funktionenklasse ist), wobei ich inzwischen bemerken muß,
daß schon in Crelles Journal Bd. 75 [1872/73] Hr. Schwarz den Fall
$\frac{\pi}{2}, \frac{\pi}{4}, \frac{\pi}{4}$ erläuterte[5]).

Bd. 17. S. 62ff. [= S. 169ff. im vorliegenden Bande] bringe ich sodann in knapper Übersicht die gereifteren Anschauungen, mit denen ich
mir in der Zwischenzeit die Theorie der elliptischen Modulfunktionen zurecht gelegt hatte.

Diese Anschauungen selbst habe ich nicht publiziert, ich habe sie
aber im Sommer 1879 am Münchener Polytechnikum vorgetragen. Mein
Gedankengang, der mit dem jetzt von Ihnen eingeschlagenen nun vielfach
zusammentrifft, war damals dieser:

1. Periodische und doppeltperiodische Funktionen sind nur Beispiele
für eindeutige Funktionen mit linearen Transformationen in sich. Es ist
Aufgabe der modernen Analysis, alle diese Funktionen zu bestimmen.

2. Die Anzahl dieser Transformationen kann eine endliche sein; dies
gibt die Gleichungen des Ikosaeders, Oktaeders, ..., die ich früher betrachtete (Math. Annalen Bd. 9 [1875/76], Bd. 12 [1877] [= Abh. LI
und Abh. LIV in Bd. 2 dieser Ausgabe]) und von denen ich bei Bildung
dieses ganzen Ideenkreises ausging.

---

[3]) [Vgl. auch Bd. 2 dieser Ausgabe, S. 581/82.]

[4]) [Siehe Comptes rendus, Bd. 92, S. 856—858, (4. April 1881) = Oeuvres de
G. H. Halphen, Bd. 2, S. 471—474. — Vgl. auch die Angaben in Bd. 1 der „Modulfunktionen", S. 129.]

[5]) [Abgedruckt in den Ges. math. Abhandlungen von H. A. Schwarz, Bd. 2,
S. 211—259; siehe insbesondere S. 240.]

3. Gruppen von unendlich vielen linearen Transformationen, die zu brauchbaren Funktionen Anlaß geben, (groupe discontinu nach Ihrer Bezeichnung) erhält man *zum Beispiel*, wenn man von einem Kreisbogenpolygon ausgeht, dessen Kreise einen festen Kreis rechtwinkelig schneiden und dessen Winkel genaue Teile von π sind.

4. Man sollte sich mit allen solchen Funktionen beschäftigen (wie Sie das in der Tat jetzt beginnen), um aber konkrete Ziele zu erreichen, beschränken wir uns auf Kreisbogendreiecke und insbesondere auf elliptische Modulfunktionen.

Ich habe mich seitdem vielfach, auch in Gesprächen mit anderen Mathematikern, mit diesen Fragen beschäftigt, aber abgesehen davon, daß ich noch zu keinem definitiven Resultate gekommen bin, gehört das am Ende nicht hierher. Ich will mich auf das beschränken, was ich publiziert oder vorgetragen habe. Vielleicht hätte ich mich schon früher mit Ihnen oder einem Ihrer Freunde, wie z. B. Herrn Picard [6]), in Verbindung setzen sollen. Denn der Ideenkreis, in welchem sich Ihre Arbeiten seit 2—3 Jahren bewegen, ist mit dem meinigen in der Tat äußerst enge verwandt. Es wird mich freuen, wenn dieser mein erster Brief Anlaß zu einer fortgesetzten Korrespondenz geben sollte. Ich bin freilich im Augenblicke durch andere Verpflichtungen von diesen Arbeiten abgedrängt, aber habe um so mehr Anlaß, in einigen Monaten zu denselben zurückzukehren, als ich für nächsten Winter eine Vorlesung über Differentialgleichungen angezeigt habe.

Herrn Hermite wollen Sie mich bestens empfehlen. Ich dachte lange daran, mit ihm briefliche Verbindung zu suchen, und würde das, wie ich nicht zweifele zu meinem größten Vorteile, schon längst ausgeführt haben, wenn ich nicht in der Sprache ein gewisses Hemmnis gefunden hätte. Ich bin, wie Sie vielleicht wissen, lange genug in Paris gewesen, um französisch sprechen und schreiben zu sollen; in der Zwischenzeit aber ist letztere Fähigkeit durch Nichtgebrauch nur zu sehr verkümmert.

Hochachtungsvoll

Prof. Dr. F. Klein.

Adresse: Leipzig, Sophienstraße 10/II.

2. H. Poincaré an F. Klein.

[Caen, le] 15 Juin [1881].

Monsieur,

Votre lettre me prouve que vous aviez aperçu avant moi quelquesuns des résultats que j'ai obtenus dans la théorie des fonctions fuchsiennes.

---

[6]) Würden Sie Herrn Picard, obgleich es ein untergeordneter Punkt ist, vielleicht gelegentlich auf Math. Annalen, Bd. 14, S. 122, § 8 [= S. 24/25 im vorliegenden Bande] aufmerksam machen!

Je n'en suis nullement étonné; car je sáis combien vous êtes versé dans la connaissance de la géométrie non-euclidienne qui est la clef véritable du problème qui nous occupe.

Je vous rendrai justice à cet égard quand je publierai mes résultats; j'espère pouvoir me procurer d'ici là les tomes 14, 15 et 17 des Mathematische Annalen qui n'existent pas à la bibliothèque Universitaire de Caen. Quant à la communication que vous avez faite au Polytechnicum de Münich, je vous demanderai de vouloir bien me donner quelques détails à ce sujet, afin que je puisse ajouter à mon mémoire une note vous rendant pleine justice; car sans doute, je ne pourrai me procurer directement votre travail.

Comme je ne pourrai sans doute me procurer *immédiatement* les Mathematische Annalen, je vous prierais aussi de vouloir bien me donner quelques explications sur quelques points de votre lettre.

Vous parler de

Die elliptischen Modulfunktionen.

Pourquoi ce pluriel? Si la fonction modulaire est le carré du module exprimé en fonction du rapport des périodes, il n'y en a qu'une; il faut donc entendre autrement l'expression Modulfunktionen.

Que voulez-vous dire par ces fonctions algébriques qui sont susceptibles d'être représentées par des fonctions modulaires? Qu'est-ce aussi que la

Theorie der Fundamentalpolygone?

Je vous demanderai aussi de m'éclairer sur les points suivants:

Avez-vous trouvé tous les Kreisbogenpolygone qui donnent naissance à un groupe discontinu?

Avez-vous démontré l'existence des fonctions qui correspondent à chaque groupe discontinu?

J'ai écrit à M. Picard pour lui communiquer votre remarque.

Je me félicite, Monsieur, de l'occasion qui me met en rapport avec vous; j'ai pris la liberté de vous écrire en français; car vous me dites que vous connaissez cette langue.

Veuillez agréer, Monsieur, l'assurance de ma respectueuse considération,

Poincaré.

3. F. Klein an H. Poincaré.

Leipzig, 19. Juni 1881.

Geehrter Herr!

Als ich gestern Ihren willkommenen Brief erhielt, sandte ich Ihnen umgehend Separatabzüge von denjenigen auf unser Thema bezüglichen

Arbeiten zu, von denen ich solche überhaupt noch besitze. Lassen Sie mich heute diese Sendung durch einige Zeilen erläutern. Mit dem *einen* Briefe wird es freilich nicht abgetan sein, sondern wir werden viel korrespondieren müssen, bis wir wechselseitig volle Fühlung gewonnen haben. Ich möchte heute folgende Punkte hervorheben.

1. Unter den übersandten Arbeiten fehlen die drei wichtigsten aus dem 14-ten Bande der Math. Annalen [Abh. LXXXII bis LXXXIV im vorliegenden Bande], desgleichen meine Untersuchungen über das Ikosaeder in Bd. 9 und 12 [Abh. LI und LIV in Bd. 2 dieser Ausgabe], sowie meine zweite Arbeit über lineare Differentialgleichungen (die auch Herrn Picard unbekannt scheint) ebenfalls in Bd. 12 [Abh. LIII in Bd. 2 dieser Ausgabe]. Ich bitte Sie, sich dieselben irgendwo zu verschaffen. Separatabzüge sandte ich verschiedene nach Paris, z. B. an Hermite.

2. An meine eigenen Arbeiten schließen sich die meiner Schüler Dyck[7]) und Gierster[8]). Ich benachrichtigte beide, Ihnen Separatabzüge zuzustellen. Eine auf dieselben Theorien bezügliche Doktordissertation von Herrn Hurwitz[9]) wird eben gedruckt und Ihnen in einigen Wochen zukommen.

3. Seit vorigem Herbst ist einer Ihrer Landsleute hier, dessen Namen Sie vermutlich kennen, da er zusammen mit Picard und Appell studierte: Mr. Brunel (Adr. Liebigstr. 38/II). Vielleicht interessiert es Sie, auch mit ihm in Korrespondenz zu treten; er wird Ihnen von den hiesigen Seminareinrichtungen und von der Rolle, welche eben dort die eindeutigen Funktionen mit linearen Transformationen in sich gespielt haben, besser erzählen können, als ich selbst.

4. Ich habe Sommersemester 1879 von Herrn Gierster ein Heft meiner Vorlesung ausarbeiten lassen. Im Augenblicke ist dasselbe verliehen, doch werde ich dasselbe nächster Tage zurückbekommen und mit Herrn Brunel zusammen durchgehen, worauf wir Ihnen Bericht erstatten.

5. Die Benennung „fonctions fuchsiennes" weise ich zurück, so gut ich verstehe, daß Sie durch Fuchssche Arbeiten zu diesen Ideen mit veranlaßt wurden. Im Grunde basieren alle solche Untersuchungen auf Riemann. Für meine eigene Entwickelung war die eng verwandte Betrachtung von Schwarz in Bd. 75 des Borchardtschen Journals [abgedruckt in Ges. math. Abh., Bd. 2, S. 211 ff.] (die ich Ihnen dringend empfehle, wenn Sie dieselbe noch nicht kennen sollten) von maßgebender Bedeutung. Die Arbeit von Herrn Dedekind über elliptische Modulfunk-

---

[7]) [Vgl. Fußnote [24]) auf S. 122/123, ferner S. 136 und S. 166 im vorliegenden Bande.]

[8]) [Vgl. S. 5 und Fußnote [8]) auf S. 78 des vorliegenden Bandes.]

[9]) [Vgl. Fußnote [2]) auf S. 137 im vorliegenden Bande.]

tionen in Borchardts Journal Bd. 83 erschien erst, als ich mir über die geometrische Repräsentation der Modulfunktionen bereits klar war (Herbst 1877). Zu diesen Arbeiten stehen die von Fuchs vermöge ihrer ungeometrischen Form in bewußtem Gegensatze. Ich bestreite nicht die großen Verdienste, welche Herr Fuchs um andere Teile der Lehre von den Differentialgleichungen hat, aber gerade hier lassen seine Arbeiten um so mehr im Stich, als das einzige Mal, wo er in einem Briefe an Hermite die elliptischen Modulfunktionen erläuterte (Borchardts Journal Bd. 83 [(1876/77); abgedruckt in Fuchs' Ges. math. Werken, Bd. 2, Nr. XXIV, S. 87 ff.]), ein fundamentaler Fehler unterlief, den dann Dedekind l. c. nur zu sanft monierte.

6. Man kann eine Funktion mit linearen Transformationen in sich insbesondere so definieren, daß man die *Halbebene* auf ein Kreisbogenpolygon, welches beliebig vorgegeben ist, abbildet. Dies ist dann freilich ein nur spezieller Fall der allgemeinen (ich weiß im Augenblicke nicht, ob Sie sich nur auf diesen speziellen Fall beschränken). Die Gruppe der linearen Transformationen ist dann dadurch partikularisiert, daß sie in einer doppelt so großen Gruppe von Operationen enthalten ist, welche neben linearen Transformationen auch Spiegelungen (Transformationen durch reziproke Radien) umfaßt. In diesem Falle ist die Existenz der Funktion durch ältere Arbeiten von Schwarz, resp. Weierstrass, sichergestellt, sofern man nicht auf die allgemeinen Riemannschen Prinzipien rekurrieren will. Siehe Schwarz in Borchardts Journal, Bd. 70, Abbildung der Halbebene auf Kreisbogenpolygone[10]).

7. Auch in diesem speziellen Falle habe ich bislang durchaus nicht alle „groupes discontinus" aufgestellt; ich habe nur gesehen, daß es sehr viele gibt, bei denen kein fester Grundkreis existiert, bei denen also die Analogie mit der nicht-euklidischen Geometrie (die mir übrigens in der Tat sehr geläufig ist) nicht zutrifft. Nehmen Sie z. B. ein beliebiges Polygon, begrenzt von *irgend*welchen sich berührenden Kreisen:

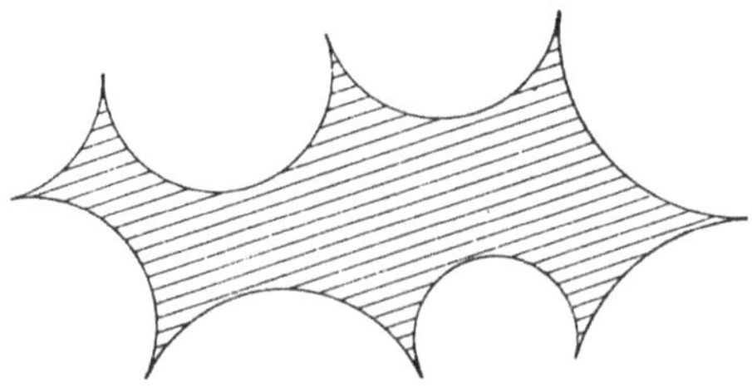

Fig. 1.

---

[10]) [Gemeint ist die Abhandlung *Über einige Abbildungsaufgaben* (datiert vom Februar 1869); abgedruckt in Bd. 2 der Ges. math. Abhandlungen von H. A. Schwarz, S. 65—83.]

so wird die Vervielfältigung durch Symmetrie ebenfalls zu einer groupe discontinu führen.

8. Die übrigen Fragen Ihres Briefes finden wohl schon durch die übersandten Arbeiten ihre Beantwortung, insbesondere die nach dem Pluralis der „Modulfunktionen" und in der Hauptsache auch die nach den „Fundamentalpolygonen".

In der Hoffnung, recht bald wieder von Ihnen zu hören,

Ihr ganz ergebener
F. Klein.

4. H. Poincaré an F. Klein.

Caen, le 22 Juin 1881.

Monsieur,

Je n'ai pas encore reçu les envois que vous m'annoncez et que je ne tarderai sans doute pas à voir arriver à leur adresse. Mais je ne veux pas attendre ce moment pour vous remercier de vos promesses, ainsi que de votre lettre que j'ai lue avec le plus grand intérêt. Aussitôt après l'avoir reçue, j' ai couru à la bibliothèque pour y demander le 70e volume de Borchardt; malheureusement ce volume était prêté et je n'ai pu y lire le mémoire de M. Schwarz. Mais je crois pouvoir le reconstituer d'après ce que vous m'en dites et y reconnaître certains résultats que j'avais trouvés sans me douter qu'ils avaient fait l'objet de recherches antérieures. Je crois donc comprendre que les fonctions fuchsiennes que les recherches de M. Schwarz et les vôtres permettent de définir sont celles dont je me suis occupé plus particulièrement dans ma note du 23 Mai. Le groupe particulier dont vous me parlez dans votre dernière lettre me semble fort intéressant et je vous demanderai la permission de citer ce passage de votre lettre dans une communication que je ferai prochainement à l'Académie et où je chercherai à généraliser votre résultat[11]).

Quant à la dénomination de fonctions fuchsiennes, je ne la changerai pas. Les égards que je dois à M. Fuchs ne me le permettent pas. D'ailleurs, s'il est vrai que le point de vue du savant géomètre d'Heidelberg est complètement différent du vôtre et du mien, il est certain aussi que ses travaux ont servi de point de départ et de fondement à tout ce qui s'est fait depuis dans cette théorie. Il n'est donc que juste que son nom reste attaché à ces fonctions qui y jouent un rôle si important.

Veuillez agréer, Monsieur, l'assurance de ma respectueuse considération,

Poincaré.

---

[11]) [Vgl. Comptes rendus, Bd. 92, S. 1484—1487 (27. Juni 1881); abgedruckt in Bd. 2 der Oeuvres de H. Poincaré, S. 19—22.]

5. F. Klein an H. Poincaré.

Leipzig, 25. Juni 1881.

Geehrter Herr!

Schreiben Sie mir doch bitte umgehend eine Karte, ob meine Sendung von Separatabzügen auch jetzt noch nicht eingetroffen ist; ich brachte sie selbst heute vor 8 Tagen auf die Post. Über F. würden Sie sich anders ausdrücken, wenn Sie die Literatur völlig kennten. Die Lehre von der Abbildung der Kreisbogenpolygone steht völlig unabhängig von der F. Arbeit in t. 66[12]); das Gemeinsame ist nur, daß beide Betrachtungsweisen durch Riemann angeregt sind.

Hochachtungsvoll

Prof. Dr. F. Klein.

6. H. Poincaré an F. Klein.

Caen, le 27 Juin 1881.

Monsieur,

Au moment où j'ai reçu votre carte, j'allais précisément vous écrire pour vous remercier de votre envoi et vous en annoncer l'arrivée. S'il a été retardé c'est par suite d'une erreur de la poste qui l'a envoyé d'abord à la Sorbonne, puis au Collège de France, bien que l'adresse eût été parfaitement bien mise.

En ce qui concerne M. Fuchs et la dénomination de fonctions fuchsiennes, il est clair que j'aurais pris une autre dénomination si j'avais connu le travail de M. Schwarz; mais je ne l'ai connu que par votre lettre, après la publication de mes résultats de sorte que je ne peux plus changer maintenant le nom que j'ai donné à ces fonctions sans manquer d'égards envers M. Fuchs.

J'ai commencé la lecture de vos brochures qui m'ont vivement intéressé, principalement celle qui a pour titre „*Über elliptische Modulfunktionen*"[13]). C'est au sujet de cette dernière que je vous demanderai la permission de vous adresser quelques questions.

1° Avez-vous déterminé les *Fundamentalpolygone* de tous les *Untergruppen* que vous appelez *Kongruenzgruppen* et en particulier de ceux-ci:

$$\alpha \equiv \delta \equiv 1, \qquad \beta \equiv \gamma \equiv 0 \bmod n.$$

2° Dans mon mémoire sur les fonctions fuchsiennes, j'ai partagé les groupes fuchsiens d'après divers principes de classification et entre autres

---

[12]) [Gemeint ist die Arbeit *Zur Theorie der linearen Differentialgleichungen mit veränderlichen Koeffizienten*, Crelles Journal, Bd. 66 (1865/66), S. 121 ff.; abgedruckt als Nr. VI in Bd. 1 der Ges. math. Werke von L. Fuchs, S. 159 ff.]

[13]) [Im vorliegenden Bande unter dem Titel *Zur [Systematik der] Theorie der elliptischen Modulfunktionen* als Nr. LXXXVII abgedruckt. S. 169 ff.]

d'après la valeur d'un nombre que j'appelle leur genre. De même vous partagez les *Untergruppen* d'après un nombre que vous appelez leur *Geschlecht*. *Le genre* (tel que je l'entends[14])) et le *Geschlecht* sont ils un seul et même nombre? Je n'ai pu le savoir, par ce que je ne sais pas ce que c'est que le *Geschlecht im Sinne der Analysis situs*. Je vois seulement que ces nombres s'annulent à la fois. Auriez-vous donc l'obligeance de me dire ce que c'est que ce Geschlecht im Sinne der Analysis situs ou, si cette définition est trop longue pour être donnée dans une lettre, dans quel ouvrage je pourrais la trouver. Dans votre dernière lettre, vous me demandiez si je ne suis renfermé dans le cas particulier où „Die Gruppe der linearen Transformationen ist dadurch partikularisiert, daß sie in einer doppelt so großen Gruppe von Operationen enthalten ist, welche neben linearen Transformationen auch Spiegelungen umfaßt." Je ne me suis pas renfermé dans ce cas, mais j'ai supposé que toutes les transformations linéaires conservaient un certain cercle fondamental. Je pense d'ailleurs pouvoir aborder par une méthode analogue le cas le plus général.

A ce propos, il me semble que tous les Untergruppen relatifs aux fonctions modulaires ne rentrent pas dans ce cas spécial.

Au sujet de ce groupe discontinu dont vous me parlez et que l'on obtient par des Spiegelungen et par la Vervielfältigung d'un polygone limité par des arcs de cercle se touchant deux à deux il me semble qu'il y a une condition supplémentaire dont vous n'avez pas parlé bien qu'elle ne vous ait sans doute pas échappé; deux arcs de cercle quelconques prolongés, ne doivent pas se couper. Serait-ce abuser de votre complaisance que de vous poser encore une question.

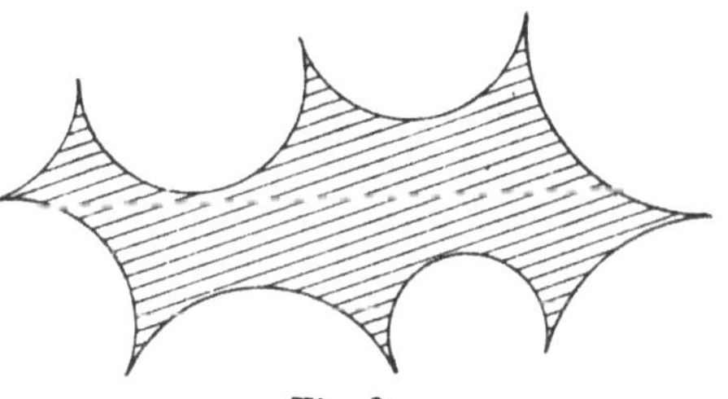

Fig. 2.

Vous dites: in diesem Falle ist die Existenz der Funktion durch Arbeiten von Schwarz sichergestellt, et vous ajoutez: *sofern man nicht auf die allgemeinen Riemannschen Prinzipien rekurrieren will.* Qu'entendez-vous par là?

J'ai écrit dernièrement à M. Hermite; je lui ai fait part succinctement du contenu de vos lettres, et je lui ai envoyé les compliments dont vous m'aviez chargé pour lui.

Veuillez agréer, Monsieur, l'assurance de ma reconnaissance et de mon respect,

Poincaré.

---

[14]) [Vgl. Comptes rendus, Bd. 92, S. 860—861, 1199, 1276 bzw. Bd. 2 der Oeuvres de H. Poincaré, S. 9, 13, 18.]

7. F. Klein an H. Poincaré.

Leipzig, den 2. Juli 1881.

Geehrter Herr!

Lassen Sie mich die verschiedenen Fragen, die Sie in Ihrem willkommenen Briefe vom 27. Juni stellen, so gut es gehen will, umgehend beantworten.

1. Die Fundamentalpolygone der Kongruenzgruppen

$$\alpha \equiv \delta \equiv 1, \quad \beta \equiv \gamma \equiv 0 \ (\text{mod. } n)$$

habe ich bei $n = 5$ (wo durch Zusammenbiegen der Kanten das Ikosaeder entsteht) und bei $n = 7$ im 14. Bande [der Math. Annalen = Abhandlungen LXXXII bis LXXXIV im vorliegenden Bande] ausführlich. beschrieben. Der allgemeine Fall $n =$ Primzahl bildet den Gegenstand einer Arbeit von *Dyck*[15]), die eben im Druck ist. Wenn n eine zusammengesetzte Zahl ist, habe ich die Sache nicht erledigt.

2. „Geschlecht im Sinne der Analysis situs" wird jeder geschlossenen Fläche beigelegt. Dasselbe ist gleich der Maximalzahl solcher in sich zurückkehrender Schnitte der Fläche, die man ausführen kann, ohne die Fläche zu zerstücken. Wenn jetzt die betreffende Fläche als Bild der Wertsysteme w, z einer algebraischen Gleichung $f(w, z) = 0$ betrachtet werden kann, so ist ihr Geschlecht eben auch das Geschlecht der Gleichung. Ihr „genre" und mein „Geschlecht" sind also *materiell dieselben Zahlen*, es liegt bei mir nur vermutlich eine freiere Auffassung der Riemannschen Fläche und der auf sie gegründeten Definition von p zu Grunde.

3. Es gibt innerhalb der Gruppe der Modulfunktionen allerdings Untergruppen, welche ein unsymmetrisches Fundamentalpolygon besitzen, dahin gehören, wie ich in [Math. Annalen] Bd. 14 [= Abh. LXXXIII im vorliegenden Bande] nachwies, insbesondere diejenigen Untergruppen, welche den singulären Resolventen der Modulargleichung für $n = 7$ und $n = 11$ entsprechen.

4. Daß sich bei dem Polygon

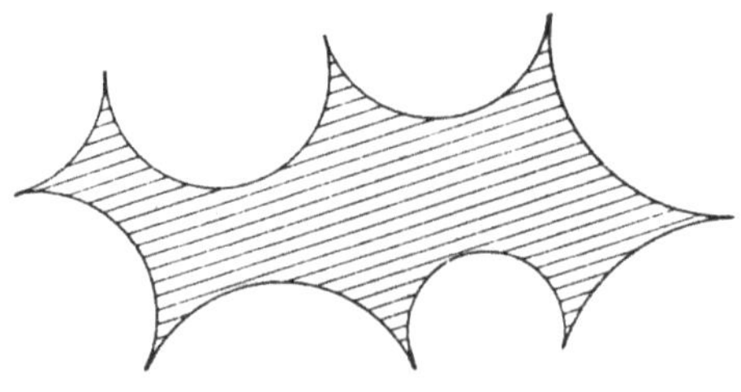

Fig. 3.

die Kreise rückwärts verlängert nicht schneiden dürfen, wenn eine eindeutige Funktion entstehen soll, ist mir in der Tat wohl bekannt. Gerade auf

---

15) [Vgl. das Zitat und die Ausführungen auf S. 166/167 des vorliegenden Bandes.]

diesen Punkt muß man meines Erachtens die Aufmerksamkeit richten, wenn man beweisen will, daß sich die Koordinaten w, z des Punktes einer beliebigen algebraischen Kurve als eindeutige Funktionen mit linearen Transformationen in sich angeben lassen. Ich werde Ihnen angeben, wie weit ich in dieser Frage gekommen bin. Nach den Arbeiten von Schwarz, resp. Weierstrass, kann man die Halbebene immer so auf ein Kreisbogenpolygon abbilden:

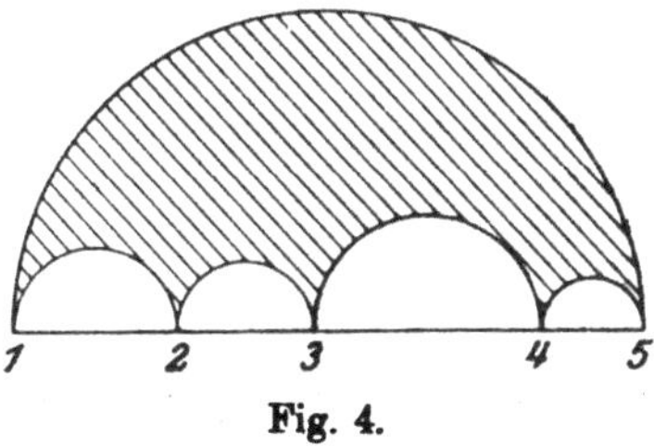

Fig. 4.

daß die Punkte I, II, III, IV, V, welche den 1, 2, 3, 4, 5 auf der Begrenzung der Halbebene entsprechen, beliebige Lage haben. Nun seien I, II, III, IV, V … die Verzweigungspunkte einer algebraischen Funktion $w(z)$; und diese algebraische Funktion möge *keine anderen* Verzweigungspunkte besitzen. Dann sind offenbar w und z eindeutige Funktionen der gewollten Art von denjenigen Hilfsvariabeln, in deren Ebene das gezeichnete Polygon liegt. *Wenn also alle Verzweigungspunkte einer algebraischen Funktion $w(z)$ auf einem Kreise der z-Ebene liegen, so ist die Frage ohne weiteres zu bejahen.* Wie aber, wenn das nicht der Fall ist? Da komme ich unter Umständen auf solche Polygone:

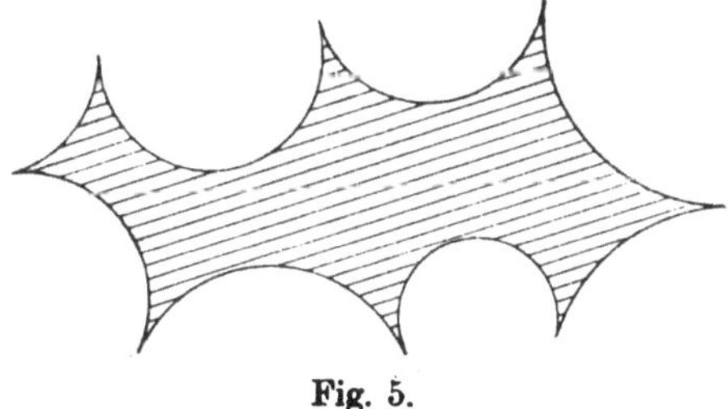

Fig. 5.

wie ich sie das vorige Mal nannte. Findet keinerlei Symmetrie statt, so komme ich wenigstens[16]) auf einen analog gestalteten Fundamentalraum, dessen Kanten unter Winkeln $=$ Null zusammenstoßen und übrigens paarweise durch gewisse lineare Substitutionen zusammengehören. *Aber ich kann nicht beweisen, daß dieser Fundamentalraum mit seinen Wieder-*

---

[16]) Durch Aufstellung zugehöriger Differentialgleichungen des von mir behandelten Typus $\dfrac{\eta'''}{\eta'} - \dfrac{3}{2}\left(\dfrac{\eta''}{\eta'}\right)^2 = R(z)$.

holungen zusammen nur einen Teil der komplexen Ebene überdeckt.
Und an dieser Schwierigkeit finde ich mich nun schon lange aufgehalten.

5. Übrigens bekommt man merkwürdige andere Beispiele von diskontinuierlichen Gruppen, wenn man beliebig viele einander nicht schneidende

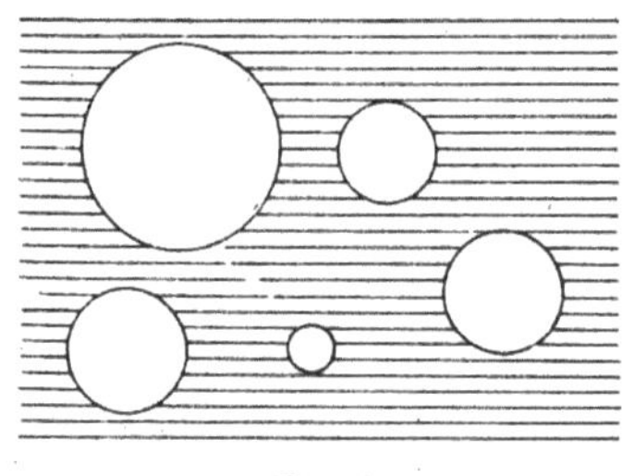

Fig. 6.

Kreise annimmt und nun an ihnen durch reziproke Radien spiegelt. Ich habe dabei den Teil der Ebene, der gleichzeitig außerhalb aller Kreise liegt, und der also das halbe Fundamentalpolygon vorstellt, der Deutlichkeit halber schraffiert. Diese Gruppen werden gelegentlich von *Schottky* betrachtet (Borchardts Journal Bd. 83), ohne daß dort ihre prinzipielle Bedeutung hervorgehoben würde[17]).

6. Riemanns Prinzipien geben zunächst keinen Weg, um eine Funktion, deren Existenz man erschließt, wirklich zu bilden. Man ist daher geneigt, sie als unsicher zu betrachten, so gewiß es auch sein mag, daß die Resultate, welche aus ihnen folgen, richtig sind. Demgegenüber haben Weierstrass und Schwarz bei der von mir berührten Frage der Abbildung von Kreisbogenpolygonen wirkliche Bestimmungen der in Betracht kommenden Konstanten durch konvergente Prozesse gegeben. Will man Riemannsche Prinzipien gebrauchen, so kann man folgenden sehr allgemeinen Satz aufstellen. Es sei ein Polygon gegeben, mit einer oder auch mehreren getrennten Peripherien. Das Polygon kann ein mehrblättriges sein, dessen Blätter durch Verzweigungspunkte verbunden sind. Jede Peripherie besteht aus einer Anzahl von Stücken; jedes Stück gehe durch eine bestimmte lineare Substitution in eins der übrigen über. Dann kann man immer eine Funktion konstruieren, welche im Inneren des Polygons beliebige vorgeschriebene Unstetigkeiten hat, und deren reeller Teil gewisse vorgegebene Periodizitätsmoduln erhält, wenn man von einem Stücke der Begrenzung durch das Innere des Polygons zum zugehörigen Stücke übergeht. Unter diesen Funktionen sind insbesondere solche, welche im Inneren des Polygons durchweg eindeutig sind und auf je zwei entsprechenden Punkten des Randes denselben Wert aufweisen[18]). Der Beweis läßt sich genau demjenigen nachbilden, den Riemann in § 12 des ersten Teils seiner Abelschen Funktionen für das besondere Polygon gegeben hat, das aus p übereinander geschichteten Parallelogrammen besteht, die durch $2\,p - 2$ Ver-

---

17) [Vgl. Fußnote 10) auf S. 626 unten und S. 578 oben.]

18) [Damit der Satz gültig ist, muß zu den Voraussetzungen noch die hinzukommen, daß das Polygon keine „*hyperbolischen oder loxodromischen Zipfel*" hat. Vgl. deswegen die unten folgende Nr. CIV.]

zweigungspunkte verbunden sind. Dieser Satz, den ich mir übrigens erst in den letzten Tagen völlig zurechtlegte, schließt, soviel ich sehe, alle die Existenzbeweise, von denen Sie in Ihren Noten sprechen, als spezielle Fälle oder leichte Folgerungen ein. Übrigens ist mein Satz, wie manches, was ich heute schreibe, noch ungenau formuliert; ich müßte zu ausführlich sein, wenn ich das vermeiden wollte; Sie werden leicht meine Meinung erkennen.

7. Lassen Sie mich noch eine Bemerkung über eine andere Ihrer Veröffentlichungen [19]) hinzufügen. Sie sprechen davon, daß die Θ-Funktionen, die aus der Umkehr der algebraischen Integrale an Kurven vom Geschlechte p entstehen, nicht die allgemeinen ihrer Art sind. Daß eben diese Überlegungen in Deutschland allgemein gekannt sind, können Sie nicht wissen; eine ganze Anzahl jüngerer Mathematiker arbeitet daran, die Bedingungen zu finden, durch welche sich die sogenannten Riemannschen Θ-[Funktionen] von den allgemeinen unterscheiden. Dagegen wunderte mich, daß Sie die Konstantenzahl der Riemannschen Θ gleich $4p + 2$ angeben, während es doch $3p - 3$ sein muß. Haben Sie Riemann, die betr. Entwickelungen, nicht gelesen? Und ist Ihnen die ganze Diskussion, welche *Brill* und *Noether* im 7. Bande der Math. Annalen [1874], S. 300 bis 307 zum Abschluß bringen, unbekannt?

In der Hoffnung, bald wieder von Ihnen zu hören, bin ich

Ihr hochachtungsvoll ergebener
F. Klein.

8. H. Poincaré an F. Klein.

Caen, 5 Juillet 1881.

Monsieur,

J'ai reçu votre lettre que j'ai lue avec le plus vif intérêt. Je vous demande mille pardons de la question que je vous ai posée au sujet du Geschlecht im Sinne der Analysis Situs. J'aurais pu vous éviter la peine de m'y répondre, puisque je trouvais l'explication à la page suivante de votre mémoire. Vous vous rappelez sans doute que, dans une de mes dernières lettres, je vous demandais l'autorisation d'en citer une phrase dans une communication où je me proposais de généraliser vos résultats Vous ne m'avez pas répondu à ce sujet et j'ai pris votre silence pour un acquiescement. J'ai fait cette communication en deux fois, dans les séances du 27 Juin et du 4 Juillet [20]).

Vous trouverez que nous nous sommes rencontrés sur quelques points. Mais la citation que j'ai faite de votre phrase vous sera, je pense, une garantie suffisante.

---

[19]) [*Sur les fonctions abéliennes.* Comptes rendus, Bd. 92, S. 958/959 (18. April 1881).]

[20]) [Siehe Comptes rendus, Bd. 92, S. 1484—1487 und Bd. 93, S. 44—46; abgedruckt in Bd. 2 der Oeuvres de H. Poincaré, S. 19—22 und S. 23—25.]

Permettez-moi, Monsieur, encore une question; où trouverai-je les travaux de MM. Schwarz et Weierstrass dont vous me parlez, d'abord au sujet de ce théorème que:

„Man kann immer die Halbebene so auf ein Kreisbogenpolygon abbilden:

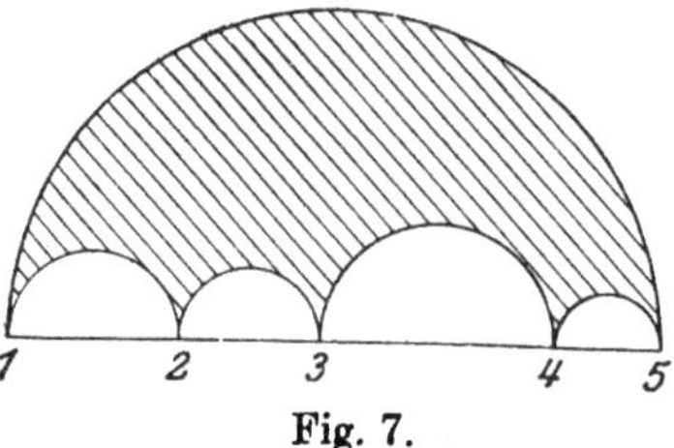

Fig. 7.

daß die Punkte I, II, III, IV, V, welche den 1, 2, 3, 4, 5 auf der Begrenzung der Halbebene entsprechen, beliebige Lage haben.“

Ce théorème ne m'était pas inconnu, car je l'ai démontré dans ma communication du 23 Mai[21]). Mais où le trouverai-je dans les travaux de mes devanciers? Est-ce au Tome 70 de Crelle? Où trouverai-je aussi les développements dont vous me parlez dans la phrase suivante:

„Demgegenüber haben Weierstrass und Schwarz bei der von mir berührten Frage der Abbildung von Kreisbogenpolygonen wirkliche Bestimmungen der in Betracht kommenden Konstanten durch konvergente Prozesse gegeben.“

Le théorème que vous me dites avoir découvert m'a beaucoup intéressé. Il est clair que, comme vous me le dites, votre résultat contient, comme cas particulier, „alle meine Existenzbeweise“. Mais il arrive après.

J'arrive à votre remarque relative aux fonctions abéliennes. Quand j'ai parlé de $4p + 2$ constantes, il ne s'agissait pas du nombre des modules. J'ai dit ceci: „Une relation algébrique de genre p peut toujours être ramenée au degré $p + 1$. Une relation de degré $p + 1$ et de genre p dépend de $4p + 2$ paramètres; car une relation *générale* de degré $p + 1$ dépend de

$$\frac{(p+1)(p+4)}{2} \quad \text{paramètres.}$$

Mais il y a:

$$\frac{p(p-1)}{2} - p \quad \text{points doubles.}$$

Il reste donc $4p + 2$ paramètres indépendants. J'ai ainsi, non le nombre des modules, mais une limite supérieure de ce nombre, ce qui me suffisait pour mon objet.

Veuillez agréer, Monsieur, l'assurance de ma respectueuse considération,

Poincaré.

<hr>

[21]) [Siehe Comptes rendus, Bd. 92, S. 1198—1200; abgedruckt in Bd. 2 der Oeuvres de H. Poincaré, S. 12—15.]

9. F. Klein an H. Poincaré.

Leipzig, 9. Juli 1881.

Geehrter Herr!

In vorläufiger Beantwortung Ihres Briefes habe ich etwa Folgendes zu sagen:

1. Es ist mir ganz recht, daß Sie jene Stelle aus meinem Briefe zitiert haben. Bislang besitze ich nur erst Ihre Note vom 27. Juni[22]). Über die Benennung, die Sie dieser Funktionenklasse erteilt haben, war ich einigermaßen erstaunt; denn ich habe ja nichts weiter getan als die Existenz dieser Gruppen bemerkt. Was mich angeht, so werde ich weder von „fuchsiennes" noch von „kleinéennes" Gebrauch machen, sondern bei meinen „Funktionen mit linearen Transformationen in sich" bleiben.

2. Was ich über den Wert der Riemannschen Prinzipien sagte, war nicht scharf genug. Es ist kein Zweifel, daß das „Dirichletsche Prinzip", als überhaupt nicht konklusiv, verlassen werden muß. Man kann es aber vollständig durch strengere Beweisführung ersetzen. Sie finden das näher ausgeführt in einer Arbeit von Schwarz, die ich eben erst in diesen Tagen (zwecks meiner Vorlesung) genauer ansah, und in der Sie auch die Angaben über Konstantenbestimmungen finden, die in Borchardts Journal (Von Arbeiten in Borchardts Journal müssen Sie jedenfalls Bd. 70 [1868/69], 74 [1870/72], 75 [1872/73] ansehen) nur angedeutet sind; dieselbe steht in den Berliner Monatsberichten 1870, S. 767—795[23]).

3. Der allgemeine Existenzbeweis, von dem ich das vorige Mal sprach, gilt natürlich auch für Gruppen, die aus irgendwelchen analytischen (nicht notwendig linearen) Substitutionen zusammengesetzt sind. Es ist merkwürdig, daß in diesem Sinne jede Operationsgruppe Funktionen definiert, die bei ihr ungeändert bleiben. Die „groupes discontinus" haben nur das voraus, daß bei ihnen zugehörige *eindeutige* Funktionen existieren, was allerdings sehr wesentlich ist. Würde man die höheren Fälle durch *eindeutige* Funktionen von *mehreren* Veränderlichen beherrschen können, wie man es in dem besonderen bei Riemann in § 12 [seiner Abelschen Funktionen] behandelten Falle vermöge des Jacobischen Umkehrproblems zu tun pflegt?

So viel für heute. Ich habe mittlerweile mit Herrn Brunel meine älteren Sachen, namentlich auch die Vorlesungshefte von 1877—78 und

---

[22]) [Siehe Comptes rendus, Bd. 92, S. 1484—1487; abgedruckt in Bd. 2 der Oeuvres de H. Poincaré, S. 19—22.]

[23]) [Alle diese Arbeiten von Schwarz sind abgedruckt in Bd. 2 seiner Ges. math. Abhandlungen. Siehe daselbst S. 65 ff., 84 ff., 175 ff., 211 ff. und 144 ff.]

78—79 (die ich damals habe ausarbeiten lassen) durchgegangen und wird Herr Brunel Ihnen demnächst darüber schreiben.

Hochachtungsvoll

Ihr ergebener

Prof. Dr. F. Klein.

10. F. Klein an H. Poincaré.

Leipzig, 4. Dez. 1881
Sophienstraße 10 II.

Sehr geehrter Herr!

Nachdem ich lange über die uns gemeinsam interessierenden Fragen nur beiläufig nachgedacht habe, habe ich heute früh Gelegenheit genommen, die verschiedenen Mitteilungen, wie Sie sie der Reihe nach in den Comptes rendus veröffentlicht haben, im Zusammenhange zu lesen. Ich sehe, daß Sie nun wirklich zu einem Beweise gekommen sind (8. August)[24]: „que toute équation différentielle linéaire à coefficients algébriques s'intègre par les fonctions zétafuchsiennes" und „que les coordonnées des points d'une courbe algébrique quelconque s'expriment par des fonctions fuchsiennes d'une variable auxiliaire". Indem ich Ihnen dazu gratuliere, daß Sie so weit gekommen sind, möchte ich Ihnen einen Vorschlag machen, der Ihren und meinen Interessen auf gleiche Weise gerecht wird. Ich möchte Sie bitten, mir für die Mathematischen Annalen einen kurzen oder einen längeren Aufsatz zu schicken, oder, wenn Sie keine Zeit zur Ausarbeitung eines solchen finden, mir einen *Brief* zu schicken, in welchem Sie in großen Zügen Ihre Gesichtspunkte und Resultate angeben. Ich selbst würde dann diesen Brief mit einer Anmerkung begleiten, in welcher ich darlegte, wie sich von mir aus die ganze Sache stellt, und wie gerade das Programm, welches Sie jetzt ausführen, als hodegetisches Prinzip meinen Arbeiten über Modulfunktionen zugrunde lag. Natürlich würde ich diese Anmerkung Ihnen vor dem Druck zur Begutachtung zustellen. — Eine solche Publikation würde zweierlei erreichen: einmal würde, was Ihnen vermutlich erwünscht ist, das Leserpublikum der Math. Annalen auf Ihre Arbeiten mit Entschiedenheit aufmerksam gemacht werden; andererseits würden, auch dem allgemeineren Publikum gegenüber, Ihre Arbeiten in derjenigen Verbindung mit den meinigen stehen, die nun einmal tatsächlich vorhanden ist. Sie werden zwar, wie Sie mir schreiben, diese Beziehungen in Ihrem ausführlichen Mémoire auseinandersetzen; aber bis dahin vergeht viele Zeit, und es liegt mir daran, daß es auch in den Annalen gesagt wird.

---

[24] [Siehe Comptes rendus, Bd. 93, S. 301—303; abgedruckt in Bd. 2 der Oeuvres de H. Poincaré, S. 29—31.]

Ich selbst habe mittlerweile eine kleine Schrift über „Riemanns Theorie"[25]) fertiggestellt, die Ihnen vielleicht interessant ist, weil sie diejenige Konzeption der Riemannschen Fläche gibt, mit der R. selbst meines Erachtens eigentlich gearbeitet hat[26]). Vielleicht hat Ihnen Herr Brunel davon erzählt. Ich habe mich sodann in letzter Zeit mit den verschiedenen Existenzbeweisen beschäftigt, welche man an Stelle des Dirichletschen Prinzips gesetzt hat, und habe mich überzeugt, daß die Methoden von *Schwarz* in den Berliner Monatsberichten, 1870, S. 767ff.[27]) allerdings vollkommen ausreichen, um z. B. den allgemeinsten Satz zu beweisen, von dem ich gelegentlich im Sommer schrieb.

Hochachtungsvoll

F. Klein.

11. H. Poincaré an F. Klein.

Paris, 8 Décembre 1881,
rue Gay-Lussac 66.

Monsieur,

Je vous remercie infiniment de l'offre obligeante que vous voulez bien me faire et je suis tout disposé à en profiter. Je vous enverrai prochainement la lettre que vous me demandez; je vous prierai pourtant de me dire quelle place vous pouvez lui consacrer dans les Annales. Je sais que la clientèle de votre journal est nombreuse et que l'étendue que vous pouvez permettre à chaque travail est forcément limité et je ne voudrais pas abuser de votre bienveillance. Quand je saurai quelle longueur je puis donner à ma lettre, je vous l'écrirai immédiatement.

J'aurai prochainement l'honneur de vous envoyer diverses notes relatives à la théorie générale des fonctions, si vous voulez bien les accepter.

J'ai lu dernièrement le mémoire de Schwarz dans les Monatsberichte et ses démonstrations m'ont paru rigoureuses.

Veuillez agréer, Monsieur, mes remerciements et l'expression de ma grande considération,

Poincaré.

---

[25]) [Abh. XCIX im vorliegenden Bande.]

[26]) Eine kleine betr. Notiz aus den Math. Annalen hier beiliegend: [Es handelte sich um die Notiz: *Über die konforme Abbildung von Flächen* aus Bd. 19, S. 159/160. (Datiert vom Oktober 1881, ausgegeben am 10. November 1881.) Sie ist im vorliegenden Bande nicht abgedruckt, weil ihr Inhalt nur ein Auszug (betreffend symmetrische Riemannsche Flächen) aus der Schrift über Riemann (Abh. XCIX oben) ist].

[27]) [Vgl. die Fußnoten [23]) auf S. 601 und [21]) auf S. 643/644.]

12. F. Klein an H. Poincaré.

Leipzig, 10. Dezember 1881.

Sehr geehrter Herr!

Es freut mich, daß meine Aufforderung Ihnen angenehm war; voilà une loi de réciprocité. Was nun Ihre Anfrage angeht, so will ich vor allen Dingen antworten, daß mir Ihr Aufsatz um so gelegener kommt, je *rascher* er kommt. Trifft er noch bis zum 20-sten dss. ein, so bringe ich ihn noch in das 4-te Heft des eben erscheinenden 19-ten Annalenbandes; er wird dann bis Anfang März (spätestens) publiziert sein. Was nun den Umfang angeht, so will ich, da Sie es wünschen, etwa einen *Druckbogen* (16 Seiten) in Vorschlag bringen. Das ist Raum genug, um das Wesentliche deutlich zu sagen, und doch wieder auch für den flüchtigen Leser nicht zu viel. Ich möchte Sie dann bitten, namentlich auch über die *Methoden* Ihrer Beweise die erforderlichen Angaben zu machen, also über die Art, wie Sie die in Betracht kommenden Funktionen wirklich bilden usw. Doch alles das beurteilen Sie besser, als ich es hier vorschreiben könnte.

Noch eins! Ist Ihre Adresse jetzt dauernd in Paris? Und wie ist die gegenwärtige Adresse von Picard? Ich würde glücklich sein, wenn ich auch vom letzteren einen Beitrag für die Annalen haben könnte.

Hochachtungsvoll

Ihr ergebener

F. Klein.

13. H. Poincaré an F. Klein.

Paris, le 17 Décembre 1881,
rue Gay-Lussac 66.

Monsieur,

J'ai l'honneur de vous adresser le petit travail en question[28]); je n'ai pas, comme vous me le demandiez, exposé succinctement mes méthodes de démonstration. Je n'aurais pu le faire sans dépasser de beaucoup les limites que vous m'aviez fixées. Je sais bien que ces limites n'avaient rien d'absolu. Mais d'un autre côté je ne crois pas qu'une démonstration puisse être résumée; on ne peut en retrancher sans lui enlever sa rigueur et une démonstration sans rigueur n'est pas une démonstration. Je préfèrerais donc vous adresser de temps en temps une série de courtes lettres où je démontrerai successivement les résultats énoncés où du moins les principaux. Ces lettres, vous en feriez, ce que bon vous semblerait.

---

[28]) [*Sur les fonctions uniformes qui se reproduisent par des substitutions linéaires.* Math. Annalen, Bd. 19, S. 553—564. (Ausgegeben am 13. März 1882.) Abgedruckt in Bd. 2 der Oeuvres de H. Poincaré, S. 92—104.]

J'habite en effet Paris, je suis maître de conférences à la Faculté des Sciences.

Voici l'adresse de Picard:

Professeur Suppléant à la Faculté des Sciences
rue Michelet 13
Paris.

Je vous donne par la même occasion celle d'Appell.

Maître de conférences à l'École Normale Supérieure
rue Soufflot 22
Paris.

Veuillez agréer, Monsieur, l'assurance de ma considération la plus distinguée,

Poincaré.

14. F. Klein an H. Poincaré.

Leipzig, 13. Januar 1882.

Sehr geehrter Herr!

Ich habe Ihnen noch nicht persönlich für die Übersendung Ihrer Arbeit gedankt, mit der Sie mich in der Tat in hohem Grade verpflichtet haben. — Wir sind jetzt so weit, daß in den allernächsten Tagen gedruckt wird. Sie werden eine Korrektur bekommen, die ich Sie bitte, nach Durchsicht

„An die Teubnersche Buchdruckerei
Leipzig"

zurückzuschicken. Wollen Sie dabei insbesondere auch die Erklärung durchsehen, welche ich Ihrer Arbeit in dem früher bereits bezeichneten Sinne hinzugefügt habe[29]), und in der ich, soviel an mir ist, gegen die beiden Benennungen „fuchsiennes" und „kleinéennes" protestiere, bezüglich letzterer Schottky zitiere und übrigens Riemann als denjenigen bezeichne, auf den alle diese Untersuchungen zurückgehen. Ich habe mich bemüht, diese Erklärung so maßvoll als möglich zu halten, bitte Sie aber, mir umgehend zu schreiben, wenn Sie noch eine Abänderung wünschen. Dem Verdienste Ihrer Untersuchungen trete ich damit in keiner Weise zu nahe. — Hierüber hinaus habe ich nun aber noch eine eigene kleine Arbeit redigiert, die gleich hinter der Ihrigen abgedruckt werden soll[30]). Dieselbe bringt, auch ohne Beweis, einige auf dem betr. Gebiete liegende

---

[29]) [Siehe Math. Annalen, Bd. 19, S. 564; abgedruckt in Bd. 2 der Oeuvres de H. Poincaré, S. 104/105.]

[30]) [Gemeint ist die unten folgende Note CI („*Das Rückkehrschnitttheorem*").]

Resultate, vor allem dieses: *Daß man jede algebraische Gleichung* $f(w, z) = 0$, *sobald man auf der zugehörigen Riemannschen Fläche p unabhängige Rückkehrschnitte gezogen hat, in einer und nur einer Weise durch* $w = \varphi(\eta)$, $z = \psi(\eta)$ *auflösen kann, wo η eine diskontinuierliche Gruppe von der Art erfährt, wie Sie sie damals im Anschluß an meinen Brief zur Sprache gebracht haben.* Dieser Satz ist darum so schön, weil diese Gruppe genau $3p - 3$ wesentliche Parameter hat, also ebensoviele, als die Gleichungen des gegebenen p *Moduln* besitzen. Hieran knüpfen sich weitere Überlegungen, die mir interessant scheinen. Um Ihnen dieselben möglichst vollständig mitzuteilen, habe ich die Druckerei angewiesen, Ihnen auch von meiner Arbeit die Korrektur zuzuschicken, die Sie dann ruhig für sich behalten wollen.

Was die *Beweise* angeht, so ist das eine mühselige Sache. Ich operiere immer mit Riemannschen Anschauungen resp. „geometria situs". Das ist schwer ganz deutlich zu redigieren. Ich werde mir alle Mühe geben, dieses mit der Zeit zu tun. Mittlerweile wird es mir sehr erwünscht sein, mit Ihnen hierüber und auch über Ihre Beweise zu korrespondieren. Seien Sie überzeugt, daß ich die Briefe, welche Sie mir in dieser Hinsicht in Aussicht stellen, mit größtem Interesse studieren und dementsprechend eingehend beantworten werde. Wenn Sie wünschen, dieselben in irgendeiner Form zu publizieren, so stehen Ihnen die Math. Annalen selbstverständlich zur Verfügung.

Hochachtungsvoll

Ihr ergebener

F. Klein.

15. H. Poincaré an F. Klein.[31])

Monsieur,

J'ai reçu les épreuves de Teubner, et je vais les lui renvoyer. J'ai lu votre note et je ne vois pas qu'il y ait lieu d'y changer quoi que ce soit. Vous me permettrez cependant de vous adresser quelques lignes pour chercher à justifier mes dénominations. J'attends avec impatience le théorème que vous m'annoncez et qui me paraît des plus intéressants.

Veuillez agréer, Monsieur, l'assurance de ma considération la plus distinguée,

Poincaré.

---

[31]) [Der Brief trägt kein Datum, ist aber offenbar im Januar 1882 geschrieben.]

16. H. Poincaré an F. Klein.

Paris, 28 Mars 1882.

Monsieur,

Vous avez ajouté à mon travail:

„Sur les Fonctions Uniformes qui se reproduisent par des substitutions
linéaires“

une note où vous exposez les raisons qui vous ont fait rejeter mes dénominations. Vous avez eu la bonté de m'en envoyer les épreuves imprimées en me demandant si j'y désirais quelque changement. Je vous remercie de la délicatesse de votre procédé, mais je ne pouvais en abuser pour vous demander de taire la moitié de votre pensée.

Vous comprenez cependant que je ne puis laisser les lecteurs des Annales sous cette impression que j'ai commis une injustice. C'est pourquoi je vous ai écrit, vous vous le rappelez peut-être, que je ne vous demandais aucun changement à votre note, mais que je vous demanderais la permission de vous adresser quelques lignes pour justifier mes dénominations.

Voici ces lignes; peut-être jugerez vous convenable de les insérer[32]). A mon tour, je vous demanderai si vous désirez que je fasse quelque changement à la rédaction de cette petite note. Je suis prêt à faire tous ceux qui n'altèreraient pas ma pensée.

Veuillez excuser mon importunité et me pardonner ce petit plaidoyer pro domo.

Veuillez agréer, Monsieur, l'assurance de ma considération la plus distinguée

Poincaré.

Je vous serais obligé si vous voulez bien me dire l'adresse de M. Hurwitz à qui je désirerais faire hommage d'un exemplaire de mon travail.

Je vous serais bien reconnaissant aussi, si vous pouviez m'indiquer les traits généraux de la démonstration par laquelle vous établissez le théorème énoncé dans votre dernier travail:

Über eindeutige Funktionen mit linearen Transformationen in sich[33]).

---

[32]) [Siehe Math. Annalen, Bd. 20, S. '52/53. (Ausgegeben am 22. Mai 1882.) Abgedruckt in Bd. 2 der Oeuvres de H. Poincaré, S. 106/107.]

[33]) [Nr. CI unten.]

17. F. Klein an H. Poincaré.

Düsseldorf, 3. April 1882.
Adr. Bahnstraße 15.

Sehr geehrter Herr!

Ihre Zusendung, die ich gestern über Leipzig erhalten habe, traf mich eben im Begriffe, Ihnen zu schreiben, um nämlich meine neue Annalennote[34]), die als Korrekturexemplar nun wohl bereits in Ihre Hände gekommen ist, mit ein paar Worten zu begleiten. Zugleich erhielt ich die Note von Prof. Fuchs in den Göttinger Nachrichten[35]). Wenn ich zunächst betreffs letzterer zwei Worte sagen darf, so wäre es dies, daß ich sie für ganz verfehlt bezeichnen muß. Ich habe nur behauptet, daß Fuchs nirgends über „fonctions fuchsiennes" publiziert habe. Hiernach ist die zweite der von ihm angezogenen Arbeiten (die ich mir übrigens zwecks näheren Studiums hierher kommen lassen werde) gegenstandslos. Die erste subsumiert sich allerdings unter die „fonctions fuchsiennes", insofern es sich um Modulfunktionen handelt, aber gerade den eigentlichen Charakter der letzteren, der in der Natur der singulären Linie liegt, hat Fuchs, bei seinem Mangel an geometrischer Anschauung, nicht richtig erkannt, wie bereits Dedekind in Bd. 83 von Borchardts Journal (1877) hervorgehoben hat. Was endlich die Insinuation gegen Schluß der Note betrifft, als sei ich wesentlich durch Fuchs' eigene Untersuchungen zu meinen veranlaßt worden, so ist das historisch einfach unrichtig. Meine Untersuchungen beginnen 1874 mit der Bestimmung aller endlichen Gruppen linearer Transformationen einer Veränderlichen[36]). Im Jahre 1876 zeigte ich sodann, daß damit das von Fuchs damals aufgeworfene Problem, alle algebraisch integrierbaren linearen Differentialgleichungen zweiter Ordnung zu bestimmen, eo ipso erledigt sei[37]). Die Sache ist also gerade umgekehrt, wie Fuchs angibt. Nicht seiner Arbeit entnahm ich die Ideen, sondern ich zeigte, daß sein Thema mit *meinen* Ideen behandelt werden müsse.

Mit Ihrer Darlegung bin ich, wie Sie vermuten werden, auch nicht einverstanden. Wenn es sich um die allgemeine Wertschätzung der Fuchsschen Arbeiten handelt, so werde ich gerne bereit sein, irgendeine *neue* Funktionsklasse, auf die noch niemand Hand gelegt hat, nach ihm zu benennen, oder auch z. B. die Funktionen mehrerer Variabeln, die Fuchs in

---

[34]) [Math. Annalen, Bd. 20, S. 49—51; unten als Nr. CII abgedruckt („*Das Grenzkreistheorem*").]

[35]) [Göttinger Nachrichten (vom 4. März) 1882, S. 81—84; abgedruckt als Nr. XXXVIII in Bd. 2 der Ges. math. Werke von L. Fuchs, S. 285—287.]

[36]) [Vgl. Abh. LI in Bd. 2 dieser Ausgabe, insbesondere die Fußnoten [4]) und [6]) daselbst.]

[37]) [Vgl. Abh. LII und LIII in Bd. 2 dieser Ausgabe.]

Vorschlag bringt[38]). Die Funktionen aber, welche Sie nach Fuchs benennen, gehörten bereits anderen, ehe Sie den Vorschlag zur Benennung machten. Ich bin auch überzeugt, daß Sie gerade diesen Vorschlag nicht gemacht hätten, wenn Sie damals (zu Anfang) die Literatur gekannt hätten. Sie bieten mir sodann, sozusagen zur Entschädigung, die „fonctions kleinéennes" an. So sehr ich Ihre freundliche Absicht dabei anerkenne, so wenig kann ich dies akzeptieren, weil es eben eine historische Unwahrheit impliziert. Wenn meine Arbeit im 19-ten Bande [der Math. Annalen = Nr. CI unten] so scheinen könnte, als hätte ich mich in der Tat jetzt besonders auf die „kleinéennes" geworfen, so mag die neue Arbeit in Bd. 20 [der Math. Annalen = Nr. CII unten] zeigen, daß ich nach wie vor auch die „fuchsiennes" als meine Domäne betrachte.

Doch genug davon. Ich habe Ihre Note umgehend in die Druckerei geschickt und nur die eine Bemerkung hinzugefügt, daß ich für mein Teil an meiner früheren Darlegung festhalte (wobei ich zugleich das Publikum ausdrücklich auf die Note von Herrn Fuchs aufmerksam mache). Sie werden in allernächster Zeit die Korrektur bekommen, und bitte ich sodann, selbige mir hierher (wo ich mich während der Osterferien aufhalte) zuzuschicken, worauf ich in der Druckerei das Nötige veranlassen werde[39]). Was die Stelle über Schottky angeht, so möchte ich sie auf einen nachgelassenen Aufsatz in Riemanns Werken, S. 413 [der ersten Auflage][40]) aufmerksam machen, wo genau entsprechende Ideen entwickelt sind. Es wird allerdings schwer sein, zu konstatieren, wieviel der Herausgeber, Herr Prof. Weber, da hineingetragen hat. Riemanns Werke erschienen 1876, Schottkys Dissertation 1875, später als Aufsatz im Borchardtschen Journal [Bd. 83] 1877. Nun ist aber die Dissertation von 1875 nur ein Teil derjenigen von 1877, und ich kann aus dem Gedächtnisse nicht sagen, ob die eben hier in Betracht kommende Figur bereits in der Ausgabe von 1875 enthalten ist.

Noch muß ich hinzufügen, daß ich nicht beabsichtige, den Streit wegen der *Benennungen* (nachdem ich Ihrer Erklärung die oben bemerkte Fußnote hinzugefügt habe) von mir aus ferner fortzusetzen. Nur wenn ich erneut dazu veranlaßt werden sollte, würde ich eine, dann allerdings sehr ausführliche und sehr offenherzige Darstellung des ganzen Sachverhalts geben. Lassen sie uns lieber darin konkurrieren, wer von uns die ganze hier in Betracht kommende Theorie am meisten zu fördern geeignet ist!

---

[38]) Sind dieselben wirklich *eindeutig*? Ich verstehe nur, daß sie in jedem Wertsysteme, welches sie erreichen, *unverzweigt* sind. Doch kann ich mich da täuschen.

[39]) Ihre Note kommt unmittelbar hinter die meinige zu stehen!

[40]) [Zum Folgenden vgl. die Ausführungen *Zur Vorgeschichte der automorphen Funktionen*, S. 577 ff. oben, wo auch die Zitate ausführlicher gegeben sind.]

Ich meine, an meinem Teile durch meine neue Note einen gewissen Fortschritt erzielt zu haben. Eine Reihe von Theoremen über algebraische Funktionen beweist man vermöge der neuen η-Funktion sofort, z. B. den Satz, den ich in meiner Schrift über Riemann nur erst als wahrscheinlich bezeichnete, daß nämlich eine Fläche $p > 0$ niemals unendlich viele *diskrete* eindeutige Transformationen in sich besitzen kann (vermöge derer sie in eine unendliche Zahl „äquivalenter Fundamentalpolygone" zerlegt erscheinen würde)[41]. — Dann ferner den Satz, daß sich verschiedene von Picard gegebene Sätze von $p = 0$ auf den Fall eines beliebigen p übertragen usw.

Was die Methoden betrifft, durch die ich meine Sätze beweise, so schreibe ich davon, sobald ich dieselben noch mehr abgeklärt habe. Können Sie mir nicht mittlerweile mitteilen, welche die Ideen sind, die Sie eben jetzt verfolgen? Ich brauche kaum hinzuzufügen, daß wir in den Math. Annalen jeden Beitrag, den Sie uns geben wollen, mit Freude abdrucken werden. Es wird sehr viel daran liegen, mit Ihnen in regem Verkehr zu bleiben. Für mich ist die lebendige Verbindung mit gleichstrebenden Mathematikern immer die Vorbedingung zur eigenen mathematischen Produktion gewesen.

Hochachtungsvoll
Ihr ergebener
F. Klein.

Die Adresse von Dr. Hurwitz ist bis auf weiteres:

Hildesheim, Langer Hagen.

18. H. Poincaré an F. Klein.

Paris, 4 Avril 1882.

Monsieur,

Je viens de recevoir votre lettre et je m'empresse de vous répondre. Vous me dites que vous désirez clore un débat stérile pour la science et je ne puis que vous féliciter de votre résolution. Je sais qu'elle ne doit pas vous coûter beaucoup puisque dans votre note ajoutée à ma dernière lettre, c'est vous qui dites le dernier mot, mais je vous en sais gré cependent. Quant à moi, je n'ai ouvert ce débat et je n'y suis entré que pour dire une fois et une seule mon opinion qu'il m'était impossible de taire. Ce n'est pas moi qui le prolongerai, et je ne prendrais de nouveau la parole que si j'y étais forcé; d'ailleurs je ne vois pas trop ce qui pourrait m'y forcer.

---

[41]) [Diesen Beweis des Satzes hat H. Poincaré später unter Berufung auf die gegenwärtige Briefstelle veröffentlicht in seiner Arbeit *Sur un théorème de M. Fuchs*, Acta Math., Bd. 7 (1884/85), S. 1—32. Vgl. daselbst S. 16.]

Si j'ai donné votre nom aux fonctions kleinéennes, c'est pour les raisons que j'ai dites et non pas comme vous l'insinuez, *zur Entschädigung*; car je n'ai à vous dédommager de rien; je ne reconnaîtrai un droit de propriété antérieur au mien que quand vous m'aurez montré que l'on a avant moi étudié la discontinuité des groupes et l'uniformité des fonctions dans un cas tant soit peu général et qu'on a donné de ces fonctions des développements en séries. Je réponds à une interrogation que je trouve en note à la fin d'une page de votre lettre. Parlant des fonctions définies par M. Fuchs au tome 89 de Crelle, vous dites: „Sind diese Funktionen wirklich eindeutig? Ich verstehe nur, daß sie in jedem Wertsysteme, welches sie erreichen, unverzweigt sind." — Voici ma réponse, les fonctions étudiées par M. Fuchs se partagent en trois grandes classes; celles des deux premières sont effectivement uniformes; celles de la troisième ne sont en général que unverzweigt; elles ne sont uniformes que si on ajoute une condition à celles énoncées par M. Fuchs. Ces distinctions ne sont pas faites dans le premier travail de M. Fuchs; on les trouve dans deux notes additionelles, malheureusement trop concises et insérées l'une au Journal de Borchardt 90, l'autre aux Göttinger Nachrichten.[42])

Je vous remercie beaucoup de votre dernière note que vous avez eu la bonté de m'envoyer. Les résultats que vous énoncez m'interessent beaucoup, voici pourquoi; je les avais trouvés il y a déjà quelque temps, mais sans les publier, par ce que je désirais éclaircir un peu la démonstration; c'est pourquoi je désirerais connaître la vôtre quand vous l'aurez éclaircie de votre côté.

J'espère que la lutte, à armes courtoises, d'ailleurs, à laquelle nous venons de nous livrer à propos d'un nom, n'altèrera pas nos bonnes relations. Dans tous les cas, ne vous en voulant nullement pour d'avoir pris l'offensive, j'espère que vous ne m'en voudrez pas non plus de m'être défendu. Il serait ridicule d'ailleurs, de nous disputer plus longtemps pour un nom, „Name ist Schall und Rauch" et après tout, ça m'est égal, faites comme vous voudrez, je ferai comme je voudrai de mon côté.

Veuillez agréer, Monsieur, l'assurance de ma considération la plus distinguée, ⁓

Poincaré.

---

[42]) [*Auszug aus einem Schreiben des Herrn L. Fuchs an C. W. Borchardt.* Crelles Journal, Bd. 90 (1880/81), S. 71—73 und *Über die Funktionen, welche durch Umkehrung der Integrale von Lösungen der linearen Differentialgleichungen entstehen.* Göttinger Nachrichten (vom 3. Juli) 1880, S. 445—453. Die beiden Noten sind abgedruckt als Nr. XXXIII und Nr. XXXIV in Bd. 2 der Ges. math. Werke von L. Fuchs, S. 219 bis 224 und S. 225—227. — Vgl. auch oben S. 583.]

19. H. Poincaré an F. Klein.

Paris, 7 Avril 1882.

Monsieur,

J'ai l'honneur de vous renvoyer corrigée l'épreuve de ma lettre. Maintenant que ce petit débat est terminé et je l'espère pour ne plus se renouveler, permettez-moi de vous remercier de la courtoisie dont vous n'avez cessé de faire preuve pendant tout le temps qu'il a duré.

Veuillez agréer, Monsieur, l'assurance de ma considération la plus distinguée,

Poincaré.

20. F. Klein an H. Poincaré.

Leipzig, 7. Mai 1882.
Sophienstraße 10.

Sehr geehrter Herr!

Vor kurzem las ich Ihre Note in den Comptes rendus vom 10. April[43]) 1882. Dieselbe hat mich um so mehr interessiert, als ich glaube, daß Ihre jetzigen Betrachtungen mit den meinigen auch der Methode nach eng verwandt sind. Ich beweise meine Sätze durch *Kontinuität*, indem ich die beiden Lemmata vorausstelle: 1. daß zu jeder „groupe discontinu" eine Riemannsche Fläche zugehört, und 2. daß zu der einzelnen zweckmäßig zerschnittenen Riemannschen Fläche immer[44]) nur *eine* solche Gruppe gehören kann (sofern ihr überhaupt eine Gruppe zugehört).

Die Reihenentwicklungen, wie Sie dieselben aufstellen, habe ich bislang noch ganz außer Betracht gelassen. Wie beweisen sie eigentlich die Existenz der Zahl m, für welche $\sum' \dfrac{1}{(\gamma_i \eta + \delta_i)^m}$ absolut konvergiert? Und haben sie für dieselbe eine *genaue* oder nur eine approximative untere Grenze?

Ich selbst habe mittlerweile den betr. Sätzen wieder allgemeinere Gestalt gegeben, und da die Fertigstellung einer Annalennote im Augenblicke, wo ich sehr wenig Zeit habe, sich noch etwas hinausziehen muß, so schreibe ich Ihnen wieder davon. Im Falle meines ersten Satzes wurde die Gesamtkugel η mit Ausnahme unendlich vieler *Punkte* von den wiederholten Reproduktionen des Fundamentalbereiches überdeckt. Im Falle des *zweiten* Satzes bleibt das Innere einer Kreisfläche, aber nur einer *einzigen*, unbedeckt. Ich habe jetzt die Existenz von Darstellungen konstatiert (die für die einzelne Riemannsche Fläche wieder immer und immer

---

[43]) [Comptes rendus, Bd. 94, S. 1038—1040; abgedruckt in Bd. 2 der Oeuvres de H. Poincaré, S. 41—43. Vgl. dazu die Bemerkungen oben auf S. 584/585.]

[44]) d. h. unter den Beschränkungen des jeweiligen Satzes.

auch nur in einer Weise vorhanden sind), bei welcher *unendlich viele Kreisflächen* ausgeschlossen werden. In dieser Richtung formuliere ich hier nur den allereinfachsten Satz (bei welchem durchaus unverzweigte Darstellung der Riemannschen Fläche vorausgesetzt wird)[45].

Sei $p = \mu_1 + \mu_2 + \ldots + \mu_m$, wo vorab keines der $\mu = 1$ sein mag. So nehme man auf der Riemannschen Fläche m Punkte $O_1, \ldots O_m$, und lege von O_1 in der bekannten Weise $2\mu_1$ Querschnitte $A_1, B_1; A_2, B_2; \ldots A_{\mu_1}, B_{\mu_1}$; von O_2 $2\mu_2$ Querschnitte usw. Andererseits konstruiere man auf der η-Kugel m auseinanderliegende Kreise und innerhalb des von letzteren gemeinsam begrenzten Raumes ein Kreisbogenpolygon, das von $4\mu_1$ Kreisen begrenzt ist, welche auf dem ersten Fundamentalkreise senkrecht stehen, dann ferner von $4\mu_2$ Kreisen, die auf dem zweiten Fundamentalkreise senkrecht stehen, usw. (also ein Kreisbogenpolygon, das m-fachen Zusammenhang hat). Die begrenzenden Kreise werden paarweise in der bekannten Reihenfolge $A_1, B_1, A_1^{-1}, B_1^{-1}, A_2, B_2 \ldots$ zusammengeordnet, und zwar durch lineare Substitutionen des η, bei denen jeweils der betreffende Fundamentalkreis invariant bleibt. Überdies sei das Produkt der betreffenden linearen Substitutionen also etwa: $A_1 B_1 A_1^{-1} B_1^{-1} \ldots A_{\mu_1}^{-1} B_{\mu_1}^{-1}$ allemal der Identität gleich. *Dann gibt es immer eine und nur eine analytische Funktion, welche die zerschnittene Riemannsche Fläche auf ein derart beschaffenes Kreisbogenpolygon abbildet.* — Der Fall, daß eines der μ gleich 1 wird, unterscheidet sich nur dadurch, daß dann der zugehörige Fundamentalkreis sich auf einen *Punkt* zusammenzieht und die entsprechenden linearen Substitutionen in diejenigen „parabolischen" übergehen, welche jenen Punkt festlassen. — Doch genug für heute. Wäre es nicht möglich, eine vollständige Kollektion von Separatabzügen Ihrer einschlägigen Arbeiten zu bekommen? Wenn es angeht, beginne ich nach Pfingsten in meinem Seminare eine Reihe von Vorträgen über eindeutige Funktionen mit linearen Transformationen in sich[46], und möchte dabei meinen Zuhörern eine solche Kollektion zur Verfügung stellen.

Hochachtungsvoll
Ihr
F. Klein.

21. H. Poincaré an F. Klein.

Paris, 12 Mai 1882.

Monsieur,

J'ai bien tardé à vous répondre et je vous prie de m'en excuser, car j'ai été forcé de faire une petite absence. Je crois comme vous que

---

[45] [Vgl. Abh. CIII, Abschnitt IV („*Das allgemeine Fundamentaltheorem*").]
[46] [Vgl. oben S. 585.]

nos méthodes se rapprochent beaucoup et diffèrent moins par le principe
général que par les détails. Pour les lemmes dont vous me parlez, le
premier, je l'ai établi par les considérations des développements en séries
et vous, à ce que je pense, à l'aide du théorème dont vous m'avez parlé
dans une de vos léttres de l'année dernière. Pour le second lemmè, il ne
présente pas de difficulté et il est probable que nous l'établissons de la
même manière. Une fois ces deux lemmes établis, et c'est en effet par
là que je commence, ainsi que vous le faites vous même, j'emploie comme
vous la *continuité*, mais il y a bien de manières de l'employer et il est
possible que nous différions dans quelques détails.

Vous me demandez comment j'établis la convergence de la série
$\sum \dfrac{1}{(\gamma_i \eta + \delta_i)^{2m}}$. J'en ai donné deux démonstrations mais qui sont toutes
deux trop longues pour tenir dans une lettre; je les publierai prochainement.
La première est fondée en principe sur ce fait que la surface du cercle fondamental est finie. La seconde, exige la même hypothèse, mais elle est
fondée sur la géométrie non-euclidienne. Quelle est maintenant la limite
inférieure du nombre m. C'est $m = 2$. Ici si l'on suppose m entier on
a une limite exacte. En ce qui concerne les séries rélatives aux fonctions
Zétafuchsiennes, je n'ai au contraire qu'une limite approximative. Ce qui
m'a le plus intéressé dans votre lettre c'est ce que vous me dites au
sujet de fontions qui admettent comme espaces lacunaires une infinité de
cercles. J'ai rencontré aussi de semblables fonctions et j'en ai donné un
exemple dans une ou deux de mes notes. Mais j'y suis arrivé par une
voie absolument différente de la vôtre. Il est probable que vos fonctions
et les miennes doivent avoir une étroite parenté; cependant il n'est nullement évident qu'elles soient identiques. Je croirais volontiers que votre
méthode ainsi que la mienne est susceptible d'une généralisation très
étendue et qu'elles conduiraient toutes deux à une grande classe de trans-
cendantes comprenant comme cas particuliers celles que nous avons déjà
rencontrées.

Vous me parlez de tirages à part de mes travaux. Voulez-vous parler
de mes notes des Comptes rendus. Je n'en ai pas fait faire de tirages
à part et il serait malheureusement difficile maintenant d'en obtenir, au
moins pour les premières d'entre elles.

Je vous enverrai prochainement et dès que je les aurai reçus les
tirages à part de deux travaux plus récents; le premier „sur les courbes
définies par les équations différentielles"[47]). Il s'agit d'étudier la forme
géométrique des courbes définies par les équations différentielles du 1er ordre.
Malheureusement la première partie de ce mémoire est seule imprimée

---

[47]) [Journal de Liouville, 3. Serie, Bd. 7, S. 375—422 (Nov. und Dec. 1881).]

jusqu'ici et ne contient que les préliminaires. Le second travail a pour objet les formes cubiques ternaires, dont je veux faire l'étude arithmétique. J'ai voulu rappeler dabord certains résultats algébriques qui remplissent la 1ere partie du mémoire. Cette 1ere partie a seule été imprimée dans le 50e cahier du Journal de l'Ecole Polytechnique[48]), le reste devant paraître dans le 51e cahier[49]). Cette 1ere partie ne vous intéressera donc pas beaucoup. Il y a cependant une étude sur les transformations linéaires et sur certains groupes *continus* contenus dans le groupe linéaire à 3 et 4 variables.

A propos, je ne me souviens plus si je vous ai envoyé ma thèse, ainsi que des travaux plus anciens sur les équations différentielles et. un travail sur les fonctions à espaces lacunaires.

Veuillez agréer, Monsieur, l'assurance de ma considération la plus distinguée,

Poincaré.

22. F. Klein an H. Poincaré.

Leipzig, 14. Mai 1882.

Sehr geehrter Herr!

In Beantwortung Ihres eben eintreffenden Briefes möchte ich Ihnen mit zwei Worten mitteilen, wie ich die „Kontinuität" verwende. Freilich nur im Prinzip; denn die Ausführung im einzelnen, die bei dér Redaktion viel Mühe machen wird, läßt sich jedenfalls mannigfach modifizieren. Ich will mich auf den Fall der durchaus unverzweigten η-Funktion der zweiten Art, wie ich sie in meiner Note nannte, beschränken. Hier handelt es sich vor allem um den Nachweis, daß die beiden zu Vergleich kommenden Mannigfaltigkeiten: die Mannigfaltigkeit der in Betracht kommenden Substitutionssysteme und andererseits die Mannigfaltigkeit der überhaupt existierenden Riemannschen Flächen, nicht nur dieselbe Dimensionenzahl ($6p - 6$ reelle Dimensionen) besitzen, sondern daß sie auch *analytische* Mannigfaltigkeiten mit *analytischen* Grenzen sind (im Sinne der von Weierstrass eingeführten Terminologie). Diese beiden Mannigfaltigkeiten sind nun infolge des ersten in meinem vorigen Briefe angeführten Lemmas $(1-x)$-deutig aufeinander bezogen, wo x dem zweiten Lemma zufolge für die verschiedenen Partien der zweiten Mannigfaltigkeit nur 0 oder 1 sein kann. Nun aber erweist sich jene Beziehung als eine *analytische* und zwar, wie wieder aus den beiden Hilfssätzen folgt, als eine analytische *von nirgends verschwindender Funktionaldeterminante*. Hieraus schließe ich, daß x durchweg 1 sein muß. Gäbe es nämlich einen Übergang von

---

[48]) [Siehe daselbst S. 199—253 (Februar 1881).]
[49]) [Siehe daselbst S. 45—91 (1882).]

Gebieten mit $x = 0$ zu solchen mit $x = 1$, so würden den Punkten des Übergangsgebietes wegen des analytischen Charakters der Zuordnung bestimmte (wirklich erreichbare) Punkte der anderen Mannigfaltigkeit entsprechen und für diese müßte dann, dem Bemerkten zuwider, die Funktionaldeterminante der Beziehung verschwinden. So weit mein Beweis.

Einen ganz anderen, doch auch auf Kontinuitätsbetrachtungen beruhenden, teilte mir Herr Schwarz mit, als ich ihn neulich (am 11. April) in Göttingen besuchte. Ohne gerade von ihm autorisiert zu sein, meine ich Ihnen doch auch davon schreiben zu sollen. Schwarz denkt sich die Riemannsche Fläche in geeigneter Weise zerschnitten, sodann unendlichfach überdeckt und die verschiedenen Überdeckungen in den Querschnitten so zusammengefügt, daß eine Gesamtfläche entsteht, welche der Gesamtheit der in der η-Ebene nebeneinander zu legenden Polygonen entspricht. Diese Gesamtfläche ist, sofern man von solchen Attributen bei unendlich ausgedehnten Flächen sprechen kann (was eben erläutert werden muß), im Falle der η-Funktion 2. Art (auf die sich Schwarz zunächst beschränkte) *einfach zusammenhängend und einfach berandet*, und es handelt sich also nur darum, einzusehen, daß man auch eine solche einfach zusammenhängende, einfach berandete Fläche in der bekannten Weise auf das Innere eines Kreises abbilden kann. — Dieser Schwarzsche Gedankengang ist jedenfalls sehr schön.

Sie fragen wegen der Separatabzüge. Ich möchte Ihnen da vor allem natürlich nicht lästig fallen, und dies um so weniger, als ich mir ja alle Ihre Publikationen, mit alleiniger Ausnahme Ihrer Thèse, immer verschaffen kann. Aber lieb wäre mir freilich, eine möglichst vollständige Sammlung derselben zu haben. Wenn Sie mir also einige Sachen zuschicken können (ich besitze noch keine derselben), so wird es mir sehr angenehm sein.

Haben sie vielleicht einmal Lies Theorie der Transformationsgruppen gelesen? Lie denkt sich die in seine Gruppen eingehenden Parameter immer als komplexe Größen; es wäre interessant zu sehen, wie sich seine Resultate vervollständigen ließen, wenn man auch solche Gruppen in Betracht zöge, die nur durch *reelle* Wiederholung gewisser unendlich kleiner Operationen entstehen.

Hermite schickte mir vor längerer Zeit eine Nummer seines lithographierten Cours d'Analyse. Wäre es vielleicht möglich (natürlich gegen Bezahlung) das Ganze zu bekommen? Ich würde das für mein Seminar in Anbetracht der Zwecke, die ich eben jetzt verfolge, mit besonderer Freude begrüßen.

Wie immer
Ihr ergebener
F. Klein.

23. H. Poincaré an F. Klein.

Paris, 18 Mai 1882.

Monsieur,

Je n'ai pas besoin de vous dire combien votre dernière lettre m'a intéressé. Je vois clairement maintenant que votre démonstration et la mienne ne peuvent différer que par la terminologie et par des détails; ainsi il est probable que nous n'établissons pas de la même manière le caractère analytique de la relation qui lie les deux Mannigfaltigkeiten dont vous parlez; pour moi, je relie ce fait à la convergence de mes séries, mais il est évident qu'on peut arriver au même résultat sans passer par cette considération.

Les idées de M. Schwarz ont une portée bien plus grande[50]); il est clair que le théorème général en question, s'il était démontré, aurait son application dans la théorie d'un très grand nombre de fonctions et en particulier dans celle des fonctions définies par des équations différentielles *non linéaires*. C'est en étudiant de pareilles équations que j'avais été conduit de mon côté à chercher si une surface de Riemann à une infinité de feuillets pouvait être étendue sur un cercle, et j'avais été amené au problème suivant, qui permettrait de démontrer la possibilité de cette extension:

On donne une équation au différences partielles

$$X_1 \frac{d^2 u}{dx^2} + X_2 \frac{d^2 u}{dx\,dy} + X_3 \frac{d^2 u}{dy^2} + X_4 \frac{du}{dx} + X_5 \frac{du}{dy} = 0$$

et une demi-circonférence $AMBO$. X_1, X_2, X_3, X_4, X_5 sont des fonctions données de x et de y; ces fonctions sont analytiques à l'intérieur de la demi-circonférence et cessent de l'être sur son périmètre. Peut-on trouver toujours une fonction u de x et de y satisfaisant à l'équation, analytique à l'intérieur de la demi-circonférence, tendant vers 1 quand le point x, y se rapproche de la demi-circonférence et vers 0 quand il se rapproche du diamètre AOB? Tous

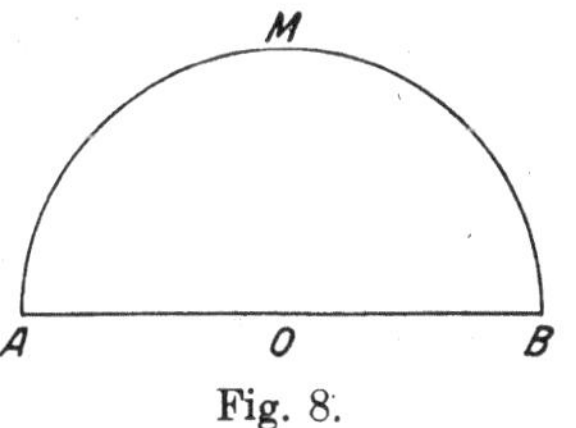

Fig. 8.

mes efforts dans ce sens ont été jusqu'ici infructueux, mais j'espère que M. Schwarz qui a si bien résolu le problème dans le cas le plus simple, sera plus heureux que moi.

Je vous envoie les tirages à part de mes travaux anciens, et j'espère pouvoir vous adresser d'ici peu les autres mémoires plus récents que je vous ai annoncés et dont je ne saurais tarder à recevoir le tirage à part.

---

[50]) [Vgl. die beiden oben, auf S. 585 genannten Arbeiten H. Poincarés.]

Quant au cours lithographié de M. Hermite il est édité chez Hermann, Libraire des Lycées, rue de la Sorbonne; le prix de l'abonnement est de 12 Francs. Je ne crois pas que l'éditeur envoie de tirage à part à M. Hermite.

Veuillez agréer l'assurance de mes sentiments les plus dévoués et de mon estime sincère,

Poincaré.

24. F. Klein an H. Poincaré.

Leipzig, den 19. Sept. 82.
Sophienstr. 10^{II}.

Sehr geehrter Herr!

Im Begriffe, meinerseits eine längere Arbeit über die neuen Funktionen abzuschließen[51]), habe ich soeben Ihren Aufsatz in Bd. 19 der Math. Annalen noch einmal durchgesehen. Es ist da ein Punkt, den ich nicht verstehe: Sie sprechen an zwei Stellen (S. 558 Mitte, und S. 560 unten[52])) von „fonctions fuchsiennes", die nur in einem Raume existieren, der von unendlich vielen Kreisen begrenzt ist, welche auf dem Hauptkreise senkrecht stehen. Nun kenne ich sehr wohl solche Funktionen (wie ich Ihnen schon vor einem Vierteljahr schrieb), die unendlich viele Kreise als natürliche Grenze haben. Aber an der zugehörigen Gruppe partizipieren immer solche Substitutionen, welche nur den einzelnen, beliebig herausgegriffenen Begrenzungskreis invariant lassen. Nun definieren Sie „fuchsiennes" als solche Funktionen, deren Substitutionen *sämtlich* reell sind (S. 554 [= S. 93 in Bd. 2 der Oeuvres de H. Poincaré]), und diese Definition wird durch die Verallgemeinerung auf S. 557 [= S. 96 in Bd. 2 der Oeuvres], wo an Stelle der reellen Achse ein beliebiger Kreis tritt, nicht wesentlich modifiziert. Die von mir gekannten Funktionen fallen also nicht unter Ihre Definition der „fuchsiennes". Ist da ein Mißverständnis auf meiner Seite oder eine Ungenauigkeit des Ausdrucks auf der Ihrigen? Was meine Arbeit angeht, so beschränke ich mich darauf, die geometrische Auffassung darzulegen, vermöge deren ich im Riemannschen Sinne die neuen Funktionen definiert

---

[51]) [Gemeint ist die unten folgende Abh. CIII.]

[52]) [Bzw. S. 96, Zeile 11 ff. von unten und S. 98, Zeile 5 ff. von oben in Bd. 2 der Oeuvres de H. Poincaré. — Es handelt sich dort um eine irrtümliche Einführung der „hyperbolischen Zipfel", welche von Klein in dem unten folgenden Aufsatz CIV und von Nörlund in den Anmerkungen 25 und 30 auf S. 621/622 bzw. S. 623 von Bd. 2 der Poincaré-Ausgabe richtiggestellt wurde. H. Poincaré selbst hat seine Behauptung, allerdings in sehr knapper Form, zurückgezogen am Schlusse von § 1 seiner Arbeit *Mémoire sur les fonctions zétafuchsiennes*, Acta Math. Bd. 5 (1884), S. 211 = Oeuvres, Bd. 2, S. 404.]

denke. Dabei sind, wie es in der Natur der Sache liegt, viele Berührungspunkte auch mit Ihrer geometrischen Auffassung des Gegenstandes. Die allgemeinste Gruppe, welche ich in Betracht ziehe, erzeuge ich aus einer beliebigen Zahl „isolierter" Substitutionen und aus einer Anzahl von Gruppen „mit Hauptkreis" (der reell oder imaginär sein kann oder auch in einem Punkt ausgeartet) durch „Ineinanderschiebung". Die Theoreme meiner beiden Annalennoten subsumieren sich dann als spezielle Fälle unter einen allgemeinen Satz, der etwa so lautet: *daß zu jeder Riemannschen Fläche mit beliebig vorgegebener Verzweigung und Zerschneidung immer eine und nur eine η-Funktion des betreffenden Typus zugehört.*

Von Mittag-Leffler hörte ich, daß Sie eben auch mit größeren Ausarbeitungen beschäftigt sind. Ich brauche nicht zu sagen, wie sehr es mich interessieren wird, darüber Genaueres zu erfahren. Wenn Sie in einem Monate in Paris sind, werden Sie meinen Freund S. Lie kennen lernen, der eben ein paar Tage bei mir zu Besuch war und der, obwohl selbst bislang nicht Funktionentheoretiker, doch lebhaft sich für die Fortschritte interessiert, die die Funktionentheorie in neuerer Zeit gemacht hat.

Hochachtungsvoll

Ihr

F. Klein.

25. H. Poincaré an F. Klein.

Nancy, le 22 Septembre 1882.

Monsieur,

Voici quelques détails sur ces fonctions dont j'ai parlé dans ma note des Annales et dont la limite naturelle est formée d'une infinité de cercles[53]). Pour plus de simplicité dans l'exposition, je prendrai pour exemple un cas très-particulier. Supposons quatre points $abcd$ sur le cercle fondamental et quatre cercles coupant orthogonalement celui-ci: le 1er en a et en b, le 2d en b et en c; le 3e en c et en d; le 4e en d et en a. On obtient ainsi un quadrilatère curviligne. Considérons deux substitutions (hyperboliques ou paraboliques) la 1ere changeant le cercle ab dans le cercle ad; la 2de changeant le cercle cb dans le cercle cd. Les Wiederholungen de notre quadrilatère vont recouvrir la surface du cercle fondamental, ou une portion seulement de cette surface; mais dans tous les cas le groupe sera évidemment discontinu. On reconnaît aisément que le cercle fondamental ne sera recouvert tout entier que dans un seul cas; lorsque les quatre points $abcd$ seront harmoniques et que les deux sub-

---

stitutions (ab, ad) et (cb, cd) seront paraboliques. On a affaire alors à la fonction modulaire. Dans tous les autres cas, on trouve que les Wiederholungen en question ne recouvrent qu'un domaine limité par une infinité de cercles. Maintenant le plan tout entier peut-être abgebildet sur notre quadrilatère et de telle façon que deux points *correspondants* du périmètre correspondent au même point du plan. Cette Abbildung définit une fonction n'existant que dans le domaine recouvert par les Wiederholungen. Mais ici il faut faire une remarque importante. Le groupe dérivé des deux substitutions (ab, ad) et (cb, cd) peut-être considéré comme engendré d'une autre manière. Considérons quatre cercles C_1, C_2, C_3, C_4 coupant tous quatre orthogonalement le cercle fondamental et ne se coupant pas entre eux de façon à être extérieurs les uns aux autres. Soit deux substitutions changeant C_1 en C_2 et C_3 en C_4; le groupe qui en dérive est évidemment discontinu et si les 4 cercles sont convenablement choisis, il peut être identique au groupe dont il a été question plus haut. La portion du plan extérieure aux 4 cercles est une sorte de quadrilatère qui peut être abgebildet sur une surface de Riemann de genre 2 et qui engendre ainsi une fonction existant dans tout le plan. Voilà donc le même groupe donnant naissance à deux fonctions essentiellement différentes. On peut se poser à ce sujet une foule de questions délicates que je ne puis aborder ici.

En résumé, vous voyez qu'il s'agit bien de fonctions n'existant que dans un domaine limité par une infinité de cercles et cependant de „fonctions fuchsiennes" puisque toutes les substitutions du groupe conservent le cercle fondamental. Chacun des cercles de la frontière est conservé par une des substitutions du groupe, laquelle conserve en même temps le cercle fondamental. Vous savez en effet que toute substitution hyperbolique conserve tous les cercles qui passent par les deux points doubles.

J'apprends avec plaisir que vous préparez un grand travail sur l'objet qui nous intéresse tous deux. Je le lirai avec le plus grand plaisir. Comme vous l'a dit M. Mittag-Leffler je prépare moi-même un travail sur ce sujet; mais vu sa longueur, je l'ai partagé en cinq mémoires [54]:

le 1er qui va paraître cette année, sur les groupes à substitutions réelles, (que j'ai appelés groupes fuchsiens),

le 2^d sur les fonctions fuchsiennes; j'en acheverai prochainement la rédaction,

le 3e sur les groupes et fonctions plus générales que j'ai appelées kleinéennes.

---

[54]) [Ausführliche Zitate sind oben auf S. 586 gegeben.]

Dans le 4e j'aborderai un ordre de questions que j'ai laissées de côté dans le deuxième mémoire; c'est à dire la démonstration de l'existence de fonctions satisfaisant à certaines conditions, par exemple la démonstration de ce fait qu'à toute surface de Riemann correspond une semblable fonction et la détermination des constantes correspondantes.

Enfin dans le 5e je parlerai des fonctions zétafuchsiennes et de l'intégration des équations linéaires.

Je dois retourner à Paris après demain; je serai donc là au moment du passage de M. Lie. Je serais désolé de perdre l'occasion de voir ce célèbre géomètre. Vous avez dû recevoir la première partie de mon travail sur les courbes définies par les équations différentielles. Je vous en enverrai prochainement la seconde partie; je vous enverrai en même temps mon mémoire sur les formes cubiques[55]).

Veuillez agréer, Monsieur, l'assurance de ma considération la plus distinguée.

Poincaré.

[Schlußbemerkung.

Mit diesem Briefe fand die Korrespondenz seinerzeit ihr Ende. Ich vermochte es nur noch, die Abh. CIII fertigzustellen und mußte mich dann, wegen des Versagens meiner Gesundheit, von der weiteren Mitarbeit an der Theorie der automorphen Funktionen zurückziehen, wie schon oben auf S. 585 und in Bd. 2 dieser Ausgabe, S. 258 ausgeführt wurde. Auf die Übersendung meiner Arbeit habe ich von H. Poincaré keine Antwort mehr erhalten. Auch spätere persönliche Bezugnahme haben die hier berührten Fragen nur wenig geklärt. K.]

---

[55]) [Vgl. die Zitate in den Fußnoten [48]), [49]) auf S. 615, oben.]

CI. Über eindeutige Funktionen
mit linearen Transformationen in sich.

(Erste Mitteilung. [Das Rückkehrschnitttheorem.])

[Math. Annalen Bd. 19 (1882).]

Im Anschlusse an die vorstehende Note des Herrn H. Poincaré[1]) will
ich einige Sätze veröffentlichen, welche sich auf demselben Gebiete bewegen
und der Aufmerksamkeit der Mathematiker nicht unwert erscheinen. Allerdings muß ich gestehen, daß ich den Hauptsatz bislang nur durch gewissermaßen irreguläre Methoden bewiesen habe. Hoffentlich gelingt es mir, dieselben zu ordnen und völlig durchsichtig zu gestalten; ich werde dieselben
dann in ausgearbeiteter Form dem Publikum unterbreiten.

Sei eine Riemannsche Fläche gegeben, deren p ich, um nicht immer
der Ausnahmestellung der niedersten Fälle gedenken zu müssen, größer
als Eins voraussetzen will. So ziehe ich auf derselben irgend p sich selbst
und einander nicht schneidende Rückkehrschnitte $A_1, A_2, \ldots, A_p$. Ich
betrachte sodann solche auf der Fläche existierende komplexe Funktionen
des Ortes[2]), ξ, welche nirgendwo verzweigt sind, auch nirgendwo Kreuzungspunkte besitzen, und die sich nach Durchlaufung eines beliebigen auf der
Fläche konstruierbaren geschlossenen Weges linear $\left(\text{also in der Form } \dfrac{\alpha\xi+\beta}{\gamma\xi+\delta}\right)$
reproduzieren. Man zeigt leicht, daß es, von linearen Substitutionen ab-
gesehen, denen man das einzelne ξ unterwerfen mag, allemal genau ∞^{3p-3}
derartige Funktionen ξ gibt.[3]) Ich sage nun, *daß unter diesen ξ immer
eine und nur eine ausgezeichnete Funktion η existiert, welche von unserer
zerschnittenen Fläche eine besonders einfache Abbildung liefert.* Um nicht
durch den Wert $\eta = \infty$ behindert zu sein, will ich mir die komplexen

---

[1]) [Gemeint ist der schon mehrfach erwähnte Aufsatz H. Poincarés in Bd. 19
der Math. Annalen. Vgl. die ausführlichen Zitate auf S. 586 und S. 604 des vorliegenden Bandes.]

[2]) Wegen dieser Redeweise und der sonstigen im Texte zugrunde gelegten Anschauungen vergleiche [die oben abgedruckte Abh. XCIX.]

[3]) [Vgl. hierzu Bd. 2 dieser Ausgabe, S. 585.]

Werte von η auf einer Kugel gedeutet denken. *Dann überdeckt auf der η-Kugel das Bild unserer zerschnittenen Riemannschen Fläche einen $2\,p$-fach zusammenhängenden, überall einfach ausgebreiteten Flächenteil.*[4]) — Dieser Flächenteil hat, den verschiedenen Ufern der Rückkehrschnitte A_1, A_2, ..., A_p entsprechend, natürlich $2\,p$ Randkurven; ich will dieselben bzw. mit A_1', A_2', ..., A_p' und A_1'', A_2'', ..., A_p'' bezeichnen.

Alles folgende ist nun eine einfache Konsequenz aus dem hiermit gegebenen Hauptsatze.

Zunächst ist deutlich, daß jede Randkurve A_i' aus der zugehörigen A_i'' durch eine lineare [hyperbolische oder loxodromische] Substitution von η hervorgeht. Wendet man diese Substitution, im positiven oder negativen Sinne, auf unsere Abbildung an, so legt sich ein zweiter Bereich, der die analytische Fortsetzung des ersten ist, neben diesen. Die beiden Bereiche haben die Randkurve A_i' (oder A_i'') gemein, aber kollidieren übrigens in keiner Weise. *Die unendlich vielen analytischen Fortsetzungen unserer Abbildung überdecken also die η-Kugel nirgends mehrfach.* Je weiter man sie vervielfältigt, um so mehr nähern sie sich gewissen in unendlicher Zahl vorhandenen singulären Punkten, welche sie indes niemals wirklich erreichen.

Es folgt also: *Von den singulären Werten η abgesehen, entspricht jedem η ein und nur ein Punkt unserer Riemannschen Fläche.* Oder, indem wir zu den algebraischen Gleichungen übergehen, welche durch die Riemannsche Fläche definiert werden: *Ist $f(w, z) = 0$ irgendeine algebraische Gleichung, die zu unserer Fläche gehört, so lassen sich w und z als solche eindeutige Funktionen von η darstellen, welche sich bei den linearen Substitutionen, die η erfährt, ungeändert reproduzieren.* Umgekehrt, wenn wir von dem Fundamentalbereiche auf der η-Kugel und den zugehörigen linearen Substitutionen ausgehen und wir konstruieren irgend zwei [hinreichend allgemeine] eindeutige Funktionen w und z von η, die sich bei diesen Substitutionen reproduzieren, und die innerhalb des Fundamentalbereiches nirgendwo eine wesentlich singuläre Stelle besitzen, so besteht zwischen w und z eine algebraische Gleichung, von deren zweckmäßig zerschnittener Riemannscher Fläche der Fundamentalbereich eine konforme Abbildung liefert.

Nun erwachsen aber die linearen Transformationen, denen η unterworfen wird, durch Kombination und Wiederholung aus den p linearen Substitutionen, welche die A_i' in die A_i'' überführen. Diese „erzeugenden" Substitutionen sind durch die Gestalt des Fundamentalbereiches an gewisse Ungleichheiten gebunden, aber übrigens unabhängig. Sie enthalten also

---

[4]) [Für diesen Satz hat Fricke in den „Automorphen Funktionen", Bd. 2, S. 439 den Namen *Rückkehrschnitttheorem* eingeführt. K.]

$3\,p$ veränderliche Parameter, von denen aber, da η von vornherein durch ein beliebiges $\dfrac{a\eta+b}{c\eta+d}$ ersetzt werden kann, drei als unwesentlich in Abzug kommen. *Wir werden also zu einer Darstellung sämtlicher Gleichungen $f(w,z)=0$ von gegebenem p geführt, welche genau so viele wesentliche Konstanten enthält, als nach · der Riemannschen Theorie Moduln vorhanden sind.* Und es ist also eine Methode gewiesen, um *alle* Gleichungen, welche zu einem gegebenen p gehören, in independenter Weise aufzustellen.

Ich wünsche nun, wie ich es in meiner Schrift [Abh. XCIX] tat[5]), die Aufmerksamkeit insbesondere auf solche Riemannsche Flächen, beziehungsweise Gleichungen zu lenken, welche durch eindeutige Operationen, mögen dieselben nun direkte oder inverse (symmetrische) sein, in sich übergehen. [Dabei soll vorausgesetzt werden, daß aus dem betrachteten System der Rückkehrschnitte ein äquivalentes System wird][6]). Die Anzahl dieser Operationen sei N. Man zeigt, daß η einer jeden solchen Operation entsprechend *lineare* Umformungen erfährt, und *daß also in einem solchen Falle die Gruppe der η-Substitutionen, welche wir seither betrachteten, als ausgezeichnete Untergruppe vom Index N in einer umfassenderen Gruppe linearer Substitutionen enthalten ist*; ein Satz, der sofort umgekehrt werden kann.

Unter den so ausgezeichneten Flächen will ich diejenigen noch näher diskutieren, welche *symmetrisch* sind. Es lassen sich dieselben, wie ich a. a. O. ausführte, durch den Umstand charakterisieren, daß unter den zu ihnen gehörigen algebraischen Gleichungen $f(w,z)=0$ solche sind, welche durchaus *reelle* Koeffizienten besitzen. Als *Kurve* gedeutet möge ein solches f λ reelle Züge aufweisen. Dann hat die Riemannsche Fläche, wie ich mich ausdrückte, λ Übergangskurven. Und zwar hat man nach dem Werte von λ und der Lage der Übergangskurven gegeneinander $\left[\dfrac{3\,p+4}{2}\right]$ Flächenarten zu unterscheiden, die sich in zwei Hauptklassen einordnen[7]). Bei den Flächen der ersten Klasse kann λ nach Belieben $0, 1, \ldots, p$ sein; die Übergangskurven müssen aber so liegen, daß die Fläche, längs derselben zerschnitten, noch nicht in Stücke zerfällt. Bei den Flächen der anderen Klasse tritt ein solches Zerfallen ein; es ist überdies $0<\lambda\leqq p+1$ und die Differenz $p-\lambda$ eine ungerade Zahl.

---

    [5]) [Vgl. S. 564 ff. des Wiederabdrucks.]

    [6]) [Zusatz bei dem Wiederabdruck auf Grund einer Berichtigung, die Klein in Bd. 20 der Math. Annalen (1882) in einer Fußnote angab.]

    [7]) [Die Benennungen „diasymmetrisch" und „orthosymmetrisch" für die beiden Klassen symmetrischer Flächen wurden später von mir gerade wegen der im Text berührten Verhältnisse eingeführt; siehe Bd. 2 dieser Ausgabe, S. 172. Vgl. auch Fußnote [58]) auf S. 565/566 im vorliegenden Bande. K.]

Bezüglich dieser symmetrischen Flächen besteht nun [sofern man das Schnittsystem der A sich selbst symmetrisch nimmt[8])] zunächst der allgemeine Satz, *daß den λ Übergangskurven auf der η-Kugel allemal Kreise entsprechen.* Dann aber kann man mit Leichtigkeit angeben, wie man den Fundamentalbereich auf der η-Kugel auszuwählen hat, um jede symmetrische Fläche wenigstens einmal zu erhalten.[9])

Zu dem Zwecke betrachten wir zunächst eine symmetrische Fläche der ersten Klasse und verlegen auf ihr λ von den p Rückkehrschnitten in die λ Übergangskurven, während wir die übrigen $p - \lambda$, was immer möglich ist, sich selbst symmetrisch wählen. *Dann kann man dem Fundamentalbereiche auf der η-Kugel eine solche Lage geben, daß er in bezug auf den Kugelmittelpunkt sich selbst symmetrisch (also „diametral symmetrisch") ist.* Die beiden Randkurven, welche demselben Rückkehrschnitte A_i entsprechen, sind einander diametral. Und zwar entsprechen sich auf diesen beiden Randkurven im Falle der λ Übergangskurven die diametralen Punkte, während auf den übrigen Randkurvenpaaren die zusammengehörigen Punkte gegen die diametrale Lage um 180^0 gedreht erscheinen. — Das Wichtige ist nun die evidente Bemerkung, daß rückwärts ein so auf der η-Kugel konstruierter Bereich auch notwendig zu einer symmetrischen Riemannschen Fläche der ersten Klasse mit λ Übergangskurven Anlaß gibt.

Bei der zweiten Klasse symmetrischer Flächen verfahre ich in der Weise, daß ich nur $\lambda - 1$ der Rückkehrschnitte $A_1, \ldots, A_p$ mit ebensovielen Übergangskurven zusammenfallen lasse, und die übrigen $p - \lambda + 1$ Rückkehrschnitte zu symmetrischen Paaren ordne. *Man kann dann der Abbildung auf der η-Kugel eine solche Gestalt erteilen, daß sie in bezug auf einen Meridian, der ganz im Innern der Abbildung verläuft, symmetrisch („orthogonal symmetrisch") ausfällt. Dieser Meridian repräsentiert diejenige Übergangskurve unserer Riemannschen Fläche, welche nicht als Rückkehrschnitt benutzt wurde.* Den übrigen $\lambda - 1$ Übergangskurven entsprechen dann auf der η-Kugel je zwei zu diesem Meridiane symmetrische Kreise, deren symmetrische Punkte zusammengehören. Die übrigen $2(p - \lambda + 1)$ Randkurven des Bildes aber treten zu je zwei in der Art zu Paaren zusammen, daß immer zwei Paare und auch die Zuordnungen, vermöge deren die Kurven im Paare verbunden sind, zuein-

---

8) [Vgl. etwa die Ausführungen in Abh. XLII, Bd. 2 dieser Ausgabe.]

9) [Die hier folgenden Theoreme kann man sich an den auf S. 565/66, Fußnote 58) genannten symmetrischen Normalflächen leicht anschaulich klar machen. Man zerschneide die Handhaben nach Vorschrift des Textes längs eines symmetrischen Schnittsystemes und lasse nun die Kugel die Hälften der Handhaben unter ständiger Aufrechterhaltung der Symmetrie und Konformität allmählich einziehen (wie eine Schnecke ihre Fühler). V.]

ander in bezug auf den Meridian symmetrisch sind. — Auch hier wieder gilt die oben bemerkte wichtige, aber evidente Umkehrung.

Unter den letztgenannten Abbildungen ist augenscheinlich diejenige besonders einfach, welche $\lambda = p + 1$ entspricht. Es läßt sich alsdann die ganze auf der η-Kugel in Betracht zu ziehende Figur durch symmetrische Reproduktion eines Ausgangsbereiches gewinnen, der von irgend $p + 1$ sich nicht schneidenden Kreisen begrenzt wird. Dies ist eben diejenige Figur, [welche schon bei Riemann vorkommt, und] welche Herr Schottky, wie ich in meiner Schlußbemerkung zu Herrn H. Poincarés Note hervorgehoben habe,[10]) gelegentlich in Betracht gezogen hat, allerdings ohne ihre prinzipielle Wichtigkeit zu betonen.[11])

Leipzig, den 12. Januar 1882.

---

[10]) [Diese Bemerkung ist aus dem auf S. 577 Zeile 26 ff. angegebenen Grunde nicht abgedruckt.]

[11]) [Gegen den letzten Satz hat seinerzeit Schottky in einem an mich gerichteten, vom Mai 1882 datierten Brief, der in Bd. 20 der Math. Annalen, S. 299 ff. abgedruckt ist, Einspruch erhoben. Zur Sachlage, die ich 1882 nicht kennen konnte, vgl. meine Ausführungen auf S. 578 ff. des vorliegenden Bandes.   K.]

CII. Über eindeutige Funktionen
mit linearen Transformationen in sich.

(Zweite Mitteilung. [Das Grenzkreistheorem.])

[Math. Annalen Bd. 20 (1882).]

Der allgemeine Satz, welchen ich in meiner ersten unter gleichem
Titel erschienenen Note (Math. Annalen Bd. 19 [= der vorangehenden
Note Nr CI]) mitgeteilt habe, gehört als einzelnes Glied in eine ganze Kette
ähnlicher Theoreme, bei denen es sich immer um unendlich viele lineare
Substitutionen einer Variablen η handelt, welche einen ursprünglichen, auf
der η-Kugel gegebenen Bereich, der das Bild einer zerschnittenen Riemannschen Fläche ist, in der Art reproduzieren, daß je nachdem entweder
die Gesamtkugel oder nur eine von einer Ebene begrenzte Kugelkalotte
von den Reproduktionen einfach und vollständig überdeckt wird. Ich will
dementsprechend einen Augenblick von η-Funktionen der ersten und der
zweiten Art sprechen. Dann ist das einfachste Resultat, welches ich bis
jetzt in dieser Richtung gewonnen habe, für $p > 1$ durch folgenden Satz
gegeben:

*Unter allen auf einer Riemannschen Fläche existierenden unver-
zweigten Funktionen gibt es immer eine und nur eine[1] η-Funktion der
zweiten Art. Alle anderen unverzweigten Funktionen sind eindeutige
Funktionen dieses η.[2])*

Dabei beachte man, daß zu diesen unverzweigten Funktionen nicht
nur die zur Riemannschen Fläche gehörigen algebraischen, überhaupt die
eindeutigen Funktionen zu rechnen sind, sondern z. B. auch die Integrale
erster und zweiter Gattung, sodann die ∞^{3p-3} in meiner vorigen Mitteilung besprochenen ξ-Funktionen usw.

---

[1]) Von linearen Transformationen, denen man η unterwerfen mag, wird dabei
natürlich abgesehen.

[2]) [Für diesen Satz hat Fricke in den „Automorphen Funktionen“, Bd. 2, S. 284
den Namen *Grenzkreistheorem* eingeführt. K.]

Ich will dabei, um eine Anschauung vom Verlaufe dieser η-Funktion zu geben, an die Figur erinnern, welche meiner Arbeit über Transformation siebenter Ordnung der elliptischen Funktionen (Math. Annalen Bd. 14 (1878/79) [vgl. die „Hauptfigur" in Abh. LXXXIV, oben S. 126]) beigegeben ist. Die betreffende Zeichnung versinnlicht genau die hier in Rede stehende η-Funktion für die dort in Betracht gezogene Fläche $p = 3$. Die in bestimmter Weise[3]) zerschnittene Fläche wird durch das in der η-Ebene gelegene Vierzehneck der Figur abgebildet. In ähnlicher Weise kann vermöge der zugehörigen η-Funktion jede Fläche $p = 3$ durch ein Kreisbogen-Vierzehneck repräsentiert werden. Nur wird dasselbe im allgemeinen in keiner Weise regulär sein. Die Zerlegung des in der Figur gegebenen Vierzehnecks in 168 schraffierte und ebensoviele nicht schraffierte Kreisbogendreiecke ist nur das Äquivalent dafür, daß die dort in Betracht gezogene Fläche [vom Geschlechte] $p = 3$ 168 direkte und ebensoviele inverse eindeutige Transformationen in sich gestattet.[4])

Es kann hier nicht die Aufgabe sein, die Tragweite des hiermit ausgesprochenen Satzes noch besonders zu schildern Ich will nur bemerken, daß für $p = 1$ unser η durch einen leicht zu verstehenden Grenzübergang in das zugehörige Integral erster Gattung übergeht, so daß also umgekehrt unser η als die richtige Generalisation jenes Integrals für den Fall eines beliebigen p erscheint.

Es ist übrigens sehr einfach, den vorstehenden Satz noch so zu generalisieren, daß auch solche auf der Riemannschen Fläche existierende Funktionen eindeutig darstellbar werden, welche, in übrigens beliebiger Weise, an *vorgegebenen* Stellen $Q_1, Q_2, \ldots, Q_\nu$ verzweigt sind. *Es gibt nämlich immer eine und nur eine η-Funktion der zweiten Art, welche in $Q_1, Q_2, \ldots, Q_\nu$ logarithmisch verzweigt ist*[5]), *andere Verzweigungspunkte aber nicht besitzt.*

Der so erweiterte Satz gilt nun auch ungehindert für $p = 1$ und, falls $\nu > 2$, für $p = 0$. Im letzteren Falle wird unser η mit derjenigen Funktion identisch, welche Herr H. Poincaré in Nr. 10 und 11 seiner Annalenarbeit[6]) benutzt, und die für $\nu = 3$ die Modulfunktion[7]) $\omega(\varkappa^2)$

---

[3]) Nämlich durch sieben, zwei bestimmte Flächenpunkte verbindende Querschnitte.

[4]) Für die im Texte besprochene η-Funktion gilt allgemein, daß sich der Bereich der η-Ebene in linear äquivalente Teilbereiche zerlegt, falls das dargestellte algebraische Gebilde eindeutige Transformationen in sich zuläßt. [Vgl. meinen Brief 17 an H. Poincaré vom 3. April 1882, oben S. 610, sowie dessen Ausführungen in Bd. 7 der Acta Mathematica (1884/85), S. 16 ff. K.]

[5]) D. h. so, wie etwa $\log z$ für $z = 0$.

[6]) Siehe Math. Annalen, Bd. 19 (1881/82), S. 561, 562. [= Oeuvres de H. Poincaré, Bd. 2, S. 101, 102.]

[7]) ω ist das Periodenverhältnis des Integrals $\int \dfrac{dx}{\sqrt{x \cdot 1 - x \cdot 1 - \varkappa^2 x}}$.

als speziellen Fall umfaßt, während die gewöhnliche Logarithmusfunktion ein der Annahme $\nu = 2$ entsprechender Grenzfall ist. Man kann, wie ich beiläufig bemerken will, mit Hilfe dieser Funktion die allgemeine Aufgabe lösen: zu einer Riemannschen Fläche, die mehrblättrig über der z-Ebene gegeben ist, die zugehörige algebraische Gleichung $f(z, w) = 0$ zu finden. Denn ein beliebiges zu verwendendes w wird eine eindeutige Funktion desjenigen auf die z-Ebene bezüglichen η sein, dessen Verzweigungspunkte mit denen der Riemannschen Fläche zusammenfallen, und zwar wird diese eindeutige Funktion bei allen denjenigen linearen Substitutionen des η ungeändert bleiben, die unter jenen Substitutionen, welche z invariant lassen, als bestimmte durch die Gestalt der Riemannschen Fläche definierte Untergruppe enthalten sind.

Düsseldorf, den 27. März 1882.

CIII. Neue Beiträge zur Riemannschen Funktionentheorie.

[Math. Annalen, Bd. 21 (1882/83).]

Es ist jetzt beiläufig ein Jahr, daß ich in dem Schriftchen: „*Über Riemanns Theorie der algebraischen Funktionen und ihrer Integrale, eine Ergänzung der gewöhnlichen Darstellungen*" (Leipzig, B. G. Teubner)[1]) eine Auffassung der Riemannschen Theorie publizierte, bei welcher die Riemannsche *Fläche*, als beliebig im Raume gegebene, geschlossene Fläche, den eigentlichen Ausgangspunkt abgab. Auf einer solchen Fläche existieren, wie ich dort durch physikalische Betrachtungen zeigte, gewisse Potentialfunktionen, und die Wechselbeziehungen zwischen letzteren sind es, welche, in die Sprache der Analysis übersetzt, die gewünschten funktionentheoretischen Resultate ergeben. Die physikalischen Anschauungen sind dabei, wie ich in der Vorrede hervorhob, nur ein vorläufiges Äquivalent für strengere Überlegungen. Ich werde im ersten Abschnitte des Folgenden auf letztere so weit eingehen, daß der Leser imstande ist, sich in der betreffenden Literatur mit Leichtigkeit zurecht zu finden.

Darüber hinaus beabsichtige ich im folgenden zuvörderst (und zwar noch in demselben ersten Abschnitte) eine gewisse Weiterentwicklung des in Betracht kommenden Ideenkreises, auf welche ich übrigens an verschiedenen Stellen meiner Schrift bereits hinwies (Abh. XCIX, S. 555—557 usw.). Es handelt sich darum, den Begriff der Riemannschen Fläche noch frei zu machen von gewissen Zufälligkeiten, die ihm vermöge der früheren Darstellungsweise anhaften. Statt uns die Riemannsche Fläche als *geschlossen* vorzustellen, dürfen wir uns eine *berandete* Fläche, oder auch ein *Aggregat berandeter Flächenstücke* gegeben denken, wofern nur die verschiedenen Randkurvenstücke vermöge irgend eines Gesetzes einander paarweise so zugewiesen werden, daß *in abstracto* eine geschlossene Mannigfaltigkeit vorliegt[2]).

Eine so berandete Fläche denke man sich nun, wie ich im zweiten Abschnitte des Folgenden erläutere, als Stück einer anderen, geschlossenen

---

Fläche. Es ergibt sich sodann ein wichtiges allgemeines Prinzip, welches ich als *Prinzip der analytischen Fortsetzung* bezeichne. Nur in speziellen Fällen kann dasselbe durch das [schon von Riemann benutzte] von Herrn Schwarz so genannte „Prinzip der Symmetrie" ersetzt werden. Ich particularisiere diese Ideen, indem ich eine gewöhnliche Kugelfläche (oder Ebene) als Trägerin der berandeten Bereiche auffasse und die Zusammengehörigkeit der einzelnen Begrenzungskanten durch lineare Substitution vermittelt denke. Auf solche Weise entsteht der allgemeine Begriff von *Funktionen mit linearen Transformationen in sich*, und ich gewinne den Übergang zu den Betrachtungen des dritten und vierten Abschnitts, in welchen es sich um die Theorie der *eindeutigen* Funktionen dieser Art handeln soll.

Man kennt die lange Reihe glänzender Publikationen, durch welche neuerdings Herr H. Poincaré die allgemeine Aufmerksamkeit auf diese Funktionen gelenkt hat[3]). Ich meinerseits habe, mit ähnlichen Ideen bereits seit längerer Zeit beschäftigt [vgl. S. 581 ff.], die Poincaréschen Veröffentlichungen durch zwei Noten begleitet[4]), in denen ich bestimmte Theoreme, welche für die *Anwendungen* der neuen Funktionen von hervorragender Wichtigkeit sein dürften, formulierte. Es wird sich im folgenden darum handeln, den allgemeinen Ideengang, der mich zu jenen Theoremen führte, in zusammenhängender und vervollständigter Form darzulegen. Zu diesem Zwecke betrachte ich im dritten Abschnitte eine verhältnismäßig umfassende Klasse von eindeutigen Funktionen mit linearen Transformationen in sich. Ich erläutere ausführlich ihre Art zu existieren, und gebe die Mittel an, um die zugehörigen linearen Substitutionen aus independenten Bestimmungsstücken zu konstruieren. Sodann formuliere ich in Abschnitt IV ein allgemeines Theorem, welches ich seiner Wichtigkeit halber als *Fundamentaltheorem* bezeichne, und das die Resultate meiner beiden vorgenannten Noten als spezielle Fälle in sich schließt. Allerdings kann ich mich zum Beweise nur auf allgemeine Mannigfaltigkeitsbetrachtungen berufen. So sicher es wünschenswert sein wird, die betreffenden Überlegungen genauer durchzuarbeiten, so glaube ich doch alle Punkte, welche bei einer strengen Beweisführung erledigt werden müssen, deutlich bezeichnet zu haben[5]).

---

[3]) Man sehe Comptes rendus de l'Académie des Sciences de Paris, Bd. 92 (1881, I), S. 333—335, 395—398, 859—861, 957, 1198—1200, 1274—1276, 1484—1487; Bd. 93 (1881, II), S. 44—46, 138—140, 301—303, 581—582; Bd. 94 (1882, I), S. 163—166, 840—843, 1038—1040, 1166—1167; sodann die [oben auf S. 586 ausführlich genannte] Zusammenstellung in Math. Annalen, Bd. 19 (1881/82), S. 553—564. [Die später veröffentlichten Abhandlungen in den Acta Mathematica sind auf S. 586 des vorliegenden Bandes ausführlich zitiert. — Man findet alle diese Publikationen H. Poincarés zusammengestellt in Bd. 2 seiner Oeuvres (erschienen 1916).]

[4]) Math. Annalen, Bd. 19 (1881/82) [= Abh. CI], sowie Bd. 20 (1882) [= Abh. CII].

[5]) [Nähere Ausführungen hierzu folgen unten auf S. 731 ff.]

Vielleicht bringen die in Aussicht stehenden ausführlichen Abhandlungen des Herrn H. Poincaré in dieser Hinsicht bereits die notwendige Ergänzung. Die geometrische Denkweise bei Herrn H. Poincaré, seine Anwendung des Kontinuitätsbegriffes usw. dürften den meinigen sehr nahe stehen[6]). Darüber hinaus aber hat Herr H. Poincaré von vornherein das *analytische Bildungsgesetz* der neuen Funktionen mit Erfolg in Angriff genommen[7]), auch versucht, bei gegebenen algebraischen Irrationalitäten zugehörige eindeutige Funktionen mit linearen Transformationen in sich durch konvergente Prozesse wirklich herzustellen.

Die *Schlußbemerkungen*, welche ich im fünften Abschnitte des Folgenden gebe, mögen für sich selbst sprechen. Indem ich die Tragweite erörtere, welche unser Fundamentalsatz nach verschiedenen Richtungen hin dürfte beanspruchen können, wünsche ich andere, vielleicht jüngere Mathematiker anzuregen, auf diesem aussichtsreichen Gebiete ihre Kräfte zu versuchen.

Noch darf ich hinzufügen, das ich die Entwicklungen der Abschnitte I und II von Neujahr 1882 bis Ostern und diejenigen der Abschnitte III bis V wenigstens der Hauptsache nach von Pfingsten dieses Jahres ab bis zum Schlusse des Sommersemesters in meinem Seminare zum Vortrag gebracht habe[8]).

Übersicht.

Abschnitt I.

Über die allgemeinste Form der Riemannschen Fläche und die Gruppierung der zugehörigen Existenzbeweise.

---

[6]) So hat z. B. Herr H. Poincaré genau so, wie ich es 1874 bei meiner Bestimmung aller endlichen Gruppen linearer Substitutionen einer Veränderlichen getan habe [vgl. Abh. LI (1875/76) in Bd. 2 dieser Ausgabe], seinen ursprünglichen Ausgangspunkt in den Vorstellungsweisen der Nicht-Euklidischen Geometrie genommen.

[7]) [Ritter hat später auf meine Veranlassung die von H. Poincaré benutzten Reihen, die dieser mit den Buchstaben Θ und Z bezeichnet, kurzweg *Poincarésche Reihen* genannt. Siehe etwa Ritter in den Math. Annalen, Bd. 41 (1892/93), S. 56 sowie Frickes und mein Buch „Automorphe Funktionen", Bd. 2, S. 138. K.]

[8]) [Vgl. oben S. 585.]

Abschnitt II.

Das Prinzip der analytischen Fortsetzung.

Abschnitt III.

Eindeutige Funktionen mit linearen Transformationen in sich.

Abschnitt IV.

Das Fundamentaltheorem.

Abschnitt V.

Abschnitt I.

Über die allgemeinste Form der Riemannschen Fläche und die Gruppierung der zugehörigen Existenzbeweise.

§ 1.

Allgemeiner Begriff der Riemannschen Mannigfaltigkeit.

Die Riemannsche Fläche ist zuvörderst, wie schon bemerkt, und insbesondere in meinem Schriftchen [Abh. XCIX] ausgeführt, eine übrigens beliebige[9]),

---

[9]) Ich drücke mich an dieser Stelle in solch unbestimmter Form aus, weil es keinen Zweck hat, bei der allgemeinen Exposition bereits zwischen analytischen

aber geschlossene Fläche des Raumes. Indem wir uns unter Zugrundelegung irgendwelcher krummliniger Koordinaten p, q das Bogenelement

$$ds^2 = E\,dp^2 + 2F\,dp\,dq + G\,dq^2$$

berechnet denken, leiten wir aus ihm die partielle Differentialgleichung für die auf unserer Fläche existierenden *Potentialfunktionen* ab:

$$(1) \qquad \partial\,\frac{F\dfrac{\partial u}{\partial q} - G\dfrac{\partial u}{\partial p}}{\sqrt{EG - F^2}}\bigg/\partial p + \partial\,\frac{F\dfrac{\partial u}{\partial p} - E\dfrac{\partial u}{\partial q}}{\sqrt{EG - F^2}}\bigg/\partial q = 0,$$

und es sind die Lösungen dieser partiellen Differentialgleichung, mit deren wechselseitigen Relationen sich die Riemannsche Funktionentheorie zunächst beschäftigt.

Die Verallgemeinerung nun, deren wir uns in der Folge zu bedienen haben, erwächst am natürlichsten, wenn wir zuvörderst alles in der vorgenannten Definition enthaltene Geometrische abstreifen, um dasselbe später, je nach Bedürfnis, in umgeänderter Gestalt wieder einzuführen.

Statt einer geschlossenen Fläche werden wir uns also überhaupt eine zweidimensionale, geschlossene *Mannigfaltigkeit* vorstellen müssen, statt des Bogenelementes einen irgendwie gegebenen, auf jener Mannigfaltigkeit eindeutigen, definiten Differentialausdruck zweiten Grades.

Wir können sogar in der Verallgemeinerung noch einen Schritt weiter gehen. Die Differentialgleichung (1) bleibt ungeändert, wenn wir den Ausdruck für ds^2 mit einem beliebigen Faktor multiplizieren. Es ist dies das für zwei Dimensionen charakteristische Verhalten, welches zur Folge hat, daß Flächen, die konform aufeinander abgebildet sind, für die Zwecke der verallgemeinerten, hier in Betracht kommenden Potentialtheorie einander gleichwertig sind (Abh. XCIX, S. 521). Es ist daher für unsere Zwecke richtiger, überhaupt nicht von einem bestimmten ds^2, also einem Differential*ausdruck* zweiten Grades, zu sprechen, sondern nur von der Differential*gleichung* zweiten Grades $ds^2 = 0$.

Eine fernere Überlegung bezieht sich auf die Forderung, ds^2 solle *definit* sein. Wir werden hernach Beispiele anführen (§ 5 dieses Abschnittes), bei denen ds^2, allgemein zu reden, nur in einzelnen Bezirken der Riemannschen Mannigfaltigkeit definit ist. Andererseits darf man sich eine Riemannsche Mannigfaltigkeit selbst wieder mit komplexen Elementen ausgestattet denken, wobei der Unterschied zwischen definiten und indefi-

---

Flächen oder solchen, die aus Stücken analytischer Flächen zusammengesetzt sind, usw. zu unterscheiden. Analoge Bemerkungen könnten im folgenden wiederholt gemacht werden.

niten Differentialausdrücken von vornherein als unwesentlich in Wegfall
kommt. Doch erwähne ich hier beides nur, um den allgemeinen Begriff
so unabhängig wie möglich hinzustellen; im speziellen werden wir fortan
an der Forderung eines definiten ds^2 festhalten.

Es gilt nun, auf den so umschriebenen Begriff der allgemeinen Riemannschen Mannigfaltigkeit alle die Sätze zu übertragen, welche in Abh. XCIX
speziell für die geschlossene Riemannsche *Fläche* gewonnen wurden.
Insbesondere also werden wir uns an die Vorstellung gewöhnen müssen,
daß die auf solcher Mannigfaltigkeit existierenden eindeutigen oder nur
durch Periodizität vieldeutigen Potentialfunktionen zu gewissen algebraischen
Funktionen und ihren Integralen in der a. a. O. dargelegten Beziehung
stehen. Wir haben dann dasjenige Instrument, dessen wir uns im folgenden zur Untersuchung der algebraischen Funktionen und der mit ihnen
zusammenhängenden Transzendenten bedienen wollen. Inwieweit die hierbei
zugrunde gelegten Anschauungen zuverlässig richtig sind, wird sogleich
noch näher erläutert werden.

§ 2.

Rückübertragung auf die gewöhnliche Raumvorstellung.

Ob es möglich ist, jede Riemannsche Mannigfaltigkeit auf eine geschlossene Fläche unseres Raumes im gewöhnlichen Sinne *konform* zu
übertragen, steht zuvörderst dahin; was wir darüber wissen, ist eben erst
das Resultat der Riemannschen Theorie[10]). Dagegen ist von vornherein
kein Zweifel, daß wir allemal die nächste Umgebung einer beliebigen
(regulär vorausgesetzten) Stelle unserer Mannigfaltigkeit auf ein *Stück*
einer stetig gekrümmten Fläche, und sogar auf ein Stück der Ebene konform werden übertragen können. Es folgt dies aus bekannten Sätzen
über die *Existenz* der Lösungen partieller Differentialgleichungen, hier
also insbesondere der Gleichung (1), in der Nähe einer beliebigen Stelle.

Die auf solche Weise entstehenden *Flächenkalotten* mit ihren Bogen-
elementen mögen wir dann geradezu an die Stelle der abstrakten Riemannschen Mannigfaltigkeit treten lassen. *Wir haben dann also statt
letzterer ein Aggregat von beliebig vielen Flächenstücken, deren Randkurven in bestimmter Weise Punkt für Punkt paarweise zusammengehören.*
Zugleich verläuft, was wir eine Potentialfunktion u auf der ursprünglichen Riemannschen Mannigfaltigkeit benannten, auf diesem Flächenstück
derart, daß es innerhalb des einzelnen Flächenstückes der auf letzteres
bezüglichen Differentialgleichung des Potentials genügt (Abh. XCIX, S. 520),

---

[10]) [Ein Beispiel für eine solche Übertragung gibt die bereits in Nr. C zitierte
Theorie der Minimalflächen; es ist leider unmöglich, hier darauf näher einzugehen. K.]

überdies aber in den Randpunkten, in denen man von dem einen Flächenstücke zu einem anderen (oder auch nur zu einem anderen Teile desselben
Flächenstückes) übergeht, gewisse *Randbedingungen* befriedigt. Um letztere
bestimmt bezeichnen zu können, sei ds das Element der einen Randkurve,
dn das Element der zugehörigen, nach dem Inneren des Flächenstückes
gerichteten Normale. Dieselbe Bedeutung mögen $d\sigma$ und $d\nu$ an der entsprechenden Stelle für die zweite Randkurve besitzen. Dann wird offenbar,
unter ϱ einen von der Stelle abhängigen Proportionalitätsfaktor verstanden,
die folgende Relation gelten:

$$(2) \qquad \frac{\partial^{k+l} u}{\partial s^k \cdot \partial n^l} = (-1)^l \cdot \left(\varrho\frac{\partial}{\partial \sigma}\right)^k \left(\varrho\frac{\partial}{\partial \nu}\right)^l u$$

$$(k, l = 0, 1, \ldots, \infty),$$

und es geben eben diese unendlich vielen Gleichungen das Gesetz, nach
welchem eine auf der einen Flächenkalotte verlaufende Potentialfunktion
über die Randkurve hinüber analytisch fortzusetzen ist.

Unsere Vorstellung soll nun im folgenden geradezu die sein, daß wir
uns statt der geschlossenen, abstrakten Riemannschen Mannigfaltigkeit
ein Aggregat von Flächenkalotten der beschriebenen Art, vielleicht auch
nur eine einzelne Kalotte mit zweckmäßig zusammengeordneten Randkurven
gegeben denken. Vermöge ihrer inneren Maßverhältnisse [und der Zusammengehörigkeit ihrer Ränder] wird dann eine solche Kalotte genau so gewisse Potentiale (und also komplexe Funktionen des Ortes) definieren, wie es in meiner
Schrift [Abh. XCIX] die geschlossene Fläche zuwege brachte. *Und unsere
Methode soll sein, geradezu aus der Gestalt geeigneter derartiger Bereiche
ausgiebige Schlüsse auf das Verhalten gewisser Klassen analytischer
Funktionen zu ziehen.*

Beispiele folgen sofort. Hier nur noch eine kleine Bemerkung. Wir
brauchen in keiner Weise auszuschließen, daß die Übertragung der geschlossenen Riemannschen Mannigfaltigkeit auf die Teilbereiche in *einzelnen Punkten* aufhört, konform zu sein. Um das betreffende Verhalten
in einer alle Fälle einschließenden Weise zu bezeichnen, mögen wir verabreden, daß wir die den Randlinien der Teilbereiche entsprechenden
Querschnitte auf der geschlossenen Riemannschen Mannigfaltigkeit jedenfalls durch alle solche Stellen hindurchlegen. Die Randkurven der entsprechenden Teilbereiche werden dann an der betreffenden Stelle eventuell
eine Knickung zeigen, indem die aufeinanderfolgenden Elemente der Randkurve statt eines gestreckten Winkels einen anderen einschließen. Die
einfache Regel ist dann die, daß wir eine Potentialfunktion an solcher
Stelle regulär nennen, wenn sie, auf die ideale Riemannsche Mannigfaltigkeit rückübertragen, auf letzterer regulär verläuft.

§ 3.

Beispiele.

In den Beispielen, die ich hier zu bringen habe, sowie überhaupt bei den Anwendungen, die ich im folgenden beabsichtige, handelt es sich durchweg nur um *eine* Flächenkalotte, und diese eine ist ein Ausschnitt aus der Ebene, bez. aus der Kugelfläche. Diese eine Kalotte ist dann nichts anderes, als dasjenige, was ich bei anderer Gelegenheit als *Fundamentalpolygon*[11]) bezeichnet habe. Sei mir dabei im folgenden, weil vielfach von solchen behandelten Flächenstücken die Rede zu sein hat, welche Ecken überhaupt nicht besitzen, die kleine Abweichung gestattet, daß ich statt Fundamentalpolygon fortan *Fundamentalbereich* sage.

Erstes Beispiel. Als nächstliegendes Beispiel bietet sich das Parallelogramm der doppeltperiodischen Funktionen. Indem die gegenüberliegenden Seiten des Parallelogramms in einfachster Weise zusammengehören, repräsentiert das einzelne Parallelogramm eine geschlossene Mannigfaltigkeit $p = 1$. Die Existenz der doppeltperiodischen Funktionen und ihrer Integrale subsumiert sich also unter die allgemeine, auf beliebige Riemannsche Mannigfaltigkeiten bezügliche, am Schlusse des § 1 formulierte Anschauung.

Zweites Beispiel. Ein zweites hier anzuführendes Beispiel, das mir immer besonders instruktiv erschienen ist, gibt Riemann in Nummer 12 seiner *Theorie der Abelschen Funktionen* [Gesammelte mathematische Werke, 1. Aufl. S. 114, 2. Aufl. S. 121]. Statt *eines* Parallelogramms betrachtet dort Riemann deren p, übereinandergelegte, irgendwie gestaltete, welche durch $(2p - 2)$ Verzweigungspunkte und $(p - 1)$ zwischen letzteren verlaufende Verzweigungsschnitte zu einem einheitlichen Ganzen verbunden sind. Jedesmal die gegenüberstehenden Seiten des einzelnen Parallelogrammes sind im gewöhnlichen Sinne zusammengehörig. Riemann macht a. a. O. selber den Schluß, daß auf einem solchen Fundamentalbereiche dieselben Funktionen des Ortes existieren müssen, wie auf einer beliebigen geschlossenen Fläche desselben p.

Drittes Beispiel. In Beispiel 1 ist die geschlossene Riemannsche Mannigfaltigkeit ausnahmslos konform auf den Fundamentalbereich übertragen. Dagegen tritt in Beispiel 2 eine Abweichung für die Konformität in den $(2p - 2)$ Verzweigungspunkten ein; da aber in diesen Punkten die auf der idealen Riemannschen Mannigfaltigkeit zwischen verschiedenen Fortschreitungsrichtungen gemessenen Winkel gerade verdoppelt werden, so ist es nicht nötig, wie wir es im übrigen am Schlusse des vorigen Paragraphen verabredeten, die Randkurven unseres Fundamentalbereiches

---

[11]) Zuerst in den Math. Annalen, Bd. 14 (1878/79). [In der oben abgedruckten Abh. LXXXII S. 35 ff.].

durch diese Stellen hindurchzulegen. Anders ist es mit dem nun zu gebenden dritten Beispiele. Es soll sich jetzt nämlich um denselben Fall handeln, den Herr Schwarz im 75. Bande des Crelleschen Journals (1872/73) [= Ges. math. Abh., Bd. 2, S. 211 ff.] unter etwas anderem Gesichtspunkte behandelt hat. Sei in der Ebene einer komplexen Variablen η zuvörderst ein *Kreisbogendreieck* mit den Ecken a_1, a_2, a_3 und den Winkeln $\frac{\pi}{l_1}$, $\frac{\pi}{l_2}$, $\frac{\pi}{l_3}$ gegeben. $[l_1, l_2, l_3$ brauchen hier noch keine ganzen Zahlen zu sein.] Ein solches Dreieck kann dann (wie Herr Schwarz entwickelt) auf eine Halbebene z konform abgebildet werden, wobei man den Ecken a_1, a_2, a_3 noch drei beliebige Punkte der Begrenzung jener Halbebene, also etwa, wenn wir die Achse der reellen Zahlen als Begrenzung der Halbebene denken, $z = 0, 1, \infty$ entsprechen lassen kann. Ist dies geschehen, so folgt aus dem Prinzip der Symmetrie, daß der zweiten Halbebene z ein beliebiges der drei weiteren Kreisbogendreiecke entsprechend gesetzt werden kann, die sich aus dem ursprünglichen durch Inversion an einer seiner drei Kanten ergeben. Wir wählen als Inversionskreis etwa die Kante $a_2 a_3$ und nennen die Ecke, welche bei der Inversion dem Punkte a_1 entspricht, a_1'. So ist die Sache die, daß wir jetzt ein *Kreisbogenviereck* $a_1 a_2 a_3 a_1'$ vor uns haben und zugehörig eine Funktion z von η kennen, welche auf diesem Kreisbogenviereck jeden Wert einmal und nur einmal annimmt, sofern wir nämlich solche Begrenzungspunkte des Vierecks, die in bezug auf den Kreisbogen a_2, a_3 symmetrisch sind, als identisch erachten. Diese Funktion z von η besitzt im Inneren des Vierecks weder Verzweigungspunkte noch Kreuzungspunkte, und auch nicht auf dem Rande des Vierecks, sofern wir die Eckpunkte ausnehmen. In letzteren aber verläuft nicht z, sondern beziehungsweise $z^{\frac{1}{l_1}}$, $(z-1)^{\frac{1}{l_2}}$ $\left(\frac{1}{z}\right)^{\frac{1}{l_3}}$ regulär.

Eben die Existenz der hiermit besprochenen Funktion z folgt nun bei der gegenwärtig zu entwickelnden Anschauung daraus, daß jenes Kreisbogenviereck $a_1 a_2 a_3 a_1'$ vermöge der Zusammengehörigkeit seiner Kanten als Fundamentalbereich eine geschlossene Mannigfaltigkeit vom Geschlechte $p = 0$ repräsentiert. Nur in den Ecken a_1, a_1' bez. a_2 und a_3 ist dabei die Beziehung zwischen der η-Ebene und der geschlossenen Mannigfaltigkeit eine nicht konforme. Auf jeder geschlossenen Mannigfaltigkeit vom Geschlechte Null gibt es eindeutige Funktionen des Ortes, welche jeden Wert nur einmal annehmen (Abh. XCIX, S. 559). Unter ihnen ist unser z inbegriffen, und zwar einfach dadurch charakterisiert, daß es an den drei Stellen a_1 bez. a_1', a_2 und a_3 die Werte $0, 1, \infty$ annimmt.

Diese Art, die Existenz der Funktion z aus dem Hauptsatze des § 1 abzuleiten, erscheint einfacher als das indirekte von Herrn Schwarz gewählte Verfahren[12]). Allerdings hat das letztere sofort den Vorzug, wenn es sich darum handelt, z in der *unbegrenzten* Ebene η zu studieren. Denn während das Prinzip der Symmetrie unmittelbar ausreicht, um den Gesamtverlauf des so verstandenen z zu übersehen, müßten wir zu gleichem Zwecke das erst im folgenden Abschnitte zu entwickelnde Prinzip der analytischen Fortsetzung zu Hilfe nehmen, wir müßten also zwei Schritte machen, wo das Verfahren des Herrn Schwarz mit einem ausreicht.

Viertes Beispiel. An letzter Stelle will ich noch ein Beispiel betrachten, bei welchem der in Betracht zu ziehende Fundamentalbereich keinerlei Eckpunkte besitzt. Es seien in der η-Ebene irgend $2p$ geschlossene und mit keinen Singularitäten versehene, analytische Kurvenzüge gegeben, welche zusammengenommen einen $2p$-fach zusammenhängenden Bereich abgrenzen. So oft wir dann diese Kurvenzüge paarweise durch irgendein analytisches Gesetz zusammenordnen, haben wir jedesmal eine geschlossene Riemannsche Mannigfaltigkeit vom Geschlechte p vor uns. Auf ihr entsprechen jenen $2p$ Begrenzungskurven gewisse p, die Mannigfaltigkeit nicht zerstückende Rückkehrschnitte.

§ 4.

Berechnung der Zahl p.

Der Vollständigkeit halber stelle ich hier diejenigen Sätze zusammen, deren man sich zweckmäßigerweise bedient, wenn man allgemein das Geschlecht p einer Riemannschen Mannigfaltigkeit berechnen will, die in Gestalt eines Fundamentalbereiches gegeben vorliegt. Die betreffenden Regeln sind in der zur Anwendung geeigneten Form wohl zuerst von Herrn C. Neumann in seinen „*Vorlesungen über Riemanns Theorie der Abelschen Integrale*" (1. Aufl. Leipzig 1865) gegeben worden. Besitzt eine Fläche ν Randkurven und gestattet überdies μ nicht zerstückende Rückkehrschnitte, so bezeichnet Herr Neumann $2\mu + \nu$ als *Grundzahl* der Fläche[13]). Hinsichtlich der letzteren gelten nun die drei einfachen Regeln:

---

12) Auch Herr Dedekind erschließt, Crelles Journal, Bd. 83 (1877), S. 274, die Existenz der fundamentalen elliptischen Modulfunktion (die ein spezieller Fall unseres z ist) aus dem Gesetz der Symmetrie.

13) Es ist dies dieselbe Zahl, welche von Herrn Schläfli und mir bei späterer Gelegenheit als „außerordentlicher Zusammenhang" oder auch als „Zusammenhang" schlechthin bezeichnet worden ist (vgl. z. B. Math. Annalen, Bd. 7 [= Abh. XXXVI in Bd. 2 dieser Ausgabe Fußnote 4) auf S. 64]). Riemanns „Zusammenhang" ist um eine Einheit größer, sobald $\nu = 0$ ist. Die Riemannsche Festsetzung erscheint aus früher dargelegten Gründen nicht zweckmäßig. Da sie aber fast durchgängig im Gebrauche ist, so vermeide ich im Texte, wo immer von geschlossenen Flächen die Rede ist, den Ausdruck „Zusammenhang" überhaupt, wie ich es auch in meiner Schrift getan habe.

1. Jede Punktierung der Fläche, d. h. die Anbringung einer punktförmigen Öffnung an irgendeiner Stelle, erhöht die Grundzahl um 1;

2. Jeder in sich zurücklaufende Schnitt, den man auf der Fläche anbringen mag, läßt die Grundzahl ungeändert;

3. Jeder Querschnitt, d. h. ein Schnitt, der von Randpunkt zu Randpunkt läuft, erniedrigt die Grundzahl um eine Einheit[14]).

Sei jetzt irgendein Fundamentalbereich gegeben. Unter seinen Randkurven markieren wir zuvörderst diejenigen $2\nu'$, welche *keine* Eckpunkte besitzen. Die übrigen Randkurven zerlegen wir in ebensoviele Stücke, als sie Eckpunkte tragen. Die Gesamtzahl dieser Stücke sei $2n$. Sei ferner π die Anzahl derjenigen auf der Riemannschen Mannigfaltigkeit zu unterscheidenden Stellen, denen Eckpunkte des Fundamentalbereiches entsprechen. Dann wird man von der geschlossenen Mannigfaltigkeit (deren Grundzahl gleich $2p$ ist) im Sinne der Analysis situs zum Fundamentalbereiche gelangen, indem man zuerst an jenen π Stellen Punktierungen ausführt, dann letztere durch n Querschnitte verbindet und endlich ν' Rückkehrschnitte hinzufügt. Bezeichnet man jetzt mit g die Grundzahl des Fundamentalbereiches, so kommt:

$$2p + \pi - n = g,$$

und dies ist die Formel zur Berechnung von p.

Es ist wohl kaum nötig, die Formel an den Beispielen des vorigen Paragraphen noch besonders zu erläutern. Nur finde noch die Bemerkung ihre Stelle, daß die vorgenannten Regeln ungeändert erhalten bleiben, wie schon Herr Neumann zeigte, wenn man statt einer Fläche ein aus N getrennten Flächen bestehendes System in Auge faßt, und als Grundzahl des Systems $\Sigma g - 2N + 2$ gelten läßt, wo die Summe über die Grundzahlen der einzelnen Bestandteile zu nehmen ist. Diese Bemerkung würde zur Geltung kommen, wenn wir die Riemannsche Mannigfaltigkeit, wie es in § 2 erläutert wurde, durch ein *Aggregat* von Flächenkalotten sollten ersetzen wollen.

§ 5.

Anderweitige geometrische Deutungen.

Indem wir in § 2 die abstrakte Vorstellung von der Riemannschen Mannigfaltigkeit in die konkrete eines geometrisch gegebenen Fundamentalbereiches übersetzten, benutzten wir die Anschauungsweise der gewöhnlichen analytischen Geometrie, insofern wir die Individua jener Mannigfaltigkeit durch *Punkte*, den adjungierten Differentialausdruck zweiten Grades

---

[14]) [Wenn die in den Regeln 2. und 3. genannten Schnitte die Fläche zerstücken sollten, so ist die im letzten Absatz des gegenwärtigen Paragraphen gegebene verallgemeinerte Definition der Grundzahl in Anwendung zu bringen.]

durch das zugehörige [konventionelle] *Bogenelement* versinnlichten. Es ist in keiner Weise meine Absicht, allgemeinere Arten der geometrischen Deutung, die dem Funktionentheoretiker Schwierigkeit bereiten könnten, im folgenden zu verwenden[15]). Wohl aber sei es dem Geometer gestattet, auf die *Möglichkeit* solcher Deutungen hier beiläufig hinzuweisen. Einmal nämlich zweifele ich nicht, daß man im Laufe der Zeit, je mehr sich funktionentheoretische und geometrische Anschauungen durchdringen werden, von solchen Vorstellungsweisen allgemeinen Gebrauch machen wird. Andererseits ist dies die Stelle, an der die „*neuen Riemannschen Flächen*", wie ich sie bei Gelegenheit einführte[16]), systematisch einzuordnen sind (siehe auch Abh. XCIX, S. 555—557).

Um mit den letzteren zu beginnen, so bezeichnete ich als die zu einer Kurve gehörige Riemannsche Fläche den geometrischen Ort derjenigen Punkte der Ebene, von denen aus sich imaginäre Tangenten an die Kurve legen lassen, — wobei jeder Punkt so oft zu zählen ist, als die Anzahl dieser Tangenten angibt. Hat die Kurve, wie hier angenommen sei, eine Gleichung mit reellen Koeffizienten, so wird jeder Teil der Ebene von einer notwendig paaren Anzahl von Blättern überdeckt und diese Blätter gehören paarweise als „konjugierte" zusammen. Wie eine derartige Fläche im allgemeinen gestaltlich verläuft, wurde bei früheren Gelegenheiten ausführlich diskutiert. Dagegen wurde nur erst beiläufig des Differentialausdruckes zweiten Grades gedacht, der nun an die Stelle des Bogenelementes tritt (siehe Math. Annalen, Bd. 9 (1875/76), Fußnote auf S. 31,)[17]). *Derselbe stellt, gleich Null gesetzt, die imaginären Richtungen derjenigen beiden von dem einzelnen Punkte aus an die Kurve verlaufenden Tangenten dar, welche durch den Punkt selbst versinnlicht werden, sofern man ihn in dem eben herausgegriffenen Blatte unserer Fläche, oder aber im konjugierten Blatte, gelegen denkt.* Die hiermit gegebene Deutung durch eine doch nur auf willkürlichem Wege zu erreichende absolute Fixierung des Differentialausdruckes vervollständigen zu wollen, hat für die Riemannsche Theorie, wie in § 1 bemerkt wurde, keinerlei Zweck. *Auch haben wir hier einen Fall, in welchem der zur Verwendung kommende Differentialausdruck zweiten Grades keineswegs durchweg definit zu sein braucht.* Denn wenn unsere Kurve reelle Züge besitzt, so rücken zwei der bezeichneten imaginären Richtungen, sobald man von der kon-

---

[15]) Daher wird der gegenwärtige Paragraph beim Studium vorliegender Arbeit überschlagen werden können.

[16]) Math. Annalen, Bd. 7 (1874) und Bd. 10 (1876). [= Abhandlungen XXXVIII und XL in Bd. 2 dieser Ausgabe.]

[17]) [Vgl. ferner die Bemerkungen, welche ich in Bd. 2 dieser Ausgabe S. 101 in Fußnote [1]) zugefügt habe. K.]

kaven Seite her auf den reellen Zug zuschreitet, in eine reelle zusammen, um darüber hinaus in zwei getrennte reelle Richtungen verwandelt zu sein. Die einfachste Vorstellung ist dann (siehe a. a. O.), daß längs des reellen Kurvenzuges zwei Blätter unserer Fläche vermöge einer Falte verbunden sind [also mit sehr großer Krümmung stetig ineinander übergehen].

Die Punkte der hier in Rede stehenden Riemannschen Flächen versinnlichen in erster Linie die imaginären *Tangenten* unserer Kurve. Ebensowohl würde man die imaginären Punkte der Kurve (indem man dualistische Übertragung eintreten läßt) durch ein geeignetes Aggregat von geraden Linien repräsentieren können. Ein solches Aggregat bietet der unmittelbaren Vorstellung einige Schwierigkeit, aber theoretisch genommen ist es ebensowohl als Versinnlichung der Riemannschen Mannigfaltigkeit zu gebrauchen, wie die von den Punkten gebildete Fläche.

Ich möchte hier noch ein weiteres Beispiel geben, welches das hiermit besprochene dualistische Gegenstück der soeben betrachteten Riemannschen Flächen als speziellen Fall umfaßt. Man nehme eine beliebige Linienkongruenz (von ∞^2 Linien). Daß auch auf solche Mannigfaltigkeiten die Begriffe der Analysis situs anwendbar sind, erläuterte ich bereits in den Math. Annalen, Bd. 9 (1875/76) [vgl. Abh. XXXVI in Bd. 2 dieser Ausgabe, S. 73 bis 76]. Hier haben wir hinzuzufügen, daß jede solche Linienkongruenz eo ipso einen Differentialausdruck zweiten Grades mit sich führt, der freilich nicht absolut fixiert ist; es ist derjenige, welcher, gleich Null gesetzt, aussagt, daß zwei aufeinanderfolgende Strahlen der Kongruenz sich schneiden[18]). Gibt es nun innerhalb der Kongruenz einen Bereich, in welchem sich *reelle* aufeinanderfolgende Strahlen überhaupt nicht treffen können, in welchem also jener Differentialausdruck definit ist, so repräsentiert uns derselbe, indem wir die Strahlen als Individua gelten lassen, ein Stück einer Riemannschen Mannigfaltigkeit.

Das Strahlensystem kann nun insbesondere das Sekantensystem einer Raumkurve sein. Der einzelne Strahl vertritt dann geradezu, indem er doppelt zählt, die beiden Punkte, in denen er der Kurve begegnet. Jene Differentialgleichung läßt sich jetzt einfacher dahin interpretieren, daß sie den Fortschritt zu solchen benachbarten Strahlen bedeutet, welche mit dem gegebenen einen Kurvenpunkt gemein haben. Und hieraus nun erwächst das oben erwähnte dualistische Seitenstück zu meinen „neuen‟

---

[18]) Ich möchte hier beiläufig auf die neuerdings erschienene Dissertation von Herrn Koenigs (*Sur les propriétés infinitésimales de l'espace réglé*, Paris (1882), Annales de l'École Normale Supérieure, ser. 2, Bd. 11) aufmerksam machen. In derselben werden gewisse Ideen, welche von Herrn Lie und mir in Bd. 5 der Math. Annalen betreffs des im Texte erwähnten Differenlialausdruckes zweiten Grades entwickelt worden sind, aufs neue aufgenommen und zum Teil weitergeführt. [Meine diesbezügliche Arbeit ist als Abh. IX in Bd. 1 dieser Gesamtausgabe abgedruckt. K.]

Riemannschen Flächen, wenn man die Raumkurve in eine ebene Kurve degenerieren läßt. — Ich möchte mir vorbehalten, diese Betrachtungen bei Gelegenheit weiter zu verfolgen.

§ 6.

Literarisches zum Dirichletschen Prinzip.

Wollte man, wie es Riemann getan hat, das von ihm so genannte Dirichletsche Prinzip[19]) als Beweisgrund gelten lassen, so wäre es leicht, den allgemeinen Satz des § 1 für beliebige Riemannsche Mannigfaltigkeiten oder auch direkt für die Fundamentalbereiche der §§ 2, 3 zu beweisen. In der Tat verfährt Riemann so in Nr. 12 seiner Abelschen Funktionen bei dem oben (§ 3) an zweiter Stelle aufgeführten Beispiele.

Es ist hier nicht der Ort, um die Gründe, welche gegen die Beweiskräftigkeit des Dirichletschen Prinzips sprechen, zusammenzustellen, so sehr ich eine solche Zusammenstellung im Interesse des lernenden mathematischen Publikums für nützlich erachten würde. Auch brauche ich hier nicht auseinanderzusetzen, warum solche physikalische Anschauungen, wie ich sie in meiner Schrift verwandte, in rein mathematischen Fragen nur den Wert *heuristischer* Methoden haben. Man beachte übrigens, daß diese physikalischen Anschauungen bei den allgemeinen in § 2 eingeführten Fundamentalbereichen nur in sehr gezwungener Weise würden festgehalten werden können.

Dagegen wünsche ich hier über die einschlägigen Untersuchungen der Herren C. Neumann und Schwarz kurzen Bericht zu erstatten, insofern ich glaube, daß dieselben lange nicht hinlänglich gekannt und nach ihrer Wichtigkeit gewürdigt sind. Es ist kein Zweifel, daß diese Untersuchungen in allen [zulässigen[20])] Fällen der Anwendung geeignet scheinen, das Dirichletsche Prinzip zu ersetzen, und daß vermöge derselben insbesondere der allgemeine Satz von den auf den Riemannschen Mannigfaltigkeiten existierenden Potentialfunktionen als strenge begründet erachtet werden kann. Und dieses ist für uns hier die Hauptsache. Mag der von den genannten Autoren gelieferte Beweisgang noch so umständlich sein, in ihm liegt die Berechtigung, jenen Fundamentalsatz zu benutzen und mit ihm als einem Instrumente, überall wo es nützlich scheint, zu arbeiten.

Die Untersuchungen der genannten Autoren laufen vielfach parallel[21]).

---

[19]) [Vgl. hierzu die Ausführungen oben auf S. 492/493.]

[20]) [Vgl. wegen dieses Vorbehalts die in Nr. CIV folgenden Ausführungen.]

[21]) Ich nenne hier von den betr. Publikationen als besonders wichtig:

C. Neumann: Zwei Mitteilungen in den Berichten der K. Sächsischen Gesellschaft der Wissenschaften, vom 21. April und 31. Oktober 1870 (zum Teil wieder ab-

Beide beginnen damit, für Stücke der *Ebene*, und also das logarithmische Potential im engeren Sinne, die sogenannte *Randwertaufgabe* zu behandeln, d. h. zu zeigen, daß bei vorgegebenen Randwerten sich auf jedem begrenzten Stücke der Ebene eine zugehörige, im Inneren des Stückes überall endliche und stetige Potentialfunktion finden läßt. Herr Neumann entwickelt zu dem Zwecke eine besondere Näherungsmethode, die von ihm so genannte *Methode des arithmetischen Mittels*, welche für solche Bereiche, die eine durchaus konvexe Begrenzungskurve haben, sowie für deren Ergänzungsbereiche, die gewünschte Potentialfunktion direkt herstellt. Herr Schwarz dagegen beginnt mit Untersuchungen über *konforme Abbildung* und zeigt, daß gewisse, sehr allgemein gestaltete Bereiche sich auf andere konform übertragen lassen, für welche die Randwertaufgabe auf Grund früherer Untersuchungen als erledigt angesehen werden kann. Beiden Autoren gemeinsam sind sodann gewisse *Kombinationsmethoden*, vermöge deren es gelingt, die Randwertaufgabe auch bei solchen Bereichen durchzuführen, welche aus einer Anzahl von Stücken der früher behandelten Art durch Überlagerung entstehen.

Während nun Herr Neumann vermöge der von ihm gewählten Ausgangspunkte in der Lage war, seine Untersuchungen auf den Raum, d. h. das Newtonsche Potential, auszudehnen (was für uns hier nicht weiter in Betracht kommt), hat Herr Schwarz seine Aufmerksamkeit des ferneren insbesondere denjenigen Erweiterungen zugewandt, welche Riemann zwecks seiner funktionentheoretischen Untersuchungen der seinerzeit üblichen Potentialtheorie hinzugefügt hat. Ich meine die Einführung vorgeschriebener Unendlichkeitsstellen oder linearer Unstetigkeiten (Periodizitätsmoduln), sowie die Betrachtung *geschlossener* Mannigfaltigkeiten, mögen diese nun mehrblättrig über der Ebene ausgebreitet sein oder als beliebig gekrümmte Flächen im Raume gelegen vorgestellt werden. Die Erläuterungen, welche Herr Schwarz über diese Fragen gibt (siehe die Abhandlung in den Berliner Monatsberichten von 1870 [= Ges. math. Abh., Bd. 2, S. 167 ff.]) sind allerdings sehr knapp gehalten. Für geschlossene Flächen insbesondere erbringt er explizite nur den Nachweis, daß auf einer beliebigen, aus einer endlichen Anzahl sich nicht berührender sphaerischer Stücke zu-

---

gedruckt in Bd. 11 der Math. Annalen (1877), S. 558 ff.); sodann das ausführliche Werk: *Untersuchungen über das Logarithmische und Newtonsche Potential* (Leipzig, Teubner 1877).

H. A. Schwarz: *Zur Theorie der Abbildung* (im Jahresbericht des Züricher Polytechnikums, 1869/70) [= Ges. Math. Abhandlungen, Bd. 2, S. 108 ff.];
Über einen Grenzübergang durch alternierendes Verfahren, Züricher Vierteljahrsschrift, Mai 1870 [= Ges. Math. Abhandlungen, Bd. 2, S. 133 ff.];
sowie eine längere Mitteilung an die Berliner Akademie, siehe Monatsbericht vom 10. Oktober 1870 (S. 767—795 des betr. Bandes) [= Ges. Math. Abhandlungen, Bd. 2, S. 144 ff.].

sammengesetzten Fläche *vom Geschlechte Null* vermöge der vorgenannten Kombinationsmethoden ein überall eindeutiges Potential konstruiert werden kann, das einen einzigen, beliebig vorzugebenden algebraischen Unstetigkeitspunkt erster Ordnung besitzt. Alles andere sind Andeutungen. Ich habe es, als ich mich zuerst mit diesen Untersuchungen beschäftigte, nicht ganz leicht gefunden, diese Andeutungen zu ergänzen, und glaube also, daß es manchem Mathematiker nicht unangenehm sein wird, wenn ich in den folgenden beiden Paragraphen hierauf eingehe. Und zwar bringe ich zunächst mit freundlicher Erlaubnis des Verfassers einen Brief von Herrn Schwarz, in welchem derselbe auf meinen Wunsch seine Methode zur direkten Einführung von Periodizitätsmoduln erläutert. Sodann entwickele ich in § 8, wie man in genauem Anschlusse an die physikalischen Betrachtungen meiner Schrift dasselbe Ziel erreichen kann, indem man für Mannigfaltigkeiten von beliebigem p direkt nur die Existenz jenes eben erwähnten Potentials nachweist, das an beliebiger Stelle einen vorgegebenen einfachen algebraischen Unstetigkeitspunkt besitzt und übrigens eindeutig verläuft[22]).

§ 7.

Über die direkte Konstruktion der Integrale erster Gattung[23]).

Herr Schwarz schreibt mir unter dem 1. Februar 1882:

„Sind die Unstetigkeiten, welche man einer Potentialfunktion u auferlegen will, von der Art, daß bei der Überschreitung einer Querschnittlinie die Funktion um eine konstante, vorgeschriebene Größe sich ändern soll, so bedarf das Verfahren, welches in den Monatsberichten der Berliner Akademie vom Jahre 1870 für die Einführung punktueller Unstetigkeiten eingehalten wurde (vgl. die beiden Beispiele S. 788—790 und 792—794 daselbst [= Ges. math. Abh. Bd. 2, S. 163—166 und 168—170]) nur einer unerheblichen Modifikation, solange der in Betracht zu ziehende Bereich noch *eine* Randlinie besitzt, längs welcher die Funktion u *vorgeschriebene* Werte haben soll.

„Zunächst ist der Satz für einen zweifach zusammenhängenden Bereich T zu beweisen[24]). Durch Q_1 werde aus T der einfach zusammenhängende Bereich T_1, durch Q_2 — welcher Querschnitt mit Q_1 keinen Punkt gemein haben darf —, gehe der Bereich T in den Bereich T_2 über. Man integriere für T_1 $\Delta u = 0$ unter der Bedingung: $u = 0$ am ganzen

---

[22]) [Vgl. hierzu die auf S. 478, Zeile 9 bis 1 von unten, gegebenen Zitate.]

[23]) [Wieder abgedruckt in Bd. 2 der Gesammelten mathematischen Abhandlungen von H. A. Schwarz, S. 303—306. Dieses Werk soll im gegenwärtigen Paragraphen kurz als Ges. math. Abh. zitiert werden.]

[24]) Wegen der Bezeichnungen und Ausdrucksweisen vergleiche man durchweg den Aufsatz in den Berliner Monatsberichten, überdies die hier beigegebene Fig. 1. — K.

Rande, $u = 1$ an beiden Ufern des Querschnitts Q_1. Es sei q_2 das Maximum aller Werte, welche u längs der ganz innerhalb T_1 liegenden Linie Q_2 annimmt. Ebenso integriere man $\Delta u = 0$ für das Innere von T_2 unter der Bedingung: $u = 0$ am ganzen Rande, $u = 1$ an beiden Ufern

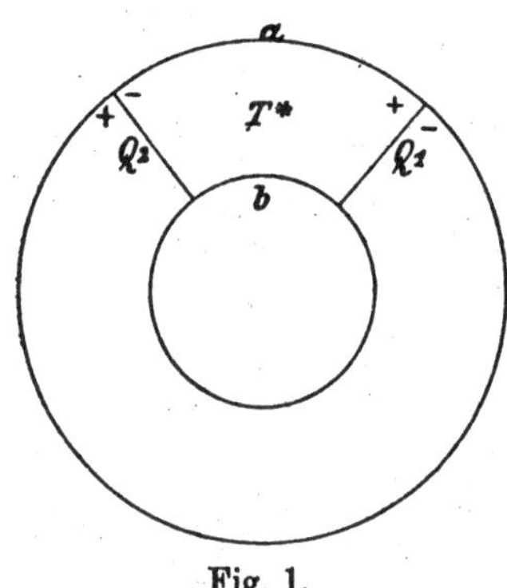

Fig. 1.

von Q_2. Es sei q_1 das Maximum der Werte, welche u längs der ganz innerhalb T_2 liegenden Linie Q_1 annimmt. Sowohl q_1 als q_2 sind kleiner als 1.

„Es seien nun die Werte von u längs der ganzen Begrenzung von T vorgeschrieben, längs Q_1 soll $(u^+ - u^-) = K$ sein.

„Man bestimme für den Bereich T_1 eine Funktion u_1, welche am Rande von T die vorgeschriebenen Werte hat, am negativen Ufer von Q_1 irgendwelche Werte, am positiven Ufer die um K größeren Werte an-

nimmt. Von dieser im Innern von T_1 der Differentialgleichung $\Delta u_1 = 0$ genügenden Funktion denke man sich die Werte längs Q_2 bestimmt und integriere für T_2 die Differentialgleichung $\Delta u = 0$ durch eine Funktion u_2, welche längs des Randes von T die vorgeschriebenen Werte annimmt (längs der Begrenzungsteile a und b muß natürlich $u_2 = u_1 - K$ sein), welche auf dem negativen Ufer von Q_2 mit $u_1 - K$, auf dem positiven mit u_1 übereinstimmt. Hierauf bestimme man für das Innere von T_1 eine Funktion u_3, so daß $\Delta u_3 = 0$, längs der Begrenzung von T $u_3 = u_1$, längs des negativen Ufers von Q_1 $u_3 = u_2$, längs des positiven Ufers $u_3 = u_2 + K$ ist.

„Auf diese Weise fortschreitend bestimme man eine unendliche Reihe von Funktionen u_1, u_2, u_3, u_4, ..., welche abwechselnd für das Innere von T_1 und das Innere von T_2 erklärt sind.

„Das Maximum (bzw. die obere Grenze) von $|u_1 - u_3|$, d. h. des absoluten Betrages von $u_1 - u_3$, längs Q_1 sei g, so ist der absolute Betrag von $u_1 - u_3$ längs Q_2 sicher nicht großer als $g \cdot q_2$; längs Q_2 ist aber $u_1 - u_3 = u_2 - u_4$ (und zwar auf beiden Ufern), folglich ist $u_2 - u_4$, da diese Differenz am ganzen Rande von T gleich Null ist, dem absoluten Betrage nach an keiner Stelle innerhalb T_2 größer als $g \cdot q_2$, längs Q_1 jedenfalls nicht größer als $g \cdot q_1 \cdot q_2$. Mithin ist $|u_3 - u_5| \lessgtr g \cdot q_1 q_2$, $|u_4 - u_6| \lessgtr g \cdot q_1 q_2^2$ usw.

„Hieraus folgt zunächst, daß die Funktionen u_{2n+1} sowohl, als auch die Funktionen u_{2n} sich mit wachsendem Index zwei bestimmten Grenzfunktionen u' und u'' nähern, welche beziehlich für die Bereiche T_1 und T_2 erklärt sind und innerhalb dieser Bereiche die Differentialgleichung befriedigen. Längs der ganzen Begrenzung Q_1^+, a, Q_2^-, b des Teilbereiches T^* ist $u' = u'' + K$, es besteht daher diese Gleichung auch im Innern von T^*. Längs der ganzen Begrenzung des Teilbereiches $T - T^+$ ist $u' = u''$, es besteht daher auch diese Gleichung im Innern von $T - T^*$.

„Setzt man aber $u = u'$ im Innern von T_1, so ist u'' die analytische Fortsetzung von u^- über Q_1 hinaus; diese Fortsetzung ist aber, wie bewiesen, innerhalb T^* gleich $u' - K$, d. h. gleich $u^+ - K$, also ist die Funktion $u = u'$ die gesuchte.

„Es ist also der Satz für einen *zweifach* zusammenhängenden Bereich, für einen beliebig vorgeschriebenen Periodizitätsmodul und für beliebig vorgeschriebene (im allgemeinen stetige) Randwerte bewiesen.

„Unter der Voraussetzung der Gültigkeit des Satzes für einen *zweifach* zusammenhängenden Bereich kann man nun den analogen Satz für einen *dreifach* zusammenhängenden Bereich beweisen. Es sei T dreifach zusammenhängend. Man konstruiere einen Querschnitt Q_1, durch welchen T in einen *zweifach* zusammenhängenden Bereich T_1 übergeht. Man konstruiere einen zweiten Querschnitt Q_2, welcher durch kontinuierliche Gestaltänderung auf Q_1 reduzierbar ist, der aber mit Q_1 keinen Punkt gemeinsam hat. Durch Q_2 gehe T in T_2 über.

„Nun kann man, dem bereits bewiesenen Satze zufolge, für die Bereiche T_1 und T_2 die Funktionen u_1, u_2, u_3, ... bestimmen, welche *einen* vorgeschriebenen Periodizitätsmodul bereits besitzen und, genau dem vorher angegebenen Verfahren entsprechend, der Funktion u einen zweiten Periodizitätsmodul aufzwingen.

„So kann man fortfahren, solange eben überhaupt noch *eine* Randlinie übrig bleibt, längs welcher die Funktion u *vorgeschriebene* Werte annehmen soll.

„Will man aber auch diese letzte Randlinie fortschaffen, also zu einer geschlossenen Riemannschen Fläche ohne Randlinien übergehen, so kann man nicht auf dieselbe Weise verfahren, weil man bezüglich des Beweises auf Schwierigkeiten stößt.

„Diese Schwierigkeit, welche mir anfänglich viele Mühe gemacht hat, habe ich auf folgende Weise überwunden.

„Aus der Riemannschen Fläche T schneide man eine Kreisfläche mit dem Radius R_1 heraus, die in ihrem Innern keine singuläre Stelle besitzt. Die von T noch übrigbleibende Fläche möge mit T_1 bezeichnet werden. Diese Fläche, welche also jetzt eine Randlinie besitzt, gestattet die Anwendung des bewiesenen Satzes zweifellos. Zu dem Kreise mit dem Radius R_1 konstruiere man nun einen konzentrischen mit *größerem* Radius R_2 und bezeichne das Innere dieses Kreises mit T_2. Die beiden Kreise mit den Radien R_1 und R_2 sollen in demselben Blatte von T liegen; es kann also immer erreicht werden, daß auch der größere Kreis keine singuläre Stelle in seinem Innern enthält.

„Man nehme nun längs $r = R_1$ eine Wertenreihe beliebig an, z. B. $u = 0$, und bestimme für den Bereich T_1 eine Funktion u_1, welche am Rande $r = R_1$ gleich Null ist und an allen Querschnitten die vorgeschriebenen Periodizitätsmoduln besitzt. Eine solche Funktion existiert, läßt sich auch über den Rand von T_1 hinaus fortsetzen, aber von dieser Fortsetzung kann man keinen Gebrauch machen, weil dieselbe für $r < R_1$ nicht eindeutig und stetig bleibt (natürlich $\Delta u_1 = 0$).

„Man bestimme hierauf für das Innere von T_2 eine Funktion u_2, welche längs $r = R_2$ mit u_1 übereinstimmt und für die $\Delta u_2 = 0$ ist. Hierauf bestimme man für das Innere von T_1 eine neue Funktion u_3, für welche $\Delta u_3 = 0$ ist, welche längs $r = R_1$ mit u_2 übereinstimmt und welche im Innern von T_1 an allen Querschnitten die vorgeschriebenen Periodizitätsmoduln besitzt.

„Auf diese Weise fahre man fort.

„Genau dasselbe Verfahren, welches auf S. 792 [= Ges. math. Abh. Bd. 2, S. 168 ff.] dazu angewendet worden ist, der Funktion u eine algebraische Unstetigkeit aufzuzwingen, wird hier dazu benutzt, zu bewirken, daß die Grenzfunktion, der die Funktionen u_1, u_3, ... mit wachsendem Index unendlich nahekommen, in dem ganzen Innern des Bereiches T_2 sich eindeutig analytisch fortsetzen läßt.

„Von wesentlichem Einflusse auf die Beweisführung ist hierbei ein Hilfssatz, den ich im 74. Bande des Crelleschen Journals, S. 232 [= Ges. math. Abh. Bd. 2, S. 189—190] erwähnt habe[25]).

---

[25]) [Daselbst heißt es: „Mitunter ist es nützlich, einen Wert zu kennen, welchen der absolute Betrag $| u(r, \varphi) - u(0) |$ der Differenz $u(r, \varphi) - u(0)$ als Funktion von r nicht überschreiten kann, sobald die Werte $u(r, \varphi) = f(\varphi)$ eine endliche Größe g dem absoluten Betrage nach nicht überschreiten. Man erhält

$$| u(r, \varphi) - u(0) | < | F(z) - F(0) | < \frac{2\,g\,r}{1 - r};$$

oder

$$u(r, \varphi) - u(0) = \frac{1}{2\pi} \int_{-\pi}^{+\pi} f(\varphi + \psi) \left(\frac{1 - r^2}{1 - 2\,r \cos \psi + r^2} - 1 \right) d\psi,$$

$$| u(r, \varphi) - u(0) | < \frac{4\,g}{\pi} \text{arc} \sin r.$$

Wenn insbesondere $u(0)$ den Wert 0 hat, so kann der absolute Betrag von $u(r, \varphi)$, als Funktion von r betrachtet, den Wert $\frac{4\,g}{\pi} \operatorname{arctg} r$ nicht überschreiten. Diese Bestimmung ergibt zugleich die engste Grenze, welche unter den angegebenen Voraussetzungen zulässig ist."]

„Dieser höchst einfache Hilfssatz leistet in vielen Fällen sehr gute Dienste, besonders für den Fall geschlossener Bereiche.

„Hiermit glaube ich nun hinreichend angedeutet zu haben, wie ich mir etwa den Nachweis der Existenz der überall endlich bleibenden Integralfunktionen zurechtgelegt habe, auf den ich natürlich großes Gewicht legen mußte, wenn anders die von mir angewendete Schlußweise überhaupt geeignet sein sollte, die Sätze zu beweisen, welche Riemann gefunden und ausgesprochen, aber eben nicht bewiesen hat."

§ 8.
Andere Gruppierung der Existenzbeweise.

Um jetzt einen Augenblick auf die physikalischen Betrachtungen der Abh. XCIX zurückzugehen [26]), so gestaltete sich die Anordnung dort folgendermaßen. Das *erste* Experiment, das ich als realisierbar voraussetzte, bestand darin, daß auf die mit leitendem Materiale bedeckte Riemannsche Fläche an zwei Stellen die beiden Pole einer galvanischen Batterie aufgesetzt wurden. So entstand ein überall eindeutiges Potential mit zwei gegebenen, einander ergänzenden logarithmischen Unstetigkeitspunkten. Sodann ließ ich, an *zweiter* Stelle, die beiden Pole der galvanischen Batterie zusammenrücken, zugleich aber die Intensität des elektrischen Stromes sich ins Unendliche steigern. Dadurch erhielt das nach wie vor überall eindeutige Potential einen einfachen algebraischen Unstetigkeitspunkt. Ein solcher Punkt besitzt eine *Achse* und ein *Moment, M.* Nennt man die geodätische Entfernung eines Punktes der Fläche von jenem Unstetigkeitspunkte r, und φ das Azimuth, unter welchem der geodätische Radiusvektor gegen die Achse geneigt ist, so ist, für sehr kleine Werte von r, der Wert des in Rede stehenden Potentials $\dfrac{M \cdot \cos \varphi}{r}$. *Eben diese Art von Potential werde ich weiterhin als Elementarpotential bezeichnen, denn es zeigt sich, daß man durch Überlagerung von Elementarpotentialen alle anderen erzeugen kann.* — Endlich mein *drittes* Experiment! Ich traf eine derartige Anordnung, daß eine ganze Kurve auf der Riemannschen Fläche als Sitz einer elektromotorischen Kraft, und zwar einer gleichförmigen elektromotorischen Kraft zu gelten hatte. Lief diese Kurve von einem Endpunkte zu einem zweiten hin, so würden

---

[26]) Niveaukurven des logarithmischen Potentials in der Ebene sind in neuerer Zeit auf physikalischem Wege durch Herrn Guébhard in ausgezeichneter Schönheit realisiert worden (Comptes rendus 1881/82). Vielleicht gelingt es den Physikern auch, jene Kurvensysteme, die ich in Abh. XCIX auf beliebiger geschlossener Fläche betrachtete, experimentell herzustellen und dadurch dem näheren Studium zugänglich zu machen. — Auf die Kontroversen einzugehen, welche sich an die Guébhardschen Versuche anschließen, würde den Zweck dieses kurzen Hinweises überschreiten.

diese Punkte einander ergänzende *Wirbelpunkte*. Das zugehörige Potential wird bei Annäherung an einen solchen Punkt dem von geeigneter Anfangsrichtung an gemessenen Azimut φ proportional und ist also unendlich vieldeutig. Kehrt aber die Kurve geschlossen in sich zurück, wobei man voraussetzen muß, daß die Riemannsche Fläche, längs dieser Kurve zerschnitten, nicht etwa in getrennte Teile zerfällt, so entstand ein *überall endliches* Potential. Dasselbe verläuft auf der Fläche durchweg stetig, gewinnt aber bei jeweiliger Überschreitung der benutzten Kurve einen der elektromotorischen Kraft proportionalen Periodizitätsmodul, ist also ebenfalls unendlich vieldeutig.

Man erinnere sich nun einen Augenblick der Grundvorstellungen des Newtonschen Potentials. Jenem eindeutigen Potential mit zwei einander ergänzenden logarithmischen Unstetigkeitspunkten entspricht im Raume die Funktion

$$c\left(\frac{1}{r} - \frac{1}{r'}\right),$$

unter r, r', die geradlinigen Abstände von zwei festen Punkten verstanden. Unserer Elementarfunktion aber korrespondiert der Ausdruck:

$$\frac{M\cos\varphi}{r^2},$$

das Potential des magnetischen Moleküls. Nun kann man aus letzterem das vorangeführte, $c\left(\frac{1}{r} - \frac{1}{r'}\right)$, erzeugen, indem man eine Reihe magnetischer Moleküle desselben Momentes M mit ihren Achsen aneinanderreiht; es entspricht dies der Vorstellung, die wir uns von einem Linearmagneten zu machen pflegen. *Genau so wird man offenbar auf unserer Riemannschen Fläche die eindeutige Potentialfunktion mit zwei einander ergänzenden logarithmischen Unstetigkeitspunkten aus unserer Elementarfunktion ableiten können.* — Aber die mathematische Physik kennt auch eine *Nebeneinander*stellung magnetischer Moleküle desselben Momentes. Man erhält vermöge derselben den Begriff der transversal magnetischen Fläche (Helmholtz) und konstruiert hierdurch unendlich vieldeutige Potentiale, für welche die Kontur der transversal magnetischen Fläche eine Wirbellinie ist. *Genau so wird man auf unserer Riemannschen Fläche die oben genannten unendlich vieldeutigen Potentiale erzeugen können, indem man jeden Punkt derjenigen Kurve, die wir als den Sitz einer gleichförmigen elektromotorischen Kraft bezeichneten, nunmehr als Unstetigkeitspunkt eines Elementarpotentials betrachtet, dessen Achse mit der zugehörigen Kurvennormale zusammenfällt und dessen Moment einer infinitesimalen, dem Bogenelemente proportionalen Größe gleich ist.*

Das Resultat dieser Betrachtungen ist sonach das folgende: *daß nämlich auf beliebiger Riemannscher Mannigfaltigkeit (also auch auf* beliebig gegebenem Fundamentalbereich), *sobald erst die Existenz des Elementarpotentials festgestellt ist, alle anderen in meiner Schrift in Betracht gezogenen Potentialfunktionen durch Mittel der gewöhnlichen Analysis, nämlich durch bestimmte Integrale[27]), hergestellt werden können.*

Die Existenz aber des Elementarpotentials auf beliebiger Riemannscher Mannigfaltigkeit kann fast genau mit denselben Worten dargetan werden, mit welchen Herr Schwarz S. 792—794 seiner Abhandlung in den Berliner Monatsberichten [= Ges. Math. Abh. Bd. 2, S. 167—170] den analogen Beweis für geschlossene Flächen vom Geschlechte Null geführt hat. Man hat sich nur zu erinnern, daß die nächste Umgebung jeder Stelle unserer Mannigfaltigkeit auf ein Stück der Ebene konform übertragen werden kann. Übrigens wird auch bei dem Beweise des Herrn Schwarz eigentlich nirgends darauf Bezug genommen, daß $p = 0$ sein soll. Herr Schwarz betont den letzteren Umstand nur, um aus der Existenz des Elementarpotentials ein bestimmtes Theorem über konforme Abbildung abzuleiten.

§ 9.

Berandete Flächen.

Um den Betrachtungen des § 8 einen gewissen Abschluß zu geben, bespreche ich noch kurz den Fall beranderter Flächen, wobei ich allerdings nichts vorzubringen habe, was nicht den Spezialforschern auf diesem Gebiete bekannt wäre[28]).

Bekanntlich führt man die Theorie beranderter Flächen nach dem Vorgange von C. Neumann (Crelles Journal, Bd. 59 (1861)) auf die sogenannte Greensche Funktion zurück[29]). Wir definieren dieselbe als eine auf der berandeten Fläche eindeutige Potentialfunktion, welche an vorgegebener Stelle wie $\log r$ für $r = 0$ unendlich wird und, überall sonst stetig verlaufend, am Rande den konstanten Wert Null hat. Betrachtet man übrigens die Formeln, deren man sich z. B. bei Erledigung der Randwertaufgabe bedient, genauer, so sieht man, daß es nicht sowohl die Greensche Funktion ist. welche man benutzt, als ein Grenzfall derselben,

---

[27]) Sofern es sich um die unbegrenzte *Ebene* handelt, hat bereits Herr C. Neumann von derartigen Integralen ausgiebigen Gebrauch gemacht.

[28]) Vgl. z. B. das schon oben genannte Fragment in Riemanns mathematischen Werken [1. Aufl., Nr. XXV, 2. Aufl., Nr. XXVI]

[29]) Ursprünglich hatte Herr Neumann, indem er sich auf die Betrachtung ebener Bereiche beschränkte. von der im Texte genannten Funktion noch $\log r$ in Abzug gebracht (unter r die geradlinige Entfernung von der Unstetigkeitsstelle verstanden). Die im Texte gegebene. übrigens schon von verschiedenen Autoren benutzte Definition scheint zweckmäßiger und muß jedenfalls dann verwandt werden, wenn man, wie hier beabsichtigt. die berandeten Flächenstücke beliebig gekrümmt im Raume verlaufend voraussetzen will.

der sich hinter dem nach der Normale eines Randpunktes genommenen Differentialquotienten der Greenschen Funktion verbirgt. Derselbe repräsentiert eine auf der berandeten Fläche überall sonst eindeutige und stetige, längs des Randes verschwindende Potentialfunktion, welche in einem einzelnen Randpunkte eine einfache algebraische Unstetigkeit hat, deren Achse mit der zugehörigen Randnormale zusammenfällt. Eine gewisse Scheu, Potentialfunktionen am Rande selbst mit Unstetigkeiten auszustatten, mag davon abgehalten haben, diesem Grenzfall einen besonderen Namen beizulegen.

Es ist nun überraschend, zu sehen, wie diese Begriffsbestimmungen sich in die allgemeinen des vorigen Paragraphen einordnen, *sobald wir die berandete Fläche, wie es u. a. in meiner Schrift* [Abh. XCIX, S. 570] *zur Sprache kam, indem wir Vorder- und Rückseite derselben getrennt auffassen und längs der Begrenzungslinie verbunden denken* [30]), *als einen besonderen Fall symmetrischer, geschlossener Flächen gelten lassen.* Will man die Potentialfunktionen, welche, auf der Vorderseite der berandeten Fläche verlaufend, längs des Randes den konstanten Wert Null haben, auf die Rückseite der Fläche analytisch fortsetzen, so braucht man nur die einzelnen Potentialwerte (indem man vom Punkte der Vorderseite zum entsprechenden Punkte der Rückseite übergeht) im Vorzeichen umzukehren. So erweist sich dann die Greensche Funktion als besonderer Fall jenes ersten, im vorigen Paragraphen betrachteten Potentials, welches zwei einander ergänzende logarithmische Unstetigkeitspunkte hat. Es ist nur *die* besondere Anordnung getroffen, daß jene beiden Unstetigkeitspunkte an korrespondierenden Stellen der beiden Flächenseiten gelegen sind. *Jener Grenzfall der Greenschen Funktion aber* (auf den es, wie gesagt, eigentlich ankommt) *ist nichts anderes als unsere Elementarfunktion, mit der Maßgabe, daß man, um die Symmetrie der beiden Flächenseiten zu wahren, den Unstetigkeitspunkt auf den Rand und die zugehörige Achse in die Randnormale verlegt hat.*

So ergibt sich also ein merkwürdiges Resultat. Die Theorie der geschlossenen Flächen kann bislang (§ 6) nur so [mathematisch] behandelt werden, daß man die geschlossene Fläche aus einzelnen berandeten Stücken zusammensetzt. Umgekehrt aber gewinnt man die beste Einsicht in die Lehre von den berandeten Flächen, indem man letztere als speziellen Fall der geschlossenen Flächen auffaßt.

---

[30]) Ich spreche hier nicht weiter von den in Abh. XCIX gleichfalls in Betracht gezogenen Doppelflächen.

Abschnitt II.
Das Prinzip der analytischen Fortsetzung.

§ 1.
Erläuterung des Prinzips an einem Beispiele.

Das allgemeine Prinzip, welches wir hier aufzustellen haben, ist an sich außerordentlich einfach, und nur seiner *Wichtigkeit* halber wird ihm ein besonderer Abschnitt hier gewidmet. Dabei verlasse ich für die Folge die Ausdrucksweise der Potentialtheorie, spreche vielmehr, indem ich mir jedes Potential mit dem konjugierten in bekannter Weise vereinigt denke (Abh. XCIX, S. 521), unmittelbar von den komplexen Funktionen des Ortes. Von den Funktionen, die ich in Abh. XCIX in Betracht zog, will ich hier der Kürze halber nicht die mit Periodizitätsmoduln, sondern nur die eindeutigen ins Auge fassen, bei gegebenem Fundamentalbereiche also nur solche, die in zusammengehörigen Randpunkten übereinstimmende Werte annehmen. Erinnern wir uns noch, daß eine komplexe Funktion des Ortes völlig bestimmt ist, wenn wir ihre Werte längs eines beliebig kleinen Linienstückes kennen.

Dies vorausgeschickt, beginnen wir bei Darlegung unseres Prinzips, der vollen Deutlichkeit wegen, mit demselben Beispiele des einfachen Parallelogramms, das auch in § 2 des vorigen Abschnitts vorangestellt wurde. Wir hatten damals nur ein einzelnes Parallelogramm betrachtet und dessen gegenüberstehende Kanten in einfacher Weise zusammengeordnet. Aber nun beachten wir, daß das Parallelogramm einen Teil der unbegrenzten Ebene ausmacht und wir das in Rede stehende Gesetz (die einfache Parallelverschiebung) als eine die ganze Ebene betreffende Operation auffassen können. Vermöge derselben legt sich neben unser erstes Parallelogramm ein zweites, ihm kongruentes.

Zugleich modifizieren wir in etwas unsere Auffassung. Statt unsere komplexe Funktion des Ortes nur innerhalb des ersten Parallelogramms als bestehend vorauszusetzen, verfolgen wir dieselbe jetzt über das Parallelogramm hinaus in die unbegrenzte Ebene. Wir finden dann sofort: *daß unsere Funktion in dem neukonstruierten, anliegenden Parallelogramm dieselbe Wertverteilung aufweist wie in dem alten.* Denn das neue Parallelogramm liegt genau so gegen die Kante, welche ihm mit dem ersten gemeinsam ist, wie letzteres gegen seine gegenüberstehende Kante; in den entsprechenden Punkten beider Kanten nimmt aber unsere Funktion, nach Voraussetzung, identische Werte an.

Wir wiederholen nun den hiermit gemachten Schluß, indem wir das ursprüngliche Parallelogramm zunächst mit vier neuen Parallelogrammen umgeben, dann jedes von diesen abermals, und so weiter fort, bis die ganze Ebene in bekannter Weise mit einem Netz von Parallelogrammen überdeckt ist. In jedem dieser Parallelogramme verläuft unsere Funktion genau so, wie in jedem anderen. Um uns der gewöhnlichen Sprechweise zu bedienen, mögen wir die unbegrenzte Ebene als das Gebiet einer Variablen η betrachten. Dann haben wir als Resultat: *daß dieselben Funktionen, welche wir als eindeutige Funktionen des Ortes auf unserem Fundamentalbereich definierten, doppeltperiodische Funktionen der Variabeln η sind.* Dieser Satz darf natürlich sofort umgekehrt werden. Er enthält in einfachster Form, was wir jetzt als allgemeines Prinzip zu formulieren haben.

§ 2.

Der allgemeine Fall.

Um nun bei beliebig gegebenem Fundamentalbereiche einen ähnlichen Schluß machen zu können, genügt es offenbar, anzunehmen: daß derselbe ein *Stück* einer anderen, umfassenderen Riemannschen Fläche sei[31]), und daß jene Operationen, welche die Kanten unseres Fundamentalbereichs zusammenordnen, als Transformationen der ganzen Riemannschen Fläche in sich selbst aufgefaßt werden können. Vermöge jeder solchen Operation legt sich dann neben den ursprünglichen Fundamentalbereich ein neuer. Damit die Vorstellung des zu schildernden Prozesses den richtigen Grad der Allgemeinheit erreiche, wollen wir gleich erwähnen, daß dieser neue Bereich möglicherweise an irgendwelchen Stellen über den alten hinübergreift oder auch Verzweigungspunkte in seinem Innern aufweist, die der alte nicht besaß, usw. Unabhängig davon gilt allemal der Satz: *daß jede komplexe Funktion des Ortes, welche auf der durch den ersten Bereich versinnlichten Riemannschen Mannigfaltigkeit eindeutig ist, auf jedem der Nachbarbereiche dieselbe Wertverteilung aufweist, wie auf dem ursprünglichen.*

Um diese Behauptung genauer zu zergliedern, sei η eine komplexe Variable, deren wir uns bedienen, um den einzelnen Punkt auf unserer Riemannschen Fläche zu bezeichnen. Sei ferner $\eta' = \varphi(\eta)$ diejenige Transformation, welche neben den ersten Fundamentalbereich einen zweiten legt, und also aus einer bestimmten Kante (K_1) desselben diejenige (K_2) macht, welche beiden Fundamentalbereichen gemeinsam ist. Sei nun $F(\eta)$ eine Funktion, für welche $F_{K_1} = F_{K_2}$ ist, d. h. welche in entsprechenden Punkten der beiden Kanten übereinstimmende Werte annimmt. Man konstruiere sodann die neue Funktion $F(\eta') = F(\varphi(\eta)) = F'(\eta)$, welche in dem neuen Fundamentalbereiche genau so verläuft,

---

[31]) Noch allgemeiner wäre es, auch diese Fläche wieder als Fundamentalbereich gegeben zu denken; doch mache ich davon in dieser Arbeit keine Anwendung.

wie $F(\eta)$ in dem alten. Offenbar stimmen die Randwerte F'_{K_2} mit den entsprechenden F_{K_1} überein. Aber letztere sind, wie gesagt, ihrerseits mit den F_{K_2} identisch. *Daher stimmen F und F' überhaupt längs der Kante K_2 überein und sind also dieselben Funktionen.* Und eben dies behauptet in etwas anderer Ausdrucksweise unser Satz.

Es gilt nun, sich die Gesamtheit der Bereiche, welche aus dem ersten durch fortgesetzte Reproduktion entstehen, vorzustellen. Hierzu gibt das im vorigen Paragraphen behandelte Beispiel der doppeltperiodischen Funktionen nur unvollkommene Anleitung. Bezeichnet man nämlich mit S_1 und S_2 die beiden Verschiebungen, vermöge deren sich neben das ursprüngliche Parallelogramm Nachbarparallelogramme legen, so ist $S_1 S_2 = S_2 S_1$. *Im allgemeinen aber ist für eine solche Relation, oder überhaupt für irgendeine Relation zwischen den entsprechenden Operationen S_1, S_2, ..., S_ν gar kein Grund vorhanden.* Die Operationen S_1, S_2, ..., S_ν, zusammen mit ihren inversen S_1^{-1}, S_2^{-1}, ..., S_ν^{-1}, umgeben den ursprünglichen Fundamentalbereich mit einem Kranze von 2ν Bereichen. Kombinieren wir nun irgend zwei der Operationen, z. B. $S_i S_k$, so heißt dies, daß wir zunächst auf den anfänglichen Bereich die Operation S_i anwenden, dann aber auf den so gewonnenen Bereich die Operation S_k (die ja nicht nur für die Punkte des ursprünglichen Bereiches, sondern überhaupt für alle Punkte der Riemannschen Fläche, die unsere Bereiche trägt, nach Voraussetzung Bedeutung hat). Wir erhalten so einen Bereich, welcher sich neben den anderen legt, der aus dem Anfangsbereiche durch S_k hervorgeht. — In ähnlicher Weise will jede Zusammenstellung der Symbole $S_1^{\pm}$, $S_2^{\pm}$, ..., $S_\nu^{\pm}$ gedeutet sein: jeder Zusammenstellung entspricht ein bestimmter Bereich, und auch umgekehrt (solange wir eben keine Relationen zwischen den S voraussetzen) jedem Bereiche nur eine Zusammenstellung. Ich werde weiter unten auf diese Korrespondenz zwischen Bereichen und Operationen noch genauer eingehen (Abschnitt III, § 11) und will hier nur noch auf Herrn Dycks „*Gruppentheoretische Studien*“ (Bd. 20 [und Bd. 22] der Math. Annalen [(1882) und (1883)]) verweisen, wo dieselben Verhältnisse in einer nur unwesentlich partikularisierten Form mit besonderer Klarheit, aber allerdings in etwas anderer Bezeichnung, besprochen sind.

Die Sache ist nun die, *daß unsere Funktion $F(\eta)$ sich auf allen diesen (im allgemeinen unendlich vielen) Bereichen gleichförmig reproduzieren wird.* Oder, wenn wir uns der Sprache der Analysis bedienen wollen und die Operationen S_1, S_2, ..., S_ν uns durch entsprechende Formeln $\eta' = \varphi_1(\eta)$, $\eta' = \varphi_2(\eta)$, ..., $\eta' = \varphi_\nu(\eta)$ ersetzt denken: *Unser $F(\eta)$ genügt den Funktionalgleichungen:*

$$F(\varphi_1(\eta)) = F(\varphi_2(\eta)) = \ldots = F(\varphi_\nu(\eta)) = F(\eta),$$

und natürlich den unbegrenzt vielen, die aus ihnen abgeleitet werden können.

Diese analytische Formulierung ist allerdings insofern minder vollkommen als die geometrische, als F, φ im allgemeinen äußerst vieldeutige Funktionen von η sind und daher die vorstehenden Funktionalgleichungen erst dadurch einen bestimmten Sinn bekommen, daß wir ausdrücklich festsetzen, sie sollen dem Übergange jedesmal vom einen Bereiche zum Nachbarbereiche korrespondieren.

Dies ist das Prinzip der analytischen Fortsetzung.

§ 3.

Verbesserte Auffassung des Prinzips. Reguläre und symmetrische Flächen.

Man kann innerhalb der Riemannschen Theorie sozusagen drei Stufen der Entwicklung unterscheiden. Allemal wird der unabhängig Variablen der gewöhnlichen Funktionentheorie eine irgendwie verlaufende Riemannsche Fläche (oder Mannigfaltigkeit) substituiert. Aber an Stelle der abhängig Veränderlichen tritt das eine Mal die einzelne (reelle) Potentialfunktion u, das zweite Mal die komplexe Funktion des Ortes, $u + iv$, endlich das dritte Mal wieder eine Riemannsche Fläche. Wo die gewöhnliche Analysis Abhängigkeiten zwischen zwei Variablen hat, da haben wir jetzt eine konforme Beziehung zwischen zwei Riemannschen Flächen. Es werden also nicht sowohl zwei komplexe Größen, sondern direkt zwei algebraische Gebilde in wechselseitige Abhängigkeit versetzt.

Indem wir hiervon Gebrauch machen, können wir sagen, daß unser Prinzip der analytischen Fortsetzung nichts anderes ist, als eine Schilderung der allgemeinsten konformen Beziehung, welche zwischen zwei Riemannschen Flächen, T_1 und T_2, bestehen kann. Wird T_1 in geeigneter Weise zerschnitten und beginnen wir mit einer von den vielleicht unendlich vielen, unterschiedenen Abbildungen, welche T_1 auf T_2 vermöge des vorausgesetzten konformen Zusammenhanges erfährt, so erscheint das Bild von T_1 als bestimmter Fundamentalbereich, d. h. als ein Bereich mit bestimmter Zusammengehörigkeit der Kanten, über T_2 (oder einen Teil von T_2) ausgebreitet. Die Sache ist dann die, daß es nicht nötig ist, will man die übrigen Abbildungen von T_1 finden, auf T_1 selbst zu rekurrieren. Vielmehr genügt es, jenen ersten Fundamentalbereich ins Auge zu fassen und ihn auf T_2 durch analytische Fortsetzung ins Unbegrenzte zu reproduzieren. Und dieses ist vielleicht der reinste Ausdruck unseres Prinzips.

Indem wir von demselben Gebrauch machen, besprechen wir den besonderen Fall, *daß nämlich T_1 eindeutige Transformationen in sich selbst besitzen mag.* Es zerlegt sich dann T_1 in eine gewisse (vielleicht unendliche) Zahl kleinerer, unter sich äquivalenter Gebiete, und nun ist die Sache offenbar die, daß es genügt, auf T_2 *eine* Abbildung *eines* dieser Gebiete zu kennen, um aus ihr zunächst durch eine geeignete analytische Fortsetzung ein erstes Bild der ganzen Fläche T_1 und weiterhin alle solche Bilder zu erhalten.

Hierbei nun erinnere man sich der Auseinandersetzungen über eindeutige Transformationen einer Riemannschen Fläche in sich, wie ich sie in Abh. XCIX, S. 561 ff. gegeben habe. Neben die direkten Transformationen, die man gewöhnlich allein betrachtet, stellen sich unter Umständen inverse, denen eine konforme Abbildung „mit Umlegung der Winkel" entspricht. Gestattet eine Fläche eine inverse Transformation, welche, einmal wiederholt, zur Identität zurückführt, so heißt die Fläche eine *symmetrische*.

Indem wir uns auf letztere Flächen beschränken, besagt unser allgemeiner Satz, *daß es genügt, auf T_2 nur eine Abbildung der einen symmetrischen Hälfte von T_1 zu kennen, um aus ihr durch analytische Fortsetzung den Gesamtverlauf der Abbildung zu finden.* Die Operationen S_1, S_2, ..., welche dabei zur Reproduktion des Anfangsbereiches dienen, sind dann natürlich selbst von der inversen Art, welcher eine Abbildung von T_2 auf sich selbst mit Umlegung der Winkel entspricht.

So gelangen wir zum *Prinzip der Symmetrie* in seiner allgemeinsten Gestalt und erkennen zugleich seine Stellung gegen unser Prinzip der analytischen Fortsetzung. Wo es am Platze ist, besagt es mehr als das letztere, denn es trägt eben der Symmetrie von T_1 Rechnung. Dafür kommt es aber auch nur bei symmetrischen Flächen T_1 zur Geltung.

§ 4.

Funktionen mit linearen Transformationen in sich.

Die allgemeinsten Funktionen mit linearen Transformationen in sich erwachsen aus den Betrachtungen des § 2, indem man die Funktionen $\varphi_1(\eta)$, $\varphi_2(\eta)$, ... einfach durch *lineare* Ausdrücke in η gegeben sein läßt. So war es in den Beispielen 1, 2, 3 des § 2 im vorigen Abschnitte, und auch das Beispiel 4 daselbst liefert uns Funktionen mit linearen Transformationen in sich, wenn wir die damals nicht näher definierte Zuordnung der $2p$ Randkurven eben durch lineare Substitution vermittelt denken. In allen diesen Fällen ist eine Ebene η (oder eine Kugelfläche η, was auf dasselbe hinauskommt) die Trägerin der unbegrenzt vielen Reproduktionen, und so wollen wir es auch in der Folge, da diese Annahme allgemein genug ist, voraussetzen.

Die angeführten Beispiele zeigen zugleich, daß Funktionen mit linearen Transformationen in sich durchaus nicht *eindeutig* zu sein brauchen. Es ist dies erst eine neue, in den späteren Entwicklungen des vorliegenden Aufsatzes hinzutretende Bedingung. Erst durch sie gewinnt der Begriff von Funktionen mit linearen Transformationen in sich eine engere Umgrenzung. Verzichtet man auf Eindeutigkeit, so gelingt es z. B. sofort, beliebig viele Funktionen zu konstruieren, welche durch irgendwelche vorgegebene lineare Substitutionen in sich übergehen. Für die einzelne solche Substitution konstruiere man nämlich einen Bereich, dessen Begrenzungslinien vermöge der Substitution zusammengeordnet sind. Überdies treffe man die Anordnung so, daß alle diese Bereiche irgendwie übereinander geschichtet erscheinen. Es genügt dann, diese Bereiche durch irgendwelche Verzweigungen zu einem einheitlichen Ganzen zu verbinden. Dann definiert uns das letztere, als Fundamentalbereich aufgefaßt, zugehörige Funktionen der gewollten Art.

Unter diesen allgemeinsten Funktionen mit linearen Transformationen in sich nehmen nun wieder diejenigen eine besondere Stellung ein, deren Fundamentalbereiche auch *inverse* lineare Umformungen in sich selbst gestatten. Insbesondere kann es sein, daß man die Gesamtheit aller äquivalenten Bereiche erhält, indem man den *halben* Ausgangsbereich durch symmetrische Umformungen dieser Art (d. h. Umformungen von der Periode Zwei) reproduziert. Und hier ist es nun, daß die Funktionen einzuordnen sind, welche die Herren Schwarz, Schottky u. a. (auch Riemann selbst [und Gauss]) vermöge des Prinzips der Symmetrie studiert haben. Es gibt zweierlei Arten symmetrischer linearer Umformungen (Abh. XCIX, S. 565). Beide erscheinen in der Ebene als Transformation durch reziproke Radien; aber das eine Mal hat man es mit einem reellen Inversionskreise, das andere Mal mit einem Kreise von imaginärem Radius zu tun. Von den genannten Autoren wurde durchweg nur die erste Art der Symmetrie benutzt. Daher erscheinen ihre Ausgangsbereiche (die halben Fundamentalbereiche) von a priori gegebenen Kreisbogen begrenzt. Insbesondere hat Herr Schwarz solche durchaus schlichte Ausgangsbereiche betrachtet, bei denen sich diese Kreisbögen zu *einem* Linienzuge zusammenfügen und das Geschlecht p des Fundamentalbereichs also den Wert Null hat. Darüber hinaus behandelt Herr Schottky den allgemeineren Fall, daß der, auch wieder schlicht vorausgesetzte Ausgangsbereich von mehreren Kreisbogenpolygonen umgrenzt sei. Das p des Fundamentalbereichs ist dann immer um eine Einheit kleiner als die Zahl der Begrenzungskurven. Herrn Schottkys Figuren ergeben sich aus denen des Herrn Schwarz sozusagen durch den im folgenden Abschnitte (§ 16) zu besprechenden Prozeß der Ineinanderschiebung.

Abschnitt III.
Eindeutige Funktionen mit linearen Transformationen in sich.

§ 1.

Vorbemerkungen.

Nach den Entwicklungen des vorigen Abschnitts ist die Bestimmung speziell aller *eindeutigen* Funktionen mit linearen Transformationen in sich sozusagen ein geometrisches Problem. Wir denken uns in der Ebene der komplexen Variablen η einen übrigens beliebigen Fundamentalbereich abgegrenzt, dessen Begrenzungskanten wir paarweise durch gewisse lineare Substitutionen des η zusammenordnen, reproduzieren dann diesen Bereich vermöge jener Substitutionen ins Unendliche und fragen, wie man in allgemeinster Weise die verschiedenen Bestimmungsstücke zu wählen hat, damit in der η-Ebene nirgends eine *mehrfache* Bedeckung durch die Fundamentalbereiche eintrete. — Die hier gewählte negative Ausdrucksweise soll dabei einschließen, daß keineswegs die ins Unendliche vervielfältigten Fundamentalbereiche die ganze Ebene zu überdecken brauchen. Vielmehr werden sich im allgemeinen *natürliche Grenzen* für die Vervielfältigung der Fundamentalbereiche einstellen, über welche hinaus dann auch die zugehörigen eindeutigen Funktionen nicht können fortgesetzt werden.

Es gelingt mir im folgenden nun nicht etwa, und es ist auch nicht mein Zweck, das allgemeine, so präzisierte Problem in voller Allgemeinheit zu erledigen. Vielmehr begnüge ich mich, von einer bestimmten Klasse eindeutiger Funktionen mit linearen Transformationen in sich (auf die sich dann auch das Fundamentaltheorem des Abschnitts IV zunächst beziehen soll) eine möglichst klare Vorstellung und scharfe Definition zu geben. Von dem Wunsche ausgehend, auch denjenigen verständlich zu schreiben, welche sich noch nicht mit dieser Art von Funktionen beschäftigt haben, gehe ich schrittweise und bespreche zunächst in den folgenden Paragraphen die übrigens wohlbekannten Funktionen, welche bei Wiederholung einer einzelnen linearen Substitution ungeändert bleiben (§ 2—4), gebe sodann eine Übersicht über gewisse weitere einfache Fälle unserer Funktionen, die bereits von anderer Seite oder bei früherer Gelegenheit ausführlich behandelt wurden (§ 5—7) und untersuche sodann insbesondere derartige Funktionen, bei denen eine reelle Kreislinie die natürliche Grenze abgibt (§ 8—14). Aus den so gewonnenen Funktionen entstehen sodann durch Variation der Konstanten (§ 15) sowie durch Ineinanderschiebung (§ 16) gewisse allgemeinere, denen zwei weitere Paragraphen gewidmet werden (§ 17—18); sie bezeichnen die Grenze, bis zu welcher die dies-

42*

malige Untersuchung vorschreitet. Ich will hier den Wunsch nicht unterdrücken, daß alle diese Dinge von anderer Seite mit größerer Ausführlichkeit möchten durchgearbeitet werden, als es mir seither bei nur zu beschränkter Zeit möglich gewesen ist[32]).

<h2 style="text-align:center">§ 2.</h2>

Über die geometrische Bedeutung der einzelnen linearen Substitution.

Was hier über die Bedeutung der einzelnen linearen Substitutionen $\eta' = \dfrac{\alpha\eta+\beta}{\gamma\eta+\delta}$ gesagt werden soll, ist nachgerade ziemlich bekannt[33]). Man wolle sich dabei die betreffenden Figuren jedesmal in der Ebene zeichnen; es ist dann aber nützlich, sich dieselben auf der Kugel vorzustellen. Denn auf der Kugel erscheinen solche Figuren, die wir als gleichberechtigt erachten müssen, auch dem ungeübten Auge viel leichter äquivalent als in der Ebene.

Die erste Unterscheidung, welche wir zu machen haben, bezieht sich auf die sogenannten Fundamentalpunkte der Substitution, welche bei der Substitution ungeändert bleiben. Indem dieselben durch folgende quadratische Gleichung gegeben sind:

$$\gamma\eta^2 + (\delta - \alpha)\eta - \beta = 0,$$

können dieselben entweder getrennt sein, oder, im besonderen Falle, zusammenrücken.

Wir beginnen mit dem allgemeinen Falle und legen durch die beiden Fundamentalpunkte hindurch ein erstes Kreisbüschel, welches ich als Büschel der *Meridiane* bezeichne. Dann konstruieren wir das Büschel der hierzu orthogonalen Kreise, der *Breitenkreise*. Die Ebenen der Breitenkreise schneiden sich (im Raume gedacht) alle längs derjenigen Linie, welche, in bezug auf die Kugel, die konjugierte Polare der Verbindungslinie der Fundamentalpunkte ist. Hierauf führen wir, statt η, eine neue Koordinate ζ derart ein, daß $\zeta=0$ den einen, $\zeta=\infty$ den anderen Fundamentalpunkt bezeichnet. Setzen wir $\zeta = re^{i\varphi}$, so wird $\varphi=$ Const. die Gleichung der Halbmeridiane, $r=$ Const. die Gleichung der Breitenkreise

---

[32]) [Die im Texte geforderte Durcharbeitung hat später Fricke geleistet. Seine Ergebnisse hat er zunächst in den Göttinger Nachrichten und in den Math. Annalen der neunziger Jahre veröffentlicht und dann in die „Automorphen Funktionen" eingearbeitet. Näheres darüber folgt unten auf S. 742 ff.]

[33]) Ich selbst habe diese Dinge z. B. schon im 9. Bande der Math. Annalen (1875/76) [= Abh. LI in Bd. 2 dieser Ausgabe S. 277 ff.] in ähnlicher Form zur Sprache gebracht. Wegen der einzuführenden Benennung vgl. man Bd. 14 der Math. Annalen (1878/79). [Man sehe die oben abgedruckte Abh. LXXXII, S. 24 ff. — Vgl. auch „Modulfunktionen", Bd. 1, S. 163/164 und „Automorphe Funktionen", Bd. 1, S. 65—68.]

sein. Auf dieses kanonische Koordinatensystem bezogen, muß jetzt unsere Substitution notwendig folgende Gestalt annehmen:

$$\zeta' = \frac{\varrho_1}{\varrho_2}\cdot\zeta\,,$$

wo ϱ_1, ϱ_2 die beiden Wurzeln der quadratischen Gleichung bezeichnen:

$$\begin{vmatrix} \alpha - \varrho & \beta \\ \gamma & \delta - \varrho \end{vmatrix} = 0\,.$$

Und nun unterscheide ich, indem ich $\frac{\varrho_1}{\varrho_2} = R\,e^{i\alpha}$ setze, drei Fälle.

Im ersten Falle sei $R = 1$. Dann bleiben, wie ersichtlich, bei der Transformation alle Breitenkreise ungeändert, die Meridiane aber vertauschen sich in der Art unter sich, daß $\varphi = \text{Const.}$ in $\varphi = \text{Const.} + \alpha$ verwandelt wird. Dies ist, was ich als *elliptische* Substitution bezeichne. Die elliptische Substitution ist *periodisch*, wenn α mit 2π kommensurabel ist; ist α einem ganzzahligen Teile von 2π gleich, so nenne ich die Substitution gelegentlich *primitiv*.

Im zweiten Falle nehmen wir $\alpha = 0$. Dann bleiben umgekehrt die Meridiane ungeändert erhalten, die Breitenkreise aber vertauschen sich untereinander, indem $r = \text{Const.}$ durch $r = R\cdot\text{Const.}$ ersetzt wird. Ich nenne dann die Substitution eine *hyperbolische*.

Der dritte Fall, in welchem $R \gtrless 1$, $\alpha \gtrless 0$ ist, wird am besten verstanden, wenn wir ihn durch eine Aufeinanderfolge einer elliptischen und einer hyperbolischen Substitution ersetzt denken. Ein Punkt $\zeta = r e^{i\varphi}$ ist nach der Transformation in $\zeta = rR\cdot e^{i(\varphi+\alpha)}$ übergegangen. Daher bleiben bei unserer Transformation die Kurven:

$$\alpha\cdot\log r - \varphi\cdot\log R = \text{Const.}$$

ungeändert. Diese Kurven sind die gleichwinkligen Trajektorien unserer Meridiane (oder Breitenkreise). Daher spreche ich im vorliegenden Falle von einer *loxodromischen* Substitution. Eine loxodromische Substitution ist ebenso, wie eine hyperbolische, notwendig aperiodisch.

Betrachten wir nun den Grenzfall, in welchem die beiden Fundamentalpunkte der Substitution zusammenfallen! Die Meridiane haben sich dann in solche Kreise verwandelt, welche einander im Fundamentalpunkte berühren. Aber die Breitenkreise, sowie die Scharen zusammengehöriger Loxodromen haben ihrerseits (wie man mit Leichtigkeit findet) je das Nämliche getan, *so daß also der spezifische Unterschied zwischen den dreierlei Kurvenarten in Wegfall kommt*. Wir verstehen die Transformation am besten, indem wir die Kugel vom Fundamentalpunkte aus auf die gegenüberstehende Tangentialebene projizieren. Die Meridiane verwandeln sich dann in Parallelgerade der Ebene, ebenso die Breitenkreise usw.

Sei ζ eine solche lineare Funktion von η, welche im Fundamentalpunkte unendlich wird. Dann schreibt sich unsere Substitution $\zeta' = \zeta + \text{Const.}$ und ist also durch eine bloße *Parallelverschiebung* der Ebene versinnlicht. — Ich nenne diesen (notwendig wieder aperiodischen) Grenzfall den Fall der *parabolischen* Substitution.

<h3 style="text-align:center">§ 3.</h3>

<h3 style="text-align:center">Der zur einzelnen Substitution zugehörige Fundamentalbereich.</h3>

Um überhaupt Funktionen mit linearen Transformationen in sich zu erhalten, betrachteten wir im vorigen Abschnitte übrigens beliebige Fundamentalbereiche, deren Randkurven allein durch die vorgegebenen Substitutionen paarweise zusammengeordnet werden mußten. Nun wir uns aber hier auf *eindeutige* Funktionen jener Art beschränken, ist die Willkürlichkeit des Fundamentalbereichs eine wesentlich geringere geworden. *Offenbar darf derselbe jetzt in seinem Innern keine zwei Punkte enthalten, welche vermöge der zugehörigen linearen Substitutionen oder irgendeiner aus ihnen zusammenzusetzenden Substitution äquivalent sind.*

Es sei jetzt eine einzelne lineare Substitution vorgelegt. So werden wir zuvörderst die Gruppe linearer Substitutionen bilden, die aus ihr durch positive oder negative Wiederholung hervorgeht, und die Gesamtheit der Lagen aufzufassen suchen, welche ein beliebiger Punkt vermöge der Substitutionen der Gruppe annimmt. Dann werden wir uns diesen Punkt beweglich denken und uns fragen, welchen möglichst großen Bereich derselbe überstreichen mag, ehe er an solche Stellen gelangt, die mit Stellen, welche er früher bereits eingenommen hatte, äquivalent sind. Die Untersuchung zeigt, daß dieser Bereich, von unwesentlichen Verzerrungen abgesehen, jedesmal vollkommen bestimmt ist. *Zu der einzelnen linearen Substitution gehört daher, in dem hier in Betracht kommenden Sinne, jedesmal nur ein Fundamentalbereich* (den wir dann durch die zugehörige Substitution bezeichnen können).

Sei unsere Substitution zuvörderst eine *elliptische*. So ist deutlich, daß dieselbe jedenfalls eine *periodische* sein muß, wenn der zugehörige Fundamentalbereich, wie wir es doch verlangen müssen, eine endliche Flächenausdehnung haben soll. Denn andernfalls überdecken die Punkte, welche aus einem beliebig angenommenen durch fortgesetzte Wiederholung der Substitution entstehen, in immer dichter werdender Aufeinanderfolge einen ganzen Breitenkreis. Wir können überdies annehmen, daß unsere Substitution *primitiv*, d. h. in der Gestalt

$$\zeta' = e^{\frac{2i\pi}{l}} \cdot \zeta$$

darstellbar sei, unter l eine ganze Zahl verstanden. Denn die Gruppe, welche aus den Wiederholungen unserer periodischen Substitution erwächst — und auf diese *Gruppe* kommt es jetzt bei unseren neuen Überlegungen wesentlich an —, kann immer auch durch Wiederholungen einer primitiven Substitution erzeugt werden. *Den Fundamentalbereich aber, der zu der vorgenannten primitiven Substitution zugehört, erkennt man sofort.* Er ist einfach eine *Sichel* von der Winkelöffnung $\dfrac{2\pi}{l}$, welche sich, von geeigneten Halbmeridianen begrenzt, vom Punkte $\zeta = 0$ zum Punkte $\zeta = \infty$ hinzieht. Die unwesentlichen Änderungen, welche man an diesem Bereiche noch anbringen kann, bestehen nur darin, daß man den einen Halbmeridian unter Festhaltung seiner Endpunkte verdrehen oder auch innerhalb gewisser Grenzen verzerren kann, sofern nur mit dem anderen Halbmeridian genau die entsprechende Änderung vorgenommen wird.

Wir betrachten ferner die *parabolische* Substitution $\zeta' = \zeta + \text{Const.}$ So bietet sich sofort als zugehöriger Fundamentalbereich in der Ebene ein *Parallelstreifen*, den wir uns der Einfachheit halber geradlinig begrenzt vorstellen können. Wollen wir ihn auf die Kugel übertragen, so haben wir jetzt *eine Sichel von der Winkelöffnung Null, deren beide Ecken in den Fundamentalpunkt der Substitution zusammenfallen.*

Bei der *hyperbolischen* Substitution $\zeta' = R \cdot \zeta$ oder der *loxodromischen* $\zeta' = R\,e^{ia} \cdot \zeta$ wird die Sache insofern anders, als der zugehörige, im wesentlichen wieder bestimmte Fundamentalbereich *zweifach* zusammenhängend ist. Wir werden jetzt nämlich als Fundamentalbereich etwa den *ringförmigen Raum* erachten, der zwischen zwei Breitenkreisen $r = \text{Const.}$ und $r = R \cdot \text{Const.}$ eingeschlossen ist. Der Unterschied zwischen den zweierlei Substitutionen ist dabei nur der, daß bei den hyperbolischen Substitutionen

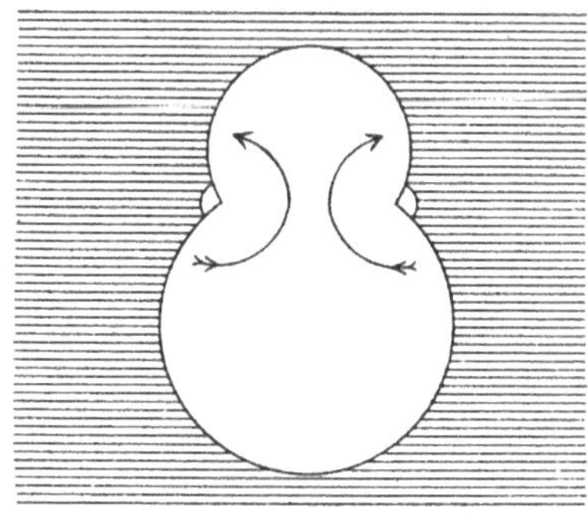

Fig. 2.

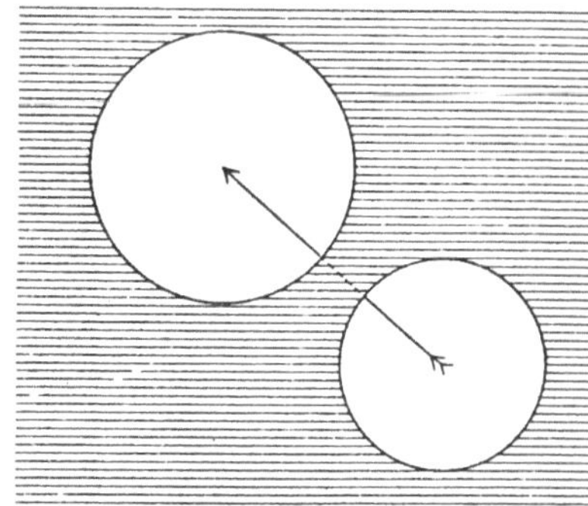

Fig. 3.

solche Punkte der beiden Breitenkreise zusammengeordnet erscheinen, welche auf demselben Halbmeridiane liegen, während bei der loxodromischen Substitution die beiden Kreise gegeneinander sozusagen verdreht erscheinen. Ich unterlasse es zu schildern, wie man den so eingeführten Bereich durch Verzerrung der Begrenzungskurven noch modifizieren kann.

Dagegen möchte ich durch die Figuren 2 und 3 dazu veranlassen, sich die verschiedenen Gestalten vorzustellen, unter denen sich die zuvörderst auf der Kugel gedachten Fundamentalbereiche bei verschiedener stereographischer Projektion auf die Ebene übertragen. So stellt Fig. 2 eine Sichel von der Winkelöffnung $\frac{\pi}{2}$, Fig. 3 einen ringförmigen Fundamentalbereich vor.

<h2 style="text-align:center">§ 4.</h2>

Funktionen, welche bei der einzelnen Substitution ungeändert bleiben.

Der Vollständigkeit wegen gebe ich hier die Funktionen explizite an, welche zu den im vorigen Paragraphen bestimmten Fundamentalbereichen hinzugehören. Im Falle der elliptischen oder parabolischen Substitution hat die durch den Fundamentalbereich versinnlichte Riemannsche Mannigfaltigkeit das Geschlecht Null. Daher wird es eine zugehörige Funktion geben, welche jeden Wert im Fundamentalbereich [einmal und] nur einmal annimmt. Als Funktion von ζ betrachtet muß sie im Falle der elliptischen Substitution bei $\zeta = 0$, wie bei $\zeta = \infty$ einen $(l-1)$-fachen Kreuzungspunkt besitzen. Analog im Falle der parabolischen Substitution im Punkte $\zeta = \infty$ einen Kreuzungspunkt unendlich hoher Ordnung. *Solche Funktionen sind offenbar ζ^l, beziehungsweise $e^{\frac{2i\pi\zeta}{\text{Const.}}}$.* Alle anderen Funktionen, die im Fundamentalbereiche eindeutig sind und auf der durch den Fundamentalbereich vorgestellten Riemannschen Mannigfaltigkeit keinen wesentlich singulären Punkt haben, drücken sich nach dem Fundamentalsatz über die Mannigfaltigkeiten vom Geschlechte Null durch die beiden angegebenen Funktionen bzw. rational aus. — Bei den hyperbolischen und loxodromischen Substitutionen ist $p = 1$. Will man zugehörige eindeutige Funktionen bilden, so genügt es, auf die Theorie der doppeltperiodischen Funktionen zu rekurrieren. Sei $\zeta' = R\,e^{i\alpha}\cdot\zeta$ die vorgelegte Substitution. So folgt $\log\zeta' = \log\zeta + \log R + i\alpha$. Wir brauchen also nur eindeutige Funktionen von $\log\zeta$ zu konstruieren, welche die Perioden $\log R + i\alpha$, und überdies, damit sie in ζ eindeutig sind, die Periode $2i\pi$ haben. Daß $p = 1$ ist, drückt sich darin aus, daß alle solche Funktionen[34] sich durch zwei derselben rational darstellen lassen, zwischen denen eine algebraische Gleichung vom Geschlechte 1 besteht.

Auch können wir den Gesamtverlauf, den diese Funktionen in der Ebene ζ (oder auf der Kugel ζ) nehmen, mit Leichtigkeit übersehen. Bei der elliptischen Substitution zerlegt sich die Ebene einfach durch l Halb-

---

[34] die im Fundamentalbereich keinen wesentlich singulären Punkt haben.

meridiane in l nebeneinanderliegende Sicheln. Die Anzahl dieser Sicheln wird unendlich groß, indem zugleich die beiden Eckpunkte in einen zusammenrücken, wenn die elliptische Substitution zur parabolischen wird. Im Falle der hyperbolischen oder loxodromischen Substitution dagegen bekommen wir unendlich viele einander einschließende ringförmige Bereiche, welche sich auf die beiden Fundamentalpunkte $\zeta = 0$ und $\zeta = \infty$ immer enger zusammendrängen.

Diese ausführlichen Angaben mögen dazu dienen, damit jedenfalls diese ersten den einzelnen linearen Substitutionen korrespondierenden Fälle vollständig verständlich seien.

§ 5.
Stellung der Gruppentheorie.

Durch die Bemerkungen des § 3 hat sich der Begriff des Fundamentalbereichs gegen den früher gegebenen in etwas verschoben. Statt der einzelnen linearen Substitutionen, welche zwei von den Randstücken des Fundamentalbereichs zusammenordnen, betrachten wir dort die Gruppe linearer Substitutionen, welche aus den genannten durch beliebige Kombination und Wiederholung entsteht, — und es erscheint der zulässige Fundamentalbereich beinahe als Attribut dieser Gruppe. Offenbar hat die Gruppe, welche einem brauchbaren Fundamentalbereiche zugehört, keine unendlich kleine Substitution: sie ist *diskontinuierlich*, wie Herr H. Poincaré es ausdrückt. Wir werden fragen, ob jede diskontinuierliche Gruppe linearer Substitutionen eine und nur eine für uns brauchbare Einteilung der Ebene in Fundamentalbereiche liefert. Wäre es der Fall, so könnten wir unsere ursprüngliche Fragestellung verlassen und die Aufsuchung aller diskontinuierlichen Gruppen linearer Substitutionen als eigentlichen Zielpunkt wählen.

Aber die nähere Betrachtung zeigt, daß da in dreifachem Sinne noch ein Unterschied zu machen ist.

Einmal gibt es, wie ich hier in keiner Weise ausführen kann, diskontinuierliche Gruppen, denen überhaupt kein endlicher Fundamentalbereich zugehört[35]). Die Fundamentalpunkte der zugehörigen linearen Substitutionen sind überall dicht über das ganze Gebiet der komplexen Variablen zerstreut[36]).

---

[35]) Vgl. die bezügliche Andeutung von Herrn H. Poincaré in Bd. 93 der Comptes Rendus, S. 46. [11. Juli 1881; abgedruckt in Bd. 2 der Oeuvres de H. Poincaré, S. 25, § 4. — Vgl. auch „Automorphe Funktionen", Bd. 1, S. 62 ff.]

[36]) [H. Poincaré hat aber in seiner auf S. 586 unter III) genannten Arbeit gezeigt, daß in jedem Falle die Gruppe der den linearen Substitutionen entsprechenden räumlichen Kollineationen im Innern der η-Kugel eine brauchbare Raumeinteilung liefert. Die mannigfachen Verhältnisse, die hierbei auftreten können, hat Dyck verfolgt (siehe seine Note in Bd. 35 der Berichte der K. Sächs. Gesellschaft der Wissen-

Andererseits werden wir sofort solche Gruppen kennen lernen, bei denen das Gebiet der komplexen Variablen durch gewisse natürliche Grenzen in verschiedene Abteilungen zerlegt ist. Innerhalb jeder Abteilung existiert ein zugehöriger Fundamentalbereich. Aber wenn wir ihn vermöge der linearen Substitutionen reproduzieren, die zugehörigen eindeutigen Funktionen mit linearen Transformationen in sich also analytisch fortsetzen, so werden wir nie aus der einmal gewählten Abteilung herausgelangen. Wir werden also sagen müssen, daß ein und derselben diskontinuierlichen Gruppe in diesem Falle verschiedene Arten von Fundamentalbereichen und zugehörigen Funktionen korrespondieren.

Endlich aber gibt es Gruppen linearer Substitutionen, denen überhaupt kein zusammenhängender Fundamentalbereich entspricht, oder bei denen dies doch nicht für alle Teile der Ebene der Fall ist.

Daher scheint es, trotz der neuen Umgrenzung, die der Begriff des Fundamentalbereichs erfahren hat, am richtigsten, daß wir auch im folgenden immer von der Gebietseinteilung ausgehen. Nur wo kein Mißverständnis möglich ist, empfiehlt es sich der Kürze halber, von der zugehörigen diskontinuierlichen Gruppe zu sprechen.

§ 6.
Weitere Beispiele brauchbarer Gebietseinteilungen.[37])

Ich wende mich nun zu der in § 1 bereits in Aussicht genommenen Aufzählung solcher bereits anderwärts studierter, für uns brauchbarer Gebietseinteilungen, deren Betrachtung zum Verständnisse des späteren nützlich sein kann.

1. *Wir nennen zunächst die Figuren der regulären Körper:* Dieder, Tetraeder, Oktaeder, Ikosaeder. Die zugehörige Gebietseinteilung erwächst jedesmal durch symmetrische Reproduktion eines Kreisbogendreiecks. Die Winkel desselben sind bez. dem folgenden Schema zu entnehmen:

$$\frac{\pi}{2}, \ \frac{\pi}{2}, \ \frac{\pi}{l}, \quad (l \text{ eine beliebige ganze Zahl}),$$

$$\frac{\pi}{2}, \ \frac{\pi}{3}, \ \frac{\pi}{3},$$

$$\frac{\pi}{2}, \ \frac{\pi}{3}, \ \frac{\pi}{4},$$

$$\frac{\pi}{2}, \ \frac{\pi}{3}, \ \frac{\pi}{5}.$$

schaften, S. 61 ff. (5. Dezember 1883)) und durch das Beispiel eines Tetraeders, das er nach dem Gesetz der Symmetrie (gemäß der auf die $(x+iy)$-Kugel gegründeten Maaßbestimmung) vervielfältigt, erläutert. Je nachdem, wie die Abmessungen des Tetraeders gewählt sind, kommen dabei die verschiedensten Ergebnisse zutage. K.]

[37] [Zu den in diesem Paragraphen gegebenen Beispielen vgl. „Modulfunktionen", Bd. 1, S. 102 ff.]

Die Zahl der unterschiedenen Fundamentalbereiche, und also die Gruppe der zugehörigen Substitutionen ist *endlich*, und dies sind die einzigen endlichen Gruppen linearer Substitutionen einer Veränderlichen, die es gibt (sofern man von den Wiederholungen einer einzelnen periodischen Substitution absieht). Das Geschlecht p ist Null.

2. *Als zweites Beispiel haben wir diejenigen Gebietseinteilungen, welche bei den doppeltperiodischen Funktionen in Betracht kommen.* Und zwar zuvörderst die gewöhnlichen Parallelogramme vom Geschlechte 1, die der Gruppe

$$\eta' = \eta + m\,\omega_1 + n\,\omega_2$$

korrespondieren, unter ω_1, ω_2 die Perioden verstanden. Dann ferner, den *geraden* doppeltperiodischen Funktionen entsprechend, Parallelogramme vom Geschlechte Null, wie ein solches durch Fig. 4 [38]) versinnlicht wird:

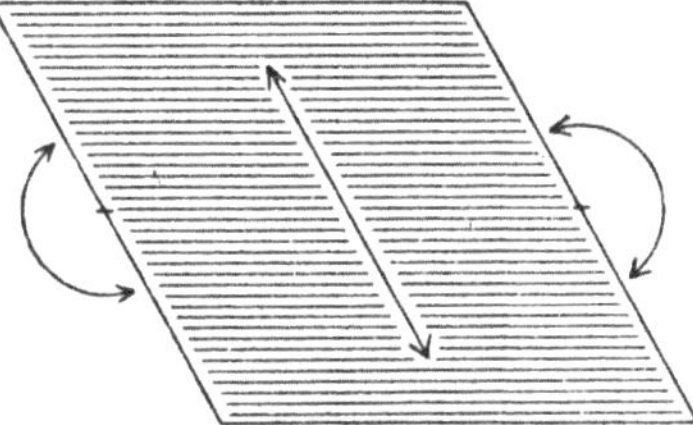

Fig. 4.

die zugehörige Gruppe lautet:

$$\eta' = \pm\,\eta + m\,\omega_1 + n\,\omega_2\,.$$

Endlich noch die besonderen Figuren, welche sich ergeben, wenn man ein geradliniges Dreieck, das entweder gleichseitig ist, oder die Hälfte eines gleichseitigen Dreiecks oder endlich die Hälfte eines Quadrats vorstellt,

Fig. 5.

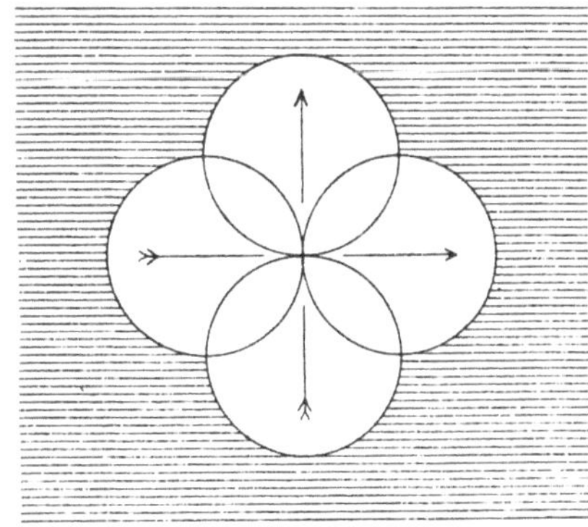

Fig. 6.

---

[38]) Fig. 5 repräsentiert den halben Fundamentalbereich des Ikosaeders, Fig. 6 ein beliebiges Parallelogramm in solcher Projektion, daß der Unendlichkeitspunkt der Ebene dem Bereiche angehört.

durch Spiegelung ins Unbegrenzte vervielfältigt. Die zugehörigen Substitutionen lauten, unter α eine dritte Einheitswurzel verstanden, bzw:

$$\eta' = \alpha^k \eta + (m + n\alpha)\,\omega_1\,; \qquad \eta' = \pm\,\alpha^k \eta + (m + n\alpha)\,\omega_1\,;$$
$$\eta' = i^k\,\eta + (m + ni)\,\omega_1\,.$$

Zugleich sind die hiermit angeführten Gruppen (von den Wiederholungen einer einzelnen geeigneten Substitution abgesehen) die einzigen diskontinuierlichen Gruppen, welche den Punkt $\eta = \infty$, aber auch keinen anderen Punkt der Ebene ungeändert lassen.

3. *Als drittes Beispiel ziehen wir diejenigen Gebietseinteilungen in Betracht, welche aus der symmetrischen Reproduktion eines Kreisbogendreiecks mit den Winkeln* $\dfrac{\pi}{l_1}$, $\dfrac{\pi}{l_2}$, $\dfrac{\pi}{l_3}$ *erwachsen, wo* l_1, l_2, l_3 *ganze Zahlen sind und* $\dfrac{1}{l_1} + \dfrac{1}{l_2} + \dfrac{1}{l_3} < 1$ *ist*[39]). Es sind dies eben diejenigen Figuren, denen schon Herr Schwarz im 75. Bande von Crelles Journal (1872/73) eine Zeichnung widmete[40]) (Tafel II daselbst [= Ges. Math. Abh. Bd. 2, S. 240]), und die in den letzten Bänden der Math. Annalen von verschiedenen Seiten ausführlich behandelt worden sind[41]). Bei ihnen tritt — für uns hier zum ersten Male — eine *[Curve als] natürliche Grenze* auf. Dieselbe wird von der Kreislinie gebildet, welche zu den drei Begrenzungskreisen des Ausgangsdreiecks (und also jedes anderen aus ihm abgeleiteten Dreiecks) orthogonal ist. Trifft man eine solche Koordinatenbestimmung, daß dieser Kreis als Achse der reellen Zahlen erscheint, so haben die Substitutionen der zugehörigen Gruppe durchaus reelle Koeffizienten. Wir haben hier einen solchen Fall, in welchem die Gruppe weiter reicht als die Überdeckung durch Fundamentalbereiche. Denn letztere finden sich nur auf derjenigen Seite des Grenzkreises, auf welcher wir (zufällig) das Ausgangsdreieck angenommen haben; die Gruppe aber zerlegt auch denjenigen Teil der Ebene, welcher auf der anderen Seite des Grenzkreises liegt, in äquivalente Gebiete.

<h2 style="text-align:center">§ 7.</h2>

<h3 style="text-align:center">Geometrischer Exkurs zum vorigen Paragraphen.</h3>

Wenn man sich mit linearen Substitutionen einer Variablen η beschäftigt, so ist es bekanntlich in vielen Fällen nützlich, die Kugel, auf

---

[39]) Läßt man diese Ungleichung fallen, so kommt man genau zu den unter 1. und 2. besprochenen Fällen zurück.

[40]) [Daß sich schon bei Gauss (vgl. Werke, Bd. 8, S. 104) eine Figur zur Dreiecksfunktion $\dfrac{\pi}{4}$, $\dfrac{\pi}{4}$, $\dfrac{\pi}{4}$ findet, ist schon in Bd. 2 dieser Ausgabe, S. 256 und im vorliegenden Bande, S. 577 besprochen. K.]

[41]) [Meine eigenen diesbezüglichen Arbeiten aus den Jahren 1878—79 sind oben als Abh. LXXXII—LXXXVI abgedruckt. K.]

der man die komplexen Werte von η deutet, als *Fundamentalfläche* einer *Nicht-Euklidischen* Maßbestimmung zu betrachten [42]). Den linearen Substitutionen $\eta' = \dfrac{\alpha\eta + \beta}{\gamma\eta + \delta}$ entsprechen dann die *Bewegungen* des Raumes, den elliptischen insbesondere die reinen *Drehungen*, den loxodromischen die *Schraubenbewegungen* usw. Jeder diskontinuierlichen Gruppe linearer Substitutionen wird eine ebensolche von Bewegungen entsprechen.

Die Beispiele nun, welche wir im vorigen Paragraphen betrachteten, korrespondieren sämtlich solchen Gruppen von Bewegungen, *bei denen je ein bestimmter Raumpunkt festbleibt*. Im Falle der doppeltperiodischen Funktionen ist dieser Punkt *auf* der Kugel gelegen: der Punkt $\eta = \infty$. Bei den regulären Körpern ist es ein Punkt im Kugelinnern, nämlich der Mittelpunkt der Kugel (solange man sich die regulären Körper unverzerrt in ihrer gewöhnlichen Gestalt denkt). Im Falle des dritten Beispiels aber ein Punkt außerhalb, der Pol nämlich jener Ebene, welche aus der Kugel den besprochenen Grenzkreis ausschneidet.

Beschränkt man seine Aufmerksamkeit auf die Winkel, welche die Strahlen oder Ebenen, die durch den festen Punkt hindurchlaufen, im Sinn unserer Nicht-Euklidischen Maßbestimmung miteinander bilden, so darf man den Kegel, der von dem festen Punkte aus sich an die Kugel erstreckt, als Fundamentalgebilde der Maßbestimmung erachten. Wir haben dann in dem ternären, von jenen Strahlen und Ebenen erfüllten Gebiete eine *hyperbolische* oder *elliptische* oder *parabolische* Maßbestimmung [43]), je nachdem der Kegel reell oder imaginär ist oder in eine Doppelebene (d. h., dualistisch zu reden, in zwei konjugiert imaginäre Ebenenbüschel) ausgeartet. Die hiermit bezeichnete Anschauungsweise ist deshalb nützlich, weil sie einen wichtigen Hilfsbegriff an die Hand gibt. Projiziert man nämlich die auf der Kugel ausgebreiteten, unter sich äquivalenten Fundamentalbereiche irgendeiner der von uns betrachteten Gebietseinteilungen von dem zugehörigen festbleibenden Punkte aus, so sind die projizierenden Pyramiden im Sinne der jeweiligen Maßbestimmung unter sich *kongruent*. Insbesondere haben sie alle dieselbe *Winkelöffnung*. Hiernach erkennt man z. B. sofort, daß endliche Gruppen linearer Substitutionen nur möglich sind, wenn der festgehaltene Punkt im Kugelinnern liegt, [und daß dann auch nur endliche Gruppen auftreten]; denn die Gesamtheit der von einem solchen Punkte aus sich erstreckenden Winkel ist endlich.

---

[42]) Siehe Math. Annalen Bd. 9 (1875/76) [= Abh. LI in Bd. 2 dieser Ausgabe, S. 277].

[43]) Wegen dieser Ausdrucksweise siehe Math. Annalen Bd. 4 (1871): *Über die sogenannte Nicht-Euklidische Geometrie* [als Abh. XVI in Bd. 1 dieser Gesamtausgabe abgedruckt].

Wir werden im folgenden von dieser Hilfsvorstellung in einer Form Gebrauch machen, die sich an die geometrischen Vorstellungen der üblichen Funktionentheorie bequemer anschließt. Die Strahlen und Ebenen, welche durch den festgehaltenen Punkt hindurchlaufen, übertrage man mitsamt der für sie geltenden Maßbestimmung durch Schnitt auf die Kugel, und von dieser, wenn man will, durch stereographische Projektion auf die Ebene η. So haben wir für die Punkte der letzteren eine Maßbestimmung, bei welcher der (reelle oder imaginäre oder ausgeartete) Grenzkreis die unendlich fernen Punkte abgibt, und die geodätischen Linien in diejenigen Kreise übergegangen sind, welche den Grenzkreis orthogonal schneiden. Im Sinne dieser Maßbestimmung sind dann die jeweiligen Fundamentalbereiche, wie wir sie im vorigen Paragraphen betrachteten, *kongruent* und also von gleichem *Flächeninhalt*. Die zugehörigen linearen Substitutionen von η aber bezeichnen ebenso viele im Sinne unserer Maßbestimmung zu verstehende Bewegungen[44]).

§ 8.
Über die allgemeinsten, von uns in Betracht zu ziehenden Gruppen mit reellem Hauptkreise.

Wie im Vorhergehenden bereits angedeutet, werde ich die sämtlichen Gruppen, welche wir in § 6 betrachteten, als *Gruppen mit Hauptkreis* bezeichnen. Dieser Hauptkreis ist im Beispiel 1 imaginär, im Beispiel 2 in einen Punkt ausgeartet, und dies sind, wie schon bemerkt, die einzigen Beispiele von Gruppen mit imaginärem, bez. ausgeartetem Hauptkreis. Dagegen ist es leicht zu sehen, daß es über das dritte Beispiel des § 6 hinaus noch unendlich viele diskontinuierliche Gruppen (resp. Gebietseinteilungen) mit *reellem* Hauptkreise gibt. Statt nämlich ein Kreisbogen-

---

[44]) Es ist dies dieselbe Art Nicht-Euklidischer Maßbestimmung, von der auch Herr H. Poincaré Gebrauch macht. Läßt man den Grenzkreis mit der Achse der reellen Zahlen zusammenfallen (worauf also die zugehörigen Bewegungen durch diejenigen linearen Substitutionen gegeben sein werden, welche reelle Koeffizienten haben), so ist der Ausdruck für die Entfernung zweier Punkte $x_1 + iy_1$, $x_2 + iy_2$, unter c eine reelle Konstante verstanden,

$$= -4\,ic\ \text{arc}\ \sin\left(i\ \sqrt{\frac{(x_1 - x_2)^2 + (y_1 - y_2)^2}{4\,y_1\,y_2}}\right).$$

[Nimmt man die beiden Punkte unendlich benachbart, so hat man das bei H. Poincaré immer benutzte

$$ds = c \cdot \frac{\sqrt{dx^2 + dy^2}}{y}.$$

Soviel ich weiß, tritt diese Form des ds zum ersten Male, gleich für n Veränderliche angeschrieben, bei Beltrami 1868 auf; siehe dessen *Teoria fondamentale degli spazii di curvatura costante* in Bd. 2, Serie 2 der Annali di Matematica (1868/69); abgedruckt als Nr. XXV in Bd. 1 seiner Opere matematiche. K.]

dreieck zugrunde zu legen, mögen wir ein Kreisbogen*vieleck* in Betracht ziehen, dessen Seiten (verlängert gedacht) sämtlich auf einem Hauptkreise senkrecht stehen, und dessen Winkel, sofern sie nicht Null sind, irgendwelche ganzzahlige Teile von π sind. *Wenn wir ein solches Kreisbogenvieleck symmetrisch reproduzieren, so erhalten wir wiederum eine brauchbare Gebietseinteilung, für welche der Hauptkreis Grenzkreis ist.* Das Geschlecht des Fundamentalbereichs ist, wie im Falle des Kreisbogendreiecks, gleich Null. Ich verweise ferner auf meine Bemerkungen *„Zur [Systematik der] Theorie der elliptischen Modulfunktionen"* im 17. Bande der Math. Annalen (1879/81) [siehe die oben abgedruckte Abh. LXXXVII], sowie insbesondere auf Herrn D y c k s *„Gruppentheoretische Studien"* im 20. Bande daselbst (1882). Es wird dort gezeigt, daß in den so erhaltenen Gruppen mit Hauptkreis andere Gruppen als Untergruppen enthalten sind, deren Fundamentalbereich nicht notwendig symmetrisch ist und ein Geschlecht besitzt, welches beliebig von Null verschieden sein kann.

Es ist Herrn H. P o i n c a r é s Verdienst, zuerst darauf aufmerksam gemacht zu haben, daß man die allgemeinsten Gruppen mit reellem Hauptkreis in einfacher Weise beschreiben kann[45]). Aber nur für einen Teil seiner Gruppen ist der Hauptkreis selbst die natürliche Grenze der Fundamentalbereiche. Zum Teil erreichen sie denselben nur in einzelnen Punkten[46]), zum Teil überschreiten sie ihn und überdecken die ganze Ebene. Ich werde im Nachstehenden nur solche Fälle betrachten, in denen der Hauptkreis mit der natürlichen Grenze zusammenfällt.

Zur Vereinfachung überlegen wir vorab das Folgende. Ein und dieselbe Gruppe linearer Substitutionen kann in demselben Gebiete der Ebene zu scheinbar sehr verschiedenen Fundamentalbereichen Anlaß geben. Ich erinnere nur an das Beispiel der doppeltperiodischen Funktionen: dasselbe parallelogrammatische System kann auf mannigfachste Weise aus einzelnen Parallelogrammen aufgebaut werden. Um über die verschiedenen dabei auftretenden Möglichkeiten Übersicht zu gewinnen, ist es nützlich, zunächst den Fundamentalbereich durch die geschlossene Riemannsche Mannigfaltigkeit (oder Fläche), welche er versinnlicht, zu ersetzen, und dann hinterher zu überlegen, auf welche Weisen man diese Fläche zerschneiden und ihr also einen bestimmten Fundamentalbereich substituieren kann.

Wir kehren also einen Augenblick die Betrachtung um. Statt die Riemannsche Fläche auf die η-Ebene abzubilden, verfolgen wir η als

---

[45]) Siehe Math. Annalen, Bd. 19 (1881/82), S. 554 = Oeuvres, Bd. 2, S. 93. — Vgl. zur Sache auch das unten, S. 742 ff., folgende Referat über die „Automorphen Funktionen".]

[46]) [Diese Einzelheit ist nicht richtig. Vgl. deswegen die Briefe 24 und 25 der oben abgedruckten Korrespondenz, insbesondere die daselbst in Fußnote [52]) auf S. 618 gegebenen Zitate.]

eine komplexe Funktion des Ortes auf der Riemannschen Fläche. Und hier ist es nun, daß wir die Beschränkungen, die wir im folgenden festhalten wollen, am deutlichsten bezeichnen können.

Offenbar hat η, als Funktion des Ortes auf der Riemannschen Fläche[47]) betrachtet, die Eigenschaft, sich nach Durchlaufung irgend eines geschlossenen Weges in der Gestalt $\frac{\alpha\eta+\beta}{\gamma\eta+\delta}$ zu reproduzieren. Es kann sein, daß eine derartige, von der Identität verschiedene Substitution sich bereits einstellt, wenn wir nur einen einzelnen Punkt der Riemannschen Fläche umkreisen. Einen solchen Punkt nennen wir einen *Verzweigungspunkt von η*[48]) und bedingen nun zunächst, *daß, gleich dem Geschlechte p der Riemannschen Fläche, auch die Zahl n dieser Verzweigungspunkte durchaus endlich sein soll.* Dann aber beschränken wir auch noch das Verhalten von η im einzelnen Verzweigungspunkte. Die Bedingung, daß die Umgebung des Verzweigungspunktes in η eindeutig sein soll, läßt noch verschiedene Möglichkeiten offen. *Wir wollen festsetzen, daß η sich in der Nähe des einzelnen Verzweigungspunktes verhalten soll, wie $\sqrt[l_k]{z}$ in der Nähe von $z=0$.* Hier soll l_k eine ganze Zahl sein, welche ich den *Index* des Verzweigungspunktes nenne, die übrigens in der Grenze auch unendlich werden mag (worauf $\log z$ an die Stelle von $\sqrt[l_k]{z}$ tritt). Die Folge ist dann, *daß η bei jeder Umkreisung des Verzweigungspunktes eine elliptische Substitution, und zwar eine primitive elliptische Substitution von der Periode l_k, im Grenzfalle aber eine parabolische Substitution erfährt.*

Den Inbegriff der hiermit definierten Attribute (p, n, l_k) bezeichne ich weiterhin als die *Signatur* der η-Funktion.

Indem wir nun insbesondere solche Gebietseinteilungen in der η-Ebene betrachten wollen, deren natürliche Grenze eine Kreislinie ist, wird der einzelne Fundamentalbereich notwendig einfachen Zusammenhang haben. Es wird also darauf ankommen, die Riemannsche Fläche (p, n) auf die eine oder andere Weise in eine einfach zusammenhängende zu zerschneiden. Eine Übersicht über die unbegrenzt vielen Möglichkeiten, welche dabei auftreten, hat an dieser Stelle keinen Zweck. Es wird vielmehr genügen, wenn wir eine kanonische Zerschneidungsart verabreden, die wenigstens in der Hauptsache bestimmt ist. Dies soll im folgenden Paragraphen ge-

---

[47]) Die Riemannsche Fläche selbst denke ich mir immer [der Einfachheit halber], im Anschlusse an Abh. XCIX ohne eigene Verzweigungspunkte frei im Raume gelegen.

[48]) [Später habe ich, um Verwechslungen mit den Verzweigungspunkten der gewöhnlichen Riemannschen Fläche über die z-Ebene zu vermeiden, statt dessen das Wort *Stigma* gebraucht. Vgl. Fußnote [2]) auf S. 577. K.]

schehen. Der § 10 schildert sodann die Gestalt des entsprechenden Fundamentalbereichs in der η-Ebene. Wir benutzen dabei, um die Ideen zu fixieren, einen Umstand, dessen auch Herr H. Poincaré erwähnt[49]). In der Theorie der doppeltperiodischen Funktionen zeigt man durch einfache geometrische Betrachtung, daß man den Fundamentalbereich, das Parallelogramm, immer geradlinig begrenzt voraussetzen kann. *In ganz ähnlicher Weise beweist man, daß man als Begrenzungskanten des einzelnen Fundamentalbereichs einer Gruppe mit Hauptkreis immer solche Kreisbogen verwenden kann, welche (verlängert gedacht) auf dem Hauptkreise senkrecht stehen.* Indem wir hiervon in § 10 Gebrauch machen, disponieren wir rückwärts über die Gestalt jener Querschnitte, welche in § 9 auf unserer Riemannschen Fläche nur erst der Art und Aufeinanderfolge nach festgelegt waren.

Noch sei bemerkt, daß wir im folgenden bei $p = 0$ immer $n \geq 3$ und bei $p = 1$ immer $n \geq 1$ voraussetzen wollen. Die hiermit ausgeschlossenen Fälle sind im Früheren bereits erledigt und ihre Mitberücksichtigung würde die Ausdrucksweise (zumal bei den Konstantenzählungen) unnötig schwerfällig machen. *Es sind dies nämlich diejenigen Fälle, in denen die Riemannsche Fläche (p, n) unendlich viele eindeutige Transformationen [d. h. eine continuierliche Schar von Transformationen] in sich gestattet, welche die vorgegebenen Verzweigungspunkte nicht ändern.* Dem entspricht, wie hier beiläufig bemerkt sei, daß die betreffenden linearen Substitutionen der Variablen η mit unendlich vielen anderen linearen Substitutionen vertauschbar sind.

§ 9.

Kanonische Zerschneidung der Riemannschen Fläche (p, n).

Um die kanonische Zerschneidung der Riemannschen Fläche, die wir im folgenden benutzen werden, herzustellen, beginnen wir mit derjenigen Zerschneidungsart, welche, auf Riemann zurückgehend, auch sonst vielfach verwandt wurde. Zunächst werden wir irgend p die Fläche nicht zerstückende und einander nicht schneidende Rückkehrschnitte $A_1, A_2, \ldots, A_p$ konstruieren. Sodann ergänzen wir jeden derselben in bekannter Weise durch einen Querschnitt B_i, der von einem Punkte des A_i auslaufend [ohne die andern Schnitte zu treffen] zu demselben Punkte von der anderen Seite zurückkehrt. Die p so entstehenden Schnittpunkte (A_i, B_i) verbinden wir des weiteren mit einem beliebigen Punkte O der Fläche durch Stücke c_i und legen endlich von demselben Punkte O aus nach den n Verzweigungsstellen, die beziehungs-

---

[49]) [Vgl. z. B. Math. Annalen, Bd. 19 (1881/82), S. 554 und Acta Math., Bd. 1 (1882/83), S. 18/19; abgedruckt in Bd. 2 der Oeuvres de H. Poincaré auf S. 93 bzw. S. 124/125.]

weise $a_1, a_2, \ldots, a_n$ genannt werden mögen, Schnitte $L_k\,(k = 1, 2, \ldots, n)$. Dabei können wir, indem wir noch bei jedem Schnitte zwischen einer positiven und einer negativen Seite unterscheiden, die Aufeinanderfolge der genannten Stücke so wählen, daß bei positiver[50]) Umkreisung der nun einfach zusammenhängenden Fläche die Aufeinanderfolge der Begrenzungsstücke die folgende ist:

$$c_1^+ \, A_1^+ \, B_1^- \, A_1^- \, B_1^+ \, c_1^-$$
$$c_2^+ \, A_2^+ \, B_2^- \, A_2^- \, B_2^+ \, c_2^-$$
$$\cdots \cdots \cdots \cdots$$
$$c_p^+ \, A_p^+ \, B_p^- \, A_p^- \, B_p^+ \, c_p^-$$
$$L_1^+ \, L_1^- \, L_2^+ \, L_2^- \, \ldots L_n^+ \, L_n^- \; .$$

Nachdem alles in dieser Weise geordnet ist, ziehe ich jetzt hinterher — um nämlich an Querschnitten und also an Begrenzungskanten des späteren Fundamentalbereichs zu sparen — die Stücke c_i, indem ich sie immer kürzer mache, schließlich ganz in den Punkt O hinein, so daß zuletzt, außer den L_k, auch die A_i, B_i sämtlich von O auslaufen. *Der Erfolg ist dann einfach der, daß in dem vorstehenden Schema die Stücke $c_i^{\pm}$ überhaupt wegfallen und also nur $4p + 2n$ Begrenzungsstücke übrig bleiben.* Man beachte die Winkel, welche die aufeinanderfolgenden Begrenzungsstücke unserer Fläche miteinander einschließen. Von denselben sind n gleich 2π, nämlich diejenigen, welche in den Verzweigungspunkten $a_1, a_2, \ldots, a_n$ von den dort zusammenstoßenden L_k^+, L_k^- gebildet werden. *Die übrigen $4p + n$ aber sind erst zusammengenommen gleich 2π;* denn erst zusammengenommen ergeben sie auf unserer Fläche die ganze Umgebung des Punktes O. Man muß sich von dieser Umgebung eine Vorstellung machen, wie sie für den Fall $p = 2, n = 3$ durch Fig. 7 schematisch repräsentiert wird.

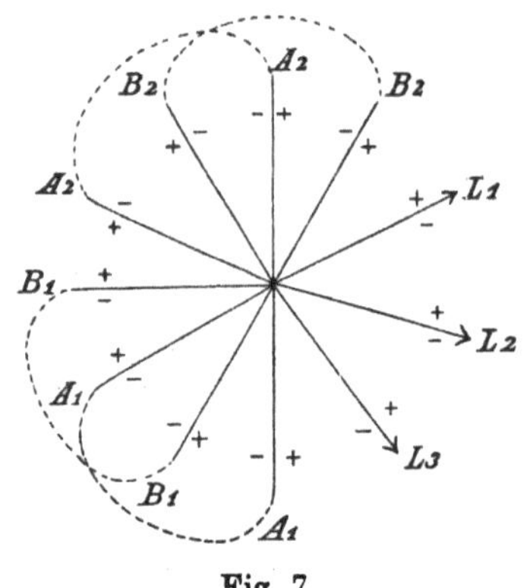

Fig. 7.

Auf der so zerschnittenen Fläche ist nun η eindeutig, und wir können also den Inbegriff der Werte, welche η auf ihr annimmt, als einen Funktionszweig betrachten. Hätten wir keine bestimmte Zerschneidung verabredet, so könnten wir nur von der linearen Substitution reden, welche η bei *Durchlaufung* eines bestimmten geschlossenen Weges erleidet.

---

[50]) Als positiv nehme ich fernerhin diejenige Richtung, welche dem Drehsinn eines Uhrzeigers entgegen läuft.

Jetzt aber dürfen wir mit Rücksicht auf unseren Funktionszweig von einer solchen Substitution sprechen, die der *Überschreitung* einer unserer Querschnitte korrespondiert. In der Tat wird diese Substitution dieselbe sein, an welcher Stelle auch [auf der zerschnittenen Fläche] wir den einzelnen Querschnitt überschreiten mögen. Wir werden hiernach bestimmte Substitutionen S_i, T_i, resp. U_k haben, welche η erleidet, wenn wir von A_i^-, B_i^-, L_k^- beziehungsweise zu A_i^+, B_i^+, L_k^+ hinüberschreiten. Es sind diese $2p + n$ Substitutionen die *erzeugenden* Substitutionen, aus denen sich alle anderen, die η erfährt, zusammensetzen.

Die hiermit eingeführten Betrachtungen haben die größte Ähnlichkeit mit denjenigen, vermöge deren man die Periodizitätsmoduln algebraischer Integrale zu bestimmen pflegt. Es will beim weiteren Verfolg derselben inzwischen ein wesentlicher Unterschied scharf erkannt sein. Bei den Integralen erscheinen beliebige geschlossene Wege, welche wir auf der Fläche hintereinander durchlaufen mögen, eben weil sie beide einen additiven Periodizitätsmodul liefern, miteinander vertauschbar. Eine solche Vertauschbarkeit tritt aber bei unseren Funktionen im allgemeinen keineswegs ein.

Übrigens finden wir für unsere S_i, T_i, U_k, indem wir die Punkte a_k, O unserer Fläche umkreisen, noch gewisse Relationen. Zunächst, wenn wir um a_k herumgehen, so kommt dies auf dasselbe hinaus, als wenn wir den Querschnitt L_k überschreiten. Aber η reproduziert sich identisch, wenn wir a_k im ganzen l_k-mal umkreisen, wo l_k der Index des Verzweigungspunktes ist. *Daher kommt:*

$$U_k^{l_k} = 1 \, . \text{[51])}$$

Wir umkreisen nun ferner den Punkt O. Da dieser Punkt durchaus zufällig gewählt ist und für unsere η-Funktion gar keine spezifische Bedeutung hat, so reproduziert sich η dabei jedenfalls identisch. Nun werden bei dieser Gelegenheit die Querschnitte A_i, B_i, L_k, wie Fig. 7 aufweist, in bestimmter Reihenfolge überschritten. Indem wir letztere markieren, gewinnen wir folgende Beziehung, die späterhin als *Fundamentalrelation* bezeichnet sein soll:

$$S_1^{-1} T_1^{-1} S_1^{+1} T_1^{+1} S_2^{-1} T_2^{-1} S_2^{+1} T_2^{+1} \ldots S_p^{-1} T_p^{-1} S_p^{+1} T_p^{+1} U_1^{-1} U_2^{-1} \ldots U_n^{-1} = 1.$$

Hier bezeichnet die Aufeinanderfolge der Buchstaben (von links nach rechts) die hintereinander auszuführenden Operationen.

Vermöge dieser Relationen können wir die Benennung jeder Substitution, die sich aus dem S_i, T_i, U_k zusammensetzt, beliebig modifizieren, wovon noch wiederholt Gebrauch gemacht werden soll.

____

[51]) [Im Grenzfalle $l_k = \infty$ tritt an Stelle hiervon die Bedingung, daß die Substitution U_k parabolisch ist. B.-H.]

Es muß übrigens hervorgehoben werden, daß diese Relationen das Verhalten von η in den Punkten a_k, bzw. in O keineswegs vollkommen charakterisieren. In nächster Umgebung von a_k sollte sich η verhalten, wie $\sqrt[l_k]{z_k}$ in der Umgebung von $z = 0$. Die Relation $U_k^{l_k} = 1$ würde bestehen bleiben, wenn wir hier $\sqrt[l_k]{z}$ durch irgendeine ganzzahlige Potenz ersetzten. Ebenso würde unsere Fundamentalrelation richtig bleiben, wenn η sich nicht erst bei voller Umkreisung des Punktes O, sondern schon auf einem beliebigen ganzzahligen Teile dieses Weges identisch reproduzierte.

§ 10.

Der kanonische Fundamentalbereich in der η-Ebene.

Indem wir jetzt zur η-Ebene zurückgehen, bemerken wir vorab, daß die linearen Substitutionen, welche η erleidet, in dem von uns zu betrachtenden Falle jedenfalls nicht loxodromisch sind. Denn alle sollen ja einen bestimmten Kreis, den Hauptkreis, ungeändert lassen. Ist nun die Substitution, welche uns vorgelegt wird, *elliptisch*, so wird der Hauptkreis für sie ein Breitenkreis sein, die beiden Fundamentalpunkte der Substitution sind konjugierte Pole in bezug auf den Hauptkreis, und es liegt also der eine, aber auch nur der eine Fundamentalpunkt der Substitution auf derjenigen Seite unseres Hauptkreises, auf der sich unsere Fundamentalbereiche befinden. Wird die Substitution (im Grenzfalle) *parabolisch*, so rücken die beiden Fundamentalpunkte in einen Punkt des Hauptkreises zusammen. — Ist dagegen die vorgelegte Substitution *hyperbolisch*, so wird der Hauptkreis die Bedeutung eines Meridians haben und also durch beide Fundamentalpunkte der Substitution hindurchlaufen.

Wir entwerfen jetzt vermöge unserer η-Funktion (deren Existenz wir hier als vorgegeben betrachten) ein erstes Bild der im vorigen Paragraphen zerschnittenen Fläche, und gewinnen so, was wir als den *kanonischen Fundamentalbereich* in der η-Ebene, und zwar als *ursprünglichen* Fundamentalbereich bezeichnen wollen. Es ist ein einfach zusammenhängendes, nirgends über den Hauptkreis hinausgreifendes[52]), mit $4p + 2n$ Begrenzungslinien und also ebenso viel Ecken versehenes, allgemein zu reden, krummliniges Polygon. Von diesen Ecken entsprechen $4p + n$, die ich als *Ecken erster Art* bezeichnen will, dem Punkte O unserer Riemannschen Fläche; die Konformität der Abbildung erleidet in ihnen keine Unterbrechung und *es beträgt also die Winkelsumme der Ecken erster*

---

[52]) Alles dieses, weil wir *voraussetzen*, unsere Riemannsche Fläche sei in η eindeutig und der Hauptkreis sei die natürliche Grenze für die Reproduktionen der Fundamentalbereiche.

Art insgesamt 2π. Dagegen bieten die Ecken der *zweiten* Art, die den Verzweigungspunkten $a_1, a_2, \ldots, a_n$ der Riemannschen Fläche entsprechen und demnach mit $\alpha_1, \alpha_2, \ldots, \alpha_n$ bzw. bezeichnet sein sollen, eine Abweichung von der Konformität. *Der Winkel* 2π, *welcher auf unserer Riemannschen Fläche zwischen* L_k^+ *und* L_k^- *eingeschlossen ist, erscheint in der η-Ebene durch* $\dfrac{2\pi}{l_k}$ *ersetzt*. Die Ecke α_k ist dann zugleich Fundamentalpunkt der elliptischen Substitution U_k. Es geht daraus hervor, *daß unser Fundamentalbereich sich in α_k an den Hauptkreis hinan erstreckt, wenn U_k parabolisch ist*. Dagegen liegen die $(4p+n)$ Ecken erster Art notwendig immer im Innern des Hauptkreises. Denn da jede von ihnen dem Punkte O entspricht, so müssen sich von jeder derselben aus, wie wir unten noch genauer sehen werden, ganz ähnlich $(4p+n)$ Fundamentalbereiche in der η-Ebene erstrecken, wie vom Punkte O aus auf der Riemannschen Fläche die $(4p+n)$ durch die A_i, B_i, L_k begrenzten Winkelräume.

Wir wollen uns die Gestalt der A_i, B_i, L_k jetzt so bestimmt denken, daß die Begrenzungslinien unseres Fundamentalbereiches Kreise werden, welche verlängert gedacht auf dem Hauptkreis senkrecht stehen[53]). Und

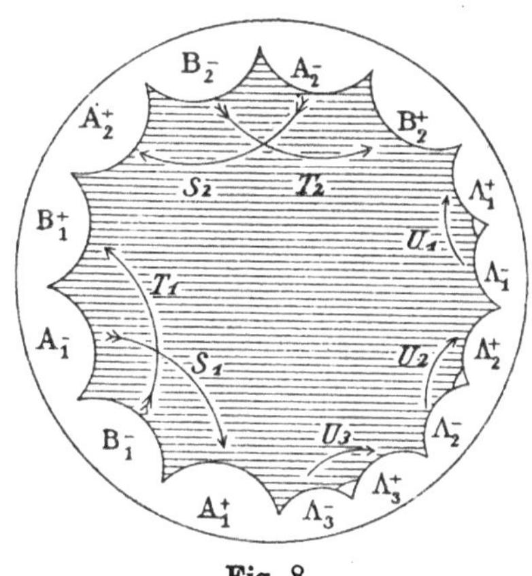

Fig. 8.

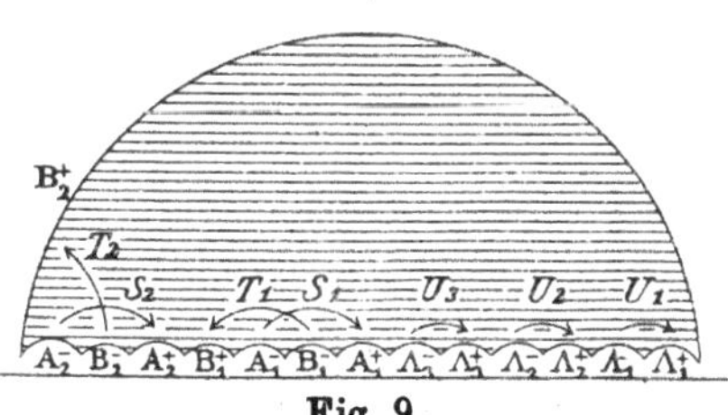

Fig. 9

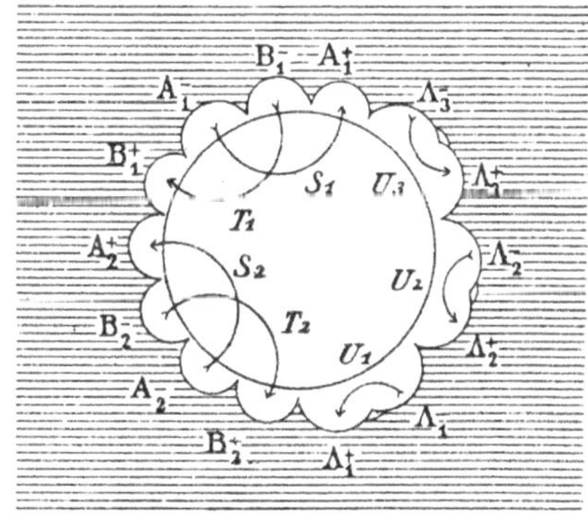

Fig. 10.

zwar sollen die Kreisbogen, welche den verschiedenen Ufern $A_i^\pm$, $B_k^\pm$, $L_k^\pm$ entsprechen, mit den korrespondierenden griechischen Buchstaben $A_i^\pm$, $B_i^\pm$, $\Lambda_k^\pm$ bezeichnet sein. Die Figuren 8 bis 10 sollen die Aufeinanderfolge und

<hr>

[53]) [Daß eine solche Bestimmungsweise in der Tat stets möglich ist, folgt noch nicht aus den auf S. 673 erwähnten Angaben von H. Poincaré. Einen erschöpfenden Beweis hat erst Fricke in den Göttinger Nachrichten vom Jahre 1895, S. 360ff. geführt. Vgl. auch „Automorphe Funktionen", Bd. 1, S. 284—320 (insbes. S. 319), sowie das unten auf S. 742ff. folgende Referat über dieses Werk.]

Zusammengehörigkeit dieser Kreisbogenstücke an dem schon oben gewählten Beispiele $p=2$, $n=3$ schematisch erläutern. Der Hauptkreis ist in allen Fällen stärker ausgezogen, desgleichen sind die Winkel an den Ecken α_k durch besondere Markierung kenntlich gemacht. Die Pfeile bezeichnen die Zusammengehörigkeit der Kanten, und überdies gibt die Pfeilspitze jedesmal den Sinn, in welchem die durch das beigesetzte Symbol bezeichnete Operation, positiv genommen, wirksam ist. *Durch* S_i^{+1}, T_i^{+1}, U_k^{+1} *geht beziehungsweise* A_i^+ *aus* A_i^-, B_i^+ *aus* B_i^-, Λ_k^+ *aus* Λ_k^- *hervor.* Unter sich differieren die drei Zeichnungen nur durch ihre Beziehung zum Unendlichkeitspunkte der η-Ebene. Es sind verschiedene stereographische Projektionen einer und derselben auf einer Kugel zu denkenden Figur. Ich habe sie alle drei hergesetzt, weil es im folgenden unerläßlich ist, sich unseren Fundamentalbereich bald in der einen, bald in der anderen Gestalt zu denken.

§ 11.
Die Gruppierung der Fundamentalbereiche.

Man versuche nun, sich ein deutliches Bild davon zu machen, wie sich unser Fundamentalbereich vermöge der erzeugenden Substitution $S_i^{\pm 1}$, $T_i^{\pm 1}$, $U_k^{\pm 1}$ vervielfältigt und nach und nach (der Voraussetzung gemäß) die ganze Ebene bis an den Hauptkreis überdeckt. Dabei erinnere man sich der allgemeinen Erläuterungen, die in § 2 des vorigen Abschnitts gegeben wurden, übrigens aber der in § 9 dieses gegenwärtigen Abschnitts aufgestellten Relationen. Um eine bestimmtere Ausdrucksweise zu ermöglichen, *wollen wir jeden Fundamentalbereich vermöge derjenigen linearen Substitutionen benennen, durch welche er aus dem ursprünglichen Fundamentalbereiche hervorgeht.* Der ursprüngliche Fundamentalbereich selbst ist hiernach $= 1$.

Was zuvörderst die Bereiche angeht, die sich an den ursprünglichen längs einer *Kante* anschmiegen, so sind dies offenbar $S_i^{\pm 1}$, $T_i^{\pm 1}$, $U_k^{\pm 1}$ selbst. Wir leiten hieraus sofort die folgende allgemeine Regel ab: *daß nämlich der Bereich* Π (unter Π ein beliebiges symbolisches Produkt der S, T, U verstanden) *von den* $S_i^{\pm 1}\,\Pi$, $T_i^{\pm 1}\,\Pi$, $U_k^{\pm 1}\,\Pi$ *unmittelbar umgeben ist.* In der Tat bei der *Operation* Π, die den *Bereich* 1 *in den Bereich* Π überführt, geht $S_i^{\pm 1}$ in $S_i^{\pm 1}\,\Pi$ über, usw.

Wir suchen nun ferner die Bereiche, welche mit dem ursprünglichen, wo nicht eine *Kante*, so doch eine *Ecke* gemein haben.

Ist diese Ecke von der zweiten Art, so ist die Sache sehr einfach.

Wir haben, indem wir etwa α_k in positivem Sinne umkreisen, der Reihe nach die Bereiche:

$$1,\; U_k,\; U_k^2,\; \ldots,\; U_k^{l_k-1}.$$

Die Relation $U_k^{l_k} = 1$ entspricht dem Umstande, daß der (l_k+1)-te Bereich wieder der erste ist. — Die Sache muß etwas anders dargestellt werden, wenn l_k unendlich, die Substitution U_k also parabolisch ist. Dann haben wir von 1 ausgehend nach der einen Seite die Bereiche $U_k, U_k^2, U_k^3, \ldots$, nach der anderen U_k^{-1}, U_k^{-2}, usw.

Etwas komplizierter ist die Behandlung der Ecken erster Art. Wir betrachten einen Augenblick nicht den Fundamentalbereich 1 selbst, sondern nur seine Eckpunkte erster Art, und zwar zuvörderst den Eckpunkt $(\mathsf{A}_1^+, \Lambda_n^-)$. Durch S_1^{-1} wird aus ihm $(\mathsf{A}_1^-, \mathsf{B}_1^+)$ [vgl. die Figuren 8 bis 10 auf S. 677]. Hieraus durch T_1^{-1}: $(\mathsf{A}_1^-, \mathsf{B}_1^-)$, sodann durch S_1^{+1}: $(\mathsf{A}_1^+, \mathsf{B}_1^-)$, endlich durch T_1^{+1}: $(\mathsf{A}_2^+, \mathsf{B}_1^+)$. Die weitere Hinzufügung der Operationen $S_2^{-1}, T_2^{-1}, S_2^{+1}, T_2^{+1}$ bringt den Punkt der Reihe nach in folgende Lagen: $(\mathsf{A}_2^-, \mathsf{B}_2^+)$, $(\mathsf{A}_2^-, \mathsf{B}_2^-)$, $(\mathsf{A}_2^+, \mathsf{B}_2^-)$, $(\mathsf{A}_3^+, \mathsf{B}_2^+)$. So fortfahrend kommen wir schließlich, indem wir zwischendurch alle anderen Eckpunkte (A, B) einmal berühren, zu $(\mathsf{B}_p^-, \Lambda_1^+)$. Von hier bringen wir unseren Punkt durch U_1^{-1} nach $(\Lambda_1^-, \Lambda_2^+)$, dann durch U_2^{-1} nach $(\Lambda_2^-, \Lambda_3^+), \ldots$, endlich durch U_n^{-1} zur Anfangslage $(\Lambda_n^-, \mathsf{A}_1^+)$ zurück. *So haben wir aus dem ersten Eckpunkte erster Art alle anderen durch gewisse Operationen hergestellt, die wir $\pi_0, \pi_1, \pi_2, \ldots$ nennen wollen.* Dabei ist:

$$
\begin{aligned}
\pi_0 &= 1;\\
\pi_1 &= S_1^{-1};\\
\pi_2 &= S_1^{-1} T_1^{-1};\\
\pi_3 &= S^{-1} T_1^{-1} S_1^{+1};\\
&\;\cdot\;\cdot\;\cdot\;\cdot\;\cdot\;\cdot\;\cdot\;\cdot\;\cdot\;\cdot\\
&\;\cdot\;\cdot\;\cdot\;\cdot\;\cdot\;\cdot\;\cdot\;\cdot\;\cdot\;\cdot\\
\pi_{4p} &= S_1^{-1} T_1^{-1} S_1^{+1} T_1^{+1} \ldots S_p^{-1} T_p^{-1} S_p^{+1} T_p^{+1};\\
\pi_{4p+1} &= \pi_{4p} U_1^{-1};\\
&\;\cdot\;\cdot\;\cdot\;\cdot\;\cdot\;\cdot\;\cdot\;\cdot\;\cdot\;\cdot\\
&\;\cdot\;\cdot\;\cdot\;\cdot\;\cdot\;\cdot\;\cdot\;\cdot\;\cdot\;\cdot\\
\pi_{4p+n-1} &= S_1^{-1} T_1^{-1} \ldots S_p^{+1} T_p^{+1} U_1^{-1} U_2^{-1} \ldots U_{n-1}^{-1}.
\end{aligned}
$$

Hier unterscheidet sich jedes π von dem unmittelbar vorhergehenden dadurch, daß rechter Hand ein einzelnes Symbol S, T oder U zugetreten ist. Es gilt dies auch, wenn wir auf π_{4p+n-1} wieder $\pi_0 = 1$ folgen lassen. *Denn zufolge unserer Fundamentalrelation resultiert gerade 1, wenn wir dem π_{4p+n-1} rechter Hand noch U_n^{-1} hinzusetzen.*

Ich sage nun, *daß wir alle Bereiche erhalten, die in positivem Sinne aufeinander folgend im Punkte* $(\mathsf{A}_1^+, \Lambda_n^-)$ *an den ursprünglichen Fundamentalbereich anstoßen, wenn wir einfach die vorstehende Tabelle umkehren.* Mit anderen Worten, ich behaupte, daß folgendes die Tabelle jener Bereiche ist:

$$1, \; \pi_1^{-1}, \; \pi_2^{-1}, \; \ldots, \; \pi_{4p}^{-1}, \; \pi_{4p+1}^{-1}, \; \ldots, \; \pi_{4p+n-1}^{-1}.$$

In der Tat: die hiermit aufgezählten Bereiche gehen aus dem ursprünglichen durch eine Operation hervor, welche je aus einer bestimmten Ecke erster Art des ursprünglichen Bereiches die erste Ecke macht: die neuen Bereiche haben also mit dem ursprünglichen diese Ecke gemein. Ferner: Jeder folgende Bereich geht, infolge unserer Tabelle, aus dem vorangehenden dadurch hervor, daß *linker* Hand ein einzelnes Symbol S, T, U zutritt (insofern wir es jetzt mit den inversen Operationen zu tun haben); unsere Bereiche folgen sich also lückenlos. *Insbesondere wird die Fundamentalrelation das Äquivalent dafür, daß der* $(4p+n)$-*te Bereich sich an den ersten unmittelbar anschließt.* Daß aber auch die Aufeinanderfolge der Bereiche in positivem Sinne statthat, zeigt ein Blick auf die Figur. [Siehe S. 677.]

Wir wählen nun eine neue Ecke erster Art des ursprünglichen Bereiches, etwa diejenige, die aus $(\mathsf{A}_1^+, \Lambda_n^-)$ durch die Operation π' hervorgeht. Wollen wir alle Bereiche haben, die in dieser Ecke zusammenstoßen, so brauchen wir offenbar die π^{-1} der letzten Tabelle rechter Hand nur mit dem Faktor π' zu multiplizieren. Wir erhalten dann die Aufeinanderfolge der gewünschten Bereiche, nur nicht (was übrigens sofort durch zyklische Umstellung zu erreichen ist) mit dem Bereiche 1 beginnend.

Nachdem wir so alle Bereiche bestimmt haben, welche mit dem ursprünglichen eine Ecke gemein haben — ich will sie alle unter der Gesamtbezeichnung P zusammenfassen — erledigen wir die gleiche Aufgabe für einen beliebigen anderen Bereich sofort. Wir brauchen nämlich wieder nur das Symbol Π dieses Bereiches linker Hand mit den einzelnen P zu multiplizieren.

Und nun können wir uns folgende Vorstellung von der Gesamtheit der Fundamentalbereiche in der η-Ebene machen. Wir beginnen mit dem Bereiche 1 und umgeben ihn zuvörderst mit dem Kranze der anstoßenden Bereiche P. Man versteht dies am besten, wenn alle U_k elliptisch sind und also die Zahl der P endlich ist. Hernach betrachte man den Fall, daß einige U_k parabolisch sein mögen, als einen Grenzfall. Um diesen ersten Kranz herum legen wir einen zweiten: das sind diejenigen Bereiche, welche an irgendeinen Bereich P anstoßen, und die wir also mit $P\,P'$ bezeichnen können. Dann folgt ein dritter Kranz von Fundamentalbereichen $PP'P''$ usw. Und so streben wir je länger je mehr der natürlichen Grenze des Hauptkreises zu, ohne denselben irgendwo anders, als in den Fundamentalpunkten der etwa vorhandenen parabolischen Substitutionen U_k und der mit ihnen gleichberechtigten Substitutionen, wirklich zu erreichen.

§ 12.

Über die zugehörige Substitutionsgruppe.

Wir ergänzen die Schilderung, welche wir nunmehr von dem Verlaufe der η-Funktion gegeben haben, noch durch gewisse Sätze über die zugehörige Substitutionsgruppe.

Wir fanden oben die Relationen $U_k^{l_k} = 1$, wir hatten ferner die Fundamentalrelation. Aus ihnen folgen unendlich viele andere durch Transformation und Kombination[54]). *Ich sage nun zunächst, daß hierüber hinaus zwischen unseren S_i, T_i, U_k keine anderen Relationen möglich sind.*

Sei nämlich $R = 1$ eine Relation (wo R ein Aggregat der S, T, U ist), so werden wir dieselbe geometrisch deuten[55]), indem wir zunächst alle diejenigen Bereiche in der η-Ebene markieren, welche, mit 1 beginnend, der Reihe nach durch das letzte Symbol von R, durch die Zusammenstellung der *zwei* letzten Symbole, der *drei* letzten Symbole usw. gegeben sind. Von diesen Bereichen hat jeder folgende mit dem vorangehenden eine Kante gemein, und die Aufeinanderfolge ist *geschlossen*, eben weil $R = 1$ ist. Statt von der Aufeinanderfolge der Bereiche werden wir bequemer von einer geschlossenen *Kurve* sprechen, die der Reihe nach jene Bereiche durchsetzt. Und nun ist die Sache die, daß wir diese Kurve, ohne ihre Bedeutung zu ändern, unter der einen Bedingung beliebig verzerren können, daß wir, bei der Verzerrung, die Eckpunkte der Fundamentalbereiche als unüberschreitbare Hindernisse betrachten. Denn eine jede solche Verzerrung hat nur den Erfolg, daß in die Aufeinanderfolge der Symbole, welche wir R nennen, an irgendwelchen Stellen andere Symbolaggregate, die wir r nennen mögen, zusammen mit dem jedesmaligen, unmittelbar dahinter folgenden r^{-1} eingeschaltet werden, wodurch offenbar an der Richtigkeit und dem Wesen der Relation gar nichts geändert wird. *Nun zeigt uns aber die geometrische Anschauung, daß nicht nur der einzelne Fundamentalbereich, sondern auch die Gesamtheit aller Bereiche in unserem Falle eine einfach zusammenhängende Fläche bildet. Daher*

---

[54]) Ist $R = 1$ eine Relation, π irgendeine Operation der Gruppe, so heißt $\pi R \pi^{-1} = 1$ die transformierte Relation.

[55]) Vgl. hierzu Herrn D y c k s „*Gruppentheorethische Studien*" im 20. Bande der Math. Annalen (1882).

können wir, indem wir innerhalb des von unserer Kurve umspannten Flächenstückes einen Punkt markieren, die Kurve durch eine Reihenfolge von Schleifen ersetzen, welche von dem markierten Punkte aus nach den verschiedenen von der Kurve umspannten Eckpunkten von Fundamentalbereichen hinlaufen, um je nach Umkreisung eines einzelnen Eckpunktes zum Ausgangspunkte zurückzukehren. Das heißt aber: unsere Kurve ist mit der aufeinanderfolgenden Umkreisung gewisser Eckpunkte äquivalent. Nun entsprechen die früher aufgestellten Relationen zwischen den S, T, U den Umkreisungen der Eckpunkte des ursprünglichen Fundamentalbereiches. Umkreisen wir die Eckpunkte eines anderen Bereiches, so erhalten wir notwendig — weil dieser Bereich aus dem ursprünglichen durch Transformation hervorgeht — die transformierten Relationen. *Daher ist $R = 1$ ohne weiteres mit einem Aggregate solcher transformierter Relationen äquivalent*, und hat also in der Tat keine selbständige Bedeutung, w. z. b. w.

Wir fragen ferner nach denjenigen Substitutionen unserer Gruppe, welche *elliptisch* sind. Man kann diese Frage auf die eben beantwortete zurückführen. Doch ist es noch einfacher, sie direkt zu beantworten. Eine elliptische Substitution unserer Gruppe hat einen ihrer Fundamentalpunkte notwendig in demjenigen Gebiete, welches von unseren Fundamentalbereichen überdeckt wird (siehe oben). Daher stoßen in diesem Punkte verschiedene Fundamentalbereiche zusammen, welche vermöge der elliptischen Substitution äquivalent sind. Mit anderen Worten: *Die elliptische Substitution muß sich in der Gestalt $\pi U_k^\mu \pi^{-1}$ darstellen lassen, wo U_k eine derjenigen erzeugenden Substitutionen ist, die selber elliptisch sind.*

Zu demselben Resultate führt vermöge einer Hilfsbetrachtung der Fall einer *parabolischen* Transformation. Um uns prägnanter ausdrücken zu können, mögen wir einen Augenblick den Hauptkreis der η-Ebene mit der Achse der reellen Zahlen, den Fundamentalpunkt der parabolischen Substitution mit dem Unendlichkeitpunkte zusammenfallen lassen. Unsere Transformation wird dann die Gestalt $\eta' = \eta + C$ annehmen. Wir zerlegen entsprechend die Ebene η durch gerade Linien, welche zur Achse der reellen Zahlen senkrecht sind, in Parallelstreifen von der Breite C. Ich sage dann, *daß in jedem dieser Streifen notwendig ein Fundamentalbereich vorhanden ist, oder auch eine Anzahl solcher Bereiche, die sich parallel nebeneinander ins Unendliche ziehen.* Wäre dies nämlich nicht der Fall, so müßten wir, wenn wir einen solchen Streifen ins Unendliche verfolgten, auf andere und andere Fundamentalbereiche stoßen. Es würde dann, außer unserer parabolischen Substitution, noch eine zweite Substitution geben müssen, welche den einzelnen Fundamentalbereich in der Weise reproduzierte, daß sich die reproduzierten Bereiche gegen den Punkt $\eta = \infty$ anhäufen. Diese Substitution wird parabolisch oder hyperbolisch sein können, aber $\eta = \infty$ zum Fundamentalpunkte haben. Wir kombinieren sie mit $\eta' = \eta + C$ und erhalten eine Gruppe, welche in unserer diskontinuierlichen Gruppe mit Hauptkreis als Untergruppe enthalten [und also selber diskontinuierlich] ist. Diese Gruppe müßte eine von denen sein, die wir in § 6 des gegenwärtigen Abschnittes an zweiter Stelle aufgezählt haben. Aber keine dieser Gruppen läßt die Achse der reellen Zahlen invariant; es kann also auch keine solche Gruppe in unserer Substitutionsgruppe enthalten sein. — Wir haben dabei außer acht gelassen, daß die zutretende Substitution vielleicht selbst in der Gestalt $\eta' = \eta + C'$ enthalten sein kann (unter C' eine reelle Konstante verstanden). Aber dann wird sie, mit $\eta' = \eta + C$ kombiniert, unsere anfänglichen Parallelstreifen nur in schmalere Streifen zerlegen, und unser eigentlicher Schluß erleidet keine Änderung. Also folgt: *So oft in unserer Gruppe eine parabolische Substitution vorhanden ist, so gibt es auch zugehörige Fundamentalbereiche, welche sich mit einer Ecke bis an den Fundamentalpunkt der parabolischen Substitution erstrecken.* - Wenn aber letzteres bei *einem* Fundamentalbereiche der Fall ist, so reicht auch der ursprüngliche Fundamentalbereich an den Hauptkreis hinan; es gibt also unter den U_k eine parabolische Substitution, und die vorgelegte parabolische Substitution läßt sich in die Gestalt $\pi\, U_k^{\mu}\, \pi^{-1}$ setzen, unter μ eine positive oder negative ganze Zahl verstanden.

Daher, wenn wir zusammenfassen: *Unsere Gruppe enthält keine anderen elliptischen oder parabolischen Substitutionen als diejenigen, die sich in der Gestalt $\pi\, U_k^{\mu}\, \pi^{-1}$ schreiben lassen.*

Hieraus folgt insbesondere, daß die erzeugenden Substitutionen S_i, T_i notwendig *hyperbolische* Substitutionen sind. Sollte nämlich, wie man vielleicht denken möchte, im einzelnen Falle S_i (oder T_i) einem $\pi\, U_k^{\mu}\, \pi^{-1}$ gleich sein, so wäre dies eine zwischen den erzeugenden Substitutionen bestehende besondere Relation, und eine solche kann, wie eben bewiesen, [nach unseren Voraussetzungen] in keinem Falle statthaben. Wir schließen daraus noch den hübschen Satz, daß von den Begrenzungskreisen des ursprünglichen Polygons die zusammengehörigen A_i^{+} und A_i^{-} (oder auch B_i^{+} und B_i^{-}) einander nie schneiden können. Denn A_i^{+} geht aus A_i^{-} (wie die Figur zeigt) in der Weise vermöge der hyperbolischen Substitution S_i hervor, daß die beiden Fundamentalpunkte von S_i durch A_i^{+} (d. h. durch den Vollkreis, der das Stück A_i^{+} enthält) und ebenso durch A_i^{-} voneinander getrennt werden. Übt man aber auf einen so gelegenen Kreis die hyperbolische Substitution aus, so geht er gewiß in einen anderen über, der ihn nicht schneidet.

§ 13.
Umkehr der bisherigen Betrachtungen.

Die Voraussetzung, mit der wir in den letzten drei Paragraphen operiert haben, war die *Existenz* der η-Funktion (p, n, l_k). Wir werden uns jetzt fragen, ob wir den ganzen Gedankengang nicht umkehren und also jede η-Funktion (p, n, l_k) der in Betracht gezogenen Art a priori konstruieren können.

Zu dem Zwecke bemerken wir zunächst, daß mit dem ersten Fundamentalbereiche des § 10 die zugehörigen Substitutionen S, T, U und also der Gesamtverlauf der η-Funktion bereits gegeben sind. Denn jede dieser Substitutionen hängt, bei gegebenem Hauptkreise, von höchstens drei reellen Konstanten ab; sie hat aber zwei Ecken des betreffenden Bereiches in zwei andere bestimmte Ecken desselben Bereiches überzuführen, was zwei komplexe oder vier reelle Bestimmungsstücke abgibt und also zur Fixierung der Substitution jedenfalls ausreicht.

Aber ich sage, *daß bei richtig angenommenem Fundamentalbereiche allemal auch eine brauchbare η-Funktion der vorgegebenen Signatur resultiert.* Als richtig angenommen bezeichne ich dabei einen Bereich, der von Kreisbogen $A_i^\pm$, $B_i^\pm$, $\Lambda_k^\pm$ begrenzt, Substitutionen S_i, T_i, U_k gestattet, welche den betreffenden Hauptkreis ungeändert lassen, und dabei nicht nur in den Ecken α_k die vorgeschriebenen Winkel $\dfrac{2\pi}{l_k}$, sondern auch als Winkelsumme der Ecken erster Art 2π besitzt.

In der Tat: Zuvörderst ist deutlich, daß zwischen den S, T, U in diesem Falle die früher besprochenen Relationen bestehen müssen. Denn diese waren nur eine Folge von dem, was gerade hinsichtlich der Winkel postuliert wurde. Wir reproduzieren daraufhin unseren ersten Bereich vermöge der S, T, U. Es ergibt sich dann zunächst, daß unser ursprünglicher Bereich genau nach dem Schema des § 11 von einem Kranze neuer Bereiche umgeben ist, von denen keiner über ihn hinübergreift. Aber das Gleiche gilt dann notwendig von jedem anderen Bereiche. Daher haben wir jedenfalls, *daß die Riemannsche Fläche (p, n, l_k), welche durch den ersten Bereich vermöge der Zusammengehörigkeit seiner Kanten definiert wird, eine unverzweigte Funktion von η ist.*

Aber wird unsere Riemannsche Fläche infolgedessen in η eindeutig sein[56]) und wirklich den vorgegebenen *Hauptkreis* zur natürlichen Grenze haben? Ich behaupte, daß beides in der Tat der Fall ist. Und hier ist

---

[56]) Funktionen mit natürlicher Grenze können sehr wohl unverzweigt und doch nicht eindeutig sein, wie einfache Beispiele beweisen und im folgenden noch öfter zur Sprache kommt. Man braucht z. B. nur den Bereich, in welchem die Funktion existiert, an irgendeiner Stelle über sich selbst hinübergreifen zu lassen.

es nun, daß ich zum Beweise jene Nicht-Euklidische Maßbestimmung brauche, welche am Ende von § 7 dieses Abschnitts entwickelt wurde. Dabei beschränke ich mich, der Kürze halber, auf den Fall, daß alle Substitutionen U_k *elliptisch* sind. Sollten einige derselben parabolisch sein, so müßte man eine Hilfsbetrachtung anstellen, die derjenigen nicht unähnlich ist, welche wir am Schlusse des vorigen Paragraphen entwickelten.

Im Sinne der erwähnten Maßbestimmung sind alle aus dem ursprünglichen abzuleitenden Fundamentalbereiche kongruent. Wir wollen uns nun zuvörderst die Fundamentalbereiche so angeordnet denken, wie in § 11 gegen Schluß besprochen. Sei δ die kleinste Entfernung, welche von einem Eckpunkte des einzelnen Fundamentalbereiches bis zu einem Punkte einer nicht anstoßenden Begrenzungskante hinreicht. Dann hat jeder der unendlich vielen Ringe, mit denen wir sukzessive den ersten Fundamentalbereich umgeben, eine Breite, die an keiner Stelle unter δ herabsinkt. Jeder Punkt daher, welcher in *endlicher* Entfernung von dem ursprünglichen Fundamentalbereiche angenommen werden mag, wird schließlich von den Reproduktionen des Ausgangsbereiches überdeckt, und nur der Hauptkreis selbst, als Ort der unendlich fernen Punkte, kann die natürliche Grenze der Reproduktionen sein, womit also der erste Teil unserer Behauptung erledigt ist.

Wollen wir jetzt ferner beweisen, daß unsere Riemannsche Fläche (p, n, l_k) in η eindeutig ist, so haben wir zu zeigen, daß bei dem geschilderten Reproduktionsverfahren (bei dem gewiß niemals benachbarte Bereiche übereinandergreifen können) auch nie *entfernte* Bereiche übereinandergreifen. Gesetzt, es gäbe zwei solche Bereiche Π_1 und Π_N, so würden wir zwischen dieselben eine endliche Zahl unmittelbar aufeinanderfolgender Bereiche: Π_2, Π_3, ..., Π_{N-1} einschalten können. Diese Reihenfolge, welche mit ihren Endgliedern, Π_1 und Π_N, über sich selbst hinübergreift, umspannt, im Sinne unserer Maßbestimmung, jedenfalls nur einen endlichen Teil der Ebene. Nach dem, was eben bewiesen wurde, ist letzterer mit Fundamentalbereichen vollkommen ausgefüllt. Von diesen Fundamentalbereichen müssen aber zwei, welche bez. an Π_1 und Π_N angrenzen, selbst wieder übereinandergreifen. Indem wir sie an die Stelle von Π_1 und Π_N setzen und durch die Reihenfolge derjenigen Fundamentalbereiche verbinden, welche an Π_2, Π_3, ..., Π_{N-1} von der Innenseite angrenzen, wiederholen wir denselben Schluß für einen Teil der Ebene, der um ein Endliches *kleiner* ist als der gerade betrachtete. Offenbar müssen wir, so fortschreitend, schließlich zu einem Verzweigungspunkte der η-Ebene gelangen. Ein solcher aber ist, wie wir wissen, [gemäß unseren auf der vorigen Seite gemachten Annahmen] unmöglich. Daher war unsere Voraussetzung betreffs der Π_1, Π_N unzulässig.

Hiermit aber ist die Behauptung, welche wir zu Anfang des Paragraphen voranstellten, sofern wir von der Möglichkeit parabolischer U_k absehen, in allen Stücken bewiesen.

§ 14.

Die independenten Bestimmungsstücke der η-Funktion mit Hauptkreis.

Auf Grund der vorangehenden Entwicklungen fragen wir jetzt zunächst, von wievielen Konstanten ein geeigneter Fundamentalbereich (p, n, l_k) abhängen mag, und suchen sodann nach zweckmäßigen Bestimmungsstücken der zugehörigen η-Funktion.

Was die erstere Frage anlangt, so können wir, bei gegebenem Hauptkreis, etwa folgendermaßen vorgehen.

Sei (um die Ideen zu fixieren) $p > 0$. So beginnen wir etwa mit der Konstruktion des ersten Quadrupels von Begrenzungskreisen: A_1^+, B_1^-, A_1^-, B_1^+. Den Kreis A_1^+ und die beiden Eckpunkte auf ihm werden wir beliebig annehmen[57]): vier Konstante. Für B_1^- ist dann schon der erste Eckpunkt gegeben; indem wir B_1^- beliebig durch ihn hindurchlegen und auf B_1^- den zweiten Eckpunkt annehmen, verfügen wir über weitere zwei Konstante. Der Kreis A_1^- ist dann, weil er durch den zweiten Eckpunkt auf B_1^- hindurch muß, bis auf eine Konstante bestimmt. Mit ihm zusammen ist dann aber auch die Substitution S_1^{-1}, durch welche A_1^- aus A_1^+ hervorgeht, fixiert. Denn wir wissen, daß sie zwei Kreise (A_1^+ und A_1^-) und insbesondere deren Schnittpunkte mit B_1^- ineinander überführen muß. Vermöge S_1^{-1} erfahren wir sodann die Lage des zweiten auf A_1^- gelegenen Eckpunktes. Durch diesen muß nun B_1^+ hindurchlaufen, was abermals eine Willkürlichkeit freiläßt. Haben wir über sie verfügt, so kennen wir wieder die zugehörige Substitution (T_1) und aus ihr die Lage des zweiten Eckpunktes auf B_1^+. *Das erste Quadrupel mit seinen Endpunkten hängt also im ganzen von 8 Konstanten ab.*

Bei jedem weiteren Quadrupel A_i^+, B_i^-, A_i^-, B_i^+ ist diese Zahl nur 6. Denn der Anfangspunkt der ersten Seite, der beim ersten Quadrupel willkürlich war, ist bei den folgenden Quadrupeln durch den Endpunkt des jeweils vorangehenden Quadrupels mitgegeben. *So hängen also die p Quadrupel zusammen von $6\,p + 2$ Konstanten ab.*

Durch den letzten Eckpunkt des letzten Quadrupels legen wir jetzt beliebig den Kreis Λ_1^+ (1 Konst.) und nehmen auf ihm den zweiten Eckpunkt ebenfalls beliebig an (wieder 1 Konst.). Dann ist der Kreis Λ_1^- vollkommen bestimmt, weil er, durch den letzteren Punkt hindurch-

---

[57]) Es wird aber selbstverständlich daran festgehalten, daß alle Begrenzungskreise auf dem Hauptkreise senkrecht stehen.

gehend, mit Λ_1^+ den Winkel $\frac{2\pi}{l_1}$ bilden soll. Ebenso ist die Substitution U_1 und also auch der zweite Eckpunkt auf Λ_1^- festgelegt. Durch letzteren Punkt hindurch konstruieren wir jetzt Λ_2^+, nehmen auf ihm den zweiten Eckpunkt an, usw. usw. *Die n Paare Λ_k^+, Λ_k^- liefern zusammen, wie man sieht, $2\,n$ Konstante.*

Von den so aufgezählten $6\,p + 2\,n + 2$ Konstanten gehen nun noch drei verloren, weil unser Bereich erstens ein geschlossener sein muß, also der erste Eckpunkt des ersten Quadrupels mit dem letzten Eckpunkte auf Λ_n^- koinzidieren muß (zwei Bedingungen) und überdies als Winkelsumme der $(4\,p + n)$ Ecken erster Art $2\,\pi$ aufweisen soll (eine Bedingung).

Unser Fundamentalbereich hängt also, bei gegebenem Hauptkreise, definitiv von $6\,p + 2\,n - 1$ willkürlichen Konstanten ab.

Aber diese Konstanten sind nicht ohne weiteres Bestimmungsstücke der η-Funktion. Wir müssen nämlich beachten, daß wir die Riemannsche Fläche $(p,\,n,\,l_k)$ bei vorgegebener η-Funktion noch in sehr verschiedener Weise kanonisch zerschneiden und also durch einen kanonischen Fundamentalbereich ersetzen können. Die hierin liegende Willkürlichkeit ist eine doppelte. Einmal können wir jenen Punkt O, den wir bei Konstruktion des Schnittsystems auf der Fläche zugrunde legten, beliebig wandern lassen. Dann aber können wir die Art und Reihenfolge der zugehörigen Querschnitte A_i, B_i, L_k in hohem Maße abändern. Den ersteren Umstand müssen wir (da wir hier durchaus *reelle* Bestimmungsstücke abzählen) mit zwei Einheiten in Rechnung stellen. Der zweite Umstand dagegen bringt eine Reduktion der Konstantenzahl nicht mit sich. Denn die Anzahl der bei ihm zu unterscheidenden Möglichkeiten ist nur eine diskrete. Wir wollen sogar für die Folge festsetzen (sofern nicht ausdrücklich das Gegenteil verlangt wird), *daß wir diesen zweiten Umstand ganz außer acht lassen wollen.* Es kommt dies darauf hinaus, daß wir jede η-Funktion so oft zählen, als die zugehörige Riemannsche Fläche in kanonischer Weise zerschnitten werden kann, oder auch — da durch die Zerschneidung jene Substitutionen S_i, T_i, U_k erst fixiert werden, aus denen sich die zugehörige Gruppe linearer Substitutionen zusammensetzt — so oft zählen, als die zugehörige Gruppe linearer Substitutionen aus Operationen S_i, T_i, U_k zusammengesetzt werden kann.

Jedenfalls haben wir: *Die einzelne η-Funktion $(p,\,n,\,l_k)$ hängt bei gegebenem Hauptkreise von $6\,p + 2\,n - 3$ reellen Bestimmungsstücken ab.*

Es bieten sich aber auch sofort diejenigen Größen dar, welche wir zweckmäßigerweise als Bestimmungsstücke einführen. Wir wollen der

Einfachheit halber den Hauptkreis mit der Achse der reellen Zahlen
zusammenfallen lassen. Dann hängt jede Substitution S_i oder T_i von
drei, jede U_k (insofern sie eine primitive elliptische Substitution von der
Periode l_k vorstellt) von zwei reellen und independenten Konstanten ab.
Aber zwischen der S_i, T_i, U_k besteht unsere Fundamentalrelation. Ich
will annehmen, daß $p > 0$ sei[58]). So schreiben wir die Fundamentalrelation, indem wir einige Faktoren von links nach rechts hinübersetzen,
in der Art, daß etwa S_1 (oder T_1) beiderseits in der positiven ersten
Potenz auftritt. Die Fundamentalrelation liefert uns dann drei lineare
Gleichungen zur Bestimmung von S_1 (bzw. T_1). *Daher können wir geradezu* (im Anschluß an die eben getroffene Festsetzung) *die $6p + 2n - 3$
Substitutionskoeffizienten der erzeugenden Substitutionen S_1 (oder T_1),
S_2, T_2, ..., S_p, T_p, U_1, U_2, ..., U_n als die willkürlichen Bestimmungsstücke der η-Funktion betrachten.* — Willkürlich sind die Bestimmungsstücke insofern, als sie *innerhalb gewisser Ungleichungen* sich beliebig
ändern können. Diese Ungleichungen, deren arithmetische Fixierung hier
unerledigt bleibt, finden ihr geometrisches Äquivalent in der Forderung,
daß zu den angenommenen S_i, T_i, U_k jedesmal ein zugehöriger kanonischer
Fundamentalbereich soll konstruiert werden können.

*„Wesentlich" sind übrigens von den genannten $6p + 2n - 3$ Kon-
stanten nur $6p + 2n - 6$.*

Denn wir werden weiterhin alle solche η-Funktionen im wesentlichen
als identisch betrachten, welche linear voneinander abhängen. Nun ver-
legten wir bereits den Hauptkreis der η-Funktionen in die Achse der
reellen Zahlen. Aber diese selbst geht noch durch dreifach unendlich
viele Transformationen in sich über. Indem wir dieselben zu Hilfe nehmen,
können wir z. B. bestimmen, daß von den Fundamentalpunkten unserer
erzeugenden Substitutionen bestimmte drei in 0, 1, ∞ fallen sollen. Dadurch kommen dann in der Tat von den früher aufgezählten (reellen)
Konstanten drei weitere noch in Abzug. Die übrigen $6p + 2n - 6$ bleiben in
dem erwähnten Sinne unabhängig.

§ 15.

Die Variation der Konstanten, an einem Beispiele erläutert.

Die Konstanten, welche wir soeben zur Bestimmung der η-Funktion
einführten, sind ihrer Bedeutung nach zuvörderst wesentlich *reelle* Größen.
Aber es liegt nahe, zu fragen, was die Bedeutung sein mag, wenn wir
ihnen gestatten, *komplexe* Werte anzunehmen. Wird der Gruppe, die aus
den S_i, T_i, U_k durch Kombination entsteht, auch dann noch eine brauch-

---

[58]) Den Fall $p = 0$, der auch nicht schwer zu behandeln ist, übergehe ich der
Kürze wegen.

bare Gebietseinteilung entsprechen? Wir finden, daß dies in der Tat der Fall ist, solange die Umänderung der Konstanten nicht sehr beträchtlich ist[59]). *Es tritt nur an die Stelle des früheren Hauptkreises eine andere, nicht analytische, Begrenzungslinie und die hyperbolischen Substitutionen der Gruppe sind, allgemein zu reden, in loxodromische übergegangen.*

Um diese etwas unbestimmt gefaßte Aussage zu verstehen, betrachten wir ein möglichst einfaches Beispiel. Ich wähle hierzu diejenige symmetrische Gruppe, welche aus einem Kreisbogenpolygone, dessen sämtliche Winkel gleich Null sind, durch fortgesetzte Spiegelung entsteht[60]). Sind sämtliche Begrenzungskreise des Polygons gegen einen Hauptkreis senkrecht, so entsteht bei diesem Spiegelungsverfahren gewiß eine brauchbare

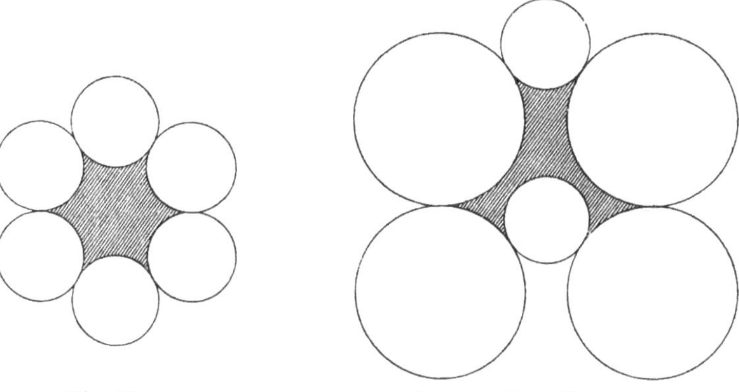

Fig. 11.   Fig. 12.

Gebietseinteilung, wie dies oben (§ 8) in allgemeinerer Fassung schon bemerkt wurde. Der Hauptkreis, welcher seinerseits bei allen Spiegelungen invariant bleibt, gibt dabei die natürliche Grenze der fortgesetzten Reproduktionen ab. Es mag dieser Fall durch das Kreisbogensechseck der Fig. 11 erläutert sein. Ich habe dabei, um den Vergleich mit den folgenden Fällen zu erleichtern, die Begrenzungskreise über den Hauptkreis hinaus vollständig ausgezogen.

Wir modifizieren jetzt (um bei dem Beispiele der Figur zu bleiben) unser Kreisbogensechseck, zunächst etwa in der Art, wie Fig. 12 angibt. Die Begrenzungskreise haben jetzt keineswegs mehr einen gemeinsamen Orthogonalkreis. Aber die Figur ist der früheren doch dadurch noch

---

[59]) [Die Änderung der Konstanten muß natürlich so vollzogen werden, daß die elliptischen Substitutionen ihre Periode behalten und die parabolischen Substitutionen parabolisch bleiben. K.]

[60]) [Vgl. die Briefe 3—7 des oben abgedruckten Briefwechsels zwischen F. Klein und H. Poincaré sowie die dort gegebenen Zitate auf die Noten H. Poincarés in den Comptes rendus, in denen er auf die brieflichen Mitteilungen von Klein Bezug nimmt (siehe oben S. 592—598).]

ähnlich, daß nicht aufeinanderfolgende Begrenzungskreise sich überhaupt nicht treffen. *Hieraus folgt unmittelbar, daß die Reproduktionen unseres Polygons, wie in dem früheren Falle einen einfach zusammenhängenden (aber allerdings nicht kreisförmigen) Bereich bedecken, der nirgendwo über sich selbst hinübergreift.* Denn sooft wir an einem der Begrenzungskreise des ursprünglichen Sechsecks oder irgendeines der aus ihm abgeleiteten spiegeln, das Spiegelbild nicht nur der angrenzenden Sechsecke sondern auch aller übrigen Begrenzungskreise fällt in das Innere des spiegelnden Kreises hinein und kollidiert also weder mit dem angrenzenden Sechseck, noch mit irgendeinem früheren, das wir bereits durch anderweitige Spiegelung konstruiert haben mögen. — Was die natürliche Grenze angeht, der diese fortgesetzten Reproduktionen zustreben, so können wir beliebig viele Punkte derselben konstruieren: die Berührungspunkte nämlich aufeinanderfolgender Begrenzungskreise irgendeines an der Figur beteiligten Sechsecks. Diese Grenze ist natürlich in keiner Weise mehr eine *analytische* Kurve[61]).

Wie aber, wenn wir das Sechseck weiter deformieren und also · den Begrenzungskreisen gestatten, zum Teil übereinanderzugreifen? Unmittelbar aufeinanderfolgende Sechsecke werden sich auch dann noch lückenlos nebeneinanderlegen und die durch den Fundamentalbereich versinnlichte Riemannsche Fläche wird nach wie vor eine *unverzweigte* Funktion jener Variablen η sein, in deren Ebene wir unsere Sechsecke konstruieren. *Aber sie wird, von besonderen Fällen abgesehen, keineswegs mehr eine eindeutige Funktion sein.* Man versuche etwa, sich die Gesamtheit der Reproduktionen des Sechsecks in Fig. 13 vorzustellen. — Ein noch frappanteres (aber weniger übersichtliches) Beispiel würde man erhalten, wenn man dem ursprünglichen Sechsecke selbst bereits eine solche Gestalt erteilt hätte, daß es für sich genommen einen Teil der Ebene doppelt überdeckt.

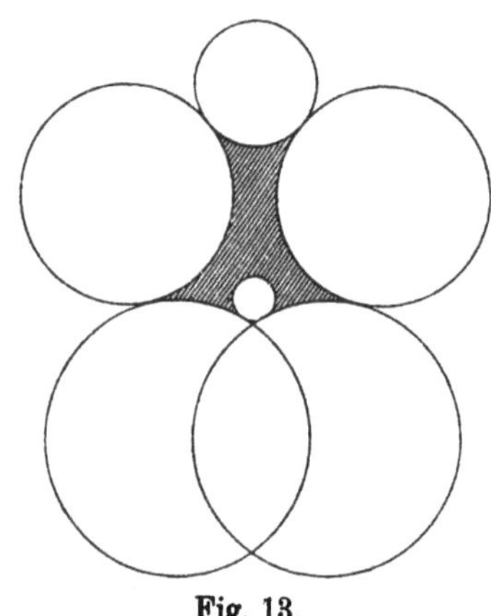

Fig. 13.

<hr>

[61]) [H. Poincaré gab (Acta Mathematica, Bd. 3 (1883), S. 77—80, = Oeuvres, Bd. 2, S. 285—287) den Satz, daß die Kurve nur in denjenigen ihrer Punkte, die Fixpunkte parabolischer Substitutionen sind, eine bestimmte Tangente, nirgends aber einen bestimmten Krümmungsradius hat. Fricke hat in der Folge den Fall des Kreisbogenvierecks näher untersucht; siehe Math. Annalen, Bd. 44 (1894) und „Automorphe Funktionen", Bd. 1, S. 415 ff.; siehe ferner meine autographierte Vorlesung „*Anwendung der Differential- und Integralrechnung auf Geometrie*" vom Sommer 1901. Ich gebe hier diese Zitate, weil die in Betracht kommenden merkwürdigen Verhältnisse nicht aus einem künstlichen Ansatz, sondern aus einer ganz elementaren Fragestellung hervorwachsen. K.]

In derselben Weise nun, wie hier im Beispiele, müssen wir uns die Sache allgemein denken. Indem wir die Konstanten einer η-Funktion p, n, l_k, unter Festhaltung dieser Signatur, komplex werden lassen, behalten wir fürs erste noch eine brauchbare Gebietseinteilung. Es greifen nur die fortgesetzten Reproduktionen des ursprünglichen Fundamentalbereichs, sozusagen, über den Hauptkreis hinaus oder bleiben, an anderen Stellen, hinter ihm zurück: die natürliche Grenze aber, der sie zustreben, ist zuvörderst noch eine einheitliche Kontur, welche sich selbst nicht schneidet.

Auf eine genauere Untersuchung der Ungleichungen, denen unsere komplexen Konstanten genügen müssen, damit die natürliche Grenze den angegebenen Charakter behält, gehe ich an dieser Stelle nicht ein[62]). Es muß genügen, die allgemeine Möglichkeit gewisser η-Funktionen bezeichnet zu haben. Wir sehen, daß es bei gegebenen p, n, l_k eine unendliche Anzahl brauchbarer Gebietseinteilungen sozusagen von demselben *Typus* gibt; unter ihnen bilden die Gruppen mit Hauptkreis, die wir seither allein betrachteten, wie ich fortan sagen will, den *Normalfall*. Offenbar sind unter den eindeutig umkehrbaren η-Funktionen derselben Signatur p, n, l_k die hier in Betracht gezogenen dadurch charakterisiert, daß ihnen nicht nur ein *einfach zusammenhängender* Fundamentalbereich eignet, sondern daß auch von der Gesamtheit der Fundamentalbereiche ein *einfach zusammenhängendes* Flächenstück überdeckt wird. Dem entspricht, daß zwischen ihren erzeugenden Substitutionen S_i, T_i, U_k keine anderen Relationen existieren und überhaupt für sie ganz ähnliche Betrachtungen gelten, wie wir sie in § 12 für die Gruppen mit Hauptkreis dargelegt haben.

Wollen wir andere eindeutig umkehrbare η-Funktionen finden, so müssen wir also dafür sorgen, daß entweder bereits der ursprüngliche Fundamentalbereich in der η-Ebene einen mehrfachen Zusammenhang hat, oder doch, daß ein mehrfacher Zusammenhang bei den Reproduktionen

---

[62]) Was die explizite Formulierung derartiger Ungleichungen betrifft, so möchte ich hier auf die Untersuchungen von Herrn Rausenberger im 20. und 21. Bande der Math. Annalen (1882/83) verweisen. Übrigens subsumieren sich seine Gruppen weder sämtlich unter die hier im Texte betrachteten noch auch unter die anderen, welche im folgenden Paragraphen durch Ineinanderschiebung hergestellt werden. Man kann seine Ausgangsgruppen alle dadurch erhalten, daß man ein Kreisbogendreieck mit *reellen* oder beliebig *imaginären* Winkeln durch Spiegelung vervielfältigt (wobei die reellen Winkel natürlich ganzzahlige Teile von π sein müssen). Hiernach dürfen die reellen Konstanten, welche zur Fixierung der imaginären Winkel dienen, ins Komplexe hinein variiert werden. — Ich erwähne bei der Gelegenheit gerne, daß mir die Korrespondenz mit Herrn Rausenberger, welcher von sich aus zur Inbetrachtnahme der neuen Funktionen geführt worden war, seiner Zeit von Anregung gewesen ist.

desselben resultiert. Ich erläutere im folgenden Paragraphen einen Prozeß, der uns mit unendlich vielen neuen η-Funktionen der ersteren Art versieht. Es sind dies die allgemeinsten η-Funktionen, mit denen ich mich im vorliegenden Aufsatze beschäftigen will, und mit ihrer Besprechung (§ 16—18) schließt daher der gegenwärtige Abschnitt. [In den „Automorphen Funktionen" werden darüber hinaus auch die Fälle letzterer Art mitgenommen, wo Relationen zwischen den erzeugenden Substitutionen der Gruppe existieren, die elliptischen Charakter haben[63]).]

§ 16.
Der Prozeß der Ineinanderschiebung.

Neben den Gruppen des vorangehenden Paragraphen, denen wir alle diejenigen zuzählen wollen, die wir in § 6 besprochen haben, kennen wir von früher her noch jene einfachen diskontinuierlichen Gruppen, welche durch Wiederholung einer einzelnen linearen Substitution erzeugt werden. Ist diese Substitution *elliptisch* oder *parabolisch*, so ist der Fundamentalbereich eine Sichel, hat also ebenfalls den Zusammenhang Eins. Dagegen wird der Fundamentalbereich ringförmig und somit zweifach zusammenhängend, wenn die Substitution *hyperbolisch* oder *loxodromisch* ist.

Es gibt nun einen allgemeinen Prozeß, vermöge dessen wir aus irgendwie vorgegebenen brauchbaren Gruppen andere, gleichfalls brauchbare zusammensetzen können, deren Fundamentalbereich einen beliebig hohen Zusammenhang aufweist. *Man grenze nämlich ein Stück der η-Ebene durch mehrere solche Konturen ab, wie sie, einzeln genommen, vermöge der Substitutionen der vorgegebenen Gruppen, als Begrenzung zugehöriger Fundamentalbereiche auftreten können. Kombiniert man dann die auf die verschiedenen Konturen bezüglichen erzeugenden Substitutionen, so entsteht von selbst eine brauchbare Gebietseinteilung, deren erster Fundamentalbereich jenes abgegrenzte Stück ist.*

Ich bezeichne dieses Verfahren als *Ineinanderschiebung*, und erläutere dasselbe zunächst an einigen Beispielen[64]).

Wir betrachten zuvörderst etwa (Fig. 14) einen solchen Teil der η-Ebene, welche durch zwei Kreispaare: R_1', R_1'' und R_2', R_2'', begrenzt ist. Die Kreise R_1' und R_1'', sowie R_2' und R_2'' (die in der Figur durch Pfeile verbunden sind) ordnen wir je durch eine hyperbolische oder loxodromische Substitution, S_1 bez. S_2 zusammen, so zwar, daß unser Gebiet ein gemeinsames Stück der beiden ringförmigen, auf letztere Substitutionen

---

[63]) [Zusatz bei dem Wiederabdruck.]

[64]) Eben hier kommt die Anschauungsweise zur Geltung, welche durch die Figuren 2, 3, 5, 6, 10 auf S. 663, 667, 677 entwickelt werden sollte.

bezüglichen Fundamentalbereiche ist. Dann finden die Gebiete $S_1^{\pm a}$, $S_2^{\pm \beta}$, welche wir aus dem vorgegebenen Bereiche durch positive oder negative Anwendung der einzelnen erzeugenden Substitution ableiten können, gewiß lückenlos nebeneinander Platz: die ersteren sind den aufeinanderfolgenden Werten von α entsprechend alle in R_1', bez. R_1'' eingeschlossen, die anderen in R_2', bez. R_2'', je nach den Werten von $\pm \beta$. *Aber jedes dieser neuen Gebiete trägt in seinem Inneren wieder zwei kreisförmige Öffnungen.*

Und in diese Öffnungen hinein legen sich, wiederum in lückenloser Aufeinanderfolge, die Gebiete $S_1^{\pm a} S_2^{\pm \beta}$, bez. $S_2^{\pm \beta} S_1^{\pm a}$; die ersteren sind jeweils in ein bestimmtes $S_2^{\pm \beta}$, die anderen in ein bestimmtes $S_1^{\pm a}$ eingeschlossen. *Innerhalb der so gewonnenen Gebiete finden nun wieder die neuen $S_2^{\pm \beta'} S_1^{\pm a} S_2^{\pm \beta}$ resp. $S_1^{\pm a'} S_2^{\pm \beta} S_1^{\pm a}$ Platz.* Und so geht der Prozeß fort ins Unendliche. Eine Kollision kann niemals eintreten, weil die neu konstruierten Bereiche immer solche Teile der η-Ebene überdecken, welche

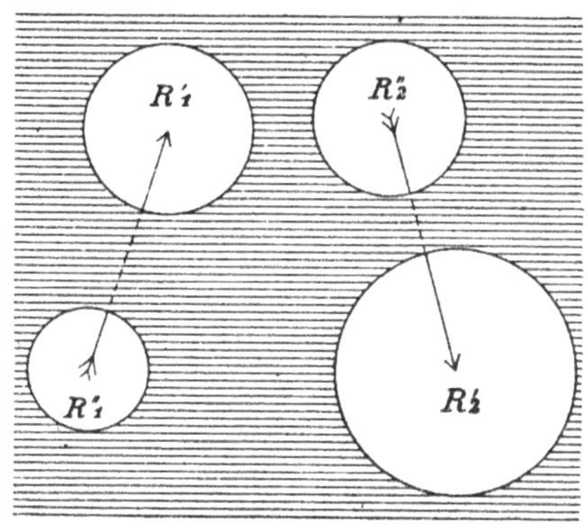

Fig. 14.

bis dahin noch nicht benutzt waren. Daher erzielen wir eine in der Tat brauchbare Gebietseinteilung. Alle Substitutionen der zugehörigen Gruppe sind loxodromisch (oder hyperbolisch) und die unendlich vielen, übrigens zerstreut liegenden Fundamentalpunkte dieser Substitutionen sind es, welche als natürliche Grenze des von den Fundamentalbereichen überdeckten Gesamtgebietes zu gelten haben.

Nicht anders ist die Sache, wenn wir als Ausgangsbereich z. B. denjenigen Raum nehmen, der nach Art von Fig. 15 zwei *Sicheln* gemeinsam

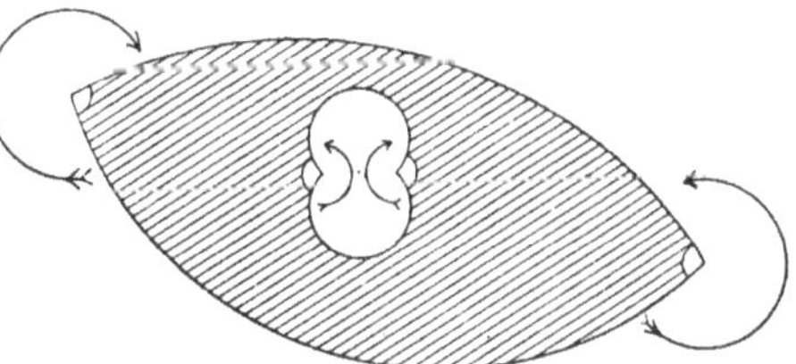

Fig. 15.

ist. Die eine mag die Winkelöffnung $\dfrac{2\pi}{m}$, die andere die Öffnung $\dfrac{2\pi}{n}$ besitzen, unter m, n ganze Zahlen verstanden; die zugehörigen Substitutionen, welche in der Figur durch Pfeile angedeutet sind, mögen Σ_1, Σ_2 heißen. Wir verfahren dann genau so, wie eben mit den S_1, S_2. Nur haben wir jetzt die Relationen $\Sigma_1^m = 1$, $\Sigma_2^n = 1$ und können dementsprechend die Exponenten $\pm \alpha$, $\pm \beta$ auf den Spielraum von 0 bis $(m-1)$, resp. von 0 bis $(n-1)$ beschränken. Es ist wohl kaum nötig, den ganzen Prozeß hier noch einmal geometrisch zu schildern. In gewissen Eckpunkten laufen nun jedesmal m Sicheln in anderen n zusammen. Die zugehörige Gruppe enthält jetzt unendlich viele elliptische Substitutionen, aber keine anderen als diejenigen, die sich in der Gestalt $\pi \Sigma_1^\alpha \pi^{-1}$, oder $\pi \Sigma_2^\beta \pi^{-1}$ darstellen. Die natürliche Grenze für die Gesamtheit der Fundamentalbereiche wird wiederum von den Fundamentalpunkten derjenigen hyperbolischen oder loxodromischen Substitutionen gebildet, die an der Gruppe partizipieren. —

Nehmen wir endlich an (wobei ich keine nähere Spezifikation eintreten lassen will), daß irgendeine Gruppe mit reellem Hauptkreis bei dem Ineinanderschiebungsprozesse beteiligt sei[65]). So wird auch dieser Kreis selbst bei den fortgesetzten Reproduktionen des ursprünglichen Fundamentalbereiches unendlich oft vervielfältigt werden. Das Gebiet also, welches von der Gesamtheit der Fundamentalbereiche überdeckt wird, zählt unter den Bestandteilen seiner natürlichen Grenze neben anderen hier nicht näher bezeichneten Stücken jedenfalls unendlich viele Kreislinien. —

Diese Beispiele werden genügen, um den Begriff der Ineinanderschiebung beliebiger Teilgruppen geläufig zu machen. Wir wenden denselben nunmehr auf beliebige Zusammenstellungen der eben aufgezählten uns bekannten Gruppen an. Dabei lassen wir, in Übereinstimmung mit früheren Festsetzungen, nur *die* Beschränkung eintreten, daß immer bloß eine *endliche* Zahl von Teilgruppen kombiniert werden soll. Die neu entstehenden Gruppen, resp. Gebietseinteilungen, ordnen wir nach *Typen*, indem wir alle solche Gruppen zu demselben Typus rechnen, deren einzelne Teilgruppen resp. demselben Typus angehören. Innerhalb des einzelnen Typus bilden diejenigen Gruppen [so wollen wir sagen] den *Normalfall*, welche, neben beliebig vielen isolierten Substitutionen, nur Teilgruppen mit Hauptkreis enthalten.

Es gilt jetzt, die Riemannsche Fläche zu charakterisieren, welche der einzelnen so erzeugten diskontinuierlichen Gruppe entspricht, und zugleich anzugeben, wie sich auf ihr unser η, als komplexe Funktion des Ortes aufgefaßt, verhält.

§ 17.

Die neue η-Funktion auf der zugehörigen Riemannschen Fläche.

Ich will annehmen, daß folgende Gruppen durch Ineinanderschiebung vereinigt wurden: zunächst q Gruppen, welche aus einer einzelnen elliptischen oder parabolischen Substitution, dann ferner r Gruppen, welche aus einer einzelnen hyperbolischen oder loxodromischen Substitution durch Wieder-

---

[65]) Vielleicht ist es nützlich, auch solche Beispiele durchzudenken, wo der Hauptkreis imaginär oder in einen Punkt ausgeartet ist.

holung erwachsen, endlich aber s Gruppen vom Hauptkreistypus, die also entweder selbst einen Hauptkreis besitzen oder aus einer Gruppe mit Hauptkreis durch Variation der Konstanten abgeleitet wurden. Die einzelne Gruppe unter den letztgenannten mag die Signatur π, ν besitzen (wo ich also die früheren lateinischen Buchstaben durch griechische ersetzt und der Kürze halber die Indizes der einzelnen Verzweigungspunkte fortgelassen habe). Dann ist der Fundamentalbereich in der η-Ebene von $q + 2r + s$ verschiedenen Kurven begrenzt. Jede Kurve der ersten Art besteht aus zwei Stücken Q', Q'', welche, für sich genommen, eine Sichel von einer gewissen Winkelöffnung begrenzen[66]. Die $2r$ Kurven zweiter Art gehören paarweise als R' und R'' vermöge der betreffenden hyperbolischen oder loxodromischen Substitution zusammen (vgl. noch einmal Fig. 14). Endlich die s Kurven der letzten Art bestehen nach dem in § 10 geschilderten Schema aus $4\pi + 2\nu$ paarweise zusammengehörigen Stücken, die wir kurzweg wieder mit $\mathsf{A}_i^{\pm}$, $\mathsf{B}_i^{\pm}$, $\Lambda_k^{\pm}$ bezeichnen mögen. — Den so definierten Fundamentalbereich denken wir uns nun durch eine äquivalente Riemannsche Fläche ersetzt. So entspricht dem Linienpaare Q', Q'' je ein *Einschnitt* Q, der von einem beliebigen Punkte der Fläche beginnend zu einem anderen hinläuft: die beiden Endpunkte des einzelnen Einschnittes sind [einander korrespondierende] Verzweigungspunkte unserer η-Funktion. Den zusammengehörigen R', R'' dagegen korrespondieren gewisse r auf der Fläche verlaufende und dieselbe nicht zerstückende *Rückkehrschnitte* R. Endlich jeder der weiteren Begrenzungskurven (π, ν) entspricht ein ganzes auf der Fläche befindliches *Schnittsystem*, welches in der früher beschriebenen Art einmal aus 2π Querschnitten A_i, B_i besteht, die von einem gewissen Punkte O auslaufend später in denselben wieder einmünden, dann aber aus ν Einschnitten, die von demselben Punkte O aus sich nach ν Verzweigungspunkten der η-Funktion hinziehen. *Hiernach haben wir, unter n die Gesamtzahl der Verzweigungspunkte unserer η-Funktion verstanden, sofort die folgende erste Formel:*

$$n = 2q + \sum \nu.$$

Des ferneren berechnen wir [nach § 4 des ersten Abschnitts] das Geschlecht p der Riemannschen Fläche folgendermaßen. Unser Fundamentalbereich hat als schlichtes Stück der Ebene eine Grundzahl, welche der Anzahl $q + 2r + s$ der Begrenzungskurven gleichkommt. Aber die Grundzahl unserer [unzerschnittenen] Riemannschen Fläche, die wir gleich $2p$ setzen,

---

[66] Ich nenne diese Stücke Q', Q'' nicht ausdrücklich *Kreisbogen*, weil es mit Rücksicht auf die anderen Begrenzungsstücke bequem [oder auch notwendig] sein kann, ihnen eine andere Form zu erteilen. Ähnliche Bewandtnis hat es mit den R', R'' usw.

wird durch jeden Einschnitt Q um eine Einheit vermehrt und durch jedes Schnittsystem (π, ν) um $(2\pi - 1)$ vermindert. Die Rückkehrschnitte R sind auf die Grundzahl ohne Einfluß. *Daher folgt:*

$$2p = (q + 2r + s) - q + \sum_1^s (2\pi - 1),$$

oder kürzer geschrieben:

$$p = r + \sum_1^s \pi.$$

Wir fragen nun billig, wodurch sich die neue η-Funktion (p, n) von den früheren mit der gleichen Signatur unterscheidet. In dieser Hinsicht betonten wir schon oben, daß jetzt der Fundamentalbereich in der η-Ebene *mehrfach* zusammenhängend ist, während er es früher nicht war. *Infolgedessen gibt es jetzt auf der Riemannschen Fläche (p, n) gewisse geschlossene, sich selbst nicht schneidende Wege, die sich nicht auf einen einzelnen Punkt zusammenziehen lassen und bei deren Durchlaufung sich η trotzdem identisch reproduziert.* Als solche Wege finden wir zunächst diejenigen, die um einen einzelnen Einschnitt Q herumlaufen, dann ferner die Rückkehrschnitte R selbst, endlich diejenigen Kurven, welche das einzelne Schnittsystem (π, ν) umgeben. Von diesen Kurven kann übrigens noch eine weggelassen werden. Denn eine Durchlaufung aller der genannten Kurven hintereinander ist offenbar auf der Fläche mit der Umkreisung eines einzelnen Punktes äquivalent. *Diesem Verhalten entsprechend haben wir jetzt nur* $p + r + \sum_1^s (2\pi + \nu)$ *erzeugende Substitutionen und zwischen ihnen s Relationen vom Typus der früheren Fundamentalrelation.* Denn für die erzeugenden Substitutionen jeder Teilgruppe (π, ν) ergibt sich jetzt eine solche Beziehung, indem wir den zugehörigen Punkt O auf der Riemannschen Fläche umkreisen. Hierzu treten dann noch die weiteren Relationen, welche die Periodizität gewisser elliptischer Substitutionen aussagen.

Wir präzisieren zugleich den Unterschied, der zwischen den hier erzeugten η-Funktionen und den allgemeinsten von derselben Signatur, die eindeutige Umkehrung gestatten, bestehen wird. Dieser Unterschied wurde schon in § 15 angedeutet. Unsere neuen η-Funktionen haben Fundamentalbereiche von beliebig hohem Zusammenhange, aber es entstehen keine neuen Zusammenhänge, wenn wir den Fundamentalbereich vervielfältigen. Es kommt dies darauf hinaus, daß unter den Substitutionen der zugehörigen Gruppe keine anderen elliptisch oder parabolisch sind, als diejenigen, denen auf unserer Riemannschen Fläche eine Umkreisung des einzelnen Verzweigungspunktes entspricht, und daß überhaupt für sie keine anderen

Relationen statthaben als die soeben angegebenen. (Man zeigt dies ganz ähnlich, wie es betreffs der η-Funktion mit Hauptkreis in § 12 geschehen ist.) Für die allgemeinsten eindeutig umkehrbaren η-Funktionen müssen wir aber eine solche Möglichkeit offenhalten. Inzwischen gehen wir auf genauere Untersuchung in der hiermit angedeuteten Richtung an dieser Stelle nicht ein. [Es bleiben also beispielsweise die Gruppen mit zwei multiplikativen Perioden unberücksichtigt, für die man das einfachste Beispiel erhält, indem man eine hyperbolische Substitution $\eta' = \varrho \cdot \eta$ mit einer elliptischen $\eta' = e^{\frac{2\pi i}{n}} \cdot \eta$ kombiniert. Diese Beschränkung geschieht nicht wegen besonderer Schwierigkeiten, die sich sonst einstellen möchten, sondern nur, um die Fülle des Stoffes nicht übermäßig anwachsen zu lassen. In den „Automorphen Funktionen" werden im Prinzip alle hier ausgeschlossenen Möglichkeiten mitgenommen [67]).]

§ 18.
Konstantenzahl des jeweiligen Normalfalles.

Wir bestimmen zum Schlusse noch, wie groß die Anzahl der Konstanten ist, von denen die neue η-Funktion (p, n) im Normalfalle abhängt. Im genauen Anschlusse an die Entwicklungen des § 14 wollen wir dabei jede η-Funktion so oft zählen, als die zugehörige Riemannsche Fläche (p, n) in verschiedener Weise den Vorstellungen des § 16 entsprechend zerschnitten werden kann. *Wir betrachten also geradezu als Bestimmungsstücke der η-Funktion diejenigen Koeffizienten der zugehörigen erzeugenden Substitutionen, welche unabhängig bleiben, nachdem wir die zwischen den Substitutionen bestehenden Relationen identisch erfüllt haben.*

Für die einzelne Gruppe mit Hauptkreis fanden wir in § 14, unter (π, ν) die Signatur der Gruppe verstanden und übrigens unter der Voraussetzung, daß der Hauptkreis mit der Achse der reellen Zahlen koinzidiere, $6\pi + 2\nu - 3$ reelle Bestimmungsstücke. Diesen haben wir jetzt drei weitere hinzufügen, da wir dem einzelnen Hauptkreise zuvörderst eine beliebige Lage erteilen müssen. So kommen auf Rechnung der verschiedenen Gruppen mit Hauptkreis, die wir dem Ineinanderschiebungsprozesse unterworfen haben, $6\sum\pi + 2\sum\nu$ reelle Konstante. Die q elliptischen (oder parabolischen) Substitutionen, welche beim Ineinanderschiebungsprozesse beteiligt sind, bringen ihrerseits $2q$, die r loxodromischen Substitutionen $3r$ Konstante, aber [beidemal] *komplexe* Konstante mit sich. Da wir übrigens durchaus reelle Bestimmungsstücke zählen, werden wir

---

[67]) [Zusatz bei dem Wiederabdruck.]

beide zusammen als $(4\,q + 6\,r)$ in Rechnung stellen. Nun ist, dem vorigen Paragraphen zufolge, $(r + \Sigma\pi) = p$ und $(2\,q + \Sigma\nu) = n$. Daher haben wir im ganzen $6\,p + 2\,n$ Konstante. Aber von ihnen werden wir noch sechs Einheiten als unwesentlich in Abzug bringen, indem wir nämlich, wie in § 14, alle derartige η-Funktionen als identisch erachten, welche linear voneinander abhängen, jetzt aber die in $\frac{\alpha\eta + \beta}{\gamma\eta + \delta}$ enthaltenen Konstanten als komplex betrachten müssen. Daher haben wir schließlich:

Die Anzahl der reellen Konstanten, von denen eine Normalgruppe (p, n) *abhängt, ist, unabhängig von den Typus, welchem die Gruppe angehören mag, gleich* $(6\,p + 2\,n - 6)$.

Diese Konstanten müssen natürlich wieder gewissen Ungleichungen genügen. Zu den Ungleichungen, welche wir oben bei der einzelnen Gruppe mit Hauptkreis andeuteten, treten hier weitere, von denen die einen aussagen, daß gewisse einzelne Substitutionen loxodromisch (oder hyperbolisch) sind, während sich die anderen auf die gegenseitige Stellung der Teilgruppen beziehen, die notwendig ist, damit der Prozeß der Ineinanderschiebung Platz greifen kann. Auf eine nähere Diskussion dieser Ungleichungen gehe ich aber hier ebensowenig ein, als es früher bei den analogen Fragen geschehen ist.

Abschnitt IV.

Das Fundamentaltheorem.

§ 1.

Formulierung desselben.

Das allgemeine Theorem, welches ich nunmehr aussprechen werde und das ich wegen seiner Wichtigkeit (die im folgenden Abschnitte noch ausführlicher erläutert werden soll) das *Fundamentaltheorem* nenne, wird durch die eben bestimmte Zahl reeller Konstanten: $(6\,p + 2\,n - 6)$ nahegelegt. Es ist dies genau dieselbe Anzahl reeller Konstanten, von der eine beliebige Riemannsche Fläche des Geschlechtes p mit n nach Willkür auf ihr angenommenen Punkten abhängt; man hat sich nur zu erinnern, daß die $3\,p - 3$ *Moduln*, welche man, der gewöhnlichen Sprechweise nach, der Fläche beilegt, allgemein zu reden, komplexe Größen sind[68]. Die Frage ist, auf welchen Riemannschen Flächen des Geschlechtes p mit n vorgegebenen Verzweigungspunkten von bestimmtem

---

[68]) Der leichteren Ausdrucksweise wegen schließe ich im Texte wieder die einfachsten Fälle $p = 0, 1$ aus.

Index Normalfunktionen[69]) η von einem gewissen Typus existieren mögen. Der Typus wird festgelegt, indem wir auf unserer Fläche gewisse Paare von Verzweigungspunkten durch Einschnitte Q verbinden, dann irgendwelche, die Fläche nicht zerstückende Rückkehrschnitte R hinzufügen und endlich so viele Schnittsysteme (π, ν) konstruieren, daß die zerschnittene Fläche durchaus schlicht auf ein Stück der Ebene übertragen werden kann. Funktionen η, welche linear voneinander abhängen, will ich der Kürze halber wieder als identisch betrachten. Dann besagt unser Fundamentaltheorem:

Daß auf jeder Riemannschen Fläche (p, n, l_k) *immer eine und nur eine Normalfunktion von beliebig vorgegebenem Typus existiert.*

Zwei Spezialfälle dieses Theorems mögen als besonders wichtig gleich hier hervorgehoben werden.

Der erste Fall sei derjenige, in welchem die Einschnitte Q und die Rückkehrschnitte R überhaupt in Wegfall kommen, die Schnittsysteme (π, ν) aber sich auf ein einziges reduzieren, welches mit (p, n) zu bezeichnen sein wird. Dann ist also das zugehörige η eine Funktion mit festem Hauptkreis. Zugleich können wir von der speziellen Art der Zerschneidung hier durchaus absehen. Denn eine Umänderung des Schnittsystems bedeutet im vorliegenden Falle nur, daß die erzeugenden Substitutionen jener Gruppe, die zu η gehört, in anderer und anderer Weise gewählt werden, nicht aber, daß η selbst modifiziert wird. Daher will ich ein solches η an dieser Stelle als *Hauptfunktion* bezeichnen, übrigens im folgenden durch einen Index I (η_I) kenntlich machen. Wir haben:

Auf jeder Riemannschen Fläche (p, n, l_k) *gibt es eine und nur eine Hauptfunktion.* [*Das Grenzkreistheorem.*]

Es ist dies derjenige Spezialfall des vorhin ausgesprochenen, allgemeinen Fundamentaltheorems, den ich in meiner zweiten Note über eindeutige Funktionen mit linearen Transformationen in sich (Bd. 20 der Math. Annalen, datiert vom 27. März 1882 [= Abh. CII]) mitgeteilt habe. Allerdings wurden dort der Einfachheit halber alle Indizes l_k unendlich gesetzt und also nur von logarithmischen Verzweigungspunkten gesprochen. Daß die Indizes der Verzweigungspunkte irgendwelche sein können, hat Herr H. Poincaré in seiner bezüglichen Note vom 10. April 1882 (Comptes rendus, Bd. 92, S. 1038—1040 [='Oeuvres, Bd. 2, S. 41—43] hervorgehoben. In

---

[69]) Befindet sich η, wie ich früher sagte, im Normalfall, so nenne ich es hier kurz eine Normalfunktion. [Bei den „Normalfunktionen" werden die natürlichen Grenzen, soweit es keine einzelnen Punkte sind, von Kreislinien gebildet. An diesen kann man dann in einfacher Weise spiegeln und dadurch die Funktion auch jenseits der natürlichen Grenze naturgemäß definieren. Solcherweise beherrscht man, *mit Ausnahme isolierter Punkte*, das ganze η-Gebiet. Hierin scheint die besondere Stellung der Normalfunktionen begründet zu sein. K.]

dem besonderen Falle $p = 0$ hatte Herr H. Poincaré die Existenz der Hauptfunktion schon vor längerer Zeit erkannt, man sehe die aufeinanderfolgenden und immer allgemeiner werdenden Angaben vom 18. April und 8. August 1881 (Comptes rendus Bd. 92, S. 957, 93, S. 301—303 [= Oeuvres, Bd. 2, S. 11 bzw. S. 29—31]) sowie in Nr. 10 seines Annalenaufsatzes (Bd. 19, S. 561 [= Oeuvres, Bd. 2, S. 101], datiert vom 17. Dec. 1881).

Der zweite Spezialfall unseres Fundamentaltheorems, der hier zur Sprache gebracht werden soll, ist derjenige, in welchem die Teilgruppen mit Hauptkreis überhaupt in Wegfall kommen, also, auf der Riemannschen Fläche, nur die Einschnitte Q und im ganzen p Rückkehrschnitte R vorhanden sind. Unser Satz, [*das Rückkehrschnittheorem*], behauptet:

Daß es allemal eine auf der so zerschnittenen Fläche eindeutige, eindeutig umkehrbare η-Funktion gibt, welche bei Überschreitung der Q elliptische Substitutionen von resp. vorgegebener Periode erleidet.

Diese Art von η-Funktion soll weiterhin mit η_{II} bezeichnet werden. Auf ihre Existenz bezieht sich die erste der beiden von mir über eindeutige Funktionen mit linearen Transformationen in sich veröffentlichten Noten (Math. Annalen, Bd. 19, datiert vom 12. Januar 1882 [= Abh. CI]). Ich habe dort nur, um die Sache etwas zu vereinfachen, jene Einschnitte Q, die wir auf der Riemannschen Fläche beliebig vorschreiben können, überhaupt weggelassen und also nur von irgend p auf der Fläche verlaufenden und dieselbe nicht zerstückenden Rückkehrschnitten gesprochen. [Es würde übrigens keine Schwierigkeit haben, das Fundamentaltheorem auch auf solche Gruppen auszudehnen, wie sie nach S. 697 bei uns ausgeschlossen bleiben [70]).]

<h2 style="text-align:center">§ 2.</h2>

<h3 style="text-align:center">Ansatz zum Beweise.</h3>

Um für das hiermit formulierte Fundamentaltheorem, wo nicht einen expliziten Beweis, so doch die allgemeinen Beweisgründe zu geben, verwende ich Vorstellungen der Mannigfaltigkeitslehre. Wir haben einerseits die Riemannschen Flächen (p, n, l_k), die wir uns nach bestimmtem Typus zerschnitten denken. Sie bilden eine erste Mannigfaltigkeit M_1. Die Gestalt der einzelnen Querschnitte, sowie die Lage jener Punkte O, von denen aus sich die einzelnen Schnitte eines Systemes (π, ν) erstrecken mögen, bringen wir bei dieser Auffassung nicht mit in Rechnung. Wohl aber zählen wir zwei Schnittsysteme auf derselben Fläche, auch wenn sie für die schließlich in Betracht kommende η-Funktion äquivalent sein mögen, allemal dann als unterschiedene Individua von M_1, wenn sie sich

---

[70]) [Zusatz bei dem Wiederabdruck.]

nicht durch stetige Verschiebung über die Fläche hin zur Deckung bringen lassen. — Wir haben andererseits die Gesamtheit der zu dem betreffenden Typus gehörigen Normalfunktionen η, deren einzelne wir in Übereinstimmung mit dem gerade Gesagten, und übrigens auch mit den früheren Festsetzungen, so oft zählen werden, als die zugehörige Gruppe linearer Substitutionen in der früher geschilderten Weise aus erzeugenden Substitutionen zusammengesetzt werden kann. Die so gezählten η-Funktionen bilden, eine zweite Mannigfaltigkeit, M_2.

Die im vorigen Abschnitte gegebene Konstantenzählung zeigt, daß M_1 und M_2 gleich viele Dimensionen haben (nämlich $6\,p - 6 + 2\,n$). Zudem sieht man mit leichter Überlegung, daß jede Mannigfaltigkeit, für sich genommen, ein einziges, zusammenhängendes Ganze bildet. Hinsichtlich der M_2 ist dies auf Grund der früheren Entwicklungen an sich klar. Denn wir können die einzelnen Teilgruppen, die, ineinandergeschoben, unsere Gruppe erzeugen, einzeln so variieren und übrigens in ihrer Stellung derart gegeneinander verschieben, daß eine beliebige andere Gruppe desselben Typus resultiert. Hinsichtlich der M_1 aber beweist man es (wenn man es nicht als bekannt ansehen will) durch folgende Betrachtung der Analysis situs. Es soll möglich sein, jede Fläche (p, n) mit irgend vorgegebener Zerschneidung in jede andere desselben Typus derart kontinuierlich überzuführen, daß die zweierlei Zerschneidungen zur Deckung kommen. Zu dem Zwecke ergänze man die auf den beiden Flächen vorgegebenen Schnittsysteme in der Weise durch weitere an korrespondierenden Stellen eingeschaltete Schnitte, daß zwei einfach zusammenhängende Flächen entstehen, deren Randkurven in genau derselben Reihenfolge aus gewissen, paarweise zusammengehörigen Stücken bestehen. Diese beiden Flächen bilde man jetzt je auf eine Kreisfläche konform ab. Die Peripherie des einzelnen Kreises wird dann in eine Anzahl Stücke zerlegt erscheinen, die paarweise durch irgendein analytisches Gesetz zusammengeordnet sind. Und zwar ist die Aufeinanderfolge der zusammengehörigen Stücke bei beiden Kreisen genau dieselbe. Wir denken uns jetzt, daß der einzelne Kreis (im Sinne der Entwicklungen des ersten, hier vorangehenden Abschnittes) vermöge der Zusammengehörigkeit seiner Peripheriestücke die betreffende Riemannsche Fläche (p, n) als Fundamentalbereich vertritt. Wir haben also nur zu zeigen, daß man, durch allmähliche Änderung der Konstanten, die eine Kreisfläche mitsamt der Zuordnung ihrer einzelnen Peripheriestücke in die andere Kreisfläche und deren Zuordnung überführen kann. Dies aber ist anschauungsmäßig evident.

Auf Grund des hiermit Gesagten stellt sich unsere Aufgabe jetzt folgendermaßen. Aus dem ersten Abschnitte des Früheren wissen wir, daß jedem Individuum in M_2 ein und nur ein Individuum in M_1 entspricht. *Es gilt zu zeigen, daß umgekehrt jedem Individuum von M_1 ein und nur ein Individuum in M_2 korrespondiert.*

Hierzu entwickle ich im folgenden Paragraphen zuvörderst einen Hilfssatz, welcher zeigt, daß niemals *mehrere* Individua in M_2 ein und demselben Individuum in M_1 entsprechen können.

Sodann bringt § 4 die allgemeinen Kontinuitätsgründe, aus denen ich glaube, unser Fundamentaltheorem erschließen zu können.

<h2 style="text-align:center">§ 3.</h2>

<h3 style="text-align:center">Hilfssatz, betreffend die Eindeutigkeit der Beziehung.</h3>

Ich werde jetzt, wie in Aussicht gestellt, zuvörderst nachweisen, *daß auf einer in bestimmter Weise zerschnittenen Fläche (p, n, l_k) immer nur ei ne zugehörige Normalfunktion η existieren kann.* Was die Formulierung dieser Behauptung angeht, so erinnere ich an die frühere Verabredung, derzufolge zwei η-Funktionen, welche linear voneinander abhängen, schlechthin als identisch bezeichnet werden sollen.

Zum Beweise denke man sich die vorgegebene und in bestimmter Weise zerschnittene Riemannsche Fläche auf die Ebenen beider Variablen η, η' (deren Existenz wir hier voraussetzen mögen) simultan abgebildet. Wir erhalten dann in den zweierlei Ebenen zwei erste Fundamentalbereiche, die ausnahmslos konform und zwar in der Weise aufeinander bezogen sind, daß der analytischen Fortsetzung des einen, die durch geeignete lineare Substitution des η bewirkt wird, genau diejenige analytische Fortsetzung des anderen entspricht, welche vermöge der korrespondierenden linearen Substitution des η' resultiert. Indem wir jetzt den Prozeß der analytischen Fortsetzung, so wie er durch die erzeugenden linearen Substitutionen vermittelt wird, beiderseits ins Unbegrenzte verfolgen, werden immer ausgedehntere Teile der Ebene η auf die entsprechenden Teile der Ebene η' durchaus konform bezogen. Es kann dabei niemals eine Vieldeutigkeit entstehen. Denn da η und η' nach Voraussetzung demselben Typus angehören, so bestehen zwischen den erzeugenden Substitutionen der η-Gruppe und zwischen den entsprechenden Substitutionen der η'-Gruppe beziehentlich genau dieselben Relationen; es finden sich also auch in der η-Ebene zwischen den verschiedenen Fundamentalbereichen dieselben Zusammenhänge wie in der η'-Ebene, und umgekehrt.

Nun bedeckt die Gesamtheit der in der einzelnen Ebene gelegenen Fundamentalbereiche ein gewisses Gebiet, welches einmal von unendlich vielen diskreten Punkten, dann aber auch von unendlich vielen Kreislinien begrenzt sein kann. Ich sage jetzt, *daß die konforme Abbildung der beiden durch die unendlich vielen Fundamentalbereiche überdeckten Gebiete keinerlei unstetige Unterbrechung erleidet, wenn man in beide Gebiete jene isolierten Unstetigkeitspunkte und die genannten Kreisperipherien mit aufnimmt,* — d. h. also, wenn man die beiden Gebiete nicht bloß mit *Ausschluß* der Begrenzungen (wie es zunächst gemeint ist), sondern mit *Einschluß* derselben in Betracht zieht. In der Tat scheint dies aus bekannten Sätzen über die Integration der Differentialgleichung $\dfrac{\partial^2 u}{\partial x^2} + \dfrac{\partial^2 u}{\partial y^2} = 0$ zu folgen, wenn man noch hinzunimmt (was durch nichteuklidische Betrachtungen bewiesen werden kann), daß die Gebiete, welche in der η- und der η'-Ebene durch die sukzessiven Fundamentalbereiche überdeckt werden, *gleichmäßig* ihren Begrenzungen zustreben.

Man nehme nun einen Augenblick die beiden Funktionen η_{I} und η_{II} (die wir soeben, in § 1 des gegenwärtigen Abschnittes, auszeichneten) vorweg. *Für beide ist der in diesem Paragraphen zu erbringende Nachweis mit dem nun Gesagten bereits erledigt.* Bei η_{I} nämlich haben wir es überhaupt nicht mit isolierten Grenzpunkten, sondern nur mit *einem* Hauptkreise zu tun. Daher ist eine volle Kreisfläche der η-Ebene auf eine ebensolche der η'-Ebene ausnahmslos konform abgebildet, und dies geschieht, wie man weiß, notwendig durch *lineare* Beziehung. — Bei η_{II} hinwider haben wir nur isolierte Grenzpunkte und keinerlei Hauptkreis. Daher ist das Gebiet, welches von der Gesamtheit der Fundamentalbereiche unter Hinzunahme der Grenzen überdeckt wird, mit der unbegrenzten Ebene identisch. Die vollen Ebenen η und η' sind daher ausnahmslos konform aufeinander bezogen, und wir haben wieder zwischen η und η' auf Grund bekannter Sätze eine notwendig *lineare* Beziehung. Das heißt aber beidemal mit Rücksicht auf die oben getroffene Verabredung, *daß η und η' im wesentlichen identisch sind*, was zu beweisen war.

In den allgemeineren Fällen, wo unendlich viele Hauptkreise an der Begrenzung des Gebietes, sowohl der η- als der η'-Ebene, beteiligt sind, müssen wir noch einen Schritt weiter gehen. *Wir gebrauchen nämlich das Prinzip der Symmetrie in seiner gewöhnlichen, auf eine reelle Kreislinie bezüglichen Form* (siehe § 4 des Abschnittes II). Indem wir jedes der gesamten Gebiete an jedem seiner Begrenzungskreise spiegeln, wissen wir vermöge des erwähnten Prinzips, daß die so erhaltenen Spiegelbilder infolge der ursprünglichen konformen Abbildung einander ebenfalls entsprechen. Jetzt fahren wir mit dem Spiegelungsprozesse, indem wir jeden neu erhaltenen Begrenzungskreis selbst wieder als Inversionskreis benutzen, ins Unendliche fort. So wird allmählich die ganze η-Ebene, wie auch die η'-Ebene, mit Ausnahme wieder von unendlich vielen zerstreut liegenden Punkten, welche die natürliche Grenze bilden, durch die unendlich vielen Spiegelbilder überdeckt. Diese Grenzpunkte nehmen wir schließlich, so, wie sie einander entsprechend in der η- und der η'-Ebene gewonnen werden, in unsere konforme Abbildung mit auf. Hierdurch erleidet, genau wie oben bei dem entsprechenden Prozesse, die konforme Abbildung keinerlei Unterbrechung der Stetigkeit. Daher sind schließlich die Ebenen η und η' ausnahmslos konform aufeinander bezogen, *η und η' hängen also notwendig linear voneinander ab*, und der Beweis, den wir in Aussicht stellten, ist also auch im allgemeinen Falle erbracht.

§ 4.

Kontinuitätsbeweis.

Um weiter vorwärts zu gehen, bedarf ich einer Prämisse, die ich, obgleich sie mir unzweifelhaft richtig scheint, hier nicht in Kürze explizite erledigen kann. Es handelt sich darum, daß die Beziehung zwischen beiden Mannigfaltigkeiten M_1 und M_2 eine *analytische* ist. Ich zweifle nicht, daß man eine solche Behauptung durch Weiterentwicklung jener Existenzbeweise, über welche im ersten Abschnitte Bericht erstattet wurde, also genau im Sinne der Riemannschen Theorie, wird erledigen können. Übrigens bliebe, wenn ein solches Verfahren auf Schwierigkeiten stoßen sollte, immer noch der Rekurs auf die *Formeln*, welche Herr H. Poincaré (wenn ich mich so ausdrücken darf) für die Beziehung zwischen den Mannigfaltigkeiten M_1 und M_2 aufgestellt hat.

Auf Grund dieser Prämisse kommen für die Beziehung der beiden Mannigfaltigkeiten M_1 und M_2 die gewöhnlichen Kontinuitätsvorstellungen zur vollen Geltung. Ich erinnere in diesem Betracht insbesondere an zwei Sätze. Zunächst daran, daß ein System von m analytischen Funktionen von ebensoviel Variablen in der Nähe jeder Stelle, für welche die Funktionaldeterminante weder verschwindet, noch unendlich wird, eindeutig umgekehrt werden kann, — daß aber auch rückwärts, wenn die Umkehr in der Nähe einer Stelle nicht vieldeutig wird, das reguläre Verhalten der Funktionaldeterminante folgt. Dann aber an den Weierstrassischen Satz, daß eine analytische Funktion die obere Grenze derjenigen Werte, deren sie in einem [abgeschlossenen [71])] Bereiche fähig ist, allemal auch wirklich erreicht.

Unsere Aufgabe ist es nun, zu zeigen, daß innerhalb M_1 keine Gebietsteile (sozusagen „Inseln") vorhanden sein können, in welche man

---

[71]) [Ich füge dies Wort hinzu, um mich mehr dem Sprachgebrauch der heutigen Mathematiker anzupassen. K.]

durch Fortschreiten in M_2 nicht hineingelangte. Hier bietet sich der Vorstellung zunächst eine doppelte Möglichkeit: Es kann sein, daß die Randpunkte eines solchen Gebietes (die Uferpunkte der Insel) noch zu dem zugänglichen Gebiete gehören, es kann aber auch sein, daß man durch Fortschreiten in M_2 überhaupt niemals die Randpunkte erreicht. Aber beides erweist sich vermöge der voraufgeschickten zwei Sätze als unmöglich.

Wäre nämlich das Ufer der Insel zugänglich, so würde dem Uferpunkte in M_2 eine Stelle entsprechen, deren *volle* Umgebung sich nur auf einen *Teil* der Umgebung des Uferpunktes abbilden könnte. Das aber widerspricht dem regulären Verhalten der bezüglichen Funktionaldeterminante, welches seinerseits notwendig ist, weil dem Hilfssatze des vorigen Paragraphen zufolge keinem Punkte von M_1 mehrere Punkte von M_2 entsprechen können.

Unzugänglich hinwiederum kann das Ufer unserer Insel auch nicht sein. Denn das hieße geradezu, daß unser Funktionensystem eine gewisse obere Grenze niemals erreichen könne, und widerspräche also dem Weierstrassischen Satze.

Daher kann von Inseln in M_1, die unzugänglich wären, überhaupt nicht die Rede sein; jedem Punkte in M_1 entspricht ein Punkt in M_2, und unser Fundamentaltheorem ist erwiesen.

Ich brauche kaum auf die Analogie aufmerksam zu machen, welche zwischen dem hiermit geschilderten Beweisgange und einem bekannten Beweise des Fundamentalsatzes der Algebra statthat[72]).

A bschnitt V.

Vergleich mit den elliptischen Funktionen.

Ein Vergleich der neuen η-Funktionen mit den elliptischen Funktionen liegt von vornherein nahe, und er ist wohl bei allen Bearbeitern, die sich diesen Untersuchungen zugewandt haben, das hodegetische Prinzip gewesen. Wir können einem solchen Vergleiche hier eine um so größere Präzision erteilen, als unser Fundamentaltheorem die in jedem Falle zur Verfügung stehenden Konstanten übersehen läßt. Ich will mich bei der folgenden Darlegung auf jene beiden Funktionsklassen η_{I} und η_{II}, die in § 1 des vorigen Abschnitts bereits ausgezeichnet wurden, beschränken.

---

[72]) [Die Betrachtungsweise des Textes, welche vielfache Beanstandung gefunden hat, wird unten auf S. 731 ff. noch näher erläutert. Daß sich der Kontinuitätsbeweis, wie er in diesem Paragraphen skizziert ist, in einer, alle Fälle des Fundamentaltheorems umfassenden Weise streng durchführen läßt, wird zur Zeit wohl von keiner Seite mehr bestritten. K.]

Inwieweit die betreffenden Aussagen auch noch für die allgemeineren von uns in Betracht gezogenen Funktionsklassen gültig sind, wird jeder selbst mit Leichtigkeit entscheiden.

Die Theorie der elliptischen Funktionen betrachtet als independente Variable zunächst das eine auf der Riemannschen Fläche vom Geschlechte 1 existierende überall endliche Integral, welches wir mit u bezeichnen und übrigens so normieren wollen, daß es die Perioden 1 und $\frac{iK'}{K}$ besitzt. Darüber hinaus aber ist es die Exponentialfunktion $v = e^{2i\pi u}$, welche bei vielen Entwicklungen zugrunde gelegt wird. *Ich sage nun zunächst, daß es eben diese beiden Funktionen sind, welche, im Falle $p = 1$, jenen η_I und η_{II} entsprechen, die auf der Riemannschen Fläche überhaupt keine Verzweigungspunkte besitzen.*

Was den ersten Teil dieser Behauptung angeht, so ist dies so zu verstehen, daß der Hauptkreis der Ebene η_I in der Ebene u durch einen einzelnen Punkt, den Unendlichkeitspunkt, ersetzt ist. In der Tat verwandelt sich bei dieser Annahme jener kanonische Fundamentalbereich, den wir in § 10 des dritten Abschnittes für die η_I-Funktion konstruierten, in das Parallelogramm der doppeltperiodischen Funktionen. Die erwähnte Umänderung wird dadurch notwendig, daß nun von den erzeugenden Substitutionen der zu η_I gehörigen Gruppe nur zwei, S_1 und T_1 existieren, für diese aber die Fundamentalrelation in folgender Form geschrieben werden kann:

$$S_1 T_1 = T_1 S_1,$$

so daß also S_1 und T_1 *vertauschbar* sein müssen.

Der andere auf v bezügliche Teil unserer Behauptung ist aus der konformen Abbildung unmittelbar deutlich. Denn beim Übergange zur v-Ebene verwandelt sich das Periodenparallelogramm der Ebene u (und also das Bild der Riemannschen Fläche $p = 1$) in einen ringförmigen, um den Koordinatenanfangspunkt einfach herumgelegten Bereich, dessen Begrenzungskurven, der Periode $\frac{iK'}{K}$ von u entsprechend, durch die hyperbolische oder loxodromische Substitution:

$$v' = e^{-\frac{2K'}{K}\pi} \cdot v$$

zusammengeordnet sind.

Als nächsten und zuvörderst wichtigsten Zweck der elliptischen Funktionen darf man nun wohl bezeichnen, daß sie gestatten, alle diejenigen komplexen Funktionen des Ortes, welche auf der Riemannschen Fläche $p = 1$ *unverzweigt* sind, als *eindeutige* Funktionen der Größe u darzustellen. Ich erinnere in dieser Beziehung zunächst natürlich an jene algebraischen Funktionen des Ortes, deren irgend zwei, w und z, durch eine algebraische Gleichung $f(w, z) = 0$ vom Geschlechte 1 verbunden sind. Ich erinnere ferner an diejenigen Integrale $\int R(w, z) \cdot dz$, welche keine logarithmischen Unstetigkeitspunkte haben (Integrale 2. Gattung). Ich erinnere endlich aber an die modernen Untersuchungen über lineare Differentialgleichungen mit doppeltperiodischen Koeffizienten, wie sich dieselben an Herrn Hermites Behandlungsweise der Laméschen Gleichung anschließen. — Was die Größe v betrifft, so ergeben sich mit ihrer Hilfe ähnliche Darstellungen, nur in beschränkterem Umfange. Auf einem bestimmten auf der Riemannschen Fläche gelegenen Wege reproduziert sich v identisch: es ist derjenige, bei dessen Durchlaufen u die Periode 1 erlangt. Ein Gleiches müssen wir von allen solchen komplexen Funktionen des Ortes verlangen, die in v eindeutig sein sollen. Es ist dies aber auch die einzige Bedingung, welche zu der anderen, daß die Funktionen durchaus unverzweigt sein sollen, hinzutritt.

Genau entsprechende Behauptungen werden nun offenbar bei einer Fläche eines beliebigen p hinsichtlich unserer η_{I}, η_{II} richtig sein.

Wir dürfen diese Behauptungen sogar noch generalisieren, indem wir η_{I} und η_{II}, statt sie unverzweigt zu nehmen, [von vornherein] mit irgendwelchen vorgegebenen Verzweigungspunkten ausstatten. Nehmen wir diese Verzweigungspunkte, um gleich den äußersten Fall zu betrachten, sämtlich von unendlich hohem Index, so werden alle solche Funktionen auf unserer Riemannschen Fläche, welche nur an den vorgegebenen Stellen verzweigt sind, in η_{I} eindeutig sein. Sollen sie es auch in η_{II} sein, so kommt die Bedingung hinzu, daß sie sich bei Durchlaufung der Rückkehrschnitte R_1, R_2, ..., R_p, sowie bei Umkreisung der Einschnitte Q_1, Q_2, ..., die für das einzelne η_{II} charakteristisch sind, identisch reproduzieren müssen. Wir haben damit denjenigen Gesichtspunkt, den Herr H. Poincaré bei seinen Untersuchungen über eindeutige Funktionen mit linearen Transformationen in sich bisher in erster Linie verfolgt hat. Insbesondere hat er sein Interesse solchen linearen Differentialgleichungen zugewandt, deren Lösungen in dem jeweiligen η eindeutig werden, und so den unbestimmten Ideen, welche Herr Fuchs bei Gelegenheit in dieser Richtung entwickelt hat[73]), das erforderliche Substrat gegeben. Hierzu eine kleine Bemerkung: Die genannten Entwicklungen stehen bei Herrn H. Poincaré so sehr im Vordergrunde, daß es fast aussieht, als bestände das Wesen der neuen Transzendenten in ihrer Bedeutung für die linearen Differentialgleichungen [d. h., um die moderne Ausdrucksweise zu gebrauchen, für die „Uniformisierung" ihrer Lösungen]. Dem muß hier, so wichtig

---

[73]) [Vgl. die Vorbemerkungen *Zur Vorgeschichte der automorphen Funktionen*, S. 580 ff.]

diese Anwendung ohne Zweifel ist, und so sehr sie dem augenblicklichen Interesse des mathematischen Publikums entgegenkommt, doch widersprochen werden. Die Lösungen linearer Differentialgleichungen sind unter den übrigen Funktionen, welche in η eindeutig werden, immer nur ein einzelnes Beispiel.

Doch kehren wir zu den elliptischen Funktionen zurück! Ich will hier an zweiter Stelle diejenigen Entwicklungen und Betrachtungen hervorheben, welche man unter dem Namen: *Theorie der elliptischen Modulfunktionen* zusammenzufassen pflegt. Es handelt sich bei ihnen darum, die *Konstanten*, welche in den algebraischen Gleichungen vom Geschlechte Eins auftreten, oder auch die Perioden der Integrale 2. Gattung usw. als Funktionen von $\dfrac{i\,K'}{K}$ (dem Periodenverhältnisse des Integrals 1. Gattung) oder auch von $e^{-\frac{K'}{K}\cdot\pi}$ (dem Jacobischen q) aufzufassen. Der Gewinn ist zumal wieder der, daß sämtliche Ausdrücke, welche die Theorie zu betrachten hat, in den neuen Variablen, bei zweckmäßiger Einführung derselben, eindeutig werden. Dabei wolle man beachten, *daß die genannten transzendenten Moduln nichts anderes sind als die Koeffizienten derjenigen erzeugenden Substitutionen, welche bei u und v in Betracht kommen*[74]). Hiermit aber bietet sich von selbst die Verallgemeinerung. Die Koeffizienten der erzeugenden Substitutionen der zur jeweiligen η-Funktion gehörigen Gruppe haben wir schon oben als Bestimmungsstücke der η-Funktion betrachtet. *Wir werden dieselben jetzt geradezu als Moduln der Riemannschen Fläche $(p, n; l_k)$ bezeichnen.* Also, wenn wir $n = 0$ nehmen und uns auf die Funktionen η_{I} und η_{II} beschränken, so haben wir einmal $(6\,p - 6)$ reelle, das andere Mal $(3\,p - 3)$ komplexe Größen als Moduln der allgemeinen Riemannschen Fläche vom Geschlechte p. Zu jedem Modulsysteme gehört nur eine Fläche, und die verschiedenen Modulsysteme, welche dieselbe Fläche liefern, setzen sich aus einem beliebigen derselben in charakteristisch einfacher Weise zusammen. *Hiermit haben wir aber nicht nur einen Ausblick auf eine ausgedehnte Theorie neuer Modulfunktionen, sondern es wird überhaupt zum ersten Male, wie es scheint, die Lehre von den Moduln Riemannscher Flächen in einer alle Fälle umfassenden Weise wirklich zugänglich*[75]).

---

[74]) Genau genommen ist nicht q sondern q^2 ein solcher Koeffizient; in der Tat ist wohl auch q^2 in der Theorie der elliptischen Funktionen als die zunächst wichtige Größe zu betrachten. [Aus diesem Grunde ist in den „Modulfunktionen" für q^2 ein eigener Buchstabe, r, eingeführt.]

[75]) [Fricke spricht dementsprechend geradezu von „automorphen Modulfunktionen", zuerst in den Göttinger Nachrichten vom Jahre 1896, S. 91 ff. Bei Veränderungen des Querschnittsystems erleiden dieselben birationale Transformationen. K.]

Und nun zuletzt noch ein dritter Vergleichspunkt, bei dem es sich allerdings mehr um eine Analogie als um eine Übereinstimmung handelt. Die Gruppe der doppeltperiodischen Funktionen

$$u' = u + m \cdot 1 + n \cdot \frac{iK'}{K}$$

hat eine besonders einfache Struktur. Infolgedessen ist sie mit allen Substitutionen der Form $u' = \pm u + C$ vertauschbar; überdies sind alle in ihr enthaltenen Untergruppen von endlichem Index mit ihr selbst ähnlich. Funktionentheoretisch führt der erstere Umstand zum *Additionstheoreme* oder zu dem Satze, daß jede Riemannsche Fläche $p = 1$ unendlich viele eindeutige Transformationen in sich selbst besitzt, welche sich auf zwei Scharen verteilen, — der zweite aber zur Lehre von der *Transformation*.

In ersterer Hinsicht ist die Analogie bei den Flächen von höherem p und den zugehörigen η-Funktionen nur eine eventuelle. Ich betrachte zunächst wieder das überall unverzweigte η_{I}. Dann kann man folgendermaßen sagen: Die Gruppe der zu η_{I} gehörigen linearen Substitutionen ist im allgemeinen keineswegs in einer umfassenderen Gruppe mit brauchbarer Gebietseinteilung als ausgezeichnete Untergruppe enthalten. Ebensowenig gestattet die zugehörige Riemannsche Fläche im allgemeinen eindeutige Transformationen in sich selbst. *Wenn aber eines von beiden statthat, so tritt auch notwendig das andere ein*[76]). — Man beweist dies durch Betrachtungen, die den in § 3 des vorigen Abschnittes gegebenen genau parallel laufen. Übrigens kann man bei diesem Satze auch *inverse* Transformationen in Betracht ziehen. Wegen eines Beispiels, das alle diese Verhältnisse erläutert, siehe die „Hauptfigur" auf S. 126 dieses Bandes, bzw. die darauf bezüglichen Bemerkungen in Nr. CII. — Sollen ähnliche Sätze für die überall unverzweigte η_{II}-Funktion aufgestellt werden, so dürfen natürlich nur solche eindeutige Transformationen der Fläche in sich in Betracht gezogen werden, bei denen die Definition des einzelnen η_{II} erhalten bleibt, bei denen also jene Rückkehrschnitte R_1, $R_2, \ldots, R_p$, die zur Festlegung des η_{II} dienen, in äquivalente Rückkehrschnitte übergehen. Ich habe bereits im 19. Bande der Math. Annalen (1881/82) [= Abh. CI] ausgeführt, daß mit Rücksicht auf solche Sätze die überall unverzweigte η_{II}-Funktion besonders geeignet scheint, die Gesamtheit der *symmetrischen* Flächen eines bestimmten p zu definieren.

Der *Transformationstheorie* aber stellen sich jetzt diejenigen Betrachtungen zur Seite, welche aus der zu der η-Funktion gehörigen Gruppe

---

[76]) Die umfassende Gruppe hat dann notwendig den Hauptkreis der η_{I}-Funktion auch ihrerseits zum Hauptkreise. Es folgt dies schon aus dem Umstande, daß nur *ein* solcher Kreis bei der η_{I}-Funktion vorhanden ist.

linearer Substitutionen irgendeine Untergruppe herausheben und nun solche eindeutige Funktionen von η konstruieren, welche bei den Substitutionen der Untergruppe ungeändert bleiben. Ich will hier nur dasjenige η_I ins Auge fassen, welches an irgend vorgegebenen Stellen logarithmisch verzweigt ist. Dann heißt das Gesagte nichts anderes, als daß wir über einer gegebenen Riemannschen Fläche (p, n) *irgendeine* andere Fläche, welche nur an den gegebenen Punkten verzweigt und übrigens irgendwie verschlungen ist, mit beliebig vielen Blättern ausbreiten und nun die algebraischen Irrationalitäten bestimmen, welche zu dieser neuen Fläche gehören. Wir werden also zu einem Probleme geführt, das in der Riemannschen Theorie von je eine prinzipielle Bedeutung hatte, und erkennen zugleich, daß man dasselbe jedesmal durch Vermittlung einer geeigneten η-Funktion lösen kann.

Leipzig, den 2. Oktober 1882.

CIV. Über den Begriff des funktionentheoretischen Fundamentalbereichs.

[Math. Annalen Bd. 40 (1891/92).]

Mit den folgenden Erläuterungen knüpfe ich an die Entwicklungen an, welche ich in Bd. 21 der Math. Annalen (Herbst 1882) gab: *Neue Beiträge zur Riemannschen Funktionentheorie* [= der vorstehenden Abh. CIII] und hoffe über gewisse Punkte, die dort nicht ausreichend behandelt sind, Klarheit zu schaffen. Ich schließe daran einige Andeutungen über eine allgemeine geometrische Theorie der linearen Differentialgleichungen zweiter Ordnung, die ich bei Gelegenheit auszuführen hoffe.

§ 1.
[Umgrenzung des Begriffes.]

Die Grundanschauung, von der ich [in Abh. CIII] ausging, ist die, daß zur Definition eines algebraischen Gebildes nicht nur eine geschlossene Riemannsche Fläche dienen kann, welche frei im Raume gegeben oder mehrblättrig über eine gegebene Fläche ausgebreitet ist, sondern ebensowohl ein offenes Flächenstück, sofern dessen Ränder durch irgendwelches Gesetz paarweise zusammengeordnet sind. Ein solches Flächenstück nannte ich einen *Fundamentalbereich.*

Natürlich wird man diese allgemeine Formulierung, ehe sie anwendbar wird, noch durch bestimmte Voraussetzungen über die analytische Natur des Flächenstücks usw. näher zu umgrenzen haben. Denken wir uns, wie im folgenden ausschließlich vorausgesetzt wird, unseren Bereich über eine $(x + iy)$-Kugel ausgebreitet, so ist ein Teil dieser Voraussetzungen von selbst erfüllt; wir werden dann aber jedenfalls zufügen wollen (da es sich um ein Äquivalent der gewöhnlichen Riemannschen Fläche handeln soll, die mit einer endlichen Zahl von Blättern über die Kugel ausgebreitet ist, und singuläre Vorkommnisse, die im weiteren Verlaufe der Theorie in Betracht kommen mögen, zunächst ausgeschlossen bleiben können), daß der Bereich keinen Teil der Kugel unendlichfach überdecken soll, und daß er durch eine endliche Zahl von [regulären]

Kurven begrenzt sein soll, von denen je zwei durch eine *analytische Funktion* zusammengeordnet sind.

Aber das ist nicht alles, und eben der nun zu berührende Umstand ist in Abh. CIII, trotzdem er der dort gegebenen Darstellung implizite zugrunde liegt, nicht genügend hervorgehoben worden. Es ist kaum nötig, daß ich erkläre, was ich unter *der Umgebung* eines dem Bereiche angehörigen Punktes verstehe, insbesondere unter einem *endlichen, den Punkt einschließenden Stücke* der Umgebung. Die Forderung, welche befriedigt sein muß, damit unser Bereich als Fundamentalbereich brauchbar sei, und deren Erfülltsein auch ausreicht, um die Brauchbarkeit sicherzustellen, ist dann die:

Es soll möglich sein, um jeden Punkt des Bereiches herum ein endliches, den Punkt einschließendes Stück der Umgebung so abzugrenzen, daß sich dasselbe durch Vermittlung einer analytischen Funktion auf die Fläche eines Kreises übertragen läßt.

Zunächst ist ersichtlich, daß diese Forderung für die Brauchbarkeit des Bereiches notwendig ist. In der Tat: ein brauchbarer Bereich muß sich Punkt für Punkt durch eine analytische Funktion auf eine geschlossene, über der $(x+iy)$-Kugel mit einer endlichen Blätterzahl ausgebreitete Riemannsche Fläche übertragen lassen — das ist die Definition der Brauchbarkeit —, und für jeden Punkt einer solchen Riemannschen Fläche gilt die genannte Forderung von selbst.

Aber nicht minder deutlich ist, daß die Forderung ausreicht. Ist sie nämlich erfüllt, so kann man unseren Bereich mit einer endlichen Zahl von Teilbereichen, deren jeder analytisch auf eine Kreisfläche bezogen werden kann, derart überdecken, daß jeder Punkt der Fläche in das Innere wenigstens eines Teilbereichs hineinfällt. Hierauf nun kann man die Existenz analytischer Funktionen, welche zu unserem Bereiche gehören, durch genau dasselbe kombinatorische Verfahren dartun, durch welches man bei einer gewöhnlichen Riemannschen Fläche die Existenzbeweise erbringt, indem man die Fläche durch eine endliche Zahl von Kreisscheiben in geeigneter Weise überdeckt. (Was diesen letzteren Beweis angeht, so darf ich hier beiläufig auf die Darstellung verweisen, welche Herr Fricke davon im ersten Bande unserer „Modulfunktionen", S. 508 ff. gegeben hat)[1]).

§ 2.

[Anwendung insbesondere auf linear automorphe Funktionen.]

Wir betrachten nun insbesondere, wie es in Abh. CIII geschieht, solche über der $(x+iy)$-Kugel ausgebreitete, von Kreisen begrenzte Bereiche,

---

[1]) [Vgl. auch die gerade unserem Falle angepaßte Darstellung bei E. Ritter in den Math. Annalen, Bd. 41 (1892/93) oder auch diejenige im ersten Abschnitt des zweiten Bandes der „Automorphen Funktionen".]

deren Kanten durch *lineare* Substitutionen von $(x + iy)$ zusammengeordnet sind, und die also, wenn brauchbar, in allgemeinster Weise *linear-auto-morphe* Funktionen definieren, wie eben dort auseinandergesetzt ist. Die einzigen Punkte dieser Bereiche, welche im Sinne der gerade gegebenen Regel näher in Betracht gezogen werden müssen, sind deren *Ecken*. Durch sogenannte erlaubte Abänderung[2]) kann man dem Bereiche sofort jeweils eine solche Gestalt geben, daß die Umgebung der einzelnen Ecke, die wir gerade betrachten wollen, nicht weiter zerstückelt ist, sondern als ein zusammenhängender, von zwei Kreislinien begrenzter Sektor erscheint; die beiden Begrenzungskanten dieses Sektors werden dabei durch eine lineare Substitution von $(x + iy)$ zusammengeordnet sein, für welche die Ecke einen Fixpunkt abgibt. Je nach der Art dieser Substitution werden wir *elliptische, parabolische, hyperbolische, loxodromische* Ecken unterscheiden können. Nun gelingt es sofort, ein endliches, die Ecke einschließendes Stück einer elliptischen, parabolischen, loxodromischen[3]) Ecke durch eine analytische Funktion Punkt für Punkt auf eine Kreisfläche zu übertragen. Dagegen zeigen sich bei einer hyperbolischen Ecke Schwierigkeiten, und wenn man näher zusieht, so erkennt man überhaupt die *Unmöglichkeit*, im Falle einer hyperbolischen Ecke die Übertragung zu bewerkstelligen. Daher entsteht der Satz:

daß unser Bereich dann und nur dann als Fundamentalbereich brauchbar ist, wenn derselbe keine hyperbolischen [und keine loxodromischen] Ecken aufweist.

Was den in Rede stehenden Unmöglichkeitsbeweis betrifft, so folgt derselbe, wie mir vor längerer Zeit (um 1883 herum) Herr Schwarz bemerkte, mit Leichtigkeit aus den über das Verhalten analytischer Funktionen seit lange bekannten Fundamentalsätzen. Nehmen wir als einfachstes Beispiel eines Bereiches mit hyperbolischen Ecken einen den Koordinatenanfangspunkt O nicht enthaltenden Parallelstreif, dessen beide Begrenzungslinien durch die Ähnlichkeitstransformation $z' = kz$ aufeinander bezogen sein sollen, wie die nebenstehende Figur versinnlicht; ich denke mir dabei $k < 1$, so daß beispielsweise aus dem Punkte A der Figur der Punkt A' durch die Ähnlichkeitstransformation hervorgeht. Unter der Voraussetzung, daß dieser Parallelstreif als Fundamentalbereich brauchbar sei, möge $f(z)$ irgendwelche auf ihm eindeutige algebraische Funktion bezeichnen[4]), welche in der einen

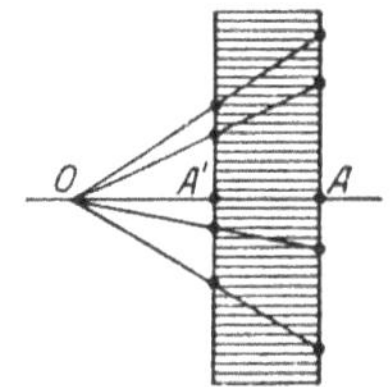

Fig. 1.

---

[2]) Vgl. auch hier „Modulfunktionen", Bd. 1, S. 191, 313.

[3]) [Dies ist ein Irrtum; bei loxodromischen Ecken ist die Übertragung auf eine Kreisfläche genau so unmöglich, wie bei hyperbolischen. K.]

[4]) D. h. eine Funktion ohne wesentlich singuläre Punkte („Modulfunktionen", Bd. 1, S. 499).

Ecke des Bereichs (die in der Figur nach oben hin unendlich weit liegt) den Wert f_1, in der anderen (nach unten hin unendlich weit liegenden) Ecke den Wert f_2 annehmen möge. Jetzt vervielfältige man unseren Bereich durch immer wiederholte Anwendung der Ähnlichkeitstransformation $z' = kz$. Dabei rückt derselbe, indem er immer schmäler wird, immer mehr nach links auf O hin, und weist schließlich als Grenzlage *die vertikale, durch O gehende Gerade auf*. Aber von den Punkten dieser Geraden entsprechen alle diejenigen, die eine positive Ordinate haben, der Ecke $+\infty$ unseres Streifens, alle diejenigen, die eine negative Ordinate haben, der Ecke $-\infty$; alle übrigen Punkte des ursprünglichen Streifens werden vermöge der wiederholten Transformation in den Punkt O zusammengedrängt. Nach dem *Prinzip der analytischen Fortsetzung* [vgl. Abh. CIII, S. 653 ff.] wird daher $f(z)$ längs der positiven Hälfte unserer vertikalen Geraden der Konstanten f_1, längs der negativen Hälfte der Konstanten f_2 gleich werden, in O aber völlig unbestimmt werden. Ein solches Verhalten ist aber bei einer *analytischen* Funktion $f(z)$ unmöglich.

<h3 style="text-align:center">§ 3.</h3>

[Von den Irrtümern, zu denen die hyperbolischen Zipfel Anlaß gegeben haben.]

Der hiermit gefundene Satz ist für die Theorie der automorphen Funktionen selbstverständlich fundamental, und daß wir ihn zu Anfang nicht gekannt haben, ist für H. Poincarés und meine bezüglichen Arbeiten verschiedentlich die Quelle von Unrichtigkeiten und Unklarheiten geworden. Von dem Wunsche ausgehend, letztere ein für allemal zu beseitigen, will ich hierüber folgende ausführliche Angaben machen[5]):

1. Als ich im Sommer 1881 zuerst die allgemeine Idee eines „Fundamentalbereichs" und deren Bedeutung für die Theorie der automorphen Funktionen erfaßte, schrieb ich darüber Herrn H. Poincaré, ohne irgendwelche Einzelheiten hinzuzufügen[6]). Herr H. Poincaré bemerkte sofort die Sonderstellung der hyperbolischen Ecken und deduzierte allgemein, was wir soeben im einfachsten Beispiele sahen, daß automorphe Funktionen, deren Fundamentalbereiche hyperbolische Ecken besitzen, natürliche Grenzen aufweisen müssen, die aus einzelnen Kreisbogenstücken bestehen, längs deren die Funktion jeweils konstant ist. Statt aber hieraus auf die Unzulässigkeit der hyperbolischen Ecken zu schließen, glaubte er, eine neue Art automorpher Funktionen gefunden zu haben (Comptes rendus Bd. 93,

---

[5]) [Nörlund hat in dem von ihm 1916 herausgegebenen zweiten Bande der Oeuvres de H. Poincaré gleichfalls eine Erörterung der bei Poincaré ursprünglich aufgetretenen Unrichtigkeiten gegeben. Vgl. daselbst die Noten 25 und 30 auf S. 621—623.]

[6]) [Siehe oben meinen Brief 7 vom 2. Juli 1881, S. 598, Punkt 6.]

S. 582 [vom 17. Oktober 1881], Math. Annalen Bd. 19, S. 558, 560 [datiert vom 17. Dezember 1881. — Abgedruckt in Bd. 2 der Oeuvres, S. 33 bezw. S. 96, 98, 100.]) Dieser Irrtum konnte um so leichter entstehen, weil die unendlichen Reihen, deren sich H. Poincaré zur Darstellung der automorphen Funktionen bedient, beim Auftreten hyperbolischer Ecken im Ausgangsbereiche gerade so konvergieren wie sonst: ein Paradoxon, welches dadurch seine Auflösung findet, daß für die dargestellten Funktionen die Ausgangsbereiche (welche durch die Zusammenordnung ihrer Kanten die in Betracht kommenden Gruppen linearer Substitutionen definieren) eben keine *Fundamental*bereiche [der betreffenden Gruppen] sind (wie dies wieder durch das Beispiel der vorigen Nummer erläutert werden kann). [Vgl. zu dem Gesagten den letzten Brief von H. Poincaré an mich (vom 22. September 1882), oben S. 619 ff. Dyck hat mich bald danach auf den wirklichen Sachverhalt aufmerksam gemacht, aber ich hatte denselben für mich völlig zurückgeschoben[7]).]

2. Zur Zeit, als ich meine Abhandlung in Bd. 21 der Math. Annalen [= Abh. CIII] schrieb (Herbst 1882), war mir unbekannt, daß Herr H. Poincaré die Existenz seiner Funktionen zum Teil auf meine Mitteilung über die Methode der Fundamentalbereiche gestützt hatte; ich habe das erst später aus einer Bemerkung desselben in Bd. 5 der Acta Mathematica (1884) ersehen (vgl. S. 211 daselbst [= S. 404 in Bd. 2 der Oeuvres de H. Poincaré]: „Par une fausse interprétation d'un théorème de Mr. Klein, dont je ne connaissais pas la démonstration"). Ich glaubte vielmehr, H. Poincaré habe die Existenz der betreffenden Funktionen durch seine Bildungsgesetze bewiesen, und hegte dementsprechend keinerlei Zweifel an der Richtigkeit seiner Angaben. Aber indem diese Funktionen in meinen eigenen Betrachtungen keine rechte Stelle hatten, schloß ich dieselben (ohne zwingenden Grund, nur einem richtigen Gefühle folgend) von meiner Darstellung aus. In Abh. CIII ist daher von den betreffenden Funktionen nur ganz beiläufig [unter Bezugnahme auf H. Poincaré] die Rede[8]).

3. Aber die Unklarheit, mit der ich der betreffenden Frage gegenüberstand, kommt weiterhin in meiner Abhandlung zur Geltung, wo es sich um den Kontinuitätsbeweis des von mir sogenannten Fundamentaltheorems handelt (S. 698 ff.). Ich koordiniere dort einem Fundamentalbereiche, dessen Kanten in geeigneter Weise durch lineare Substitutionen zusammengeordnet sind, in völlig legitimer Weise eine zerschnittene Riemannsche Fläche, stelle mir dann aber vor, *daß diese Beziehung ungeändert weiter bestehen müsse, wenn man den Bereich in der dort näher auseinandergesetzten Weise beliebig variiert.* Diese Voraussetzung ist irrtümlich; in der Tat kann der Bereich bei der Variierung, wie sofort zu

---

[7]) [Zusatz bei dem Wiederabdruck].

[8]) Vgl. S. 671 daselbst, Zeile 17 von unten.

sehen, hyperbolische Ecken erhalten und ist dann, wie wir sahen, gewiß nicht als Fundamentalbereich zu brauchen.

4. Es ist Herrn H. Poincarés Verdienst, [hinterher bemerkt zu haben, daß seine ursprünglichen Behauptungen zu Widersprüchen führen,] und zugleich gezeigt zu haben, wie man die in Rede stehende Schwierigkeit durch eine gewisse Abänderung der Gedankenentwicklung vermeiden kann (Acta Mathematica, Bd. 4 (1883/84), S. 236 ff. [= Oeuvres, Bd. 2, S. 332 ff.]). Die Schwierigkeit betrifft mehr die Form der Darstellung als das Wesen derselben. Man hat das letztere in der Beziehung zu erblicken, welche zwischen einer gewissen diskontinuierlichen Gruppe linearer Substitutionen einer Variablen z und einer zugehörigen Riemannschen Fläche statthat, und es ist nur ein Hilfsmittel der Darstellung, wenn man unter den unendlich vielen Fundamentalpolygonen der genannten Gruppe gerade eines auswählt und dementsprechend die Riemannsche Fläche in bestimmter Weise zerschnitten denkt. Nun ist die Sache die, *daß die Beziehung zwischen Gruppe und Riemannscher Fläche beim Auftreten einer hyperbolischen Ecke im Fundamentalbereich gar keine Diskontinuität erleidet, daß nur die Darstellung dieser Beziehung durch Vermittlung des gerade gewählten Bereiches unbrauchbar wird* [9]). In der Tat entwickelt H. Poincaré a. a. O., daß man bei vorgelegter Gruppe den Fundamentalbereich allemal in „reduzierter" Form wählen kann, d. h. in einer Form, bei welcher die Möglichkeit der hyperbolischen Ecken von vornherein wegfällt [10]).

5. Im übrigen wird man sagen müssen, daß durch die Poincaréschen Darlegungen die Schwierigkeit, welche das Auftreten hyperbolischer Ecken mit sich bringt, mehr umgangen als beseitigt wird. Unser Bereich ist ursprünglich Punkt für Punkt eindeutig auf eine Riemannsche Fläche bezogen, und diese Beziehung bleibt bei kontinuierlicher Abänderung des Bereiches bestehen, bis zu dem Augenblicke, wo die hyperbolischen Ecken auftreten. *Was wird aus der Beziehung in diesem Augenblicke?* Das ist offenbar die Frage, auf die man direkte Antwort wünscht, wie eine solche nun in dem folgenden Paragraphen dieser Darlegung gegeben werden soll.

§ 4.

[Ausartung des Schnittsystems auf der Riemannschen Fläche beim Auftreten hyperbolischer Ecken im Fundamentalbereiche.]

Für unseren Zweck wird es genügen, wenn wir an ein möglichst einfach gewähltes Beispiel anknüpfen. Ich will also dieselbe Gruppe zu-

---

[9]) Eben darum konvergieren auch, wie oben bereits angedeutet wurde, die Poincaréschen Reihen unabhängig von dem Auftreten hyperbolischer Ecken [bei dem zunächst betrachteten Bereiche].

[10]) [In den „Automorphen Funktionen" ist Fricke den hyperbolischen Zipfeln von vornherein aus dem Wege gegangen, indem er seine „Normalpolygone" zugrunde gelegt hat, bei denen solche niemals auftreten können. Vgl. unten S. 743/744.]

grunde legen, die wir schon in § 2 betrachteten, nämlich die Gruppe aller Wiederholungen der Ähnlichkeitstransformation $z' = kz$. Diese Gruppe will ich dann gar nicht abändern, sondern nur den Bereich, dessen Kanten uns durch ihre Zusammengehörigkeit die Gruppe definieren. Als solchen Bereich wählen wir zunächst den *Ringstreifen* zwischen den beiden um O herumgelegten Kreisen $r = R$ und $r = kR$; man vergleiche die Fig. 2, in der ich ganz ähnlich wie in Fig. 1 zwei zusammengeordnete Punkte durch A und A' bezeichnet habe. Ersichtlich kann man sich die zugehörige ge-

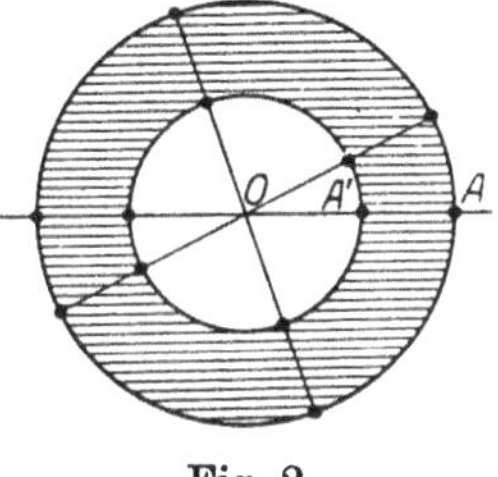

Fig. 2.

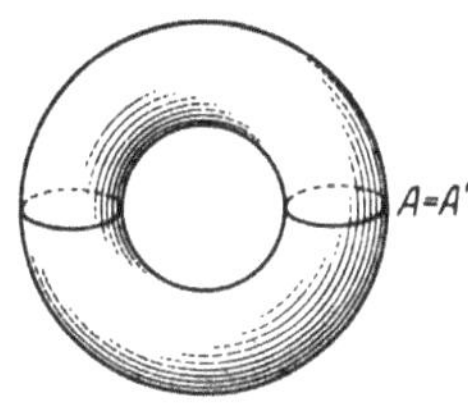

Fig. 3.

schlossene Riemannsche Fläche als eine im Raume gelegene *Ringfläche* vorstellen, auf welcher die beiden Kreise $r = R$ und $r = kR$ gemeinsam eine Breitenkurve liefern, etwa den in Fig. 3 (die nur schematische Bedeutung haben soll) besonders ausgezogenen äußeren Äquatorkreis. Übrigens wollen wir uns vorstellen, daß man den Ringstreifen der Fig. 2 durch

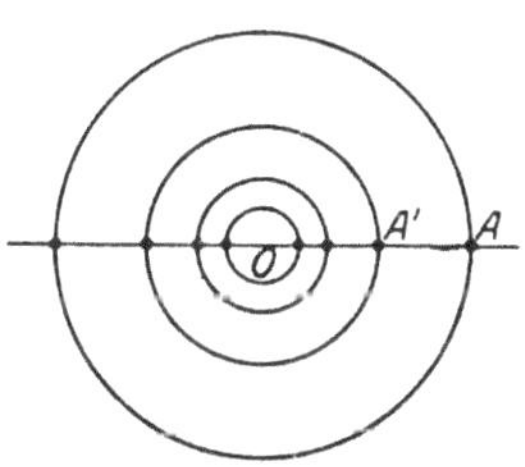

Fig. 4.

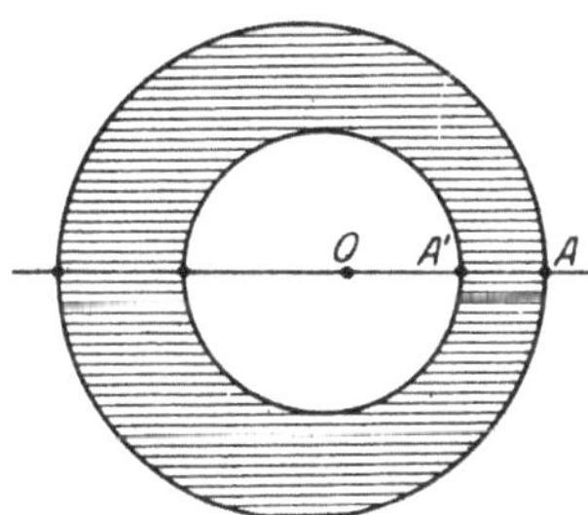

Fig. 5.

wiederholte Anwendung der Substitutionen $z' = k^{\pm 1} \cdot z$ unbegrenzt vervielfältige. Es entsteht so eine Zerlegung der ganzen z-Ebene in unendlich viele einander einschließende Streifen, wie sie durch die Fig. 4 angedeutet sein soll. Ein jeder dieser Streifen ist ein Abbild der in Fig. 3 gegebenen, mit ihrem Schnitt versehenen Ringfläche. Die unendliche Aufeinanderfolge der Streifen kann daher durch eine unendlichmalige Umwicklung der Ringfläche (bei welcher immer aufs neue wieder die Schnittkurve überschritten wird) gedeutet werden. Diese Vorstellungsweise ist bequem, so oft es gilt, irgendwelche in der z-Ebene gezeichnete Kurven auf die Ringfläche zu übertragen, wie wir das sofort auszuführen haben werden. Man verändere jetzt nämlich den Fundamentalbereich, Fig. 2, dadurch, daß man nicht um O, sondern um einen links von O gelegenen Punkt einen Kreis durch A lege, der die erste Begrenzungslinie des neuen Bereiches vorstelle, um dann als zweite Begrenzungslinie den durch A' gehenden Kreis zu wählen, welcher sich aus dem erstgenannten vermöge $z' = kz$ ergibt; man vergleiche die Fig. 5. Hierbei hat sich die Ringfläche der Fig. 3 gar nicht geändert, *nur der auf ihr verlaufende Schnitt ist ein anderer geworden.* Wir werden seinen Verlauf konstruieren, indem wir zusehen, wie die Begrenzungskreise der Fig. 5 die verschiedenen Ringstreifen der Fig. 4 durchsetzen, und übrigens von der eben gegebenen Vorstellungsweise einer unendlichfach umwickelten Ringfläche Gebrauch machen. Das Resultat ist, daß unsere neue Schnittkurve sich um die Ringfläche nach Art der folgenden Figur herumwindet:

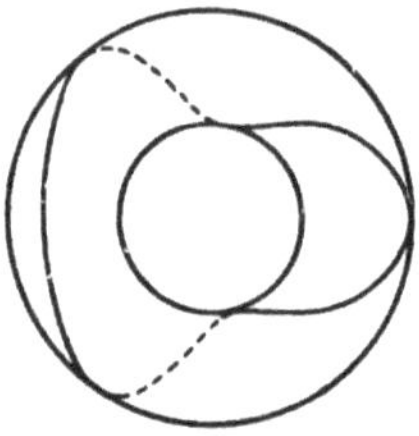

Fig. 6.

(Diese Figur ist so zu verstehen, daß die Schnittkurve teils auf der uns zugekehrten Vorderseite, teils auf der Rückseite der Ringfläche verläuft; die punktierten Stücke beziehen sich auf die Rückseite.)

Die Antwort auf unsere eigentliche Frage werden wir jetzt bekommen, indem wir den Deformationsprozeß, der von Fig. 3 zu Fig. 5 führt, so lange in gleichem Sinne fortgehen lassen, bis die beiden Begrenzungskreise in die durch A und A' gehenden Vertikallinien, der Ringstreifen also in den Parallelstreifen der Fig. 1 verwandelt ist. Bei diesem Deformationsprozeß wird nun die auf unserer Ringfläche verlaufende Schnittkurve eine fortschreitende Abänderung erleiden, die man am leichtesten an Fig. 4 beurteilen wird: sie wird sich wiederholt um unsere Ringfläche herumwinden:

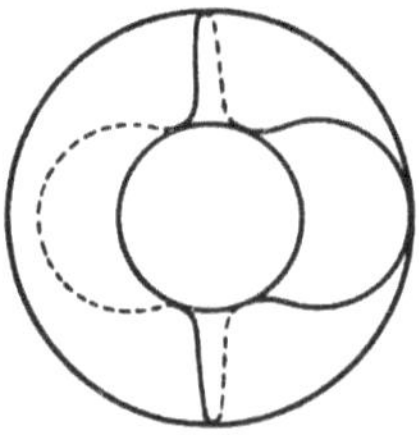

Fig. 7.

so zwar, daß sich diese Windungen im oberen und unteren Teile unserer Figur häufen und zuletzt *unendlich viele Windungen* erhalten, die sich auf der oberen und unteren Hälfte unseres Ringes derart zusammendrängen, daß die [auf der rechten Seite der Figur begonnene] Schnittkurve auf die linke Seite der Figur überhaupt nicht mehr hinübertritt:

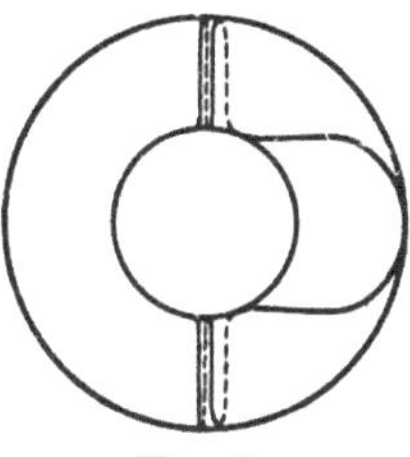

Fig. 8.

Die Folge ist, daß durch unsere Schnittkurve die Ringfläche in eine rechte und eine linke Hälfte zerlegt erscheint, von denen dann nur die erstere dem in Fig. 1 gezeichneten Parallelstreif entspricht. — Also nicht die Riemannsche Fläche artet aus (die bleibt bei unserem ganzen Deformationsprozeß ungeändert), sondern die auf ihr verlaufende Schnittkurve, und zwar so, *daß dadurch ein Teil der Riemannschen Fläche von dem Reste abgeschnürt wird.*

Was so im Beispiele geschieht, wird beim Auftreten hyperbolischer Ecken allgemein der Fall sein. Die Schwierigkeit, um die es sich handelt, erledigt sich einfach dadurch, *daß bei kontinuierlicher Verzerrung einer über eine Riemannsche Fläche hinlaufenden Kurve ein Grenzfall eintreten kann, an dessen Möglichkeit man von Haus aus nicht gedacht hat.* Man ist versucht, diesen Grenzfall als den der *Selbstabsperrung* der Schnittkurve zu bezeichnen [11]).

§ 5.

[Überleitung zu den in Nr. CVI und CVII folgenden Untersuchungen.]

Ich habe noch hinzuzufügen, in welcher Verbindung diese Note mit den Entwicklungen steht, die ich neuerdings in den Math. Annalen über die hypergeometrische Differentialgleichung und über den Hermiteschen Fall der Laméschen Gleichung publiziert habe [12]). Die in Rede stehenden Differentialgleichungen studiere ich dort dadurch, daß ich die Kreisbogenpolygone ins einzelne betrachte, auf welche die Halbebene der unabhängigen Variablen x durch den Quotienten η zweier Partikularlösungen der Differentialgleichung abgebildet wird. Ich will hier der Kürze halber nur von

---

[11]) [Vielleicht ist es nützlich, den ganzen Prozeß zeichnerisch so zu verfolgen, daß man die Ecke durch geeignete Transformation ins Endliche wirft. So ist es in den „Automorphen Funktionen", Bd. 1, S. 144 geschehen. K.]

[12]) Math. Annalen Bd. 37 (1890) und Bd. 40 (1892) [als Abh. LXV bez. LXVII in Bd. 2 dieser Ausgabe abgedruckt].

solchen linearen Differentialgleichungen zweiter Ordnung sprechen, welche rationale Koeffizienten haben. Bei ihnen wird die in Rede stehende Polygonmethode immer dann angewandt werden können, wenn sämtliche singuläre Punkte und alle sonstigen in die Differentialgleichung eingehenden Konstanten reell sind. Wie aber ist es mit den allgemeineren Fällen? Da wird man von vornherein darauf verzichten, die x-Ebene in zwei Hälften zu zerlegen, dieselbe vielmehr nur mit einem solchen *Einschnitte* versehen, der zu sämtlichen singulären Punkten hinführt. Die x-Ebene ist dadurch in ein einfach berandetes Flächenstück verwandelt, und dieses Flächenstück wird, auf die η-Ebene übertragen, *in letzterer eben einen solchen Bereich liefern, dessen Kanten paarweise durch bestimmte lineare Substitutionen des η zusammengehören.* Daher scheint es für die Theorie der in Rede stehenden Differentialgleichungen (wie überhaupt der linearen Differentialgleichungen zweiter Ordnung mit algebraischen Koeffizienten) förderlich, zunächst einmal die mannigfachen Gestalten derartiger Bereiche, wie ihre funktionentheoretische Bedeutung, *independent* in Untersuchung zu ziehen, um später von da aus auf die Theorie der Differentialgleichungen die Anwendung zu machen. Die Polygonmethode, von der wir zunächst sprachen, ordnet sich natürlich, wenn ebenfalls unabhängig geometrisch gefaßt, als besonderes Kapitel unter den hier gemeinten allgemeinen Ansatz ein. — Das einfachste Beispiel, auf welches letzterer Anwendung findet, ist der Fall der hypergeometrischen Differentialgleichung mit beliebigen komplexen Exponentendifferenzen. Wie ich im vorigen Wintersemester in meinen Vorlesungen bemerkte, erscheint es durchaus möglich, diesen Fall bis zu Ende zu diskutieren. Seitdem hat sich auf meinen Wunsch Herr Fr. Schilling mit dieser Frage beschäftigt, der eine zusammenhängende Bearbeitung derselben voraussichtlich bald veröffentlichen wird. Man vergleiche dessen vorläufige Mitteilung in den Göttinger Nachrichten vom 6. Juni 1891: *Über die geometrische Bedeutung der Formeln der sphärischen Trigonometrie im Falle komplexer Argumente* [13]).

Göttingen, im September 1891.

---

[13]) Dieselbe ist in Bd. 39 der Math. Annalen abgedruckt worden. [Zusatz bei der ursprünglichen Korrektur, Februar 1892. — Vgl. die weiteren Arbeiten von Fr. Schilling in Bd. 46 der Math. Annalen (1895), S. 62—76 u. S. 529—538: *Die geometrische Theorie der Schwarzschen s-Funktion für komplexe Exponenten.*]

CV. Über gewisse Differentialgleichungen dritter Ordnung.

[Zuerst erschienen in den Berichten der Kgl. Sächs. Gesellschaft der Wissenschaften 1883[1]); wieder abgedruckt mit einem hinzugefügten Anhang in den Math. Annalen, Bd. 23 (1884)].

Die Theorie der elliptischen Funktionen hat bekanntlich einen doppelten Eingang, indem man entweder mit den *doppeltperiodischen Funktionen* oder mit den *Integralen* beginnen kann. Genau dasselbe gilt von gewissen neueren funktionentheoretischen Untersuchungen, auf die ich mich hier zu beziehen habe. Einmal handelt es sich dabei um solche Funktionen z einer Unabhängigen η, welche ungeändert bleiben, wenn man η einem gewissen diskontinuierlichen Systeme linearer Substitutionen unterwirft[2]); das andere Mal mag man das einzelne z als independente Variable betrachten und η durch die Differentialgleichung dritter Ordnung definieren, der es in bezug auf z genügt. Diese Differentialgleichung hat die übrigens wohlbekannte Gestalt:

$$(1) \qquad \frac{\eta'''}{\eta'} - \frac{3}{2}\left(\frac{\eta''}{\eta'}\right)^2 = f(z),$$

die dadurch definiert ist, daß sich die allgemeine Lösung aus einer beliebigen Partikularlösung η als willkürliche lineare Funktion $\dfrac{\alpha\eta+\beta}{\gamma\eta+\delta}$ zusammensetzt. Der so bezeichnete Zusammenhang zwischen allgemeiner und partikulärer Lösung überträgt sich natürlich auf die verschiedenen Zweige einer und derselben η-Funktion. Läßt man also z in seinem komplexen Gebiete einen geschlossenen Weg beschreiben, d. h. einen solchen Weg, bei dem z selber, wie auch $f(z)$, die rechte Seite von (1), ihren ursprünglichen Wert wiedergewinnen, so wird η, diesem Wege entsprechend, eine gewisse lineare Substitution erfahren. Das Integral $\int f(z)\cdot dz$ wäre auf diesem Wege um einen Periodizitätsmodul gewachsen. Man kann das

---

[1]) Vorgelegt und zum Druck übergeben in der Sitzung am 29. Januar 1883.

[2]) Man vergleiche etwa meinen neuerdings publizierten Aufsatz: „*Neue Beiträge zur Riemannschen Funktionentheorie*", Math. Annalen, Bd. 21 (1882/83) [vorstehend als Abh. CIII abgedruckt], wo auch die anderweitige Literatur ausführlich angegeben ist, [sodann die Ausführungen *Zur Vorgeschichte der automorphen Funktionen* auf S. 577 ff. in diesem Bande].

Wesen der neuen Funktionen geradezu aus dem Gesichtspunkte betrachten, daß man durchweg die Periodizitätsmoduln der Integrale und jene charakteristischen Substitutionen der η-Funktion parallelisiert.

Ich habe mich nun gefragt, ob man die hiermit angedeutete Vergleichung nicht noch einen Schritt weiter treiben kann. Schreiben wir

$$(2) \qquad d\eta = f(z)\cdot dz,$$

so heißt dies, daß η jedem Inkremente dz von z entsprechend um eine bestimmte unendlich kleine Größe vermehrt wird. Wir lösen die Differentialgleichung (2), indem wir von bestimmter unterer Grenze ausgehend den hiermit bezeichneten Prozeß unendlich oft wiederholen; eben dieses und nichts anderes besagt das bestimmte Integral

$$(3) \qquad \eta = \int_{z_0}^{z} f(z)\cdot dz + \eta_0 \, .$$

Der Periodizitätsmodul aber, den η auf geschlossenem Wege erhält, ist nur ein spezieller Wert dieses Integrals. — Genau entsprechend versuche ich im folgenden die Differentialgleichung (1) aufzufassen. Und zwar werde ich zunächst zeigen, daß man dieselbe so interpretieren kann, als definiere sie einem jeden Differential dz entsprechend eine auf η bezügliche unendlich kleine *lineare Transformation*. Reiht man sodann mehrere Differentiale dz aneinander, so setzen sich die entsprechenden linearen Transformationen als aufeinanderfolgende Operationen zusammen, und *es erwächst also die allgemeine Lösung der Differentialgleichung* (1), *indem man, von einer willkürlichen linearen Funktion beginnend, die letztere mit unendlich vielen durch* (1) *bestimmten infinitesimalen linearen Transformationen komponiert*. Die charakteristischen linearen Substitutionen von η aber, die geschlossenen Wegen entsprechen, sind wieder nur ein spezielles Ergebnis des allgemeinen Lösungsprozesses.

Um die hiermit angedeuteten Anschauungen zu präzisieren, bedürfen wir zunächst, unter η eine beliebige Funktion von z verstanden, des Begriffs *der im Punkte $z = z_\nu$ oskulierenden linearen Funktion*. Ich verstehe darunter diejenige lineare Funktion von z:

$$(4) \qquad A_\nu(z) = \frac{a_\nu z + b_\nu}{c_\nu z + d_\nu},$$

die im Punkte $z = z_\nu$ mit η sowohl dem Werte nach, als auch im ersten und zweiten Differentialquotienten übereinstimmt. Offenbar hat man (wie man durch Reihenentwicklung nach Potenzen von $(z - z_\nu)$ sofort verifiziert):

$$(5) \qquad A_\nu(z) = \eta_\nu + \frac{2\eta_\nu'^{\,3}\,(z - z_\nu)}{2\eta_\nu' - \eta_\nu''\,(z - z_\nu)} \, .$$

Wir bilden uns ferner den Begriff der auf zwei aufeinanderfolgenden Punkte, z_ν und $z_{\nu+1}$, bezüglichen *Übergangssubstitution*. Ich definiere als solche diejenige lineare Substitution, welche entsteht, wenn man in

$$A_\nu^{-1}(z) = \frac{-d_\nu z + b_\nu}{c_\nu z - a_\nu}$$

statt z den Wert

$$A_{\nu+1}(z) = \frac{a_{\nu+1}z + b_{\nu+1}}{c_{\nu+1}z + d_{\nu+1}}$$

einträgt, also in Formel:

(6)
$$S_{\nu,\nu+1} = A_\nu^{-1} \cdot A_{\nu+1}.$$

Wir mögen insbesondere die beiden Werte z_ν und $z_{\nu+1}$, wie es im folgenden immer geschehen soll *konsekutiv* nehmen, also

(7)
$$z_{\nu+1} = z_\nu + dz_\nu$$

setzen. Ich bezeichne dann die betreffende Übergangssubstitution, die ich in der Weise berechne, daß ich höhere Potenzen von dz_ν vernachlässige, schlechthin mit dem Buchstaben S_ν und nenne sie die zu dem Werte z_ν gehörige *infinitesimale* Übergangssubstitution.

Dies vorausgeschickt sage ich nun zunächst, *daß die Differentialgleichung* (1) *für jeden Punkt z_ν die zu diesem Punkte gehörige infinitesimale Übergangssubstitution der Funktion η bestimmt.*

Zum Beweise wolle man vor allem beachten, daß die Übergangssubstitution ungeändert bleibt, wenn man η, die zugrunde liegende Funktion, durch irgendeine lineare Funktion von η, $T(\eta)$, ersetzt. Denn die beiden oskulierenden linearen Funktionen $A_\nu(z)$, $A_{\nu+1}(z)$ verwandeln sich dann in $T \cdot A_\nu(z)$, $T \cdot A_{\nu+1}(z)$ und $S_{\nu,\nu+1}$ in $(A_\nu^{-1} \cdot T^{-1}) \cdot (T \cdot A_{\nu+1})$, was aber nichts anderes ist, als das alte $S_{\nu,\nu+1}$.

Nun hängen alle Lösungen von (1), wie wir wissen, linear voneinander ab. Sie ergeben alle dieselben Übergangssubstitutionen und insbesondere dieselben infinitesimalen Übergangssubstitutionen. Letztere müssen sich also a priori bestimmen lassen. In der Tat, die infinitesimale Übergangssubstitution hängt nach dem früheren von z_ν, dz_ν, η_ν, η_ν', η_ν'' und η_ν''' ab, indem wir nämlich, der Gleichung (7) entsprechend, setzen:

(8)
$$\begin{cases} \eta_{\nu+1} = \eta_\nu + \eta_\nu' \cdot dz_\nu, \\ \eta_{\nu+1}' = \eta_\nu' + \eta_\nu'' \cdot dz_\nu, \\ \eta_{\nu+1}'' = \eta_\nu'' + \eta_\nu''' \cdot dz_\nu. \end{cases}$$

Nun gibt es aber keinen anderen aus η_ν, η_ν', η_ν'', η_ν''' zusammengesetzten Ausdruck, der bei allen linearen Umänderungen von η ungeändert bliebe, als

(9)
$$\frac{\eta_\nu'''}{\eta_\nu'} - \frac{3}{2}\left(\frac{\eta_\nu''}{\eta_\nu'}\right)^2,$$

die linke Seite unserer Differentialgleichung (1). *Die infinitesimale Übergangssubstitution kann also jedenfalls* (evtl. nach geeigneter Zufügung eines
Faktors in Zähler und Nenner) *so geschrieben werden, daß sie nur von
z_ν, dz_ν und dem Ausdrucke* (9) *abhängt.* Das heißt aber ohne weiteres,
daß sie für die durch (1) bestimmte η-Funktion von vornherein bekannt
ist, was zu beweisen war.

Ich vervollständige diese Überlegung durch wirkliche Berechnung der
Übergangssubstitution. Am leichtesten dürfte sich dieselbe so gestalten,
daß wir unter allen Lösungen von (1) diejenige, ζ, vorab herausgreifen,
für welche die an der Stelle z_ν oskulierende lineare Funktion mit z selbst
zusammenfällt, für welche also

$$(10) \qquad \zeta_\nu = z_\nu, \quad \zeta_\nu' = 1, \quad \zeta_\nu'' = 0$$

ist. Da allgemein:

$$\frac{\zeta_\nu'''}{\zeta_\nu'} - \frac{3}{2}\left(\frac{\zeta_\nu''}{\zeta_\nu'}\right)^2 = \frac{\eta_\nu'''}{\eta_\nu'} - \frac{3}{2}\left(\frac{\eta_\nu''}{\eta_\nu'}\right)^2,$$

so wird

$$(11) \qquad \zeta_\nu''' = \frac{\eta_\nu'''}{\eta_\nu'} - \frac{3}{2}\left(\frac{\eta_\nu''}{\eta_\nu'}\right)^2$$

zu setzen sein. Wir berechnen jetzt für ζ die im Punkte $z_{\nu+1} = z_\nu + dz_\nu$
oskulierende lineare Funktion. Dieselbe ist nach (5) und (7):

$$= \zeta_{\nu+1} + \frac{2\zeta_{\nu+1}'^2 (z - z_\nu - dz_\nu)}{2\zeta_{\nu+1}' - \zeta_{\nu+1}'' (z - z_\nu - dz_\nu)},$$

und also nach (8) unter Berücksichtigung der besonderen Werte (10)
von ζ_ν, ζ_ν', ζ_ν'':

$$(z_\nu + dz_\nu) + \frac{2(z - z_\nu - dz_\nu)}{2 - \zeta_\nu''' dz_\nu (z - z_\nu - dz_\nu)},$$

oder, unter Wegwerfung höherer Potenzen von dz_ν:

$$\frac{(2 - \zeta_\nu''' z_\nu dz_\nu) z + (\zeta_\nu''' z_\nu^2 dz_\nu)}{(-\zeta_\nu''' dz_\nu) \cdot z + (2 + \zeta_\nu''' z_\nu dz_\nu)}.$$

*Dieser Ausdruck ist aber an sich mit der gesuchten Übergangssubstitution
identisch.* Denn da $S_\nu = A_\nu^{-1} \cdot A_{\nu+1}$, für unser ζ aber A_ν mit z zusammenfällt, so stimmt S_ν ohne weiteres mit dem bezüglichen $A_{\nu+1}$ überein.
Tragen wir nun noch für ζ_ν''' seinen oben in Gleichung (11) bestimmten
Wert ein, *so haben wir als Definition der Übergangssubstitution S_ν die
allgemeine Formel:*

$$(12) \quad S_\nu = \frac{\left\{2 - \left(\frac{\eta_\nu'''}{\eta_\nu'} - \frac{2}{3}\left(\frac{\eta_\nu''}{\eta_\nu'}\right)^2\right) z_\nu dz_\nu\right\} z + \left(\frac{\eta_\nu'''}{\eta_\nu'} - \frac{3}{2}\left(\frac{\eta_\nu''}{\eta_\nu'}\right)^2\right) z_\nu^2 dz_\nu}{-\left(\frac{\eta_\nu'''}{\eta_\nu'} - \frac{3}{2}\left(\frac{\eta_\nu''}{\eta_\nu'}\right)^2\right) dz_\nu \cdot z + \left\{2 + \left(\frac{\eta_\nu'''}{\eta_\nu'} - \frac{3}{2}\left(\frac{\eta_\nu''}{\eta_\nu'}\right)^2\right) z_\nu dz_\nu\right\}}.$$

Was nun die *Lösung* unserer Differentialgleichung (1) auf Grund der hiermit entwickelten Formeln angeht, so denke man sich eine Reihenfolge von Punkten $z_0, z_1, z_2, \ldots, z_\nu, \ldots, z_n$ fixiert, die wir allmählich unter Festhaltung der Endpunkte immer dichter werden lassen, indem wir n größer und größer nehmen. Sei $A_0(z)$ eine beliebige lineare Funktion von z, von der wir annehmen, daß sie im Punkte $z = z_0$ die zu berechnende η-Funktion oskuliert, eine Annahme, welche die drei willkürlichen Konstanten fixiert, die in der allgemeinen Lösung von (1) enthalten sind. Dann haben wir der Reihe nach vermöge (6):

$$(13) \quad \begin{cases} A_1(z) = A_0 \cdot S_{0,1}, \\ A_2(z) = A_1 \cdot S_{0,1} \cdot S_{1,2}, \\ \text{---}\ \text{---}\ \text{---}\ \text{---}\ \text{---}\ \text{---}\ \text{---} \end{cases}$$

schließlich:

$$(14) \quad A_n(z) = A_0 \cdot S_{0,1} \cdot S_{1,2} \ldots S_{n-1,n}$$

oder auch, indem wir n unendlich werden lassen und also die einzelnen Übergangssubstitutionen $S_{\nu,\nu+1}$ durch die *infinitesimalen* S_ν ersetzen:

$$(15) \quad A_n(z) = A_0 \cdot S_0 \cdot S_1 \cdot S_2 \ldots S_n.$$
$$(\lim n = \infty)$$

Dies ist die gesuchte Lösung. Denn unsere Formel läßt uns $A_n(z)$, jene lineare Funktion, welche η an einer beliebig vorgegebenen Stelle $z = z_n$ oskuliert, aus dem willkürlich angenommenen, auf $z = z_0$ bezüglichen $A_0(z)$, durch Aneinanderreihung von unendlich vielen unendlich kleinen ·linearen Transformationen berechnen.

Ich komme nicht noch einmal auf den Vergleich dieser Formel mit der Begriffsbestimmung des bestimmten Integrals, der auf der Hand liegt, zurück. Sowie man den Integrationsweg im komplexen Gebiete in hohem Maße abändern kann, ohne den Wert des Integrals zu ändern, so in (15) die Reihenfolge der zwischen z_0 und z_n eingeschalteten Punkte. Und wie das Integral über einen geschlossenen Weg erstreckt einen Periodizitätsmodul liefert, so Formel (15) die auf unsere η-Funktion bezügliche, dem geschlossenen Wege entsprechende charakteristische lineare Substitution.

Was die *Konvergenz* unseres Verfahrens angeht, so braucht dieselbe kaum besonders erläutert zu werden. Denn ·*materiell* unterscheidet sich unser Verfahren nur unwesentlich von dem gewöhnlichen, eine Differentialgleichung dritter Ordnung zu integrieren. Indem wir aus A_ν vermittels der Übergangssubstitution S_ν das $A_{\nu+1}$ berechnen, erreichen wir ja, von Termen höherer Ordnung in dz_ν abgesehen, jedesmal dasselbe, als wenn wir den Formeln (8) entsprechend

$$\eta_{\nu+1} = \eta_\nu + \eta_\nu' \cdot dz_\nu, \qquad \eta_{\nu+1}' = \eta_\nu' + \eta_\nu'' \cdot dz_\nu,$$
$$\eta_{\nu+1}'' = \eta_\nu'' + \eta_\nu''' \cdot dz_\nu$$

setzen. Es ist nur die *Form* unserer Lösung und die in ihr liegende Auffassung von der *Bedeutung* der Differentialgleichungen (1), welche, wenn überhaupt, einigen Wert beanspruchen dürfte.

Anhang[3]).

Ich lasse noch einige Bemerkungen folgen, welche bestimmt sind, die vorstehenden Erläuterungen mit anderweitigen Untersuchungen in Verbindung zu setzen und Gesichtspunkte anzudeuten, die mir einen gewissen Wert zu besitzen scheinen.

Wird vermöge der gerade entwickelten Betrachtungen die Differentialgleichung dritter Ordnung:

$$(16) \qquad \frac{\eta'''}{\eta'} - \frac{3}{2}\left(\frac{\eta''}{\eta'}\right)^2 = f(z)$$

mit der unmittelbar integrierbaren Differentialgleichung:

$$(17) \qquad \eta' = f(z)$$

zusammengeordnet, so gibt es noch eine dritte Differentialgleichung, welche bei analoger Auffassungsweise mit den genannten beiden zusammengehört.

Nach den Untersuchungen von Lie[4]) nämlich lassen sich alle Transformationsgruppen, welche neben einer einzelnen Variabelen kontinuierlich veränderliche Parameter in endlicher Zahl enthalten, auf einen der drei Typen zurückführen:

$$(18) \qquad \eta_1 = \eta + C,$$

$$(19) \qquad \eta_1 = a\eta + b,$$

$$(20) \qquad \eta_1 = \frac{\alpha\eta + \beta}{\gamma\eta + \delta}.$$

Eliminieren wir hier bei (18) oder bei (20) zwischen η und seinen sukzessiven Differentialquotienten auf möglichst einfache Weise die vorkommenden Konstanten, so werden wir gerade zu den Differentialausdrücken

$$\eta' \quad \text{und} \quad \frac{\eta'''}{\eta'} - \frac{3}{2}\left(\frac{\eta''}{\eta'}\right)^2$$

geführt, welche in den linken Seiten von (17) und (16) auftreten. *Entsprechend erwächst die neue hier in Betracht zu ziehende Art von Differentialgleichungen, indem wir aus (19) und den beiden Gleichungen, die*

---

[3]) Hinzugefügt bei dem Abdruck in Bd. 23 der Math. Annalen im Januar 1884.
[4]) Siehe etwa: *Theorie der Transformationsgruppen I*, Math. Annalen, Bd. 16 (1879/80), insbesondere S. 455.

sich aus (19) *durch Differentiation ergeben, die beiden Konstanten a, b eliminieren.* Auf solche Weise entsteht:

$$\frac{\eta_1''}{\eta_1'} = \frac{\eta''}{\eta'};$$

die neuen Differentialgleichungen lauten also:

$$(21) \qquad \frac{\eta''}{\eta'} = f(z).$$

Natürlich ist eine solche Differentialgleichung durch zweifache Quadratur vermöge der Formel:

$$(22) \qquad \eta = \int dz\, e^{\int f(z)\,dz}$$

aufzulösen. An gegenwärtiger Stelle aber werden wir uns die betreffende Lösung in ähnlicher Weise durch Aufeinanderfolge unendlich vieler unendlich kleiner Operationen (19) konstruiert denken, wie wir dies betreffs der Gleichungen (16) mit Bezug auf unendlich kleine Substitutionen (20) vorstehend erläutert haben. Wir werden also zunächst für eine beliebige Funktion η von z an beliebiger Stelle z_ν eine Kontaktfunktion:

$$(23) \qquad \eta = A + B(z - z_\nu)$$

konstruieren (wo A offenbar $= \eta_\nu$, $B = \eta_\nu'$ ist) und nun die *infinitesimale Übergangstransformation* vom Typus (19) suchen, welche diese Kontaktfunktion in die dem Punkte $z_\nu + dz_\nu$ entsprechende überführt. Diese Übergangstransformation kann nur von $\frac{\eta''}{\eta'}$ abhängen, in der Tat finden wir dieselbe:

$$(24) \qquad S_\nu = z + \frac{\eta_\nu''}{\eta_\nu'}(z - z_\nu)\,dz_\nu.$$

Die Bedeutung einer Differentialgleichung (21) *ist also diese, daß für die durch sie definierte η-Funktion besagte infinitesimale Übergangstransformation a priori bekannt ist.* Und nun konstruieren wir uns die Lösung von (21), indem wir nach dem Schema (15) (siehe oben) unendlich viele derartige unendlich kleine Transformationen an einander reihen.

Wir wollen jetzt insbesondere annehmen, daß die rechte Seite $f(z)$ unserer Differentialgleichungen eine *algebraische* Funktion von z sei. Indem wir uns sodann die zugehörige Riemannsche Fläche (über der z-Ebene) konstruieren, erhalten wir auf dieser dreierlei η-Funktionen, welche die Eigenschaft haben, sich nach Durchlaufung eines beliebigen geschlossenen Weges je nachdem entweder in der Gestalt (18), oder (19), oder (20), zu reproduzieren. Die Funktionen ersterer Art sind wohlbekannt, es sind die *Integrale algebraischer Funktionen*, oder kurz gesagt: *die Abelschen Integrale*. Von den Funktionen dritter Art habe ich in meiner schon zitierten Arbeit[5]) einen bestimmten einfachen Typus betrachtet, der auf der Riemannschen Fläche keine anderen Singularitäten, als algebraische bezw. logarithmische Verzweigungen darbietet. Ich bezeichnete eine solche Funktion dementsprechend mit der *Signatur* (p, n, l_k), wo p das Geschlecht der Riemannschen Fläche, n die Zahl der Verzweigungspunkte, l_k den Exponenten des einzelnen Verzweigungspunktes angab. In den parallellaufenden Untersuchungen von H. Poincaré treten noch allgemeinere Fälle dieser Funktionen dritter Art auf[6]). *Aber auch die Funktionen zweiter Art sind bereits verschiedentlich behandelt worden.* Hierher gehören die so genannten *Wurzelfunktionen*, auf welche Riemann im zweiten Teile seiner Arbeit über Abelsche Funktionen (Nr. 26, 27) [und in dem Fragmente XXX der ersten, bzw. XXXI der zweiten Auflage seiner Gesammelten math. Werke] eingeht, d. h. algebraische Funktionen des Ortes, welche sich bei Durchlaufung eines beliebigen auf der Riemannschen Fläche geschlossenen Weges mit einer Einheitswurzel multiplizieren. Allgemein und unter prinzipiellen Gesichtspunkten, die ich sogleich zur Sprache bringen muß, hat die Funktionen zweiter Art sodann Herr Prym in Betracht gezogen[7]). Neuerdings endlich hat sich Herr Appell mit diesen Funktionen wiederholt beschäftigt[8]).

Was die prinzipiellen Gesichtspunkte von Herrn Prym angeht, so beziehen sich dieselben auf Folgendes. Bekanntlich hat Riemann gefunden, daß man das einzelne Abelsche Integral auf gegebener Riemannscher Fläche durch seine Unendlichkeitspunkte und die reellen Teile seiner Periodizitätsmoduln im wesentlichen (d. h. von der Integrationskonstante abgesehen) vollständig bestimmen könne. Herr Prym gibt nun (leider ohne Beweis) für solche η-Funktionen zweiter Art, deren beliebigen geschlossenen Wegen entsprechende Multiplikatoren jeweils den absoluten Betrag 1 haben, analoge transzendente Bestimmungsstücke an.

---

[5]) Math. Annalen, Bd. 21 (1882/83) [= Abh. CIII oben, insbesondere S. 671/72.]

[6]) [Gemeint sind hier offenbar die Funktionen, welche zu den in Abh. CIII, S. 671, Zeile 17 von unten erwähnten Gruppen gehören und die in Wirklichkeit nicht existieren. Vgl. die Briefe 24 und 25 des oben abgedruckten Briefwechsels zwischen H. Poincaré und mir, insbesondere Fußnote [52]) auf S. 618 K.]

[7]) *Zur Integration der gleichzeitigen Differentialgleichungen* $\dfrac{\partial u}{\partial x} = \dfrac{\partial v}{\partial y}$, $\dfrac{\partial u}{\partial y} = -\dfrac{\partial v}{\partial x}$, Crelles Journal, Bd. 70 (1869). [Vgl. jetzt das im Jahre 1911 bei Teubner gedruckte Werk von Prym und Rost: *Theorie der Prymschen Funktionen erster Ordnung*, das ganz der Theorie der η-Funktionen zweiter Art gewidmet ist und in dem übrigens der soeben genannte und einige weitere Aufsätze Pryms aus dem Crelleschen Journal wieder abgedruckt sind. Dort findet man auch die Beweise ausgeführt].

[8]) Siehe Comptes rendus, Bd. 92, S. 960—962 (18. April 1881) und Bd. 95, S. 714—717 (23. Oktober 1882), ferner den Aufsatz: *Généralisation des fonctions doublement périodiques de seconde espèce* in Liouvilles Journal, Serie 3, Bd. 9 (1883), S. 5—25.

Wir werden fragen, ob eine entsprechende transzendente Bestimmungsweise nicht auch bei den η-Funktionen dritter Art, insbesondere bei denjenigen von der Signatur (p, n, l_k) möglich sei? Eine solche η-Funktion enthält, wie ich a. a. O. zeigte, sofern man die Riemannsche Fläche und die n-Verzweigungspunkte auf ihr als gegeben ansieht, von den Integrationskonstanten abgesehen, noch $3p - 3 + n$ willkürliche [komplexe] Konstante[9]). Es ist leicht, zu sehen, daß dieselben in der rechten Seite der Differentialgleichung (16) linear auftreten. Andererseits bieten jene „erzeugenden" Substitutionen:

$$\eta' = \frac{\alpha\eta + \beta}{\gamma\eta + \delta},$$

welche den Querschnitten der Riemannschen Fläche und den Umkreisungen der Verzweigungspunkte entsprechen, mit Rücksicht auf die zwischen ihnen bestehende „Fundamentalrelation" und die im Ausgangswerte η enthaltenen drei willkürlichen Konstanten ihrerseits $6p + 2n - 6$ disponible Substitutionskoeffizienten dar. *Wir werden fragen, ob man für diese $6p + 2n - 6$ Koeffizienten in einfacher Weise derart $3p + n - 3$ Bedingungen aufstellen kann, daß auf gegebener Riemannscher Fläche bei gegebenen Verzweigungspunkten diesen Bedingungen entsprechend, von den Integrationskonstanten abgesehen, immer gerade eine η-Funktion (p, n, l_k) existiert.*

Es ist mir, wenn es sich um die *allgemeinsten* derartigen Bedingungen handeln soll, bisher nicht gelungen, eine bestimmte Antwort auf diese Frage zu finden. Wohl aber kann man unendlich viele diskrete Fälle derartiger Bedingungssysteme aufstellen. In der Tat ist z. B. schon die Bedeutung des a. a. O. gegebenen „Fundamentaltheorems"[10]) im Zusammenhange der hier vorgetragenen Betrachtungen gerade diese, uns mit unendlich vielen Fällen brauchbarer Bedingungssysteme bekannt zu machen. Dasselbe besagt z. B., daß auf gegebener Riemannscher Fläche usw. immer *eine* eindeutig umkehrbare η-Funktion (p, n, l_k) existiert, welche lauter *reelle* Substitutionskoeffizienten darbietet, was in der Tat, da es sich um das Null-Sein von $6p + 2n - 6$ rein imaginären Teilen handelt, mit $3p + n - 3$ gewöhnlichen (auf komplexe Zahlen bezüglichen) Bedingungen gleichwertig ist. Ähnlich in allen anderen Fällen.

Auf die hiermit dargelegte Auffassung des Fundamentaltheorems möchte ich Gewicht legen. Denn sie nähert die Betrachtungen von Math. Annalen, Bd. 21 [= Abh. CIII] auf neue Weise dem Riemannschen Ideenkreise an. Es hat nämlich Riemann in einem verwandten Falle eine

---

^[9]) Hierbei sind nur die niedersten Fälle: $p = 0$, $n = 3$ und $p > 1$, $n = 0$ ausgeschlossen.

^[10]) Siehe S. 698 ff. oben.

Gattung transzendenter Funktionen durch Periodizitätsforderungen zu bestimmen gesucht. Es geschieht dies in dem von Herrn **Weber** bearbeiteten Fragmente: *Zwei allgemeine Lehrsätze über lineare Differentialgleichungen mit algebraischen Koeffizienten*[11]), welches eine Fortsetzung zu der Abhandlung über die Gaussische Reihe[12]) bildet und gleich dieser aus dem Jahre 1857 stammt. Bei der Differentialgleichung der Gaussischen Reihe genügt es, nur die Art der Verzweigungspunkte zu fixieren. In den höheren Fällen aber bleiben hierüber hinaus Konstante disponibel, und es fragt sich **Riemann**, ob man zu ihrer Fixierung nicht die Koeffizienten der Periodizitätssubstitutionen benutzen könne. Der ganze Ansatz ist dem unsrigen um so ähnlicher, als man die Lösungen der linearen Differentialgleichungen n-ter Ordnung in ganz ähnlicher Weise durch Aneinanderreihung unendlich kleiner Operationen aufbauen kann, wie wir dies bei den Differentialgleichungen (16), (17), (21) getan haben. Man muß zu dem Zwecke statt der einen von uns betrachteten Variabeln η nur immer gleichzeitig n linear unabhängige Lösungen:

$$y_1, \; y_2, \; \ldots, \; y_n$$

in Betracht ziehen und dann statt der Gruppen (18), (19), (20) die Gesamtheit der homogenen linearen Substitutionen von n Größen verwenden[13]).

Es ist mit diesen letzten Bemerkungen zugleich eine weitere Ausdehnung unserer Betrachtungen indiziert, indem wir nämlich überhaupt statt der Transformationsgruppen (18) bis (20), die sich nur auf eine Variable beziehen, solche mit größerer Variablenzahl zu Grunde legen und nun diejenigen Differentialgleichungen untersuchen können, welche sich durch Elimination der Parameter ergeben. Ich muß mich in diesem Betracht darauf beschränken, wiederholt auf **Lie's** allgemeine Untersuchungen über Transformationsgruppen, sowie auf **Halphen's** Theorie der Differentialvarianten zu verweisen[14]).

---

[11]) Riemanns Gesammelte mathematische Werke, Nr. XXI, S. 357 ff. in der ersten, S. 379 ff. in der zweiten Auflage.

[12]) Ebenda, Nr. IV, S. 62 ff. in der ersten, S. 67 ff. in der zweiten Auflage.

[13]) [Die hier aufgeworfenen Fragestellungen hat später V. **Volterra** in einer Reihe von Arbeiten eingehend verfolgt. Siehe die Noten *Sulle equazioni differenziali lineari*, Atti della Reale Accad. dei Lincei, Rendiconti, Serie 4, Bd. 3 (1887), S. 393 bis 396 und *Sulla teoria delle equazioni differenziali lineari*, Rendiconti del Circ. mat. di Palermo, Bd. 2 (1888), S. 69—75, ferner die umfangreiche Abhandlung *Sui fondamenti della teoria delle equazioni differenziali lineari* in den Memorie della Società Italiana delle scienze (detta dei XL), Serie 3, Bd. 6 (1886/87) und Serie 3, Bd. 12 (1887/1902). — Vgl. auch die Darstellung in L. **Schlesinger**: *Vorlesungen über lineare Differentialgleichungen* (Leipzig 1908).]

[14]) Siehe insbesondere die Arbeit: *Classification und Integration von gewöhnlichen Differentialgleichungen zwischen x, y, die eine Gruppe von Transformationen gestatten*, im Archiv for Mathematik og Naturvidenskab (Christiania) vom Januar 1883, in der Lie die Stellung seiner Untersuchungen zu denen von **Halphen** präzisiert.

Zum Kontinuitätsbeweise des Fundamentaltheorems.

Der Abschnitt IV der vorangehenden Arbeit CIII, der von den verschiedenen Fällen des von mir aufgestellten *Fundamentaltheorems*, oder wie ich heute lieber sagen würde, von den verschiedenen Fundamentaltheoremen, und insbesondere ihrem *Kontinuitätsbeweise* handelt, ist nur eine Skizze. Die Theoreme selbst sind in der Zwischenzeit alle in vollem Umfange bestätigt worden, und zwar auf Grund der verschiedenartigsten Beweismethoden; dabei gelangte auch mein Kontinuitätsbeweis zu vollständig einwandfreier Durchführung. Es wäre zu weitläufig, die verschiedenen späteren Beweise hier im einzelnen zu besprechen, ich verweise in dieser Hinsicht auf die Enzyklopädieartikel von R. Fricke (II B 4, Nr. 37—39, 1913) und von L. Lichtenstein (II C 3, Nr. 37—46, 1918/19), sowie auf Frickes Darstellung in Bd. 2 der „Automorphen Funktionen" (1912), S. 439—552, siehe insbesondere daselbst S. 439—446 und S. 548—552. Dagegen möchte ich einige Bemerkungen über die Kontinuitätsmethode folgen lassen, um die Meinung des a. a. O. von mir gegebenen Beweises ganz klar herauszustellen. Die Frage muß sein, ob die Aufeinanderfolge meiner dort angestellten Überlegungen richtig gegliedert ist, und ob für die einzelnen von mir postulierten Grundtatsachen, auf denen mein Gedankengang ruht, in der Zwischenzeit hinreichende Beweise erbracht worden sind. Ich wünsche hier zu zeigen, daß beides im wesentlichen zutrifft, so daß mein Beweisansatz zu Recht besteht. Es werden sich dann von selbst Andeutungen anschließen, welche Entwicklungen weiterhin wünschenswert scheinen.

Bereits aus den oben abgedruckten Briefen 20—23 (siehe S. 612—617) kann man entnehmen, daß auch H. Poincaré 1882 von sich aus den Gedanken gefaßt hatte, die Kontinuität als Beweisprinzip zu verwerten. Bis zur ausführlichen Veröffentlichung seines Beweises in der auf S. 586 oben als IV) zitierten Abhandlung verstrich aber noch ein volles Jahr; offenbar hatte ihn die Durchführung einer Reihe von Einzelheiten lange aufgehalten. Poincarés Beweis unterscheidet sich von meinem in einem wesentlichen Punkte, zu dessen Besprechung jedoch einige allgemeine Erörterungen vorweg genommen werden müssen. Bei uns beiden handelt es sich um den Vergleich zweier gleichdimensionaler Mannigfaltigkeiten; diese sind in meinem Beweise

a) die Mannigfaltigkeit M_1 aller Riemannschen Flächen mit bestimmter Signatur (p, n, l_k), die nach einem bestimmten Typus zu schlichtartigen Flächen zerschnitten sind,

b) die Mannigfaltigkeit M_2 der dem jeweiligen „Normalfalle" angehörigen Fundamentalbereiche von entsprechendem gestaltlichem Typus.

Wie die Dimensionen dieser Mannigfaltigkeiten abzuzählen sind, ist in Abh. CIII wohl hinreichend klar auseinandergesetzt. Auch will ich jetzt annehmen, daß jede von ihnen ein einziges Kontinuum bildet — über diesen Punkt wird hernach noch zu reden sein —. Dagegen werden wir uns zweckmäßigerweise gleich hier über die Grenzen der beiden Mannigfaltigkeiten verständigen. Als Ausartung der Individuen von M_1 sehen wir es an, wenn das p der tragenden Riemannschen Fläche durch Zusammenfallen von Verzweigungspunkten herabsinkt, wenn Stigmata zusammenrücken, oder wenn das Schnittsystem auf der Fläche eine Ausartung erfährt, wofür wir in Nr. CIV ein besonderes Beispiel studierten. Andererseits werden wir von einer Ausartung der Bereiche von M_2 sprechen, wenn Stücke des in Betracht zu ziehenden Bereiches relativ zu anderen unendlich klein werden, oder wenn bei dem Bereich hyperbolische Zipfel auftreten. Man muß bei diesen Angaben sehr vorsichtig sein. Nehmen wir z. B. den Fall eines Kreisbogenvierecks $ABCD$ mit vier Winkeln gleich Null, dessen Seiten alle auf einem festen Kreise senkrecht stehen, und vervielfältigen dasselbe nach dem Prinzip der Symmetrie! Die so entstehenden neuen Vierecke werden bald für das Auge winzig klein, wobei die den vier Ecken A, B, C, D entsprechenden Punkte beliebig dicht zusammenrücken. Trotzdem sind sie, im Sinne der zum Grenzkreis gehörigen Nicht-Euklidischen Geometrie, alle mit dem Ausgangsviereck direkt oder spiegelbildlich kongruent. Wenn man also das ursprüngliche Viereck dadurch variiert, daß man A, B, C, D auf einen Punkt hin zusammenrücken läßt, so ist dies im allgemeinen keine Ausartung desselben; wenn man dagegen nur zwei Punkte (z. B. A und B) oder drei Punkte (z. B. A, B, C) oder zweimal zwei Punkte (z. B. A und B einerseits, C und D anderseits) zusammenrücken läßt, während die übrigen Seitenlängen (also in den Beispielen von eben BC, CD, DA bzw. CD, DA bzw. BC, DA) endliche positive Größe behalten, so sind dies Fälle der Ausartung, die wir demgemäß als „*Grenzen*" von M_2 ansehen. — Diese Grenzen rechnen wir den Mannigfaltigkeiten M_1, M_2 selbst nicht zu, betrachten dieselben also als offene Mannigfaltigkeiten. Zu beweisen ist, daß die so definierten M_1, M_2 umkehrbar eindeutig aufeinander bezogen sind. (Vgl. den Text der Abh. CIII, S. 702.)

Ich bespreche jetzt die Kritik, welche H. Poincaré in seiner oben genannten Arbeit an meinem Beweisansatze geübt hat, bzw. seinen eigenen Beweisversuch. Er tadelte, um gleich mit der Hauptsache zu beginnen, in meiner Darstellung den Schluß, daß unzugängliche Uferpunkte von Inseln nicht existieren können (siehe oben S. 705). Damit, daß die Begründung dieses Schlusses in meiner Skizze nicht deutlich genug herausgearbeitet ist, wird er recht haben; indem er aber behauptete, der Schluß sei nur dann beweisbar, wenn es sich um den Vergleich geschlossener Mannigfaltigkeiten handele, irrte er, und hat vermöge seiner großen Autorität durch diesen seinen Irrtum die Entwicklung lange gehemmt, indem die nachfolgenden Mathematiker (bis 1912) seinen Weg für den einzig gangbaren hielten. Seine Auffassung führte ihn dazu, an Stelle der von mir benutzten *offenen Kontinua* M_1, M_2 zwei andere Kontinua zu setzen, die wir (M_1), (M_2) nennen wollen, und die nach seiner Terminologie *geschlossen* sind.

Hier ist zunächst zu bemerken, daß er an keiner Stelle seiner Abhandlung ganz klar sagt, was er unter einer „geschlossenen Mannigfaltigkeit" (*multiplicité fermée*) versteht. Er stellt den Begriff nur in Gegensatz zu „*multiplicité ouverte* présentant un *bord*, une *frontière*". Hiernach sollte man annehmen, daß er an Mannigfaltigkeiten ohne Randpunkte denkt. Aber die bei ihm vorkommenden Mannigfaltigkeiten haben an sich sehr wohl Randpunkte, nur erfüllen diese Randpunkte Gebilde, deren Dimensionenzahl (sofern man von einer solchen bei ihnen überhaupt reden kann, was vom Standpunkte der heutigen Punktmengenlehre jedenfalls nachgeprüft werden müßte) um mindestens *zwei* Einheiten niedriger ist, als die der betrachteten Mannigfaltigkeiten selbst. Indem sich nun Poincaré, wieder in naiver Weise, auf die von Riemann und anderen Forschern gelegentlich ausgesprochene Behauptung stützt, eine q-dimensionale Mannigfaltigkeit könne nur von einer $(q-1)$-dimensionalen begrenzt oder zerschnitten werden — auch diesen Ansatz wird die heutige Punktmengenlehre nicht ohne weiteres gelten lassen —, erklärt er seine Mannigfaltigkeiten schlechtweg für „geschlossen". Korrekter hätte er also sagen müssen: Es ist möglich, (M_1) bzw. (M_2) durch Hinzunahme gewisser Grenzelemente, die ihrer Natur nach (M_1) und (M_2) nicht angehören, zu geschlossenen Mannigfaltigkeiten zu ergänzen."

Welches sind nun die von H. Poincaré betrachteten (M_1), (M_2)? Für die Erklärung ist es einfacher, die Definition von (M_2) voranzustellen. Für jede einzelne

Gruppe von η-Substitutionen läßt sich auf die verschiedenste Weise ein System erzeugender Substitutionen und dem entsprechend um so mehr auf die verschiedenste Weise ein Fundamentalbereich auswählen. Unter allen diesen Fundamentalbereichen, die zu ein- und derselben Gruppe gehören, denkt sich Poincaré einen als „reduzierten" ausgezeichnet, genau so, wie man in der Theorie der elliptischen Funktionen unter allen Periodenparallelogrammen, die ein und derselben elliptischen Funktion zugehören, dasjenige als reduziertes auszuwählen pflegt, bei dem das Periodenverhältnis ω im Fundamentalbereich der Modulgruppe (vgl. Fig. 8 auf S. 24 dieses Bandes) liegt. Entsprechend wäre auf jeder Riemannschen Fläche, die in Vergleich gezogen wird, ein ganz bestimmtes Schnittsystem als „reduziertes" auszuzeichnen; statt dessen kann man natürlich die Fläche auch ganz unzerschnitten lassen, wie es in der Tat H. Poincaré tut. Um zusammenzufassen, vergleicht H. Poincaré also

    a) die Mannigfaltigkeit (M_1) der unzerschnittenen Riemannschen Flächen mit bestimmter Signatur $(p,\, n,\, l_k)$

mit

    b) der Mannigfaltigkeit (M_2) der „reduzierten" dem jeweiligen Normalfalle angehörenden Fundamentalbereiche von der gleichen Signatur und bestimmtem Typus. (Bei ihm kommt übrigens, aus sogleich zu erörterndem Grunde, nur der Grenzkreistypus vor; von den übrigen Fällen ist überhaupt nicht die Rede.)

An Stelle von b) kann man natürlich auch sagen:

    Mit der Mannigfaltigkeit aller η-Gruppen von dem betreffenden Typus, die dem Normalfalle angehören.

(M_1) und (M_2) sind demnach Teilkontinua von M_1 bzw. M_2.

Der Kern des Poincaréschen Gedankenganges liegt nun in der genauen Untersuchung der (M_2) und ihrer Grenzelemente, die hinzuzufügen sind, um sie zu einer geschlossenen Mannigfaltigkeit zu machen[1]). In den einfachsten Fällen überblickt man den Sachverhalt ohne Mühe; z. B. läßt sich in dem schon oben herangezogenen Beispiele der elliptischen Funktionen die Mannigfaltigkeit M_2 darstellen durch die Gesamtheit aller ω-Werte mit positivem imaginären Teile, also gewiß eine offene Mannigfaltigkeit, während (M_2) durch die Gesamtheit der Punkte dargestellt wird, die in dem Fundamentalbereich der schon oben erwähnten Fig. 8 auf S. 24 liegen; diese ist aber vermöge der Ränderzuordnung, sofern man $\omega = i\infty$ hinzunimmt, eine geschlossene Mannigfaltigkeit. Zugleich läßt sich an diesem Beispiel eine andere wesentliche Bemerkung machen: während man den Punkten der reellen ω-Achse, d. i. der Grenze von M_2 im allgemeinen keine bestimmten Grenzpolygone (d. h. also hier ausgeartete Parallelogramme) zuordnen kann, ist das bei den Grenzpunkten, die zugleich dem reduzierten Bereich angehören, also den Grenzpunkten von (M_2), durchaus der Fall. Dem Punkte $\omega = i\infty$ von (M_2) — dies ist in unserem Beispiele der einzige Grenzpunkt von (M_2) — entspricht ein Periodenparallelogramm, dessen eine Seite im Verhältnis zur anderen unendlich groß geworden ist, d. h. ein halber Parallelstreifen. Man beachte ferner, daß bei unserem Beispiele die Mannigfaltigkeit der reduzierten Grenzpolygone eine um *zwei* Einheiten geringere Dimensionzahl hat, als die Mannigfaltigkeit (M_2) selbst. Die entsprechenden Behaup-

---

[1]) Die Untersuchung von (M_1) berührt H. Poincaré nur in wenigen Zeilen. Daß (M_1) ein Kontinuum bildet, wird stillschweigend angenommen, daß es sich aber zu einer „geschlossenen" Mannigfaltigkeit ergänzen läßt, stützt er auf die oben erwähnte Behauptung Riemanns über die Grenzen q-dimensionaler Mannigfaltigkeiten. Damit zwei Stigmata zusammenfallen, oder zwei Verzweigungspunkte verschmelzen, sind jedesmal zwei reelle Bedingungen nötig. Die Randelemente, die man hinzunehmen muß, um (M_1) zu einer geschlossenen Mannigfaltigkeit zu machen, sind also Riemannsche Flächen von veränderten Signaturen, und erfüllen eine Mannigfaltigkeit, deren Dimensionzahl um *zwei* kleiner ist, als die von (M_1).

tungen mutatis mutandis versucht nun H. Poincaré allgemein darzutun und ferner nachzuweisen, daß die „reduzierten Grenzpolygone" in jedem Falle brauchbare Fundamentalbereiche von anderer Signatur sind, und daß sie den oben genannten Riemannschen Flächen von veränderter Signatur, also den Grenzelementen von (M_1), umkehrbar eindeutig entsprechen. In diesem Nachweise liegt die Hauptschwierigkeit seines Ansatzes. Daß er sie vollständig überwunden hat, kann man nicht behaupten. Denn erstens mußte er sich auf das Grenzkreistheorem beschränken, weil ihm bei den übrigen Fundamentaltheoremen die Fülle der möglichen Ausartungen des Fundamentalbereichs so unübersehbar schien, daß er noch 1910 äußerte, er halte aus diesem Grunde bei ihnen einen Kontinuitätsbeweis für aussichtslos! Zweitens verlangt er, und das charakterisiert die Unzulänglichkeit seines Beweises, was die Untersuchung der Grenzpolygone angeht, eine „discussion spéciale à chaque cas particulier". In der Tat begnügte er sich auch damit, diese in den allerniedersten Fällen durchzuführen. Fricke hat in den „Automorphen Funktionen" einige weitere niedere Fälle sehr eingehend behandelt und gezeigt, wie außerordentlich subtil schon bei diesen elementarsten Beispielen die Ränder der Mannigfaltigkeiten (M_1) und (M_2) und ihre Zuordnung betrachtet werden müssen, um den Kontinuitätsbeweis (im Sinne Poincarés) einwandfrei zu Ende zu führen.

Das Heranziehen der Grenzmannigfaltigkeiten kann ich, wegen der Unbestimmtheit, in der die allgemeinen Möglichkeiten bleiben, nicht für einen Vorteil halten. Die modernen Untersuchungen über die Existenz einer konformen Abbildung eines beliebigen einfach zusammenhängenden Flächenstückes auf eine Kreisfläche erledigen auch diese Aufgabe zunächst nur für das Innere der beiden Bereiche und gehen erst hinterher auf die außerordentlich mannigfachen Verhältnisse ein, welche für die Beziehung der beiderseitigen Randpunkte vorliegen können, ziehen aber letztere nicht als Begründung für die Existenz einer Abbildung überhaupt heran.

Aber auch im übrigen ist H. Poincarés Darstellung keineswegs einwandfrei. Vor allen Dingen muß gesagt werden, daß sie nicht in sich konsequent ist. Um gleich das Wichtigste zu nennen: Während ich *analytische* Abhängigkeit zwischen den beiden zu vergleichenden Mannigfaltigkeiten postuliere, so beweist H. Poincaré aus seinen Θ-Reihen nur deren *Stetigkeit*. (Das gleiche — sogar in größerer Allgemeinheit — hat in Verfolg meiner Riemannschen Ansätze später E. Ritter in den Math. Annalen, Bde. 45, 46 (1894/95) geleistet, worauf beiläufig verwiesen sei.) Will man auf Grund bloßer Stetigkeitsbetrachtungen argumentieren, so bedarf man im weiteren Verlaufe des von Poincaré noch als selbstverständlich angesehenen, aber erst später von Brouwer bewiesenen Satzes von der Invarianz des q-dimensionalen Gebietes bei jeder umkehrbar eindeutigen stetigen Abbildung. Aber mehr als das, indem er sich auf Beispiele beschränkt, macht er dabei doch von Fall zu Fall von dem analytischen Charakter der Beziehung zwischen den Mannigfaltigkeiten Gebrauch. Daß er auch sonst verschiedentlich sich auf stillschweigend gemachte Annahmen oder unbewiesene naive Vorstellungsweisen stützt, ist schon oben erwähnt worden.

Eine wesentliche Bereicherung der Hilfsmittel zum Kontinuitätsbeweise des Grenzkreistheorems boten die eingehenden Untersuchungen R. Frickes über das Kontinuum der Grenzkreispolygone von bestimmter Signatur bzw. dasjenige der entsprechenden Grenzkreisgruppen. Hierüber werde ich unten auf S. 743 ff. nähere Angaben folgen lassen.

Die entscheidende Wendung trat aber erst 1911/12 durch das Einsetzen der Untersuchungen von Brouwer und Koebe ein. (Ich halte um so mehr an der alphabetischen Reihenfolge fest, als die gegenseitige Beziehung der beiden Forscher nicht ganz geklärt ist.)[2]). Brouwer gelang es, indem er den Satz von der Invarianz

---

[2]) Hier sind folgende Veröffentlichungen der beiden zu nennen: Zunächst das Referat ihrer Vorträge in dem Bericht „*Zu den Verhandlungen betreffend automorphe Funktionen, Karlsruhe, am 27. Sept. 1911*" in den Jahresber. d. Deutschen Mathem.-Ver-

der Dimensionenzahl und dann den allgemeineren von der Invarianz des Gebietes bei beliebiger umkehrbar eindeutiger stetiger Abbildung streng bewies[3]), eine unentbehrliche Grundlage für den Kontinuitätsbeweis zu legen, sofern man auf den Nachweis des analytischen Charakters der zwischen den zu vergleichenden Mannigfaltigkeiten bestehenden Abhängigkeit verzichten will. Koebe konnte anderseits mit Hilfe seines „Verzerrungssatzes" die von Poincaré an meiner Darstellung von 1882 gerügte Lücke ausfüllen, womit mein ursprünglicher Beweisansatz der offenen Kontinua gegenüber der schwierigen Poincaréschen Betrachtung der Grenzen wieder zu Ehren kam. So konnte Koebe auch das Rückkehrschnittheorem und das allgemeine Fundamentaltheorem mit Hilfe der Kontinuitätsmethode fassen, wie es meiner Absicht in Abh. CIII entsprach. Im übrigen hat Brouwer in der in [2]) unter I. zitierten Note die wesentlichen Punkte des Kontinuitätsbeweises so klar zusammengestellt, daß es mir zweckmäßig erscheint, vor der Erörterung weitererer Einzelheiten diese Zusammenstellung hier wörtlich abzudrucken; unter $\varkappa$ versteht Brouwer dabei eine „Klasse von diskontinuierlichen linearen Gruppen mit einer bestimmten charakteristischen Signatur".

1. Die Klasse $\varkappa$ enthält zu jedem ihr angehörigen kanonischen System von Fundamentalsubstitutionen *ohne Ausnahme* eine durch $6\,p - 6 + 2\,n$ reelle Parameter eineindeutig und stetig darstellbare Umgebung.

2. Bei stetiger Änderung der Fundamentalsubstitutionen innerhalb der Klasse $\varkappa$ ändert sich die entsprechende kanonisch zerschnittene Riemannsche Fläche ebenfalls stetig.

3. Zwei verschiedene kanonische Systeme von Fundamentalsubstitutionen der Klasse $\varkappa$ können nicht der selben zerschnittenen Riemannschen Fläche entsprechen.

4. Wenn eine Folge von kanonisch zerschnittenen mit n Punkten signierten Riemannschen Flächen vom Geschlechte p gegen eine kanonisch zerschnittene

---

einig., Bd. 21 (1912), S. 153 ff. (vgl. hierzu eine Anmerkung von Brouwer in Bd. 21 der Amsterdamer Proceedings, S. 707, Fußnote [2])); sodann zwei Noten von Brouwer in den Göttinger Nachrichten vom Jahre 1912:

I. *Über die topologischen Schwierigkeiten des Kontinuitätsbeweises der Existenztheoreme eindeutig umkehrbarer polymorpher Funktionen auf Riemannschen Flächen.*
(Auszug aus einem Briefe an R. Fricke; vorgelegt am 13. Januar 1912), a. a. O., S. 603—606.

II. *Über die Singularitätenfreiheit der Modulmannigfaltigkeit.*
(Vorgelegt am 22. Juni 1912), a. a. O., S. 803—806.

Ferner folgende Arbeiten von Koebe:

I. *Begründung der Kontinuitätsmethode im Gebiete der konformen Abbildung und Uniformisierung. (Voranzeige.)*
Göttinger Nachrichten vom Jahre 1912, S. 879—896. (Vorgelegt ebenfalls am 13. Januar 1912.)

II. *Zur Begründung der Kontinuitätsmethode.*
Berichte der K. Sächs. Gesellschaft der Wissenschaften, Bd. 64 (1912), S. 58—62. (Vorgelegt am 19. Februar 1912, druckfertig erklärt am 6. Juni 1912.)

III. *Über die Uniformisierung der algebraischen Kurven IV.*
Math. Annalen, Bd. 75 (1914), S. 42—129.

In einer Reihe späterer Aufsätze, deren Aufzählung zu weit führen würde, ist Koebe auf die Kontinuitätsmethode und ihre mannigfachen Anwendungen zurückgekommen.

[3]) *Beweis der Invarianz der Dimensionenzahl*, Math. Annalen, Bd. 70 (1910/1911), S. 161—165 und *Beweis der Invarianz des n-dimensionalen Gebiets*, Math. Annalen, Bd. 71 (1911/1912), S. 305—313.

mit n Punkten signierte Riemannsche Fläche vom Geschlechte p konvergiert und wenn jeder Fläche der Folge ein kanonisches System von Fundamentalsubstitutionen der Klasse $\varkappa$ entspricht, so entspricht der Limesfläche ebenfalls ein kanonisches System von Fundamentalsubstitutionen der Klasse $\varkappa$.

5. Die kanonisch zerschnittenen mit n Punkten signierten Riemannschen Flächen vom Geschlechte p bilden bei Zugrundelegung des Riemannschen Klassenbegriffes eine stetige Mannigfaltigkeit, welche zu jeder ihr angehörigen Fläche *ohne Ausnahme* eine durch $6\,p - 6 + 2\,n$ reelle Parameter eineindeutig und stetig darstellbare Umgebung enthält.

6. Im r-dimensionalen Raume ist das eineindeutige und stetige Bild eines r-dimensionalen Gebiets wiederum ein Gebiet.

Der Satz 1. ist an sich klar, da man die an gewisse analytische Gleichungen und Ungleichungen gebundenen Koeffizienten der erzeugenden Substitutionen sicherlich durch die angegebene Zahl unabhängiger Parameter darstellen kann. Ich habe in Abh. CIII darüber hinaus als selbstverständlich angesehen, was für den Kontinuitätsbeweis selber nicht benötigt wird, daß die Mannigfaltigkeit M_2 ein einziges Kontinuum bildet, eine Auffassung, gegen die Koebe (Göttinger Nachrichten v. J. 1912, S. 884, Fußnote ²) und Math. Annalen, Bd. 75, S. 50) Einspruch erhoben hat. Koebe selbst erschließt diese Tatsache erst hinterher aus dem bewiesenen Fundamentaltheorem und der „Einheit" der Mannigfaltigkeit M_1. Dies ist ein offensichtlicher Umweg, und ich halte an der Forderung fest, man solle die Einheit des Kontinuums M_2 durch direkte geometrische Erwägungen in Evidenz setzen. Im Grenzkreisfalle folgt die genannte Behauptung aus den oben erwähnten Frickeschen Untersuchungen.

An Stelle von 2. habe ich analytische Abhängigkeit postuliert, wodurch für mich der, wie oben erwähnt, von Brouwer erledigte Punkt 6. fortfiel. Über H. Poincarés Stellungnahme zu diesem Punkte habe ich schon berichtet. Koebe legt seinen Betrachtungen gleichfalls nur die Stetigkeit der Beziehung zugrunde, betont aber, daß er in allen Fällen es auch für möglich halte, den analytischen Charakter der Abhängigkeit darzutun. (Vgl. Math. Annalen, Bd. 75, S. 51.) Durchgeführt hat er dies nur, in knappester Form, für das Rückkehrschnittheorem (vgl. a. a. O., S. 82); er erzählte mir aber kürzlich in einer Unterhaltung, daß er die analytische Abhängigkeit bei den übrigen Fällen des Fundamentaltheorems auf das als nunmehr bewiesen anzusehende Rückkehrschnittheorem zurückführen zu können glaube.

Der dritte Punkt von Brouwer ist der heute sogenannte „Unitätssatz". Er kommt, wie ich in meiner Abhandlung CIII gezeigt habe, auf die beiden Lemmata hinaus, daß jede umkehrbar eindeutige konforme Abbildung des Inneren eines Kreises auf sich selbst, ferner, daß jede umkehrbar eindeutige konforme Abbildung der ganzen Kugel, von der man nur unendlich viele zerstreut liegende Punkte ausnimmt, bei denen nur die Stetigkeit der Abbildung, nicht ihre Konformität als bekannt vorausgesetzt wird, durch eine lineare Funktion vermittelt wird. Der erste von diesen Sätzen war bereits zu der Zeit, als ich meine Arbeit schrieb, anerkannt; den zweiten hat Koebe in seinen ersten Arbeiten, in welchen er die Fundamentaltheoreme nach anderen Methoden bewies, erledigt. Meinen Gedankengang von § 3 (S. 703—704), bei dem allgemeinen Fundamentaltheorem durch fortgesetztes Spiegeln an unendlich vielen Grenzkreisen den Unitätssatz auf das zweite Lemma zurückzuführen, hat Koebe unverändert beibehalten.

Ehe ich auf Punkt 4. eingehe, will ich Punkt 5. vorwegnehmen. Anstatt den Beweis des fraglichen Satzes auf die Einheit des Kontinuums der in meiner Überlegung am Schlusse von § 2 (S. 701) benutzten Kreisscheiben mit stückweise analytischer Ränderzuordnung zu gründen, hat Koebe es vorgezogen, ihn zunächst nur für das Rückkehrschnittheorem zu erbringen, indem er die längs p einander nicht kreuzenden Rückkehrschnitten aufgeschnittenen Riemannschen Flächen auf schlichte Bereiche konform abbildet, die von $2\,p$ regulären geschlossenen, paarweise durch analytische Randsubstitutionen verbundenen, Randkurven begrenzt werden, und dann die

Einheit des Kontinuums dieser Bereiche nachweist. Für die übrigen Fundamentaltheoreme läßt sich der Satz leicht auf das hiermit Bewiesene zurückführen. —
Brouwer hingegen zeigte (vgl. den oben genannten Vortrag in Karlsruhe und die
dort gleichfalls zitierte Note I), daß sich die Benutzung dieses Satzes umgehen läßt
indem man, $m > 2p - 2$ vorausgesetzt, an Stelle von M_1 die Mannigfaltigkeit „der
aus m numerierten Blättern zusammengesetzten, über der Ebene ausgebreiteten, mit
n im Endlichen gelegenen Punkten signierten Riemannschen Flächen vom Geschlechte p
mit $2m + 2p - 2$ numerierten einfachen, im Endlichen gelegenen Verzweigungspunkten" setzt, wobei er für die Anordnung der Blätter und der Verzweigungspunkte
das Lüroth-Clebschische Schema voraussetzt (genau wie oben in Nr. XCIX, S. 542 u. S.
558), und an Stelle von M_2 die Mannigfaltigkeit der zur Klasse $\varkappa$ gehörigen automorphen
Funktionen mit ausschließlich einfachen Kreuzungspunkten und m einfachen, außerhalb
der singulären Stellen der Gruppe liegenden Polen im Fundamentalbereich zu Grunde
legt. Er hat aber auch selber für den von ihm formulierten Satz 5. einen strengen
Beweis gegeben in seiner oben unter II. zitierten Note. Dabei äußert er Zweifel, ob
für die unzerschnittenen Riemannschen Flächen sich der Satz aufrecht erhalten läßt,
so daß die Betrachtung der zerschnittenen Riemannschen Flächen vorläufig ihre Vorzüge hat.

Den sehr wesentlichen Punkt 4. hat Koebe durch seinen bemerkenswerten
„Verzerrungssatz" der konformen Abbildung begründet; derselbe besagt, um auf eine
spätere Äußerung von Bieberbach [vgl. Math. Zeitschr., Bd. 4, (1919), S. 295] zurückzugreifen, daß bei schlichter konformer Abbildung der Maßstab der Abbildung
nicht allzu stürmisch von Ort zu Ort wechseln kann. Wie wird nun dieser Satz zur
Anwendung gebracht? Wenn eine Folge F_1, F_2, $\ldots$ von zerschnittenen Flächen der
Mannigfaltigkeit M_1 gegen eine Fläche F konvergiert, die selbst dem Inneren von M_1
angehört, und wenn jeder der Flächen F_1, F_2, $\ldots$ ein Fundamentalbereich entspricht,
so können diese Fundamentalbereiche vermöge des Verzerrungssatzes schließlich nur
so wenig der eine vom anderen abweichen, daß sie in der Grenze ihrerseits gegen
einen Fundamentalbereich konvergieren müssen, der dem Inneren von M_2 angehört
und dem in M_1 gerade die Fläche F entspricht. Hiermit ist das Auftreten unzu-
gänglicher Inselufer widerlegt und der Kontinuitätsbeweis zu Ende geführt.

Ich möchte aber doch erläutern, wie in Abh. CIII das Nichtauftreten der „Inseln"
gemeint war, indem ich nämlich den Beweis des Fundamentalsatzes der Algebra, wie
ich ihn vor mir sah und oft in Vorlesungen vorgetragen habe, in der mir geläufigen
Ausdrucksweise hersetze. Schreiben wir

$$w = f(z) = z^n + a_1 z^{n-1} + \ldots + a_n,$$

so entspricht jedem Werte von z bestimmt ein Wert von w. Es soll gezeigt werden,
daß jedem Werte von w n Werte von z entsprechen, daß sich also über die w-Ebene
als Bild der z-Ebene eine durch keine Öffnungen („Inseln") unterbrochene n-blättrige
Riemannsche Fläche hinzieht. Wir markieren in der w-Ebene den Punkt ∞ und, indem wir für Gleichungen $(n-1)$-ten Grades den Satz schon als bewiesen ansehen, die
höchstens $n-1$ verschiedenen Punkte e_1, e_2, $\ldots$, für welche $f'(z) = 0$ ist. Dann konstruieren wir, um mit möglichst wenig Schritten zum Ziele zu gelangen, alle Kreisscheiben (bezw. Halbebenen), welche genau drei dieser Punkte auf ihrem Rande und
keinen im Innern enthalten. Wenn diese Kreisscheiben zusammen die w-Ebene noch
nicht überdecken sollten, so lege man noch endlich viele weitere Kreisscheiben
darauf, welche ebenfalls keinen der Punkte ∞, e_1, e_2, $\ldots$ im Innern enthalten, und
welche dieses zuwege bringen. Die gesamten Kreisscheiben sollen einander dachziegelartig überdecken (nicht nur an einander grenzen). Nun wird von denjenigen
Punkten w, denen n Wurzeln der Gleichung $w = f(z)$ entsprechen, wegen der Stetigkeit des Polynomes $f(z)$ ein Kontinuum der w-Ebene überdeckt. Denn läßt man z seine
Ebene überstreichen, so erhält man jedenfalls solche Werte w, denen mindestens eine
Wurzel entspricht; da wir aber vorausgesetzt haben, daß für Gleichungen $(n-1)$-ten

Grades der Satz schon bewiesen sei, folgt hieraus für diese Werte w sogleich die Existenz von n verschiedenen Wurzeln. Fiele dieses Kontinuum nun nicht mit der ganzen w-Ebene (ausschließlich der Punkte ∞, e_1, e_2 ...) zusammen, so nehme man irgendeinen Punkt w_0 innerhalb des Kontinuums, der gemäß unserer Konstruktion dem Inneren einer unserer Kreisscheiben angehört. Sind dann $z_1^{(0)}$, $z_2^{(0)}$, $\ldots$, $z_n^{(0)}$ die zu w_0 gehörigen Wurzeln, so lassen sich nach einem bekannten Satze der Funktionentheorie n verschiedene nach Potenzen von $\dfrac{w - w_0}{w - \overline{w}_0}$ ($\overline{w}_0$ bedeutet hier den Spiegelpunkt zu w_0 in bezug auf den Rand der w_0 enthaltenden Kreisscheibe) fortschreitende Reihen entwicklungen angeben, die für $w = w_0$ bzw. in $z_1^{(0)}$, $z_2^{(0)}$, $\ldots$, $z_n^{(0)}$ übergehen, sämtlich der Gleichung $w = f(z)$ genügen und mindestens innerhalb der w_0 enthaltenden Kreisscheibe konvergieren. Das will sagen, daß eine in der Riemannschen Fläche etwa vorhandene Öffnung erst jenseits der benutzten Kreisscheibe beginnen kann. Da aber die Kreisscheiben einander dachziegelartig überdecken, gelangt man durch analytische FortFortsetzug sogleich in eine Nachbarscheibe, die über die erste hinausgreift, dann wieder in eine neue usw., und erschöpft mit endlich vielen Schritten die ganze w-Ebene. So bleibt für irgendwelche Öffnungen der Riemannschen Fläche überhaupt kein Raum übrig. W. z. b. w.

Ich wünsche jetzt zum Schlusse noch näher zu erläutern, wie ich mir die zwischen beiden Mannigfaltigkeiten bestehende analytische Abhängigkeit und den Charakter der analytischen Bedingungen denke, vermöge derer aus der Gesamtheit der auf dem algebraischen Gebilde unverzweigten bzw. nur in den Stigmaten in vorgeschriebener Weise verzweigten η-Funktionen jedesmal die zu dem betreffenden Fundamentaltheorem gehörige ausgeschieden wird. Hierzu knüpfe ich am liebsten an ein konkretes Beispiel an, nämlich den hyperelliptischen Fall $p = 2$. Denn einerseits lassen sich bei den hyperelliptischen Fällen alle Zwischenformeln wirklich hinschreiben, andererseits ist es für höheres p nicht ohne weiteres ersichtlich, wodurch sich die hyperelliptischen Fundamentalbereiche vor den allgemeinen auszeichnen, während bei $p = 2$ ja nur der hyperelliptische Fall existiert. Allerdings kann ich meine Gedanken schon deshalb nur in allgemeinen Umrissen andeuten, weil ich zum Teil auf die Entwicklungen über lineare Differentialgleichungen in Bd. 2 dieser Ausgabe zurückgreifen, zum Teil auch auf die im vorliegende Bande hier erst folgenden Nummern CVI, CVII verweisen muß. Stigmata lasse ich beiseite, um die Grundgedanken nicht noch durch komplizierte Einzelheiten zu verhüllen; ich betrachte also die auf der Riemannschen Fläche unverzweigten Differentialgleichungen.

Ihnen habe ich auf S. 544 des zweiten Bandes dieser Ausgabe (vgl. auch S. 585 daselbst, wo nur statt F der Buchstabe Π gebraucht wird) bei Benutzung binärer Variabelen x_1, x_2 die folgende Gestalt gegeben:

$$(*) \qquad\qquad (f_6, F)_2 = \varphi_2 \cdot F,$$

deren Lösungen F als binäre Formen vom Grade $-\tfrac{1}{2}$ gedacht sind, die nirgends unendlich werden. $f_6 = 0$ bestimmt dabei die 6 Verzweigungspunkte der hyperelliptischen Fläche; die 3 Koeffizienten von φ_2 vertreten die „akzessorischen Parameter". Die Frage ist, ob letztere allemal (auf eine und nur eine Weise) so bestimmt werden können, daß der Quotient $F_1 : F_2$ zweier Partikularlösungen von $(*)$, welcher als η zu bezeichnen sein wird, die zweckmäßig zerschnittene hyperelliptische Fläche $\sqrt{f}$ auf einen Bereich abbildet, wie er dem jeweiligen Fundamentaltheoreme entspricht. Es ist zunächst zu zeigen, daß für eine beliebige η-Funktion die Bestimmungsstücke des Bildbereiches analytische ganze Funktionen der Koeffizienten von f_6 und φ_2, d. h. von den Moduln der hyperelliptischen Fläche und den akzessorischen Parametern der Gleichung $(*)$ sind, solange f keine Doppelwurzel erhält und die Zerschneidung nicht ausartet.

Ein erster Schritt in dieser Richtung ist der Nachweis, der nicht schwer fallen sollte (und der auch in den ersten vier Paragraphen von H. Poincarés oft genannter Arbeit in Bd. 4 der Acta Math. mutatis mutandis besprochen wird), daß die Koeffizienten der homogenen Substitutionen $\left(\begin{smallmatrix}\alpha & \beta \\ \gamma & \delta\end{smallmatrix}\right)$, welche irgend zwei Partikularlösungen F_1 und F_2 von (*) bei einem geschlossenen Wege auf der Riemannschen Fläche erleiden, reguläre analytische Funktionen der Koeffizienten von f und φ sind, NB. für jedes Wertesystem, welches diese annehmen können ohne daß die Gleichung $f = 0$ eine Doppelwurzel erhält.

Aber schon die Arbeiten LXV, LXVIII, LXIX in Bd. 2 dieser Ausgabe und weiterhin die hier nachfolgende Abhandlung CVI zeigen, daß der Bildbereich auf der η-Kugel (immer natürlich abgesehen von den linearen Substitutionen, denen man die η-Kugel unterwerfen mag) durch Angabe der Substitutionen $\left(\begin{smallmatrix}\alpha & \beta \\ \gamma & \delta\end{smallmatrix}\right)$, welche die Randstücke zusammenordnen, noch keineswegs bestimmt ist; es sind dazu vielmehr noch die Überschlagungs- und Überdeckungszahlen notwendig. (Vgl. die Ausführungen auf S. 770ff.). Hier greift nun die in Nr. CV entwickelte Auffassung ein, gemäß der die Umlaufssubstitutionen $\left(\begin{smallmatrix}\alpha & \beta \\ \gamma & \delta\end{smallmatrix}\right)$ nicht sogleich als fertige auftreten, sondern allmählich durch Aneinanderreihung unendlich vieler unendlich kleiner Substitutionen erwachsen. Indem man diesen Entstehungsprozeß genau verfolgt, erscheint es unzweifelhaft, daß man auch die Überschlagungs- und Überdeckungszahlen der η-Bereiche durch analytische Funktionen der Koeffizienten von f und φ wird fassen können. (Etwa in der Weise, wie man die Anzahl der Umläufe, die ein Punkt z um den Nullpunkt der z-Ebene beschrieben hat, durch die Änderung des imaginären Teiles der Funktion $\log z$ messen kann).

Welches sind nun die Bedingungen, die bei gegebenen Moduln der Riemannschen Fläche die akzessorischen Parameter z. B. dem Rückkehrschnitttheoreme entsprechend festlegen? Da ist zunächst klar, daß die p linearen Substitutionen, die η erfährt, wenn es die auf der Fläche gezogenen p Rückkehrschnitte durchläuft, sich mit der identischen Substitution decken müssen. Das sind $3\,p$ analytische Bedingungen für die verschiedenen $\left(\begin{smallmatrix}\alpha & \beta \\ \gamma & \delta\end{smallmatrix}\right)$ (also in unserem Beispiele auch für die Koeffizienten von f und φ), von denen aber drei als Folge der übrigen in Abzug zu bringen sind, da die auf den letzten Rückkehrschnitt bezügliche Forderung von selbst erfüllt ist, wenn die den $p - 1$ übrigen Schnitten entsprechenden Umlaufssubstitutionen der Identität gleich sind. Um nun das Grundtheorem von den zugehörigen Obertheoremen (siehe Abh. CVI) zu unterscheiden, treten weiter die Bedingungen hinzu, daß η erst nach voller Durchlaufung der Rückkehrschnitte die identische Substitution erfahren hat, nicht etwa schon nach einer halben, einer drittel usw. Durchlaufung. Aber auch diese Bedingungen drücken sich, nach der oben dargelegten Forderung, durch analytische Funktionen der Koeffizienten von f und φ aus.

Noch komplizierter wird die Sache bei dem anderen extremen Falle, dem Grenzkreistheorem. Wählen wir als Grenzkreis die reelle Axe, so ist auszudrücken — Stigmata lasse ich wieder der Einfachheit halber beiseite —, daß die imaginären Teile der Koeffizienten derjenigen $2\,p$ Substitutionen, die η erfährt, wenn sein Argument die $2\,p$ Schnitte A_i, B_i auf der Fläche durchläuft, gleich Null sind. Wenn wir oben die Substitutionskoeffizienten als analytische Funktionen der Koeffizienten von f und φ fanden, so haben wir jetzt die gesonderten reellen und imaginären Teile der Substitutionskoeffizienten als Funktionen der gesonderten reellen und imaginären Teile der Koeffizienten von f und φ auszudrücken. Natürlich gibt das wieder analytische Funktionen, aber wir befinden uns in dem Gebiete doppelt so vieler (reeller) analytischer Funktionen von doppelt so vielen (reellen) Variablen. Hinzu treten selbstverständlich wieder die auf die Überschlagungszahlen bezüglichen Bedingungen.

Es käme nun darauf an, diese Betrachtungen vom Falle $p = 2$ auf die allgemeineren Fälle zu übertragen. Da handelt es sich zunächst darum, die unverzweigten Differentialgleichungen für beliebige höhere algebraische Gebilde in zweckmäßiger Form herzustellen. Es wird nicht schwer sein, für die nächstfolgenden Fälle $p = 3$, $p = 4$, $p = 5$, wo die Normalkurve der φ eine ebene Kurve 4-ter Ordnung ist, bzw. eine Raumkurve 6-ter Ordnung, in der sich eine Fläche 2-ten und eine 3-ten Grades schneiden, oder endlich eine Kurve 8-ter Ordnung im Raume von 4 Dimensionen, in der sich 3 Flächen zweiten Grades durchsetzen, ähnliche Formeln wie die oben angeschriebene Formel (*) in Ansatz zu bringen. Für höhere p aber ergeben sich Schwierigkeiten. Man kennt zwar nach M. Noether[4]) die genaue Zahl der Flächen m-ter Ordnung ($m = 2, 3, 4, \ldots$), welche durch die Kurve der φ gehen, auch hat Petri[5]) neuerdings gezeigt, daß im allgemeinen die Flächen zweiter Ordnung allein genügen, um die Kurve der φ rein darzustellen und daß nur in einigen besonderen Fällen noch Flächen dritter Ordnung hinzugezogen werden müssen; aber man ist bisher nicht in der Lage, die übergroße Zahl der Flächen zweiter und dritter Ordnung so explizite hinzuschreiben, daß ihre Koeffizienten nach Berücksichtigung beliebiger linearer Transformation der φ die $3p - 3$ Riemannschen Moduln der Kurve glatt erkennen lassen. Es wird dies wahrscheinlich keine schwere Aufgabe sein, die aber bei dem Fehlen neuer algebraisch-geometrischer Untersuchungen dieser Fragen vorläufig unerledigt ist.

Es bleibt, daß ich kurzen Bericht erstatte, in welcher Weise ich selbst später in längeren Zwischenräumen auf die hier berührten Fragen zurückgekommen bin.

1. Ich habe zunächst eine dreisemestrige Vorlesung über hypergeometrische Funktionen und lineare Differentialgleichungen zweiter Ordnung zu nennen. (Sommer 1890 bis Herbst 1891), auf die in Bd. 2 dieser Ausgabe schon verschiedentlich Bezug genommen ist, und die zu zwei von mir selbst ausgearbeiteten autographierten Heften Anlaß gegeben hat, die nicht in den Buchhandel gekommen, aber doch vielfach verqreitet worden sind. (Vgl. unten S. 748 u. 771.) In dieser Vorlesung war verschiedentlich von der Theorie der automorphen Funktionen die Rede; so findet sich z. B. ein längerer Abschnitt über die Poincaréschen Reihen (vgl. unten S. 745/46), ferner ein historisches Kapitel, in dem unter anderem über H. Poincarés Arbeit in Bd. 4 der Acta Math. referiert wird. Auch die Beweise des Fundamentaltheorems mit Hilfe der Überlagerungsfläche oder der Methode des Bogenelementes werden besprochen. Das Prinzip meines Kontinuitätsbeweises wird hier nur an zwei einfachsten Beispielen berührt und im übrigen die Frage nach der Abbildung der geeignet zerschnittenen Riemannschen Fläche auf die η-Ebene in ihrer Abhängigkeit von den akzessorischen Parametern in Verbindung mit dem von mir aufgestellten allgemeinen Oszillationstheorem der linearen Differentialgleichungen verfolgt. Dies ist ein neuer notwendiger Gesichtspunkt, der in den beiden letzten noch folgenden Nummern CVI und CVII dieses Bandes genauer betrachtet werden wird. Ebendeshalb wurden damals die Autographien nur für den engeren Kreis meiner Schüler ausgegeben. Denn ich hatte mehr meine Phantasie spielen lassen, als Beweise ausgeführt, insbesondere war die Verzögerung, die für das Oszillationstheorem bei Überschreitung der Stieltjesschen Grenze entsteht (vgl. Bd. 2 dieser Ausgabe, S. 597 und die anschließenden allgemeineren Arbeiten von Hilb und Haupt in den Math. Annalen, Bd. 89, der demnächst erscheinen wird) noch nicht klar erkannt. Ich habe die betreffenden Überlegungen Herbst 1891 in einem nicht publizierten, von Borkum datierten Manuskript zusammengefaßt, auf welches in der Folge (siehe die Ausführungen auf S. 770 ff.) noch zurückzukommen sein wird.

---

[4]) Vgl. *Über die invariante Darstellung algebraischer Funktionen*, Math. Annalen, Bd. 17 (1880/81), S. 263—284.

[5]) Vgl. *Über die invariante Darstellung algebraischer Funktionen einer Veränderlichen*, Math. Annalen, Bd. 88 (1922/23), S. 242—289.

2. Ich habe dann vom Herbst 1893 bis zum Herbst 1894 über dieselben Fragen wiederholt gelesen, indem ich den Stoff durch Weglassung der noch zweifelhaften Überlegungen wesentlich einschränkte. So sind die von E. Ritter ausgearbeiteten Autographieen entstanden, über welche in Bd. 2 dieser Ausgabe, in den Referaten Nr. LXVIII, LXIX auf S. 578—597, ausführlich berichtet ist. Der Kontinuitätsbeweis des Fundamentaltheorems der automorphen Funktionen wird dabei nur in der vorletzten Stunde des zweiten Semesters an dem Beispiel der elliptischen Modulfunktion $J(\omega)$ erläutert. Ich war damals durch anderweitige Berufsgeschäfte stark in Anspruch genommen worden und muß Verdienst und Verantwortung für den Wortlaut des Textes in weitgehender Weise dem Bearbeiter überlassen. Ich konnte das um so mehr, als ich die große Gewissenhaftigkeit und das eindringende Verständ- von E. Ritter besonders hoch einschätzte. Aber was dort auf S. 512 über $J(\omega)$ gesagt wird, kann ich in dieser Weise gar nicht vorgetragen haben, wo ich das Verhalten von $J(\omega)$ beim Herangehen an die Grenze, d. i. die reelle ω-Axe, längst genau kannte. Es wird überdies durch die Bemerkung auf S. 513 daselbst, die unbestimmte Zweifel erhebt, wieder aufgehoben.

3. Über die Veröffentlichungen von Fricke und Ritter, die als Vorarbeiten für die „Automorphen Funktionen" dienen sollten, wird in dem folgendem Referat über dieses Werk genauer berichtet.

4. Erst im Sommer 1899 bin ich wieder dazu gekommen, über automorphe Funktionen zu lesen. Die Ausarbeitung hat damals der ebenfalls früh verstorbene H. v. Schaper gemacht; sie hat, wie alle Ausarbeitungen meiner Vorlesungen bis zum Jahre 1913 im hiesigen mathematischen Lesezimmer zu allgemeiner Benutzung ausgelegen. Die Poincaréschen Reihenentwicklungen werden für zahlreiche Einzelfälle studiert; das Fundamentaltheorem aber unter Festhaltung meines ursprünglichen Ansatzes, nicht an die Grenzen zu gehen, indes nur für einen besonders einfachen Fall, bei dem nur ein reeller akzessorischer Parameter zur Verfügung steht, beiläufig erörtert.

5. Endlich folgt 1905—1907 ein über vier Semester sich hinziehendes Seminar, an dem auch Hilbert und Minkowski, dann Koebe, Bieberbach, Ihlenburg, Graf, Rothe teilnahmen (ich nenne nur diejenigen Teilnehmer, die zu eigenen Veröffentlichungen über die behandelten Gegenstände gekommen sind). Meine eigenen damaligen Vorträge wurden (eine Zeit lang) von Toeplitz ausgearbeitet. Ich habe in den letzten zwei Semestern ganz besonders wieder die Abhängigkeit der konformen Abbildung von den akzessorischen Parametern der linearen Differentialgleichung studiert. Von hier aus ist, indem ich mich auf den niedersten Fall, $p = 0$ mit vier reellen Stigmaten, beschränkte, die nachfolgende Abh. CVI entstanden, die ich Ostern 1907 Gordan zu seinem 70. Geburtstage in Erlangen als Festschrift überreichte. Hier hat dann Hilb, der gleichfalls in Erlangen war, und dem ich meine Überlegungen vortragen konnte, eingesetzt und die Betrachtungen durch relativ elementare Mittel ein wesentliches Stück weiterführen können. Auch hier handelt es sich um einen Kontinuitätsbeweis, es werden aber die akzessorischen Parameter und nicht die Moduln als variabel betrachtet. (Vgl. wieder die Ausführungen unten auf S. 770 ff.)

K. (mit B.-H.).

Bericht betreffend die „Vorlesungen über die Theorie der automorphen Funktionen von R. Fricke und F. Klein".

In zwei Bänden, Leipzig, bei B. G. Teubner 1897—1912.

Entsprechend dem allgemeinen Plane, welcher der vorliegenden Neuausgabe meiner wissenschaftlichen Abhandlungen zugrunde liegt, berichte ich hier über das in der Überschrift genannte, umfangreiche Werk, das eine wesentliche Vervollständigung meiner vorstehend als Nr. CI—CV abgedruckten Arbeiten, wie übrigens auch der in Vergleich kommenden Poincaréschen Veröffentlichungen vorstellt. Es kann sich hier natürlich nur darum handeln, die Entstehung und die Hauptpunkte des Inhaltes in ganz kurzer Übersicht zu charakterisieren.

Da ist zunächst zu sagen, daß es sich um die abschließende Durchführung des allgemeinen Programms handelt, welches ich 1884 durch die Herausgabe der „Vor-.lesungen über das Ikosaeder" begann, und dann 1890—92 mit wesentlicher Unterstützung von R. Fricke in den „Vorlesungen über die Theorie der elliptischen Modulfunktionen" fortsetzte. Aber in den langen Jahren, welche seitdem verstrichen sind, traten an jeden von uns andersgeartete dringende Arbeitsverpflichtungen heran, die mit der Fortführung der uns auferlegten Unterrichtsaufgabe und den dadurch gegebenen organisatorischen Problemen zusammenhingen. So ist es gekommen, daß bei der Redaktion der „Automorphen Funktionen" ich selbst nur noch verhältnismäßig wenig beteiligt war und auch Fricke sich ihr nur in getrennten Zeiträumen widmen konnte. Dieses Sachverhältnis findet seinen Ausdruck in dem Titel des Gesamtwerkes, bei welchem der Name von R. Fricke voransteht, und übrigens in den Erscheinungsdaten der einzelnen Lieferungen. Band I erschien 1897, Band II aber in drei Lieferungen, die bzw. von 1901, 1911 und 1912 datiert sind. Verzögernd wirkte auch, daß zahlreiche Fragen der Theorie der automorphen Funktionen noch der klärenden Untersuchung bedurften; Fricke selbst hat zu diesem Ausbau der Theorie durch eine große Zahl von Veröffentlichungen in den Göttinger Nachrichten und den Mathematischen Annalen[1]) wesentlich beigetragen.

---

[1]) Die Titel der Frickeschen Abhandlungen sind in chronologischer Reihenfolge diese:

Über eine besondere Klasse diskontinuierlicher Gruppen reeller linearer Substitutionen, I und II. Math. Annalen, Bd. 38 (1890/91).

Spezielle automorphe Gruppen und quadratische Formen. Math. Annalen, Bd. 39 (1891).

Weitere Untersuchungen über automorphe Gruppen, deren Substitutionskoeffizienten Quadratwurzeln ganzer Zahlen enthalten. Math. Annalen, Bd. 39 (1891).

Über den arithmetischen Charakter der zu den Verzweigungen (2, 3, 7) und (2, 4, 7) gehörigen Dreiecksfunktionen. Math. Annalen, Bd. 41 (1892).

Zur gruppentheoretischen Grundlegung der automorphen Funktionen. Math. Annalen, Bd. 42 (1892).

Sprechen wir zunächst vom ersten Band. Dieser enthält die gruppentheoretischen Grundlagen. Da ist es ganz wesentlich, daß man sich von vornherein der Vorstellungen der Nicht-Euklidischen Geometrie und desjenigen Übertragungsprinzipes, das ich z. B. in § 7 meines Erlanger Programmes [= Nr. XXVII in Bd. 1 dieser Ausgabe] ausgesprochen habe, bedient. Ordnet man in üblicher Weise dem Wertevorrat einer komplexen Variabeln ζ die Punkte einer Kugel zu, so entspricht jeder linearen Substitution von ζ, also jeder kreisverwandten Umformung auf der Kugeloberfläche, eine projektive Transformation der die Kreise tragenden Ebenen. Diese Kollineationen, die die Kugelfläche festlassen, sind Nicht-Euklidische Bewegungen mit der Kugel als Cayleyscher Fundamentalfläche. Man nehme nun einen Punkt C_0 im Innern der Kugel beliebig an und konstruiere alle mit ihm vermöge der zu betrachtenden Gruppe von ζ-Substitutionen äquivalenten Punkte $C_1, C_2, \dots$. Um diese Punkte als Mittelpunkte beschreibe man (im Sinne der Maßbestimmung) gleichgroße zunächst sehr kleine Kugeln. Nun lasse man deren Radien gleichmäßig wachsen, bis sie sich mit Ebenen aneinanderlegen. So ist eine Einteilung des Kugelinnern in (im Sinne der Maßbestimmung) kongruente „Normalpolyeder" entstanden, deren Schnitt mit der Kugeloberfläche diese im günstigen Falle in Diskontinuitätsbereiche der betrachteten Gruppe zerlegt. Überlegt man, welche Einteilungen möglich sind, so erhält man eine vollständige und sachgemäße Systematik aller „eigentlich diskontinuierlichen" Gruppen linearer Sub-

---

Entwickelungen zur Transformation fünfter und siebenter Ordnung einiger spezieller automorpher Funktionen. Acta math., Bd. 17 (1893).

Über indefinite quadratische Formen mit drei und vier Variabeln. Gött. Nachr. 1893.

Über die Transformationstheorie der automorphen Funktionen. Math. Annalen, Bd. 44 (1893/94).

Die Kreisbogenvierseite und das Prinzip der Symmetrie. Math. Annalen, Bd. 44 (1894).

Eine Anwendung der Idealtheorie auf die Substitutionsgruppen der automorphen Funktionen. Gött. Nachr. 1894.

Zur Theorie der ternären quadratischen Formen mit ganzen komplexen Koeffizienten. Gött. Nachr. 1895.

Über die Diskontinuitätsbereiche der Gruppen reeller linearer Substitutionen einer komplexen Variabeln. Gött. Nachr. 1895.

Über die Theorie der automorphen Modulgruppen. Gött. Nachr. 1896.

Notiz über die Diskontinuität gewisser Kollineationsgruppen. Math. Annalen, Bd. 47 (1886).

Über eine einfache Gruppe von 360 Operationen. Gött. Nachr. 1896.

Über eine einfache Gruppe von 504 Operationen. Math. Annalen, Bd. 52 (1899).

Die Ritterschen Primformen auf einer beliebigen Riemannschen Fläche. Gött. Nachr. 1900.

Die automorphen Elementarformen. Gött. Nachr. 1900.

Zur Theorie der Poincaréschen Reihen. Jahresbericht der deutsch. Math. Ver. 9 (1900).

Über die Poincaréschen Reihen der (-1)-ten Dimension. Festschrift für R. Dedekind, Braunschweig 1901.

Über die in der Theorie der automorphen Funktionen auftretenden Polygonkontinua. Gött. Nachr. 1903.

Beiträge zum Kontinuitätsbeweise der Existenz linear-polymorpher Funktionen auf Riemannschen Flächen. Math. Annalen, Bd. 59 (1904).

Neue Entwicklungen über den Existenzbeweis der polymorphen Funktionen. Verhandlungen des 3. intern. Mathematiker-Kongresses zu Heidelberg 1904.

Zur Transformationstheorie der automorphen Funktionen. Gött. Nachr. 1911 und 1912.

stitutionen. Die Umkreisung der Polyederkanten liefert die „primären" und „sekundären" Relationen zwischen den Gruppenerzeugenden.

Abgesehen von den zyklischen Gruppen und den Nichtrotationsgruppen mit zwei Grenzpunkten sind die Rotationsgruppen, d. h. diejenigen, bei denen alle Polyederflächen durch *einen* Punkt gehen, von besonderem Interesse. Je nachdem ob dieser Fixpunkt innerhalb, auf oder außerhalb der Kugel liegt, erhält man die elliptischen Rotationsgruppen (Gruppen der regulären Körper), die parabolischen Rotationsgruppen (Gruppen der doppeltperiodischen Funktionen) oder die hyperbolischen Rotationsgruppen (Gruppen mit Hauptkreis). Frickes Untersuchungen gelten nun besonders den Hauptkreisgruppen. Der Schnitt der Polarebene des Fixpunktes mit der Polyedereinteilung liefert in dieser Ebene eine Einteilung in „Normalpolygone". Da es sich um projektive Eigenschaften handelt, wollen wir von der Einteilung des Innern einer Ellipse in „Normalpolygone" sprechen, deren Erzeugung ganz entsprechend wie im Raume zu denken ist. Und zwar können wir uns auf das *Innere* der Ellipse beschränken, weil nur dieses funktionentheoretische Bedeutung hat. Denn bei der Abbildung der Ellipsenebene auf die ζ-Ebene geht das Ellipseninnere in das Innere des Hauptkreises über, die Abbildung des Ellipsenäußern wird imaginär; dagegen entspricht dem Äußern des Hauptkreises ein zweites Exemplar des Ellipseninnern. Die hyperbolischen Zipfel, die ursprünglich soviel Schwierigkeiten machten (vgl. die Briefe Nr. 24 und 25 meines Briefwechsels mit H. Poincaré, sowie die oben abgedruckte Abhandlung Nr. CIV), treten bei den Normalpolygonen in der ζ-Ebene überhaupt nicht auf. Die Normalpolygone einer Gattung (p, n) haben im allgemeinen, d. h. wenn das zur Konstruktion des Normalpolygons verwandte Zentrum C_0 nicht gerade auf den Begrenzungslinien des „natürlichen Diskontinuitätsbereiches" liegt, $12p + 4n - 6$ Seiten. Durch Abänderung der Normalpolygone, die eine erste allgemeine Form des Diskontinuitätsbereiches in der Ellipsenebene bilden, kommt Fricke dann zu einer zweiten allgemeinen Form desselben, zu den „kanonischen Polygonen", so genannt, weil sie einer kanonischen Zerschneidung der Riemannschen Fläche entsprechen. Diese Polygone sind gleichfalls geradlinig, haben lauter konkave Winkel und besitzen $4p + 2n$ Seiten. Für diese Polygone stellt Fricke ein volles System von Invarianten (Moduln) auf, durch welches die Polygone bis auf eine Nicht-Euklidische Bewegung bestimmt sind. Er erhält das wichtige Ergebnis: Die gesamte Gattung (p, n) zerfällt, allen möglichen Kombinationen von v ganzen Zahlen $l > 1$ mit $0 \leqq v \leqq n$ entsprechend, in unendlich viele Familien der Signaturen $(p, n; l_1, l_2, \ldots, l_v)$; die einzelne Familie stellt ein einziges $(3n - v + 6p - 6)$-fach unendliches Kontinuum von Polygonen vor. — Er untersucht ferner die Transformation dieser Modulsysteme bei Abänderung des kanonischen Querschnittsystems, was eine Gruppe birationaler Transformationen, die sogenannte automorphe Modulgruppe, liefert. Im zweiten Bande werden (um dies gleich vorweg zu nehmen) diese Untersuchungen fortgesetzt, und es wird z. B. gezeigt, daß sich das einzelne Kontinuum von Polygonen auf einen Würfel geeigneter Dimensionenzahl eineindeutig stetig abbilden läßt, und daß die automorphe Modulgruppe eigentlich diskontinuierlich ist. Während der ganze Würfel ein Abbild des Polygonkontinuums ist, st der einzelne Diskontinuitätsbereich der zugehörigen Modulgruppe ein Abbild des Gruppenkontinuums der ζ-Substitutionen. Zu jeder Gruppe (wobei diese als unabhängig von den Erzeugenden definiert zu denken ist) gehören also unendlich viele Polygone, unter denen eines als „reduziertes Polygon" ausgezeichnet wird. (Siehe auch oben, S. 733.)

So viel von der geometrischen Theorie der Hauptkreisgruppen! Hinsichtlich der geometrischen Theorie der Nichtrotationsgruppen mit unendlich vielen Grenzpunkten beschränkt sich Fricke auf allgemeine Ansätze und eine größere Anzahl von Beispielen. Hier bilden für den Leser, wie überhaupt in dem ganzen Werke, eine große Anzahl schön gezeichneter Figuren ein wertvolles Hilfsmittel zur Orientierung. Ich will nur auf das Hervorkommen von nichtanalytischen Grenzkurven hinweisen, das mich immer besonders interessiert hat. Von diesem ist schon in Abh. XLVI in Bd. 2 dieser Ausgabe auf S. 227 die Rede gewesen; ganz ausführlich ist dies Vorkommnis in meiner autographierten Vorlesung von 1901 „Anwendung der Differential- und Integralrechnung auf Geometrie, eine Revision der Prinzipien" behandelt. — Es wäre wohl erwünscht, wenn die Frickeschen Ansätze für die Nichtrotationsgruppen wenigstens in einfacheren Fällen, z. B. für den Fall des Rückkehrschnitttheorems noch mehr ins einzelne durchgeführt würden, wobei man sich auf eine Theorie der Normalpolyeder bzw. anderer geeigneter Polyeder zu stützen hätte.

Im übrigen zerfallen alle in Betracht kommenden Gruppen naturgemäß in solche, welche Parameter enthalten, und in andere, deren sämtliche Substitutionskoeffizienten ausschließlich aus bestimmten numerischen Irrationalitäten aufgebaut sind. Fricke hat sich dem Studium der Gruppen letzterer Art mit besonderer Vorliebe gewidmet und, anknüpfend an Untersuchungen von Gauß, Dirichlet, Hermite, Selling, Picard, H. Poincaré, Bianchi, Hurwitz, für eine Reihe besonderer Fälle das allgemeine arithmetische Bildungsgesetz ihrer Substitutionskoeffizienten aufstellen können. Diese Untersuchungen, in denen Fricke weit über H. Poincaré hinausgeht, füllen etwa das letzte Drittel des ersten Bandes der „Automorphen Funktionen".

Im ersten Bande finden aber auch eine Reihe wichtiger Nebenfragen ihre volle Beantwortung. Dahin gehört die Frage, wie sich die Gruppen, welche sich durch *symmetrische* Reproduktionen eines Ausgangsbereiches erzeugen lassen, in die Mannigfaltigkeit der übrigen Gruppen einordnen. Dahin gehört ferner die von Ritter in Bd. 41 der Math. Annalen (1892/93) erbrachte Entscheidung, ob die Gruppe der

ζ-Substitutionen, wenn $\zeta = \dfrac{\zeta_1}{\zeta_2}$ gesetzt wird, sich holoedrisch isomorph auf eine Gruppe

homogener linearer Substitutionen von ζ_1 und ζ_2 beziehen läßt, oder ob die Gruppe der isomorphen unimodularen Substitutionen von ζ_1, ζ_2 notwendig die doppelte Zahl der Operationen der nicht homogenen Gruppe umfaßt, wie das bei der Ikosaedergruppe von entscheidender Bedeutung war. (Vgl. Abh. LIV und LXI in Bd. 2 dieser Ausgabe.)

Der zweite Band der „Automorphen Funktionen" enthält die funktionentheoretischen Ausführungen. Da wird zunächst die Frage nach der Existenz aller zu einer gegebenen Gruppe gehörigen eindeutigen automorphen Funktionen beantwortet: Faßt man den Diskontinuitätsbereich als eine durch die Ränderzuordnung ideell geschlossene Riemannsche Mannigfaltigkeit auf, so sind die automorphen Funktionen einfach die auf dieser Mannigfaltigkeit im Riemannschen Sinne existierenden algebraischen Funktionen. Nachdem dies festgestellt ist, entsteht die Aufgabe bei gegebener Gruppe von ζ-Substitutionen diese automorphen Funktionen wirklich herzustellen.

Hier hatte E. Ritter nach einem von mir entworfenen Programm schon wesentlich vorgearbeitet. (Vgl. seine schon wiederholt genannten Arbeiten in den Math. Annalen, Bd. 41 (1892) und 44 (1894).) Man fragt sich zunächst — und dies läßt sich mit Hilfe der von mir in Abh. XCVII eingeführten Primform allgemein beantworten —, welche „*multiplikativen Formen*" auf Riemannschen Flächen mit gegebener Signatur existieren, d. h. homogene Formen, die sich bei Umläufen auf der Fläche *bis auf konstante Faktoren* reproduzieren. Diese multiplikativen Formen lassen sich dann immer durch zweckmäßig verallgemeinerte, homogen geschriebene Poincarésche Thetareihen darstellen. Da aber von den formal angesetzten Poincaréschen Reihen sehr viele identisch verschwinden, muß beim Beweise dieses Satzes insbesondere gezeigt werden, daß immer noch genug Reihen übrig bleiben, welche dies nicht tun; der Nachweis hierfür läßt sich durch rein analytisches Operieren an den Reihen nur sehr schwer führen, ist aber von H. Poincaré erbracht worden. Fricke hat übrigens die ursprüngliche Rittersche Darstellung in vielen Punkten vereinfacht.

Ritter hatte auch schon, ehe ihn ein frühzeitiger Tod ereilte, die Vorarbeiten für eine entsprechende Theorie der „*homomorphen Formen*" und deren Darstellung durch Poincarésche Zetareihen in Angriff genommen. (Vgl. Math. Annalen, Bd. 47

(1896).) Man hat eine Lehre von den zur Riemannschen Fläche bestimmter Signatur gehörigen „Riemannschen Formenscharen" zu entwerfen, d. h. solcher Formen $\Pi_1, \Pi_2, \ldots, \Pi_n$, die sich bei Umläufen der homogenen Variabeln auf der Fläche selber *homogen mit konstanten Substitutionskoeffizienten* umsetzen. Ritter selbst hat diese Untersuchungen nur erst begonnen; er hat es nicht mehr erlebt, daß der Riemannsche Satz von der Existenz einer Schar linearer Differentialgleichungen n-ter Ordnung, deren Lösungen $y_1, y_2, \ldots, y_n$ eine vorgegebene Monodromiegruppe besitzen, bewiesen wurde. Leider sind die homomorphen Formen in den „Automorphen Funktionen" bei der Menge der Fragen, die zu beantworten waren, von Fricke trotz eines diesbezüglichen Versprechens auf S. 42/43 nicht weiter verfolgt worden; und so sei hier nur erwähnt, daß man in Nr. 35 des Frickeschen Referates über automorphe Funktionen in Bd. II_2 der Enzyklopädie nähere Angaben findet.

In der zweiten Hälfte des zweiten Bandes der „Automorphen Funktionen" wendet sich Fricke den Beweisen für das Fundamentaltheorem über die Existenz der linear-polymorphen Funktionen auf einer gegebenen Riemannschen Fläche zu. Er beginnt mit einem Bericht über den *Kontinuitätsbeweis* (vgl. oben S. 700—705 und S. 731—741), soweit ein solcher damals (1911) vorlag. Was die Methode der offenen Kontinua anlangt (vgl. oben S. 732), so erläutert er nur meine hierher gehörigen Gedanken, wie ich sie in den oben abgedruckten Nummern XCIX und CIII ausgesprochen hatte. Er selbst schloß sich aber an die Methode der abgeschlossenen Kontinua an; und gerade, um die hier erforderlichen schwierigen Einzeluntersuchungen (vgl. oben S. 733/34) in zwingender Form durchführen zu können, hatte er seine oben besprochene Theorie der Hauptkreisgruppen so eingehend entwickelt und in unserem Werke vorangeschickt. Trotz dem erheblichen Fortschritt gegenüber Poincaré vermochte er es aber doch nur, in den niedersten Fällen den Kontinuitätsbeweis auf dieser Grundlage durchzuführen.

Die dritte Lieferung des zweiten Bandes hat durch die Berücksichtigung der Arbeiten Koebes, in welchen dieser, von 1907 an beginnend, die verschiedenen Fälle des Fundamentaltheorems bewies, eine viel befriedigendere Darstellung erhalten können als die zweite Lieferung, von der wir eben sprachen. Fricke gibt in der dritten Lieferung eine ausführliche Darlegung des Grenzkreistheorems einerseits und des Rückkehrschnitttheorems andererseits. Zum Beweise all dieser Theoreme wird allein die Methode der Überlagerungsfläche benutzt. Beim Rückkehrschnitttheorem dient der Koebesche Verzerrungssatz ganz wesentlich als Beweismittel. Hier und an anderen Stellen gelingt es Fricke, die Einzelheiten noch genauer herauszuarbeiten, als in der ursprünglichen Darstellung Koebes. Von der Methode des Bogenelementes im Grenzkreisfalle und von dem iterierenden Verfahren Koebes wird nur kurz berichtet. Desgleichen kommen die allgemeinen Fälle des Fundamentaltheorems kaum zur Sprache.

Den Schluß des zweiten Bandes bildet ein ausführlicher Anhang, der auf algebraische Fragen, wie sie schon in Bd. 2 dieser Ausgabe, besonders auf S. 501 ff. vorkommen, zurückgreift. (Vgl. auch die Bemerkungen auf S. 136 des vorliegenden Bandes.) Fricke hat gefunden, daß die ebene Kurve 6. Ordnung, welche dem Valentiner-Wiman-Problem zu Grunde liegt, und welche durch eine Gruppe von 360 ternären linearen Kollineationen in sich übergeht, durch Dreiecksfunktionen vom Typ (2, 4, 5) uniformisiert werden kann. Von diesem Ausgangspunkte aus wird hier die einschlägige Theorie entwickelt und bis zur vollen Aufstellung aller charakteristischen Gleichungsformen jener Kurve $f = 0$ und der einfachsten zugehörigen Resolventen 6-ten und 15-ten Grades geführt.

Zusammenfassend dürfen wir vielleicht sagen, daß die „Automorphen Funktionen" eine Reihe nebeneinander stehender, dabei sehr sorgfältig unter genauer Darlegung aller Beweisgründe durchgearbeiteter Monographien enthalten, welche alle das Gemeinsame haben, im einzelnen Fortschritte zu erzielen und überhaupt für die Theorie des Gesamtgebietes der automorphen Funktionen sehr wesentlich zu sein. Eine abgeschlossene Theorie aber war noch nicht möglich. An allen Stellen sieht man sich vor neuen noch unerledigten Problemen. Man möchte der Theorie eine Geschmeidigkeit wünschen, welche sie für praktische Aufgaben ebenso brauchbar macht, wie es die elliptischen Funktionen sind. Daß automorphe Funktionen zur endgültigen Durchführung schon der einfachsten Probleme der Mechanik erforderlich sein können, habe ich u. a. in meinen Princeton-Vorträgen, die als Nr. LXXV in Bd. 2 dieser Ausgabe abgedruckt worden sind (siehe besonders S. 650 ff. daselbst), hervorgehoben. In diesem Zusammenhange darf ich wohl aus Bd. 21 der Jahresberichte der Deutschen Math. Vereinigung (1912) den Passus hersetzen, mit dem ich auf der Naturforscher-Versammlung in Karlsruhe die Berichte über den damals erreichten Stand der Theorie, von denen schon oben die Rede war, abschloß. Es heißt dort auf S. 153/154:

„... Nachdem jetzt die Existenz der eindeutigen automorphen Funktionen in ihren wesentlichen Zügen sichergestellt ist, sollte deren analytisches Bildungsgesetz erneuter Untersuchung unterworfen werden. In dieser Hinsicht wird vor allen Dingen eine genuine Produktentwicklung der Primform des zu dem jeweils vorliegenden Falle eindeutiger automorpher Funktionen gehörigen algebraischen Gebildes zu wünschen sein. In den einfachsten Fällen (wo das algebraische Gebilde keine Stigmata trägt) ist die Primform in den homogen geschriebenen Argumenten ζ_1, ζ_2 der automorphen Funktionen vom Grade $+1$. Es ist auch von mir gleich bei Aufstellung meiner Primform darauf hingewiesen worden (Math. Annalen Bd. 36, 1889: *Zur Theorie der Abelschen Funktionen* [= Abh. XCVII des vorliegenden Bandes]), daß die absolut konvergente Produktentwicklung, welche Herr Schottky für gewisse Fälle solcher eindeutiger automorpher Funktionen, bei denen nur isolierte Grenzpunkte auftreten, aufgestellt hat, im wesentlichen die diesen Fällen entsprechende Primform darstellt. Es wäre nicht unmöglich, daß zu dem gleichen Zwecke in den allgemeinen Fällen *bedingt konvergente* Produkte in Betracht zu ziehen sein möchten."   K. (mit V.)

CVI. Bemerkungen zur Theorie der linearen Differentialgleichungen zweiter Ordnung.[1)]

(Zusammenhang zwischen dem Oszillationstheorem und den Existenztheoremen der automorphen Funktionen.)

[Math. Annalen Bd. 64 (1907).]

[Die hier veröffentlichten Untersuchungen sind aus einem Seminar entstanden, welches ich durch drei Semester (von Winter 1905/06 bis Winter 1906/7) in Gemeinschaft mit Hilbert und Minkowski gehalten habe. In diesem Seminar behandelten wir Fragen aus der Theorie der linearen Differentiaigleichungen zweiter Ordnung und der automorphen Funktionen. Ich knüpfte dabei an Gedankenreihen an, die ich erstmals in einer dreisemestrigen Vorlesung von Sommer 1890 bis Sommer 1891 über lineare Differentialgleichungen vorgetragen hatte. Von dieser Vorlesung existiert eine autographierte Ausarbeitung, die zwar unter der Hand Verbreitung gefunden hat, die ich aber nicht in den Buchhandel gegeben habe, weil sie vielfach nur vorläufige Ideen enthielt. — Vgl. hierzu die Angaben auf S. 740/741.]

§ 1.
Festlegung der Differentialgleichung. Das Oszillationstheorem. Das Polygon auf der η-Kugel.

1. Die folgenden Betrachtungen sollen der Bequemlichkeit halber an das Beispiel einer möglichst einfach gewählten Differentialgleichung geknüpft werden. Wir verstehen unter a, b, c, α, β, γ, δ reelle Werte, die folgenden Ungleichungen unterworfen sein sollen:

$$a > b > c\,;$$

[und um unterhalb der Stieltjesschen Grenze zu bleiben]

$$0 \leqq \alpha < 1, \quad 0 \leqq \beta < 1, \quad 0 \leqq \gamma < 1, \quad 0 \leqq \delta < 1.$$

[1)] [Diese Arbeit habe ich Gordan als Festschrift zur Feier seines siebzigsten Geburtstages am 27. April 1907 überreicht. K.]

Die Differentialgleichung, die wir betrachten wollen, sei dann folgende:

$$(1) \quad y'' + y'\left(\frac{1-\alpha}{x-a} + \frac{1-\beta}{x-b} + \frac{1-\gamma}{x-c}\right) + \frac{y}{(x-a)(x-b)(x-c)}(Ax+B) = 0.$$

Wir haben hier vier singuläre Punkte:

$$a, \quad b, \quad c, \quad \infty$$

und a, b, c entsprechend die Exponentenpaare:

$$\begin{Bmatrix}\alpha \\ 0\end{Bmatrix} \quad \begin{Bmatrix}\beta \\ 0\end{Bmatrix} \quad \begin{Bmatrix}\gamma \\ 0\end{Bmatrix};$$

die Exponenten δ', δ'', die zum singulären Punkte ∞ gehören, berechnen sich aus den Formeln:

$$\alpha + \beta + \gamma + \delta' + \delta'' = 2, \qquad \delta'\delta'' = A,$$

und ihre Differenz $\delta' - \delta''$ soll gleich der Größe δ sein, für welche wir bereits eine Ungleichung aufstellten. Die beiden zum einzelnen singulären Punkte, z. B. zu a, gehörigen Fundamentallösungen von (1) nenne ich Y_α^a, Y_0^a; sie sind nur bis auf einen konstanten Faktor bestimmt. Tritt der Grenzfall ein, daß α zu 0 wird, so fallen diese Lösungen in die eine Y_0^a zusammen und es tritt dann daneben in bekannter Weise eine neue Lösung mit logarithmischem Glied, welche mit $Y_{\log}^a$ bezeichnet sein soll.

2. Ich knüpfe übrigens durchweg an die Bezeichnungsweisen und Auffassungsweisen an, von denen ich in meinen alten Untersuchungen über lineare Differentialgleichungen zweiter Ordnung in den Math. Annalen [vgl. die unten genannten Abhandlungen aus Bd. 2 dieser Ausgabe] und insbesondere in meinem hierauf bezüglichen, von E. Ritter 1894 publizierten autographierten Vorlesungsheft Gebrauch gemacht habe[2]). Die Größe B nenne ich den *akzessorischen Parameter*, und es handelt sich nun im folgenden um diejenigen Fragestellungen, welche ich in dem genannten Hefte als „eigentlich transzendente" bezeichnet habe, nämlich um die Festlegung des akzessorischen Parameters B einerseits durch das *Oszillationstheorem*, andererseits durch die *Existenztheoreme der automorphen Funktionen*.

3. Das Oszillationstheorem legt den Parameter B fest, indem es einer *einzelnen* reellen Lösung von (1) bestimmte Bedingungen auferlegt. In seiner ursprünglichen Fassung setzt dasselbe ein Intervall der x-Achse als gegeben voraus — es möge $\overline{mn}$ heißen —, das keinerlei singulären Punkt enthält. Wir verlangen, daß eine Lösung y von (1) existieren soll, für welche der Quotient $\frac{y}{y'}$ bei $x = m$ und bei $x = n$ je einen vor-

---

[2]) [Vgl. das Selbstreferat Nr. LXIX in Bd. 2 dieser Ausgabe.]

gegebenen reellen Wert annimmt, und die innerhalb des Intervalls $\overline{mn}$ eine vorgegebene Zahl von Malen (die auch Null sein kann) verschwindet; das Oszillationstheorem [wie es Sturm für diesen Fall ausgesprochen hat] behauptet, daß durch diese Forderungender Parameter B gerade eindeutig bestimmt sei. Das Oszillationstheorem läßt sich aber, wenn die Exponentendifferenzen der in Betracht kommenden singulären Punkte reell sind und *zwischen* 0 und 1 liegen (NB. mit Ausschluß dieser Grenzen), auch auf solche Intervalle ausdehnen, die sich an singuläre Punkte heranziehen. Ich darf dann nur, z. B. bei $x = a$, nicht den Wert von $\frac{y}{y'}$ vorschreiben, sondern muß angeben, mit welcher linearen Kombination $Y_a^a - \lambda Y_0^a$ das y proportional sein soll. In dem Grenzfalle, den wir hier mit betrachten wollen, das nämlich $\alpha = 0$ wird, tritt eine wirkliche Beschränkung ein: daß y muß, wenn anders die Aussage des Oszillationstheorems bestehen bleiben soll, dem Y_0^a proportional sein (es darf, in der Reihenentwicklung des y bei $x = a$, kein logarithmisches Glied auftreten). Man sehe wegen dieser Einzelheiten und der Beweise die Arbeiten von Bôcher im American Bulletin von 1898, 1899, bez. das zusammenfassende Referat Bôchers in Bd. II,$_1$ der Mathematischen Enzyklopädie (Randwertaufgaben bei gewöhnlichen Differentialgleichungen, abgeschlossen 1900)[3]).

4. In der Theorie der automorphen Funktionen hinwieder betrachtet man den Quotienten $\eta = \frac{y_1}{y_2}$ irgend *zweier* Partikularlösungen von (1), bez. das *Kreisbogenviereck*, auf welches dieses η die Halbebene der unabhängigen Variablen x (sagen wir, die „positive" Halbebene x) abbildet. Die Ecken dieses Vierecks, die den singulären Punkten a, b, c, ∞ entsprechen, sollen mit a', b', c', ∞' bezeichnet sein; sie weisen bez. die Winkel $\alpha\pi$, $\beta\pi$, $\gamma\pi$, $\delta\pi$ auf. Man vergleiche die schematische Figur:

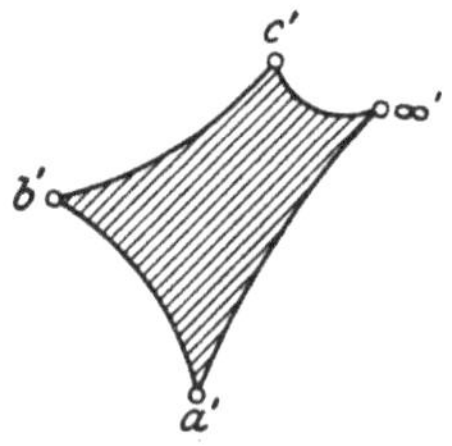

Fig. 1.

Es ist für weitergehende Untersuchungen bekanntlich zweckmäßig, dieses Kreisbogenviereck nicht in der η-*Ebene*, sondern auf der η-*Kugel*

---

³) [Vgl. die weiteren Literaturangaben auf S. 592 in Bd. 2 dieser Ausgabe, Fußnote ¹⁴).]

gelegen zu denken und dann von raumgeometrischen Konstruktionen Gebrauch zu machen. Ich werde mich dabei immer kurzweg der Nicht-Euklidischen (projektiven) Maßbestimmung bedienen, deren Fundamentalfläche die η-Kugel ist. So ist, wenn weiterhin in diesem Zusammenhange von der Drehung um eine Achse durch einen bestimmten Winkel die Rede ist, dies immer im zugehörigen Nicht-Euklidischen Sinne gemeint (Drehung = Kollineation, bei der die η-Kugel in sich übergeht und die Achse Punkt für Punkt festbleibt).

5. Hier mögen, um gewisse spätere Auseinandersetzungen zu erleichtern, gleich folgende Ausführungen Platz finden. Man betrachte die vier Ebenen, in denen die Seiten $\infty'a'$, $a'b'$, $b'c'$, $c'\infty'$ des auf der Kugel gelegenen Kreisbogenvierecks gelegen sind, und folgeweise die vier Raumgeraden, in denen sich zwei aufeinanderfolgende dieser vier Ebenen beziehungsweise schneiden. Ich nenne diese vier Raumgeraden die zu den Eckpunkten a', b', c', ∞' des Vierecks gehörigen *Achsen*. Jede dieser Achsen schneidet die Kugel noch in einem zweiten Punkte, und dieser mag beziehungsweise a'', b'', c'', ∞'' genannt werden. Was haben die Werte, die η in diesen verschiedenen Punkten annimmt, mit den zu den singulären Punkten a, b, c, ∞ gehörigen Fundamentallösungen von (1) zu tun?

Um hierauf zu antworten, überlege man, daß eine positive Umkreisung der Punkte a, b, c, ∞ der x-Ebene eine Drehung der η-Kugel um die Achsen $a'a''$, $b'b''$, $c'c''$, $\infty'\infty''$ beziehungsweise von der Amplitude $2\alpha\pi$, $2\beta\pi$, $2\gamma\pi$, $2\delta\pi$ liefert (wobei der Sinn der Drehung für einen in a', bez. b' oder c' oder ∞' befindlichen Beobachter positiv ist). Hiermit halte man zusammen, daß bei den genannten Umkreisungen die Quotienten

$$\frac{Y_\alpha^a}{Y_0^a}, \quad \frac{Y_\beta^b}{Y_0^b}, \quad \frac{Y_\gamma^c}{Y_0^c}, \quad \frac{Y_{\delta'}^\infty}{Y_{\delta''}^\infty}$$

die Faktoren

$$e^{2i\pi\alpha}, \quad e^{2i\pi\beta}, \quad e^{2i\pi\gamma}, \quad e^{2i\pi\delta}$$

erhalten. Wir schließen: *in den Punkten a', b', c' ∞' der η-Kugel verschwinden beziehungsweise die Lösungen Y_α^a, Y_β^b, Y_γ^c, $Y_{\delta'}^\infty$, in den Punkten a'', b'', c'', ∞'' aber beziehungsweise die Lösungen Y_0^a, Y_0^b, Y_0^c, $Y_{\delta''}^\infty$.* Dabei müssen wir, da unser Viereck die Abbildung der positiven Halbebene x sein soll, alle vieldeutigen Funktionen so verstehen, wie sie bei analytischer Fortsetzung über diese Halbebene hin herauskommen.

6. Um das Gesagte in bestimmte Formeln zu fassen, will ich $Y_{\delta'}^\infty$ und $Y_{\delta''}^\infty$ bevorzugen. Es sei, bei analytischer Fortsetzung über die positive Halbebene x hin,

$$Y_\alpha^a \text{ mit } Y_{\delta'}^\infty - \lambda_1 Y_{\delta''}^\infty, \quad Y_0^a \text{ mit } Y_{\delta'}^\infty - \lambda_2 Y_{\delta''}^\infty.$$

proportional, ebenso

$$Y_\beta^b \text{ mit } Y_{\delta'}^\infty - \mu_1 Y_{\delta''}^\infty, \qquad Y_0^b \text{ mit } Y_{\delta'}^\infty - \mu_2 Y_{\delta''}^\infty,$$

$$Y_\gamma^c \text{ mit } Y_{\delta'}^\infty - \nu_1 Y_{\delta''}^\infty, \qquad Y_0^c \text{ mit } Y_{\delta'}^\infty - \nu_2 Y_{\delta''}^\infty.$$

Wir setzen nun

$$\eta = \frac{Y_{\delta'}^\infty}{Y_{\delta''}^\infty}$$

und schließen, *daß dieses η in den Punkten*

$$a', a''; \quad b', b''; \quad c', c''; \quad \infty', \infty''$$

beziehungsweise die Werte annimmt:

$$\lambda_1, \lambda_2; \quad \mu_1, \mu_2; \quad \nu_1, \nu_2; \quad 0, \infty.$$

§ 2.
Unsere Fragestellung.
Beispiel einer Differentialgleichung mit sechs singulären Punkten.

1. Ich erinnere nunmehr daran, daß ich in verschiedenen früheren Arbeiten[4]) die Aufmerksamkeit darauf lenkte, wie sich die Oszillationsbedingungen, denen die einzelne reelle Partikularlösung einer linearen Differentialgleichung zweiter Ordnung in einem Intervall $\overline{mn}$ der x-Achse genügt, in der Gestalt der zugehörigen Kreisbogenpolygons der η-Ebene (oder η-Kugel) wiederspiegeln. Man hat vor allem den Satz, daß auf jede Halboszillation des y eine Selbstüberschlagung des dem Intervall $\overline{mn}$ entsprechenden Stücks der korrespondierenden Seite des Kreisbogenpolygons kommt. Diese Überlegungen sollen hier an dem Beispiel der Differentialgleichung (1) in etwas veränderter Fassung wieder aufgenommen werden. Und zwar soll es sich um besondere Fälle der folgenden allgemeinen Fragestellung handeln:

Die Theorie der automorphen Funktionen (im weitesten Sinne genommen, worüber unten nähere Ausführungen) verlangt, über die in den linearen Differentialgleichungen auftretenden akzessorischen Parameter so zu verfügen, daß die entsprechenden Figuren auf der η-Kugel (im vorliegenden Fall unser Kreisbogenviereck) gewisse ausgezeichnete Eigenschaften erhält; wie weit kann man diese Forderungen mit dem Oszillationstheorem in Verbindung bringen, bez. die zugehörigen Existenztheoreme der automorphen Theorie aus dem Oszillationstheorem beweisen?

Es handelt sich also um eine Fortsetzung der Untersuchungen, die den Abschluß der Autographie von 1894 bilden. Wenn ich heute, nach

---

[4]) [Siehe besonders die Nummern LXIV und LXV in Bd. 2 dieser Gesamtausgabe, sowie die oben genannte Autographie von 1894]

so langer Zeit, auf diese Fragestellungen zurückkomme, so liegt dies daran, daß Hilbert neuerdings im Verfolg seiner Untersuchungen über Integralgleichungen zu hierhergehörigen Ansätzen gelangt ist (wie sogleich ausgeführt werden soll), und daß wir im Anschlusse daran letzthin in gemeinsamen Seminarübungen [wie ich bereits eingangs erwähnt habe], die einschlägigen Fragen eben an dem einfachen Beispiel der Differentialgleichung (1) mit unseren fortgeschrittenen Studenten durchgesprochen haben. Ich hoffe sehr, daß hier Ansätze gewonnen sind, deren Verfolg zu einer vollen Aufklärung der bei der vorbezeichneten allgemeinen Fragestellung vorliegenden außerordentlich interessanten Verhältnisse führen kann.

2. Vorab möchte ich noch darauf hinweisen, daß ich den Zusammenhang zwischen dem Oszillationstheorem und den Existenztheoremen der automorphen Funktionen bereits 1890 in einer Note in den Göttinger Nachrichten (*„Zur Theorie der allgemeinen Laméschen Funktionen"* [abgedruckt als Abh. LXIV in Bd. 2 dieser Ausgabe, s. S. 546 f. daselbst]) an einem anderen einfachen Beispiel kurz berührt habe.

Es handele sich um eine lineare Differentialgleichung zweiter Ordnung mit sechs reellen Verzweigungspunkten:

$$a, \quad b, \quad c, \quad d, \quad e, \quad \infty,$$

deren jeder die Exponentendifferenz $\frac{1}{2}$ aufweist, so daß wir als zugehörige Exponenten die folgenden wählen können:

$$\left\{\begin{matrix}\frac{1}{2}\\0\end{matrix}\right. \quad \left\{\begin{matrix}\frac{1}{2}\\0\end{matrix}\right. \quad \left\{\begin{matrix}\frac{1}{2}\\0\end{matrix}\right. \quad \left\{\begin{matrix}\frac{1}{2}\\0\end{matrix}\right. \quad \left\{\begin{matrix}\frac{1}{2}\\0\end{matrix}\right. \quad \left\{\begin{matrix}1\\\frac{1}{2}\end{matrix}\right. .$$

Die Differentialgleichung lautet dann

$$(2) \quad y'' + \frac{y'}{2}\left(\frac{1}{x-a} + \cdots + \frac{1}{x-e}\right) + \frac{y}{(x-a)\ldots(x-e)}\left(\frac{x^3}{2} + Bx^2 + B'x + B''\right) = 0.$$

Die Theorie der automorphen Funktionen behauptet, *daß man die drei hier auftretenden akzessorischen Parameter B, B', B'' auf eine und nur eine Weise so festlegen kann, daß die Abbildung der positiven Halbebene x in der η-Ebene folgende Gestalt annimmt:*

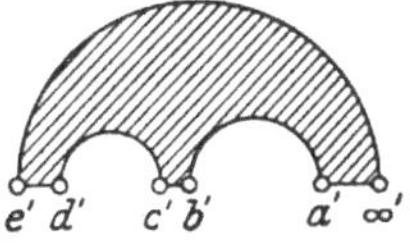

Fig. 2.

Man übersieht sofort, daß die Abbildung der gesamten x-Ebene, wofern man in ihr Einschnitte von a nach b, von c nach d und von e

nach ∞ längs der reellen x-Achse anbringt, durch folgende Figur gegeben wird:

Fig. 3.

in der drei Vollkreise $\overparen{a'b'}$, $\overparen{c'd'}$, $\overparen{e'\infty'}$ auftreten. Es heißt dies, daß alle
Partikularlösungen von (2), wenn man längs der x-Achse von a nach b
und dann von b nach a zurückgeht — oder auch von c nach d und von
da nach c zurück, bez. von e nach ∞ und von da nach e zurück —
gerade eine Halboszillation ausführen. Solcherweise ist die automorphe
Angabe also in mannigfacher Weise von seiten des Oszillationstheorems
zu fassen. (Die Ausdehnung des Oszillationstheorems auf Intervalle, die
zwischen zwei Verzweigungspunkten, mit den Exponenten $\frac{1}{2}$ und 0 hin-
und hergehen, tritt schon in meiner ersten Arbeit über das Oszillationstheorem auf (Math. Annalen, Bd. 18 (1881); *Über [die Randwertaufgabe
des Potentials für] Körper, welche von konfokalen Flächen zweiten Grades
begrenzt sind* [= Abh. LXIII in Bd. 2 dieser Ausgabe]).)

§ 3.

Über den besonderen Fall der Differentialgleichung (1) mit den Exponentendifferenzen (0, 0, 0, 0).

(Hilbertsche Entwicklungen, automorphe Obertheoreme.)

1. Auf die *Beweise*, welche Hilbert für das Oszillationstheorem aus
der Theorie der Integralgleichungen gewinnt, kann hier nicht eingegangen
werden[5]); man vgl. übrigens einige hierhergehörige Auseinandersetzungen,
welche Hilb neuerdings in Bd. 63 der Math. Annalen 1906/07 (S. 38 ff.:
Über die Reihenentwicklungen der Potentialtheorie) gegeben hat. Es soll
hier nur von der besonderen Verbindung zwischen dem Oszillationstheorem
und der Theorie der automorphen Funktionen die Rede sein, welche
Hilbert für denjenigen Fall der Differentialgleichung (1) aufgefunden hat,
wo die Exponentendifferenzen α, β, γ, δ sämtlich Null sind (also bei
allen singulären Punkten logarithmische Glieder auftreten).

---

[5]) [Hilbert hat seinen Beweis später veröffentlicht in der Arbeit *Grundzüge
einer allgemeinen Theorie der linearen Integralgleichungen*, Kap. XX (Göttinger Nachrichten v. J. 1910, 1. Halbband, S. 407 ff., abgedruckt in dem gleichnamigen Buch,
Leipzig 1912, daselbst S. 258 ff.).]

Wir wählen, dieser Annahme entsprechend, bei

$$a, \quad b, \quad c, \quad \infty$$

als Exponenten

$$\begin{Bmatrix} 0 \\ 0 \end{Bmatrix} \quad \begin{Bmatrix} 0 \\ 0 \end{Bmatrix} \quad \begin{Bmatrix} 0 \\ 0 \end{Bmatrix} \quad \begin{Bmatrix} 1 \\ 1 \end{Bmatrix}$$

und haben so die Differentialgleichung:

$$(3) \quad y'' + y'\left(\frac{1}{x-a} + \frac{1}{x-b} + \frac{1}{x-c}\right) + \frac{y}{(x-a)\,(x-b)\,(x-c)}(x + B) = 0.$$

Das zugehörige Kreisbogenviereck hat vier Spitzen, wie schematisch durch folgende Figur veranschaulicht sei:

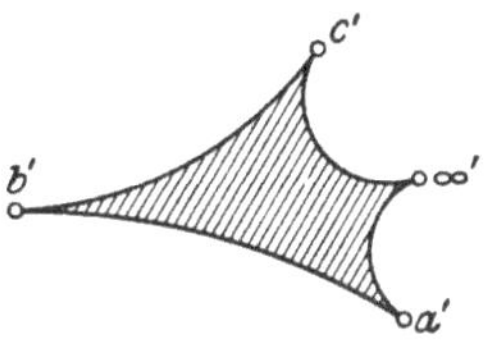

Fig. 4.

und es handelt sich nun, gemäß dem einfachsten Ansatze aus der Theorie der automorphen Funktionen, darum, den akzessorischen Parameter B so zu bestimmen, *daß das Viereck von einem durch die vier Ecken gehenden Orthogonalkreis umschlossen wird.*

2. Bemerken wir gleich, daß letztere Forderung sich von selbst in folgende zwei spaltet:

a) daß die vier Ecken überhaupt auf einem Orthogonalkreis gelegen sein sollen,

b) daß dieser Orthogonalkreis von keiner Seite des Kreisbogenvierecks durchsetzt werden soll (andernfalls erhält man die von mir so genannten, sogleich zu erläuternden automorphen Obertheoreme).

Ich erinnere ferner daran (vgl. F r i c k e in den *Vorlesungen über die Theorie der automorphen Funktionen*, Bd. I (1897), S. 412), daß die vier Ecken eines Kreisbogenvierecks mit lauter Nullwinkeln von selbst immer auf einem Kreise liegen; nur ist es im allgemeinen kein Orthogonalkreis.

Wir könnten nun auf die Erörterungen über das Kreisbogenviereck auf der Kugel zurückgreifen, die in § 1,5 gegeben worden sind. Wir würden dann bemerken, daß im vorliegenden Falle die Punkte a' und a'', b' und b'', c' und c'', ∞' und ∞'' beziehungsweise zusammenfallen, so daß die vier Achsen des Vierecks in *Kugeltangenten* verwandelt sind. Ich komme hernach hierauf beiläufig zurück, begnüge mich aber übrigens im vorliegenden Falle, wo die geometrischen Verhältnisse so besonders einfach sind, damit, das Kreisbogenviereck in der Ebene zu betrachten.

3. Gemäß den Angaben in § 1,3 dürfen wir das Intervall $\overline{mn}$ der x-Achse, auf welches das Oszillationstheorem bezogen werden soll, im vorliegenden Falle nur so bis an singuläre Punkte der Differentialgleichung heranerstrecken, daß wir für die in Betracht kommende Partikularlösung y das Auftreten logarithmischen Verhaltens ausschließen, d. h. (mit Rücksicht auf die Werte der Exponenten) verlangen, daß die Partikularlösung im betreffenden singulären Punkt endlich bleibt.

Das Neue an dem nunmehr zu besprechenden Hilbertschen Ansatze ist nun, daß das Intervall $\overline{mn}$ nicht nur in dem so geschilderten Sinne beiderseits bis an singuläre Punkte herangezogen wird, sondern *daß es zugleich über einen singulären Punkt hinübergezogen wird.* Ich will der bequemeren Zeichnung wegen für diesen im Intervall gelegenen singulären Punkt den Punkt b wählen (an sich könnte ein beliebiger anderer singulärer Punkt genommen werden); wir haben dann nachstehendes Intervall:

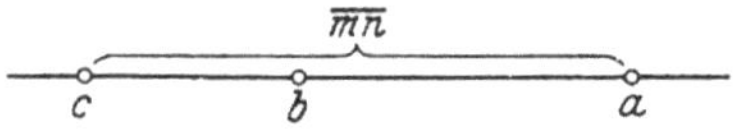

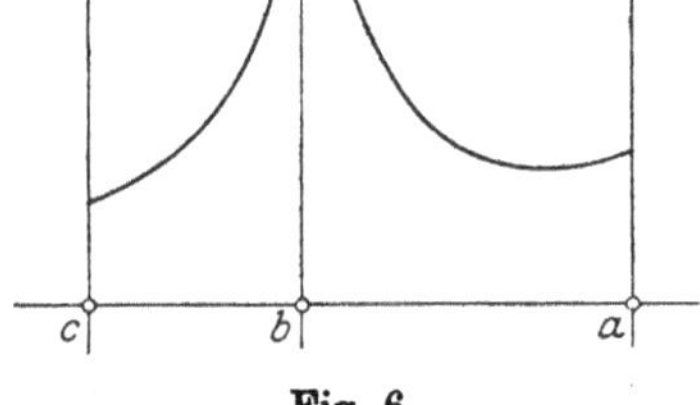

Fig. 5.

Und zwar wird nicht etwa verlangt, daß die in Betracht zu ziehende Partikularlösung y in dem in der Mitte gelegenen singulären Punkt (also in b) endlich ist, vielmehr nur, *daß sie über diesen Punkt hinüber in charakteristischer Weise diskontinuierlich fortgesetzt werden soll.*

Die Regel hierfür ist einfach folgende: Hat y rechts von b die Darstellung:

$$(4) \qquad y = \mathfrak{P}_1(x - b) + \log(x - b) \cdot \mathfrak{P}_2(x - b)$$

(wo $\mathfrak{P}_1, \mathfrak{P}_2$ gewöhnliche Potenzreihen mit reellen Koeffizienten sind), so soll links von b die Darstellung gelten:

$$(4') \qquad y = \mathfrak{P}_1(x - b) + \log(b - x) \cdot \mathfrak{P}_2(x - b).$$

Der Verlauf von y wird also schematisch durch folgende Figur gegeben sein:

Fig. 6.

(y bei a und c endlich, bei b mit der charakteristischen Unstetigkeit behaftet).

4. Da wir y bei $x = b$ in der vorstehenden Figur positiv unendlich genommen haben, so ist $\mathfrak{P}_2(x - b)$ in der Nähe von $x = b$ negativ (was sogleich zur Geltung kommen wird). Andererseits haben wir die Figur so skizziert, daß weder zwischen a und b, noch zwischen b und c eine Nullstelle von y liegt. Das Oszillationstheorem würde gestatten, in eines dieser beiden Segmente eine beliebige Anzahl von Nullstellen zu verlegen (wobei dann das andere Segment, wie man zeigen kann, von Nullstellen frei bleibt). Aber dies führt, beim Übergange zum η-Viereck, zu den bereits in Aussicht gestellten „Obertheoremen" und mag hier vorläufig noch ausgeschlossen sein.

Die Hilbertsche Behauptung ist nun, daß dem Auftreten einer solcherweise definierten Partikularlösung y von (3) bei unserem Kreisbogenviereck genau das Vorhandensein eines umschließenden Orthogonalkreises entspricht.

5. Man kann die Richtigkeit dieser Behauptung auf folgende Weise einsehen. Wir stellen neben das definierte y diejenige Partikularlösung (y), welche in der Nähe von b durch $\mathfrak{P}_2(x - b)$ gegeben ist, also bei $x = b$ endlich ist und sich ohne Diskontinuität über b hinüber fortsetzt. Bei $x = a$ und bei $x = c$ wird dieses (y) — weil es doch von der dort endlich bleibenden Lösung y verschieden ist — notwendig unendlich werden.

Wir setzen nun im Intervalle $\overline{ab}$

$$(5) \qquad\qquad \eta = \frac{y}{(y)}$$

und haben für alle anderen Punkte der Halbebene x — weil wir doch ein zusammenhängendes Abbild dieser Halbebene in der η-Ebene entwerfen wollen — unser η durch analytische Fortsetzung *über die genannte Halbebene. hin* zu erklären. Es kommt dies wegen der charakteristischen Unstetigkeit, die wir in die Definition der reellen Funktion y beim Übergange von $\overline{ab}$ zu $\overline{bc}$ aufgenommen haben, darauf hinaus, daß wir im Intervalle $\overline{bc}$ setzen müssen:

$$(5') \qquad\qquad \eta = \frac{y + i\pi \cdot (y)}{(y)} = \frac{y}{(y)} + i\pi.$$

Unser η ist also im Intervalle $\overline{bc}$ nicht mehr reell, sondern hat den konstanten imaginären Bestandteil $i\pi$.

Jetzt ist es leicht, das Kreisbogenviereck der η-Ebene, welches der positiven Halbebene x entspricht, seiner allgemeinen Gestalt nach festzulegen. Wir überlegen zunächst, daß unser η, wenn x längs der reellen Achse von b bis a geht — nach den Angaben, die wir über das Verhalten von y und (y) an den beiden Enden gemacht haben — auf reellem Wege von $-\infty$ bis 0 läuft. Und zwar handelt es sich nur um die einfach durchlaufene Strecke von $-\infty$ bis 0, nicht um eine einfache oder mehrfache Überspannung der ganzen reellen Achse. Denn sonst müßte y

im Innern des Intervalles $\overline{ab}$ Nullstellen haben, was wir doch ausdrücklich ausgeschlossen haben. Wir überlegen ferner, daß für die Differenz
$\eta - i\pi$, wenn x längs der reellen Achse von b bis c geht, genau dasselbe
gesagt werden kann. Damit haben wir für das Kreisbogenviereck der
η-Ebene folgende zwei Begrenzungskanten festgelegt:

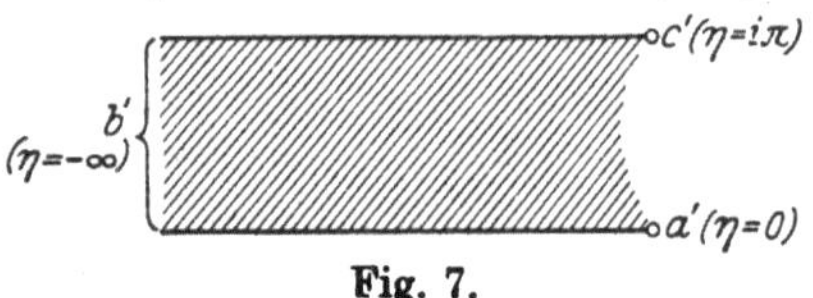

Fig. 7.

und das Viereck hat notwendigerweise eine Gestalt folgender Art:

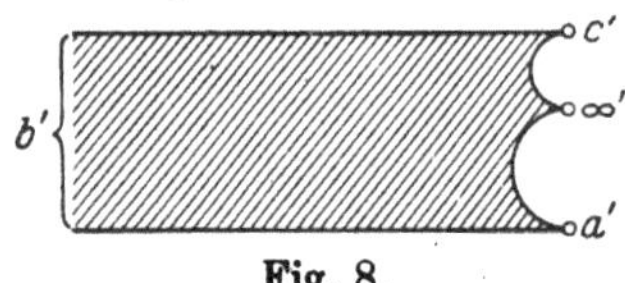

Fig. 8.

Hier sieht man, *daß die Ecken a', b', c', ∞' in der Tat auf einem
Orthogonalkreise liegen, der das Viereck nirgends durchsetzt*, nämlich auf
der geraden Linie, welche die Punkte a', ∞', c' verbindet, w. z. b. w.

6. Hiermit ist das Grundtheorem der automorphen Funktionen im
vorliegenden Falle erledigt. Was aber die in Aussicht gestellten *Obertheoreme* angeht, so entstehen dieselben, wenn man der Partikularlösung y
außer ihrem Verhalten an den Stellen a, b, c im Intervalle $\overline{ab}$ bez. $\overline{bc}$
eine beliebige Anzahl von Nullstellen auferlegt. Es handelt sich dann,
allgemein zu reden, um Kreisbogenvierecke mit den Winkeln $(0, 0, 0, 0)$,
welche ihren Orthogonalkreis ein- oder mehreremal durchsetzen. Die Obertheoreme besagen (wenn ich es zunächst in dieser unbestimmten Form
ausdrücken darf), daß man den akzessorischen Parameter B in (3) immer
auf eine und nur auf eine Weise so bestimmen kann, daß ein sich selbst
überschlagendes Viereck von bestimmtem Typus herauskommt. (Daß Obertheoreme dieser Art existieren, habe ich bereits in [der eingangs genannten]
Vorlesung über lineare Differentialgleichungen, die ich 1890/91 hielt, nach
verschiedenen Richtungen ausgeführt.)

7. Um dies genauer auszuführen, will ich dem y zunächst zwischen
b und c eine (und nur eine) Nullstelle auferlegen. Gleichzeitig möge Fig. 8
durch die folgende äquivalente, aber für den vorliegenden Zweck bequemere
Figur ersetzt sein:

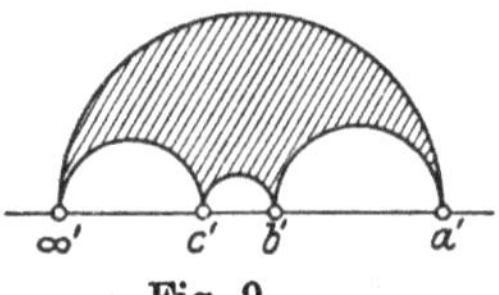

Fig. 9.

Dem neuen y muß ein Viereck entsprechen, das sich von dem so gezeichneten außer durch zweckmäßige Verschiebung der Punkte a', b', c', ∞' dadurch unterscheidet, daß sich die Kreisbogenseite $\overline{b'c'}$ einmal überschlägt. Dies ist nicht anders möglich (aus allgemeinen gestaltlichen Gründen), als wenn sich die gegenüberstehende Seite $\overline{a'\infty'}$ auch einmal überschlägt. Wir erhalten ein Viereck von folgendem Typus:

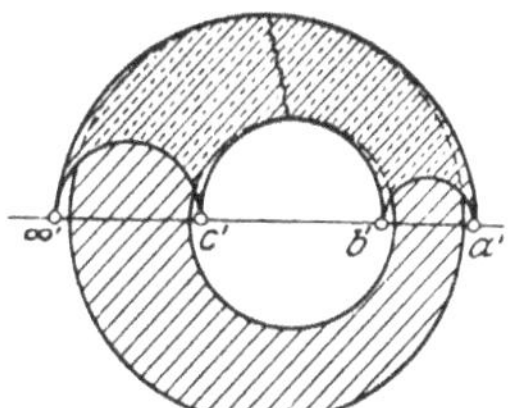

Fig. 10.

von dem wir sagen, daß es aus dem Grundtypus, Fig. 9, *durch Einhängung eines Kreisringes quer zu den Seiten* $\overline{b'c'}$ *und* $\overline{a'\infty'}$ *entstanden sei* (durch Einhängung eines Kreisringes entlang eines Verzweigungsschnittes, der die Seiten $\overline{b'c'}$ und $\overline{a'\infty'}$ quer verbindet). — Vermehrt man jetzt die Zahl der Nullstellen, welche y im Intervalle $\overline{bc}$ besitzen soll, so kommt das darauf hinaus, daß dem Polygon in der geschilderten Weise eine entsprechend größere Zahl von Kreisringen eingehängt werden soll. *Hiermit haben wir über eine erste unendliche Serie von Oberpolygonen, und über die Aussage der entsprechenden Obertheoreme, eine volle Übersicht.*

Die zweite (ebenso unendliche) Serie kommt hervor, wenn wir dem y im Intervalle $\overline{ab}$ Nullstellen in wachsender Zahl auferlegen. Wieder handelt es sich darum, einem Grundviereck vom Typus der Fig. 9 Kreisringe in beliebiger Zahl einzuhängen, dieses Mal quer zu $\overline{a'b'}$ und $\overline{c'\infty'}$, also entlang etwa dem in folgender Figur gezeichneten Verzweigungsschnitte:

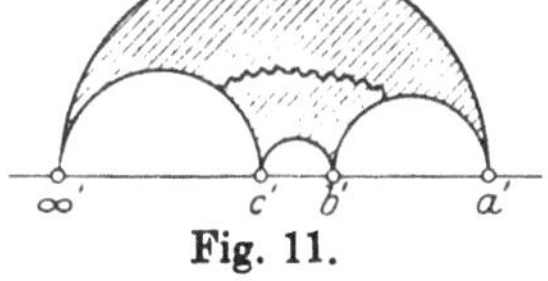

Fig. 11.

Als „Kreisring" ist hier natürlich ein Ebenenteil bezeichnet, der sich durchs Unendliche zieht und die über $\overline{a'b'}$ bez. $\overline{c'\infty'}$ stehenden Kreise von außen umgibt.

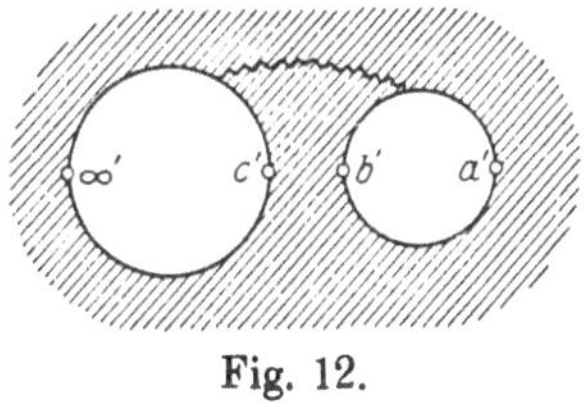

Fig. 12.

8. Es erübrigt sich noch zu bemerken, daß die Polygone, welche von den Obertheoremen geliefert werden, wenn man sie nach dem Gesetz der Symmetrie unbegrenzt vervielfältigt, unendlich-vielblättrige Überdeckungen ihrer Ebene liefern, so daß man mit ihnen aus der Theorie der *eindeutig umkehrbaren* und überhaupt der *endlichdeutig umkehrbaren automorphen Funktionen* heraustritt. Es ist ein Schritt in das allgemeine Gebiet hinein, daß ich überhaupt der Aufmerksamkeit des Mathematikers nachdrücklich empfehlen möchte: man fragt nach den Nicht-Euklidischen Abmessungen, die das einer vorgelegten linearen Differentialgleichung zweiter Ordnung entsprechende Kreisbogenpolygon — oder allgemeiner: der ihr entsprechende Fundamentalbereich —, besitzen mag, insbesondere nach der funktionalen Abhängigkeit, die zwischen diesen Abmessungen und den Werten der akzessorischen Parameter der Differentialgleichung besteht[6]).

§ 4.

Inangriffnahme des allgemeinen Falles der Differentialgleichung (1).

(Die Involutionsbedingung.)

1. Es soll sich nunmehr darum handeln, für den allgemeinen Fall der Differentialgleichung (1), wo die $\alpha, \beta, \gamma, \delta$ sämtlich > 0 (aber < 1) sind, ebenfalls einen Zusammenhang zwischen der Forderung, daß das Kreisbogenviereck einen Orthogonalkreis haben soll, und dem Oszillationstheorem herzustellen. Wir werden eine Regel erhalten, die im Grenzfalle $(0, 0, 0, 0)$ natürlich in den in § 3 gegebenen Hilbertschen Ansatz übergeht. Aber die Sache ist doch wesentlich komplizierter als in diesem Grenzfalle und bedarf dementsprechend einiger Vorbereitung.

2. Wir denken uns das Kreisbogenviereck jetzt, wie bereits in § 1, 4 erörtert, auf der η-Kugel gelegen. Wir werden einen Orthogonalkreis haben, sobald die vier Seitenebenen des Vierecks in einen Punkt zusammenlaufen (dessen Polarebene hinsichtlich der η-Kugel aus dieser dann den gewünschten Orthogonalkreis ausschneidet). Je nachdem der in Rede stehende Schnittpunkt außerhalb der Kugel, auf der Kugel oder innerhalb derselben liegt, haben wir einen eigentlichen (reellen) Orthogonalkreis, einen Orthogonalkreis, der sich auf einen Punkt zusammenzieht, oder auch einen imaginären Orthogonalkreis. Wir werden im folgenden die Figuren immer für den ersten dieser drei Fälle entwerfen, der für die Theorie der automorphen Funktionen der interessanteste ist und in der Tat bei dem in § 3 behandelten Spezialfall von selbst vorliegt. Man beachte, daß der Kegel, der sich in diesem Falle vom Schnittpunkte der vier Ebenen an die Kugel legen läßt, reell ist und also die projektive Maßbestimmung,

---

[6]) [Vgl. den unten auf S. 770 ff. folgenden Bericht über Hilbs einschlägige Untersuchungen.]

die man für die Ebenen und Strahlen des Punktes auf diesen Kegel gründen kann, hyperbolisch ausfällt.

Statt der vier Seitenebenen betrachten wir jetzt die vier Achsen, die wir oben mit $a'a''$, $b'b''$, $c'c''$, $\infty'\infty''$ bezeichneten, d. h. die Durchschnittsgeraden der aufeinanderfolgenden Ebenen. Jede dieser Achsen wird gemäß ihrer Definition von der vorangehenden und der nachfolgenden geschnitten, z. B. die Achse $\infty'\infty''$ (die wir fernerhin auszeichnen wollen) einerseits von $c'c''$, andererseits von $a'a''$. Schneiden sich aber die vier Seitenebenen des Vierecks in einem Punkte, so laufen auch $\infty'\infty''$, $c'c''$ und $a'a''$ in diesem Punkte zusammen (durch den dann natürlich auch $b'b''$ geht). Umgekehrt ist ersichtlicherweise das Zusammenlaufen von $\infty'\infty''$, $c'c''$ und $a'a''$ in einem Punkt die hinreichende Bedingung dafür, daß es einen gemeinsamen Schnittpunkt der vier Ebenen gibt. *Wir werden also das Zusammenlaufen der drei Achsen verlangen.*

3. Ich werde diese geometrische Forderung jetzt in besonderer Weise analytisch ausdrücken. Nach den in § 1, **6** gegebenen Entwicklungen gehören zu den Punkten

$$c',c''; \quad \infty',\infty''; \quad a',a''$$

als zugehörige η-Werte

$$\nu_1,\nu_2; \quad 0,\infty; \quad \lambda_1,\lambda_2.$$

Dabei wissen wir, daß einerseits c', c'', andererseits a', a'' mit ∞', ∞'' je in einer Ebene liegen. Die beiden Ebenen bilden miteinander den (Nicht-Euklidischen) Winkel $\delta\pi$. Ich will nun die Ebene $\infty'\infty''a'a''$ — oder vielmehr den Kreis, in welchem sie die η-Kugel schneidet — als „Meridian der reellen Zahlen" wählen. Dann sind λ_1, λ_2 reelle Größen und ich schreibe, um dies hervorzuheben:

$$(6) \qquad\qquad \lambda_1 = l_1, \quad \lambda_2 = l_2.$$

Dagegen sind ν_1, ν_2 Produkte reeller Größen n_1, n_2 in den Faktor $e^{-i\pi\delta}$:

$$(6') \qquad\qquad \nu_1 = n_1 e^{-i\pi\delta}, \quad \nu_2 = n_2 e^{-i\pi\delta}.$$

Man denke sich nun die Ebene $\infty'\infty''c'c''$ um die Achse $\infty'\infty''$ in den Meridian der reellen Zahlen hinübergedreht. So entstehen aus c', c'' zwei Punkte auf diesem Meridian, die wir der Kürze wegen ebenfalls c', c'' nennen wollen; die Anordnung soll folgende sein:

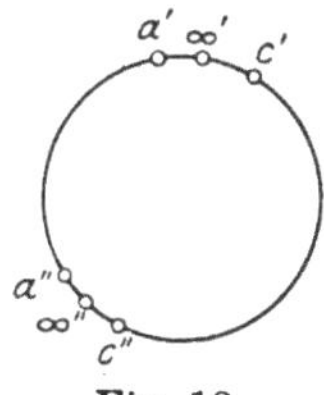

Fig. 13.

Dabei gehören zu den Punkten ∞', ∞''; a', a''; c', c'' dieser Figur die reellen η-Werte $0, \infty$; l_1, l_2; n_1, n_2. Wir haben nicht mehr und nicht minder zu verlangen, *als daß die in der Figur zu konstruierenden Verbindungsgeraden ∞', ∞''; a', a''; c', c'' in einen Punkt zusammenlaufen;* anders ausgedrückt: *daß die Punktepaare ∞', ∞''; a', a''; c', c'' auf dem Kegelschnitte drei Paare einer Involution bilden.* Nun drückt sich aber letzteres in bekannter Weise durch die *Involutionsbedingung*

$$(7) \qquad l_1\, l_2 = n_1\, n_2$$

aus, womit wir die analytische Formulierung für das Vorhandensein eines Orthogonalkreises haben.

4. Diese Bedingung verwandelt sich nun vermöge § 1, **6** sofort in eine Aussage über die gegenseitigen Beziehungen der zu den singulären Punkten ∞, a und c gehörigen Fundamentallösungen von (1). Um diese Aussage bequem zu fassen, empfiehlt sich noch eine bestimmte Verabredung über die Festlegung der zum Punkte ∞ gehörigen Fundamentallösungen, — eine Verabredung, die dem Wesen nach mit der Hilbertschen Festsetzung für den Fall $(0, 0, 0, 0)$ stimmt, die in den Formeln (4), (4′) ihren Ausdruck fand, und die andererseits das genaue Äquivalent ist für die gerade eben vollzogene Drehung um die Achse $\infty'\infty''$, durch die c', c'' auf den Meridian der reellen Zahlen zu liegen kamen. Wir setzen nämlich fest:

Mögen $Y_{\delta'}^{\infty}, Y_{\delta''}^{\infty}$ für (hinreichend große) positive reelle Werte von x und damit im ganzen Intervall $\overline{\infty\, a}$ durch Formeln folgender Art erklärt sein:

$$(8) \qquad Y_{\delta'}^{\infty} = \left(\frac{1}{x}\right)^{\delta'} \cdot \mathfrak{P}'\left(\frac{1}{x}\right), \qquad Y_{\delta''}^{\infty} = \left(\frac{1}{x}\right)^{\delta''} \cdot \mathfrak{P}''\left(\frac{1}{x}\right),$$

unter $\mathfrak{P}'$, $\mathfrak{P}''$ Potenzreihen mit reellen Koeffizienten verstanden, so soll für (hinreichend große) negative reelle Werte von x und damit im ganzen Intervall $\overline{\infty\, c}$ folgende Definition gelten:

$$(8') \qquad Y_{\delta'}^{\infty} = \left(-\frac{1}{x}\right)^{\delta'} \cdot \mathfrak{P}'\left(\frac{1}{x}\right), \qquad Y_{\delta''}^{\infty} = \left(-\frac{1}{x}\right)^{\delta''} \cdot \mathfrak{P}''\left(\frac{1}{x}\right).$$

Hiernach müssen diejenigen Funktionswerte, die sich aus den Lösungen (8) durch analytische Fortsetzung über die positive x-Halbebene hin für das Intervall $\overline{\infty\, c}$ ergeben, fortan mit

$$e^{-i\pi\delta'} \cdot Y_{\delta'}^{\infty} \quad \text{bez.} \quad e^{-i\pi\delta''}\, Y_{\delta''}^{\infty}$$

bezeichnet werden.

Nun haben wir früher (in § 1, **6**) festgesetzt, daß in der positiven Halbebene x

$$Y_{\gamma}^{c} \text{ mit } Y_{\delta'}^{\infty} - \nu_1 Y_{\delta''}^{\infty}, \qquad Y_{0}^{c} \text{ mit } Y_{\delta'}^{\infty} - \nu_2 Y_{\delta''}^{\infty}$$

proportional sein solle. Wir werden das jetzt für das reelle Intervall $\overline{\infty c}$, indem wir dieses als Begrenzung der Halbebene auffassen, gemäß (8′) dahin aussprechen, daß

$$Y_\gamma^c \ \text{mit}\ \ e^{-i\pi\delta'}\cdot Y_{\delta'}^\infty - \nu_1\cdot e^{-i\pi\delta''}\cdot Y_{\delta''}^\infty,$$

$$Y_0^c \ \text{mit}\ \ e^{-i\pi\delta'}\cdot Y_{\delta'}^\infty - \nu_2\cdot e^{-i\pi\delta''}\cdot Y_{\delta''}^\infty,$$

oder, was dasselbe ist, daß

$$Y_\gamma^c \ \text{mit}\ Y_{\delta'}^\infty - \nu_1\cdot e^{i\pi\delta}\cdot Y_{\delta''}^\infty,$$

$$Y_0^c \ \text{mit}\ Y_{\delta'}^\infty - \nu_2\cdot e^{i\pi\delta}\cdot Y_{\delta''}^\infty$$

proportional sein solle.

Aber $\nu_1 e^{i\pi\delta}$ und $\nu_2 e^{i\pi\delta}$ sind gerade die reellen Beträge, die wir in (6′) mit n_1 und n_2 bezeichnet haben (während in (6) für die an sich reellen Größen λ_1, λ_2 die Bezeichnungen l_1, l_2 eingeführt wurden). So resumiert sich also die Sachlage folgendermaßen:

Definiert man $Y_{\delta'}^\infty$, $Y_{\delta''}^\infty$ *für das Intervall* $\overline{\infty a}$ *durch die Formeln* (8), *für das Intervall* $\overline{\infty c}$ *durch die Formeln* (8′), *so werden die zu a und c gehörigen Fundamentallösungen mit reellen Verbindungen der* $Y_{\delta'}^\infty$, $Y_{\delta''}^\infty$ *proportional. Nämlich*

$$Y_a^a \ \text{mit}\ Y_{\delta'}^\infty - l_1 Y_{\delta''}^\infty, \qquad Y_0^a \ \text{mit}\ Y_{\delta'}^\infty - l_2 Y_{\delta''}^\infty$$

und

$$Y_\gamma^c \ \text{mit}\ Y_{\delta'}^\infty - n_1 Y_{\delta''}^\infty, \qquad Y_0^c \ \text{mit}\ Y_{\delta'}^\infty - n_2 Y_{\delta''}^\infty.$$

Unser Kreisbogenviereck wird dann und nur dann einen Orthogonalkreis haben, wenn zwischen den so definierten Größen l, n die Involutionsbedingung (7) *besteht.*

5. Die so gewonnene Aussage ist an sich so einfach wie möglich; sie ist auch ausschließlich auf die reellen Lösungen von (1) bezogen; sie hat aber doch noch nicht die Form, welche für einen Ansatz im Sinne des Oszillationstheorems brauchbar ist. Denn das Oszillationstheorem bezieht sich immer auf eine *einzelne* Lösung von (1), während hier sechs Lösungen nebeneinander betrachtet werden. Wir werden das Resultat also noch weiter umsetzen müssen, wie in den folgenden beiden Paragraphen geschehen soll.

Vorher bemerken wir noch, daß die Bedingung, die wir in § 3 für das Vorhandensein eines Orthogonalkreises in dem besonderen Falle $(0, 0, 0, 0)$ erhielten, mit dem nunmehr gewonnenen allgemeinen Resultat übereinstimmt. Man knüpfe, um dies zu sehen, etwa an Fig. 13 (S. 761) an. Im Falle $(0, 0, 0, 0)$ sind hier die Achsen $\infty'\infty''$, $a'a''$, $c'c''$ alle drei *Tangenten* des Meridians der reellen Zahlen. Sollen dieselben außerdem durch einen Punkt gehen, so ist das, gemäß der Entstehung der Figur, nur so möglich, daß die Achsen $a'a''$ und $c'c''$ zusammenfallen. Beachten wir noch, daß wir jetzt für jeden singulären Punkt nur eine (doppeltzählende) Fundamentallösung haben, zu der als zweite Lösung eine solche mit logarithmischem Gliede tritt. Die (doppeltzählenden) Fundamentallösungen für die Punkte a und c werden mit Y_0^a und Y_0^c, die Fundamentallösung für den Punkt ∞ mit Y_1^∞ zu bezeichnen sein. Die zum Punkte ∞ gehörige Lösung $Y_{\log}^\infty$ wird, im Sinne von (8), (8') oder von (4), (4'), so zu definieren sein, daß sie sowohl im Intervalle $\overline{\infty a}$ als im Intervalle $\overline{\infty c}$ reell ausfällt. Wir haben dann:

Soll ein Orthogonalkreis vorhanden sein, so müssen die zu a und c gehörigen Fundamentallösungen Y_0^a und Y_0^c derselben linearen Verbindung von Y_1^∞ und $Y_{\log}^\infty$ proportional sein.

Und das ist gerade der Sinn der Fig. 6 (S. 756). Nur ist dort statt des Punktes ∞, den wir hier auszeichneten, als Vergleichspunkt der Punkt b gewählt, für den sich das Sachverhältnis bequemer zeichnen ließ.

§ 5.

Vorbereitungen zur Adaptierung des gewonnenen Ansatzes an das Oszillationstheorem.

(Abwicklung des Vierkants; Fortsetzung der reellen Lösungen von (1) über die singulären Punkte hinweg.)

1. Um die in § 4 erhaltene Involutionsbedingung der Form nach an den Ansatz des Oszillationstheorems anzupassen, werden wir jetzt unsere geometrische Betrachtung und die analytische Behandlung parallel zueinander in gewisser Weise weiterentwickeln.

2. Die Fig. 13 (S. 761) entstand, indem wir die Achse $c'c''$ so um die Achse $\infty'\infty''$ herumdrehten, daß sie, gleich der Achse $a'a''$, in die Ebene der reellen η-Werte fiel. Indem wir durchweg mit Nicht-Euklidischen Vorstellungen operieren, wollen wir uns vorstellen, daß unser ganzes Vierkant wie ein starrer Körper dieser Drehung unterworfen werde. Dann ist in Fig. 13 das Stück $\infty'c'$ des Meridians der reellen Zahlen eine *Abwicklung* der gleichbenannten Seite unseres auf der η-Kugel gelegenen Kreisbogenvierecks (während das Stück $a'\infty'$ des Meridians von Haus aus eine Seite des Kreisbogenvierecks ist). Wir wollen mit dieser Abwicklung nun fortfahren, indem wir das Vierkant in seiner neuen Lage um $c'c''$ drehen, bis die Punkte b', b'' desselben in zwei Punkte des Meridians der reellen Zahlen fallen, die wir der Kürze wegen ebenfalls mit b', b'' bezeichnen. Dann drehen wir das Vierkant um die so erhaltene neue Achse $b'b''$ und bringen wieder a', a'' auf den Meridian der reellen Zahlen, wo sie jetzt

a_1', a_1'' genannt werden sollen. Folgeweise drehen wir um a_1', a_1'' und erhalten zwei Punkte ∞_1', ∞_1'' unseres Meridians usw. *Wir bekommen auf unserem Meridian eine unendliche Reihe von Punktepaaren:*

$$a',\ a'';\quad \infty',\ \infty'';\quad c',\ c'';\quad b',\ b'';\quad a_1',\ a_1'';\quad \infty_1',\ \infty_1'';\ \ldots,$$

die wir natürlich auch nach der negativen Seite unbegrenzt fortsetzen können, und damit eine unbegrenzte Abwicklung der Peripherie unseres Kreisbogenvierecks auf unseren Meridian. Man vergleiche folgende (schematische) Figur:

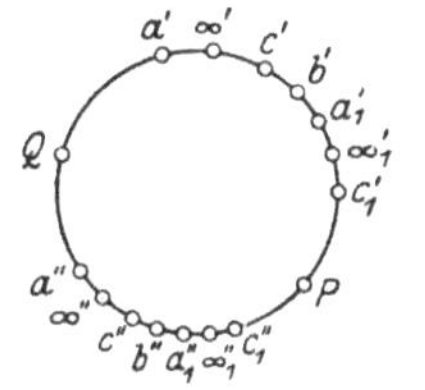

Fig. 14.

3. Schließlich ist auf solche Weise jedes der vier Segmente $\overline{a\infty}$ $\overline{\infty c}$, $\overline{cb}$, $\overline{ba}$ der reellen x-Achse unendlich oft auf den Meridian der reellen η-Werte übertragen. Und da jeder vollen Abrollung unseres Vierkants eine bestimmte Nicht-Euklidische Bewegung entspricht, die unseren Meridian in sich überführt, so gehen die unendlich vielen reellen Werte von η, die solcherweise dem einzelnen reellen x zugeordnet sind, aus dem einzelnen η durch wiederholte Anwendung einer bestimmten reellen linearen Substitution hervor: *Das reelle x ist eine linear-automorphe Funktion des reellen η.* Schließlich häufen sich, wenn die Verhältnisse so liegen, wie sie in der Figur gewählt sind, die zu demselben x gehörigen η-Punkte nach rechts und links hin gegen zwei Grenzpunkte P und Q, die in der Figur bereits markiert sind; es sind dies die Fixpunkte der in Rede stehenden linearen Substitution.

4. Ist nun bei unserem Kreisbogenviereck insbesondere ein Orthogonalkreis vorhanden, so hat das zur Folge, daß alle die unendlich vielen Punktepaare

$$\ldots\ a',\ a'';\quad \infty',\ \infty'';\quad c',\ c'';\ \ldots$$

zu P und Q harmonisch sind. Umgekehrt können wir infolgedessen die Bedingung, daß ein Orthogonalkreis vorhanden sei, auf sehr verschiedene Weisen aussprechen, worauf wir im Schlußparagraphen zurückkommen.

5. Wir wollen vorab den analytischen Ansatz ebensoweit fördern. Da ist das erste Hilfsmittel, daß wir in Übereinstimmung mit (8), (8') eine Verabredung treffen, welche genau der festgesetzten Abwicklung unseres Vierecks auf den Meridian der reellen Zahlen entspricht. Wir werden jetzt nämlich nicht nur $Y_{\delta'}^{\infty}$, $Y_{\delta''}^{\infty}$ auf der reellen x-Achse so definieren, daß sie beiderseits vom Punkte ∞ reell sind, sondern in entsprechender Weise hinsichtlich der Umgebungen der Punkte a, b, c die zu a, b, c gehörigen Fundamentallösungen. Wir setzen also z. B. für $x = a$:

rechts von a:

$$(9) \qquad Y_a^a = (x-a)^a\,\mathfrak{P}_1(x-a), \quad Y_0^a = \mathfrak{P}_2(x-a),$$

und links von a:

$$(9') \qquad Y_a^a = (a-x)^a\,\mathfrak{P}_1(x-a), \quad Y_0^a = \mathfrak{P}_2(x-a),$$

unter $\mathfrak{P}_1$, $\mathfrak{P}_2$ Potenzreihen mit reellen Koeffizienten [und unter $(x-a)^a$ bezw. $(a-x)^a$ die reellen Werte dieser Potenzen] verstanden.

6. Durch diese Verabredung erreichen wir in der Tat, daß wir jede reelle Lösung y von (1) entlang der reellen x-Achse über jeden singulären Punkt mit einer charakteristischen Unstetigkeit reell fortsetzen können. Ist z. B., wenn wir von rechts an a herankommen,

$$y = c_a Y_a^a + c_0 Y_0^a,$$

so werden wir durch eben diese Formel das y links von a erklären usw. Schließlich können wir so die einzelne reelle Lösung y für unbegrenzt wiederholte, positive oder negative Durchlaufung der genannten x-Achse immer weiter verfolgen.

7. Um von hier aus Anschluß an die Fig. 14 zu erhalten, haben wir nur das in § 1, **6** vorgeführte η:

$$\eta = \frac{Y_{\delta'}^\infty}{Y_{\delta''}^\infty}$$

im Sinne der nun getroffenen Verabredungen unbegrenzt an der reellen X-Achse entlang zu verfolgen.

<h3 style="text-align:center">§ 6.</h3>

<h2 style="text-align:center">Riccati-Kurven.</h2>

1. Die soeben gegebenen geometrischen und analytischen Entwicklungen gehen, wie gesagt, durchaus parallel, aber der nähere Vergleich wird schleppend, weil den einfach unendlich vielen reellen Werten von η *zweifach* unendlich viele reelle Lösungen von (1):

$$y = c_1 y_1 + c_2 y_2$$

gegenüberstehen. Wir werden diesen Umstand vermeiden, wenn wir jetzt statt der Lösungen von (1) die Lösungen der zugehörigen *Riccatischen Gleichung*

$$(10) \qquad z = \frac{c_1 y_1 + c_2 y_2}{c_1 y_1' + c_2 y_2'}$$

ins Auge fassen.

Den Inbegriff vermöge (10) zusammengehöriger reeller Werte von z und x nenne ich *Riccati-Kurve*. Die Riccati-Kurven ziehen sich vermöge der in § 5 getroffenen Festsetzungen über die singulären Werte $x = a, b, c, \infty$ reell hinweg. Und dabei liegen insofern besonders anschauliche Verhältnisse vor, als durch jeden nicht singulären Punkt der Ebene (z, x) — d. h. durch jeden Punkt, dessen x von a, b, c, ∞ verschieden ist —, nur *eine* Riccati-Kurve geht. Die Ebene (z, x) wird, von diesen singulären Stellen abgesehen, die besonderer Untersuchung bedürfen, von den Riccati-Kurven gerade einfach überdeckt. Dabei enthält die Formel (10) ohne weiteres ein übrigens wohlbekanntes geometrisches Gesetz: *Die durch* (10) *gegebenen einfach unendlich vielen Riccati-Kurven schneiden eine beliebige (nicht singuläre) Vertikale* $x = X$ *in einer Punktreihe, die zu den Werten* $\dfrac{c_1}{c_2}$ *projektiv ist.* — Wir können natürlich ebensowohl sagen, daß die Punktreihe den Werten $-\dfrac{c_2}{c_1}$ projektiv sei.

2. Man schreibe jetzt in (10) für $-\dfrac{c_2}{c_1}$ den Buchstaben η, also:

$$(11) \qquad z = \frac{y_1 - \eta y_2}{y_1' - \eta y_2'},$$

wo η reell sein soll. Die durch den einzelnen Wert dieses η festgelegte Riccati-Kurve schneidet die x-Achse da, wo $y_1 - \eta y_2 = 0$ ist, wo also η gerade gleich dem Quotienten $\dfrac{y_1}{y_2}$ ist. Hiermit aber nimmt der soeben ausgesprochene Satz die folgende einfache Form an, welche die volle Verbindung mit der Betrachtung von § 5, speziell der Fig. 14 auf S. 765 herstellt:

Ordnet man jedem reellen Punkte der x-*Achse diejenige Riccati-Kurve* (11) *zu, die durch ihn hindurchgeht, so schneidet die Schar der Riccati-Kurven eine beliebige nicht singuläre Vertikale* $x = X$ *in einer Punktreihe, welche zu der entsprechenden, in* Fig. 14 *auf dem Meridian der reellen Zahlen gelegenen Punktreihe direkt projektiv ist.*

3. Hiernach lassen sich alle Einzelheiten der Fig. 14 auf die Schar unserer Riccati-Kurven übertragen. Beispielsweise entsprechen den Punkten a', a_1', ... der Fig. 14 die Schnittpunkte, welche unsere Vertikale $x = X$ bei immer wiederholter Durchlaufung der gesamten x-Achse mit derjenigen Riccati-Kurve hat, die der Lösung y_a^a von (1) entspricht. Alle die Forderungen, die wir hinsichtlich der involutorischen Lage der Punktepaare von Fig. 14 erhoben, übertragen sich, usw.

4. Mehr beiläufig will ich geltend machen, daß sich das Oszillationstheorem in seiner ursprünglichen Fassung (§ 1, 3) in besonders einfacher Weise auf die Riccati-Kurven überträgt. In der Tat, wenn dasselbe in den Endpunkten eines Intervalls $\overline{mn}$ der x-Achse die Werte vorschreibt,

die der Quotient $\frac{y}{y'}$ für ein geeignetes y annehmen soll, so heißt das jetzt einfach, daß eine Riccati-Kurve existieren soll, die für $x = m$ und $x = n$ vorgegebene Ordinaten z aufweist, d. h. die zwei gegebene Punkte der Ebene (x, z) verbindet. Den Nullpunkten aber, die man dem y im Intervalle $\overline{mn}$ auferlegen mag, entsprechen direkt Nullpunkte des z, also Schnittpunkte der Riccati-Kurve mit der x-Achse.

§ 7.

Endgültige Adaptierung der Involutionsbedingung (7) an das Oszillationstheorem.

1. Gemäß § 4, 5 wird die Aufgabe, die wir noch zu lösen haben, darin bestehen, daß wir die Involutionsbedingung (7) in eine Bedingung für eine *einzelne* Lösung von (1), oder vielmehr jetzt für eine *einzelne* Riccati-Kurve umsetzen.

Dies läßt sich nunmehr folgendermaßen erreichen:

2. Ich scheide aus der Betrachtung der Fig. 14 zunächst alle Punkte aus, die mit b oder c oder ∞ bezeichnet sind, d. h. ich betrachte nur die Punkte a', a_1', a_2', ... und a'', ... Will ich von den Punkten a', a_1', a_2', ... aus die Grenzelemente P, Q der Figur festlegen, so werde ich vier aufeinanderfolgende Punkte, etwa a', a_1', a_2', a_3' gebrauchen. P und Q sind die Fixpunkte derjenigen Kollineation unseres Kegelschnittes (d. h. des Meridians der reellen η-Werte) in sich, bei der a' in a_1', a_1' in a_2', a_2' in a_3' übergeht. Man konstruiere jetzt (auf unserem Kegelschnitt) zu a' hinsichtlich P und Q den vierten harmonischen Punkt. *Dann deckt sich die Involutionsbedingung* (7) *mit der Forderung, daß dieser vierte harmonische Punkt mit a'' zusammenfällt.*

3. Es erübrigt sich, diese Forderung in die Sprache der Riccati-Kurven zu übertragen. *Wir verlangen, daß eine mit bestimmten Unstetigkeiten behaftete Riccati-Kurve bei $x = a$ bestimmte Grenzbedingungen befriedige.* Die Kurve soll bei $x = a$ gemäß der Formel

$$z = Y_a^a : \frac{dY_a^a}{dx}$$

beginnen. Wir verfolgen den Verlauf der Kurve, indem wir viermal hintereinander an der x-Achse entlang laufen (wobei wir an den singulären Stellen a, b, c, ∞ die ein für allemal verabredeten Diskontinuitäten anbringen). Auf einer beliebig anzunehmenden nicht singulären Vertikalen $x = X$ mögen dabei vier Schnittpunkte mit der Riccati-Kurve entstehen, die ich a', a_1', a_2', a_3' nenne. Ich suche mir jetzt auf der Vertikalen die Doppelelemente P, Q derjenigen Kollineation, welche a' in a_1', a_1' in a_2',

a_2' in a_3' überführt. Ich konstruiere mir ferner hinsichtlich dieser P, Q auf der Vertikalen zu a' den vierten harmonischen Punkt, den ich a'' nenne. Ich unterbreche jetzt den stetigen Verlauf meiner Riccati-Kurve, indem ich von a_3' zu a'' überspringe und nun längs der x-Achse zurückgehe, bis ich zum ersten Male nach $x = a$ gelange. *Die Forderung ist, daß ich bei $x = a$ in*

$$z = Y_0^{-a} : \frac{d Y_0^a}{d x}$$

hineinmünde. Dann und nur dann hat das Kreisbogenviereck auf der η-Kugel einen Orthogonalkreis.

4. Hiermit ist das Ziel erreicht, das ich mir in der gegenwärtigen Arbeit gesteckt habe. Es bleibt zu untersuchen, ob die Hilbertschen Methoden ausreichen, das Oszillationstheorem für ein so kompliziertes Bedingungssystem, wie wir es gerade aufstellten, zu beweisen.[7]) Der Fall, der dabei zunächst interessiert, ist der, wo die gesuchte Riccati-Kurve im Innern der Intervalle $\overline{ab}$, $\overline{bc}$, $\overline{c\infty}$, $\overline{\infty a}$ *keinen* Schnittpunkt mit der x-Achse aufweist. Zeigt sich, daß man im einzelnen Intervall statt dessen noch irgendeine Anzahl von Schnittpunkten vorschreiben kann, so treten neben das automorphe Grundtheorem noch entsprechende Obertheoreme.

Zum Schluß möge folgende Andeutung gestattet sein. Die gewöhnliche Theorie der automorphen Funktionen, d. h. die Theorie der *eindeutigen* automorphen Funktionen bezieht sich nur auf solche Fälle der Differentialgleichung (1), bei denen α, β, γ, δ die reziproken Werte ganzer Zahlen sind. Es ist sehr unwahrscheinlich, daß der Beweis des formulierten Oszillationstheorems von diesem Umstande abhängen sollte (vielmehr wird es wahrscheinlich genügen, daß die reellen Größen α, β, γ, δ zwischen Null und Eins liegen). Wir werden also, wenn es gelingt, die Oszillationsbetrachtung durchzuführen, in doppeltem Sinne über die gewöhnliche Theorie der automorphen Funktionen hinausgeführt: einmal, indem sich eventuell Obertheoreme neben das Grundtheorem stellen, dann aber, weil Werte der α, β, γ, δ miterledigt werden, die aus der genannnten Theorie naturgemäß herausfallen.

Göttingen, im April 1907.

---

[7]) [Vgl. den Bericht über Herrn **Hilb**s Untersuchungen auf S. 770 ff.]

CVII. Über den Zusammenhang zwischen dem sogenannten Oszillationstheorem der linearen Differentialgleichungen und dem Fundamentaltheorem der automorphen Funktionen.[1])

[Verhandlungen der Gesellschaft Deutscher Naturforscher und Ärzte in Dresden (1907), abgedruckt im Jahresbericht der Deutschen Mathematiker-Vereinigung, Bd. 16 (1907).]

Wenn man in einer linearen Differentialgleichung zweiter Ordnung mit algebraischen Koeffizienten die singulären Punkte und ihre Exponenten vorgibt, bleiben bekanntlich noch gewisse Konstante — die „akzessorischen Parameter" — unbestimmt; man wird versuchen, sie festzulegen, indem man hinsichtlich des *Verlaufs* der Lösungen y_1, y_2 der Differentialgleichung geeignete Forderungen stellt. Man kennt in dieser Hinsicht zweierlei Ansätze: das *Oszillationstheorem*, das sich auf den reellen Verlauf der reellen Lösungen bezieht und dadurch nach Aussage und Begründung besonders anschaulich ist —, und die *Fundamentaltheoreme aus der Theorie der automorphen Funktionen*, die hinsichtlich der konformen Abbildung, welche der Quotient y_1/y_2 von dem komplexen Gebiet der unabhängigen Variablen entwirft, gewisse Forderungen stellen. Ich habe schon vor Jahren Versuche gemacht, wenigstens in einfachen Fällen letztere Theoreme auf das Oszillationstheorem zurückzuführen. Auf diese Versuche bin ich neuerdings in einem Aufsatze, der im 64. Bande der Math. Annalen, 1907 [der vorstehenden Abh. CVI] abgedruckt ist, zurückgekommen. Ich bin in Gemeinschaft mit Herrn Hilb (gegenwärtig Assistent an der Universität Erlangen) zurzeit damit beschäftigt, diese Versuche wesentlich auszudehnen. Der Zielpunkt ist dabei, die akzessorischen Parameter allgemein dadurch festzulegen, daß man für die inneren Maßverhältnisse des durch den Quotienten y_1/y_2 entworfenen Bildes geeignete Bedingungen vorschreibt.

[Schlußbemerkungen zu den beiden Abhandlungen CVI, CVII.]

Herr Hilb hat die bezüglichen Untersuchungen in zwei Abhandlungen mit dem Titel: *Über Kleinsche Theoreme in der Theorie der linearen Differentialgleichungen* in den Math. Annalen, Bd. 66 (1908/09) und Bd. 68 (1909/10) ausführlich dargestellt.

---

[1]) [Bericht über einen am 16. September 1907 auf der Naturforscherversammlung zu Dresden gehaltenen Vortrag.]

Auch hat er 1915 in Bd. II, 2 der mathematischen Enzyklopädie (in Nr. 17 seines Referates: *Lineare Differentialgleichungen im komplexen Gebiet*) einen Bericht über den bis dahin erreichten Stand der Theorie gegeben. Ansätze zur Weiterentwicklung dieser Untersuchungen enthalten die unter Hilbs Anleitung entstandenen zwei Arbeiten von Falckenberg: *Zur Theorie der Kreisbogenpolygone* in den Math. Annalen, Bd. 77 (1915/16) und Bd. 78 (1918), in denen dieser die Überschlagungszahlen und Überdeckungszahlen beliebiger Kreisbogenpolygone bestimmt. Ich nenne ferner den demnächst in den Math. Annalen, Bd. 89 (1922/23) erscheinenden Aufsatz von Haupt und Hilb über: *Oszillationstheoreme oberhalb der Stieltjesschen Grenze*, in welchem meine auf den hypergeometrischen Fall bezüglichen Bemerkungen von S. 597—599 in Bd. 2 dieser Gesamtausgabe weitergeführt werden. Überhaupt schließen sich alle hier genannten Veröffentlichungen auf das engste an meine eigenen Arbeiten über lineare Differentialgleichungen an, die schon in Bd. 2 der vorliegenden Ausgabe als Nr. LXIII, LXIV, LXV, LXVII abgedruckt sind, sowie an meine autographierten Vorlesungshefte: *Über die hypergeometrische Funktion* (1893/94) und *Über lineare Differentialgleichungen der zweiten Ordnung* (1894), über die ebenda als Nr. LXVIII und LXIX Selbstreferate gebracht sind. Noch wichtiger ist für Hilb, nach seiner eigenen Angabe, meine autographierte Vorlesung von 1890/91 (vgl. oben S. 740) gewesen, und ferner der im Herbst 1891 in Borkum hergestellte Entwurf zu einer nicht veröffentlichten Abhandlung über die in der Überschrift genannten Probleme (siehe ebenfalls S. 740).

Wenn ich im folgenden über die Hilbschen Arbeiten kurz berichte, so kann es sich angesichts der Schwierigkeit der ganzen Materie nur darum handeln, den Ausgangspunkt der Überlegungen zu charakterisieren und die einfachsten der erreichten Resultate zu erwähnen.

Sprechen wir zunächst von den Maßverhältnissen eines Kreisbogenpolygons. Wir handeln nur von solchen Kreisbogenpolygonen, in deren Berandung sich eine einfach zusammenhängende Fläche ohne inneren Windungspunkt einspannen läßt (Membranpolygone). Denken wir uns ein solches Polygon auf einer η-Kugel gegeben, so konstruieren wir uns zunächst seinen *Kern*, d. h. diejenige Raumfigur, welche durch die Ebenen gebildet wird, welche die aufeinanderfolgenden Kreisbogenseiten des Polygons aus der η-Kugel ausschneiden. Je zwei aufeinanderfolgende Ebenen schneiden sich in einer Kante des Kerns, je zwei dieser aufeinanderfolgenden Kanten in einer Ecke desselben. Da wir die Variable η im folgenden beliebigen linearen Substitutionen unterworfen denken, ist es naturgemäß, für das Polygon und seinen Kern solche Maßzahlen zu verabreden, welche hiervon unberührt bleiben; hierzu wählen wir die η-Kugel als Fundamentalfläche einer Cayleyschen Maßbestimmung und erhalten folgende $3n$ Maßzahlen:

1. Die n *Längen der* zwischen aufeinanderfolgenden Ecken liegenden *Kantenstücke*. (Nimmt man als multiplizierende Konstante des zur Längenbestimmung dienenden Logarithmus eines Doppelverhältnisses, um auf Cayleys ursprüngliche trigonometrische Definition zurückzukommen, den Wert $\frac{i}{2}$, so wird die einzelne Länge rein imaginär, sofern die begrenzenden Ecken beide innerhalb oder beide außerhalb der Kugel gelegen sind; sie wird reell, wenn sie durch die Kugeloberfläche getrennt sind. — Die gleiche Festsetzung der multiplizierenden Konstanten möge für die übrigen in Betracht kommenden Maßzahlen getroffen werden.)

2. Die n *Kantenwinkel*. Als Maßzahlen des Kerns sind dies diejenigen Winkel im Nicht-Euklidischen Sinne, unter denen sich aufeinanderfolgende Seitenebenen schneiden. Diese Winkel stimmen nach bekannten Grundsätzen der projektiven Metrik mit denjenigen im elementaren Sinne gemessenen Winkeln ohne weiteres überein, welche die entsprechenden aufeinanderfolgenden Kreisbögen auf der Kugeloberfläche einschließen. Diese letzteren Winkel wird man bei der Allgemeinheit, welche unser geometrischer Ansatz besitzt, nicht notwendig, wie in der elementaren Polyedrometrie, kleiner als π nehmen, sondern beliebig groß sein lassen, wo dann ihr absoluter Wert durch die Polygonmembran gegeben ist.

3. Die *n Längen der Polygonseiten*. Als Maßzahlen des Kerns handelt es sich um diejenigen Winkel im Nicht-Euklidischen Sinne, welche die zwei eine Seite begrenzenden Kanten miteinander bilden. Die ihnen entsprechenden Seiten auf der Kugelfläche wird man wieder nicht, wie in der elementaren Polyedrometrie, beschränken wollen, sondern ihnen beliebige Überschlagungen gestatten. Der Absolutwert einer Seite ist dann erst durch die Polygonmembran bestimmt. Reduziert man die Seiten modulo 2π, so erhält man einen reellen oder imaginären Restbestandteil, je nachdem sich die beiden Kanten innerhalb oder außerhalb der Kugel schneiden.

Wir vereinigen nun eine Schiebung längs einer Kante um die zugehörige Kantenlänge mit der Drehung um dieselbe Kante durch den zugehörigen Kantenwinkel zu einer Schraubenbewegung um die Kante. Dann bestehen zwischen den Sinus und Kosinus der Amplituden dieser Schraubenbewegungen und den Sinus und Kosinus der n Seitenlängen diejenigen sechs fundamentalen Relationen der Nicht-Euklidischen Polygonometrie, welche aussagen, daß die Aufeinanderfolge von n Schraubungen um alle Kanten des Kerns je um die *doppelte* zugehörige Amplitude die Identität ergibt. Ich will diese Relationen nicht hinschreiben. Dagegen möchte ich gleich darauf hinweisen, daß Maßzahlen, zwischen deren Sinus und Kosinus jene sechs Relationen erfüllt sind, durchaus noch nicht zu einem Kreisbogenpolygon in unserm Sinne zu gehören brauchen, obwohl sonst keine weiteren Bedingungen zwischen den Sinus und Kosinus der Maßzahlen bestehen. Weil wir nämlich ein *Membran*polygon haben wollten, bestehen darüber hinaus noch *Ergänzungsrelationen* zwischen den absoluten Werten der Maßzahlen, wie ich solche in den Math. Annalen, Bd. 37, 1891 (= Abh. Nr. LXV in Bd. 2) zunächst für das Dreieck gab. Erst durch diese werden die in den polygonometrischen Formeln noch unbestimmt bleibenden ganzzahligen Multipla von 2π, welche in der einzelnen Maßzahl enthalten sind, völlig bestimmt, bezw. auf die zulässigen Werte eingeschränkt. Falckenberg hat a. a O. ganz allgemein solche Ergänzungsrelationen aufgestellt, welche nach Herausgreifen von $n-3$ sich überschlagenden Seiten die Überschlagungszahlen der drei andern im allgemeinen mit einer Unbestimmtheit von $n-3$ Einheiten liefern. Für die ursprünglichen Hilbschen Untersuchungen wird man jedoch mit einfacheren Betrachtungen zur Aufstellung genauer Ergänzungsrelationen gelangen können, weil dort alle Winkel des Polygons $< \pi$ vorausgesetzt werden (um unterhalb der sogenannten Stieltjesschen Grenze zu bleiben). Von einem zu einem gegebenen Kern gehörigen Membranpolygon aus wird man dann alle andern zu demselben Kern gehörigen Membranpolygone erhalten, indem man allein den Prozeß der transversalen Einhängung (bzw. Aushängung) von Kugelzonen wiederholt ausführt. (Die Prozesse der polaren Einhängung von Kugelkalotten, der lateralen Anhängung von

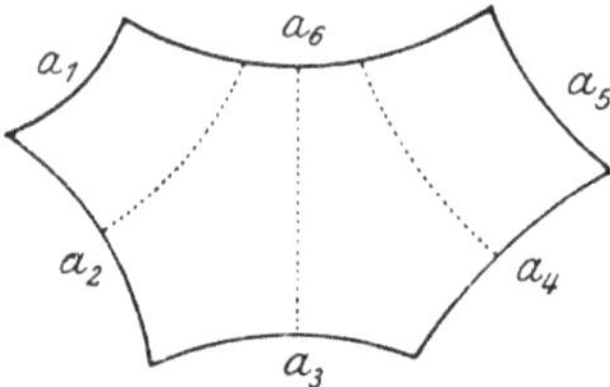

Kugelkalotten und der diagonalen Einhängung von Vollkugeln, die sonst noch in Frage kämen, sind hier wegen der Beschränkung der Polygonwinkel nicht möglich.) Hier ein einfaches Beispiel. Ich zeichne ein Kreisbogensechseck, dessen Seiten sich nicht überschlagen. Ich werde dasselbe gern erweitern können, indem ich längs der punktierten Linien $a_6 a_2$, $a_6 a_3$, $a_6 a_4$ eine beliebige Anzahl von Kreisringen transversal einhänge (sagen wir bzw. l_2, l_3, l_4 Kreisringe), von denen die ersten von den Kreisen a_6 und a_2, die folgenden von den Kreisen a_6 und a_3, die letzten von den Kreisen a_6 und a_4 begrenzt werden. Die Folge wird sein, daß sich die Seiten a_2, a_3, a_4 bzw. l_2-mal, l_3-mal, l_4-mal überschlagen, die Seite a_6 aber $(l_2 + l_3 + l_4)$-mal, und daß sich die Seiten a_1 und a_5 überhaupt nicht überschlagen können, wenn l_2, l_3, l_4 sämtlich von Null verschieden sind. In der Abhängigkeit dieser Anzahlen liegt eben, was ich im vorliegenden Falle als Ergänzungsrelation bezeichne. Weitere Beispiele finden sich in den eingangs genannten Abhandlungen über lineare Differentialgleichungen in Bd. 2 dieser Ausgabe.

Man bilde nun das Kreisbogen-n-Eck auf eine x-Halbebene konform ab. Dann erhält man für η als Funktion von x in bekannter Weise eine Differentialgleichung dritter Ordnung, die man, indem man η in geeigneter Weise in $\dfrac{y_1}{y_2}$ spaltet, sofort auf eine lineare Differentialgleichung zweiter Ordnung zurückführt:

$$\frac{d^2 y}{d x^2} + \left(\frac{1-\alpha_1}{x-a_1} + \frac{1-\alpha_2}{x-a_2} + \cdots + \frac{1-\alpha_{n-1}}{x-a_{n-1}}\right) \frac{dy}{dx}$$
$$+ \frac{A\,x^{n-3} + B_0\,x^{n-4} + \cdots + B_{n-4}}{(x-a_1)(x-a_2)\ldots(x-a_{n-1})}\, y = 0,$$

welche n durchaus reelle singuläre Punkte $a_1, a_2, \ldots, a_{n-1}, a_n = \infty$ besitzt, deren Exponentendifferenzen $\alpha_1, \alpha_2, \ldots, \alpha_{n-1}, \alpha_n = \alpha_n' - \alpha_n''$ mit π multipliziert die entsprechenden Winkel des η-Polygons geben.   Dabei ist noch

$$\alpha_1 + \alpha_2 + \cdots + \alpha_{n-1} + \alpha_n' + \alpha_n'' = n - 2$$
$$\alpha_n' \cdot \alpha_n'' = A.$$

Die Frage, die ich in der vorstehend abgedruckten Abhandlung Nr. CVI nur beim Kreisbogenviereck erläutere, ist, ob man bei gegebenen reellen singulären Punkten in der x-Ebene mit reellen Exponentendifferenzen und bei gegebenem reellem Werte von A über die akzessorischen Parameter $B_0, B_1, \ldots, B_{n-4}$ so verfügen kann, daß das Kreisbogenpolygon, welches durch die Abbildung des Quotienten η zweier Partikularlösungen y_1 und y_2 entsteht, bzw. dessen Kern bestimmte Maßverhältnisse aufweist.

In dieser Hinsicht stellt sich Hilb insbesondere die Aufgabe, durch Vorgabe von $n-3$ rein imaginären Kantenlängen und gewissen $n-3$ Oszillationszahlen *oder* durch Vorgabe von $n-3$ reellen Seitenlängen *oder* durch Vorgabe einer Anzahl $m\,(<n-3)$ rein imaginärer Kantenlängen nebst gewissen m Oszillationszahlen und $n-m-3$ reellen Seitenlängen die $n-3$ akzessorischen Parameter zu bestimmen. — Aus der Reihe seiner Theoreme, zu denen er mit Hilfe des Oszillationstheorems und elementarer Stetigkeitsbetrachtungen gelangt, hebe ich nur folgende hervor:

I. Man kann stets auf eine und nur eine Weise die akzessorischen Parameter als reelle Größen so bestimmen, daß $n-3$ Seiten vorgeschriebene reelle Längen besitzen, die aber nicht ganze Vielfache von π sind.   Sind die Werte der Seitenlängen ganze Vielfache von π, so hört die eindeutige Bestimmtheit der Parameterwerte auf.

Man vergleiche hierzu die auf den Fall Laméscher Polynome bezüglichen Ausführungen auf S. 594 ff. in Band 2 dieser Ausgabe und speziell die Figur auf S. 595 daselbst.

II. Ist A positiv, so kann man auf eine und nur eine Weise die akzessorischen Parameter so bestimmen, daß die Längen der Kanten $a_2'\,a_2'', a_3'\,a_3'', \ldots, a_{n-2}'\,a_{n-2}''$ vorgeschriebene rein imaginäre Längen besitzen, während die Seiten $a_1'\,a_2', a_2'\,a_3', \ldots, a_{n-2}'\,a_{n-1}'$ rein imaginäre Längen besitzen.

Besonders wichtig ist der Fall, wo alle Kantenlängen des Kerns verschwinden, sich also alle Kanten in demselben Raumpunkte schneiden; das Kreisbogenpolygon besitzt dann einen Orthogonalkreis.   Als Spezialfall ist hierin das Grenzkreistheorem der eindeutigen automorphen Funktionen vom Geschlechte $p = 0$ und mit n durchaus reellen Stigmaten enthalten.   Für dieses ergibt sich somit ein neuer und verhältnismäßig einfacher Beweis, der darauf beruht, daß man $n-3$ reelle Parameter variiert. Man spricht, sobald ein Orthogonalkreis vorhanden ist, von Grund- und Obertheoremen. Verstehen wir noch unter A_{a_i} denjenigen Wert, der an Stelle des Koeffizienten A tritt, wenn man die Differentialgleichung so transformiert, daß an Stelle des singulären Punktes a_n der singuläre Punkt a_i ins Unendliche geworfen wird, so hat Hilb folgende *Grundtheoreme:*

III. Sind alle Größen A_{a_i} positiv, so kann man auf eine und nur eine Weise die akzessorischen Parameter so bestimmen, daß das Kreisbogenpolygon einen Orthogonalkreis besitzt, der reell ist und den keine Seite schneidet. (Grenzkreisfall.)

IV. Ist A_{a_n} positiv, sind dagegen alle andern Größen A_{a_i} negativ, so kann man die akzessorischen Parameter auf eine und nur eine Weise so bestimmen, daß das Kreisbogenpolygon einen reellen Orthogonalkreis besitzt, den die reellen Seiten $a'_{n-1} a'_n$ und $a_n a'_1$ und nur diese schneiden.

Neben die Grundtheoreme treten noch eine große Anzahl *Obertheoreme*, deren einfachstes folgenden Wortlaut hat:

V. Sind alle A_{a_i} positiv, so kann man stets die akzessorischen Parameter so bestimmen, daß das Kreisbogenpolygon einen reellen Orthogonalkreis besitzt, den $n - 3$ benachbarte Seiten je in einer vorgegebenen Anzahl von Schnittpunkten schneiden, während die $(n - 2)$-te und n-te Seite ihn nicht schneidet. —

Weit schwieriger werden die Verhältnisse, sobald die singulären Punkte der Differentialgleichung imaginär werden. Man studiert dann nicht mehr die Abbildung der positiven x-Halbebene auf ein Kreisbogenpolygon, sondern die Abbildung der von einem willkürlichen Punkte O nach den singulären Stellen aufgeschnittenen x-Ebene auf einen Fundamentalbereich mit linearer Ränderzuordnung. Zu diesem Fundamentalbereich gehört ein Kern, der aus n durch die Bilder der singulären Punkte gehenden Kanten besteht, welche im allgemeinen alle windschief zueinander sind. Zu diesem Kern konstruiere man den Polarkern, welcher aus den (im Sinne einer auf die η-Kugel gegründeten Maßbestimmung) gemeinsamen inneren Perpendikeln je zweier aufeinanderfolgender Kanten des Kerns besteht. (Vgl. hierzu die Bemerkungen auf S. 408 in Band 1 dieser Ausgabe und die dort genannten Arbeiten von Fr. Schilling.) Als Maßzahlen dieses Schillingschen Doppelkerns kann man die Amplituden der n Schraubungen um die Kanten des Kerns wählen, welche jeweils das eine diese Kante treffende Perpendikel in das zweite Perpendikel überführen, und außerdem die Amplituden der n Schraubungen um die n Perpendikel, welche die eine das Perpendikel treffende Kante in die zweite Kante überführen. Der Schiebungsteil der Schraubungen erster Art entspricht der Kantenlänge, der Drehungsteil dem Kantenwinkel im früheren einfachen Falle; der Drehungsteil hängt in bekannter Weise mit der Exponentendifferenz des zugehörigen singulären Punktes zusammen. Die Amplituden der Schraubungen zweiter Art entsprechen den Seitenlängen im früheren Falle. Die sechs fundamentalen Relationen zwischen den Sinus und Kosinus der Amplituden der Schraubungen beider Art erhält man aus der Tatsache, daß die Aufeinanderfolge von n Schraubungen um die Kanten des Kerns mit jeweils doppelter Amplitude die Identität liefert. An Stelle der einfachen Ergänzungsrelationen werden hier Relationen zwischen den Überdeckungszahlen gewisser Stellen des Fundamentalbereichs treten.

Es entsteht jetzt die Frage, inwieweit sich die $n - 3$ akzessorischen Parameter B der Differentialgleichung, natürlich jetzt als komplexe Zahlen, so festlegen lassen, daß der Fundamentalbereich bzw. sein zugehöriger Doppelkern vorgegebene Maßverhältnisse besitzt. Besonders wichtig ist hier wieder die Spezialfrage, wann es einen Kreis gibt, der bei Ausführung aller n Drehungen um die Kanten des Kerns ungeändert bleibt. Die Frage wird durch die Grundtheoreme und die Obertheoreme beantwortet. Diese Antwort enthält zugleich einen Beweis für das Grenzkreistheorem der eindeutigen automorphen Funktionen des Geschlechtes $p = 0$ und mit n beliebigen Stigmaten. — Alle diese Fragen hat Hilb nur im Falle $n = 4$, und auch da nur teilweise beantworten können, weil im Falle imaginärer singulärer Stellen die Zahl der Obertheoreme ganz ungeheuer schnell wächst.

Wie man sieht, stehen alle diese Untersuchungen noch im Anfang. Es wird vor allen Dingen darauf ankommen, sie auf Gebilde von höherem p mit beliebigen Stigmaten auszudehnen. Die Verhältnisse werden da komplizierter liegen als im Falle $p = 0$, aber ich glaube kaum, daß eigentlich prinzipielle neue Schwierigkeiten zu überwinden sind. Jedenfalls hat die jüngere mathematische Generation hier ein aussichtsreiches Arbeitsgebiet vor sich. Die Wissenschaft an sich ist etwas Unendliches. Nur ein kleiner Teil ihres Bereiches ist erarbeitet. Und jedem nachwachsenden Geschlecht ist die Möglichkeit gegeben, diesen Bereich zu erweitern. K. (mit V.)]

Anhang.

Verschiedene Verzeichnisse.

1. Angaben betreffend die Lehrtätigkeit F. Kleins bis Ostern 1923.

————

Vorbemerkungen.

Das folgende Verzeichnis a) gibt über Kleins akademische Lehrtätigkeit Aufschluß, soweit eine solche Zusammenstellung das überhaupt vermag. In seinen Vorlesungen, auch in denen allgemeinerer Art, hat Klein manche wissenschaftliche Frage gefördert, die in den abgedruckten Abhandlungen der vorliegenden Gesamtausgabe gar nicht zur Sprache kommt. Glücklicherweise existieren von den mit * bezeichneten Vorlesungen (also von beinahe allen) Ausarbeitungen, die in der Regel von Kleins jeweiligen Assistenten oder seinen Schülern angefertigt worden sind. Diese Ausarbeitungen sind zwar nicht stenograpische Nachschriften, sondern mehr oder weniger freie Bearbeitungen auf Grund von während des Vortrages gemachten Notizen und zeigen als solche den Stempel der Eigenart der Bearbeiter, welche für viele Einzelheiten die Verantwortung tragen müssen; aber da sie unter der Aufsicht Kleins hergestellt wurden, ermöglichen sie einen guten Einblick in seine Lehrtätigkeit. Ein Teil dieser Ausarbeitungen ist, wie im folgenden jeweils genauer angegeben werden soll, autographiert worden und so in den Buchhandel gekommen. Aber auch von den nicht autographierten Vorlesungen existieren im Besitz von Instituten und Privatpersonen mancherlei Abschriften, haben doch die Ausarbeitungen jahrelang in den jeweiligen Seminarräumen zur allgemeinen Benutzung ausgelegen. (Vgl. hierzu, was in Bd. 1 dieser Gesamtausgabe auf S. 382—383 gesagt wurde.) — Das Zeichen ** vor einer Vorlesung bedeutet, daß von dieser zwar keine Ausarbeitung, aber ein ausführliches in Stichworten abgefaßtes Protokoll existiert. Von sämtlichen Vorlesungen existieren ferner die Notizen, welche sich Klein zur Vorbereitung seines Vortrages gemacht hatte. Der beste Teil von Kleins Lehrtätigkeit hat übrigens nicht in den Vorlesungen, sondern in den Seminaren und den daran anschließenden privaten Besprechungen mit seinen Schülern seine Stätte gefunden. Von den mit ○ bezeichneten Vortragsseminaren (also von beinahe sämtlichen) existieren Protokollbücher, in welche die jeweils vortragenden Seminarmitglieder Berichte über ihre Vorträge eingetragen haben. Die Protokollbücher bilden so eine wertvolle Quelle für die aus Kleins Seminaren hervorgegangenen Veröffentlichungen seiner Schüler. Um den Lesern der vorliegenden Ausgabe auch nach dieser Richtung einiges zu bieten, ist nachfolgend unter b) das Verzeichnis der bei Klein bearbeiteten Dissertationen und unter c) die Liste seiner Assistenten beigefügt.

Als weitere Quellen, welche Angaben über Kleins Lehrtätigkeit und seine Arbeit an der Organisation des Unterrichtes enthalten, seien hier genannt die „Vorbemerkungen zu den Arbeiten zur anschaulichen Geometrie" und die Ausführungen „zur Entstehung meiner Beiträge zur mathematischen Physik" in Bd. 2 dieser Ausgabe, S. 4 ff. bzw. S. 508 ff., die unter C. und D. in dem nachfolgenden Verzeichnis der Veröffentlichungen Kleins genannten Schriften, sodann das Werk von W. Lorey „Das Studium der

Mathematik an den Deutschen Universitäten seit Anfang des 19. Jahrhunderts" (Leipzig, Teubner 1916, als Bd. III, Heft 9 der Abh. über den math. Unterricht in Deutschland, veranlaßt durch die IMUK), schließlich die beiden Berichte „Tätigkeit der Unterrichtskommission der Gesellschaft Deutscher Naturforscher und Ärzte, herausgegeben von A. Gutzmer" (Leipzig, Teubner 1908) und „Tätigkeit des Deutschen Ausschusses für den mathematischen und naturwissenschaftlichen Unterricht in den Jahren 1908—1913, herausgegeben von A. Gutzmer" (Leipzig, Teubner 1914), in denen u. a. einige ältere Aufsätze Kleins abgedruckt sind.   V.

(Abgeschlossen April 1923.)

a) Verzeichnis der Vorlesungen und Seminare.

Göttingen (Januar 1871 bis Herbst 1872).

Wi. 1870/71:   (nach der Habilitation am 7. Januar 1871): Ausgewählte Kapitel der Geometrie, 2 st.

So. 1871:   Theoretische Optik, 4 st.
Liniengeometrie, speziell Plückersche Komplexe, 2 st.

Wi. 1871/72:   Wechselwirkung der Naturkräfte und Gesetz der Erhaltung der Kraft, 6 st.
Geometrische Transformationen, 2 st.

So. 1872:   Analytische Geometrie der Ebene, 4 st.
○ Seminar (mit Clebsch zusammen) über verschiedene, hauptsächlich geometrische Gegenstände, 2 st.

Erlangen (Herbst 1872 bis Ostern 1875).

Wi. 1872/73:   Elementare Partieen der Algebra und der analytischen Geometrie der Ebene, 4 st.
Ausgewählte Kapitel der neueren Geometrie, verbunden mit praktischen Übungen.
○ Seminar über verschiedene Gegenstände, 2 st.

So. 1873:   Differential- und Integral-Rechnung, 4 st.
Invariantentheorie I, 4 st.
○ Seminar über verschiedene Gegenstände der Geometrie und Algebra, 2 st.

Wi. 1873/74:   Analytische Mechanik, 4 st.
Invariantentheorie II, 4 st.
○ Seminar über verschiedene Gegenstände der Geometrie und Algebra, 2 st.

So. 1874:   Raumgeometrie, 4 st.
Abelsche Funktionen, 4 st.
○ Seminar über geometrische Gegenstände, 2 st.

Wi. 1874/75:   Höhere Algebra, 4 st.
Ausgewählte Kapitel der neueren Geometrie, 4 st.
Übungen in darstellender Geometrie, 2 st.
○ Seminar über verschiedene Gegenstände der Geometrie und Algebra, 2 st.

München, polytechn. Schule (Ostern 1875 bis Herbst 1880).

So. 1875:   Analytische Geometrie, 4 Std. Vorl. u. 2 St. Üb.
Analytische Mechanik, 2 st.
○ Seminar über ausgewählte Gegenstände der mathematischen Physik, 2 st.

Wi. 1875/76:   Differential- und Integral-Rechnung I, 4 St. Vorl. u. 2 St. Üb.
                Höhere algebraische Kurven, 4 st.
                ○ Seminar über verschiedene Gegenstände, 2 st.

So. 1876:   Differential- und Integral-Rechnung II, 4 St. Vorl. u. 2 St. Üb.
                Abelsche Funktionen, 4 st.
                ○ Seminar über verschiedene Gegenstände, 2 st.

Wi. 1876/77:   ** Analytische Geometrie I, 2 St. Vorl. u. 1 St. Üb.
                Differentialgleichungen, 4 st.
                ○ Proseminar über verschiedene Gegenstände, 2 st.
                ○ Seminar über verschiedene Gegenstände der Geometrie und Algebra,
                2 st.

So. 1877:   ** Analytische Geometrie I, 2 St. Vorl. u. 1 St. Üb.
                Zahlentheorie, 4 st.
                ○ Proseminar über verschiedene Gegenstände, 2 st.
                ○ Seminar über verschiedene Gegenstände der Geometrie und elliptische
                Funktionen, 2 st.

Wi. 1877/78:   ** Einführung in die Höhere Mathematik I, 4 St. Vorl. u. 2 St. Üb.
                Elliptische Funktionen, 4 st.
                ○ Proseminar über ausgewählte Gegenstände der mathematischen Physik.
                2 st.
                ○ Seminar über Geometrie und Invariantentheorie. 2 st.

So. 1878:   ** Einführung in die Höhere Mathematik I, 4 St. Vorl. u. 2 St. Üb.
                ** Analytische Mechanik, 4 st.
                ○ Proseminar über ausgewählte Gegenstände der mathematischen Physik,
                2 st.
                ○ Seminar über verschiedene Gegenstände, 2 st.

Wi. 1878/79:   ** Einführung in die Höhere Mathematik II, 4 St. Vorl. u. 2 St. Üb.
                * Algebraische Gleichungen, 4 st.
                ○ Seminar über Geometrie und elliptische Funktionen, 2 st.

So. 1879:   ** Einführung in die Höhere Mathematik II, 4 St. Vorl. u. 2 St. Üb.
                * Elliptische Funktionen, insbesondere Modulfunktionen, 4 st.
                ○ Seminar über Geometrie und elliptische Funktionen, 2 st.

Wi. 1879/80:   ** Einführung in die Höhere Mathematik I, 4 St. Vorl. u. 2 St. Üb.
                ** Analytische Mechanik, 4 st.
                ○ Seminar über Geometrie und elliptische Funktionen, 2 st.

So. 1880:   ** Einführung in die Höhere Mathematik I, 4 St. Vorl. u. 2 St. Üb.
                ○ Seminar über elliptische Funktionen. 2 st.

Leipzig (Herbst 1880 bis Ostern 1886).

Wi. 1880/81:   * Funktionentheorie in geometrischer Darstellung I. 4 st.[1]).
                ○ Seminar über Geometrie und Funktionentheorie, 2 st.

---

[1]) Diese Vorlesung wurde seiner Zeit von Herrn **Ernst Lange** ausgearbeitet.
Im Jahre 1892 hat Herr **Paul Epstein** nach geringen Abänderungen den Teil I
unter dem Titel „Einleitung in die geometrische Funktionentheorie" als Autographie
vervielfältigen lassen. Der Teil II wurde nicht autographiert, weil sein Inhalt sich im
wesentlichen mit Kleins Schrift „Über Riemanns Theorie der algebraischen Funktionen und ihrer Integrale" (= Nr. XCIX im vorliegenden Bande dieser Ausgabe)
deckt und zum Teil auch in ausführlicherer Gestalt in die Autographie „Riemannsche
Flächen" übergegangen ist.

So. 1881:   ** Analytische Geometrie der Ebene und des Raumes, 4 st.
         * Funktionentheorie in geometrischer Darstellung II, 4 st.[2]).
         ○ Seminar über Geometrie und Funktionentheorie, 2 st.

Wi. 1881/82:   * Projektive Geometrie I, 4 st.
         ** Darstellende Geometrie I, 2 St. Vorl. u. 2 St. Üb. (durch den Assistenten Dyck abgehalten).
         ○ Seminar über Funktionentheorie (Klein trägt selbst über seine Schrift „Über Riemanns Theorie der algebraischen Funktionen und ihre Integrale" vor).

So. 1882:   * Projektive Geometrie II, 4 st.
         ** Darstellende Geometrie II, 2 St. Vorl. u. 2 St. Üb. (durch Dyck abgehalten).
         * vom 6. Juni ab: Eindeutige Funktionen mit linearen Transformationen in sich, 2 st.
         ○ Seminar über Fouriersche Reihen und Funktionentheorie, 2 st.

Wi. 1882/83:   * Anwendung der Differential- und Integral-Rechnung auf Geometrie, 4 st. (bis Weihnachten durch Dyck gelesen).
         * Übungen hierzu, 2 st. (abgehalten durch Dyck).
         ○ Seminar (nur bis Weihnachten) über hyperelliptische, Abelsche und Thetafunktionen, 2 st.

So. 1883:   * Theorie der Gleichungen, insbesondere des fünften Grades, 4 st.[3]) (nur bis Pfingsten).
         ○ Seminar über lineare Differentialgleichungen und die hypergeometrische Funktion, 2 st. (von Pfingsten an durch Dyck abgehalten).

Wi. 1883/84:   Elliptische Funktionen I, 4 st.
         ○ Seminar über elementare Funktionentheorie, 2 st.

So. 1884:   * Elliptische Funktionen II, 4 st.
         ○ Seminar über elliptische Funktionen, 2 st.

Wi. 1884 85:   * Höhere algebraische Kurven und Flächen, 4 st.
         ○ Seminar über elliptische Funktionen; Klein selbst trägt mehrmals über elliptische Normalkurven vor, 2 st.

So. 1885:   Analytische Geometrie der Ebene und des Raumes, 4 st.
         * Hyperelliptische Funktionen I, 2 st.
         ○ Seminar über algebraische Funktionen und ihre Integrale, 2 st.

Wi. 1885/86:   * Differential- und Integral-Rechnung, 4 st.
         * Hyperelliptische Funktionen II, 2 st.
         ○ Seminar über hyperelliptische Funktionen und die Kummersche Fläche, 2 st.

Göttingen (seit Ostern 1886).

So. 1886:   * Algebra I, 4 st.
         * Elliptische Modulfunktionen, 2 st.
         ○ Seminar über reguläre Körper und Dreiecksfunktionen, 2 st.

Wi. 1886/87:   * Mechanik I, 4 St. Vorl. u. 1 St. Üb.
         * Algebra II, 2 st.
         ○ Seminar über Gruppentheorie und algebraische Gleichungen, 2 st.

---

[2]) Siehe Note [1] S. 5.

[3]) Aus dieser Vorlesung ist Kleins Buch „Vorlesungen über das Ikosaeder und die Auflösung der Gleichungen vom fünften Grade", Leipzig 1884, entstanden.

So. 1887:   * Mechanik II, 2 St. Vorl. u. 1 St. Üb.
              * Hyperelliptische Funktionen I, 4 st.
              o Seminar über die Kreiseltheorie, 2 st.
              Kolloquium über Gruppentheorie und algebraische Gleichungen.

Wi. 1887/88: * Theorie des Potentials I, 4 st. [4]).
              * Hyperelliptische Funktionen II, 2 st.
              o Seminar über hyperelliptische Funktionen, 2 st

So. 1888:   * Theorie des Potentials II, 4 st. [4]).
              * Abelsche Funktionen I, 2 st.
              o Seminar über hyperelliptische Funktionen, 2 st.

Wi. 1888/89: * Partielle Differentialgleichungen der Physik I, 4 st. [4]).
              * Abelsche Funktionen II, 2 st.
              o Seminar über Abelsche Funktionen, 2 st.

So. 1889:   * Partielle Differentialgleichungen der Physik II, 4 st [4]).
              * Abelsche Funktionen III, 2 st.

Wi. 1889/90: * Nicht-Euklidische Geometrie I, 4 st. [5]).
              * Lamésche Funktionen, 2 st. [6]).
              o Seminar über partielle Differentialgleichungen der Physik, über
                Zykliden und Lamésche Funktionen, 2 st.

So. 1890:   * Nicht-Euklidische Geometrie II, 2 st. [5]).
              * Lineare Differentialgleichungen I, 4 st. [7]).
              o Seminar über Besselsche Funktionen. Kugelfunktionen und hypergeo-
                metrische Funktionen, 2 st.

Wi. 1890/91: * Mechanik I, 4 st.
              *. Lineare Differentialgleichungen II, 4 st. [7]).

So. 1891:   * Mechanik II, 4 st.
              * Lineare Differentialgleichungen III, 4 st. [7]).
              o Seminar über hypergeometrische und automorphe Funktionen, 2 st.

Wi. 1891/92: * Algebraische Gleichungen, 4 st.
              * Riemannsche Flächen I, 4 st. [8]).
              Seminar über hypergeometrische und Lamésche Funktionen, 2 st.

---

[4]) Einige Teile der Vorlesungen „Theorie des Potentials" und „Partielle Differentialgleichungen der Physik" sind in das Buch von Herrn Fr. Pockels „Über die partielle Differentialgleichung $\varDelta u + k^2 u = 0$ und deren Auftreten in der mathematischen Physik", Leipzig 1891, übergegangen.

[5]) Die Einleitung über die Grundlagen der projektiven Geometrie wurde von Herrn Bertheau ausgearbeitet, der Hauptteil der Vorlesung jedoch von Herrn Friedrich Schilling, der auf Grund dieser Ausarbeitung die Autographie „Nicht-Euklidische Geometrie I u. II" herstellte.

[6]) Diese Vorlesung wurde von Herrn Maxime Bôcher ausgearbeitet und später in erweiterter Gestalt als Buch „Über die Reihenentwicklungen der Potentialtheorie", Leipzig 1894, herausgegeben. Vgl. Bd. 2 dieser Ausgabe, S. 592, Fußnote [14]).

[7]) Teil I dieser Vorlesung (hauptsächlich eine Theorie der bestimmten Integrale und der hypergeometrischen Funktion enthaltend) wurde von den Herren Curry und Bôcher ausgearbeitet, Teil II und III von Klein selbst. Von Teil II und III wurde nach Kleins Ausarbeitung eine Autographie hergestellt mit dem Titel „Ausgewählte Kapitel aus der Theorie der linearen Differentialgleichungen zweiter Ordnung" (1891/92). Vgl. die Bemerkungen in Bd. 2 dieser Ausgabe, S. 596/97 und in Bd. 3, S. 740 u. 748.

[8]) Von dieser Vorlesung wurde nach einer von Klein selbst hergestellten Ausarbeitung die gleichnamige Autographie hergestellt. Ein unveränderter Neudruck erschien 1906. Vgl. das Selbstreferat von Klein, Nr. C in Bd. 3 dieser Ausgabe, S. 574.

So. 1892:   * Riemannsche Flächen II, 4 st. [9]).
                O Seminar über Zahlentheorie, 2 st.

Wi. 1892/93:   * Höhere Geometrie I, 4 st. [10]).
                O Seminar über verschiedene Gegenstände, 2 st.

So. 1893:   * (erst vom Anfang Juni ab). Höhere Geometrie II, 4 st. [10]).
                * (nur im Mai) 15 Vorträge über Zahlentheorie.
                O Seminar über Wahrscheinlichkeitsrechnung, 2 st.

Wi. 1893/94:   Hypergeometrische Funktionen, 4 st. [11]).
                O Seminar über lineare Differentialgleichungen und die P-Funktion, 2 st.

So. 1894:   Lineare Differentialgleichungen zweiter Ordnung, 4 st. [12]).
                * Ausgewählte Fragen der Elementargeometrie, 2 st. [13]).
                O Seminar über lineare Differentialgleichungen und Kugelfunktionen, 2 st.

Wi. 1894/95:   Zahlentheorie, 4 st.
                O Seminar über die Grundlagen der Analysis bei Funktionen einer Ver-
                  änderlichen, 2 st.

So. 1895:   Differentialrechnung, 4 st.
                O Seminar über die Grundlagen der Analysis bei Funktionen mehrerer
                  Veränderlichen, Differenzenrechnung, 2 st.

Wi. 1895/96:   * Theorie des Kreisels, 2 st. [14]).
                Zahlentheorie I, 2 st. [15]).
                O Seminar über Zahlentheorie, 2 st.

So. 1896:   * Einführung in die technische Mechanik, 2 st.
                Zahlentheorie II, 2 st. [15]).
                O Seminar über Zahlentheorie, 2 st.

Wi. 1896/97:   * Integralrechnung, 4 st.
                O Seminar (mit Hilbert zusammen) über Funktionentheorie und
                  konforme Abbildung, 2 st.

------

[9]) Siehe Note [8]) S. 7.

[10]) Die Ausarbeitung dieser Vorlesung und die Herstellung der gleichnamigen Autographie wurde von Herrn Friedrich Schilling besorgt. Ein Neudruck erschien 1907. Vgl. das Selbstreferat von Klein, Nr. XXVIII in Bd. 1 dieser Ausgabe, S. 498.

[11]) Die Ausarbeitung dieser Vorlesung und die Herstellung der Autographie „Über die hypergeometrische Funktion" (1893/94) wurde von Herrn Ernst Ritter besorgt. Ein Neudruck erfolgte 1906. Vgl. das Selbstreferat von Klein, Nr. LXVIII in Bd. 2 dieser Ausgabe, S. 578.

[12]) Die Ausarbeitung dieser Vorlesung und die Herstellung der Autographie „Über lineare Differentialgleichungen der zweiten Ordnung" (1894) wurde von Herrn Ernst Ritter besorgt. Ein Neudruck erfolgte 1906. Vgl. das Selbstreferat von Klein, Nr. LXIX in Bd. 2 dieser Ausgabe, S. 583.

[13]) Die Ausarbeitung dieser Vorlesung wurde von einigen Zuhörern in gemeinsamer Arbeit angefertigt. Auf Grund dieser Ausarbeitung hat Herr Tägert das gleichnamige Schriftchen, Leipzig 1895, hergestellt.

[14]) Die Ausarbeitung hat Herr Arnold Sommerfeld besorgt. Auf Grund derselben hat er in den folgenden Jahren in ausführlicherer Darstellung das umfangreiche Buch „Über die Theorie des Kreisels" (Leipzig 1897—1910) geschrieben (1. Heft 1897, 2. Heft 1898, 3. Heft 1903, 4. Heft 1910. Bei Abfassung des 4. Heftes hat Herr Fritz Noether ihn unterstützt).

[15]) Die Ausarbeitung dieser Vorlesung und die Herstellung der Autographie „Ausgewählte Kapitel der Zahlentheorie I und II" haben die Herren Arnold Sommerfeld und Philipp Furtwängler besorgt. Ein Neudruck erschien 1907. Vgl. das Selbstreferat von Klein, Nr. XCIV in Bd. 3 dieser Ausgabe, S. 287.

So. 1897:   * Einleitung in die Theorie der Differentialgleichungen, 4 st.
         ○ Seminar (mit Hilbert zusammen) über Funktionentheorie, 2 st.

Wi. 1897/98:   Mechanik I, 4 st.
         ○ Seminar (mit Hilbert zusammen) über Mechanik, 2 st.

So. 1898:   Mechanik II, 4 st.
         ○ Seminar (mit Hilbert zusammen) über Mechanik, 2 st.

Wi. 1898/99:   * Funktionentheorie, 4 st.
         ○ Seminar über die Analysis reeller Funktionen, 2 st.

So. 1899:   * Automorphe Funktionen, 4 st.
         ○ Seminar über Funktionentheorie und Potentialtheorie, 2 st.

Wi. 1899/00:   * Mechanik deformierbarer Körper, speziell Hydrodynamik, 3 st.
         ○ Seminar über die Theorie der Schiffsbewegung, 2 st.

So. 1900:   * Analytische Geometrie, 4 st.
         ○ Seminar (mit Abraham zusammen) über technische Anwendungen
           der Elastizitätstheorie, 2 st.

Wi. 1900/01:   * Projektive Geometrie, 4 st.
         ○ Seminar über projektive Geometrie und darstellende Geometrie, 2 st.

So. 1901:   * Prinzipien der Anwendung der Differential- und Integralrechnung auf
           Geometrie, 4 st. [16]).
         ○ Seminar über Geodäsie, 2 st.

Wi. 1901/02:   * Mechanik I, 4 st.
         ○ Seminar über ausgewählte Kapitel der Mechanik, 2 st.

So. 1902:   * Mechanik II, 4 st.
         ○ Seminar (mit Schwarzschild zusammen) über Astronomie, 2 st.

Wi. 1902/03:   * Enzyklopädie der Mathematik I, 4 st.
         ○ Seminar (mit Schwarzschild zusammen) über Prinzipien der Mecha-
           nik, 2 st.

So. 1903:   * Enzyklopädie der Mathematik II, 4 st.
         ○ Seminar (mit Schwarzschild zusammen) über graphische Statik
           und Festigkeitslehre, 2 st.

Wi. 1903/04:   * Differential- und Integral-Rechnung II (als Fortsetzung einer Vor-
           lesung von Fr. Schilling), 4 st.
         ○ Seminar (mit Schwarzschild zusammen) über ausgewählte Kapitel
           der Hydrodynamik, 2 st.

So. 1904:   * Einleitung in die Theorie der Differentialgleichungen, 4 st.
         ○ Seminar (mit Schwarzschild, Brendel und Carathéodory)
           über Wahrscheinlichkeitsrechnung.

Wi. 1904/05:   * Über den mathematischen Unterricht an höheren Schulen, 4 st. [17],
         ○ Seminar (mit Prandtl, Runge, Voigt zusammen) über ausgewählte
           Kapitel der Elastizitätstheorie, 2 st.

---

[16]) Die Ausarbeitung dieser Vorlesung und die Herstellung der Autographie „Anwendung der Differential- und Integralrechnung auf Geometrie, eine Revision der Prinzipien" hat Herr Conrad Müller besorgt. Ein Neudruck erschien 1907.

[17]) Diese Vorlesung wurde von Herrn Paul Schimmack ausgearbeitet. Auf Grund dieser Ausarbeitung entstand das Buch „Vorträge über den mathematischen Unterricht" (Leipzig 1906).

So. 1905:   * Elementarmathematik (Arithmetik. Algebra, Analysis), 4 st.
           ○ Seminar (mit Prandtl, Runge. Simon zusammen) über Elektrotechnik, 2 st.

Wi. 1905/06:   Projektive Geometrie, 4 st.
           ○ Seminar (mit Hilbert und Minkowski zusammen): Vorträge von Klein über lineare Differentialgleichungen und automorphe Funktionen, 2 st.

So. 1906:   * Funktionentheorie. 4 st.
           ○ Seminar (mit Hilbert und Minkowski zusammen) über lineare Differentialgleichungen und automorphe Funktionen, 2 st.

Wi. 1906/07:   * Elliptische Funktionen. 4 st.
           ○ Seminar (mit Hilbert und Minkowski zusammen) über lineare Differentialgleichungen und automorphe Funktionen, 2 st.

So. 1907:   * Kurven und Flächen (Differentialgeometrie), 4 st.
           ○ Seminar (mit Hilbert und Minkowski zusammen) Vorträge von Klein über lineare Differentialgleichungen und automorphe Funktionen, 2 st.

Wi. 1907/08:   * Elementarmathematik I (Arithmetik, Algebra, Analysis), 4 st. [18]).
           ○ Seminar (mit Prandtl, Runge, Wiechert zusammen) über Hydrodynamik, 2 st.

So. 1908:   * Elementarmathematik II (Geometrie), 4 st. [18]).
           ○ Seminar (mit Prandtl, Runge. Wiechert zusammen) über Schiffstheorie und dynamische Meteorologie, 2 st.

Wi. 1908/09:   * Mechanik der Punktsysteme, 4 st.
           ○ Seminar (mit Prandtl und Runge zusammen) über Theorie der Baukonstruktionen, 2 st.

So. 1909:   * Mechanik der Kontinua, 4 st.
           ○ Seminar (mit Prandtl und Runge zusammen) über Festigkeitslehre, 2 st.

Wi. 1909/10:   * Projektive Geometrie, 4 st.
           ○ Seminar über Mathematik und Psychologie, 2 st.

So. 1910:   Klein ist aus Gesundheitsrücksichten beurlaubt.

Wi. 1910/11:   * Moderne Entwicklung des mathematischen Unterrichts, 2 st.
           ○ Seminar über mathematischen Unterricht, 2 st.

So. 1911:   * Differential- und Integral-Rechnung I, 4 st.
           ○ Seminar (mit Bernstein zusammen) über Versicherungsmathematik, 2 st.

Wi. 1911/12:   * Differential- und Integral-Rechnung II, 4 st. (Da Klein während des Semester aus Gesundsheitsrücksichten Urlaub nehmen mußte, wurde von Ende November ab die Vorlesung von den Herren Behrens und Weyl gehalten.)
           ○ Seminar über Geschichte der Infinitesimalrechnung, 2 st. (von Ende November ab durch Herrn Schimmack geleitet).

---

[18]) Die Ausarbeitung dieser Vorlesung und die Herstellung der Autographie „Elementarmathematik vom höheren Standpunkte aus, I und II" hat Herr Ernst Hellinger besorgt. Ein Neudruck von Teil I erschien 1911, von Teil II 1914.

So. 1912:   Klein ist beurlaubt.

     o Das angekündigte Seminar über Fragen des Unterrichtswesens wird durch Herrn Schimmack geleitet.

Wi. 1912/13:   Klein ist beurlaubt.

Ostern 1913 ließ sich Klein emeritieren. In der Folge hat er noch eine Reihe von Vorlesungen gehalten (die aber im Vorlesungsverzeichnis der Universität nicht angezeigt sind) und zwar in den nächsten Jahren noch im Universitätsgebäude, von Ostern 1916 an aber in seiner Wohnung mit wechselnder Stundenzahl vor einem kleinen ausgewählten Hörerkreis, dem u. a. mehrere Göttinger Dozenten angehörten.

So. 1914:   Kolloquium über mathematische Literatur des 19. Jahrhunderts, 2st.

Wi. 1914/15:   * Entwicklung der Mathematik im 19. Jahrhundert I, 2st.[19])

So. 1915:   * Entwicklung der Mathematik im 19. Jahrhundert II, 2st.[19])

Wi. 1915/16:   * Entwicklung der Mathematik im 19. Jahrhundert III, 2st.[19])

So. 1916:   * Invariantentheorie der linearen Transformationen.[19])

Wi. 1916/17:   * Spezielle Relativitätstheorie auf invarianter Basis.[19])

So. 1917:   * Invariantentheorie der allgemeinen Punkttransformationen.[19])

So. 1918   } (bis Weihnachten) Allgemeine Relativitätstheorie auf invarianter
Wi. 1918/19 }: Basis.

Die im folgenden genannten Vorträge dienten zur Vorbereitung des Wiederabdrucks von Kleins gesammelten Abhandlungen.

Wi. 1918/19:   (ab Weihnachten) Liniengeometrie.

So. 1919:   Nicht-Euklidische Geometrie, das Erlanger Programm.

Wi. 1919/20:   Gestalten algebraischer Gebilde (anschauliche Geometrie).

Wi. 1920/21:   (bis Weihnachten) Variationsprinzipien in der klassischen Mechanik und allgemeinen Relativitätstheorie.

Wi. 1921 (Januar }
         b. März) }: Gruppen linearer Substitutionen und algebraische Gleichungen.
So. 1921   }

Wi. 1921/22:   (bis Weihnachten) Lineare Differentialgleichungen und Oszillationstheoreme.

Wi. 1922/23:   (bis Weihnachten) Riemannsche Funktionentheorie und automorphe Funktionen.

b) Verzeichnis der bei F. Klein bearbeiteten Dissertationen.

(Die ersten Ortsangaben beziehen sich auf die promovierenden Universitäten. In eckigen Klammern ist jeweils angegeben, wo die betreffende Dissertation gedruckt ist.)

1. Diekmann, J., „Über die Modifikationen, welche die ebene Abbildung einer Fläche 3. Ordn. durch Auftreten von Singularitäten erhält". Göttingen 1871. [Math. Annalen, Bd. 4.]

2. Lindemann, F., „Über unendlich kleine Bewegungen und über Kraftsysteme bei allgemeiner projektivischer Maßbestimmung". Erlangen 1873. [Math. Annalen, Bd. 7.]

---

[19]) Diese Vorträge wurden ausgearbeitet (z. T. von Klein selbst) und in mehreren Maschinenschriftexemplaren vervielfältigt.

3. Weiler, A., Über die verschiedenen Gattungen der Komplexe 2. Grades". Erlangen 1873. [Math. Annalen, Bd. 7.]

4. Bretschneider, W., „Über Kurven 4. Ordnung mit 3 Doppelpunkten". Erlangen 1875. [C. Eberle, Stuttgart 1875.]

5. Braun, W., „Die Singularitäten der Lissajousschen Stimmgabelkurven". Erlangen 1875. [E. Th. Jacob, Erlangen 1875].

6. Harnack, A., „Über die Verwertung der elliptischen Funktionen für die Geometrie der Kurven 3. Grades". Erlangen 1875. [Math. Annalen, Bd. 9.]

7. Wedekind, L., „Beiträge zur geometrischen Interpretation binärer Formen". Erlangen 1875. [Math. Annalen, Bd. 9.]

8. Rohn, K., „Betrachtungen über die Kummersche Fläche und ihren Zusammenhang mit den hyperelliptischen Funktionen $p = 2$". München 1878. [F. Straub, München 1878.]

9. Dyck, W., „Über regulär verzweigte Riemannsche Flächen und die durch sie definierten Irrationalitäten". München 1879. [F. Straub, München 1879.]

10. Gierster, J., „Die Untergruppen der Galoisschen Gruppe der Modulargleichung für den Fall eines primzahligen Transformationsgrades". Leipzig 1881. [Math. Annalen, Bd. 18.]

11. Hurwitz, A., „Grundlagen einer independenten Theorie der elliptischen Modulfunktionen und Theorie der Multiplikatorgleichungen 1. Stufe". Leipzig, 1881. [Math. Annalen, Bd. 18.]

12. Staude, O., „Über lineare Gleichungen zwischen elliptischen Koordinaten". Leipzig 1881. [Teubner, Leipzig 1881.]

13. Lange, E., „Die 16 Wendeberührungspunkte der Raumkurve 4. Ordnung 1. Spezies". Leipzig 1882. [Teubner, Leipzig 1882 und Zeitschr. f. Math. u. Phys., Bd. 28.]

14. Weichold, G., „Über symmetrische Riemannsche Flächen und die Periodizitätsmodeln der zugehörigen Abelschen Normalintegrale 1. Gattung. Leipzig 1883. [Zeitschr. f. Math. u. Phys., Bd. 28.]

15. Dingeldey, F., Über die Erzeugung von Kurven 4. Ordnung durch Bewegungsmechanismen". Leipzig 1885. [Teubner, Leipzig 1885.]

16. Fiedler, E., „Über eine besondere Klasse irrationaler Modulargleichungen der elliptischen Funktionen". Leipzig 1885. [Zürcher & Furrer, Zürich 1885.]

17. Fischer, O., „Konforme Abbildung sphärischer Dreiecke aufeinander mittels algebraischer Funktionen". Leipzig 1885. [Metzger & Wittig, Leipzig 1885.]

18. Domsch, P., Über die Darstellung der Flächen 4. Ordnung mit Doppelkegelschnitt durch hyperelliptische Funktionen". Leipzig 1885. [Kunike, Greifswald 1885.]

19. Fine, H. B., „On the singularities of curves of double curvature". Leipzig 1886. [American Journal of Math., vol. 8.]

20. Fricke, R., „Über Systeme elliptischer Modulfunktionen von niederer Stufenzahl". Leipzig 1886. [Fr. Vieweg & Sohn, Braunschweig 1886.]

21. Friedrich, G., „Die Modulargleichungen der Galoisschen Moduln der 2. bis 5. Stufe". Leipzig 1886. [Kunike, Greifswald 1886.]

22. Nimsch, P., „Über die Perioden der elliptischen Integrale 1. und 2. Gattung als Funktionen der rationalen Invarianten". Leipzig 1886. [C. G. Naumann, Leipzig 1886.]

23. Biedermann, P., „Über Multiplikatorgleichungen höherer Stufe im Gebiete der elliptischen Funktionen". Leipzig 1887. [Kunike, Greifswald 1887.]

24. Olbricht, R., „Studien über die Kugel- und Zylinderfunktionen". Leipzig 1887. [Nova Acta der Carol-Leopold-Akademie, Bd. 52.]

25. Reichardt, W., „Über die Darstellung der Kummerschen Fläche durch hyperelliptische Funktionen". Leipzig 1887. [Nova Acta der Carol-Leopold-Akademie, Bd. 50.]

26. **Witting, A.**, „Über eine der Hesseschen Konfiguration der ebenen Kurve 3. Ordnung analoge Konfiguration im Raume usw.". Göttingen 1887. [Teubner, Leipzig 1887.]

27. **Haskell, M. W.**, „Über die zu der Kurve $\lambda^3\mu + \mu^3\nu + \nu^3\lambda = 0$ im projektiven Sinne gehörende mehrfache Überdeckung der Ebene". Göttingen 1890. [American Journal of Math., vol. 13.]

28. **Schroeder, J.**, „Über den Zusammenhang der hyperelliptischen σ- und ϑ-Funktionen". Göttingen 1890. [Teubner, Leipzig 1890.]

29. **Bôcher, M.**, „Über die Reihenentwicklungen der Potentialtheorie". Göttingen 1891. [Göttinger Preisschrift, W. Fr. Kästner, Göttingen 1891.]

30. **White, H. S.**, „Abelsche Integrale auf singularitätenfreien, einfach überdeckten, vollständigen Schnittkurven eines beliebig ausgedehnten Raumes". Göttingen 1891. [Nova Acta der Carol-Leopold-Akademie, Bd. 57.]

31. **Thompson, H. D.**, „Hyperelliptische Schnittsysteme und Zusammenordnung der algebraischen und transzendenten Thetacharakteristiken". Göttingen 1892. [American Journal of Math., vol. 15.]

32. **Schellenberg, C.**, „Neue Behandlung der hypergeometrischen Funktion auf Grund ihrer Definition durch ein bestimmtes Integral". Göttingen 1892. [W. Fr. Kästner, Göttingen 1892.]

33. **Ritter, E.**, „Die eindeutigen automorphen Formen vom Geschlechte Null". Göttingen 1892. [Math. Annalen, Bd. 41.]

34. **Van Vleck, E. B.**, „Zur Kettenbruchentwicklung Laméscher und ähnlicher Integrale". Göttingen 1893. [Friendenwald Comp., Baltimore 1893 und American Journal of Math., vol. 16.]

35. **Schilling, F.**, „Beiträge zur geometrischen Theorie der Schwarzschen s-Funktion". Göttingen 1894. [Math. Annalen, Bd. 44.]

36. **Glauner, Th.**, „Über den Verlauf von Potentialfunktionen im Raume". Göttingen 1894. [W. Fr. Kästner, Göttingen 1894.]

37. **Woods, F. S.**, „Über Pseudominimalflächen". Göttingen 1895. [W. Fr. Kästner, Göttingen 1895.]

38. **Chisholm, G.**, „Algebraisch-gruppentheoretische Untersuchungen zur sphärischen Trigonometrie". Göttingen 1895. [W. Fr. Kästner, Göttingen 1895.]

39. **Snyder, V.**, „Über die linearen Komplexe der Lieschen Kugelgeometrie". Göttingen 1895. [W. Fr. Kästner, Göttingen 1895.]

40. **Jaccottet, C.**, „Über die allgemeine Reihenentwicklung der Potentialfunktion nach Laméschen Produkten". Göttingen 1895. [W. Fr. Kästner, Göttingen 1895.]

41. **Furtwängler, Ph.**, „Zur Theorie der in Linearfaktoren zerlegbaren ganzzahligen ternären kubischen Formen". Göttingen 1896. [W. Fr. Kästner, Göttingen 1896.]

42. **Winston, M. F.**, „Über den Hermiteschen Fall der Laméschen Differentialgleichung". Göttingen 1897. [W. Fr. Kästner, Göttingen 1897.]

43. **Wieghardt, C.**, „Über die Statik ebener Fachwerke mit schlaffen Stäben". Göttingen 1903. [W. Fr. Kästner, Göttingen 1903.]

44. **Müller, C. H.**, Studien zur Geschichte der Mathematik an der Universität Göttingen im XVIII. Jahrh." Göttingen 1904. [Teubner, Leipzig 1904.]

45. **Winkelmann, M.**, „Zur Theorie des Maxwellschen Kreisels". Göttingen 1904. [W. Fr. Kästner, Göttingen 1904.]

46. **Timpe, A.**, „Probleme der Spannungsverteilung in ebenen Systemen". Göttingen 1905. [Teubner, Leipzig 1905.]

47. **Ihlenburg. W.**, „Über die geometrischen Eigenschaften der Kreisbogenvierecke". Göttingen 1909. [Nova Acta der Carol-Leopold-Akademie, Bd. 91.]

48. **Behrens, W.**, „Ein der Theorie der Lavalturbine entnommenes mechanisches Problem usw." Göttingen 1911. [Teubner, Leipzig 1911.]

c) Liste der Assistenten F. Kleins.

München (Ostern 1875 bis Herbst 1880).

Wi. 1877/78	bis	So. 1879:	J. Gierster.
Wi. 1879/80	bis	So. 1880:	W. Dyck.

Leipzig (Herbst 1880 bis Ostern 1886).

1. Assistenten.

Wi. 1880/81:			Kein Assistent.
So. 1881	bis	Wi. 1883/84:	W. Dyck.
So. 1884	bis	Wi. 1885/86:	Fr. Schur.

2. Famuli.

Wi. 1880/81	bis	So. 1882:	E. Lange.
Wi. 1882/83:			O. Herrmann.
So. 1883	bis	So. 1884:	O. Fischer.
Wi. 1884/85:			P. Biedermann.
So. 1885	bis	Wi. 1885/86:	W. Reichardt.

Göttingen (seit Ostern 1886).

1. Assistenten.

So. 1886	bis	So. 1892:	Kein Assistent.
Wi. 1892/93	bis	So. 1893:	Fr. Schilling.
Wi. 1893/94	bis	So. 1894:	E. Ritter.
Wi. 1894/95	bis	So. 1896:	A. Sommerfeld.
Wi. 1896/97	bis	So. 1897:	M. Weber.
Wi. 1897/98	bis	So. 1898:	H. Liebmann.
Wi. 1898/99	bis	So. 1899:	H. v. Schaper.
Wi. 1899/1900	bis	So. 1900:	C. Wieghardt.
Wi. 1900/01	bis	So. 1901:	C. H. Müller.
Wi. 1901/02	bis	So. 1902:	G. Hamel.
Wi. 1902/03	bis	So. 1903:	C. H. Müller.
Wi. 1903/04	bis	Wi. 1904/05:	R. Schimmack.
So. 1905	bis	So. 1906:	A. Timpe.
Wi. 1906/07	bis	So. 1907:	K. Hiemenz.
Wi. 1907/08	bis	Wi. 1908/09:	E. Hellinger.
So. 1909	bis	Wi. 1909/10:	F. Pfeiffer.
So. 1910	bis	Wi. 1910/11:	E. Hecke.
So. 1911	bis	Wi. 1911/12:	W. Behrens.
So. 1912	bis	Wi. 1913/14:	L. Föppl.
So. 1914:			D. Cauer.
Wi. 1914/15	bis	So. 1915:	W. Graefe.
Wi. 1915/16	bis	So. 1919:	W. Baade.
Wi. 1919/20	bis	So. 1921:	H. Vermeil.

Nach seiner Emeritierung (Ostern 1913) behielt Klein die Leitung des Göttinger math. Lesezimmers und der Modellsammlung noch bis Ostern 1921 bei, wo sie von Prof. Courant übernommen wurde.

2. Mitarbeiter bei der Herausgabe der „Gesammelten mathematischen Abhandlungen".

Wi. 1918/19	bis	So. 1920:	A. Ostrowski.
Wi. 1920/21	bis	Wi. 1922/23:	H. Vermeil.
Wi. 1921/22	bis	Wi. 1922/23:	E. Bessel-Hagen.

2. Verzeichnis der hauptsächlichen Veröffentlichungen F. Kleins.

Inhaltsübersicht.

A. Wissenschaftliche Abhandlungen.

Vorbemerkungen.

In der vorliegenden Gesamtausgabe von Kleins wissenschaftlichen Abhandlungen sind im allgemeinen vorläufige Mitteilungen und kurze Noten nicht abgedruckt, wenn ihr Inhalt später in ausführlicherer oder ausgereifterer Form in größere Arbeiten übergegangen ist. Eine Ausnahme würde nur dann gemacht, wenn der in einer vorläufigen Mitteilung entwickelte Gedankengang von dem einer späteren Veröffentlichung abweicht. Demgemäß soll in dem folgenden, nach Jahreszahlen geordneten, Verzeichnisse bei jeder Abhandlung entweder angegeben werden, unter welcher römischen Nummer sie abgedruckt ist, oder in welche größere Arbeit ihr Inhalt übergegangen ist. Diese Angaben erfolgen durch die Abkürzungen: [= Nr....] bzw. [Übergegangen in ... = Nr....]. Bei der letzteren gibt die voranstehende, in arabischen Ziffern geschriebene Zahl die laufende Nummer der betreffenden Arbeit im folgenden Verzeichnisse an[1]).

---

[1]) Nr. I—XXXIII stehen in Bd. 1, Nr. XXXIV—LXXX in Bd. 2, Nr. LXXXI bis CVII in Bd. 3.

a) Chronologisch geordnetes Verzeichnis der mathematischen Abhandlungen.

1868.

1. Über die Transformation der allgemeinen Gleichung des zweiten Grades zwischen Linienkoordinaten auf eine kanonische Form. Inauguraldissertation Bonn 1868 (Promotion am 12. Dez. 1868). (53 S.) Abgedr. mit kleinen Änderungen und Zusätzen Math. Annalen, Bd. 23 (1884). (40 S.) [= Nr. I.]

1869.

2. Zur Theorie der Linienkomplexe des ersten und des zweiten Grades. Göttinger Nachrichten 1869 (datiert 4. Juni 1869, vorgelegt 9. Juni 1869). (19 S.) [Übergegangen in 3. = Nr. II.]

3. Zur Theorie der Linienkomplexe des ersten und des zweiten Grades. Math. Annalen Bd. 2, 1870 (dat. 14. Juni 1869). (29 S.) [= Nr. II.]

4. Über die Abbildung der Komplexflächen vierter Ordnung und vierter Klasse. Math. Annalen Bd. 2, 1870 (dat. 14. Juni 1869). (2 S.) [= Nr. IV.]

5. [Eine Abbildung des Linienkomplexes zweiten Grades auf den Punktraum] veröffentlicht in der Arbeit von **Max Noether** „Zur Theorie der algebraischen Funktionen mehrerer komplexer Variabeln“, Göttinger Nachrichten 1869 (vorgel. 14. Juli 1869). (1 S.) [= Nr. V.]

6. Die allgemeine lineare Transformation der Linienkoordinaten. Math. Annalen, Bd. 2, 1870 (dat. 4. Aug. 1869). (5 S.) [= Nr. III.]

1870.

7. (Mit S. Lie zusammen.) Sur une certaine famille de courbes et de surfaces (2 Noten). Comptes Rendus t. 70, 1870 (dat. 6. Juni, 13. Juni 1870). (5 und 4 S.) [= Nr. XXV.]

8. (Mit S. Lie zusammen.) Über die Haupttangentenkurven der Kummerschen Fläche vierten Grades mit 16 Knotenpunkten. Monatsberichte der Berliner Akademie 1870 (vorgel. 15. Dez. 1870). (9 S.) Abgedr. Math. Annalen Bd. 23, (1884). [= Nr. VI.]

1871.

9. Zur Theorie der Kummerschen Fläche und der zugehörigen Linienkomplexe zweiten Grades. Göttinger Nachrichten 1871 (vorgel. 18. Januar 1871). (13 S.) [Übergegangen in 28. = Nr. XI.]

10. Über einen Satz aus der Theorie der Linienkomplexe, welcher dem Dupinschen Theoreme analog ist. Göttinger Nachrichten 1871 (vorgel. 4. März 1871). (13 S.) [= Nr. VII.]

11. (Mit S. Lie zusammen.) Über diejenigen ebenen Kurven, welche durch ein geschlossenes System von einfach unendlich vielen vertauschbaren linearen Transformationen in sich übergehen. Math. Annalen, Bd. 4, 1871 (dat. März 1871). (35 S.) [= Nr. XXVI.]

12. Über eine geometrische Repräsentation der Resolventen algebraischer Gleichungen. Math. Annalen, Bd. 4, 1871 (dat. Mai 1871). (13 S.) [= Nr. L.]

13. Notiz betreffend den Zusammenhang der Liniengeometrie mit der Mechanik starrer Körper. Math. Annalen, Bd. 4, 1871 (dat. Juni 1871). (13 S.) [= Nr. XIV.]

14. Über die sogenannte Nicht-Euklidische Geometrie. Göttinger Nachrichten 1871 (vorgel. 30. August 1871). (15 S.) [= Nr. XV.] Französische Übersetzung im Bulletin des sciences mathém. et astron. (1) vol. 2, 1877.

15. Über die sogenannte Nicht-Euklidische Geometrie I. Math. Annalen Bd. 4, 1871 (dat. 19. August 1871). (53 S.) [= Nr. XVI.] Französische Übersetzung in den Annales de la faculté des sciences de Toulouse, vol. 11, 1897.

16. Über Liniengeometrie und metrische Geometrie. Math. Annalen Bd. 5, 1872 (dat. Oktober 1871). (21 S.) [= Nr. VIII.]

17. Über gewisse in der Liniengeometrie auftretende Differential-gleichungen. Math. Annalen, Bd. 5, 1872 (dat. November 1871). (26 S.) [= Nr. IX.]

18. Vier Modelle zur Theorie der Linienkomplexe zweiten Grades. Prospekt der mechanischen Werkstätten von J. Eigel und Sohn in Köln, 1871. (2 S.) [Übergegangen in 109. = Nr. XXXIV.]

1872.

19. Über einen liniengeometrischen Satz. Göttinger Nachrichten 1872 (vorgel. 2. März 1872). (12 S.) Abgedr. Math. Annalen, Bd. 22, 1883. [= Nr. X.]

20. Über einen Satz der Analysis situs. Göttinger Nachrichten 1872 (vorgel. 5. Juni 1872). (8 S.) [= Nr. XVII.]

21. Über die sogenannte Nicht-Euklidische Geometrie II. Math. Annalen, Bd. 6, 1873 (dat. 8. Juni 1872). (34 S.) [= Nr. XVIII.]

22. Zur Interpretation der komplexen Elemente in der Geometrie. Göttinger Nachrichten 1872 (vorgel. 3. August 1872). (6 S.) Abgedr. Math. Annalen, Bd. 22, 1883. [= Nr. XXIII.]

23. Besprechung eines von Herrn Dr. Neesen nach Angaben von F. Klein konstruierten Modells einer Fläche dritter Ordnung. Göttinger Nachrichten 1872 (vorgel. 3. August 1872). (2 S.) [Übergegangen in 26. = Nr. XXXV.]

24. Vergleichende Betrachtungen über neuere geometrische Forschungen. Programm zum Eintritt in die philosophische Fakultät und den Senat der Friedrich-Alexanders-Universität zu Erlangen. A. Deichert, Erlangen 1872 (dat. Oktober 1872). (48 S.) Abgedr. mit einer Reihe von Bemerkungen Math. Annalen, Bd. 43, 1893. [= Nr. XXVII.] Übersetzt ins Englische von Haskell, Bulletin of the New York mathematical society, vol. 2, 1893; ins Französische von Padé, Annales de l'école normale supérieure, (3), vol. 8, 1891; ins Italienische von Fano, Annali di mate-matica, (2), t. 17, 1890; ins Polnische von Dickstein, Prac. matematyczno-fizycznych, t. 6, 1805; ins Russische von Sintzow, Kasaner Gesellschaft (2), t. 5 u. 6, 1896; ins Ungarische von Kopp Lajos, Budapest 1897.

1873.

25. Über Flächen dritter Ordnung. Erlanger Sitzungsberichte 1872/73 (vorgel. 5. Mai 1873). (6 S.) [Übergegangen in 26. = Nr. XXXV.]

26. Über Flächen dritter Ordnung. Math. Annalen, Bd. 6, 1873 (dat. 6. Juni 1873). (31 S. und 6 Tafeln.) [= Nr. XXXV.]

27. Weitere Mitteilung über Flächen dritter Ordnung. Erlanger Sitzungsberichte 1872/73 (vorgel. 23. Juni 1873). (2 S.) [Übergegangen in 26. = Nr. XXXV.]

28. Über die Plückersche Komplexfläche. Math. Annalen, Bd. 7, 1874 (dat. Oktober 1873). (4 S.) [= Nr. XI.]

29. Über eine Übertragung des Pascalschen Satzes auf Raumgeometrie. Erlanger Sitzungsberichte 1873/74 (vorgel. 10. November 1873). (3 S.) [= Nr. XXIV.]

30. Über den allgemeinen Funktionsbegriff und dessen Darstellung durch eine willkürliche Kurve. Erlanger Sitzungsberichte 1873/74 (vorgel. 8. Dezember 1873). (11 S.) Abgedr. mit einigen Zusätzen Math. Annalen, Bd. 22, 1883. [= Nr. XLV.]

1874.

31. Nachtrag zu dem zweiten Aufsatz über Nicht-Euklidische Geometrie. Math. Annalen, Bd. 7, 1874 (dat. Januar 1874). (7 S.) [= Nr. XIX.]

32. Über eine neue Art der Riemannschen Flächen. Erlanger Sitzungsberichte 1873/74 (vorgel. 2 Februar 1874). (4 S.) [Übergegangen in 34. = Nr. XXXVIII.]

33. Bemerkungen über den Zusammenhang der Flächen. Math. Annalen, Bd. 7, 1874 (dat. Februar 1874). (9 S.) [= Nr. XXXVI.][1])

34. Über eine neue Art der Riemannschen Flächen I. Math. Annalen, Bd. 7, 1874 (dat. Februar 1874). (9 S.) [= Nr. XXXVIII.]

35. Weitere Mitteilung über eine neue Art von Riemannschen Flächen. Erlanger Sitzungsberichte 1873/74 (vorgel. 11. Mai 1874). (5 S.) [Übergegangen in 44. = Nr. XL.]

36. Über eine Klasse binärer Formen. Erlanger Sitzungsberichte 1874/75 (vorgel. 13. Juli 1874). (3 S.) [Übergegangen in 39. = Nr. LI.]

37. Bemerkungen über eine Klasse binärer Formen. Erlanger Sitzungsberichte 1874/75 (vorgel. 14. Dezember 1874). (2 S.) [Übergegangen in 39. = Nr. LI.]

1875.

38. Über eine Gleichung zwölften Grades. Erlanger Sitzungsberichte 1874/75 (vorgel. 12. Juli 1875). (5 S.) [Übergegangen in 39. = Nr. LI.]

39. Über binäre Formen mit linearen Transformationen in sich selbst. Math. Annalen, Bd. 9, 1876 (dat. Juni 1875). (26 S.) [= Nr. LI.]

40. Über den Zusammenhang der Flächen. Math. Annalen, Bd. 9, 1876 (dat. November 1875). (8 S.) [= Nr. XXXVI.][1])

41. Über eine Relation zwischen den Singularitäten einer algebraischen Kurve. Erlanger Sitzungsberichte 1875/76 (vorgel. 13. Dezember 1875). (5 S.) [Übergegangen in 42. = Nr. XXXVII.]

1876.

42. Eine neue Relation zwischen den Singularitäten einer algebraischen Kurve. Math. Annalen, Bd. 10, 1876 (dat. Januar 1876). (11 S.) [= Nr. XXXVII.]

---

[1]) Vgl. Fußnote [1]) auf S. 63 in Bd. 2 dieser Ausgabe.

43. Über den Verlauf der Abelschen Integrale bei den Kurven vierten Grades I. Math. Annalen, Bd. 10, 1876 (dat. April 1876). (33 S. und 3 Tafeln.) [= Nr. XXXIX.]

44. Über eine neue Art von Riemannschen Flächen II. Math. Annalen, Bd. 10, 1876 (dat. April 1876). (19 S.) [= Nr. XL.]

45. Über lineare Differentialgleichungen I. Erlanger Sitzungsberichte 1875/76 (vorgel. 26. Juni 1876). (4 S.) [= Nr. LII.] Abgedr. Math. Annalen, Bd. 11, 1877. Französische Übersetzung: Bulletin des sciences mathématiques et astron. (2), vol. 1, 1877.

46. Über den Verlauf der Abelschen Integrale bei den Kurven vierten Grades II. Math. Annalen, Bd. 11, 1877 (dat. August 1876). (13 S. und 1 Tafel.) [= Nr. XLI.]

47. Weitere Untersuchungen über das Ikosaeder I. Erlanger Sitzungsberichte 1876/77 (vorgel. 13. Nov. 1876). (14 S.) [Übergegangen in 52. = Nr. LIV.]

1877.

48. Weitere Untersuchungen über das Ikosaeder II. Erlanger Sitzungsberichte 1876/77 (vorgel. 15. Januar 1877). (14 S.) [Übergegangen in 52. = Nr. LIV.]

49. Sull' equazione dell' Icosaedro nella risoluzione delle equazioni del quinto grado. (Brief an Brioschi), Rendiconti del Reale Istituto Lombardo (2), vol. 10, 1877 (dat. 6. April 1877). (3 S.) [= Nr. LXXXI.]

50. Über lineare Differentialgleichungen II. Math. Annalen, Bd. 12, 1877 (dat. April 1877). (13 S.) [= Nr. LIII.]

51. Weitere Untersuchungen über das Ikosaeder III. Erlanger Sitzungsberichte 1876/77 (vorgel. 9. Juli 1877). (4 S.) [Übergegangen in 52. = Nr. LIV.]

52. Weitere Untersuchungen über das Ikosaeder. Math. Annalen, Bd. 12, 1877 (dat. August 1877). (58 S.) [= Nr. LIV.]

53. Über die Gestalten der Kummerschen Fläche. Amtlicher Bericht der 50. Vers. Deutscher Naturforscher und Ärzte in München 1877. (1 S.) [Übergegangen in 109. = Nr. XXXIV.]

54. Über elliptische Funktionen. Amtlicher Bericht der 50. Vers. Deutscher Naturforscher und Ärzte in München 1877. (1 S.) [Übergegangen in 57. = Nr. LXXXII.][2]

1878.

55. Über Gleichungen siebenten Grades I. Erlanger Sitzungsberichte 1877/78 (vorgel. 4. März 1878). (2 S.) [= Nr. LVI.]

56. On the transformation of elliptic functions. London mathematical society proceedings, vol. 9, 1877/78 (vorgel. 9. Mai 1878). (9 S.) [Übergegangen in 57. = Nr. LXXXII.]

57. Über die Transformation der elliptischen Funktionen und die Auflösung der Gleichungen fünften Grades. Math. Annalen, Bd. 14, 1879 (dat. Anfang Mai 1878). (62 S.) [= Nr. LXXXII.]

---

[2]) Siehe Fußnote [3]) auf S. 13/14 in Bd. 3 dieser Ausgabe.

58. Die Gleichungen siebenten Grades II. Erlanger Sitzungsberichte 1877/78 (vorgel. 20. Mai 1878). (5 S.) [Übergegangen in 62. = Nr. LVII und 60. = LXXXIV.]

59. Über die Erniedrigung der Modulargleichungen. Math. Annalen, Bd. 14, 1879 (dat. Oktober 1878). (11 S. und 2 Tafeln). [= Nr. LXXXIII.]

60. Über die Transformation siebenter Ordnung der elliptischen Funktionen. Math. Annalen, Bd. 14, 1879 (dat. Anfang November 1878). (44 S. und 1 Tafel.) [= Nr. LXXXIV.]

61. Sull' equazione modulari. (Brief an Brioschi), Rendiconti del Reale Istituto Lombardo (2), vol. 12, 1879 (dat. 30. Dezember 1878, vorgel. 2. Januar 1879). (4 S.) Deutsche Übersetzung mit einigen Kürzungen unter dem Titel „Über Multiplikatorgleichungen". Math. Annalen, Bd. 15, 1879. (3 S.) [= Nr. LXXXV.][3]

1879.

62. Über die Auflösung gewisser Gleichungen vom siebenten und achten Grade. Math. Annalen, Bd. 15, 1879 (dat. Ende März 1879). (32 S.) [= Nr. LVII.]

63. Sulla risolvente di 11^0 grado dell' equazione modulare di 12^0 grado. (Brief an Brioschi), Transunti della Reale Acc. dei Lincei (3), vol. 3, 1879 (vorgel. 4. Mai 1879). (2 S.) [Übergegangen in 65. = Nr. LXXXVI.]

64. Sulla trasformazione dell 11^0 grado delle funzioni ellitiche. (Brief an Brioschi), Rendiconti del Reale Istituto Lombardo (2), vol. 12, 1879 (vorgel. am 17. Juli 1879). (4 S.) [Übergegangen in 65. = Nr. LXXXVI.]

65. Über die Transformation elfter Ordnung der elliptischen Funktionen. Math. Annalen, Bd. 15, 1879 (dat. 15. August 1879). (23 S. und 1 Tafel.) [= Nr. LXXXVI.]

66. Zur Theorie der elliptischen Modulfunktionen. Münchener Sitzungsberichte 1879 (vorgel. 6. Dezember 1879). (12 S.) Abgedr. Math. Annalen, Bd. 17, 1880. (9 S.) [= Nr. LXXXVII.]

1880.

67. Über die geometrische Definition der Projektivität auf den Grundgebilden der ersten Stufe. Math. Annalen, Bd. 17, 1880 (dat. April 1880). (3 S.) [= Nr. XX.]

68. Über unendlich viele Normalformen des elliptischen Integrals erster Gattung. Münchener Sitzungsberichte 1880 (vorgel. 3. Juli 1880). (9. S.) Abgedr. Math. Annalen, Bd. 17, 1881 (6 S.) [= Nr. LXXXVIII.]

69. On the transformation of elliptic functions. London mathematical society proceedings, vol. 11, 1879/80 (vorgel. 5. Oktober 1880). (2 S.) [Übergegangen in 71. = Nr. LXXXIX.]

70. Über die Beziehungen der neueren Mathematik zu den Anwenwendungen. Zeitschrift für den mathemat. und naturwissenschaft. Unterricht, Bd. 26, 1895. (Antrittsrede, gehalten am 25. Oktober 1880 in Leipzig.) (12 S.) [Vgl. Nr. 1 auf S. *30*.]

---

[3] Siehe Fußnote [1] auf S. 137 in Bd. 3 dieser Ausgabe.

1881.

71. Über gewisse Teilwerte der Θ-Funktion. Math. Annalen, Bd. 17, 1881 (dat. 3. Januar 1881). (3 S.) [= Nr. LXXXIX.]

72. Über Lamésche Funktionen. Math. Annalen, Bd. 18, 1881 (dat. Mitte Januar 1881). (10 S.) [= Nr. LXII.]

73. Über Körper, welche von konfokalen Flächen zweiten Grades begrenzt sind. Math. Annalen, Bd. 18, 1881 (dat. 14. März 1881). (18 S.) [= Nr. LXIII.]

74. Bemerkung über Flächen vierter Ordnung. Math. Annalen, Bd. 18, 1881 (dat. 5. April 1881). (1 S.) [Nicht abgedruckt.]

75. Über die konforme Abbildung von Flächen. Math. Annalen, Bd. 19, 1882 (dat. Oktober 1881). [Übergegangen in 76. = Nr. XCIX.]

76. Über Riemanns Theorie der algebraischen Funktionen und ihrer Integrale. B. G. Teubner, Leipzig 1882 (dat. 7. Oktober 1881). (VIII + 82 S.) [= Nr. XCIX.]

1882.

77. Über eindeutige Funktionen mit linearen Transformationen in sich I. Math. Annalen, Bd. 19, 1882 (dat. 12. Januar 1882). (4 S.) [= Nr. CI.]

78. Über eindeutige Funktionen mit linearen Substitutionen in sich II. Math. Annalen, Bd. 20, 1882 (dat. 27. März 1882). (3 S.) [= Nr. CII.]

79. Neue Beiträge zur Riemannschen Funktionentheorie. Math. Annalen, Bd. 21, 1883 (dat. 2. Oktober 1882). (78 S. und 2 Tafeln.) [= Nr. CIII.]

1883.

80. Über gewisse Differentialgleichungen dritter Ordnung. Leipziger Berichte, Bd. 35, 1883 (vorgel. 29. Januar 1883). (6 S.) Abgedr. mit einem ausführlichen Anhang Math. Annalen, Bd. 23, 1884. (10 S.) [= Nr. CV.]

1884.

81. Zur Theorie der elliptischen Funktionen n-ter Stufe. Leipziger Berichte, Bd. 36, 1884 (vorgel. 14. November 1884). (8 S.) [Übergegangen in 83. = Nr. XC.]

1885.

82. Neue Untersuchungen über elliptische Modulfunktionen der niedersten Stufen. Leipziger Berichte, Bd. 37, 1885 (vorgel. 2. März 1885). (22 S.) [= Nr. XCI.]

83. Über die elliptischen Normalkurven der N-ten Ordnung und zugehörige Modulfunktionen N-ter Stufe. Leipziger Abhandlungen, Bd. 13, 1886 (dat. 10. April 1885). (66 S.) [= Nr. XC.]

84. Neue Untersuchungen im Gebiete der elliptischen Funktionen. Math. Annalen, Bd. 26, 1886 (dat. 17. September 1885). (10 S.) [= Nr. XCII.]

85. Über Konfigurationen, welche der Kummerschen Fläche zugleich eingeschrieben und umgeschrieben sind. Math. Annalen, Bd. 26, 1886 (dat. 28. September 1885). (37 S.) [= Nr. XII.]

1886.

86. Über hyperelliptische Sigmafunktionen I. Math. Annalen, Bd. 27, 1886 (dat. 10. April 1886) (34 S.) [= Nr. XCV.]

87. Über Gleichungen sechsten und siebenten Grades. Math. Annalen, Bd. 28, 1887 (dat. Oktober 1886). (34 S.) [= Nr. LVIII.]

88. Zur geometrischen Deutung des Abelschen Theorems der hyperelliptischen Integrale. Math. Annalen, Bd. 28, 1887 (dat. Oktober 1886). (28 S.) [= Nr. XIII.]

1887.

89. Sur la résolution, par les fonctions hyperelliptiques, de l'équation du 27ième degré, de laquelle dépend la détermination des 27 droites d'une surface cubique. (Brief an C. Jordan), Journal de mathématiques pures et appliquées (4), vol. 4, 1888 (dat. 22. September 1887). (4 S.) [= Nr. LIX.]

90. Zur Theorie der hyperelliptischen Funktionen beliebig vieler Argumente. Göttinger Nachrichten 1887 (vorgel. 5. November 1887). (7 S.) [Übergegangen in 92. = Nr. XCVI.]

1888.

91. Über irrationale Kovarianten. Göttinger Nachrichten 1888 (dat. 15. März, vorgel. 5. Mai 1888). (4 S.) [Übergegangen in 98. = Nr. XCVII.]

92. Über hyperelliptische Sigmafunktionen II. Math. Annalen, Bd. 32, 1888 (dat. 24. März 1888). (30 S.) [= Nr. XCVI.]

1889.

93. Formes principales sur les surfaces de Riemann. Comptes Rendus t. 108, 1889 (vorgel. 21. Januar 1889). (4 S.) [Übergegangen in 98. = Nr. XCVII.]

94. Des fonctions théta sur la surface générale de Riemann. Comptes Rendus t. 108, 1889 (vorgel. 11. Februar 1889). (4 S.) [Übergegangen in 98. = Nr. XCVII.]

95. Zur Theorie der Abelschen Funktionen I. Göttinger Nachrichten 1889 (vorgel. 2. März 1889). (12 S.) [Übergegangen in 98. = Nr. XCVII.]

96. Über die konstanten Faktoren der Thetareihen für $p = 3$. London mathematical society proceedings, vol. 20, 1888/89 (vorgel. 11. April 1889). (3 S.) [Übergegangen in 98. = Nr. XCVII.]

97. Zur Theorie der Abelschen Funktionen II. Göttinger Nachrichten 1889 (dat. 12. Mai, vorgel. 1. Juni 1889). (5 S.) [Übergegangen in 98. = Nr. XCVII.]

98. Zur Theorie der Abelschen Funktionen. Math. Annalen, Bd. 36, 1890 (dat. 24. September 1889). (83 S.) [= Nr. XCVII.]

1890.

99. Zur Theorie der Laméschen Funktionen. Göttinger Nachrichten 1890 (vorgel. 1. März 1890). (11 S.) [= Nr. LXIV.]

100. Über die Nullstellen der hypergeometrischen Reihe. Göttinger Nachrichten 1890 (vorgel. 2. August 1890). (1 S.) [Übergegangen in 102. = Nr. LXV.]

101. Zur Nicht-Euklidischen Geometrie. Math. Annalen, Bd. 37, 1890 (dat. 20. August 1890). (29 S.) [= Nr. XXI.]

102. Über die Nullstellen der hypergeometrischen Reihe. Math. Annalen, Bd. 37, 1890 (dat. 5. September 1890). (18 S.) [= Nr. LXV.]

103. Über die Nullstellen der hypergeometrischen Reihe. Verhandlungen der Gesellschaft Deutscher Naturforscher und Ärzte in Bremen 1890. (1 S.) [Übergegangen in 102. = Nr. LXV.]

104. Über Normierung der linearen Differentialgleichungen zweiter Ordnung. Math. Annalen, Bd. 38, 1891 (dat. 23. Dezember 1890). (9 S.) [Der erste Teil stimmt mit dem ersten Teil von 99. = Nr. LXIV überein, der zweite Teil ist als Nr. LXVI abgedruckt.][4]

1891.

105. Über den Hermiteschen Fall der Laméschen Differentialgleichung. Math. Annalen Bd. 40, 1892 (dat. September 1891). (5 S.) [= Nr. LXVII.]

106. Über den Begriff des funktionentheoretischen Fundamentalbereiches. Math. Annalen, Bd. 40, 1892 (dat. September 1891). (10 S.) [= Nr. CIV.]

107. Über neuere englische Arbeiten zur Mechanik. Verhandlungen der Gesellschaft Deutscher Naturforscher und Ärzte in Halle 1891. Abgedr. Jahresbericht der Deutschen Mathematiker-Vereinigung Bd. 1. (2 S.) [= Nr. LXX.]

1892.

108. Über Realitätsverhältnisse im Gebiete der Abelschen Funktionen. Göttinger Nachrichten 1892 (dat. 20. April, vorgel. 7. Mai 1892). (3 S.) [Übergegangen in 111. = Nr. XLII.]

109. Vier Modelle zur Theorie der Linienkomplexe zweiten Grades. Katalog math. Modelle, herausgegeben von W. Dyck, München 1892. (2 S.) [= Nr. XXXIV.]

110. Geometrisches zur Abzählung der reellen Wurzeln algebraischer Gleichungen. Katalog math. Modelle, herausgegeben von W. Dyck, München 1892 (dat. 9. Juni 1892). (13 S.) [= Nr. XLIII.]

111. Über Realitätsverhältnisse bei der einem beliebigen Geschlechte zugehörigen Normalkurve der φ. Math. Annalen, Bd. 42, 1893 (dat. 2. September 1892). (29 S.) [= Nr. XLII.]

1893.

112. Über die Komposition der binären quadratischen Formen. Göttinger Nachrichten 1893 (vorgel. 14. Januar 1893). (4 S.) [= Nr. XCIII.]

113. The present state of Mathematics. Mathematical papers read at the international math. congress, Chicago 1893. New York, MacMillan and Co., 1896 (vorgetragen 21. August 1893). (4 S.) Zuerst erschienen in „The Monist", herausgegeben von Carus, Bd. 4, Chicago 1893; abgedruckt im Bulletin of the New York Math. Society, vol. 3, 1894. [= Nr. LXXIII.]

114. Über die Entwicklung der Gruppentheorie während der letzten 20 Jahre. Mathematical Papers read at the international math. congress, Chicago 1893 (August 1893). (1 S.) [Nicht abgedruckt.]

---

[4] Vgl. die Fußnote [6] auf S. 544 und die Fußnote [1] auf S. 568 in Bd. 2 dieser Ausgabe.

115. Zur Theorie der algebraischen Funktionen. Jahresbericht der Deutschen Mathematiker-Vereinigung, Bd. 2, 1893 (dat. September 1893). (2 S.) [Übergegangen in 111. = Nr. XLII.]

1894.

116. Autographierte Vorlesungshefte I, Referate über die Vorlesungen: Höhere Geometrie, Riemannsche Flächen, Über die hypergeometrische Funktion. Math. Annalen, Bd. 45, 1894 (dat. März 1894). (13 S.) [= Nr. XXVII, C, LXVIII.][5])

117. Autographierte Vorlesungshefte II, Referat über die Vorlesung: Lineare Differentialgleichungen der zweiten Ordnung. Math. Annalen, Bd. 46, 1895 (dat. 16. September 1894). (14 S.) [= Nr. LXIX.]

118. Riemann und seine Bedeutung für die Entwicklung der modernen Mathematik. Rede, gehalten am 26. September 1894, Tageblatt der 66. Versammlung Deutscher Naturforscher und Ärzte in Wien 1894 (9 S.) und in den Verhandlungen der Gesellschaft Deutscher Naturforscher und Ärzte, Wien 1894. Abgedr. Jahresbericht der Deutschen Mathematiker-Vereinigung, Bd. 4, 1897. (17 S.) [= Nr. XCVIII.] Wiederabgedr. Zeitschrift für den mathemat. u. naturwissenschaftl. Unterricht, Bd. 26, 1895. Englische Übersetzung: American mathematical society Bulletin, vol. 1, 1895. Italienische Übersetzung: Annali di mathematica (2), t. 23, 1895.

119. Über die zu einem algebraischen Gebilde gehörenden nirgends singulären linearen Differentialgleichungen der zweiten Ordnung. Verhandlungen der Gesellschaft Deutscher Naturforscher und Ärzte in Wien 1894. Abgedr. Jahresbericht der Deutschen Mathematiker-Vereinigung, Bd. 4, 1897. (2 S.) [Übergegangen in 117. = Nr. LXIX.]

1895.

120. Über eine geometrische Auffassung der gewöhnlichen Kettenbruchentwickelung. Göttinger Nachrichten 1895 (vorgel. 19. Oktober 1895). (3 S.) [= Nr. XLIV.] Französische Übersetzung: Nouvelles annales des mathématiques (3), vol. 15, 1896.

121. Zur Theorie der gewöhnlichen Kettenbrüche. Verhandlungen der Gesellschaft Deutscher Naturforscher und Ärzte in Lübeck 1895. Abgedr. Jahresbericht der Deutschen Mathematiker-Vereinigung, Bd. 4, 1897. (2 S.) [Übergegangen in Nr. XLIV.]

122. Über die Arithmetisierung der Mathematik. Göttinger Nachrichten (geschäftliche Mitteilungen). (Rede gehalten 2. November 1895.) (10 S.) [= Nr. XLVII.] Abgedr. Zeitschrift für den mathemat. u. naturwissenschaftl. Unterricht, Bd. 27, 1896. Englische Übersetzung: American math. society bulletin, vol. 2, 1896, Französische Übersetzung: Nouvelles annales des mathématiques (3), vol. 16, 1897, Italienische Übersetzung: Rendiconti del circolo mat. di Palermo, t. 10, 1896.

1896.

123. Über die Bewegung des Kreisels. Göttinger Nachrichten 1896 (vorgel. 11. Januar 1896). (2 S.) [= Nr. LXXIV.] Französische Übersetzung: Nouvelles annales des mathématiques (3), vol. 15, 1896.

------

[5]) Vgl. auch den Zusatz auf S. 382 u. 383 in Bd. 1 dieser Ausgabe.

124. Über die analytische Darstellung der Rotationen bei Problemen der Mechanik. Verhandlungen der Gesellschaft Deutscher Naturforscher und Ärzte in Frankfurt 1896. Abgedr. Jahresbericht der Deutschen Mathematiker-Vereinigung, Bd. 5, 1901. (2 S.) [Übergegangen in 123. = Nr. LXXIV.]

125. The mathematical theory of the top. Princeton lectures, reported by H. B. Fine. New York, Charles Scribners sons, 1897 (vorgetragen am 12.—15. Oktober 1896). (74 S.) [= Nr. LXXV.]

126. Stability of the sleeping top. American mathematical society bulletin, vol. 3, 1897 (vorgetragen Princeton am 17. Oktober 1896). (4 S.) [= Nr. LXXVI.] Französische Übersetzung: Nouvelles annales des mathématiques (3), vol. 15, 1896.

1897.

127. Autographierte Vorlesungshefte III. Referat über die Vorlesung: Ausgewählte Kapitel der Zahlentheorie. Math. Annalen, Bd. 48, 1897 (dat. 13. August 1896). (24 S.) [= Nr. XCIV.]

128. Gutachten betreffend den 3. Bd. der Theorie der Transformationsgruppen von S. Lie anläßlich der ersten Verteilung des Lobatschewsky-preises. Nachrichten der physiko-mathemat. Gesellschaft der Universität Kasan (2), Bd. 8, 1897. Abgedr. Math. Annalen, Bd. 50, 1898. (18 S.) [= Nr. XXII.]

1899.

129. Sulla risoluzione delle equazioni di sesto grado. (Brief an Castelnuovo), Rendiconti della R. Accademia dei Lincei (5), vol. 8, 1899 (vorgel. 2. April 1899). (1 S.) [= Nr. LX.]

1901.

130. „Gauß' wissenschaftliches Tagebuch" mit ausführlichen Anmerkungen, herausgegeben von F. Klein. Festschrift zur Feier des 150 jährigen Bestehens der Kgl. Gesellschaft der Wissenschaften zu Göttingen, Berlin 1901. Abgedr. in den Math. Annalen, Bd. 57, 1903. [Nicht abgedruckt.]

131. Gutachten der Göttinger philosophischen Fakultät betreffend die Beneke-Preisaufgabe für 1901. Göttinger Nachrichten 1901 (geschäftliche Mitteilungen), (dat. April 1901). (8 S.) Im Auszug abgedruckt Math. Annalen, Bd. 55, 1902. (6 S.) [= Nr. XLVIII.]

132. Über das Brunssche Eikonal. Zeitschrift für Mathematik und Physik, Bd. 46, 1901. (4 S.) [= Nr. LXXI.]

133. Räumliche Kollineationen bei optischen Instrumenten. Zeitschrift für Mathematik und Physik, Bd. 46, 1901. (7 S.) [= Nr. LXXII.]

134. Zur Schraubentheorie von Sir Robert Ball. Zeitschrift für Mathematik und Physik, Bd. 47, 1902 (dat. 3. September 1901). (29 S.) Abgedruckt mit einem größeren Zusatz Math. Annalen, Bd. 62, 1906. [= Nr. XXIX.]

1904.

135. (Mit C. Wieghardt zusammen). Über Spannungsflächen und reziproke Diagramme mit besonderer Berücksichtigung der Maxwellschen Arbeiten. Archiv der Mathematik und Physik (3), Bd. 8, 1904 (dat. 10. Februar 1904). (35 S.) [= Nr. LXXVII].

1905.

136. Über die Auflösung der allgemeinen Gleichungen fünften und sechsten Grades. Journal für reine und angewandte Mathematik, Bd. 129, 1905 (dat. 22. März 1905). (24 S.) Abgedr. Math. Annalen, Bd. 61, 1905. [= **Nr. LXI.**]

137. Beweis für die Nichtauflösbarkeit der Ikosaedergleichung durch Wurzelzeichen. Math. Annalen, Bd. 61, 1905 (dat. 26. August 1905). (3 S.) [= **Nr. LV.**]

138. Grenzfragen der Mathematik und Philosophie. Wissenschaftliche Beilage zum 19. Jahresbericht der philosophischen Gesellschaft an der Universität zu Wien, 1906 (vorgetragen am 14. Oktober 1905). (6 S.) [= **Nr. XLIX.**]

1907.

139. Bemerkungen zur Theorie der linearen Differentialgleichungen zweiter Ordnung. Math. Annalen, Bd. 64, 1907 (dat. April 1907). (22 S.) [= **Nr. CVI.**]

140. Über den Zusammenhang zwischen dem sogenannten Oszillationstheoreme der linearen Differentialgleichungen und dem Fundamentaltheoreme der automorphen Funktionen. Verhandlungen der Gesellschaft Deutscher Naturforscher und Ärzte in Dresden 1907. (1 S.) Abgedruckt Jahresbericht der Deutschen Mathematiker-Vereinigung, Bd. 16, 1907 [= **Nr. CVII.**]

1909.

141. Über Selbstspannungen ebener Diagramme. Math. Annalen, Bd. 67, 1909 (dat. 31. März 1909). (12 S.) [= **Nr. LXXVIII.**]

142. Zu Painlevés Kritik der Coulombschen Reibungsgesetze. Zeitschrift für Mathematik und Physik, Bd. 58, 1910 (dat. 17. April 1909). (6 S.) [= **Nr. LXXIX.**]

143. Über die Bildung von Wirbeln in reibungslosen Flüssigkeiten. Zeitschrift für Mathematik und Physik, Bd. 58, 1910 (dat. 20. August 1909). (4 S.) [= **Nr. LXXX.**]

144. Modelle zur Darstellung affiner Transformationen von Punktsystemen in der Ebene und im Raume. Zeitschrift für Mathematik und Physik, Bd. 58, 1910 (dat. September 1909). (5 S.) [Nicht abgedruckt.]

1910.

145. Über die geometrischen Grundlagen der Lorentzgruppe. Jahresbericht der Deutschen Mathematiker-Vereinigung, Bd. 19, 1910 (vorgetragen in der mathematischen Gesellschaft in Göttingen am 10. Mai 1910). (20 S.) Abgedruckt Physikalische Zeitschrift, Bd. 12, 1911. [= **Nr. XXX.**]

1911.

146. Vorträge betreffend automorphe Funktionen. Historische Einleitung zu Referaten von Brouwer, Koebe, Bieberbach und Hilb. Verhandlungen der Gesellschaft Deutscher Naturforscher und Ärzte in Karlsruhe 1911. Abgedruckt Jahresbericht der Deutschen Mathematiker-Vereinigung, Bd. 21, 1912. (2 S.) [Vgl. S. 747.]

1918.

147. Zu Hilberts erster Note über die Grundlagen der Physik. Aus einem Briefwechsel zwischen Klein und Hilbert. Göttinger Nachrichten 1917 (erschienen 1918), (vorgel. 25. Januar 1918). (14 S.) [= Nr. XXXI.]

148. Bericht über eine Reihe von Vorträgen über die Einsteinsche Gravitationstheorie gehalten in der Göttinger mathematischen Gesellschaft im Sommer-Semester 1918. Jahresbericht der Deutschen Mathematiker-Vereinigung, Bd. 27, 1918. (4S.) [Übergegangen in 149. = Nr. XXXII und 151. = Nr. XXXIII.] Auszugsweise abgedruckt in den Verhandlungen der Amsterdamer Akademie vom 26. Oktober 1918.

149. Über die Differentialgesetze für die Erhaltung von Impuls und Energie in der Einsteinschen Gravitationstheorie. Göttinger Nachrichten 1918 (vorgel. 19. Juli 1918). (19 S.) [= Nr. XXXII.]

150. Bemerkungen über die Beziehungen des de Sitterschen Koordinatensystems B zu der allgemeinen Welt konstanter positiver Krümmung. Proceedings of the Amsterdam Academy, vol. 21 (vorgel. 29. September 1918). (2 S.) [Übergegangen in 151. = Nr. XXXIII.]

151. Über die Integralform der Erhaltungssätze und die Theorie der räumlich geschlossenen Welt. Göttinger Nachrichten 1919 (vorgel. 6. Dezember 1918). (30 S.) [= Nr. XXXIII.]

b) Nachrufe.

152. Mitarbeit an „Rudolf Friedrich Alfred Clebsch, Versuch einer Darlegung und Würdigung seiner wissenschaftlichen Leistungen". Math. Annalen, Bd. 7, 1874 (dat. Juli 1873). (55 S.)

153. Otto Hesse. Berichte über die Kgl. polytechnische Schule zu München für 1874/75. (4 S.) Italienische Übersetzung im Bulletino di bibliogr. e di storia delle scienze mat. etc. von Boncompagni, t. 9, Roma 1876.

154. Ernst Ritter. Jahresbericht der Deutschen Mathematiker-Vereinigung, Bd. 4, 1897 (dat. 25. September 1895). (2 S.)

155. Zum Gedächtnis Ernst Scherings. Jahresbericht der Deutschen Mathematiker-Vereinigung, Bd. 6, 1899. (2 S.)

156. Wilhelm Lexis. Jahresbericht der Deutschen Mathematiker-Vereinigung, Bd. 23, 1914. (4 S.)

Siehe außerdem den bereits unter Nr. 118 genannten Wiener Vortrag „Riemann und seine Bedeutung für die Entwicklung der modernen Mathematik".

c) Besprechungen.

Außer den Selbstreferaten Nr. 116, 117, 127 über autographierte Vorlesungshefte sind besonders zu nennen:

157. Besprechung von „M. Chasles, Rapport sur les progrès de la géométrie (Paris 1870)". Göttingische gelehrte Anzeigen 1872. (12 S.)

158. Besprechung von „W. Jordan, Handbuch der Vermessungskunde. 1. Bd.: Ausgleichungsrechnung nach der Methode der kleinsten Quadrate. 4. Aufl. (Stuttgart 1895)". Zeitschrift für Mathematik und Physik, Bd. 42, 1897. (Historisch-literarische Abteilung.) (3 S.)

Siehe ferner das bereits unter Nr. 128 genannte Gutachten „Gutachten betreffend den 3. Bd. der Theorie der Transformationsgruppen von S. Lie..."

Eine Reihe von Besprechungen in den „Fortschritten der Mathematik" für die Jahrgänge 1869 bis 1877 (Bde. 2—9), mit Kln. gezeichnet, soll hier nicht besonders angeführt werden, ebensowenig eine Reihe von Referaten über eigene Arbeiten in dem „Repertorium der literarischen Arbeiten aus dem Gebiete der reinen und angewandten Mathematik", herausgegeben von Koenigsberger und Zeuner (Leipzig 1877 u. 1879), und die Mitarbeit am „Bulletin des sciences mathématiques et astronomiques (2), vol. 1, 1877.

B. Wissenschaftliche Bücher, autographierte Vorlesungshefte.

a) Bücher.

1. Über Riemanns Theorie der algebraischen Funktionen und ihrer Integrale. (VIII + 82 S.) Leipzig, Teubner 1882. Englische Übersetzung von F. Hardcastle. Cambridge, Macmillan and Bowes, 1893. [= Nr. XCIX.]

2. Vorlesungen über das Ikosaeder und die Auflösung der Gleichungen vom fünften Grade. (VIII + 260 S.) Leipzig, Teubner 1884. Englische Übersetzung von G. G. Morrice. London, Trübner and Co. 1888.

3. Vorlesungen über die Theorie der elliptischen Modulfunktionen, ausgearbeitet und vervollständigt von R. Fricke. Bd. 1. (XX + 764 S.), Bd. 2. (XV + 712 S.) Leipzig, Teubner 1890 und 1892.

4. The Evanston Colloquium. Lectures on Mathematics reported by A. Ziwet. (IX + 109 S.) New York, MacMillan and Co., 1894. Zweite Auflage 1911. — Französische Übersetzung von L. Laugel. Paris, A. Hermann, 1898 (mit weiteren Literaturnachweisen). Polnische Übersetzung von S. Dickstein. Warschau 1899. [Der Vortrag 6 ist als Nr. XLVI in Bd. 2 dieser Ausgabe abgedruckt.]

5. Vorträge über ausgewählte Fragen der Elementargeometrie, ausgearbeitet von F. Tägert. (V + 66 S.) Leipzig, Teubner, 1895. Übersetzungen: ins Englische von Beman and Smith, Boston and London, Ginn and Cie., 1897; ins Französische von J. Grieß, Paris, Nony et Cie. 1896; ins Italienische von G.Giudice, Torino, Rosenberg e Sellier 1896.

6. R. Fricke und F. Klein, Vorlesungen über die Theorie der automorphen Funktionen. Bd. 1. (XIV + 634 S.), Bd. 2 (VIII + 668 S.) Leipzig, Teubner. Bd. 1, 1897; Bd. 2, Lieferung I, 1901, Lieferung 2, 1911, Lieferung 3, 1912.

7. F. Klein und A. Sommerfeld, Über die Theorie des Kreisels, Heft 1 (IV + 196 S.) 1897, zweiter Abdruck 1914; Heft 2 (IV + 315 S.) 1898, zweiter Abdruck 1921; Heft 3 (IV + 247 S.) 1903; Heft 4 bearbeitet und ergänzt von F. Noether (II + 206 S.) 1910. Leipzig, Teubner.

8. The mathematical theory of the top. Princeton lectures, reported by H. B. Fine. (74 S.) New York, Charles Scribners sons 1897. [= Nr. LXXV.]

Außerdem:

9. **F. Pockels**, Über die partielle Differentialgleichung $\Delta u + k^2 u = 0$. Leipzig, Teubner 1890. (Das Buch stellt in einigen besonders bezeichneten Teilen die Ausführung von Vorlesungen von **Klein** aus den Semestern Winter 1887/88 bis Sommer 1889 dar.)

10. **M. Bôcher**, Über die Reihenentwicklungen der Potentialtheorie. Leipzig, Teubner 1894. (Das Buch stellt in den meisten Teilen die Ausführung einer Vorlesung von **Klein** aus dem Winter-Semester 1888/89 dar.)

b) Autographierte Vorlesungshefte.

1. Einleitung in die geometrische Funktionentheorie. Winter 1880/81 (IV + 280 S.) ausgearbeitet von **Ernst Lange**. Herausgegeben 1892 von **Paul Epstein**.

2. Nicht-Euklidische Geometrie. Teil I, Wi. 1889/90 (364 S.), Teil II, So. 1890 (238 S.), ausgearbeitet von **Friedrich Schilling**.

3. Ausgewählte Kapitel aus der Theorie der linearen Differentialgleichungen zweiter Ordnung. Teil I, Wi. 1890/91 (234 S.), Teil II, So. 1891 (193 S.), ausgearbeitet von **Klein** selbst.

4. Riemannsche Flächen. Teil I, Wi. 1891/92 (254 S.) Teil II, So. 1892 (262 S.), ausgearbeitet von **Klein** selbst. Neudruck 1906. Vgl. das Selbstreferat Nr. C.

5. Höhere Geometrie. Teil I, Wi. 1892/93 (VI + 567 S.), Teil II So. 1893 (IV + 388 S.), ausgearbeitet von **Friedrich Schilling**. Neudruck 1907. Vgl. das Selbstreferat Nr. XXVIII.

6. Über die hypergeometrische Funktion. Wi. 1893/94 (569 S.) Ausgearbeitet von **Ernst Ritter**. Neudruck 1906. Vgl. das Selbstreferat Nr. LXVIII.

7. Über lineare Differentialgleichungen der zweiten Ordnung. So. 1894 (524 S.), ausgearbeitet von **Ernst Ritter**. Neudruck 1906. Vgl. das Selbstreferat Nr. LXIX.

8. Ausgewählte Kapitel der Zahlentheorie. Teil I, Wi. 1895/96 (XI + 391 S.), Teil II, So. 1896 (354 S.), ausgearbeitet von **Arnold Sommerfeld und Philipp Furtwängler**. Neudruck 1907. Vgl. das Selbstreferat Nr. XCIV.

9. Anwendung der Differential- und Integral-Rechnung auf Geometrie, eine Revision der Prinzipien. So. 1901 (VIII + 468 S.), ausgearbeitet von **Conrad Müller**. Neudruck 1907.

10. Elementarmathematik vom höheren Standpunkte aus. Teil I, Wi. 1907/08 (VIII + 590 S.), Teil II, So. 1908 (VIII + 515 S.), ausgearbeitet von **Ernst Hellinger**. Neudruck mit Zusätzen und Änderungen von Teil I, 1911, von Teil II 1913.

Die Autographien 1. und 3. sind nur in kleiner Auflage hergestellt worden und nicht in den Buchhandel gelangt. Die übrigen Autographien wurden bei B. G. Teubner, Leipzig, in Kommissionsverlag gegeben; sie sind jedoch zurzeit größtenteils vergriffen. Es besteht die Absicht, überarbeitete und ergänzte Neuauflagen dieser Autographien im Verlage von Julius Springer erscheinen zu lassen.

Es existieren außerdem von einer größeren Anzahl Vorlesungsausarbeitungen handschriftlich oder maschinenschriftlich hergestellte Abschriften. Von diesen sind jedoch nur folgende fünf Hefte autorisiert, die für eine später zu verfassende Gesamtdarstellung der Entwicklung der Mathematik im 19. Jahrhundert als Vorarbeiten gedacht waren:

I. Die ersten Jahrzehnte des 19. Jahrhunderts.
II. Reine Mathematik bis ca. 1850. Mathematische Physik bis ca. 1880.
III. Funktionentheorie von 1850 bis ca. 1900.
IV. Die Invariantentheorie der linearen kontinuierlichen Gruppen in ihrer Bedeutung für die neueste mathematische Physik.
V. Gruppen analytischer Punkttransformationen bei Zugrundelegung einer quadratischen Differentialform.

C. Abhandlungen und Schriften über die Organisation des mathematischen Unterrichts und verwandte Fragen.

Vorbemerkung.

In Bd. 2 dieser Ausgabe (S. 508 ff.) ist bereits von der Wendung in Kleins Tätigkeit berichtet, die von 1892 an eintrat. Die Fühlung mit Althoff, die Bezug nahme mit den Ingenieuren, die Neubelebung des mathematisch-physikalischen Unterrichtes auf allen Arten von Lehranstalten sind die Hauptmomente, die hierfür in Betracht kommen. Das Wesentliche der geleisteten Arbeit vollzog sich in privaten Besprechungen und Kommissionsberatungen. Die hier folgende Zusammenstellung von Veröffentlichungen bietet dafür nur sozusagen zufällige Belegstücke. Trotzdem konnten sie hier nicht kommentiert werden, weil das von dem Ziele der gegenwärtigen Ausgabe zu weit abgeführt haben würde. So sei nur noch einmal auf die bereits auf S. 3/4 genannten einschlägigen Darstellungen bei Gutzmer und Lorey verwiesen, ferner insbesondere auch auf die geschichtlichen Teile von Klein-Schimmack (siehe Nr. 22 des folgenden Verzeichnisses, vgl. namentlich S. 158 ff.), wo von den Neueinrichtungen an der Universität Göttingen die Rede ist. Leider führt die Darstellung nur bis zu dem Erscheinungsjahre 1907.

1. Über die Beziehung der neueren Mathematik zu den Anwendungen. (Antrittsrede, gehalten am 25. Okt. 1880 in Leipzig.) Zeitschr. für den math. und naturw. Unterricht, Bd. 26, 1895. (12 S.)

2. Mathematik in „Die deutschen Universitäten, für die Universitätsausstellung in Chicago (1893) herausgegeben von W. Lexis (Berlin, A. Ascher & Co. 1893).“ (10 S.)

3. Über den mathematischen Unterricht an der Universität Göttingen im besonderen Hinblick auf die Bedürfnisse der Lehramtskandidaten. (Vorgetragen im Verein zur Förderung des math. und naturwissenschaftl. Unterrichts am 4. Juni 1895.) Zeitschr. für den math. und naturw. Unterricht, Bd. 26, 1895. (7 S.)

4. Über den Plan eines physikalisch-technischen Instituts an der Universität Göttingen. (Vortrag geh. am 6. Dez. 1895 im Hannoverschen Bezirksverein des Vereins Deutscher Ingenieure.) Zeitschr. des Vereins Deutscher Ingenieure 1896. (4 S.) Abgedr. in „Klein-Riecke, Über angewandte Mathematik und Physik usw.“ [Vgl. Nr. 11. dieses Verzeichnisses.]

5. Die Anforderungen der Ingenieure und die Ausbildung der mathematischen Lehramtskandidaten. (Vorgetr. im Hannoverschen mathematischen Verein am 20. April 1896.) Zeitschr. für den math. u. naturw. Unterricht, Bd. 27, 1896. (6 S.) Abgedr. in der Zeitschr. des Vereins Deutscher Ingenieure 1896 und in „Klein-Riecke, Über angewandte Mathematik und Physik usw.“

6. **Universität und Technische Hochschule.** Verhandlungen der Gesellschaft Deutscher Naturforscher und Ärzte in Düsseldorf. 1898. Abgedr. im Jahresbericht der Deutschen Math.-Vereinigung, Bd. 7, 1899 (12 S.) und in „Klein-Riecke, Über angewandte Mathematik und Physik usw."

7. **Über Aufgabe und Methode des mathematischen Unterrichts an den Universitäten.** Verhandlungen der Gesellschaft Deutscher Naturforscher und Ärzte in Düsseldorf 1898. Abgedr. im Jahresbericht der Deutschen Math.-Vereinigung, Bd. 7, 1899. (13 S.)

8. **Über die Neueinrichtungen für Elektrotechnik und allgemeine technische Physik an der Universität Göttingen.** (Datiert Anfang November 1899.) Physikalische Zeitschrift, Bd. 1, 1899. Abgedruckt in dem unter (10.) genannten Schriftchen, ferner in „Die physikalischen Institute der Universität Göttingen (Leipzig 1906)" und in „Klein-Riecke, Über angewandte Mathematik und Physik usw."

9. **Bemerkungen zu Referaten von Weber und Hauck über die angewandte Mathematik in der Prüfungsordnung von 1898.** Verhandlungen der Gesellschaft Deutscher Naturforscher und Ärzte in München 1899. Abgedr. im Jahresbericht der Deutschen Math.-Vereinigung, Bd. 8, 1900.

10. **Über die Neueinrichtungen für Elektrotechnik und allgemeine technische Physik an der Universität Göttingen.** Mit einer Antwort auf die von Prof. Slaby in der Sitzung des preußischen Herrenhauses vom 30. März 1900 gehaltene Rede. Leipzig, Teubner 1900. (23 S.) [Vgl. Nr. 8. dieses Verzeichnisses.]

11. **F. Klein und E. Riecke, Über angewandte Mathematik und Physik in ihrer Bedeutung für den Unterricht an höheren Schulen.** Vorträge von E. Riecke, F. Klein, F. Schilling, E. Wiechert, G. Bohlmann, E. Meyer, Th. Des Coudres während eines Göttinger Ferienkurses, mit Wiederabdruck verschiedener Aufsätze von F. Klein. Leipzig, Teubner 1900. (VI + 252 S.)

12. **Bemerkungen im Anschluß an die Schulkonferenz von 1900.** Verhandlungen über Fragen des höheren Unterrichts, Berlin, 6. bis 8. Juni 1900. Abgedr. in Jahresbericht der Deutschen Math.-Vereinigung, Bd. 11, 1902. (14 S.) und in „Klein-Riecke, Neue Beiträge zur Frage des mathem. u. phys. Unterrichts usw." [Vgl. Nr. 16 unten.]

13. **Hundert Jahre mathematischer Unterricht an den höheren preußischen Schulen** in „Lexis, Die Reform der höheren Schulwesens in Preußen" (Halle 1902). (11 S.) Abgedr. im Jahresbericht der Deutschen Math.-Vereinigung, Bd. 13, 1904 und in „Klein-Riecke, Neue Beiträge zur Frage des mathem. u. phys. Unterrichts usw."

14. **Zur Besprechung des mathematisch-naturwissenschaftlichen Unterrichts auf der nächsten Naturforscherversammlung zu Breslau.** (Bemerkungen zu den sogenannten Hamburger Thesen der Biologen.) Verhandlungen der Gesellschaft Deutscher Naturforscher und Ärzte zu Kassel 1903. Abgedr. im Jahresbericht der Deutschen Math.-Vereinigung, Bd. 13, 1904 und in „Klein-Riecke, Neue Beiträge zur Frage des mathem. u. phys. Unterrichts usw."

15. **Über die Aufgaben und die Zukunft der philosophischen Fakultät.** (Kaisergeburtstagsrede vom 27. Januar 1904.) Göttingen, Kästner 1904. (11 S.) Abgedr. im Jahresbericht der Deutschen Math.-Vereinigung, Bd. 13, 1904; teilweise abgedruckt in der Physikalischen Zeitschrift, Bd. 5, 1904.

16. F. Klein und E. Riecke, Neue Beiträge zur Frage des mathematischen und physikalischen Unterrichts an den höheren Schulen. Vorträge von O. Behrendsen, E. Bose, E. Götting, F. Klein, E. Riecke, F. Schilling, J. Stark, K. Schwarzschild während eines Göttinger Ferienkurses. Heft 1 (VII + 190 S.), Heft 2 (VI + 198 S.). Leipzig, Teubner 1904.

17. Mathematik, Physik und Astronomie an den deutschen Universitäten in den Jahren 1893—1903 in „Das Unterrichtswesen im Deutschen Reich, aus Anlaß der Weltausstellung in St. Louis herausgegeben von W. Lexis, Bd. 1 (Berlin 1904)". (13 S.) Abgedr. im Jahresbericht der Deutschen Math.-Vereinigung, Bd. 13, 1904 und in der Physikalischen Zeitschrift, Bd. 5, 1904.

18. Über die Aufgabe der angewandten Mathematik, besonders über die pädagogische Seite. (Vorgetragen am 9. August 1904.) Verhandlungen des dritten internationalen Mathematiker-Kongresses in Heidelberg 1904 (Leipzig, Teubner 1905). (2 S.) [Im Auszug abgedruckt in Bd. 2 dieser Ausgabe, S. 510/11.]

19. Bericht über den Stand des mathematischen und physikalischen Unterrichts an den höheren Schulen. Verhandlungen der Gesellschaft Deutscher Naturforscher und Ärzte in Breslau 1904. (14 S.) Abgedr. im Jahresbericht der Deutschen Math.-Vereinigung, Bd. 14, 1905, in der Physikalischen Zeitschrift, Bd. 5, 1904 und in „Klein-Schimmack, Vorträge über den mathematischen Unterricht usw." [vgl. Nr. 22 unten] und in „Gutzmer, Die Tätigkeit der Unterrichtskommission der Gesellschaft Deutscher Naturforscher und Ärzte (Leipzig, Teubner 1908)".

20. Probleme des mathematisch-physikalischen Hochschulunterrichts. (Dat. September 1905.) Jahresbericht der Deutschen Math.-Vereinigung, Bd. 14, 1905, (15 S.) Abgedr. in „Klein-Schimmack, Vorträge über den mathematischen Unterricht usw." Französische Übersetzung im Enseignement mathématique, vol. 8, 1907.

21. Zur Geschichte der Göttinger Vereinigung in „Die physikalischen Institute der Universität Göttingen" (Festschrift der Göttinger Vereinigung zur Förderung der angewandten Physik und Mathematik, Leipzig, Teubner 1906). (12 S.)

22. Vorträge über den mathematischen Unterricht an den höheren Schulen. Teil I: Von der Organisation des mathematischen Unterrichts. Bearbeitet von R. Schimmack. (IX + 236 S.) Leipzig, Teubner 1907. [Weitere Teile sind nicht erschienen.]

23. Allgemeine Ausführungen zu den Vorschlägen über [Ober-] Lehrerausbildung. (Reformvorschläge, unterbreitet der Naturforscherversammlung zu Dresden 1907.) Verhandlungen der Gesellschaft Deutscher Naturforscher und Ärzte zu Dresden 1907. (7 S.) Abgedr. in der Zeitschr. für den math. und naturw. Unterricht, Bd. 38, 1907 und in „Gutzmer, Die Tätigkeit der Unterrichtskommission der Gesellschaft Deutscher Naturforscher und Ärzte (Leipzig, Teubner 1808)". Französische Übersetzung: (im Auszuge) Enseignement mathématique, vol. 10, 1908.

24. Universität und Schule, Vorträge von F. Klein, P. Wendland, A. Brandl, A. Harnack auf der Versammlung Deutscher Philologen und Schulmänner zu Basel 1907. Leipzig, Teubner 1907. (88 S.) [Mit Wiederabdruck der unter 23. genannten Reformvorschläge.]

25. Die Göttinger Vereinigung zur Förderung der angewandten Physik und Mathematik. (Festrede, gehalten am 22. Februar 1908.) Festbericht zum 10jährigen Bestehen der Vereinigung. Abgedruckt im Jahresbericht der Deutschen Math.-Vereinigung, Bd. 17, 1908 (11 S.) und in der Physikalischen Zeitschrift, Bd. 9, 1908.

26. **Wissenschaft und Technik.** Vortrag gehalten bei der Jahresfeier des Deutschen Museums in München am 1. Oktober 1908, München 1908. Abgedruckt im Jahresbericht der Deutschen Math.-Vereinigung, Bd. 17, 1908 (8 S.), in der Physikalischen Zeitschrift, Bd. 9, 1908 und in der Internationalen Wochenschrift für Wissenschaft, Kunst und Technik, Bd. 2, 1908.

27. (Mit Greenhill und Fehr zusammen.) **Internationale mathematische Unterrichtskommission (IMUK). Vorbericht über Organisation und Arbeitsplan.** (Datiert Oktober 1908.) Enseignement mathématique, vol. 10, 1908. (16 S.) Deutsche Übersetzung in der Zeitschrift für den math. und naturw. Unterricht, Bd. 39, 1908.

28. **Die Einrichtungen zur Förderung der Luftschiffahrt an der Universität Göttingen.** (Auszug aus einem Vortrage vor dem Niedersächsischen Verein für Luftschiffahrt vom 28. Januar 1909.) Jahresbericht der Deutschen Math.-Vereinigung, Bd. 18, 1909 (3 S.). Abgedruckt in Illustrierte aeronautische Mitteilungen 1909 und in der Physikalischen Zeitschrift, Bd. 10, 1910.

29. **Zur Beratung des Kultusetats im Preußischen Herrenhause.** (Rede gehalten am 27. Mai 1910.) Zeitschr. für den math. und naturw. Unterricht, Bd. 41, 1910 (5 S.).

30. **Wissenschaftliche Vorbereitungskurse für Mittelschullehrer.** Zeitschr. für den math. und naturw. Unterricht, Bd. 41, 1910 (5 S.). Abgedr. in den Pädagogischen Blättern, Bd. 39, 1910.

31. **Aktuelle Probleme der [Volksschul-]Lehrerbildung.** Schriften des Deutschen Ausschusses für den math. und naturw. Unterricht, Heft 10 (IV + 32 S.). Leipzig, Teubner 1911 (enthalten in Gutzmer, Die Tätigkeit des Deutschen Ausschusses für den math. und naturw. Unterricht, Leipzig, Teubner 1914).

32. **Bericht über den heutigen Zustand des mathematischen Unterrichts an der Universität Göttingen.** (Datiert Mitte August 1914.) Zeitschr. für den math. und naturw. Unterricht, Bd. 46, 1915 (10 S.).

33. **Festrede bei der Feier des 20jährigen Bestehens der Göttinger Vereinigung** (gehalten am 22. Juni 1918). Festbericht zum 20-jährigen Bestehen der Vereinigung. (13 S.) Abgedruckt im Jahresbericht der Deutschen Math.-Vereinigung, Bd. 27 (1919).

Außerdem Reden und Referate über Unterrichtsfragen im Preußischen Herrenhaus von 1908 bis 1918, im stenographischen Bericht über die Verhandlungen.

D. Herausgabe von Zeitschriften, Sammelwerken, Werken anderer Mathematiker, Verschiedenes.

a) Zeitschriften.

Mathematische Annalen. Eintritt in die Redaktion seit Bd. 6 (1873).

b) Sammelwerke.

I. **Enzyklopädie der mathematischen Wissenschaften mit Einschluß ihrer Anwendungen.**

Mitglied der Kommission der Akademien für die Herausgabe der mathematischen Enzyklopädie seit ihrer Gründung im Jahre 1895. Insbesondere Redaktion von Bd. IV (Mechanik) seit 1899 (seit 1904 in Gemeinschaft mit C. H. Müller). Teilband 1 (mit Vorwort von Klein) 1901—1908; Teilband 2 (erscheint seit 1907); Teilband 3, 1901 bis 1908; Teiband 4, 1907—1917; Leipzig, Teubner.

II. Internationale mathematische Unterrichtskommission. (IMUK).

Vorsitz der Internationalen mathematischen Unterrichts-Kommission seit ihrer Gründung im Jahre 1908. (Stellvertretender Vorsitzender: G. Greenhill; Generalsekretär: H. Fehr.), Vorsitzender des Deutschen Unterausschusses derselben ebenfalls seit dem Gründungsjahre 1908.

Eine Gesamtübersicht über die von der Internationalen math. Unterrichtskommission herausgebrachten Veröffentlichungen, im ganzen 294 Nummern umfassend, hat H. Fehr in dem von ihm herausgegebenen Enseignement mathématique, Bd. XXI, 1921 zusammengestellt. Der Deutsche Unterausschuß gab folgende Schriften heraus:

A. Abhandlungen über den mathematischen Unterricht in Deutschland (herausgegeben von F. Klein). 5 Bände in 9 Teilbänden. Bd. 1, 1909—1913; Bd. 2, 1910—1913; Bd. 3, 1911—1916; Bd. 4, 1910—1915; Bd. 5, 1912—1916.

B. Berichte und Mitteilungen (herausgegeben von W. Lietzmann); 1. Folge (enthaltend 12 Stücke) 1909—1916; 2. Folge (enthaltend 3 Stücke) 1915—1917.

In sehr vielen der Veröffentlichungen der Internat. math. Unterrichtskommission finden sich Mitteilungen von Klein.

Siehe auch die unter C. 27 genannte Abhandlung.

III. Redaktion von „Die Kultur der Gegenwart. III. Teil. 1. Abteilung: die mathematischen Wissenschaften". Lieferung 1—3, Leipzig, Teubner 1912 bis 1914.

c) Werke anderer Mathematiker.

1. Bearbeitung und Herausgabe von „J. Plücker, Neue Geometrie des Raumes, gegründet auf die Betrachtung der geraden Linie als Raumelement. Zweite Abteilung." Mit im Vorwort besonders bezeichneten Zusätzen von F. Klein. Leipzig, Teubner 1869.

2. Herausgabe von „A. F. Möbius, Gesammelte Werke." Bd. II, III und Nachtrag zu Bd. IV. Leipzig, Hirzel 1886/87.

3. Herausgabe von „C. F. Gauss Werke". Bd. VIII 1900, Bd. IX 1903, Bd. VII 1906, Bd. X, 1. Teil 1917, 2. Teil seit 1922 in Einzellieferungen. Bd. XI in Vorbereitung. Leipzig, Teubner.

4. F. Klein und M. Brendel (später F. Klein, M. Brendel und L. Schlesinger), Materialien für eine wissenschaftliche Biographie von Gauss. Hefte 1—8, 1911—1920, Leipzig, Teubner. Auch als Beihefte zu den Göttinger Nachrichten von 1911 (1), 1912 (2 und 3), 1917 (4 und 5), 1918 (6), 1919 (7) und 1920 (8) erschienen.

5. Über den Stand der Herausgabe von Gauss' Werken. Berichte 1—14. Göttinger Nachrichten (geschäftliche Mitteilungen) 1898, 1899, 1900, 1901, 1902, 1904, 1906, 1910, 1911, 1913, 1915, 1917, 1919, 1921. Abgedr. in den Math. Annalen Bd. 50, 53, 55, 55, 57, 61, 63, 69, 71, 74, 77, 78, 80, 85. Französische Übersetzung von Bericht 1 und 2 im Bulletin des sciences mathématiques et astronomiques, vol. 22, 1898 und vol. 23, 1899.

6. **Gauss' wissenschaftliches Tagebuch,** mit Anmerkungen herausgegeben von F. Klein. Festschrift zur Feier des 150jährigen Bestehens der Kgl. Gesellschaft der Wissenschaften zu Göttingen (Berlin 1901). Abgedr. Math. Annalen, Bd. 57, 1903. Über das in der Festschrift enthaltene, irrtümlicherweise als Porträt des 26jährigen Gauss bezeichnete, Bild vgl. Göttinger Nachrichten (geschäftliche Mitteilungen) v. J. 1903.

7. **Erwerbung neuer auf B. Riemann bezüglicher Manuskripte.** Göttinger Nachrichten (geschäftliche Mitteilungen) 1897. (2 S.)

d) Verschiedenes.

1. Herausgabe von „München in naturwissenschaftlicher und medizinischer Beziehung". Leipzig und München 1877.

2. Herausgabe von „Amtlicher Bericht der 50. Versammlung Deutscher Naturforscher und Ärzte in München 1877". Leipzig und München 1877.

3. Eine Reihe von Einführungsworten zu Werken anderer Autoren oder zu von Klein veranlaßten und im Teubnerschen Verlage erschienenen deutschen Übersetzungen bekannter ausländischer Werke sollen hier nicht im einzelnen aufgeführt werden.

[Abgeschlossen April 1923. — V.]

3. Übersicht über den Gesamtinhalt der drei Bände der vorliegenden Ausgabe.

Bd. I. Herausgegeben von R. Fricke u. A. Ostrowski.

Vorrede zur Gesamtausgabe.

Liniengeometrie. — Grundlegung der Geometrie. (Einordnung der Nicht-Euklidischen Geometrie in die projektive Geometrie.) — Zum Erlanger Programm. (Klassifikation der geometrischen Forschungen nach den zu Grunde gelegten Transformationsgruppen, Ausdehnung des Klassifikationsprinzipes auf die moderne Physik, insbesondere die Relativitätstheorieen.)

Bd. II. Herausgegeben von R. Fricke u. H. Vermeil.

Zur anschaulichen Geometrie. (Realitätsverhältnisse algebraischer Gebilde, Analysis Situs, Erkenntnistheoretisches.) — Zur Auflösung algebraischer Gleichungen. (Die regulären Körper, das Ikosaeder und die Gleichungen fünften Grades, allgemeine Betrachtung endlicher Gruppen linearer Substitutionen und ihrer Bedeutung für die Auflösung höherer algebraischer Gleichungen.) — Zur mathematischen Physik. (Oszillationstheorem, Hamiltonsche Optik, Mechanik, insbesondere Kreiseltheorie.).

Bd. III. Herausgegeben von R. Fricke, H. Vermeil u. E. Bessel-Hagen.

Elliptische Funktionen, insbesondere Modulfunktionen. (Transformationstheorie, gruppentheoretische Systematik.) — Zahlentheorie. (Zahlengitter und komplexe Multiplikation.) — Hyperelliptische und Abelsche Funktionen (auf invariantentheoretischer Grundlage, Primformen). — Riemannsche Funktionentheorie. (Algebraische Funktionen und ihre Integrale, entwickelt aus der Vorstellung der Strömungen inkompressibler Flüssigkeiten.) — Automorphe Funktionen. (Vorgeschichte, Briefwechsel zwischen F. Klein und H. Poincaré in den Jahren 1881/82, Fundamentaltheorem, Verbindung mit dem Oszillationstheorem der linearen Differentialgleichungen zweiter Ordnung.)

Anhang: Verschiedene Verzeichnisse.